JEAN DE BLOCH

LA GUERRE

Traduction de l'ouvrage russe

LA GUERRE FUTURE

AUX POINTS DE VUE

Technique, Économique et Politique

TOME II

La guerre sur le continent

GUILLAUMIN ET Cie
Éditeurs
14, RUE DE RICHELIEU, 14
PARIS

LA GUERRE

JEAN DE BLOCH

LA GUERRE

Traduction de l'ouvrage russe

LA GUERRE FUTURE

AUX POINTS DE VUE

Technique, Économique et Politique

TOME II

La guerre sur le continent

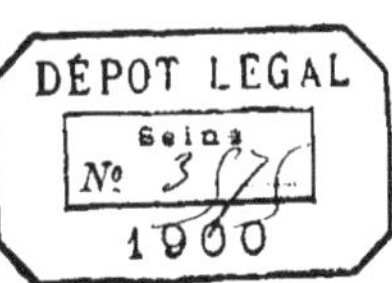

GUILLAUMIN ET Cie
Editeurs
14, RUE DE RICHELIEU, 14
PARIS

I

L'Effectif des Armées européennes

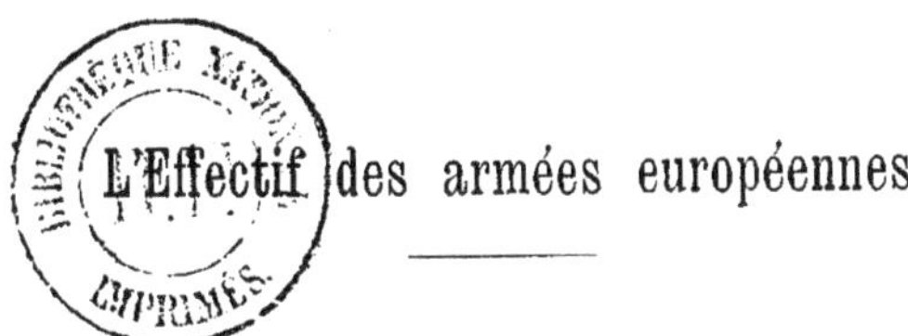

L'Effectif des armées européennes

Questions soulevées par l'accroissement constant des forces militaires.

On ne peut nier que la principale cause de l'inquiétude politique de notre temps ne soit dans les efforts depuis longtemps déjà faits par les puissances européennes — efforts qui jusqu'ici ont toujours été croissant — pour augmenter constamment leurs forces militaires. Par conséquent, si l'on veut se rendre compte du danger qui peut être réellement à craindre, à un moment donné, il faut apprécier les forces des différents États qui se préparent ainsi, sans cesse, à lutter les uns contre les autres.

D'après la marche suivie par ces armements, il doit être, dans une certaine mesure, possible de formuler des conclusions sur leur objet véritable : Sont-ils motivés uniquement par le désir de maintenir la paix, en vertu du principe : *Si vis pacem, para bellum*, — ou bien : le but que se propose d'atteindre chaque pays est-il de se donner une supériorité de forces, afin de pouvoir prendre l'initiative dans un conflit armé ?

C'est ainsi que les données statistiques relatives à l'effectif, à la composition et au développement des armées et des flottes, comme à l'élévation des dépenses militaires auxquelles se livrent les grandes puissances, pourront servir à montrer jusqu'à quel point sont fondées les craintes de ceux qui voient, dans la fièvre d'armements et dans le gonflement démesuré des budgets, une menace pour la paix de l'Europe.

A cela se joint encore cette autre question : Est-ce que les énormes armées actuelles ne portent pas en elles-mêmes le germe de la suppression de la guerre ? Et l'effectif toujours croissant des troupes ne conduira-t-il point, par suite de l'impossibilité même où l'on serait de les diriger et de les faire vivre, à la consolidation de la paix générale ?

I.

Point de départ du développement progressif des effectifs.

Pour bien comprendre les questions qui se rattachent à l'effectif des armées, il faut examiner non seulement l'état actuel des armements, mais leur développement progressif.

Et, comme point de départ pour cet examen comparatif des armements européens, le meilleur à choisir est l'année 1859 ; car le premier signal de l'accroissement ininterrompu des forces militaires fut donné en 1860 par la Prusse. A dater de ce moment, les rapports des puissances européennes entre elles se compliquèrent au point que toutes se tinrent depuis lors sur le qui-vive, en s'observant attentivement l'une l'autre.

Le coup de foudre qui frappa l'Autriche en 1866 fut l'avertissement menaçant que comprit, semble-t-il, pleinement Napoléon III, et qui le fit entreprendre la réorganisation des forces militaires de la France. Conformément au projet du maréchal Niel, tel qu'il fut voté par les Chambres françaises en 1868, la réforme devait donner, en temps de guerre, une armée de 800,000 hommes et une garde nationale mobile de 500,000. Mais ce résultat ne pouvait être atteint que neuf ans après l'application de la loi nouvelle, c'est-à-dire en 1877 (1). Au commencement d'août 1870, l'armée française, y compris la garde nationale, ne comptait guère plus d'un demi-million d'hommes, dont seulement 330 à 340,000 de troupes de ligne.

Tandis que l'Allemagne, en juillet et août de cette même année, put appeler sous les armes, tant en troupes de campagne qu'en troupes de garnison, 1,183,000 hommes. A la fin de la guerre, en février 1871, il y avait 1,351,000 soldats allemands sous les armes, dont 937,000 de troupes actives. D'après cela, sans nier les qualités des chefs et des administrateurs militaires de l'Allemagne, ni même la bravoure et la haute valeur morale des hommes de tout rang qui composaient son armée, il faut bien admettre que les succès décisifs remportés par les troupes allemandes, dès le début de la guerre, furent dus, avant tout, à leur supériorité numérique sur les troupes françaises.

De la guerre de 1870 on peut conclure, — si l'on ne va pas au fond des choses dans l'examen des conditions relatives des deux armées, comme nous essayerons de le faire plus loin en examinant l'esprit dont elles étaient animées, — on peut conclure qu'une armée, formée en majorité d'hommes arrachés de la veille à leurs occupations du temps de paix, ne le cède en rien, quant aux qualités militaires, à celle qui se compose de soldats de profession.

---

(1) Delaperrière, *Cours de Législation*, I, p. 50, cité par Rediger : *Komplektovanié i oustroïstvo vooroujennoï cily* (Recrutement et organisation de la force armée), Ire partie, p. 66.

Les résultats du désastre de la France furent tellement éloquents qu'ils firent admettre la nécessité, pour les États qui ne voulaient pas renoncer à toute importance politique, de pouvoir mettre en ligne des millions de baïonnettes. La France, vaincue et songeant à la revanche, prit modèle sur son vainqueur; ce qui eut pour conséquence la loi de 1872 sur le recrutement de l'armée et l'obligation générale du service militaire personnel.

La France imite l'Allemagne.

Désireux d'étouffer dans son germe le relèvement de la puissance de ses voisins, le prince de Bismarck voulut, en 1875, infliger un second désastre à la France, et c'est seulement sur le conseil catégorique, à lui donné par la Russie, de laisser la France en paix, qu'il abandonna son projet.

Mais alors, il fit faire un nouveau pas à l'accroissement des forces militaires de l'Allemagne. La loi de 1874, sur le recrutement de l'armée, qui ne concernait que la Prusse, fut étendue à tous les États de la Confédération allemande, — ce qui porta l'effectif de paix, en hommes de troupe, à 1 0/0 de la population totale de l'Empire.

En conséquence, nous prendrons comme second point de comparaison cette année 1874. Puis, nous mettrons en regard les effectifs des armées dix ans plus tard, c'est-à-dire en 1884 (époque de l'entrevue de Skernewitz), et enfin les données relatives aux années 1891 et 1897. Nous ne considérerons toutefois, il va sans dire, que les puissances dont l'attitude peut avoir une sérieuse importance dans les affaires internationales.

Mouvement général des effectifs européens de 1859 à 1874.

De calculs détaillés, il ressort que les effectifs de paix réunis de la France, de la Russie, de l'Allemagne, de l'Angleterre, de l'Autriche et de la Turquie s'élevaient, en 1859, au total de 2,590,000 hommes pouvant être appelés sous les armes, — et qu'en 1874, ce même total atteignait déjà 3,266,000. L'augmentation était donc de 26 0/0. Or, pendant cette période, l'effectif des seules troupes allemandes s'était augmenté de 55 0/0, — ce qui montre clairement quelle est celle des puissances européennes qui tient la tête dans le mouvement de transformation de toutes les forces nationales en puissance militaire.

L'accroissement des armements et leur intensité comparative seront encore plus évidents, si l'on compare les effectifs des mêmes armées *sur le pied de guerre.*

En 1859, pour l'ensemble des six puissances susmentionnées, ce pied de guerre représentait un total de 4,426,000 hommes — c'est-à-dire qu'il n'était que de 71 0/0 supérieur au pied de paix ; tandis qu'en 1874 cette supériorité s'élevait à 90 0/0 : 6,272,000 pour 3,266,000.

L'accroissement général des troupes allemandes, pendant ces quinze années, a été de 60 0/0, c'est-à-dire bien plus rapide que celui des armées française, turque, autrichienne et russe.

La puissance qui resta le moins en arrière de la Prusse, dans ce développement du militarisme, fut la France dont, pendant cette période de 1859 à 1874, les forces militaires s'accrurent de 54 0/0 (1).

En Russie, l'accroissement fut assez faible : 14 0/0 seulement. Cette période, la Russie, comme on sait, la consacra surtout à son développement intérieur, à des réformes, à la construction de voies ferrées, à l'extension de sa puissance industrielle, ce qui l'empêcha de rivaliser avec les autres États dans l'œuvre d'augmentation des forces militaires.

Ainsi, par exemple : dans l'hypothèse d'une coalition de toutes les grandes puissances contre la Russie, en 1859, celle-ci aurait pu, à elle seule, mettre sur pied des troupes représentant 49 0/0 du total des forces ennemies, tandis qu'en 1874, cette même proportion n'aurait plus été que de 36 0/0.

Mouvement pendant les périodes suivantes.

Passant à la seconde période des armements, dans la comparaison de ceux des sept puissances susceptibles de participer à une grande guerre européenne, et prenant comme unité, en les représentant par 100, les chiffres de l'année 1874, nous arrivons aux chiffres proportionnels suivants :

	Effectif de paix	Effectif de guerre
1874.	100	100
1884.	107	113
1891.	114	199

En d'autres termes, pendant les sept années de la seconde période (1884-1891), les effectifs de paix comme ceux de guerre se sont accrus davantage que pendant les dix années de la période précédente (1874-1884).

Ce fait semble une conséquence nécessaire de l'extension constante prise par l'obligation universelle du service militaire ; et il confirme l'observation déjà faite plus haut, que la guerre future entraînera dans son tourbillon de feu la plus grande partie des forces nationales aptes au travail.

Pour 1,000 hommes de population, on en comptait sous les armes, dans les dix principaux États européens (2) :

	Sur le pied de paix	Sur le pied de guerre
En 1874.	8,9	27
En 1884.	8,6	28,4
En 1891.	8,7	46,3

(1) Les chiffres ci-dessus, pour le temps de paix comme pour le temps de guerre, sont empruntés au travail du baron Firks, publié par le Bureau de statistique allemand.

(2) Russie, France, Allemagne, Autriche, Italie, Turquie, Angleterre, Espagne, Roumanie, Serbie.

Le graphique ci-dessous fait encore mieux ressortir ces différences.

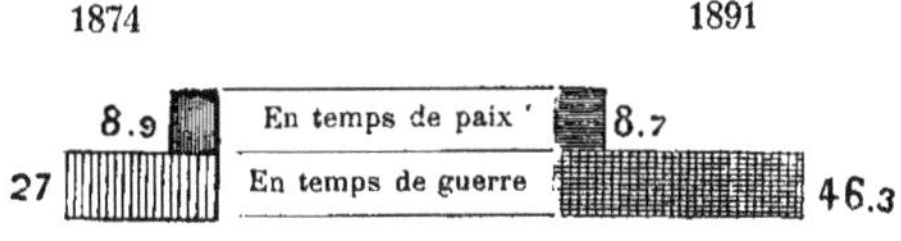

Effectif de troupes pour mille habitants.

Les données relatives à l'effectif de l'armée, dans les différents États, ne pourront d'ailleurs nous donner une idée exacte de leurs forces respectives que si nous sommes au courant de l'organisation militaire actuelle.

Différentes catégories d'hommes dont se composent les forces militaires actuelles.

Dans presque tous les pays européens, la masse entière des forces militaires, qui peuvent être appelées sous les armes en cas de guerre, se divise en trois catégories de qualité différente.

La première comprend les troupes *entretenues sous les armes en temps de paix.* Elles constituent, à proprement parler, des cadres qui ne sont amenés à leur effectif complet que lors de la mobilisation.

La seconde catégorie, c'est *la réserve*, composée de soldats bien instruits qui ont accompli leur temps de service actif et sont en congé pendant la paix. Au moment de la guerre, ils viennent remplir les cadres existants et forment avec eux ce qu'on appelle habituellement les forces offensives, ou l'armée active.

Enfin, dans chaque pays existe une troisième catégorie de forces, susceptibles d'être appelées pour la défense du territoire. C'est ce qu'on appelle la milice ou *opoltchénié* en Russie, *l'armée territoriale et sa réserve* en France, la *landwehr* et le *landsturm* en Allemagne, le *honved* en Hongrie, etc. Cette catégorie comprend tout à la fois des hommes peu ou point instruits, impropres à servir dans les deux premières catégories et des hommes provenant de celles-ci, mais appartenant à des classes plus âgées.

La distinction entre le « pied de paix » et le «pied de guerre » a été imposée par cette considération que l'entretien des troupes au service actif coûte très cher. L'entretien du pied de paix actuel absorbe déjà du tiers au quart (en moyenne 28 0/0) des budgets nationaux. En outre, l'appel sous les drapeaux, d'un nombre considérable d'individus, les enlève aux travaux productifs de la paix, et, par conséquent, l'existence permanente d'armées trop nombreuses constituerait un écrasant fardeau pour les populations.

C'est pour cette raison que certains pays réduisent au minimum l'effectif entretenu en temps de paix, et comptent principalement sur leurs milices pour faire la guerre.

Conséquences de ce système.

On a fait valoir, comme un avantage de ces armées de milices, que, dans ce système, les guerres agressives deviendraient impossibles. De pareilles troupes ne se réuniraient, dit-on, que pour la défense du foyer domestique, mais seraient alors animées au plus haut degré de sentiments patriotiques ni plus ni moins que des armées permanentes (1).

Toutefois, au point de vue militaire pur, comme discipline, solidité, instruction et aptitude à combattre, les milices seront sans nul doute toujours inférieures aux armées permanentes. On peut les organiser sur les derrières des armées d'opérations, mais un pays ne peut compter sur elles pour les opposer comme une barrière à l'agression des forces actives de l'ennemi.

C'est pour cela qu'aucune des grandes puissances européennes, quoique sans négliger la coopération des milices, n'a cru pouvoir limiter le développement de son armée permanente.

Seulement, afin de concilier les nécessités économiques et militaires, on s'efforce d'accroître le nombre des réservistes instruits, en augmentant le contingent annuel des recrues tout en réduisant la durée du service actif. La nouvelle loi militaire allemande constitue la plus récente application de ce système.

De cette façon, l'effectif de guerre des armées européennes s'augmente beaucoup plus vite et dans une bien plus grande proportion que leur effectif permanent du temps de paix.

Pour nous en convaincre, jetons un coup d'œil sur les changements survenus, tant dans les effectifs de paix que dans les effectifs de guerre des armées des principales puissances, entre 1874 et 1897.

Dans les quatre dernières colonnes des tableaux ci-contre, nous donnons, pour faciliter la comparaison, les chiffres exprimant les effectifs par rapport à ceux de l'année 1874 représentés par 100.

(1) Redigher, *Recrutement et organisation de la force armée*, p. 7.

Tableaux des effectifs.

EFFECTIF DE PAIX DES TROUPES DE TERRE

PAYS	1874		1884		1891		1897		Par rapport à 1874 : 1874		1884		1891		1897	
	En milliers d'hommes															
Russie....	765	1.255	855	1.364	986	1.563	1.000	1.602	100	100	113	108	134	125	135	127
France....	490		509		577		602		100		104		117		120	
Allemagne	420		449		469		545		100		107		112		127	
Autriche..	301	931	289	1.025	286	993	347	1.170	100	100	96	111	95	106	115	123
Italie.....	210		287		238		278		100		131		108		128	
Angleterre	225		197		200		230		100		87		88		102	
Turquie...	157		160		184		180		100		102		111		109	
TOTAUX.	2.568		2.746		2.940		3.182		100		102		107		113	

EFFECTIF DE GUERRE DES TROUPES DE TERRE

PAYS	1874		1881		1891		1897		Par rapport à 1874 : 1871		1884		1891		1897	
	Par milliers d'hommes															
Russie....	1.700	3.450	2.286	4.188	3.474	6.757	4.000	7.500	100	100	134	121	204	211	234	232
France....	1.750		1.902		3.283		3.500		100		108		218		230	
Allemagne	1.300		1.637		2.955		3.400		100		126		227		257	
Autriche..	1.137	3.304	1.025	3.434	2.162	6.744	2.600	8.000	100	100	90	104	190	201	220	232
Italie.....	867		772		1.627		2.000		100		89		187		220	
Angleterre	515		627		633		792		100		122		123		150	
Turquie...	586		610		960		800		100		104		164		140	
TOTAUX.	7.855		8.859		15.094		17.092		100		113		197		189	

Ce qui, graphiquement exprimé, donne les figures suivantes pour la comparaison des effectifs de la France et de la Russie avec ceux de la triple alliance.

Ce qui s'en déduit.

En comparant les effectifs des armées en 1897 avec ceux de 1874, nous trouvons que l'augmentation maximum de l'armée active du temps de paix se rencontre en Russie où elle est de 30 0/0.

Fait qui s'explique en considérant que, par suite de son immense étendue, cette contrée est celle où l'exécution de la mobilisation présente le plus de difficultés. Dans d'autres États, l'effectif entretenu en temps de paix n'a augmenté que d'une façon insignifiante ou même a diminué.

Mais l'effectif du temps de guerre s'est élevé, dans tous les pays, à des chiffres énormes, que les ressources de ces pays, en hommes et en argent, ne permettraient pas de dépasser.

Si, dans chaque État, nous comparons l'effectif des troupes, tant en paix qu'en guerre, pour 1897, avec ce qu'il était en 1874, — ce dernier effectif étant représenté par 100, — nous obtenons, d'après les chiffres des tableaux ci-dessus, les graphiques que voici :

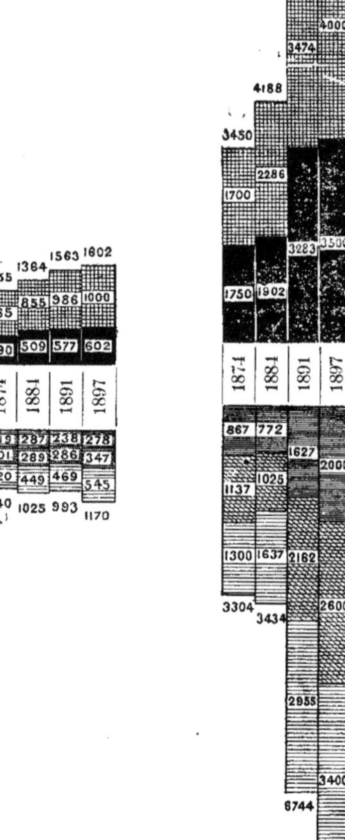

Effectifs des armées en temps de paix et en temps de guerre, en milliers d'hommes.

La plus grande augmentation de l'*effectif de guerre* (157 0/0) a eu lieu en Allemagne, où cet effectif atteint un chiffre 2 1/2 fois plus fort qu'il y a 23 ans.

Après l'Allemagne vient la Russie, où l'augmentation de l'effectif de guerre atteint 134 0/0. La France n'occupe ici que la troisième place : depuis 1874 son effectif de guerre s'est accru de 130 0/0.

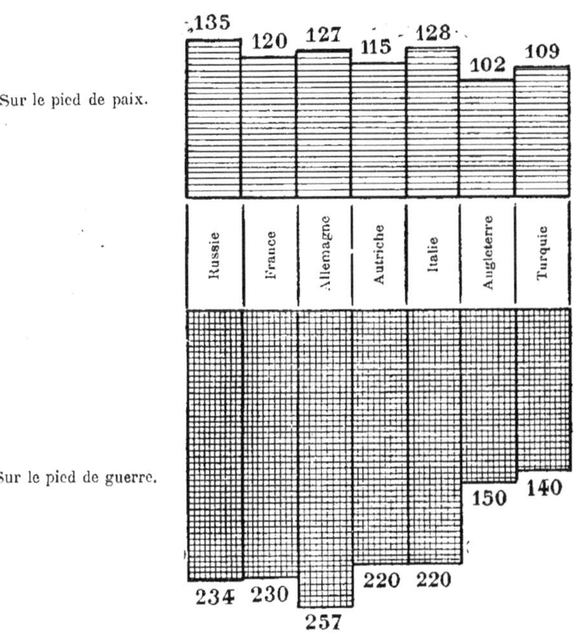

Effectifs des troupes de terre en 1897, en représentant par 100 l'effectif en 1874.

Mais si l'on considère séparément la période décadaire de 1874 à 1884, c'est en Russie que l'augmentation de l'effectif de guerre atteint son maximum.

En général, dans tous les pays, sauf l'Angleterre, l'augmentation des forces militaires sur le pied de guerre, depuis 1884, n'a fait que s'accroître. Et cet accroissement continu, après l'importance de l'augmentation déjà réalisée dans les années précédentes, montre avec quelle ardeur et quelle tension d'esprit on s'est préparé partout, dans ces dernières années, en vue de quelque catastrophe.

Divergences dans les calculs d'où ressortent les chiffres ci-dessus.

Il faut toutefois observer que nous ne donnons pas les chiffres cités plus haut pour incontestables, et moins encore pour entièrement exacts. Ils peuvent être discutés, et c'est très naturel. Car la plus grande partie de l'effectif de guerre se composera d'hommes rappelés sous les drapeaux lors de la mobilisation. Or il est impossible de trouver deux auteurs évaluant, de même, le nombre des personnes susceptibles d'être ainsi réellement incorporées. Et chacune des sources que nous avons consultées nous a mis en présence d'une manière différente de calculer.

Au premier abord cela paraît étonnant ; car il semblerait que, pour obtenir un chiffre total digne de foi, il n'y eût qu'à prendre le nombre d'hommes appelés chaque année, puis celui des hommes réformés chaque année également, et à multiplier ensuite les contingents ainsi obtenus, par le nombre d'années que dure le service militaire ; après quoi l'on diminuerait le résultat d'un certain pour cent, afin de tenir compte des pertes par mortalité et maladie (1), on y ajouterait la levée correspondant à l'année même de la guerre et enfin l'on déduirait du total le nombre probable des hommes aptes seulement au service non armé. Et même, quoique cette dernière catégorie représente jusqu'à 10 0/0 de l'effectif d'une armée, il serait loisible, en raison du chiffre énorme que doit atteindre, en tout cas, le total des forces disponibles, de ne pas faire entrer ces détails dans les calculs. Dans la guerre future, en effet, on pourra peut-être manquer d'armes, de munitions, d'effets d'habillement, et même de chefs. Mais ce n'est jamais les hommes qui feront défaut.

---

(1) D'après les calculs faits pour l'armée française, de 1,000 recrues incorporées à un moment donné dans l'armée, il reste, sur les contrôles de la réserve ou de l'armée territoriale :

Après	5 ans	894
—	10 —	807
—	15 —	729
—	20 —	659
—	25 —	596
—	28 —	561

En se basant sur ces calculs, on peut évaluer l'effectif de guerre qui correspondrait à une levée annuelle de 1,000 hommes, si les déchets ci-dessus admis étaient invariables :

On aurait après	10 ans.	8.903	hommes
—	15 —	12.701	—
—	20 —	16.132	—
—	25 —	19.235	—
—	28 —	20.952	—

En partant de là, il est facile de calculer l'effectif des hommes qui pourraient être appelés à servir en temps de guerre, dans un pays quelconque. Il suffit de multiplier les chiffres ci-dessus par le nombre de milliers d'hommes que fournit l'appel du contingent annuel dans le pays. Le professeur Redigher observe à ce propos que, dans l'évaluation faite de l'effectif du contingent annuel pour en déduire le chiffre de l'effectif de guerre, ou inversement, il faut tenir compte de ce que, chaque année, l'effectif de paix éprouve une perte de 3 à 4 0/0 d'hommes quittant le service actif.

Préparation à la guerre et sa déclaration

Les conditions dans lesquelles aura lieu le début des campagnes futures diffèrent entièrement de celles qui se présentaient autrefois. Les forces armées mises en mouvement atteindront, avec le temps, des dimensions laissant loin derrière elles, même les invasions des Barbares rapportées par l'histoire ancienne; sauf que les nouvelles hordes marcheront avec discipline et que tous leurs besoins comme les incidents de leur marche seront prévus.

Conditions dans lesquelles s'engageront les guerres futures.

Mais une autre différence encore, et bien plus importante au point de vue social, entre les guerres futures et celles de jadis, c'est que, désormais, dans le pays qui sera conduit à entreprendre une grande guerre, la vie normale intérieure ne pourra plus continuer comme auparavant. On appellera, en effet, presque tout entière sous les armes, la partie de la population capable d'un travail productif. En outre, toutes les voies de communication et toutes les ressources du pays seront employées à la satisfaction des besoins de l'armée. Par suite, le mécanisme si compliqué de l'existence sociale devra, dans une très large mesure, cesser de fonctionner. Il est clair que la majorité des individus se ressentiront très vivement d'un tel état des choses. Les pénibles conséquences de la guerre, surtout d'une guerre malheureuse, pourront facilement faire naître un mécontentement, soit caché, soit même manifeste, de l'opinion publique. Et pour éviter que celle-ci se refroidisse à l'égard des entreprises militaires, il pourra devenir nécessaire d'entretenir, par des moyens artificiels, l'enthousiasme tout d'abord excité dans la population.

Aussi, chacun des deux adversaires s'efforcera-t-il de s'assurer la gloire d'un succès, même insignifiant, dès le début de la campagne.

Chaque parti voudra s'assurer le premier succès.

Un combat heureux à la première rencontre, surtout entre pays à population impressionnable, divisée en partis ou formée de races multiples, entraînera, en effet, l'abattement immédiat des esprits d'un côté et leur exaltation du côté opposé. Car ce sera, en tous cas, la preuve que l'une des deux armées a su mieux que l'autre, profiter des circonstances pour concentrer promptement et habilement ses forces. Dans l'histoire de la guerre de 1870-71, publiée par l'État-major prussien, nous rencontrons cette affirmation que « pour obtenir un succès, il suffit de se trouver, ne fût-ce qu'un seul jour et en un seul point, plus fort que l'ennemi ». — « Les péripéties d'un combat qui s'achève dans le cours d'une journée, dit Clausewitz, disparaissent et se perdent dans l'issue finale des opérations. Pourtant le résultat de la lutte de tel jour ne peut pas rester sans conséquences, quelle que soit la marche ultérieure des événements » (1).

Il est évident que ce premier succès reviendra plutôt au pays qui aura su mettre le premier ses forces militaires en état de combattre afin de les lancer sur l'ennemi. Et l'importance dudit succès sera plus grande encore s'il permet au vainqueur de conduire les opérations militaires d'après les plans qu'il aura préparés ou, en d'autres termes, de forcer l'ennemi à faire la guerre dans des conditions et des circonstances ne répondant pas aux propres plans et intentions de celui-ci. Un tel succès ne pourra manquer d'influer de la manière la plus marquée, au point de vue stratégique et moral, sur toute la suite de la guerre.

D'où tendance générale à prendre l'offensive.

Tous les écrivains militaires sont d'accord sur ce point, que l'offensive constitue la forme d'opérations la plus avantageuse. Par conséquent les deux partis s'efforceront d'opérer offensivement. Or une affaire se décide très rarement par une lutte de front ; d'autant plus rarement que les nouvelles armes et l'absence de fumée ont augmenté la force de résistance que présente le front d'une troupe. Le moyen le plus sûr pour réussir sera donc de tourner l'ennemi. Mais l'exécution d'un mouvement tournant suppose la supériorité numérique de l'assaillant. Et quant à celle que, dans chaque cas particulier, donnent les conditions de telle ou telle forme du terrain, elle dépend bien moins du nombre que de l'organisation des troupes et de la façon dont elles savent tirer parti des circonstances qui se présentent.

L'effort que feront les deux partis pour prendre l'offensive stratégique, c'est-à-dire pour conduire la guerre offensivement, les poussera également tous les deux à l'offensive tactique, c'est-à-dire à conduire le combat offensivement. Mais au nombre des conditions nécessaires pour cela, il faut compter une supériorité de forces générale ou au moins locale sur différents points, et en outre, un degré suffisant d'intelligence pour tous ceux qui prennent les dispositions principales ou de détail. De là l'effort de toutes les grandes puissances pour, après l'adoption, à un moment donné, du meilleur armement possible, augmenter les cadres de mobilisation, et multiplier dans les troupes le nombre des hommes instruits et expérimentés. Et cependant les difficultés financières obligent dans chaque pays, à réduire le temps passé sous les drapeaux au minimum strictement indispensable pour donner l'instruction complète aux recrues.

Toutes ces considérations sont étroitement liées avec le problème de la plus grande rapidité possible de mobilisation et de concentration des troupes sur la frontière, où l'on doit chercher à devancer l'ennemi.

---

(1) Citation empruntée à l'ouvrage de Voïdé, *Samostoïatelnoste tchastnykh natchalnikof na voïnié* (L'autonomie des commandants d'unités à la guerre), page 9.

Comment sera déclarée la guerre.

La première question sérieuse qui se présente est celle de savoir si la guerre peut éclater tout à coup sans déclaration préalable.

A cette question, il est impossible de répondre d'une façon absolue, pas plus dans un sens que dans l'autre.

Pour chacun des deux partis en lutte, il est de première importance de tomber à l'improviste sur son adversaire et de faire en sorte que les opérations militaires aient lieu sur le territoire ennemi. En sauvant son pays de la dévastation, en inquiétant l'armée opposée, ne fût-ce que par de simples détachements de cavalerie, on bouleverse ses voies de communication, on détruit ses approvisionnements, on gêne l'exécution de ses plans de mobilisation, et, d'une façon générale, on déroute tous les calculs de l'adversaire.

Mais par l'organisation même de leurs armées, les divers pays se trouvent à ce point de vue dans des conditions quelque peu différentes.

Dans ces derniers temps les procédés de la mobilisation, perfectionnés d'année en année, ont atteint une rapidité étonnante. En outre, actuellement, grâce à l'extension de leur réseau ferré, l'Allemagne et la France ont besoin de moins de temps pour transporter 500,000 hommes, qu'il ne leur en fallait en 1870, pour un simple corps d'armée de 30,000 hommes.

Par suite de cela, les pays, — et l'Allemagne est sans contredit dans ce cas, — les pays qui comptent pouvoir mobiliser et concentrer leurs forces plus rapidement que leur adversaire s'efforceront, s'ils se décident à la guerre, de ne pas perdre une minute, afin de réunir leurs armées plus vite que l'ennemi. — Ce qui conduit à conclure que la guerre pourrait très bien éclater brusquement, au moment même où l'on s'y attendra le moins.

De qui dépend cette déclaration dans les différents pays.

Par bonheur, presque partout les lois s'opposent à ce qu'il en soit ainsi.

Il est vrai que la plupart des Constitutions confèrent, sans condition, le droit de déclarer la guerre au Chef du pouvoir exécutif. Mais en même temps, c'est, en général, des Parlements que dépendent le vote des ressources financières nécessaires pour faire la guerre et l'autorisation même de mettre l'armée sur le pied de guerre. Ainsi est-il établi par l'usage en Angleterre (2) — un pays où l'usage n'a pas moins et quelquefois a plus d'importance que la loi. — Ainsi est-il formellement exprimé par la loi en Belgique, en Italie, en Autriche-Hongrie, en Suède et Norvège et enfin en Serbie. Cette disposition se trouve, en effet, dans les constitutions et les actes de formation de ces divers pays.

(1) Von der Goltz, *Das Volk in Waffen* (La nation en armes).

(2) Glasson, *Histoire du droit et des institutions de l'Angleterre*, tome VII, p. 11 et suivantes.

En France, l'article 9 de la Constitution interdit formellement au Président de la République de déclarer la guerre, sans avoir préalablement demandé le consentement des deux Chambres, qui doit être exprimé par un vote sur la proposition conforme du Chef de l'État.

En Allemagne le droit de déclarer la guerre est attribué à l'Empereur, avec le consentement du Conseil fédéral (*Bundesrath*) (1). Voici le texte, y relatif, de l'article 11 du Statut impérial du 16 avril 1871 : « La présidence du Conseil « fédéral appartient au roi de Prusse, qui prend le titre d'Empereur allemand. « L'Empereur est le représentant de l'Empire dans les affaires interna- « tionales ; il déclare la guerre et conclut la paix au nom de l'Empire... « Pour déclarer la guerre au nom de l'Empire, le consentement du Conseil « fédéral est nécessaire, sauf les circonstances d'une attaque dirigée contre « le territoire ou les côtes de la Confédération ».

Il ne faut pas oublier que le Conseil fédéral dont il s'agit est uniquement composé des représentants de tous les États allemands confédérés, c'est-à-dire de leurs envoyés, au sens exact du mot, — soit donc, de personnages qui n'ont pas à voter par eux-mêmes, mais bien d'après les instructions reçues de leurs gouvernements respectifs.

Toutefois ce Conseil fédéral est organisé de façon telle qu'il ne peut constituer, pour l'Empereur, un sérieux obstacle à la réalisation d'une entreprise par lui décidée. En fait, sur les 58 voix du Conseil, 17 appartiennent directement à la Prusse ; et, sur les 41 autres, 20 lui sont encore effectivement garanties. La Prusse peut donc y faire prévaloir ses désirs par une majorité de 37 voix, contre 21. En outre, la direction même des débats du Conseil appartient au Chancelier de l'Empire qui, comme représentant de l'Empereur, en exerce la présidence.

Il semble donc qu'en Allemagne le droit de déclarer la guerre appartienne en réalité pleinement à l'Empereur, et que la consultation du Conseil fédéral ne soit qu'une simple formalité, tout au plus une marque de déférence purement platonique du chef de l'Empire pour les droits et l'autorité nominale des autres souverains de la Confédération ; autorité à laquelle peut s'appliquer l'expression de Montesquieu : « Pour empêcher les abus du pouvoir dans la direction des affaires, un pouvoir en laisse agir un autre » (2).

Nécessité de préparer l'opinion publique à la guerre.

Cependant, par suite de l'organisation même des sociétés actuelles, il faut préparer l'opinion publique, non seulement pour obtenir l'autorisation de déclarer la guerre, mais pour rendre la guerre populaire dans la nation ; et cette préparation exige un certain temps.

(1) Lucien de Sainte-Croix, *La déclaration de guerre*, Paris 1892.

(2) Montesquieu, *De l'esprit des lois*, liv. XI, chap. VI.

Il est certain que les Bourses sont encore le meilleur baromètre des craintes de la population. Même en admettant que, parmi les personnes dont l'action sur l'état des affaires est inévitable, il ne s'en trouve pas quelques-unes qui veuillent en profiter pour spéculer ou pour sauver une partie de leur avoir, on peut dire, qu'en tous cas, il y a trop de gens intéressés à la question de savoir s'il y aura ou s'il n'y aura pas la guerre, pour que la tempête puisse éclater sans aucun signe précurseur.

Une situation, tendue par suite de conflits diplomatiques quelconques, doit forcément attirer d'une manière spéciale l'attention de toute le monde; et, par suite, les indices de l'approche d'une guerre ne sauraient passer inaperçus. Mais, d'un autre côté, il est arrivé déjà qu'une guerre semblait inévitable, qui cependant n'a pas eu lieu. Et l'on comprend que l'habitude de voir se répéter fréquemment de semblables fausses alertes, finisse par fortement émousser la sensibilité générale à cet endroit. La nature humaine est ainsi faite, que tout ce qui est hostile, dommageable, dangereux, semble éloigné et improbable. Ainsi admettons que, dans une ville comptant un million d'habitants, la foudre fasse une victime deux fois par an : personne ne s'avisera de redouter un tel destin ; et cependant lors du tirage d'un lot de 500,000 francs, bien qu'il y ait également un million de numéros, il n'est presque pas de possesseur d'un billet qui ne compte gagner.

En outre, l'énorme majorité des masses nationales est tellement absorbée par les nécessités quotidiennes de l'existence, qu'elle ne peut suivre les événements.

Il est donc plus que probable que, pour ces masses, les signes avant-coureurs de la guerre passeront inaperçus et que cette guerre viendra les surprendre à l'improviste.

La guerre peut éclater subitement.

Mais il ne manque pas non plus de pessimistes qui, sachant combien il est important pour un État de prendre les devants dans les opérations de mobilisation et de concentration des troupes, en concluent à la probabilité d'une invasion subite du territoire de l'ennemi ; procédé qu'on justifierait par le prétexte d'empêcher précisément l'adversaire d'en faire autant.

Dans une étude due au lieutenant Froment, on trouve des indications d'où il ressort que des surprises de ce genre ont même déjà eu lieu autrefois (1).

« Un lieutenant-colonel d'artillerie anglais, auteur d'une publication « intitulée : *Les hostilités sans déclaration de guerre*, s'est livré à des recher-

(1) Froment, *La Mobilisation et la préparation à la guerre*, p. 312.

« ches, d'où il résulte que, dans une période de 171 ans, de 1700 à 1870 « inclusivement, il n'y a pas eu *dix cas*, dans lesquels une déclaration de « guerre ait précédé le commencement des hostilités ; tandis qu'à 110 re- « prises, environ, des agressions ont été commises sans avis préalable, « tant en Europe qu'en Amérique. De sorte que, conclut-il, ce que l'on pen- « sait n'être qu'une exception constituait la règle. »

Passant ensuite aux raisons invoquées habituellement par les assaillants pour justifier leur façon d'agir, l'auteur anglais observe que « dans « 41 cas, le seul motif a été de s'assurer les avantages d'une attaque sou- « daine ; dans 12 cas, de simples fonctionnaires ou officiers ont commencé « les hostilités ; dans 9, il s'est agi de prévenir le voisin dont les desseins « étaient soupçonnés ; 16 autres cas rentrent dans diverses catégories, « telles que représailles, saisies de garanties matérielles, etc... ; dans 4 cas, « des belligérants se sont trouvés conduits à violer le territoire d'un neutre, « etc... ; dans 12 cas, enfin, les hostilités ont précédé tout avis : ni l'une ni « l'autre des puissances ne voulant prendre la responsabilité morale d'avoir « déclaré la guerre ».

On doit avouer que, de notre temps, la dernière des raisons invoquées par Froment a pris une importance d'autant plus grande que tous les gouvernements européens sont attentifs à ne point soulever contre eux l'opinion publique, laquelle est presque toujours hostile à la politique d'aventure en général et aux entreprises militaires en particulier.

Tendances de l'Allemagne à cet égard.

L'auteur d'un autre ouvrage connu : *Les grandes puissances militaires*, soutient que l'Allemagne a, plus que les autres pays, une tendance à suivre ouvertement la politique qui permet les attaques inattendues. Ainsi, en 1740, le Grand Frédéric envahit subitement la Silésie autrichienne, en remplaçant la déclaration de guerre officielle par cette simple phrase adressée à l'ambassadeur français : « Je commence votre jeu et si les atouts m'arrivent, je le gagne ». C'est aussi sans déclaration de guerre qu'en 1756 les troupes prussiennes occupèrent la Saxe et, en 1848, le Schleswig-Holstein. C'est encore la même politique qu'en 1863 la Prusse se permit à l'égard de ces provinces, sous prétexte des difficultés qu'aurait entraînées une déclaration de guerre ; et en 1866, c'est au milieu d'une paix profonde qu'une armée prussienne tomba brusquement sur la Hesse-Cassel et la Saxe. Le 16 juin de cette année-là, le prince Frédéric-Charles écrivait encore : « Nous ne voulons faire la guerre ni au peuple, ni au gouvernement saxons ». Et le 18 juin, cette guerre était déclarée !

En 1870, la Prusse, craignant l'intervention des puissances européennes, dissimula jusqu'à la dernière minute ses intentions belliqueuses ; si bien que, quand le sous-secrétaire d'État d'Angleterre remit les sceaux à lord Granville, qui était alors ministre des affaires étrangères, il lui affirma que jamais encore, en Europe, la confiance dans la solidité de la paix n'avait été aussi générale qu'à ce moment. Et quelques jours seulement plus tard, le sang coulait déjà sur les champs de bataille !

Non moins mémorables sont les paroles du Premier ministre français d'alors, Émile Ollivier, qui, à peine quinze jours avant la déclaration de guerre, était encore fermement convaincu du maintien de la paix et s'efforçait d'en convaincre l'Europe.

Nous voyons, par ces exemples, que, dans le passé, ce fut chose fort ordinaire de voir la guerre survenir tout à fait à l'improviste, et que jamais on n'a pu compter sur les assurances de paix. Il n'est donc pas étonnant que les écrivains militaires témoignent d'un assez grand pessimisme sur cette question.

I. La Mobilisation.

Comment les choses se passaient autrefois.

La mobilisation, base de l'organisation militaire contemporaine, est quelque chose de nouveau relativement aux deux ou trois siècles pendant lesquels, en Occident, les guerres se faisaient exclusivement au moyen des armées permanentes. — Jadis, on convoquait en France, pour la guerre, le *ban* et l'*arrière-ban*. Dans l'Allemagne féodale, les vassaux se réunissaient sous les bannières de leurs ducs et margraves que l'empereur appelait à combattre. En Pologne, se levait toute la noblesse (*pospolite ruszenie*) (1). En Russie également on convoquait les vassaux avec des milices formées d'hommes levés sur leurs terres et qui se joignaient à eux en s'engageant au service militaire.

Mais quand tous les États se furent mis à entretenir des armées permanentes considérables, — ce qui coïncida avec le relèvement de l'autorité royale, — les guerres elles-mêmes prirent un autre caractère : un caractère « de cabinet » pour ainsi dire, qui, précisément au XVIIIe siècle, se manifesta d'une façon particulièrement évidente. A cette époque on considérait la guerre exclusivement comme l'affaire des Gouvernements qui, avec leurs économies, enrôlaient des troupes recrutées dans une fraction insignifiante et la plus mauvaise de la population, puis s'en servaient, soit pour s'emparer d'un territoire étranger voisin, soit pour défendre le leur quand il était attaqué.

---

(1) Levée générale.

Les problèmes qui se posaient à la guerre étaient eux-mêmes assez limités. On considérait comme un résultat suffisant pour toute une campagne, de s'être, par exemple, établi sur quelques points, d'avoir occupé une province, d'être arrivé devant une place forte et de l'avoir investie. Pendant ce temps, la vie nationale suivait son cours ordinaire ; et, dans la plus grande partie du pays, surtout dans les régions éloignées du théâtre de la guerre, on pouvait même l'oublier. Puis, dès le début des opérations militaires, la diplomatie entrait en jeu ; de nouvelles alliances se contractaient, et les guerres, de la sorte, se prolongeaient pendant des années.

Une telle façon de conduire la guerre en faisait une sorte de sport pour les professionnels et fournissait un champ tout naturel aux exploits des courtisans. C'était plutôt une occupation de bon genre pour quelques personnes de la haute société, à qui elle permettait d'acquérir de la gloire, qu'une lutte, pour la vie ou la mort, entre deux nations.

Quand et comment elles se sont modifiées.

Mais voilà qu'en 1793 une guerre « de cabinet », faite d'un côté, fit éclater tout à coup de l'autre une guerre nationale, et le résultat fut extraordinaire. Les troupes admirablement organisées des cabinets furent culbutées par les masses de conscrits répondant à l'appel de la Révolution. Des jeunes gens, qui venaient à peine de recevoir leurs fusils, vainquirent les vétérans des régiments mercenaires. Survint alors un homme de génie qui sut donner une organisation à ces éléments primitifs. La guerre cessa tout à fait d'être un jeu.

Napoléon avait toujours en vue, non pas de remporter simplement une victoire sur l'ennemi, mais de le détruire et de le mettre hors d'état de continuer la lutte. Pour atteindre ce but, son premier principe était de concentrer tout ce qu'il pouvait de forces et de moyens d'action sur un point aussi voisin que possible du territoire adverse, afin de prendre tout d'un coup l'offensive la plus résolue (1). Cette tactique est encore considérée aujourd'hui comme la plus rationnelle, et tous les efforts des États tendent à accabler leurs adversaires éventuels d'un seul coup par le moyen d'une mobilisation rapide de leurs forces.

Problème de la mobilisation moderne.

Dans chaque pays, les bases fondamentales de la mobilisation sont déterminées par des conditions géographiques et statistiques. Le problème consiste à calculer exactement le temps nécessaire à la réunion de tous les corps de troupe sur les points choisis pour la formation de l'armée. Cette période de rassemblement se divise en trois parties : réunion des hommes appelés ; équipement et encadrement de ces hommes dans les corps permanents ; enfin, concentration de l'armée sur une ligne donnée près de la frontière. La durée relative de chacune

(1) Militärische Essays, *Kriegsleistungen und Aufmärsche* (Opérations militaires et déploiements).

de ces trois parties de la période de mobilisation doit être déterminée par des données géographiques et statistiques, et diffère, suivant la situation, d'un pays à un autre. Moins on met de temps pour exécuter chacune des trois opérations sus-indiquées et plus est probable le succès de la campagne entreprise. Toutes trois ont une importance énorme pour le commandant en chef lui-même, et leur exécution rapide, en même temps que pleinement correcte, est une preuve de la perfection de l'organisme militaire et le résultat de l'activité déployée par la haute direction de l'armée pendant la paix. C'est aussi de là que dépend l'établissement du plan d'opérations (1).

Organes directeurs de la mobilisation

En Russie, presque toute l'action dirigeante de la mobilisation est concentrée dans l'Etat-Major; dans les armées étrangères, à l'exemple de l'Allemagne, elle est répartie entre les régions de corps d'armée. La Russie ne pouvait adopter ce système, à cause de la distribution très irrégulière de ses garnisons, et du défaut de correspondance entre les besoins des corps et les ressources du recrutement. Les masses principales, par suite de considérations stratégiques et politiques, sont concentrées dans l'Ouest, tandis que les sources de recrutement de l'armée en hommes, en chevaux et en matériel, se trouvent au centre et à l'Est de l'Empire.

Cette circonstance, jointe à la vaste étendue du territoire et à l'insuffisance de bonnes voies de communication, ne permet pas d'effectuer la mobilisation avec la même rapidité qu'en Allemagne. C'est une infériorite inévitable qu'il faut compenser par des mesures spéciales destinées à augmenter le degré de préparation à la guerre des troupes de la frontière.

Conditions du succès de la mobilisation.

Nous avons dit plus haut que les données fondamentales de la mobilisation, imposées par la situation géographique, influent sur le plan de campagne lui-même. Mais, réciproquement, les dispositions relatives à l'exécution de la mobilisation dépendent à leur tour de ce plan. Car il influe sur le choix du point de réunion des troupes, et de ceux où sont emmagasinés les approvisionnements en vivres et en matériel de tout genre. Pour le succès de la mobilisation, il faut déterminer à l'avance les points de formation des petites fractions qui,de là, se rendront à proximité des magasins d'où elles doivent tirer leur matériel. Mais il faut qu'à l'avance aussi soit exactement calculé le temps nécessaire pour réunir et transporter chaque fraction, depuis le jour où elle a reçu l'ordre de se mobiliser jusqu'au moment où elle arrive au point de concentration de l'armée. Les durées de toutes les opérations successives doivent être exactement

---

(1) Lorenz Stein, *Die Lehre vom Heerwesen* (L'enseignement de l'organisation militaire).

calculées à l'avance pour chaque point et chaque corps de troupes. Le commandant en chef doit connaître avec précision ce que l'armée recevra chaque jour en fractions, de tel ou tel effectif, des différentes armes. Car c'est d'après ces renseignements qu'il prendra ses dispositions pour que chacune des fractions dont il s'agit trouve à l'endroit voulu tout ce qui lui est nécessaire.

Résumé des opérations qu'elle comporte.

En un mot, la « mobilisation » ne consiste pas seulement dans l'ordre d'appeler les hommes et de réunir les troupes.

Elle comporte, premièrement, un plan de rassemblement établi avec précision jusque dans les plus petits détails, y compris l'équipement et le transport des troupes; et, secondement, elle se termine en fait par *l'organisation de la « base d'opérations » et de la « ligne d'opérations » de la campagne même.*

La mobilisation est donc une chose extrêmement complexe et qui soulève une foule de problèmes d'ordre économique; elle exige de la rapidité, mais en même temps beaucoup de sûreté et d'exactitude d'exécution. Très souvent les effectifs réels ne concordent pas avec ceux qui sont portés sur les contrôles; et ce serait une faute, de la part d'un commandant en chef, de considérer dans ses plans les bataillons et les régiments établis sur le papier comme représentant l'effectif complet des unités de ce nom.

La mobilisation est justement la période du temps de guerre où il est le plus nécessaire qu'il y ait entente parfaite et accord absolu dans la façon d'agir, entre le ministère de la guerre et le quartier-général de l'armée (1), pour jeter cette armée sur l'ennemi avant que celui-ci parvienne à franchir la frontière.

I. Mobilisation de l'infanterie.

Nécessités auxquelles doit faire face l'organisation militaire actuelle.

L'effectif de toutes les armées européennes s'est, comme nous l'avons déjà dit, extraordinairement accru dans ces vingt dernières années. Mais en outre, leur organisation même s'est considérablement transformée en raison des besoins actuels.

Le premier de ces besoins, pour une armée, c'est de pouvoir passer rapidement du pied de paix au pied de guerre, en remplissant ses cadres au moyen d'hommes rappelés, pour compléter ainsi les effectifs de ses régi-

(1) L. Stein, *Heerwesen.*

ments. Pendant cela, les troupes destinées à opérer activement s'efforcent de prévenir l'invasion ennemie et prennent l'initiative de l'attaque. Mais en même temps se forment des corps destinés à soutenir les derrières de l'armée et des milices chargées de la défense intérieure du pays et du maintien de l'ordre.

La mobilisation consiste essentiellement : à pourvoir toutes les troupes, des hommes, des chevaux et du matériel nécessaires pour passer au pied complet de guerre. La mobilisation peut être partielle ou générale.

Difficultés du problème de la mobilisation.

Dans ce dernier cas, tous les hommes inscrits sur les contrôles de l'armée sont appelés sous les drapeaux. Mais la réalisation de cette mesure n'est pas chose aisée. Voici comment von der Goltz expose la difficulté du problème de la mobilisation (1) : « Il n'est pas un corps de troupes qui soit en état de quitter sa garnison pour marcher immédiatement à l'ennemi. Il faut, avant tout, qu'il se complète au moyen de ses réservistes. On rappelle ainsi brusquement sous les armes, dans un pays, des centaines de mille, ou même des millions d'hommes, et l'on se hâte d'entreprendre un mouvement en avant pour lequel tout doit être exactement prévu à l'avance si l'on veut éviter le désordre. Le plus difficile n'est pas de compléter les régiments de l'armée permanente, chose assez aisée. Ce qui complique surtout la mobilisation, c'est qu'elle comporte aussi la constitution d'unités nouvelles et de nouveaux organes de commandement. Les troupes de réserve de campagne, de garnison, de dépôt, les commandements d'armée, les gouvernements militaires, les inspections et commandements d'étapes, — l'ordre de mobilisation fait apparaître tout cela. Les trains et les parcs se complètent, ou même se forment de toutes pièces. Les intendances de campagne, les personnels des postes et télégraphes militaires, du trésor, du service de santé, de la justice, de l'aumônerie, sont à constituer. Il faut habiller et armer les hommes, donner à chaque corps les chevaux dont il a besoin, organiser des magasins et des commissions de toute sorte, acheter et réunir les vivres nécessaires.

« Les places qui se trouvent dans le rayon des opérations renforcent leurs garnisons, se munissent de toutes les ressources, en personnel et matériel, dont elles ont besoin. Il faut liquider toutes les affaires du temps de paix ou transmettre aux autorités constituées pour remplacer celles qui partent, les archives et papiers administratifs qu'elles devront conserver pendant la guerre... Les chemins de fer ont à transporter le plus rapidement possible vers la frontière, hommes, chevaux, canons, matériel de toute sorte... »

Et il faut que tout cela s'accomplisse *en quelques jours*. En 1870, la mobi-

(1) *Das Volk in Waffen* (La nation armée).

lisation fut ordonnée aux troupes dans la nuit du 16 juillet, et le 4 août les armées allemandes franchissaient la frontière et remportaient leur première victoire. Maintenant on veut que cela marche encore plus vite, ce qui n'exige pas seulement une préparation méthodique organisée de longue main dès le temps de paix, mais une extrême activité au moment de l'exécution, un fonctionnement régulier, quoique véritablement fiévreux et épuisant, de tous les organes mis en jeu.

Et cet état de fièvre se communiquera à la nation tout entière. Toutes les affaires privées se trouveront fortement atteintes par la mobilisation qui constituera pour tout le monde, un moment d'excitation violente. Aussi le colonel Blume dit-il avec raison (1), que la mobilisation de l'armée, dans les conditions de la vie actuelle, sera comme une véritable pierre de touche permettant d'apprécier l'organisation générale d'un pays et l'esprit de sa population.

Ordre des premières opérations.

Mais pour permettre au lecteur de se rendre compte de la façon dont s'accomplit la mobilisation, examinons d'abord l'ordre suivi pour l'appel des hommes, leur habillement et leur armement.

Voici comment les choses se passent :

Aussitôt reçu l'ordre de mobilisation, les compagnies doivent quitter leurs casernes et s'établir dans des cantonnements. Les casernes ne servent qu'à réunir les hommes pour l'ajustement des effets et la distribution des armes, ainsi que pour la répartition des réservistes entre les bataillons actifs.

On commence alors à appeler ces réservistes. Amenés par les chemins de fer, ils sont formés en détachements, et conduits par des sous-officiers dans les casernes où on les répartit par compagnie. Puis a lieu leur équipement au fur et à mesure de leur arrivée. Quand ils sont habillés, ils reçoivent les armes et les vivres de campagne. Ensuite vient le payement de la solde et, quand l'équipement est achevé, le renvoi aux magasins des effets ou armes qui restent en trop.

En même temps, les soldats qui se trouvaient déjà sous les drapeaux se préparent à se mettre en route, et reçoivent, suivant les besoins, de nouveaux effets, chaussures, etc.

D'autre part, a lieu la réquisition des chevaux destinés aux transports des munitions, des vivres, du matériel d'ambulance, etc. Tous ces objets, comme les voitures et le harnachement des attelages, se trouvent tout préparés dans les magasins.

Mais ces opérations ne sont pas encore celles qui présentent les plus grandes difficultés.

L'effectif permanent des corps d'infanterie ne constitue, en temps de

(1) *Strategia*. — Berlin, 1882, p. 66.

paix, qu'un noyau pour leur mise sur le pied de guerre, dont la réalisation conduit à doubler et tripler leur effectif. En outre, le nombre même des unités s'augmente, et ces difficiles opérations doivent s'exécuter dans le moins de temps possible.

Rapidité nécessaire.

En 1870, on avait accordé deux jours aux hommes de troupe pour se rendre à l'appel; à l'avenir ce temps sera probablement réduit à 24 heures. Les officiers devaient rejoindre leurs corps dans les cinq jours. Désormais ce délai sera réduit au moins à un seul jour, — d'après le désir général, manifesté depuis 1870, d'accélérer le plus possible toutes les opérations de la mobilisation.

La hâte atteindra certainement le plus haut degré d'une tension, au milieu de laquelle, comme dit le général Lewal, « le problème de la mobilisation ne peut être heureusement résolu qu'en opérant de la façon la plus méthodique, avec une précision mathématique et *la plus extrême simplicité.* Tout ce qui peut être une cause de complication, doit être rigoureusement écarté des règles à suivre ».

Il n'est pas difficile de formuler de semblables prescriptions. Mais si nous examinons de près toutes les difficultés que soulève la mobilisation, nous nous convaincrons qu'il faut à un pays une administration véritablement modèle, pour pouvoir mener à bien l'exécution régulière d'une telle opération, dans les délais si courts qu'on lui impose aujourd'hui.

Quant à juger dans quelle mesure les dispositions établies en temps de paix peuvent être considérées comme rationnelles et réalisables, c'est chose impossible tant qu'elles n'auront pas été soumises à l'épreuve de la guerre. C'est seulement alors que se manifesteront les erreurs de calcul et que s'éclairciront les points obscurs ou contestés.

Tableau des opérations.

Voici comment, — si l'on prend pour type général ce qui s'est passé dans l'armée allemande en 1870, — voici comment se présentera le tableau d'ensemble de la mobilisation des forces militaires.

Les principales opérations qui se doivent accomplir dans les corps de troupe d'infanterie, sont prévues par le plan général. Tous les détails en sont réglés par les commandants de corps d'armée, et les chefs de chaque unité sont chargés d'en assurer l'exécution dans la troupe qu'ils commandent.

Chaque régiment d'infanterie forme, à la mobilisation, un bataillon de dépôt, en détachant les cadres nécessaires à l'organisation du régiment de landwehr correspondant. En outre, il cède une partie de son personnel à différents établissements et services. Tant pour compenser les pertes qu'il s'impose ainsi que pour se compléter à l'effectif de guerre, le régiment d'infanterie reçoit à son tour le nombre nécessaire de gradés et de soldats pris dans la réserve et les plus jeunes classes de la landwehr.

Ainsi, par exemple, un régiment d'infanterie devra détacher au bataillon de dépôt : un major pour commander ce bataillon, deux capitaines et deux premiers lieutenants comme commandants de compagnie, cinq seconds lieutenants et un assimilé ; — au régiment de landwehr : deux capitaines pour commander des bataillons, quatre premiers lieutenants pour commander des compagnies et trois seconds lieutenants ; — à l'état-major et pour différentes autres destinations : un premier et trois seconds lieutenants. En remplacement de ces 23 officiers le régiment recevra 15 officiers de réserve et de landwehr et 16 enseignes porte-épée ou vice-feldwebels.

La durée de la mobilisation est calculée, pour les régiments actifs, d'après le temps qu'exige leur transport par voie ferrée aux points de concentration. L'une des divisions de chaque corps d'armée doit terminer sa mobilisation un jour avant l'autre. Les régiments qui ne sont pas stationnés aux points d'embarquement en chemin de fer, doivent abréger leur mobilisation de 24 heures.

Les délais accordés aux différents corps d'armée pour se mobiliser ne sont pas les mêmes et dépendent du temps nécessaire pour les transports. Un corps qui part plus tard laisse à ses régiments un jour ou deux de plus, pour leur permettre d'exécuter leurs opérations de mobilisation sans une hâte et une précipitation qui ne sont pas nécessaires.

Malgré la brièveté du temps dans lequel s'accomplit la mobilisation, le chef de corps devra en profiter pour mettre ses hommes en confiance et pour ainsi dire dans sa main. Car, la mobilisation achevée, il faut immédiatement marcher à l'ennemi ; et si, à ce moment, la préparation de la troupe, au point de vue moral, n'est pas terminée, si son esprit n'est pas élevé au niveau voulu, il sera ensuite trop tard pour obtenir ce résultat.

Cette partie du travail de la mobilisation offre un intérêt énorme ; et, comme tout le temps employé à mettre les troupes en état de combattre est pris par des préoccupations purement matérielles, il faut une extrême attention, beaucoup de fermeté, d'intelligence et de tact, pour utiliser chaque circonstance qui se présente de développer l'esprit militaire des soldats.

2° Mobilisation de la cavalerie et de l'artillerie.

Raisons qui commandent de mobiliser rapidement la cavalerie.

Dans le chapitre consacré à la cavalerie, nous avons exposé au lecteur l'intention évidente qu'a chaque État d'envahir, dès le début de la guerre, le territoire ennemi, pour empêcher l'armée adverse d'effectuer sa mobilisation et la concentration de ses forces.

Il suit de là, comme très probable, que toutes les mesures possibles seront prises pour que la plus grande partie de la cavalerie puisse entrer en action d'un seul coup.

« Dans leur appréciation des résultats qu'aurait une telle manière d'agir, de la part de la cavalerie russe, les Allemands, — dit le professeur Klembovsky (1), — n'admettent pas que cette cavalerie puisse pénétrer en Prusse plus loin qu'à une distance de deux marches ; ce qui réduirait son œuvre à la destruction de quelques lignes ferrées et télégraphiques et à la prise de quatre ou cinq magasins. Mais, de leur propre aveu, ce simple succès partiel suffirait à retarder la mobilisation d'un jour ou deux (2). — Et, dans une période où le temps se compte par heures, un gain de deux jours n'est pas une quantité sans importance et qu'il soit permis de négliger. »

La même chose aura lieu, vraisemblablement, dans une mesure plus ou moins considérable, sur toutes les autres frontières. Au reste, les opérations de la mobilisation seront analogues à celles qui ont eu lieu en 1870.

« On peut dire qu'à cette époque, d'une façon générale, les régiments de cavalerie frontière furent mobilisés *trois jours avant la déclaration de guerre, et que, six jours après, c'est-à-dire le surlendemain de l'ouverture officielle des hostilités*, ces régiments furent renforcés par la cavalerie de l'intérieur. Si bien que, du septième au onzième jour de la mobilisation, toute la cavalerie était prête. Trois jours plus tard, c'est-à-dire deux semaines, au total, après le commencement de la guerre, les régiments de réserve de cavalerie paraissaient sur le théâtre des opérations (3). »

Mesures prises pour obtenir ce résultat.

D'après la façon dont, depuis la guerre 1870-71, tous les ouvrages militaires allemands qui s'occupent de la cavalerie déterminent le caractère de son rôle à la guerre, il n'est pas douteux que, dans les campagnes futures, cette arme n'entre en scène dès le commencement des hostilités et pour remplir une mission très importante. Par conséquent, on peut être certain que, dès le temps de paix, toutes les mesures sont prises pour que la mobilisation et la concentration de la cavalerie soient encore plus rapides que dans la dernière guerre. Et de fait, chaque année, le nombre diminue des régiments dont les escadrons sont dispersés entre plusieurs garnisons. De cette façon, l'échange d'hommes et de chevaux à effectuer entre le dépôt et les escadrons actifs s'accomplira désormais sans le moindre retard. Et, d'un autre côté, les régiments n'étant jamais stationnés que dans le voisinage d'un chemin de fer, les réservistes et les chevaux de complément seront rendus à destination en quelques heures.

---

(1) *Partizanskia déïstvia* (Opérations de partisans).

(2) Et ce retard affectera surtout les têtes de colonne de l'armée ennemie, celles qui seraient plus susceptibles que les autres d'empêcher l'achèvement de la mobilisation et de la concentration des troupes russes.

(3) *Voïennyi Sbornik*, tome CLXXIII, *Mobilisatsia germanskoï kavalerii i piékhoty* (Mobilisation de la cavalerie et de l'infanterie allemandes).

L'appel des réservistes, si l'on en juge par les communications de la presse allemande, a été beaucoup simplifié ; ainsi, pour eux, la convocation individuelle a été remplacée par l'affichage d'un appel général, — mesure qui fait gagner *deux jours* entiers. Et en cas de besoin, au lieu des quarante-huit heures laissées à ces hommes pour mettre ordre à leurs affaires, il ne leur en sera concédé que vingt-quatre.

Pour ce qui est du complément de chevaux nécessaires aux régiments, cette opération se réduit à presque rien ; car l'effectif de paix permet de porter chaque escadron à 130 ou 135 chevaux. Aussi, pour mettre le régiment tout entier sur le pied de guerre, ne faudra-t-il pas lui ajouter plus de 80 animaux. Et les régiments, étant tous en garnison dans de grandes villes, pourront se procurer ces chevaux sur place par voie de réquisition ou d'achat.

Il faut compter que, dans la cavalerie, la durée de la mobilisation se réduira en général à trois jours tout au plus, et que les régiments qui ne partiront pas immédiatement seront entièrement prêts à partir entre le troisième et le cinquième jour inclus, à dater du commencement de la mobilisation.

Conditions de mobilisation de l'artillerie.

Quant à l'artillerie, les conditions de sa mobilisation dans toutes les armées sont plus ou moins analogues.

Dans tous les pays on tient constamment prêts le nombre voulu de canons et de projectiles, les approvisionnements de poudre et de matériel de tout genre nécessaires pour mettre les troupes de cette arme sur le pied de guerre.

Quant aux hommes et aux chevaux de complément, l'artillerie les recevra au cours de la mobilisation.

En France, pendant la paix, l'artillerie d'un corps d'armée se compose de deux régiments formant une brigade de 2,500 hommes et 1,500 chevaux. Sur le pied de guerre, ces deux chiffres seront portés l'un et l'autre à 6,000. Les 4,500 chevaux nécessaires seront obtenus par réquisition. Quant aux 3,500 hommes, ils seront fournis par les réservistes de l'arme, complétés par un dixième environ de réservistes inutilisés par la cavalerie, et affectés à l'artillerie comme conducteurs des voitures de ses parcs.

Cette introduction d'éléments étrangers, dans les rangs de l'artillerie, présente de sérieux inconvénients qu'on ne peut écarter qu'en prenant des mesures spéciales pour assurer l'instruction et le bon emploi de ces auxiliaires.

On ne peut pas pleinement compter sur les hommes arrivant ainsi au moment de la mobilisation. Il faudra mettre à cheval, dans la plupart des cas, des hommes ne sachant pas bien harnacher leurs attelages, et n'ayant pas l'habitude de conduire correctement deux chevaux (1).

(1) A. Vanekovsky, *Isliédovanié svoïstva povoski* (Étude sur les charrois). — *Injenernïy Journal.*

Mais la plus grande difficulté que présentera la mobilisation de l'artillerie, c'est encore la réunion des chevaux si nombreux dont elle aura besoin.

3° Exécution de la conscription des chevaux.

Comment s'effectue la réquisition des chevaux.

Procurer à l'armée les chevaux qui lui sont nécessaires constitue l'un des problèmes les plus importants de la mobilisation. Nous allons examiner les moyens employés pour le résoudre, et qui sont plus ou moins analogues dans les différents pays.

En Russie, chaque circonscription militaire est divisée, pour le contrôle des chevaux, en sections dont les limites concordent avec celles des districts. Dans chaque section sont désignés un ou plusieurs points de livraison placés sous la surveillance d'un commissaire territorial particulier nommé pour trois ans.

Le président de la commission chargée d'évaluer le prix des animaux transmet à ce commissaire l'ordre de mobilisation, en lui faisant connaitre le nombre de chevaux demandés et le jour où ils doivent être rendus au point de réception. Le commissaire invite, par l'intermédiaire de la police, les autorités rurales à diriger tous les chevaux sur le point de rassemblement. D'abord on prend les animaux volontairement offerts par leurs propriétaires et reconnus bons. Puis, si le nombre en est insuffisant, on tire au sort entre tous ceux qui sont jugés aptes au service.

Les chevaux ainsi désignés sont envoyés par le commissaire en un point général de réunion, où ils sont examinés par une commission de réception composée d'un membre nommé par le gouverneur de la province et d'un officier commandé pour ce service. Les vétérinaires ne prennent part aux travaux de la commission qu'en qualité d'experts et n'ont pas voix délibérative.

Le chef de la circonscription militaire répartit et envoie les chevaux choisis aux différents corps, conformément au plan de mobilisation.

Les voitures nécessaires aux régiments actifs et à la plupart des régiments de réserve sont au grand complet et prêtes à marcher, quoique leur modèle ne corresponde pas toujours exactement au modèle réglementaire. C'est la conscription des chevaux qui fournit tous les attelages de ces voitures (1).

(1) *Die russische Armee im Krieg und Frieden* (L'armée russe en temps de guerre et en temps de paix). — Berlin, 1890.

Besoins en chevaux des différents pays.

Les indications suivantes, empruntées à l'*Année militaire* de 1892, font connaître les besoins en chevaux qu'ont les différents pays au moment de la mobilisation :

	NOMBRE DE MILLIERS DE CHEVAUX			
	Que l'armée possède en temps de paix	Qu'il lui faut en plus à la mobilisation	Qui existent dans le pays	Pour cent à prendre pour la guerre
Russie	160	340	25,000	1,36
France	143	308	3,000	10,26
Angleterre	15	14	2,000	0,70
Italie	45	75	750	10,00
Autriche	77	173	4,000	4,32
Allemagne	116	334	3,000	11,13

Exprimés graphiquement ces chiffres donnent les figures ci-dessous :

Nombre de milliers de chevaux

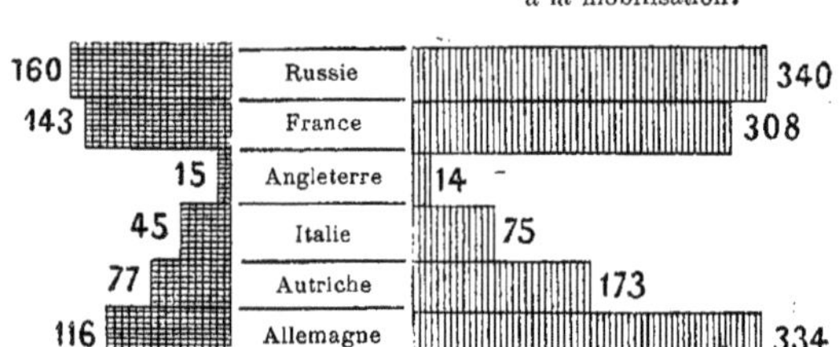

Pour cent de chevaux à prendre pour la mobilisation par rapport au nombre existant.

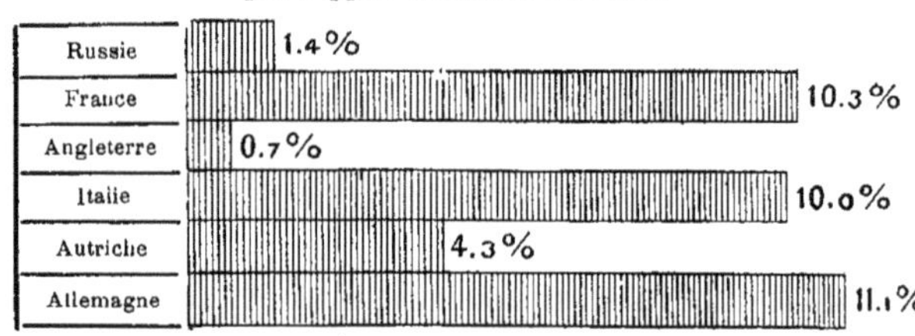

Au premier coup d'œil, il semblerait qu'en aucun pays le choix des chevaux nécessaires ne puisse offrir de difficultés ; puisqu'on n'a guère à demander, à la population chevaline, que de 1 à 11 0/0 de son effectif.

Difficultés que présentera la satisfaction de ces besoins.

Mais on exige des chevaux, pour la guerre, des qualités assez sérieuses. Et comme la grande majorité de ces animaux dans chaque pays (en Russie presque tous les chevaux des paysans sont dans ce cas) ne répondent pas à ces exigences, — soit faiblesse ou défaut de taille ; comme, en outre, l'importation des chevaux se trouve arrêtée dès le début des complications politiques qui amèneront la guerre, — par suite de la répugnance qu'auront les États voisins à contribuer au recrutement des armées étrangères : il y a tout lieu de redouter, de ce chef, de sérieux embarras.

Les données ci-dessus montrent que ces embarras sont surtout à craindre en Allemagne, d'abord, puis en France et en Italie (1).

En France, et malgré tous les efforts, on ne put, en 1870, mettre en ligne contre l'ennemi plus de 1,700 pièces au lieu de 2,370 — parce qu'on ne put se procurer que 32,000 chevaux d'artillerie au lieu de 51,000 qu'il eût fallu pouvoir atteler (2).

De tous les pays, c'est la Russie et l'Angleterre qui éprouveraient le moins de difficultés à ce point de vue. L'Autriche occupe une position moyenne.

4° Importance des voies ferrées pour les opérations préparatoires

Les chemins de fer et la mobilisation

Les chemins de fer ont eu le sort de toutes les inventions nouvelles. Leur importance réelle, au point de vue des opérations militaires, n'a été bien comprise qu'après un certain temps. Au début ont dominé surtout les

(1) On peut trouver des indications plus détaillées en ce qui concerne la Russie, dans l'étude de Doubensky, *L'Elevage des chevaux et les moyens de transport en Russie*. On y voit que, dans les 41 gouvernements auxquels se rapportent les calculs, il existait 12,675,657 chevaux, dont :

A des paysans	10,361,000
A des propriétaires terriens	1,969,000
Dans les villes	344,000
La proportion des chevaux de petite taille était de	65,3 0/0
La proportion des chevaux de bonne taille était de	34,7 0/0

Ces proportions variaient d'ailleurs suivant les localités et les propriétaires, comme le montre le tableau ci-dessous :

Chevaux de paysans	30,8 0/0	69,2 0/0
— des propriétaires terriens	48,7 0/0	51,3 0/0
— des villes	63,6 0/0	36,4 0/0

Dans les circonscriptions militaires de :

Varsovie	46,3 0/0	53,7 0/0
Vilna	26,0 0/0	74,0 0/0
Kieff	25,4 0/0	74,6 0/0

(2) Pascal, *La Mobilisation*.

opinions extrêmes : les uns exagérant l'utilité militaire que pouvaient avoir les lignes ferrées, tandis que d'autres la niaient complètement.

Ainsi l'on peut citer comme une des opinions démenties par les faits, celle exprimée par bien des gens, lors de la première apparition des chemins de fer : qu'avec le développement de ces moyens de communication entre les peuples, la guerre deviendrait impossible, et qu'ainsi les chemins de fer devaient être considérés comme un gage de paix universelle et, par suite, de désarmement général.

Il s'est trouvé, au contraire, que les chemins de fer constituaient un nouvel et puissant engin de guerre. Permettant de réunir promptement les hommes en congé, puis de concentrer les troupes sur la frontière, les chemins de fer facilitaient par là même les opérations des masses et ont ainsi concouru à l'évolution d'où est sortie la constitution des énormes armées modernes.

Services qu'ils rendent aux armées modernes.

Sans les chemins de fer, il serait impossible de faire vivre sur le théâtre de la guerre les millions d'hommes des armées d'aujourd'hui : « L'influence des chemins de fer, sur l'organisation et l'effectif des armées, dit le professeur Makchéïeff, a encore eu pour résultat de rendre nécessaire l'augmentation d'effectif des troupes à entretenir sur les derrières de l'armée (troupes de réserve et d'étapes). En réalité, par suite de l'extension des voies ferrées, les derrières de l'armée ont exigé de nouvelles mesures de protection : d'abord, parce que les chemins de fer sont un engin très fragile et facile à détruire et, ensuite, parce que les voies ferrées ont extrêmement étendu ces derrières des armées en profondeur et allongé leurs lignes de communication. A la fin de la guerre franco-prussienne, pour garder les derrières des armées allemandes, il fallut jusqu'à 145,712 hommes, avec 5,945 chevaux et 80 canons ».

Très importants aussi pour la guerre sont les services que les chemins de fer rendent aux armées, en diminuant notablement les pertes en hommes qui résulteraient pour elles, des marches que les troupes devraient exécuter, pour se porter, de leurs garnisons, dans la direction où s'effectue la concentration. L'auteur que nous venons de citer ajoute que le déchet d'effectif produit par des marches prolongées peut s'élever à 20 0/0 de l'effectif : « La grande armée de Napoléon, lors de sa campagne de Russie, en 1812, tout en ne faisant pas plus de 500 verstes en 52 jours, perdit environ 100,000 hommes sur 500,000, c'est-à-dire 20 0/0 en malades et traînards ».

Comment leurs avantages furent mis en lumière.

L'importance des chemins de fer à la guerre fut particulièrement mise en évidence par celle de 1859, entre l'Autriche et la France alliée de la Sardaigne, — grâce à la comparaison qu'on eut ainsi l'occasion de faire, avec ce qui s'était passé quelques années plus tôt, lors de la guerre d'Orient, où il n'avait pas encore été possible de se servir des voies ferrées. Chacun comprit dès lors que le résultat de la campagne de Crimée aurait pu être tout autre, si la Russie avait eu les moyens de concentrer promptement, dans la presqu'île de Chersonèse, toutes les forces dont elle pouvait disposer.

Emploi des chemins de fer dans la campagne des Français en Italie.

Du 20 avril au 15 juillet 1859, par les chemins de fer de Paris à Marseille, Culoz et Toulon, la France réussit à jeter, sur le théâtre de la guerre d'Italie, 227,000 hommes et 37,000 chevaux. En un seul jour, le 25 avril, il fut transporté 11,495 hommes de toutes armes, et la moyenne des transports quotidiens fut de 8,000 hommes.

Ces opérations méritent d'autant plus d'être enregistrées, comme un succès à l'actif des chemins de fer, que, pendant leur exécution, ils ne changèrent rien au graphique habituel de leurs trains de voyageurs, dont ils continuèrent d'expédier 13 par jour. Ce résultat fut obtenu grâce à la coopération des lignes qui n'avaient pas à transporter de troupes et qui fournirent une partie de leur matériel roulant, en même temps qu'elles prêtaient leurs propres voies pour le retour des wagons vides.

Pendant cette même guerre d'Italie, les chemins de fer rendirent aussi des services au point de vue tactique. L'un des plus éminents fut d'amener le gros des forces du 1er corps d'armée français sur le terrain de la bataille de Magenta. Chez les Autrichiens d'ailleurs, l'organisation des transports militaires, par voie ferrée, fut beaucoup moins réussie.

Dans la guerre suivante, — celle de la Sécession américaine, de 1861 à 1864, — la direction même des opérations militaires fut en grande partie déterminée par le désir de s'emparer de telle ou telle voie ferrée, d'occuper des « nœuds » de lignes, de détruire des ponts de chemins de fer, etc.

Les chemins de fer pendant la guerre austro-prussienne de 1866.

Dans la guerre de 1866, entreprise par la Prusse contre l'Autriche et ses alliés, la concentration, par suite de considérations politiques, s'effectua avec tant de lenteur que les chemins de fer n'eurent pas à jouer un bien grand rôle. Très remarquable pourtant fut la façon dont on ramena à Vienne, par voie ferrée, l'armée autrichienne qui venait d'être victorieuse en Italie. En 10 jours, on lança 297 trains qui transportèrent, sur une distance moyenne de 60 milles (1), 3,765 officiers, 123,636 hommes de troupe, 16,631 chevaux et 254 canons.

Mais la concentration des troupes prussiennes sur la frontière, lors de cette guerre de 1866, ne présenta pas l'aspect brillant qu'elle devait avoir en 1870; — parce que, jusqu'au moment même de la déclaration de guerre, les Prussiens ne surent pas exactement contre qui, en plus des Autrichiens, ils auraient à combattre. Des deux côtés, les armements commen-

(1) Le mille allemand vaut 7,500 mètres : 60 milles = 450 kilomètres.

cèrent vers le milieu de mars ; c'est au milieu de juin que l'ambassadeur autrichien fut rappelé de Berlin ; et c'est trois jours après qu'eut lieu la déclaration de guerre à la Prusse, des rois de Saxe et de Hanovre et du Grand Électeur de Hesse-Cassel.

Les forces réunies par l'Autriche, en Bohême et en Moravie, s'élevaient à 271,000 hommes. Et les troupes des États de la Confédération, qui s'étaient décidés à passer des protestations écrites à une coopération militaire effective avec l'Autriche, formaient en outre un total de 119,000 hommes.

Mais tout de suite se manifestèrent les conséquences fâcheuses d'une action conduite ainsi par plusieurs États alliés. Chaque gouvernement voulait avant tout protéger avec ses troupes son propre territoire — et chacun avait plus confiance dans son chef militaire particulier que dans le commandant en chef autrichien.

C'est là un phénomène dont l'histoire nous montre bien des exemples — et l'on peut se demander s'il ne se renouvellera pas lors d'une action simultanée des puissances de la Triple Alliance.

La Prusse en eut promptement terminé avec les petits États qui, à l'exception de la Saxe, — et encore ne fût-ce que grâce à l'insistance de l'Autriche, — devinrent, à la conclusion de la paix, de simples provinces prussiennes. Puis la Prusse prit des mesures énergiques pour transporter, par voie ferrée, des troupes sur le théâtre de la guerre en Bohême. En très peu de temps, 278,000 Prussiens furent concentrés en face des 271,000 Autrichiens qui se trouvaient là. Les forces étant ici numériquement égales, le triomphe des Prussiens témoigne plus nettement de la supériorité d'organisation, d'armement et de tactique de leurs troupes, que ce ne fut le cas dans la guerre de 1870 contre la France, — où le principal élément dont disposa le grand statisticien militaire de Moltke fut la supériorité numérique.

Emploi des chemins de fer par la Prusse en 1870.

En 1870, la Prusse était incomparablement plus puissante qu'en 1866. Elle avait directement annexé quelques-uns des États de l'ancienne Confédération germanique ; et tous les autres États de l'Allemagne septentrionale étaient entrés dans la « Confédération du Nord » qu'elle présidait. Enfin, avec les États du Sud : la Bavière, le Würtemberg et le grand-duché de Bade, elle avait conclu des conventions militaires. Le plan de mobilisation avait été perfectionné et le règlement des transports, par voie ferrée, soigneusement établi d'après l'enseignement des campagnes de 1859 et 1866.

Quand arriva le moment décisif, chaque corps de troupes de la Confédération de l'Allemagne du Nord se mobilisa, dans sa province, en dix journées. Puis la concentration sur la frontière de l'Ouest eut lieu par corps et quelquefois même par division. La neutralité de la Belgique limita la ligne de bataille formée par les troupes et dont le centre fut établi sur la route habituellement suivie lors des guerres précédentes entre la France et l'Allemagne, c'est-à-dire dans le Palatinat du Rhin, possession de la Bavière.

Les forces actives qui tenaient la tête se composaient de 450 à 500,000 hommes et furent réparties en trois armées. Les intervalles observés, tant entre ces armées qu'entre leurs parties constituantes, témoignent des précautions prises pour que lesdites armées, de même que chacun des corps entrant dans leur composition pussent se concentrer en avant sur un seul point, d'après la règle « de marcher séparés et de combattre réunis » (*getrennt marschiren, zusammen schlagen*).

Nous figurons le dispositif de cette concentration dans le schéma ci-dessous du mouvement des différents corps :

1re armée		Étendue de l'intervalle	2e armée	Étendue de l'intervalle	3e armée
☐ 1	Profondeur 37 k.	(18 kil. 1/2.)	☐ 5	(18 kil. 1/2)	☐ 9
☐ 2		»	☐ 6	»	☐ 10
☐ 3			☐ 7	»	☐ 11
☐ 4			☐ 8	»	☐ 12

Le 25 juillet, dixième jour de la mobilisation, commença le transport des premières troupes ; et le 5 août, c'est-à-dire dix jours après, plus de 300,000 hommes étaient concentrés sur le théâtre des opérations et pourvus de tout ce qui leur était nécessaire pour marcher au combat. « Tels furent, dit un auteur russe (1), les brillants résultats, sans égal dans le passé, obtenus par les Prussiens, et que leur avait assurés leur organisation militaire. »

Tous ces transports de troupes sur les points déterminés s'effectuèrent sans aucun obstacle, jusqu'au siège même de Paris. Les difficultés ne commencèrent que lors des opérations entreprises sur la Loire et dans le département du Nord, parce que le blocus de Paris exigea des masses de troupes et dérangea quelque peu le plan d'offensive rigoureusement déterminé.

Les chemins de pendant la guerre russo-turque en 1877-1878.

La guerre de 1877-78 n'a pas fourni, à ce point de vue, d'indications nouvelles. Les résultats acquis par l'expérience de 1870-71 conservent donc jusqu'à présent toute leur signification.

Dans tous les pays, les réseaux ferrés sont organisés de façon telle qu'entre la déclaration de guerre et le commencement des hostilités il ne s'écoulera plus des mois comme par le passé ; ce ne sera souvent que l'affaire de quelques jours.

(1) Lieutenant-colonel Makchéïef, *Jelesnya doroghi v'voïennome otnochenïi* (Les chemins de fer au point de vue militaire). — Saint-Pétersbourg, 1890.

Les chemins de fer rendront dans la guerre future des services d'autant plus importants que partout ont été prises des mesures pour les organiser rationnellement en vue des opérations militaires, ainsi que pour construire au besoin de nouvelles lignes ferrées provisoires, et pour assurer la destruction et le rétablissement éventuels des lignes existantes en même temps que l'installation du télégraphe le long des voies ferrées.

Les officiers du corps spécial chargé du service des chemins de fer se recrutent en partie parmi les ingénieurs militaires (officiers du génie) et en partie parmi les ingénieurs et techniciens civils. Quant aux hommes de troupe de ce corps, on les prendra, pour la plupart, parmi le personnel même attaché au service des chemins de fer.

5° Circonstances qui influent sur la rapidité de la mobilisation.

Il est clair qu'un pays où la période de hâte fiévreuse, employée à la formation et à l'équipement des troupes, se passera sans désordres aura d'autant plus de chances de réussir à devancer son adversaire. En outre, la proximité du personnel nécessaire à remplir les cadres, ainsi que son groupement rationnel, seront des facteurs d'une importance considérable.

En conséquence, la mobilisation de l'armée et sa mise en état de marcher seront d'autant plus promptes que la population sera plus dense et plus uniformément répartie, que la dislocation des troupes sera mieux en harmonie avec le chiffre et la répartition de cette population, que le territoire sera plus abondamment pourvu de voies ferrées, que l'exécution de la mobilisation sera moins centralisée et mieux en rapport avec l'organisation territoriale du pays.

Facilités comparatives de la mobilisation chez les différentes puissances. France et Allemagne.

Examinons comment ces conditions sont remplies chez les cinq plus importantes puissances militaires de l'Europe.

Pour la dislocation de l'armée, c'est la France et l'Allemagne qui présentent les conditions les plus favorables à une bonne répartition des troupes: en raison de la forme bien rassemblée de leur territoire ainsi que de la densité assez uniforme de leur population. Aussi, dans ces deux États, la dislocation est-elle uniforme par tout le pays, — à l'exception de la cavalerie plus particulièrement concentrée sur les frontières.

En Allemagne, l'opération qui consiste à porter les corps à l'effectif de guerre est très simplifiée par suite de l'affectation des réservistes aux régiments stationnés à proximité de leur domicile. Il ne reste au gouvernement qu'à porter toute son attention sur l'utilisation des voies ferrées, dont l'accroissement d'activité joue, en général, un rôle de premier ordre dans la mobilisation.

« Sur la frontière germano-belge, dit un auteur français (1), tout « semble prêt pour l'invasion étrangère. Tous les établissements situés « à proximité de cette frontière ont, aux yeux des Allemands, un haut « intérêt stratégique. Telle insignifiante station, dont tout le transit habi- « tuel ne dépasse pas quelques douzaines de voyageurs par jour, a été « dotée de magasins et de bâtiments qui permettraient de nourrir et de « loger plusieurs brigades. Ainsi, par exemple, une gare de chemin de fer, « sans aucune importance au point de vue commercial, est actuellement « pourvue de dix-huit quais d'embarquement de 1,000 mètres chacun, — « pour les voitures et les chevaux de la cavalerie et de l'artillerie, — que « l'on a construits sous la surveillance de l'État-Major. En quelques heures, « trois corps d'armée peuvent être concentrés dans la direction de Bruxelles- « Maubeuge, par quatre grandes voies ferrées. »

En Autriche.

La situation de l'Autriche est inférieure, sous ce rapport, à celle de la France et de l'Allemagne. Le tracé de sa frontière est moins favorable, sa population est moins dense et répartie moins uniformément. Ses troupes sont, en général, stationnées dans trois provinces : en Galicie et Bukowine, en Bosnie et Herzégovine et dans la région centrale de l'Empire. Sur la frontière russe, dès 1889, l'infanterie fut renforcée d'un sixième et la cavalerie d'un tiers ; et depuis lors l'effectif des troupes dans cette région a encore été l'objet d'augmentations nouvelles (2).

Dans ce pays, voici comment se compléteraient les effectifs en cas de mobilisation :

213 bataillons tirent leurs réservistes des localités mêmes où sont stationnés leurs régiments, 121 les tirent de localités situées dans leur région de corps d'armée et 74 bataillons enfin, de localités éloignées.

En Italie.

En Italie, les conditions sont encore plus gênantes qu'en Autriche pour une prompte exécution de la mobilisation. Le tracé des frontières est extrêmement défavorable, le pays ayant la forme d'une longue et étroite bande de terrain. La population est très irrégulièrement répartie. En outre on ne peut pas compter sur un fonctionnement régulier des chemins de fer, parce que leur proximité de la mer les expose à être attaqués à chaque instant par de petits corps de débarquement que des bâtiments ennemis pourraient amener afin de détruire les moyens de communication.

En Russie.

En Russie, la population est très irrégulièrement répartie. De plus, en raison des grandes distances à parcourir, on est obligé de concentrer les forces militaires qui existent, en temps de paix, près des frontières du côté desquelles on peut prévoir une invasion ; tandis que la masse des

---

(1) *Les Mémoires de M. de Moltke,* page 241.

(2) *Voïennoïé obozrénié Austro-Vengrïi* (Étude militaire sur l'Autriche-Hongrie), par le colonel Chtcherboff-Néfédovitch. — Saint-Pétersbourg.

hommes qui devraient contribuer à mettre l'armée sur le pied de guerre, sont disséminés dans tous les gouvernements, y compris les plus éloignés de la frontière.

D'après les documents allemands (1), sur un total de 20 corps d'armée qui se trouvent dans la Russie d'Europe (sans le Caucase), 14 corps, c'est-à-dire 70 0/0 — et une égale portion de la cavalerie — sont stationnés dans les circonscriptions militaires de la frontière ; tandis que la Russie d'Europe entière (à l'exception des provinces baltiques, des gouvernements de Bessarabie et de Kovno et du royaume de Pologne) est divisée en 164 districts de recrutement. Chaque groupe de quatre de ces districts fournit les recrues des quatre régiments d'une même division et, en outre, ceux de toute l'artillerie de cette division.

Les régiments de la garde, du corps des grenadiers, les bataillons de chasseurs, les gardes-frontières, les troupes locales, la cavalerie et l'artillerie à cheval, l'artillerie de réserve, les corps techniques, etc., se recrutent sur tout l'ensemble de l'Empire.

Dans les régiments de ligne on n'admet pas plus d'un certain pour cent de Polonais : aussi la division en districts de recrutement n'a-t-elle pas été appliquée au royaume de Pologne, dont les réservistes comme les recrues sont envoyés dans des gouvernements éloignés.

Une telle organisation a ses bons et ses mauvais côtés. La concentration des troupes le long des frontières, surtout en raison des forteresses qui s'y trouvent, permet d'agir vigoureusement par voie d'invasion et présente même cet avantage qu'on peut commencer immédiatement les opérations militaires sans attendre l'achèvement de la mobilisation. Il en résulte non seulement un gain de temps, mais aussi la chance de troubler l'ennemi dans l'exécution de sa propre mobilisation. Cette circonstance peut compenser les retards et les inconvénients provenant des grandes distances que les réservistes sont obligés de parcourir pour rejoindre.

Faut-il cacher ou faire connaître ce qui est relatif à la mobilisation ?

Tout le monde ayant son rôle à jouer dans la mobilisation, il faut que tout le monde aussi en connaisse la marche. Tant que le passage du pied de paix au pied de guerre était demeuré le secret de la Prusse, cette opération présentait quelque chose de mystérieux, dont l'exécution ne semblait possible qu'à la Prusse elle-même.

Mais maintenant toutes les puissances ont adopté le système prussien, et il n'y a plus rien à cacher dans l'affaire, sauf la composition des différents corps de troupes après la mobilisation, leur répartition et leur destination : tout cela doit rester un secret dans chaque pays.

L'excès en tout est un défaut, et il nous semble que l'exemple donné

(1) *Standquartiere des russischen Heeres* (Garnisons de l'armée russe).— Berlin, 1892.

par l'Italie est digne d'attention. Dans ce pays on a fait imprimer, en 1889, une instruction très détaillée qui comprend les indications les plus précises et les plus complètes pour le personnel de chaque corps d'armée, depuis le commandant en chef jusqu'au dernier gradé de ses troupes actives et auxiliaires. Comme, en Italie, le degré d'instruction générale de la population est bien moins élevé qu'en Allemagne et en France, on a jugé nécessaire de donner connaissance des prescriptions de la mobilisation à toutes les classes de la société, attendu qu'autrement il serait très difficile à bien des gens de se reconnaître dans une affaire qui exige la coopération générale de tous.

On ne voit pas trop quel avantage il peut y avoir à tenir secrète toute cette organisation. « Qui donc, demande Richet, croit aujourd'hui aux mystères de la science militaire, politique ou diplomatique? Toutes les innovations parcourent le monde dans l'espace d'une seule journée. Quant aux inventions de la mécanique et de la chimie, il est à remarquer que souvent les mêmes sont faites simultanément dans plusieurs pays. Il n'y a plus de mystères pour la science! Tout le secret consiste à savoir tirer meilleur parti que les autres de connaissances qui sont accessibles à tout le monde. »

Illusions qu'on se fait parfois à cet égard.

Les militaires, comme en général tous les spécialistes, s'illusionnent souvent à ce point de vue. La *Revue de la Marine* de 1893 en cite un exemple bien caractéristique. Sur la couverture de chaque livraison du *Mémorial de l'Artillerie de marine*, il est imprimé en grosses lettres : « Confidentiel. Ce livre est destiné exclusivement aux officiers. Toute personne qui détient ce document, sans avoir qualité pour le connaître, tombe sous le coup de la loi du 18 avril 1886 sur l'espionnage. »

Or, si vous allez à la Bibliothèque des *Civil Engineers* de Londres, vous y trouverez le dernier numéro paru dudit *Mémorial*.

Et si vous demandez comment cela peut se faire, le bibliothécaire vous explique que « le Ministère de la marine lui-même a l'amabilité d'envoyer à la Bibliothèque un exemplaire de cette intéressante publication ». D'ailleurs si vous manifestez votre étonnement de ce fait à un officier quelconque, chacun d'eux vous répondra : « Oh ! mon Dieu ! ce qui est imprimé là-dedans est connu de tous les spécialistes » (1).

Progrès accomplis depuis 1870.

Nous avons vu plus haut qu'en 1870, les corps d'infanterie allemands furent mobilisés dans les dix jours qui suivirent l'ordre de mobilisation. Celle-ci fut, à proprement parler, terminée du septième au onzième jour; la landwehr fut mobilisée du dixième au seizième.

(1) Aussi l'anomalie signalée a-t-elle disparu. Depuis 1895, le *Mémorial de l'Artillerie de Marine* ne porte plus l'inscription qui prétendait en faire un ouvrage confidentiel.

Allemagne.

Les autorités militaires admettent que, grâce aux nouveaux perfectionnements apportés à l'exécution de la mobilisation, comme aussi par suite du moindre éparpillement des régiments d'infanterie, cette arme mettra désormais, pour se mobiliser, en Allemagne, deux jours de moins encore que précédemment.

En Autriche-Hongrie

L'Autriche-Hongrie dispose d'un réseau de chemins de fer assez développé et ses districts militaires ne sont pas très étendus; de sorte que le rappel des réservistes nécessaires pour remplir les cadres n'y demandera pas beaucoup de temps. Les corps peuvent avoir achevé de recevoir leurs chevaux en six jours; car, dans chaque district, sont fixés quelques points où doivent être conduits les animaux requis pour la formation des équipages; enfin, le matériel de l'intendance, les réserves d'armes et d'équipement se trouvent dans des magasins établis auprès des corps de troupe actifs eux-mêmes (1).

A dater de la réception de l'ordre de mobilisation, l'infanterie autrichienne achèvera la sienne le cinquième jour; la cavalerie, le deuxième; l'artillerie et les troupes techniques, le septième. Enfin, les services de l'arrière (hôpitaux, parcs d'artillerie, matériel de l'intendance et vivres) seront entièrement prêts le neuvième jour. Le réseau ferré a été complété, dans ces derniers temps, par l'ouverture de quelques lignes stratégiques.

Italie.

Quant aux renseignements relatifs à la mobilisation de l'armée italienne, nous les emprunterons à la *Revue du Cercle militaire;* ils se rapportent à l'année 1891.

D'après l'opinion générale, la concentration complète de l'armée active italienne sur la frontière nord ouest exige de dix à douze jours; mais les réserves, à l'exclusion de celles des troupes alpines, ne pourront être rendues à leur poste avant le vingtième jour. En raison de ces difficultés, l'Italie maintient, dès le temps de paix, dans le voisinage de la frontière, la plus grande partie de ses forces actives et de son matériel de guerre.

De la sorte, en supposant que, dans une guerre avec la France, l'Italie laisse ouverte sa frontière de l'Est, elle pourra, dès le premier jour, établir sur la frontière française une couverture formée de chasseurs alpins et d'artillerie de montagne; puis ses troupes de première ligne se concentreront dans l'ordre suivant :

Le 1er jour.......	5.000 hommes et	36 canons.
Le 2e —........	13.000 —	36 —
Le 3e —........	18.000 —	48 —
Le 4e —........	30.000 —	54 —
Le 5e —........	59.000 —	78 —

(1) Colonel Chtcherboff-Néfédovitch, *Étude militaire sur l'Autriche-Hongrie.* Saint-Pétersbourg, 1889, p. 94.

On voit par là que, sans attendre la réunion complète de l'armée complétée par la réserve, puis la milice mobile et la milice territoriale, — ce qui demanderait de dix à vingt jours, — les premières troupes italiennes pourraient commencer leurs opérations dès le cinquième jour.

6° Mobilisation de l'armée russe.

L'expérience d'une mobilisation partielle de l'armée russe a été faite à l'occasion de la guerre de 1877. La mobilisation russe en 1877.

L'auteur d'un ouvrage spécialement consacré à cette mobilisation, von Trotha (1), expose comme il suit les résultats du rappel des réservistes et des hommes en congé, de même que ceux de la réquisition des chevaux : « Dans les villes, la mobilisation s'exécuta en un seul jour, mais dans les campagnes il en fallut naturellement plusieurs. C'est seulement dans le gouvernement de Smolensk que les réservistes répondirent à la convocation dès le lendemain de l'appel. Ceux des autres gouvernements rejoignirent dans les délais suivants :

Dans	5	gouvernements,	le délai fut de	. . . . . .	3 jours
—	12	—	—	. . . . .	4 —
—	7	—	—	. . . . .	5 —
—	17	—	—	. . . . .	6 à 10 jours.
—	2	—	—	. . . . .	11 jours.
—	3	—	—	. . . . .	13 —
—	2	—	—	. . . . .	17 —

« Les réservistes rejoignirent avec empressement et bonne volonté », dit l'auteur allemand. « Le déchet insignifiant constaté dans quelques districts provenait de la mort ou de l'absence d'un certain nombre d'hommes rappelés, et fut compensé par l'excédent qui se manifesta sur d'autres points. La saison n'était pas favorable à la mobilisation : le froid et le mauvais état des routes gênèrent beaucoup l'arrivée des hommes aux points de réunion indiqués — ainsi qu'en témoignèrent les rapports relatifs à onze gouvernements. Dans certaines régions, les réservistes eurent à franchir des rivières à peine gelées sur lesquelles on jeta des passerelles à la hâte; tandis que sur d'autres points, il leur fallut traverser, dans des barques, des cours d'eau qui commençaient seulement à se couvrir de glace. »

(1) *Die Mobilmachung der russischen Armee vor und während des Krieges 1877-78* (La mobilisation de l'armée russe avant et pendant la guerre de 1877-78). — Berlin, 1878.

Pour l'arrivée des chevaux, voici dans quels délais elle s'accomplit pour trente gouvernements :

Dans 1 (celui de Vilna). . . le 5e jour de la mobilisation.
— 3 . . . . le 6e — —
— 16 . . . . du 7e au 10e jour de la mobilisation.
— 10 . . . . du 11e au 15e — —

Sur les 62,996 chevaux demandés, il en fut fourni volontairement 58,956 ; les 4,040 autres furent requis par tirage au sort. « On peut admettre », conclut l'auteur cité plus haut, « qu'une nouvelle mobilisation s'effectuerait dans les mêmes conditions, sauf pourtant si elle avait lieu pendant une saison plus favorable. »

Comment s'effectue la concentration.

Quant à la «concentration» elle-même, c'est-à-dire la réunion des troupes mobilisées sur le théâtre de la guerre, elle se trouva ralentie par suite de certaines conditions qui, depuis lors, ont été écartées. Sur ce point nous citerons l'opinion d'un autre écrivain étranger, le général français Pierron (1) : « Ni les chemins de fer russes, ni les chemins de fer roumains, dit-il, n'étaient outillés pour suffire au transport de grandes masses de troupes. Toutes les lignes du sud et du sud-ouest de la Russie, sauf la section Odessa-Rasdelnaya, longue de 70 kilomètres, étaient à voie unique, avec des stations de croisement tellement éloignées les unes des autres, qu'on ne pouvait y faire circuler plus de douze trains par jour... En outre, l'approvisionnement en eau était fourni par des dérivations venant des vallées voisines ; et le moindre dérangement de ces conduits entravait l'exploitation, parce que la ligne suivait des plateaux dépourvus de sources.

« Le matériel roulant ne suffisait qu'au trafic du temps de paix... Les influences climatériques et les circonstances atmosphériques opposèrent des obstacles inconnus dans d'autres pays. Des tourmentes de neige forcèrent à suspendre l'exploitation pendant des journées entières et détruisirent les communications télégraphiques, qui ne purent être rétablies de quelque temps.

« Quant à l'organisation des transports militaires, elle datait d'un règlement de 1867, calqué en général sur celui qui avait été appliqué en Prusse pendant la guerre de 1866...

« Quelques semaines avant la mobilisation, on appela en conférence, à Saint-Pétersbourg, les directeurs des lignes intéressées, afin de préparer avec eux, en présence d'officiers d'État-Major et sous la présidence du Ministre des Voies de Communication, les transports stratégiques... On posa comme principe que si une ligne devait fournir moins de 18 trains mili-

(1) Pierron, *Les méthodes de guerre actuelles et vers la fin du* XIXe *siècle,* tome I, 3me partie, p. 965 et suivantes. (Édition de 1893.)

Transports en chemins de fer.

taires, on n'y suspendrait pas le trafic privé; et que 24 à 36 trains constitueraient le maximum d'effort demandé à une ligne (mais dans la réalité les chemins de fer restèrent singulièrement au-dessous de ces fixations).

« On régla aussi que, si une ligne effectuait pendant sept jours de suite des transports militaires exclusivement, le huitième elle pourrait reprendre le service des voyageurs... Les Administrations furent tenues d'informer, avant le 27 novembre, le ministre des Voies de Communication, du nombre de trains militaires qu'elles étaient en état d'expédier chaque jour. Enfin on arrêta que, dès que les transports de troupe commenceraient, on suspendrait les trains de marchandises et qu'on déchargerait ceux déjà prêts ou en route... Le transport des marchandises privées pouvait reprendre... mais à la condition expresse que les transports militaires n'en éprouvassent aucune gêne.

« Pour nourrir les troupes de passage, on désigna, sur chaque ligne, un certain nombre de stations, malheureusement trop clairsemées... De plus, la Société de secours aux blessés s'engagea, sur la demande du Ministre de la guerre, à fournir aux hommes du thé chaud une ou deux fois par jour pendant le transport, et elle traita en conséquence avec les buffets des gares.

« On désigna enfin les commandants militaires des gares sur les lignes de transports : les uns furent nommés directement par un décret, les autres par les chefs des districts militaires... Un grand nombre, d'ailleurs, ne purent arriver à temps à leur poste.

« La mobilisation fut décidée dans la nuit du 1er au 2 novembre.

« Les chemins de fer n'y coopérèrent d'abord que pour amener à leurs corps les réservistes des troupes en garnison dans le sud de la Russie, c'est-à-dire appartenant aux 8e, 9e, 11e, 12e, 7e et 10e corps d'armée. Les districts militaires intéressés étaient ceux de Kieff, de Kharkoff, d'Odessa et celui de Moscou, en partie.

« Quoique la mobilisation eût été décrétée le 1er novembre, on fixa cependant le 14 comme le premier jour, à cause du défaut de communications télégraphiques sur beaucoup de points. Les Compagnies de chemins de fer eurent ainsi quatorze jours pour faire leurs préparatifs... répit qui leur était nécessaire faute d'une quantité suffisante de matériel roulant. Les transports de mobilisation ne s'accomplirent donc pas sans difficultés; toutefois l'ensemble n'en souffrit pas beaucoup, parce que la rareté des communications, dans certaines régions, fit que les réservistes arrivèrent à des dates très différentes... » — comme on l'a dit plus haut. « La mobilisation dura donc environ un mois, après que l'ordre en avait été lancé...

« Quelques mois plus tard s'effectua la mobilisation de trois autres corps d'armée : les 4e, 13e et 14e; enfin, après les premiers échecs devant Plewna, on décréta celle de la Garde et du corps des Grenadiers. »

Naturellement « les transports de concentration débutèrent par celui des troupes dont la garnison était la plus rapprochée de la frontière... Les premiers trains militaires arrivèrent à Kichineff le 4 novembre », — mais seulement parce que « ces premières troupes n'avaient pas attendu l'arrivée de leurs réservistes; elles durent compléter leur mobilisation à la frontière... La grande masse des transports stratégiques commença le 10 décembre. A la fin du mois, le déploiement stratégique était terminé. La mobilisation et la concentration avaient donc exigé, conclut Pierron, environ huit semaines ou près de deux mois ».

Modification de la situation depuis 1877.

Mais après cette description assez détaillée de la mobilisation qui s'est accomplie, voilà une vingtaine d'années, nous devons montrer que, depuis lors, la situation s'est modifiée sur les points les plus essentiels.

Actuellement, les opérations préparatoires de la mobilisation sont réparties de la façon suivante. Le contrôle, l'appel, la répartition,— d'après les indications de l'État-Major — et l'envoi aux corps de troupe, des hommes de la réserve et des miliciens de l'opoltchénié (armée territoriale) du premier ban, désignés pour compléter l'armée permanente, sont confiés aux soins des autorités militaires locales. Les chevaux, soumis à la conscription militaire, sont réunis par des hommes que ces mêmes autorités choisissent parmi les habitants de chaque localité; puis ils sont examinés par des commissions spéciales et livrés aux officiers désignés par les corps. C'est à ces corps eux-mêmes qu'il appartient de tenir, constamment prêts, leurs réserves et tout ce dont ils ont besoin pour se mobiliser. Quant aux établissements ou services, qui n'ont pas de personnel permanent en temps de paix, c'est à l'intendance d'y pourvoir. Et pour l'opoltchénié, c'est aux zemstvos (assemblées provinciales) qu'il appartient d'en préparer la mobilisation.

Comment s'effectuerait aujourd'hui la mobilisation russe.

Aussitôt l'ordre de mobilisation donné par l'Empereur, avec l'indication du jour à dater duquel les opérations doivent commencer, le ministre de la guerre envoie, par télégraphe, les prescriptions corollaires aux chefs des circonscriptions militaires, aux commandants des corps d'armée, divisions et brigades, ainsi qu'aux gouverneurs qui sont chargés de les communiquer à la police et aux autorités municipales. Dans les trois heures, au maximum, de la réception de l'ordre, le chef de la circonscription militaire envoie aux chefs de la police, pour qu'ils aient à en assurer la publication, les contrôles d'appel des réservistes, établis par districts, afin d'en permettre la distribution aux autorités de ces districts.

La police fait afficher un certain nombre d'exemplaires de l'ordre de mobilisation et envoie les autres aux autorités locales qui les distribuent aux réservistes et veillent à ce que ces derniers rejoignent dans les 24 heures.

Les réservistes des localités qui ne sont pas à plus de 25 verstes du chef-lieu de la circonscription militaire se rendent directement à ce chef-lieu. Les autres se réunissent en des points de rassemblement déterminés, d'où leur transport est assuré avec une vitesse de 50 verstes par jour.

Outre les autorités de district, les organes inférieurs de la police sont généralement responsables de la mobilisation. Les généraux et officiers supérieurs comptant dans la réserve sont appelés au service actif par le ministre de la guerre ou le chef de la circonscription militaire ; en même temps ils sont avisés de l'affectation qui leur est donnée et du point où ils doivent se rendre. Les officiers de la réserve ont cinq jours pour mettre en ordre leurs affaires personnelles et s'équiper militairement.

Après s'être présentés au chef de la circonscription, les réservistes appelés sont soumis à une inspection médicale, puis ils sont répartis, suivant leur destination, en détachements commandés par des sous-officiers.

Toute la mobilisation s'effectue d'après *un plan* établi par une commission spéciale instituée au Ministère de la Guerre. Jusqu'à leur envoi à l'armée, les réserves et troupes locales font le service de garnison.

Matériel dont on dispose.

Quant au matériel, il existe en Russie, pour le cas de guerre, trois sortes de magasins, savoir : 1° des magasins dits de mobilisation (approvisionnements intangibles); 2° des magasins destinés à pourvoir aux besoins des réservistes, au cas où ils manqueraient des effets d'habillement nécessaires, — ces magasins se trouvent aux points de rassemblement; 3° des magasins extraordinaires, pour le cas de formations nouvelles et pour les besoins exceptionnels. Il existe en outre, pour le cas de réunion de l'opoltchénié, des magasins placés sous la surveillance des autorités militaires locales.

Les magasins dont le contenu doit toujours rester intact pendant la paix sont destinés à la conservation du matériel nécessaire au moment de la mobilisation. Par suite, leurs approvisionnements correspondent à la différence d'effectif entre le pied de paix et le pied de guerre.

La quantité d'approvisionnements de toute nature, en effets d'habillement, munitions, etc., dont dispose chaque pays, constitue un secret d'État et aucun auteur ne fournit de détails à ce sujet. Mais un des plus sérieux écrivains militaires allemands, qui a étudié l'armée russe il y a déjà quelques années, von Drigalsky (1), dit à ce sujet : « Le matériel de guerre, c'est-à-dire les armes, les munitions, etc., sont maintenant fort abondants en Russie, contrairement à ce qui avait lieu précédemment. Ce pays adopte, en ce moment même, un fusil à petit calibre, et fait ainsi disparaître la dernière supériorité militaire qu'avaient sur lui les puissances

(1) *Beiträge zur Orientirung über die russische Armee* (Documents pour l'étude de l'armée russe). — Berlin, 1892, p. 55.

occidentales de l'Europe. En un mot, l'armée russe a réalisé, d'une façon générale, tous les progrès qu'il était possible d'accomplir. »

Temps nécessaire à la mobilisation des troupes russes.

Quant au temps nécessaire pour effectuer la mobilisation, puisque, pour l'Allemagne, nous avons étudié cette opération à la lumière des documents de source française et russe, c'est de même aux écrivains militaires étrangers à la Russie que nous devons surtout demander des appréciations sur les conditions de la mobilisation et de la concentration de l'armée russe.

Ces écrivains affirment que ladite armée a réalisé, dans ces derniers temps, des progrès énormes, comme rapidité de mobilisation. D'après leurs indications, voici les durées qui seraient déterminées :

1° Pour l'infanterie et l'artillerie. — 10 jours pour réunir les hommes rappelés; 2 jours pour préparer leur envoi sur les points d'embarquement et 4 jours pour équiper les corps, c'est-à-dire les pourvoir de munitions, de leur train complet, etc.

2° Pour la cavalerie régulière. — On admet qu'il suffira d'un seul jour, pour la mettre en état de partir.

3° Pour les troupes cosaques. — Le premier et le deuxième ban seront, en 20 jours, réunis et entièrement équipés pour faire campagne.

Ainsi la différence entre la rapidité de la mobilisation russe et celle des autres puissances ne serait sérieuse qu'en ce qui concerne la concentration des troupes de première ligne. Et cette différence serait supprimée par le fait de la concentration en temps de paix, sur la frontière occidentale de la Russie, de forces beaucoup plus grandes que dans les autres pays. En outre, la durée de dix jours prévue en Russie, pour la mobilisation complète de toute l'armée, ne dépasse que d'une quantité insignifiante celle qu'on admet dans les autres pays.

Il est vrai que certains auteurs étrangers, surtout des auteurs de brochures, émettent des doutes sur la possibilité d'une mobilisation aussi rapide de l'armée russe : (la durée de dix jours, on doit l'observer, ne concerne que la mobilisation proprement dite; mais les transports, c'est-à-dire la concentration sur la frontière de toutes les troupes destinées à s'y réunir, ne demandent pas moins de temps). — Ainsi l'auteur d'une brochure entièrement tendancieuse (1) soutient, uniquement d'après ses propres appréciations, que les organes d'exécution, en Russie, ralentiront infailliblement la

(1) Helm, *Das russische Schreckgespenst* (L'épouvantail russe). — Hanovre, 1897.

mobilisation par leurs formalités bureaucratiques. Mais il faut observer que la brochure en question, comme le montre clairement son titre même, a été, — ainsi que nombre d'autres parues en Allemagne et en Autriche, — publiée précisément dans le but de « travailler » l'opinion publique, en lui présentant les progrès réalisés par les gouvernements qui lançaient ces écrits comme inimitables dans tout ce qui touche à l'organisation militaire. D'ailleurs, quand ces mêmes gouvernements demandent à leurs Chambres des crédits pour de nouveaux armements, ils lancent pareillement des brochures et des articles où l'organisation militaire de la Russie et celle de la France sont, au contraire, présentées comme très redoutables.

Conséquences que peut avoir, pour la Russie, la lenteur relative de sa mobilisation

Tout en laissant de côté ces conjectures tendancieuses sur les retards que subiront inévitablement les délais prévus, il faut cependant tenir compte de ce qu'une complète concentration de toute l'armée russe, destinée à la frontière occidentale, sera quelque peu plus tardive que celle des armées allemande et autrichienne. Cette circonstance a une importance particulière dans l'hypothèse où la campagne débuterait par des opérations offensives. Mais si l'on se maintient d'abord sur la défensive, en vue de ne passer à l'offensive que plus tard, alors une certaine différence de rapidité dans la mobilisation peut être suffisamment compensée par la forte constitution des troupes russes actives stationnées en permanence dans les localités de la frontière. Car jusqu'à ce que l'ennemi eût amené ses parcs de siège devant les places fortes et entamé des opérations sérieuses pour rompre les lignes de défense qui protègent le territoire russe, il s'écoulerait pas mal de temps; et la concentration de l'armée entière, derrière ces lignes de défense, serait terminée. Le colonel Hildebrand dit, à ce sujet, que, malgré l'insuffisance relative du réseau ferré russe, « on ne saurait douter de l'énorme puissance défensive de la Russie, surtout si les troupes russes attendent l'ennemi sur la Vistule; les fortifications de ce fleuve et celles du Boug, ainsi que la défense de la ligne de la Nareff, étant méthodiquement et excellemment organisées (1) ».

L'immense force défensive de la Russie, et le danger qu'il y aurait pour ses ennemis, de voir passer ensuite les troupes russes à l'offensive, quand serait entièrement achevée la période préparatoire, sont admis même par les écrivains militaires étrangers les plus mal disposés à l'égard de ce pays.

En résumé, tout le monde est d'accord sur les énormes progrès réalisés dans l'armée russe depuis la guerre de 1877-78, — comme aussi sur le développement du réseau stratégique et généralement des moyens dont la Russie dispose pour réunir et concentrer ses forces. Néanmoins, l'opinion persiste que la mobilisation allemande devancera la mobilisation

(1) *Russland's Weichselfront und die Narewlinie* (Le front de la Vistule et la ligne de la Nareff en Russie). *Jahrbücher für die deutsche Armee und Marine*, 1892.

russe et que, par suite, les troupes germaniques pourront, dès le début des opérations militaires, paraître sur le territoire ennemi avec un effectif supérieur à celui des forces réunies pour le défendre. Mais ceci, naturellement, ne préjuge en rien la question des succès ultérieurs : d'autant que les troupes envahissantes se heurteront à des forces énormes concentrées en permanence près de la frontière occidentale russe.

II. Mouvement des troupes pour se rendre sur le théâtre de la guerre, ou concentration.

Examen du problème de la concentration.

Le problème essentiel de la guerre consiste à réunir le plus vite possible une grande masse de forces contre les divers détachements ennemis. La concentration des troupes qui s'effectue au moment d'une campagne, dans la direction de la frontière, comprend trois périodes.

La première est employée à mobiliser les troupes, c'est-à-dire à les porter au pied de guerre par l'appel des réservistes, en même temps qu'on les munit des chevaux et voitures nécessaires.

Dans la seconde période, on met ces troupes en mouvement, en les répartissant en armées, et en dirigeant ces mêmes armées suivant des itinéraires déterminés d'après le plan d'opérations préalablement établi dans ses grandes lignes.

La troisième période enfin est celle au cours de laquelle les troupes arrivent à se rencontrer avec l'ennemi, et commencent à jouer le drame dont nous décrirons les péripéties dans le chapitre intitulé : « Sur le champ de bataille ».

Aussitôt la mobilisation décrétée, commencent la réception des réservistes sur les points déterminés et leur conduite en détachements vers leurs corps de troupes respectifs. Tout cela est accompagné de difficultés et même de perturbations économiques, dont la gravité dépend du nombre des réservistes rappelés et de l'extension donnée au transport des troupes — conditions déterminées à leur tour par l'effectif supposé des forces adverses et l'éloignement du théâtre de la guerre, c'est-à-dire, en dernière analyse, par la situation politique du moment.

De la première de ces trois périodes, nous avons déjà parlé au point de vue de l'influence mutuelle que les différents facteurs mis en jeu exercent les uns sur les autres. Dans le chapitre actuel, nous allons — afin de présenter un tableau complet de la guerre — nous occuper uniquement du côté technique du problème de la concentration des troupes sur la frontière, jusqu'au moment où se produisent les premières rencontres sérieuses avec l'ennemi.

1° Notions sur les forces des autres pays.

Nécessité, pour chaque puissance, de connaître les forces militaires des autres pays.

Pour régler convenablement la conduite des troupes mobilisées vers le théâtre supposé de la guerre, la première condition est de connaître exactement toutes les forces dont peuvent disposer les autres États. C'est l'affaire de la statistique militaire. Le Grand État-Major allemand publie chaque année des renseignements de ce genre sur tous les pays, sous le titre de : *Registrande des grossen General-Stabes.* En Russie, a été également publié, en 1866, sous la direction du chef de l'État-Major d'alors, un Recueil statistique militaire (*Voïenno-statistitcheskïi Sbornik*), travail excellent et qui fut très utile en son temps, non pas seulement au point de vue militaire.

Dans la publication statistico-militaire allemande, se trouvent également beaucoup de données relatives à la statistique générale. Dans le rapport fait au ministère de la guerre français sur l'institution d'un Comité ou Conseil supérieur de statistique, il a été dit aussi que « chaque gouvernement doit, de notre temps, porter une attention particulière sur cette science, grâce à laquelle nous arrivons à connaître l'état de toutes les forces qui font vivre les sociétés ».

Moyens employés pour cela.

Mais, outre la réunion de renseignements statistiques qui donnent à l'action gouvernementale la base la plus large et la mieux éclairée, chaque gouvernement s'efforce encore de recueillir le plus possible d'indications complètes et précises sur l'état des forces militaires dans les autres pays, sur le mouvement des armements, sur les nouvelles inventions relatives à la guerre, sur les qualités et l'instruction des armées, sur l'état des places fortes, etc. Ces données, naturellement, ne peuvent être obtenues que par des moyens secrets ; et, de plus, il faut les tenir constamment au courant, ce qui exige en définitive, tant pour les recueillir sur place que pour les transmettre au ministre de la guerre, toute une série de procédés spéciaux.

Le général Leer (1), après avoir signalé l'utilisation des sources officielles, telles que la statistique et les rapports des attachés militaires près des ambassades qui servent en quelque sorte à la compléter, mentionne également une organisation particulière d'espionnage militaire qui fonctionne non seulement en temps de guerre, mais en temps de paix.

La règle générale de l'organisation militaire, c'est que toutes les branches de cette organisation, ainsi que tous les corps de troupes qui serviront à faire la guerre, doivent exister dès le temps de paix, ne fût-ce qu'à l'état de cadres. Ainsi, le très important service des espions militaires doit fonctionner même en temps de paix, comme la chose avait lieu pour la Prusse bien avant la guerre de 1870. Au cours de cette guerre, les Français réus-

(1) Général Leer, *Slojnia operatsïi* (Opérations combinées).

L'espionnage en temps de paix.

sirent à découvrir, à Metz, le principal chef de ces espions prussiens et le passèrent par les armes. Les papiers saisis sur lui permirent de reconnaître que, dès le temps de paix, étaient secrètement recueillies des indications que l'on réunissait entre les mains d'un Directeur général placé à la tête du service des renseignements ; — lequel relevait directement du Ministre de la guerre et avait sous ses ordres quelques agents principaux, chefs des diverses subdivisions de ce service. Les organes immédiats d'espionnage étaient constitués par des agents en sous-ordre, dont les uns habitaient en permanence une localité déterminée où ils cherchaient à lier connaissance avec les habitants, tandis que d'autres parcouraient, en voyageant, les différents points d'un district ou d'une province.

En Prusse.

Comme espions militaires, la Prusse se sert en partie d'officiers, en partie de représentants de commerce ou commis voyageurs. Un certain nombre de ceux-ci résident à l'étranger, même pendant la paix ; puis, au second ou troisième jour de la mobilisation, tous les autres sont envoyés tant dans le pays avec qui a lieu la guerre que dans les pays neutres voisins pour suivre la marche de la mobilisation et de la concentration de l'adversaire. Les espions militaires constituent, pour ainsi dire, en avant de l'armée, la première ligne du service d'exploration ; la seconde est formée par la cavalerie.

L'entretien de cette branche du service coûte, en temps de paix, des sommes considérables. Ainsi, au budget français, on trouve une somme de 700,000 francs inscrite au titre des « Missions secrètes, renseignements militaires et surveillance » (1).

En France.

En France, d'après le lieutenant-colonel Dally, les espions militaires sont de sept catégories : il distingue les espions volontaires et les espions malgré eux, les espions avoués et ceux qu'on n'avoue pas, permanents et accidentels, sédentaires et mobiles, déguisés, etc.

Les différentes sortes d'espions.

Mais au point de vue moral aussi, il faut faire une différence entre ces diverses sortes d'éclaireurs secrets. Le capitaine Numa de Kladeli, dans son traité sur l'espionnage militaire, formule un jugement que nous reproduisons ici : « L'espion militaire qui sert son pays, dit-il, est habituellement un homme digne d'estime. Quels que soient sa situation sociale et le caractère de la mission qui lui est confiée, il ne faut pas oublier qu'il s'expose à l'emprisonnement en temps de paix et à la mort en temps de guerre — et non pas à la mort qu'on reçoit sur le champ de bataille les armes à la main, mais à celle qu'on subit sans honneur dans un coin quelconque, après le jugement de pure forme d'un conseil de guerre. A qui court un tel risque dans l'intérêt de son pays, il faut une abnégation

(1) *La Mobilisation,* par le lieutenant Froment, p. 103.

profonde, un caractère si bien trempé, que, pour cette raison même, on ›ut considérer, dans bien des cas, la nature évidemment assez basse ›s actes d'espionnage comme relevée par la hauteur du but poursuivi. »

Tous les auteurs admettent une différence fondamentale entre les spions militaires et les autres : « Les espions militaires agissant au nom › leur gouvernement, dit Bluntschli, peuvent être des hommes loyaux et ›nvaincus que leurs actes sont dirigés par le patriotisme. Pour les effrayer, › les menace de la peine capitale, mais son application ne doit avoir lieu ›e dans les cas les plus dangereux. La plupart du temps, elle est hors de ›oportion avec l'importance de la faute. »

On comprend qu'on envisage d'un tout autre œil les espions qui sont ›idés par des motifs intéressés. Et l'on doit plaindre ceux qui, parfois, sont ›ntraints de servir d'espions malgré eux sous la pression des menaces de ›nnemi.

Voici ce qu'écrivait, à propos de ces derniers, Napoléon Ier (1) : « Les ›rvices que les habitants rendent à un général ennemi ne le sont jamais ›ar affection ni même pour avoir de l'argent; les plus réels qu'on obtient ›est pour avoir des sauvegardes et des protections; c'est pour conserver ›s biens, ses jours, sa ville, son monastère. »

En temps de guerre, il faut se souvenir que toute parole imprudente ›lative à la situation des troupes, à des approvisionnements, à des prépa›tifs, à des travaux de défense, etc., peut être considérée comme acte 'espionnage. Par conséquent, non seulement dans les rapports avec les ›ilitaires, mais même généralement en dehors de l'intimité, on doit ›bserver la plus grande prudence dans les conversations qui roulent sur ›s opérations des armées.

Pénalités contre l'espionnage.

Dans le code militaire criminel allemand se trouve la définition sui›ante : « Celui qui, dans le service, livrera à l'ennemi une place forte, un ›uvrage fortifié ou un passage qu'il occupait; celui qui sert personnellement 'espion à l'ennemi ou qui reçoit et cache ses espions ou leur prête assis›ance; celui qui détériore des routes ou des communications électriques, ›ui fait connaître le mot d'ordre, qui omet d'exécuter totalement ou en ›artie des ordres reçus, ou qui les modifie de sa propre autorité; celui qui ›épand dans les troupes des proclamations ou des nouvelles lancées par 'ennemi, ou encore qui donne la liberté à des prisonniers de guerre, — ›elui-là est passible de la peine de mort, et, dans les cas moins graves, de › peine de l'emprisonnement ». La législation de tous les pays formule ›ur l'espionnage militaire ces mêmes pénalités.

Pour montrer combien il est facile de se mettre dans une situation

(1) Correspondance de Napoléon, *Observations sur les affaires d'Espagne*, Saint-›loud, 27 août 1808 (Tome XVII, p. 548).

dangereuse faute de prudence dans ses rapports avec des individus parmi lesquels peuvent se trouver des espions militaires étrangers, nous dirons quelques mots de l'espionnage militaire allemand organisé en France avant et pendant la guerre de 1870. Les espions militaires allemands avaient à l'avance étudié le pays en y vivant dans différentes villes et en nouant partout des relations; de sorte que, quand la guerre commença, ils connaissaient tous les moyens de se procurer des renseignements. La seule marque distinctive qu'ils eussent de leurs fonctions était une petite médaille marquée de certains signes qu'ils portaient sous leurs vêtements et grâce à laquelle ils pouvaient se reconnaître l'un l'autre et franchir librement les avant-postes allemands.

Procédés des espions allemands.

Les espions allemands écrivaient leurs rapports au moyen d'un chiffre dont ils devaient savoir la clef par cœur sans jamais la porter sur eux par écrit.

Quoique envoyées par des exprès, leurs communications étaient toujours adressées à des marchands, à des industriels, à des pasteurs. Quelquefois ces destinataires existaient réellement et transmettaient les renseignements reçus à qui de droit. Mais quelquefois aussi ce n'étaient que des personnages imaginaires dont les noms désignaient des commandants de troupe ou des agents du service d'exploration secrète. D'ailleurs, dans toute cette organisation, il n'y avait rien de nouveau : des mesures semblables ont été appliquées partout et de tout temps; l'organisation allemande ne se distinguait que par son caractère plus méthodique.

2° Rôle des chemins de fer dans la concentration des troupes.

L'extension continuelle du réseau ferré dans les pays civilisés a donné aux chemins de fer une importance toujours croissante comme moyen de transport des troupes.

Pour faire apprécier cette importance, il suffit de dire que, par exemple, un bataillon peut dans une journée être transporté à 600 kilomètres, c'est-à-dire à plus de vingt fois la distance que les hommes pourraient parcourir en marchant — et cela en évitant toute fatigue à ces hommes, qui demeurent entièrement prêts à combattre au premier signal.

Dans la guerre future, les chemins de fer auront à jouer un rôle beaucoup plus actif encore que par le passé.

Rappelons d'abord les faits qui ont eu lieu au cours des guerres précédentes.

Capacité de trafic des chemins de fer.

Le professeur Makchéieff (1) dit que « les graphiques militaires des ussiens pendant la guerre de 1866, ainsi que ceux des Allemands et des ançais pendant la guerre de 1870, étaient établis pour le nombre suivant couples de trains se croisant dans les deux sens :

	Pour les lignes à voie unique	Pour les lignes à double voie	
	—	—	
ıns la guerre de 1866, chez les Prussiens :	8 couples	12 couples	
— 1870 — Allemands :	12 —	18 —	
— 1870 — Français :	18 —	24 —	(2)

La comparaison de ces chiffres montre qu'en quatre ans de paix — de 66 à 1870 — les Prussiens avaient élevé la capacité de trafic de leurs ›ies ferrées dans la proportion de 1 à 1 1/2. Depuis la guerre de 1870 on a rien négligé pour augmenter encore davantage cette capacité, tant sur aque ligne en particulier que sur l'ensemble du réseau du pays en néral.

Les mesures prises à ce sujet en Allemagne donnent le droit de supɔser que la capacité de trafic des différentes lignes du réseau ferré alleand est maintenant presque double de ce qu'elle était en 1870.

C'est ce que confirme, entre autres choses, le transport en masse du corps la garde et du 3ᵉ corps prussien, exécuté lors des manœuvres impériales 1888. Dans cette circonstance le transport des marchandises fut suspendu ɛndant 24 heures, mais la circulation des voyageurs ne fut que restreinte ; s trains de troupes se succédèrent presque de demi-heure en demi-heure, ›it 48 trains par jour dans le même sens.

Dans un article du *Militär Zeitung* intitulé « La frontière orientale alleande » (*Die deutsche Ostgrenze*), — article où sont appréciés les chances 'une guerre entre l'Allemagne et la Russie, — la capacité de trafic des cheıins de fer allemands est évaluée à 20 couples de trains par jour sur les gnes à voie unique et à 40 sur les lignes à double voie.

Les auteurs d'articles de journaux militaires et de brochures publiés ı France évaluent à peu près aux mêmes chiffres la capacité de trafic des ıemins de fer allemands.

Si nous exprimons par un graphique le développement de la capacité e trafic des voies ferrées allemandes à une et à deux voies, depuis 1866 ısqu'à 1893, nous obtenons la figure suivante :

(1) Voïennyi Sbornik, *Jelesnya doroghi v' voïennome otnochénïi* (Les chemins de fer u point de vue militaire).

(2) Sans compter les « trains *bis* », résultant du dédoublement d'un train trop considérable pour marcher tout d'une pièce.

Dans de telles conditions, le front entier de trois armées opérant sur un même théâtre de la guerre peut s'étendre jusqu'à 50 ou 60 kilomètres.

Les grandes masses d'hommes, tout comme les grands fardeaux, ne sont pas d'un maniement facile. A chacun de leurs mouvements, des forces considérables sont absorbées par la simple inertie physique de l'énorme quantité de matière qu'il s'agit de déplacer ; et, — chose plus importante encore — plus les armées sont nombreuses, plus les conditions de leur alimentation sont difficiles. Rien que pour cela seul, il est nécessaire de les subdiviser en plusieurs parties. C'est ce qui a été excellemment indiqué dans les instructions de Napoléon, où sont exposés tout à la fois les inconvénients d'une accumulation inutile d'hommes sur un seul point et les avantages d'une concentration aussi prompte que possible des troupes en cas de besoin.

« *Se diviser* pendant la marche, pour vivre, et *se concentrer* lors de la bataille, pour vaincre », telle a été la règle constante des grands capitaines. Il a toujours été important de savoir appliquer ce principe, et ce sera plus important encore à l'avenir. Mais en raison de l'augmentation d'effectif des armées actuelles, le problème même de la concentration et de la dissémination alternées des troupes exige bien plus d'intelligence de la part des chefs ; d'autant que les mouvements de ces armées énormes seront plus lents. Car elles ne seront pas capables d'effectuer des marches avec la rapidité des armées napoléoniennes, — ne fût-ce qu'en raison de l'espace beaucoup plus étendu que leurs gros effectifs les contraindront d'occuper, aussi bien absolument que relativement parlant.

Aussi, pour triompher de toutes ces difficultés dès le début de la guerre, ne faudra-t-il pas moins, tout à la fois, qu'un grand talent chez le chef, l'exécution précise de ses ordres par tous ses subordonnés, une excellente instruction des soldats et une administration méthodiquement organisée sur les derrières de l'armée.

4. Établissement et calcul des mouvements de troupes.

Avantages de la mobilité pour les armées.

Maurice de Saxe a dit plus d'une fois que « le secret de la victoire est dans les jambes des soldats » ; et Napoléon a montré par des faits que rien ne concourt autant au succès d'une campagne que la mobilité des troupes. D'ailleurs, il est parfaitement clair que, de deux armées d'égal effectif, celle qui saura le mieux triompher des distances disposera d'une force plus grande à un moment donné. L'effectif énorme des armées actuelles impose une autre façon d'opérer, qui consiste à agir en contournant les flancs de l'ennemi ; ce qui s'exécute, d'après les indications des stratégistes, au moyen de colonnes dirigées sur les points convenables.

De même il est devenu plus difficile de se protéger contre les mouvements tournants de l'ennemi, par suite de l'éloignement des réserves qui soutiennent les deux flancs d'une armée (1). Nous avons déjà montré l'importance qu'ont les chemins de fer à ce point de vue ; il ne reste qu'à déterminer l'influence d'un autre facteur non moins sérieux, c'est-à-dire des déplacements de troupes accomplis par étapes.

Il suffit de considérer l'extension qu'ont les colonnes de route avant le combat, pour comprendre l'importance d'une plus ou moins grande aptitude des hommes à la marche : la longueur de la colonne de route formée par un seul corps d'armée avec son train, atteint 50 kilomètres.

Mouvements par étapes.

On admet que les armées qui se meuvent d'une manière continue avec leurs impédimenta, ne peuvent guère avancer de plus de 20 kilomètres par jour. Dans sa *Conférence sur la marche d'un corps d'armée*, le général Lewal exprime seulement le désir de voir porter ce chiffre à 24 kilomètres. D'après les recherches de Morache, pendant les campagnes de 1796 à 1815, ainsi qu'au cours de celle de 1859, en Italie, et de la guerre austro-prussienne de 1866, l'étendue moyenne des étapes quotidiennes, a été de 21 kilom. 880. Le général Leer suppose même qu'avec l'énorme effectif des armées actuelles d'opérations, il ne faut pas compter sur un parcours moyen de plus de 15 verstes (16 kilomètres) par jour.

Toutefois, on voit des marches rapides atteindre de 25 à 35 kilomètres en 9 à 14 heures. Quelques marches extraordinaires dépassent même cette vitesse. En Allemagne, on admet que les « marches forcées » (*Gewaltmärsche*) peuvent être poussées jusqu'à 45 kilomètres en un jour.

Il est impossible d'oublier qu'en 1799, Souvaroff ne mit que trente-six heures à se rendre des environs d'Alexandrie jusqu'à la rivière du Tidone, c'est-à-dire à faire 82 kilomètres.

Il est inutile de montrer que plus une armée aura d'aptitude à supporter les fatigues de la marche et de la guerre en général, plus elle aura, toutes choses égales d'ailleurs, de chances de vaincre. Mais, dans chaque guerre, il faut distinguer deux périodes : le début d'abord, puis le cours ultérieur, c'est-à-dire ce qui se passe à partir du moment où les hommes ont contracté l'habitude de l'existence en campagne et sont façonnés à ses exigences.

Quand une armée se mobilise, il entre, du jour au lendemain dans ses rangs un grand nombre de réservistes qui, tout d'abord, sont incapables d'accomplir de grandes étapes dans le temps voulu. Cependant, c'est d'après leurs forces qu'il faut régler les marches ; car autrement il se produirait un pour cent considérable de traînards et les hôpitaux se rempliraient d'hommes malades d'épuisement.

(1) Général Leer, *Opérations combinées*.

Effets destructeurs des marches sur les armées.

Clausewitz soutient qu'il faut considérer l'effet destructeur des marches et celui des combats comme deux facteurs indépendants qui contribuent également à l'épuisement des armées. Malgré toutes les précautions possibles, les marches font succomber les hommes par milliers. En 1812, Napoléon, en 52 jours de route sur le territoire de la Russie, perdit environ *cent mille hommes*, dans un parcours total d'environ 500 kilomètres. La mauvaise discipline y fut sans doute pour beaucoup; mais en dehors de cela les pertes causées directement par la marche furent incontestablement très grandes. — Il ne faut donc pas oublier qu'une armée ne perd pas seulement ceux de ses soldats qui sont tués ou mis hors de combat, mais que tous les hommes aussi qui restent en arrière constituent pour elle un fardeau des plus lourds, en remplissant les hôpitaux (1).

D'après les écrivains militaires, celui qui n'a pas directement fait campagne, occupât-il un grade élevé dans la hiérarchie, ne peut se faire une juste idée de ce que sont les marches du temps de guerre. L'imagination des bourgeois paisibles leur fait voir malgré eux ce tableau sous la forme d'une troupe brillante de soldats qui défilent au son de la musique, accompagnés des souhaits et des acclamations d'une foule enthousiaste; — tandis qu'en réalité les difficultés et la lenteur des mouvements sont les traits caractéristiques de tous les déplacements en grande masse exécutés à la guerre.

C'est ce dont peut se convaincre toute personne ayant observé le soldat de près, en pareille circonstance.

L'effet des marches sur le soldat.

Après des centaines de kilomètres, un sac pesant au dos et le fusil sur l'épaule, il n'est pas un homme qui marche sans appeler à son aide toute l'énergie de sa volonté, pour ne pas vaciller sur ses jambes fatiguées. Les souffrances que lui cause sa chaussure, en faisant saigner ses pieds, ne se manifestent que par l'expression de douleur qui se lit sur son visage; et, malgré la sueur dont les gouttes perlent sur son front, il emploie toutes ses forces jusqu'à épuisement complet, pour ne pas aller grossir le nombre des traînards. Et pourtant, çà et là, les plus affaiblis quittent les rangs pour aller s'entasser sur les bords de la route. Plus la colonne s'avance et plus sa marche se ralentit. Sur les hommes, sur les chevaux, sur les voitures, s'étend peu à peu une épaisse couche de poussière qui finit par s'accumuler autour des yeux et des bouches et dont l'effet pénible a été si artistement décrit par le comte L. Tolstoï, dans son livre : *La guerre et la paix*. Mais, indifférent à toutes les douleurs, le soleil continue d'accabler les hommes de ses rayons brûlants; et quand la chaleur devient absolu-

(1) Von der Goltz, *Das Volk in Waffen* (La nation armée).

Vue des troupes pendant une marche aux grandes manœuvres.

La Guerre future (p. 58, tome ii).

ment insupportable, alors la tête seule de la colonne marche encore avec quelque courage, tandis que, dans ses profondeurs, l'accablement est complet. Les chansons sont oubliées, on n'entend même plus parler. Tous marchent en silence, la tête basse, et sans essayer de la relever.

A tout effort de vitesse demandé à l'infanterie, elle ne répond guère qu'irrégulièrement comme si elle était prise par accès d'un désir d'accomplir physiquement l'impossible, pour retomber aussitôt dans son apathie. C'est qu'elle sait, par l'expérience de la guerre, que, si à chaque demande d'effort, elle répond de même, ses forces finiront bientôt par être épuisées. Rien n'est plus difficile que d'amener une telle masse à passer de son allure de tortue à cette allure vive qu'on constate, par exemple, chez les troupes bien entraînées, pour peu qu'elles entendent le bruit du canon.

Influence des circonstances extérieures.

Ce qui est au plus haut degré digne d'attention, c'est la différence considérable, fréquemment observée chez les troupes, dans la façon de supporter les fatigues des marches, et que l'on ne peut pas toujours expliquer ni par la diversité des caractères ethnographiques, ni par la nature typique toute spéciale du soldat entraîné. Souvent il arrive dans la pratique qu'une marche qui, sur la carte, semble ne représenter que le mouvement le plus insignifiant, par exemple de 15 à 20 kilomètres, se trouve être, en réalité, insupportable ; — tandis qu'une autre, d'étendue double, ne produit même pas une grande fatigue. Une circonstance accidentelle, comme par exemple l'état du temps, la température, le vent, la pluie, une tempête, les impressions précédemment éprouvées et enfin les exercices du temps de paix, — tout cela influe beaucoup sur le succès des marches en temps de guerre.

Influence du moral.

En pareil cas le moral des troupes a une très grande importance; car, d'après la juste remarque du comte L. Tolstoï, un homme franchira volontiers un millier de kilomètres, pour peu qu'il soit convaincu qu'après l'achèvement de cette marche il va retrouver quelque chose de bon, quelque chose dans le genre de la « terre promise ».

Mais, dans la future guerre entre la France et l'Allemagne, les Allemands ne seront plus animés par la pensée de cette « terre promise » qu'en 1870 ils voyaient dans leur unité nationale. Et quant aux Français, quoiqu'ils puissent être entraînés aussi par la pensée de recouvrer l'Alsace-Lorraine, — ou, plus encore, par celle de rendre à leur pays une auréole de gloire militaire, — nul ne pourrait dire si l'entraînement constitué par ce facteur suffira pour triompher des fatigues et des dangers toujours croissants que présente la guerre.

5° Influence de la composition d'une armée sur son endurance.

Aptitudes physiques à la guerre des diverses classes sociales.

Il est naturel que l'endurance diffère, non seulement d'un homme à un autre individuellement, mais aussi d'une classe à l'autre de la société.

Le cultivateur habitué à coucher sur la dure, à être médiocrement vêtu et à se contenter d'une nourriture grossière, supportera bien plus aisément les privations de la vie militaire en temps de guerre et s'acclimatera bien plus vite à cette rude existence que l'habitant des villes habitué à un certain confortable, ou que l'industriel, que l'ouvrier même des fabriques, — sans parler des classes plus favorisées.

Il ne faut pas oublier que le soldat d'infanterie est obligé de porter sur lui un poids qui varie de 28 à 35 kilogrammes. Sans l'habitude et sans le savoir-faire indispensable, la chose est extraordinairement difficile.

On voit ainsi que le degré d'endurance d'une armée, surtout au début de la guerre, doit dépendre beaucoup de la proportion dans laquelle y entrent les individus de telle ou telle classe sociale.

Composition, à ce point de vue, des différentes armées.

Dans un des chapitres suivants, nous donnerons des indications numériques d'où il ressort que, tandis qu'en Russie la classe agricole fournit à l'armée 91 hommes sur 100, cette proportion descend en Italie à 70 0/0, en Autriche à 55, en France à 51 et même, en Allemagne, à 43 0/0. En d'autres termes, dans l'armée russe, pour un habitant des villes on trouve quatre à six campagnards, tandis qu'en Allemagne ces deux catégories d'individus se rencontrent dans les troupes en proportion presque égale.

C'est là un point sur lequel l'attention s'est déjà portée dans les sphères militaires.

Horgen, l'auteur d'une brochure récemment publiée et fort approuvée par le journal militaire allemand *Militär Zeitung*, est arrivé à formuler sur ce sujet des prévisions très pessimistes pour l'Allemagne. En s'appuyant sur les données émanant du recrutement, cet écrivain constate que les districts agricoles fournissent proportionnellement beaucoup plus de soldats et de réservistes que les districts urbains. Dans les premiers, sur mille habitants mâles, on en trouve 11 aptes au service militaire; dans les districts industriels on n'en trouve que 3,1. Ces chiffres sont extrêmement éloquents. Or, actuellement, la population des villes forme un total d'environ 12 millions d'habitants et celle des campagnes un total de 18 millions. Ces deux totaux sont donc dans le rapport de 1 à 1 1/2, tandis qu'il y a trente ans ce même rapport était de 1 à 2. Par conséquent, si les choses continuent à marcher dans le même sens, on peut admettre que, dans trente ans, le rapport sera de 1 sur 1, c'est-à-dire que le contingent fourni par les villes sera égal à celui fourni par les campagnes. Et Horgen conclut en exprimant le désir de voir prendre les mesures les plus énergiques pour détourner le danger dont l'Allemagne est ainsi menacée :

« Il faut, dit-il, que tout notre peuple devienne un peuple de paysans; il faut le « paysanniser » (*verbauern*). L'homme de la campagne doit, plus que par le passé, s'attacher à sa métairie. Mais il est à souhaiter aussi que l'ouvrier de fabrique devienne, autant que possible, un propriétaire terrien, si petit que ce soit. Qu'avec ses enfants il cultive, ne fût-ce qu'un minuscule jardin : cela lui garantira la santé du corps et de l'âme. »

Pour atteindre ce but on a songé à faire voter une loi sur l'institution de biens non susceptibles d'être saisis ou aliénés (*homestead*). Et ce projet, comme on sait, fut appuyé par le comte de Moltke.

Après un certain temps, d'ailleurs, les citadins acquièrent aussi l'endurance nécessaire au soldat. La guerre de 1870-71 peut en fournir la preuve. Nous lui avons déjà emprunté des exemples de l'endurance du soldat allemand. Quelques régiment français en ont fourni de semblables en accomplissant des marches qui rappellent les merveilles des campagnes napoléoniennes.

Moyens employés pour accroître l'endurane du soldat moderne et résultats obtenus.

Dans ces derniers temps, on s'est tout particulièrement préoccupé de former le soldat à l'exécution des longues marches. De plus en plus souvent s'exécutent de grandes manœuvres auxquelles on s'efforce de donner, autant que possible, un caractère semblable à celui de la guerre réelle.

D'après le compte rendu de sir Charles Dilke (1) sur les manœuvres qui ont eu lieu en France, en 1891, l'infanterie française actuelle est douée, pour la marche, de qualités qui la mettent au niveau des meilleures infanteries européennes.

Voici, d'ailleurs, les paroles mêmes relatives à ce sujet : « L'infanterie a été simplement étonnante dans sa manière de couvrir ses 48 kilomètres par jour en rangs serrés, et c'est là ce qui a été fait dès les premiers moments de la concentration. La cavalerie a pu franchir, dans certains cas, 64 kilomètres par jour, non sans perdre, à la vérité, un peu de son efficacité dans ses fonctions les plus essentielles.

« Pendant six jours sur huit, presque toutes les troupes étaient réveillées à 3 h. 15 du matin par les sons assourdis du cornet (qui remplace maintenant dans l'armée française l'ancien clairon). Il y en a qui ont marché sans interruption de 4 heures du matin jusqu'à 5 heures du soir, sauf pendant les haltes qu'elles faisaient en ordre parfait, sur les bas côtés des routes, sous un soleil de plomb, sans avoir le temps de faire la soupe, sans que les hommes, qu'on autorisait seulement à s'étendre par terre, pus-

(1) *Les Armées françaises jugées par un Anglais.* — Paris, 1892.

sent quitter leur place. Un autre jour, les troupes ont marché presque continuellement, depuis 2 heures de la nuit jusqu'à 10 heures du matin; quelques corps s'étaient mis en route à minuit et demi; d'autres ont dû continuer leur marche jusqu'à 4 heures de l'après-midi. L'infanterie a fait plus d'une fois, près de 52 kilomètres et n'a eu, en réalité, pendant toute la durée des manœuvres, qu'un jour plein de repos. »

Toutefois, comme nous l'avons déjà remarqué plus haut, c'est d'après une autre échelle qu'il faut évaluer les mouvements des troupes au commencement d'une campagne.

Essai en France des « régiments mixtes ».

On a fait en France, il y a quelques années, participer aux grandes manœuvres des « régiments mixtes » qui comprenaient une proportion de réservistes beaucoup plus forte que les régiments de ligne. Or, il s'est trouvé que l'aptitude à la marche de ces régiments était aussi beaucoup moindre. Dans les opérations exécutées par le 8e et le 12e corps d'armée, on autorisa les hommes des régiments mixtes à porter les chaussures mêmes dont ils se servaient dans la vie civile, et cependant le nombre des traînards et des hommes blessés aux pieds fut très considérable. L'« allongement » des colonnes formées par les brigades mixtes était d'un quart à un tiers plus grand que pour les brigades de la ligne. Certains jours les régiments mixtes eurent jusqu'à 30 0/0 de traînards, parmi lesquels même des officiers; de sorte que leur effectif de guerre s'affaiblissait rapidement. Il fallut donc ménager les forces des hommes et cela diminuait encore la valeur tactique de ces régiments mixtes.

Importance du savoir-faire acquis par l'exercice.

D'ailleurs, l'exemple des guerres précédentes est là pour montrer l'importance du savoir-faire acquis par l'exercice. Ainsi, dans la marche des troupes allemandes de Metz vers la Loire, quoique tout d'abord elles n'eussent à faire que des étapes modérées, par un beau temps et sur de bonnes routes, elles eurent beaucoup de traînards; ce qui s'explique par l'influence de l'inaction relative des soldats au cours du blocus de Metz, car, bien qu'ensuite les étapes se fussent allongées, le nombre des traînards diminua.

Cet exemple est cité par les écrivains militaires comme une preuve de la façon dont les troupes s'habituent graduellement à la vie en campagne, et, se façonnant à ses conditions, deviennent en général beaucoup plus endurantes qu'elles ne l'étaient au début des opérations militaires.

Comme la question de ce qu'on peut attendre des réservistes est très importante au point de vue de la guerre future, il faut ajouter ici qu'à ces mêmes manœuvres françaises de 1891, citées plus haut, l'on constata encore l'insuffisance des officiers de réserve, — tandis que les sous-officiers, au contraire, étaient bons, — et la façon médiocre dont les réservistes se comportèrent au cours des opérations. Au moindre obstacle rencontré, le désordre se mettait dans les rangs; et ils tiraient si mal qu'on dut admettre la nécessité, pour le temps de guerre, de les soumettre à une instruction de trois ou quatre semaines avant qu'il fût possible de les employer activement, surtout à des opérations offensives.

Conditions particulières à l'armée russe.

Pour ce qui est de l'armée russe, il faut signaler quelques-unes des propriétés qu'elle possède sous ce rapport. On sait qu'en Russie tout homme de recrue ou réserviste retournant sous les drapeaux trouve au régiment une bonne nourriture, la plupart du temps bien meilleure que celle qu'il avait chez lui; de sorte qu'après un certain temps passé au service, les forces d'un jeune soldat n'ont fait que s'accroître, en même temps que son endurance. Et par suite de l'aptitude à supporter les fatigues, — dont jouit la population, habituée aux privations de la vie rurale, qui fournit la plupart des soldats russes, — cette armée peut se montrer dès le premier moment en état de résister aux plus rudes épreuves de la guerre. Fait dont l'importance ressort de ces paroles de Napoléon, que « la bravoure sur le champ de bataille ne suffit pas, s'il ne s'y joint la faculté d'endurer la fatigue et les privations ».

Manœuvres d'hiver en Russie

Les écrivains militaires appellent encore l'attention sur une autre propriété de l'armée russe : son aptitude à supporter le froid. Dans la *Militär Zeitung* (1), nous trouvons le récit des opérations exécutées par deux divisions russes en plein hiver, — au mois de janvier, — pendant une durée de deux semaines dans la circonscription militaire de Varsovie. Un corps de l'Ouest traverse la Nareff, près d'Ostrolenka, après avoir repoussé l'ennemi qui, ayant reçu des renforts, s'était concentré à Znaïdoff, dans le but d'attaquer le second corps et de le rejeter au-delà de la Nareff. Ces opérations avaient amené sur le terrain un total de 26 bataillons et demi, 10 escadrons, 10 batteries montées et 1 à cheval, avec 86 pièces de canon.

Au départ du bivouac, le matin, le thermomètre Réaumur marquait 8 degrés au-dessous de zéro et, le soir — 14 degrés. Pendant la nuit la température s'abaissa encore, et le lendemain on enregistrait — 20° Réaumur et même — 22° dans les endroits plus découverts.

L'infanterie était logée sous des tentes de différente grandeur : les plus avantageuses se trouvèrent être des tentes composées de 11 parties, calculées pour loger de 15 à 18 hommes, et aussi d'autres comprenant 24 éléments, avec 8 supports, qui servaient pour 36 à 40 hommes. Dans ces tentes, par un froid de — 14° à — 20° au dehors, la température arrivait à s'élever jusqu'à — 4° et même jusqu'à zéro. Les troupes étaient abondamment pourvues de bois de chauffage et de paille, de sorte que les hommes pouvaient continuellement se chauffer. Aussi s'entretin-

(1) N° 9, mars 1893.

rent-ils en excellent état; et tout se passa d'une façon très satisfaisante, sauf quelques cas de congélation des oreilles, du nez et des doigts.

Dans les tentes des officiers il faisait beaucoup plus froid que dans celles des soldats. Mais grâce à de bonnes lampes on les chauffait également. Dans l'une d'elles, grâce à une lampe très vive, la température fut même portée jusqu'à + 9°. Le second jour, le froid, qui d'abord était de — 20°, diminua jusqu'à — 15°. Mais les opérations s'exécutèrent sans interruption, comme s'il n'y avait pas eu de gelée.

L'artillerie occupait ses positions et ouvrait le feu; la cavalerie exécutait des charges; l'infanterie se mouvait et tirait très régulièrement. La manœuvre montra la parfaite aptitude des troupes de toutes armes à opérer, même par un froid cuisant, pourvu qu'elles eussent des vêtements chauds, du bois de chauffage et de la paille.

De notre temps, avec la tendance universelle à augmenter les aises de l'existence, l'aptitude des soldats à supporter le froid peut influer beaucoup sur le succès des opérations militaires.

Conséquences des gros effectifs actuels.

Il n'est pas douteux d'ailleurs que les gros effectifs des armées actuelles n'augmentent la nécessité de l'endurance chez les soldats. Car il sera souvent impossible de cantonner ces énormes masses d'hommes. Quelques-uns seront, en tous cas, obligés de bivouaquer.

Ce ne sera pas non plus chose facile de fournir à ces hommes les vivres nécessaires; les réquisitions locales seront insuffisantes et il est impossible d'espérer donner satisfaction complète à tous les besoins.

II

La conduite des Armées

La conduite des Armées

Difficultés plus grandes de la conduite du combat.

Plus un instrument est compliqué, plus doivent être intelligents celui qui le met en œuvre et les ouvriers qui s'en servent. Ce principe s'applique entièrement à l'art de la guerre. A la guerre tout doit être prévu et calculé. *Les résultats dépendent ensuite, dans chaque cas, de l'« état psychique »*, c'est-à-dire du facteur moral.

Hœnig a montré que c'est précisément avec ce facteur qu'il faut compter, aujourd'hui plus que jamais. Non pas que les nerfs de l'humanité actuelle soient devenus plus faibles que ceux des races anciennes, mais en raison des progrès, si considérables, des moyens de destruction.

Dans la guerre de l'avenir le succès de la conduite des troupes au combat dépendra, plus encore qu'autrefois, de la supériorité du savoir des officiers, de leur initiative et de leur énergie, de l'exemple qu'ils donneront personnellement aux hommes, et enfin de la plus grande faculté de se tirer d'affaire que posséderont les troupes elles-mêmes.

est donc difficile de considérer comme juste encore aujourd'hui l'opinion formulée par Clausewitz, quand il dit que les principes de l'art de la guerre sont en eux-mêmes extrêmement simples et entièrement accessibles au vulgaire bon sens ; que si, dans le domaine de la tactique, ces principes reposent sur des notions un peu plus spéciales que dans celui de la stratégie, ces notions ne sont pas tellement étendues qu'elles puissent, au point de vue de la complexité et de la profondeur, soutenir la comparaison avec une autre science quelconque ; que, par conséquent, et sans parler de la solidité et de l'étendue de l'instruction, la guerre n'exigerait même pas la possession de hautes qualités intellectuelles ; et que si, en dehors de la faculté de jugement, quelques autres qualités de cet ordre étaient désirables pour un chef militaire, ce serait tout au plus la ruse ou l'astuce.

Clausewitz assure que si, pendant longtemps, on a soutenu le contraire, c'est uniquement par suite d'une sorte de terreur superstitieuse qu'inspirait ce sujet et par suite aussi de la vanité des écrivains qui s'en occupaient. Il ajoute qu'en réfléchissant là-dessus sans idée préconçue, on ne peut manquer d'arriver à cette conviction, que l'expérience ne fait ensuite que fortifier. Car, pendant les guerres de la Révolution encore, nombre d'hommes sans instruction militaire se sont montrés chefs excellents, et même capitaines de première valeur. Quant à Condé, Wallenstein, Souvaroff et bien d'autres, leur instruction militaire, prétend-il, est au moins douteuse.

Nécessité de facultés exceptionnelles.

Le général Dragomiroff, auteur de nombreux ouvrages hautement estimés et qui a traduit en russe les œuvres de Clausewitz, fait observer à ce propos que, dans leur ensemble, les vues du célèbre écrivain allemand ont déjà vieilli, quoiqu'on trouve encore dans ses écrits beaucoup d'observations très justes. Pour lui, il pense qu'au milieu de l'enchevêtrement d'avis et de circonstances, de besoins et de dangers qui se manifesteront presque à chaque instant pendant un combat, seule une intelligence fortement développée pourra se reconnaître. Il croit même que cette intelligence sera impuissante si la science ne lui vient pas en aide.

Pourtant cette manière de voir du général Dragomiroff n'est pas universellement admise. On entend, entre autres opinions, formuler celle-ci : que la science et les savants ne sont nécessaires qu'en dehors de la lutte ; que les qualités essentielles, au moment même du combat, sont le caractère, le courage et le dévouement ; que d'ailleurs la source même de ces qualités importe peu ; qu'elles peuvent être inspirées indifféremment par un patriotisme élevé et le sentiment de l'honneur, ou par un fanatisme sauvage ou même par une insouciance animale. Quant au degré d'intelligence nécessaire pour se protéger soi-même et nuire à l'ennemi, le premier sauvage venu, dit-on, le possède. D'où l'on tire cette conclusion que souvent le soldat le moins intelligent, mais muni d'une bonne arme, peut se trouver être le meilleur.

Le maréchal Bugeaud reconnaît pourtant que « le caractère personnel du soldat est certainement d'une importance considérable ; mais toute son énergie ne le mènerait à rien s'il n'est pas guidé par la connaissance des moyens qui, suivant les circonstances, doivent conduire au but qu'il s'agit d'atteindre ».

Dans un ouvrage du général français Pierron (1), nous trouvons exprimée une manière de voir dont il est impossible de méconnaître la justesse. Pierron dit qu'il a visité tous les champs de bataille où Napoléon a commandé, qu'il a lu tous les ouvrages parus sur lui, ainsi que la correspondance, tant imprimée que manuscrite, de l'Empereur, puis les mémoires de ses secrétaires et de ses aides de camp, pour y chercher la

(1) Pierron, *Les Méthodes de guerre,* 1893.

réponse à cette question : « Comment s'est formé le génie militaire de Napoléon ? »

Analyse du génie de Napoléon.

« Dans ma jeunesse, écrit Pierron, je croyais que ce génie lui était *inné*. Cette raison, que l'on donne quand on n'en connaît pas d'autres, tend à attribuer au hasard la création du génie et à dispenser de toute étude Elle est très répandue dans l'armée française, à qui elle a porté un coup plus funeste que la perte de cent batailles, car elle y a amené le dédain de l'instruction. Comme s'il n'était pas indispensable de connaître l'expérience des guerres antérieures, de s'assimiler les procédés des grands généraux ! Mais cette opinion du génie *inné* est trop commode pour être abandonnée; elle favorise la paresse d'esprit ou l'impudence d'ambitieux ignorants qui se disent qu'après tout ils trouveront peut-être, au moment voulu, l'inspiration soi-disant suffisante pour diriger d'une main sûre les mouvements combinés de masses d'un million d'hommes !

« Le maréchal Soult a dit cependant : « *Ce qu'on appelle une inspiration n'est qu'un calcul rapidement fait.* » Napoléon Ier nous a révélé lui-même ce qu'il fallait penser de son génie inné, quand, dans une conversation avec le sénateur Rœderer, en 1809, il lui disait : « Moi, je travaille constamment; je médite beaucoup. Si je parais toujours prêt à répondre à tout, à faire face à tout, c'est qu'avant de rien entreprendre, j'ai longtemps médité, j'ai prévu ce qui pourrait arriver. Ce n'est pas un génie qui me révèle tout à coup, mystérieusement, ce que j'ai à dire ou à faire dans une circonstance inattendue pour les autres : c'est le travail de ma pensée. Je travaille toujours : en dînant, au théâtre ; la nuit, je me réveille pour travailler. »

L'étude est indispensable.

Puis, après avoir passé en revue toutes les admirables campagnes et victoires de Napoléon, le général Pierron se demande : « Quel est l'enseignement à tirer de cette étude ? La gloire de Napoléon en est-elle diminuée?

« Rien ne serait plus loin de ma pensée.

« J'ai voulu montrer seulement qu'*il n'y a point de génie inné ;* que *le génie se développe graduellement*, comme toute œuvre de la création, qu'*il ne peut éclore qu'à la suite d'études opiniâtres*, et qu'à ses débuts il est obligé, comme toute créature qui s'essaye à marcher, de s'appuyer sur la main d'un guide.

« Le 27 mars 1815, Napoléon écrivait au maréchal Davoust, ministre de la guerre : « Faites-moi faire une note de ce qui s'est passé dans les autres campagnes (pour la défense de la frontière de l'Est). Dites-moi quel a été le résultat des opérations combinées des armées de la Moselle et du Rhin; quelles positions l'une et l'autre de ces armées ont dû prendre pour être en mesure de se combiner. »

Ainsi nous voyons, conclut Pierron, comment « Napoléon, même encore à la fin de sa carrière, quand il possédait cependant une expérience supérieure à celle de tous ses contemporains, voulait s'éclairer et se préparer à défendre le pays en étudiant les dernières invasions. Et l'aveu de ce besoin de s'instruire, après vingt campagnes, n'est pas assurément la moindre preuve de la supériorité de son génie ».

Mais en quoi le génie se distingue-t-il des facultés ordinaires? Le général Pierron fait à cette question la réponse suivante : « L'homme de génie diffère des autres hommes en ceci, que bientôt il peut se passer de guide, devenir créateur à son tour et s'élancer dans la carrière, comme l'aigle qui, devenu sûr de ses ailes, s'élance hardiment dans les nuages. »

Qualités d'un bon chef d'armée.

Dans les chapitres précédents, nous nous sommes efforcé de montrer au lecteur que, même à l'heure actuelle, l'art de la guerre se trouve encore, pour ainsi dire, en présence d'un facteur inconnu ; que, malgré un travail incessant, malgré tous les efforts et les précautions les plus minutieuses, les circonstances les plus inattendues peuvent se présenter ; circonstances avec lesquelles doivent compter les armées et leurs chefs, dans des moments où le temps fait défaut pour de longues réflexions. Le feld-maréchal de Moltke s'est exprimé ainsi à ce sujet : « Aucun plan d'opérations ne peut être établi avec quelque certitude au delà de la première rencontre avec le gros des forces ennemies. Il n'y a que les profanes qui s'imaginent voir, dans une campagne, l'exécution rigoureuse d'une idée conçue dès l'origine dans tous ses détails et poursuivie sans dévier jusqu'à la fin.

« Certes, le général aura toujours les yeux fixés sur son principal objectif, sans se laisser détourner par les variations de la situation. Mais, quant à la route à suivre pour atteindre son but, il ne lui sera jamais possible de la déterminer de longue main avec certitude. Il lui faudra, pendant toute la durée de la campagne, prendre une série de résolutions d'après des situations qu'il n'aura pu prévoir à l'avance.

« Il résulte de là que les différents actes successifs d'une guerre ne sont pas prémédités, mais accomplis spontanément sous l'inspiration du sens militaire. C'est à ce sens que, dans des cas absolument spéciaux, il appartient de découvrir une situation enveloppée dans le brouillard de l'incertitude, d'apprécier avec justesse les éléments qui sont connus, de deviner ceux qui ne le sont pas, de prendre rapidement une résolution et de l'exécuter ensuite avec vigueur et sans se tromper.

« Dans les calculs à faire sur ces deux données, dont l'une — les intentions qu'on a personnellement — est connue, et dont l'autre — les intentions de l'ennemi — ne l'est pas, il faut faire entrer encore toute une série de troisièmes facteurs qui échappent entièrement à toute prévoyance : l'état de l'atmosphère, les maladies, les accidents de chemins de fer, les malentendus et les erreurs, bref, tous les effets de ce qu'on peut nommer le hasard, la fatalité ou les ordres d'en haut, mais dont l'homme n'est ni le créateur ni le maître. »

Occupons-nous maintenant de la question du commandement des armées, en étudiant d'abord le commandement supérieur, puis le commandement subalterne. Et, par chefs supérieurs, nous entendons tous ceux qui sont placés à la tête de corps de troupes opérant d'une façon indépendante; tous les autres détenteurs du commandement, dans une armée, devant être considérés comme de second rang.

Mais avant tout, nous devons observer qu'au moment de la mobilisation l'armée passe sous les ordres du général en chef, dans l'état même où l'a mise, pendant la paix, le ministère de la guerre. C'est celui-ci qui assure non seulement l'entretien, mais l'organisation de l'armée, qui lui donne son armement et dirige son instruction, qui lui prépare des officiers instruits, qui accumule pour elle des approvisionnements d'armes et d'effets de toute sorte, approvisionnements qu'au moment de la mobilisation et de l'appel des masses de réservistes, on sortira des magasins, et qui, cessant alors de constituer pour l'État un capital improductif, entreront en pleine valeur.

Le ministère de la guerre est l'organe qui rattache les troupes à l'autorité gouvernementale, législative et financière. C'est lui qui demande ce qui est nécessaire à l'entretien de l'armée, d'après les ressources du pays et les lois existantes. En même temps il représente, en temps de paix, le lien entre les différentes parties de l'armée et l'organe de son unité.

Cette définition nous montre aussi quelle énorme responsabilité incombe au ministère de la guerre, dans la marche même et les résultats de la guerre. Les erreurs et les négligences commises pendant la paix ne peuvent plus être réparées pendant la guerre. Mais notre programme ne saurait comporter l'examen des mérites et des fautes imputables, dans les guerres passées, au ministère de la guerre des différents pays, non plus qu'une comparaison entre ceux-ci, au point de vue de cette organisation centrale du commandement.

Nous nous contenterons donc de ces simples indications sur la haute importance de la mission que remplit, en temps de paix, cet organe central du commandement militaire.

I. Le commandant en chef.

Dans les guerres futures, les devoirs du commandant en chef seront quelque peu différents de ce qu'ils étaient dans les guerres du passé. Tous les écrivains militaires sont d'accord sur ce point que, pour commander devant l'ennemi, de hautes qualités de caractère sont, avant tout, nécessaires. Qualités de caractère.

Si grande que soit la complexité de l'histoire sur ce point, complexité que les impressions individuelles augmentent encore, nous trouvons cependant, dit Meckel (1), chez tous les grands capitaines, trois traits de caractère qui leur sont uniformément communs : — un coup d'œil prompt (le coup d'œil « de l'aigle »), un jugement clair et la décision qui en résulte ; — une extrême énergie que rien n'arrête dans l'exécution ; — enfin une vigueur d'esprit qui permet de conserver un calme parfait, même dans les moments les plus critiques.

En outre, le chef d'armée doit être un vrai soldat et posséder la faculté de se gagner les cœurs de tous ses subordonnés. Il faut que le simple troupier le considère comme un de ses pareils (ce qui se manifeste par les sobriquets mêmes qu'il lui donne : « vieux Fritz » (2), « maréchal Vorwärts » (3), « Petit Caporal », etc.).

Plus difficile est la situation, et plus il faut que le chef possède une grande force d'esprit, pour la saisir pleinement à l'instant décisif et la dominer.

C'est donc, avant tout, le caractère qui fait le chef d'armée. Mais les caractères puissants se manifestent d'ordinaire, en temps de paix, d'une façon qui, très souvent, nuit à leur avancement. Sans la Révolution, ni Carnot ni Bonaparte n'auraient pu sortir des sphères inférieures de l'armée ; de même que le grand Frédéric, s'il ne fût pas né l'héritier d'un trône, aurait probablement dû quitter le service comme simple lieutenant.

Cas d'apparition plus fréquente.

Il est à remarquer que l'apparition des grands capitaines s'est manifestée, le plus souvent, là où les efforts et l'organisation des masses s'effectuaient dans des conditions ayant quelque analogie avec l'état de nature primitif. C'est qu'en pareil cas l'influence de leur personnalité et de leur énergie pouvait se développer en toute liberté ; ce développement se trouvant entravé au contraire, dès que la civilisation commence à lui imposer des règles pour le coordonner avec les institutions ambiantes.

De bonnes armées et de bons chefs sont deux choses qui, généralement, ne se peuvent séparer l'une de l'autre. Aussi ne s'agit-il pas seulement de savoir quels mérites un homme doit posséder pour être en état de résoudre les grands problèmes qui se posent aux chefs d'armée, mais aussi de quelles qualités une armée doit être douée pour former dans son sein de grands capitaines.

Le général von der Goltz, auteur de l'ouvrage bien connu, *La Nation en armes*, définit comme il suit le rôle du commandant en chef :

---

(1) Meckel, *Truppenführung im Kriege* (Conduite des troupes à la guerre).
(2) Surnom donné par les Prussiens au grand Frédéric.
(3) Surnom donné par les Prussiens à Blücher et qui signifie : « Le maréchal En Avant ! »

« Le chef d'armée doit savoir, aux heures du danger, imposer sa volonté aux masses. Il faut par conséquent qu'il soit plutôt doué pour dominer les hommes que pour leur plaire. Ceux qui sont nés avec le don du commandement font par là même de bons militaires, et il est facile de comprendre que les plus grands capitaines doivent se rencontrer surtout parmi les souverains et les princes. Le don inné du commandement.

« La domination qu'on exerce sur les autres a pour base essentielle la force de la volonté. Déjà, dans les jeux des enfants, on voit que celui-là commande qui sait le plus nettement exprimer sa volonté. Ses camarades lui obéissent, les uns par indolence, les autres par manque de confiance en eux-mêmes. Il en est de même au cours de la vie. On discute rarement le droit qui s'affirme avec netteté. Il y a là quelque chose qui en impose. Et la masse des hommes veut qu'on lui en impose, pour qu'elle obéisse. Elle en éprouve un sentiment de sécurité. Son courage s'en accroît, comme aussi ce qu'elle est capable de faire.

« Il n'est pas de forte volonté sans la confiance en soi-même. Et celle-ci suppose à son tour un certain exclusivisme d'esprit, qui est utile à l'homme de guerre. Les natures trop hautement douées au point de vue intellectuel se laissent trop facilement entraîner à des considérations générales qui nuisent au succès dans le domaine étroit de la guerre. La plupart du temps elles vont trop au fond des choses et perçoivent plus vivement que d'autres les difficultés et les dangers d'une situation. De là, le doute, qui détruit la confiance en soi-même et qui est l'ennemi mortel du succès.

« Dans le conseil de guerre si nombreux qui se réunit le 5 octobre 1806, à Erfurt, quartier général de l'armée prussienne, Scharnhorst émit cette opinion mémorable « qu'à la guerre il importe bien moins de faire telle ou telle chose que de l'exécuter avec la vigueur et l'unité de vues nécessaires ». On ne l'écouta pas ; et quoique les hommes intelligents ne manquassent point dans le conseil, on n'y arrêta que des dispositions mesquines. Les esprits élevés cherchent d'habitude trop longtemps le meilleur parti à prendre ; ils perdent de vue que l'essentiel est d'en adopter un convenable en temps opportun. »

Il faut encore rappeler ici de quelle façon magistrale le comte L. Tolstoï, avec sa grande éloquence, a dépeint les difficultés de la situation du commandant en chef, devant qui se déroulent successivement des événements dont il ne peut observer l'ensemble, pendant qu'il est lui-même entouré de tout un réseau d'intrigues, de craintes, d'avis et de projets contradictoires (1). Les résultats de tous les conseils de guerre historiques sont là pour montrer à quel point se trouve impuissante et stérile, au moment du

(1) *Physiologie de la guerre :* Napoléon et la campagne de Russie.

combat, cette force supérieure de l'intelligence dont on fait tant de cas pendant la paix.

Les conseils de guerre.

Il est hors de doute que ces conseils de guerre, composés d'hommes expérimentés et instruits, renfermaient tout ce qu'il y avait d'intelligence dans l'armée. Et cependant Frédéric II eut parfaitement raison de les interdire. Il connaissait assez les hommes pour savoir très bien que, dans ces conseils, la majorité se rallie toujours aux opinions les plus timides. Habituellement pareille somme d'intelligence réunie n'aboutit, pour tout résultat, qu'à exprimer la crainte que « n'importe quelle entreprise ne soit très dangereuse ». — La volonté du chef de l'armée perd toute son importance, dès que le mot de « conseil » est prononcé ; et ce mot annonce toujours une capitulation ou quelque autre désastre. Et un commandant en chef ne convoque de conseil de guerre que pour éviter la responsabilité d'une catastrophe qu'il prévoit (1).

L'acceptation de la responsabilité.

« Dans les guerres de notre temps, la fermeté d'âme, l'audace et le courage d'accepter pleinement la responsabilité sont encore plus nécessaires qu'autrefois à un commandant d'armée, à cause de l'extension toujours croissante des champs de bataille modernes et de la dissémination des armées qui opèrent sur ces champs de bataille, en un grand nombre de groupes distincts.

« L'incertitude des chefs de ces différents groupes doit forcément augmenter. Car, de la situation qu'ils occupent, il devient de plus en plus difficile d'apprécier exactement l'état général des choses sur le champ de bataille.

« D'autre part, la possibilité d'exercer, d'un seul point, la haute direction de tous ces groupes isolés s'est amoindrie précisément dans la même proportion. Et le commandant en chef se verra, plus souvent encore que par le passé, obligé d'accepter la responsabilité d'opérations sur la marche desquelles il ne peut exercer absolument aucune influence. Il se trouvera fréquemment contraint, sur la foi de renseignements incertains ou de brefs avis télégraphiques, et sans pouvoir prendre personnellement connaissance de la situation, d'ordonner des mesures qui, malgré même de sanglants sacrifices, pourront ne pas réussir et dont l'insuccès lui sera toujours attribué. »

(1) Le général Jung dit dans son ouvrage, *La Guerre et la société* : « Le prince Eugène de Savoie prétendait qu'il n'assemblait de conseil de guerre que s'il avait le désir de ne rien faire. — Je le conçois aisément, ajoute le prince de Ligne, puisque d'une douzaine de personnes qui composent ce conseil, il y en a certainement huit qui n'ont pas envie de faire quoi que ce soit. — Les conseils, disait Richelieu, ne sont faits que pour masquer l'indécision des chefs, ou leur faciliter les moyens d'échapper à la responsabilité de leurs actes. »

PLAN DE LA BATAILLE D'AUSTERLITZ

Échelle en mètres

PLAN DE LA BATAILLE DE WATERLOO

La Guerre future (p. 75, tome II).

Faible étendue des anciens champs de bataille.

Avant l'introduction des canons à longue portée, les champs de bataille n'étaient pas plus étendus que le terrain de manœuvres actuel d'une brigade. Même encore en visitant les champs de bataille de la guerre de 1864, on est étonné de voir combien sont faibles les distances et rapprochées les positions dont il est parlé dans les descriptions de la lutte. Et l'on éprouve une singulière impression en reconnaissant qu'à Missunde, à Ober-Selk et à Oversee, la distance entre les adversaires dépassait à peine la portée d'un jet de pierre.

Le visiteur des champs de bataille de Waterloo et de Hochkirch éprouve cette impression plus fortement encore. On ne connaissait pas alors la façon dont se développent et se décident les batailles modernes. On n'avait guère à craindre la possibilité d'interventions inattendues de différents chefs, se contrecarrant l'un l'autre. Avant la bataille, on s'approchait de l'ennemi jusqu'à une distance bien inférieure à la portée du fusil actuel.

Avant de prendre une résolution définitive et de donner ses ordres, le commandant en chef pouvait se rendre compte personnellement de l'état des choses. Aussi le grand Frédéric s'est-il sévèrement reproché de n'avoir pas, à la bataille de Kollin, examiné personnellement dans toute son étendue le terrain sur lequel il devait attaquer. Or, pour le général qui voudrait s'y livrer aujourd'hui, un examen de ce genre aurait certainement plus d'inconvénients que d'avantages.

Les plans de bataille de Souvaroff.

Nous rappelons à ce sujet un exemple, emprunté à l'ouvrage du colonel Gradéïeff, de la façon dont Souvaroff préparait ses plans de bataille. Quelques jours avant l'action, il déterminait avec ses lieutenants l'endroit et le moment de la rencontre. Il leur faisait connaître qu'il avait l'intention de battre l'ennemi, de choisir, pour attaquer, tels et tels points et que l'armée devait prendre position en conséquence. Habituellement Souvaroff désignait lui-même ses points d'attaque pendant son examen des positions ennemies. Il en prenait note pour lui-même et exigeait que les chefs des différents corps en fissent autant.

Une chose très caractéristique, dit Gradéïeff, c'est qu'habituellement il n'y avait jamais plus de trois de ces points d'attaque. Pour chacun d'eux on désignait un chef parmi les généraux qui avaient accompagné le général en chef dans sa reconnaissance des positions ennemies. Si l'armée était nombreuse, ces chefs étaient, le plus souvent, des commandants de corps d'armée. Souvaroff leur prescrivait formellement de consacrer tout le temps, qui leur restait jusqu'à la bataille, à étudier le terrain d'accès des positions adverses. Il exigeait surtout qu'ils examinassent eux-mêmes soigneusement les points où devait être placée l'artillerie et qu'ils ne s'en remissent de ce soin à personne. Ils devaient d'ailleurs faire cela sans bruit et éviter tout ce qui pouvait attirer sur eux l'attention de l'ennemi. Enfin, en congédiant ses généraux, Souvaroff ne manquait jamais d'insister sur la nécessité d'observer le secret le plus absolu.

L'ordre de bataille de Napoléon.

Mais déjà Napoléon laissait plus de latitude à ses lieutenants : « L'ordre de bataille bien défini, l'Empereur n'en avait pas. Quand il avait parcouru le terrain, tout scruté et arrêté son plan, il disposait les différents corps d'après le but assigné à chacun d'eux ; puis le chef de chaque corps recevait communication du plan général et de la mission particulière qui lui incombait pour concourir à son exécution. Le corps de la garde, largement pourvu d'artillerie, ou quelque autre corps d'élite, restait en réserve, pour intervenir au moment propice et décider de la victoire » (1).

Il faut encore observer qu'en tactique Napoléon était opportuniste. Même ses corps d'armée n'avaient pas, comme ceux d'aujourd'hui, une composition fixe et uniforme. Ils étaient de force inégale et représentaient des combinaisons diverses des différentes armes, suivant le rôle qui leur était assigné et le degré de confiance que leurs chefs inspiraient à l'Empereur.

Mais, dans l'étude de cette question, revenons maintenant à von der Goltz, dont les observations conduisent à conclure qu'un commandant d'armée qui voudrait aujourd'hui suivre ces exemples, risquerait fort de prendre trop tard ses dispositions :

La force d'âme du commandant d'armée.

« C'est dans les jours de malheur, continue-t-il, qu'un commandant d'armée est soumis aux plus rudes épreuves. Il faut qu'il possède ce don particulier de supporter les déceptions et les coups du sort de toute espèce. Il est des caractères qui, pourtant énergiques, devant leurs espérances déçues perdent le calme, la raison et la patience. Nous appellerons « force d'âme » la faculté qui permet surtout de résister à l'impression du malheur, et nous en ferons une des vertus essentielles de notre type idéal de commandant d'armée.

« Il se trouve ainsi que toute une série de grandes vertus « humaines » forment le complément de la série des grandes vertus « militaires ». Mais, parmi les autres qualités nécessaires au chef d'armée, celles-là seulement nous paraissent utiles à signaler, sur lesquelles il y a quelque chose de particulier à dire. On doit admettre, en effet, comme allant de soi, qu'un tel homme ne se peut concevoir sans la prudence, le courage, l'audace, l'esprit d'entreprise, la prévoyance, le coup d'œil, l'endurance, la confiance, etc., etc., — puisque tout bon soldat doit lui-même posséder ces vertus.

Connaissance de la nature humaine.

« Une qualité très nécessaire au général, c'est une connaissance approfondie des mystères de la nature humaine. Une armée constitue une masse organique des plus sensibles. Ce n'est pas un simple outil, purement matériel, ou une collection de pièces d'échiquier qu'il suffise de pousser de çà ou de là, d'après certains calculs, jusqu'à ce que l'ennemi soit « mat ».

(1) Waldor de Heusch, *La tactique d'autrefois*, Revue de l'armée belge, 1893.

« Cette armée est soumise à des influences psychologiques innombrables, et, d'après son état moral, sa valeur peut varier considérablement. Le malheur déprime le courage et la confiance, tandis qu'un avantage, parfois insignifiant en lui-même, ranime l'espoir des soldats et leur donne une vigueur nouvelle. Les mêmes troupes, vues à différentes époques, peuvent n'être plus reconnaissables quant à ce qu'elles sont capables d'accomplir. Et telles influences qui, à un moment donné, se font profondément sentir sur une armée, passeront sur elle, à un autre moment, sans laisser la moindre trace.

« La question n'est pas tant de savoir ce qu'on demande à une armée, mais par qui et comment cela lui est demandé. Toutes les règles qu'on pourrait donner là-dessus seraient vaines. Le chef doit savoir lire dans le cœur de ses soldats pour mesurer à chaque instant, avec précision, ce qu'il peut exiger d'eux. Il faut qu'il « connaisse les hommes ». Déjà Scharnhorst déplorait de voir que la partie psychologique de l'art de la guerre fût si négligée et qu'on laissât presque entièrement perdre ce qui est la principale utilité de l'histoire : cette connaissance du cœur humain si difficile et pourtant si nécessaire que l'on ne saurait mieux acquérir que par l étude des événements qui furent la conséquence de grands projets largement conçus.

L'imagination.

« Parmi les facultés peu appréciées et pourtant indispensables au général, il faut compter aussi *l'imagination*, — dont nos méthodes d'instruction actuelle font si peu de cas. C'est elle qui entraîne la jeunesse, en faisant miroiter à ses yeux des images de grandeur et de gloire. Pourtant ce n'est pas encore là sa plus grande utilité. Une imagination trop vive peut même conduire à se faire illusion sur ses propres forces et à commettre des fautes.

« Mais d'autres motifs rendent l'imagination absolument nécessaire au général. Il faut qu'à chaque instant, même au cours des marches et des entreprises les plus compliquées, il se représente clairement la situation réelle de ses troupes et la situation probable des troupes ennemies. Et ce n'est même pas suffisant : il faut qu'il sache à l'avance se figurer comment ce tableau se trouvera modifié le lendemain, ou deux, trois jours après et plus tard encore.

« D'après Jomini, Napoléon possédait au plus haut point cette faculté : d'où la facilité et la promptitude qu'il montrait à prendre ses dispositions. Les emplacements occupés, à un moment donné, par ses corps d'armée, divisions et brigades, étaient constamment présents à son esprit. Aussi n'oubliait-il rien, ne négligeait-il aucun des moyens qui s'offraient à lui, pour atteindre son but, pensant à des choses que tout autre eût oubliées et se montrant ainsi fertile en inspirations.

« De tels résultats sont en grande partie l'œuvre de l'imagination. Et cette faculté est également d'un précieux secours dans l'étude de l'histoire militaire, qui pourrait, à son tour, contribuer à la développer, en prenant une forme plus attrayante que celle qu'on lui voit généralement. L'imagination fait ressortir les petits détails et permet de tirer, d'un récit historique, des conséquences pratiques qui n'y sont qu'à peine indiquées.

« Il est bien vrai qu'une imagination déréglée, qui ne s'est pas équilibrée par une étude attentive de l'histoire, a le défaut de se forger des dangers imaginaires. Mais dans les esprits inquiets, le même mal se produit aussi, précisément par le manque d'imagination; et c'est là l'origine de leurs mille hésitations et des fausses dispositions qu'elles entraînent.

Autres qualités.

« On n'apprécie généralement pas non plus à sa juste valeur l'importance qu'une *bonne mémoire* a pour le général. Napoléon comparait un homme intelligent, mais sans mémoire, à une belle demeure sans meubles ou à une place forte sans garnison.

« Mais une des plus importantes facultés du général est celle que nous voudrions appeler la *faculté créatrice*, — parce que le terme de *don d'invention* nous semble trop vulgaire.

« Si, à la puissance créatrice de la volonté viennent s'unir l'ambition et l'amour de la gloire, il en résulte le *besoin d'agir*. Et c'est avec raison qu'on affirme que, de deux généraux, égaux sous tous les autres rapports, c'est le plus actif qui doit triompher de son adversaire. C'est ce besoin d'agir qui a fait la grandeur d'Alexandre, dont un écrivain militaire disait récemment, qu'il ressemblait à une sorte de chevalier errant ne pouvant souffrir que quelqu'un essayât de l'arrêter.

« La mention que nous venons de faire du « besoin d'agir » nous amène à parler d'autre chose. La satisfaction de ce besoin exige la possession d'une certaine vigueur, non seulement intellectuelle mais physique. Une *bonne santé* et un corps endurci sont, pour le général, un avantage précieux.

« La *bravoure* aussi doit être l'objet de quelques observations, si naturel qu'il soit de la supposer chez tout soldat. Au général il faut une bravoure d'espèce particulière. Il lui faut le sang-froid grâce auquel, au milieu des plus grands dangers, quand les facultés de tous les autres semblent quelque peu paralysées, les siennes, au contraire, sont plus lucides et plus fertiles que jamais en ressources.

Ombres du tableau.

« De ce grand nombre de conditions si difficiles à remplir, il résulte qu'un général vraiment complet est chose fort rare ; ce qui n'a jamais d'ailleurs été contesté.

« Mais il semble que les grands généraux, possesseurs de tant de qualités éminentes, devraient par là même se présenter à nous comme des hommes excellents, propres à nous gagner immédiatement le cœur. Et cependant c'est ce que n'ont pu dire, ni de Frédéric ni de Napoléon, ceux qui se sont trouvés en relations personnelles avec eux.

« Nous ne saurions nous contenter ici de cette explication vague, qu'à côté de toute vive lumière doivent se former des ombres profondes. Un examen plus exact nous montrera que le général — et cela aujourd'hui plus que jamais — doit posséder certaines qualités qui ne sont pas belles au point de vue humanitaire, et qui ne pourraient être tolérées chez de simples mortels, où les grands côtés du caractère ne viendraient pas les racheter.

« Ainsi la force de volonté ne pourra que bien rarement s'affirmer sans quelque *dureté*. Car, dans les guerres modernes, de telles masses d'hommes se trouveront accumulées, immédiatement avant et après les chocs décisifs, qu'il en résultera forcément beaucoup de maux et de misères, — sans parler des champs de bataille où des centaines de mille hommes auront combattu et qui seront autant de théâtres de toutes les douleurs humaines.

« Or, nous aurons beau être convaincus théoriquement que ce sont là choses nécessaires et inévitables, rien ne saurait effacer l'impression que fait sur nous le spectacle de la souffrance. Souvent même les plus faibles en pareil cas seront précisément ceux qui, tout d'abord et dans la conscience intime de leur faiblesse, s'étaient posés comme les plus durs et se baignaient le plus résolument dans le sang, tant qu'il ne s'agissait que de le faire en paroles. Contre ces faiblesses il faut la garantie de qualités toutes spéciales.

« Telle est la « dureté », assez proche parente, semble-t-il, du sentiment de la hauteur de sa situation, qui doit être propre au général. On parle souvent du mépris de l'humanité qu'ont témoigné les grands capitaines. Cela demande une explication. Il faut entendre, par là, indifférence à l'égard des individus ; et ce sentiment ne se manifeste, d'ailleurs, que quand de grands intérêts sont en jeu. Dans la vie privée, Frédéric et Napoléon ont eu, eux-mêmes, leurs moments de faiblesse.

« Mais ces grands intérêts n'apparaissent pas toujours clairement à la foule. Ils échappent à sa conscience dès que celle-ci est vivement sollicitée par les faits qu'elle perçoit directement. Alors nous ne voyons, dans la dureté nécessaire du général, que de la cruauté qui nous fait horreur.

« Le général qui, saisi de pitié, témoigne de la sympathie aux blessés, ou qui se laisse enchaîner par sa compassion en présence des misères de la guerre, risque de laisser passer les meilleurs moments d'agir, sans en tirer parti. Et pourtant nous éprouvons de la répulsion pour l'homme qui ne jette les yeux sur ses bataillons épuisés que pour calculer froidement ce qu'il pourrait bien leur demander encore.

« Cette inflexibilité, cette insensibilité, qui semblent si haïssables, font partie des facultés indispensables à l'homme qui veut accomplir de grandes choses à la guerre. Il n'est qu'un seul crime que l'histoire ne pardonne pas au général, c'est d'être battu. Un caractère énergique ne perdra jamais de vue cette vérité (1). »

Ce qu'il faut aujourd'hui.

On voit, par ces citations, combien, voilà vingt ans déjà, on se montrait exigeant à l'égard des commandants d'armée. Aujourd'hui ce rôle est devenu plus difficile encore. Nous avons dit plus haut que, de l'avis des spécialistes, les armées, réunies sur les futurs théâtres de la guerre, se chiffreront par millions de combattants, et que, pour le libre déploiement de masses semblables, il faudra des espaces tels que la direction du combat échappera forcément au commandant en chef pour passer aux mains de ses lieutenants.

« Plus grandes sont les masses, et plus leur séparation en fractions distinctes est nécessaire ; mais moins aussi ce fractionnement est dangereux : — chaque fraction étant assez forte pour tenir la lutte sans résultat décisif, jusqu'à ce que les autres, disposées concentriquement, arrivent à son secours.

« Il est vrai qu'une armée qui adopte ce dispositif fractionné doit posséder toute une série de propriétés, pour pouvoir tirer avantage d'opérations ainsi exécutées avec des groupes séparés marchant concentriquement : esprit offensif, initiative et homogénéité d'instruction des différents chefs ; justesse de leur coup d'œil stratégique ; unité de direction et de maniement des corps, assurée par des « directives » ; maximum de qualités manœuvrières et de marche chez les troupes ; réglementation minutieuse du service des transports ; utilisation de tous les moyens de communication que fournit la technique moderne, — voilà les conditions nécessaires. Il faut que chaque groupe ait pour principe de marcher de l'avant sans hésitation jusqu'à ce qu'il se heurte à des forces supérieures, afin d'agir alors suivant la plus ou moins grande proximité des autres groupes que le bruit même du combat doit appeler à son aide (2). »

Il est difficile, toutefois, d'apprécier exactement jusqu'à quel point, dans l'exécution d'un plan de campagne, on peut opérer de la sorte, et si, par suite des mouvements de l'adversaire, on ne risque pas de rencontrer des obstacles insurmontables. Seuls, des hommes exceptionnellement doués et intelligents seront en état de tirer, à chaque période des opérations militaires, des conclusions exactes de l'état des choses, et de donner des ordres en conséquence ; de façon à ne pas troubler l'harmonie qui doit régner entre les entreprises des commandants des différentes armées ; — commandants dont les opérations dépendent elles-mêmes de toute une

(1) Von der Goltz, *La Nation en armes*.

(2) *Wie operiren die heutigen Massenheere* (Comment opèrent les masses armées d'aujourd'hui). — Berlin, 1893.

série de commandants de corps d'armée, auxquels, comme nous l'avons exposé déjà, il faut bien laisser un certain degré d'indépendance.

La puissance de coup d'œil.

Ces problèmes deviendront encore plus complexes lorsqu'on entrera dans la phase décisive de la guerre future, c'est-à-dire aux approches de la grande bataille finale. Sur un front d'une étendue de 50 à 60 kilomètres, des millions d'hommes combattront pendant plusieurs jours consécutifs. Quelle énergie, quelle puissance de coup d'œil et quelle force de caractère ne faudra-t-il pas au commandant en chef, pour ne pas sortir de l'emploi des seuls moyens qu'il ait de diriger la bataille, c'est-à-dire des « directives »! D'autant que la variété des circonstances dans lesquelles la lutte se déroulera compliqueront énormément son rôle.

Les futurs champs de bataille seront, comme il a été montre dans le précédent chapitre, extrêmement étendus. La variabilité des conditions qu'offrira le terrain s'en augmentera encore; et, si habilement que puisse être établi un plan de bataille, il surgira souvent, lors du déploiement, des difficultés dans le choix de positions convenables; d'où la nécessité fâcheuse d'attirer trop tôt sur soi le feu de l'ennemi. Il ne sera pas facile, même aux meilleurs chefs d'armée, d'éviter de pareils accidents.

Utilisation de la force numérique.

La première condition du succès sera toujours, et peut-être encore plus que par le passé, la force numérique de l'armée. Non toutefois qu'il s'agisse uniquement d'emmener en campagne le plus grand nombre de soldats possible, mais bien de s'assurer la supériorité du nombre à tout moment des opérations et dans toute rencontre avec les forces ennemies. Ce qui dépend essentiellement du talent du chef d'armée, de l'intelligente répartition qu'il sait faire de ses forces et de l'habileté qu'il met à les employer.

Quand Bonaparte rencontra pour la première fois le célèbre général Moreau, ce dernier lui dit : « Vous revenez d'Egypte vainqueur, et moi d'Italie après un désastre. Si Joubert, à Paris, n'avait pas mis des bâtons dans les roues, nous aurions pu battre l'ennemi. Mais les Russes et les Autrichiens ont profité, pour concentrer leurs forces, du mois pendant lequel nous sommes restés dans l'inaction. La supériorité du nombre assure toujours la victoire ».

« Vous avez raison, lui répondit Bonaparte. Quand je me trouvais avec peu de monde en présence d'une nombreuse armée, je concentrais mes troupes et je me lançais avec la rapidité de l'éclair, sur l'un des flancs de l'ennemi. Cette manœuvre jetait habituellement celui-ci dans un trouble que je mettais immédiatement à profit pour tomber avec toutes mes forces sur une autre portion des troupes adverses. De cette façon, je détruisais l'ennemi par morceaux, et la victoire que je remportais était bien, comme vous voyez, la conséquence de ce principe que le plus grand nombre triomphe toujours du plus petit (1). »

Importance de la force numérique au point de vue du tir.

Actuellement, la force numérique de l'armée aura une importance plus grande encore qu'autrefois, parce que l'armement perfectionné permet le tir aux grandes distances et que, par suite, les effets du feu sont bien plus considérables.

En outre, et ceci est encore plus important, les nouvelles armes à tir rapide sont venues augmenter l'avantage que la supériorité numérique assure, comme nombre de coups tirés dans un temps donné. C'est là un fait dont un calcul très simple permet de se rendre compte.

Supposons, par exemple, qu'il ne se trouve sur le champ de bataille que de l'infanterie, qu'il y ait 200 hommes d'un côté et 100 seulement de l'autre, séparés par une distance de 100 mètres.

D'après les données que renferme l'ouvrage l'*Art de combattre*, à cette distance là et en se servant du fusil Chassepot employé en 1870-71, un homme immobile est atteint par 50 0/0 des coups tirés; avec le fusil actuel, il le serait par 70 0/0.

D'autre part, le fusil Chassepot donnait 6 coups à la minute, le fusil à magasin en donne 16.

Il suit de là qu'il y a vingt ans, la troupe de 200 hommes prise comme exemple aurait pu tirer par minute 1,200 coups sur son adversaire, et celle de 100 hommes, 600 seulement. Tandis qu'aujourd'hui l'une des troupes pourrait tirer 3,200 coups et l'autre 1,600, à la minute.

De sorte que la différence, au lieu d'être de 600 coups comme autrefois, serait de 1,600, avec une augmentation, dans la proportion des coups utiles, de l'écart entre 50 et 70 0/0, c'est-à-dire de 20 0/0.

Il suit de là que le plus faible des deux adversaires subirait une perte plus considérable que l'autre, et que l'effet de la supériorité numérique se ferait plus vite et plus vivement sentir qu'autrefois.

Importance de l'effectif des troupes, avec les nouvelles armes à tir rapide, exprimée par la quantité de balles lancées en une minute,

Et l'efficacité du feu rapide est encore augmentée par ce fait que le projectile, possédant une plus grande vitesse initiale, sa déviation est moindre et sa force de pénétration plus grande.

(1) Oméga, *L'Art de combattre*.

C'est donc, pour le parti numériquement supérieur, un ensemble d'avantages qui contribuent à lui donner plus de chances encore de triompher dans la lutte.

Le même raisonnement s'applique à l'artillerie. Quand, actuellement, l'un des partis a, sur un point, une seule batterie de plus que le parti adverse, c'est comme s'il en avait eu 6 de plus, en 1870.

Simplicité des opérations.

Tout cela rend beaucoup plus difficile l'établissement d'un plan de combat, le choix du lieu et du moment de l'attaque. On ne prévoit plus guère de rencontres de front qu'au début de la campagne, et, la plupart du temps, dans une direction déterminée.

Sous la pression de toutes les difficultés énumérées ci-dessus, le commandant d'armée devra probablement renoncer à toute combinaison stratégique compliquée et se contenter des opérations les plus simples; d'autant qu'avec les masses armées et les avantages qu'assure le fusil perfectionné, le défenseur, même attaqué à l'improviste, pourra prolonger sa résistance, partout et à tout instant, assez longtemps pour donner aux troupes de secours le temps d'entrer en ligne.

Les masses armées exigeront de leurs chefs de plus grandes capacités, aussi bien pour l'exécution des plans de bataille que pour d'autres questions.

Les réserves ont déjà joué un rôle important dans le passé. La tactique moderne, qui a augmenté leur effectif, en a encore bien davantage accru l'importance. Sans des réserves nombreuses, un commandant d'armée se trouvera réduit à l'impuissance au moment décisif.

Une autre difficulté pour lui encore provient de ce que la grande portée et la précision des canons et fusils actuels l'empêcheront de garder les réserves à portée de sa main, et de ce qu'en outre, comme nous l'avons déjà remarqué plusieurs fois, il ne lui sera pas possible de s'orienter aussi facilement qu'autrefois, sur le moment de les faire entrer en ligne.

La réserve principale sera formée de corps d'armée entiers et représentera le quart ou même le tiers du total de l'armée. Elle doit rester sous les ordres directs du commandant en chef. En cas de victoire, son choc puissant permettra d'achever l'écrasement de l'ennemi. En cas d'insuccès, elle servira à couvrir la retraite. Quand le combat sera douteux, il lui faudra se porter en avant pour assurer la victoire.

Il est, par conséquent, facile de comprendre combien il importe au général en chef de conserver cette réserve intacte. Car, une fois perdue, l'on n'aura plus aucun point d'appui sur lequel compter en cas d'échec.

Tel sera pourtant le caractère des opérations de la guerre moderne, que, dès le début de la bataille, le commandant en chef sera assailli de demandes de secours. S'il y donne satisfaction, sa réserve ne restera pas disponible jusqu'à la fin de l'affaire. Et, d'un autre côté, un refus de sa part, opposé à un besoin réel, peut avoir les plus graves conséquences.

La « réserve spéciale » est destinée à renforcer les différents corps de troupes engagés sans affaiblir la « réserve principale ». Il est de la plus haute importance de bien choisir le moment de faire donner cette réserve. C'est en quoi Napoléon fut un maître incomparable, tandis que les généraux français de 1870 ne surent généralement qu'employer leur réserve trop tôt ou trop tard. Ce dernier cas se produisit, par exemple, à Gravelotte, où des renforts envoyés en temps opportun pouvaient assurer la victoire.

Il sera d'autant plus difficile d'embrasser l'ensemble de la situation et d'apprécier les événements qui surviendront sur les différents points du champ de bataille, que, malgré le concours des ballons et des téléphones, le commandant en chef ne pourra pas recevoir, d'une manière continue, des renseignements certains sur toutes les phases d'une lutte embrassant un espace immense.

Les anciennes méthodes de guerre ne seront plus applicables dans les rencontres colossales de l'avenir où se heurteront des millions d'hommes.

La question est de savoir s'il se trouvera des chefs à la hauteur de ce nouvel état de choses et des exigences qu'imposera désormais la conduite de la guerre.

Rôle du chef d'État-Major.

Il est clair qu'aujourd'hui le rôle du chef d'État-Major ne sera pas moins important que dans la guerre de 1870. Mais on ne sait pas trop encore si les qualités personnelles de Guillaume Ier, son grand âge et le calme bien connu de son tempérament ne furent pas pour beaucoup dans les victoires qui donnèrent au talent du feld-maréchal de Moltke la possibilité de se manifester.

Ainsi, par exemple, d'après l'ancien ministre de la guerre français, M. de Freycinet, Moltke ne serait nullement comparable à des génies militaires comme Napoléon ou Alexandre, attendu que tout son art se bornait à des calculs de teneur de livres et de travailleur acharné et qu'il ne dut ses succès qu'à une étude minutieuse et précise de tous les détails.

Le général russe Leer, professeur de tactique et auteur d'un traité des plus estimés sur cette branche de l'art de la guerre, dit à ce sujet :

« Comme le montre la plus fameuse guerre de l'Allemagne, — celle de 1870-71, — nous voyons, dans la stratégie adoptée par l'armée allemande, la systématisation rigoureuse des éclairs de génie napoléoniens. Les Prussiens sont arrivés à établir ce système, grâce à une logique inflexible ; et ils ont consacré à ce travail beaucoup de peine, une grande intelligence, énormément de méthode, d'ordre et encore plus de patience.

« A cette œuvre modeste et sans éclat, deux générations d'officiers ont, pendant un demi-siècle, dévoué toutes leurs forces.

« On l'a dit : *le génie, c'est de la patience.* La stratégie prussienne ne constitue nullement une phase particulière dans le développement de l'art stratégique. Elle ne représente que *le génie de la stratégie napoléonienne transformé en patience allemande et en système allemand,* puis complété de tout ce qu'exigent les plus récents perfectionnements techniques (chemins de fer, etc.).

« Les Allemands n'ont point créé de stratégie nouvelle. Ils ne sont que *des élèves de Napoléon dans le domaine de cette science,* que la période actuelle n'a pas fait entrer dans une ère de développement nouveau. C'est ce que leurs écrivains militaires les plus récents commencent à reconnaitre eux-mêmes, depuis que l'ivresse des victoires de 1870-71 s'est un peu dissipée. »

Mais en admettant tout cela, il n'en est pas moins vrai que les travaux et les efforts consacrés par de Moltke à l'organisation de l'État-Major — devenu, grâce à lui, un instrument de guerre admirable — ne sont pas restés sans résultat. Leur influence continue de se faire sentir, même depuis qu'un autre a la direction de cet État-Major.

. L'exemple donné par de Moltke, son expérience, la voie qu'il a marquée et ouverte, peuvent servir de guide à tous les généraux. Le général Pouzyrevski observe avec raison, que sans un État-Major comme celui que de Moltke possédait, le plus génial des chefs d'armée serait incapable d'accomplir ce que les Allemands ont exécuté en 1870-71.

Collaboration du chef d'armée et de l'État-Major.

Un bon général et un État-Major bien organisé, telles sont les deux conditions indispensables du succès à la guerre. La valeur de l'État-Major, nous pouvons l'apprécier par l'organisation modèle que de Moltke a léguée à ses successeurs. Quant au commandant en chef, il doit posséder, comme le dit von der Goltz, l'heureuse union du caractère avec d'éminentes facultés.

Or il est bien difficile de réunir un tel ensemble des qualités les plus diverses, sans cette longue expérience de la vie, sans cette haute et inébranlable conception du devoir, sans ce calme si rare de tempérament enfin, que possédait l'empereur Guillaume Ier.

Le renforcement de l'attaque ou de la défense.

Ainsi, d'après les raisons déjà exposées, par suite de l'augmentation du nombre des troupes et du perfectionnement des engins de combat, le rôle de commandant en chef est devenu, de notre temps, beaucoup plus difficile qu'il n'était à une époque encore très rapprochée de nous.

Tous les écrivains militaires sont d'accord sur ce point que le général en chef, après avoir esquissé le plan d'ensemble de la bataille, qu'il aura été forcé d'accepter par suite du succès ou de l'échec de ses lieutenants, ne disposera, pendant les opérations préparatoires, d'aucun autre moyen d'influer sur la marche du combat, que l'envoi de renforts sur différents points, afin d'y mieux assurer l'attaque ou la défense. La victoire dépendra donc de ses sous-ordres, et souvent aussi de la qualité des troupes, beaucoup plus que de lui-même.

D'où il suit que chaque échelon hiérarchique a ses devoirs à remplir et que le succès général en dépend.

Il a toujours été bien plus difficile de donner des ordres que d'exécuter des ordres reçus. Savoir commander promptement, nettement et à propos, est affaire de talent et d'habitude. L'exécution d'un ordre reflétera toujours la façon dont il a été donné ; c'est-à-dire que l'ordre qui n'est pas clair sera mal compris, que l'hésitation dans le commandement produira le manque de confiance dans l'exécution et affaiblira l'autorité du chef. S'il faut revenir sur un ordre, c'est, ordinairement, qu'il avait été donné prématurément ou d'après des renseignements erronés. Des modifications fréquentes dans les ordres n'amènent pas seulement des malentendus, mais aussi de la méfiance et du mécontentement : « Ordre, contre-ordre, désordre ».

Napoléon a dit, dans ses Mémoires, que rien n'est plus funeste, pour une armée, que d'avoir une notable partie de ses cadres composée de mauvais officiers.

Le succès d'une campagne dépend avant tout de l'étendue des qualités et facultés des officiers. Il en a toujours été ainsi, et il en sera plus encore ainsi dans l'avenir. Car la machine perfectionnée et compliquée exige, aujourd'hui plus que jamais, de la part de ceux qui doivent la faire fonctionner, la connaissance exacte de ses rouages, une grande présence d'esprit, et, en général, des forces intellectuelles de toute nature. C'est pour cela qu'il est très important de déterminer clairement et avec précision, en toutes choses, la série des devoirs de tous les membres de l'armée : ce que les Français appellent la « ligne de conduite » de chacun.

De tout ce qui vient d'être dit, il semble permis de conclure que la direction des armées doit se trouver dans une main unique. L'armée russe est une de celles dont les conditions d'organisation se prêtent le mieux à l'application de ce principe ; parce que, en temps de paix, dans ses rangs, comme en général dans le service de l'État, l'initiative personnelle ne se manifeste que faiblement. C'est du commandant en chef qu'il dépendra d'imprimer à l'armée ce cachet d'activité que les Allemands qualifient de « *Schneid* » (crânerie), et qui consiste en une énergique et active poussée de l'avant, malgré les terribles progrès des armes actuelles et en dépit des ordres « d'agir avec précaution ».

On comprend aussi que la méthode de conduite des troupes au combat dépendra de ce que les commandants des divers corps particuliers auront à attendre du commandant supérieur : blâme et responsabilité entière pour toute démarche risquée ou, au contraire, indulgence en cas d'échec éprouvé dans une offensive hardie, en considération de ce que souvent « *Audaces fortuna juvat* », — ou, comme dit le proverbe russe : « La témérité prend des villes », — et que l'audace est un élément qui, malgré tous les progrès des armes à feu, jouera toujours un rôle important à la guerre, à la condition, bien entendu, qu'elle n'aille pas jusqu'à une complète méconnaissance des nouvelles conditions tactiques.

II. — L'autonomie des commandants d'unités et leur initiative dans les différentes armées.

Les résultats moraux et matériels à la guerre.

Dans l'histoire écrite par le Grand État-Major allemand sur la guerre de 1870-71, il est dit entre autres choses : « Les conséquences morales et matérielles de tout événement à la guerre sont si considérables que, d'ordinaire, elles créent une situation entièrement nouvelle qui donne matière à des méditations nouvelles également. Il n'est possible d'établir le plan d'une campagne, avec une précision complète, que jusqu'à la première rencontre avec des forces ennemies importantes. Celui-là seul qui n'a pas la moindre idée de la guerre, peut s'imaginer que la série des opérations d'une campagne représente la fidèle exécution d'un plan arrêté à l'avance dans tous ses détails. Le commandant en chef ne peut qu'indiquer la partie essentielle du problème à résoudre : chercher le gros des forces ennemies et l'attaquer partout où il se montre. La direction des opérations ultérieures se trouve par suite entre les mains des commandants de corps indépendants.

Aussi est-ce un principe actuellement admis, que le premier devoir général des subordonnés de tout rang, dans la hiérarchie militaire, consiste à se conformer aux « directives » du chef placé à la tête de l'armée. Mais si le commandant d'une troupe quelconque se trouve accidentellement sans ordre, il n'en résulte jamais pour lui le droit de rester inactif. Cet officier est tenu, au contraire, de faire tous ses efforts pour atteindre le but final indiqué par le général en chef. Le choix des moyens à employer pour atteindre ce but, la façon d'employer les forces dont il dispose, pour y arriver, constituent ce qu'on appelle « l'initiative ».

L'initiative n'est pas moins importante dans la défensive que dans l'offensive. Unie à la ténacité dans l'exécution, elle constitue l'une des garanties les plus sûres du succès.

Toutes les autorités militaires sont d'accord sur la valeur de l'initiative. Les opinions ne diffèrent que sur les détails, en ce sens que les uns sont partisans de la centralisation et les autres de la décentralisation.

Voici quel est actuellement l'état de cette question :

Dans les temps anciens, au moins depuis la création des armées permanentes, l'initiative entière, et par conséquent l'entière responsabilité du résultat, revenait à une seule personne : le commandant en chef. Les officiers, ses subordonnés, n'étaient que les exécuteurs de ses ordres, que des intermédiaires entre la pensée du chef et son accomplissement par la troupe. Ils n'osaient s'écarter en quoi que ce fût des dispositions prescrites par ce chef, ni se laisser entraîner, par leurs propres résolutions, à y modifier quelque chose et à prendre quelque mesure sous leur responsabilité personnelle.

Mais quand le génie de Napoléon eut fait de la France la dominatrice de l'Europe ; quand Napoléon eut brisé l'une après l'autre toutes les puissances du continent et qu'il ne resta plus aucun espoir de lui opposer un chef d'armée d'égale valeur, il fallut chercher une voie de salut dans une autre organisation de l'armée et de la conduite de la guerre.

Le droit d'initiative.

La Prusse fut la première à réaliser cette idée. L'interdiction de modifier le plan du commandant en chef fut alors levée. On prit pour point de départ et pour base de la transformation de l'armée prussienne, puis de toute l'armée allemande, cette opinion de Scharnhorst : « Qu'un grand nombre d'hommes de talent peuvent remplacer et égaler un homme de génie ». Les officiers en sous-ordre furent débarrassés des entraves qui les empêchaient d'agir. On se mit à les élever de manière à en faire des chefs effectifs, à quelque échelon de la hiérarchie qu'ils appartinssent et si petite que fût l'unité placée sous leur commandement. Cette réforme consista notamment à leur donner le droit d' « initiative », ce qui, naturellement, rendit leurs charges et leur responsabilité beaucoup plus lourdes.

La façon dont se manifeste l'indépendance des officiers allemands depuis les grades subalternes, est parfaitement exposée dans l'extrait suivant de l'ouvrage du général Kaulbars, de l'État-Major russe :

« Le commandant de compagnie, dans l'armée allemande, a la pleine et entière responsabilité de l'instruction de ses hommes et l'organise absolument comme il l'entend. Son initiative n'a d'autres limites que l'obligation qui lui est imposée, de présenter, à des époques fixées d'avance, ses soldats à l'inspection de ses supérieurs, et d'avoir amené, pour ce jour-là, l'instruction de ses troupes à un degré déterminé. Le commandant du bataillon lui-même n'a pas le droit de s'immiscer dans l'instruction de ses compagnies. Plus tard il instruit à son tour son bataillon, et il devient alors entièrement responsable de l'instruction de cette troupe comme unité tactique. A lui d'exiger que, pour cette époque, l'instruction des compagnies soit complète.

« Tous les officiers prussiens, du lieutenant au général, sont unanimes sur ce point : ils considèrent le développement aussi complet que possible de l'initiative individuelle à tous les degrés, comme l'unique et indispensable condition du succès, non seulement en ce qui concerne l'instruction des troupes, mais pour tout ce qui a trait aux choses militaires (1). »

Moyens de développer une initiative raisonnable.

Voici quels sont, d'après le professeur Leer, les moyens les plus efficaces de développer une initiative raisonnable en temps de paix chez les commandants d'unités : 1° *Simplification aussi grande que possible de l'organisme dirigeant — avec un minimum de réglementation et de centralisation;* 2° *Organisation rationnelle des manœuvres,* — cette école supérieure des officiers de haut grade en temps de paix, — semblable à ce qu'elle est déjà depuis longtemps en Prusse.

La logique apportée par les Prussiens dans l'examen de cette question, les efforts qu'ils ont faits pour développer dans leur armée l'esprit d'initiative, c'est-à-dire l'esprit de décision rapide, immédiate, prise à ses propres risques et périls, ressortent avec une netteté particulière des observations que l'État-Major prussien, dans son ouvrage sur la guerre de 1870-71, consacre à l'un des plus graves épisodes de la campagne : l'attaque malheureuse de la garde à Gravelotte. A cette occasion il est dit dans ce livre : « Il ne faut point blâmer des sacrifices partiels de ce genre, qui sont accomplis pour faciliter la tâche du commandant en chef; car ce serait une faute d'écarter, du domaine de l'activité militaire, cet élément : l'audace, qui, s'il ne conduit pas lui-même directement à de grands résultats, contribue néanmoins à les préparer. » — C'est là un exemple digne d'imitation, observe à ce propos le professeur Leer (2).

Les écrivains militaires français aussi recommandent cette méthode : « C'est là la logique, c'est là la vérité, s'écrie Amédée Le Faure (3). C'est avec ces simples principes que les Allemands ont fait la campagne de 1870.

« Comment, avec une armée de 150 à 200,000 hommes, occupant un espace de terrain considérable, comment le général en chef pourrait-il, à l'avance, prévoir les incidents? Comment, sur le champ de bataille, pourrait-il faire connaître à tous, ses déterminations?

« C'est là une impossibilité physique absolue ; il n'y a pas de génie qui puisse suffire à cette tâche.

« De là le système prussien qu'il est aisé de résumer :

« Le général en chef *maître absolu, maître unique,* tant qu'il s'agit de la phase de préparation, arrête son plan de campagne. Il choisit son objectif,

(1) *L'Armée allemande et les principes de sa constitution et de son instruction,* 1890.
(2) *Opérations combinées.*
(3) Amédée Le Faure, *L'initiative militaire.* Nouvelle Revue, 1er octobre 1880.

il s'entoure de tous les renseignements, de toutes les expériences, de toutes les lumières. Il résume et il concentre.

« Puis, ceci fait, on arrive à l'exécution. Alors son pouvoir, tout à l'heure souverain, va s'amoindrir et presque disparaître.

« Le général en chef sait à l'avance qu'il ne peut être partout, qu'il ne peut choisir une position qui lui permettra d'être renseigné à la fois sur ce qui se passe à la droite et sur ce qui se produit à la gauche.

« Il réunit ses chefs de corps, il leur expose sa pensée, il entre dans tous les détails qu'il croit nécessaires ; il fait bien comprendre le but qu'il a en vue. En un mot il donne les *directives*.

« Ceci fait, la tâche du chef inférieur commence. »

Quand on compare les rapports allemands sur les batailles de 1870 avec les rapports français, on est avant tout frappé de cette particularité que, du côté allemand, les rencontres se sont effectuées peu à peu, par l'entrée en ligne de petites unités : compagnies, etc., tandis que les Français lançaient tout de suite au combat de gros corps de troupes.

Le général russe Voïdé (1) a discuté cette question de très près, et il est arrivé aux conclusions suivantes :

ndépendance, des différents commandants des troupes.

« La plus grande part dans les succès étonnants des Allemands, en 1870, revient à l'initiative des commandants d'unités allemands. Dans ses diverses manifestations, cette initiative a puissamment aidé le commandement supérieur allemand à manier, presque sans à-coups, le mécanisme complexe de cette armée immense. Les chefs des différentes unités surpassèrent parfois, dans l'exécution des ordres qui leur étaient donnés, non seulement l'attente mais les espérances les plus hardies de la direction supérieure. Même il ne fut pas rare de les voir réparer plus ou moins les fautes inévitables de leurs propres chefs, et procurer de la sorte, à ceux-ci, un triomphe qu'ils n'avaient pas toujours mérité. Souvent les corps d'armée allemands, les divisions, les brigades et même des unités plus petites encore, remportèrent la victoire par leur entente et leur union ; et cela, non seulement sans qu'aucunes dispositions du commandement supérieur eussent préparé cette union, mais sans même que ce commandement exerçât aucune action directrice générale pendant la lutte. Grâce à l'énergie et aux ordres prévoyants de leurs officiers, les Allemands eurent le dessus même là où les Français avaient pu leur opposer des forces bien supérieures en nombre.

« De toutes les batailles du commencement de la guerre de 1870 qui décidèrent du sort de deux armées françaises, c'est-à-dire qui les firent tom-

(1) *Samostoïatelnoste tchasnykh natchalnikoff voïsk* (L'indépendance des commandants d'unités).

ber tout entières entre les mains de l'ennemi, il n'en est que deux, Gravelotte et Sedan, où les Allemands aient été dirigés d'une manière effective et non pas seulement nominale, par le commandement supérieur. Et même dans ces journées aussi, les commandants des différentes unités se firent remarquer par des opérations d'une très grande importance et, on peut même dire, tout simplement décisives.

Bataille de Gravelotte.

« La bataille de Gravelotte fut décidée à l'avantage des Allemands par l'attaque de la garde prussienne et du corps d'armée saxon. Or ces troupes qui, d'après les dispositions générales primitives, devaient marcher vers le Nord, prirent de bonne heure et entièrement d'elles-mêmes, la direction du Nord-Est que les circonstances exigeaient; et elles allèrent ainsi au devant des ordres de leur chef, le prince Frédéric-Charles, qui ne leur parvinrent que plus tard. A cette occasion, le corps saxon prit sous sa propre responsabilité d'exécuter un mouvement tournant autour du flanc droit de la position française de Saint-Privat, et décida ainsi très réellement du succès de la sanglante bataille du 18 août.

Bataille de Sedan.

« La bataille de Sedan, du 1er septembre, qui se termina par l'anéantissement complet de l'armée de Mac-Mahon, fut préparée, pour ce jour-là, par les commandants des 3me et 4me armées allemandes, le prince royal de Prusse et le prince royal de Saxe, sans qu'aucune disposition générale émanant du roi Guillaume fût intervenue pour les diriger. »

De l'avis des écrivains militaires français, l'esprit d'initiative fait défaut dans l'armée française.

L'esprit de centralisation.

Quand le général Kaulbars publia les observations qu'il avait recueillies sur les méthodes d'instruction de l'armée allemande et la liberté d'initiative qu'on laissait dans cette armée aux différents titulaires du commandement, les officiers français en furent, pour ainsi dire, bouleversés. Et en réalité, l'esprit de centralisation ne s'est nullement affaibli en France depuis lors, pas plus dans l'armée que dans les autres branches de l'organisation du pays. Comme sous l'ancienne monarchie, et comme au temps de la Révolution et de Napoléon Ier, maintenant encore, tout officier n'est rien autre chose que le rigide exécuteur des ordres de son chef.

Ce système d'organisation de l'armée a valu jadis à la France, de brillantes victoires sur les champs de bataille de tous les pays. Il n'est donc pas surprenant qu'il lui soit très difficile d'y renoncer ; — d'autant que, jusqu'à la dernière guerre, la nécessité de rompre avec ces errements n'était pas encore bien évidente.

Mais aujourd'hui les circonstances se sont modifiées.

Bataille de Wörth.

Amédée Le Faure (1) décrit, d'après des sources allemandes, le très intéressant exemple de la bataille de Wörth, qui, selon lui, montre clai-

(1) *L'initiative militaire.*

rement ce que signifie « l'initiative » sur le champ de bataille, et quelles conséquences elle peut avoir.

D'après le rapport de l'historien officiel, le major, aujourd'hui général, von Hahnke, voici comment se déroula le combat :

Le général Kirchbach reçut du prince royal de Prusse, l'ordre d'éviter une bataille et de s'abstenir de tout mouvement pouvant le mettre dans la nécessité d'en accepter une. Mais, ne voyant pas la possibilité d'exécuter cet ordre, ce général résolut de continuer sa marche en avant et pria le commandant du 11ᵉ corps ainsi que celui du 2ᵉ corps bavarois, de le soutenir par des attaques de flanc. Après quelque hésitation, les généraux Bose et Hartmann, qui avaient reçu du commandant en chef le même ordre que Kirchbach, se décidèrent à prendre part au combat sous leur propre responsabilité. Vers midi, le prince royal avec son état-major accourut au bruit du canon qui grondait de plus en plus fort à Wörth, et prit la direction de la bataille.

Le résultat de celle-ci, et, par suite, le résultat de l'initiative du général prussien fut une victoire, la perte de la position française, le plus grand désordre dans la retraite des Français sur Châlons, l'occupation du col de Saverne par les Allemands et leur pénétration dans l'intérieur du territoire ennemi, sans parler de l'effet moral qu'eut ce succès, en excitant le courage des Allemands, tandis qu'il jetait l'inquiétude et le découragement dans l'armée et la nation françaises.

Examinons maintenant, dit Le Faure, comment les Français avaient opéré en cette circonstance. Le maréchal de Mac-Mahon, qui ne s'attendait pas à une marche en avant aussi rapide, envoya, de Wörth, où il n'avait qu'un corps d'armée, la dépêche suivante au général de Failly qui se trouvait à Bitche avec le 5ᵉ corps français : « Envoyez le plus tôt possible une division et *tenez les autres prêtes à marcher.* » Cependant la bataille s'engagea plus tôt qu'on ne l'avait prévu. La marche en avant du 5ᵉ corps vers le champ de bataille était devenue d'une nécessité évidente. Les employés supérieurs du chemin de fer offraient leurs services au général de Failly pour transporter ses troupes rapidement jusqu'au lieu même du combat ; mais le général répondait : « Je n'ai pas le droit de quitter ce point, sans un ordre du maréchal, que je n'ai pas reçu. »

D'autres exemples encore, que Le Faure rapporte, ne sont ni moins frappants, ni moins convaincants. Ainsi, par exemple, il y avait une chance, peut-être la dernière, de sauver l'armée et la France elle-même. Il fallait empêcher la réunion de l'armée de Steinmetz avec celle du prince royal. La première avait déjà franchi la Moselle. Les habitants de Novéant, comprenant quelles conséquences pouvait avoir un heureux passage du fleuve, qui est très large en cet endroit, envoyèrent dépêches sur dépêches au quartier général. Mais les officiers qui s'y trouvaient n'en ouvrirent aucune, comme ne s'y croyant pas autorisés. Il ne s'agissait pourtant que de couper les chaînes de fer auxquelles était suspendu le pont qui réunissait les deux rives. Et, comme dit Le Faure, quelques minutes y auraient suffi!

Les accusations réciproques.

Après la guerre, commencèrent, comme d'habitude, les accusations réciproques. On chercha à s'expliquer la cause des échecs en en rejetant la responsabilité tantôt sur un chef et tantôt sur l'autre. Comme exemple, nous donnerons le récit d'une discussion de ce genre devant la commission d'enquête.

Le capitaine Boyenval dépose : « ... Je me rendis auprès du commandant du génie pour lui demander l'ordre de faire sauter le pont-barrage d'Ars. Il me répondit qu'il ne pouvait pas prendre cela sur lui, et il m'envoya chez le directeur, qui, de son côté, me renvoya à M. le général Coffinières, commandant la place de Metz. Je rendis compte à M. le général Coffinières de ce qui se passait, et je lui demandai de faire sauter le pont d'Ars; il refusa de m'en donner l'ordre... »

Le général Coffinières dépose : « ... Il est possible que M. Boyenval me l'ait dit. Du reste, ce renseignement ne nous aurait rien appris, puisque nous-mêmes nous voyions très bien, de Metz, passer les troupes prussiennes. Mais j'en reviens toujours à ce point, que je ne pouvais pas faire sauter un pont sans l'ordre formel du commandant en chef. »

Après avoir cité de pareils faits, Le Faure s'écrie :

« Initiative d'un côté amenant la victoire !

« Passivité de l'autre, produisant la défaite, l'invasion, la déroute!

« Tout cela montre clairement jusqu'à quel point, chez les Français, régnait, en principe, une centralisation complète étouffant tout. Les généraux commandant en chef voulaient toujours et partout régler tout eux-mêmes; mais, d'habitude, ils n'arrivaient nulle part à temps. De sorte qu'ils laissaient leurs subordonnés tout à la fois sans ordres et sans droit de prendre l'initiative. »

Le général Voïdé observe très justement, à ce propos, que, tout en refusant à ses subordonnés le droit d'exécuter même la plus petite opération rationnelle indépendante, dans l'intérêt général et pour le bien de tous, on ne pouvait les priver du droit commun à tous les hommes, c'est-à-dire tout bonnement du « droit de commettre des fautes et des erreurs pour leur propre compte ». Et ce droit, il faut l'avouer, les commandants d'unités français l'ont presque toujours exercé très largement, toutes les fois que dans le cours naturel des affaires, ils furent laissés sans ordres directs pour chaque cas particulier.

D'où ce résultat final que, chez les Allemands, l'activité des différents sous-ordres avait, pour ainsi dire, accru et « multiplié » la force d'impulsion du commandant en chef, tandis que l'action, comme l'inaction des sous-ordres français, avait joué plutôt le rôle d'un « diviseur » amoindrissant encore l'effet des efforts, d'ailleurs assez minces, de la direction supérieure.

Tout cela est très naturel. Il faut qu'entre le chef et ses subordonnés existe une communauté parfaite de pensées et de convictions. Communauté qui ne doit pas se manifester accidentellement dans chaque cas particulier, mais bien constituer le produit naturel d'une similitude générale de vues et d'efforts et d'une égale connaissance de la situation.

Caractéristique des systèmes d'opérations.

Après avoir caractérisé les deux systèmes, le général Voïdé se demande : « Par quel moyen l'armée allemande est-elle arrivée à ce nouveau système de guerre et comment est-elle apparue tout à coup devant le monde étonné, en se faisant connaître par les éclats de tonnerre des campagnes contre l'Autriche et contre la France ? Naturellement, cela ne lui est pas venu directement de l'expérience des dernières guerres qu'avait soutenues la Prusse. La Prusse est, en effet, le seul des États européens qui, pendant un demi-siècle écoulé depuis la grande époque napoléonienne, n'avait pas fait guerre, — à part les opérations, d'ailleurs sans importance, exécutées pour réprimer l'insurrection de 1848-1849.

« Et l'on arrive ainsi, finalement, à chercher comment la Prusse moderne a suppléé au défaut de sa propre expérience de la guerre, et où elle a trouvé le secret de surpasser ses anciens rivaux, comme, par exemple, la France, — qui pourtant aurait dû tirer profit des dernières campagnes qu'elle avait faites en 1854-1855 et en 1859.

« La source à laquelle la Prusse, et avec elle, l'Allemagne entière, a puisé, n'est autre que la science. Appuyés sur les grandes leçons de Napoléon, les éclairant par la méditation et les complétant par une observation attentive de toutes les guerres ultérieures, les Allemands, grâce à la main heureuse du général Clausewitz, avaient créé une science de la guerre tout à fait nouvelle, l'avaient développée et appliquée dans les limites que permettaient les exercices du temps de paix.

« A une époque où les autres puissances militaires ne savaient que former des empiriques, tels que Bazaine et Mac-Mahon, ou des illustrations éphémères comme Benedek, l'Allemagne avait, par sa science, élevé toute une série d'éminents spécialistes de la guerre et n'avait pas craint de les armer du droit d'initiative personnelle.

« C'est sur cette science que l'Allemagne, ou, plus exactement, la Prusse, a basé tout son système militaire. Personne ne peut donc s'étonner de ce que, suivant une expression du général Leer, les Français ont joué, pendant toute la durée de la guerre, le rôle, non du marteau, mais de l'enclume.

« On trouverait difficilement des amateurs pour recevoir de telles leçons. Mais la question est de savoir comment on peut éviter un destin semblable. Or la réponse est bien simple : Il faut puiser à la même source que les Allemands, c'est-à-dire s'adresser à la science — mais pourtant sans lui demander ou en attendre plus qu'elle ne peut donner. »

« La science de la guerre, a dit Clausewitz, ne donne pas de règles positives. Mais elle donne à l'esprit l'éducation nécessaire et le rend capable de résoudre lui-même un certain genre de problèmes et de questions. »

Utilisation des leçons du malheur.

Les Français ont su tirer parti des leçons du malheur. C'est ce dont témoignent les progrès considérables que nous pouvons constater dans leur puissance et leur organisation militaires. On peut compter que s'ils devaient encore une fois entrer en lutte avec l'Allemagne, ils se présenteraient munis, comme leurs adversaires, de toute la science allemande de la guerre.

On ne pourra, naturellement, se prononcer définitivement sur ce point que si tout ce qui a été fait dans l'armée française résiste à l'épreuve de la pratique, c'est-à-dire de la guerre. Car on sait que les meilleures intentions et les plus vigoureux efforts peuvent se briser devant des habitudes surannées mais consacrées par la tradition.

La capacité des officiers français et l'organisation de l'armée française ont été appréciées comme il suit par un juge compétent et impartial, le général russe Pouzirevski, qui a suivi les manœuvres du 12e corps d'armée :

Suppression du corps d'État-Major français.

« En supprimant leur corps d'État-Major et en le remplaçant par des officiers de troupe « brevetés », les Français croyaient sans doute imiter les Allemands qui pratiquent si largement le passage, du service des troupes dans l'État-Major et inversement. Mais d'abord, les Allemands conservent néanmoins un corps spécial d'officiers d'État-Major qui a son esprit de corps, des traditions solides et une brillante réputation militaire. Ensuite, le fréquent retour dans le service des troupes, utile par lui-même, est indispensable dans l'armée allemande où la tournure d'esprit nationale exige une sorte de retrempage aussi fréquent que possible, si l'on veut faire acquérir un sens vraiment pratique aux Allemands, toujours trop enclins à la contemplation et aux théories abstraites. Enfin, ce système ne présente en Allemagne aucun danger : d'un côté, parce que l'instruction supérieure et le goût des connaissances scientifiques sont suffisamment répandus dans l'armée ; de l'autre, parce que l'officier appelé à l'État-Major trouve là-bas une solide organisation de son service, un nombre suffisant d'officiers qui sont des spécialistes dans leur partie, des supérieurs anciens et considérés et des camarades pour la plupart expérimentés et intelligents. En France, toutes ces conditions se présentent d'une manière quelque peu différente.

« En général, cependant, on peut dire que l'armée française constitue une force très respectable, grâce à son effectif considérable, à sa discipline, à l'excellente préparation des gradés subalternes, à la bonne instruction élémentaire des hommes de troupe, ainsi qu'à son matériel abondant et excellent, — malgré son système irrationnel de préparation à la guerre, l'inorganisme de son commandement supérieur et l'absence d'un commandant en chef effectif. Sous les ordres d'un homme de valeur, l'armée française serait un adversaire redoutable ; ce que reconnaissent évidemment déjà ses voisins qui ne comptent plus sur d'aussi faciles succès que dans la dernière guerre (1). »

L'initiative dans l'armée russe.

Quant à la question de l'initiative dans l'armée russe, nous donnerons sur ce point l'opinion du général Voïdé (2). L'auteur, parlant de l'ouvrage bien connu du général Pouzirevski, *La Guerre russo-polonaise de 1831*, s'exprime comme il suit : « Dans cet excellent ouvrage nous trouvons la description de beaucoup d'opérations remarquables exécutées par des commandants de détachements russes opérant isolément ; mais nous ne trouvons, pour ainsi dire, pas d'exemple d'exécution de directives dans le sens de l'initiative d'aujourd'hui, alors que l'auteur de l'ouvrage ne pouvait cependant guère omettre de noter des faits de ce genre, s'il s'en était produit réellement. Car, par les observations qu'il formule à plusieurs reprises, on voit qu'il envisage cette question tout à fait au point de vue contemporain. »

L'assaut de Plewna en 1877.

Enfin, un écrivain militaire également bien connu, le général Kouropatkine (3), depuis ministre de la guerre en Russie, qui a pris part à la dernière guerre d'Orient, a écrit entre autres choses, dans ses conclusions sur l'assaut malheureux du 30 août 1877 à Plewna : « Nombre de commandants d'unités de toutes armes ont manqué d'initiative. Beaucoup attendaient qu'on leur ordonnât non seulement quand ils devaient agir et ce qu'ils devaient faire, mais aussi *comment* ils devaient le faire. Aux justes reproches qui leur étaient adressés pour leur inaction et pour n'avoir pas apporté leur concours en temps opportun, ils répondaient par la fameuse phrase : « Je n'ai pas reçu d'ordres ».

« Au point de vue de l'initiative, ce sont les troupes du Caucase qui se sont toujours le plus distinguées. La grande différence qui, surtout dans les premiers temps, se remarquait entre les troupes originaires du Caucase et celles qui venaient d'y arriver de leurs garnisons du temps de paix — diffé-

(1) *Voïennyi Sbornik*.

(2) *Initiative des commandants d'unités*.

(3) *Opérations des détachements*, général Skobeleff.

rence qui n'était pas à l'avantage de ces dernières, — tenait sans doute surtout aux habitudes d'initiative contractées par les Caucasiens dès les grades les plus inférieurs, et développées chez eux par des opérations en petits détachements dans la lutte contre les belliqueux montagnards.

« Il ne faut toutefois pas oublier qu'au cours des quinze dernières années, des modifications profondes ont eu lieu dans l'armée russe. Des personnes très compétentes assurent qu'au point de vue de la qualité de ses officiers, cette armée a fait de grands progrès depuis la guerre de 1877 (1). » Une des raisons, d'ailleurs, pour lesquelles cette guerre ne peut servir de critérium à son endroit, c'est que la réforme des ordonnances de Nicolas Ier, depuis longtemps surannées, n'a eu lieu qu'en 1874, c'est-à-dire trois ans seulement avant que n'éclatât la guerre en question. Et c'est évidemment beaucoup trop peu pour permettre d'obtenir des résultats notables dans la transformation d'une armée.

Il faut aussi remarquer que, dans ces derniers temps seulement, ont été publiées des instructions pour le développement de l'initiative si indispensable aux armées modernes. Ainsi, par exemple, l' « Instruction pour le commandement des troupes à la guerre » est de 1890. Elle confère au commandant en chef les droits les plus étendus. Les commandants de corps d'armée sont directement soumis au commandant de l'armée : « Dans tout ce qui a trait à la conduite des opérations militaires, ils doivent se laisser guider par les instructions générales ou « directives » du commandant de l'armée, et, relativement au but de ces mêmes opérations, par ses *ordres*, dispositions et autres mesures qui leur sont communiquées, soit directement, soit par le chef d'État-Major de l'armée.

« Pour atteindre le but qui leur est indiqué et pour l'exécution des ordres qu'ils reçoivent, les commandants de corps d'armée choisissent, sous leur responsabilité personnelle et d'après leur appréciation, les moyens nécessaires. En cas de circonstances modifiées ou imprévues, le commandant de corps d'armée a le droit de s'écarter de l'exécution rigoureuse des instructions reçues, en rendant compte sans délai au commandant de l'armée. »

Les droits du commandant de division.

Les droits d'un commandant de division sont, à ce sujet, déterminés comme il suit : « Dans tout ce qui concerne la conduite des opérations de la guerre, il doit se régler sur les directives générales du commandant de corps d'armée. Pour résoudre les problèmes qui lui sont posés et pour exécuter les ordres qu'il reçoit, le commandant de division choisit les moyens nécessaires d'après son appréciation et sous sa responsabilité per-

(1) *Revue du Cercle militaire* (1893), et von Drygalski, *Impressions de voyage militaire en Russie*, 1893.

sonnelles. En cas de circonstances modifiées ou imprévues, il a le droit de s'écarter de l'exécution rigoureuse des instructions reçues, en rendant compte sans délai au commandant du corps d'armée. »

« Le véritable esprit de notre *Règlement*, dit le général Voïdé, c'est de laisser au chef, dans tous les cas, pleine liberté d'action, en lui permettant de s'écarter des ordres reçus. Et si un tel article existait pour les commandants de troupes français, rien n'empêcherait ces derniers, en s'appuyant dessus, de prendre leurs dispositions conformément aux circonstances. »

« Pourtant un tel système « d'autorisation » est insuffisant dans les cas qui exigent absolument une action effective. Car il suppose, en quelque sorte, un désir ardent d'agir, qui n'attend que l'occasion ou même le prétexte de déployer toute son initiative. Mais en est-il ainsi dans la réalité? Sont-ils déjà si loin, ces cas auxquels faisait allusion le général Kouropatkine, où tant de commandants de troupes demandaient non seulement « *ce* » qu'ils devaient faire, mais « *comment* » ils devaient le faire? Les choses ont-elles effectivement beaucoup changé depuis cette époque? — Je dis « effectivement » et non pas sur le papier. »

L'auteur termine en concluant qu'il doit, en tout cas, constater l'existence de prescriptions *provoquant* formellement l'initiative individuelle dans l'exécution des ordres, et *autorisant* en même temps la modification de ces derniers suivant les circonstances. Ce qui permet d'affirmer hautement que « la loi chez nous précède encore ici les mœurs, en montrant à tous le chemin du progrès ». — Il ne nous reste qu'à souhaiter, avec l'auteur, de voir, dans la pratique, s'étendre également aux subordonnés du commandant de division, le droit à l'initiative ainsi que le devoir de juger et de prendre une décision, chacun dans les limites de sa propre sphère d'activité.

Tous les faits et conclusions rappelés ci-dessus tendent à nous prouver combien plus grande aujourd'hui qu'autrefois est la responsabilité qui pèse sur les chefs de grade élevé. Les garanties exigées d'eux doivent donc augmenter en proportion.

Si, d'une façon générale, l'instruction pouvait être proportionnelle au rang de chacun, le général, placé à la tête de la hiérarchie, devrait, outre les connaissances demandées à tout officier, posséder encore une connaissance approfondie des opérations complexes que comporte la guerre en présence de l'ennemi.

Les querelles internationales.

Au temps passé, quand les querelles entre les peuples se vidaient isolément, les luttes internationales mettaient en mouvement des « masses » moins considérables ; mais ces luttes étaient plus fréquentes. Il était donc plus facile d'acquérir l'expérience de la guerre. Dans ces cinquante dernières années, les guerres se sont succédé à d'assez grands intervalles, mais elles sont devenues beaucoup plus destructives pour les officiers ; de sorte que bien peu des futurs généraux sont revenus indemnes du baptême du feu. On ne rencontre plus que rarement aujourd'hui, de ces officiers expérimentés, ayant fait de la guerre une étude pratique, non pas sur les champs de manœuvres mais sur les champs de bataille, et qui, jadis, étaient nombreux dans toutes les armées. D'où la nécessité de combler cette lacune par une longue et active préparation scientifique — comme on l'a fait en Prusse.

Voilà pourquoi le rôle des généraux qui commandent des corps de troupes considérables est devenu bien plus difficile que par le passé. Les écrivains militaires insistent particulièrement sur cette règle, que, pour triompher de son adversaire, il faut lui être numériquement supérieur sur le champ de bataille. Or, pour obtenir ce résultat, il ne suffit pas toujours d'avoir des troupes plus nombreuses ; il faut aussi savoir manœuvrer de manière à occuper une bonne position. Les attaques de flanc ont toujours passé pour très dangereuses. Aujourd'hui, avec l'énorme puissance du feu de l'artillerie, elles peuvent amener de véritables désastres. C'est ce que nous allons montrer par un petit exemple.

Effets du tir oblique.

La direction du tir peut être perpendiculaire, oblique ou parallèle à la ligne de bataille de l'ennemi. Dans ces différents cas, l'effet du feu sera très différent. Le feu oblique atteint un plus grand nombre d'hommes que le feu perpendiculaire au front. L'expérience a montré qu'en passant de l'une à l'autre, l'action destructive s'augmente de 3 à 7, c'est-à-dire fait plus que doubler.

Il n'est pas moins clair que des coups latéraux, parallèles à la direction du front ennemi, c'est-à-dire le prenant en flanc, atteindront encore un plus grand nombre d'hommes et seront efficaces à de plus grandes distances (1).

Il va de soi que tous les efforts d'un commandant d'armée doivent tendre à empêcher l'ennemi de tourner ses propres flancs, tandis que lui-même cherchera une occasion de tomber dans le flanc de l'ennemi. Problème, on le comprend, très difficile, — surtout en raison des obstacles qu'opposent à l'exécution des reconnaissances, l'extension actuelle des positions, la poudre sans fumée et la grande portée des armes modernes.

C'est à la façon dont elle sut tourner le flanc de ses adversaires que l'armée allemande dut ses prompts et décisifs succès des années 1870-71. Du témoignage unanime des généraux allemands, les Français, malgré la supériorité de leurs positions, ne parvenaient à prendre l'avantage sur l'assaillant, que quand ils commençaient à menacer son flanc. Les géné-

(1) Oméga, *L'Art de combattre*.

raux français préféraient cependant rester dans leurs positions et y attendre l'attaque de l'ennemi. Le défaut d'énergie, d'initiative et d'esprit d'entreprise leur causa les plus grands dommages.

Les officiers français actuels comprennent très bien tout cela. Le colonel Maillard, par exemple, dit que « les Allemands ont manœuvré en 1870, et ils ont été vainqueurs. Nous aussi, nous devrons manœuvrer quelque jour ! »

Les batailles futures en fourniront d'abondantes occasions.

Par les motifs que nous avons indiqués, il ne sera que rarement possible de concentrer les troupes avant la bataille. Le plus souvent cette concentration n'aura lieu qu'au cours même de l'engagement. Il suit de là que l'initiative des commandants de division jouera, forcément, un grand rôle. Lors des guerres du XVIIIe siècle, il ne fallait qu'un seul chef pour une armée, tandis que la tactique contemporaine, plus mobile, en exige autant qu'il existe de corps de troupes indépendants.

Mais c'est précisément pour cette raison que, de même qu'il faut au commandant en chef, des commandants de corps d'armée et de division d'une certaine capacité, ces derniers, non plus, ne pourront pas se tirer d'affaire, s'ils ne trouvent, dans leurs sous-ordres, des auxiliaires intelligents et instruits.

III. — Les chefs subalternes.

Rôle des organes d'exécution.

En même temps que s'est compliquée la tâche de la direction supérieure de l'armée, le rôle des organes d'exécution, dans les grades subalternes, est également devenu beaucoup plus difficile. La meilleure preuve qu'on en puisse trouver est dans la conduite du combat de mousqueterie.

Dans les « Annales militaires » (*Militärische Jahresberichte*) de Löbell, il est parlé de l'impossibilité où l'on se trouve, sur le champ de manœuvres, d'entendre les signaux au milieu du crépitement de la fusillade. On peut donc aisément se figurer le bruit qui régnera pendant une bataille, et combien seront vains les efforts de l'officier chargé de la conduite du feu, pour se faire entendre de ses subordonnés. D'autant plus qu'il devra conduire ainsi le feu pendant que sa troupe sera en ordre dispersé. Enfin la tâche qui lui est imposée, de prendre de promptes dispositions, sera rendue plus difficile encore par la présence, parmi ses hommes, de réservistes rentrés de la veille dans les rangs.

Aussi Löbell dit-il que, quoique les réservistes allemands soient d'excellents soldats, la condition *sine qua non* du succès sera, non seulement de fortifier les cadres, mais encore de favoriser le développement intellectuel du personnel — tant officiers que sous-officiers — qui les constitue. C'est ainsi que s'exprime un général prussien, en parlant de l'armée allemande, où d'ailleurs la valeur intellectuelle des militaires atteint un degré relativement élevé.

Il ne faut pas s'en étonner. Les masses énormes des armées modernes s'émietteront nécessairement en corps isolés; et comme presque toutes ces fractions opéreront en ordre dispersé, il faudra bien qu'une part de la direction échappe aux mains, non seulement des généraux, mais aussi des colonels et même des chefs de bataillon, pour passer aux capitaines et aux officiers subalternes.

L'expérience des dernières guerres nous montre combien l'effectif des officiers peut diminuer promptement sur le champ de bataille. Vers la fin de la guerre franco-allemande, les bataillons et demi-bataillons n'étaient plus commandés que par des officiers de réserve et même des feldwebels. Depuis décembre 1870, une division bavaroise se trouvait n'avoir plus dans ses rangs qu'un seul capitaine appartenant à l'armée permanente (1).

Que sera-ce dans la guerre future? Dans toutes les armées européennes, on s'occupe sans relâche d'imaginer des moyens pour détruire les officiers ennemis. En France, on dresse à cet effet les plus habiles tireurs; en Russie, on a organisé des détachements spéciaux de chasseurs (*okhotniki*). Il ne manquera pas non plus d'hommes adroits au tir dans les armées allemande et autrichienne; car le sport du tir est très développé dans ces pays et il existe une société de tireurs presque dans chaque ville.

Il faut donc à la formule ancienne : « tel chef, telle armée », substituer celle de : « tels cadres, telle armée ».

Nécessité d'avoir beaucoup d'officiers.

Napoléon, qui a toujours pensé que le succès dans la lutte dépendait avant tout des officiers, trouvait en même temps que « le seul moyen pour un pays d'avoir de bons officiers, c'est de favoriser la diffusion des connaissances scientifiques dont l'application est utile, tant dans la flotte que dans l'armée, — de même que le développement de l'économie rurale, la santé de la nation et la satisfaction de tous ses besoins ».

Actuellement, cette opinion est d'autant plus justifiée, qu'après la mobilisation, il faudra non seulement employer tout ce que l'on possédera d'officiers, mais en préparer d'autres et les trouver en dehors de l'armée.

Une armée active — dans le sens réel du mot — n'aura jamais assez d'officiers. Car la formation de nouvelles unités entraîne la constitution de nouveaux cadres; ce qui épuise à ce point la réserve d'officiers de troupes qu'il n'en reste, dans les rangs, pas plus de 8 par bataillon (2).

Malgré quelque différence dans le degré d'instruction des officiers des

(1) Von der Goltz, *Das Volk in Waffen* (La nation armée).

(2) *Allgemeine Schweizerische Militärzeitung*, 1893 : « *Das französische Cadres-Gesetz* » (La loi des cadres française).

armées des divers pays, on peut tenir pour certain que, dans les armées actuelles, — au moins chez les principales puissances européennes, où les forces militaires sont l'objet des premières préoccupations et des soins des gouvernements, — le personnel des officiers, sous le rapport du développement intellectuel, est à la hauteur des exigences de la guerre.

Quant à leur nombre, il n'est pas assuré de la même façon. Les indications statistiques permettent de supposer qu'après la mobilisation des grandes unités qui sont toutes prêtes à prendre place dans l'armée d'opérations, l'insuffisance, à ce point de vue, se fera immédiatement sentir, au moins dans certains pays.

Situation de l'Allemagne sous ce rapport.

De renseignements recueillis en 1891, il résulte qu'il y avait alors en Allemagne (1) :

	Officiers
Dans l'armée active	17.621
— la réserve	9.225
— la landwehr	10.899
	37.745

Le nombre total des officiers nécessaires à la complète mobilisation de l'armée allemande surpasse de beaucoup celui dont elle peut disposer actuellement.

Ce déficit ne sera comblé qu'en partie par le rappel d'officiers retraités; et l'on se propose de pourvoir au reste des vacances, au moyen de feldwebels et autres sous-officiers pris dans les rangs des troupes actives.

Situation de l'Autriche-Hongrie.

A la fin de 1890 il existait en Autriche-Hongrie, comme officiers et assimilés :

	En activité		En réserve	
	Officiers	Assimilés	Officiers	Assimilés
Dans l'armée active	14.051	4.482	7.598	3.446
— la landwehr	1.610		1.540	
— la honved	1.679		1.761	
— les troupes bosniaques	181		»	
	22.003		14.345	

Il y avait donc, au service actif, environ 16,000 officiers et 10,000 à peu près dans la réserve, soit en tout : 26,000. Ce qui suffirait à peine aux besoins de la mobilisation.

(1) Professeur Redigher, *Komplektovanié armii* (Recrutement de l'armée). — Saint-Pétersbourg, 1892.

En Italie, l'effectif général des officiers et assimilés (nous n'avons pas .e chiffres distincts pour les officiers isolément) s'élevait, en 1890 :

Au service actif.	14.500
Dans la réserve.	7.500
En retraite, mais tenus encore de servir	6.500
Dans la milice mobile	400
— — territoriale	5.800
TOTAL.	34.700

Ce chiffre satisfait pleinement aux besoins de la mobilisation.

En France, le nombre des officiers était, en 1889 :

Dans l'armée active.	20.449
— la réserve.	9.461
— l'armée territoriale.	17.129
TOTAL.	47.039

Ce qui représentait, pour la réserve, un excédent de 2,500 individus, t, pour l'armée territoriale, un incomplet de 1,500.

Situation de la Russie.

Quant à la Russie, le professeur Redigher (1) dit que, jusqu'à ces deriers temps encore, la réserve d'officiers ne se recrutait qu'au moyen de eux qui avaient quitté le service actif et étaient tenus encore de servir dans : réserve, ou demandaient à y rester au delà du temps obligatoire. N'ayant ue cette source unique pour s'alimenter, la réserve était complètement isuffisante pour compléter l'armée au moment de la mobilisation. On peut faire une idée du déficit d'officiers de réserve par ce fait, qu'au comencement de 1885 il manquait 8,074 officiers subalternes dans la cavalerie : l'infanterie pour faire face à la mobilisation de ces deux armes. Et, en nant compte des autres, le déficit total eût sans doute été bien plus rand encore.

Pour combler ce déficit il avait été pris deux sortes de mesures : augmentation du cadre d'officiers entretenus, dès le temps de paix, dans s unités d'infanterie active et de réserve; 2° formation d'officiers de éserve (du grade d'enseigne) pris parmi les volontaires d'un an et les ppelés de première catégorie.

Il n'a pas été publié de renseignements sur le chiffre des enseignes ue comprenait la réserve. Mais en raison du petit nombre de volontaires 'un an et d'appelés de première catégorie susceptibles d'aspirer au grade 'enseigne, il ne pouvait guère y avoir là de quoi combler le déficit existant.

(1) *Kompleklovanié i oustroïstvo vooroujennoï cily* (Recrutement et organisation de . force armée).

En cas de guerre, on peut encore combler ce déficit par la nomination, au grade d'officier, des sous-enseignes qui, maintenant, attendent dans les troupes qu'il se produise des vacances. Dans les guerres précédentes on nommait ainsi parfois des promotions entières d'élèves des écoles militaires dont on abrégeait les cours, en même temps qu'on rappelait des officiers précédemment retraités. Lors de la dernière guerre on rappela jusqu'à 3,200 de ces derniers; mais la plupart se montrèrent insuffisants sous le rapport moral.

Par suite de cela, pour remplir les cadres d'officiers de l'armée russe, il a été proposé de nommer des enseignes hors cadre, pris parmi les sous-officiers de 1re classe provenant des volontaires, ainsi que parmi les appelés et engagés de première et de moyenne catégories, même n'ayant pas terminé leur instruction et obtenu les notes correspondant aux grades de feld-webel et de sous-officier de 1re classe, — en choisissant de préférence ceux devant servir ou ayant servi au delà du temps prescrit (1).

Le général Zaïtzen explique comme il suit, dans le *Voïennyi Sbornik*, l'insuffisance du nombre d'officiers de l'armée russe :

« Depuis 1889, la quantité des officiers en réserve a cessé de s'accroître; car le nombre des nouveaux sujets que recevait cette réserve au cours d'une année correspondait presque exactement à celui des officiers qui cessaient d'en faire partie.

« Pour trouver les causes de cette insuffisance du nombre des officiers de réserve, malgré le chiffre considérable de jeunes gens instruits appelés chaque année à servir, l'État-Major, dit le même auteur, a examiné avec attention de quelle manière ces jeunes gens accomplissaient leur service. Cet examen a montré entre autres choses, que presque tous les jeunes gens possédant une *haute* instruction, notamment les volontaires astreints seulement à trois mois de service effectif et les appelés qui n'en font que six, ne servaient tout d'abord dans les troupes que pendant ces quelques mois, puis passaient aussitôt dans la réserve. »

Mais cet état de choses a été, comme l'on sait, modifié depuis par la disposition qui impose une année de service aux volontaires, même justifiant d'une instruction supérieure ou moyenne.

Et parmi ces volontaires, auxquels n'est pas conféré le grade d'officier un tiers passe dans la réserve avec le grade de sous-officier et les deux autres tiers comme simples soldats.

Si l'on pénètre plus avant dans l'étude de cette situation fâcheuse pour l'armée, on constate qu'une de ses causes provient manifestement du faible niveau de l'instruction générale et de ce qu'on en demande davan-

(1) Professeur Redigher, ouvrage déjà cité.

tage dans tous les services, bien que déjà souvent l'on entende formuler des plaintes au sujet du surmenage de l'intelligence des jeunes gens. Cependant il n'est pas douteux que, dans toutes les branches de l'activité humaine en général, il n'y ait insuffisance de personnes possédant l'instruction nécessaire — comme par exemple : trop peu de médecins, pas assez de techniciens, de professeurs — et, pour la même raison, peu d'officiers de réserve parmi les jeunes gens qui n'ont pas été formés dans les établissements d'instruction militaire. Si le nombre des individus ayant suivi les cours des établissements moyens et supérieurs était plus élevé, celui des officiers de réserve augmenterait aussi, non seulement par suite du chiffre, incomparablement plus grand de volontaires et de recrues de cette catégorie, mais aussi parce que les jeunes gens passeraient plus souvent l'examen d'officier, qui n'est pas particulièrement difficile.

Degré d'instruction générale des officiers russes.

Ce qui vient d'être dit pourrait induire le lecteur en erreur sur le degré d'instruction générale des officiers. Ce degré, actuellement, n'est pas moins élevé en Russie que dans beaucoup d'autres pays — par cette raison que, nulle part, il n'existe autant d'établissements d'instruction militaire que dans l'empire russe.

« En 1825, il est entré au service, avec le grade d'officier, 415 jeunes gens. Cependant l'effectif de l'armée russe atteignait déjà, à cette époque, le chiffre de 850,000 hommes de troupes avec 25,000 officiers supérieurs et subalternes dont il disparaissait chaque année environ 10 0/0, soit 2,500. De sorte que les officiers sortant des écoles militaires ne comblaient pas alors plus de la sixième partie des vacances annuelles, et que plus de la moitié de ces vacances étaient habituellement remplies en prenant parmi les sous-officiers des corps de troupe. Et à cette époque, l'armée russe n'avait encore presque pas de moyens de donner à ces derniers la préparation nécessaire pour servir en qualité d'officiers.

« A la fin du règne de l'empereur Nicolas Ier, la situation ne s'était guère améliorée. Dans la période de dix années allant de 1845 à 1854, l'armée reçut en moyenne 556 officiers par an. Les autres devaient être pris parmi les volontaires et les sous-officiers. Les connaissances exigées de ceux-ci étaient absolument insignifiantes ; si bien qu'en définitive, il y avait, entre les officiers promus dans de telles conditions et ceux qui sortaient du corps des cadets, une différence énorme — et non pas seulement au point de vue du degré d'instruction.

« Le compte rendu du ministère de la guerre, pour l'année 1856, caractérise bien nettement le personnel parmi lequel il fallait prendre, à cette époque, la plus grande partie des officiers russes : « L'immense majorité des susnommés n'ont reçu aucune éducation. Avec une aussi faible garantie de moralité et de valeur, ces candidats à l'épaulette, et, comme eux, souvent les younkers, ont été, par leurs longs séjours dans les résidences d'hiver, privés non seulement de moyens d'instruction, mais même de la possibilité d'exercer convenablement leurs forces physiques. Aussi croupissent-ils dans une ignorance grossière et, s'abandonnant à l'impétuosité de passions brutales, ils constituent en définitive, des officiers sur lesquels il est impossible de compter et qui, jusqu'à présent, n'ont donné que trop de besogne aux commissions des tribunaux militaires (1). »

Le gouvernement s'est efforcé, depuis lors, d'attirer des hommes instruits dans les rangs de l'armée. A partir de 1860, il fut décidé, pour la promotion des volontaires au grade d'officier, que l'épaulette serait conférée sans examen après trois mois de service aux candidats sortant des universités, et après un an à ceux ayant terminé les cours des gymnases. Mais l'instruction était alors si peu répandue que le nombre des jeunes gens de cette catégorie était insignifiant. Ainsi, pendant les dix années allant de 1862 à 1871, ce nombre représenta moins de 1/2 0/0 du total des volontaires.

Il fallut recourir à la création d'écoles de younkers. En 1864-1865, il en fut ouvert dix, puis plus tard encore six autres. Et, depuis 1866 ou à peu près, il ne fut plus promu au grade d'officier, que des jeunes gens ayant subi les examens de sortie d'une école de younkers.

Mais les résultats cherchés ne pouvaient naturellement pas être obtenus tout d'un coup. Pendant la période de dix ans, de 1870 à 1879, il est sorti une moyenne annuelle de 476 jeunes gens de ces établissements d'instruction militaire.

Voici les résultats comparatifs de leur répartition, en pour cent, pour cette période et pour celle dont nous avons parlé plus haut (2).

Sortis comme officiers	Périodes de : 1845 à 1854	1870 à 1879
Dans la garde	19 0/0	25 0/0
» l'artillerie et le génie de la ligne	23 0/0	36 0/0
» l'infanterie de la ligne	35 0/0	28 0/0
» les bataillons frontières	8 0/0	» »/»
» les bataillons de garde intérieure	15 0/0	» »/»
» la cavalerie de la ligne	» »/»	7 0/0
» les troupes cosaques	» »/»	4 0/0
Total	100	100

(1) Professeur Redigher, ouvrage déjà cité.

(2) Lanaïeff, *Istoritcheskïi otcherk voïennykh outchevnykh zavedenïi* (Histoire des établissements d'instruction militaire). — Saint-Pétersbourg, 1880.

Primitivement, lors de l'institution d'écoles militaires, on se proposait d'y préparer seulement des officiers pour les armes spéciales. Mais dès 1864 on résolut de leur en faire fournir également à l'infanterie et à la cavalerie, l'expérience des guerres passées ayant prouvé que le commandement des corps de troupe importants incombait le plus souvent à des officiers de ces deux armes.

La réorganisation des écoles militaires ne permet pas de continuer directement la comparaison avec le passé, et l'on est obligé de prendre pour point de départ les années 1881 et 1890.

En 1881 il existait : 1° quatre écoles militaires avec classes spéciales, une dans le corps des pages et une en Finlande ; 2° dix-huit gymnases militaires ; 3° huit progymnases militaires, et 4° seize écoles de younkers.

Dans cet ensemble d'établissements, ont reçu, en 1881, l'instruction et l'éducation militaires :

	Boursiers, élèves payants et externes
Aux cours des écoles militaires.	1.377
Aux cours d'instruction générale dans les gymnases militaires.	8.299
Aux cours des progymnases militaires.	1.887
Aux cours des écoles de younkers.	4.359
TOTAL.	15.922

En 1881 il a été préparé au grade d'officier :

	Cadets-Younkers
Dans le corps des pages, l'école de Finlande et les quatre écoles militaires.	572
	Younkers
Dans les seize écoles de younkers	1.175
TOTAL	1.747

En 1890, il a été instruit dans l'ensemble des établissements d'instruction militaire :

Aux cours des écoles militaires	1.524
Aux cours d'instruction générale dans les corps de cadets.	8.095
Aux cours élémentaires dans les écoles militaires. . .	484
Aux cours des écoles de younkers.	332
TOTAL.	13.429

En 1891, le nombre de jeunes gens préparés au grade d'officier, s'est élevé :

Dans le corps des pages, l'école de Finlande et les quatre écoles militaires	677
Dans les quatorze écoles de younkers	1.254
TOTAL	1.931

Ainsi, le nombre des officiers entrés dans l'armée après avoir reçu l'instruction conformément au programme des écoles militaires, avait été, en 1881, de 572 ; en 1891, il a été de 677.

Si nous faisons la comparaison, pour les différentes époques citées plus haut, du total des officiers ainsi produits, — tant d'après les chiffres pris en valeur absolue que d'après ceux relatifs à un effectif de 1,000 hommes de troupe, nous obtenons les résultats exprimés par le graphique ci-dessous (1) :

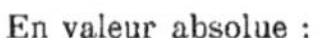

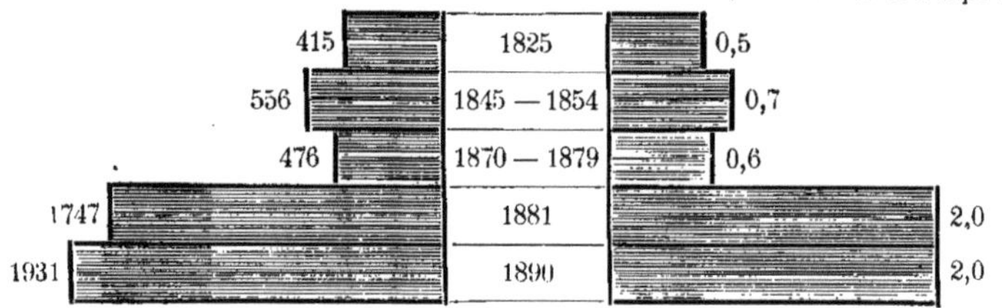

Nombre d'officiers sortis des établissements d'instruction militaire en nombre absolu et pour 1,000 hommes de troupe.

Le professeur Redigher dit que, malgré tout ce qui a été fait en Russie, dans ces vingt dernières années, pour améliorer la préparation des officiers provenant des volontaires, ces officiers sont encore de beaucoup inférieurs à ceux qui sortent des écoles militaires. Aussi, pour relever le corps d'officiers russe, a-t-on peu à peu augmenté, depuis quelque temps, le nombre de jeunes gens formés dans les écoles militaires, et l'on a surtout fort étendu les programmes des écoles de younkers.

Dans les dix années écoulées de 1881 à 1890, les jeunes officiers sortis des écoles militaires, après en avoir complètement et avec succès suivi les cours, représentent en moyenne 41 0/0 de ce qu'en renferme l'armée ; les 59 0/0 autres proviennent des écoles de younkers. Et le nombre des premiers va croissant de plus en plus.

(1) En 1825 l'effectif de l'armée était de 825,000 hommes de troupe,
— 1859 — 769,000 —
— 1874 — 765,000 —
— 1884 — 855,000 —
— 1891 — 986,000 —

Comparaison entre les différentes armées.

En Allemagne, l'armée reçoit environ 42 0/0 d'officiers provenant des écoles de cadets, et 58 0/0 fournis par des volontaires (*avantageurs*) ; mais ceux-ci n'en possèdent pas moins une bonne instruction. En France, 38 0/0 des officiers sortent des écoles militaires et 62 0/0 proviennent des sous-officiers ; en Autriche on compte environ parmi les promus au grade d'officier, 20 0/0 de jeunes gens ayant une instruction générale incomplète (1).

Graphiquement ces données se présentent de la manière suivante :

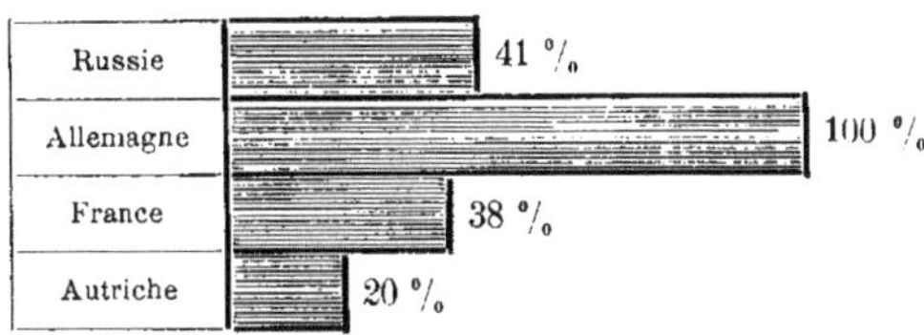

Pour cent d'officiers ayant reçu une bonne instruction.

La rapidité de l'avancement diffère d'une armée à l'autre ; et elle a, évidemment, une très grande importance : un avancement exagéré donne des chefs sans expérience ; mais s'il est trop lent, les officiers s'éternisent dans les bas grades, dans des fonctions où ils ont peu d'initiative, et, quand ils arrivent aux grades supérieurs, ils sont vieux, ont déjà perdu de leur énergie, de leur intérêt pour le service et de leur aptitude à supporter les fatigues de la guerre.

Le graphique ci-dessous nous montre après combien d'années, dans les différentes armées, les officiers d'infanterie arrivent normalement aux grades de capitaine et de colonel (2).

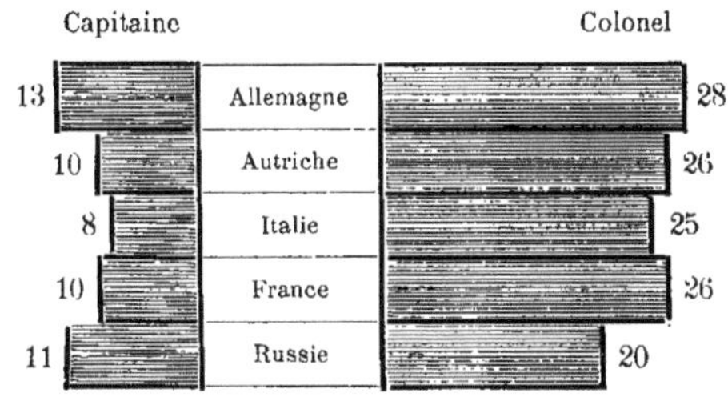

Nombre d'années mises par les officiers d'infanterie pour arriver aux grades de capitaine et de colonel.

(1) Redigher, *Kompletkovanié i oustroïstvo vooroujennoï cily* (Recrutement et organisation des forces militaires).

(2) Redigher, ouvrage déjà cité.

Origine des officiers de réserve.

Parmi les officiers de réserve, on en trouve, dans tous les pays, qui ont servi en qualité d'officiers dans les rangs de l'armée, qui ont quitté le service actif avant d'avoir entièrement accompli le nombre d'années dues par tous les citoyens et qui, par conséquent, sont obligés de rester au service dans la réserve. Ce sont évidemment ceux-là qui sont le mieux à hauteur de leurs fonctions. Mais, partout, ils sont en petit nombre; et, par suite, on est obligé de prendre des mesures spéciales pour former des officiers de réserve et de confier une partie des postes d'officiers aux meilleurs sous-officiers.

Les officiers de réserve se forment : en Allemagne, au moyen de volontaires, nombreux dans ce pays, mais qu'il n'en faut pas moins compléter par des feldwebel-lieutenants provenant de la troupe, et par des sous-officiers faisant les fonctions d'officiers; en Autriche, principalement au moyen des volontaires,mais aussi, pour la landwehr et les honved, en puisant à d'autres sources ; en Italie, au moyen des volontaires et d'hommes de troupe ; en France, principalement avec des sous-officiers ; en Russie, au moyen des volontaires : mais, vu le nombre relativement faible de jeunes gens qui peuvent passer l'examen d'enseigne de réserve, il faut, malgré tout, se résigner à combler beaucoup de vacances avec des sous-officiers.

Autrefois, on demandait si peu de choses aux titulaires du commandement, que la séparation entre les officiers et les sous-officiers était purement d'ordre social ; en ce sens que les grades d'officier n'étaient donnés qu'aux nobles, tandis que, pour les autres classes de la société, la situation de sous-officier semblait, en général, marquer le terme de la carrière militaire.

De notre temps, il existe entre ces deux catégories de gradés une distinction non moins tranchée, mais qui repose sur d'autres bases : elle provient de la différence même qui existe entre leurs rôles, entre la nature de leurs fonctions, et, d'après cela aussi, entre les études par lesquelles on les y prépare. Les officiers sont chargés de fonctions plus indépendantes, entraînant plus de responsabilité et exigeant un plus grand développement intellectuel, la possession de connaissances plus étendues. Le sphère d'action des sous-officiers est, au contraire, très bornée. Ce sont les artisans de l'organisation militaire; on ne leur demande pas la possession de vastes connaissances, mais celle des notions fondamentales nécessaires pour s'acquitter pratiquement de leurs fonctions. Et, cependant, avec la brièveté du service actuel, la formation d'un cadre de sous-officiers sur lequel on puisse compter, présente d'énormes difficultés, attendu qu'ils ne peuvent acquérir l'expérience nécessaire dans le peu de temps qu'ils sont tenus de passer sous les drapeaux. Voilà pourquoi la question de la formation de bons sous-officiers a pris de nos jours, dans toutes les armées, une si grande importance — qu'elle n'avait évidemment pas autrefois quand les sous-officiers, à l'époque du service à long terme, se formaient facilement et presque d'eux-mêmes.

Rengagement des sous-officiers.

Avec le raccourcissement du service militaire, on s'est mis à prendre, en Russie, différentes mesures pour amener les sous-officiers à rester sous les drapeaux au delà du temps prescrit par la loi. Le nombre de ces rengagés, surtout parmi ceux qui servaient directement dans les rangs de la troupe, n'a pas cessé, toutefois, d'être peu considérable. Pour en attirer un plus grand nombre, on leur a, depuis 1888, offert de nouveaux avantages, augmentés encore en 1890 ; et on a décidé d'avoir, dans chaque compagnie ou unité similaire, trois rengagés, dont un feldwebel et deux sous-officiers de section.

Il n'a pas été publié d'indications relatives au nombre de sous-officiers rengagés actuellement présents sous les drapeaux. Mais on ne saurait douter, dit le professeur Redigher, que, grâce aux nouveaux avantages qui leur ont été faits, ce nombre ne doive bientôt augmenter. Il faut toutefois observer que, malgré l'empressement et la remarquable exactitude dont fait preuve la population russe dans l'accomplissement de ses devoirs militaires, on trouve toujours peu d'hommes de troupe disposés à servir au delà du temps prescrit. Aussi doit-on douter qu'il soit possible d'arriver à conserver dans les corps, même la faible proportion de rengagés (3 par compagnie) indiquée plus haut.

Nous constatons du reste le même phénomène dans d'autres pays.

Les résultats des mesures prises pour amener les sous-officiers à servir au delà du temps prescrit sont résumés dans les chiffres ci-dessous, qui donnent le nombre de rengagés par compagnie, dans les différentes armées — y compris les sous-officiers qui remplissent dans la compagnie des fonctions administratives :

En Allemagne.	environ	12 à 13
En France	—	6
En Italie	—	4
En Russie.	—	2
En Autriche-Hongrie . . .	—	1 à 2

Graphiquement exprimés, ces chiffres donnent la figure ci-après.

C'est, comme l'on voit, en Allemagne, en France et en Italie que les plus brillants résultats ont été obtenus. Dans le premier de ces pays, surtout, grâce aux fonctions civiles bien considérées qui sont données aux anciens rengagés, on a résolu le problème presque sans primes en argent. En France et en Italie, on n'a obtenu de résultats favorables qu'avec de grands sacrifices pécuniaires sous forme de primes, de gros suppléments de solde, etc. Il est clair qu'avec le grand nombre de sous-officiers rengagés, expérimentés et sûrs que renferment ces trois armées, l'instruction des hommes de troupe peut être menée à bien, même pendant la faible durée du service obligatoire actuel.

La situation est incomparablement plus mauvaise dans l'armée austro-hongroise; elle compte dans ses rangs un bien moins grand nombre de rengagés, ce qui doit évidemment beaucoup compromettre le succès de l'instruction des hommes de troupe.

L'armée russe, où le service obligatoire est plus long, n'a certes pas autant besoin que les armées de l'ouest de l'Europe, d'un grand nombre de sous-officiers rengagés ; mais, néanmoins, il est impossible de nier qu'elle n'en ait une proportion insuffisante.

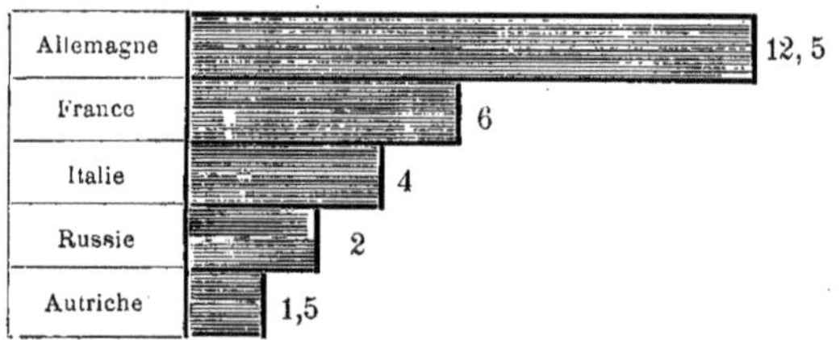

Nombre de sous-officiers rengagés par compagnie.

De tout ce qui vient d'être dit, il résulte clairement que l'instruction générale et la valeur, comme ensemble, des officiers et des sous-officiers, après l'appel sous les drapeaux de tous les hommes astreints au service militaire, dépendra beaucoup du degré de culture du milieu dont ils seront sortis.

IV. — Bases du développement de l'instruction dans l'armée.

L'organisation militaire est arrivée à une perfection extraordinaire et a été mise en complet accord avec les progrès de la technique. Ce qui caractérise le système actuel, c'est qu'il appelle sous les drapeaux des nations entières. Mais, pour que ces nations puissent accomplir leur tâche sur le champ de bataille, il faut qu'elles renferment en elles-mêmes des éléments satisfaisant à certaines conditions. Les écoles et les corps de troupe peuvent fournir des officiers à des armées, mais non pas à des masses qui vont croissant indéfiniment d'année en année. Par suite de cela, et comme nous l'avons vu, dans les pays où le militarisme est particulièrement développé et où on ne lui marchande ni les efforts, ni les ressources, tels la France

LE SERVICE MILITAIRE EN 1896.

Nombre des appelés en milliers. Nombre des incorporés en milliers.

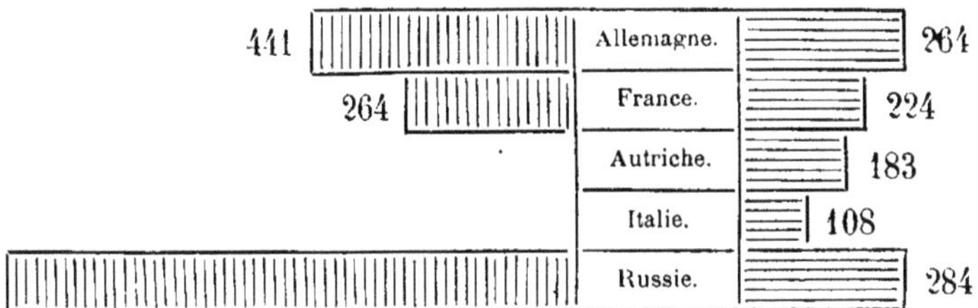

Pour cent des appelés, relativement au total de la population ;

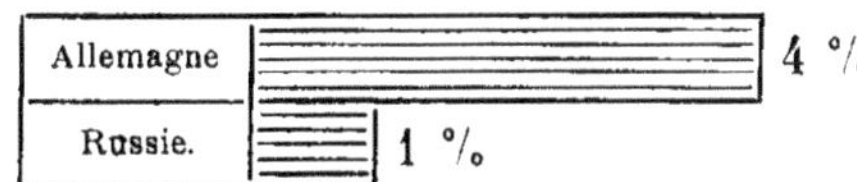

Sur 100 appelés en Allemagne en 1894, il y a eu :

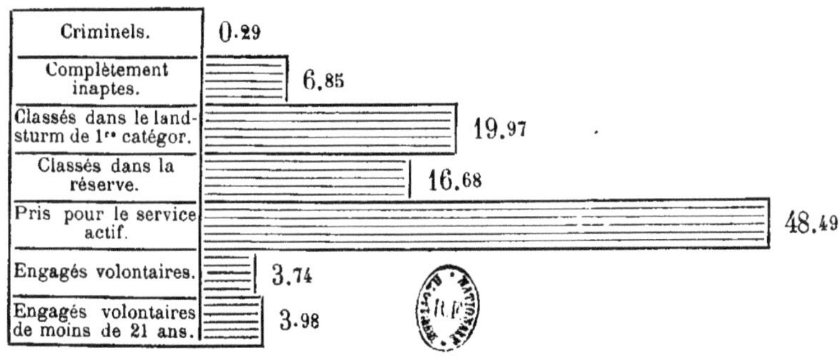

et l'Allemagne, — le nombre des officiers formés s'est trouvé, malgré tout, très insuffisant. Cela vient de ce qu'aux armées actuelles il faut, outre les officiers de profession, des officiers et des sous-officiers de réserve, c'est-à-dire des hommes susceptibles de remplacer les premiers en cas de besoin.

Cette réserve, aucun gouvernement ne peut l'augmenter à volonté; attendu qu'elle dépend de ce que le pays renferme, à un moment donné, de matière première apte à la produire.

Il faut que les réservistes comprennent parmi eux un nombre suffisant d'éléments susceptibles de faire des officiers et des sous-officiers; autrement, en temps de guerre, quand une partie des gradés, précédemment formés, auront été mis hors de combat, il n'y aura personne pour les remplacer. C'est pourquoi toutes les nations ne sont pas également aptes à faire la guerre par les nouveaux procédés.

Importance du développement de l'instruction générale.

Nous sommes conduits à la même conclusion par un autre caractère des institutions militaires modernes. Quand nous sommes entrés dans le détail des opérations de guerre, presque à chaque pas nous avons constaté qu'au milieu des complexités des problèmes qui résultent de l'influence exercée sur la tactique par les progrès techniques nouveaux, le principal moyen d'action doit être la raison humaine. Par conséquent, le succès des opérations futures dépendra, en grande partie, du degré de développement que l'éducation nationale aura donné à cette faculté de l'homme.

Même aux temps anciens, quand la conduite de la guerre constituait un problème bien plus simple, l'intelligence y jouait un grand rôle. Napoléon — dont nous avons rapporté plus haut l'opinion sur la part qui revenait aux officiers dans l'obtention des succès à la guerre — Napoléon a dit : « Un pays ne saurait avoir de bons officiers, qu'en favorisant le développement des connaissances scientifiques ».

Et l'on n'a pas oublié la façon dont toute l'Europe, y compris la France qui venait d'essuyer les désastres de la guerre de 1870-71, admit la vérité de cette affirmation de de Moltke, que « l'Allemagne était redevable de ses succès au maître d'école ».

La question de l'instruction se rattache, par un autre côté encore, à notre sujet. Nous verrons ailleurs jusqu'à quel point, lors des sanglantes luttes de la guerre, les ressources matérielles et l'état d'esprit de la population influent sur la faculté physique de résistance des troupes. Or, ces deux choses dépendent directement du degré de développement intellectuel de cette population. Boucher-Cadart (1) affirme très justement que : « C'est le peuple le plus savant qui sera le plus riche, et par conséquent le plus puissant. Même au point de vue économique, la richesse intellectuelle

(1) Général Jung, *La guerre et la société*.

fait plus que toutes les autres richesses pour assurer la supériorité d' peuple ».

Comparaison, à ce point de vue, des différents pays.

Les chiffres suivants donnent quelque idée des progrès de l'instructi primaire parmi les soldats des différentes puissances ; et ils permettent juger des changements accomplis, au cours de quatorze années, dans degré de l'instruction nationale (1).

Nombre des illettrés sur 1,000 hommes appelés au service militaire

	En 1874	En 1886-87	Augmentation en 0/0 des lettrés
Allemagne	24	13	46
France.	180	131	27
Autriche.	492	399	19
Italie.	526	480	8
Russie.	779	687	12
Pologne (prise séparément)	832	822	1,2

Représentons graphiquement ces données :

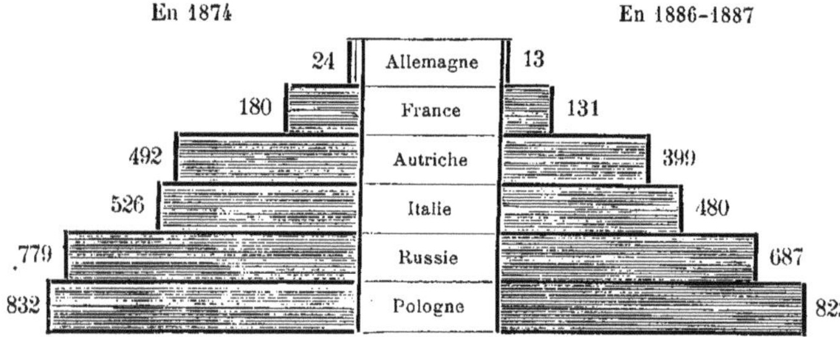

Nombre des illettrés sur 1,000 hommes appelés au service militaire.

En Russie la proportion des illettrés appelés au service est beaucou plus grande que dans les autres États : elle est 35 fois plus forte qu'e Prusse, 5 fois plus qu'en France et plus d'une fois et demie supérieure ce qu'elle est en Italie et en Autriche. Dans l'intérieur même de la Russie cette proportion varie beaucoup d'une région à l'autre, comme on le voi par les cartogrammes de la planche indiquant le nombre d'habitants qu correspond à un écolier (2).

(1) Recueil de renseignements sur la Russie, 1890 *(Bulletin de l'institut international de statistique).*

(2) Renseignements empruntés aux *Compléments des rapports faits par les gouverneurs de province, pour 1887.*

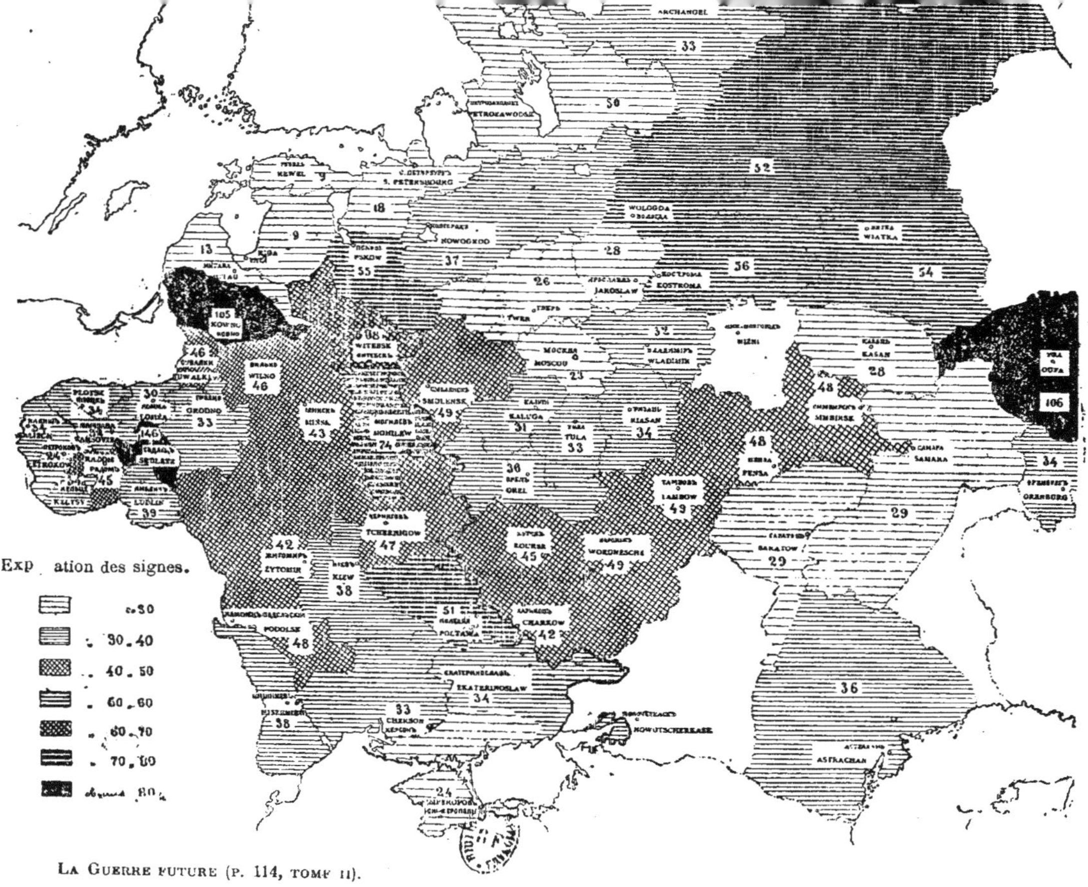

LA GUERRE FUTURE (P. 114, TOME II).

On peut juger de ce que les différentes armées renferment d'hommes ayant reçu une instruction supérieure par le parallèle suivant. L'Allemagne occupe la première place : ainsi, le nombre des volontaires, c'est-à-dire des soldats ayant droit à certaines prérogatives de par leur instruction, s'élevait, en 1891, à 3,25 0/0 du total de l'armée allemande. Nous ne rencontrons cette proportion dans aucune autre armée européenne; puisque, dans celles-ci, on ne trouve, sur 1,000 recrues, que les nombres suivants d'ayants droit à une réduction de la durée du service :

	1re catégorie (universités et autres établissements supérieurs)	2e catégorie (gymnases, lycées et autres établissements secondaires)	3e catégorie (progymnases, instruction primaire supérieure)	4e catégorie (écoles primaires, etc.)
	—	—	—	—
France. .	10	16	624	
Autriche .	21	5	37	737
Hongrie. .	18	5	35	643
Russie . .	1,5	2,2	8,9	42,7
Pologne. .	0,7	0,5	2,8	1,6

Graphiquement, ces chiffres donnent la figure suivante :

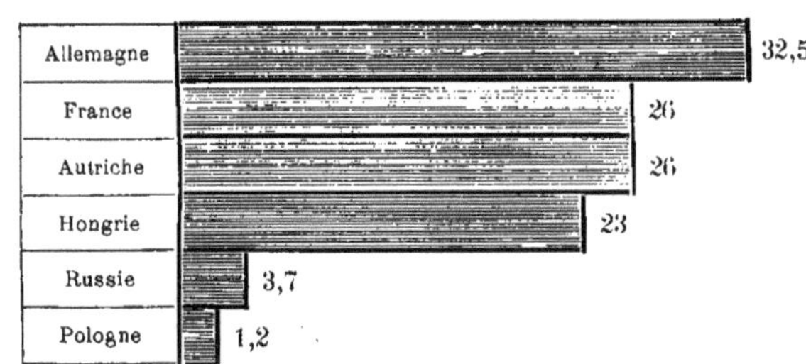

Nombre de recrues, sur 1,000, ayant reçu une instruction supérieure ou secondaire et ayant droit à une réduction sur la durée du service.

On ne peut d'ailleurs comparer ces chiffres que si on tient compte, en même temps, de la différence qui existe entre l'importance des diverses catégories dans chaque pays, et aussi de la diversité des conditions d'appel à l'accomplissement des obligations militaires. C'est pour les 1re et 2e catégories que cette différence est la moindre; car, d'après les programmes, elles sont presque partout au même niveau.

Dans les 3e et 4e catégories, l'écart est plus important, car il dépend de l'état général de culture intellectuelle de chaque pays.

Si nous représentons graphiquement le nombre d'écoliers ayant suivi les cours des progymnases et des écoles primaires, nous obtenons le tableau ci-après :

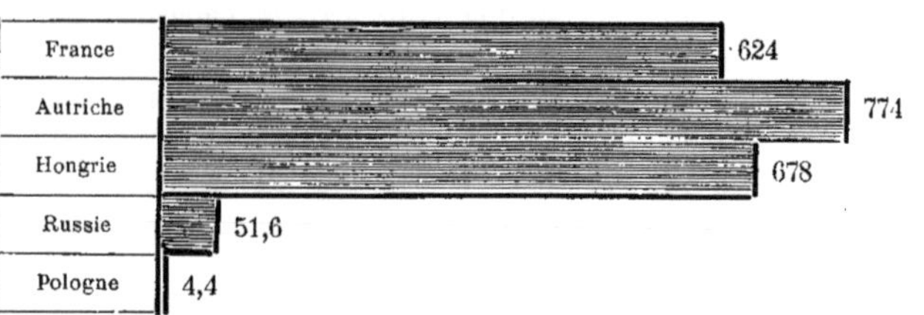

Nombre de recrues, sur 1,000, ayant reçu l'instruction dans les progymnases et les écoles primaires.

L'Autriche et la Hongrie, pour l'instruction élémentaire, sont au-dessus de la France, qui ne se trouve presque à leur hauteur que pour l'instruction supérieure et secondaire.

Différence entre la Russie et la Pologne.

Ce qui frappe surtout dans les données officielles, c'est le petit nombre de jeunes gens ayant suivi les cours des établissements d'instruction, qu'on rencontre dans le royaume de Pologne, même comparativement avec les chiffres généraux relatifs à l'ensemble de la Russie.

Dans la période de 1886 à 1887, sur 1,000 recrues, il se trouvait, chaque année, le nombre suivant d'élèves ayant suivi les cours de ces établissements :

	Catégories : 1re	2e	3e	4e	Total
Sur l'ensemble de l'Empire russe. . . .	1,5	2,2	8,9	42,7	55,3
Dans le royaume de Pologne pris à part.	0,7	0,5	2,8	1,6	5,6

Chiffres qui graphiquement donnent la figure suivante :

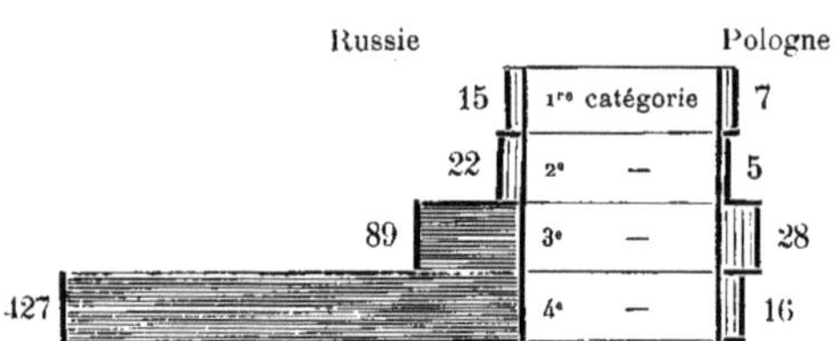

Nombre, sur 10,000 recrues, d'élèves ayant suivi les cours des établissements d'instruction publique en 1886-1887.

Ces chiffres se passent de commentaires. Pour toutes les catégories, le nombre des élèves des établissements d'instruction est beaucoup plus faible dans le royaume de Pologne que dans l'ensemble de la Russie : pour la première, il est deux fois moindre ; pour la seconde, quatre fois ; pour la troisième, trois fois et pour la quatrième, vingt-sept fois.

La grandeur extraordinaire de ce dernier chiffre provient de ce qu'en Pologne il n'existe presque pas d'écoles correspondant à la 4e catégorie d'instruction. Mais ce qui nous intéresse ici, ce ne sont point les causes de tel ou tel fait ; ce sont les conséquences que ces faits, — quelle qu'en soit la cause, — exercent sur les phénomènes de la vie sociale en général, et notamment sur les résultats qu'y produit le service militaire.

D'ailleurs les chiffres cités plus haut ne suffiraient pas à montrer clairement toute l'anomalie de situation des deux pays, si l'on ne portait pas son attention sur leur signification absolue, que fait ressortir le parallèle suivant :

Chiffres moyens annuels :

	Nombre général d'élèves dans les écoles d'enfants	Recrues jouissant de la dispense de l'une des 4 catégories
Dans tout l'Empire.	959.897	11.103
Dans le royaume de Pologne.	91.235	133

Ou graphiquement :

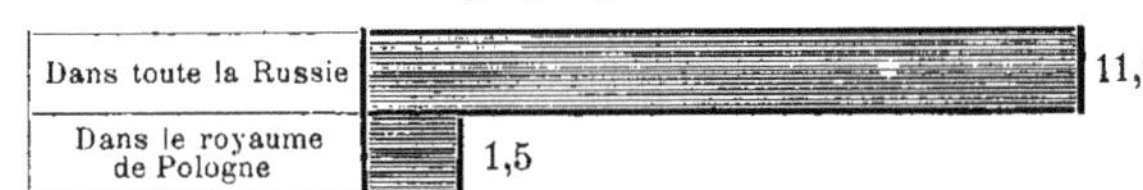

Nombre de recrues, sur 1,000 élèves des écoles d'enfants, qui ont profité de la dispense d'une des quatre catégories.

C'est-à-dire que le nombre des écoliers, dans le royaume de Pologne, est, proportionnellement, dix fois moindre que dans l'ensemble de l'Empire ; tandis que le nombre de ceux qui ont achevé leur instruction, et qui peuvent justifier de diplômes et certificats, est, toujours proportionnellement, cent fois plus faible.

Ces chiffres de 133 et 91,000 ont un caractère à la fois comique et tragique. Au premier coup d'œil, ils semblent peu vraisemblables ; pourtant, malheureusement, ils sont certains, attendu que l'augmentation du nombre des écoles dans le royaume de Pologne est très lente, comparativement à l'ensemble de l'Empire, et que la fréquentation de ces écoles se raréfie.

Sur le nombre total d'écoles, il en a été ouvert (1) :

	Jusqu'en 1861		De 1861 à 1863		De 1864 à 1868		De 1869 à 1873		De 1874 à 1880		Nombre total	
	Nombre	p. cent	Nombre	p. cent	Nombre	p. cent	Nombre	p. cent	Nombre	p. cent	Nombre	p. cent
Dans la Russie d'Europe. . . .	3.928	19,2	1.959	9,6	2.878	14,1	4.245	20,7	5.894	28,8	240.83	100
Dans le royaume de Pologne.. .	694	30,3	25	1,1	813	35,5	393	17,2	243	10,5	2.287	100

(1) Ces renseignements sont empruntés au *Statistitcheskïi Vremennik* (Chronique statistique), série 121 : Écoles rurales.

Si nous représentons graphiquement ces chiffres, nous obtenons la figure ci-dessous.

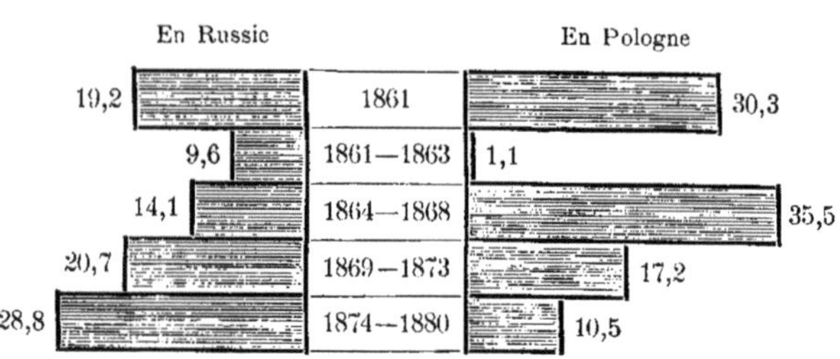

Pour cent d'écoles ouvertes.

On voit par ces chiffres que, dans le royaume de Pologne, presque un tiers (30 0/0) du nombre total des écoles étaient ouvertes avant 1861 et que, depuis cette date jusqu'en 1880, ont été ouvertes les 70 0/0 autres, — tandis qu'en Russie il n'existait en 1861 que 9 0/0 des écoles qui se trouvaient ouvertes en 1880, les 91 0/0 autres se rapportant à la période qui va de 1861 à 1880.

Conditions du recrutement des sous-officiers.

Il est superflu d'ajouter que tous ces chiffres influent notablement sur le nombre des hommes susceptibles de faire des sous-officiers : le degré d'instruction exigé de ceux-ci ayant dû notablement s'élever dans ces derniers temps.

Dans toutes les armées, les régiments reçoivent des soldats qui n'ont fréquenté aucune école ; et on ne peut faire de sous-officiers qu'avec les hommes qui, outre l'adresse corporelle et la connaissance de l'exercice, possèdent une certaine instruction intellectuelle. Il est évident toutefois que le développement de l'intelligence, tant de la masse des soldats que des sous-officiers, dépend avant tout du niveau général de culture intellectuelle dans un pays donné. D'après cela, c'est en Allemagne que les sous-officiers sont le plus haut placés, au point de vue du développement intellectuel ; puis vient la France ; après elle l'Autriche et enfin l'Italie. Nous devons ajouter que, si en Russie le développement intellectuel du peuple n'est pas encore au même niveau que dans les autres pays civilisés, ce désavantage est notablement compensé par l'intelligence naturelle du paysan de la Grande Russie, — intelligence bien connue de tous ceux qui ont eu l'occasion d'avoir affaire à lui (1).

(1) Von Drygalski, *Militärtouristische Eindrücke aus Russland* (Impressions d'un touriste militaire en Russie).

V. Conclusions.

Nécessité de la force de caractère pour un chef militaire.

Actuellement se justifie, plus encore que par le passé, l'aphorisme de Napoléon que « la plus grande qualité d'un chef militaire, c'est la puissance et la rapidité de décision ». La force de caractère se trouve ainsi mise au-dessus de la science elle-même.

La science seule, quand elle est face à face avec le danger, se déroberait, pour ainsi dire, sous les pieds du chef et s'évanouirait comme une flamme vacillante dans son esprit, s'il n'avait, pour le soutenir, le caractère, la confiance et l'énergie; et si, en même temps que la bravoure physique, qui fait mépriser le danger personnel, il n'avait aussi le courage moral qui permet de supporter la responsabilité.

On doit pourtant observer qu'en raison des attaques contre le militarisme, dont nous avons parlé comme se produisant particulièrement dans les pays occidentaux, la résolution des chefs militaires ne dépendra pas uniquement de leur force de caractère, mais quelquefois de considérations susceptibles de l'entraver.

Toutefois, même la promptitude de décision ne suffit pas à tout. D'une part, il faut prendre les mesures nécessaires pour garantir l'exécution, aussi simple et sûre que possible, des mesures qu'on a décidées ; et d'un autre côté, la décision elle-même doit être claire et portée sans erreur à la connaissance de ceux qui doivent l'exécuter.

Mais, tandis que l'opération qui précède la décision constitue le fruit du travail personnel de l'esprit, celle qui la suit n'est plus que l'application de la technique à une décision prise et comprend tout le domaine des dispositions à prescrire pour en assurer l'exécution. Les meilleures décisions ne peuvent avoir de résultats utiles que si les dispositions nécessaires pour leur exécution sont claires et précises. A la guerre, il arrive souvent que des considérations supérieures sont opposées entre elles; et, dans de tels cas, le meilleur moyen d'en sortir sera toujours l'intervention de la *volonté*.

Le choix à faire entre ces considérations sera constamment influencé par des circonstances variables. Mais, chez les capitaines, même les plus clairvoyants, s'ils ne sont pas doués de qualités exceptionnelles, ces circonstances font naître malheureusement des hésitations qui peuvent aller jusqu'à l'absence de suite dans les idées et amener des contre-ordres. — Et l'on dit dans l'armée : *Ordre, contre-ordre, désordre.*

A de tels théoriciens, on devra toujours préférer l'homme simplement pratique. Il prendra parfois sa décision un peu instinctivement. Mais cette décision sera la garantie du succès. Aucune nouvelle série d'idées ne viendra faire échec à l'idée principale, à l'exécution de laquelle il appliquera, sans désemparer, toute son énergie (1).

Jusqu'à un certain point, les mêmes exigences et difficultés se présenteront également aux commandants en sous-ordre. Mais, pour eux, entre encore en jeu, avec une plus grande importance, un facteur d'un autre genre.

Nécessité des connaissances techniques.

Toutes les données et considérations présentées jusqu'ici sont la preuve qu'actuellement, pour les hommes qui se consacrent à l'industrie de la guerre, la science est devenue, plus que jamais, d'un besoin constant, et que, dans la guerre future, les spécialistes scientifiques — artilleurs, ingénieurs, pionniers, sapeurs, pyrotechniciens, aéronautes et télégraphistes — joueront un grand rôle.

Il suffit de parcourir l'exposé des motifs de la nouvelle loi militaire allemande, sur l'introduction du service de deux ans, pour se convaincre que c'est surtout des corps chargés de ces différents services qu'on a voulu augmenter l'effectif. Autrefois, on ne voyait pas ces besoins, qu'on n'appréciait ni ne comprenait. Ce qui se passe actuellement sous ce rapport bouleverse toutes les traditions des vieux militaires. Aussi n'est-il pas étonnant de rencontrer encore des officiers convaincus qu'il suffit d'avoir des soldats bien instruits pour que la victoire soit assurée.

Il va de soi que toutes ces innovations ne recevront leur consécration définitive qu'à la guerre où, malgré tout, n'a pas cessé de régner *Sa Majesté le Hasard.*

Comment on comprenait le soldat autrefois.

Si rationnels que soient les nouveaux perfectionnements introduits dans l'art militaire, il est impossible de ne pas accorder quelque crédit à l'opinion des défenseurs des vieux systèmes. Il est très certain qu'autrefois on s'efforçait, avant tout, de faire du soldat un automate. Un automate qui, à force d'exercice, avait appris à exécuter machinalement les divers mouvements qu'on lui commandait, et en sachant seulement qu'il faisait la même chose que tous ses camarades. Ainsi se mouvaient à la manœuvre, puis à la guerre, des masses qui se trouvaient puissantes par l'inertie même de leur obéissance. Ces masses absorbaient moralement en elles-mêmes toutes les individualités et devenaient de véritables mécanismes automatiques, capables d'obéir passivement à la voix du commandant, absolument comme les chevaux sont habitués à le faire : le cavalier qui s'avise de vouloir sortir du rang est obligé de lutter avec son cheval. De plus, outre leur effet moral, les formations à rangs serrés avaient aussi l'avantage de rendre le commandement plus facile.

Par suite, tous les efforts tendaient à faire du soldat un simple élément

(1) Major Hubl, *Die Kritik in ihrer Anwendung auf das Studium der Kriegsgeschichte*, 1878 (La critique appliquée à l'étude de l'histoire de la guerre).

d'un mécanisme complexe. On en arrivait même souvent à des exagérations nuisibles. Ainsi, sous l'empereur Nicolas Ier, le défilé, l'alignement, la rigidité de la tenue, etc., étaient considérés comme plus nécessaires que tels exercices autrement importants.

D'ailleurs, partout à cette époque, ce rigorisme était poussé jusqu'au ridicule. Le général Dragomiroff raconte à ce sujet l'anecdote bien caractéristique d'un colonel allemand qui, voulant faire valoir devant un autre le dressage militaire de ses soldats, attira son attention sur l'immobilité de leur attitude sous les armes. De fait, le régiment se tenait comme un mur. Pourtant le second colonel fit remarquer au premier un vacillement presque imperceptible des baïonnettes; sur quoi, voulant toutefois faire preuve de sagacité, il lui chuchota à l'oreille que cela provenait de la respiration des hommes.

— A qui le dites-vous? s'exclama l'autre. Et que n'ai-je pas fait pour les empêcher de respirer? Mais, enfin, j'ai dû y renoncer!...

Dans certaines armées européennes se sont conservées, même presque jusqu'à nos jours, des traces de ces anciennes manières de voir. Il se rencontre encore des chefs qui, comme ce brave colonel, s'efforcent de faire du soldat ce qu'il est impossible d'en faire. Il arrive aussi qu'une imagination désordonnée et des accès d'emportement et de colère amènent certains officiers à employer des moyens que réprouvent également l'humanité, les idées modernes et même les règlements militaires. L'expérience seule pourra montrer ce qu'il en résultera à la guerre. Récemment encore, le prince de Saxe a constaté et condamné toute une série d'abus révoltants de la discipline, à la suite desquels la dignité humaine des soldats et leur santé se trouvaient compromises par les caprices et la grossièreté de gradés subalternes, tels que des sous-officiers. L'archiduc Jean a fait entendre dans l'armée autrichienne une protestation semblable contre l'arbitraire et la cruauté. Il a même publié sous ce titre: *Drill oder Erziehung* (Exercice ou éducation) une brochure que l'empereur Guillaume Ier, après l'avoir lue, transmit au général Bronsart von Schellendorf avec cette inscription rectificative : *Drill* und *Erziehung* (Exercice *et* éducation).

On ne doit plus chercher à faire du soldat une machine comme autrefois.

La transformation du soldat en une machine, qui ne se meut qu'au commandement général adressé à tout un rang ou à toute une colonne, et l'obtention de ce résultat par des moyens humiliants et cruels, sont choses d'autant plus condamnables aujourd'hui que l'obtention d'un tel résultat est considérée maintenant comme inutile et même nuisible. Les mouvements en formation compacte ne s'exécutent plus que loin de l'ennemi et du champ de bataille, pendant les marches. Lorsque l'adversaire est en vue, la formation compacte n'est pas admissible; car les pertes qu'elle entraînerait ne seraient jamais compensées par l'effet moral dont

parlent les rigoristes. C'est là un fait confirmé par toutes les autorités militaires. Les soldats sont presque obligés d'agir en ordre dispersé. La puissance que la masse exerçait sur l'individu a disparu. L'habitude acquise dans les exercices ne sera souvent plus applicable; et, à sa place, passeront au premier plan les qualités individuelles et de race du soldat, y compris la façon dont il sera considéré dans le monde et sa situation sociale, — en un mot: les caractères de sa nature psychique. Voilà pourquoi les écrivains militaires actuels s'occupent beaucoup de ce sujet, auquel, précédemment, ne songeait personne. La question des mérites et des qualités du soldat n'est plus examinée aujourd'hui exclusivement au point de vue de la discipline et du dressage à manœuvrer dans le rang. Il faut quitter le terrain de la routine, et il n'est plus possible de négliger les exercices de la science. Le professeur Coumès, dans son ouvrage sur *La tactique de demain*, auquel nous avons déjà fait plusieurs emprunts, formule une conclusion finale qu'en raison de son intérêt nous reproduisons ici, — bien qu'il nous semble quelque peu douteux que les difficultés du problème s'en trouvent amoindries pour qui que ce soit :

« Si, dans tous les temps, à égalité d'arme, c'est le génie des chefs qui a décidé du succès, c'est à son tour, à égalité de génie, la perfection des armes, et de la manière de s'en servir, qui a été cause de la victoire.

« Mais aussi la civilisation, en perfectionnant nos armes, a, tout à la fois, compliqué la guerre et facilité les conceptions du génie; c'est-à-dire que la guerre est devenue plus difficile pour des esprits ordinaires, pour des hommes privés de la connaissance complète des éléments de la guerre, tandis qu'elle est devenue plus facile pour les grands capitaines. »

Mais, comme nous l'avons déjà dit, il faut aujourd'hui comprendre, sous ce nom de « capitaine », l'ensemble de tous les commandants supérieurs et de leurs sous-ordres; et c'est cependant à ce moment où, de la masse même des officiers, on devra exiger le plus de choses, qu'on se propose d'introduire brusquement parmi eux, sans préparation suffisante, une foule de personnes ayant depuis longtemps oublié les principes du service militaire.

Comment les différentes armées sont pourvues d'officiers.

D'après des documents communiqués en 1893 au Reichstag allemand, lors de la discussion de la loi sur le « Service de deux ans », il y aurait sous les drapeaux :

	Officiers	Soldats
	—	—
En Italie.	15.000	219.000
— Autriche.	17.160	296 000
— Allemagne.	20.554	495.000
— France	27.000	520.000
— Russie	35.000	983.000

Ce qui, en représentant graphiquement le nombre d'officiers correspondant à 1,000 soldats, nous donne la figure suivante :

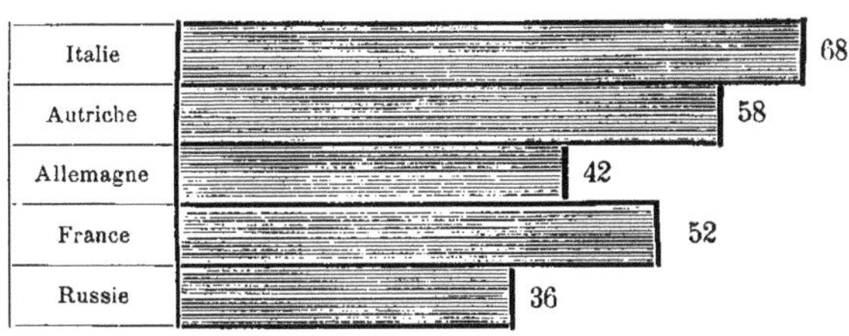

Nombre d'officiers pour 1,000 soldats dans les armées permanentes des différentes puissances.

Pour que le lecteur puisse se faire une idée du nombre des officiers nécessaires, nous donnons l'opinion, sur ce sujet, du maréchal Marmont et du général Morand : le premier admettait qu'il fallait un officier par 40 hommes dans le rang ; le second exprimait le désir d'avoir 32 officiers pour un bataillon, sur 1,052 hommes.

Jusqu'à l'époque actuelle, les autorités militaires ont trouvé normale cette proportion pour le nombre des officiers (1). Pourtant quelques-uns admettent que, dans les moments de danger extraordinaire et de commotion nerveuse du soldat, comme en général par suite de l'adoption de l'ordre dispersé, la proportion d'officiers devra être plus grande.

Si l'on adopte, comme règle, la proportion d'un officier pour 40 soldats, — qu'on peut considérer comme la plus vraisemblable pour un premier appel, — et si on l'applique seulement à l'effectif des troupes énumérées dans le *Voïennïi Kalendar* russe, pour l'année 1892, on arrive aux résultats suivants :

	Milliers de soldats	Nombre d'officiers nécessaires	Nombre d'officiers existant
	—	—	—
Allemagne. . . .	2.264	56.600	37.745
Autriche-Hongrie	1.157	28.925	25.000
Italie	1.170	29.250	34.700
France	1.974	49.350	47.000
Russie.	2.152	53.800	35.000 (2)

(1) Voir : *La question des cadres,* article de la *Nouvelle Revue.*

(2) A défaut d'autres sources, nous avons dû admettre, pour le nombre d'officiers de l'armée russe, le chiffre qui ressort des calculs présentés au Reichstag allemand.

Si nous représentons graphiquement le nombre d'officiers nécessaires au moment de la mobilisation, nous obtenons la figure ci-dessous :

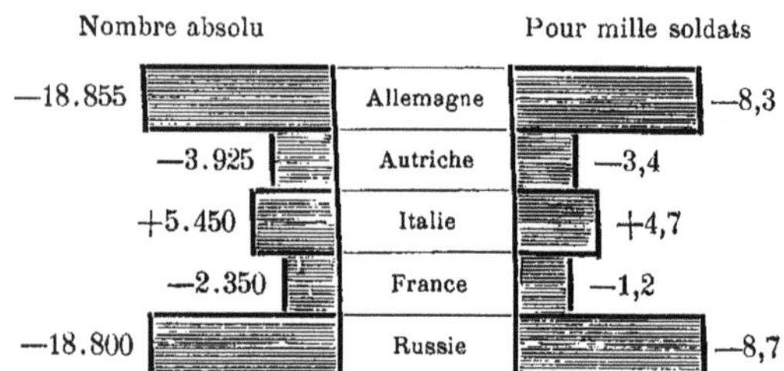

Nombre d'officiers manquants (—) ou en excédent (+).

Par conséquent, l'Italie seule aurait assez d'officiers; et elle en aurait même 4,7 par 1,000 hommes en plus de la proportion normale. Dans les autres pays, il y a déficit. En Russie et en Allemagne, il en manque : 8 par 1,000 soldats, en Autriche : 3,4 et en France : 1,2.

Conclusions. Tous les faits et chiffres que nous venons de citer montrent que les énormes armements actuels et les progrès de la technique aboutissent à ce dilemme : d'un côté, la guerre est devenue pour ainsi dire impossible, parce qu'elle menace le monde d'une catastrophe sans exemple; et d'autre part, l'effectif des armées européennes augmente toujours et toujours, tandis qu'on semble oublier qu'il ne suffit pas de mettre sur pied et d'armer des millions de soldats, mais qu'il faudra encore les nourrir sur le théâtre de la guerre. Or, à moins d'être suffisamment pourvues de ce qui est nécessaire à tous leurs besoins, les meilleures troupes sont impuissantes et la guerre est impossible.

III

Sur le Champ de bataille

Sur le Champ de bataille

Coup d'œil général sur la marche des opérations militaires.

Après examen successif des divers côtés de la question, tels que l'étude des parties constituantes des armées, de leurs moyens de combat et des différents éléments qui entrent dans leur composition, nous pouvons maintenant donner un coup d'œil général sur la façon dont, au dire des spécialistes, se présentera dans l'avenir la marche même des opérations militaires.

Tout combat important comporte l'action simultanée de l'infanterie, de la cavalerie et de l'artillerie qui, s'aidant mutuellement comme les doigts d'une même main, s'efforcent de briser l'adversaire. L'absence de l'un quelconque de ces doigts serait comme une mutilation qui rendrait impossible à une armée tel ou tel genre d'opérations. Les chapitres précédents ont fait comprendre l'importance du combat d'infanterie, de cavalerie et d'artillerie ; maintenant, il nous faut relier ensemble les particularités ainsi exposées, en les réunissant dans un tableau général du combat lui-même.

Mais, dans l'état actuel de la science de la guerre, — c'est-à-dire dans une situation où les exemples du passé ont déjà perdu une grande partie de leur valeur par suite des transformations survenues dans la technique militaire, tandis que l'influence même de cette technique perfectionnée n'a pu encore être éprouvée par l'expérience d'une grande guerre, — il est, naturellement, encore impossible de présenter un tableau exact et définitif. On ne peut donner qu'un croquis dans lequel bien des choses devront nécessairement rester hypothétiques.

Néanmoins, supposant que cette question doit intéresser tout homme éclairé, nous avons cru devoir — en nous appuyant, comme toujours, sur l'opinion des écrivains militaires — tenter d'esquisser le tableau que pourrait offrir une rencontre sérieuse dans les conditions actuelles.

I. — Règles générales.

Conduite et direction des troupes au combat.

Les règles les plus générales de la conduite des troupes au combat et de leur direction au cours de la lutte resteront, sans doute, dans l'avenir, les mêmes que celles admises jusqu'à présent. La principale de ces règles consiste à obtenir la supériorité des forces. On comprend que le premier soin d'un commandant sera, comme nous l'avons expliqué dans un précédent chapitre, de concentrer sur le théâtre principal des opérations militaires le plus de forces possible, afin de s'assurer la supériorité numérique sur l'ennemi, puis de mettre en action ses meilleures troupes et de les disposer le plus rationnellement possible en vue du combat.

De là, par conséquent, la nécessité de se procurer avant tout les données les plus précises qu'il se pourra sur la composition, la disposition et les mouvements des troupes adverses. Cette nécessité est encore plus grande aujourd'hui qu'autrefois; aussi a-t-on pris, dans les armées européennes, des mesures pour compléter, par divers moyens auxiliaires et en questionnant les habitants du pays, ce que les éclaireurs peuvent découvrir directement.

Dans ce but, on a introduit dans les armées l'étude des langues des nations voisines. Ainsi, les officiers allemands, non seulement apprennent le russe chez eux, mais un certain nombre sont, à cet effet, envoyés chaque année en Russie. Dans les troupes autrichiennes, il y a beaucoup de Slaves, parmi lesquels des Polonais et autres capables de comprendre facilement la langue des populations du théâtre probable de la guerre future; et les autorités militaires prennent soin de répartir ces individus de façon que tous les corps de troupes en renferment un certain nombre. La connaissance de l'allemand est de même assez répandue parmi les officiers russes et, d'après les journaux de Saint-Pétersbourg, ils apprennent également le hongrois.

Préparer un grand coup sur le point essentiel, pendant qu'on se contente de se défendre sur les points secondaires et qu'on s'efforce d'occuper l'ennemi, pour l'empêcher de concentrer ses forces au point décisif, telle est la seconde préoccupation du commandant en chef, tel est le second problème qui se pose à lui sur le champ de bataille.

Exemple de la bataille d'Austerlitz.

En manière d'exemple, nous allons citer quelques traits caractéristiques de la bataille d'Austerlitz, qu'un auteur bien connu (1) considère comme un des modèles de ce genre de combinaisons.

Au moyen de différentes ruses, Napoléon avait attiré les troupes russes sur un terrain dangereux, entre la Leith et le Goldbach. Il ordonna à Soult

(1) Waldor de Heusch, *La tactique d'autrefois*. Revue de l'armée belge, 1893.

de frapper un coup vigoureux contre le centre de l'ennemi, qui s'était établi sur le plateau de Pratzen; il renforça son aile gauche, non pour agir de ce côté, mais pour faire croire à l'assaillant que son aile droite était affaiblie. Il établit le corps de Davoust en arrière de cette aile droite, afin que cette puissante réserve se portât en première ligne dès que l'affaire serait sérieusement engagée. Ainsi, Napoléon s'arrangeait pour paraître faible sur sa droite, de façon à se faire attaquer par les troupes russes dans la direction qu'il avait choisie, et à profiter alors énergiquement des avantages du terrain en engageant toutes ses forces.

Aujourd'hui, se sont multipliés les moyens auxquels on peut avoir recours pour tromper l'ennemi. Dans les armées modernes, on cherche à connaître d'avance les signaux employés par les autres armées, afin de pouvoir jeter, à un moment donné, la confusion dans leurs rangs; quelques troupes pourront même revêtir l'uniforme de certains corps ennemis, etc. (1). En outre, comme on fera grand usage de divers procédés, tels que l'observation du haut des aérostats, et l'éclairage puissant du terrain au moyen de projecteurs électriques, pour découvrir la position de l'ennemi, on pourra recourir également à ces procédés afin de l'induire en erreur.

Napoléon a dit : « Il ne faut se résoudre à combattre que si l'on a 70 chances au moins de succès sur 100; et il ne faut commencer la lutte que si de nouvelles chances de vaincre se présentent encore. Mais, une fois la bataille engagée, il faut vaincre à tout prix. » Cette règle sera également applicable aux batailles de la guerre future. Seulement, avec les conditions actuelles, si extrêmement complexes, du combat, il est douteux qu'on puisse calculer aussi bien ses chances de succès.

II. — Tableau de la bataille avec l'emploi de la poudre ordinaire.

Différence des conditions de la guerre, autrefois et aujourd'hui.

Entre les aphorismes de Napoléon qui, par suite de leur justesse, sont parvenus jusqu'à nous, nous en citerons un relatif au moyen d'amener une bataille : « Il faut, dit-il, commencer par exciter l'ennemi; après quoi l'on songe à ce qu'on fera ensuite. » On pouvait observer une telle règle au commencement de ce siècle, quand les armées, quoique nombreuses, n'occupaient, en raison de la tactique du temps, et surtout des formations en ordre serré alors en vigueur, que de faibles étendues de terrain comparativement à l'espace qu'il leur faut aujourd'hui. Maintenant, il n'est plus possible de prendre cette règle pour guide. Les armées occuperont de si

(1) Oméga, *L'Art de combattre.*

vastes espaces que le général qui, dans de telles conditions, se déciderait à livrer une bataille au hasard et sans plan arrêté d'avance, ne pourrait plus la conduire, ni en embrasser la marche, ni même s'orienter sur sa propre situation.

Dans un ouvrage qu'on peut considérer comme classique (1), von der Goltz a fait en raccourci le tableau d'un combat moderne. Nous nous permettrons de le présenter ici, bien qu'en résumé, parce qu'un tel exemple de ce qui se passe réellement au cours d'une bataille est de nature à vivifier quelque peu l'aridité de ces considérations théoriques. Il est vrai que ce tableau n'est pas celui d'une bataille réelle, déterminée, mais seulement d'un type de combat ; néanmoins, il a été établi d'après des récits et des descriptions détaillées émanant de personnes ayant pris part effectivement à des batailles.

Goltz décrit d'abord le combat « de rencontre » ; puis il mentionne les différences que présente, comparativement, le combat rentrant dans le plan du commandant en chef. Cette description a été composée d'après des données provenant de combats livrés avec la poudre ordinaire. Mais comme la poudre sans fumée n'a pas encore été employée dans de grandes batailles, on ne peut jusqu'ici, qu'ajouter à ladite description quelques observations sur les changements que l'introduction de la nouvelle poudre peut amener dans la marche des choses. C'est ce que nous avons fait.

Type de combat de rencontre décrit par von der Goltz.

« La veille, au soir, l'ennemi a quitté ses positions et exécuté des mouvements dont nous n'avons pas bien saisi le but. Nous lui attribuons l'intention de se retirer, sans combattre, derrière une des lignes de défense voisines, et nous espérons l'en empêcher. C'est d'après ces considérations que le commandant en chef donne ses ordres : Offensive rapide. Cela n'exprime que son intention générale d'arriver à l'ennemi et de l'attaquer ; c'est tout ce que ses lieutenants ont besoin de savoir.

« Quelques dispositions spéciales, relativement à l'exploration et au soutien mutuel que les différents corps doivent se prêter, font qu'on attend la journée du lendemain avec une émotion particulière. La cavalerie se met en mouvement dès que le jour paraît. Elle est suivie par les corps d'armée en colonne de route. Pendant quelque temps, la marche s'effectue sans incident. Déjà l'on commence à penser, parmi les hommes, que l'ennemi a profité de la nuit pour battre en retraite.

« Tout à coup arrivent les premières nouvelles... en même temps que se font entendre les premiers coups. On s'est heurté à de faibles avant-postes qui se retirent à la hâte et disparaissent derrière des buissons, des maisons et des arbres. Nouveau silence, mais pas pour longtemps. La fusillade recommence. Les renseignements arrivent plus fréquents. Ce n'est

(1) *Das Volk in Waffen* (La nation armée).

plus seulement des partis d'éclaireurs ou des avant-postes ennemis qu'on a en vue, c'est une colonne en marche, peut-être même un camp. L'occasion semble se présenter de faire un beau coup : on va pouvoir battre isolément une fraction des forces ennemies ou même l'anéantir. Le commandant de l'avant-garde s'est porté à hauteur de la cavalerie, qui s'est déployée dans un pli de terrain. On lui dit que, du sommet d'un mamelon voisin, on peut apercevoir l'ennemi.

« Il s'y rencontre avec quelques officiers supérieurs de cavalerie et tous discutent la situation. On est en marche; on sait que l'ennemi doit être attaqué, et l'on s'accorde à penser qu'il ne faut pas laisser perdre la chance qui s'offre. Un officier d'ordonnance se porte en toute hâte vers l'arrière pour dire de faire avancer la batterie d'avant-garde. Mais il la rencontre qui vient déjà au-devant de lui. Le commandant de cette batterie s'était, pour son propre compte, orienté en examinant le terrain d'un point élevé et avait fait passer ses pièces en avant de l'infanterie. D'un autre côté était arrivée une batterie à cheval. Toutes deux se mettent à tirer.

« L'ennemi est visiblement surpris; le coup a décidément réussi. L'ardeur de la lutte anime les assaillants. Les troupes reçoivent l'ordre de presser le pas. Le premier bataillon accourt, blanc de poussière, son commandant en tête. Il arrive juste à temps ; car les batteries qui, jusqu'à présent, sans autre protection que la cavalerie, ont fait d'excellente besogne, commencent à recevoir des coups de fusil. Le général donne l'ordre au bataillon de couvrir l'aile gauche de l'artillerie et de chasser l'ennemi qui s'en approchait.

« Le chef de bataillon, bien que peu au courant de la situation, ne peut guère cependant faire de questions. Il voit que son chef est quelque peu ému ou, tout au moins, fortement préoccupé. Il déploie ses compagnies et leur montre la direction d'où viennent les balles. De nombreux commandements se font entendre; généralement quelque malentendu, quant à la direction à suivre, amène des rectifications et des observations.

« On se rapproche pendant ce temps de l'ennemi, dont la fusillade crépite avec une vivacité inattendue. On voit qu'il a précisément occupé plus fortement encore les localités sur lesquelles on se dirigeait. Les pertes deviennent immédiatement très sensibles. Mais l'hésitation est d'autant moins permise. Il ne s'agit que de se porter en avant le plus vite possible; et, tout en combattant avec vivacité, les compagnies, déployées en tirailleurs, avancent en se mêlant ensemble. Elles poussent l'ennemi avec vigueur et le chassent devant elles. Puis celui-ci reparaît sur plusieurs points. On essuie même le feu d'une batterie adverse.

« Le bataillon suivant a reçu l'ordre de couvrir l'autre aile de l'artillerie. Tout se passe pour lui, d'ailleurs, comme pour le précédent. Le commandant du régiment de tête, inquiet de voir deux de ses bataillons déjà séparément engagés, suit l'un d'eux avec le troisième, afin d'en conserver au moins deux réunis. Bientôt, toute l'infanterie de l'avant-garde est fortement engagée. L'ennemi se trouve être plus fort qu'on ne l'avait d'abord supposé. Plusieurs batteries ouvrent le feu de son côté.

« Un mouvement se produit sur la hauteur où les chefs se tiennent réunis. Le commandant de corps d'armée arrive. On croit d'abord lire sur son visage une expression du mécontentement ; mais il écoute les explications qu'on lui donne, et finalement, il approuve les mesures prises, sur lesquelles, d'ailleurs, il n'est plus possible de revenir. Il s'agit avant tout d'assurer la situation, qui paraît un peu chancelante. Le général commandant l'artillerie est déjà là, et l'on envoie chercher les batteries du gros. Elles se hâtent en avant de l'infanterie.

« Mais on aperçoit du nouveau du côté de l'ennemi : une sorte de buée grisâtre. Est-ce un nuage ou de la poussière ? Plus de doute : c'est la poussière soulevée par une colonne en marche ! Quel en est l'effectif ? Le commandant de corps d'armée croit bon d'en prévenir ses collègues. Et les officiers d'ordonnance s'élancent de tous côtés, avec des notes au crayon ou de simples indications verbales.

« Voyons maintenant le commandant en chef.

« Dès le matin il a quitté son quartier général de la veille. Afin de permettre l'achèvement du travail des bureaux, son état-major doit encore y rester jusqu'à midi et ne rejoindre qu'alors le nouveau quartier général. On attend, avec quelque émotion, des nouvelles de la marche en avant qui s'exécute, mais on ne compte pas encore sur une bataille. Puis la nouvelle se répand qu'une canonnade s'entend au loin. Elle cesse de temps à autre pour reprendre ensuite. On discute sur ce qu'elle peut signifier ; souvent on ne sait si les coups entendus sont les nôtres ou ceux de l'ennemi. Quelques officiers inoccupés ont gravi les hauteurs qui entourent la petite ville, et ils assurent en revenant, qu'on distingue clairement même la fusillade et que la rencontre prend une tournure sérieuse. Enfin arrivent des nouvelles du corps d'armée d'avant-garde, envoyées au moment où celui-ci ne croyait avoir encore devant lui que quelques avant-postes ennemis. Le rapport ne parle donc que d'une rencontre sans importance qui ne nécessite aucune disposition essentielle. Tout se calme et, pour un moment, l'intérêt s'amoindrit. Une heure après, arrive le rapport du commandant de corps d'armée. Sans préciser la force de l'ennemi, il fait connaître qu'il se décide à l'attaquer avec toutes les forces dont il dispose. Le caractère de l'affaire devient plus grave, et la canonnade s'entend plus nettement.

« Un officier d'un corps d'armée voisin, qui se trouve là par hasard, est chargé par le commandant en chef, de porter à son commandant de corps d'armée l'ordre de prendre part au combat. L'un des officiers du quartier général est envoyé sur le lieu de l'engagement. Cependant le bruit de la lutte augmente et il ne paraît pas qu'il se soit éloigné. On selle les chevaux. Le déplacement du quartier général est ajourné. On ne reçoit pas de nouvelles du terrain de l'action, indice d'événements inattendus. Arrive enfin une estafette, non pas du lieu du combat, mais du corps d'armée qui n'a pas encore pris part à l'affaire. Il annonce que ce corps, revenant sur ses pas, va se rendre en toute hâte sur le champ de bataille et qu'on a mis au courant de ce qui se passe toutes les troupes qui se trouvent à portée. Le mot de *champ de bataille*, produit une forte impression.

« Le commandant en chef se porte vivement dans la direction où le canon se fait entendre. Un peu après il fait avancer des troupes qui marchent au combat en toute hâte et dans un silence solennel. Bientôt on voit arriver un convoi de blessés, puis des prisonniers. Plus on va, plus augmente le nombre des uns et des autres. Des hauteurs voisines descendent de nouvelles troupes vers le lieu de l'action. Les signes indicateurs de la proximité d'une grande bataille se multiplient à vue d'œil. Des deux côtés de la route s'organisent des postes de pansement, les ambulances s'installent, le personnel du service de santé est en pleine activité, les blessés arrivent en foule. On envoie demander en toute hâte des munitions aux parcs. Les détonations de l'artillerie et le crépitement de la fusillade se confondent en un grondement ininterrompu. Au-dessus d'un bois, à droite, on voit éclater déjà les obus et les shrapnells ennemis. Leur fumée blanche se détache nettement sur le fond clair du ciel. Des hourras sonores accueillent de toutes parts le commandant en chef et les nouveaux arrivants. A peine peut-il se renseigner en interrogeant un officier blessé dont il est impossible de comprendre les paroles.

« Le commandant en chef et son escorte se sont établis sur la hauteur d'où, quelques heures auparavant, tiraient les premières batteries. Par le nombre des tués et des blessés, on voit combien la lutte a été chaude en cet endroit. Les troupes ont gagné du terrain en avant, mais pas beaucoup. Sous les yeux du commandant en chef se déroule maintenant le spectacle de la bataille. De longues lignes de batteries sont établies face à face. De minces bandes de fumée sur les hauteurs indiquent la disposition des chaînes de tirailleurs, d'une part avançant, de l'autre se portant en arrière. Çà et là, derrière des inégalités du terrain, s'aperçoivent des détachements en formation compacte. En arrière du front de l'ennemi, on voit se mouvoir des corps de troupe. La poussière, la fumée de la poudre et celle qui s'élève de quelques bâtiments incendiés couvrent tout le champ de bataille et ne permettent pas de déterminer exactement le but de ces mouvements. Dans le lointain se dessinent des colonnes de troupes massées. Il est impossible d'apprécier l'étendue entière du front, mais le bruit du canon montre clairement que les deux ailes se perdent derrière l'horizon. Un général est venu apporter au commandant en chef des renseignements sur la marche du combat.

« Il n'y a plus de doute : ce n'est pas à une simple rencontre, c'est à une bataille décisive que nous assistons.

« Dans ces conditions, celui-là des deux commandants en chef peut faire pencher la balance de son côté, qui, le premier, prend une résolution précise et qui prévoit le mieux la marche ultérieure du combat. Mais ce n'est point là chose aussi facile que le peut croire celui qui ne sait pas ce que c'est qu'une bataille. Il faut qu'en un instant le commandant en chef embrasse et apprécie une foule de détails qui soulèvent autant de questions distinctes. Il observe qu'un corps de troupe est en l'air, il faut l'arrêter ; un autre cède du terrain, il faut le soutenir ; un troisième demande des renforts, un quatrième a épuisé ses cartouches, un cinquième fait savoir qu'il est menacé d'un mouvement tournant. Les commandants de la cavalerie et de l'artillerie attendent des ordres.

« C'est, de tous côtés, une foule de questions à résoudre, et dont la solution ne peut être différée d'un seul instant. Car il pourrait en résulter les pires dangers, dont le plus grave, pour le commandant en chef accablé de ces mille soucis, serait d'abandonner sa tâche essentielle : la direction du combat. Il ne peut échapper à ce péril qu'en prenant quelque mesure décisive qui, d'un seul coup, élève au-dessus de tous les détails la solution du problème d'où sont sorties toutes les autres questions et les ramène à un unique objectif.

« C'est seulement par ce procédé qu'un grand nombre de corps distincts peuvent recevoir une direction générale, et que la coordination nécessaire de tous les mouvements est réalisée : ce qui peut décider de l'issue du combat ; — surtout si les corps ennemis n'agissent pas avec le même ensemble, si leur commandant en chef hésite et laisse absorber trop longtemps son attention par les détails.

Conclusions qu'il en tire.

« C'est précisément dans de tels instants que se manifestent les facultés d'un grand capitaine et sa supériorité sur le chef, même instruit et expérimenté, mais qui n'a pas l'étincelle du génie. Le premier pourra commettre des erreurs de détail et mal diriger tel détachement isolé, mais il saura promptement embrasser d'un coup d'œil la situation générale et prendre une résolution décisive. L'autre — celui que les Français qualifient de *bon général ordinaire* — dirigera bien chaque régiment et chaque batterie de la façon la plus correcte, et peut-être même la plus rationnelle ; mais toutes ces opérations manqueront du lien nécessaire qui doit les rattacher entre elles. Et si la discipline intellectuelle de l'armée n'est pas assez forte, pour en assurer la direction d'ensemble sans l'intervention constante du commandement supérieur, l'unité d'action de cette armée sera rompue et la dissémination des efforts en amènera l'annihilation.

« Si la campagne a été, dans son ensemble, bien combinée et dirigée logiquement, alors le plan de la bataille, n'importe comment elle ait commencé, sortira de lui-même de l'idée générale qui règle la marche des opérations.

« Dans tout combat se justifie cet ancien axiome, d'après lequel les deux partis en présence ont toujours, au début, mutuellement peur l'un de l'autre. Celui des deux qui surmonte ce sentiment et se rend moralement maître de la situation aura la victoire. Car au-dessus de toutes les autres forces sont les forces morales qui remplissent l'esprit de l'homme, soit de crainte et d'inquiétude, soit d'orgueil et de confiance.

« Il n'est nullement nécessaire que la résolution adoptée par le chef soit la meilleure de toutes celles qui pouvaient être prises. — Si l'on avait la faculté d'examiner la situation à loisir, dans le silence du cabinet, bien souvent on en découvrirait de préférables. — En réalité, il suffit, à la guerre, que le chef s'arrête à une idée simplement exécutable. Mais, une fois qu'il l'a adoptée, il faut qu'il s'y tienne énergiquement, et que, dans les plus petites dispositions de détail, il n'en perde jamais de vue la réalisation. Il ne lui reste plus ensuite qu'à ne pas oublier les principes généraux qui font loi partout et toujours.

Différence entre le combat de rencontre et la bataille préméditée.

« Dans une bataille *préméditée*, les conditions sont quelque peu différentes, — continue von der Goltz. Des deux côtés, les troupes restent parfois très longtemps en présence. Chacun des partis prépare peu à peu tous les moyens qu'il croit nécessaires pour lui assurer le succès. Malgré les plus grandes précautions, les adversaires connaissent pourtant, la plupart du temps, assez exactement l'effectif et la disposition de leurs forces respectives. Le plan de bataille peut être établi après un examen attentif des données recueillies par des reconnaissances faites avec soin. On a beaucoup de peine à empêcher les avant-gardes de se heurter l'une l'autre, pour éviter que le combat ne commence prématurément. Les feux des bivouacs allumés pendant la nuit rappellent à chaque instant la proximité de l'ennemi. Les commandants en chef rapprochent leurs quartiers généraux du front de bataille. Chacun sent que le moment est proche où tous les acteurs du drame devront être entièrement prêts. Les forces en présence sont évaluées de part et d'autre ; quoique, de part et d'autre aussi, l'on tienne en arrière des réserves et même le gros de ses troupes, en s'efforçant d'empêcher l'adversaire de les découvrir. Enfin l'ordre arrive d'engager l'action.

« La pensée dirigeante apparaît alors dès les premiers pas. Elle se dégage et se manifeste comme la conséquence des explorations préalables, des réflexions, des conseils et d'un travail aussi prolongé qu'assidu. Il va de soi qu'elle doit se rattacher logiquement au but général poursuivi par l'ensemble des opérations de la guerre. De même, il faut avoir la certitude que tous les préparatifs nécessaires ont été exécutés. Si, avec cela, on ne s'est pas trompé sur l'évaluation des forces ennemies, et si les soldats sont braves, il semblerait qu'on puisse compter sur le succès. — Cependant c'est ailleurs que se trouve le facteur essentiel de la victoire.

« Jamais une bataille ne se déroule exactement comme on l'avait prévu tout d'abord. Chacune amène son cortège de hasards et d'incidents inattendus, qui forcent à s'écarter du plan primitif et à renoncer aux moyens qu'on avait préparés tout à loisir pour faire face aux difficultés dont on avait envisagé la probabilité. L'affaire du chef est précisément de saisir le moment où il faut abandonner l'exécution méthodique du plan primitif, pour en improviser un autre ; où il faut, en d'autres termes, passer des opérations théoriquement justes à celles qui conviennent pratiquement aux circonstances. C'est chose d'autant plus difficile que l'esprit ne renonce pas volontiers à l'image qu'il s'était faite à l'avance de la marche de la bataille. »

Sur quoi l'auteur formule cette opinion, que la conduite d'une bataille exige, du commandant en chef, des qualités si différentes, — suivant qu'elle est *accidentelle* ou *préméditée*, — que tel général passé maître dans un de ces genres d'affaires peut très bien échouer complètement dans l'autre.

III. — Comparaison entre les batailles du passé et de l'avenir.

Conséquences qu'aura l'emploi de la poudre sans fumée.

Occupons-nous maintenant des modifications que doit amener, dans les batailles, l'emploi de la poudre dite sans fumée, — sujet à propos duquel nous devons toutefois renvoyer au chapitre des « Opérations de l'artillerie » et notamment à ce qui a été dit de la divergence des opinions formulées par les spécialistes sur les conséquences que peut avoir l'adoption de la poudre sans fumée.

Tous sont d'accord cependant sur un point : c'est qu'avec cette poudre sans fumée, il sera bien plus difficile de s'orienter sur les mouvements de l'ennemi. Sur le champ de bataille même, de longues bandes de fumée et des lignes formées par une série de petits nuages permettaient de déterminer la disposition des forces adverses. Pour donner une idée de l'importance que peut avoir la fumée de la poudre au cours d'un combat, nous donnons ci-après deux dessins, dont le premier représente un champ de bataille où l'on fait usage de l'ancienne poudre, tandis que le second représente le même champ de bataille avec l'emploi de la poudre sans fumée (1).

Tir du canon avec l'ancienne poudre.

Tir du canon avec la poudre sans fumée.

Il est clair qu'un chef, se trouvant sur un point élevé quelconque en arrière de la ligne de feu, pouvait juger de la disposition, tant de ses troupes que des troupes opposées, d'après les lignes mêmes de fumée dont la place indiquait celle des deux partis. Toutes les variations dans la marche du combat, l'entrée en action de troupes fraîches, le succès ou l'échec de sa propre attaque ou de celle de l'ennemi, en un mot, les plus petites modifications dans les lignes de bataille, se manifestaient aux yeux du chef. D'après la densité de la fumée, il pouvait même apprécier, d'une façon générale, l'effectif de son adversaire et la puissance de son feu.

(1) *Revue encyclopédique.* — Paris, 1892.

Il est bien vrai que cette même fumée cachait aux yeux la position exacte de l'ennemi lui-même ; mais le commandant en chef avait-il donc besoin de savoir si cet ennemi se trouvait à quelques mètres plus près ou plus loin de lui ?

Pour mieux faire ressortir ce qui vient d'être dit, nous donnons, dans la planche ci-contre, une représentation de la bataille de Marengo.

Le seul inconvénient était que la fumée cachait les mouvements des réserves. Mais, dans les guerres futures, on apportera la plus grande attention à dissimuler ces réserves derrière les inégalités du terrain, de sorte qu'il ne sera pas plus facile de les découvrir (1). Avec la poudre sans fumée, le commandant en chef ne pourra observer que les très grandes batteries ennemies ; mais quant à déterminer la position de son adversaire, même avec une précision moindre qu'autrefois, cela lui deviendra matériellement impossible.

Il ne faut pas perdre de vue qu'outre l'impossibilité de deviner les mouvements et les positions par l'observation de la fumée, la difficulté de s'orienter sur les dispositions de l'ennemi et la marche du combat en général s'augmentera encore par suite de cette circonstance que le champ de bataille sera beaucoup plus étendu qu'autrefois, en raison de la nouvelle tactique imposée par les armes perfectionnées d'aujourd'hui : la ligne de bataille sera plus longue et, en outre, la profondeur de la position sera fort augmentée. Les formations mêmes des troupes, adoptées aujourd'hui, tant pour l'attaque que pour la défense, sont beaucoup plus étendues que dans les guerres d'autrefois. Le règlement allemand ne donne pas d'indications détaillées à ce sujet, se bornant à dire que, d'une façon générale, une compagnie ne doit pas occuper un front de plus de 100 mètres, — ce qui suppose à peu près 3 hommes par mètre courant, — et qu'une brigade de 6 bataillons ne doit pas s'étendre sur plus de 1,000 à 1,200 mètres, — ce qui fait déjà 5 hommes par mètre courant.

Mais dans la défensive, ou bien lorsqu'on opère seulement pour retarder la marche de l'ennemi, il faut compter, par mètre, 1 homme et au plus 2 agissant réellement ; les autres ne doivent servir qu'à combler les vides, — quoique, même dans l'inaction de l'attente, ils puissent être exposés au feu de l'ennemi (2).

Après ces explications indispensables, occupons-nous de comparer l'aspect d'une bataille dans le passé, au temps de la poudre ordinaire, avec celui d'une bataille de l'avenir, où l'on se servira de la poudre sans fumée.

(1) Voïennyi Sbornik, *Bezdymnïi parokh i iévo vlianié na taktikou* (La poudre sans fumée et son influence sur la tactique).

(2) K. v. R., *Wie sollen wir im nächsten Kriege angreifen* (Comment devrons-nous attaquer dans la prochaine guerre).

Tableau de la bataille livrée avec la poudre sans fumée.

ous utiliserons pour cette comparaison le travail d'un auteur français, le lonel B., dont l'ouvrage (1) a, en son temps, attiré l'attention des sphè-s militaires compétentes.

« Supposons, dit le colonel B., que l'ennemi occupe la ligne Toul-erdun, longue de 20 kilomètres, en terrain boisé, coupé, favorable à la fense. Admettons que nos forces se composent de 8 corps d'armée entiers, st-à-dire s'élèvent à 280,000 hommes. Pour agir offensivement contre es, il faut évidemment que l'ennemi mette en ligne des forces supérieures : supposons 360,000 hommes.

« En quoi consistera la différence amenée dans la situation, par l'emploi la poudre sans fumée au lieu de l'ancienne poudre?

« Avec cette ancienne poudre, aussitôt que les têtes de colonnes alle-andes auraient paru, soit qu'elles s'avançassent en ordre de marche, soit 'elles fussent déjà en formation de combat, notre artillerie bien abritée eût vert le feu à des distances certaines, avec une hausse réglée d'avance et, r conséquent, dans des conditions permettant d'infliger rapidement des rtes sérieuses à l'assaillant. Tout d'abord il y eût eu un moment d'hésita-n chez l'adversaire obligé de s'arrêter, de reconnaître nos emplacements ne façon exacte pour nous répondre et riposter. Mais, en peu de temps, nuage de fumée s'élevant au-dessus de nos batteries, par-dessus les bois, ravins, les villages qui les dissimulaient, eût indiqué à l'assaillant les placements de nos forces d'artillerie, de nos lignes d'infanterie et lui eût mis de régler son tir de façon à contre-battre notre canon et notre mous-eterie.

« Aujourd'hui les choses ne se passeront plus de la même façon. Si nemi n'a que des renseignements vagues sur la position de son adver-re, forcément, il devra s'avancer en ordre de marche, attendant, pour se ployer, qu'il possède des notions précises sur la situation de la ligne nemie.

« Mais d'où tirera-t-il les indications qui lui sont nécessaires? Ses têtes colonne seront canonnées violemment et avec précision; il aura déjà bi des pertes considérables, et aucun indice révélateur ne viendra lui prendre d'où partent les coups. En vain il regardera, en vain il écoutera; e verra rien et il entendra à peine un grondement sourd d'artillerie lui iquant bien que l'ennemi est dans telle direction, mais où exactement? quel point? à quelle distance précise? Ne sera-t-il pas bien véritable-nt dans cette situation dont parle l'Écriture : *Oculos habent et non vide-nt; aures habent et non audient?*

« Mais admettons que l'ennemi se soit renseigné à l'avance par des onnaissances ou d'autres moyens, un aléa considérable ne plane-t-il pas

(1) *La poudre sans fumée.*

sur l'occupation réelle des emplacements et des positions qui ont pu êtr changées ? Et l'assaillant ne court-il pas grand risque de brûler, comme o dit, sa poudre aux moineaux, c'est-à-dire de faire un gaspillage dangereu de ses munitions en tirant sur des buts aussi vaguement déterminés ? »

« Ainsi la poudre sans fumée entraîne la prolongation des recherches de l'incertitude et peut-être des pertes, avant que le commandant en che ait pu se rendre compte de l'état réel des choses. En supposant que l'assai lant ait devant lui un adversaire actif et intelligent, la période des hésita tions peut entraîner des pertes énormes pour l'attaque. »

Pour montrer clairement comment les nuages de fumée indiquent le mouvements des troupes, nous donnons, dans la planche ci-contre, une vu d'un combat livré sous Plewna et une du combat de Si-nan-kiou.

Le colonel B. termine ses observations, qui embrassent les différent côtés de la question, en disant : « Il ressort des considérations que nou avons exposées, que la poudre sans fumée marque bien, dans l'histoire d la tactique, une ère importante. La cavalerie, définitivement rayée du cham de bataille, l'artillerie et l'infanterie y acquérant au contraire une impor tance nouvelle ; éloignement des distances auxquelles on entamera l combat, supériorité de la défensive sur l'offensive, avec ce correctif que l défensive deviendra toujours offensive — et réellement offensive — sur l fin de l'action. »

Ces opinions de l'écrivain français ont attiré l'attention de la press militaire allemande. Voici comment les *Neue militärische Blätter* s'expri maient à ce sujet dans leur numéro d'octobre 1890 : « Nous prenons note de idées émises par l'écrivain tacticien français. Beaucoup d'indices nous prou vent qu'à l'avenir les Français ont l'intention d'opérer de la façon suivante Prendre une position défensive, y attirer l'ennemi et l'affaiblir en résistan longuement à ses attaques, — puis, passer à une offensive énergique ».

IV. — Victoire et défaite.

Quels seront les caractères de la victoire.

La victoire, considérée comme le résultat tactique du combat, consist à triompher de l'ennemi. A un moment donné, l'un des partis en présenc se sent convaincu de la supériorité des forces de son adversaire et renonc à continuer la lutte.

Dans les guerres qui ont eu lieu jusqu'à présent, on considérait comm conséquence et comme symbole, en quelque sorte, de la victoire remporté l'occupation du champ de bataille par le vainqueur et la poursuite d vaincu. Mais, en présence des nouvelles conditions du combat, et aussi d l'effectif incomparablement plus fort des troupes que les batailles future mettront en présence, c'est encore une question de savoir si l'un des parti

1) Pont de voitures et fascines; 2) Route de Plevna; 3) Grenadiers de la 3e division; 4) Batteries russes de 20 pièces; 5) Redoutes turques.

LA GUERRE FUTURE (P. 140, TOME II).

BATAILLE DE SI-NAN-KIOU

1) Troupes turques; 2) Troupes russes; 3) Batteries russes; 4) Batteries turques.

LA GUERRE FUTURE (P. 110, TOME II).

arviendra souvent à obtenir un résultat aussi positif et si même un gros ıccès, remporté sur un point, ne perdra pas de son importance par suite 'échecs subis sur d'autres. Cette question revient essentiellement à ci : Peut-on ou ne peut-on pas admettre la vraisemblance d'un mouvement offensif général impétueux, exécuté par l'un des partis au moment écisif, de façon telle que la victoire, comprise dans le sens d'occupation u champ de bataille et de poursuite de l'ennemi, puisse être en effet le ésultat de cette offensive, — sauf, bien entendu, le cas d'une place forte prise ır la famine ?

Dans ce qui a été dit précédemment, le lecteur a rencontré des opinions ès diverses, formulées sur cette question par des théoriciens et des praticiens militaires. Mais chez tous se manifeste cette idée, — dont sont préoccupés, depuis la complète transformation de l'armement, tous les penseurs i ont réfléchi sérieusement à ce que sera la guerre future : qu'il se forera nécessairement, entre les deux partis opposés, une zone absolument inabordable de part et d'autre, à cause de la densité du feu aux petites stances.

Dans la guerre de 1870, on trouve déjà des exemples de combats sans sultat décisif. Ainsi, sous Metz, il y a eu trois rencontres qui n'ont été, à oprement parler, que des actes distincts d'une seule grande bataille. ais qui fut vainqueur sous Metz ? — en prenant le mot de victoire dans le ns de succès d'une attaque impétueuse décisive. — En réalité : personne. ez les Allemands la supériorité de l'artillerie fut manifeste, mais chez les ançais la supériorité du chassepot de l'infanterie le fut également. lgré les héroïques efforts accomplis des deux côtés, ni une armée ni utre ne purent briser la résistance de leur adversaire, dans le sens clair manifeste qu'on attachait autrefois à ce mot. Le fait est que, déjà à tte époque, la puissance du feu était arrivée à un tel point, que l'action à rme blanche, c'est-à-dire l'attaque décisive, était devenue presque impossible.

L'investissement des troupes françaises dans la forteresse, puis la redtion de Metz par suite du blocus et du manque de vivres, ne furent que résultat de la supériorité numérique des troupes allemandes. Ce ne fut s le triomphe de la valeur ni de l'initiative militaire, ce fut la victoire du mbre.

La zone de feu renforcé, inabordable pour les deux partis, qui se formera ns les batailles de l'avenir, représente en quelque sorte la revanche de défensive contre l'offensive pourvue de moyens d'attaque plus puissants. rrière une ceinture d'abris en terre, faciles à élever, la sécurité du défenur sera comparativement aussi grande que s'il était établi dans une forresse.

Comment les choses se passeront dans les batailles futures.

Dans ces conditions on ne peut plus appliquer aux batailles future que d'une façon tout à fait exceptionnelle, l'aphorisme de Napoléon que « Le sort d'une bataille dépend d'une minute, d'une pensée. Les adve « saires s'approchent avec des plans différents ; l'action s'engage, la lut « s'échauffe, l'instant décisif approche : une idée heureuse, subite comm « l'éclair, décide de l'affaire ; parfois la réserve la plus insignifiante procu « les plus brillantes victoires (1) ».

C'est à peine si, dans les guerres futures, l'œil du commandant en che même armé de la meilleure lunette et embrassant l'espace du haut d'u aérostat comme observatoire, sera capable de discerner, avec quelque sûret ce moment décisif. Et d'ailleurs, même dans les batailles d'autrefois, c il était incomparablement plus facile pour le commandant en chef, d'ol server le champ de bataille et de diriger plus ou moins directement to les corps de troupe, il s'en fallait que tout s'exécutât comme il l'avait conç et que tout dépendît de la façon dont étaient disposées les troupes à u moment donné. Ce n'est pas sans raison que le comte Tolstoï, — qui lui-mêm a vu la guerre et exposé, d'une façon géniale, le caractère véritable de bataille, — y montre l'importance dominante de cet x, qui représente l'espr des troupes et l'ardeur au combat dont elles sont effectivement animée Napoléon lui-même, le vainqueur de tant de batailles et le modèle d capitaines, attachait une importance énorme au moral des troupes « Quand la bataille est gagnée, disait-il, le vaincu n'est en réalité pas bea coup plus affaibli que le vainqueur ; mais la grande différence est dans résultat moral, qu'il suffirait souvent de la brusque apparition de deux c trois escadrons pour produire un effet considérable ».

Dans les batailles futures, avec la moindre probabilité d'un triompl incontestable, obtenu par l'effet d'une offensive générale impétueuse, pu par la poursuite, il pourra plus fréquemment arriver que les deux part s'attribuent en même temps la victoire. Quant à la poursuite, elle e devenue, comme nous l'avons fait observer, plus difficile qu'autrefois. No en donnerons ici pour preuve quelques lignes empruntées à un artic écrit sur ce sujet par le capitaine prussien Libert (2) :

Comment elles se passaient autrefois.

« Au temps jadis, écrit-il, voici comment les choses se passaient : l champ de bataille est à nous, l'ennemi a pris la fuite, achevons-le ! criait-o d'une aile à l'autre de la ligne de bataille. Et les plus fatigués se ranimaie alors ; instinctivement on éperonnait les chevaux ; le commandant en ch s'enflammait à l'idée de tirer de sa victoire le plus d'avantages possible

(1) Las Cases, *Mémorial de Sainte-Hélène*, II, 5.

(2) *Ueber Verfolgung* (Sur la poursuite). Conférence faite à la Société militaire Berlin, 1882.

nfliger à l'ennemi un désastre complet. Aujourd'hui les choses se présen-
ıt d'une façon quelque peu différente. »

Et, en fait de circonstances devant rendre, à l'avenir, la poursuite plus fficile, l'auteur signale d'abord celle-ci que, dans les dernières guerres, la upart des batailles ont eu lieu au cours même d'une marche, c'est-à-dire t été des combats accidentels, des « combats de rencontre » (*Rencontre-fechte*). Une partie de l'armée engageait la lutte : les autres corps se diriaient ensuite vers le lieu du combat et s'y rendaient, à marches forcées, elquefois de distances considérables. S'organisant en chemin, ils éprouient d'abord une tension psychique qui les soutenait pendant l'action ais faisait place ensuite à un épuisement complet. L'action destructive feu nouveau sur l'infanterie aura pour conséquence, qu'après une aire ayant duré une demi-journée, et à plus forte raison une journée tière, cette infanterie se trouvera dans un état d'impuissance tel, qu'on pourra plus compter dessus pour des opérations ultérieures. Elle aura soin de se reposer, de se réorganiser, de se réapprovisionner en caruches. Mais l'énorme étendue des champs de bataille de l'avenir fera e les réserves arrivant successivement ne seront pas assez fraîches ur qu'on puisse les employer immédiatement à une poursuite effective. tte étendue des distances à parcourir aura même son effet sur la valerie.

« Déjà, dans les dernières guerres, si, par suite des conditions du rain, la cavalerie ne prenait pas part à l'action, elle s'établissait à de telles stances, pour s'abriter du feu, qu'on ne l'avait plus sous la main au oment favorable. Et si elle chargeait au cours même de l'action, elle se uvait ensuite dans un tel état qu'il était impossible de compter sur elle ur la poursuite. Cela vient de ce qu'avec la portée du feu actuel, il t, quand on charge, entamer le galop à mille pas de l'ennemi et marcher ème dès lors, autant que possible, au galop allongé.

« A Zorndorf, au contraire, Seydlitz pouvait amener ses escadrons au ot jusqu'à 200 pas des lignes russes et à ce moment-là, seulement, rendre main et donner de l'éperon. Les cuirassiers et les dragons de Napoléon archaient toujours au trot quand ils entamaient la charge. Mais avec le rible feu de mousqueterie d'aujourd'hui, la cavalerie aura besoin de ndre au suprême degré toutes ses forces, pour traverser la zone où elle ut être anéantie. Et après un tel effort, il faudra considérer cette cavalerie mme indisponible pour tout le reste de la journée. »

Ainsi s'exprimait, en 1882, un officier de l'État-Major prussien. Et depuis tte époque les difficultés qu'offrira la poursuite se sont fort augmentées. puissance du feu s'est encore beaucoup accrue ; les troupes ont reçu s outils de pionniers et ont appris à élever de légers retranchements ; les champs de bataille seront semés d'obstacles et, au cas d'une retraite, on préparera très probablement à l'avance des abris sur la route qu'on aura dû se ménager. Déjà même, du temps de Napoléon, il arrivait qu'après une bataille acharnée la poursuite n'était que faible. C'est ainsi qu'à Ligny, Blücher, quoique battu, put sauver son armée et reparaître, deux jours plus tard, sur l'aile droite des Français à Waterloo. Après Eylau, après Friedland, les troupes victorieuses se trouvèrent trop fatiguées pour la poursuite. Napoléon les a excusées en disant que « des deux côtés on en avait assez » (1). Il y a de fortes raisons de craindre que, dans la guerre future, les deux partis ne se trouvent, la plupart du temps, justement dans cette situation.

V. — Les combats de nuit.

L'idée de recourir aux combats de nuit.

En raison de la difficulté que présentent les attaques de front avec la puissance du feu actuel, on a eu l'idée de revenir aux combats de nuit, si fréquents dans les guerres du moyen âge.

Certains écrivains militaires admettent que, pendant la nuit, on pourra s'approcher de l'ennemi en subissant beaucoup moins de pertes, et s'arranger pour qu'au matin du jour suivant le défenseur voie devant lui une armée qui aura déjà pu se fortifier sur de nouvelles positions, par les procédés que nous avons indiqués dans le chapitre « L'infanterie au combat » (2).

D'autres jugent possible d'exécuter l'attaque elle-même pendant la nuit ou à l'aube du jour, tout au moins sur certains des points où s'appuie la ligne ennemie.

Dans les deux cas, c'est la même idée : éviter une partie des effets du feu dont le défenseur vous accablerait en plein jour.

Très instructive est l'opinion formulée sur les combats de nuit par le général Pouzirevski, et que nous croyons nécessaire de reproduire : « Les « combats de nuit entraînent de graves inconvénients, ceux-ci notamment : « 1° les hommes, habitués à se reposer la nuit, se fatiguent outre mesure ; « 2° l'obscurité empêche les chefs de voir leurs troupes et d'y maintenir la « discipline convenable ; 3° les hommes, se trouvant dans un état de demi- « somnolence, marchent lentement ; 4° les chevaux ont moins d'action, « souvent ils buttent et tombent ; 5° les cadres subalternes ont peine à « empêcher les hommes de confondre et de relâcher les rangs : d'où la « production de nombreux traînards ; 6° en arrivant au cantonnement ou « au bivouac, les soldats fatigués ne songent qu'à se reposer d'une façon

(1) Waldor de Heusch, *La Tactique d'autrefois*, Revue de l'armée belge, 1893.

(2) Général v. Janson, *Die Entwickelung unserer Infanterie Taktik seit den letzten Kriegen* (Le développement de notre tactique d'infanterie depuis les dernières guerres).

« quelconque, sans se préoccuper assez de leurs effets et de leurs chevaux. « Pour toutes ces raisons, il faut, autant que possible, éviter les marches de « nuit, ou au moins, si on le peut, partir de préférence la nuit pour arriver « le matin, plutôt que de commencer le mouvement le soir pour le terminer « pendant la nuit. »

« Mais malgré tout, ajoute l'auteur, les mouvements de nuit sont quelquefois nécessaires à la guerre et peuvent procurer des avantages importants ; aussi faut-il savoir les exécuter (1). »

Tant que les armées n'ont pas été trop nombreuses, les attaques de nuit ont été fréquentes ; mais au fur et à mesure de l'accroissement numérique des troupes, ces opérations ont cessé d'être usitées. « Quant à moi, écrivait le Grand Frédéric, j'ai pris la résolution de ne jamais attaquer la nuit en raison de la confusion qui se produit dans les ténèbres. En outre, à la majorité des soldats, il faut une surveillance constante de la part des officiers, car ils ne font leur devoir que par la crainte des punitions. » Wellington exprimait la même idée : « Je me suis convaincu qu'il ne faut pas attaquer la nuit un adversaire qui s'est fortifié et qui vous attend, si sa position n'a pas été complètement étudiée pendant le jour. D'ailleurs les attaques de nuit, contre des troupes expérimentées, réussissent rarement. »

Dans l'avenir pourtant, la clarté même que présentera le champ de bataille, par suite de l'absence de fumée, obligera d'avoir recours aux opérations de nuit. Aussi les écrivains allemands discutent-ils avec beaucoup de soin toutes les circonstances qui peuvent se présenter dans un combat nocturne, en rappelant également les exemples tirés des guerres précédentes, alors que les attaques de nuit s'exécutaient sur une grande échelle et avec succès (2).

Considérations pour et contre.

On peut admettre que ces considérations n'ont pas échappé non plus aux autorités militaires russes. Dans l'histoire de la Russie, il y a des exemples de succès brillants d'attaques de nuit. Et le succès produit toujours une tendance à recommencer ce qui a réussi. On peut citer, comme un de ces exemples, la victoire du général Gourko à Gorny-Doubniak, le 12/24 octobre 1877. Après de grandes pertes, les troupes russes assaillantes s'étaient arrêtées, le soir, sur des positions voisines des retranchements ennemis, n'ayant plus la force de continuer l'attaque. Mais quand la nuit fut arrivée, elles se jetèrent vivement sur la redoute et s'en emparèrent sans nouveaux sacrifices importants.

Comme avantages des attaques de nuit, le général Dragomiroff signale

(1) *Polevaïa sloujba* (Service en campagne), 1884.

(2) *Das Nachtgefecht im Feld, etc.* (Le combat de nuit en campagne).— Berlin, 1890.

les suivants : Pendant un certain temps, l'assaillant peut ne pas être aperçu, l'ennemi est paralysé par la surprise et les résultats de son feu sont insignifiants; en outre, c'est précisément pendant les attaques de nuit qu'on peut agir à la baïonnette.

Les écrivains étrangers admettent que les troupes russes auront souvent recours aux attaques de nuit. Ainsi le colonel Langalerie (1) insiste sur l'observation suivante du général Dragomiroff : « Des entreprises comme l'assaut de Kars et l'affaire de Karagatch, dans lesquelles il y avait une énorme supériorité de forces du côté des Turcs, ne sont possibles que de nuit. Il est nécessaire d'exercer les troupes aux opérations de nuit, que la puissance actuelle du feu rend indispensables ».

Exemple d'une manœuvre exécutée en Russie.

Dans le *Progrès Militaire*, nous trouvons la description de curieuses manœuvres de nuit, exécutées sur la Vistule sous la direction du général Gourko. Comme cette description peut permettre de comprendre les combats de nuit de l'avenir, nous en donnons ici un résumé.

Un corps de l'Est, sous le commandement du général Krjivoblotsky, se composait de 36 bataillons et 13 sotnias cosaques avec 72 canons. Un corps de l'Ouest, commandé par le général Mirkovitch, comprenait 48 bataillons, 48 escadrons ou sotnias et 152 pièces d'artillerie.

Ces deux corps avaient leurs parcs, télégraphique et du génie, et le corps de l'Ouest disposait, en plus, d'un équipage de pont. Ce dernier corps avait pour mission de forcer le passage de la Vistule en présence du corps de l'Est, établi pour s'opposer au passage sur une certaine étendue du cours du fleuve.

Après avoir reconnu le terrain, le corps de l'Ouest lança en avant cinq régiments de cavalerie avec de l'artillerie à cheval; ces troupes s'emparèrent de toutes les barques et chaloupes qu'elles rencontrèrent, elles traversèrent le fleuve et prirent pied sur la rive opposée, où elles se maintinrent contre la cavalerie ennemie numériquement plus faible. Après quelque repos, le corps assaillant entreprit, pendant la nuit, l'organisation effective du passage. La troisième division d'infanterie de la garde devait franchir le fleuve sur des bateaux et, une fois sur l'autre rive, couvrir la construction du pont. Trois batteries prirent position, pour le cas où l'ennemi découvrirait prématurément le point de passage.

Les bateaux furent mis à l'eau dans un profond silence; seulement les équipes, chargées de les conduire, ne réussirent pas à commencer le mouvement pour onze heures du soir, comme il était prescrit : elles n'y parvinrent qu'à deux heures du matin. Cependant l'ennemi avait découvert le point de passage; et un détachement d'éclaireurs, composé de deux bataillons, avec deux pièces d'artillerie, ouvrit immédiatement le feu, en donnant

(1) *Exercices et manœuvres de nuit.* — Paris, 1891.

en même temps le signal de l'alerte. Malgré la faiblesse de ce feu, il fut admis que, dans ces conditions, il était impossible de prendre pied sur la rive opposée. A la pointe du jour, le corps de l'Est avait envoyé sur ce point des forces déjà plus considérables ; mais le corps de l'Ouest, qui prenait l'offensive, avait déployé sur la rive gauche la plus grande partie de son artillerie — plus de 100 pièces ; et ses cavaliers, ayant traversé le fleuve, vinrent menacer les derrières des troupes d'avant-garde ennemies.

Alors il fut décidé par les arbitres que les éléments du corps, chargé de défendre le passage du fleuve, ne pouvaient plus se maintenir sur la rive et empêcher la construction du pont, — lequel fut en effet terminé à onze heures du matin. Deux divisions d'infanterie passèrent dessus et la troisième franchit le fleuve en un autre point.

Dans la nuit suivante, le corps assaillant attaqua, avec toutes ses forces, l'ennemi qui résista tant qu'il put; mais, à deux heures du matin, ce corps assaillant avait atteint son but et on donna le signal de la retraite.

Dans ses observations sur la marche de la manœuvre, le général Gourko insista sur l'utilité de maintenir les différentes colonnes reliées entre elles ; sur l'importance, pour le défenseur, d'exécuter une contre-attaque avant que l'ennemi n'eût concentré toutes ses forces ; sur la nécessité enfin de ne pas trop éloigner ses réserves : — en posant, comme règle, que ces réserves ne doivent pas être tenues plus loin en arrière de la ligne de bataille que celle-ci n'est elle-même éloignée de l'adversaire. Le général Gourko félicita, du reste, la cavalerie de son activité et de son énergie, en reconnaissant qu'elle n'avait pas laissé échapper une seule occasion favorable de prendre part à l'action.

Opinions de divers écrivains sur les combats de nuit.

Le général Kouropatkine se montre aussi partisan des attaques de nuit, tout en leur adressant de graves reproches, comme par exemple celui-ci : que les opérations nocturnes ne peuvent guère réussir qu'avec de faibles détachements, qu'on ne doit employer à leur exécution que des troupes d'élite, etc.

Quant aux écrivains étrangers, la plupart condamnent les attaques de nuit. Les *Neue Militärische Blätter* s'expriment ainsi (1) : « A ceux qui « comptent obtenir, des attaques de nuit, d'importants résultats, nous rap- « pellerons l'exemple du 101e régiment de mobiles français, qui, se heur- « tant dans l'obscurité à nos forces supérieures, fut battu, et ensuite fusillé « par les troupes françaises elles-mêmes qui le prenaient pour un corps « ennemi, si bien qu'il fut complètement détruit, — exemple qui n'est pas « encourageant ».

L'écrivain français déjà cité par nous, le colonel B. (2), observe

(1) Année 1890, page 286.
(2) *La poudre sans fumée.*

qu'avec la poudre sans fumée, qui produit une détonation peu sonore, les attaques à l'improviste seront plus faciles et la panique qu'elles causeront sera plus forte. Aux grandes distances, où l'on pousse aujourd'hui les sentinelles avancées, il pourra très bien arriver qu'elles fassent feu plusieurs fois sans donner l'alerte à leurs troupes. On peut en dire autant des petits piquets échelonnés en arrière d'elles, et même des avant-postes plus forts: — de sorte qu'un adversaire audacieux et hardi pourrait réussir à pénétrer jusqu'aux positions mêmes de l'armée sans rencontrer de résistance. Des attaques inattendues, surtout la nuit, amèneront des luttes sanglantes; d'autant qu'avec la faiblesse du bruit des coups, il sera plus difficile encore de deviner d'où ils viennent, et que l'assaillant aura tout le temps de profiter de la confusion de l'ennemi.

Il y a bien quelque exagération dans ce que dit le colonel B. : avec la poudre sans fumée, le bruit des détonations n'est pas plus faible, il est seulement plus bref, pour chacune d'elles isolément, qu'avec la poudre ordinaire. Toutefois, il peut être vrai que les paniques soient plus fréquentes et que l'impressionnabilité des hommes soit maintenant plus fortement éprouvée.

Hœnig (1), dans ses observations sur les combats de nuit, se contredit partiellement lui-même. Tantôt il exprime cette opinion qu'une attaque résolue qui, avec les armes actuelles, ne réussirait pas le jour, peut réussir la nuit, et il cite comme exemple la bataille du Mans, en 1871 : « quand les Allemands s'emparèrent, dans l'obscurité, de tous les points, en reliant leurs différents corps les uns aux autres, par le moyen de batteries de tambours et de hourrahs ! » — et il ajoute encore qu'en pareil cas, il faut opérer en ordre compact. — Ailleurs, au contraire, le même auteur dit que : « de même que l'homme isolé perd, dans l'obscurité, la juste appréciation des choses, les opérations de nuit peuvent également amener la panique dans les troupes, en raison de quoi tous les officiers y ont renoncé », — et il s'étonne que les tacticiens, qui condamnent les attaques en ordre serré, recommandent l'exécution des attaques de nuit.

Artifices d'éclairage préparés pour les combats de nuit.

Mais quoi qu'il en soit, à en juger d'après différents indices, on se dispose, dans toutes les armées, à l'exécution de ces attaques de nuit. Aussi bien pour la défensive que pour l'offensive, on prépare des artifices d'éclairage, projecteurs électriques et feux de Bengale. Les mortiers peuvent lancer des balles à feu éclairantes, des calibres de 10 pouces, 8 pouces et 5 pouces 1/2, dont l'avantage est que l'ennemi ne peut les empêcher de fonctionner. Elles sont remplies d'un mélange de salpêtre, de soufre et de goudron et brûlent : celles de 10 pouces pendant trois minutes, celles de 8 pouces pendant une minute quarante secondes, et les plus petites, pendant une minute.

(1) *Die Taktik der Zukunft* (La tactique de l'avenir).

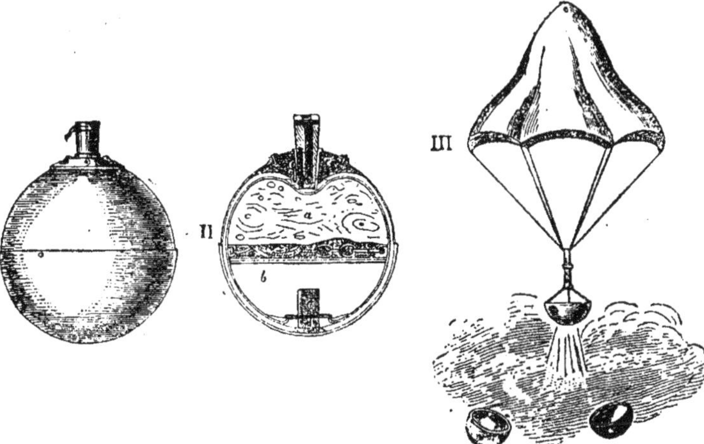

Balles lumineuses.

Projecteur transportable du système Mangin.

LA GUERRE FUTURE (P. 149, TOME II).

Les figures qui, dans la planche ci-jointe, représentent ces artifices en donnent une idée assez exacte pour rendre toute explication inutile.

La *Revue du Cercle militaire* fait connaître les résultats qu'on a obtenus aux grandes manœuvres au moyen de l'éclairage par les projecteurs électriques.

Ces projecteurs permettent de distinguer une maison à une distance de 5,000 mètres, et de suivre avec précision, à 3,000 mètres, les mouvements des troupes. Le dessin de la planche ci-jointe figure un de ces projecteurs transportables du système Mangin.

On fabrique, du reste, aussi, de ces projecteurs pour les petites distances, et nous donnons ci-dessous la représentation d'un appareil de ce système.

Projecteur du système Mangin pour les petites distances.

Dans les manœuvres que nous venons de mentionner, il a été établi qu'avec un de ces appareils le plus petit mouvement de troupe peut être observé à la distance de 800 mètres. A l'aide d'un dispositif très simple, l'observateur peut diriger la lumière à son gré sur les points qu'il veut éclairer ; et, d'un autre côté, il peut, au moment voulu, faire tout rentrer dans l'obscurité.

En outre, un point qui mérite tout particulièrement l'attention, c'est l'effet que le projecteur est susceptible de produire sur les troupes ennemies. Des tirailleurs, brusquement éclairés par un courant de lumière, ont cherché à se dissimuler de tous côtés et des travailleurs n'ont pu effectuer aucun terrassement utile.

Pour montrer plus clairement l'effet des projecteurs, nous donnons, dans la planche ci-jointe, une représentation du terrain éclairé par un de ces appareils.

Jusqu'à présent, on a généralement employé, dans les places fortes, une machine dynamo-électrique Siemens pour obtenir le courant nécessaire à l'éclairage des travaux de nuit, à l'observation des troupes assiégeantes et à l'exécution du tir de nuit. On installe la machine et son moteur sous un abri voûté qui lui assure une sécurité parfaite, et on dispose la lanterne, qui lui est reliée, sur les remparts de la place ou sur quelque point élevé.

Il est intéressant de remarquer que la lumière électrique permet d'exécuter des travaux de nuit autour d'une place, — non seulement parce qu'elle éclaire les ténèbres, mais parce que les travailleurs, bien qu'éclairés eux-mêmes, sont protégés par une couche d'obscurité complète qui les couvre contre les vues de l'ennemi. La gerbe lumineuse électrique fait en même temps l'office d'un bouclier en dérobant, à la vue de l'ennemi, tout ce qui se trouve en arrière d'elle.

Dans ces derniers temps, on a construit des moteurs plus légers, des machines dynamo et des projecteurs transportables destinés au service de la guerre de campagne. Les différents pays possèdent les approvisionnements ci-dessous de ces projecteurs (1) :

France. . . .	872	Italie	355
Angleterre . .	920	Russie. . . .	230
Autriche. . .	127	Allemagne . .	220

Un très remarquable article du colonel espagnol Ricardo Aranaz, publié dans le *Memorial de Artilleria* (septembre 1891), décrit des expériences exécutées avec un appareil dont la puissance lumineuse atteignait 5,000 carcels. Il permettait de distinguer très clairement, à la distance de 400 mètres, les servants autour d'un canon, des soldats à cheval, un fantassin, etc. — A la distance de 5,000 mètres, avec une lunette, on pouvait distinguer toutes les parties d'une maison ; à 6,000 mètres, on voyait le Palais Royal (*Cuartel de la Mantera*) et à 6,500, le *Cuartel Madelo ;* enfin, à 9,000 mètres, on apercevait la tour de l'École d'Aiguière, — quoique, pour atteindre ce dernier édifice, les rayons lumineux dussent traverser toute l'atmosphère de Madrid.

Emploi, pour l'éclairage, des aérostats captifs.

On a essayé d'employer des aérostats captifs portant suspendue une lampe électrique. La source d'électricité se trouvait sur le sol et le courant arrivait à la lampe par l'un des trois câbles qui maintenaient l'aérostat. Avec une lumière de 5,000 bougies il fut possible, d'une hauteur de 600 mètres, d'éclairer un espace de 500 mètres carrés. L'éclairage moyen

(1) *Revue du Cercle militaire*, 1894, n° 47.

Aspect d'un champ éclairé par un projecteur.

du sol, en pareil cas, est de 1/60 de mètre-bougie, c'est-à-dire à peu près celui que donnerait une bougie placée à la distance de 8 mètres. Par conséquent l'emploi de plusieurs ballons convenablement combinés permettrait d'éclairer un espace considérable sur lequel on pourrait manœuvrer aussi bien qu'en plein jour (1).

Lors des expériences de tir de nuit avec éclairage électrique, qui furent exécutées en Espagne en 1891, trois batteries et deux compagnies tirèrent contre des panneaux figurant une colonne à la distance de 2,000 mètres, puis sur des cibles isolées à la distance de 1,500. D'après les rapports des officiers, la rapidité et la précision du feu furent les mêmes que de jour, surtout pour l'artillerie; l'infanterie ne tirait d'une manière pleinement satisfaisante qu'aux petites distances.

D'après l'opinion de Johnson (2), le renforcement des piquets et l'éclairage des environs du camp pendant la nuit augmentent le danger des surprises nocturnes pour ceux qui les entreprennent; mais quelquefois la fatigue ou l'insouciance rendent vaines les précautions prises.

C'est ainsi que, dans les hypothèses relatives aux attaques de nuit, nous rencontrons des divergences entre les écrivains militaires, tout comme à propos de beaucoup d'autres questions soulevées par cette grande inconnue qu'on appelle « la guerre future ». On peut seulement admettre que les attaques de nuit seront fort exposées à subir l'effet de diverses circonstances accidentelles et que, par conséquent, elles ne rentrent pas dans la règle formulée par Napoléon, que : « à la guerre rien ne s'obtient que par le calcul; tout ce qui n'a pas été médité profondément et dans tous ses détails ne saurait donner de résultats ».

Un général, qui a souvent pris part à des attaques nocturnes pendant la guerre de 1877, a dit que, la nuit, il suffit parfois de lancer quelques fusées sur l'ennemi, pour déterminer une panique : les chevaux brisent leurs attaches, s'affolent et il se produit un désarroi indescriptible.

Nervosité plus grande de armées modernes

Dans une conférence sur la question qui fait l'objet de ce chapitre, des médecins, qui s'occupent spécialement des maladies nerveuses, ont exprimé l'opinion qu'au point de vue de la solidité du système nerveux, il était impossible de comparer la génération actuelle à celles d'autrefois; que, surtout dans le cas d'un danger surgissant brusquement, l'excitation nerveuse des soldats sera très forte, que la volonté disparaîtra pour ainsi dire et que, dans l'homme, se manifesteront brusquement toutes les conséquences, d'ordre négatif, que produit le genre d'éducation et de vie actuel.

(1) *Revue du Cercle militaire*, 1894, n° 47.

(2) Citée dans la *Revue du Cercle militaire* à propos de la brochure de F. d'Amar : *Règles et dispositions pour le tir de nuit*.

Il n'est pas douteux que la seule pensée de la possibilité des attaques de nuit fera naître l'inquiétude parmi les troupes.

Les écrivains militaires rappellent que, même dans le passé, il est des cas où des soldats, réveillés par un bruit inconnu ou par une détonation accidentelle, se sont précipités sur leurs armes et ont répandu l'alarme dans tout un camp (1). La même chose arrivera sans doute plus souvent encore dans les guerres futures, parce que les nerfs, chez les hommes d'aujourd'hui, étant plus faibles, il est impossible de compter les tremper suffisamment pendant la courte durée du service actif, tandis que, pourtant, les dangers courus à la guerre se sont fort augmentés.

Au point de vue du moindre degré d'amollissement, l'armée russe sera sans doute supérieure à toutes les autres, y compris même l'armée allemande. Le général-major prussien von Keller, que nous avons cité plus haut, décrivant le passage des Balkans par le corps du général Gourko, sous une chaleur des plus violentes, admire l'endurance des troupes russes et dit : « Ce que les soldats supportèrent alors était au-dessus des forces humaines ; néanmoins le corps atteignit la vallée du Tchounda le troisième jour, entièrement prêt à combattre ». Les manœuvres d'hiver et les expéditions hardies et heureuses, entreprises en hiver aussi, au cours de la guerre russo-turque (comme, par exemple, celle du général Stroukoff), ont montré que l'armée russe supporte non moins facilement les grands froids et qu'elle est entièrement apte aux campagnes d'hiver.

Pour donner une preuve de cette endurance, nous rappellerons ici le fait, raconté et illustré dans un ouvrage militaire russe (2), d'une compagnie de chasseurs de la garde, allant de nuit, dans la neige jusqu'aux genoux et en s'éclairant au moyen de torches piquées aux baïonnettes des fusils, prendre son service de garde dans les tranchées établies en face de la position turque de Chandornik. En outre, nous citerons le passage des Balkans, effectué par les troupes russes pendant l'hiver, et représenté dans la planche ci-jointe (3).

La conviction qu'on a, dans l'armée russe, de l'endurance des soldats, de leur confiance en soi et de leur discipline, constituent, pour cette armée, des qualités qui, précisément dans les attaques de nuit, ont une énorme importance.

Il est à redouter que les combats de nuit, s'ils se produisent, ne soient signalés par des tueries impitoyables. Sous le couvert des ténèbres, les hommes s'abandonneront uniquement aux passions, aux haines de races,

---

(1) Veréchtchaguine, *Doma i na voïnié* (A la maison et à la guerre).

(2) *Sbornik voïennykh raskazoff* (Recueils de récits militaires).

(3) Dessin emprunté à la *Chronique illustrée de la guerre*.

Passage des Balkans, en hiver, par les troupes russes.

La Guerre future (p. 152, tome ii).

à l'instinct de la destruction; et le soleil éclairera un champ de bataille dont l'aspect témoignera de férocités accomplies sans aucune nécessité.

Mais il est toutefois encore une considération qui milite en faveur des attaques de nuit : c'est que, dans une attaque de jour, on risquera de faire une telle consommation de munitions qu'il n'en reste plus pour continuer les opérations.

VI. La question des munitions.

La consommation des munitions.

« A partir du jour, dit A. K. Pouzirevski (1), où le cavalier ne sera plus en état de charger sous le feu, où il sera devenu impossible au fantassin de marcher sous les balles, les combats ne seront plus qu'un échange de coups de fusil à longue distance, entre des abris fortifiés. Le combat ne cessera qu'après l'épuisement des munitions. »

Dans cette dernière circonstance, certains écrivains voient un sérieux danger — parce que, avec une aussi forte consommation de cartouches et de munitions en général, il ne sera pas toujours possible d'en approvisionner les troupes en temps voulu. Ainsi, à l'un des assauts de Plewna, on manqua de cartouches : « La retraite du régiment de Kostrom fut motivée, entre autres choses, par la consommation qu'il avait faite de toutes ses cartouches, qu'on n'avait pas pu renouveler (2) ».

Le colonel Ardan du Picq a dit de l'armée française : « Nos soldats n'ont pas assez de sang-froid : dans le danger ils tirent pour s'étourdir, pour s'occuper, il est impossible de les arrêter. »

Écoutons ce que dit, de l'armée allemande, le prince de Hohenlohe, ancien commandant en chef de l'artillerie : « Le fait qu'en 1866, notre infanterie dépensa si peu de munitions fut une conséquence de la supériorité de notre fusil qui décidait plus promptement les affaires. Dans la guerre de 1870-71, notre fusil ne portait qu'à demi-distance du fusil français ; par suite de quoi l'artillerie dut donner un coup de main à notre infanterie dans beaucoup de rencontres où, chez les Français, l'infanterie seule suffisait. Mais dans les guerres futures, en supposant que notre fusil ait une portée égale à celui de notre adversaire, nous devrons, toutes choses égales d'ailleurs, brûler deux fois plus de munitions que dans chacune des guerres précitées, et souvent la victoire sera pour le parti qui n'aura pas épuisé les siennes (3) ».

(1) *Isliédovanié boïa* (Étude du combat).

(2) Général Kouropatkine, *Déïstvia otradoff ghenerala Skobeleff* (Opérations des troupes du général Skobeleff).

(3) Le prince de Hohenlohe-Ingelfingen, *Lettres sur l'infanterie.*

Sous ce rapport les Allemands comptent sur l'intelligence de leurs soldats. Mais le prince de Hohenlohe ne partage pas cet optimisme et fait observer que « la plupart des hommes sentent le besoin d'étouffer en eux le sentiment de la peur, par quelque moyen extérieur, comme, par exemple, en faisant du bruit. » En outre, il observe que, dans la lutte, les hommes s'excitent beaucoup et brûlent alors toutes leurs cartouches ; personne ne sera capable de les retenir, et en un moment semblable du combat, surtout du côté de l'assaillant en terrain découvert, il sera impossible d'avoir un approvisionnement de munitions suffisant.

VII. Les corps de partisans.

Emploi des corps de partisans.

Les écrivains militaires appellent corps de partisans de petites fractions de troupes opérant de façon indépendante.

Ces corps peuvent ne comprendre que des troupes d'une seule arme, ou bien renfermer, au contraire, les trois armes réunies ; et ils peuvent opérer même à des distances de quelques jours de marche du gros de l'armée, leur infanterie étant alors transportée sur des voitures ou sur des chariots spécialement organisés à cet effet. Six chevaux traînent facilement trente hommes ; ce qui veut dire que, pour un bataillon à l'effectif de paix, il suffirait de 20 voitures et 100 chevaux.

On admet qu'un fort détachement de partisans se composera de deux bataillons de chasseurs, d'une batterie à cheval armée de mitrailleuses et de deux escadrons. Un corps de ce genre, possédant tous les engins essentiels de combat et disposant de la facilité de se mouvoir, représente une force importante. Et plusieurs corps semblables, se reliant par de la cavalerie, peuvent rendre d'énormes services en constituant la meilleure de toutes les avant-gardes, et faisant obstacle à tous les éclaireurs ennemis. En se retranchant, au besoin, ils peuvent opposer une résistance prolongée.

Dans un article du général Soukhotine (1) sont exprimées ces idées, que, « contre un ennemi dont l'ordre n'est pas la qualité prééminente, on aurait plus de chances de succès en mettant précisément beaucoup de méthode dans les formations et les opérations ; tandis que, contre des troupes habituées à l'ordre et à l'action systématique, ou bien affaiblies par quelque cause de mésentente intérieure et un défaut de cohésion militaire, il faudrait employer une façon, pour ainsi dire, *désordonnée* de conduire la

(1) Voïennyi Sbornik, *A propos des opérations de la cavalerie russe dans la presqu'île des Balkans.*

guerre : lancement de corps de partisans, attaques de nuit, alertes fréquentes ».

Transport de l'infanterie.

L'immense majorité des écrivains militaires sont d'accord sur ce point, que, dans les corps de partisans, l'infanterie doit être transportée d'une façon quelconque pour ne pas ralentir la marche de la cavalerie. Le général français Lewal (1), qui a beaucoup écrit sur ce sujet, dit que la puissance du feu de l'infanterie et l'adoption de la poudre sans fumée ont rendu très peu sûre l'action des troupes de cavalerie envoyées en avant comme un réseau protecteur de l'armée. Mais le fait que la cavalerie aura naturellement le même fusil et la même poudre que l'infanterie change la situation. Cependant, la question de l'infanterie transportée sur des chevaux a encore son importance. Dans la défense de Chipka, des tirailleurs arrivèrent à temps, rien que grâce aux chevaux des Cosaques. Le général Lewal admet que les vélocipèdes conviendraient aussi pour transporter rapidement de petits détachements d'infanterie ; mais néanmoins il donne la préférence au transport des fantassins par le moyen d'animaux réquisitionnés sur place : chevaux de travail, mulets, ânes même, ajoutant qu'au lieu de selles, qu'il serait difficile de se procurer, on emploierait seulement des couvertures, et que cette infanterie, temporairement montée, marcherait au pas; sa supériorité consistant en ce qu'elle arriverait sur le lieu de l'action sans être épuisée par les marches.

Il faut dire, du reste, que, depuis l'époque où le général s'exprimait ainsi, la vélocipédie militaire a fait de tels progrès que la constitution de troupes d'infanterie montées sur bicyclettes, pour accompagner la cavalerie, est à l'ordre du jour et ne tardera pas sans doute à être un fait accompli dans toutes les armées européennes.

Traditions de l'armée russe et préparation de sa cavalerie à ce genre de guerre.

L'armée russe a des traditions glorieuses en fait de guerres de partisans : la poursuite des Français en 1812 par les Cosaques de Platoff et Denisoff, les exploits de Davydoff et de Figner. Mais un exemple tout à fait remarquable d'action indépendante de la cavalerie, c'est, pendant la dernière guerre russo-turque, la prise de la ville de Vratz par le régiment des grenadiers à cheval.

Comme nous l'avons indiqué dans le chapitre « Importance et rôle de la cavalerie », une mission sérieuse est réservée, dans les guerres de l'avenir, à la cavalerie russe.

Cette cavalerie, pourvue d'armes à feu portatives qui valent le fusil d'infanterie, pourra inonder le territoire de l'ennemi avant même que celui-ci n'ait mobilisé son armée, et quand les régions éloignées de son pays ne seront pas encore en état de se défendre. Dès lors, la cavalerie

(1) *Journal des Sciences militaires.*

pourra couper les voies de communication, détruire les ponts, les tunnels et les gares, ainsi que les magasins, les approvisionnements de blé, etc. En somme, les cavaliers pourront jeter, dans la situation économique du pays ennemi, des désordres dont il est à peine possible de calculer les conséquences.

La cavalerie russe est d'ailleurs dressée, dès le temps de paix, à ce genre d'opérations. Ses exercices consistent, entre autres choses, à détruire des voies ferrées sur une longueur allant jusqu'à vingt kilomètres, ainsi que les gares, ponts, etc., qui se trouvent sur ces voies ferrées. Cette destruction s'exécute au moyen d'explosifs, dont chaque régiment de cavalerie possède, outre divers autres engins, un approvisionnement porté sur des chevaux de bât sous forme de cartouches de pyroxyline. Nous avons donné ailleurs une figure représentant la destruction d'un chemin de fer par un régiment de dragons.

Il n'est pas rare que, sur des lignes télégraphiques importantes et où passent beaucoup de dépêches, on ait grand intérêt à savoir quand des télégrammes sont envoyés par l'ennemi sur ces lignes, et à saisir ces télégrammes afin de se renseigner ainsi sur les mesures que l'adversaire se propose de prendre.

Dans ce but on emploie le télégraphe de cavalerie, dont, en Russie comme dans les autres pays, est muni chaque régiment de l'arme. C'est un appareil qui s'intercale dans le réseau télégraphique ennemi. Dans toutes les armées, pour la télégraphie de campagne, sont adoptés aujourd'hui les signaux du système de Morse.

Nous avons donné ailleurs une figure qui représente des cavaliers interceptant ainsi les dépêches de l'ennemi. (V. page 298 du tome Ier.)

Afin de pouvoir transmettre rapidement les renseignements qu'elle a recueillis, la cavalerie est également exercée à l'installation des téléphones. Ainsi, par exemple, une patrouille d'officier, composée d'un officier et de trois sous-officiers, disposant d'un appareil téléphonique et de bobines portant chacune 100 mètres de fil enroulé, put établir, en moins de quatre heures, une communication téléphonique entre Berlin et Potsdam, c'est-à-dire sur une distance de plus de 30 kilomètres. Nous avons donné un dessin représentant cette opération. (V. page 315 du tome Ier.)

En terminant ce chapitre consacré au combat, — c'est-à-dire à l'acte qui est le but final de toute l'organisation militaire, de l'emploi de tous les moyens consacrés à la guerre et de leurs perfectionnements incessants, — il convient de dire un mot des modifications survenues dans le caractère même de la guerre, de notre manière d'étudier les règles nouvelles et leur importance, et, enfin, de la perspective désolante qu'ouvre à l'Europe la façon dont les nations rivalisent dans leurs préparatifs de guerre : — ce qui a transformé le monde entier en un véritable champ de bataille, où le sang jusqu'ici n'a pas coulé, mais où les ruines ne s'en sont pas moins amoncelées.

Modifications qu'a subies de nos jours le caractère de la guerre.

De nos jours, le caractère de la guerre s'est modifié en ce sens que la science commence à y dominer de plus en plus. Les connaissances scientifiques confèrent à l'homme un pouvoir graduellement croissant sur les forces naturelles. Mais, en même temps, elles soumettent la volonté, l'initiative, l'originalité des facultés personnelles de l'homme à ces moyens puissants d'action dont elles dotent l'humanité. La production est déjà conquise par la machine. Doit-il en être de même pour cette force, qui n'a pas pour objet la production des richesses et l'amélioration des conditions de l'existence, mais au contraire la destruction du bien-être et de la vie ?

Tout ce qu'on peut dire, c'est que l'évolution de l'art de la guerre a lieu précisément dans ce sens qu'une troupe, pourvue d'engins techniques puissants, et en même temps exposée à l'action d'engins de même nature, doit tendre à devenir une machine.

Influence du progrès des armes sur l'importance des qualités personnelles du soldat.

Avec l'accroissement de force des fusils et des canons, et, en général, des moyens mécaniques employés pour faire la guerre, l'importance des qualités personnelles du soldat diminue ; et, dans le choc des masses, la supériorité du nombre jouera un rôle de plus en plus considérable. La quantité de coups tirés par un fusil ou un canon dans un temps donné influera également sur la bravoure des armées en présence. — C'est ce qui explique l'ardeur fiévreuse qu'on met à augmenter l'effectif des armées habituellement aux dépens immédiats de leur qualité.

Dans les armées futures, les cadres seuls se composeront de soldats vraiment animés de l'esprit militaire, mais la masse sera formée de citoyens paisibles, arrachés de la veille à leurs occupations habituelles et, par cela même, ne satisfaisant pas à cette condition posée par le maréchal Soult : « Deux années sont nécessaires au conscrit pour oublier sa famille, son foyer domestique ; et il lui faut deux autres années encore, pour devenir complètement soldat ».

Mais, ce qui est plus important, les conditions sociales des peuples sont telles que, chaque année, la guerre devient plus dommageable pour elles ; et actuellement déjà se répand dans les masses cette idée que les nations ne seront pas en état de la supporter. L'opinion que la guerre doit disparaître, grâce au progrès général, et que, seules, quelques personnalités isolées peuvent la désirer pour y acquérir des honneurs, du pouvoir et autres avantages, — cette opinion fait qu'on ne peut plus rendre à l'état militaire la situation importante qu'il avait autrefois. Dans les masses domine la conviction profonde que l'humanité ne peut retirer aucun avantage d'une lutte homicide et que l'avenir appartient à l'industrie et au développement de la liberté dans toutes les branches du travail pacifique.

La guerre néanmoins persiste ; la technique moderne progresse toujours dans la voie du perfectionnement des moyens de combat ; et plus elle perfectionne les fusils, les canons, les projectiles et, en général, les engins mécaniques de destruction, plus la conduite des armées se complique pour tous ceux qui en sont chargés, depuis le commandant en chef jusqu'aux officiers subalternes dont la tâche devient chaque jour plus difficile.

Dans ses hautes conceptions, la guerre est restée jusqu'ici et restera toujours, malgré tout, un art. Mais les moyens techniques et les procédés mêmes qu'ils imposent, les principes et les règles de l'action sont devenus peu à peu une science et peuvent acquérir le caractère de lois bien définies.

C'est là une chose que ne contredit pas l'impossibilité où l'on est, jusqu'à présent, de poser nettement ces lois, et de les formuler, avec une précision tout à fait scientifique, avec la certitude qu'elles agiront toujours de la même manière. Car il est manifeste que c'est à cela qu'on tend. Beaucoup d'observations déjà ont été faites. Mais l'expérience seule peut déterminer et mettre hors de conteste les conclusions ; et cette expérience n'a pas encore été exécutée avec les moyens actuels, si nouveaux et si puissants. — C'est par la guerre elle-même que peut se vérifier la théorie ; et peut-être suffirait-il de cela pour que bien des points se trouvassent établis, tout d'un coup, avec une précision suffisante.

Mais jusqu'ici les considérations théoriques, comme on a pu s'en convaincre par ce qui précède, diffèrent encore notablement sur beaucoup de sujets et présentent même parfois des contradictions manifestes. Aussi, n'avons-nous pu que faire connaître au lecteur l'état réel des choses, en nous efforçant de l'aider à se faire une idée du caractère de la guerre future. Nous avons cherché à lui exposer, aussi bien que les points déjà hors de conteste, ceux sur lesquels on discute toujours, et qui ne sont qu'à l'état d'hypothèses divergentes — en les lui présentant sous leurs diverses faces, de manière à lui permettre de s'orienter au milieu des opinions opposées des différents adeptes de l'art militaire.

Quoi qu'il en soit, faute de l'expérience redoutable mais bien instructive que fournit la guerre, nous ne pouvons que répéter qu'elle demeure encore, pour le moment, le grand « inconnu ». L'effet de chaque moyen, pris séparément, a été plus ou moins exactement déterminé ; mais, de leur application simultanée au combat, peuvent résulter des combinaisons entièrement inattendues, susceptibles de mettre l'endurance et l'énergie des hommes à une épreuve imprévue.

Non seulement la bataille elle-même peut se trouver plus meurtrière encore qu'on ne l'aura cru, mais l'ensemble de la guerre peut-être sera plus pénible pour un pays qu'on ne l'a supposé. Ainsi, il est très probable que les guerres se prolongeront plus qu'on ne le croit, en général, d'après les exemples de 1866, 1870 et 1877, — époques où l'organisation militaire des différents pays n'était pas encore entièrement au niveau de l'organisation prussienne.

« La stratégie de notre temps met en campagne des millions d'hommes, des nations armées tout entières, dit un officier russe (1). Cette énorme augmentation de l'effectif des armées les rend : premièrement, moins mobiles,— parce que de grandes masses ne peuvent se mouvoir sur les routes ordinaires aussi vite que de petites troupes et ne peuvent vivre uniquement sur le pays ; et secondement, moins faciles à diriger, — parce que, au cours de leurs mouvements, elles s'étendent sur des espaces énormes, tant de front qu'en profondeur. De sorte que le général actuel a entre les mains une arme incomparablement plus lourde et moins simple, moins maniable qu'autrefois, c'est-à-dire, en un mot, une arme plus grossière.

Pourquoi les guerres futures ne ressembleront plus à celles du passé.

« Mais des caractères d'une arme dépend évidemment la manière de l'employer. Si, avec l'épée ou le sabre, on peut faire de l'escrime, avec un gourdin on ne peut que se battre brutalement. Une armée petite, mobile, souple et bien maniable est capable d'exécuter des marches rapides, des changements inattendus de sa ligne d'opérations, des mouvements tournants ou par la ligne intérieure, des démonstrations dans le plus large sens du terme : — en un mot, elle est capable de tous les actes par lesquels se manifeste le plus complètement et sous toutes ses formes le génie créateur d'un grand capitaine. Mais une masse armée doit forcément renoncer à toutes ces délicates manifestations de l'art militaire. »

D'autres motifs encore, d'ailleurs, rendent impossible toute comparaison entre les guerres actuelles et celles d'autrefois. Au temps des armées permanentes, quand l'armée active était battue, le pays semblait désarmé. Mais maintenant, ce sont des nations entières qui vont au feu : or, peut-on songer à venir à bout d'une nation entière en quelques batailles ? Il est permis de penser que la durée de la guerre dépendra, dans une certaine mesure, de l'effectif des forces qui, des deux côtés, y prendront part.

« On peut bien admettre, dit de Moltke dans ses Mémoires, qu'on ne verra plus se renouveler des guerres comme celle de Cent Ans, de Trente Ans ou même de Sept. Mais, néanmoins, quand des millions d'individus se lèveront les uns contre les autres et entameront une lutte acharnée où leur existence nationale même sera en jeu, il est difficile de supposer que la question pourra se résoudre par quelques victoires. »

(1) Le capitaine Martynoff, *Stratégia v' epokou Napoléona i v'naché vrémia* (La stratégie au temps de Napoléon et de notre temps). — Saint-Pétersbourg, 1894.

Et, en effet, si les troupes de campagne, chargées des principales opérations, sont battues, des troupes de réserve prendront leur place; puis, viendront au premier plan les forces qui, tout d'abord, gardaient les derrières de l'armée, et qui, à leur tour, seront remplacées par des milices territoriales. Tel est le tableau que, selon toute probabilité, nous offriront, dans la guerre future, les peuples qui la feront d'une façon vraiment nationale et chez qui des perturbations intérieures ne viendront pas entraver la conduite des opérations militaires.

Il est consolant de penser que les calamités mêmes de la guerre future inspireront quelque prudence, lorsqu'il s'agira de faire le pas décisif qui pourrait y conduire. Les gouvernements et les peuples s'efforceront d'éviter un tel malheur tant qu'il ne sera pas absolument inévitable; personne ne voudra prendre sur lui la responsabilité d'une catastrophe qui détruira des milliers d'existences, déchirera toute une partie du monde et peut-être ébranlera l'ordre social lui-même.

Ce que coûte la paix.

Et voilà pourquoi se maintient la paix. Mais que coûte-t-elle? Des milliards ont été absorbés déjà, pour le remplacement des fusils à percussion par des fusils à chargement par la culasse, puis pour celui de la poudre ancienne par la poudre sans fumée et la mélinite, et enfin pour la transformation du système de fortifications, qui en a été la conséquence. La lutte « pacifique » du canon contre la cuirasse et des torpilleurs contre les cuirassés a déjà coûté aussi des milliards. Et pourtant, on n'en reste pas là. Déjà se manifeste nettement, pour l'Europe entière, la nécessité de remplacer les fusils, canons et navires actuels, par un armement et des bâtiments d'un autre système, qui permettraient d'utiliser toute la puissance et tous les effets de la nouvelle poudre et en même temps de leur opposer une résistance mieux assurée.

Tout cela demande des milliards et des milliards!... Et cependant, il ne faut pas oublier que ces milliards sont le produit du travail du paysan poussant sa charrue, des efforts quotidiens que fait, pendant des heures, l'ouvrier qui conduit sa machine ou son métier, des études de l'industriel cherchant à appliquer de nouveaux procédés techniques, comme aussi des privations que s'imposent le savant et l'artiste pour travailler à la satisfaction des besoins de la société. Ces milliards sont sacrés, parce qu'ils représentent le produit du travail national que la concurrence croissante rend de plus en plus pénible.

Et comment ne pas qualifier de destructeur l'emploi qu'on fait de ces milliards, à fabriquer des objets dont la valeur s'annule périodiquement et qu'il faut renouveler? Fusils et canons, à peine le modèle en est-il adopté et exécuté, ne sont plus bons qu'à mettre à la ferraille. Que sont alors devenus les millions absorbés, dépensés pour leur confection? La pidité de leur renouvellement constitue une destruction de richesse ıe, finalement, aucun pays d'Europe ne pourra supporter. Et, en réalité, s dépenses militaires de l'Allemagne, de l'Angleterre, de la France, de talie, de l'Autriche augmentent constamment et conduiront à sa ruine Europe, dont l'agriculture et l'industrie deviendront la proie de l'Amé- que — qui, n'ayant ni budget militaire, ni dettes à payer pour d'an- ennes guerres, peut disposer de toutes les forces de son travail, et, grâce elles, est capable de produire tout à meilleur marché. Il n'est pas douteux ıe l'Amérique saurait profiter d'un conflit en Europe pour ravir les archés du monde à l'industrie européenne; si bien qu'ensuite, même ıe longue paix ne permettrait pas facilement au Vieux Monde ruiné, rétablir la bonne situation qu'il avait auparavant.

L'affaire se réduit manifestement à une question d'arithmétique : Qui ûte le plus cher à l'Europe, de la guerre ou de la paix armée? Admettons ıe, jusqu'à présent, la situation d'attente sous les armes ait été, au sens atériel et moral du mot, moins coûteuse, malgré tout, que ne l'eût été la ıerre. Mais plus cela durera et plus considérables seront les sacrifices, us lourdes les exigences du militarisme, si bien qu'enfin la guerre peut présenter comme la seule issue possible et même désirable pour sortir une intolérable situation.

Comment sortir de cette situation ?

Seulement, cette issue même peut fort bien ne pas se trouver aussi mple qu'elle paraît. Car il est possible qu'une lutte internationale se mplique d'une fermentation sociale dont les éléments ne manquent pas Occident et qui, particulièrement en Allemagne, présente déjà une rce importante. Ici, l'agitation contre l'organisation sociale utilisera, mme armes principales, les plaintes formulées contre le fardeau démesuré u militarisme, — plaintes que tout le monde comprend et dont tout le onde admet le bien fondé.

La prolongation de la paix armée peut enfin donner à cette fermenta- on un caractère tellement aigu, qu'il ne reste plus d'autre issue que la ıerre. Et à quoi peut conduire la guerre? C'est ce qu'il est impossible de- évoir. Ne serait-il donc point, par conséquent, plus raisonnable, de cher- ıer à sortir d'une situation aussi dangereuse pour l'humanité?

IV

La Guerre de forteresse

La Guerre de forteresse

Caractères de la guerre de forteresse.

Ce qui distingue les combats livrés autour des places fortes des batailles en rase campagne, c'est l'emploi que le défenseur y fait, sur une grande échelle, d'abris construits à l'avance et susceptibles d'opposer une résistance très forte, afin de pouvoir lutter longtemps contre un adversaire, même très supérieur en nombre.

Pour arriver à détruire ces abris, ou tout au moins pour empêcher les défenseurs de s'y maintenir, l'assaillant est obligé de recourir à un emploi très étendu de la grosse artillerie, — dont le transport jusque devant la place assiégée peut, dans l'état actuel des choses, exiger beaucoup de temps.

Mais comme, dans la plupart des cas, les ressources du défenseur de la place sont très limitées, tandis que celles de l'assaillant, au contraire, peuvent être, dans un certain sens, considérées comme illimitées, il en résulte que, pour la défense, le combat a surtout le caractère d'une « lutte pour gagner du temps » ; — tandis que, du côté de l'attaque, tous les efforts tendent, au contraire, à rapprocher le moment du combat décisif.

Jusqu'à quel point les forteresses satisferont-elles à leur destination dans la guerre future? — c'est encore là une question qui, de notre temps, fait l'objet, dans la littérature militaire, de discussions particulièrement intéressantes.

Ses conditions actuelles.

Le perfectionnement du tir courbe, l'adoption, pour le chargement des bombes et des obus, d'explosifs brisants et l'invention des canons à tir rapide, obligent à l'emploi de moyens spéciaux de protection dans la construction des places fortes; ce qui a fait éclore, en peu de temps, une foule d'idées neuves, de plans et de systèmes, dont la multiplicité et la diversité ont conduit à la négation même des avantages de la fortification permanente. On s'est mis à demander sa suppression, en s'appuyant principalement sur ce qu'avec l'artillerie moderne, non seulement elle ne pouvait plus répondre à son objet, — parce que les points fortifiés ne seraient pas en état de résister longtemps, — mais qu'elle serait encore complètement inefficace, attendu que très souvent ses ouvrages se trouveraient établis là même où, au moment voulu, on n'en aurait pas besoin, — de sorte qu'ils ne feraient que nuire, en gênant sans utilité la liberté de mouvement des forces de la défense. D'autres encore proposent de remplacer tous les ouvrages de fortification permanente par des ouvrages de campagne ou provisoires.

A quoi l'on répond, qu'à notre époque, où s'est tant développée la préparation des armées à la guerre et si fort augmentée la rapidité des opérations militaires, on disposera, pour la mobilisation, de moins de temps qu'autrefois, et que, par conséquent, si même il n'était pas nécessaire d'augmenter les moyens défensifs de la fortification permanente par le concours de l'artillerie moderne, cela devrait être fait sans retard pour les fortifications de campagne et provisoires.

Quant à cette objection que les dispositifs de fortification permanente appliqués jusqu'ici ne pourront guère opposer de résistance suffisante aux nouveaux moyens de destruction, elle est peut-être fondée. Mais il ne s'ensuit pas qu'il faille y renoncer totalement. Il en ressort seulement la nécessité de modifier et de renforcer convenablement ces dispositifs imparfaits (1).

Questions qu'elle soulève aujourd'hui.

Les questions soulevées par toutes ces considérations ont, pour la Russie, une importance particulière.

Le temps nécessaire pour concentrer les troupes sur la frontière d'un pays dépendra évidemment des conditions de la mobilisation, qui diffèrent d'un pays à l'autre, d'après la densité de sa population et l'extension de son réseau de chemins de fer.

L'État qui, dans cette opération de la concentration des troupes, pourra devancer son adversaire peut compter sur ce double avantage : d'obliger cet adversaire à repousser ses attaques sans être encore lui-même entièrement prêt et de pouvoir lui-même commencer la guerre avec toutes ses conséquences destructives sur le territoire ennemi.

Les Allemands sont convaincus qu'en cas de guerre avec la Russie, la supériorité sous ce rapport sera manifestement de leur côté. Nous avons déjà rapporté la réponse de de Moltke : que chaque voie ferrée de plus traversant un pays contribue à abréger de deux jours la concentration de son armée et peut-être à rapprocher d'autant le moment où pourront commencer les opérations militaires, et que, par conséquent, l'État-Major

(1) Leitner, *Die beständige Befestigung und der Festungskrieg* (La fortification permanente et la guerre de forteresse).

général considère la construction de chemins de fer comme beaucoup plus avantageuse, au point de vue militaire, que l'édification de nouvelles places fortes (1).

Mais un des moyens les plus efficaces d'empêcher l'occupation de son territoire par des armées rapidement mobilisées semble être d'y élever, — à plus ou moins grande distance des lignes d'opérations supposées de l'ennemi, ou sur ces lignes elles-mêmes, — de puissantes forteresses.

Jusqu'à ces derniers temps, on considérait comme un axiome cette affirmation de Napoléon, que « les places fortes sont utiles aussi bien pour la guerre offensive que pour la guerre défensive, et que, si elles ne peuvent pas remplacer les armées, du moins elles constituent le seul moyen d'entraver, de ralentir et d'arrêter la marche d'un envahisseur victorieux (2). »

En conséquence, tous les États de l'Europe se préoccupent de construire et d'améliorer les places fortes qui défendent leurs frontières, et les stratégistes considèrent comme vraisemblable que les premières rencontres sérieuses auront lieu dans le voisinage immédiat des places fortes, et que ces places fortes exerceront une influence incontestable sur la marche générale des opérations militaires, — beaucoup d'entre elles devenant de vastes champs de bataille.

Il est évident que, sur la vaste étendue de la Russie, où les chemins de fer sont aussi rares que les grands centres de population, la mobilisation et la concentration des forces militaires ne pourront pas s'effectuer aussi promptement qu'en Allemagne. Et, par suite, au cas où les Allemands voudraient opérer défensivement sur leur frontière de l'Est, les Russes, dans leur marche offensive vers l'Ouest, se heurteront à des places fortes redoutables d'un type entièrement moderne. Dans la défensive, au contraire, l'armée russe opérera dans la sphère de ses places fortes et des autres points de résistance provisoires, qu'il lui faudra probablement organiser immédiatement avant l'ouverture ou au cours même de la lutte, — obligée de compenser ainsi l'insuffisance des moyens de défense existant au début de la campagne.

(1) Pierron, *Méthodes de guerre,* 1890.
(2) *Mémoires de Montholon,* II, p. 145.

I. — Coup d'œil historique sur les modifications survenues dans les conditions de la guerre de forteresse.

Historique des modifications successives de la fortification.

L'exposé de tout phénomène complexe présente de sérieuses difficultés.

Il faut considérer comme une particularité caractéristique de notre temps, la rapidité extraordinaire avec laquelle s'accomplissent les changements, tant au point de vue matériel qu'intellectuel. Maintenant, les choses se modifient davantage en quelques années qu'autrefois dans le cours de tout un siècle. Ainsi voilà déjà relativement longtemps qu'il n'y a pas eu de guerre, et les dernières opinions manifestées à son sujet se font remarquer par une variabilité toute particulière.

C'est dans cette instabilité même d'idées qu'il faut chercher, entre autres choses, la cause de l'extrême difficulté qu'on éprouve à formuler une opinion quelque peu précise sur l'importance que la guerre de forteresse aura dans les luttes de l'avenir. Difficulté dont on peut se convaincre, surtout en comparant les procédés de construction et de défense des places fortes employés jadis avec ceux d'aujourd'hui.

L'histoire de la guerre de forteresse peut se diviser en six périodes principales : la première, qui va des temps les plus anciens jusqu'à l'invention de la poudre (1350); la deuxième, qui va de cette invention à l'application des idées de Vauban (1350-1700); la troisième, qui s'étend jusqu'à la fin des guerres napoléoniennes (1700-1815) ; la quatrième, jusqu'à l'apparition des canons rayés (1815-1860) ; la cinquième, jusqu'à la campagne russo-turque (1860-1878), et enfin, la sixième, caractérisée par l'application des nouveaux explosifs.

Première période (jusqu'en 1350).

Première période. Dans l'antiquité.

On peut dire que la science des fortifications est aussi ancienne que le monde. Et de fait, dès le moment où les premiers hommes se réunirent en groupes distincts, la défiance réciproque, la rivalité et la haine commencèrent à naître entre ces groupes. Ce qui, peu à peu, eut pour résultat que chacun d'eux fut obligé de se préserver contre les incursions et les vols des groupes voisins.

Mais si nous nous reportons aux plus anciennes traditions, et si nous jetons un coup d'œil sur ce qui fut fait par les tribus contiguës, aux époques d'organisation primitive, nous verrons qu'au début les moyens de protection étaient très insuffisants. Après l'occupation des positions avantageuses sous le rapport défensif, telles que des escarpements, des îles, etc. — on s'efforçait de s'y retrancher artificiellement, en construisant des palissades en bois ou des claies plus ou moins serrées, formant une barrière ininterrompue, ou même en établissant sur pilotis des îles artificielles.

Dans d'autres cas, on se contentait de construire une sorte de rempart, d'abord en terre et plus tard en pierres.

Le développement graduel de la construction de ces enceintes fit concevoir l'idée de disposer à l'intérieur une fortification centrale susceptible d'opposer une forte résistance. C'est ainsi que prit naissance la ville fortifiée, la forteresse.

Ninive était entourée de murailles dont la longueur atteignait 300 kilomètres, l'épaisseur 15 mètres et l'élévation 30, avec 1,500 tours hautes de 64^{m}30.

D'après Diodore, les murs de Babylone avaient une hauteur de 97^{m}40 sur une épaisseur de 31^{m}20, — et leur périmètre était encore plus étendu que celui des murs de Ninive. La hauteur des tours et de la citadelle intérieure de la ville atteignait 136^{m}50 (1).

Les *tours*, — comme on le voit par la figure ci-dessous (2), — constituaient une partie importante de la fortification de cette époque. Elles se présentaient sous forme de constructions circulaires ou quadrangulaires, faisant partie de l'enceinte, mais plus élevées qu'elle.

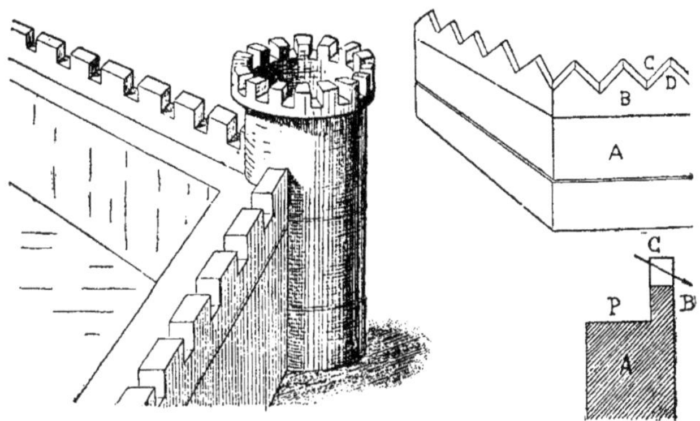

Murailles et tour des anciennes fortifications.

Des escaliers construits à l'intérieur des tours formaient la communication entre la surface supérieure du mur (*le chemin de guet* ou de surveillance) et la ville. Ces tours, faisant saillie à l'extérieur sur la muraille, permettaient de voir et de battre le pied de celle-ci.

(1) Hartmann, *Die Küstenvertheidigung* (La défense des côtes).

(2) *Nouveau manuel de fortification permanente*, 1895.

Leur second avantage était de donner aux défenseurs de la place la possibilité de se réunir sur les points les plus favorables à la défense.

La muraille A, ayant, comme on l'a déjà dit, une grande épaisseur, était couronnée par un mur moins épais B, formant parapet. Ce mur était dentelé ou découpé par des entailles quadrangulaires, formant meurtrières, pour permettre aux défenseurs de la place de mettre en jeu leurs armes portatives, tout en s'abritant derrière les parties pleines du mur D, qui se trouvaient entre les créneaux. La plate-forme supérieure du mur P servait de *banquette* et assurait une communication à couvert tout autour des murs. Cette plateforme était assez large pour que jusqu'à trois chariots pussent y circuler de front.

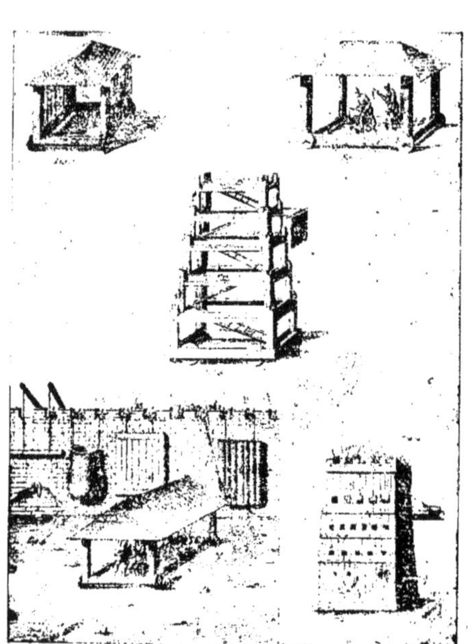

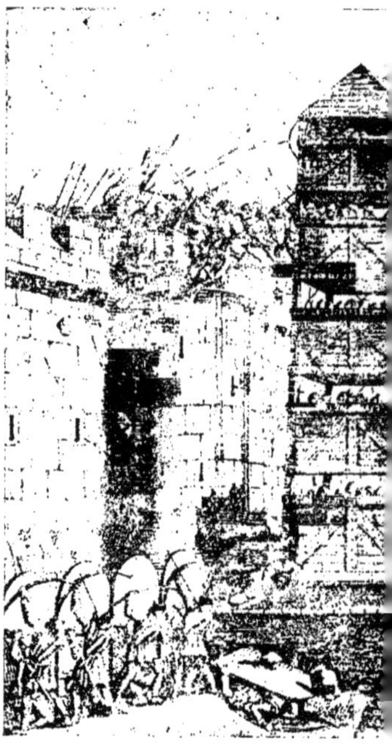

Machines de siège des anciens temps.

Chez les Grecs

Les Grecs furent les premiers qui mirent en pratique l'art de s'emparer des villes ainsi fortifiées, sans perdre trop de monde. Il n'est pas douteux que même avant eux, la guerre de forteresse ne fût bien connue. Mais elle s'exécutait sans aucune méthode; et lorsqu'on ne recourait pas à la ruse pour s'emparer des villes fortifiées, elle faisait toujours de nombreuses victimes.

A l'origine, les Grecs entouraient la ville assiégée d'une haute levée de terre d'où ils partaient pour percer des brèches dans la muraille. Plus tard ils entreprirent de s'approcher des murs de la forteresse en s'abritant au moyen de machines de guerre telles que les auvents, les toits d'assaut et les *tortues* (1) ; après quoi ils démolissaient les murailles au moyen de crocs, de forets ou même de *béliers* (2) et de tours mobiles munies de ces béliers. Ces « tours d'assaut » étaient des tours quadrangulaires mobiles à plusieurs étages qui permettaient à l'assiégeant de s'élever à la hauteur des murs de la forteresse. On y adaptait une sorte de pont-levis qui pouvait s'abattre sur le rempart et permettait aux assiégeants de passer de leur tour sur la muraille de la place. Ces machines de siège des anciens temps sont représentées sur la figure ci-contre.

De leur côté les défenseurs se servaient de balistes et de catapultes dont l'action contre les tours d'assaut semblait satisfaisante. On s'efforçait aussi d'atténuer l'effet des coups de bélier en lui opposant des corps élastiques, ou bien en faisant tomber rapidement sur la tête de ce bélier d'énormes poutres suspendues horizontalement et manœuvrées de l'intérieur du rempart. Quelquefois encore on cherchait à saisir la tête du bélier avec des sortes de pinces ou tenailles spéciales.

De même, on faisait des sorties pour essayer de brûler ou démolir les machines d'attaque.

Dans d'autres cas, on recourait à la construction de galeries souterraines qui conduisaient jusqu'à l'endroit où ces machines étaient établies, afin de miner le sol au-dessous d'elles et de les renverser ensuite en brûlant les charpentes qui soutenaient ces galeries.

Mais des murailles aussi épaisses que celles de Babylone coûtaient fort cher. Cependant il fallait donner à la partie supérieure des murs ou plate-forme une largeur suffisante pour y pouvoir faire circuler deux chariots, et assez de solidité pour qu'elles pussent résister aux ébranlements produits par les coups de bélier. C'est ce qui conduisit à renforcer les murs au moyen de contreforts ou de voûtes, — comme le montre la figure suivante.

Les Romains obtinrent les mêmes résultats en recouvrant les murailles avec de la terre.

En Gaule, le rempart des forteresses ou *oppida* se composait de couches alternatives de poutres et de terre avec un revêtement extérieur en grosses pierres.

---

(1) La *tortue* était formée au moyen de boucliers réunis de manière à constituer un toit qui se mouvait sur des roues massives.

(2) Le *bélier* consistait en une poutre longue d'environ 20 mètres, munie d'une tête métallique, et maintenue horizontalement au moyen d'un chevalet qui permettait de la balancer et d'en frapper la muraille.

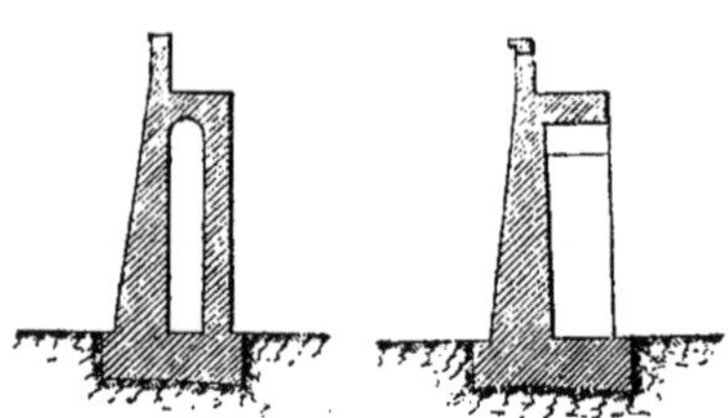

Contreforts et voûtes dans les murailles des anciennes fortifications.

A la même époque, on se mit à creuser des fossés larges et profonds, qui avaient l'avantage d'arrêter la marche des tours d'assaut et aussi de fournir les matériaux nécessaires pour renforcer les murailles, — en les terrassant. C'est ainsi que prirent naissance à cette époque les deux éléments essentiels de la fortification : le *rempart* et le *fossé.*

L'idée de protéger les frontières d'un pays par une ligne continue de fortifications a trouvé son application dans la fameuse muraille de Chine, qui fut construite environ 200 ans avant J.-C., dans le but de défendre les provinces du Nord de l'Empire contre les incursions des Tartares. Elle s'étend depuis le golfe de Pé-tchi-li, jusqu'à Si-ping, sur une longueur de 1,000 milles ou 5,290,000 mètres. On lui donna une hauteur de 26 pieds, avec une épaisseur de 25 pieds à la base et de 15 pieds au sommet. La partie supérieure était munie de créneaux et elle était flanquée par des tours disposées à deux portées de flèche l'une de l'autre.

Chez les Romains

Les Romains furent le premier peuple qui construisit des forteresses dans un but stratégique. Aux temps florissants de la République, ils établissaient de petits postes fortifiés le long des routes militaires, afin de couvrir leurs lignes d'opérations, de protéger leurs magasins et de pouvoir, au moyen de signaux, recevoir avis de l'approche de l'ennemi. Plus tard, ils construisirent des tours et des ouvrages défensifs permanents pour défendre les cours d'eau le long desquels étaient échelonnés les camps de leurs légions.

De tout temps, les Romains établirent autour de leurs armées, lors des haltes pendant les marches en campagne, ou bien aux points sur lesquels elles devaient s'appuyer, de solides fortifications provisoires.

Afin d'élever celles-ci le plus rapidement possible, chaque légionnaire était muni d'une pelle et d'un pieu en bois dur.

Cet équipement des soldats romains a permis à Végèce de dire qu'une armée consulaire, munie de pelles et de 18,000 pieux pour palissades, « ressemblait à une forteresse mouvante » (1).

(1) Brialmont, *Les régions fortifiées.*

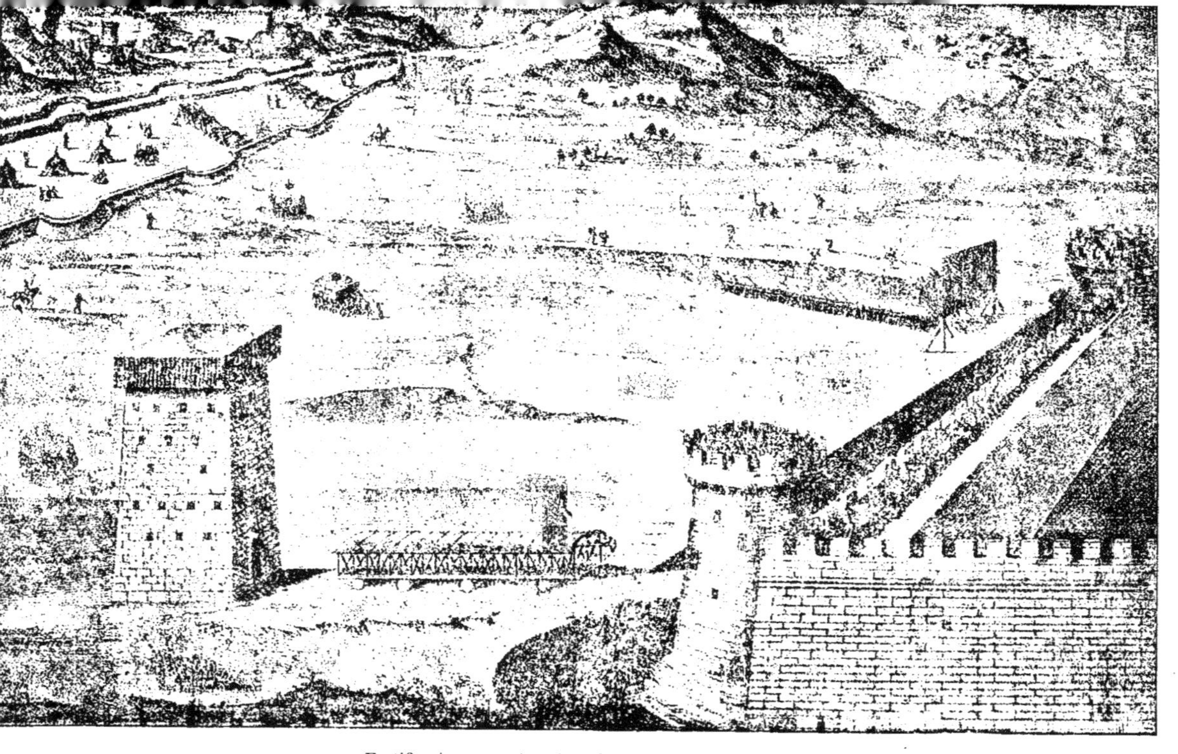

Fortifications romaines lors du siège de Marseille.

Enfin, il a été constaté que les Romains construisaient également des places fortes dans les pays nouvellement conquis, pour en faciliter et en assurer l'occupation.

Après avoir emprunté aux Grecs leurs idées sur la poliorcétique (attaque des places), les Romains s'efforcèrent de se perfectionner dans cet art.

Ordinairement, ils commençaient les sièges par un *blocus*. Et, pour cela, ils établissaient autour de la place des retranchements en terre disposés sur deux lignes, dont l'une dite de *contrevallation* était tournée vers la place, et l'autre dite de *circonvallation* l'était vers l'extérieur.

La ligne de contrevallation constituait par endroits le commencement même des travaux de siège ; c'était quelque chose d'analogue à nos *parallèles* et l'on abritait derrière elle l'installation des machines de guerre.

Quand ils s'étaient approchés à une certaine distance du rempart de la place assiégée, les Romains construisaient des galeries en bois montées sur des roues, qu'ils appelaient *vinea,* et en avant de ces galeries ils faisaient avancer un *bélier*, protégé par une *tortue* ou une tour à plusieurs étages. Des galeries transversales permettaient la communication entre les différents points de l'attaque. En outre, ils construisaient, quand cela semblait nécessaire, des *tours d'assaut.*

Ces tours d'assaut, comme on l'a dit plus haut, étaient de hautes constructions en bois, de forme quadrangulaire, qui permettaient aux assiégeants de s'élever à la même hauteur que les défenseurs de la place debout sur les murailles. Ces tours étaient souvent munies d'échelles qui servaient pour l'escalade, et qu'au moyen de cordes on dressait de l'intérieur même des tours.

Fréquemment aussi, l'on employait de très hautes tours à beaucoup d'étages (*hélépoles*), ayant jusqu'à 30 à 40 mètres d'élévation, avec des ouvertures ou des embrasures pour le tir, percées à différentes hauteurs. Ces tours pouvaient contenir un grand nombre d'assaillants. Elles étaient construites en bois et s'avançaient sur des roues jusqu'au pied des murailles. A la hauteur correspondant au sommet du mur, on jetait sur celui-ci un pont-levis et l'on s'élançait à l'attaque.

Lorsque le mur était trop élevé, on établissait sur le sol une terrasse sur laquelle, au moyen d'une rampe, on amenait l'hélépole en la faisant rouler.

Les deux dessins contenus dans la planche ci-contre donneront une idée plus claire de la façon dont les Romains appliquaient les procédés de la guerre de siège.

Dans le premier, emprunté à l'*Art de la guerre* (Paris), est représenté le plan des camps fortifiés de César et de Pompée, près de Dyrrachium, en Épire. Les lettres indicatrices du dessin marquent : A — la ville de Dyrrachium, B — le camp de César, près de Dyrrachium, C — le camp de Pompée, D — la ligne de contrevallation établie par les troupes de César autour du camp de Pompée et de la ville de Dyrrachium, E — la ligne des retranchements de Pompée se développant sur une circonférence de 15,000 pas, F — le camp de la 5e légion de Pompée, G — le camp de la 9e légion de César, commandée par Marcellus, H — les retranchements établis par César autour de son point de débarquement, O — la rivière.

Le second dessin, emprunté à l'ouvrage de Guischard, *Mémoires militaires sur les Grecs et les Romains* (1758), représente une vue d'une partie des travaux de fortification exécutés par les Romains au siège de Marseille.

Au moyen âge. Après la chute de l'Empire romain, l'art de la fortification, non seulement cessa de progresser, mais il disparut même presque entièrement, se retirant en Orient. Néanmoins les traditions s'en conservèrent chez les Grecs de Venise et les Arabes.

Charlemagne, pour maintenir dans la soumission quelques-uns des pays qu'il avait conquis, y fit élever sur les points stratégiques importants de petits châteaux forts.

Château fort de la fin du XIIe siècle.

Plus tard, les seigneurs construisirent dans leurs châteaux des tours fortifiées ou *donjons*, qui leur servaient d'habitations et qu'ils entouraient

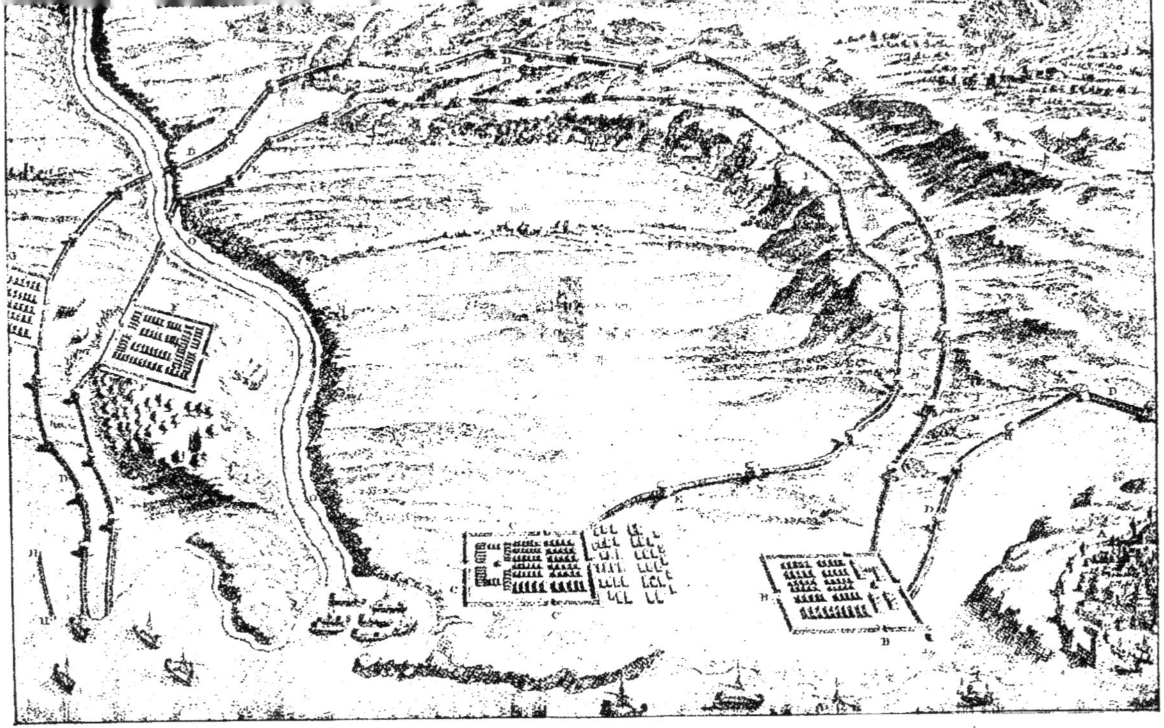

Les lettres désignent : A — La ville de Dirrachium ; B — Le camp de César près de Dirrachium ; C — Le camp de Pompée ; D — La ligne d'investissement des troupes de César autour du camp de Pompée et de la ville de Dirrachjum ; E — La ligne des retranchements de Pompée s'étendant sur une longueur de quinze mille pas ; F — Camp de la 5e légion de Pompée ; G — Camp de la 9e légion de César commandée par Marcellus ; H — Retranchements élevés par César en face du point de débarquement ; O — Rivière.

LA GUERRE FUTURE (P. 174, TOME II).

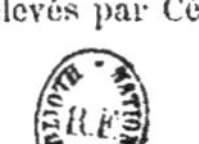

de palissades, d'un rempart en terre ou d'un mur en pierre formant enceinte et renfermant une *cour basse*, dans laquelle, pour la défense, se réunissaient les vassaux.

Mais bientôt l'art de construire les fortifications se perfectionna, et à la fin du XIIᵉ siècle, on avait réussi à y réaliser des perfectionnements inconnus jusqu'alors.

Les tours des châteaux forts, d'abord de forme quadrangulaire, puis de forme ronde, ce qui leur donnait plus de solidité, étaient d'une hauteur d'environ 30 mètres et avaient des murs de 3 à 4 mètres d'épaisseur, consolidés ou non par des contreforts.

L'entrée du château, gardée par deux tours, avait souvent deux ou trois portes très solides, avec fossé et pont-levis. Ce dernier, en se relevant, fermait du même coup l'entrée. Les *herses*, lourdes grilles de fer pouvant s'élever ou s'abaisser, en glissant dans des rainures, et de nombreuses meurtrières, percées dans les murs latéraux du passage d'entrée, renforçaient la défense de ce dernier (1).

Pendant le moyen âge, l'attaque et la défense des places ne firent aucun progrès de quelque importance. Plus souvent que dans l'antiquité on recourait aux mines. Les défenseurs s'efforçaient d'atténuer le choc des béliers, en recouvrant extérieurement leurs murailles avec des peaux de bête et des sacs remplis de paille ou de laine. L'exécution des sorties était facilitée par l'organisation de portes de derrière spéciales aux endroits voulus.

Le combat antique, à force ouverte et virilement acharné, tend visiblement à disparaître. La ruse, la famine, la trahison, l'incendie, deviennent les procédés favoris pour s'emparer des châteaux forts et des villes fortifiées ; et cette façon d'opérer ne présentait pas de difficultés particulièrement sérieuses, comme on peut s'en convaincre par l'examen du dessin ci-dessous qui représente le château de Vincennes.

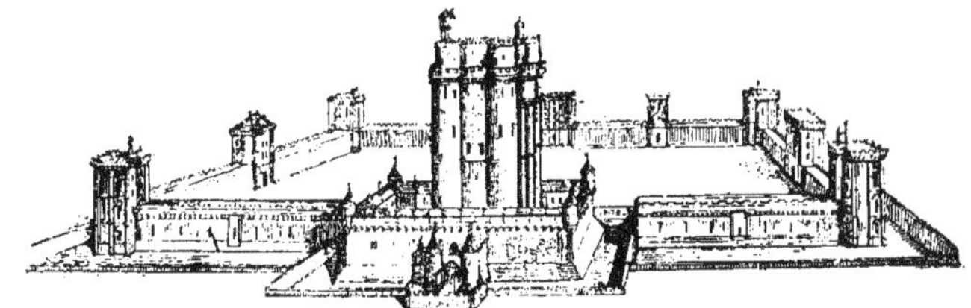

Château fort de Vincennes.

La période féodale, qui avait détruit l'unité de gouvernement dans le pays, ne pouvait favoriser le développement des grandes villes, mais du

(1) *Nouveau manuel de la fortification permanente,* 1895.

jour où l'autorité royale commença de reprendre ses droits et de restaurer un gouvernement central, beaucoup de grandes places fortes furent restaurées et reconstruites. Quelques-unes d'entre elles furent même notablement renforcées.

Pour la fortification des villes, on employait les mêmes moyens de défense que pour les châteaux forts. Le flanquement plus ou moins complet des murailles était obtenu à l'aide de tours proéminentes disposées à peu d'intervalle (35 à 50 mètres) l'une de l'autre. En avant du mur, à une distance d'environ 6 à 9 mètres, on organisait souvent, surtout dans les villes grandes et riches, un fossé municipal dont les talus étaient revêtus en maçonnerie (escarpe et contrescarpe). L'espace ménagé entre le mur et le fossé s'appelait le *chemin du guet* et il était souvent bordé par un mur de faible hauteur reposant directement sur l'escarpe et nommé *tambour*. De chaque porte de la muraille partait une digue traversant le fossé et dont l'extrémité extérieure était elle-même fermée par des portes solides. Pour protéger ces portes extérieures, on construisait fréquemment un ouvrage fortifié en terre appelé *ravelin*. Enfin, le long de la contrescarpe, régnait quelquefois un *chemin couvert*.

Ces forteresses étaient parfaitement en état de résister aux moyens de destruction de l'époque, c'est-à-dire aux grandes arbalètes et autres machines de jet, catapultes, etc. Mais ni le tracé, ni l'épaisseur des ouvrages n'étaient calculés pour résister à l'action des canons, de même qu'elles n'étaient pas disposées pour utiliser ces canons à leur défense.

L'attaque des places fortes par les armées s'opérait de la façon suivante : d'abord, investissement complet à très petite distance ; établissement de lignes de contrevallation tout autour de la place, si les circonstances l'exigeaient, — ces lignes consistant la plupart du temps en une levée de terre avec fossés et tours en bois ; puis disposition, en arrière de cet abri de terre, d'une garde de tranchée, dont la destination était la même qu'aujourd'hui ; envoi en avant de tirailleurs, armés d'arcs et d'arbalètes qui s'avançaient habituellement jusqu'au bord extérieur du fossé, puis, s'abritant derrière leurs boucliers, tiraient continuellement sur les ennemis qui se trouvaient sur la muraille.

Au moyen des arbalètes, on s'efforçait d'atteindre les créneaux de la muraille et des tours ; avec les machines de jet, on bombardait l'intérieur de la ville, et, sous la protection de leur tir, on construisait, dans la direction du fossé de la ville, des lignes d'approche dans le genre des sapes volantes actuelles ; après quoi on organisait le passage du fossé, ordinairement en le comblant de terre ou avec des fascines et en faisant enfin passer sur ce pont, pour les amener contre la muraille, des béliers ou des tours d'assaut.

Le défenseur, de son côté, dirigeait du haut des murs et des tours, l'action de toutes ses machines de jet contre les travaux de siège; puis il exécutait des sorties de temps à autre, en s'efforçant d'incendier toutes les constructions en bois de l'assaillant et enfin il faisait tout son possible pour empêcher l'exécution d'une brèche dans la muraille, — exécution qui demandait toujours un temps assez long.

Il est clair que, dans de telles conditions, la défense avait l'avantage sur l'attaque par suite des travaux fatigants imposés à celle-ci et qui exigeaient l'emploi d'une grande quantité de matériaux (1).

Deuxième période (1350-1700)

Deuxième période : Apparition des armes à feu.

Au début de l'apparition des armes à feu, la supériorité resta tout d'abord du côté de la défense.

Les premiers canons qu'on vit en Europe, — et sur lesquels on ait des renseignements précis, — n'étaient que des tubes métalliques en fer ou en cuivre de faible dimension, du calibre de 30 à 60 millimètres et d'environ 6 calibres de longueur. Les premiers de ces canons, dont il soit fait mention, parurent en Italie en 1326, en France en 1338 et en Allemagne en 1346. En Italie, ils lançaient des boulets de fonte, en France et en Allemagne des boulets de plomb (2).

Peu de temps après, c'est-à-dire de 1360 à 1370, parurent les canons lançant des pierres ou *bombardes*. Ces engins, dont les boulets pesaient au moins un quintal, tiraient avec une charge relativement faible puisque son poids, pour les plus gros calibres, n'atteignait que 1/20e et même moins du boulet. La force vive de ces projectiles était donc insignifiante, même aux plus petites distances.

Les affûts sur lesquels on disposait ces canons ne permettaient que le tir direct; aussi ne les employait-on que pour démolir les murailles en y perçant des brèches au moyen de coups tirés d'une façon assez désordonnée, à des distances de 100 ou 150 mètres au maximum.

Ordinairement, on s'efforçait de démolir la partie supérieure des murs et d'en chasser les défenseurs de la place.

Pour détruire les murailles très épaisses, il fallait tirer contre elles de très près; par suite de quoi s'établit un procédé de faire brèche d'une façon plus régulière.

(1) Müller, *Geschichte des Festungskrieges* (Histoire de la guerre de forteresse).

(2) En France la poudre fut d'abord employée à lancer les petites flèches précédemment envoyées par les arcs, ou les *carreaux* (traits épais et courts, munis d'une extrémité ferrée, de forme pyramidale), que lançaient les arbalètes. (*Études sur le passé et l'avenir de l'artillerie*, III, 1862.)

D'après Napoléon III, il existait, dès 1450, une règle pour l'exécution des brèches : elle prescrivait de frapper la muraille en disposant régulièrement les boulets l'un à côté de l'autre. Comme les lourdes bombardes ne pouvaient tirer chaque jour qu'un petit nombre de coups, la démolition des murailles d'une ville ne s'effectuait que très lentement.

Les *pierriers* petits et moyens, qui parurent après 1400, avaient une charge relativement forte et une grande portée, qui permettait de tirer jusqu'à 1,100 et 1,200 mètres, ou même plus loin. — De sorte qu'on pouvait déjà s'en servir pour bombarder l'intérieur des places fortes.

Avec l'adoption des boulets en fer, pour les engins des plus petits calibres, — dénommés dès lors canons, — ces derniers devinrent tout de suite des armes véritablement efficaces pour l'exécution des brèches, et le tir de démolition se trouva être le principal moyen d'action de l'attaque d'artillerie ; ce qui décida du sort des fortifications en maçonnerie.

Des bouches à feu plus longues, tirant sous de grands angles, pouvaient déjà, à dater de 1400, être employées contre les défenseurs d'une place forte, qui se montraient sur les remparts. Fait d'une très grande importance : attendu que ces derniers, possédant les mêmes engins, commencèrent à s'en servir pour exécuter, du haut des murailles ou à travers des embrasures, un tir très efficace contre les pièces employées à faire la brèche.

Plus efficaces encore contre celles-ci se montra l'emploi des *couleuvrines* et des *serpents* qui parurent après 1450.

Dans les premiers temps, concurremment avec l'attaque par l'artillerie ci-dessus décrite et effectuée au moyen de bouches à feu, on employait encore les tours d'assaut et les machines de jet en bois, telles que balistes, etc. ; engins dont on continua de se servir jusque vers cette date de 1450 — où, comme nous venons de le dire, cette attaque par l'artillerie se vit elle-même contrariée par l'adoption de nouvelles bouches à feu pour la défense des places fortes.

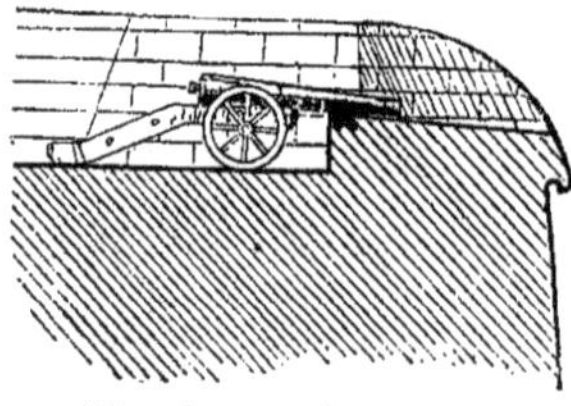

Plate-forme pour un canon sur la muraille d'une place forte.

L'emploi du canon contre les anciennes fortifications conduisit tout d'abord à chercher à se servir des mêmes armes pour les défendre. Mais comme les murailles et les tours ne présentaient pas de place suffisante pour y établir les pièces, il fallut avant tout s'occuper de construire des plates-formes, d'organiser des emplacements pour l'installation des bouches à feu, — comme on le voit sur la figure ci-contre (1).

(1) *Manuel de la fortification permanente*, 1893.

Si les murs n'étaient pas très hauts, mais assez solides, on organisait en arrière d'eux et tout contre un remblai en terre, pour y placer les pièces. Mais en cas de solidité insuffisante des murailles, ce rempart était établi à quelque distance en arrière, et on ménageait ainsi entre le mur et le remblai un passage couvert, quelque peu analogue au chemin de ronde. Les tours se firent aussi plus basses et plus massives pour permettre d'y installer des canons.

Ceux de siège s'établissaient également, alors, en arrière de levées de terre dont le talus était maintenu par un revêtement en tonneaux. Ces parapets devinrent plus tard les batteries de siège.

Perfectionnement des moyens d'attaque. Emploi de la sape.

On continuait d'ailleurs de recourir aux tranchées pour s'approcher à couvert du fossé de la place, et à l'organisation d'abris pour les troupes de blocus. Ces différents couverts se perfectionnèrent jusqu'à un certain point avec l'adoption des armes à feu; et, à partir de 1400, commença l'attaque au moyen de lignes d'approche, ou « attaque à la sape », dont le dispositif s'améliora vers 1450. — Ainsi, cette année-là, au siège d'Honfleur, on employa des tranchées qui, commencées à 250 ou 300 mètres des murailles de la ville, s'avançaient vers celles-ci en serpentant.

Puis, dans la seconde moitié du xve siècle, on commença d'élaborer une certaine méthode de conduite des sièges, dont les bases furent fournies par celui de Constantinople, ainsi que par d'autres guerres de cette époque entre les Vénitiens et les Turcs. Ceux-ci, en particulier, appliquèrent les premiers, dans l'attaque, beaucoup de règles fondamentales qui furent adoptées ensuite dans les pays de l'ouest de l'Europe.

Les canons qui défendaient les places étaient couverts par un parapet qu'il fallut épaissir pour lui permettre de résister aux projectiles des pièces de siège. Ces canons tirèrent alors, soit à travers des ouvertures spécialement taillées à cet effet dans le parapet, et nommées embrasures, soit directement par-dessus le parapet. — Pour exécuter ce dernier genre de tir, dit « tir en barbette », on élevait les plates-formes ou bien on abaissait suffisamment le parapet.

Plus tard, la lutte entre François Ier et Charles-Quint contribua beaucoup au développement de la guerre de forteresse ; et la phase ultérieure de ce développement correspondit aux longues hostilités de l'Espagne et des Pays-Bas (1569-1608), — tandis que la guerre de Trente Ans n'influa pas beaucoup sur l'art de l'attaque et de la défense des places.

Les importants perfectionnements que l'artillerie reçut en France, sous Charles VIII, eurent une grande importance pour l'attaque; et les succès de cette artillerie, en Italie, amenèrent dans la fortification un progrès considérable qui, commencé dans la Péninsule, se répandit également dans les pays voisins.

Au commencement du XVIe siècle, il n'était presque pas de ville it lienne qui ne fût fortifiée; état de choses très favorable au perfectio nement de l'art de la fortification sous tous les rapports, et qui expliqu son développement rapide et considérable en ce pays.

Les conditions auxquelles devaient satisfaire à cette époque les ouvrage d'une place peuvent se résumer comme il suit : 1° avoir une dispositio conforme aux besoins de la défense par l'artillerie ; 2° garantir la plac contre une attaque de vive force, ce qui comportait la mise des muraille à l'abri du tir direct aux grandes distances ; 3° permettre un puissant flan quement par l'artillerie ; 4° protéger les entrées et sorties de la place contr les attaques brusquées et le feu direct (1).

Modifications apportées au profil de la fortification.

Les deux premières conditions firent modifier le profil de la fortifica tion.

La nécessité de disposer le fossé de manière à obtenir la terre néces saire pour élever le rempart conduisit, au moins dans les nouveau ouvrages, à faire les murs moins élevés, tout en leur donnant un reli assez puissant pour empêcher l'assaut : — comme on le voit par les de sins ci-dessous, qui montrent, en profil, le dispositif de la fortification.

Le mur A (Fig. 1), qui servait en même temps de revêtement à l'escarp du fossé, et soutenait la terre constituant maintenant à elle seule l'obstac défensif, reçut le nom de mur *d'escarpe*. Comme il ne s'élevait pas d plus de la moitié de sa hauteur totale au-dessus du sol naturel, il éta beaucoup moins exposé que les anciennes murailles à l'action des proje tiles de l'artillerie.

Fig. 1. Fig. 2.

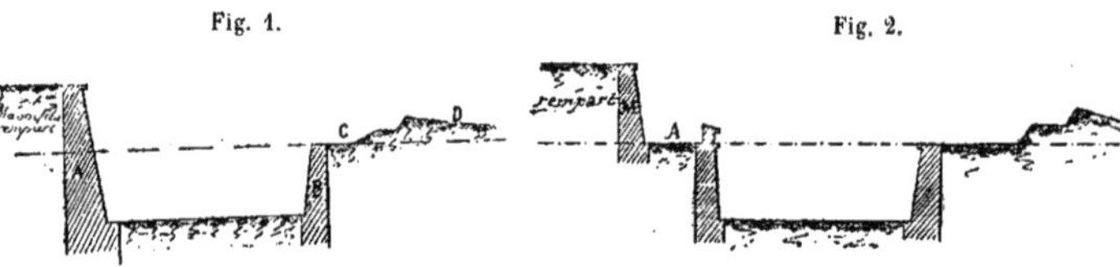

Profils de fortification.

Pour augmenter la valeur du fossé comme obstacle, son talus opposé l'escarpe fut également pourvu d'un revêtement en maçonnerie nommé *contrescarpe*.

Enfin, dans le but d'assurer une communication abritée sur toute l circonférence du fossé, on organisa au sommet de la contrescarpe un *che min couvert*, protégé par une levée de terre dont le talus extérieur n'ava qu'une très faible inclinaison et se raccordait insensiblement avec le terrai naturel. Ce talus à faible pente fut nommé *le glacis*.

(1) Müller, *Geschichte des Festungskrieges*.

Le fossé établi devant les murs des anciennes places fortes s'en trouvait à quelque distance, et souvent son escarpe et sa contrescarpe étaient revêtues, ce qui augmentait la valeur de cet obstacle. Comme on le voit sur le dessin ci-dessus (Fig. 2), le mur proprement dit M était assez fortement exposé aux effets du tir. L'espace A, ménagé entre ce mur et l'escarpe du fossé, s'appelait la *fausse-braie* et il était couvert lui-même par un petit mur élevé au-dessus de l'escarpe ; ce qui formait une sorte de couloir servant de *chemin de ronde* ou de surveillance.

Pour résister aux coups des projectiles de l'artillerie, il ne suffisait déjà plus de murs en pierre — attendu que ces derniers finissaient toujours par être détruits sous l'effet des chocs qu'ils recevaient.

D'un autre côté, la masse de terre entassée derrière les murailles avait l'inconvénient d'exercer sur elles une pression considérable, si bien que le mur entraînait à son tour la terre dans sa chute. Cet inconvénient fut écarté par l'application du système de Gall, qui consistait à construire le mur destiné à soutenir le rempart au moyen d'une série de couches alternatives de terre et de poutres (1).

Cependant le perfectionnement de l'artillerie marchait de pair avec les progrès de la fortification. Les mortiers destinés au lancement des boulets de pierre atteignaient de gros calibres. Wulf von Zenftenberg en introduisit, en 1570, dont le diamètre d'âme atteignait 28, 32 et 48 centimètres. Progrès de l'artillerie.

Avec l'adoption des bombes en fonte, vers 1630, on revint à des diamètres de 21, 27 et 32 centimètres, bien qu'à cette époque continuât de régner encore un fort engouement pour les gros calibres.

En France, les mortiers étaient moins employés qu'en Allemagne; mais les plus usités au XVIIe siècle étaient ceux de 27, 32 et 34 centimètres.

Au commencement du XVIe siècle, on rencontre en Allemagne, plus que partout ailleurs, des *obusiers*; mais pour la plupart ils sont encore de petit calibre : de 16 à 20 livres (de 15 à 16 centimètres). Plus tard seulement, des obusiers plus puissants sont adoptés.

En 1680, Miten s'exprimait comme il suit au sujet de la valeur de ces bouches à feu : « Les obusiers ont, parmi les autres engins de l'artillerie, la même importance qu'au noble et subtil jeu d'échecs possède la reine, qui peut se jouer sur toutes les cases de l'échiquier ».

Au temps de la guerre entre les Pays-Bas et l'Espagne, la puissance du feu des mortiers s'augmenta par suite de l'adoption, pour ces engins, de projectiles incendiaires. Leur importance s'accrut encore notable-

(1) *Nouveau Manuel de la fortification permanente*, 1895.

ment avec l'introduction, en 1550, sous le nom de *boulets explosifs*, de bombes en fonte qui furent méthodiquement appliquées pour la première fois au siège de Lamothe, en 1634, par l'Anglais Malthus. Devant Landrecies, en 1637, par suite de renseignements insuffisants sur le rapport à observer entre le poids de la charge et la grandeur de l'angle de tir, il se produisit de telles erreurs que des bombes, passant par dessus la ville entière, allèrent tomber dans les tranchées établies devant le front opposé.

Les grenades à main furent employées fréquemment à la fin du XVIe siècle, et depuis lors l'usage s'en répandit beaucoup. A Valenciennes, en 1656, il en fut consommé plus de 3,000.

Les pierres et la mitraille trouvèrent de même souvent leur application.

Il faut encore mentionner ici les boulets rouges qui, dès l'année 1500, et depuis lors pendant la guerre hispano-hollandaise, furent souvent employés, comme, par exemple, devant Steenwijk en 1580 et devant Rheinsberg en 1587 (1).

Premiers systèmes d'attaque régulière.

Mais en même temps commence à s'établir, au XVIe siècle, un certain système d'attaque régulière des places fortes. Les lignes de circonvallation et de contrevallation qu'on avait empruntées aux Romains, — l'une tournée contre les sorties qu'on aurait pu faire de la place, tandis que l'autre l'était contre les tentatives éventuelles pour la secourir ou la débloquer, — devinrent la base des opérations offensives. En face de la courtine découverte, qui constituait la partie la plus faible de l'enceinte fortifiée, on élevait une grande et forte batterie, *la batterie à démonter*, dont les flancs se repliaient en arrière et étaient destinés à tirer contre les bastions. — En 1687, la grande batterie construite par les Autrichiens devant Peterwardein compta jusqu'à 90 pièces.

Quand, par le feu de cette batterie, on avait achevé de démonter les pièces de la défense, on tirait pour faire brèche; et souvent, dans ce but, on s'avançait jusqu'au glacis, où l'on établissait les batteries de brèche et les contre-batteries.

En même temps on bombardait l'intérieur de la place au moyen des projectiles lancés verticalement par les mortiers. Souvent aussi l'on cherchait à pénétrer dans la forteresse par les portes qu'on faisait sauter avec des pétards.

Plus tard, l'introduction des « ravelins », dans la construction des places, obligea de subdiviser ces grandes batteries en plusieurs petites dont l'armement total arriva jusqu'à comprendre de 200 à 500 bouches à feu. — Cette puissante attaque d'artillerie s'organisait directement sur le front même des positions et sans presque être couverte par l'infanterie.

(1) Müller, *Geschichte des Festungskrieges*.

C'est alors qu'apparurent les premières applications de l'attaque par « tranchées d'approche » ou « sapes ». Ces tranchées n'étaient cependant, pour la plupart, que des chemins abrités qui se dirigeaient en serpentant dans la direction de la place et devaient servir au passage de l'infanterie assaillante, ou souvent aussi, — comme pendant la guerre de Trente Ans, — de lignes de défense.

Les Turcs montrèrent un goût tout particulier pour ce mode d'attaque, notamment à Vienne, en 1683, ils consacrèrent beaucoup de temps et d'efforts à construire de ces lignes d'approche, ainsi qu'à établir des positions fortifiées contre les sorties. Sur les flancs du terrain des attaques, on élevait habituellement des redoutes pour se garantir des contre-attaques.

Méthodes de défense.

Du côté de la défense, on attachait surtout de l'importance aux combats livrés dans le voisinage de la place; et le principal rôle y était joué par l'artillerie qu'on disposait en plusieurs étages sur les flancs des bastions en la couvrant contre les coups éloignés, par des « orillons ».

La supériorité était alors décidément du côté de la défense; ce qui amenait souvent, de la part de l'assaillant, qui cherchait un prompt succès, des attaques soudaines aboutissant à de sanglants combats.

Le tir contre la grande batterie de siège s'effectua tout d'abord de la courtine; — plus tard, quand cette courtine fut couverte par un ravelin, ce tir eut lieu des bastions adjacents.

Au début, l'infanterie ne jouait qu'un rôle passif dans la défense; mais depuis l'organisation du « chemin couvert », dont la nécessité fut déjà comprise par les défenseurs de Vienne lors du premier siège de cette ville par les Turcs en 1529, — les sorties acquirent de l'importance, et au XVIIe siècle, elles constituaient, avec l'artillerie, le plus puissant moyen de défense.

Contre l'attaque exécutée par des approches, la défense fut tout d'abord impuissante. Mais peu à peu, on imagina de remédier à son insuffisance en recourant aux sorties et au tir vertical exécuté avec de petits mortiers portatifs. Souvent aussi, l'on se servit des mines pour repousser les attaques de ce genre.

Quand les assaillants avaient fait brèche, la défense recourait à la construction de retranchements intérieurs dont le côté défensif était tourné vers le rempart principal (1).

Les deux figures ci-contre peuvent donner une idée de la différence des ouvrages de défense employés avant et après l'apparition des armes à feu.

(1) Rollinger, *Vorträge über Festungsbau* (Conférences sur la construction des forteresses).

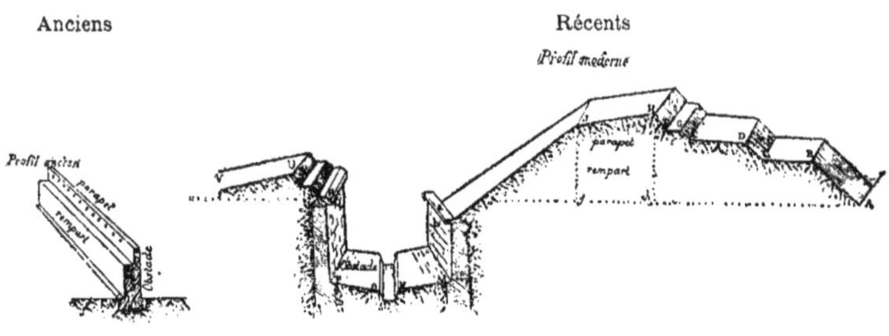

Ouvrages de défense.

Les dessins ci-dessous permettent également de se représenter comment, à cette époque, s'ouvrait et se terminait l'attaque d'une place forte.

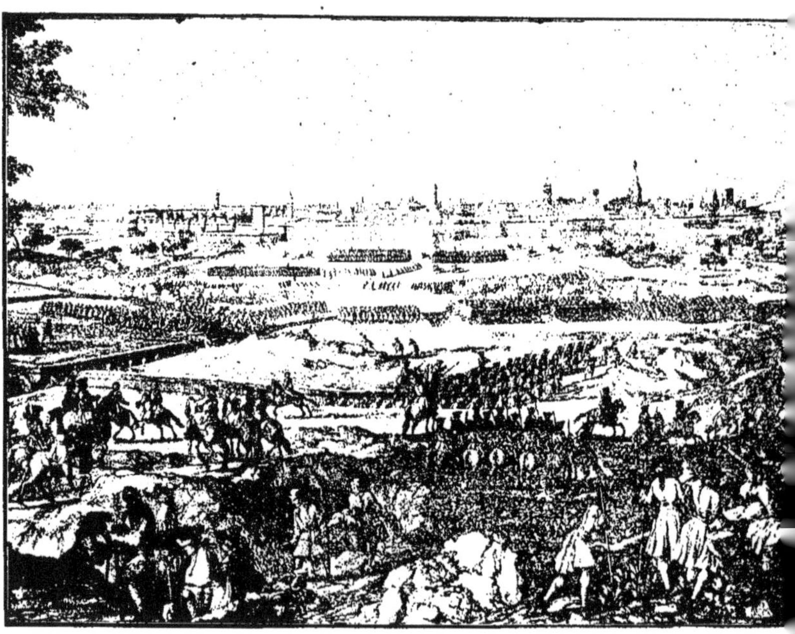

Les assiégeants repoussent une sortie.

C'est quand l'assiégeant a poussé ses tranchées en avant et que le moment est venu de construire des batteries de siège, pour détruire les ouvrages de défense de la place, que les assiégés exécutent une de ces sorties, afin d'interrompre les travaux, de combler les tranchées et d'enclouer les pièces de l'assaillant.

A leur rencontre s'élancent les grenadiers (1) qui protègent les travailleurs, — tandis que les troupes désignées pour défendre les tranchées vont se former en arrière de celles-ci pour repousser la sortie. Et comme les flancs des tranchées sont protégés par des redoutes, le corps de sortie s'efforce de s'en emparer pour prendre les tranchées à revers. Enfin, pendant que la lutte s'engage autour de ces redoutes, la cavalerie monte à cheval pour couper la retraite aux assaillants.

Après la construction d'une parallèle au pied du glacis, les assiégeants dirigent leurs approches à la sape pleine, construite au moyen de gabions, sur le saillant du chemin couvert et sortent alors de leur parallèle pour attaquer celui-ci. Puis, après que les grenadiers, soutenus par des détachements d'infanterie et de dragons à pied, ont vaincu et chassé les défenseurs du chemin couvert, les ingénieurs organisent le couronnement de la crête du glacis ; c'est-à-dire qu'ils y établissent une tranchée avec un parapet à l'épreuve des projectiles de l'artillerie et en ménageant quelques gradins pour monter du fond de la tranchée sur le parapet. Et si cette tranchée de couronnement est exposée aux coups d'enfilade de la place, ils y organisent, de distance en distance, des traverses obtenues en faisant des retours de sape.

Attaque du chemin couvert et couronnement du glacis.

Quand le couronnement du glacis était terminé, on organisait la descente du fossé; on comblait celui-ci avec des fascines, s'il était plein d'eau, et l'on faisait ébouler l'escarpe soit à coups de canon, soit en y «attachant le mineur».

(1) Soldats ainsi nommés parce qu'ils étaient armés de petits obus portatifs qu'ils lançaient à la main et qu'on appelait des *grenades*.

Le dessin suivant représente l'attaque de deux bastions où l'on a fait brèche avec la mine.

Ensuite, à un signal qu'en pareil cas donnait l'explosion même de la mine, on s'élançait à l'assaut ; et aussitôt que les colonnes d'attaque avaient franchi la brèche et refoulé les défenseurs vers la gorge des bastions, les sapeurs établissaient des logements dans les flancs et les angles d'épaules, et organisaient entre eux un chemin de communication.

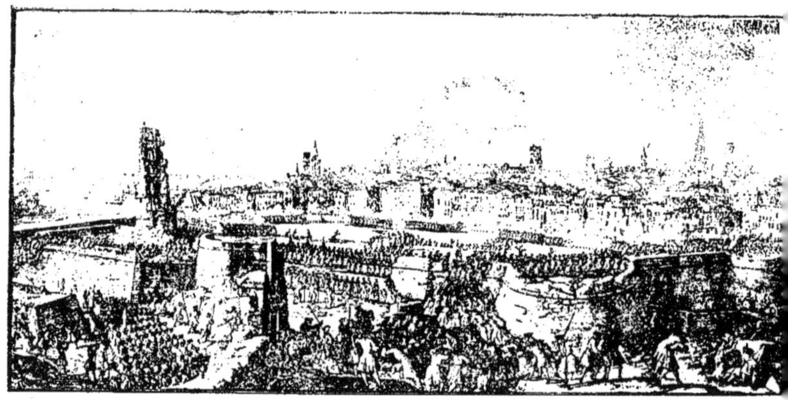

Attaque de deux bastions auxquels on fait brèche par la mine.

La dernière phase du siège était l'assaut du corps de place.

Assaut du corps de place d'une forteresse.

Siège de Stettin en 1659.

La Guerre future (p. 187, tome II).

Quand les bastions étaient pris, des sapes étaient conduites jusqu'au pied du mur qui en fermait la gorge ; et quand la brèche était faite par le canon au corps de place, ou que la mine était prête pour en faire sauter le rempart, les assiégés étaient sommés de se rendre. S'ils refusaient, on marchait à l'assaut, en attaquant en même temps la courtine ; on repoussait les défenseurs jusqu'au retranchement principal qui couvrait l'intérieur de la ville, et on l'attaquait avec de grandes forces sur le point le plus favorable, en s'efforçant en même temps d'occuper le rempart. Au fur et à mesure que les forces assaillantes gagnaient du terrain en avant, on les remplaçait par des forces nouvelles, de façon que les brèches, les fossés et les tranchées de couronnement fussent constamment occupés par des troupes. Et si on ne parvenait pas à s'emparer du retranchement principal, on couronnait le rempart ou, tout au moins, la brèche.

Simultanément avec l'attaque d'infanterie avait lieu le bombardement de la place elle-même. L'origine du bombardement remonte à l'époque où l'on commença d'employer les boulets rouges en grande quantité. Devant Harlemont, en 1594, eut lieu un bombardement effectif au moyen de projectiles incendiaires. Il en fut de même à Riga, en 1620.

Avec l'adoption des bombes en fonte, l'effet du feu vertical des mortiers devint d'autant plus terrible qu'il n'y avait aucun abri par lequel on pût s'en garantir. Aussi le tir vertical des bombes reçut-il promptement une grande extension, comme en peut servir d'exemple le siège de Stettin en 1659, dont nous donnons la représentation dans la planche ci-contre.

Troisième période (1700-1815).

Troisième période.

Si les expériences relatives à la guerre de forteresse, auxquelles donnèrent lieu les guerres hispano-hollandaises et celle de Trente Ans, eurent déjà une grande influence sur son développement ultérieur ainsi que sur le perfectionnement des moyens d'attaque et des procédés de conduite des sièges, l'importance ne fut pas moindre sous ce rapport, des luttes engagées par les Turcs sur les rives de la Méditerranée, et en particulier de la défense de Candie contre eux, de 1667 à 1669. Dans cette île, s'étaient donné rendez-vous les militaires et les ingénieurs les plus distingués de toutes les nations, qui, après avoir ainsi recueilli des données nombreuses en assistant aux combats les plus importants, rapportèrent ces renseignements dans tous les pays d'Europe, et les appliquèrent aussi bien au bénéfice de la guerre de siège qu'aux progrès de la construction des places fortes elles-mêmes.

L'application des données ainsi fournies par l'expérience eut lieu dès le temps des guerres prolongées, que, sous Louis XIV, la France soutint contre les nations voisines, et en particulier contre les Pays-Bas et l'Allemagne. Les occasions furent nombreuses, alors, de mettre à l'épreuve les indications fournies par l'expérience, de les perfectionner pratiquement et de les utiliser dans les travaux de défense.

Ces circonstances favorables furent habilement mises à profit, à cette époque, surtout par les Français, grâce à leur habile ingénieur Vauban.

Système de fortification de Vauban.

Vauban, né en 1633 et qui mourut en 1707, fut depuis 1653 au service de Louis XIV ; et, dès 1658, il était le chef des ingénieurs aux sièges de Gravelines, d'Oudenarde et d'Ypres. Après quoi, pendant quarante années, il ne cessa de travailler, tant à construire des forteresses qu'à diriger des sièges. Il réunit, grâce à cette longue expérience, plus de données utiles que n'en put jamais recueillir depuis lui un seul officier ; obligé qu'il était de songer constamment à l'amélioration des procédés d'attaque des places et de construction des fortifications.

L'idée fondamentale de Vauban consista *dans la séparation des ouvrages d'une forteresse, en ouvrages protecteurs et ouvrages de combat, ou de défense.*

A cette époque, l'artillerie faisait de grands progrès, auxquels contribua, pour beaucoup, Vauban lui-même. Particulièrement importante fut l'application du *tir à ricochet*, qu'il avait imaginé, et grâce auquel on enfilait les ouvrages, — notamment les terre-pleins des flancs des bastions, ce qui rendait inutile l'emploi des orillons (1). Il devint, par conséquent, nécessaire de protéger les canons destinés au flanquement, et de mieux couvrir les escarpes — sans toutefois diminuer le commandement des remparts sur le terrain situé en avant.

Vauban obtint ce résultat par l'organisation de bastions séparés, couvrant, de concert avec la tenaille, les murailles du corps de place : c'est ce qu'il appelait les *ouvrages protecteurs*. Aux angles saillants de ce corps de place, s'élevèrent de petites tours pentagonales en pierre, dont les flancs casematés reçurent les canons destinés à la défense et au flanquement des fossés. Ces tours servaient en même temps, jusqu'à un certain point, d'abris pour les troupes et de magasins.

Les bastions étaient destinés à la défense, par l'artillerie, aux grandes distances et constituaient, par eux-mêmes, des ouvrages de combat proprement dit ou *défensifs*. De cette façon le corps de place, l' « ouvrage pro-

(1) Le *flanc* est une portion de rempart, et l'*orillon* était la partie du flanc voisine de l'*angle d'épaule* du bastion.

L'orillon ne contribuait point — comme le reste du flanc — à la défense du fossé, mais il servait à couvrir les canons établis sur le terre-plein du flanc.

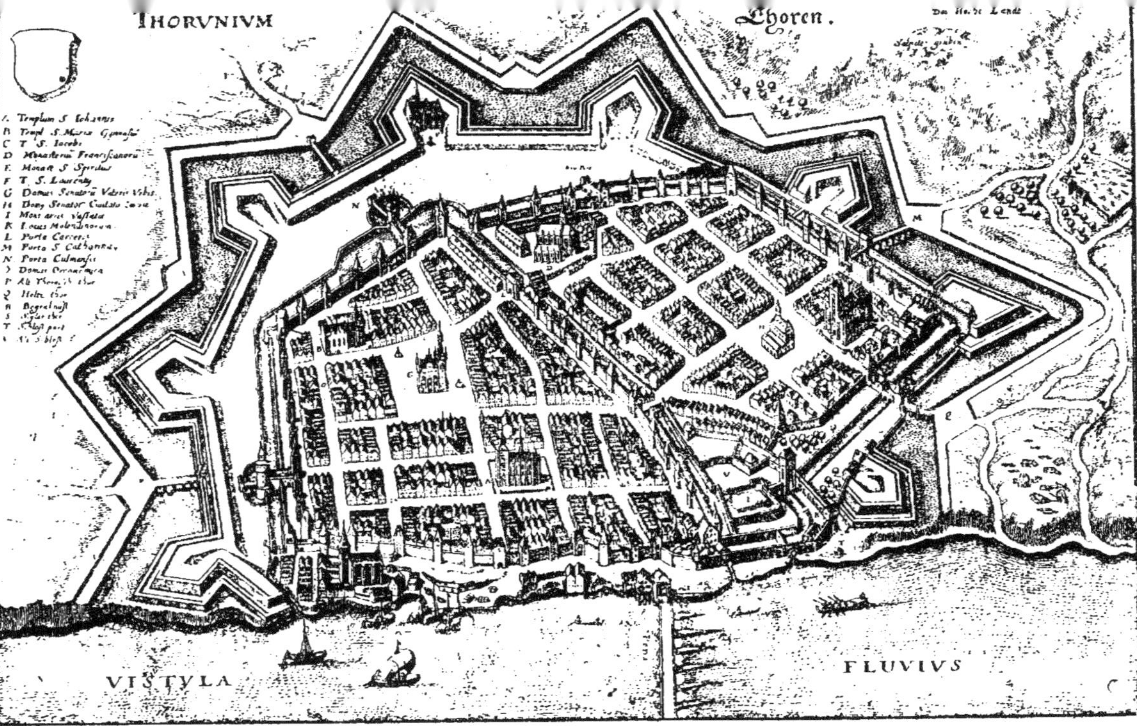

Vue de la forteresse de Thorn.

LA GUERRE FUTURE (P. 189, TOME II).

tecteur », n'était autre chose qu'un retranchement intérieur de grand développement qui ne prenait part qu'à la défense rapprochée. Par suite, on ne donnait pas de commandement à son parapet sur les bastions situés en avant de lui (1).

Le dessin ci-dessous représente en plan un fragment de fortification d'un autre type construite également d'après le système de Vauban (2).

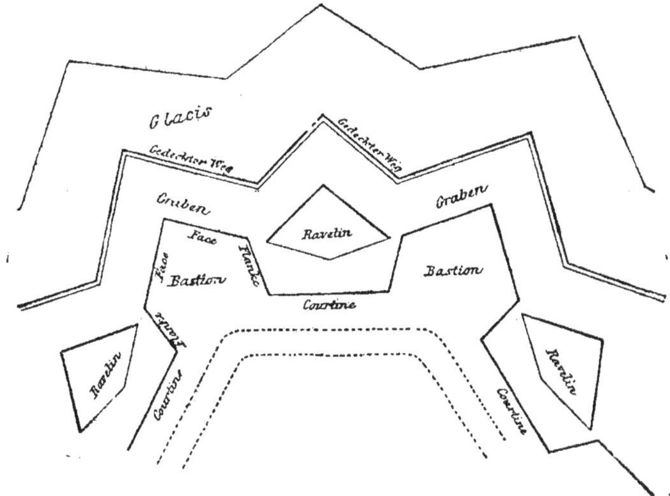

Fortification d'une place d'après le système de Vauban.

Pour montrer plus clairement au lecteur en quoi consistaient précisément les particularités du système de Vauban, nous donnons dans la planche ci-contre un dessin représentant la place de Thorn, construite avant lui.

Quand il s'agissait d'assiéger une place, Vauban demandait, outre un corps de siège, un corps d'observation pour repousser les troupes ennemies qui pourraient entreprendre de la secourir.

Il avait réglé l'étendue et la composition d'un parc de siège de la façon suivante : 80 gros canons, 50 moyens et 20 légers ; 80 mortiers et 80 pierriers. Devant Namur, en 1692, Vauban avait 196 canons et 67 mortiers de divers calibres depuis 21 jusqu'à 50 centimètres.

L'attaque d'une place devait commencer par son investissement, dont on chargeait un corps spécial de cavalerie (corps d'investissement ou de blocus) d'une force de 4,000 à 5,000 chevaux.

(1) *Nouveau manuel de fortification permanente.*
(2) Boguslawski, *Fechtweise aller Zeiten* (Manière de combattre de tous les temps).

Pour se défendre contre les troupes ennemies qui, du dehors, auraient pu venir au secours de la place, on établissait des lignes continues de circonvallation; et pour se protéger contre les sorties d'une forte garnison, on construisait également des lignes de contrevallation.

Ces lignes se composaient de parapets d'une épaisseur de 1m30 à 1m60 et d'une hauteur de 1m90, avec un fossé large de 4m70 à 5m60 et profond de 1m70 à 2m40.

Mode d'attaque de Vauban.

Les opérations de siège de Vauban comportaient une marche en avant méthodique au moyen de lignes d'approche poussées vers la place sans interruption et qu'occupaient de forts détachements d'infanterie ; tandis que, jusqu'alors, on avait surtout eu recours à des batteries. Un puissant feu d'artillerie, dirigé de tous les côtés contre les remparts, accompagnait d'ailleurs chaque pas accompli dans leur direction. A la défense active d'infanterie qui, d'abord, avait l'avantage, l'assaillant opposait de fortes attaques et contre-attaques exécutées par cette même arme; puis, par le feu puissant et concentrique de son artillerie de siège, agissant contre les bastions, tout à la fois de front, de flanc et en tir vertical, il anéantissait promptement la défense d'artillerie à longue portée de la forteresse.

Il est évident que, dès lors, la supériorité passait du côté de l'attaque.

Pour plus de clarté, nous donnons ici deux dessins représentant en plan la disposition des parallèles et des lignes d'approche appliquées par Vauban, et la façon dont on conduisait ces approches avant lui.

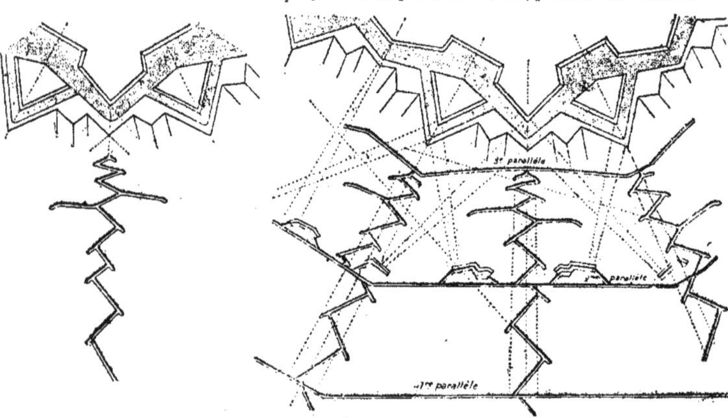

Attaque régulière des places fortes.

Conséquences des campagnes napoléoniennes.

Les campagnes napoléoniennes eurent pour conséquence un changement complet du système de guerre précédemment employé jusqu'alors.

Mais en même temps se répandit, comme une sorte d'épidémie, le besoin de remporter de rapides succès à la guerre ; besoin auquel ne pouvait donner satisfaction la marche lente de la guerre de siège. Aussi, les événements de cette époque ne nous ont-ils apporté que des faits d'expérience trop peu importants pour pouvoir servir de base à l'élaboration d'un nouveau système de guerre de siège. Ce genre de guerre fut de plus en plus négligé ; aussi marchait-il à grands pas vers une décadence complète.

La défense par l'artillerie s'exécutait toujours de même. L'emploi à outrance du feu du canon par les assiégés n'avait pas encore trouvé de partisans (1).

Quatrième période (1815-1860).

Quatrième période. Attaque et défense de Sébastopol.

Les défenseurs de Sébastopol surent, pour la première fois, rompre avec l'immobilité des formes qui régnaient encore à cette époque et obliger leurs adversaires à en faire autant de leur côté.

Pour prendre Sébastopol, s'étaient réunis à Eupatoria, — à 80 et quelques kilomètres de la ville, — 65,000 hommes de troupes françaises, anglaises et turques, avec 130 canons de campagne et 100 bouches à feu de siège.

Au cours de la marche de cette armée alliée sur Sébastopol, eut lieu, près de la rivière de l'Alma, une bataille après laquelle les troupes russes se replièrent sur la forteresse et formèrent, en avant d'elle, une armée de secours. Toutes les opérations ultérieures des Alliés pendant la guerre de Crimée furent, comme l'on sait, dirigées vers un seul but : la prise de la place.

Depuis le 20 septembre, on attendait d'heure en heure l'attaque du front nord de Sébastopol, et on le fortifia à la hâte.

Le 27 septembre, les Alliés parurent devant la place et choisirent, comme point d'attaque, son côté sud, qui était faiblement fortifié. Les Français, sous le commandement du général Canrobert, devaient constituer l'aile gauche de l'armée, et les Anglais, commandés par lord Raglan, l'aide droite. L'emplacement des attaques était un plateau aride de 10 à 20 kilomètres de long sur autant de large, constitué par une roche dure couverte d'une mince couche de terre, qui s'élevait graduellement vers l'est, et d'où l'on descendait par une pente brusque dans la vallée marécageuse de la Tchernaïa.

Les seules voies d'accès à ce plateau paraissaient être trois routes venant du sud, du sud-est et de l'est. Dans la direction du sud au nord, le

(1) Oméga, *L'Art de combattre.*

plateau était coupé par de nombreux ravins, dont les plus importants étaient ceux du Port et de Vorontzoff. Le premier formait la limite entre les localités occupées par les Français et par les Anglais, et le second séparait en deux parties, ou ailes, les attaques mêmes des Anglais.

Le port de guerre de Sébastopol présente une baie qui s'enfonce profondément dans les terres avec de nombreuses petites ramifications, dont les plus importantes sont les ports de la Quarantaine et du Midi. Entre ceux-ci se trouve la ville, d'une construction compacte, tandis qu'à l'est s'étend le faubourg de Karabelnaïa, avec des établissements militaires très importants.

Dans la planche ci-contre, on voit deux dessins représentant Sébastopol vu de la mer, et un plan des travaux de siège; de plus, les figures ci-dessous indiquent les détails de construction des forts *Alexandre* et *Nicolas.*

Plan d'une casemate et d'une batterie du fort *Alexandre*. — Plan et coupe d'une casemate du fort *Nicolas*.

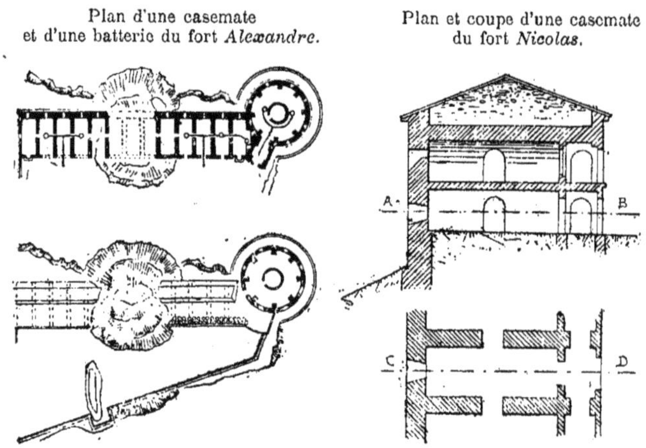

Les forts de Sébastopol *Alexandre* et *Nicolas*.

Les fortifications de Sébastopol, du côté de la mer, étaient du type permanent et armées de 600 grosses bouches à feu. Des navires de guerre, qu'on avait coulés à l'entrée du port, en interdisaient l'accès.

Du côté de la terre, les fortifications du nord étaient, en grande partie, achevées; mais au sud, à part la tour Malakoff et quelques lignes du littoral, les travaux de construction venaient à peine de commencer. Sur une longueur de 7 verstes et demie, — 8 kilomètres, — il fallut se contenter, comme défense principale, d'une ligne qui n'avait que le profil des ouvrages de campagne.

Sébastopol vue de la mer.

La Guerre future (p. 192, tome II).

La Guerre future (p. 192, tome ii).

Fortifications de Sébastopol.

C'est dans ces conditions que, sous l'habile direction de Totleben, la place put se renforcer chaque jour, — d'autant plus que, du côté du nord, elle n'était pas investie, et que les assiégeants perdirent près de quinze jours avant de commencer les opérations offensives. — Dans ces conditions, Totleben répartit l'artillerie de la défense en quelques batteries qui occupèrent les points les plus importants, y furent disposées de façon à rester reliées avec les positions de l'infanterie, et à pouvoir battre tant de front que de flanc toutes les voies d'accès conduisant à la place. Totleben commença par délimiter rigoureusement les emplacements que devaient occuper en cas de lutte les troupes de différentes armes.

La clef de la position était constituée au sud par le bastion *Korniloff* avec la *tour Malakoff* qui commandaient tous les autres points, et se rattachaient aux différents secteurs de la défense. A 600 mètres environ en avant de Malakoff se trouvait un monticule, le *Mamelon vert*, qui dominait tout le terrain environnant et qui, au début n'était pas fortifié (1).

Venaient ensuite comme points les plus importants : le *Grand Redan*, le *bastion du Mât*, le *bastion central* et celui de la *Quarantaine* (2).

Tous ces ouvrages en terre étaient de forme complètement irrégulière, calculée seulement pour leur permettre de croiser leur tir sur le terrain en avant d'eux, but en vue duquel ils avaient été soigneusement organisés ; tout ayant été combiné pour ne point laisser un seul secteur sans défense, ni subsister un seul angle mort, — c'est-à-dire qui ne fût point battu.

Le reste des ouvrages n'avaient point tout d'abord été mis à l'abri d'un assaut, et l'on s'était contenté de fermer en certains endroits, par des tranchées, les intervalles qui les séparaient.

Les points les plus importants étaient armés d'une puissante artillerie ; les lignes qui s'étendaient de l'un à l'autre étaient occupées par l'infanterie, et toutes les approches étaient défendues tout à la fois par des feux de front et de flanc.

En cas d'attaque de l'ennemi, l'artillerie ne devait ouvrir le feu qu'à portée de tir efficace et l'infanterie à 225 mètres. Si l'adversaire était repoussé, il était défendu de le poursuivre au delà des retranchements.

Grâce à la précaution prise de renforcer continuellement, pendant le siège, les ouvrages existants et d'en établir de nouveaux, — travail auquel Totleben occupa souvent de cinq à dix mille hommes par jour, — les défenses de la ville continuèrent à se compléter sans interruption.

(1) C'est le nom que lui donnèrent les Français, — les Russes l'appellent maintenant soit la *Montagne verte*, soit la *Montagne rouge*.

(2) Rollinger, *Vorträge über Festungskrieg* (Conférences sur la guerre de forteresse).

Le 21 septembre, les Français et les Anglais marchèrent vers le front nord de Sébastopol, puis tournèrent la place dans la direction du front sud, devant lequel ils arrivèrent le 27 septembre.

Le siège et l'assaut.

Le siège dura 347 jours (1), et l'on n'évacua Sébastopol qu'après que les travaux des Français eurent été poussés dans la direction du bastion n° 4, jusqu'à 30 ou 40 mètres de l'ouvrage, dans celle de la tour Malakoff jusqu'à 25 mètres, vers le bastion n° 2 jusqu'à 40 mètres, et vers le bastion n° 6 jusqu'à 70 mètres; — alors que les Anglais se trouvaient encore à 200 mètres du bastion n° 3.

Les opérations se terminèrent par le grand assaut de la tour Malakoff qui constituait la clef de la défense, — assaut qui fut préparé par le bombardement général du 7 septembre, exécuté avec 814 pièces dont 249 gros mortiers. Sur ce total 100 bouches à feu, dont 40 mortiers, tiraient contre Malakoff. En quelques heures, l'artillerie de la défense fut démontée. Le bastion n° 2, battu par 90 pièces dont 30 mortiers, n'avait plus après 12 heures un seul canon en état de servir, et il avait perdu le tiers de sa garnison.

En outre, le feu de l'attaque cessait fréquemment dans le but de tromper les Russes, qui, à chaque interruption, faisaient avancer leurs réserves et éprouvaient ainsi de fortes pertes aussitôt que le tir recommençait.

L'assaut fut donné le 8 septembre 1855, à midi précis, sans aucun signal. A la droite, 57 bataillons français (33,000 hommes) s'avancèrent sur le bastion n° 2, sur la tour Malakoff et la ligne de jonction de ces deux ouvrages; au centre, 4,000 Anglais attaquèrent le bastion n° 4, et, à la gauche, 48 bataillons français (26,000 hommes) se portèrent sur la ligne des bastions n° 4 et n° 5.

La seule attaque qui réussit fut celle de la tour Malakoff, qui décida les Russes à évacuer la place.

Les pertes éprouvées.

Voici les pertes totales éprouvées dans cette journée:

		Français	Anglais	Russes
Tués	Officiers	145	29	59
	Hommes de troupe	1.489	366	2.684
Blessés	Officiers	254	124	279
	Hommes de troupe	4.259	1.886	7.243
Disparus	Officiers	20	1	24
	Hommes de troupe	1.400	176	1.763
		10.054		11.690

(1) En comptant comme premier jour du siège celui de l'arrivée des alliés devant le front sud, c'est-à-dire le 27 septembre 1854.

Assaut de la Tour de Malakoff.

LA GUERRE FUTURE (P. 195, TOME II).

Dans la planche ci-contre, nous donnons un tableau de l'assaut de la tour Malakoff.

Dans les combats livrés à Sébastopol, les alliés éprouvèrent des pertes énormes dont le total s'éleva jusqu'à 54,000 hommes, parmi lesquels 6,000 artilleurs (14 0/0 du personnel de l'artillerie de siège). Du côté des Russes, les pertes atteignirent 120,000 hommes.

Les assiégeants construisirent plus de 160 batteries, armées au total de 1,268 bouches à feu, dont environ 20 0/0 furent mises hors de service par le feu de l'ennemi, et 30 0/0 plus ou moins endommagées par d'autres causes. Au total, il fut tiré un million et demi de coups qui servirent à lancer contre la place 40,000 tonnes de projectiles.

Lors de la prise de la place il y fut trouvé plus de 2,000 pièces d'artillerie dont 1,147 faisaient partie de l'armement des ouvrages; à chacune de ces dernières il restait environ 500 charges et projectiles. Les Russes avaient tiré contre les assiégeants plus d'un million de coups de canon et 16 millions de coups de fusil.

Le poids du matériel du parc d'artillerie de siège s'élevait à 80,000 tonnes, celui du parc du génie à 20,000, — soit pour le matériel réuni des deux parcs, un poids de 100,000 tonnes (1).

Conclusions tirées de ce siège.

Le siège de Sébastopol constitua pour la guerre de forteresse comme une sorte de révélation. Grâce à l'habile direction générale de la défense, et en particulier de l'artillerie, grâce aussi au dévouement et à l'indomptable bravoure des troupes russes, ce fut comme un défi jeté à toutes les théories si minutieusement édifiées de la fortification. Puisqu'on y vit l'exemple d'une place forte du type provisoire édifiée subitement sous l'inspiration de son créateur, organisée seulement pour permettre un emploi tactique rationnel des troupes appliqué aux particularités du terrain et sans enceinte régulière, qui put cependant soutenir la lutte contre une grosse artillerie d'une puissance encore inconnue jusqu'alors (2).

D'un autre côté, nous voyons dans ce siège l'assaillant appliquer un système d'attaque traditionnel qui se montre impuissant, puis forcé de déployer une masse d'artillerie à laquelle on n'eût précédemment jamais songé, et n'en obtenant pas moins un succès decisif; — non pas toutefois grâce à cette artillerie, mais par des combats d'infanterie : la défense rapprochée de la place, dans le sens qu'on donnait à ce terme en langage de fortification, se trouvant avoir totalement disparu.

En outre, il ne faut pas oublier que la réalisation de toutes ces condi-

(1) Rollinger, *Vorträge über Festungsbau* (Conférences sur la construction des forteresses).

(2) Müller, *Geschichte des Festungskrieges* (Histoire de la guerre de forteresse).

tions fut amenée surtout par ce fait, que la défense disposait de ressources et de moyens presque illimités.

Par suite de l'adoption générale des armes rayées, et de l'augmentation des effectifs des troupes, en raison de l'amélioration et du développement des voies de communication, comme aussi de la situation des principales places fortes qui sont devenues peu à peu des nœuds de chemins de fer et des centres de réseaux télégraphiques, les autres points fortifiés jusqu'alors existants n'ont plus paru susceptibles de défense. De là, démantèlement de beaucoup de petites places et transformation complète, au contraire, des plus importantes.

De même, et pour les mêmes motifs, les instructions relatives à la guerre de forteresse durent subir des modifications radicales.

Toutefois, on ne toucha presque pas aux côtés scientifiques du système ; — car, d'après l'expérience des campagnes de 1859 et 1866 en Italie, au cours desquelles le fameux quadrilatère des places de Mantoue, Peschiera, Vérone, Legnano, ne joua presque aucun rôle, on considérait comme démontré que les places fortes avaient perdu toute importance.

Cinquième période (1860-1877-78)

La campagne de 1870-71.

Mais la campagne 1870-71 vint rendre à la guerre de forteresse une importance à laquelle on ne s'attendait guère. Quinze places françaises, parmi lesquelles celles de Paris, Metz et Belfort répondaient seules quelque peu aux exigences modernes, furent prises par différents procédés et à l'aide de forces considérables.

Néanmoins, les méthodes scientifiques tirées de l'expérience de cette campagne, ne pouvaient être considérées comme définitives pour l'avenir ; parce que les moyens de combat employés furent insuffisants, parce que les objectifs de l'attaque étaient des places fortes vieillies, d'une organisation surannée, et que les combats livrés autour d'elles furent souvent très désordonnés. En somme, les expériences auxquelles cette campagne donna lieu pouvaient d'autant moins servir de guide pour l'avenir, que les nouvelles pièces n'y avaient été employées qu'en très petit nombre à l'attaque des places et pas du tout dans leur défense.

On sait également qu'on ne peut pas toujours juger de l'avenir d'après le passé, parce qu'avec le progrès continuel de toutes les branches de la science, il peut constamment apparaître en temps de guerre tels facteurs qui n'étaient pas connus auparavant.

Mais il a été aussi nettement établi que les succès remportés par les Allemands, en 1870-71, doivent être attribués à ce que les défenseurs avaient maladroitement choisi leurs positions ; qu'ils les avaient insuffisamment fortifiées, et enfin qu'ils les avaient mal préparées et mal défendues (1), de sorte qu'il était impossible de tirer de là aucune conclusion quant à la supériorité définitive et permanente de l'attaque sur la défense.

Néanmoins la guerre de 1870-1871 donna lieu à beaucoup d'innovations comme par exemple : l'adoption des canons courts et des mortiers rayés (employés pour la première fois devant Strasbourg), le rattachement des forteresses bloquées au monde extérieur, par le moyen d'aérostats (Verdun, Paris), l'utilisation des pigeons-voyageurs comme moyen de communication épistolaire (Paris) et l'application de la lumière électrique à l'éclairage du terrain situé en avant de la place (Paris, Schelestadt).

Jamais encore, dans la guerre de forteresse, ne s'étaient rencontrées d'aussi énormes forces militaires que devant Paris, et néanmoins les troupes de l'assiégeant y furent toujours en nombre trop faible pour entreprendre un siège régulier.

Les deux dessins reproduits ici (2) montrent la différence entre les bouches à feu employées dans le bombardement des places fortes, d'une part pendant la guerre de Crimée, de l'autre pendant celle de 1870.

L'un représente une batterie établie devant Sébastopol ; l'autre, une batterie en action devant Paris.

Batterie en action devant Sébastopol.

(1) En France, on ne songeait nullement à organiser en temps opportun la défense des places fortes. Sans cela, comment expliquer qu'à Strasbourg, place comportant une garnison de 20,000 hommes, il se trouvait en tout quatre sapeurs du génie ; qu'à Toul, pour un armement de 71 pièces, il n'y avait pas un seul canonnier ; qu'à Marsal, il n'y en avait qu'un seul pour 18 canons, et quatre au fort Mortier pour 7 bouches à feu ? Comment expliquer qu'au début des hostilités, la garnison de Longwy n'avait qu'un commandant, et pas de garnison, et qu'on n'en demanda un à Metz que quelques jours après la déclaration de guerre ?

(2) Loir, *La Marine française*.

La guerre russo-turque de 1877-78.

La guerre russo-turque de 1877-78 ne contribua pas davantage à développer les règles de la guerre de forteresse :

Batterie en action devant Paris.

Néanmoins elle montra qu'un défenseur énergique, qui — comme cela eut lieu sous Plewna — sait tirer parti de toutes les forces et de toutes les ressources dont il dispose, pour fortifier et défendre les points importants sous le rapport tactique, peut opposer une longue résistance, même dans les ouvrages les moins à l'abri d'un assaut, et utiliser le temps ainsi gagné à l'obtention des résultats généraux en vue desquels sont construites les places fortes. En outre, ce qu'il y eut de plus manifestement mis en évidence, dans les combats sous Plewna, ce furent les relations étroites entre la guerre de forteresse et la guerre de campagne.

Plewna est située sur la route qui va de Roustchouck à Sophia, dans la vallée de la Toutchenitza, — ruisseau auquel l'escarpement de ses rives donne une importance considérable. Il se jette à 5 kilomètres à l'ouest de la place dans la Vid, rivière guéable, sauf à l'époque des hautes eaux. C'est un nœud des principales routes de la Bulgarie occidentale, allant de Viddin à Nikopol, Sistovo, Lovtcha et Tirnovo.

Sur la rive gauche de la Vid, le terrain s'élève en pente douce vers l'ouest; la rive droite, au contraire, qui commande la gauche, présente un plateau élevé, profondement entaillé par des cols, et qui se trouve divisé en trois secteurs principaux par les ruisseaux de la Toutchenitza et de la Grivitza.

D'après les instructions d'Osman-Pacha, les points principaux furent fortifiés d'abord d'une façon hâtive, puis peu à peu les ouvrages élevés furent

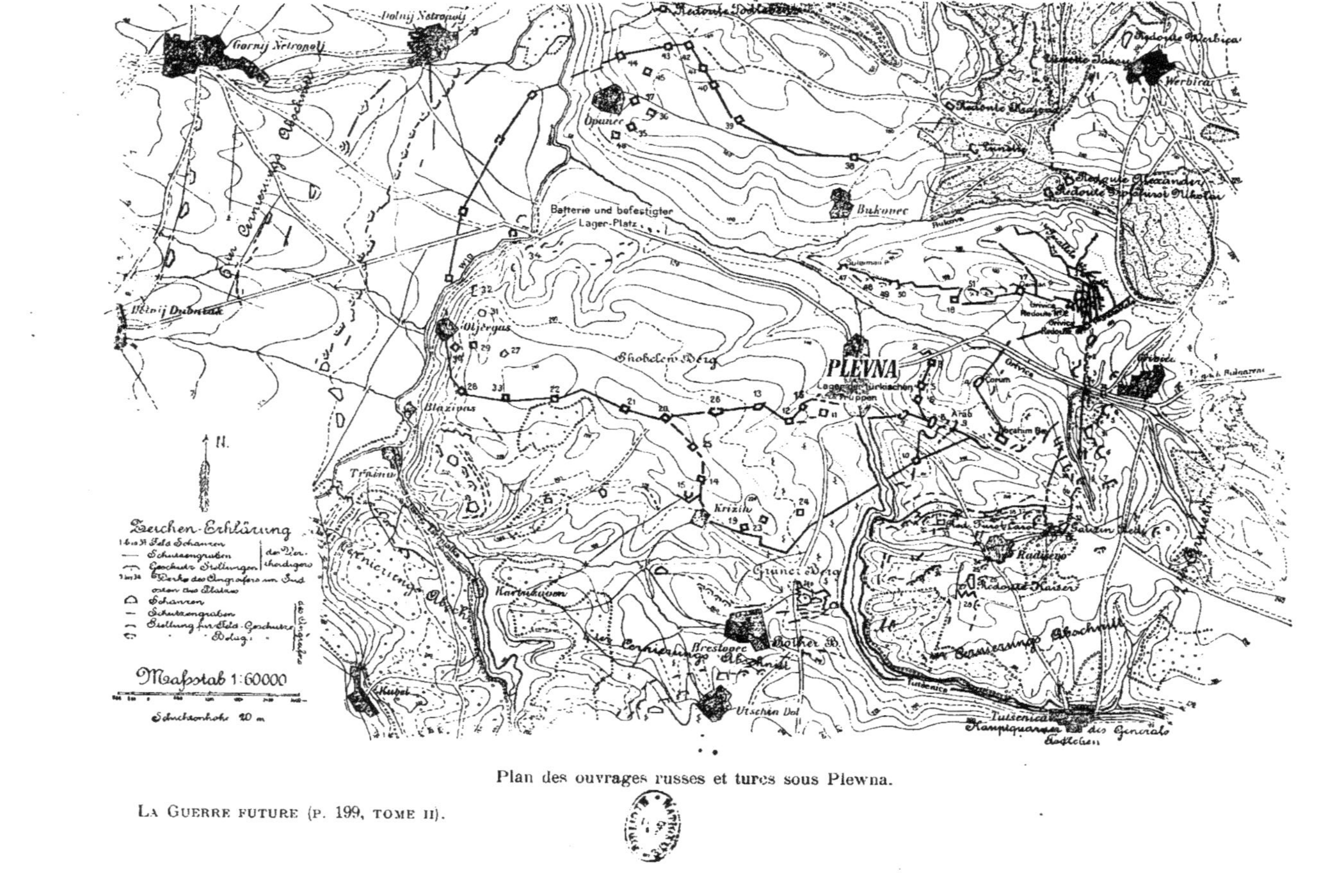

Plan des ouvrages russes et turcs sous Plewna.

La Guerre future (p. 199, tome II).

transformés en fortifications de campagne à profil renforcé. Quant à la ville même, entourée de pentes abruptes descendant vers la vallée, elle ne put être fortifiée.

A l'est et au sud, où l'on ne voulait pas trop s'approcher des hauteurs adjacentes, les travaux de défense furent établis à petite distance (de 2 à 3 kilomètres) de la ville; mais à l'ouest, au contraire, ils en furent assez éloignés, — à 7 kilomètres.

Tous les points distincts que présentait le terrain furent soigneusement utilisés pour battre les environs de la position; les ouvrages avaient une surface intérieure assez étendue, coupée par des traverses organisées avec soin, et disposaient d'un feu d'infanterie d'une puissance colossale, qui, sur les points principaux, comprenait deux, trois et quatre étages de tireurs. En outre, ils étaient renforcés par des tranchées établies en avant et sur les flancs.

Dans la planche ci-contre, nous donnons du reste un plan des travaux de fortification construits autour de Plewna, tant par les assaillants que par les défenseurs (1).

En août 1877, Osman-Pacha, continuant à développer son plan général de fortification, transforma Plewna en un camp retranché, où il fit même venir quelques grosses pièces de Viddin.

C'étaient des fortifications de campagne à profil renforcé, la hauteur minimum du parapet étant de 3 mètres, son épaisseur de 5 mètres, avec une profondeur de fossés allant jusqu'à 3 mètres.

Au commencement de septembre, Plewna était déjà entourée d'une ceinture de 51 ouvrages fortifiés reliés entre eux par des tranchées, qui pouvaient battre le terrain situé en avant d'eux, dans toutes les directions, jusqu'à une distance de 2,000 mètres, ce qui mettait la position à l'abri d'une attaque à force ouverte. On disposait d'environ 30 bouches à feu de place sur les secteurs nord, est et sud.

Les ouvrages étaient distribués par groupes.

En partant de la Vid et en allant vers le nord-ouest de Plewna, on remarquait d'abord le groupe d'Opanetz, qui comprenait 11 ouvrages; puis venaient successivement : le front de la Grivitza, 10 ouvrages, — le groupe Radichefski, également 10, — le groupe de Krichin, 10 encore — et le groupe de Blazivasse, qui en comptait 7. Ces deux derniers groupes étaient reliés par un front de 3 ouvrages.

Pendant l'exécution de ces travaux, les Turcs étaient tellement occupés qu'ils ne donnèrent signe de vie que par trois sorties, d'ailleurs sans succès, exécutées les 17, 21 et 31 août.

(1) Rollinger, *Vorträge über Festungsbau.*

Les Russes, après avoir été repoussés dans deux assauts, envoyèrent sans cesse des renforts à Plewna et, pour augmenter leurs forces, conclurent une alliance avec la Roumanie.

Au commencement de septembre, ces troupes alliées comprenaient 50,000 Russes et 25,000 Roumains, avec 380 canons de campagne et 24 de siège (de 15 centimètres).

Une troisième attaque fut tentée contre Plewna, mais elle fut repoussée avec de grandes pertes.

La cause principale de ce troisième échec fut qu'une canonnade continuée pendant quatre jours ne produisit presque aucun effet ; ce qui provenait : de ce que les canons de l'assaillant agissaient à trop grande distance ; de ce qu'on avait trop disséminé ces forces d'artillerie considérables qui comptaient environ 400 pièces et qui, nulle part, n'étaient disposées pour produire un effet décisif par la concentration d'une masse de feux ; et aussi de ce que les ouvrages de la défense avaient été construits très rationnellement et avaient même un profil trop fort pour résister au tir des bouches à feu de campagne.

Les pièces de siège n'étaient d'ailleurs employées là qu'aux lieu et place de celles-ci, de même qu'en général tout le combat avait le caractère d'une affaire en rase campagne.

Une autre fâcheuse circonstance fut encore l'absence totale de réserves.

C'est seulement là où commandait Skobeleff qu'on put constater un accord parfait entre les trois armes.

L'idée de prendre Plewna à force ouverte fut abandonnée.

L'on ne vint à bout d'Osman-Pacha que par la famine, et ce fut seulement le 10 décembre que Plewna se rendit, après un siège exécuté suivant toutes les règles de l'art, et après l'envoi de Russie de nouvelles troupes avec de nouveaux canons.

A Plewna l'on trouva 20,000 blessés et malades, et un grand approvisionnement de cartouches. Plus tard, on y découvrit encore 30 grosses pièces d'artillerie enfouies avant la capitulation, mais pas un seul projectile. Les vivres étaient épuisés.

Il est impossible de citer les combats livrés autour de Plewna comme un exemple d'attaque d'une place forte ; attendu que tout d'abord il n'existait là aucun ouvrage fortifié, et que ceux dont la ville fut ensuite entourée n'étaient pas suffisamment pourvus des moyens de défense active et passive qui caractérisent la fortification permanente, qui lui permettent d'opposer aux assiégeants une longue résistance, et qui donnent à la lutte engagée pour s'emparer d'une place son caractère particulier.

Mais ces combats n'en ont pas moins fourni nombre d'indications précieuses pour la guerre de siège. Et tout aussi clairement que beaucoup des attaques de places fortes effectuées pendant la campagne de 1870-71, ils ont prouvé qu'une garnison solide et bien instruite peut compenser l'insuffisance des moyens de défense actifs et passifs et qu'elle est également capable d'établir des fortifications provisoires et de campagne susceptibles d'une défense prolongée.

Par suite du nombre insignifiant des pièces d'artillerie que possédaient les défenseurs, ils furent contraints de les établir à couvert, et de donner le plus grand développement possible au feu de leur infanterie. Plewna a montré quelle énorme importance peut avoir aujourd'hui le fusil dans la guerre de siège. On a pu s'y convaincre qu'un feu de mousqueterie d'une supériorité décisive peut mettre un ouvrage fortifié à l'abri d'une attaque de vive force.

Quoique la défense passive de Plewna ait été dirigée d'une façon digne de servir de modèle, elle ne pouvait conduire au succès, parce qu'elle ne fut pas soutenue par les opérations offensives nécessaires. L'artillerie de l'assaillant, plus tard seulement renforcée par des canons de siège, ne joua en grande partie qu'un rôle subordonné et ne s'avança pas au delà de ses positions primitives. Ce n'est qu'exceptionnellement qu'elle réussit à venir à bout de la résistance de l'ennemi sur des points d'attaque bien choisis. Et comme résultat final, on eut à supporter des pertes énormes que le défenseur put infliger aux troupes d'assaut par son feu, tout en restant lui-même invisible dans ses abris. Des bouches à feu faisant du tir vertical auraient pu facilement anéantir la défense sur les points nettement reconnaissables du terrain, où se trouvaient les positions de combat et de campement des Turcs. Mais ces bouches à feu n'arrivèrent aux Russes que fort tard, en très petit nombre, et, de même que les autres pièces de siège, elles ne furent employées que comme canons de campagne (1). On manquait d'ailleurs de beaucoup d'autres ressources nécessaires aux artilleurs dans la guerre de siège.

Et si l'on parvint à s'emparer de quelqu'un des ouvrages fortifiés, on ne put pas s'y maintenir, parce que les faibles forces lancées sur le champ de bataille s'y dépensaient tout entières jusqu'au dernier homme, et qu'il n'y avait pas du tout de réserves (2).

(1) A cette époque, l'artillerie de campagne russe ne pouvait pas du tout faire de tir vertical.

(2) Rollinger, *Vorträge über Festungsbau*.

Développement de la fortification permanente pendant le cours de ces vingt dernières années.

Les places fortes modernes.

Peu après l'introduction des canons rayés, se répandit partout un type de places fortes munies d'une ceinture extérieure de forts détachés ; précédemment ce type ne s'appliquait que dans de rares circonstances. Le caractère fondamental du nouveau système consistait à reporter le terrain de la défense sur la ligne des forts de ceinture, éloignés de 3 à 6 kilomètres du noyau central, avec intervalles de 3 à 5 kilomètres entre les forts.

On commença de donner très peu d'importance à l'enceinte continue de la partie centrale. Aussi, dans les plus anciennes forteresses, lorsqu'on établit autour d'elles des ceintures de nouveaux forts, ne fit-on souvent nulle attention à leur enceinte ; et, lors de la construction des nouvelles forteresses, on négligea parfois de leur en donner une.

Les forts de la ceinture, base principale de tout le système, étaient d'un grand profil, généralement vastes, dotés d'un puissant armement et d'une nombreuse garnison. On en distinguait deux types : le premier n'avait qu'un rempart, sur lequel s'établissaient tout à la fois l'infanterie et l'artillerie ; le second avait deux remparts disposes l'un derrière l'autre ; celui d'avant servait à l'infanterie, et quelquefois on y plaçait aussi de l'artillerie légère. Le rempart postérieur était destiné aux grosses pièces.

Le premier type, à un seul rempart, a été employé principalement en Autriche, en Allemagne et en Italie, tandis que le second type était de provenance française et qu'on lui donna également la préférence en Russie. Ces deux dispositifs se rencontrent encore souvent dans les forts de ceinture actuellement existants.

Le principal avantage de ceux-ci sur les premiers est que le revêtement en maçonnerie s'y trouve abrité contre le tir plongeant des canons rayés.

L'armement de ces forts de ceinture comportait de 20 à 50 pièces dont la plupart étaient établies sur les faces, tandis que sur le flanc on mettait rarement plus de 3 ou 4 bouches à feu.

On voit déjà par cette courte description que ces ouvrages n'étaient en réalité que des batteries puissantes et compactes, garanties contre une attaque de vive force, la ligne de feu proprement dite étant presque entièrement occupée par la grosse artillerie. Mais, en même temps, une grande partie de cette ligne de feu était prise par des traverses, et par suite complètement inutile pour la défense de front.

Toutefois ces forts remplissaient parfaitement leur rôle de points d'appui pour l'artillerie, à l'abri d'une attaque de vive force. Grâce à leur

PLAN ET PROFILS D'OUVRAGES A DOUBLE REMPART

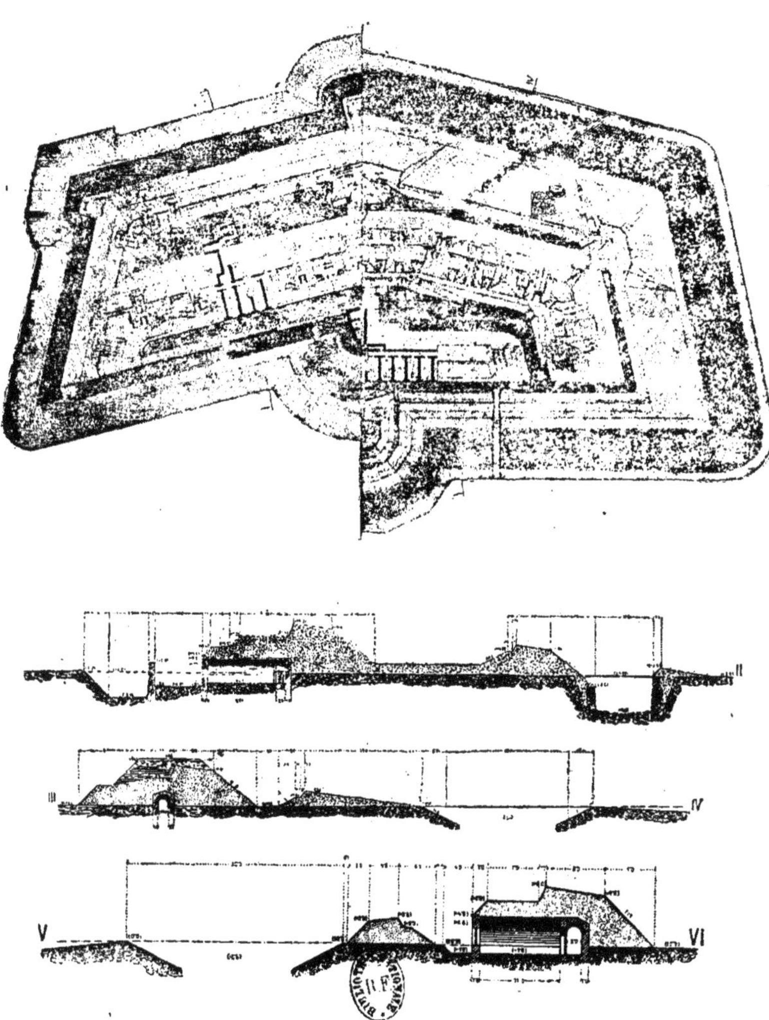

La Guerre future (p. 203, tome II).

puissant armement, ils étaient en état d'écraser les batteries ennemies d'investissement; en même temps, et en raison de l'état actuel de l'artillerie, ils répondaient, au point de vue de la défense, à tous les besoins, — attendu que les pièces et leurs servants s'y trouvaient suffisamment abrités contre les coups directs; et quand au tir vertical des mortiers lisses, il était en général assez faible.

Les ouvrages à double rempart différaient des premiers, principalement, par le profil. De ces deux remparts, celui d'arrière ou intérieur était plus élevé que celui d'avant ou extérieur. Ce dernier servait pour l'infanterie, quelquefois aussi pour l'artillerie légère, et par suite représentait une position pour le « combat à petite distance »; l'autre, qui portait les grosses pièces, était pour le « combat aux grandes distances ».

Le dessin de la planche ci-contre donne une figure très claire de ces ouvrages à double rempart.

Après les événements de Plewna, les autres ouvrages tombèrent en désuétude et, à partir de l'année 1880, le type à double rempart fut à peu près universellement admis par toutes les grandes puissances militaires.

Bien que ces grands forts, puissamment armés et disposés à grands intervalles, soient encore maintenant employés dans la pratique, on peut dire que, depuis la guerre franco-allemande, tout ce système de ceintures d'ouvrages n'inspire plus autant de confiance.

Toutefois, et malgré ses inconvénients assez visibles, on ne s'est pas décidé à le changer radicalement.

Et la principale cause en a été probablement que les artilleurs et les ingénieurs ne sont pas encore convaincus de l'impossibilité de maintenir des canons à ciel ouvert sur un rempart.

Ce qui tient, en partie, à ce que les exemples de 1870-71 n'ont pas été probants, — par suite de la mauvaise qualité des troupes de défense (milice, garde nationale, etc.), et à ce que le perfectionnement des canons rayés à tir vertical n'était pas encore généralement connu.

Quand ce nouveau moyen d'action de l'artillerie fut définitivement adopté partout, c'est-à-dire vers 1885, une violente tempête se déchaîna contre l'installation des pièces à ciel ouvert, et beaucoup de personnes soutinrent que le système de fortification devait être radicalement modifié.

Ce revirement d'opinion fut aussi causé par les progrès de fabrication de l'acier fondu, dont les nouveaux produits facilitaient beaucoup l'emploi des cuirasses en général, et en particulier l'établissement des canons à couvert Dans différentes circonstances, les cuirasses avaient été employées, dès le lendemain de 1870, par l'établissement de tourelles tournantes dans les caponnières, où on les disposait de telle façon qu'il fût possible de tirer par-dessus le glacis. Il est vrai qu'avec une telle disposition de la tourelle, on n'avait point un tir entièrement courbe ; mais, par contre, on ne gênait en rien le feu du rempart, dont les canons pouvaient sans interruption tirer par-dessus les tourelles.

Toutefois, jusque vers 1885, on ne se rendait pas encore bien clairement compte des avantages que pouvaient avoir les abris cuirassés dans les forteresses de terre ferme. On manquait de la formule systématique des principes conformément auxquels devait s'introduire ce nouvel élément dans l'organisme de la fortification permanente. C'est seulement en 1885 que l'ingénieur belge Brialmont publia son ouvrage capital : *La fortification du temps présent*, dans lequel il discutait en détail l'état actuel de la fortification se modifiant par suite de l'augmentation de puissance de l'artillerie et donnait des indications méthodiques sur l'application des abris cuirassés.

A côté du canon rayé, le mortier lisse ne jouait plus qu'un rôle tout à fait secondaire, car sa précision était si faible qu'on ne pouvait s'en servir avec quelques chances de succès qu'aux plus petites distances. Autre chose était le mortier rayé : sa portée était notablement plus grande et sa précision incomparablement plus élevée que celles du mortier lisse. Ainsi, par exemple, la plus grande portée des mortiers lisses autrichiens était : pour le 15 centimètres de 750 mètres, pour le 17 centimètres de 1,600 mètres, pour le 20 centimètres de 2,300 mètres et pour le 24 centimètres de 3,000 mètres.

De plus, la dispersion des coups atteignait, en partie, pour le dernier : à 1,500 mètres, déjà 105 mètres, et à 2,000 mètres, 125 ; les écarts en direction à ces mêmes portées étant respectivement de 33 mètres et de 66 mètres.

Or, comparativement, le mortier rayé de 15 centimètres modèle 1880 donnait déjà une portée de 3,500 et celui de 21 centimètres modèle 1880, une de 5,750 mètres. Et avec ce dernier, aux distances de 1,500 et 2,000 mètres, les écarts n'étaient en portée que de 18 et 20 mètres et en direction que de 1 m. 50 et 2 m. 40.

Ainsi, avec le mortier rayé, on pouvait frapper presque deux fois plus loin et plus fort qu'avec le mortier lisse à longue portée, et aux distances les plus importantes l'écart des projectiles était cinq fois moindre en portée, et vingt-cinq fois moindre en direction.

De tels chiffres sont plus éloquents que de longs discours; et si, en outre, on se souvient : que les mortiers actuels lancent également un shrapnell qui, par les dimensions du cône de dispersion de ses balles et éclats, compense l'insuffisance de la précision et les difficultés d'observation ; que de plus, par suite de la courbure de la trajectoire et des dimensions de l'angle de chute, tous les couverts et abris formés par les parapets et les traverses deviennent d'une efficacité très douteuse. Il est naturel qu'en présence de tel engins de combat on ne croie plus guère à la possibilité d'occuper des positions à ciel ouvert sur les remparts d'une place forte (1).

Dans le traité classique du général Müller (2) sont rapportées les plus nouvelles expériences et propositions relativement à l'effet des projectiles explosifs. — Pour donner au lecteur une idée de l'effet des nouveaux projectiles après leur éclatement et lui permettre de s'expliquer, au moins d'une façon générale, l'importance de l'effet produit par la dispersion de leurs éclats, nous donnons, dans la planche ci-contre, la figuration des résultats des tirs d'essai du shrapnell en acier contenant 735 balles du diamètre de 22 millimètres. Le premier dessin représente l'effet d'un coup et le second celui de quatre coups, à la distance de 3,130 mètres.

Mais la technique ne s'est pas arrêtée là (3).

Les derniers progrès de la tactique.

L'excellent travail du professeur K. Vélitchko, *Les moyens de défense des places fortes contre les attaques brusquées*, insiste entre autres choses sur l'importance des projectiles non encore employés jusqu'ici et qui, comme force d'éclatement, surpassent six fois les précédents.

D'après les indications données par le professeur Vélitchko, le nombre des balles contenues dans les shrapnells employés aujourd'hui par l'artille-

(1) Colonel Leitner, *Die beständige Befestigung* (La fortification permanente).

(2) *Die Wirkung der Feldgeschütze.*

(3) Une revue rapide des modèles de bouches à feu en service dans les armées française, allemande et russe, peut nous convaincre des modifications survenues sous ce rapport.

En France, on possède actuellement les bouches à feu de siège suivantes :

		Canons			Obusiers		Mortiers	
Calibre en centimètres		15,5	12	5,7	21	15,5	15,5	8,7
Modèle de.		1890	1889	de caponière	1891	1890	1890	»
Obus ordinaire . . (poids en kilog.)		31,5	18,1	3,125 (en 10 segments)	91	31,5	31,5	6,804
Charge d'éclatement.	—	1,25	0,6	0,096	4,8	1,8	1,8	0,21
Obus en fonte dure .	—	»	20,3	»	»	»	»	»
Charge d'éclatement.	—	0,55	0,275	»	»	»	»	»
Obus d'acier	—	39	20	2,65	»	»	»	»
Charge d'éclatement.	—	3,4	1,6	0,2	»	»	»	»
Shrapnell en fonte. .	—	»	»	»	91	31,5	31,5	»
Charge d'éclatement.	—	»	»	»	1,6	0,45	0,45	»
Shrapnell en acier. .	—	39	20	»	91	31,5	31,5	6,8
Charge d'éclatement.	—	0,47	0,23	»	0,91	0,425	0,425	0,145
Boite à mitraille. . .	—	39	20	3,68	»	»	»	»

rie allemande, est de 1,500 pour le canon de 21 centimètres et de 1,700 pour le mortier.

C'est-à-dire qu'il existe déjà dans l'armée allemande des bouches à feu susceptibles de lancer contre l'ennemi des projectiles représentant 5 fois plus de fragments dangereux (éclats ou balles) que ceux employés dans les autres armées, et cela à une distance de près de 5 kilomètres.

L'artillerie de siège et de place allemande se compose actuellement des bouches à feu ci-dessous :

I. — Artillerie de siège :

		Poids du corps du canon en kilogrammes
Canons. . . .	a) 12 centimètres lourd, en bronze durci, avec tube intérieur d'acier.	1.300
	b) 15 centimètres d'acier fretté.	3.115
	c) 15 centimètres d'acier long	3.365
Canons courts, obusiers. . .	d) 15 centimètres court, en bronze, avec tube d'acier intérieur.	1.458 et 1.490
Mortiers. . . .	e) 15 centimètres en bronze	670
	f) 15 centimètres long en bronze, avec tube d'acier .	745
	g) 21 centimètres en bronze	3.025 et 3.050
En outre . . .	h) canon de 5 centimètres en acier, à tir rapide. . .	143

II. — Artillerie de forteresse attelée :

Les pièces indiquées en *a*, *e*, *f* et *g*.

III. — Artillerie de forteresse non attelée :

Les bouches à feu énumérées au titre I, à l'exception de :

Le canon d'acier, long, de 15 centimètres	3.365
Le mortier de bronze, long, de 15 centimètres	745

Et d'autre part, avec l'addition des bouches à feu suivantes :

a) Canon revolver d'acier de 37 millimètres	211
b) — d'acier de 8 centimètres, mod. 64	275
c) — d'acier de 8 centimètres, mod. 67	290,5
Canon de bronze de 8 centimètres	305
— d'acier de 9 centimètres avec fermeture à piston	433,3
Un autre du même calibre.	431,5
Canon d'acier de 9 centimètres avec fermeture à coin, mod. 64.	414,3
Le même, mod. 67.	414,3
Canon de bronze de 9 centimètres.	440
— de campagne d'acier léger, mod. 73	390
— lourd d'acier, mod. 73	450
— de campagne d'acier, mod. 73-88	420
— en bronze lourd de 9 centimètres.	450
Le même, avec cylindre intérieur d'acier	450

La même différence se remarque dans les bombes-torpilles : La bombe-torpille du plus fort modèle français renferme 160 livres de mélinite ; en Allemagne, elle contient 175 livres de pyroxyline; en Russie, 64 livres. D'ailleurs, on comprend très bien que le professeur Vélitchko ne communique pas plus de renseignements détaillés sur les projectiles russes et que les

---

	Poids du corps du canon en kilogrammes
Canon de bronze de 12 centimètres	955,5
— d'acier de 15 centimètres	2.506
— de bronze —	2.533
— lourd de bronze de 15 centimètres	3.020
— long d'acier fretté de 15 centimètres	4.000
— d'acier de 21 centimètres, renforcé par un manchon, environ	9.000
— court de bronze de 21 centimètres	2.406
Obusier de tourelle de 21 centimètres en bronze avec cylindre intérieur d'acier	2.174

La Russie a les bouches à feu suivantes :

I. — Pièces de siège :

Canons :
- *a)* d'acier de 42 lignes (10 c. 67), mod. 77.
- *b)* — de 6 pouces allégé (15 c. 24), mod. 77.
- *c)* — de 6 pouces lourd (15 c. 24), mod. 77.
- *d)* — de 8 pouces léger (20 c. 34), mod. 77, fretté.

Mortiers :
- *e)* de 34 lignes en acier (8 c. 7), mod. 77.
- *f)* de 6 pouces — (15 c. 25), de campagne.
- *g)* de 8 — — (20 c. 34), mod. 77.
- *h)* de 9 — — léger (23 c. 03), 3,000 kilogrammes.

A quoi il faut ajouter des bouches à feu plus anciennes :

Canons :
- *i)* de 10 c. 5, en acier.
- *j)* de 6 pouces, léger (15 c. 22), en acier ou en bronze.
- *k)* de 8 pouces (20 c. 32), en acier.

Mortiers :
- *l)* de 8 pouces (20 c. 32), en acier, bronze ou fonte.
- *m)* de 9 pouces (23 c. 03), en acier, mod. 77, 5,580 kilogrammes.

II. — Pièces de places :

Aux bouches à feu ci-dessus dont quelques-unes s'emploient dans les places, notamment celles désignées par les lettres *c, i, k, l* et *m,* il faut ajouter :

Les anciens canons de campagne, de bronze ou d'acier :
- *o)* de 4 livres, mod. 67 (8 c. 67).
- *p)* de 6 — — (10 c. 67).

Des canons mod. 67, 71 et 72, en acier, bronze ou fonte :
- *q)* de 12 livres longs.
- *r)* de 12 — courts.
- *s)* de 24 — longs.
- *t)* de 24 — courts.

u) Canons d'acier légers de 8 pouces (mod. 73).
v) Canons à tir rapide Gatling.
x) Fusils de rempart.

données y relatives soient connues seulement quelque temps après celles qui concernent la France et l'Allemagne.

L'accroissement de puissance des projectiles.

Quant aux proportions dans lesquelles s'est accrue la puissance des nouveaux projectiles, on peut s'en faire une idée d'après le compte rendu du capitaine Grebenchtchikoff sur les résultats obtenus par une commission spéciale chargée de ce genre d'expériences.

Ce compte rendu nous apprend que « 100 shrapnells de canons de batterie (1) ont mis hors de combat les 2/5 environ des défenseurs occupant les retranchements contre lesquels ils tiraient; 50 shrapnells de mortiers de campagne en ont mis hors de combat plus de la moitié (2).

« D'une distance d'environ 1,000 sagènes (un peu plus de 2 kilomètres) et dans une direction perpendiculaire à la face gauche d'un ouvrage établi en plein champ, il fut tiré avec un mortier de campagne de 6 pouces, 12 shrapnells à fusée percutante et 50 à fusée fusante.

« La durée de ce tir fut d'une heure, et sur 366 mannequins il en fut atteint 98, c'est-à-dire 27 0/0, qui reçurent un total de 322 balles et 14 éclats (3). »

De sorte que, si au lieu de se servir des anciens shrapnells ordinaires donnant 340 éclats ou balles chacun, on s'était servi des nouveaux qui, d'après le professeur Vélitchko, fournissent de 1,500 à 1,700 fragments, et dont, par conséquent, la puissance destructive doit être quatre fois plus forte, les défenseurs eussent tous été anéantis jusqu'au dernier.

Plus tard, cette même commission, cherchant à déterminer le degré d'accessibilité pour l'assaut, présenté par la fortification après la canonnade, arrivait à conclure que l'effet des bombes fougasses avait rendu la face gauche entièrement praticable. Et, dans la réalité des choses, l'effrayante force destructive des projectiles ferait sans doute sur la garnison une impression tellement terrible qu'elle la contraindrait à évacuer l'ouvrage sans même attendre l'assaut.

Mais aujourd'hui, outre les projectiles lancés par les mortiers et les canons ordinaires, les armées sont munies de canons pneumatiques inventés par le capitaine Zalinski. Au moyen de l'air comprimé, ces canons lancent des projectiles qui renferment environ 17 livres de substance explosive (en France, de mélinite). Un de ces canons pneumatiques, établi à 1,000 sagènes ou 2 kilomètres d'un ouvrage, peut y envoyer 75 0/0 de ses projectiles.

Mais pour le cas où il serait nécessaire d'agir de plus loin, les armées

(1) Les Russes désignent par cette dénomination de « canons de batterie » leurs canons de campagne du plus fort calibre.

(2) Pour l'exécution de ces expériences, on avait disposé dans les ouvrages des mannequins aux places habituellement occupées par les défenseurs.

(3) *Saperno-artilleriïskie opyty* (Expériences d'artillerie-génie). *Voïennyi Sbornik.*

ınt pourvues de mortiers dont le tir a une précision frappante. On peut ɜn faire une idée par les chiffres suivants que rapporte le général Brialmont.

D'après ce général, les expériences de tir exécutées dans les polygones instruction de l'Allemagne ont donné les résultats que voici :

A 1,000 mètres de distance, 50 0/0 des coups ont frappé un objectif rge de 0 m. 90 et long de 6 mètres ; à 2,000 mètres cette meilleure moitié s coups s'est groupée sur une surface large de 2 m. 60 et longue de 12 ; 3,000 mètres, le rectangle analogue avait 4 m. 80 sur 20 mètres ; et à 000 mètres, 6 m. 20 sur 25 (1).

Enfin, lorsqu'il s'agit simplement de produire des effets destructeurs, ıns qu'il soit nécessaire de tirer avec précision, le bombardement de ces ortiers ou canons pneumatiques est efficace même à des distances de à 12 kilomètres.

Le général Pierron signale des expériences exécutées par le comman- ınt d'un bataillon du génie autrichien, sur l'effet des canons du plus grand libre que les chemins de fer Decauville permettent de transporter. Avec s canons, on peut envoyer des projectiles-torpilles jusqu'au cœur même s places fortes, d'une distance de 10 à 12 kilomètres, en faisant passer ces ojectiles par-dessus les forts détachés, — et on peut produire ainsi des plosions et des incendies dans la ville.

Mais nous avons déjà dû rappeler qu'il n'y a pas de limites à l'ingé- osité humaine. A l'Exposition de Chicago se trouvait un canon Krupp, ɔnt, s'il faut en croire la brochure éditée par Krupp lui-même, les projec- es pouvaient atteindre des objectifs situés jusqu'à 20 kilomètres. Ce canon se 1,922 pouds et a 9 3/4 pouces de diamètre. Pour le charger avec ı boulet qui pèse 474 livres, il faut 253 livres de poudre.

Progrès des moyens de défense.

Le renforcement des moyens de défense a marché de pair avec le déve- ppement des ressources techniques de l'attaque. Le général Villenoisy a rit : « L'art de tirer contre un but invisible, sur la situation duquel on a que des indications, s'est, dans ces derniers temps, tellement perfec- onné qu'on peut l'exécuter maintenant avec autant de précision que le r contre un but visible. Rien ne s'oppose à ce que l'artillerie de la défense, ı lieu de s'établir sur des points élevés, se place derrière des abris naturels ı artificiels ; et on peut construire les forts de telle sorte que tout y soit ıché aux regards de l'ennemi et que les logements de la garnison soient couverts d'une couche de terre de quelques mètres d'épaisseur. »

Naturellement ici se pose la question de savoir si l'on trouvera des abris ssez forts pour résister à l'action des projectiles actuels.

---

(1) Général Pierron, *Stratégie et grande tactique.*

Ces mêmes indications ont servi de base à l'ouvrage déjà cité de Bri mont : *La fortification du temps présent;* mais l'auteur n'y tirait pas enco de conclusions définitives des faits constatés. Le camp retranché de Bria mont consiste dans un noyau de fortification permanente mis à l'abri bombardement et d'une ceinture d'ouvrages extérieurs. En tenant comp du maximum de portée du canon de 15 centimètres — 10,000 mètres — de ce que les batteries de bombardement doivent s'établir au moins 3,000 mètres des ouvrages, cette ceinture est disposée à 7,000 mètres noyau central.

En admettant que ce noyau central, avec l'espace libre nécessaire (po les camps, les lieux de rassemblement, les magasins, etc.) entre les ouvrag et la ville proprement dite, doive avoir, dans la plupart des cas, environ 4 kil mètres de diamètre, on arrive à trouver qu'un camp retranché semblab aura un diamètre moyen de 18 kilomètres, et une circonférence d'environ 5

Un rayon aussi considérable rend déjà par lui-même la défense acti très difficile et il vaudrait mieux le diminuer; d'autant que la grande impo tance qu'on semble ainsi attacher à l'éventualité d'un bombardement énorme distance — et, pour cette raison, probablement inoffensif, — n semble pas absolument justifiée par de la situation.

Entre les ouvrages détachés qui forment la ceinture, Brialmo laisse un écartement égal au double de la portée efficace du canon, c'es à-dire de 4 à 5 kilomètres. On voit donc que, sous ce rapport, il conserv encore l'ancienne manière de voir, car ces grandes distances paraissent e théorie des maxima, et, sur le terrain, elles présentent des intervalles diff ciles à défendre. Pour écarter ce défaut, Brialmont dispose entre deux for détachés des batteries intermédiaires dont l'armement n'est pas toutefo calculé pour résister aux tentatives qui seraient faites pour rompre cet ceinture, mais consiste uniquement en bouches à feu à tir vertical.

Les forts de la ceinture sont armés de canons de 15 centimètres 18 centimètres et de mortiers de 21 centimètres.

Le dessin, donné dans la planche ci-contre, d'une des batteries inte médiaires, — dessin emprunté au traité du colonel Leitner, *Die beständig Befestigung*,— est assez clair par lui-même pour n'avoir pas besoin d'expl cation.

Malgré les énormes dépenses qu'entraîne la construction de ces fort gigantesques, ce système a été pratiquement appliqué, comme pa exemple dans la construction des fortifications de Bucharest.

Toutefois, il n'a pas tardé à rencontrer, sous la forme de projectile brisants, un terrible adversaire, vis-à-vis duquel au moins certains détail d'organisation se sont trouvés surannés, et qui a contraint la fortificatio à rechercher de nouveaux moyens pour renforcer ses ouvrages.

PLAN ET PROFILS D'UNE BATTERIE INTERMÉDIAIRE (DE BRIALMONT).

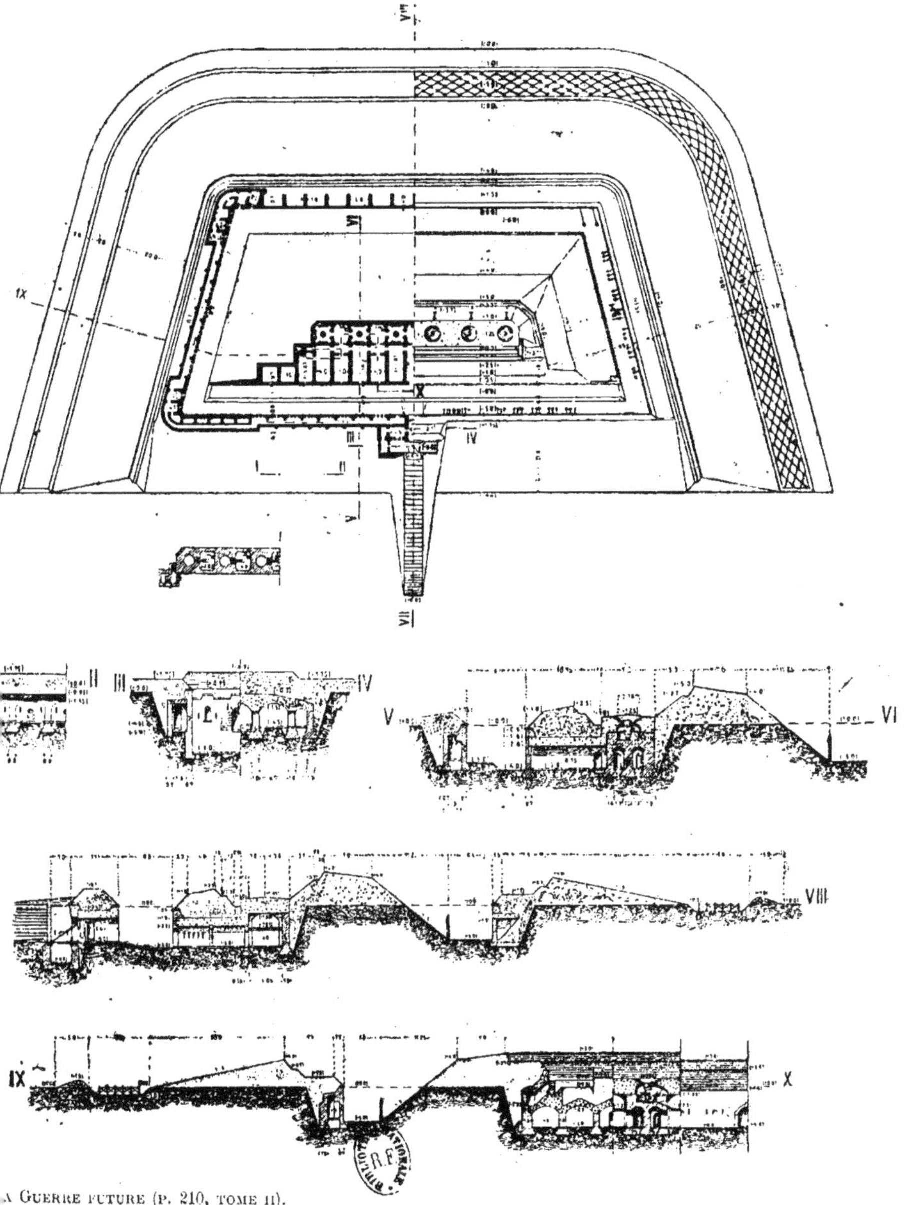

LA GUERRE FUTURE (P. 210, TOME II).

Effet produit par 3 shrapnells du système Canet, tirés contre un mur en pierre.

La Guerre future (p. 211, tome ii).

[illegible] es de 180 re[illegible] de moilion [illegible]
et diable d'un se[illegible] [illegible] de moilion [illegible]
[illegible] contient [illegible]
un magasin [illegible]
de largeur, dans les revêtements [illegible]

Quant à la résistance des routes [illegible]
résulte des calculs du général [illegible]
minute, creusée dans le [illegible]
donc de 0 m [illegible]
du [illegible]
que de 0 m [illegible]
0 m 65 de [illegible]
[illegible] sur [illegible]
[illegible]
qui [illegible]
explosive [illegible]

[illegible]

on seulement de matière [illegible]

Les projectiles brisants.

L'obus de 155, rempli de mélinite, traverse une voûte épaisse de 1 mètre, et il suffit d'un seul projectile du mortier de 220 millimètres français, — lequel contient 32 à 33 kilogrammes du même explosif, — pour détruire un magasin à poudre ou faire une brèche praticable de 12 à 15 mètres de largeur dans les revêtements nantis d'escarpe et de contrescarpe.

Quant à la résistance des voûtes en béton de différentes épaisseurs, il résulte des calculs du général Brialmont que la bombe-torpille, chargée en mélinite, creuse dans le béton le plus solide un entonnoir d'une profondeur de 0 m. 30 sur un diamètre de 1 m. 20 à 1 m. 50. Si dans le voisinage du premier projectile, il en tombe un second, il n'approfondit l'entonnoir que de 0 m. 10 à 0 m. 15; mais un troisième l'amène jusqu'à 0 m. 60 à 0 m. 65 de profondeur. Par conséquent, il ne faut pas moins de 6 à 8 bombes, groupées sur une surface de 1 à 2 mètres carrés, pour traverser une épaisseur de 1 m. 50. Contrairement à ce qui a lieu pour les bombes ordinaires, qui agissent plutôt par leur force vive que par l'action de leur petite charge explosive, l'effet des bombes-torpilles dépend uniquement de celui de cette charge, absolument comme cela se passe pour les mines.

Pour que la bombe-torpille produise un effet vraiment destructeur, il faut qu'avant d'éclater elle se soit enfoncée plus ou moins dans le sol, suivant la puissance de la charge explosible; parce qu'alors l'explosion s'effectue dans un milieu bien résistant qui joue le rôle du bourrage de la mine. On comprend que, dans ces conditions, il n'est pas difficile d'organiser des projectiles contenant une quantité d'explosif assez grande pour démolir toutes les constructions en maçonnerie, qu'elles soient ou non défilées, c'est-à-dire couvertes aux vues par des masses quelconques. Et, en effet, on peut maintenant employer des projectiles qui contiennent 220 kilogrammes d'explosif, au lieu des 33 kilogrammes qu'on y mettait primitivement, c'est-à-dire sept fois plus puissants. Les maçonneries recouvertes de terre, comme les voûtes des casemates par exemple, sont exposées à un danger peut-être encore plus grand ; car la bombe qui les atteint éclate sur la surface même de la voûte après s'être préalablement enfoncée dans les 3 ou 4 mètres de terre qui la recouvrent, et qui jouent alors le rôle d'un bourrage de mine.

Un effet analogue à celui produit par la chute des bombes-torpilles sur des constructions en maçonnerie couvertes d'une couche de terre, se produit pour celles qui tombent sous de grands angles en arrière des murailles dont sont revêtus les talus de la fortification. Il n'est donc évidemment pas difficile de démolir, avec ces nouveaux projectiles, des parapets de 6 à 8 mètres d'épaisseur comme ceux qui existent actuellement.

De ce qui vient d'être dit, il résulte que les bombes-torpilles menacent non seulement le matériel proprement dit des batteries et leurs servants, mais toutes les constructions élevées dans le but de les couvrir et de protéger.

La figure ci-dessous nous donne une idée des résultats produits par choc d'une bombe-torpille dans un mur de revêtement (1).

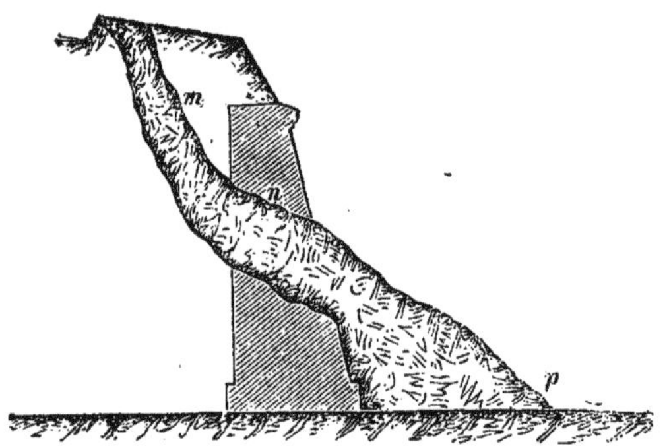

Effet d'une bombe-torpille dans un mur d'escarpe.

Plus loin, nous donnons des dessins représentant les résultats de l'ef d'une bombe-torpille Krupp de 15 centimètres, longue de 6 calibres et contenant que 11 kilogr. 475 de poudre, bombe qui n'en a pas moins pr duit de sérieux dégâts dans une batterie. Ce projectile était tombé dans parapet, à l'endroit de son raccordement avec le plafond d'un trou chargement, plafond composé d'une série de poutres carrées de 0 m. d'équarrissage couvertes d'un rang de fascines; par-dessus le tout se tro vait une couche de terre de 1 m. 50 d'épaisseur. L'éclatement du project détruisit complètement le plafond; les poutres et les fascines furent brisé et dispersées comme on le voit sur la figure 2 (2).

Toutefois, des recherches ultérieures ont montré que des voûtes solide non recouvertes de terre, sont assez insensibles à l'effet des bombes b santes. Ce qu'il n'est pas difficile de s'expliquer, parce que, dans une sub tance dure comme la maçonnerie, les bombes ne peuvent pas pénétr profondément avant d'éclater ; et, par suite, elles se trouvent, au mome où elles éclatent, dans des conditions défavorables à l'effet de cet éclateme parce qu'elles sont en dehors de tout milieu résistant.

(1) Boudaïevsky, *Cours d'artillerie.*

(2) *Sciences militaires :* Projectiles à parois minces tirés avec une faible charge projection.

Fig. 1.

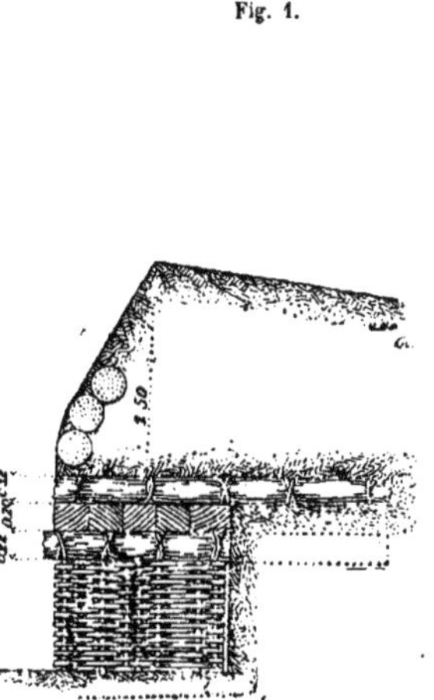

Fig. 2.

Effet produit sur une batterie par une bombe-torpille Krupp de 15 centimètres.

Enfin, on pouvait supposer — et les dernières expériences ont con-
·mé cette hypothèse — que des pierres naturelles très solides, comme le
·anit et la basalte, se montreraient, sous ce rapport, meilleures encore que
béton, attendu qu'il est plus difficile aux bombes d'y pratiquer des
tonnoirs.

Nous empruntons à l'ouvrage du professeur Vélitchko un dessin qui
t comprendre l'action du choc d'un projectile explosif sur une couche de
ton.

La suppression des fortes épaisseurs de terre, accumulées sur les
ûtes des constructions casematées, avait toutefois cet inconvénient que
n n'arrêtait plus l'action des éclats des projectiles qui venaient à les
apper. — Et ce devait être un motif de renoncer aux maçonneries à
couvert. D'ailleurs le séjour dans une casemate ainsi voûtée, pendant
'elle était exposée au tir des projectiles brisants, eût été rendu impossible
n que par suite de la grande pression des gaz produits au moment de
xplosion des projectiles et des propriétés vénéneuses de ces gaz.

Indépendamment de leur influence essentielle sur tous les détails de
nstruction des ouvrages fortifiés, l'apparition des gros projectiles brisants

a fait faire un nouveau pas dans la voie déjà ouverte : limiter la nécessité d'appliquer les moyens de combat sur un mur à découvert.

Idées nouvelles de Brialmont.

Ce principe contraignit le général Brialmont à publier en 1888 un nouveau traité : *L'influence du tir plongeant et des obus-torpilles*. Les modèles-types présentés dans ce travail diffèrent notablement de ceux qu'on trouve dans *La fortification du temps présent*, — non seulement par les détails, mais par l'ensemble du système, et particulièrement au point de vue d'un emploi plus fréquent des constructions cuirassées.

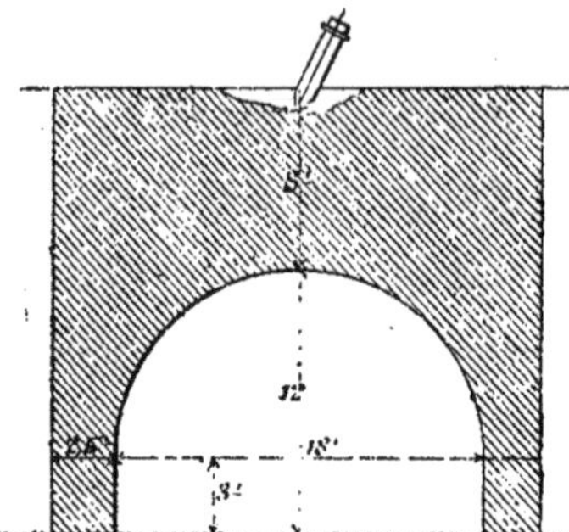

Effet d'un obus brisant sur une voûte en béton.

Les progrès de l'industrie du fer ont donné l'idée de construire des batteries cuirassées et l'on a commencé d'en établir dans différents ouvrages.

Les cuirassements.

Pour montrer clairement ce qu'on fait dans ce sens, nous donnons un dessin de la casemate cuirassée construite par Grüson et un autre faisant voir la réunion en batterie d'un certain nombre de ces casemates.

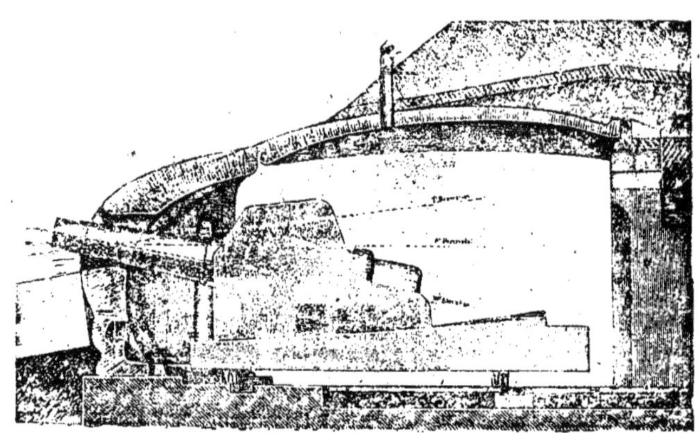

Profil d'une batterie cuirassée pour canons de 21 centimètres.

Toutefois, au fur et à mesure des progrès de l'artillerie, ont surgi des doutes de plus en plus grands sur la valeur des forteresses isolées.

Le système « des régions fortifiées ».

En 1890, le général Brialmont fit paraître un nouvel ouvrage sous ce titre : *Les régions fortifiées*. Il y expose les inconvénients des camps retranchés isolés, en raison de la facilité de leur investissement et du peu de liberté d'action des armées qui vont chercher un abri dans ces camps. Puis il montre les avantages qu'auraient les groupes de forteresses qu'il désigne sous la dénomination ci-dessus indiquée.

Vue d'une batterie cuirassée pour canons de 21 centimètres.

D'après lui, une telle « région fortifiée » doit se composer — suivant les conditions géographiques et le but qu'on se propose d'atteindre — de trois à cinq points fortifiés, avec ou sans un point central, et dont la disposition peut être combinée des diverses façons suivantes.

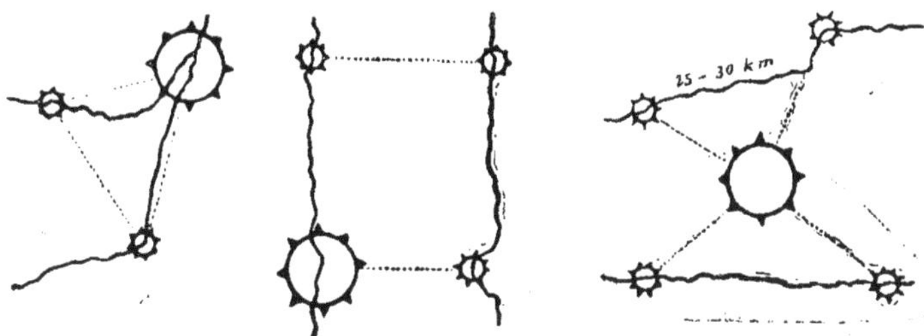

Groupes de forteresses d'après le système Brialmont.

Suivant leur position et leur importance, les différentes forteresses de la région constituent seulement des *points d'appui* ou des *camps retranchés* complets. — Si, dans le groupe, il existe un point central, celui-ci constitue naturellement un camp retranché et les autres sont seulement des points d'appui ; dans le cas contraire, ce camp peut se trouver sur le périmètre de la région. Les *fronts* de cette région ne doivent point avoir plus de 25 à 30 kilomètres de long, afin qu'une fraction d'armée établie entre deux points d'appui ne puisse pas être tournée, ni entourée sans que l'ennemi vienne se heurter à ces derniers.

Points d'appui et camp retranché principal sont d'ailleurs projetés sous la forme de forteresses entourées d'une ceinture extérieure de forts.

Mais comme les premiers peuvent être simplement des emplacements d'installation pour les troupes sans espace fortifié autour d'eux, ils n'ont besoin, dans ce cas, que d'un très petit noyau ou même reçoivent, en son lieu et place, un simple ouvrage fortifié central, autour duquel une ceinture est organisée à 3 ou 4 kilomètres. Une si petite distance entre la ceinture et le noyau s'explique par l'inutilité d'avoir des camps abrités à l'intérieur même des points d'appui, puisqu'on peut établir ces camps où l'on veut dans les limites de la région fortifiée.

Système du lieutenant-colonel Schumann.

Presque au moment où paraissait l'ouvrage de Brialmont : *La fortification du temps présent*, le lieutenant-colonel allemand Schumann (1) publiait une brochure qui voulait en finir d'une façon plus radicale avec la méthode de fortification actuelle et qui proposait un nouveau système appuyé sur les considérations suivantes :

1° Le mortier rayé a rendu impossible la défense à ciel ouvert sur les remparts, et par conséquent toutes les bouches à feu doivent être abritées par un blindage cuirassé.

2° L'emploi de blindages cuirassés pour les canons permet de renoncer complètement au type des anciens ouvrages, tant au point de vue de leur grandeur qu'à celui de l'esprit même dans lequel ils étaient organisés.

Le blindage cuirassé est insensible au tir d'enfilade et par conséquent il permet de renoncer aux traverses, ce qui rend possible une diminution de la dimension des forts.

A cela, il faut ajouter le rayon six fois plus étendu de la sphère d'action des tourelles tournantes qui permettent de résoudre les différents problèmes de la direction du tir des faces, des flancs et de la gorge ; cela conduit à réduire l'armement, et par conséquent aussi à diminuer les dimensions des ouvrages.

Mais Schumann conserve également le type général de forteresse avec la ceinture de forts, son but étant de mettre la surface centrale à l'abri du bombardement.

Toutefois, son système, si originalement conçu et complètement élaboré, n'a trouvé d'application nulle part. Pour ce qui est des constructions cuirassées, Schumann s'est montré sur cette question véritablement un homme de progrès.

Il a proposé de construire, pour la ceinture, de petites batteries cuirassées, écartées les unes des autres, au lieu des forts cuirassés assez grands qu'il avait d'abord projetés. Cette idée lui fut inspirée par le général bavarois

(1) *Die Bedeutung drehbarer Geschützpanzer « Panzerlafetten » für eine durchgreifende Reform der permanenten Befestigung* (L'importance des canons cuirassés tournants. Affûts cuirassés pour une réforme radicale de la fortification permanente). — Potsdam, 1884.

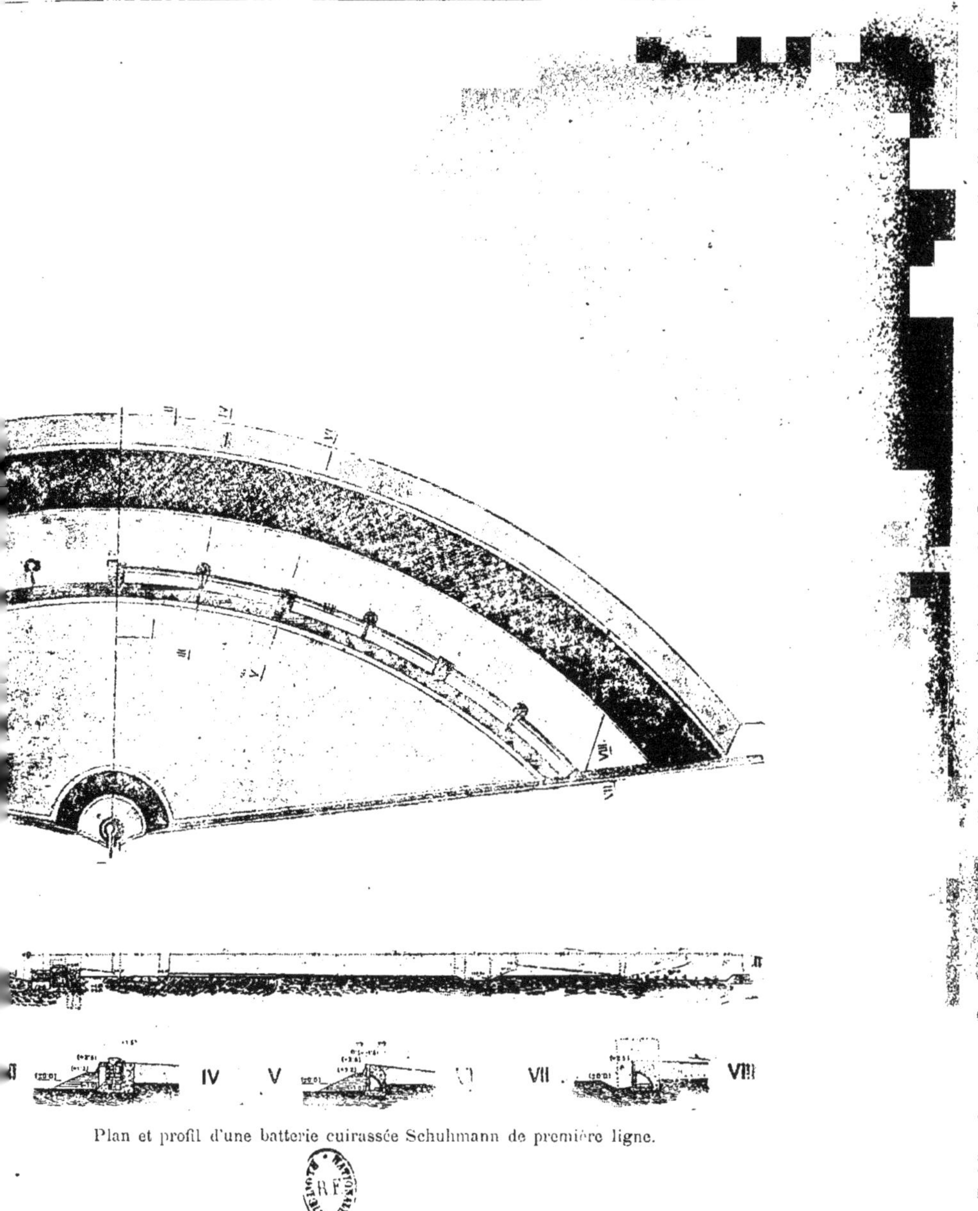

Plan et profil d'une batterie cuirassée Schuhmann de première ligne.

Sauer qui, en 1885, publia ses recherches sur la question de l'attaque et de la défense des places (1) et donna par là même naissance à une nouvelle école de fortification, ainsi qu'à des réformes considérables dans le domaine de la guerre de forteresse.

Le général Sauer reprochait au système de fortification actuel les défauts suivants : les intervalles entre les forts sont trop grands et ils sont mal disposés; les ouvrages ont souvent un profil trop élevé; les emplacements des canons sur le rempart sont trop visibles; le flanquement des intervalles dans la ceinture de forts n'est pas armé d'une manière satisfaisante; la distance entre cette ceinture et le noyau central est trop grande et la défense de ce noyau lui-même est souvent négligée; enfin l'emploi d'artillerie mobile par la défense n'est pas convenablement prévu.

Les indications du général Sauer firent voir si clairement les défauts des fortifications existantes qu'immédiatement on se mit partout à travailler à leur amélioration.

Schumann publia un nouveau traité sous le titre : *Die Panzerlafetten und ihre fernere Entwickelung* (Les affûts cuirassés et leur développement ultérieur), dans lequel il insiste principalement sur la nécessité d'employer très largement les tourelles cuirassées tournantes.

Il voulait établir une ceinture composée de plusieurs lignes de batteries cuirassées, celles de la ligne principale étant établies à 1,000 mètres l'une de l'autre, et armées : d'un canon de 12 centimètres avec affût à éclipse; de six canons à tir rapide de 53 millimètres montés sur des affûts semblables et de deux mortiers de 12 centimètres sur affûts cuirassés tournants.

L'organisation de ces batteries est indiquée par les figures de la planche ci-contre.

La batterie cuirassée de première ligne présente l'aspect général d'un glacis ne dépassant que le moins possible le terrain qui l'environne, et son tracé a l'aspect d'un éventail au centre duquel sont disposés le canon de 12 centimètres et les deux mortiers avec les magasins à poudre et autres abris qui leur sont nécessaires ; les canons à tir rapide sont disposés en demi-cercle en avant.

Dans ce système on compte peu sur l'infanterie pour la défense, et Schumann met toute sa confiance dans les machines.

En arrière de la première ligne, à environ 500 mètres, se trouve la seconde, dont les batteries sont disposées en échiquier relativement à celles de la première, c'est-à-dire vis-à-vis des intervalles de celle-ci, — et armées chacune d'un obusier de 12 centimètres et de 4 à 6 canons à tir rapide de 53 millimètres montés sur affûts à éclipse.

(1) *Ueber Angriff und Vertheidigung fester Plätze* (Sur l'attaque et la défense des places fortes). — Berlin, 1885.

La planche correspondant à cette page fait voir comment sont construites ces batteries; leur organisation est, d'ailleurs, tellement simple que de plus amples explications ne sont pas nécessaires.

Enfin, à une distance de 300 à 500 mètres en avant de la ligne principale, on peut disposer encore une sorte d'avant-ligne, composée de tranchées ordinaires avec emplacements préparés pour des canons de 37 millimètres à tir rapide, sur affûts cuirassés mobiles.

Les canons de 12 centimètres, les mortiers et les obusiers sont destinés, avant tout, à engager la lutte aux grandes distances et à contre-battre les batteries ennemies, tandis que les canons légers à tir rapide servent pour le combat rapproché. Cependant, pour repousser une attaque de vive force, toutes les pièces entreraient en jeu, en employant le tir à shrapnell ou le feu courbe.

Pour se mettre à l'abri d'une attaque semblable, il fallait renforcer tous ces dispositifs par des réseaux de fils de fer. Mais l'auteur supposait que ces derniers ne pouvaient être utilisés qu'en cas d'attaque imprévue, parce que, dans les autres circonstances, les batteries sont protégées contre un assaut par la masse même de leur feu, en dehors de tous les obstacles artificiels.

Tous ces dispositifs, y compris les batteries, sont établis d'après un type calculé pour résister seulement aux effets des canons de 12 centimètres ou de 15 centimètres. L'effet de choc et d'explosion des bombes brisantes de 21 centimètres n'a pas été pris en considération parce que les objectifs offerts au tir (les tourelles) sont de si petite dimension et s'élèvent si peu au-dessus du sol environnant, qu'elles ne peuvent servir de buts au tir régulier de bouches à feu de si gros calibres. Ce système original a été appliqué pratiquement à la fortification de la ligne du Séret, en Roumanie.

Mais comme les bombes brisantes de 21 centimètres sont de plus en plus employées et comme, en outre, on a commencé de construire des mortiers de 30 centimètres, les ingénieurs ont bientôt voulu aller plus loin.

Les idées du commandant Mougin.

Le commandant Mougin a fait connaitre les idées régnantes dans une brochure intitulée : *Le fort de l'avenir*. Il ne fait, il est vrai, qu'y exposer le projet des forts cuirassés, mais il y apprécie d'une façon générale le système des places fortes actuelles et de leur défense.

Mougin voudrait construire une ceinture composée d'une série de forts cuirassés, distants l'un de l'autre de 2 à 6 kilomètres. Ces forts doivent constituer des points d'appui fixes pour le reste de la défense rendue aussi mobile que possible, et à laquelle ils servent de protection tant contre une attaque de vive force que contre une attaque régulière. Mais il ne donne à ces ouvrages qu'un armement défensif.

FORT INTERMÉDIAIRE DE SCHUMANN.

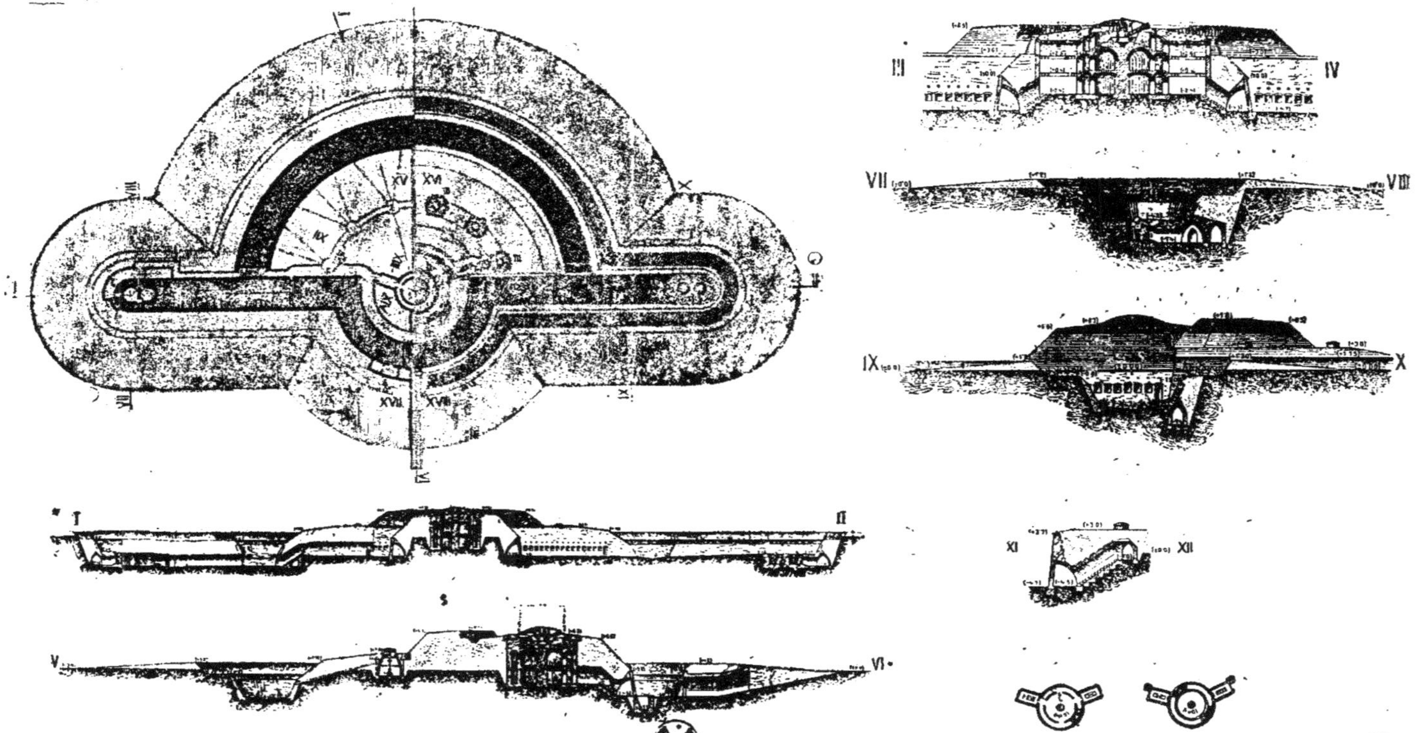

La Guerre future (p. 218, tome II).

Dans l'organisation des points d'appui, Mougin se sépare nettement de tous les autres ingénieurs du cuirassement. Il veut que ses ouvrages soient le plus possible invulnérables par toute espèce de projectiles, y compris même les grosses bombes brisantes. Et dans ce but, il les enterre complètement de façon qu'à aucun point de vue leur tracé ne ressorte sur le sol. En outre, il a complètement exclu la terre de ses constructions qu'il exécute exclusivement en béton, c'est-à-dire avec une matière peu sensible à l'effet de fougasse et de choc des projectiles.

De cette manière, le *fort de l'avenir* de Mougin présente une sorte de rocher artificiel, dans lequel ont été ménagés, sous forme de souterrain, tous les emplacements nécessaires à la garnison, — comme on le voit par la figure suivante :

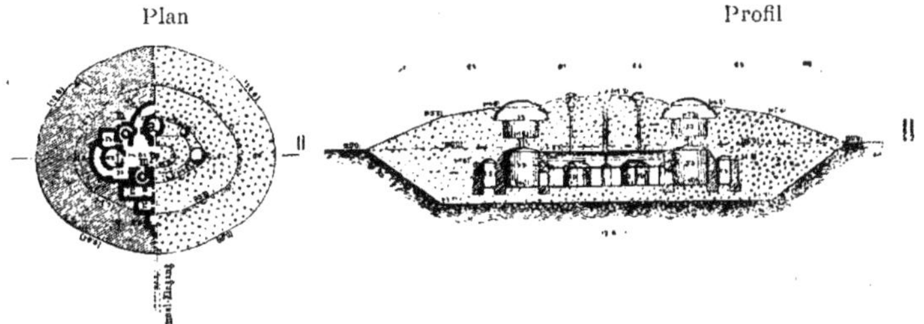

Fort de ceinture (Mougin).

Cette masse de béton a, en plan, une forme elliptique. Et quant à son profil, il se modèle le plus possible sur le terrain environnant. Dans le massif même se trouve une chambre centrale où aboutissent toutes les communications et portes des chambres latérales ; et c'est de cette chambre centrale que partent tous les moyens d'accès aux tourelles cuirassées. Tout l'armement, ainsi que les observatoires et les appareils d'éclairage électrique, sont installés dans les tourelles cuirassées.

A la page 220 on trouvera le dessin de l'emplacement cuirassé pour un projecteur (1).

Comme le fort tout entier est enterré et n'a pas de fossés, on comprend que toutes ses chambres ne peuvent être éclairées et ventilées qu'artificiellement.

D'après l'inventeur, l'ouvrage est garanti contre une attaque de vive force, parce que toutes ses ouvertures sont fermées par les couvercles en fer des tourelles tournantes et que ses huit canons-revolvers présentent une excellente ressource pour combattre de près.

(1) Appareil servant à éclairer électriquement le terrain au loin.

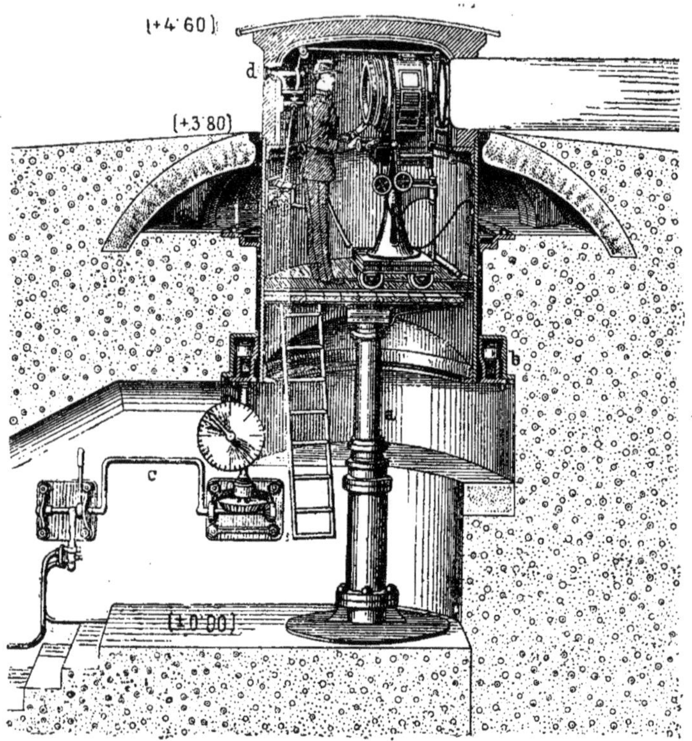

Logement cuirassé d'un appareil d'éclairage électrique.

En outre, les garanties contre l'attaque peuvent être encore augmentées par des obstacles artificiels.

Comme Schumann, Mougin ne compte aucunement sur le secours de l'infanterie pour défendre son fort ; aussi la garnison de celui-ci ne se compose-t-elle que des servants des pièces et d'un grand nombre de mécaniciens qui, dans un ouvrage dont l'outillage mécanique est si complexe, jouent naturellement le principal rôle.

En réalité, le projet Mougin n'est pas un fort, mais simplement une casemate organisée pour la défense.

Enfin, l'ingénieur hollandais Vordauin propose, de son côté, de construire une ceinture formée de petits ouvrages, distants seulement de 2 kilomètres l'un de l'autre, de manière à pouvoir se soutenir mutuellement par un feu de shrapnells de la plus grande efficacité. Sur la crête de l'ouvrage

TYPES DES PLUS RÉCENTES TOURELLES

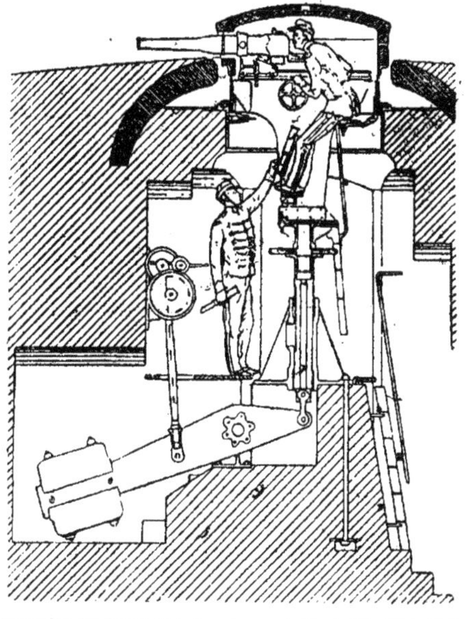

Tourelle du Creusot pour canons à tir rapide Hotchkiss.

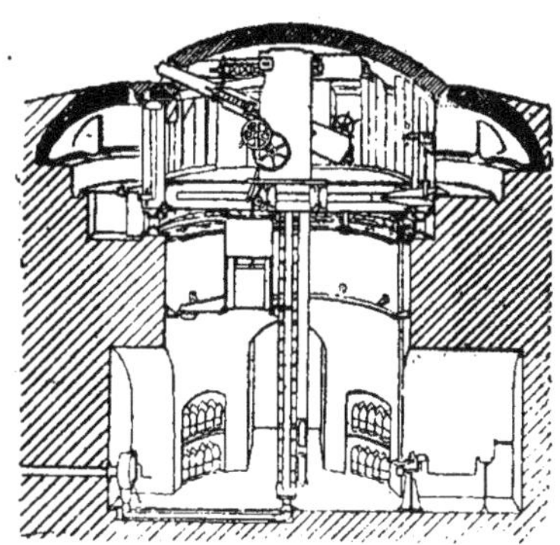

Tourelle du Creusot : type adopté par le gouvernement belge.

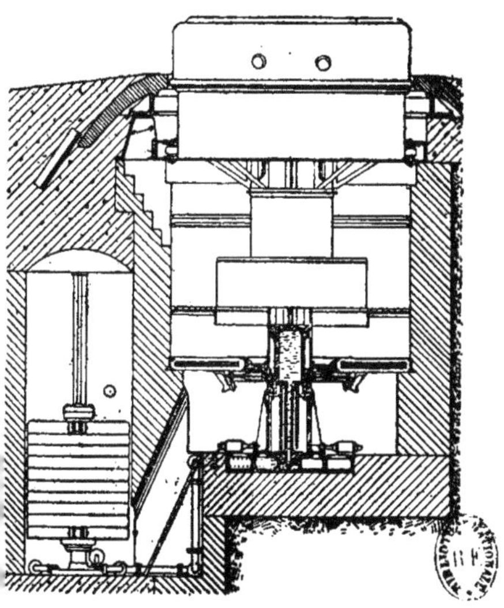

Tourelle Châtillon et Commentry, système Bussière, construite de différents métaux.

Tourelle cuirassée du système français, en fonte trempée.

doit se trouver une coupole pour deux canons de 12 centimètres, et à l'arrière une caponnière de gorge, d'un genre particulier, armée encore de six canons de 12 centimètres. Contre les batteries de l'assaillant, 22 pièces peuvent agir simultanément (1).

Nous donnons ci-dessous le dessin d'un fort cuirassé du système Grüson. Forts cuirassés du système Grüson.

Fort cuirassé Grüson.

a). Plaques du côté de la tourelle, d'une épaisseur de 0m90 à 1m50
b c). Plaques de coupole ;
d). Plaques antérieures ;
f). Support en fer forgé ;
g). Galets ou roulettes sur lesquelles tourne la tourelle ;
h). Mécanisme de rotation de la tourelle.

Les coupoles cuirassées pour deux gros canons ont de 9 à 11 mètres de diamètre; les plaques des côtés pèsent de 500 à 800 kilogrammes; les plaques antérieures en pèsent 400. Les plaques de cuirassement d'une tourelle pèsent ensemble 10,000 kilogrammes et le poids de toute la masse mise en rotation atteint un million de kilogrammes.

Le mouvement rotatoire de ces tours peut être donné à la main à l'aide d'un mécanisme situé dans la partie inférieure de la casemate. Toutefois, il est habituellement donné au moyen d'une machine.

Les Français ont aussi employé chez eux des tourelles Grüson en fonte durcie, construites à Saint-Chamond, et l'on dit qu'en 1879, ils en ont installé 25 dans les forts de Paris et les forts d'arrêt.

(1) Colonel Leitner, *Die beständige Befestigung.*

La figure suivante représente une tourelle pour deux canons de 15 centimètres.

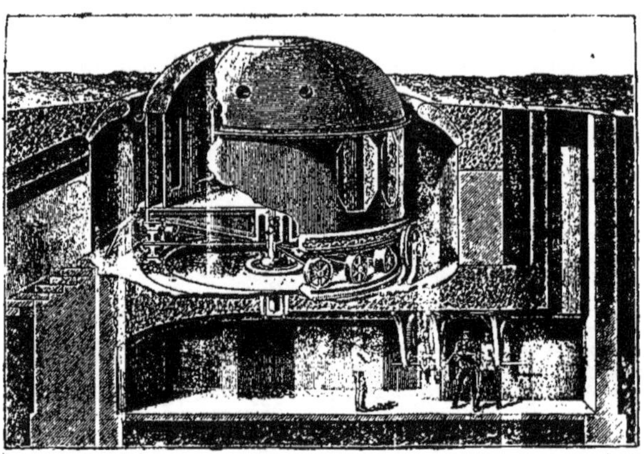

Tourelle pour deux canons de 15 centimètres.

D'après le constructeur, il suffit de 14 hommes pour l'exécution du service dans cette coupole : un sous-officier et 6 soldats pour le maniement des pièces, et autant pour faire tourner la tourelle.

En présence des progrès de l'artillerie, il fallait recourir à des matériaux plus solides que la fonte durcie ; les nouvelles tourelles cuirassées se confectionnent en fer et en acier fondu et forgé. La planche correspondant à cette page représente quelques types de ces tourelles.

Mais ces matériaux mêmes ne peuvent nous garantir que leur emploi donnera les résultats attendus. D'autant qu'il faut dire que les projectiles remplis de dynamite ou de pyroxyline, lorqu'ils tombent sur le béton ou le granit, qui constituent les fondations de ces batteries ou de ces tourelles, y causent de grands dégâts. Et alors il arrive que, même si la cuirasse reste intacte, quand la base de la tourelle est dégradée, celle-ci ne peut plus fonctionner. Par conséquent, pour mettre ces ouvrages de défense complètement à l'abri, il faut protéger aussi le béton au moyen de plaques d'un métal convenable.

En Allemagne on a essayé, dans ce but, de fabriquer des plaques en fer fondu, qui revenaient à 20 francs les 100 kilogrammes. En admettant même que, par ce procédé, on réussisse à protéger complètement les tourelles ou les batteries cuirassées, on ne peut pas songer à employer un moyen aussi coûteux pour abriter toutes les parties des forts et des ouvrages fortifiés.

Mais les coupoles et les batteries n'empêcheront pas l'ennemi qui disposera de puissants projectiles explosifs d'ouvrir de loin et promptement un chemin pour ses troupes, en démolissant les murailles et en bouleversant les amas de terre. Mais même si les tourelles et les batteries résistaient à l'action des bombes, celles-ci pourraient toujours détruire les magasins, les dépôts, etc., et alors le défenseur n'aurait plus qu'à se rendre.

Cependant, encore une question : les plaques d'acier elles-mêmes sortiraient-elles victorieuses de leur lutte contre les nouveaux projectiles ?

De la courte revue que nous venons de passer, des différents projets de fortifications cuirassées parus dans ces derniers dix ans, il résulte qu'on peut les grouper en deux systèmes ou écoles.

L'une propose de constituer une ceinture de forts cuirassés qui non seulement devront servir de points d'appui pour la lutte rapprochée, mais qui recevront également un armement défensif, en grosses pièces pour combattre aux grandes distances. En outre, des intervalles entre ces points d'appui et de la puissance de leur armement dépend la façon dont ces intervalles mêmes sont définitivement organisés. En général, le principe le plus formellement posé, c'est d'assurer à la défense une mobilité aussi grande que possible. En résumé, cette école peut, avec justice, être qualifiée d'école du « système de la ceinture avec forts cuirassés ». Conclusions.

La seconde école (Sauer-Schumann) renonce complètement au fort de ceinture comme point d'appui et cherche le salut dans une application aussi large que possible des affûts cuirassés. Ces derniers sont réunis par petits groupes peu apparents qui sont disséminés sur tout le terrain de la ceinture et y font plutôt l'effet d'un front que d'une ceinture avec solides points d'appui. Par conséquent la dénomination donnée à cette école, de « système des fronts cuirassés », paraît assez juste.

Une particularité caractéristique de cette seconde école est encore dans la façon dont elle renonce à se servir de l'infanterie pour la remplacer presque partout par des mitrailleuses établies dans des abris cuirassés.

Toutefois, beaucoup d'ingénieurs sont hostiles à la cuirasse. Et comme les partisans de celle-ci ont avoué qu'avec la puissance de l'artillerie moderne on ne peut pas songer à affronter ouvertement son feu sans une protection de ce genre, il leur est venu à l'idée d'enlever de l'armement des forts les grosses bouches à feu ; ils ont proposé de transporter ces pièces dans les intervalles des forts et de les y établir d'une façon aussi peu visible que possible, en conservant la liberté de les déplacer. De la sorte, les forts eux-mêmes pourraient n'être considérés que comme des points d'appui pour le combat rapproché. D'après ce principe, qui constitue la base fondamentale de ce système, la meilleure qualification qu'on pourrait lui donner serait celle du système de la séparation entre la défense éloignée et la défense rapprochée.

Le système Vélitchko

C'est cette école qui a rencontré le plus grand nombre de partisans.

Parmi les différents auteurs russes qui ont examiné cette question avec le plus de soins, il faut citer en première ligne le lieutenant-colonel Vélitchko, auteur de tout un système de fortification où la défense rapprochée est rigoureusement séparée de la défense éloignée.

Son camp fortifié consiste d'abord en une série de points d'appui disposés en première ligne pour repousser une attaque de vive force, et par conséquent pour le combat à petite distance ; un peu en arrière, s'étendent dans leurs intervalles les ouvrages fortifiés de la ceinture avec leurs glacis et leurs chemins de communication ; plus en arrière encore est l'enceinte du noyau central, et des ouvrages de seconde ligne sont disposés entre cette enceinte et la ceinture.

Les points d'appui de la ligne avancée sont séparés l'un de l'autre par des intervalles correspondant à la portée efficace du tir à shrapnells (2,500 mètres) et, conformément à leur destination, ils ne sont armés que de pièces légères avec de l'infanterie.

Les gros canons et les mortiers destinés à lutter contre les batteries de siège de l'ennemi sont disposés dans les intervalles, — une partie des pièces étant, sous forme d'armement de sûreté, établies dans des batteries permanentes. On compte, par intervalle, une batterie de canons et une ou deux batteries de mortiers.

Outre les ouvrages permanents, Vélitchko propose d'en construire, au moment de la déclaration de guerre, un grand nombre d'autres pour boucher les intervalles des premiers ; ces derniers étant de simples épaulements en terre garnis de canons d'un faible profil, et reliés entre eux pour rendre aussi faible que possible le déplacement des canons établis dans les intervalles.

Comme moyen de communication le long de la ceinture, on aurait une voie ferrée avec des embranchements pour les différentes batteries. Grâce à la disposition dissymétrique du glacis de ceinture, complétée par les masques que constitueraient des arbres ou des buissons, ce chemin de fer et les batteries seraient à couvert des vues de l'ennemi.

Afin de rendre les canons plus faciles à masquer et pour les couvrir sans renoncer pourtant entièrement au tir direct, l'auteur dispose ses pièces sur des affûts « à éclipse ».

Il existe de nombreux types de ces affûts. Pour faire comprendre au lecteur comment ils sont disposés, nous donnons ici le dessin de l'un d'eux, — du système Mougin, — et dans la planche correspondant à cette page, nous en avons représenté un autre du système Armstrong.

AFFUT A ÉCLIPSE D'ARMSTRONG

Vue de l'affût avec le canon descendu.

Vue de l'affût avec le canon soulevé.

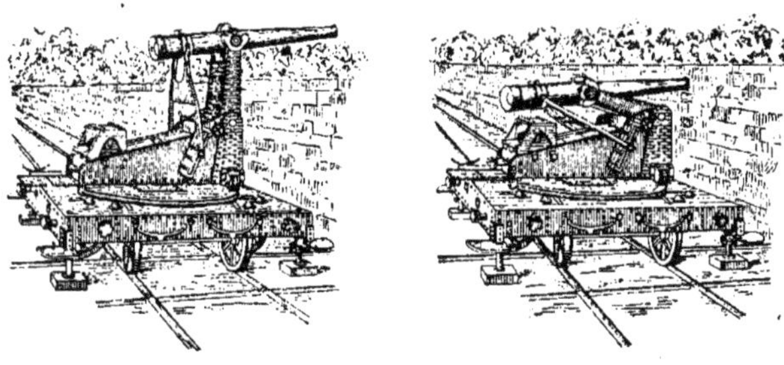

Affût à éclipse du système Mougin.

Vélitchko attache une importance toute particulière à l'existence de bons moyens de communication, tant le long de la ceinture que dans les directions qui correspondent aux rayons de la circonférence. Pour employer ses propres expressions, il veut dépenser de l'argent non pas en cuirasses, mais en chemins de fer, parce qu'il n'a aucune confiance dans les premières ; prétendant que, jusqu'à présent, il n'existe pas de bons modèles de tourelles cuirassées, et qu'on ne peut pas se couvrir avec des cuirassements, sans renoncer en même temps à la précision du tir.

Pour justifier cette opinion, il compare le prix de revient des cuirassements et des chemins de fer, et arrive à conclure que, pour la même somme, on peut, au lieu de 8 à 10 tourelles cuirassées, construire 80 à 100 kilomètres de voie ferrée qui, en augmentant la mobilité des armes de la défense, rendront par là même, à cette dernière, de plus grands services que les tourelles.

Comme « noyau » du camp retranché, Vélitchko demande une enceinte permanente renfermant un nombre suffisant de locaux à l'épreuve du tir vertical, locaux dans lesquels il entend loger au moins 50 0/0 de la réserve principale. Les ouvrages de seconde ligne, établis entre ce noyau et la ceinture ont pour objet, au cas où l'ennemi viendrait à forcer celle-ci, de lui résister de front, et, s'il avançait davantage, de le prendre en flanc. Quoique ces ouvrages soient de la fortification permanente, l'intention de l'auteur est de les disposer tellement à couvert que leur emplacement reste inconnu de l'ennemi qui, par conséquent, en cas d'irruption, viendrait inopinément se heurter contre eux.

Ayant ainsi exposé les principes généraux de ce système, nous allons passer à l'étude de ses divers éléments.

Les points d'appui pour la défense rapprochée se composent de deux parties essentielles, à peine rattachées l'une à l'autre : une position pour le combat aux petites distances et une caponnière flanquante de gorge avec son masque. Le lien qui rattache ces deux ouvrages est évidemment très faible, puisque, d'après l'auteur, les caponnières de gorge peuvent être, en cas de besoin, complètement séparées des ouvrages et disposées en arrière ou sur le côté (voir le dessin de la planche qui correspond à cette page).

Ces ouvrages, pour les défenses rapprochées, ont un tracé trapézoïdal et le profil d'un rempart ordinaire avec un talus à pente très douce, non revêtu, en avant duquel se trouve un fossé formant obstacle du profil Brialmont, défendu par des galeries de contrescarpe fortement casematées.

Une grande partie des logements destinés à la garnison sont creusés dans le rempart même, et réunis par de nombreux passages avec la position de combat. Sur cette dernière se trouvent une banquette pour l'infanterie et quelques barbettes demi-circulaires pour canons légers qui, à l'aide de plates-formes, sont reliées avec des emplacements voisins blindés pour abriter ces pièces.

La garnison d'un ouvrage semblable consiste, à peu près, en deux compagnies d'infanterie et 200 hommes d'artillerie, pour environ 30 canons à tir rapide disposés dans les batteries adjacentes et les ouvrages de flanquement.

C'est de la même manière que Vélitchko veut organiser les ouvrages de la seconde ligne et les points d'appui du noyau central, en reliant ces derniers par des batteries et des lignes de défense établies dans leurs intervalles, et susceptibles de résister à une attaque de vive force.

Pour ces batteries d'intervalles, Vélitchko propose différents types. Dans la planche ci-jointe, nous donnons le plan d'une batterie d'un de ces types. L'auteur conseille de disposer, tant devant l'épaulement qu'à proximité des ouvrages flanquant les points d'appui de la défense rapprochée, des mines qu'au cas d'un assaut on ferait éclater au moment voulu.

En général, dit le colonel Leitner (1), le système est fortement combiné et on peut en faire une application utile dans les conditions de terrain auxquelles il est destiné.

La figure ci-contre, empruntée à l'ouvrage du professeur Vélitchko, nous montre la façon dont on rattache les unes aux autres les batteries permanentes, au moyen de batteries établies dans leurs intervalles (2).

Pour permettre de mieux approfondir cette question, nous donnons dans la planche ci-contre le dessin d'un fort-redoute actuel, emprunté à l'ouvrage du général Pierron : *Stratégie et grande tactique.* Ce dessin est d'ailleurs tellement clair qu'il nous dispense de toute explication.

(1) *Die beständige Befestigung* (La fortification permanente).

(2) *Oboronitelnya sredtsva kriéposteï protiff ouscorennykh atakh* (Moyen de défense des places fortes contre les attaques brusquées).

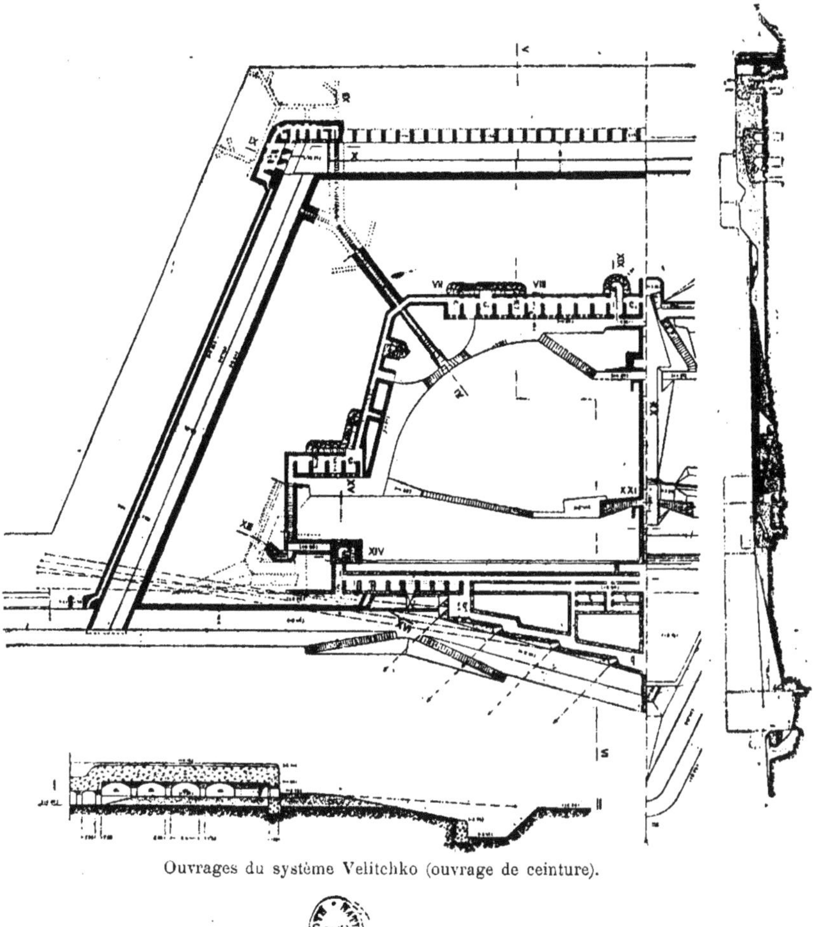

Ouvrages du système Velitchko (ouvrage de ceinture).

PLAN ET PROFIL D'UNE BATTERIE INTERMÉDIAIRE (VELITCHKO).

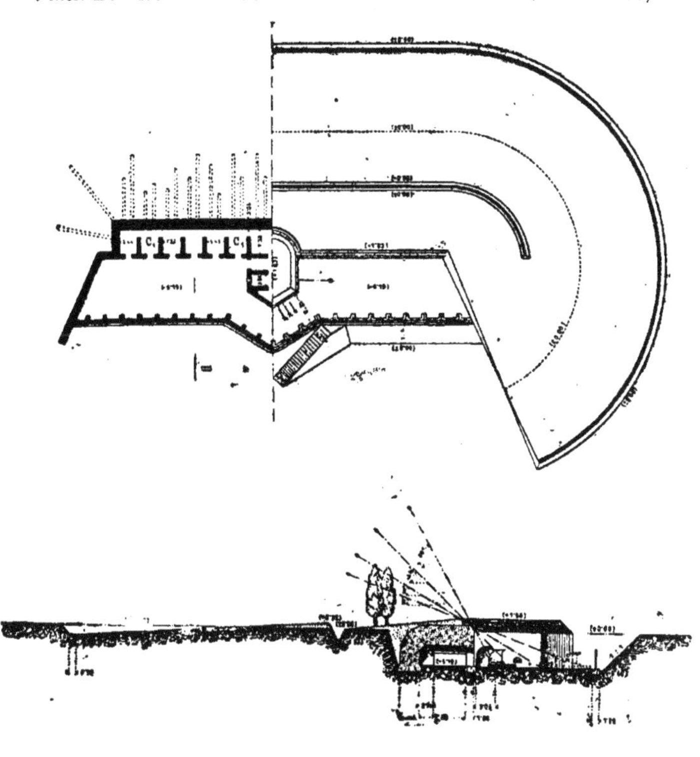

Lignes de tir.

Canons, etc. } Embrasures. Plan des maçonneries des ouvrages inférieurs.
Fusils...... } — — — supérieurs.

Les cotes sont comptées en mesures russes : 1 pied = 0m305.

Moyen de relier des batteries permanentes au moyen de batteries établies dans leurs intervalles.

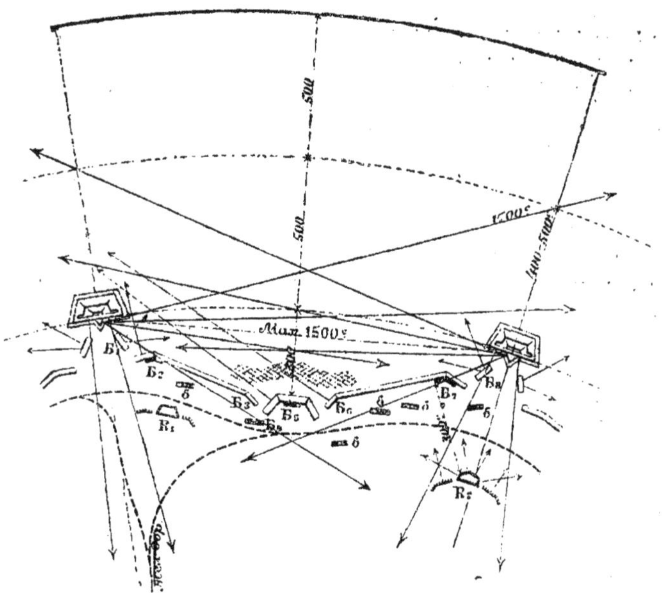

Schéma de la position à intervalles :

B_2, B_4, B_5, B_7, sont des batteries permanentes établies à intervalles ; B_1, B_3, B_6, B_8, sont des batteries de canons légers ; *bb*. sont des batteries provisoires de différente sorte établies dans les intervalles ; R_1, R_2, sont des points d'appui temporaires.

Les ouvrages de fortification provisoire sont également de différents types dont l'un est indiqué par la figure ci-dessous.

Fortification provisoire.

La construction d'un ouvrage de ce genre demande très peu de temps. Il est cependant à craindre, surtout pour les places fortes voisines de la frontière, de voir l'ennemi se présenter si promptement devant leurs remparts qu'il soit difficile d'y exécuter même des travaux de fortification provisoire. En conséquence, beaucoup d'écrivains militaires insistent sur la nécessité d'organiser ces ouvrages à l'avance, dès le temps de paix.

Dans la planche ci-contre, nous donnons encore un dessin emprunté au *Journal des Sciences militaires* (1) et qui représente le type de fort le plus employé, entouré d'ouvrages provisoires.

On voit sur ce dessin : 1° des ouvrages de second ordre, disposés en éventail à 500 ou 600 mètres en avant ou sur les côtés des forts ; 2° des batteries enfoncées pour l'artillerie de campagne avec des tranchées-abris pour l'infanterie près de la crête qui les couvre, le tout à une distance de 300 à 500 mètres des ouvrages de second ordre.

Nous devons encore appeler l'attention sur ce fait que, dans ces derniers temps, on a élevé un très grand nombre d'ouvrages dits « forts d'arrêt », destinés à fermer l'accès de quelque voie de communication. Il va de soi que les types de ce genre de forts sont très variés.

Comme exemple, nous donnons, dans la planche ci-jointe, le dessin d'un type emprunté au *Journal des Sciences militaires* (2). En outre, cette même planche contient la représentation d'un « fort d'arrêt », de type plus nouveau, pris dans l'ouvrage de Leitner (3).

On voit par tout ce qui vient d'être dit que, dans la pratique, on a très largement appliqué la théorie de la séparation entre la défense éloignée et la défense rapprochée.

Cela s'explique, d'abord, parce que ce système est celui qui se prête le mieux à l'utilisation des nombreuses places fortifiées qui, dans les grands pays, restent du temps passé. Ensuite, quand on construit des places nouvelles, ce même système permet encore de satisfaire facilement aux principes modernes de la fortification, sans recourir à l'emploi des cuirassements. Résultat d'autant plus avantageux que cette question des cuirassements, tant au point de vue de la forme à leur donner qu'à celle des matériaux à employer pour les établir, n'est entrée que tout récemment dans une voie relativement bien déterminée.

Dans l'ancien système de fortification, les forts détachés d'une place étaient éloignés de celle-ci et les uns des autres, d'environ un kilomètre.

« L'assaillant — dit le colonel Meissner — qui cherchait à pénétrer de force dans un intervalle, tombait sous le feu de mitraille que dirigeaient sur lui les flancs des deux forts voisins, puis sous celui des remparts de la place même, auxquels il venait se heurter de front. N'ayant pas le moyen d'éteindre ce feu ni de paralyser tactiquement l'action des troupes postées

(1) *Fortification : Forts détachés.*
(2) Même article.
(3) *Die beständige Befestigung* (La fortification permanente).

PLAN ET PROFIL D'UN FORT D'ARRÊT NOUVEAU TYPE

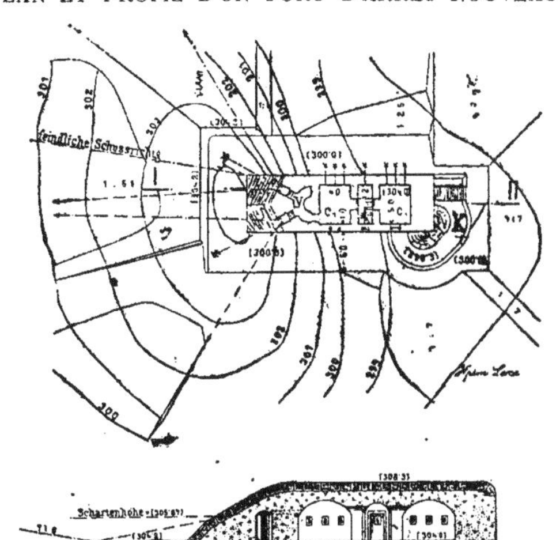

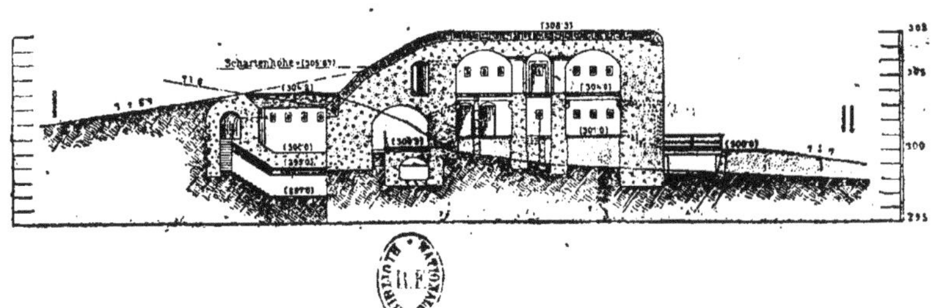

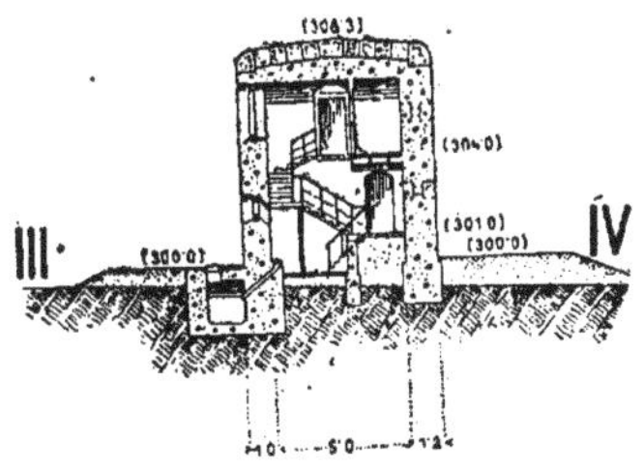

La Guerre future (p. 228, tome II).

FORT-REDOUTE DU TYPE MODERNE

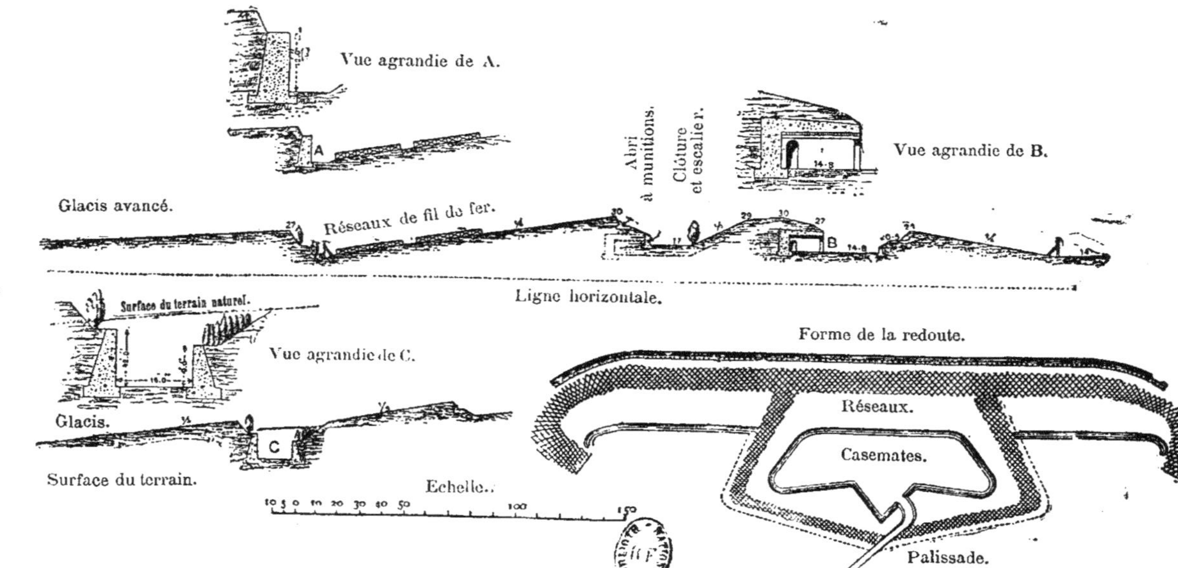

La Guerre future (p. 228, tome II).

FORT ENTOURÉ DE FORTIFICATIONS PROVISOIRES

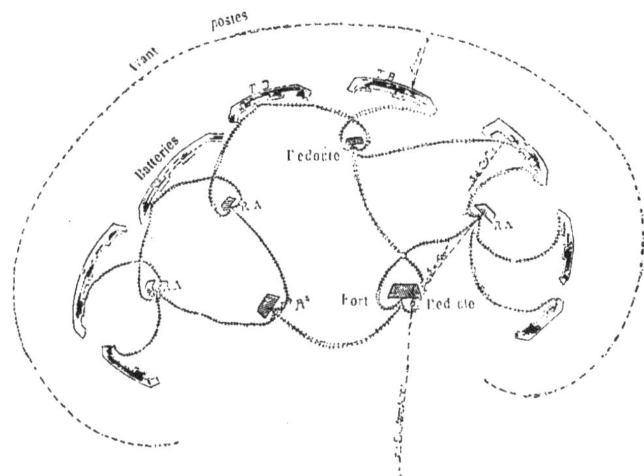

Fort d'arrêt isolé.

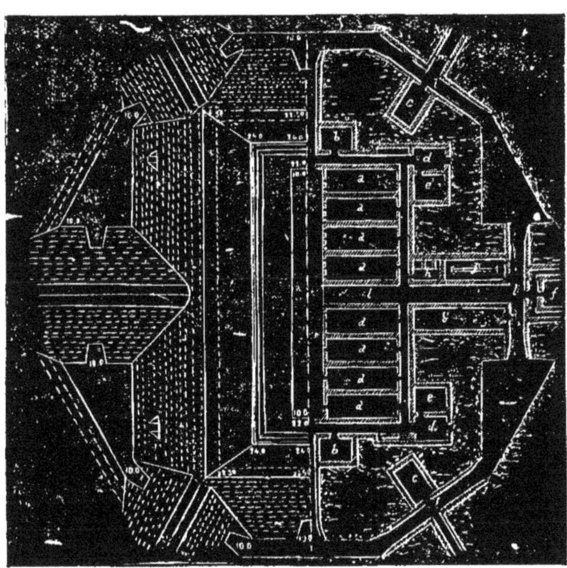

a — Logements pour la garnison; *b* — Magasins divers; *c* — Points d'où l'on dirige le feu de l'artillerie; *d* — Casemates pour le tir vertical; *e* — Magasins à poudre; *g* — Cabinets d'aisances; *l* — Passages couverts; *m* — Descentes aux abris couverts.

dans des ouvrages presque inaccessibles, il était bien obligé de recourir à l'attaque pied à pied, par les procédés du génie, des forts qui lui barraient la route et dont la conquête pouvait seule lui permettre de préparer, par le feu de l'artillerie, l'attaque ultérieure des défenses du noyau central.

« L'organisation de la défense de ces forteresses était extrêmement simple, parce qu'il n'était pas nécessaire de faire sortir de la place centrale de grandes masses d'artillerie pour armer les intervalles entre les forts, et que les canons nécessaires à l'armement de ceux-ci étaient mis en place dès le temps de paix. On n'avait donc pas besoin d'un vaste réseau de voies de communication. Les mouvements pouvaient s'exécuter en pleine sécurité à l'intérieur de la ligne des forts, grâce à la petite portée des projectiles sphériques, à leur peu de précision et à la faiblesse de leurs effets destructeurs.

« A cela, d'ailleurs, ne se bornaient pas les conditions favorables dans lesquelles se trouvaient les anciennes places fortes. Les petits intervalles qui séparaient les forts et la proximité du noyau central permettaient de se contenter, pour des forteresses semblables, de garnisons peu nombreuses — pour lesquelles il suffisait d'une division, c'est-à-dire environ 15,000 hommes. — Cette garnison occupait les forts et la place centrale, laissant ouverts les intervalles battus par des feux croisés. De la sorte, la lutte éventuelle entre les deux adversaires avait toujours lieu dans des circonstances notablement plus favorables pour le défenseur que pour l'assaillant ; ce dernier comptant principalement sur les intelligences qu'il pouvait avoir à l'intérieur de la place et sur l'insuffisance fréquente des vivres : conséquence de l'absence totale de bonnes conserves, qui se réduisaient alors à des salaisons et à du biscuit.

« Mais, dès que, pour mettre le corps de place d'une forteresse à l'abri du feu de l'artillerie rayée, il fallut l'entourer d'une ceinture de forts situés non plus à un, mais à 7 et même 8 kilomètres en avant de lui, le diamètre atteignit jusqu'à 18 kilomètres et la longueur de la ligne des forts jusqu'à 55, — en même temps que l'écartement de ces forts se trouvait presque quintuplé. La défense des intervalles d'une ligne semblable cessa de pouvoir être basée sur les feux de flanc des deux forts voisins, qui avaient peine à s'apercevoir l'un l'autre à la longue-vue, comme sur le feu du corps de place qui se trouvait à 7 ou 8 kilomètres en arrière. D'autre part, le rapprochement des forts eût entraîné l'augmentation de leur nombre, ce qui aurait rendu la place forte bien plus coûteuse. D'où l'idée d'établir, dans certains cas, sur les deux côtés de chaque fort, des batteries qui en étaient voisines, puis d'autres batteries intermédiaires dans les intervalles qui les séparaient. Les unes et les autres sont destinées à recevoir des pièces de grosse artillerie.

« La conservation d'assez grands intervalles entre les différents forts n'était pas motivée seulement par des considérations d'ordre économique, mais aussi par cette opinion dominante que les grandes places de manœuvres doivent faciliter les opérations offensives des armées qui viennent momentanément s'y enfermer.

« D'autre part, dans la plupart des cas, la défense d'intervalles non occupés ne présentait pas de difficultés particulières pour peu que l'assaillant entreprît le siège de la place suivant toutes les règles de l'attaque pied à pied. La disposition des parcs et batteries de siège indiquait assez nettement le front contre lequel on se proposait de diriger cette attaque régulière ; et par là même on donnait à la garnison quelques mois de répit pour se fortifier, pour porter sur le front menacé toutes ses réserves en artillerie de forteresse et légère, faire en un mot tout ce qui pouvait rendre plus inabordable le front attaqué et opposer tous les moyens de résistance à l'ennemi, quand ce dernier, après avoir surmonté tous les obstacles, arrivait finalement jusqu'au fossé des forts attaqués.

« Il est évident qu'une forteresse, comptant, de la part de l'ennemi, sur un mode d'action semblable et déterminé à l'avance, ne peut lutter sérieusement contre l'assaillant que s'il opère lui-même d'après cette méthode, sans tenir compte de la tactique ni des propriétés balistiques et destructives de l'artillerie moderne, et s'il donne par là même à la garnison toute possibilité de résister jusqu'à épuisement des énormes provisions de conserves et de bétail que peut contenir le camp retranché d'une place actuelle (1). »

Mais il y a tout lieu de supposer que, dans les guerres prochaines, l'assaillant paraîtra devant une place bien mieux outillé dès le début, aux points de vue technique et militaire, qu'il ne l'était dans les campagnes d'autrefois; de sorte qu'il ne donnera pas à ces places le temps de fortifier les intervalles qui séparent leurs forts les uns des autres.

En présence des nouvelles exigences de la guerre, il s'est trouvé que les forteresses des anciens systèmes ne remplissaient plus leur destination. Si leur garnison n'était pas très forte, elles ne pouvaient menacer les communications de l'ennemi, et il était facile de les tourner ou de les cerner. Tandis que, dans le cas où une armée plus nombreuse était forcée d'y chercher un refuge, on pouvait leur appliquer les paroles du maréchal de Saint-Arnaud : « Les fortifications constituent, il est vrai, une cuirasse, mais dont on ne peut pas sortir en masses suffisantes pour résister aux forces de l'ennemi ; chaque porte d'une ville assiégée, chaque coupure dans une

(1) Meissner, *Opyt boïevoï otsenki kriéposcte* (Essai d'appréciation militaire des places fortes). *Voïennyi Sbornik*.

ligne de retranchements, constitue un défilé, c'est-à-dire un point dangereux, au sortir duquel les troupes qui veulent prendre l'offensive sont habituellement écrasées par des forces supérieures. Il ne reste plus alors que la défensive passive, c'est-à-dire la reddition dans une période déterminée (1) ».

Aujourd'hui, à l'exception des ouvrages temporairement destinés à la défense des chemins de fer et des nœuds de voies de communication, les places fortifiées sont considérées comme devant servir seulement de points d'appui et de centres d'approvisionnement pour les armées. Et si, dans les guerres futures, de grandes forteresses peuvent être quelquefois utiles aussi comme lieu de refuge pour une armée battue, en lui permettant de se refaire, ce ne sera qu'à la condition que celle-ci ne s'enferme pas dans la place et conserve la faculté d'en sortir librement.

Pour correspondre à l'effectif des armées actuelles, on construit les forteresses avec des forts avancés qui englobent une surface de 20 à 50 kilomètres de circonférence, suffisante pour contenir une armée entière.

Celle-ci peut donc s'y reposer ; et quand elle veut marcher au combat, elle trouve un champ de bataille préparé d'avance dans les meilleures conditions possibles, pour se déployer à son aise, se mouvoir librement et sans danger, se concentrer, attaquer l'ennemi ou commencer un mouvement de retraite.

En offrant ainsi, en cas d'insuccès, un abri solide à une armée, une forteresse moderne excite par là même cette armée, quand elle opère offensivement, aux entreprises les plus hardies. En outre, la forteresse actuelle offre, pour la conduite du combat dans son voisinage immédiat, d'énormes ressources et des moyens qu'on ne pourrait trouver loin d'elle, tels que : des canons de gros calibre, une masse de mortiers, des canons à tir rapide et des mitrailleuses, quelquefois des tourelles cuirassées mobiles, des dépôts d'approvisionnements, etc. A l'aide des voies ferrées transportables qui doivent se trouver dans la place, tous ces engins, toutes ces ressources peuvent être amenés sur la ligne même de bataille.

Plus une forteresse est importante, plus il est difficile pour l'ennemi de la tourner ; attendu que s'il s'y trouve des forces dont on puisse disposer pour prendre l'offensive, elles menaceraient les communications de l'adversaire. Aussi Brialmont fait-il observer que, pour une armée allemande ou française envahissant la Belgique, la forteresse d'Anvers n'a pas d'importance s'il ne s'y trouve qu'une petite garnison ; mais avec deux corps d'armée appuyés sur cette place, elle n'est plus négligeable ; elle peut attirer et immobiliser 250,000 hommes de l'armée envahissante.

On comprend que les troupes qui défendent une place forte ne doivent

(1) Cette citation est empruntée à l'ouvrage d'Oméga : *L'Art de combattre.*

pas laisser les assiégeants fortifier peu à peu les lignes établies autour d'elle; ce qui leur permettrait de se protéger contre les sorties avec une faible partie de leurs forces, en laissant au reste toute liberté d'agir sur un autre point. Se garantir contre une forteresse, en n'établissant devant elle que des corps d'observation, est chose impossible, si le commandant de cette place est un homme actif, parce qu'il attaquera et dispersera ces faibles détachements. Donat observe que « le temps n'est plus où l'on pouvait passer à côté de places fortes, même bien approvisionnées et commandées par des hommes capables; aujourd'hui, Napoléon lui-même ne pourrait pas le faire impunément ».

Le blocus des grandes forteresses, d'où peuvent être entreprises des sorties puissantes, exige des troupes nombreuses. Si la circonférence d'une place est de 40 kilomètres, la ligne de blocus aura une longueur d'environ 60. Et si l'on compte à raison de 2 hommes par mètre courant, c'est 120,000 hommes environ qu'il faudra pour garder cette ligne. Pour bloquer, par exemple, Bucharest, il faudrait une ligne de blocus de 91 kilomètres et pour faire le siège de Paris, une ligne de 140 kilomètres — tandis qu'en 1870, il n'y avait devant cette capitale qu'une ligne de 84 kilomètres à garder.

Profitant de la demi-obscurité du matin ou d'un brouillard, les assiégés doivent exécuter d'énergiques attaques sur les positions occupées par les troupes de blocus, et cela surtout au début même du siège. D'après Donat, une armée se retirant derrière une forteresse, qui peut servir de point d'appui pour des opérations ultérieures, doit jeter dans cette forteresse autant de troupes que le permettent les approvisionnements et les conditions sanitaires de la place; et il faut exiger du commandant de celle-ci que, même dans des conditions défavorables, il tienne en échec et oblige à rester devant ses remparts une masse de troupes ennemies d'un effectif au moins triple de celui de la garnison. Ainsi, Osman-Pacha sut tenir et immobiliser très longtemps de grandes forces, devant sa forteresse improvisée.

Dans la guerre future, la défense des places aura, sans doute, encore plus de succès, parce que toutes les mesures auront été prises à l'avance pour l'assurer.

Les défenseurs d'une forteresse opposeront à l'assaillant quatre séries successives d'obstacles, savoir : *la ligne de résistance avancée* (c'est-à-dire la ligne de défense du terrain situé en avant des ouvrages) ; *la ligne de défense principale ;* puis *la ligne intermédiaire* ou ligne de réserves, et enfin *l'enceinte fortifiée continue,* ou *noyau central* (1).

(1) Hennebert, *Attaque des places.*

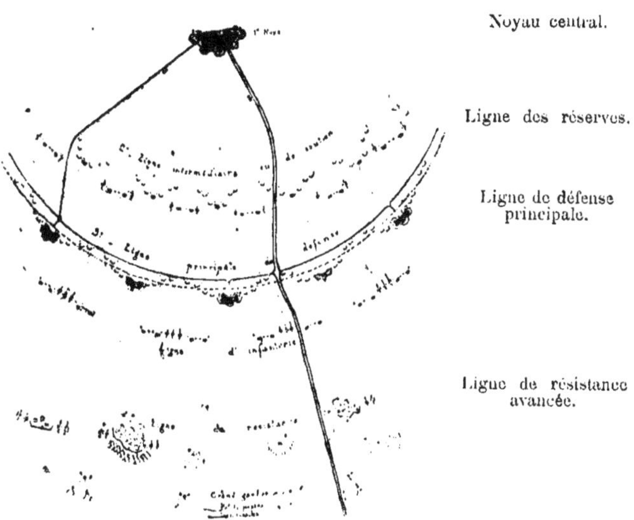

Lignes de défense d'un grand camp retranché avec forts détachés.

Le dessin figuré dans la planche ci-contre montre ces quatre lignes successives.

Quant aux obstacles et aux défenses accessoires, à établir en avant des remparts, nous en avons donné une description complète avec figures dans notre premier volume (pages 611 et suivantes) et nous en ajoutons encore ici quelques-unes.

Défenses artificielles établies en avant des fortifications.

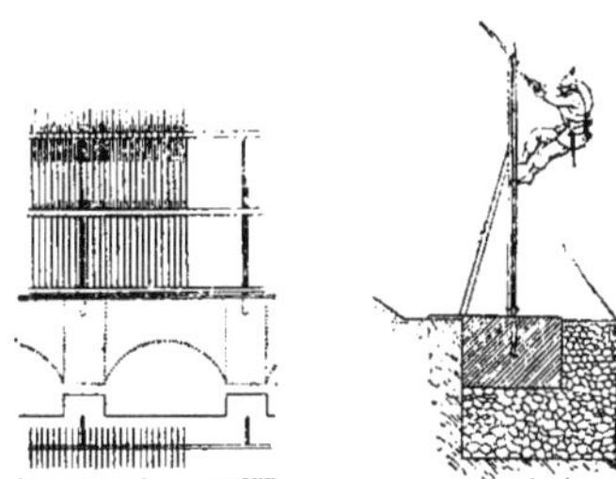

Vue, plan et profil de la grille surmontant les plus récentes escarpes.

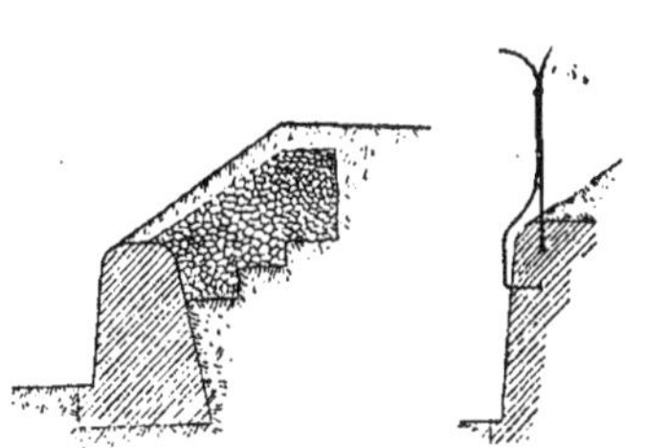

Profil de la plus récente contrescarpe et de sa grille.

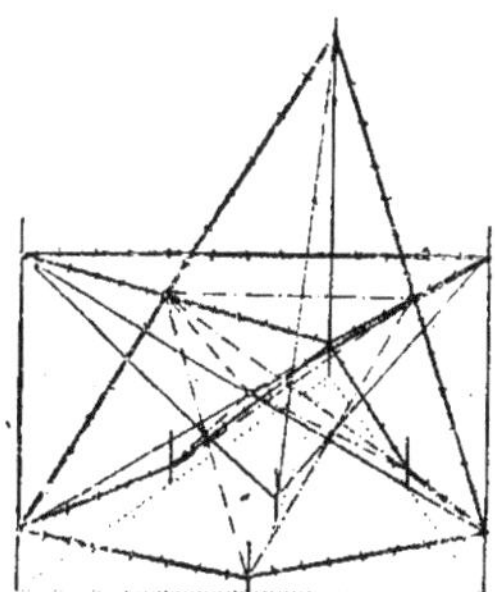

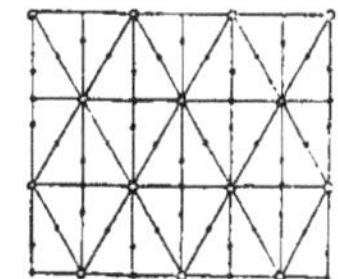

Plan et détails d'organisation d'un réseau de fil de fer.

État de la fortification dans les différents pays.

Il est impossible de présenter un tableau du système de défense adopté pour chaque pays. Nous nous efforcerons seulement, en utilisant les plus récentes données que fournit la littérature, d'indiquer les principaux points fortifiés établis sur les frontières de terre ferme, et susceptibles de jouer quelque rôle dans la guerre future. Quant aux places et aux forts qui sont destinés à disparaître, nous n'en ferons mention qu'exceptionnellement.

Pour la défense des côtes, nous présenterons à part les renseignements qui s'y rapportent, dans le tome V, qui traite de la *Guerre navale*.

Aussitôt après la guerre d'Orient et avant l'invention des nouveaux projectiles, tous les gouvernements s'occupèrent activement de construire des forteresses. On en organisa de très puissantes même dans de petits États qui croyaient y trouver des points d'appui pour attendre des secours extérieurs ou la solution d'une lutte entamée entre de grandes puissances. Ainsi la Belgique possède la redoutable place d'Anvers qui, organisée par le génie de Brialmont, constitue un vaste camp retranché ; elle a aussi les forteresses de Namur et de Liège. Ces trois forteresses sont destinées à commander les grandes routes militaires de la vallée de Sambre et Meuse, à garantir à l'armée quinze lignes ferrées et dix-huit ponts sur la Meuse. L'armement des forts de Liège comporte 228 bouches à feu, et celui des forts de Namur en comprend 169. La garnison de chacune de ces deux places doit être de 16,000 hommes.

Au début, il avait été affecté à ces fortifications un crédit de 34 millions de francs. Le béton nécessaire aux travaux fut tout d'abord commandé à l'étranger ; mais, après les expériences sur les bombes-torpilles faites à la Malmaison, on décida, dès le mois de mars 1889, de renforcer, dans le béton, la proportion du ciment, — ce qui augmenta le prix des travaux. Puis d'autres modifications encore furent reconnues nécessaires, si bien que la dépense totale s'éleva de 34,000,000 à 45,600,000 francs. — De plus, l'établissement de 171 coupoles en fer exigea 24 millions et enfin, pour cuirasser les batteries et les postes d'observation et d'exploration, il fallut dépenser 1,900,000 francs. Ce qui, avec l'ensemble des frais qu'entraîna le cuirassement des 21 forts, porte à 26 millions la somme qui vint s'ajouter à celle de 45,600,000 francs absorbée par les autres travaux.

Quelques exemples montreront dans quelles proportions s'augmenta sur certains points le prix de revient des ouvrages. Par suite de l'invention des nouveaux projectiles, on vit s'élever de 60 à 80 0/0, les sommes consacrées à la construction de la contrescarpe, et de 100 0/0 celles prévues pour l'organisation des casemates. Dans les détails, les dépenses augmentèrent encore davantage pour certains autres dispositifs, — particulièrement pour ceux dont on ne faisait pas usage dans les forteresses précédemment établies. Ainsi :

La construction d'un petit fort pour 22 bouches à feu revenait :

Avant l'adoption des bombes-torpilles, à	1,900,000 francs
Après cette adoption, à	2,900,000 —

La construction d'un fort plus important, pour 32 pièces, revenait :

Avant l'adoption des projectiles susmentionnés, à.	2,600,000 francs
Après cette adoption, à.	4,000,000 —

Ce qui représente pour un fort, tant du premier que du second modèle, une augmentation de dépense de 53 0/0.

Mais, par contre, le nouveau système d'organisation des forts, pourvus de tourelles cuirassées, présente cet avantage que leur défense exige une moindre garnison.

Ainsi, comme garnison des forts on comptait :

Pour 11 grands forts ancien modèle.	9,000 hommes
Pour 11 plus petits.	7,700 —
Total. . .	16,700 hommes

Tandis qu'avec les forts cuirassés actuels, il suffit :

Pour les 11 grands forts, de	6,000 hommes
Pour les 11 plus petits, de	4,950 —
Total. . .	10,950 hommes

L'adoption du cuirassement a donc permis de réduire l'effectif des garnisons de près de 6,000 hommes sur 16,700. Au point de vue financier voici ce que cela représente : 6,000 hommes à l'effectif de guerre supposent l'entretien permanent de 2 à 3,000 hommes pendant la paix ; — ce serait, en calculant à raison de 1,000 francs par an et par soldat, y compris toutes les dépenses accessoires, — une économie annuelle pour le budget, de 2 à 3 millions de francs (1).

Donc, financièrement parlant, on peut admettre qu'il y ait avantage

(1) *Die Panzerbefestigung in ökonomischer Hinsicht, beleuchtet durch das Beispiel von Lüttich und Namur* (La fortification cuirassée au point de vue économique d'après l'exemple de Liège et Namur), par le lieutenant-colonel Reinhold Wagner.

à construire des forts du nouveau système, si réellement il doit en résulter une diminution correspondante sur l'effectif du temps de paix. Mais au point de vue militaire se pose encore la question de savoir si l'on peut attendre beaucoup d'avantages de ces nouveaux forts.

En France, la défense des frontières de terre est représentée par les ouvrages de fortification suivants:

Frontière du Nord-Est: Le long de la côte on trouve les forteresses de première classe: *Dunkerque*, dont un fort couvre le chemin de fer de Dunkerque à Gand, et *Calais*. *Lille*, placée sur le flanc de la ligne d'opérations Bruxelles-Paris, n'est pas seulement une place de première classe, mais un puissant camp retranché. Plus à l'Est, sur la frontière belge, on rencontre *Condé* avec deux forts avancés du côté de Lille, *Le Quesnoy* et, sur la Sambre, *Maubeuge*, camp retranché environné de sept forts et de nombreuses batteries, qui barre la voie ferrée Bruxelles-Paris. Ensuite le long de la frontière, sont échelonnés le fort d'*Hirson*, établi à un important nœud de routes sur l'Oise; la place de *Mézières* sur la Meuse, *Montmédy* et *Longwy*. En seconde ligne se trouvent les places de: *Péronne*, *La Fère*, entourée d'une série de forts, et *Laon*.

Frontière de l'Est : En première ligne: *Verdun*, puissante forteresse sur la Meuse qui défend la voie ferrée de Metz à Reims: elle est entourée d'une série de forts et de batteries détachées; puis *Toul*, sur la Moselle, et sur la ligne ferrée Strasbourg-Paris, camp retranché avec double ceinture de forts. L'intervalle entre ces deux places fortes est couvert par les forts d'*Hénicourt* et de *Troyon*, par les ouvrages du camp romain de *Saint-Mihiel*, les forts *Paroche*, *Liouville*, *Gironville* et *Jouy*. En avant de Toul et couvrant la ville de Nancy, sont les forts de *Frouard* et de *Saint-Vincent*. Plus haut sur la Moselle, on trouve la forteresse de première classe d'*Épinal*, sans enceinte, mais entourée d'une ligne de forts puissants. Entre les places de Toul et d'Épinal, se trouvent encore les forts de *Pagny* et de *Neufchâteau*. La Haute-Moselle est couverte par les forts détachés d'*Arche*, *Remiremont*, *Rupt*, *Château-Lambert*, *Ballon de Servance* et *Giromagny*. Ce dernier se rattache à la forteresse de première classe de *Belfort*, sur la Savoureuse, établie sur la route la plus commode pour aller de Bâle à Paris et à Lyon. Cette forteresse se compose d'une puissante enceinte intérieure, entourée d'un grand nombre de forts et d'ouvrages détachés.

Plus loin, jusqu'à la frontière suisse, est établie toute une série de forts: *De la Chaux*, *Mont-Salbert*, *Montbard* et *Lomon* avec les batteries de *Roche*. En deuxième ligne, on trouve *Reims*, forteresse entourée de 10 forts nouvellement construits et de quelques batteries détachées, puis la forteresse de *Langres*, qui est un camp retranché, la place d'*Auxonne*, destinée à disparaître, *Besançon*, place forte de 1re classe qui se compose d'une citadelle, d'une enceinte, de 12 forts et batteries détachées, et *Dijon*, transformée en un vaste camp retranché. Enfin en troisième ligne, se trouve la position fortifiée de *Nogent-sur-Seine*.

Frontière du Sud-Est : Le système de défense du Jura et de la vallée du Rhône se compose d'une série de forts détachés dits *forts d'arrêt* et d'un réduit central, la place de *Lyon*. Les principaux forts sont ceux du *Larmont*, de *Joux*, de *Saint-Antoine* (*des Rousses*), de *Risoux*, de l'*Écluse*, de *Pierre-Châtel* et du *Blanc*. — Lyon, forteresse de 1re classe, au confluent de la Saône et du Rhône, est entourée d'une double ceinture de forts, d'ouvrages détachés et de batteries ; en outre, on a élevé une enceinte continue autour de la ville sur la rive gauche du Rhône.

Les passages que présente la chaîne des Alpes du côté de la frontière italienne, sont protégés par le groupe d'ouvrages et de batteries établis près d'*Albertville* dans la vallée de l'Isère, et par une ligne de forts dont les principaux sont ceux de *Mont-Gilbert*, de *Montmélian* et le fort de *Barrault* — pour aboutir à la forteresse de 1re classe de *Briançon*, l'une des places les plus importantes de cette frontière, et qui est entourée d'une ancienne enceinte de tracé bastionné précédée de forts détachés.

En arrière de la ligne Albertville-Briançon, se trouve la place de 1re classe de *Grenoble*, également couverte par une ancienne enceinte bastionnée et par de nombreux ouvrages construits récemment autour d'elle. Plus au sud, on rencontre le long de la frontière, les forts de *Queyras* et de *Mont-Dauphin*, la petite place déclassée d'*Embrun*, les forts de *Tournaux*, de *Saint-Vincent* et de *Colmars*, la petite place d'*Entrevaux* et les fortifications nouvellement élevées autour de *Nice*.

Fortifications de Paris : Paris est protégé par trois lignes de défense : l'enceinte de la ville, la ligne des anciens forts, qui a perdu presque toute sa valeur, et la nouvelle ligne d'ouvrages construits depuis 1871. Ces forts se trouvant à une distance de 12 à 15 kilomètres de l'enceinte, la ligne qu'ils constituent et qui a la forme générale d'une ellipse, atteint une longueur de près de 160 kilomètres.

La défense de l'Allemagne est organisée de la manière suivante :

Frontière de l'Est : Le saillant que la Prusse forme au Nord-Est est couvert par *Kœnigsberg* sur la Prégel (forteresse entourée d'une ceinture de 12 forts détachés et d'ouvrages intermédiaires), puis par les places de *Memel*, *Boyen* (Letzen) et *Pillau* qui couvrent l'entrée du Frische-Haff du côté de la mer. Le cours de la Basse-Vistule est défendu par la forteresse de *Thorn* (entourée d'une ligne de 7 forts détachés et d'ouvrages intermédiaires) de *Graudenz* et de *Danzig*, ainsi que par les têtes de pont de *Dirschau* et de *Marienbourg*. La place de *Posen* (avec 9 forts détachés et des ouvrages intermédiaires) couvre la partie moyenne de la frontière de l'Est ; et, dans sa partie sud, cette frontière est défendue par la place de *Glogau*, située sur l'Oder, ainsi que par *Breslau*, dont les fortifications sont préparées.

Frontière de l'Ouest : Le cours du Rhin est couvert par les places de 1re classe, de *Cologne* (avec ceinture de forts détachés), de *Coblentz*, *Mayence* et *Strasbourg* (entourée d'une ceinture de forts détachés), puis par des places intermédiaires de moindre importance qui gardent les passages du Rhin, à *Wesel*, *Germersheim* et *Neuf-Brisach*. En général, le Rhin présente une ligne défensive très forte et constitue en même temps une base d'opérations pour l'offensive contre la France. Au delà, se trouvent comme place d'armes avancée, la forteresse de 1re classe de *Metz* (avec ceinture de forts détachés), puis au Nord de celle-ci, les places de *Thionville* sur la Moselle et de *Sarrelouis* sur la Sarre.

C'est également là que s'élève la petite place de *Bitche* qui couvre la ligne du chemin de fer de Haguenau-Metz à l'endroit où elle traverse les Vosges.

Frontière du Sud : La portion Ouest est couverte par les forteresses de 1re classe d'*Ulm* et d'*Ingolstadt* (avec ceinture de forts détachés) qui ont été reconstruites après la guerre de 1870-71.

Le *Centre* de l'empire et les accès immédiats de sa capitale sont défendus à l'Est par la forteresse de *Custrin*, à l'Ouest par celles de *Magdebourg* et de *Spandau*. Dans cette dernière, qui se trouve à 15 kilomètres de Berlin, sont concentrés les principaux magasins et établissements militaires de la Prusse.

Il faut observer qu'après la guerre de 1870, il a été dépensé plus de 500 millions de marks, pour la transformation et reconstruction des forteresses allemandes.

Mais, depuis ces dernières années, les Allemands attachent moins d'importance que par le passé à la fortification. Si bien que comme établissement de nouveaux points fortifiés, la France et la Russie devancent l'Allemagne qui, par contre, porte une attention toute spéciale au développement de son réseau stratégique de voies ferrées ; comme si elle comptait davantage pour sa défense sur la rapidité du mouvement de ses troupes que sur les points d'appui représentés par les places fortes. Il y a là une modification dans la manière de voir, dont les conséquences ne se manifesteront que peu à peu, attendu que la chose est encore dans une période de transition (1).

Les forteresses autrichiennes ne peuvent — par suite de difficultés financières — se trouver dans une situation en harmonie avec les néces-

(1) *Progrès militaire*, 1892.

sités les plus récentes. Au cours d'une période de dix années (de 1880 à 1889 inclusivement), le total général des sommes consacrées en Autriche-Hongrie à la construction et à l'armement d'ouvrages de fortification, ne s'est élevé qu'au chiffre d'environ vingt-cinq millions de florins — ou 62 millions 500,000 francs (1).

L'attention du gouvernement austro-hongrois a surtout été dirigée vers le renforcement des places de Galicie, qui ont absorbé plus de 43 0/0 des dépenses consacrées aux travaux de fortification.

Mais il n'y a d'importantes parmi ces places que : *Cracovie* sur la Vistule, grand camp retranché, qui consiste en une enceinte principale, continue et de tracé bastionné sur la rive gauche du fleuve, avec une autre discontinue et de tracé irrégulier sur la rive droite, plus deux séries de forts et ouvrages avancés sur les deux rives; *Przemysl* sur la Save, aussi vaste camp retranché; *Lemberg*, avec une citadelle au sud de la ville et composée d'une caserne organisée défensivement avec réduit, de places d'armes et de quelques tours. Autour de Lemberg sont élevés dix ouvrages ayant le simple profil de la fortification de campagne, dont cinq au Nord et à l'Ouest, et les cinq autres du côté Est de la ville; *Yaroslaff*, sur la rive droite de la Save, avec une tête de pont en fortification passagère sur la rive gauche et dix ouvrages détachés au profil de la fortification de campagne.

A l'intérieur de l'Empire, il n'existe qu'une seule place forte : *Comorn* sur le Danube.

Dans les autres parties, notamment sur le Dniester, le gouvernement s'est, faute d'argent, contenté de faire, aux anciens ouvrages quelques réparations et compléments provisoires pour constituer des camps retranchés.

En Italie, d'après les divers théâtres de la guerre prévus, les fortifications se répartissent de la manière suivante :

Frontière française.— Elle s'étend le long des Alpes Maritimes, Cottiennes et Grées, outre une pointe méridionale qui s'avance à l'Ouest de la ligne de ces montagnes. Les passages les plus importants sont ici : le col de Tende, le Mont-Cenis et le Mont-Genèvre (situés à 20 kilomètres l'un de l'autre), et le Petit Saint-Bernard. Tous ces passages sont fermés par des forts de construction moderne, mais qui ne doivent leur force qu'aux difficultés naturelles du terrain. Faute de ressources pécuniaires, les crédits affectés à la

(1) *Beilagen zum Voranschlage über die gemeinsamen Ausgaben und Einnahmen der österreichisch-ungarischen Monarchie* (Supplément au budget des recettes et dépenses de la monarchie austro-hongroise), IIe volume, 2e partie : *Ministère de la guerre. — Armée permanente. — Dépenses extraordinaires* (1880-1889).

construction de ces forts ont, en général, été peu importants, comparativement aux dépenses faites en France pour le même objet.

Mais l'Italie a, contre l'Autriche, le vieux quadrilatère : *Vérone, Mantoue, Peschiera, Legnano;* plus près de la France, elle a le groupe formé par *Alexandrie, Plaisance* et *Casale.* Dans l'Italie centrale se trouvent les camps retranchés établis autour de *Rome* (avec 16 forts), et de *Capoue.*

La Roumanie est le premier pays qui se soit occupé d'appliquer, de la plus large façon, le système moderne des cuirassements, — lors de l'organisation, d'après les systèmes de Brialmont et de l'ingénieur prussien Schumann, de nombreux forts élevés dans les camps retranchés de *Bucharest,* de *Galatz* et de *Nemolassa.* La double ceinture de 36 forts établie autour de Bucharest a une longueur de 80 kilomètres. La Roumanie a consacré 135 millions de francs à ses fortifications (1).

Le camp retranché de la ligne du Sereth — Galatz, Nemolassa, Fokmany, Odobesti — est armé de plus de 700 bouches à feu : canons à tir rapide de 37 millimètres et 53 millimètres, montés sur wagons-trucs cuirassés, canons et obusiers à tir rapide de 120 millimètres, et mortiers dits « à sphère », du même calibre (de Gruson et Krupp). Dans ces mortiers, le cylindre formant l'âme de la pièce est introduit dans une sphère massive qui, faisant en même temps partie d'une cuirasse, peut facilement tourner dans tous les sens et même se rouler aisément quand un déplacement est nécessaire.

Il n'est pas superflu de mentionner ici, qu'en Roumanie ont été faites des expériences sur les tourelles cuirassées allemandes et françaises. Le but de ces intéressants essais était de rechercher le meilleur abri cuirassé qu'on pût donner à de grosses bouches à feu. Ici se manifeste la lutte des principes de construction opposés provenant de la différence des conceptions tactiques des deux partis. Les dessins de la planche ci-contre montrent clairement quels furent les résultats de ces expériences.

Tout d'abord, le tir contre les coupoles eut lieu au moyen de deux canons Krupp de 15 centimètres, et d'un canon de Bange de 155 millimètres, à la distance de 1,000 mètres. Le poids de la charge était de 9 kilogrammes; les projectiles étaient des obus d'acier pesant 40 kilog. 900, fabriqués par l'usine de Saint-Chamond.

Il ne fallut que 30 coups ayant porté, pour avoir raison de la tourelle française. Les projectiles s'enfoncèrent dans sa cuirasse à une profondeur de 5 à 23 centimètres, et enlevèrent à sa partie supérieure des fragments de 64 centimètres de longueur sur 32 centimètres de haut et 26 centimètres d'épaisseur.

(1) *Militärische Jahresberichte* (Annales militaires), 1892.

… (COUPOLES) ALLEMANDES ET FRANÇAISES, A BUCHAREST.

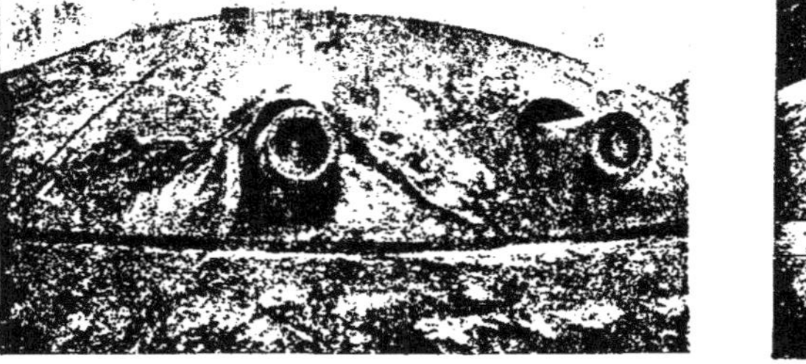

Vue de la plaque et de l'embrasure d'une tourelle allemande après un tir contre son canon de droite.

La tourelle allemande après avoir subi un tir répété.

Vue de la plaque et de l'embrasure d'une tourelle française après avoir subi un premier tir.

La tourelle française après avoir subi un tir répété.

La tourelle allemande reçut 48 atteintes qui n'y firent que des éraflures d'une profondeur de 15 millimètres. Les coups tirés contre ses embrasures, d'une distance de 50 mètres, au moyen des canons mentionnés plus haut, n'aboutirent qu'à montrer la supériorité de sa construction.

Contre la partie la plus faible de cette même tourelle furent ensuite tirés 7 projectiles, dont 4 atteignirent presque exactement la même place. Pourtant rien ne céda et le métal fut simplement poli au point d'impact.

Contre la tourelle française furent tirés 4 coups; les projectiles frappèrent à 24 centimètres de l'embrasure. Le premier coup déchira le métal de façon telle que le projectile glissa de côté vers l'embrasure et la boucha presque avec des lambeaux de métal arraché. La maquette de canon en bois, qui se trouvait derrière, fut brisée, et l'embrasure fut mise hors d'état de service.

Enfin des expériences furent exécutées sur la façon de faire *brèche* aux tourelles.

Pour la tourelle allemande, sur 36 projectiles qu'elle reçut, 22 frappèrent à la même place, comme dans le tir précédent et 14 atteignirent la plaque Compound. Malgré cela on ne parvint pas à faire brèche. On ne réussit qu'à détacher de la plaque un fragment d'acier de 120 centimètres de long, sur 60 de haut et 7 d'épaisseur.

La tourelle française reçut 32 projectiles. Les 13 premiers détachèrent un grand fragment à la partie supérieure et les 19 suivants détruisirent presque complètement la cuirasse. Dans le couvercle fermant le cylindre à la partie supérieure, fut ouvert un trou de 2 mètres, et ce couvercle même se trouva soulevé d'une hauteur de 2 centimètres. En d'autres points, les projectiles s'enfoncèrent de 40 centimètres, c'est-à-dire traversèrent presque entièrement la cuirasse. En outre, sur toute l'étendue de la plaque, se produisit une fissure verticale d'un centimètre de largeur et le bord supérieur de cette plaque fut, sur une grande partie de sa longueur, replié intérieurement de 2 centimètres. Il était évident que les coups suivants allaient pratiquer une brèche en quelques endroits.

L'expérience qui fut faite du remplacement d'un canon démonté, prouva aussi la supériorité de la tourelle allemande. Tandis que, dans celle-ci, les servants ne mirent que deux heures pour faire passer le premier canon par la poterne et quatre heures pour introduire un canon nouveau, ce changement de canon dans la tourelle française demanda un jour et demi, attendu que les constructeurs de cette tourelle n'avaient, en aucune façon, prévu l'exécution d'une pareille manœuvre. Cependant il est très probable qu'elle sera souvent nécessaire, puisque la bouche du canon dépasse de 0^{m}80 la surface extérieure de la tourelle.

Ainsi donc, le modèle allemand s'est comporté en Roumanie beaucoup mieux que le modèle français.

Quant à ce qui concerne la défense de la Russie, nous donnerons ici la liste de ses fortifications telle que la résume un auteur allemand : « La principale défense naturelle de la Russie, dit-il, c'est son étendue et le peu de fertilité de certaines zones de son territoire. Les grands camps retranchés et les forteresses russes sont situés aux nœuds de ses voies de communication, principalement auprès de ses fleuves. Comme base d'offensive éventuelle peuvent servir : *Novogeorgievsk, Varsovie, Ivangorod, Lutzk* et *Doubno*. En cas de retraite, l'armée occuperait une seconde ligne de défense : *Ossovetz, Grodno* et la forte place de *Brest-Litovsk* qui commande les voies de communications établies dans les marais de la Polésie. Une troisième ligne est constituée par : *Kovno, Vilna, Bobruisk, Kieff*; une quatrième par *Riga, Dunabourg, Vitebsk*. Enfin les routes qui conduisent de la mer à Saint-Pétersbourg sont couvertes par *Cronstadt* et *Svéaborg*. »

II. — Moyens d'attaque et de défense des places fortes

Attaque méthodique ou pied à pied.

Opérations de l'attaque méthodique.

Dans le premier chapitre de notre étude sur la guerre de forteresse nous avons donné des exemples d'attaques méthodiques de places exécutées dans les guerres du temps passé. Il nous reste plus qu'à faire connaître les modifications survenues depuis lors dans la manière dont on envisage cette question, par suite du perfectionnement des canons et des fusils. Nous allons utiliser pour cela les très précieuses recherches dues à K. Sloutchevsky (1) qui contiennent des extraits empruntés aux instructions et aux manuels les plus récents.

L'investissement.

La première des opérations à exécuter contre une place forte, c'est ce qu'on appelle l'*investissement*.

« Un détachement comprenant une grande partie de l'armée assiégeante, avec de l'artillerie à cheval et quelques troupes d'infanterie et du génie transportées sur des voitures, précède le corps de blocus afin de cerner rapidement la place et d'en couper les communications ultérieures. L'investissement doit être exécuté par surprise.

(1) *O kriépostnoï voïné* (Sur la guerre de forteresse).

« Pendant que le corps de blocus essaiera de s'approcher de la place romptement et sans se faire remarquer, les troupes d'investissement doient chercher à paraître devant elle après une marche forcée de nuit, à la ointe du jour et de tous les côtés à la fois.

« Les troupes d'investissement coupent et détruisent immédiatement ous les télégraphes, chemins de fer et communications fluviales dont ispose la forteresse. Elles repoussent les partis ennemis qui peuent se trouver en avant des abords de la place en cherchant à faire es prisonniers. Elle saisit ou tue le bétail qui se rencontre dans les âturages voisins, s'empare de tous les transports destinés à la place, oppose à la sortie des habitants qui doivent contribuer comme la arnison à en consommer les vivres et autres approvisionnements. - le tout en répandant le plus possible le trouble et la terreur parmi la opulation. »

Le blocus.

Quant au blocus même, il peut être exécuté, suivant les cas, de deux açons : « Si la défense est faible, le corps de blocus s'avance vers la lace jusqu'à une distance de deux à trois marches et porte alors en avant eux forts détachements sur ses flancs, afin d'arriver ainsi à envelopper . forteresse. Puis se forme, de tous côtés à la fois, un cordon d'investisseent sous la protection duquel les trois groupes principaux continuent ur mouvement offensif. En même temps se détachent de ces groupes ifférentes fractions qui se dirigent par les diverses routes importantes, ut en se reliant entre elles. C'est ainsi que les Prussiens ont opéré devant aris en 1870.

« Dans le cas d'une défense énergique, le corps de blocus se porte, n restant concentré, jusqu'au point de la ligne d'investissement qui arait le plus favorable pour repousser avec succès les sorties de la garison ; là, il occupe avant tout une forte position, et c'est seulement après u'il a la certitude de pouvoir opposer une résistance suffisante aux tentaves d'offensive de la défense, qu'il s'étend peu à peu des deux côtés afin 'arriver à compléter la ligne de blocus. Plewna, en 1877, présente un xemple de cette manière d'opérer. »

Quant à l'attaque et à la défense des forteresses, elles se présentent ous l'aspect suivant :

Premières phases de l'attaque : Lignes d'approches, batteries, parallèles.

Après l'exécution du blocus, le corps qui s'en est chargé assure sa osition par une ligne de postes avancés et renforce la ligne de blocus par es ouvrages de campagne. En même temps on reconnait la place, on étermine le front à attaquer, on établit le projet d'attaque, et on amène e matériel d'artillerie et du génie nécessaire pour la conduite du siège. uis, pour en ouvrir les opérations et également, si possible, pour bomarder de loin l'intérieur de la place, on construit des batteries à une distance de 2,000 à 3,000 mètres des ouvrages et on les arme de grosses bouches à feu (1).

Pour assurer la protection des batteries ainsi construites, il faut avant tout pousser la ligne de blocus jusqu'à 1,500 mètres environ des ouvrages de la place (2). Après avoir affaibli ces ouvrages par l'action des batteries de première position — qui peuvent être portées en avant par échelons — et après avoir forcé les défenseurs à se retirer des points avancés qu'ils occupaient, l'assiégeant, sous la protection de détachements d'infanterie lancés en avant, construit, comme point de départ des travaux d'approche qu'il va diriger contre la place — et le plus près possible (600 à 800 mètres) (3) de ses ouvrages, — une position d'infanterie solidement défendue ou *première parallèle*, avec *tranchées de communication* en arrière, vers les parcs. Et simultanément, autant que possible, avec l'établissement de cette parallèle, l'assiégeant rapproche son artillerie de la place (de 800 à 1,500 mètres), pour en détruire les moyens de défense et faire brèche à ses murailles (4).

Pour protéger les travaux que continue de faire l'assiégeant — *les approches* — on organise, dans les circonstances ordinaires, de nouvelles *positions d'infanterie*, ou *parallèles*, de plus en plus voisines des remparts. Après quoi, quand l'assiégeant a détruit, par le moyen de la guerre de mines, les mines de la défense — s'il en existe — on organise, comme dernière position aux abords immédiats du point attaqué, le *couronnement du glacis*.

En même temps, par le canon ou par la mine, on détruit les ouvrages qui prennent les attaques en flanc, on fait brèche aux escarpes, on exécute, en cas de besoin, des descentes et passages de fossés, pour procéder ensuite à l'assaut.

Opérations de la défense.

« De son côté, le défenseur doit défendre le plus longtemps possible contre l'assaillant les abords de la place, et commencer par chercher, au moyen de sorties et de postes d'observation, à deviner la direction choisie pour les approches. Une fois le front d'attaque déterminé avec certitude on procède à son armement et on entame la lutte avec l'artillerie, tant des forts que des batteries qui leur sont adjacentes. Si les postes de surveillance sont rejetés dans les ouvrages de la place, l'assiégé doit en surveiller les abords pendant la nuit — au moyen de patrouilles ou de projections lumineuses, — puis, il essaie de s'opposer à l'établissement

(1) Première position d'artillerie.
(2) Blocus resserré.
(3) Attaque rapprochée.
(4) Seconde position d'artillerie.

ATTAQUE D'ARTILLERIE SUR DEUX FORTS

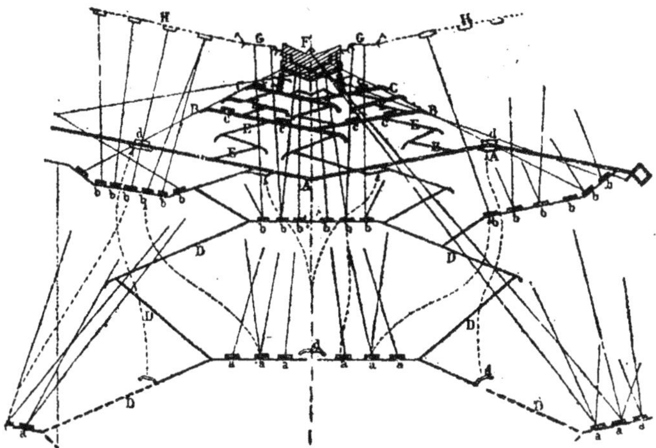

ABC — Positions pour l'infanterie; *a* — 1re position d'artillerie; *b* — 2e position d'artillerie; *c* — Position pour les mortiers légers; *d* — Batteries de canons légers; DE — Approches (cheminements, voies de communications); F — Forts; G — Batteries adjacentes; H — Batteries intermédiaires.

ATTAQUE RÉGULIÈRE

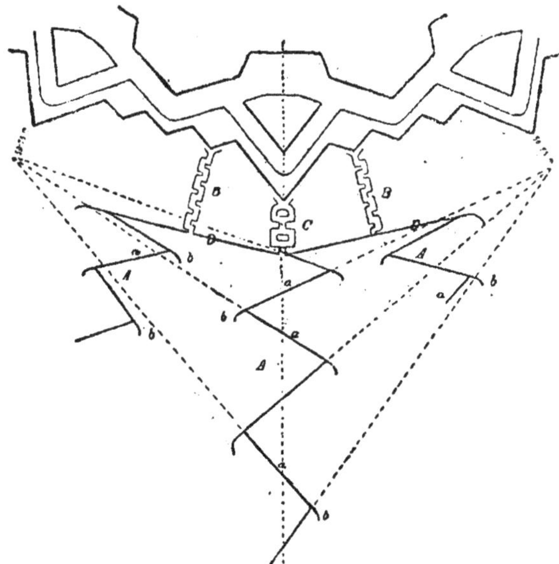

A — Cheminements-approches; *a* — Boyau de tranchée; *b* — Retour de tranchée; *B* — Sape pleine; *C* — Sape pleine double ou sape tournante; *D* — Parallèle.

LA GUERRE FUTURE (P. 245, TOME II).

de la première position d'infanterie et de la deuxième position d'artillerie. S'il n'y réussit pas, il reprend le combat d'artillerie, tant avec les pièces des ouvrages qu'avec celles des batteries adjacentes et intermédiaires, et s'efforce de retarder les travaux d'approche, soit à coups de canon, soit en exécutant des sorties et des contre-approches. Il résiste enfin à l'assaut avec toutes ses forces. Puis, après la chute des forts, il occupe la position de défense intermédiaire, organisée d'avance entre ceux-ci et la ville, et quand cette position est tombée à son tour, il continue à défendre l'enceinte principale de la même manière. »

La figure de la planche ci-contre montre l'attaque d'artillerie dirigée sur deux forts.

L'assiégeant ne peut avancer que par bonds successifs, en établissant, après chacun d'eux, des lignes d'appui, nommées *parallèles*, et des retranchements pour l'artillerie, qu'on appelle des *batteries de siège*. Pour communiquer avec ces parallèles et ces batteries, on creuse des fossés disposés en zigzag, qu'on appelle boyaux de communication, tranchées, approches — afin de s'abriter contre le feu de l'ennemi ; — ces zigzags devant être suffisamment inclinés par rapport à la direction du tir de l'ennemi, pour que celui-ci ne puisse les enfiler. L'ensemble de ces travaux de siège constitue l'attaque pied à pied.

Nous donnons ici le profil d'une de ces lignes d'approche, et dans la planche ci-contre, on voit un dessin représentant la marche de l'attaque pied à pied.

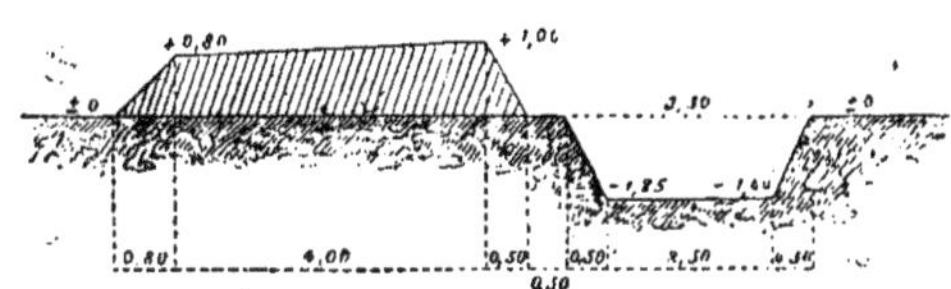

Profil d'une tranchée ou ligne d'approche.

Les écrivains militaires disent (1) que s'il n'existe pas de couverts naturels plus voisins, la première parallèle devra à l'avenir être établie à 1,800 mètres de l'ouvrage attaqué ; cette distance correspondant à la portée maximum du feu efficace de mousqueterie. Les parallèles peuvent être distantes en moyenne de 600 mètres l'une de l'autre. Enfin, relativement à la détermination de l'effectif de la garnison, et des forces nécessaires pour faire un siège, on n'a pas encore établi de données bien précises. Tous les auteurs sont seulement d'accord sur ce point que « la force des gar-

(1) Oméga : *L'Art de combattre.*

nisons doit dépendre du plus ou moins d'importance de la place et de résistance que peuvent opposer ses ouvrages. Le général Brialmont fait, titre d'exemple, les calculs suivants, tant pour la garnison que pour l troupes assiégeantes d'une grande place forte, susceptible de servir base d'opérations et d'axe de manœuvres à une armée et qui, en l'absen de cette dernière, est en état de soutenir un siège prolongé. »

Évaluation des forces nécessaires pour l'attaque et la défense.

Pour établir ces calculs, le général Brialmont suppose une fortere ayant 12 fronts de chacun 1 kilomètre de longueur, avec une ceint de forts disposés à la distance de 7 kilomètres de l'enceinte : le nom de ces forts étant égal à 13 et la distance qui les sépare étant de 4 ki mètres, avec, entre eux, des batteries intermédiaires, construi comme ouvrages permanents, pour 6 mortiers ou obusiers chacune.

D'après les principes admis en France (à l'*École d'application d'ar lerie et du génie* de Fontainebleau), il faudrait, pour armer une place se blable, 856 canons — et 1,000, d'après les principes admis en Allemag

Des calculs du général Brialmont, il résulte que la garnison de comprendre : 39,600 hommes d'infanterie, 1,920 hommes de cavaler 900 hommes d'artillerie de campagne, 2,800 hommes de troupes de gé et 12,660 hommes d'artillerie de forteresse — soit en tout : 57,880 homm Pour la simple défense passive, il suffirait, d'après les mêmes calcu de 42,000 hommes.

Devant une telle forteresse, la ligne des sentinelles avancées de l'ass geant, se trouvant à 2,500 mètres de celle des forts, aura 71,800 mèt de long ; et la « ligne de combat », établie à 2,500 mètres en arri des sentinelles — par conséquent à 5,000 mètres des forts — au dans ce même cas, 88,000 mètres. En admettant 1,7 homme par mè courant sur la ligne des sentinelles avancées, l'armée de blocus de compter 122,000 hommes. Si nous y ajoutons un corps de siège de 50,0 hommes, il se trouve que le total de l'armée nécessaire pour assiéger la for resse choisie comme exemple sera de 122,000 et 50,000 ou 172,000 homm

La ligne de blocus devant Paris était occupée à raison de 2,8 homm par mètre courant de la ligne de combat. Ce qui exigerait pour le blocus la place choisie comme exemple par Brialmont, et d'après ce calcul, u armée de blocus de 246,400 hommes, — soit, avec le corps spécialem chargé du siège, 296,400 hommes.

Temps nécessaire au siège.

« Afin de donner une idée du temps nécessaire pour effectuer le siè d'une forteresse de caractère moderne, voici le calcul approximatif conte dans un traité français sur l'attaque et la défense des places (1) :

(1) *Attaque et défense des places fortes ou guerre de siège.* — Publié avec le c cours d'officiers de toutes armes et sous le patronage de la Réunion des officiers, 1886

Période de l'investissement et arrivée du matériel de siège	Pour repousser les avant-postes ennemis.	8 jours	30 jours
	Occupation des positions nécessaires pour bloquer étroitement la place	10 jours	
	Établissement et organisation des parcs de siège.	12 jours	
Attaque des forts de première ligne	Construction et armement des batteries de la première position d'artillerie.	12 jours	45 jours
	Combat d'artillerie et bombardement	8 jours	
	Occupation du terrain pour les batteries de la seconde position d'artillerie et conduite des travaux d'approche jusqu'à l'enlèvement des forts.	25 jours	

Enlèvement successif de forts contigus et attaque de ligne de défense intermédiaire . . . . 20 jours
Attaque et prise du noyau même de la place. . . . . . . 25 jours
Total. . . 120 jours

« Quoique dans ce nombre de jours ne soit pas compris le temps que peut exiger la guerre de mines, etc., néanmoins les chiffres approximatifs ci-dessus montrent que le siège d'une grande forteresse entourée de forts constitue l'une des opérations les plus longues et les plus difficiles qui puissent se présenter au courant d'une campagne (1). »

Il faut observer que, dans l'*Encyclopédie militaire* publiée par une Société d'officiers français, à l'article : *Attaque et défense des places fortes*, la durée du temps nécessaire pour l'exécution du futur siège de Strasbourg est évaluée à 160 jours au lieu de 120.

En outre, la conclusion de l'article mérite aussi d'attirer l'attention : « Le siège de Strasbourg ou de toute autre place de même importance constitue une opération longue et très difficile qui exige de grandes dépenses de forces et de moyens ; mais il ne faut pas oublier que l'occupation d'une position de ce genre donne des résultats très importants sinon décisifs. »

(1) Nous empruntons tout ce qui précède au traité de Sloutchevsky sur la *Guerre de forteresse*.

Attaque brusquée d'une place forte.

L'attaque brusquée.

C'est actuellement une conviction très répandue parmi les artilleurs et les ingénieurs que, par suite du perfectionnement de l'artillerie moderne, les places fortes ne seront plus soumises à un siège et seront attaquées à force ouverte. Contre le tir vertical des shrapnells lancés par des mortiers et des canons courts, les fortifications n'offriront aucun abri, attendu que ces projectiles peuvent atteindre même un but placé derrière et tout contre les remparts. Quant au tir direct des grands canons, il traversera les murailles et y ouvrira une brèche commode pour donner l'assaut à la place. L'adoption d'obus remplis d'explosifs puissants augmente tellement l'effet destructeur, même des simples coups isolés, contre les ouvrages, que toutes les anciennes défenses se trouveront sans valeur. L'expérience a prouvé qu'il suffisait d'un tir relativement assez court exécuté avec des projectiles de ce genre, pour rendre absolument impropres à la défense, des ouvrages de fortification dans le genre de ce qu'ont été jusqu'à présent les forts.

L'influence de ces faits a déterminé une crise de la fortification qui n'est pas encore terminée, pas plus en pratique qu'en théorie.

Système du général von Sauer

Comme principal représentant de cette opinion on doit citer le général allemand von Sauer, qui propose un système d'attaque abrégé (1). D'après cet officier général, la différence entre l'attaque méthodique et l'attaque abrégée se résume en ceci : « L'attaque régulière ou systématique est dirigée essentiellement contre un front de la place, tandis que l'attaque brusquée menace autant que possible tous les fronts accessibles. Et tandis que dans la première méthode l'assiégé peut concentrer toutes ses ressources sur un seul front et même sur un seul point de ce front, l'attaque abrégée est combinée de façon à empêcher cette concentration, afin d'avoir plus facilement raison des forces dispersées de la défense.

« Contre l'attaque systématique, les mesures de protection consistent avant tout à renforcer d'avance la défense du front ou des fronts qui, d'après la disposition des routes, la proximité des matériaux susceptibles de servir à la construction des batteries et la configuration du terrain, peuvent être les plus menacés. Contre l'attaque brusquée au contraire, qui repose sur des considérations plutôt tactiques que techniques, il faudrait renforcer tous les fronts, ce dont on n'a pas toujours les moyens. Et voilà précisément sur quelle considération, — en même temps que sur la mobilité des canons

(1) *Ueber den abgekürzten Angriff gegen feste Platze und seine Abwehr* (Sur l'attaque abrégée des places fortes et la manière de la repousser).

actuels et la difficulté d'élever partout des abris contre les projectiles lancés par eux, — repose essentiellement l'attaque « tactique » qui, on le comprend, est toujours dirigée non pas sur les parties les plus fortes, mais sur les points les moins bien protégés de la fortification. »

Le général von Sauer soutient son opinion par la comparaison suivante :

« Essayez d'inquiéter, des quatre côtés de sa toile, une araignée établie au centre de son réseau et vous verrez avec quelle impuissance désespérée elle s'enfuit. Mais si vous ne l'inquiétez que par un seul point de cette toile, alors elle montre toute son énergie. Le but de l'assaillant doit être également de mettre le défenseur établi dans son réseau bien combiné de fortifications dans un état d'inquiétude et d'indécision semblable à celui de l'araignée en l'empêchant ainsi d'être un adversaire énergique et dangereux.

« En partant de ce principe, les opérations de l'assiégeant doivent être dirigées principalement contre les œuvres vives de la défense, c'est-à-dire contre les troupes et les canons, — ces opérations devant pour cela être le plus possible rapides et inattendues pour le défenseur. Ce dernier au contraire, étant ordinairement plus faible, doit chercher surtout à prolonger sa résistance, attendu que gagner du temps est un succès pour lui. »

Le mode d'attaque imaginé par von Sauer consiste en ceci : « Après avoir, à l'aide de reconnaissances, bien étudié les caractères de la place, l'assaillant doit résolûment et sur tous les points refouler les défenseurs dans l'enceinte ou au moins dans la ligne des forts. L'assaut des positions avancées peut et doit être préparé avec succès par l'artillerie de campagne renforcée par des mortiers, en bombardant surtout fortement, avec des shrapnells, les positions occupées par les troupes de la défense ; le tir commençant à la distance de 4,000 mètres avec les canons longs et de tous côtés à la fois afin de laisser la défense dans l'incertitude sur la direction du coup principal.

« Une fois maître des positions avancées, il faut, de l'avis du général von Sauer, se mettre immédiatement à la poursuite des troupes de la défense qui battent en retraite. Les forts peuvent former obstacle à cette poursuite, mais il n'est pas impossible à l'artillerie de campagne, renforcée par les mortiers et le tir des shrapnells à longue portée, d'en avoir raison. Attendu qu'il suffit pour cela de mettre les canons de la défense hors de combat, c'est-à-dire d'en détruire les servants et d'infliger de grosses pertes à la garnison des forts.

« Le général von Sauer propose encore d'utiliser une avant-garde de l'artillerie de siège, composée de 24 à 30 mortiers de 12 et 15 centimètres, qu'après l'occupation des abords de la place et les reconnaissances nécessaires, on établirait pendant la nuit, à environ 2,000 mètres du fort attaqué contre lequel elle ouvrirait le feu le lendemain matin. Opération d'autant plus possible qu'à son avis les mortiers n'exigent pas la construction de batteries proprement dites, mais seulement des abris pour leurs servants et leurs projectiles.

« Aussitôt le feu des forts éteint, on pourra, d'après Sauer, mener la poursuite jusqu'à la ligne des forts, peut-être même traverser cette ligne, et, à l'occasion, prendre d'assaut l'un de ces forts. Mais la principale chose à faire, pour préparer l'occupation de la ligne des forts, doit, à son avis, consister, après les avoir réduits au silence, non pas tant à y pratiquer des brèches — ce dont on peut se passer avec des échelles d'assaut — qu'à détruire les feux destinés à les flanquer.

« Une fois maître de la ligne des forts, il faut, continue von Sauer, poursuivre les défenseurs le plus énergiquement possible, afin de les empêcher de se maintenir sur des positions extérieures à l'enceinte principale, dont l'attaque sera beaucoup plus difficile que celle des forts. Simultanément avec cette attaque de l'enceinte, il faut, selon le général allemand, commencer aussi le bombardement de la forteresse en l'exécutant au moyen de tous les canons et en couvrant de leurs projectiles la plus grande étendue de terrain qu'il se pourra.

« En général, l'idée fondamentale de l'attaque préconisée par von Sauer consiste, — en évitant de recourir à des travaux de sape considérés par lui comme désormais impossibles, — à s'emparer promptement, et sans laisser à l'ennemi le temps de se reconnaître, des ouvrages de la place, en rendant ceux-ci, ou plutôt le personnel qui les défend, « mûr pour l'assaut » (*sturmreif*) suivant son expression ; résultat qu'on obtient au moyen d'un tir violent et ininterrompu, — surtout vertical et à shrapnells, — exécuté par des mortiers légers et des canons de campagne et ouvert sans même attendre l'arrivée du parc de siège. — En somme, von Sauer pense qu'il faut, avant de s'emparer des ouvrages fortifiés, les « amollir », (*aufweichen*) pour ainsi parler, par le moyen du feu ci-dessus indiqué.

« Quant à la façon d'exécuter l'assaut lui-même, il ne l'indique nulle part avec précision, et on peut seulement deviner que, d'après lui, le défenseur — ou bien abandonnera les ouvrages écrasés sous une pluie de bombes, de shrapnells, même de balles de fusil, et qu'alors on pourra occuper immédiatement sans combat à la baïonnette, — ou bien les défendra sans énergie, le feu de l'attaque l'ayant rendu « mûr » pour l'assaut. Si, pour éviter ce feu, le défenseur se tapit sous des abris, il ne sera pas, suivant von Sauer, capable d'en sortir à temps pour occuper les banquettes, et s'il reste à découvert sur celles-ci, il sera promptement anéanti par ce feu même (1). »

(1) *Sur la guerre de forteresse* (Voïennyi Sbornik).

Les Allemands comptent évidemment beaucoup sur le succès de l'attaque brusquée des places fortes.

Parcs de siège allemands

En Allemagne, il existe deux parcs de siège, chacun de 400 bouches à feu, et qui antérieurement étaient ainsi composés :

Canons de 15 cent. pour le combat aux grandes distances	40
Obusiers de 15 cent.	80
Canons de 12 cent. pour le combat aux grandes distances	120
Obusiers de 21 cent.	20
Mortiers de 21 cent.	40
» de 15 cent.	60
» de 9 cent.	40
TOTAL.	400

En 1891, cette composition s'est quelque peu modifiée, les obusiers de 21 centimètres, ainsi que les mortiers de 9 centimètres, étant passés à l'armement des forteresses continentales et ayant été remplacés dans les parcs de siège par des canons de 15 centimètres à tir rapide, mais dont on ne sait pas le nombre.

L'un des parcs de siège est remisé à Spandau ; l'autre, partie à Posen et partie à Coblentz. En outre, en 1891, il a été décidé de former des parcs de siège d'avant-garde sous la désignation de bataillons de siège munis de canons attelés, dans la composition desquels entreront des mortiers de 21 centimètres et 15 centimètres, avec aussi peut-être un petit nombre d'obusiers de 15 centimètres et de canons de 12 centimètres.

Il est impossible de ne pas observer à ce propos qu'outre les moyens d'attaque qui viennent d'être indiqués, l'armée allemande en possède encore probablement d'autres qu'elle tient secrets. Le général von Sauer, parlant des ressources dont l'attaque dispose, ajoute en effet : « J'observerai à ce sujet, une fois pour toutes, que je ne vous dirai rien des objets qui constituent des secrets professionnels ; d'autant plus qu'il suffira pleinement, je pense, pour atteindre le but de ces conférences, de vous exposer dans leurs grandes lignes les questions dont il s'agit » (1).

Nous ne pouvons non plus omettre de dire que Sloutchevsky, l'auteur, cité par nous, de la *Guerre de forteresse*, considère la méthode d'attaque du général von Sauer comme applicable même dans le cas où la défense disposerait de forts cuirassés.

Tourelles et cuirassements.

D'ailleurs von Sauer prévoit lui-même l'existence des abris les plus perfectionnés pour les canons, et notamment de cuirassements (tourelles

(1) *Ueber den abgekürzten Angriff auf feste Plätze und seine Abwehr* (Sur l'attaque brusquée des places fortes et la manière de la repousser).

cuirassées, coupoles), montés sur roues et susceptibles d'être transportés sur le terrain.

Le dessin ci-dessous donne la vue générale d'une coupole transportable de ce genre (tourelle, mobile, voiture cuirassée) pour canons à tir rapide de 37 millimètres et de 53 millimètres.

Tourelle mobile pour canon à tir rapide.

Comme on le voit, cette tourelle se compose d'un cylindre, formé de tôle d'acier et établi sur un essieu. Ce cylindre est fermé par un couvercle en orme de calotte sphérique (coupole) dans lequel sont fixés les tourillons du canon. Ce couvercle tourne sur des galets et porte un siège pour le pointeur qui par l'action de ses pieds sur le plancher de la tourelle peut imprimer de grands déplacements à celle-ci et, par suite, au canon qu'elle porte.

Quant aux petits mouvements nécessaires pour achever le pointage, il les exécute en agissant de la main gauche sur une roue dentée qui s'en

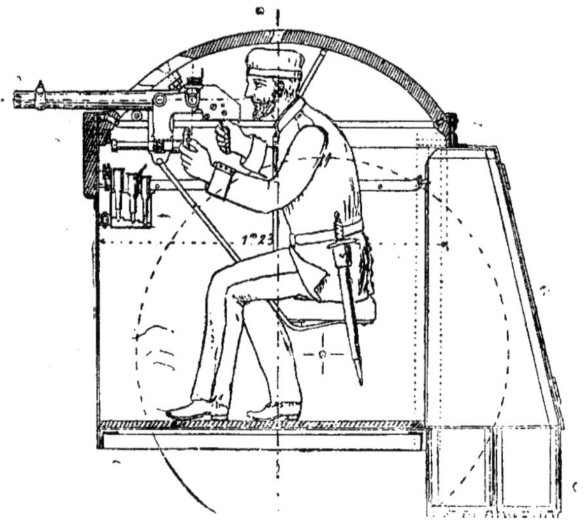

Coupe verticale d'une tourelle mobile Schumann pour canons à tir rapide.

grène dans les dents d'une solide crémaillère fixée au cylindre, comme on le voit dans la coupe verticale donnée ci-dessus, d'une tourelle mobile de Schumann.

Les munitions sont renfermées dans des caisses mobiles sur des galets le long d'un rail circulaire. L'aide du pointeur, assis dans un petit compar-

Résultats des tirs d'expérience au **shrapnell de 735 balles** du diamètre de 22 m/m chacune.

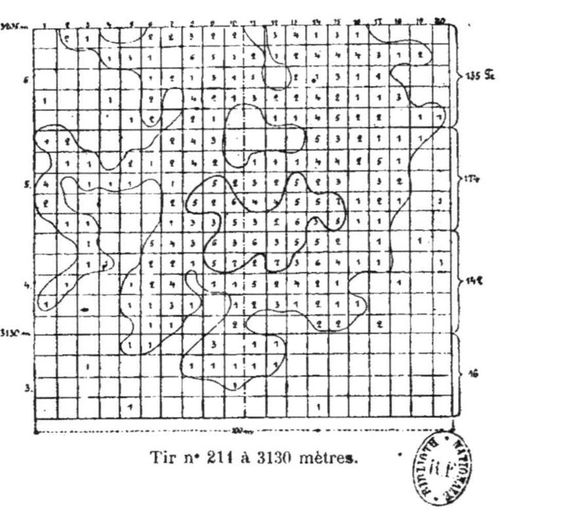

Tir n° 211 à 3130 mètres.

Shrapnell d'acier avec balles de 22 m/m de diamètre pesant 60 grammes. — 730 à 735 balles.

timent voisin à l'avant, remplit de nouveau ces caisses quand leur contenu a été consommé.

Les tourelles mobiles s'établissent dans des épaulements, comme le montre la figure ci-dessous.

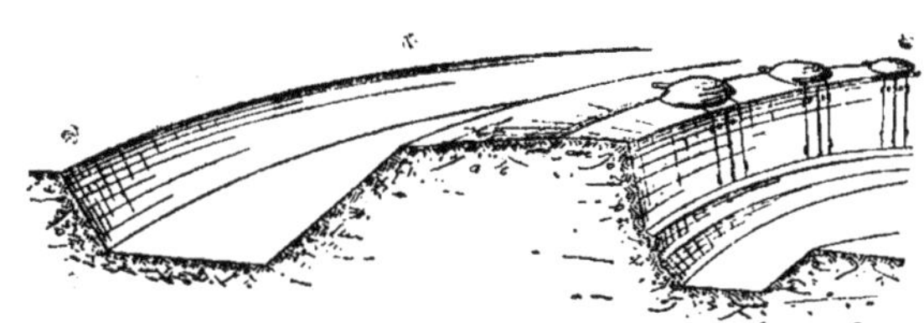

Vue de tourelles Schumann établies dans un épaulement.

On comprend que des abris pour mortiers puissent être établis dans un parapet assez profondément pour être complètement garantis contre toute atteinte. Mais pour des canons destinés au tir de plein fouet, un pareil enfoncement dans l'épaulement rendrait impossible le tir de but en blanc, c'est-à-dire aux petites distances. Attendu que si le canon est placé, comme il arrive alors, à peu près horizontalement, toute sa longueur ne reste pas couverte par la coupole sur laquelle sa bouche au moins fait fortement saillie. Ce qui fait qu'aux petites distances, par exemple au-dessous de 1,000 mètres, il risque d'être endommagé fortement même sans le concours des grosses bouches à feu, puisqu'un projectile peut l'atteindre directement sans avoir besoin de pénétrer sous la coupole.

De plus, il faut signaler encore un autre danger de ces tourelles cuirassées transportables ou même de celles dont le cuirassement est autrement organisé. C'est que les gaz produits par l'éclatement des projectiles chargés de pyroxyline, outre les dégâts matériels qu'ils produisent, rendent à la longue les locaux voisins inhabitables. Ainsi, ce fut assez d'une bombe de 9 pouces éclatant à la surface du béton, à quelques pas de l'entrée d'un passage blindé coudé, d'abord pour démolir une cloison en bois qui fermait ce passage, puis pour rendre pendant une heure ce passage inaccessible aux hommes par suite des gaz qui s'y répandirent.

Difficultés de l'attaque.

Mais, d'un autre côté, l'attaque même des ouvrages de campagne — comme nous l'avons montré dans le chapitre consacré à l'*Infanterie au combat* — offre, de nos jours, beaucoup de difficultés et le perfectionnement des armes l'a même rendue presque impossible. Il ne faut jamais oublier que l'attaque des fortifications permanentes, par suite de la résistance que, malgré l'effet destructeur des projectiles actuels, elles offrent aux coups de l'artillerie, présente encore des difficultés plus grandes.

En outre, dans la façon dont on envisage les procédés d'attaque, il se rencontre de très notables différences ou même des inexactitudes qui témoignent pleinement de la difficulté du problème. C'est ce que nous allons examiner de près et plus en détail.

Composition de la colonne d'attaque.

« La colonne d'attaque moderne — comme on le dit dans *La Fortification et l'artillerie* (1) — doit se composer des éléments suivants :

« 1° *Une chaine de tirailleurs* (tête de colonne), formée au minimum de deux compagnies, pour une colonne d'attaque de deux bataillons ; ces compagnies autrefois se divisaient en *échelons ;* maintenant elles se composent de la *chaîne* et des *soutiens.*

« 2° *Un détachement de travailleurs et sa réserve*, en formation déployée (chez nous en colonne et sans réserve), marchant à 50 mètres l'un de l'autre et à 200 mètres de la chaine de tirailleurs (chez nous à 50 pas, en Allemagne à 100 pas).

« 3° *La colonne d'assaut* (le gros) en formation déployée et non compacte ; son effectif doit être double de celui de la garnison de la place.

« 4° *La réserve de la colonne d'assaut*, semblable comme formation et égale comme effectif à la colonne d'assaut.

« 5° *Un détachement d'artilleurs* (chez nous il n'existe pas ; en Allemagne, il est remplacé par un second détachement de travailleurs ; les artilleurs ont pour mission, soit d'enclouer les canons ennemis, soit de les retourner contre la défense). L'effectif d'un tel détachement peut être par exemple de : 1 sous-officier et 6 hommes par bouche à feu en batterie sur les ouvrages qu'il s'agit d'emporter.

Formation et premiers mouvements.

« Les troupes se forment en colonne d'attaque en des points abrités des coups de l'ennemi, et à une distance de 800 mètres, par exemple, des fortifications attaquées. Ces colonnes doivent être composées de troupes fraiches qui puissent enlever tout d'un trait la première et la seconde ligne des positions ennemies. La colonne d'attaque doit se mouvoir rapidement afin que la chaine des tirailleurs arrive le plus vite possible à la ligne des défenses artificielles établies sur le glacis, pendant que les soutiens des compagnies se portent sur la chaine et ouvrent, de concert avec celle-ci, contre les ouvrages, un feu très vif qui doit obliger les défenseurs à se retirer de la banquette.

« Sous le couvert de ce feu de la chaine, le détachement de travailleurs organise rapidement, à travers les défenses artificielles, des passages pour la colonne d'assaut, avec sa réserve à 300 mètres derrière elle, et une réserve générale toute prête. Après avoir franchi les obstacles, tous s'élancent au cri de *Hourrah!* ou : *En avant!* Puis ils courent jusqu'aux ouvrages et se répandent de toutes parts dans les fossés ; la réserve

(1) Par Legrand.

s'avance jusqu'à la contrescarpe afin de soutenir la colonne d'assaut ou de renouveler l'attaque en cas de retraite de cette colonne. La réserve principale dirige ses efforts contre les réserves extérieures de la défense. »

Legrand attache une importance de premier ordre, dans l'attaque, au feu de la chaîne établie sur le glacis en arrière des obstacles artificiels :

« Comme les tirailleurs se trouvent à très petite distance des ouvrages, ils n'ont rien à craindre de l'artillerie de ceux-ci, dont tous les servants se trouvent exposés à un feu meurtrier. Quant au feu de mousqueterie de la défense, il sera concentré sur la chaîne de tirailleurs, et par suite la colonne d'assaut n'aura pas besoin de se cacher. Il ne suit pas de là toutefois qu'elle doive marcher en ordre compact : la formation qui lui convient consistera, selon toute vraisemblance, en *une ligne de groupes ;* formation commode également pour passer au travers des obstacles. La chaîne des tirailleurs attaquera les ouvrages en même temps que la colonne d'assaut. »

Von Brunner montre la nécessité de « cribler les ouvrages d'une grêle de balles » aussitôt après que la chaîne a occupé le glacis en avant des obstacles artificiels. Il est probable que ce procédé a plutôt pour objet d'assurer une protection relative au détachement de travailleurs et à la colonne d'assaut, que d'exercer une influence — très problématique — sur les opérations de la défense.

Le mode ultérieur d'action des troupes présente une lacune qu'il n'a pas encore été possible de combler par des indications positives et précises. Action ultérieure.

Ainsi par exemple : « Les troupes désignées pour attaquer se mettent en mouvement et *attaquent* », dit Levitzky. Dans un ouvrage intitulé : *De l'organisation des colonnes d'attaque*, on trouve les indications suivantes sur la marche ultérieure de l'attaque : « Aussitôt que le détachement de travailleurs a achevé son œuvre (renversement des obstacles artificiels) la tête de colonne continue son mouvement en avant. Pendant qu'elle s'efforce, en longeant le fossé, de tourner l'ouvrage et d'y pénétrer par la gorge, la colonne d'assaut, sans s'arrêter, franchit le fossé dont les travailleurs ont préparé le passage et alors, à un signal convenu d'avance, commence l'attaque générale simultanée... »

Von Brunner dit : « La chaîne des tirailleurs marchant rapidement sur les ouvrages s'en approche à petite distance et doit les entourer d'un anneau continu, afin d'isoler complètement la fortification attaquée et d'en rendre l'accès impossible à des réserves ou soutiens venant de l'extérieur ; puis elle lance sur les défenseurs une grêle de balles. La colonne d'assaut s'avance au pas et sans hâte, pour donner au détachement de travailleurs la possibilité d'ouvrir des passages à travers la ligne d'obstacles artificiels. La chaîne des tirailleurs franchit cette ligne la première, s'établit sur le glacis près de la contrescarpe et fusille le parapet; pendant ce temps, la colonne d'assaut se répand dans le fossé ».

Ainsi la chaîne des tirailleurs semble être ici présentée comme une réserve de la colonne d'assaut et, conjointement avec la réserve générale, elle couvre la retraite ou renouvelle l'attaque.

Acte final.

Dans la plupart des cas, la description de la marche de l'attaque se termine par un mouvement de troupes assaillantes qui se répandent dans le fossé de l'ouvrage et en occupent le parapet. C'est là, pour ainsi dire, d'après l'avis de la majorité, l'acte final de l'attaque ; et, pourtant, des exemples tirés de l'histoire militaire montrent que là encore, parfois, se jouent les drames sanglants qui, jusqu'à présent, ont décidé du succès de l'attaque. Ainsi, dans le combat livré sous le fort des Perches en 1871, l'assaillant ne put parvenir à sortir du fossé de l'ouvrage où il avait pénétré, attendu qu'à chaque tentative les défenseurs l'y rejetaient.

Sous Gorny-Doubniak, des hommes couchèrent dans le fossé de l'ouvrage. Legrand cite des exemples empruntés à des rapports du général Skobeleff, et qui montrent que bien souvent les troupes russes durent abandonner des ouvrages qu'elles avaient enlevés, par suite du feu meurtrier dont les accablait la seconde ligne de la position ennemie.

Nous trouvons encore dans Von Brunner diverses indications sur la marche ultérieure des opérations de l'attaque : « Quand et comment pénétrer dans l'ouvrage, c'est aux officiers d'en juger. Ils doivent se faire une idée de sa disposition intérieure : s'il y a un réduit, on commence par le fusiller énergiquement de derrière le parapet, après quoi on le prend d'assaut ; s'il y a un second parapet, en forme de traverse défensive, l'assaillant y fait irruption à la suite des défenseurs qui s'enfuient. Les officiers recherchent les magasins à poudre et font détruire les fils conducteurs préparés pour y mettre le feu » (1).

Mais l'effet de la mousqueterie aux petites distances sera d'autant plus dangereux que les troupes assaillantes seront obligées d'écarter les obstacles de toute sorte, appelés « défenses accessoires », organisés afin de ralentir le mouvement.

Les défenses accessoires.

Dans le chapitre consacré à *l'Infanterie au combat*, nous avons indiqué toute une série de ces « défenses », telles que, par exemple, les trous de loups, les palissades, les réseaux de fils de fer, etc.

(1) V. Veïtko, *Ataka oukreplénii, oucilennykh iskoustvennymi prépiatsviami* (Attaque des fortifications renforcées par des obstacles artificiels) — en Russie, en France, en Autriche et en Allemagne. — (*Ingernyi journal.*)

Ces obstacles retardent en tous cas le mouvement des troupes et c'est qu'après les avoir écartés que l'assaillant peut arriver jusqu'aux murailles de l'ouvrage.

Impossible également d'oublier les fougasses cachées dans le sol et dont le but est de soulever le terrain sous les pieds des soldats assaillants. Il suffit de presser sur un bouton ou un ressort pour déterminer une explosion qui naturellement jette le désordre parmi les colonnes d'attaque. Nous citerons ici quelques-unes de ces fougasses.

Les fougasses, mines et torpilles.

La *fougasse à bombes*, comme on le voit par la figure, consiste en une caisse de bois divisée en deux compartiments par une cloison horizontale; dans le compartiment supérieur sont disposées quatre bombes tournées œil en-dessous; et dans le compartiment inférieur est une charge de poudre déterminée dont l'explosion lance en l'air les bombes qui vont ensuite éclater au milieu des colonnes d'assaut.

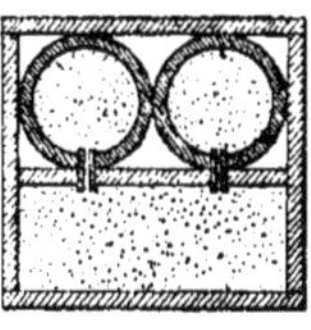
Fougasse à bombes.

Les *fougasses ouvertes lance-pierres* lancent des grosses pierres contre l'ennemi qui marche à l'assaut. Leur effet est plus puissant que celui

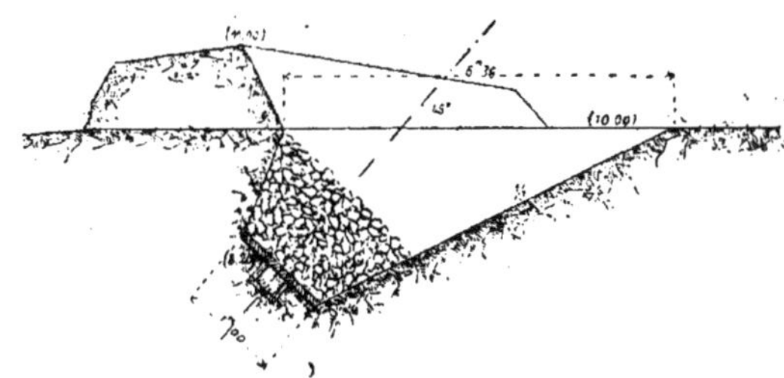
Fougasse pierrier, en déblai.

des fougasses ordinaires. L'organisation d'une fougasse semblable par un sous-officier et douze hommes ne demande pas moins de quinze heures de travail.

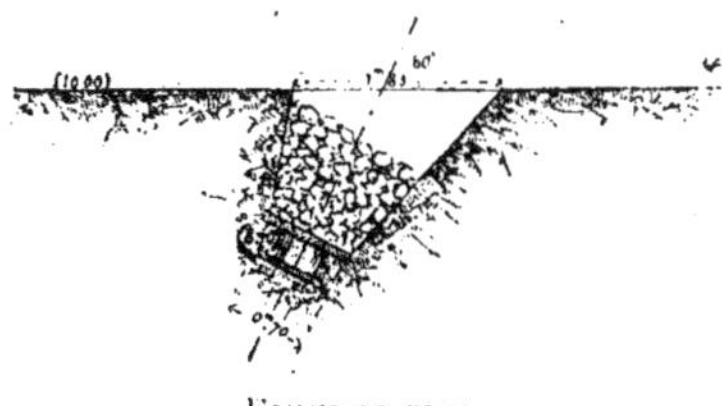
Fougasse rase.

La *fougasse rase* s'établit beaucoup plus vite, il suffit de huit ouvriers pour l'installer en cinq heures; ordinairement on la charge de sept à huit kilogrammes de poudre.

La *fougasse Piron* n'exige pour sa construction que deux heures de travail et deux ouvriers.

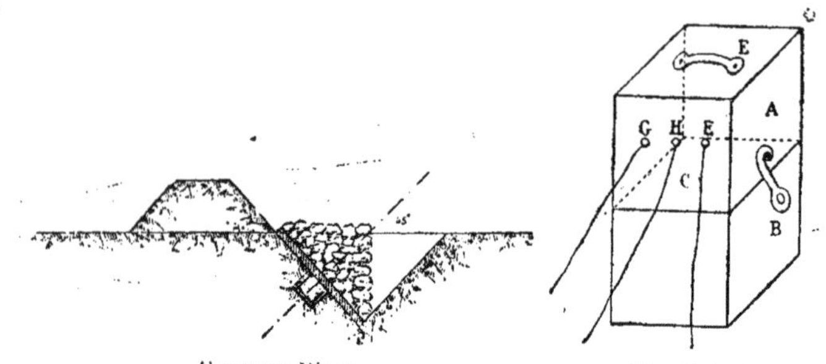

Fougasse Piron. Mine Zubovitz.

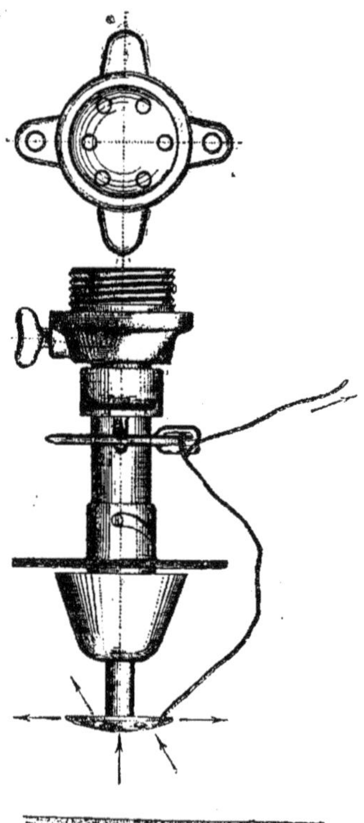

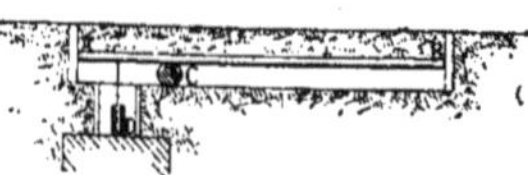

Torpille pour la terre ferme, de Pfund et Schmidt.

L'effet de ces mines est clairement montré par la figure de la planche ci-contre, qui représente l'explosion de l'une d'elles au cours d'une attaque des troupes turques à Plewna.

Mais l'assaillant rencontre encore des mines moins apparentes.

Il y a quelques années, ont été entreprises, dans différents pays, des expériences sur un nouveau genre de défenses artificielles, connues sous le nom de *torpilles de terre ferme.* Ces torpilles peuvent rendre les mêmes services que les fougasses, mais elles ont l'avantage d'exiger beaucoup moins de temps pour leur installation. Le lieutenant autrichien Zubovitz fut le premier à proposer, en 1884, un dispositif de ce genre, dont nous donnons un dessin ci-dessus. Sa mine a, extérieurement, l'aspect d'une simple caisse, comme on le voit sur la figure, et se compose de deux compartiments. Dans le compartiment supérieur A, se trouve l'appareil détonateur dont la combinaison est encore un secret; dans le compartiment inférieur B, que deux crochets rattachent à l'autre, est renfermée la charge explosible formée de dynamite ou de pyroxyline. Trois

Explosion des fougasses russes au milieu des colonnes turques marchant à l'attaque, le 10 août 1877.

La Guerre future (p. 258, tome II).

conducteurs G, H, F, partant de la caisse, servent pour la charger ou la décharger d'électricité et pour faire éclater la mine. On transporte l'appareil au moyen d'une poignée E.

En Suisse, on a adopté officiellement, à la suite d'expériences, une torpille de terre ferme proposée par le major du génie Pfund et l'ingénieur Schmidt. Cette torpille se compose d'une enveloppe contenant la charge d'un tube détonateur; elle est munie d'un appareil particulier écartant tout danger quand on met la torpille en place et aussi quand on la charge.

La description en a été insérée dans le *Journal de l'artillerie et du génie suisse* en 1886.

Voici quel en est le mode d'emploi :

A quelques centimètres au-dessous de la surface du sol, on établit une planche, ou mieux, un panneau de bois A B, qui peut tourner autour de l'axe C. Quand, sous le poids des assaillants passant à cet endroit, l'extrémité B de la planche s'abaisse, l'extrémité opposée A se soulève et, par le moyen d'une corde, enflamme une capsule D, fixée à la partie supérieure de la caisse qui contient la poudre ou communiquant avec celle-ci.

Opinions des spécialistes russes sur le système d'attaque brusquée.

L'attaque brusquée.

La théorie dont le professeur von Sauer est considéré comme le représentant a été l'objet d'études approfondies. Et à ce sujet les écrivains militaires se sont partagés en deux camps.

Les optimistes soutiennent qu'aujourd'hui encore la défense n'a rien perdu de sa force et que, par conséquent, la proposition d'une attaque brusquée leur semble provenir d'un entraînement irréfléchi.

Au nombre des partisans déterminés de la défense d'après l'ancien système sont les professeurs Engmann (1) et Koui.

Le professeur Yokher (2), sans donner dans les opinions extrêmes, dit à propos de l'*attaque à force ouverte*, en général : qu'elle ne peut être entreprise avec succès que contre des points fortifiés dont la garnison est peu nombreuse et la disposition mauvaise (fossés faiblement flanqués, absence d'escarpes en maçonnerie et de contrescarpes, manque de points d'appuis, etc.).

Mais relativement à l'attaque abrégée de Sauer, il observe que, « à la guerre, sans doute, rien n'est impossible dans certains cas; aussi, ne peut-on nier la possibilité du succès d'une pareille attaque, dans quelques cir-

(1) Voir : *Ouskorennaïa ataka krièposteï* (Attaque abrégée des forteresses).

(2) *Oçadnaïa Voïna* (La guerre de siège). — Saint-Pétersbourg, 1891.

constances contre les places fortes actuelles. Néanmoins, pour des attaques simultanées de divers côtés, on ne peut guère espérer l'uniformité dans les mouvements des colonnes d'assaut. Des incidents sont inévitables et par suite le succès est très douteux. Car si on admet la possibilité de forcer la ligne des forts, les opérations ultérieures, qu'il faut exécuter en vue de ceux-ci, paraissent trop hardies, même si ces ouvrages ont été notablement endommagés : puisqu'ils seront encore occupés par les défenseurs et que l'entrée en scène des réserves de la garnison sera toujours possible. Quant à s'emparer, au besoin, de quelques-uns de ces forts, von Sauer n'en parle que superficiellement, comme si cette opération ne pouvait présenter aucune difficulté. Ce qu'on ne peut guère lui accorder quand on songe à la façon dont sont construits ces ouvrages, pourvus de revêtements en maçonnerie et de fossés soigneusement flanqués. »

Le capitaine Engmann, parlant de l'attaque accélérée des places fortes arrive à conclure qu'elle a très peu de chances de réussir contre celles dont la défense est complètement préparée au point de vue de la fortification, et qui sont pourvues d'une garnison suffisante ; surtout si elles ont à leur tête un commandant énergique et connaissant son affaire.

Pour le professeur Koui, dans sa brochure *Quelques mots au sujet de la fortification actuelle*, après avoir soigneusement examiné tous les arguments invoqués pour et contre l'attaque accélérée, il arrive à conclure que « la panique avant l'attaque, dont parle Sauer, ne repose sur rien », que « la défiance exprimée à l'égard des places et de leurs facultés de résistance n'est pas justifiée » ; que « la disposition des forteresses actuelles n'a besoin d'aucunes transformations *générales* radicales », et qu'enfin « la préparation du terrain pour le combat, motivée par les puissants moyens actuels de l'attaque et les modifications *partielles* dont les forts ont besoin, n'est pas compliquée et n'exige pas de dépenses extraordinairement élevées ».

Opinions du professeur Vélitchko.

Le professeur K. Vélitchko (1) se tient entre les opinions extrêmes. Il admet toutefois que les forteresses actuelles, ainsi que leur artillerie, ont besoin de sérieuses améliorations et propose un nouveau tracé de fort, avec des batteries permanentes de canons et de mortiers pour éviter les inconvénients signalés par le général von Sauer.

Le professeur Vélitchko repousse non seulement les coupoles, mais en général toute espèce de revêtement cuirassé et préfère le recouvrement en béton. Il ne voit, dans les forts, que des positions pour l'infanterie, et il veut placer l'artillerie dans leurs intervalles où elle peut être masquée par

(1) *Oboronitelnya sredtsva kriéposteï protiff ouskorennykh atak* (Moyens de défense des places fortes contre les attaques abrégées).

des glacis. Quant aux ouvrages permanents organisés dans ces intervalles, il propose d'y établir des canons sur affûts à éclipse. Mais cela même, semble-t-il, n'est pas toujours avantageux, si l'on en juge par les résultats du tir exécuté à Lidda, en 1888, contre une batterie montée sur des affûts de ce genre. Il se trouva qu'en éclatant, les obus causèrent de graves dégâts à ce dispositif. A la distance de 1,100 mètres, douze obus, lancés par des canons de 152 millimètres, produisirent de tels ravages que les servants auraient été mis hors de combat et les affûts démontés.

Très remarquable est la conclusion du professeur Vélitchko, au sujet de la protection des forts par des cuirassements.

« On peut faire valoir, dit-il, toutes sortes de raisons quand il s'agit de justifier la nécessité d'abris puissants et impénétrables pour les éléments inactifs de la défense, tels que les munitions et approvisionnements de toute sorte, ou momentanément sans emploi : hommes au repos, canons de caponnières ou destinés à tirer contre les colonnes d'assaut, etc. Mais pour les éléments appelés à agir, à combattre surtout au moment décisif, à l'heure de l'assaut et de l'attaque, ces abris peuvent avoir plus d'inconvénients que d'avantages. Autant de béton et de terre qu'on voudra, sur les magasins à poudre, les casernes, les batteries flanquantes : — mais rien que le ciel ouvert sur la position de combat. Toutes les dispositions imaginables pour faciliter l'apparition au moment voulu, sur cette position, de troupes et d'artillerie, protégées jusqu'à la dernière minute contre les coups de toute espèce : — mais quand, pour ces troupes, il s'agira de combattre, il faut leur donner la plus grande liberté possible pour voir et pour tirer. C'est seulement s'il sait donner satisfaction à ces exigences, fondamentales selon nous, du combat, qu'un ingénieur ne sera pas un fossoyeur et que ses forts ne seront pas des tombeaux cuirassés. »

Les idées de M. Vélitchko ont eu un grand écho dans la littérature étrangère et ont amené des réponses, la plupart approbatives. Le capitaine autrichien baron von Leitner, entre autres, rendant pleine justice aux opinions de l'auteur russe, cherche à réaliser un compromis entre ces opinions et les convictions des partisans de la cuirasse (1).

Les partisans de l'attaque brusquée.

Comme homme de talent, éclairé et représentant énergique de l'orientation pessimiste dans cette question, s'est signalé l'écrivain déjà cité plus haut, le colonel E. Meissner (2). Il admet pleinement la possibilité de prendre une forteresse par l'attaque brusquée; car il considère les places actuelles comme absolument impropres à une résistance acharnée.

(1) *Mittheilungen über Gegenstäde des Artillerie und Geniewesens*, 1890 : *Pro und contra Velitschko* (Pour et contre Vélitchko).

(2) *Opyty boïévoï otsenki kriéposteï* (Essai d'appréciation militaire des places fortes).

Il appelle l'attention sur l'appréciation insuffisante, jusqu'ici faite, des changements que produiront l'adoption et l'emploi des canons pneumatiques Zalinsky, dont nous avons déjà parlé : « Les expériences exécutées à Kiel, avec ces canons, ont donné des résultats absolument navrants au point de vue de la défense des places. L'assaillant peut, dès le temps de paix, tenir entièrement prêts sur son territoire quelques canons de ce genre, avec l'approvisionnement nécessaire de projectiles, et les amener ensuite, au premier signal, devant la forteresse frontière qu'il veut attaquer. Ces canons qui tirent sans produire ni flamme ni fumée, — et presque sans bruit, — ne pourront être découverts pendant la nuit, même à l'aide de lunettes d'approche et des appareils d'éclairage électriques les plus parfaits. Il est difficile de s'imaginer les effets que pourra produire l'explosion simultanée de plusieurs projectiles lancés par ces canons Zalinsky et remplis de près de 400 kilogrammes de puissants explosifs.

« Si l'assiégeant s'est donné pour but d'*inquiéter* la garnison d'un fort par des volées semblables pendant quelques nuits consécutives, tandis que pendant le jour, il canonnera ce fort avec des pièces de moindre calibre, mais plus commodes pour exécuter des manœuvres d'un caractère purement militaire, alors la garnison dudit fort ne sera guère en état de résister, même dans le cas peu probable où, après avoir supporté un pareil tir, les ouvrages de la place se trouveraient encore susceptibles d'être défendus. »

Le colonel Meissner propose aussi son tracé de forteresse idéale, avec double enceinte continue ; et il insiste sur la nécessité d'avoir dans les places des garnisons permanentes, instruites d'après un programme spécial, etc.

L'auteur de la note *Quelques idées sur les principes fondamentaux de la guerre de forteresse* dit qu'« il est possible et même plus facile qu'autrefois, de prendre les forteresses actuelles » et qu' « il n'a pas vu de places fortes convenablement organisées ».

Cette manière de voir est également exprimée dans un autre article du *Voïennyi Sbornik* : « Jusqu'à quel point l'attaque abrégée peut-elle être dangereuse pour les places fortes ? »

Quant à la question de la fortification des capitales, le général Koui, à propos des nouvelles fortifications de Paris, arrive à cette conclusion que : « Si le Paris actuel se trouvait l'objet de quelque nouvelle attaque, il est probable que l'assiégeant se résoudrait encore à un blocus, attendu que les autres moyens seraient ou inapplicables (bombardement) ou d'une difficulté confinant à l'impossible (attaque pied à pied). Mais un blocus rigoureux est à peine réalisable : il exigerait au moins 500,000 hommes. Par suite, il faudrait se contenter d'un blocus avec intervalles, dans le but d'empêcher l'entrée de convois de provisions importants, en négligeant les petits transports qu'il est impossible de surveiller et qui, pour une population de plus d'un million d'habitants, ne peuvent avoir d'importance. Mais dans ce cas, et en admettant qu'il y eût seulement dans Paris cinq corps d'armée mobiles constituant une réserve de 150,000 hommes (chiffre assez faible pour une garnison d'un effectif total de 300,000) la position de l'armée de blocus serait dangereuse. Et même si ce procédé de blocus réussissait, il est probable que Paris tiendrait notablement plus longtemps qu'en 1870-71, par suite de la faculté d'utiliser les provisions recueillies sur la grande étendue de terrain entourée par la ligne des forts extérieurs. On peut donc admettre en toute vraisemblance que si Paris est pourvu d'une bonne garnison, avec un chef intelligent, et si la politique ne se mêle pas de la défense, Paris peut constituer une barrière infranchissable et sauver la France, même dans des circonstances très difficiles. »

En résumant ainsi tout ce qui a été dit par les écrivains militaires russes au sujet de l'attaque abrégée des places à force ouverte, il faut avant tout remarquer que la plupart reprochent au général von Sauer d'avoir pris pour objet de son attaque, les forteresses dans l'état où elles se trouvaient en 1888, époque à laquelle se rapporte son étude. Mais depuis lors, bien des choses ont changé. Les places fortes en partie renforcées par des travaux en béton, en partie protégées par des cuirassements, présentent déjà ce qu'avait du reste prévu le général von Sauer quand il disait que : « Ce sujet, que vous avez parcouru avec moi en quelques pas hâtifs, permet trop peu de solutions déterminées ; et s'il reste tel, c'est probablement parce que les forteresses subiront sans nul doute bientôt, et subissent même en partie déjà, une transformation capable sinon d'exclure entièrement la possibilité de l'attaque abrégée, mais, au moins, de rendre très difficile l'exécution d'une attaque de ce genre. »

Plates-formes et batteries cuirassées mobiles.

Les batteries cuirassées mobiles.

Pour renforcer la défense, on recommande, entre autres choses, de rendre l'artillerie de la place le plus mobile possible, afin que les canons puissent se transporter promptement à droite ou à gauche de leur emplacement primitif, dès que les batteries de l'assiégeant ont réglé leur tir et deviennent dangereuses. L'emploi de ce moyen a toujours donné de bons résultats.

Et combien ces résultats eussent été inappréciables, si, au lieu de recourir à des procédés de transport pénibles et improvisés sous le feu de l'ennemi, avec les ressources, forcément limitées, dont on dispose habituellement dans une place assiégée, les défenseurs étaient pourvus, dès le temps de paix, des engins nécessaires pour faire exécuter au matériel d'artillerie des mouvements presque instantanés et sans efforts bien sérieux à déployer. Cette idée a amené le commandant Mougin, ainsi que le dit Hennebert (1), à proposer une plate-forme mobile sur des rails. Il installa sur cette plate-forme un canon de 155 millimètres du système de Bange sur affût de siège ou de place pourvu d'un frein à compresseur hydraulique.

A proprement parler, cette plate-forme n'est qu'un cadre tournant formé de quatre poutres en fer, réunies deux par deux à angles droits et fixées par des équerres en fer.

Nous donnons dans la planche ci-contre une figure représentant cette plate-forme avec le canon installé dessus.

Le poids total de cette plate-forme avec l'affût et le canon n'est pas supérieur à celui d'un wagon de chemin de fer bien chargé (18,000 kilog.). Par suite, il suffit de quelques hommes pour déplacer promptement tout le système le long d'un chemin de fer transportable ou démontable.

Le commandant Mougin propose de construire une voie ferrée ordinaire parallèlement à la ligne des forts d'un camp retranché, le long des glacis de la place et couverte par le feu des ouvrages qui défendent la gorge des forts.

Là où ce chemin de fer n'est pas masqué par les fortifications, il suit presque horizontalement le fond d'une tranchée avec glacis soutenu intérieurement par un revêtement de gabions et fascines.

Ou bien, d'après le même auteur (Hennebert), au lieu d'un chemin de fer continu le long de toute la ligne des forts attaqués, on pourrait se contenter d'en construire des sections de 200 à 300 mètres de longueur des deux côtés de chaque fort, et constituer ainsi des batteries formées de canons mobiles qui remplaceraient avantageusement les batteries contiguës aux forts armées de bouches à feu fixes.

On admet qu'une seule pièce, susceptible de se déplacer aussitôt que l'ennemi a réglé son tir contre elle, peut obtenir les mêmes résultats que trois canons établis à poste fixe ; en d'autres termes, qu'un seul canon mobile peut, en fin de compte, réduire au silence trois canons de l'assaillant.

Enfin on peut ainsi réunir les deux moyens de résister aux coups de l'ennemi, c'est-à-dire le cuirassement et la mobilité. D'où l'idée d'une batterie cuirassée mobile, dont nous donnons une représentation dans la planche ci-contre.

(1) Hennebert, *La Nature* : Plates-formes et batteries cuirassées roulantes.

Plateforme mobile de Mougin.

Batterie cuirassée mobile.

Une batterie de ce genre, dont l'aspect extérieur rappelle celui d'une voûte ou calotte sphérique creuse cuirassée en avant et au-dessus, est capable de résister à des coups très puissants venant du dehors sans se déformer. Cette voûte est fixée sur une solide plate-forme, établie sur neuf essieux qui permettent de faire mouvoir toute cette masse.

Ces batteries cuirassées mobiles peuvent être employées avec succès pour la défense de l'enceinte continue d'une forteresse ou des intervalles entre les forts d'un camp retranché. Elles peuvent également constituer les éléments d'un grand parc de siège. Enfin, on peut prévoir que le temps n'est pas loin où elles apparaîtront aussi sur les champs de bataille.

Conclusions générales

Quand on jette un coup d'œil sur tout ce qui vient d'être dit au sujet de la guerre de forteresse, on arrive forcément à constater qu'il existe une très grande diversité d'opinions sur l'importance des places fortes en temps de guerre. Les idées les plus extrêmes sont encore formulées sur cette question. Entre les partisans du passé et ceux qui s'empressent de tirer, des innovations actuelles, les conséquences les plus étendues, s'engagent d'interminables discussions. Ainsi les uns soutiennent qu'il ne faut pas songer à constituer des positions artificiellement fortifiées, capables de résister aux effets actuels de l'artillerie; d'autres répondent à cela que les progrès réalisés par l'artillerie, comme par les armes à feu portatives, peuvent aussi bien être utilisés au profit de la défense qu'au profit de l'attaque. Conclusions.

De même, relativement au système de fortification, une école continue à soutenir cette opinion que, la cuirasse fût-elle ou ne fût-elle pas applicable à la protection des canons, il n'en faut pas moins que la défense d'une place s'appuie sur une ceinture de forts occupés par l'infanterie et inabordables d'assaut, — forts dans les intervalles desquels l'artillerie trouvera un terrain rationnellement préparé et favorisant son action, de différentes positions successives, pour lui permettre de lutter avec succès. Une autre opinion est émise par la « nouvelle école » qui n'a confiance que dans les fortifications cuirassées.

Il va de soi que l'expérience de la guerre pourrait seule mettre fin à de tels débats et qu'en attendant, le mieux serait d'agir comme si, dans cette affaire, la vérité se trouvait entre les opinions extrêmes, — c'est-à-dire que dans l'attaque et la défense des places, comme dans la guerre en général, on ne devra pas s'attacher obstinément à des règles immuables quelles qu'elles soient, mais au contraire agir d'après les circonstances, dans la plus large acception de ce mot. Et en effet, de ce que nous avons exposé plus haut, il ressort que, presque dans tous les pays, on suit quotidiennement cette règle. Les autorités militaires prennent des mesures de précaution comme si elles comprenaient que presque toutes les forteresses actuelles, même renforcées par le béton ou les dispositifs cuirassés, peuvent ne pas offrir une sécurité suffisante; et qu'en basant le succès de la concentration de son armée sur la puissance défensive que les places possèdent dans leur rayon d'action, on peut se tromper considérablement dans ses calculs, si l'ennemi réussit à amener ses parcs de siège devant les places avant que les troupes qui doivent s'appuyer sur elles aient achevé de se concentrer.

Les autorités militaires comprennent aussi partout que, même en admettant l'efficacité des nouvelles mesures proposées pour renforcer les fortifications, cette efficacité ne sera jamais que temporaire; attendu que l'on imaginera ensuite d'autres moyens d'augmenter encore la puissance des engins de destruction. Les progrès de la technique ne peuvent s'arrêter et continueront avec la même rapidité. Trop de spécialistes instruits et intelligents travaillent à son développement pour que jamais on puisse affirmer qu'elle a dit son « dernier mot ».

On ne croit pas pouvoir se passer de forteresses.

Et cependant les États dépensent des sommes toujours plus considérables pour construire de nouvelles forteresses et renforcer les anciennes; et il en sera sans doute ainsi tant que le droit de la force restera l'*ultima ratio* dans tous les conflits internationaux. La suppression des forteresses n'est possible qu'avec celle de la guerre et des armées. Isolément, elle ne serait admissible pour un État, que si celui-ci était capable de mettre sur tous les théâtres possibles de guerre et contre tous ses ennemis simultanément des forces militaires écrasantes. Et comme c'est chose impossible, on ne peut se passer de forteresses ; car il n'a pas encore été prouvé par l'expérience que les forteresses ne donnaient pas la possibilité de se maintenir obstinément et longtemps sur les points les plus importants du pays avec les moindres forces possibles.

Ainsi, nous avons dit que l'Allemagne notamment se préoccupait davantage de construire des voies ferrées que des forteresses, parce qu'elle avait surtout pour but de lancer sur ses frontières, au début même de la guerre, des forces écrasantes. Et cependant là aussi s'est manifestée de nouveau une tendance au renforcement des forteresses.

« On avait déjà commencé à raser les remparts de Graudenz, quand l'opinion sur l'importance de cette place se modifia complètement : elle fut considérée comme nécessaire pour assurer la défense de la partie prussienne du cours de la Vistule et pour couvrir une voie ferrée stratégique importante. On a donc arrêté les travaux de démolition de Graudenz, et les portions d'ouvrage déjà rasées ont été rétablies. Actuellement s'élèvent autour de la ville des dispositifs de fortification extérieurs, et l'on semble avoir l'intention de la transformer en un vaste camp retranché. Bien mieux, alors que la démolition successive de toutes les forteresses de Silésie paraissait décidée en principe, voici qu'au lieu de cela on s'est mis à organiser un camp retranché autour de Breslau ».

On dépense des milliards à construire des places fortes. Rien qu'en France, plus de 1,700 millions ont été consacrés en dix ans à l'organisation et à l'armement des forteresses. Et voici que maintenant, quand on se met à douter de la sécurité que peuvent offrir toutes les places existantes, il s'élève des voix pour dire qu'en cas de guerre, la France sera forcée d'opérer comme si elle n'en avait pas du tout ou bien devra consacrer encore de nouveaux milliards à des transformations et améliorations afin de garantir, *pour quelque temps*, une défense assurée.

Quels seront les résultats de cette concurrence?

Dès lors on se demande : Si une concurrence aussi stérile et aussi ruineuse entre les États doit se prolonger encore pendant un temps indéterminé, ne peut-elle pas entraîner pour l'Europe un danger plus grave que la guerre elle-même? Sous le fardeau toujours croissant des impôts commence à se répandre la conviction qu'un tel état de choses ne peut se prolonger sans qu'on se préoccupe de son issue. On comprend, en face de cette situation, le succès de propagande d'idées qui sont elles-mêmes improductives, mais qui tendent à détruire l'ordre de choses existant. L'énormité des dépenses militaires stériles et l'accroissement des impôts semblent les arguments favoris des agitateurs. Entre autres réflexions, ils présentent celle-ci : que les milliers de châteaux forts du moyen âge, d'où les seigneurs féodaux accouraient piller les marchands qui passaient, étaient peut-être en somme moins ruineux pour le pays que les colossales forteresses modernes, dont la construction engloutit des milliards qu'on ne se procure qu'en imposant les objets de première nécessité. Ces gens-là montrent aux classes laborieuses que, pour soutenir cette concurrence militaire insatiable et sans limites, entre les États, on met : à la frontière, un douanier; sur les fabriques de salaisons, les distilleries, les raffineries, un inspecteur de la régie ; sur l'agriculture, le collecteur de l'impôt foncier; en même temps que la chaumière, où l'on a peine à se procurer de quoi manger, voit arriver le commissaire judiciaire pour l'inventaire et la saisie.

Tout en admettant l'absurdité des systèmes au nom desquels les agitateurs dont il s'agit font de la propagande, il est impossible de méconnaître qu'il y ait une part de vérité dans ce qu'on dit au sujet de la possibilité d'employer d'une façon plus productive les capitaux absorbés, par exemple, par la construction des forteresses. Ainsi, en France, ce n'est pas sans raison que les propagandistes font observer que si cette somme mentionnée plus haut, de plus de 1,700 millions, au lieu d'être dépensée en dix ans pour bâtir des forteresses, — que certains spécialistes militaires ont même déclarées inutiles, — avait été consacrée à construire des maisons pour les ouvriers, des millions de familles auraient aujourd'hui des logements sains et spacieux, qui au contraire vivent à l'étroit, dans une malpropreté favorable à l'éclosion des maladies, mécontentes de leur existence et sans espoir de l'améliorer.

Et cependant on n'entrevoit pas la fin de cette rivalité des nations dans le renforcement des travaux de défense. Le général français Clément dit à ce sujet que « renoncer à faire seulement un pas en avant dans la voie de la préparation à la guerre, ce serait déjà faire un pas en arrière. Et si pénible que ce soit, il faut vivre avec cette idée que la paix armée, c'est déjà la lutte, une lutte dont les formes sont complexes et les conséquences importantes. Et dans toutes les directions où elle est poussée, il lui faut, sous peine de rester en arrière, tendre de toutes ses forces vers le but poursuivi ».

Comme moyen terme entre les opinions extrêmes au sujet de la valeur des forteresses, il faut citer celle-ci : qu'une place peut être utile plutôt comme point d'appui pour des opérations actives que comme force de résistance passive. Sous l'influence de cette idée, ont plus ou moins perdu de leur importance tels dispositifs, par lesquels on s'efforçait jadis d'assurer l'indestructibilité absolue des fortifications. Nous citerons ici les paroles du général Pierron : « Malgré d'immenses sacrifices pécuniaires, la puissance de résistance passive des forteresses semble de plus en plus douteuse. Les découvertes réalisées dans le domaine de la chimie et de la mécanique amènent de continuels perfectionnements des armes de jet, tandis que les places demeurent toujours, comme par le passé, d'énormes cibles immobiles.

« Après dix ans d'expérience et de discussions, des méthodes de fortification ont été déterminées en se basant sur les effets des bombes-torpilles (c'est-à-dire des projectiles remplis de substances brisantes), et on est arrivé à conclure que ces méthodes ne pourront sans doute avoir d'efficacité que pour peu de temps.

« L'obligation d'abriter l'artillerie sous des coupoles cuirassées a été unanimement admise pour les forts isolés ou bien établis en première ligne. La nécessité de protéger le matériel et les hommes contre les bombes-torpilles, au moyen de couches de béton d'une épaisseur de 3 mètres, est aussi généralement reconnue. L'expérience a prouvé que, pour traverser ne telle couche, il faut dix bombes-torpilles frappant à la même place, ce qui suppose une précision de tir bien difficile à réaliser à la guerre.

« Comme les escarpes en briques peuvent être détruites de loin par l'artillerie de l'adversaire, on s'efforce d'y suppléer en se protégeant contre les assauts, par des réseaux de fils de fer et des grilles en fer que des glacis dérobent aux vues de l'adversaire.

« Tels sont les moyens actuels que l'art de l'ingénieur emploie pour défendre les points isolés, — c'est-à-dire qui ne sont pas soutenus par d'autres ouvrages situés sur la même ligne ou en arrière d'eux, — lorsque s'impose une occupation permanente de ces points. »

Comment on peut tirer parti des forteresses.

Mais, pour tirer profit des forteresses ou, en général, des positions fortifiées, les commandants supérieurs ont besoin de beaucoup d'habileté. Le professeur de fortification Deguise, dans les conclusions de son *Étude sur les batailles modernes et les fortifications*, s'exprime comme il suit : « Une armée peut montrer sur le champ de bataille un esprit d'entreprise d'autant plus grand que la position occupée par elle est plus forte, et plus sûr le point d'appui qu'elle peut trouver en cas d'insuccès. Avant tout, une armée doit savoir utiliser les propriétés passives de la fortification pour jouer elle-même un rôle actif. Tels sont les services qu'une grande place peut rendre à une armée d'opérations. »

Brialmont, indiquant les caractères stratégiques et tactiques des fortifications, dit que « la science de faire tourner leur force passive au profit du rôle actif de l'armée restera toujours le trait caractéristique des grands capitaines ».

« A la façon passive d'opérer de Bazaine en 1870, quand l'armée française se retira lentement et sans faire effort sous les murs de Metz, — dit le colonel von Scherff, — il faut opposer le principe diamétralement inverse : *une armée doit être d'autant plus entreprenante qu'elle est plus voisine de ses places fortes*. Une forteresse ne peut par elle-même contribuer à la défense d'un pays, mais elle peut lui rendre un service provisoire en servant de point d'appui à l'armée, — si cette dernière, en s'approchant de la forteresse, emploie toute son énergie et son initiative pour agir. »

Plus loin, il ajoute encore : « De même que l'armée n'est pas créée pour couvrir la forteresse, ainsi la forteresse ne l'est pas pour enfermer l'armée. L'armée constitue une force active, vivante, dont les actions sont extrêmement gênées quand elle s'astreint à protéger passivement une place forte, mais dont l'importance augmente beaucoup au contraire si son chef sait utiliser la force passive de la place au profit du rôle actif de l'armée. »

L'histoire des guerres de siège a mis également en relief toute l'importance du rôle actif que peut jouer la garnison dans la défense d'une place forte. La plus puissante forteresse sera écrasée par le feu de l'assiégeant si l'assiégé ne sait pas utiliser les fortifications pour la défense active. Et inversement, il faudra faire des efforts héroïques et subir des pertes énormes pour s'emparer d'une place dans laquelle une portion libre et mobile de la garnison agira hardiment, forte du point d'appui qu'elle a derrière elle, en disputant énergiquement le terrain pied à pied contre toutes les tentatives des assaillants.

Il est même permis de supposer que, pour une armée animée de l'énergie voulue et conduite par des chefs vraiment à la hauteur de leur rôle les places fortes auront, dans les guerres futures, encore plus d'importance qu'elles n'en ont eu jusqu'ici.

En général, pour déterminer aujourd'hui l'importance de chaque forteresse prise à part, on se préoccupe avant tout de savoir jusqu'à quel point les troupes qui s'appuient sur elle-peuvent y trouver, avec un abri temporaire sûr, assez d'espace pour la défense active, et jusqu'à quel point aussi le feu de cette place peut agir sans être paralysé par l'artillerie de siège. Mais, comme nous l'avons déjà dit, les écrivains militaires ne partagent pas tous cette manière de voir ; et il existe toute une école qui professe l'impossibilité absolue d'organiser une position défensive de façon telle que ses ouvrages présentent un point d'appui sûr et une protection suffisante contre le feu de l'artillerie. On peut observer que, de notre temps, la défense de la fortification se mobilise pour ainsi dire. D'une part, on ne voit dans les plus grandes forteresses, que des points d'appui pour des opérations offensives à exécuter dans tout le rayon d'action de la place; et en même temps on admet que la défense de la place elle-même doit être active, c'est-à-dire se rattacher à des opérations offensives continuelles, entreprises contre les travaux du siège et les troupes de l'assiégeant. D'un autre côté, la fortification légère, élevée rapidement à la pelle, est passée sur le champ de bataille, où de petits abris ont commencé de s'établir au cours même du combat.

Et peut-être qu'avec le temps, aux points fortement organisés pour la défense permanente, se substitueront des points d'appui légers élevés sur la ligne de bataille même dans les parties qui, d'après la configuration du terrain, sont les plus directement menacées par l'attaque. En ces points, des obstacles artificiels seront disposés pour assurer à la défense les avantages d'un feu puissant. *Et si une position est perdue, l'effectif actuel des armées permettra d'en constituer facilement une autre dont l'attaque offrira à l'assaillant les mêmes terribles difficultés.* Löbell observe que « les anciennes fortifications ont terminé leur glorieuse carrière », et il dit que le système des fortifications de campagne tend vers un fractionnement qui permettra mieux de les soustraire aux atteintes du feu de l'ennemi. On élèvera sur le terrain des terrassements nombreux, mais peu considérables, sous la rme de terriers que l'ennemi ne pourra pas apercevoir de loin et contre squels l'artillerie sera impuissante, tandis que d'habiles tireurs, abrités rrière ces terrassements, agiront efficacement.

Conjointement à cela, le système de fortification prend un caractère sentiellement offensif et donne plus de liberté d'action aux troupes qui ilisent les ouvrages; mais, en même temps, s'accroissent — aussi bien pour défense que pour l'attaque — les capacités tactiques à exiger des chefs.

Quelles que soient les fortifications, elles ne seront toujours que « des rps inertes, à moins d'une défense active, énergique et intelligente, pen-ant laquelle, surtout en raison de la complexité de la technique militaire tuelle, *la force vivante doit agir non seulement bravement et énergiquement, ais aussi d'une manière intelligente* ».

« De notre temps, dit le général Leer, tout le monde s'accorde aussi en que possible à reconnaître qu'il ne faut pas dépenser des millions organiser et armer des places fortes, pour en confier ensuite la défense à s chefs vieillis ou à de mauvaises troupes (1) ».

La bravoure ne manque pas à l'armée russe, même dans la guerre forteresse : les glorieuses défenses de Sébastopol, de Chipka, etc., nt là pour le prouver catégoriquement. Et quant à l'intelligence, il est npossible, nous semble-t-il, de ne pas tomber d'accord avec l'auteur de rticle « Sur la guerre de forteresse » (2) quand il s'exprime ainsi : « Nos mées auront beaucoup de chances de succès si toutes les armes y pos-dent, dans le domaine de la guerre de forteresse, — ne les eussent-elles quises que par l'expérience du temps de paix,— les fortes connaissances u'elles ont de la guerre de campagne. Pour nous, l'étude de la guerre de rteresse paraît une question particulièrement importante, et même n quelque sorte brûlante, palpitante, en raison de notre situation géogra-hique, politique et militaire, qui nous obligera, au début d'une cam-agne, à nous appuyer sur nos places, afin qu'après avoir, sous leur rotection, concentré nos troupes puissantes mais disséminées, nous oyons en mesure de passer à l'offensive avec toute la masse de nos rces. Par suite de la lenteur relative inévitable de mobilisation et e concentration de notre armée, le « temps » sera, au début d'une ampagne, notre principal ennemi. Mais, par contre, et comme nous ommes incontestablement plus capables que nos ennemis d'une résis-ance prolongée, ce même « temps » deviendra finalement notre meilleur llié dans la seconde période de la guerre, — période qui sera offensive, ous l'espérons bien. »

(1) *Stratégie*, 1887.
(2) Sloutchevsky, *Voïennyi Sbornik*.

La composition et l'esprit des armées

La composition et l'esprit des armées

Les modifications profondes que les nouvelles armes doivent néces-
rement amener dans le mode même des opérations militaires ne per-
ttent pas de déterminer l'énorme extension que peut prendre une guerre
ourd'hui, dans les conditions politiques et économiques où nous nous
ıvons. Les engins destructeurs ont actuellement une telle puissance,
conséquences pouvant résulter d'une campagne sont si redoutables,
il semble tout naturel de croire impossible une lutte armée entre nations
lisées.

La guerre et l'opinion publique.

Dès que le peuple aura compris à quoi l'expose la guerre moderne, dès
le sentiment des conséquences probables de cette guerre aura pénétré
fondément dans son esprit, il est certain qu'on verra disparaître toutes
tendances habituellement qualifiees de chauvinisme. L'affaiblissement
militarisme aurait la plus grande influence sur l'état social européen.
dépenses exorbitantes causées par les armements ont obéré les
ions européennes dans une mesure qui dépasse toute justice et qui ne
ond nullement aux revendications soulevées par les classes ouvrières
l'Europe occidentale.

Néanmoins, il faut reconnaître que de longtemps encore l'opinion des
sses ne sera pas hostile à la guerre. Il n'y a, du reste, pas longtemps qu'on
force de répandre ces idées d'hostilité dans le peuple. En général, la
iété ne transforme pas plus soudainement ses opinions que sa manière
vivre. Les précurseurs de ces transformations apparaissent dans la lit-
ature, qui a aujourd'hui ses lignes de tirailleurs, si l'on peut s'exprimer
si, représentées par de nombreux articles de journaux et brochures et

par les discours prononcés dans des assemblées populaires des nuanc les plus diverses.

La nouveauté des idées qu'on y trouve exprimées attire l'attentio Certainement, on qualifiera tout d'abord les auteurs d'utopistes et de fanta ques, mais leurs discours reflètent quand même un certain besoin moder très réel ; et c'est là une semence qui tombe toujours de plus en plus dr sur le terrain de la conscience publique, — terrain dont l'influence temps paraît avoir déjà bien préparé, dans une certaine mesure au moir la fécondation.

Aussi arrive-t-il ordinairement que des faits de ce genre, répondant des besoins réels du moment, sont déjà perceptibles à la majorité des in vidus, alors que ceux qui les nient et les combattent ne les perçoivent p encore et ne peuvent arriver à se persuader que ces idées sont loin d'ê de fantaisistes utopies.

Il faut bien avouer que jusqu'ici l'opinion générale, se laissant guid par les idées de politiques influents, considérait la guerre comme inévital et même comme utile à certaines époques. Mais les idées contraires, qui sont déjà fait jour aujourd'hui, trouvent un point d'appui solide dans l'ef destructeur même des nouveaux et puissants engins que met en jeu guerre moderne. Admettons, par exemple, que le projet de ballon déc dans le chapitre « Engins auxiliaires », ballon qui serait actionné par vapeur et porterait avec lui plusieurs centaines de kilogrammes d'exp sifs les plus divers destinés à être projetés sur les armées, les forteress et les villes ennemies, soit aujourd'hui un fait accompli. Il nous sem évident que cela seul suffirait à rendre la concentration des troupes et, p conséquent, la guerre impossibles, bien que des spécialistes militai nous aient affirmé le contraire.

Influence que les nouveaux engins pourront exercer sur cette opinion.

On dira sans doute que l'engin projeté n'est pas encore réalisé. Ma si nous considérons précisément que jusqu'ici l'on n'a pas appliqué procédés de destruction formidables qui frapperaient l'homme, même plus inculte, tel que, par exemple, la destruction de villes entières par projectiles de dynamite lancés d'un ballon, on comprendra très bien q le peuple n'ait pas pu encore jusqu'ici se rendre compte, en temps paix, qu'à l'avenir toute guerre est impossible. Cependant, si nous con dérons l'ensemble des moyens actuellement employés par la techniq militaire, il n'est guère probable que leurs effets destructeurs soie inférieurs à ceux de projectiles chargés de dynamite lancés d'un ballon. néanmoins la masse du peuple, qui n'a pas pu peser la valeur de engins, continuera d'admettre la possibilité d'une guerre et même de to une série de guerres dans l'avenir.

Mais, dès la première grande guerre entre les énormes armées ıropéennes, les meurtriers engins modernes qui lanceront, avec une ıpidité sans exemple et à des distances inouïes, des projectiles explosifs, ont les éclats couvriront une surface considérable et entoureront les ıamps de bataille d'un cercle de fer et de feu en détruisant tout ce qui trouvera dans son périmètre, ces engins fourniront la démonstration fective de ce qui jusqu'à présent était resté inconnu des masses.

La connaissance de ces nouveaux engins de destruction permettra ıx peuples, sans en faire l'épouvantable expérience, de se rendre claire-ent compte qu'il est impossible maintenant de soutenir une guerre d'une ırée quelconque, à plus forte raison de la recommencer après un premier ésastre.

Cette impossibilité ressortira plus nettement encore de la comparaison es effectifs des armées actuelles avec ceux des troupes des époques ıtérieures, question sur laquelle déjà nous avons, à plusieurs reprises, tiré l'attention des lecteurs. Une modification radicale dans les effectifs est produite conjointement avec le perfectionnement des engins de ıerre. Or, ces effectifs non seulement mettent ces machines en action, ıais ils en constituent aussi le but, l'objectif.

Le soldat d'autrefois et le soldat d'aujourd'hui.

Il fut un temps où le soldat cessait, pour ainsi dire, d'avoir une ersonnalité; ce n'était plus qu'un numéro dans telle section et dans tel ıng. Le sans-patrie ou tel sujet détourné du droit chemin du travail se endait à un recruteur pour quelque argent et un déjeuner; le jeune omme qui s'enrôlait était pleuré de ses parents comme si toutes relations aient rompues avec lui pour toujours, comme s'il était mort pour eux; ıais tous ces soldats étaient soumis à un dressage dirigé de façon à faire un homme un automate, afin d'anéantir en lui toute personnalité, de le ouverner et de le conduire par la crainte seule. On peut bien dire qu'il existait pas de forces humaines en ce temps-là; on ne comptait pas sur esprit; on ne comptait que sur la discipline.

Il n'en est plus de même aujourd'hui. Maintenant, les écrivains mili-ıires eux-mêmes voient, dans la troupe, un ensemble d'êtres conscients; ils udient l'esprit du soldat; ils baseront même le succès d'un combat sur on intelligence et sa puissance de conception, sur sa prudence, ses ıpacités, sa facilité de se plier aux circonstances locales. Il n'est plus écessaire que, dans les combats, les soldats se meuvent en colonnes errées, se touchent les coudes dans des rangs alignés au cordeau, toutes ıoses qui exigeaient une obéissance et une soumission passive. La for-ıation ouverte demande de l'initiative personnelle, même de la part du oldat; il doit savoir, de son propre chef, utiliser les circonstances favorables, afin que la chaîne de tirailleurs avance constamment; il do savoir calculer aussi la trajectoire de son arme, c'est-à-dire estimer distance de son tir.

Mais ce n'est pas tout! Le point principal est que des peuples entie sont sous les armes : la fleur des populations, des millions d'hommes qu ont abandonné leur place au sein du peuple travailleur et producteu Or, ces vides ne seront pas comblés de si tôt; ces absences se feront sent de jour en jour davantage. C'est avec la plus grande impatience que le autres millions restants attendront quotidiennement des nouvelles de absents; la destruction de divisions entières fera le désespoir de tous elle soulèvera peut-être la protestation de centaines de milliers d'individu

Toutefois, la plupart des écrivains militaires — comme peut-êt aussi les spécialistes qui tournent surtout leur attention vers les conditio techniques de la guerre — considèrent la guerre future à un point de vu tellement « objectif », qu'ils n'en voient pas, en quelque sorte, la connexi avec la question psychologique et sociologique et — disons-le franchemen — qu'ils semblent en oublier le côté « humanitaire ».

En portant un jugement sur les nouveaux engins et les nouvell méthodes de la guerre, nous resterions dans une sphère générale et pou ainsi dire abstraite, si nous ne jetions pas en même temps nos regards sur puissance réelle, au point de vue moral et individuel, des armées de principaux Etats de l'Europe. Leur force relative, comme effectif de troupes de toutes les catégories, est généralement connue. Mais ce qui l'e beaucoup moins, ce sont des données exactes sur la composition et l'espr de ces armées.

Nécessité d'examiner l'état moral des différentes armées.

Dans les précédents chapitres de notre ouvrage, nous n'avons cess d'attirer l'attention sur l'importance des conditions morales à la guerr Or, il nous semble à propos aussi, dans l'examen des moyens requ pour entreprendre la lutte et pour s'y préparer, comme dans celui de conditions exigées pour une longue endurance des troupes, de ne pa perdre de vue l'esprit de l'armée, c'est-à-dire les conditions morales qu'el doit généralement offrir en tenant compte en même temps de certaine différences existant probablement sous ce rapport entre les nations.

Nous devons d'autant plus nous occuper de ce côté de la question, qu nous avons attaché jusqu'ici une importance considérable à la nouvel technique militaire, c'est-à-dire au côté matériel. Les résultats de cet technique sont réellement considérables. Mais une question se pose impé rativement aussi, savoir : une armée possède-t-elle réellement tout ce qu peut assurer son succès, dès qu'elle dispose des armes les plus parfait et de tous les engins de guerre les plus nouveaux?

Naturellement non. Pour être sûre du succès, pour être victorieuse, il est encore indispensable que l'armée possède un certain essor intellectuel, qu'elle ait la conviction de sa supériorité sur l'ennemi, et qu'elle soit prête à tous les sacrifices, dans l'assurance que ces sacrifices la conduiront forcément à la victoire.

Lorsqu'une armée n'est pas convaincue de sa supériorité, lorsqu'elle n'est pas prête à se sacrifier, tout le mécanisme préparé en vue de la guerre peut être considéré comme impuissant, l'arme la plus parfaite étant sans valeur si la main qui s'en sert est incapable. Pour remplir son devoir sur le champ de bataille, il faut que le soldat ait ce qu'on appelle *du cœur*, c'est-à-dire le mépris de son propre danger, un sentiment qui s'élève au-dessus du niveau de l'individualité, enfin tout autre chose, en un mot, que l'espoir d'une distinction ou la crainte d'un châtiment.

Il est certain que le sentiment de sa propre force, de sa bravoure en présence du danger peut se manifester dans les armées de tous les peuples; mais il est aussi hors de doute que l'avantage moral sera du côté de l'armée dont la composition « reflétera fidèlement les forces vitales de la nation » (1) et dont l'unité intellectuelle ne sera pas troublée par des conditions anormales existant dans la société elle-même. En outre, l'habitude des privations et de l'obéissance, le degré de culture atteint par un peuple ne sauraient pas avoir une mince influence sur la facilité avec laquelle une troupe supporte les fatigues, sur sa discipline et sur son courage aveugle et téméraire dans le combat.

La guerre sera plus dangereuse et la discipline plus difficile à maintenir que par le passé.

De quelque côté que l'on considère la guerre future, elle nous apparaît comme plus dangereuse que jamais et comme exigeant du soldat une tension beaucoup plus grande de ses forces physiques et morales. Toutefois, avec les armées modernes formées d'hommes appartenant aux classes les plus diverses de la société et ayant des habitudes et des genres de vie si variés, des manières si différentes d'envisager l'existence, il est plus difficile et plus compliqué qu'autrefois de maintenir la discipline et de préparer les hommes à tous les sacrifices; cette tâche paraît même presque impossible, au moins dans certaines armées. La culture intellectuelle et le bien-être non seulement adoucissent les mœurs, mais encore poussent à éviter le danger et les privations. Il est vrai que les hommes peuvent puiser de nouvelles forces dans le développement intellectuel et dans la conscience du devoir pour remplacer celles que leur donnaient la subordination aveugle et l'insouciance. Cependant, le courage qui tire sa force de la réflexion est déjà moins propre à pousser les

(1) Fadéïeff, *Les forces militaires de la Russie.*

hommes aux actes les plus dangereux. C'est aussi pour cette raison que quelques écrivains militaires estiment que, dans les moments où l'intrépidité est absolument indispensable, il est préférable d'avoir des soldats moins intelligents, pourvu qu'on sache les commander.

Il ne ressort toutefois pas encore de là que le niveau intellectuel d'un peuple détermine directement le degré de force morale de son armée. Si nous comparons l'esprit des armées de l'Allemagne et de la France à l'époque du premier et du second Empire, nous devons reconnaître qu'en dehors de toutes les modifications provenant de la valeur relative donnée à ces armées par le nouvel armement, par une meilleure instruction et une administration plus parfaite, des éléments qu'on peut appeler incommensurables ont encore eu, sur l'esprit de ces armées, une considérable influence. Après un demi-siècle, l'esprit de l'une, comparé à celui qui régnait dans l'autre, s'était tellement modifié que toutes les deux avaient échangé leurs rôles. Celle qui était battue constamment autrefois commença par remporter toute une série de victoires. Les troupes françaises, qui jadis avaient dicté des lois à l'Europe entière, se rendirent par masses de centaines de mille hommes et se laissèrent docilement conduire aux places assignées pour l'internement.

La grande mobilité de la vie moderne.

Une particularité remarquable de notre époque est la rapidité avec laquelle des changements se produisent tant dans les sphères matérielles que dans les sphères intellectuelles. Il s'opère aujourd'hui, dans la vie, plus de modifications en quelques années qu'autrefois en un demi-siècle, et cette grande mobilité de la vie provient du développement de l'instruction, de l'action des Parlements, de celle de la presse et de l'effet des nouveaux moyens de circulation. Sous l'influence de tous ces éléments, les esprits sont continuellement en mouvement dans l'Europe occidentale.

Hervinus fait ressortir un autre point caractéristique de notre temps dans son introduction à l'Histoire du XIXe siècle; il dit à peu près ce qui suit :

« Les mouvements de notre siècle découlent de l'instinct des masses ; c'est là un trait bien caractéristique de notre époque, qu'il ne s'y trouve que de rares exemples de la grande influence de certaines personnalités, que ce soient des chefs d'État ou des particuliers. On voit, de notre temps, tout autant de mouvement dans les masses du peuple qu'au XVIe siècle. C'est précisément aussi ce qui en fait la grandeur. La série prépondérante des grands talents a diminué ; mais, par contre, le nombre des talents moyens a augmenté d'autant ; ce n'est ni la qualité ni la haute érudition de quelques personnages qui font la renommée de notre siècle, mais bien le nombre des personnes instruites, ainsi que le degré et l'étendue de leur instruction. Rien de grand, rien de sublime n'a été fait par certaines personnalités, mais une grande transformation générale s'est produite dans la vie de la société. »

Le général Fadéïeff a montré d'une manière frappante, dans les lignes ci-dessous, l'influence que peuvent avoir les mouvements moraux des masses sur l'attitude des peuples eux-mêmes à l'égard de la guerre :

« L'idée qu'un peuple peut se faire de sa puissance a une influence considérable sur sa politique; mais il n'est pas rare que cette idée soit mal fondée; alors, les conséquences d'une pareille erreur pèsent lourdement sur l'histoire d'un pays. On admet en général que les questions de principe, au point de vue militaire, sont la propriété des spécialistes, qu'elles peuvent rester inconnues de la société civile. Mais, quand vient le moment d'exprimer notre opinion sur la guerre et la paix et de peser les moyens que nous avons d'assurer le succès, alors soyez bien persuadés que, sur dix militaires qui passent pour les meilleurs juges en cette question, neuf ne feront que répéter l'opinion du milieu social dans lequel ils vivent. Il en résulte que c'est la société, ordinairement étrangère aux questions militaires et qui ne connaît à fond ni l'état des forces militaires du pays, ni son rapport avec la lutte projetée, qui sera précisément, dans les cas importants, le meilleur et le souverain juge de ces questions. Il est impossible, sous ce rapport, de se dégager de l'influence de l'opinion publique (1). »

Sur quoi doit porter l'étude des conditions d'une guerre.

L'étude des conditions d'une guerre ne doit donc pas se borner à comparer le degré de préparation matérielle des peuples à ce grave événement. Nous reproduisons ici les paroles de Fadéïeff qui dit que « les forces militaires d'une nation doivent être la reproduction même de cette nation », et nous ajoutons, d'après l'expression de Taine : « Les peuples ne jugent pas avec la tête, mais avec le cœur ».

On devra donc rechercher aussi, dans les sentiments des peuples, une indication sur ceux avec lesquels les armées marcheront à la guerre ou qui pourront se manifester chez elles au premier succès ou au premier échec. Les armées permanentes, c'est-à-dire qui sont sous les armes en temps de paix, sont elles-mêmes soumises aux sentiments populaires. Mais, à la guerre, c'est l'opinion publique qui l'emportera si sûrement dans l'armée qu'elle y sera importée indirectement par les millions d'hommes de la réserve et du landsturm, qui constituent aujourd'hui le complément de l'armée active.

(1) Fadéïeff, *Les forces militaires de la Russie.*

Mais, si nous voulons tenir compte des sentiments qui se manifesteront certainement pendant la guerre chez tel ou tel peuple, nous devons nous reporter aux leçons du passé, afin de pouvoir nous faire une idée de la manière dont l'opinion publique peut influer sur la marche d'une guerre.

Impression produite par un champ de bataille sans fumée.

Impression produite par un champ de bataille débarrassé des nuages de fumée d'autrefois.

Nous avons déjà parlé des combinaisons que l'on produit aujourd'hui sous la dénomination générale de poudres sans fumée ou de poudres à faible fumée, et nous avons dit que la force de percussion d'un projectile projeté par ces poudres est triplée. Nous nous bornerons ici à examiner l'impression produite par un champ de bataille dépourvu de l'épais rideau de fumée qui le recouvrait jadis.

Le premier point, c'est que le tireur reste invisible. Jadis, les lignes de l'infanterie et la position des batteries se reconnaissaient clairement à de petits nuages blancs, puis, l'instant d'après, à d'épaisses colonnes de fumée. Dès le début du combat, l'artillerie pouvait régler son tir; l'infanterie voyait où était le danger et la cavalerie pouvait embrasser d'un coup d'œil l'objectif de l'attaque qu'elle allait entreprendre.

Désormais, il n'en sera plus ainsi. On pourra bien entendre le crépitement des coups de feu ; on pourra bien voir les mouvements des troupes. Mais les tirailleurs seront invisibles derrière leurs abris, et l'on ne distinguera plus les positions de l'artillerie à cause des grandes distances. La situation de l'assaillant sera d'autant plus difficile qu'il ne pourra plus, pour son tir, déterminer ni la distance ni la direction. Il devra opérer, pour ainsi dire, à tâtons; il faudra que la troupe ouvre ses feux sans connaître son but. La cavalerie risquera de se trouver sous le feu de l'ennemi et aura grand'peine à choisir le moment de charger. Mais le plus particulièrement difficile, ce sera la direction des grandes unités tactiques, parce qu'aucune ligne de fumée blanche ne se montrera plus sur le champ de bataille pour indiquer la position et les mouvements de l'ennemi.

Nous devons faire observer, du reste, que les opinions des écrivains militaires divergent notablement quant à l'influence que peut avoir le remplacement de la poudre au salpêtre par la poudre sans fumée.

Un écrivain français a fait la remarque que les jeunes soldats, dont se compose en majorité l'infanterie, éprouvent le besoin d'entendre un feu de salve bien nourri, afin de « s'en griser » pour ainsi dire. L'auteur se demande même si les gaz de la poudre n'agissent pas eux-mêmes sur le soldat comme une substance enivrante; puis, il ajoute que cela n'est nullement prouvé, mais il n'en est pas moins vrai que le sodat en ressent comme une sorte d'ivresse. Il s'excite tout d'abord en poussant des cris. On a observé qu'une foule silencieuse ne commet généralement pas de cruauté ; elle n'en devient capable qu'après s'être excitée par des cris (1).

Cependant nombre d'écrivains militaires ne trouvent pas que la poudre sans fumée exerce une influence plus forte que l'autre sur l'esprit du soldat. Nous donnons ci-après l'opinion du général Souhkotine à ce sujet :

« Le manque de fumée, dit-il, conduit tout particulièrement à la conclusion que l'effet de la lumière n'a plus d'action sur le système nerveux du combattant; il en résulte que les sujets, sur lesquels cet effet exerce, dans une vraie lutte, un effet nuisible, seront plus tranquilles. Il y a, du reste, un nombre considérable de ces sujets sur lesquels l'effet de la lumière agit plus fortement que la détonation et le sifflement des balles et des obus. Si l'on tient compte de cela, on ne sera pas loin de l'hypothèse d'après laquelle la nouvelle poudre produira une impression plus fâcheuse sur le moral de la troupe. Il n'y a rien de concluant dans l'argument que ce mauvais effet doit se produire, parce que l'on ne sait pas d'où viennent les projectiles gros et petits; celui qui a déjà vu le feu peut certifier que c'est tout aussi difficile avec la poudre à fumée, surtout quand il s'agit de fusils, de s'orienter sur la direction d'où viennent les balles en se basant sur le sifflement qui frappe les oreilles. La grêle de balles, qui tombe sans interruption dans toutes les directions, exclut toute possibilité de déterminer leur point de départ. Il en est de même pour les obus, surtout quand ils sont lancés par de grandes batteries. Si l'on admet néanmoins que l'effet du son sur la nature humaine reste le même avec la nouvelle poudre, il faut reconnaître aussi que l'effet de la lumière disparaît. On pourrait donc plutôt voir, dans cette nouvelle poudre, un facteur bienfaisant, qui conserve aux combattants leur force morale. Ce nouveau facteur ne peut, par conséquent, exercer d'influence notable quelconque sur la tactique moderne, imposée par l'adoption du fusil de petit calibre — ce nouvel et vraiment puissant facteur. »

Résultat de l'absence de fumée de la poudre et de la tension de trajectoire des nouvelles armes.

On a même exprimé l'opinion que le manque de fumée doit avoir une action bienfaisante sur le soldat et que les nuages de fumée étaient comme une menace pour le combattant, lui indiquant d'où il pouvait attendre la mort; tandis que les balles lancées par un ennemi invisible

(1) *Revue scientifique,* Art militaire : La poudre sans fumée.

produisent moins d'impression et qu'en outre le soldat sera retenu par cette idée qu'il est constamment sous les yeux de son chef (1).

Nous avons entendu dire, par un général des plus éminents, que l'absence de fumée permettra de choisir son but et que cela donnera du courage aux soldats, mais que ces avantages seront plus spécialement pour le parti qui se tiendra sur la défensive. Rappelons toutefois que, dans les guerres de l'avenir, ce sera précisément pour l'attaque et non pour la défense que le combattant aura besoin de toute espèce d'encouragement.

Mais, en général, nous ne devons pas perdre de vue que la valeur principale du nouveau fusil ne réside pas dans la très faible quantité de fumée développée par sa charge, mais bien dans la tension de sa trajectoire, la rapidité de son tir et la grande force de pénétration de son projectile. Avec les anciens fusils, les pertes en masse ne commençaient guère qu'à une distance de 400 mètres ; aujourd'hui, nos fusils fauchent déjà à 3,000 mètres. La tension de leur trajectoire est si forte que la courbure en est insignifiante pour les premiers 600 mètres de distance. Si l'homme s'est couché pour tirer, c'est-à-dire dans une position où l'arme est très peu élevée au-dessus du sol, la balle devient tellement rapprochée de terre pendant sa course qu'elle peut frapper un homme en tous les points de sa trajectoire. Pour une vitesse initiale de 632 mètres, la balle a une zone dangereuse de 600 mètres de longueur. Lorsqu'une troupe tire debout ou couchée, il se produit le long du sol, grâce à la rapidité du tir, une sorte de nappe en plomb, qui recouvre un espace qu'on peut appeler « zone de mort ». En effet, un bataillon de 800 hommes peut tirer 10,000 balles à la minute.

Citons un exemple tiré de l'expérience des combats antérieurs. A 50 mètres, la balle du fusil français Lebel peut traverser 3 à 7 hommes, comme on a pu s'en convaincre dans la guerre avec les Dahoméens, qui se présentaient souvent en masses compactes jusqu'à de très courtes distances (2). Quand la balle a traversé plusieurs corps, les blessures reçues par les derniers sont d'énormes dimensions et sont beaucoup plus dangereuses que celles des premiers. Aussi longtemps que la balle n'a pas une vitesse inférieure à 380 mètres, elle brise complètement les os.

Leur précision et leur grande portée.

Cette balle traverse une cuirasse à une distance de 250 mètres, tandis que celle du fusil français, modèle 1874, ne pouvait pas le faire même à une très courte distance ; presque à bout portant, elle ne produisait qu'un petit renfoncement dans le métal. A 200 mètres, sa déviation n'est que de 6 centimètres, et, à 1,000 mètres, elle ne dépasse pas 40 centimètres (3).

(1) Droujinine : *La poudre sans fumée*, 1892.

(2) Capitaine Imhaus, *Tactique de l'infanterie*. — Paris, 1893.

(3) Cochery, *Rapport sur le budget du ministère de la guerre*.

L'absence de fumée de la nouvelle poudre augmente la précision du tir et ne trahit pas le tireur derrière son abri. Dans une reconnaissance ou un mouvement tournant, une balle bien visée frappe les soldats, comme les frappait autrefois une balle perdue ; il n'y a point ou presque point de fumée, la détonation est faible et l'écho trompe encore l'oreille. Lorsqu'une ligne de tirailleurs s'est postée à la lisière d'un bois, on voit bien que le feu vient probablement du bois, mais on ne peut pas distinguer où se trouve cette ligne ; on n'aperçoit aucune fumée, et on ne peut pas juger de l'étendue de la ligne.

Ainsi, le danger de la grande portée des armes actuelles s'augmente encore par suite de ce que le champ de bataille est complètement débarrassé de fumée. Dans l'antiquité, le danger immédiat pour le combattant ne commençait qu'à la courte distance où portait le trait ou la flèche. L'invention des armes à feu a augmenté cette distance, mais pas notablement. A la bataille de Castiglione, au commencement de ce siècle, on vit la cavalerie se former à 300 mètres de l'infanterie ennemie, et, à Marengo, chacun s'étonna que le général Desaix, qui se trouvait à 200 mètres des tirailleurs ennemis, eût été tué par une balle.

Les choses se présentent tout autrement dans les conditions actuelles, où les shrapnells atteignent à 7,000 mètres et les balles de fusil à 4,000. Il en résulte que les nerfs des soldats commencent déjà à s'exciter à 7,000 mètres, et le temps est long que demande le parcours, sous le feu, d'une pareille distance.

Impressions du soldat dans une bataille moderne.

Nous reproduisons ici les paroles du peintre russe Verechtchagine, qui suivait en volontaire le général Skobeleff :

« Partout où l'on regarde, tout est gris, humide, maussade ; chacun voudrait s'en aller, n'importe où pour se réchauffer. Et pourtant, il faut marcher en avant et précisément du côté où tonne le canon.

« Je commence à entendre son roulement, toujours de plus en plus distinct ; quelques coups sont même déjà aussi perceptibles que si l'on se trouvait au milieu des batteries. Puis voici, plus à gauche, une canonnade qu'on n'entendait pas l'instant d'avant. Je n'aperçois cependant de troupes nulle part. Je deviens de plus en plus nerveux. Malgré moi, ma tête est occupée de cette pensée : « Entrerai-je bientôt dans la ligne de feu ? » Cette question m'inquiète d'autant plus que j'avais pu me convaincre, dans de précédentes batailles, qu'autre chose est de se trouver dans le voisinage du feu ou bien de se sentir tout à coup sous le feu même. Je ne sais ce qu'il en est pour d'autres ; mais, pour moi, j'ai toujours trouvé ces derniers pas fort désagréables. Tant qu'il ne tombe point de balles, ce n'est rien ; tout est calme et tranquille, quoique pas absolument, car on sait que, fatalement, tout à l'heure, on entendra le sifflement lugubre des projectiles.

Mais voilà qu'une balle passe, une seule, et l'on se sent déjà tout autre. Le cœur commence à battre follement; l'estomac se resserre; un léger malaise, une faiblesse, une apathie s'emparent du corps tout entier. C'est ridicule, mais j'ai ressenti un effet analogue, il y a de longues années, avant mon examen de latin. Alors, j'ai éprouvé le même malaise, la même faiblesse générale, avec, au front, une sueur froide. Cet état nerveux est la conséquence naturelle du sentiment qu'on a de pouvoir, à chaque instant, être blessé et même tué. Toutes les pensées, toutes les sensations sont comme tendues, et l'on attend, malgré soi, ce funeste petit morceau de plomb ou de fonte qui peut mettre un terme à votre vie. »

Effet de ces impressions sur l'attitude des soldats.

Nous avons reproduit ces lignes pour montrer que même la plus grande bravoure ne peut empêcher l'homme d'éprouver un certain ébranlement nerveux au moment du combat. Il en a toujours été ainsi. Mais combien plus forte doit être cette impression dans les guerres d'aujourd'hui, où l'effet du feu de l'infanterie est quinze fois et celui du feu de l'artillerie dix-huit fois plus considérable que jadis, et où la plus grande partie des troupes se compose de réservistes rappelés de congé! Nous citerons encore une parole du maréchal Marmont : « Il est excessivement rare de rencontrer ce courage qui oblige l'homme à moins estimer sa propre vie que l'obtention du succès auquel il doit contribuer. » Il est vrai que l'amour-propre semble venir en aide au courage, et le maréchal a écrit à ce sujet que « l'amour-propre, cette cause de tant de bien et de tant de mal, a une influence très puissante à la guerre, dont elle est l'âme. » Mais la composition même des armées modernes y rend l'action de ce facteur très douteuse.

Influence des diverses formations, des modes de combat et de l'éducation militaire.

L'ordre dispersé diminue la surveillance exercée sur les hommes et affaiblit l'action du commandement sur eux. Le général français Moraud disait de la garde nationale « qu'au début, tout au moins, elle ne vaudrait rien pour la guerre, quand même elle serait composée de héros, parce que seule l'expérience peut montrer à chacun ce que valent ses camarades ». Or, les armées modernes sont, de par leur composition, de vraies gardes nationales.

Nous venons de rappeler les paroles du maréchal Marmont sur l'importance de l'amour-propre. Mais cette importance était bien plus grande à cette époque où il était aisé aux officiers et aux soldats de se distinguer, en se frayant un chemin dans la mêlée, en jouant de la baïonnette et de la crosse au milieu des rangs de l'ennemi. Ce qui se passait autrefois, presque à chaque rencontre, ne pourra plus être à l'avenir que le couronnement de toute une série de combats livrés au pied des remparts. « Les fortifications provisoires ont acquis, avec les nouvelles armes, une bien plus grande force de résistance, ainsi que l'ont démontré, en 1877, celles de Plewna et de Chipka, élevées en grande partie sous le feu de l'ennemi » (1).

Et même, lors de l'assaut final, les assaillants n'escaladeront pas les premiers retranchements au pas de course; car ils trouveront sur leur route des treillis en fil de fer et des mines, dont on faisait un usage beaucoup moins fréquent autrefois. La troupe qui se tiendra sur la défensive ne courra pas à la rencontre de l'ennemi; elle se contentera de le recevoir au pied des remparts, avec le feu le plus nourri qu'il lui sera possible.

Il n'y a que l'habitude qui puisse tempérer, jusqu'à un certain point cette appréhension nerveuse d'une mort inévitable, qu'éveille, dans le cœur des jeunes soldats, la connaissance de l'énorme portée des armes actuelles et des effets effroyables des projectiles explosibles. Von der Goltz l'auteur de l'ouvrage bien connu : « La Nation armée » (*Das Volk in Waffen*) dit que, dans les anciennes guerres, l'enthousiasme qui animait les jeunes soldats à leur première campagne disparaissait bientôt sous l'influence de toute une série de fatigues et de privations. Il est vrai que ces mêmes soldats s'accoutumaient peu à peu à se dominer, dès qu'ils s'étaient convaincus que l'on peut revenir sain et sauf de plusieurs combats.

Résultats de la composition des armées actuelles.

Mais, au commencement de la prochaine guerre, les armées européennes ne compteront pas de tels soldats dans leurs rangs; car, depuis longtemps, elles n'auront pris part à aucune grande guerre : l'armée russe depuis 1878, les armées allemandes et françaises, depuis 1871 et l'armée autrichienne, depuis 1866 (2).

En conséquence, il faut admettre comme règle générale que les armées actuelles, composées de soldats n'ayant jamais assisté à un combat, éprouveront une énorme secousse morale sous un feu d'une rapidité extraordinaire et très puissant encore à de très grandes distances; ce malaise se fera sentir surtout lorsque les hommes devront se déployer en tirailleurs. Les soldats dans les rangs ou marchant en colonnes peuvent plus aisément conserver le calme ou, tout ou moins, l'apparence du calme et restent, en outre, sous l'œil de leurs chefs. Ensuite, dès que les hommes sont entrés dans la ligne de feu, la fuite leur est impossible. Il y aurait donc des motifs sérieux de conduire la troupe en colonnes le plus près de l'ennemi

(1) Général Berthaut, *Stratégie.*

(2) Nous ne tenons pas compte ici des expéditions militaires en Asie et en Afrique car ceux qui y auront participé, lors même qu'ils seraient encore au service, ne formeraient qu'une infime fraction d'armées qui compteront des millions d'hommes.

possible ; mais cela ne peut guère se faire que la nuit. Et ces cas-là seront absolument exceptionnels avec les colossales armées actuelles.

Nous avons parlé du courage inné, de l'amour-propre et de l'expérience de la guerre, comme étant des facteurs sans lesquels il ne semble pas qu'on puisse compter sur l'action des troupes. Mais il existe encore un autre élément important de cohésion pour elles : c'est celui qu'on pourrait appeler le ciment de l'obéissance et de l'ordre ; en un mot, c'est la discipline. Nous allons maintenant examiner, séparément pour chacune des grandes armées européennes, la question de leur état moral et en même temps de leur discipline.

L'Armée Française.

Les opinions sont bien diverses sur l'état et la valeur de l'armée française.

Les uns prétendent qu'elle est maintenant complètement réorganisée et qu'aujourd'hui la France peut mettre en campagne une armée vraiment digne de ses glorieuses traditions du commencement de notre siècle. D'autres sont d'avis que les faits dévoilés par la guerre de 1870 n'auraient pas pu se produire sans des causes profondément enracinées dans le moral même de la nation, ce qu'exprime l'aphorisme de von der Decken, rappelée par von der Goltz, dans son ouvrage déjà plusieurs fois cité : « Le sort des États ressemble à la vie humaine ; ils naissent, croissent, fleurissent, puis déclinent et meurent ». Ce qu'on a dit de l'armée française.

Avec l'importance qu'a la France, rien que par l'effectif de son armée, la connaissance des qualités militaires de cette armée et de son esprit est une question de premier ordre, aussi bien pour la Russie que pour les autres États. Poursuivant notre méthode, nous voulons nous efforcer, non seulement de reproduire ici les opinions les plus diverses, mais encore de fournir à nos lecteurs, étrangers aux questions militaires, des matériaux dont ils pourront eux-mêmes tirer des conclusions.

Les guerres de 1850 à 1860 confirmèrent l'antique réputation de l'armée française ; mais déjà l'expédition du Mexique, en 1862, fit constater des imperfections dans l'organisation militaire de la France. Puis la guerre de 1870-71 vint tout à coup dissiper entièrement l'opinion générale que l'on avait conçue des excellentes qualités des chefs et des soldats français. Mais, en réalité, il faut attribuer la cause des défaites sans exemple essuyées alors par la France, précisément aux défauts de son organisation militaire. Après cette guerre, on a constaté que, si les campagnes de Crimée et d'Italie ont été glorieuses pour les armes françaises, cela tenait uniquement à ce que les nations, avec lesquelles elles se sont mesurées alors, ne possédaient encore qu'une organisation militaire incomplète. Mais, dès que la France s'est trouvée en présence d'un pays dont le La période glorieuse et sa décadence.

système de recrutement, d'instruction, d'armement et de direction des troupes pouvait servir de modèle, son armée devait infailliblement succomber.

'est à la France qu'on doit le service obligatoire universel.

Le système du service militaire général et à court terme a été élaboré et appliqué en Prusse. Mais l'initiative de son introduction appartenait, en réalité, à la France : et c'est à elle qu'on doit le premier exemple de la nouvelle formation de l'armée par le peuple tout entier et de la nouvelle tactique qui en découle.

Nous devons encore ici nous en référer à von der Goltz. Il caractérise à peu près de la manière suivante les anciennes armées composées de mercenaires et de soldats recrutés pour longtemps :

« A cette époque, le sentiment de la nationalité ne constituait pas encore un lien commun, et ce n'est que partiellement qu'il était remplacé par l'attachement à la dynastie régnante. Par suite, on tenait toujours les troupes le plus concentrées possible ; des armées entières s'avançaient en colonnes serrées, et, dans les haltes et les campements de nuit, elles étaient soumises à la discipline la plus minutieuse. C'est de cette façon seulement qu'il était possible de surveiller activement la troupe et d'empêcher les désertions. La tactique linéaire qui s'efforçait d'assurer, en de longues lignes s'avançant au pas de parade, la coopération efficace de chaque homme et l'effet utile de chaque fusil, était étroitement liée à ces conditions. C'est avec cette tactique seulement qu'il était possible de maintenir, même au milieu des combats, les soldats mercenaires sous la stricte surveillance des officiers. Les règles de conduite de la guerre présentaient, à cette époque, tout une série de combinaisons si spéciales, qu'il était presque impossible d'en modifier un détail sans désorganiser le tout.

« Seul un événement énorme était capable de balayer de fond en comble les minuties, les préjugés, les coutumes et la pédanterie du siècle passé.

Conséquences militaires de la Révolution française.

« Cet événement fut la Révolution française. Elle a marqué le commencement de la tactique moderne, qui durera jusqu'à ce qu'une nouvelle évolution sociale ait modifié les bases générales de la vie commune et de l'organisation militaire.

« La Révolution française nous a, d'un seul coup, appris que l'on doit nourrir la guerre par la guerre, qu'il faut suspendre le droit civil lorsque le canon tonne et faire vivre l'armée aux dépens du pays dans lequel elle combat, c'est-à-dire de l'ennemi.

« La conscription a fourni les masses d'hommes nécessaires pour pouvoir, au besoin, en user avec prodigalité. Les nouveaux procédés financiers et commerciaux ont facilité les emprunts par voie de souscription et permis de remplacer l'ancien petit trésor national par le crédit de l'État tout entier, dont on a pu disposer pour faire la guerre.

« Le système de l'enrôlement disparut et, avec lui, les craintes de désertion. On n'a plus crainte de diviser et de séparer les unes des autres les grosses masses qui formaient les armées. Mais, afin de pouvoir les réunir sûrement au moment décisif, on a imaginé de faire précéder les colonnes d'avant-gardes et de gros détachements de cavalerie.

« En outre, il fallait des soldats très bien exercés pour la tactique en lignes. Mais les soldats avaient disparu promptement avec la prodigieuse consommation d'hommes faite à l'époque de la révolution. Et à leur place, la conscription donnait des soldats ayant une instruction militaire médiocre. Aussi la formation linéaire finit-elle par disparaître aussi; elle fut remplacée par la colonne, simple agglomération de combattants. Mais le feu de l'ennemi aurait bientôt détruit cette formation compacte si l'on n'avait eu soin de la protéger par des chaînes de tirailleurs. Dès lors, colonnes et tirailleurs ont constamment combattu en une liaison intime. »

Ce sont donc les Français qui ont créé l'armée nationale et la nouvelle tactique. Leurs troupes n'étaient plus composées de serfs et de vassaux, instruits à coups de cravache et de plat de sabre. Les recrues n'étaient plus conduites en laisse, et l'armée témoignait l'enthousiasme d'un peuple qui défend sa liberté en secouant les dernières entraves de la féodalité.

Influence de Napoléon.

A la tête de cette armée se trouvait un général de génie et un grand administrateur : Napoléon, qui avait soumis à sa puissance, par une série de guerres victorieuses, la moitié de l'Europe, depuis le Hanovre jusqu'aux îles Ioniennes, et à son influence le continent européen tout entier, à la seule exception de la presqu'île scandinave. L'époque napoléonienne accoutuma la France à la gloire militaire et la convainquit de la supériorité de ses armées.

Puis Napoléon tomba en 1814, sous les malédictions d'une nation affaiblie par la conscription et à qui des guerres incessantes avaient enlevé la fleur de sa population. Malgré cela, on a pu se rendre compte de la puissance magique que son nom avait conservée dans le cœur du peuple français, en voyant l'entrée triomphale que l'Empereur fit à Paris l'année suivante à son retour de l'île d'Elbe, quand les troupes envoyées contre lui passèrent de son côté. Pourtant la catastrophe, qui termina la période des Cent Jours, fit éclater de nouveau l'indignation du peuple contre ce fléau de Dieu, qui avait de nouveau entraîné dans la tombe des centaines de milliers de soldats, parmi lesquels se trouvaient même des jeunes gens de quinze ans à peine.

Conséquences de la Restauration. Formation de la légende napoléonienne.

Mais le mécontentement causé par les Bourbons fit bientôt oublier à la nation française, dont l'esprit est si mobile, les maux à elle causés pa celui que les légitimistes appelaient l'usurpateur. L'opposition s'éleva contre les Bourbons en comparant leur faiblesse et leur dépendance des puissances étrangères à la gloire du premier Empire. Paul-Louis Courie par ses pamphlets, Béranger par ses chansons, excitèrent à la haine contr la Restauration ; et quoique républicains de cœur tous les deux, leurs œuvres de même que toute l'activité de la presse de l'opposition, favorisèrent la création de la légende napoléonienne, dirigée contre les Bourbons.

Cette légende grandit de jour en jour et pénétra toute la nation. Pui l'opposition contre la Monarchie de Juillet se servit des mêmes armes. Dan son *Histoire de dix ans*, Louis Blanc attaqua passionnément la lâchet de la politique extérieure de Louis-Philippe et l'abaissement qui en étai résulté pour la France. Thiers fit, de son côté, dans son *Histoire du Consulat et de l'Empire*, une apologie brillante, bien que partiale, de Napoléon et lui éleva pour ainsi dire, dans la littérature, un monument impérissable une sorte de colonne Vendôme.

Les générations qui avaient directement souffert des guerres du premie Empire étaient descendues dans la tombe et avaient fait place à une génération nouvelle élevée dans les traditions de la gloire nationale. La défaite de Leipzig, la prise de Paris par les alliés, Waterloo, la double chut de Napoléon : toutes ces hontes, les Français commençaient à les explique soit par la trahison, soit par l'impossibilité manifeste d'une dominatio solide de la France sur toute l'Europe. L'Empereur devait avoir été trah par les Prussiens, les Autrichiens, les Saxons, et même par ses propre généraux; pour comble de malheur, tous les peuples s'étaient alliés contr la France avec les Bourbons émigrés. Enfin la perfide Albion (expressio créée à cette occasion) avait, de la façon la plus déloyale, enchaîné l grand conquérant, et l'avait martyrisé jusqu'à la mort dans sa captivité.

Telle est en résumé la légende napoléonienne, qui fut bientô ancrée dans tous les esprits. Elle était si puissante que Louis-Philipp crut consolider son pouvoir par le transfert solennel des cendres d Napoléon à Paris ; mais, quelques années plus tard, un second Napoléo faisait son apparition au palais des Tuileries, à côté de celui qui reposai aux Invalides.

Le second Empire.

On ne peut pas nier qu'il y ait une part de vérité dans les paroles c après, quoiqu'elles émanent d'un auteur peu sympathique à la France « Chez les autres peuples, la fierté nationale, l'amour de la gloire n'es qu'une de leurs qualités ; en France, c'est la passion principale et dominante qui, une fois satisfaite, apaise toutes les autres jusqu'à un certain poin

« Il est facile de comprendre que Napoléon III, à qui la puissance magique du nom de son oncle avait ouvert le chemin du trône, ait tenu si grand compte de cette tendance. L'empereur sut très habilement s'entendre avec l'Angleterre, lorsque celle-ci cherchait un appui sur le continent, et ne pouvait pas le trouver dans l'Allemagne désunie. C'est avec l'Angleterre qu'il entreprit sa première guerre ; et ce fut contre la Russie que, cette fois, conduisit à sa perte l'immensité même de son territoire qui l'avait autrefois sauvée (1) ».

Toutefois, on put s'apercevoir immédiatement de la différence qui existait entre Napoléon Ier, le grand général et l'habile administrateur, et Napoléon III, l'héritier de son nom. Non seulement celui-ci n'était pas un guerrier, mais il ne sut même pas créer autour de lui une bonne école militaire d'hommes aptes à l'art de la guerre. Il ne sut même pas choisir son monde, et fut incapable de prendre en mains la haute direction et la surveillance des préparatifs de guerre et de l'administration militaire en général.

La guerre de Crimée.

Nous en trouvons la preuve dans les lettres du maréchal Saint-Arnaud, commandant en chef des troupes françaises en Crimée. A la fin d'avril 1854, c'est-à-dire au moment où s'ouvraient les opérations et avant le débarquement des troupes, il écrivait au ministre de la guerre :

« Nous n'avons pas de charbon, et Ducos commande à ses marins de chauffer avec du patriotisme.... Il n'est cependant pas possible de traiter un général en chef, un maréchal de France, comme on traiterait une vieille vivandière. »

Un mois plus tard, il écrivait à l'Empereur lui-même : « Sire, nous ne sommes pas au complet, et nous ne pouvons pas commencer les opérations. Nous avons en tout vingt-quatre pièces attelées et seulement 500 chevaux. C'est pis encore sous le rapport des vivres. Il est impossible d'entrer en campagne quand on n'a ni pain, ni souliers, ni marmites, ni gourdes (2). »

Quelques jours après, Saint-Arnaud écrivait de nouveau à l'Empereur : « Oh ! si seulement j'étais prêt pour la lutte ! Mais je n'ai pas le droit de mettre en jeu l'honneur du drapeau, en conduisant au feu une armée désorganisée, incomplète, qui ne possède jusqu'à présent ni artillerie, ni cavalerie, ni ambulances, ni train, ni vivres. »

L'auteur de l'ouvrage d'où nous tirons ces extraits, fait observer à cette occasion :

(1) L'État-Major général prussien, *La guerre franco-allemande de* 1870. Édition de I. Masloff.

(2) Émile de Girardin, *Le dossier de la guerre de* 1870.

« On peut répondre que, malgré tout, nous avons été victorieux. Oui, nous avions des alliés, et contre nous une armée plus mal organisée encore que la nôtre. Mais qui saura jamais les sacrifices et les souffrances au prix desquels nous dûmes acheter la victoire ? »

Le même auteur se réfère au rapport du docteur Chenu sur les résultats du traitement des malades et des blessés dans les hôpitaux. Il résulte de ce rapport que l'organisation sanitaire de l'armée anglaise laissait encore plus à désirer que celle de l'armée française. Les pertes des Anglais ont dépassé de 50 0/0 celles des Français. Mais les Anglais firent tout leur possible pour améliorer la situation ; aussi, l'année suivante, leurs pertes ne montèrent plus qu'à 2.21 0/0, tandis que celles des Français continuèrent à s'élever à 19 0/0.

« La leçon tirée de ces expériences cruelles — dit Chenu — ne doit pas être perdue. Ce serait le plus grand des crimes que de n'en pas profiter. »

Or, si nous examinons les autres guerres du second Empire, nous verrons que cette leçon fut reçue en pure perte.

Situation imposée à Napoléon III par son origine.

Napoléon III devait sa couronne à la légende populaire de Napoléon Ier et aux souvenirs de la gloire nationale. Cette circonstance le rendait esclave des obligations que lui imposait le passé. Un second Bonaparte, monté sur le trône, et n'y poursuivant que des buts pacifiques et bourgeois, c'eût été une anomalie, où ses sujets auraient vu quelque chose de comique et, en tout cas, quelque chose qui ne répondait pas à leur attente. En remettant entre ses mains par leur plébiscite le sort de la nation, les Français voulaient dire clairement que leurs espérances tendaient au rétablissement de la vieille gloire française. Napoléon III comprenait très bien que son gouvernement appelait directement la comparaison avec le règne du grand homme qu'avait été son oncle. Et d'un autre côté, assumant la tâche de continuer la réalisation des grands problèmes dont la solution avait été commencée par le fondateur de la dynastie, il savait aussi qu'il endossait l'obligation d'agir suivant l'esprit du libéralisme, dont les principes étaient alors très populaires en Europe. D'après les déclarations mêmes de l'ancien prisonnier du fort de Ham, Napoléon Ier eût mis à exécution ses intentions libérales s'il n'en eût été empêché par la résistance des gouvernements et des peuples (1).

Cette vague devise devait être l'axe autour duquel ont tourné les aspirations et les rêves populaires de la France pendant tout le cours du second Empire. Mais chacun comprenait clairement que cette union entre les traditions du premier Empire et le nouveau gouvernement devait

(1) Œuvres de Louis-Napoléon Bonaparte.

entraîner celui-ci à se faire une popularité par une politique d'aventures. Aussi était-il fort naturel que le bon état de l'armée fût l'objet de la sollicitude constante du gouvernement impérial.

Il ne sut pas maintenir la puissance militaire de la France.

Mais Napoléon III se montra incapable de maintenir à sa hauteur la puissance militaire de la France; il ne parvint même pas à gagner quelque influence personnelle sur l'esprit de son armée. Néanmoins, il chercha toujours à flatter l'amour-propre national par toutes sortes d'entreprises militaires, et de maintenir ainsi le prestige de sa dynastie. En 1860 déjà, le comte de Kisseleff, représentant de la Russie à Paris, caractérisait Napoléon de la manière suivante : « Ce sphinx n'est peut-être qu'un jongleur (1). » L'avenir a démontré combien était véridique cette définition de la personnalité du fauteur du coup d'État du 2 décembre.

Dès le commencement de son règne, Napoléon III suivit de préférence les chemins les plus tortueux de la diplomatie. Il s'efforça de se maintenir sur le trône, en essayant, par des mesures de répression, d'étouffer toute velléité d'opposition. Aussi fut-il forcé de détourner constamment l'opinion publique des questions intérieures, en combinant toujours de nouveaux effets de politique étrangère.

Il n'en est pas moins vrai que Napoléon III réussit à se maintenir très longtemps dans son rôle, sans que le sort lui devînt infidèle. Dans bien des guerres entreprises sans la préparation convenable, l'auréole des victoires du premier Empire l'a toujours suivi.

Mais l'opposition ne s'endormait pas. Victor Hugo tonnait contre l'Empire, dans la littérature; Thiers, Ollivier, Jules Favre et dans les derniers temps Gambetta faisaient entendre leur voix à la tribune parlementaire à la suite de Rochefort. Pourtant, jusqu'à Sedan, la plus grande partie de l'Europe eut foi au génie de Bonaparte. Par contre, aussitôt après l'écrasement de la France, se dévoila subitement la nullité de ses moyens. Napoléon III tomba tout à coup du rang des grands hommes à celui des aventuriers les plus vulgaires. Ce qu'on jugea le plus sévèrement en lui, ce furent ses minauderies continuelles avec la révolution universelle, qu'il mettait en jeu à toute occasion.

Ceux qui croyaient à la loyauté de ses intentions, à ses promesses et à ses théories, furent cruellement déçus.

C'est encore, en fin de compte, la France qui dut payer pour lui ; outre les maux qu'entraîne une guerre malheureuse et toutes les misères qui en découlent, elle perdit deux provinces et paya cinq milliards d'indemnité de guerre.

(1) *Le comte Kisseleff et son temps*, 1882, vol. III, p. 80.

Il nous a paru indispensable de rappeler ici cet aspect spécial des actes et du caractère de Napoléon III. Autrement, les faits sur lesquels nous devons insister maintenant pourraient faire croire à l'abaissement du peuple français ; mais il ne faut pas oublier que ce peuple a été gouverné pendant près de vingt ans consécutifs par un homme qui n'a pu se maintenir dans la position exceptionnelle par lui occupée que grâce au prestige de son nom, par un homme auquel manquaient le caractère et les capacités qu'exigeait cette haute situation.

Mauvaise organisation de l'armée pour la campagne d'Italie en 1859.

Lorsque commença la guerre de 1859 avec l'Autriche, on avait pu croire que l'organisation de l'armée française était un modèle ; car le gouvernement de Napoléon III ne puisait sa force que dans l'armée. Cependant le 29 mai 1859, l'Empereur écrivait à son ministre de la guerre : « Je suis désolé de voir, par la comparaison de notre armée avec d'autres, même avec l'armée sarde, que nous avons toujours l'air d'enfants qui n'ont jamais fait la guerre. Tout est si désorganisé, si confus que, constamment, ou bien les commandes dépassent du double les besoins ou bien l'intendance ne fournit que la moitié de ce qui est nécessaire. Vous comprendrez que ce n'est pas vous que je blâme, mais le système qui fait que jamais, en France, on n'est prêt à la guerre. »

L'exactitude de cette observation a, dans la suite, été confirmée par de nombreux exemples. Ainsi, un intendant général a déclaré ce qui suit devant la commission d'enquête du Parlement, après la guerre de 1870 :

« Pendant la guerre d'Italie, alors que j'étais adjoint de l'intendant en chef, les derniers convois destinés à l'armée n'avaient pas encore pu, par suite de la mauvaise organisation des magasins, passer les Alpes, que, la campagne terminée, l'armée rentrait déjà. »

L'intendant général Wolf a dit ouvertement : « L'exemple de la guerre d'Italie a été fatal. On n'avait rien prévu. La concentration des troupes s'est faite dans le plus grand désordre, et malgré cela le succès de nos armes a été complet. Ce succès a été dû à un concours de circonstances exceptionnelles et à l'hésitation des Autrichiens. La France qui combattait l'Autriche, avec l'Italie pour alliée, n'eut à déployer qu'une partie de ses forces et le pays auquel on faisait la guerre n'était pas limitrophe. Même en cas d'insuccès, la situation de Napoléon n'eût pas été compromise. »

Il en fut tout autrement en 1870. Après la guerre de 1866, Napoléon ne pouvait ignorer qu'il lui faudrait mettre sur une carte, non seulement le sort de la France, mais aussi celui de sa dynastie.

La guerre de 1870.

Si l'on examine attentivement les détails de l'organisation militaire du pays, on est obligé d'avouer qu'on n'avait pas profité de l'expérience des guerres antérieures. . . . .

Nous nous baserons sur les travaux de l'État-Major prussien qui ont été publiés (1), et nous compléterons les indications empruntées à ces travaux par des données de sources françaises.

On sait que la guerre de 1870 a été amenée par une série de causes très graves dont Napoléon III lui-même accéléra l'effet. Ceci est d'autant plus singulier que Napoléon avait à Berlin un excellent agent militaire dans la personne du colonel Stoffel, qui lui avait bien dit dans ses rapports que la Prusse était complètement prête à la guerre.

Effectif de l'armée française à cette époque.

Pourtant, au 15 juillet 1870, l'armée française ne comptait que 567,000 hommes, y compris le contingent de 1869 qu'on ne pouvait utiliser avant le 1er août 1870.

Même les éléments non combattants étaient compris dans le nombre ci-dessus, les compagnies disciplinaires, par exemple, et hors rangs (50,500 hommes), les gendarmes (24,000 hommes), les dépôts (28,000 hommes), les garnisons (78,000 hommes), les troupes d'Algérie (50,000 hommes), en tout 230,000 hommes.

En déduisant ce dernier chiffre du premier, nous voyons que les forces réelles de combat françaises n'étaient que de 336,000 hommes, et c'est avec elles que la France s'est vue forcée d'accepter le duel avec l'Allemagne.

Ce chiffre est conforme à celui que l'État-Major prussien avait établi avant la guerre. Les Prussiens estimaient, en effet, que les Français leur opposeraient 343,000 hommes capables de combattre. Mais par suite du système de mobilisation adopté en France, en vertu duquel on équipait les troupes de réserve dans des dépôts éloignés des régiments, et en raison des nombreux désordres qui se produisirent, l'armée française n'atteignit même pas ce chiffre.

Tout le monde savait, en outre, par les rapports du colonel Stoffel et des publications bien connues, qu'en cas de guerre, l'Allemagne mettrait en ligne les effectifs suivants :

	Hommes.	Chevaux
1° Fédération de l'Allemagne du Nord. . .	982.064	209.403
2° Bavière	128.964	24.056
3° Würtemberg.	37.180	8.876
4° Grand-duché de Bade	35.181	8.038
TOTAL	1.183.389	250.373

(1) *La guerre franco-allemande*, 1870-1871.

Le Gouvernement de Napoléon pouvait, à la rigueur, espérer que les armées des principautés de l'Allemagne du Sud observeraient la neutralité; mais, dans ce cas même, l'armée allemande eût encore été trois fois plus nombreuse que l'armée française. En outre, à 780 canons et 144 mitrailleuses qui composaient l'artillerie de celle-ci, les Allemands opposaient 1,684 bouches à feu.

L'opinion publique.

L'impuissance de l'opinion publique d'alors fut étonnante. Elle s'explique en partie par le fait qu'on l'avait trompée ; mais les moyens si grossiers employés à cet effet sont également surprenants. Le général Dejean dit, par exemple, dans l'un de ses rapports, que la France peut mettre sur pied deux millions de défenseurs, que les armes sont prêtes et qu'il en restera encore une réserve suffisante pour un troisième million de combattants.

Bien qu'il fût facile de vérifier si l'on avait, oui ou non, affecté des crédits à l'achat de deux millions de nouveaux fusils et de se convaincre si la France pouvait réellement mettre sur pied deux millions d'hommes, on a mieux aimé rejeter la faute sur le régime de Napoléon III. Voici ce que dit à ce sujet le député Dréolle à la commission d'enquête :

Les déclarations ministérielles.

« Avant de prendre la décision de déclarer la guerre, nous avons posé la question : Sommes-nous prêts ? à trois ministres qui nous ont tous répondu : « Nous sommes prêts pour la guerre ». Les ministres Ollivier et Lebœuf affirmaient que nous avions 8 à 10 jours d'avance sur l'ennemi, et qu'au point de vue militaire nous étions absolument préparés. »

Il était trop facile au Parlement de vérifier la justesse de ces affirmations pour que la responsabilité d'une légèreté aussi inouïe ne retombe pas sur lui.

Mais voyons ce qui existait en réalité. Nous trouvons les données suivantes dans l'étude historique faite sur ce sujet par l'État-Major prussien.

On avait, pour équiper et armer l'armée française, du matériel en très grande abondance, et ce matériel était en général d'excellente qualité : l'infanterie, par exemple, avait un excellent fusil (le Chassepot) dont la portée était très grande et la trajectoire très tendue.

Au 1er juillet, les Français disposaient de 1,037,555 fusils Chassepot, on en avait donc trois fois plus qu'il n'en fallait pour armer l'armée active. Les manufactures d'armes pouvaient, en outre, fournir 30,000 fusils par mois.

L'artillerie de camp n'était pas moins bien pourvue. On disposait de 3,987 canons et il y avait 5,379 canons non rayés dans les arsenaux. On aurait pu, avec ces canons, armer 860 batteries, mais en fait d'hommes et de chevaux, on n'avait que le nombre nécessaire pour en former 164. Ensuite Niel avait prétendu que les troupes pourraient sortir des garnisons e douzième jour après la convocation des hommes par télégraphe. Or, la onvocation ayant eu lieu le 15 juillet, le mouvement en avant aurait dû ommencer le 28.

Retards et désordres au moment de la mobilisation.

Mais on ne pouvait compter là-dessus, en admettant même que tous es ordres concernant la mobilisation eussent été exécutés de la manière la lus consciencieuse; attendu que, sur 100 régiments d'infanterie, 35 seulement se trouvaient à ce moment auprès de leurs dépôts. De sorte que tout oldat qui n'était pas dans les rangs, fût-il domicilié dans la garnison ième de son régiment, devait se rendre d'abord au dépôt pour, de là, etourner à son corps.

Il suffit, d'ailleurs, pour donner la mesure du désordre qui régnait ans l'armée, de citer certaines dépêches invraisemblables, retrouvées aux uileries et publiées par les soins de la commission d'enquête (1).

Le général de Failly, commandant le 5e corps, télégraphie de Bitche e 18 juillet 1870 : « Je me trouve à Bitche avec 17 bataillons d'infanterie. Envoyez de l'argent pour nourrir les hommes. Il n'y a pas d'argent dans es caisses privées des environs, il n'y en a pas davantage dans les caisses nilitaires. »

L'intendant en chef télégraphie de Metz à Paris, au directeur de administration Blondeau, le 28 juillet : « A Metz, nous manquons de sucre, e café, de riz, d'eau-de-vie, de sel, nous avons peu de légumes et de iscuit. Envoyez au moins un million de rations sur Thionville. »

Le général Ducrot télégraphie de Strasbourg au ministère de la uerre, en date du 20 juillet : « Demain, 50 hommes occuperont Neuf-Brisach our le défendre, tandis que le fort Mortier, Schlestadt, La Petite-Pierre et ichtenberg resteront sans défense. Telles sont les conséquences des ordres ue nous exécutons. »

Le commandant du 2e corps d'armée envoya au ministère de la guerre, e 12 juillet, la dépêche suivante : « Le dépôt envoie des ballots énormes de artes, dont on n'a que faire en ce moment. Nous n'avons pas une seule arte des frontières de la France. Mieux vaudrait nous fournir ce dont nous vons besoin. »

Le général Michel télégraphie de Belfort au ministère, le 21 juillet : « Je uis arrivé à Belfort où je n'ai pas trouvé ma brigade, pas plus que le commandant de ma division. Que dois-je faire ? Je ne sais où se trouvent mes égiments. »

On communiquait de partout qu'on manquait de vivres, de médicaments, de voitures et d'ouvriers.

---

(1) Claretie, *Histoire de la Révolution de* 1870-1871.

Il n'est donc pas surprenant que Bazaine ait dû donner des explications à ce sujet. « Si je me suis réfugié dans Metz, c'est parce que je n'avais de vivres que pour un seul jour et que je manquais de cartouches », disait-il pour se disculper. « On convoqua le Conseil de guerre, mais comme le manque de vivres avait forcé l'armée de se réfugier dans Metz, elle n'en put sortir, puisqu'elle n'a pu s'y procurer le nécessaire. Il ne restait à Metz que 800,000 cartouches. »

Alors que les troupes étaient déjà concentrées, — c'est chose plus étonnante encore, — le chef de l'État-Major écrit aux commandants de corps d'armée :

Ignorance des troupes et insouciance des chefs.

« Efforcez-vous d'apprendre aux troupes à faire des reconnaissances. Elles seront bientôt en présence d'un adversaire qui s'est beaucoup appliqué, en temps de paix, à perfectionner son service de garde et à bien préparer le logement des troupes. Il faut enseigner ces choses *théoriquement* et autant que possible y exercer pratiquement les hommes. »

A l'insouciance incroyable des chefs correspondait l'inertie de l'opinion publique. Il ne s'est pas trouvé dans toute la nation assez de force morale pour la faire profiter de l'expérience des guerres précédentes et pour l'obliger, en s'examinant elle-même, à comparer ses propres ressources avec celles des puissances voisines.

Pendant la guerre de 1870, on constata tant de cas manifestes d'indiscipline et d'aversion pour la guerre, qu'il est difficile de ne pas se faire une idée erronée de la force de résistance de la nation française.

Pour éviter des conclusions mal fondées à ce sujet, il faut examiner de plus près les événements de ce temps.

Bien des causes avaient contribué à désagréger l'armée. Il faut remarquer d'abord que si les doctrines socialistes se sont beaucoup répandues en Allemagne, ainsi que nous l'indiquerons plus loin, la propagande dans ce sens n'y a pas été suivie d'aussi nombreuses tentatives de réalisation de l'idéal socialiste qu'en France, où les partisans de cette doctrine ont eu plus d'une fois recours aux armes. Après J.-J. Rousseau, qui préconisait le retour à l'état primitif, l'égalité, le contrat social, qui voulait donner au législateur le droit de réformer la société d'une manière pacifique, vinrent les champions de cette même idée, mais qui prétendaient atteindre leur but par la violence.

Causes de désagrégation de l'armée.
Les doctrines socialistes.

Marat, Robespiere, Saint-Just préconisèrent l'omnipotence de l'État et la division des biens. C'est sous l'influence de ces idées que Babeuf proclama le principe du communisme absolu qui condamne toute propriété au nom de l'égalité. Mais, après Babeuf, parut une nouvelle et plus complexe doctrine qui s'éleva au niveau d'une science, ayant pour objet une meilleure organisation sociale.

Et les premiers apôtres de cette science furent des Français (Saint-Simon, Fourrier, Louis Blanc et Proudhon). Et, après eux, les sectateurs allemands de toutes nuances de cette même doctrine s'intitulèrent « socialistes ».

Les théories et les rêves des socialistes français exercèrent une grande influence sur les dispositions politiques de la France durant la période de 1830 à 1850 ; et souvent, enflammant les passions, ils provoquèrent plus d'une fois, pendant la République, et malgré leurs propres désaccords, des révoltes de la population ouvrière parisienne. Le coup d'État et le second Empire furent marqués par une vigoureuse répression dirigée contre les socialistes français et contre la propagande de leurs théories ; mais le mouvement socialiste ne fut pas enrayé, et le sourd mécontentement contre l'organisation sociale pénétra jusque dans l'armée.

Le plébiscite du mois de mai 1870.

Quand, au mois de mai 1870, Napoléon eut recours au plébiscite pour obtenir l'approbation du régime auquel était soumise la France à cette époque, on obtint les résultats suivants :

	Oui		Non
	—		—
Le vote dans les 89 départements donna	7.016.227	et	1.495.144
— l'armée —	249.492		40.181
— la marine —	23.759		5.874
— les troupes algériennes —	36.165		6.029

L'opposition dans l'armée.

L'opposition dans l'armée et dans la marine — à juger d'après ces chiffres — représentait donc plus d'un sixième de leur total. Cette opposition était surtout forte à Paris. Au fort d'Ivry, on recueillit, suivant Claretie (1), 616 oui et 476 non. Il y eut même des « non » votés par les cent-gardes. Là était le côté inquiétant de ce fameux plébiscite. Cette disposition ne tarda pas à se manifester pendant la mobilisation. Nombre de soldats étaient, suivant Laguerre (2), mécontents de la guerre. Professant des opinions politiques et sociales contraires à celles du gouvernement, ainsi que le démontra le vote du 8 mai, ils se souciaient beaucoup moins de la gloire de la France que des privations qui les attendaient au cours d'une campagne entreprise, selon leurs propres expressions, « pour satisfaire l'orgueil d'un seul homme ».

(1) Claretie, *Histoire de la Révolution de 1870-1871.*
(2) *Les Allemands à Bar-le-Duc et dans la Meuse.*

La politique et les théories socialistes avaient pénétré dans les rangs de l'armée et affaibli, sinon détruit, la discipline. En arrivant dans les gares, exténués par la marche et par la chaleur, les soldats exprimaient à haute voix leur joie ou leur mécontentement. Seuls les officiers subalternes manifestaient des sentiments patriotiques. Claretie dit que, dès le début de la guerre, alors que l'avant-garde allemande suivait, pas à pas, l'armée française qui se retirait à Metz, les officiers supérieurs se trouvaient déjà dans un état d'abattement et en proie à une sorte de panique. Claretie cite, à l'appui de ce qu'il avance, une lettre confidentielle d'un général français datée du 6 août, dans laquelle il est dit :

Faiblesse du commandement en 1870.

« Je ne sais ce que nous faisons. Nous avons l'air d'avancer, mais en réalité nous ne faisons que déplacer nos flancs, allant tantôt à droite, tantôt à gauche. En vérité, je ne sais pas si quelqu'un nous commande. Après ce que j'ai vu cette nuit, je puis même affirmer que personne ne nous commande. J'ai lu huit télégrammes adressés par l'Empereur et son état-major au commandant de notre corps d'armée et dont chacun contenait un contre-ordre à l'ordre formulé dans le précédent, ce qui ne prouvait qu'une affreuse indécision. Nos soldats, qui se distinguaient jadis par leur bravoure, donnent sans cesse des signes de découragement et d'un manque absolu de confiance en eux-mêmes. »

Inertie des autorités civiles.

Il n'est pas étonnant que la population civile ait encore manifesté moins d'enthousiasme. Ainsi le préfet de la Meurthe, Potdevin, se sera rendu célèbre pour, quand il ne restait plus « à Nancy ni un soldat, ni un fusil, ni une cartouche », avoir fait apposer sur les murs de cette ville des affiches invitant les habitants à « faire bon accueil à l'ennemi ». Bientôt après, le maire de Châlons, Perier, annonçant l'arrivée prochaine des Prussiens, conseillait à ses concitoyens « de ne point manifester leur deuil et leurs sentiments patriotiques et de s'abstenir de toute action hostile ».

Les sentiments serviles des Français se sont manifestés en d'autres occasions encore ; et Claretie dit avec raison qu'à ce point de vue « la France de 1870 a très peu ressemblé à celle de 1814, alors qu'elle se distinguait par le génie de Napoléon Ier et la bravoure de ses défenseurs ».

Résultats de vingt ans de compression.

« Notre patrie, dit ce même auteur, opprimée par la centralisation, dépourvue pendant vingt ans de toute initiative, habituée à recevoir des ordres d'en haut et à s'y conformer en tous points, a peu à peu perdu la grandeur d'âme qui, seule, constitue la force d'un peuple. En proie à une rexcitation nerveuse, la nation française s'est inclinée devant l'envahis-ur au lieu de lui opposer une forte résistance; elle l'a subi comme elle ait subi le coup d'État nocturne du Deux Décembre. »

Tout cela devait nécessairement exercer sur l'armée une influence autant plus fâcheuse que sa composition était très défectueuse. L'État-ajor prussien dépeint comme il suit le soldat français :

Mauvaise composition de l'armée : le rengagement et les remplaçants.

« La loi sur le rengagement, sur les remplaçants et sur les dotations a oduit sur lui un très mauvais effet. Cette loi favorisait le remplacement tel point qu'en 1869 il y a eu 42,000 remplaçants sur un contingent de ,000 hommes; la valeur de ces derniers, c'est prouvé par l'expérience, a issé durant leur séjour dans l'armée.

« Le corps des sous-officiers, lui aussi, n'était plus à son ancien veau. Dans bien des régiments, des sous-officiers sont restés onze ans et us sans avancer en grade, ils ont sacrifié leur vie à la patrie, une vie i s'est écoulée en guerres continuelles, sans pouvoir espérer une amé-ration de leur sort. Nombre des meilleurs avaient quitté l'armée pour ercher dans le service civil des positions mieux rétribuées. Le corps des iciers se composait d'éléments très hétérogènes; presque un tiers pro-nait des sous-officiers.

Les officiers.

« Tandis que, très souvent, les jeunes officiers faisaient leur service ec négligence, les vieux officiers subalternes se distinguaient par leur le. Ces derniers constituaient, certainement, la meilleure partie de rmée. Ils étaient les représentants de l'expérience et des précieuses alités de caractère acquises dans les diverses campagnes de l'Empire. is le système des protections, étendu souvent à des gens très suspects, aspérait ces vieux soldats et tuait leurs espérances. Après 1866, cependant, s officiers firent preuve d'une grande énergie morale; ils cherchèrent à cheter avec leur sang répandu sur les champs de bataille les fautes que utres avaient commises. Mais le même favoritisme porta du reste à des stes très élevés des hommes qui n'étaient nullement à la hauteur de leur he et le mauvais côté de ce système se manifesta ici comme partout. »

Ces longues citations sont indispensables, car elles permettent au teur de mieux apprécier les opérations de l'armée française, dont il faut us occuper.

L'état actuel des choses.

Le général prussien Leszczynski, énumérant les défauts qui ont causé perte de l'armée française en 1870-1871, a montré que certains de ces fauts n'ont pas encore disparu. « L'armement de la France, dit-il, est, uellement, égal au nôtre. Mais notre organisation inspire cependant plus de confiance que l'organisation française. Chez nous, le sentimen du devoir est développé à un plus haut degré que chez nos voisins, et le ambitions personnelles de nos chefs d'armée ne dépassent pas les limite du bien public. L'administration centrale militaire française saura-t-ell diriger ses armées et imprimer à leurs opérations une direction uniforme On a lieu d'en douter. Les officiers subalternes n'ont pas plus d'initia tive à présent qu'ils n'en avaient dans le passé. La France a eu beaucou à déplorer ce défaut en 1870, mais on n'y a pas remédié depuis. E temps de paix, l'armée française est soumise à une discipline encore plu sévère que la nôtre; mais que peut la sévérité sur des centaines de millie de soldats? Il faut compter sur d'autres facteurs, tels que l'instructio le bon exemple des chefs et le sentiment du devoir. Il y a encore en Fran des officiers et des soldats excellents, mais la catégorie de ceux qui serve par vocation, des soldats de profession, s'y fait de plus en plus rare. L plupart des hommes sous les drapeaux sont imbus de principes que no n'avons pas lieu de leur envier. »

Le général Faidherbe, qui commandait en 1870 et au commenceme de 1871 l'armée française du Nord, écrivait, en date du 5 janvier, dans so rapport adressé au ministre de la guerre : « Si un commandant d'uni songeait à se défendre jusqu'à la dernière limite dans la place qu'il occup il pourrait compter sur le dévouement des troupes permanentes, sur u partie des gardes mobiles et de la population qui n'a rien à perdre, ma il aurait contre lui presque toute la bourgeoisie, la garde nationale loca et les gardes mobiles de la seconde catégorie. » Même la brillante résistan de la forteresse de Belfort en 1870-1871 a prouvé qu'on ne peut diriger u défense active avec des troupes de formation récente. Autrement l'éne gique et habile commandant de la place, Denfert-Rochereau, qui disposa de 16,200 soldats, aurait empêché la division incomplète allemande, q ne comptait que 10,000 hommes au début, d'investir la place. Tout succès de la défense, Denfert-Rochereau l'a attribué à la vaillance de s troupes de ligne, d'artillerie et du génie.

Les troupes improvisées de 1870.

Un roman de Zola renferme nombre de détails très intéressan sur le désordre qui régnait pendant la guerre de 1870-1871. Mais c'est une autre source que nous puiserons nos renseignements sur ce suje source exempte de toute fantaisie artistique et empreinte d'une granc sincérité. Nous voulons parler d'un ouvrage anonyme où est décrite av beaucoup de précision et sans parti pris la malheureuse guerre de 1870 (1

(1) *Campagne de France 1870-1871.* Impressions et souvenirs d'un officier c égiment des Deux-Sèvres.

L'auteur nous dit, avant tout, de quels éléments se composaient plupart des régiments de marche de l'armée française.

« Ce n'étaient pas des régiments de *ligne,* dit-il, mais de vrais régiments marche, formés à la hâte, pareils à ceux qu'on improvise en temps de erre pour combler les lacunes causées par la mort et les maladies. Ils composaient pour la plupart de réservistes appartenant à des régiments rtis en campagne, de soldats en congé illimité, d'hommes employés aux vices auxiliaires dans les régiments ou dans les ateliers militaires et qui vaient jamais servi dans les rangs, enfin de volontaires également dé-urvus de tout entraînement militaire.

« A cette foule hétérogène vinrent se joindre, en vertu du décret du is d'août, les vieux soldats et les conscrits de la dernière classe. Une reille composition était mauvaise au point que dans nombre de corps rmée on aima mieux former des réserves de mobiles que des régiments marche. »

La composition de ces régiments réagit d'une manière néfaste sur la cipline militaire. Après les combats malheureux sur la Loire, ces troupes nombre de 50,000 hommes manifestèrent en faveur de la suspension s hostilités.

L'auteur susdit affirme que les vieux soldats exercèrent la plus heuse influence sur les jeunes conscrits. Appelés sous les armes inopi-nent, ils étaient mécontents au plus haut degré et ne se faisaient aucun upule de donner les pires conseils à leurs jeunes compagnons.

Les origines de la Commune.

L'auteur oppose à l'esprit qui régnait dans ces régiments celui des rdes mobiles, dont, selon lui, la conduite fut, malgré leur inexpérience, n au-dessus de la réputation qu'on leur avait faite au début de la cam-gne. Puis il attribue tous les insuccès et tous les malheurs de 1870 manque de patriotisme et à l'entière disparition des forces morales, la France était arrivée par suite du système de méfiance générale veloppé dans le pays depuis le coup d'État du Deux Décembre.

Après avoir lu ces lignes on n'est plus surpris que la garnison de Paris, nposée de 40,000 soldats de ligne, ait rendu cette ville aux communards 18 mars.

C'est là un fait tellement intéressant que nous ne pouvons le passer is silence.

Après la capitulation de Paris, la garde nationale des quartiers ouvriers mpara de 250 canons et les confia aux plus turbulentes de ses compa-ies. On chargea de les reprendre quatre colonnes de troupes régu-res, fortes chacune de 10,000 hommes.

L'abandon des canons de Montmartre.

« Le 18 mars, à l'aube, nous dit Claretie, le général Lecomte ma chait sur Montmartre du côté du cimetière du Nord par la rue Marcade tandis que le général Paturel s'y rendait par les boulevards. Les deu colonnes se réunirent autour des canons.

« Les gardes nationaux furent décontenancés en se voyant entourés. I n'échangèrent que quelques coups de fusil avec les gendarmes et les se gents de ville qui se trouvaient en tête de la colonne. Faits prisonniers, i furent conduits rue du Rosier, dans l'immeuble où siégeait le comité. Le gén ral Lecomte, en attendant, se mit en devoir d'examiner les canons et de fai démolir les barricades. Il attendait les chevaux nécessaires pour transport l'artillerie en question et ses soldats restèrent ainsi quatre heures sur pla l'arme au pied. Le quartier de Montmartre s'était, pendant ce temps, réveil et armé. On battait la générale dans les rues. Les femmes accouraient s'approchaient des soldats, elles insultaient ces derniers ou les sommaie de ne pas tirer sur le peuple. C'étaient des soldats des régiments de marc arrivés de la province; ils étaient très démoralisés par la défaite et tr disposés à obéir aux Parisiens. Sentant le danger de sa situation, le génér Lecomte voulut commander à ses chasseurs de se frayer un passage la baïonnette à travers la foule qui entourait son état-major, mais fut chose impossible. Les soldats avaient pour la plupart posé les arm et quitté les rangs. Ils permirent aux factieux de s'emparer du général q fut conduit dans une maison de la rue du Rosier où se trouvaient d gardes nationaux arrêtés. Ces derniers furent mis en liberté et le génér Lecomte, après avoir refusé de signer l'ordre à ses troupes de battre e retraite, fut incarcéré au Château-Rouge avec plusieurs de ses officier

« Les gardes nationaux marchèrent ensuite vers les soldats; et l détachements de ces derniers, qu'ils rencontrèrent chemin faisant, s joignirent aux insurgés. Ceux-ci furent, un instant, arrêtés par le génér Susbielle qui commandait, place Pigalle, des gendarmes, des chasseurs des soldats de la ligne. Un coup de fusil, parti à ce moment du coin de rue Houdon, tua raide un officier qui se trouvait à côté du général. Alo une partie des soldats se mêlèrent à la foule et les autres évacuèrent place. Le général Susbielle fut forcé de battre en retraite et les insurgés poursuivirent de coups de fusil. Presque en même temps battait en retrai le général Paturel. Toute cette partie de Paris tomba au pouvoir des comit communards et les soldats se dispersèrent dans la ville en désordre comm après une défaite. A Belleville, le général Faron avait enlevé les position des insurgés et s'était emparé de leurs canons; mais sa situation devint trè dangereuse par suite des événements de Montmartre, et il se vit obligé d se retirer vers le centre de la capitale, « tantôt calmant la foule, tantôt menaçant, elle et les barricades qu'elle avait élevées. »

Il était, à ce moment, impossible d'attendre des secours de Versailles ù se trouvait alors le gouvernement. Claretie dit que, le 19 mars, les oldats parcouraient cette ville en criant : « la crosse en l'air ! » et en écouant les orateurs qui haranguaient la foule dans les rues. C'était là tout ce ue Versailles pouvait opposer aux 85,000 hommes dont disposait le comité entral.

Appel à des volontaires pour combattre la Commune.

Pour combattre la Commune, le gouvernement se vit forcé de publier ne proclamation faisant appel aux volontaires de l'armée. La plupart e ceux qui se présentèrent étaient des Vendéens et des Bretons. Le gouverement mit à profit leur antipathie traditionnelle pour les Parisiens, qui assent à leurs yeux pour des athées, des régicides et des libertins endurcis.

Récents projets de réorganisation militaire. Idées d'Auguste Blanqui.

Depuis vingt-cinq ans les idées ont bien changé en France, où de ouvelles générations ont pris la place des anciennes. L'esprit de l'armée 'est également modifié et l'on ne peut plus attacher d'importance aux ouvements antimilitaristes qui se produisent dans ce pays.

Mais il ne faut cependant pas ignorer ces mouvements. L'idée tendant l'abolition de l'armée permanente et du service militaire obligatoire se rouve formulée dans un projet d'Auguste Blanqui, publié en 1880 (1). Il éveloppe cette idée d'une manière assez précise. Son point de départ st contenu dans le premier paragraphe, aux termes duquel le « service ilitaire est supprimé et ne peut être rétabli sous aucun prétexte. L'infanerie, la marine, l'armée coloniale se recrutent au moyen de volontaires ngagés pour trois ans. Les officiers sont pris dans l'armée licenciée ; les sousfficiers et les soldats de l'ancienne armée ont le droit de s'engager dans a nouvelle pour une période de deux ans ». En même temps, le projet xamine la question de l'éducation militaire de la jeunesse et contient le rogramme de « l'armée sédentaire nationale », — dont la conception est ne conséquence directe de la suppression de l'armée permanente. Tous es jeunes gens doivent, pour se préparer au service militaire, apprendre la ymnastique dans les écoles, de même que le maniement des armes et tout e qui fait partie du service de l'artillerie, du génie, etc. Le projet propose 'organisation d'une « armée sédentaire », dont feraient partie tous les ommes valides de 18 à 43 ans.

Cette armée territoriale ne serait mobilisée que dans le cas où une uerre serait décidée par un vote universel, ou bien si l'ennemi envahissait e pays. Au cas d'une insurrection, le gouvernement n'aurait le droit 'utiliser que les troupes des départements voisins du théâtre des troubles.

(1) *L'armée esclave et opprimée*, par Auguste Blanqui, 1880.

Nous avons déjà fait remarquer que, de temps en temps, des voix s'élèvent en France pour combattre le chauvinisme qui s'y manifeste à des degrés différents, suivant les dispositions de la société. Nous attirons l'attention du lecteur sur un long article paru à ce sujet dans le *Figaro* et dont l'auteur est un homme d'État qui signe d'un pseudonyme. Cet article a fait sensation dans le pays, car il tendait à prouver que la question de l'Alsace-Lorraine pourrait être réglée pacifiquement par le moyen d'un compromis.

L'auteur proposait qu'on ne rendît à la France que la Lorraine avec la ville de Metz et que, pour se dédommager de cette perte, l'Allemagne annexât le Luxembourg.

Nous avons dit à ce sujet que le *Figaro*, journal cherchant à se tenir dans le courant de l'opinion, n'eût pas inséré cet article sans être certain qu'il ne nuirait pas à sa popularité.

Les idées de M. Louis Gastine.

Le livre intitulé *Patria*, de Louis Gastine, est allé encore plus loin dans ce sens. L'auteur y réprouve carrément l'idée de revanche, que, d'après cet anarchiste, les gouvernants exploitent dans un but purement personnel. Tout cela prouve qu'on ne saurait, quant à présent, déterminer la direction que prendra l'opinion publique en France.

C'est au système de gouverner inauguré par Napoléon III, que l'auteur attribue les malheurs dont fut frappée la France en 1870. Les complices du coup d'État du Deux Décembre se firent les gardiens du trône impérial ; Napoléon, qui était leur obligé, leur fournit le moyen de réaliser promptement des fortunes immenses. Ces hommes du coup d'État devinrent, en revanche, les exécuteurs zélés de toutes les mesures par lesquelles l'Empereur comptait non seulement consolider, mais « couronner l'édifice » qu'il avait érigé. Ces mesures tendaient surtout à créer, entre la société et la presse, une situation telle qu'elles se démoralisassent mutuellement. Il s'agissait d'amener les journaux à ne plus discuter les questions politiques sérieuses, pour ne s'occuper que des commérages du jour. Afin de restreindre la liberté de la parole, on mit aux mains du clergé la direction des écoles communales ; les bancs du corps législatif furent occupés par des députés officiels, élus cependant par le « libre » suffrage, et le système de la faveur dut régner dans l'armée. Cet état de choses dura dix-huit ans ; par suite il ne faut pas s'étonner de ses résultats.

Mais, depuis, il s'est fait de grands changements en France. Il n'y est plus question en ce moment ni des protections dans l'armée, ni de l'insuffisance du contrôle exercé sur les dépenses. La lutte des partis contribue à faire découvrir tous les abus.

Entrée de nouvelles générations dans l'armée française.

Mais l'humiliation subie par la France en 1870 influe sur les efforts de la génération nouvelle, élevée dans l'espérance de voir se relever l'ancien prestige de sa patrie. Sous ce rapport, Charles Dilke a très bien caractérisé l'état actuel de l'armée française : « La France, dit-il, a, dans les rangs de son armée, une génération qui est venue au monde après les événements de 1870. On peut dire que l'ardeur et le courage de ces jeunes soldats égalent les vertus guerrières dont étaient animées les troupes de Napoléon Ier lors de leur campagne entre la Seine et la Marne. Aussi la France s'étonne elle-même, en constatant le relèvement de l'esprit de son armée. »

Le fait est que la perte de deux provinces ne joue pas ici un rôle de premier ordre. La prospérité matérielle de la France n'a pas diminué par la perte de l'Alsace et de la Lorraine. Les manifestations soulevées pour la revendication des provinces perdues cachent un sentiment de dépit de l'humiliation subie. Bien des personnes pensent qu'on se trompe en croyant que la seule restitution des provinces annexées suffirait à réconcilier définitivement les deux nations.

Les réflexions de M. Rostislaff Fadéieff (1) à ce sujet sont très justes. Il parle du sentiment qu'éprouvèrent les Prussiens après la défaite d'Iéna :

Comment une nation se relève.

« Instruite par son malheur, une grande nation, tout en corrigeant ses défauts, n'abandonne pas l'idée de se relever de toute sa taille, armée de forces nouvelles. Il n'en saurait être autrement, car l'homme est avant tout un être moral qui ne se contente pas du bien-être matériel et d'une vie commode, mais qui veut une satisfaction morale; et quelle satisfaction morale peut éprouver une nation si elle n'a pas l'estime de soi-même? Il n'en peut être autrement, car il n'est pas d'être individuel ou collectif en ce monde qui puisse se sentir heureux quand il s'est écarté de sa mission naturelle. Et les grandes nations n'ont-elles pas leur mission à remplir? Une mission qui leur a été confiée sans qu'elles l'aient désirée et qui s'affirme à travers toute leur histoire; une mission qui fait naître chez les membres de ces nations des sentiments et des convictions qui ne sauraient être arrachés à leur âme sans y laisser une plaie béante! Si parmi des tribus d'une même origine obscure les unes restent faibles et pour toujours au second rang, tandis que d'autres grandissent et deviennent des nations puissantes, cela ne prouve-t-il pas que celles-ci sont douées d'une plus grande énergie, d'une plus grande force de résistance que celles-là? Cela ne prouve-t-il pas que ces tribus exercent une plus grande force d'attraction sur leur entourage et qu'elles ont une plus grande force d'assimilation;

(1) R. Fadéieff, *Les forces armées de la Russie.*

qu'en elles se trouve le germe qui produit les forces d'élite de l'humanité, que ce sont elles et non les autres à qui incombe la tâche de *faire* l'histoire? Quand une grande nation a été, depuis des siècles, élevée dans cette voie, que chaque individu s'est pénétré de la mission que remplit sa patrie, le peuple entier prend le caractère d'un facteur universel puissant et ne peut plus se résoudre à mener l'existence réservée aux petits peuples. Un bonheur bourgeois ne lui suffit pas; elle sent, comme Samson, ses forces lui revenir avec ses cheveux, et elle ne sera satisfaite que lorsqu'elle aura reconquis son prestige et retrouvé le chemin historique qu'elle avait dû abandonner. Plus longtemps une nation reste à l'écart de ce chemin, plus grand est son désir de le retrouver. Un jour arrive où, consciente de sa puissance, elle prête l'oreille à la voix qui lui parle des tâches historiques non achevées par elle, et de son rôle trop modeste dans le concert des peuples. Alors le sentiment de dignité nationale se réveille dans le pays, il prime et domine pour un certain temps tous les autres intérêts. »

La seule chose qui puisse contenir l'entraînement d'une nation pour sa mission politique fut toujours le manque de confiance en ses chefs militaires.

Les faits mentionnés plus haut, ceux qui se sont produits pendant la guerre et ceux qui se rapportent à la lutte contre les communards à Montmartre, prouvent combien les chefs de l'armée française étaient incapables vers la fin du second Empire. Des faits de ce genre n'auraient pu se produire dans aucune autre armée.

Pourtant au cours de la guerre future l'armée française sera commandée par des officiers provenant de l'armée de 1870.

Les chefs de l'armée française: les généraux Saussier et de Miribel.

Charles Dilke dit, dans son rapport sur les manœuvres françaises de 1891, que le général Saussier, alors gouverneur général de Paris, a en main un décret du Gouvernement le nommant généralissime de l'armée française en cas de guerre, et que le général de Miribel, qui était alors chef d'état-major général, conserverait son poste.

« Le général Saussier a 63 ans. Aux manœuvres, il restait à cheval pendant plusieurs heures sans manifester la moindre fatigue au physique ou au moral.

« Le général Saussier a fait, comme officier subalterne, la campagne de Crimée ; il combattit ensuite en Algérie et au Mexique, et il se distingua en 1870 en commandant un régiment de ligne. Il fut en 1881 commandant en chef de l'expédition de Tunisie. En 1884, il fut nommé gouverneur de Paris, et ce poste lui a été confié pour une nouvelle période en 1890.

« Le général de Miribel est un artilleur. Il prit part à la campagne de Crimée, à celles d'Italie et du Mexique. Plus tard, le général de Miribel fut nommé attaché militaire en Russie. Pendant la Commune, il commanda une partie de l'artillerie de campagne. En 1877, il représenta la France aux grandes manœuvres de l'armée allemande. Gambetta le mit à la tête de l'État-Major. Après la chute de Gambetta, il siégea dans des commissions et dans des comités, et fut enfin nommé commandant du 6e corps que Saussier avait commandé avant lui. De Freycinet nomma de nouveau le général de Miribel chef d'état-major.

« Après Saussier et de Miribel, les rôles les plus marquants reviendraient, en cas de guerre, aux généraux Davoust, de Galliffet et Billot. »

Opinion de von der Goltz.

Cette appréciation faite par Charles Dilke a provoqué une réfutation, de la part de von der Goltz et une contre-réplique de l'ex-ministre anglais, dans laquelle ce dernier déclare, du reste, qu'il reconnaît à l'armée allemande certains avantages dont il n'avait pas parlé jusque-là.

Voici ce qu'il dit entre autres choses :

« Les troupes allemandes ont, à mon avis, de grands avantages sur les troupes françaises si l'on prend en considération l'âge des généraux qui seront probablement appelés à commander les armées allemandes, en cas de guerre, comme chefs d'état-major ou commandants de corps d'armée.

« On aurait naturellement tort de supposer qu'en cas de guerre le commandement des armées et des corps d'armée serait nécessairement confié aux mêmes généraux qui le détiennent actuellement. Mais ces chefs seront, en tous cas, choisis parmi les vingt-cinq qui occupent en ce moment les postes les plus élevés de l'armée. Si quelque personne autorisée entreprenait de renseigner le monde militaire sur l'âge des vingt-cinq généraux les plus élevés en grade dans les deux armées, on verrait que l'âge moyen des généraux français est supérieur à l'âge moyen des généraux allemands.

« Dans les guerres futures, où l'on mobilisera des contingents immenses, les difficultés relatives à l'approvisionnement de l'armée seront bien plus graves que lors des guerres passées ; grâce à la poudre sans fumée, on tirera surtout sur les officiers, dès le début de chaque rencontre ; les troupes n'avanceront qu'à leur corps défendant et nous serons témoins de batailles qui dureront plusieurs jours sans interruption. Les chefs devront, dès lors, faire preuve de beaucoup de force physique et intellectuelle. Il existe certainement des hommes de 63 ans capables de supporter une telle fatigue, des hommes qui rajeuniront par l'effet même et en proportion de la responsabilité qu'ils auront à porter, mais ce ne sont là que des exceptions. Ordinairement, un général de 63 ans ne peut supporter ce que supporte encore un général de 55 ans.

« Ces deux immenses armées, qui sont également fortes, et qui toutes les deux sont munies d'une artillerie excellente, ne pourront ni vaincre, ni être vaincues en un court espace de temps. Il y a lieu de supposer que des combats auront lieu journellement sur un même endroit. Les troupes défaites battront en retraite et seront poursuivies par les adversaires, qui voudront profiter de leur victoire. En tenant compte des grandes difficultés que comporteront le maintien de l'ordre dans l'armée et son approvisionnement, je crois, en toute sincérité, que tous les généraux ne seront pas capables de remplir leur tâche, et que les conséquences de cette incapacité seront désastreuses. Le remplacement, en présence de l'ennemi, d'un chef disqualifié offrira une difficulté insurmontable. »

Les doutes élevés en France sur l'organisation du haut commandement de l'armée.

Des doutes du même genre ont été énoncés avec une grande force dans un ouvrage intitulé : *L'Armée sans chef* (1), et qui a été beaucoup discuté dans les sphères militaires. L'auteur tend à démontrer qu'il est absolument nécessaire de doter l'armée française de cet organe qu'on appelle en Allemagne : *Der grosse Generalstab* (le Grand État-Major). En parlant du maréchal Berthier, qui fut major général de Napoléon, l'auteur dit : « Berthier a été indépendant pendant quinze ans, et la France a compté quinze années de victoires. L'Allemagne nous a emprunté cette organisation : le résultat en fut les victoires de Sadowa et de 1870. »

Le même auteur a aussi fait dans les journaux de province une campagne tendant à créer un grand état-major dans l'armée française. Il reproduit dans son ouvrage une lettre qui lui fut adressée par l'ex-ministre de Mahy au sujet de ses articles. Citons quelques lignes de cette lettre : « Sommes-nous prêts à faire la guerre ? Je réponds sans hésiter : Nous ne le sommes pas. Notre armée manque d'un commandement supérieur. Notre armée est excellente, nombreuse (trois millions d'hommes), disciplinée et bien exercée ; nos officiers sont à la hauteur de leur tâche, dignes de toute confiance, pleins de dévouement, de même que nos généraux..... Mais toute cette force ne saurait être mise en mouvement par elle-même. Elle a besoin d'un ressort qui lui imprime la direction voulue ; elle a besoin d'un chef. L'armée a bien un chef, c'est le Président de la République, mais il lui en faut un autre, il lui faut l'instrument qui la mette en mouvement. C'est cet instrument qui nous manque, c'est un état-major dont nous avons besoin. »

(1) Paris, 1891.

De Mahy ne dit pas, probablement pour des raisons d'ordre politique, qui il considère comme le chef de l'armée française et de qui l'état-major doit être l'instrument. Est-ce le Président de la République dont il parle, ou bien est-ce le ministre de la guerre? L'auteur du livre susmentionné pose directement cette question :

« A qui, demande-t-il, appartient actuellement le commandement supérieur de l'armée? Au Ministre de la guerre? Au Président de la République? Au Conseil supérieur de la guerre que ce Président préside de droit? Au Généralissime? Ou bien au Major Général? Personne ne saurait répondre à cette question. La vérité est que tous commandent et que l'unité de commandement, cette première condition de succès, manque, par conséquent, à notre armée. Le maréchal Marmont avait bien raison de dire qu'un corps à plusieurs têtes est un monstre. Et le colonel Stoffel écrivait, deux ans avant 1870, que la question du grand état-major est la plus importante detoutes. »

De Mahy écrit plus loin dans cette même lettre : « Peu de temps avant sa mort, le plus éminent, le plus grand des généraux allemands, de Moltke, exprimait, en présence de ses plus proches collaborateurs, la vive satisfaction qu'il éprouvait en voyant notre fausse sécurité et notre somnolence. »

L'auteur de l'ouvrage que nous mentionnons dit aussi qu'en causant avec un député très influent, qui, par l'exploitation rationnelle et méthodique de sa situation politique, avait accumulé une fortune dont les intérêts s'élevaient à 200,000 francs, il avait demandé à ce dernier : « Qui tiendra en ses mains la France, en cas d'une guerre? Où est l'homme ayant l'esprit assez trempé et la main assez forte pour la diriger? En 1793 nous avions Danton dans des conditions analogues, mais qui le remplacera maintenant? — Il se trouvera bien quelqu'un », lui aurait répondu le député.

L'auteur dont nous parlons est indigné de cette insouciance : « Alors, dit-il, qu'il n'y avait ni chemins de fer, ni télégraphes, on pouvait organiser les armées sous le feu de l'ennemi. » Maintenant cela est absolument impossible.

« Les événements se succéderont avec une rapidité extraordinaire; les coups qu'on se portera seront tellement sensibles qu'il n'y aura point de place pour l'improvisation. Dès lors, il sera trop tard pour organiser : il faudra se battre et rien de plus. »

Voici la conclusion du même auteur : « Pour vivre, la France doit vaincre; pour vaincre, il faut un chef à son armée. Ce chef, elle ne l'a pas. Qu'on le lui donne! »

Qualités et défauts actuels de l'armée française.

Nous sommes profondément convaincus que l'armée française a fait de très grands progrès, mais elle a cependant conservé les traces de certaines défectuosités. Nous ne doutons pas que les Français ne combattent bravement, car si la guerre vient à éclater, la bravoure est dans leur caractère, mais ils seront toujours portés à critiquer leurs chefs, surtout si ces derniers ne sont pas du parti politique auquel ils appartiennent.

Le compte rendu de l'État-Major allemand renferme du reste beaucoup de vérités.

« Les changements continus de régime ont tué, aussi bien dans l'armée que dans le peuple, tout sentiment de fidélité et de dévouement pour une maison régnante, sentiment qui préserve les autres États de catastrophes désastreuses. L'officier français et même le simple soldat servent leur patrie avec amour; mais ils n'ont pas pour le représentant, trop éphémère, du pouvoir suprême ce sentiment pur du devoir qui dit à l'homme de se sacrifier en reconnaissant l'autorité absolue du pouvoir. »

Depuis 1870, la lutte en France entre les dynasties n'existe plus; mais elle se trouve remplacée, dans une certaine mesure, par les fréquents changements des présidents de la République, des ministres et surtout des hommes qui sont à la tête de l'armée.

La critique, en s'introduisant dans celle-ci, peut amener de grands désastres, surtout si, par suite de certaines difficultés, on ne peut approvisionner convenablement les troupes en vivres, vêtements et munitions.

En France, on se plaint continuellement de cet état d'âme qui règne dans l'armée et que caractérise très bien l'expression : « je m'en fiche ».

Les sceptiques et les libres-penseurs, dont cette expression est la devise, ne se montreront certainement pas très obéissants quand ils auront à souffrir de la chaleur excessive ou se trouveront en présence d'un réel danger.

Il ne faut pas oublier qu'avec la grande impressionnabilité et l'extrême nervosité qui caractérisent notre génération, tout mauvais exemple est susceptible d'exercer la plus funeste influence sur l'issue d'une guerre.

C'est là une question d'autant plus sérieuse que, d'après tous les auteurs compétents, la France aura tout avantage à se tenir sur la défensive au début de la guerre, tandis que l'ennemi occupera probablement une partie du territoire français.

Conclusions du général Pierron sur ce qui se passerait dans le cas d'une guerre entre l'Allemagne, la Russie et la France.

En examinant les données relatives à la mobilisation de différentes armées, le général Pierron (1) aboutit à conclure que, si jamais la France et la Russie se trouvaient, simultanément, dans le cas de se défendre contre l'Allemagne et les alliés de celle-ci, l'armée française devrait éviter les rencontres décisives jusqu'au moment où la Russie aurait développé ses opérations. Sachant que la Russie aura besoin d'un mois

(1) *Méthodes de guerre.* — Paris, 1893.

au moins (1) pour achever sa mobilisation, l'État-Major prussien cherchera à concentrer ses forces principales contre la France, pour en finir avec celle-ci avant que l'armée russe ne soit entrée en ligne. La Prusse essaiera de briser les forces françaises, en chargeant ses alliés de menacer la Tunisie, la Corse et les passages des Alpes. L'État-Major français ne devra pas perdre de vue cette circonstance et devra diriger, en conséquence, toutes ses forces contre les Allemands, en fermant les passages des Alpes et en abandonnant Tunis à son propre sort, jusqu'au moment où la lutte contre l'Allemagne aura donné un résultat dans un sens ou dans l'autre. L'armée française aura donc, pour donner à l'armée russe le temps de se préparer, à manœuvrer devant l'armée allemande en se retranchant successivement derrière la Marne, la Seine, etc., en reculant jusqu'à la base déterminée par la ligne Orléans-Nevers-Chagny. C'est là que l'armée française pourra attendre que l'armée russe commence à agir.

« Beaucoup de personnes pensent qu'en abandonnant à l'ennemi des provinces entières et en choisissant de deux maux le moindre, nous exposerions ces provinces à un sort épouvantable. Elles oublient que l'ennemi devra, au cas où nous serions victorieux, dédommager les habitants des pertes qu'il leur aura causées. L'essentiel est que nous soyons vainqueurs. »

Il est possible que les imperfections antérieures de l'armée déterminent, le cas échéant, une forte agitation et beaucoup d'impatience chez les Français. La haute opinion d'eux-mêmes, qu'ils puisent dans l'histoire de leur pays, leur fera peut-être exiger une victoire immédiate. Mais il est également possible qu'ils optent pour des résultats moins éclatants, susceptibles d'être obtenus au prix de sacrifices moins considérables que ceux qu'entraînerait une action très risquée.

Tout dépendra, en fin de compte, des conditions les plus diverses. On ne peut rien affirmer, avant d'avoir fait la terrible expérience que constituera la guerre future.

On sait seulement, quant à présent, qu'au point de vue matériel l'armée française se trouve dans d'excellentes conditions et que les troupes françaises ne sont pas inférieures aux allemandes, comme éducation militaire, tant matérielle que morale. Bien des personnes prétendent que ces troupes brûlent d'envie de se battre, c'est là un fait dont l'importance est maintenant plus grande que jamais. Proudhon a dit encore, qu'« un soldat qui va combattre pour sa patrie doit s'élever non seulement au plus

(1) Dans le chapitre de cet ouvrage intitulé : *La Mobilisation*, nous nous sommes efforcés de montrer que Pierron admet une période de temps trop longue pour la mobilisation de l'armée russe.

haut degré de l'énergie et du courage, mais aussi à une vertu voisine de la sainteté (1) ».

Ces paroles ont maintenant une importance d'autant plus grande, que le perfectionnement des armes et des moyens de destruction progresse en même temps que les conditions de confort dans lesquelles vivent la plupart des hommes.

(1) Nous empruntons cette citation à l'ouvrage du général Iung, *La guerre et la société.*

L'Armée Allemande.

Opinion des Allemands sur leur armée

Après les victoires de 1866 et de 1870 on s'est convaincu, dans les sphères militaires allemandes, que l'art militaire est devenu une science où les Allemands ont devancé toutes les nations, et que cette circonstance assure à leur armée un avantage sur les autres. Les Allemands sont, en outre, persuadés que leur artillerie et leurs engins auxiliaires sont supérieurs à ceux des autres peuples.

Nous devons, à ce propos, répéter que la guerre seule montrera si, en présence d'une technique trop compliquée, le rôle décisif ne sera pas réservé, comme dans les luttes du passé, aux muscles et à l'endurance, à la faculté de tenir longtemps derrière des retranchements, de braver les intempéries, la faim, etc., et de livrer fréquemment des combats de nuit.

Il est vrai que l'armée allemande a une si grande confiance dans ses chefs, qu'elle espère surmonter toutes ces difficultés, capables de contrebalancer la supériorité donnée par un armement plus parfait.

Le corps d'officiers de l'armée allemande

L'armée allemande peut, en effet, dans une certaine mesure, être fière de ses officiers. Le professeur Rediger (1) dit que le corps des officiers se recrute dans toutes les armées de deux manières : avec les jeunes gens qui sortent des écoles militaires, ou par la promotion aux divers grades des simples soldats servant volontairement ou pour obéir à la loi. L'Allemagne est le seul pays où les officiers de ces deux catégories, sans exception, reçoivent la même éducation générale et militaire ; dans toutes les autres armées, les officiers sortis des rangs sont beaucoup moins instruits que les élèves des écoles militaires.

L'instruction des soldats : Le «maître d'école».

Mais la supériorité de l'armée allemande ne consiste pas seulement dans les qualités de son corps d'officiers. Les simples soldats et les sous-officiers allemands ont presque tous été à l'école. Le général Annenkoff avait bien raison de dire, en formulant ses appréciations sur la guerre de 1870, qu' « avec une telle composition de l'armée, les corps de troupe ne sont plus des machines sans âme, des automates qui n'agissent qu'au

(1) *O Komplektovanié armïi* (Le recrutement de l'armée). — Saint-Pétersbourg, 1892.

commandement, qui suivent aveuglément leur chef et se débandent quand ce dernier vient à manquer; ce sont des collectivités qui exécutent consciemment la tâche qui leur est imposée ».

Si l'on compare l'armée allemande, dont presque tous les soldats savent lire et écrire, à l'armée française, où 40 0/0 des soldats n'ont aucun rudiment d'instruction, on reçonnaît sans peine que le maître d'école allemand fut un des principaux facteurs qui préparèrent les victoires remportées par l'armée allemande en 1870, et qui ont si fort étonné l'Europe.

Il est d'ailleurs évident que nous attribuons la signification la plus large à cette expression de « maître d'école ».

Opinion du général russe Kaulbars.

Le général Kaulbars dit à ce sujet (1) que le trait caractéristique de l'organisation militaire allemande consiste dans la réunion d'exigences rationnelles à une initiative individuelle absolument complète. Il dit que probablement nulle part on n'observe la forme aussi strictement que dans l'armée prussienne, que nulle part elle ne joue un rôle aussi marquant. A force de pratique, ajoute le général, la forme est littéralement entrée dans le sang et la chair de chacun. Puis, examinant le fond, c'est, dit-il, une logique inébranlable, qui constitue l'âme et la base de cet organisme, une logique excluant toutes opinions personnelles et qui n'a en vue que les intérêts communs de l'armée et de l'État. C'est de ce point de vue qu'on envisage toutes choses dans les sphères militaires allemandes; aussi, jamais aucune de ces hésitations si souvent observées ailleurs quand le commandement des troupes passe en d'autres mains. Un changement pareil s'opère très tranquillement dans l'armée allemande, les subalternes ne s'en aperçoivent même pas; tout ce qui existait subsiste; le nouveau chef ne fait point d'innovations et n'inaugure point de nouveaux principes en ce qui concerne le service. La plus ou moins grande sévérité dans l'observation des règlements généraux, tendant à ce que chacun contribue selon ses forces à atteindre le but commun, voilà tout ce qui marque le changement survenu; quant au but en question, il consiste à être toujours prêt à la guerre à tous les points de vue et contre tous.

Comment l'empereur Guillaume Ier comprenait son rôle au point de vu militaire.

Pour montrer à quel point l'esprit de corps prime l'esprit individuel dans l'armée allemande, nous citerons un cas raconté par Jules Claretie, l'auteur de *La guerre nationale*. Le roi Guillaume priait de Moltke de réserver au général Herwart von Bittenfeld, son ami personnel, un commandement supérieur dans l'armée. Or, le général Herwart, n'ayant

(1) *L'armée allemande et ses principes d'existence et d'instruction,* 1889.

pas très bien rempli la tâche qui lui était échue en 1866, le conseil des généraux refusa, d'un commun accord avec de Moltke, de lui donner le poste qu'il briguait. Le roi ne se fâcha pas, il témoigna de la tristesse et insista. Le conseil des généraux et le maréchal de Moltke refusèrent de nouveau. Alors le roi s'avança vers le général et lui dit les larmes aux yeux : « Eh bien, mon ami, nous n'avons pas été nommés; j'ai fait tout ce que j'ai pu, mais M. de Moltke n'a pas cédé, et vous savez qu'au conseil, je ne suis qu'un général comme vous. »

Les travaux intellectuels des officiers.

Ici, nous nous permettrons de nous écarter un peu de notre sujet pour montrer à quel point on s'efforce, dans toutes les armées européennes, de perfectionner l'éducation des officiers.

En recherchant les matériaux nécessaires pour composer notre présent ouvrage, nous avons souvent causé avec des libraires français et allemands. Les libraires allemands nous ont dit être obligés de se procurer, au commencement de chaque hiver, un grand nombre d'ouvrages militaires, de livres de statistique, de géographie et autres, en vue de satisfaire les officiers qui entreprennent à cette époque l'exécution des travaux ordonnés par l'État-Major. Nous avons pu feuilleter chez ces libraires, les carnets de notes relatives aux travaux demandés aux officiers et nous nous sommes convaincus qu'elles tendent toujours à l'élucidation de tel ou tel cas susceptible de se produire sur le théâtre de guerre oriental ou occidental, ou bien qu'elles ont trait à des questions concernant l'administration de l'armée. Ces travaux, nous a-t-on dit, sont consciencieusement examinés, et toute bonne idée qu'ils renferment, toute indication utile est prise en considération, communiquée à tous les officiers, et, s'il y a lieu, mise à profit :

Les sujets qu'on donne aux officiers français sont, en général, moins sérieux que ceux traités par les officiers allemands et, qui pis est, sont étudiés bien moins consciencieusement. Non pas que les Allemands soient plus laborieux et plus zélés que les Français, mais parce que l'officier français est persuadé que son travail ne sera jamais apprécié quelles que soient ses qualités, et que, pour pouvoir le faire remarquer, il est indispensable d'être très fortement protégé. Autrement les bureaux, si par hasard ils utilisent le travail fourni, ne se font pas scrupule de le démarquer, de le prendre à leur compte et de s'en attribuer tout le mérite. Le général Leer dit à ce sujet : « Il est d'usage, en Prusse, que tout officier voyageant à l'étranger doit livrer un rapport sur tout ce qui a pu le frapper dans les pays qu'il a visités, au point de vue militaire. »

L'étude de la guerre dans l'armée prussienne.

De plus on procède en Allemagne, avec la plus grande prudence, à l'examen de tout ce qui concerne la guerre future et l'évolution des idées sous ce rapport, est tout à fait remarquable.

En 1806, la Prusse a lourdement expié la trop grande confiance qu'elle avait dans la supériorité de son armée qui, du temps de Frédéric II, faisait des miracles. Cette expérience n'a pas été infructueuse. Le roi a appelé toute la nation à l'aider dans le rétablissement de cette supériorité.

Dès le 1er décembre 1806, fut promulguée une loi par laquelle était ouvert à tous les hommes de troupe l'accès au grade d'officier. Ce seul exemple suffit — surtout si l'on prend en considération le caractère de cette époque — pour se faire une idée de la manière radicale dont on sait accomplir les réformes en Prusse quand les circonstances l'exigent.

Puis la réaction, au cours des premières décades de ce siècle, introduisit dans l'armée un esprit de caste dont les mauvais effets ne tardèrent pas à se manifester chaque fois qu'il fut question d'augmenter la mobilité de l'armée.

Perfectionnement de son organisation.

Et ce qui montre combien les Prussiens étudient consciencieusement tout ce qui a trait à l'organisation des armées étrangères, c'est non seulement le choix très judicieux de leurs agents militaires, mais aussi l'extrême simplicité qui caractérise l'administration de leur armée où il n'existe point d'institutions inutiles, ni d'autorités administratives ou de fonctionnaires superflus; tout y est réduit au plus strict minimum. Le Grand État-Major, où travaillent environ quarante officiers, est divisé en six sections : dans les trois premières on étudie exclusivement les pays qui pourraient, à un moment donné, devenir le théâtre de guerre de l'armée prussienne. On peut les appeler les « sections d'exploration ». Chacune d'elles dispose des données les plus complètes nécessaires au tracé d'un plan de campagne. « On attache à ces études une telle importance qu'elles absorbent le travail de la moitié des officiers employés comme titulaires au Grand État-Major ; les trois autres sections sont : la section historique, celle de géographie-statistique et la section topographique (1). »

Le 6 novembre 1850, le futur empereur Guillaume Ier (alors prince royal de Prusse) présenta un projet de réorganisation de l'armée, qui fut exécuté dès qu'il devint roi (2).

Mise à profit de l'expérience des guerres antérieures.

Après les expériences fournies par la guerre de 1866, l'organisation de l'armée fut immédiatement modifiée. Différents services furent réorganisés de fond en comble, et l'on mit en harmonie avec les institutions nouvelles le service des hôpitaux et celui des secours aux blessés. Les services de chemins de fer, des télégraphes et des vivres furent perfectionnés. On

(1) Leer, *Conférences sur la guerre de 1870.*

(2) Colonel Knorr, *Von 1807 bis 1893.* — Berlin, 1893.

mit également à un nouvel et sérieux examen tout ce qui est du aine de la tactique.

Les derniers travaux de l'État-Major, sur ce sujet, furent distribués armée en 1869 et la guerre ne fut déclarée qu'après qu'on eut acquis la iction que les conclusions de ces travaux avaient été comprises par le s d'officiers. Fidèles au principe du grand capitaine, les Allemands inuent à « chercher leur force dans la faiblesse de leurs adversaires ». olonel Stoffel attirait déjà en 1867 l'attention de l'État-Major français l'activité que le gouvernement prussien développait dans ce sens : elques mois avant la campagne de 1866, ce gouvernement avait publié brochure pour faire connaître à ses officiers et à ses soldats les défauts armée qu'ils devaient combattre et vaincre, grâce à la connaissance ie de ces défauts. » L'armée française fut dans la suite décrite de la e manière.

Nous aurons à montrer que l'État-Major français agit tout différem- t. Il serait inutile de dire qu'en cas de guerre les brochures de ce e abonderaient en Prusse. Nous avons du reste déjà parlé de quelques- d'entre elles. La conviction que tout l'appareil de guerre fonctionne lièrement, depuis les plus hauts chefs jusqu'au dernier soldat, est la ce de la confiance et de la prévoyance dont une armée ne saurait se er et qui se sont manifestées d'une manière si éclatante pendant les res contre l'Autriche et la France.

Conditions où la Prusse a combattu l'Autriche.

En 1866, les Prussiens, armés du fusil à aiguille, avaient à combattre puissance qui, par suite de son manque d'organisation intérieure et gent, n'avait pu mettre son armée à la hauteur des exigences de cette ue. Il était alors impossible d'augmenter les impôts en Autriche. Les pes non seulement étaient mal entretenues, mais il y régnait un sen- nt de mécontentement provoqué par l'arbitraire et le favoritisme qui idaient aux nominations et avancements. L'esprit provincial était aussi développé dans l'armée autrichienne. Mais le plus grave, c'est que riche fut contrainte de mettre sur pied deux armées, l'une contre russe et l'autre contre l'Italie. Enfin, par-dessus le marché, les géné- autrichiens dédaignaient leurs adversaires, qui étaient cependant irablement bien préparés pour la guerre.

Conditions de la guerre de l'Allemagne contre la France.

En 1870, l'Allemagne s'est trouvée dans des conditions encore plus rables. On était persuadé dans l'armée allemande qu'en supposant généraux d'égale valeur des deux côtés, les Allemands pourraient ement avoir raison d'un adversaire trois fois supérieur en nombre. En ce, au contraire, on était inquiet de ce que chaque Français aurait à combattre contre trois Allemands. On chercha à dissimuler le ma d'enthousiasme, en criant : « A Berlin! » ; mais personne, en réalit croyait à la victoire, et cela seul eût suffi pour rendre la victoire imposs

Au commencement du mois d'août 1870, l'armée française, y con la garde nationale, ne comptait pas beaucoup plus de 500,000 hommes régiments de ligne entraient dans ce chiffre pour 330,000 à 340,000 hom L'armée allemande, par contre, comptait dès le mois de juillet en tro de campagne, de garnison et de siège, 1,183,000 hommes. Au mois d' l'artillerie française avait 780 canons et 144 mitrailleuses, et l'armée mande avait 1,584 canons, c'est-à-dire deux fois autant que la premièr

Vers la fin de la guerre, c'est-à-dire vers le 1er février, il y avait l'armée allemande 1,351,000 hommes, dont 937,000 faisaient partie troupes actives. En présence d'une si grande supériorité numéri on comprend que de Moltke ait dit : « Si les Français n'entrent sur notre territoire avant cinq jours (c'est-à-dire avant le 11 juillet), il reverront plus jamais le Rhin entre Cologne et Mayence. »

Cette guerre était populaire en Allemagne : le peuple désirait l'u cation du pays; il désirait aussi assurer à ce pays unifié une situa prépondérante en Europe. Tout favorisait l'action de l'armée allema Les désordres chez les Français étaient tels que, suivant Claretie soldats souffraient de la faim et de la soif, tandis que les Allemands av en abondance tout ce qu'il leur fallait. Tandis que la confusion co nuait à régner dans l'armée française, tout était admirablement p et disposé chez les Allemands ; chacun savait ce qu'il avait à aucune éventualité ne détournait personne de la route qu'il fallait su on savait à l'avance sur quel point, à quelle heure, de quelle maniè avec quelles forces l'ennemi se présenterait : on savait, en un mot, to qu'il fallait savoir pour vaincre. Claretie (2) parle, entre autres choses, immenses services que la statistique militaire a rendus aux Allema Quand un uhlan prussien entrait dans un village quelconque et formulait des exigences en fait de logement, de répartition des tro et de réquisition d'après les ressources de la localité, le peuple attrib souvent au concours des espions les notions exactes dont le Prus faisait preuve. Or, ces notions il ne les devait qu'au concours du « m d'école » qui lui avait enseigné la statistique. Les Allemands surent uti les états numériques de la population et les contrôles officiels établis les impôts. Il est certain que, dans les guerres futures, l'armée allema ne sera pas moins instruite qu'elle le fut en 1870.

---

(1) *Relation de la guerre de 1870-1871* par l'État-Major français.
(2) Claretie, *Histoire de la Révolution française de 1870-1871.*

On peut néanmoins se demander si elle conservera dans l'avenir sprit qui a tant contribué à ses succès? Les dispositions d'un peuple gent souvent plus vite que ne se développent ses connaissances. toire n'a peut-être jamais connu plus entière désorganisation d'ar- que celle de la Prusse en 1806; et cependant en 1813, cette même armée a déjà les preuves d'une grande valeur. Depuis 1870, on a d'ailleurs pris en Allemagne certains changements dans la préparation de née à la guerre.

Cet état de choses persistera-t-il dans l'avenir ?

Nous avons déjà posé plus haut cette question : Peut-on, dans les itions actuelles, faire une longue guerre avec une armée très nom- se et ayant subi, dans une certaine mesure, la contagion des théories listes; peut-on espérer que cette armée puisera son enthousiasme le seul sentiment de son devoir et sans l'aide de stimulants spéciaux, que l'idée d'unité qui animait en 1870 l'armée allemande, à qui cette ouvrait de si belles perspectives? Il est vrai que le socialisme ne se feste jusqu'à présent d'aucune façon dans l'armée allemande, mais ne prouve nullement qu'il n'y existe pas. Ce sont surtout les soldats âgés qui sont imbus de théories socialistes, ce sont ces landwehriens entreront en lice après les jeunes soldats. En temps de paix la disci- très sévère empêche du reste le socialisme d'envahir la caserne.

Adressons-nous encore une fois aux chiffres qui projettent une ombre épaisse sur certains côtés de l'état intérieur de l'armée allemande. Lors des discussions de la loi militaire du 11 décembre 1887, le Haberling soumit à la commission un tableau comparatif de l'effectif rmées allemande, française et russe.

Hommes qui échappent au service militaire en France en Allemagne.

Ce tableau a été classé parmi les documents secrets; la presse militaire a publié qu'un seul chiffre intéressant, à savoir que 40,000 jeunes gens ıstraient chaque année en Allemagne au tirage au sort, tandis qu'en ce 6,000 seulement sont dans ce cas. L'opposition a en conséquence ndé si le grand nombre de ceux qui se soustraient au service militaire lemagne n'est pas imputable à la sévérité démesurée de la discipline aire dans ce pays, aux mauvais traitements que les soldats y subissent part de leurs chefs? Le général Bronsart a déclaré catégoriquement e fait est exclusivement dû à la tendance d'émigrer des Allemands. Le grand nombre de suicides qui se produisent dans l'armée allemande urait cependant être attribué à cette tendance. Quant au nombre des nes qui professent les théories socialistes, il augmente constamment; les chiffres relatifs aux votes dans les villes comme le prouvent, à l'exemple, les votes émis en faveur des socialistes dans cinq villes andes :

Progrès des votes en faveur des socialistes.

	1887	1890	Augmentation dans l'espace de 3 années.
	—	—	—
A Cologne.	4.952	10.688	de 116 0/0
A Leipzig	10.087	12.921	de 28 0/0
A Dresde	16.117	25.097	de 56 0/0
A Stuttgart	4.496	10.446	de 132 0/0
A Düsseldorf.	2.933	7.573	de 160 0/0
	38.585	66.725	

Les socialistes ont ainsi conquis aux élections, dans l'espace de ans, deux fois plus de suffrages qu'ils n'en avaient eu au début de période et le nombre des voix de la bourgeoisie est en même temps to de 142,000 à 118,000; en d'autres termes, les socialistes n'avaient, en que le quart des voix dont disposaient les autres partis, tandis q 1890 ils avaient la moitié de ce total.

Un symptôme encore plus inquiétant de cette augmentation d'influ des socialistes, c'est que leur propagande n'affecte plus seulemen villes, mais commence déjà à s'étendre sur les campagnes. Des 1,427 voix données aux socialistes en 1890, 800,000 à 900,000 proviennent villes, grandes et moyennes. Les restantes (environ 500,000 voix) on données dans les villages et dans des localités dont la population moitié urbaine et à moitié rurale.

Il suffira de quelques exemples pour démontrer dans quelle me le socialisme a pénétré dans les localités où l'agitation socialiste se heu à l'état précaire de l'industrie, au faible niveau du développement i lectuel et au peu de densité de la population. Les régions, qui réuni ces conditions au plus haut degré, sont la Prusse orientale et occiden la Poméranie, le Schleswig-Holstein et le Mecklembourg.

Provinces.	Avec les grandes villes.			Sans les grandes vill		
—	1884	1887	1890	1884	1887	189
Prusse orientale. . .	4.700	8.223	18.058	119	236	5.6
Prusse occidentale. .	683	4.554	9.825	166	2.326	6.3
Poméranie	1.909	8.178	20.631	770	3.900	12.8
Schleswig-Holstein .	24.701	39.876	61.746	5.090	12.446	23.8
Mecklembourg . . .	2.466	5.921	28.235	532	1.357	13.6
Total . . .	34.459	66.752	138.495	6.617	20.265	62.3

Ces chiffres mettent en évidence la rapidité avec laquelle le parti socialiste conquiert les villes et les villages. Ce mouvement fait surtout des progrès surprenants dans certains districts et dans certains villages des principautés et des provinces prussiennes susmentionnées. Dans un des districts de la principauté de Mecklembourg-Schwerin, le nombre des électeurs socialistes s'est élevé de 77 à 319 durant la période de 1884 à 1887, et il a atteint le chiffre de 4,877 en 1890; dans un autre district, il s'est élevé, dans la même période, de 50 voix en 1884 à 2,389 voix en 1890. Au Hanovre, le nombre des électeurs socialistes s'est, durant les trois dernières années, augmenté de 3, 4, 10 et même 20 fois.

Conséquences des troubles économiques déterminés par les dépenses de la guerre.

L'augmentation incessante des dépenses pour les armements ne peut qu'empirer cet état de choses. Maintenant, ces dépenses s'accroissent chaque année presque de 70,000,000 de marks et l'on demande, en outre, des crédits non prévus au budget pour la construction de bâtiments de guerre, de forteresses, de casernes, etc.

Les troubles économiques déterminés par un budget de la guerre trop onéreux doivent nécessairement réagir sur l'esprit de l'armée elle-même; surtout dans les régions dont l'industrie est très développée, où les ouvriers pourront se trouver brusquement sans travail, et cela juste au moment où les vivres seront extrêmement chers.

On sait que l'Allemagne manque de blé pour 69 jours par an, et qu'elle doit combler cette lacune en important du blé étranger. Certaines régions du pays n'ont même de blé que pour la moitié de l'année. Tant que l'importation se fait de tous côtés, on ne peut guère remarquer, en Allemagne, une insuffisance éventuelle d'importation du blé russe. Mais ce serait tout autre chose le jour où le prix du blé ne dépendrait plus d'un droit d'entrée plus ou moins élevé, mais d'une impossibilité réelle de le fournir.

De quoi dépendra à l'avenir le moral de armées en cas de guerre.

Un écrivain militaire très distingué, Henning, affirme que l'esprit du soldat allemand n'est pas capable de saisir l'idée pour laquelle il irait combattre aujourd'hui. La disposition des peuples, partant celle des armées, dépendra en grande partie de la manière plus ou moins habile dont on aura préparé l'opinion publique à la guerre. Mais il est certain que l'armée allemande est plus que toute autre, capable de comprendre les motifs d'ordre moral déterminant la guerre et d'y puiser l'enthousiasme et l'entrain dont dépend, en grande partie, le succès des armes.

L'agitation, continue et habile, dirigée contre les armées permanentes et contre l'habitude de régler par des chocs sanglants les différends internationaux, que mènent simultanément les savants, les humanistes et les socialistes, ne pouvait laisser absolument intacte la passivité de l'armée allemande. Henning cite déjà des cas où il fallut employer la force pour obliger les soldats à sortir de derrière leurs retranchements.

Les mauvais traitements infligés aux soldats par des officiers et surtout par des sous-officiers, dont le public a eu connaissance, prouvent que souvent l'autorité de ces chefs repose uniquement sur la terreur qu'ils exercent autour d'eux; c'est un fait qui pourrait avoir les plus graves conséquences pendant une guerre, surtout si cette guerre n'était pas populaire. Or, aucune guerre ne sera populaire en Allemagne si elle est entreprise dans un autre but que de sauvegarder l'intégrité du territoire et de l'unité allemande.

Bien qu'il y ait lieu de tenir compte des intentions pacifiques que proclament les hommes d'État chaque fois qu'ils demandent de nouveaux crédits pour l'armée, il est certain que ces déclarations n'excluent pas la possibilité d'une guerre dans un avenir plus ou moins éloigné. Ainsi Bismarck disait, au mois de janvier 1887 : « L'Allemagne ne désire pas provoquer la guerre en ce moment, pas plus qu'elle ne désirait la provoquer en 1867 lors du conflit à propos du Luxembourg; elle ne se laisse pas séduire par le désir d'exploiter l'avantage que lui assure l'infériorité de son adversaire probable qui est moins bien qu'elle préparé à la guerre. » Bismarck disait aussi qu' « il ne faut pas chercher à lire dans les cartes du destin » et il ajoutait que « ajourner la guerre, c'est très souvent l'écarter ». Au mois de février 1888, il se prononça également contre la guerre « préconçue » et pria le Reichstag de lui refuser le milliard nécessaire pour faire une guerre offensive, même s'il le lui demandait.

« L'élément représenté par les chances impondérables, ajoutait-il, est encore plus fort que la puissance matérielle de l'adversaire; or, nous n'aurons pas cet élément pour nous, si nous entreprenons une guerre offensive, mais nous l'aurons si nous faisons une guerre défensive. » Et son successeur, le chancelier Caprivi, a déclaré que les puissances de la Triple-Alliance « n'assumeront jamais une attitude destinée à provoquer la guerre ».

Il est évident que l'augmentation de l'armée allemande qui résulte de l'application de la nouvelle loi militaire peut être considérée comme une mesure de précaution, mais elle ne démontre pas que l'Allemagne ait l'intention de faire la guerre.

Raisons qui motivent et justifient le développement des forces militaires allemandes.

Il ne faut pas perdre de vue la circonstance sur laquelle de Moltke appelait l'attention dans son discours du 1er mars 1880 : « Tous nos voisins, a dit ce grand stratégiste, ont le dos couvert. Les uns ont derrière eux les Pyrénées, les autres les Alpes ou bien des peuples peu civilisés. Quant à nous, rien ne nous protège contre les grandes puissances limitrophes. Nos voisins de l'Ouest ou de l'Est n'auront à envoyer leurs forces que sur un seul front, tandis que nous sommes forcés d'être prêts à nous défendre sur deux. »

Il faut bien avouer que l'accroissement naturel des forces militaires russes et françaises est de nature à justifier, dans une certaine mesure, la nécessité mise en avant par Caprivi de doter l' « Allemagne d'une armée vraiment puissante ». Mais en présence des déclarations pacifiques et de la difficulté de faire voter de nouveaux crédits militaires par les Parlements, difficulté confirmée par ceci, que le chancelier Caprivi a été fait comte pour avoir réussi à faire passer une seule loi pareille, en présence, enfin, de l'agitation socialiste, on peut affirmer qu'il serait difficile de provoquer en Allemagne une guerre destinée à satisfaire des ambitions quelles qu'elles soient, et que l'issue d'une guerre serait très douteuse.

Dans l'Allemagne du Sud, et même en partie en Prusse, si le peuple est d'avis qu'on ne doit pas reculer devant une guerre provoquée par autrui, il pense aussi qu'une paix honnête vaut mieux qu'une guerre, si glorieuse fût-elle, et que la conservation de la paix doit être le souci principal du gouvernement (1).

Bacon a dit : « Dans le chaos des vanités humaines, le champ ouvert à la sottise est toujours plus vaste que le champ ouvert à la raison, et la légèreté prime toujours la pensée réfléchie. »

Une guerre est toujours possible dans un avenir plus ou moins proche, qu'elle soit accidentelle ou préconçue ; il n'est donc pas inutile de se rendre compte de la composition du haut commandement de l'armée allemande.

Réformes introduites dans l'armée allemande depuis l'avènement de Guillaume II.

Les généraux de cette armée sont, pour la plupart, moins âgés que ceux de l'armée française. Depuis l'avènement au trône de l'empereur Guillaume II, on s'est appliqué à renouveler les éléments qui composent le haut commandement allemand. Dans le courant d'une seule année, on a changé 65 généraux et 156 officiers supérieurs de toutes les armes, y compris les morts et les démissionnaires.

Particulièrement intéressants sont les changements survenus dans le corps des officiers généraux. D'après des données officieuses remontant à 1889, 6 corps d'armée sur 14 ont gardé leurs anciens chefs et 8 en ont reçu de nouveaux ; sur 30 divisions d'infanterie et de cavalerie, 22 ont reçu de nouveaux chefs ; 7 inspections sur 14 de l'artillerie de campagne et 2 inspections du génie sur 4 ont aussi reçu de nouveaux titulaires.

Ces changements ont introduit dans le haut commandement de

(1) *Aus der militärischen Gesellschaft Berlins.*

l'armée un élément relativement plus jeune. Il suffit, pour s'en convaincre, d'examiner les listes des généraux de tous grades. Vers la fin de l'année 1887, le comte de Blumenthal était le plus âgé de tous les commandants de corps d'armée; il avait été fait général d'infanterie en 1873. Les deux commandants de corps d'armée qui se rapprochaient le plus de lui quant à l'âge (dont était le prince Albert) avaient été promus au même grade en 1875. En 1889, le comte de Schlotheim était le plus âgé des généraux; il appartenait à la promotion de 1880, et les trois généraux qui le suivaient immédiatement étaient de la promotion de 1886. En 1887, le général-lieutenant le plus âgé avait obtenu ce grade en 1884, et les quatre qui le suivaient immédiatement (parmi eux le ministre de la guerre Bronsart de Schellendorf, alors commandant d'un corps d'armée) avaient été promus en 1884 et 1885. Les quatre généraux-majors les plus âgés en 1887 avaient obtenu ce grade en 1883, et les quatre généraux-majors les plus âgés en 1889 avaient été promus en 1886. Le corps des officiers supérieurs a éprouvé un rajeunissement analogue (1).

Nous avons déjà observé plus haut que le commandant en chef, en sa qualité d'autorité chargée de trancher les questions qui peuvent surgir en temps de guerre et diviser les opinions des membres du haut commandement, doit réunir de hautes qualités de caractère à des talents hors ligne.

Il est difficile qu'une seule personne réunisse ces conditions, à moins de posséder l'expérience que donne une longue vie, la conception très juste de ses devoirs et un tempérament aussi réfléchi que l'était celui de l'empereur Guillaume Ier. .

Opinions de certains spécialistes sur l'empereur Guillaume II

A ce point de vue, l'empereur Guillaume II inspire certaines appréhensions à ses sujets. Nous avons déjà cité les opinions de certains spécialistes, tendant à prouver qu'en présence des armes aussi perfectionnées que le sont les armes actuelles, il sera très dangereux d'entreprendre des opérations trop risquées et dictées par un caractère trop fougueux. Il est certain que personne n'osera modérer le tempérament de l'empereur Guillaume II. L'auteur de l'ouvrage que nous venons de citer dit : « Notre empereur actuel, avant de monter sur le trône, n'a connu que cette partie de la carrière militaire où un général commande des troupes d'une seule arme. Nous savons en effet que cette carrière fut interrompue par son avènement au trône au moment où il commandait une brigade d'infanterie. »

Les appréhensions dont nous parlons proviennent en outre de ce que l'État-Major qui, du temps de de Moltke, commandait directement l'armée,

(1) *Drei Jahre auf dem Throne* et *Aus der militärischen Gesellschaft Berlins.*

ne jouera plus le même rôle dans l'avenir. Au moment du « renouvellement » du haut commandement de l'armée, de Moltke se retira après avoir proposé, pour le remplacer, le comte de Waldersee, qui avait servi durant sept ans sous ses ordres en qualité de « quartier-maître-général ». Le général Waldersee occupa, en effet, le poste de chef d'état-major du mois d'août 1888 jusqu'au mois de février 1891.

Il est certain qu'il serait appelé à jouer le rôle principal dans le cas où une guerre viendrait à éclater prochainement.

De Moltke avait d'ailleurs une si haute idée des aptitudes du comte de Waldersee que lorsqu'on agita, sous Frédéric III, la question de supprimer son poste de quartier-maître-général, le chef d'état-major menaça lui-même de démissionner.

Le comte de Waldersee.

Le comte de Waldersee, après avoir servi dans l'artillerie à cheval, passa à l'état-major, en arrivant au grade de major. Pendant la guerre de 1866, il était déjà officier d'état-major. Il fut ensuite nommé attaché militaire à Paris. Pendant la guerre de 1870, il était déjà aide de camp (*flügel-adjudant*) au quartier général de l'Empereur. Il devenait ensuite chef d'état-major de l'armée du grand-duc de Mecklembourg-Schwerin qui agissait sur la Loire ; enfin, après la conclusion de la paix, il fut le fondé chargé de pouvoirs de l'Allemagne à Paris. En 1873, il fut nommé chef d'état-major du Xe corps, en remplacement du chancelier comte de Caprivi, et, en 1881, il fut, comme quartier-maître-général, attaché au grand état-major du maréchal de Moltke.

On attribue au comte de Waldersee des capacités diplomatiques hors ligne, beaucoup d'ambition et d'énergie ; en un mot, des qualités permettant de supposer qu'il jouerait un jour un rôle marquant dans la politique ; et l'on croyait même qu'il remplacerait Bismarck quand ce dernier viendrait à disparaître. Il arriva pourtant que Waldersee fut révoqué, d'une manière inattendue, du poste de chef d'état-major que de Moltke lui avait légué. On ignore jusqu'à présent la cause de cette révocation. On croit qu'elle vient de ce que Waldersee indiqua avec trop de franchise, en présence de François-Joseph et du roi de Saxe, les fautes commises aux manœuvres par les troupes que commandait l'empereur Guillaume.

Causes probables de sa disgrâce.

D'autres en donnent une raison moins grave, à savoir que le comte aurait manifesté son mécontentement de l'entrée à l'État-Major du lieutenant-colonel von Hühne. Or, le colonel von Hühne était *persona grata* auprès de l'Empereur, à tel point que le monarque l'invitait à se rendre à Berlin pour assister aux fêtes de la Cour, alors qu'il résidait à Paris en qualité d'attaché militaire. Au cours d'un de ces séjours à Berlin, von Hühne fit, à l'Académie de Guerre, une conférence sur la tactique, dans laquelle il développa, en présence de l'Empereur, des opinions que ne partageait nullement le chef de l'état-major. Tout le monde remarqua les compliments adressés par l'Empereur au conférencier, qui bientôt après fut classé au Grand État-Major, malgré la divergence de ses opinions avec celles de son chef direct.

On dit aussi que Waldersee avait conservé les meilleures relations avec Bismarck frappé de la disgrâce impériale, et qu'il intriguait avec lui contre le chancelier Caprivi.

Un incident piquant se produisit pendant la séance du Reichstag du 22 novembre 1889 : le chef des progressistes, Richter, demanda, en discutant le budget du ministère des affaires étrangères, s'il était vrai que le chef de l'état-major manifestât son mécontentement au sujet de la politique extérieure du chancelier? Cette question était adressée au comte Herbert de Bismarck, mais c'est le ministre qui répondit en démentant catégoriquement cette supposition. Quant à l'opinion publique, elle chercha une explication de cet incident dans l'intention des progressistes de causer un désagrément à Waldersee, qui passait à leurs yeux pour un réactionnaire intransigeant.

On croit enfin que les fameux articles parus dans la *Kreuz Zeitung* (Gazette de la Croix), et qui poussaient à la guerre avec la Russie, avaient été inspirés par le comte de Waldersee. Celui-ci démentit, dans une conversation avec le correspondant du *Times*, les intentions qu'on lui avait attribuées, et dit que sa visite à Bismarck n'avait pas eu pour but de réconcilier l'ex-chancelier avec qui que ce soit, mais simplement de lui transmettre les salutations de l'empereur de Russie.

Conditions dans lesquelles eut lieu sa révocation.

La révocation de Waldersee eut lieu dans des conditions particulières et caractéristiques.

A la réception motivée par le jour de sa fête, Guillaume II décora de sa propre main le comte Waldersee de l'ordre de la maison de Hohenzollern, et lui dit qu'appréciant ses qualités de commandant, il lui confiait le IXe corps d'armée. C'était une disgrâce manifeste pour le chef de l'état-major, aussi donna-t-il immédiatement sa démission. Mais l'Empereur n'accepta pas cette démission et signa un rescrit portant ce qui suit : « Comme j'ai l'intention, en cas de guerre, de vous confier le commandement d'une armée... »

En faisant ses adieux à ses subordonnés de l'État-Major, Waldersee leur dit : « L'Empereur et Roi a jugé bon de me donner un autre poste ; je n'ai pas, en ma qualité de soldat, à en demander les raisons », et il porta un triple *hoch* en l'honneur du souverain.

De Moltke vivait encore à cette époque, et la révocation inattendue de son successeur dut lui prouver la diminution de l'importance du chef de l'état-major, qui dans son idée était destiné à commander toutes les armées impériales en cas de guerre, comme l'a dit le baron Firks dans son ouvrage sur de Moltke et l'État-Major.

Le général Bronsart de Schellendorf s'est exprimé dans le même sens, dans son ouvrage intitulé : *Der Dienst des Generalstabes*, en disant : « On ne peut nier qu'il y ait tout avantage à confier la conduite des opérations de guerre à la même personne qui, en temps de paix, aura été chargée de diriger les principaux travaux préparatoires. »

D'où cette conséquence, que la révocation du comte Waldersee de son poste de chef de l'état-major, et son remplacement par le général comte Schlieffen, l'un des trois quartiers-maîtres-généraux, fit supposer, dans les sphères militaires, que l'Empereur prendrait lui-même le commandement de toutes les armées en cas de guerre, et que le chef d'état-major ne serait que l'adjoint du souverain, commandant en chef; supposition confirmée par ce fait que la section d'inspection fut soustraite au ministère de la guerre et soumise à la direction personnelle de l'Empereur.

Le comte Schlieffen.

Dans un livre intitulé *Aus der militärischen Gesellschaft Berlins*, nous trouvons des renseignements sur la personne du comte Schlieffen et sur d'autres membres de l'État-Major, susceptibles d'occuper des postes importants en cas de guerre. Il n'est pas inutile, croyons-nous, de rappeler leurs états de service. Le comte Schlieffen a 60 ans ; il connait bien toutes les branches du service de l'État-Major et passe pour être un homme consciencieux et laborieux, mais il n'a pas les talents qui font un chef d'armée. L'Empereur l'a nommé uniquement d'après les renseignements qu'il avait recueillis lui-même sur son compte, et sans consulter à ce sujet ni le maréchal de Moltke, ni le comte Waldersee.

Il existe, dans l'armée comme ailleurs, une « opinion publique » et suivant cette opinion publique le comte Schlieffen serait supérieur à certains autres généraux. On avait indiqué les généraux comte Hœseler et von Wittich comme devant être les successeurs de Waldersee ; le premier surtout était grand favori, d'autant plus qu'il était lui aussi l'un des quartiers-maîtres-généraux et qu'il remplaçait le chef de l'état-major en cas d'absence.

Le comte Hœseler.

Le comte Hœseler est sorti du corps des cadets en 1853 ; il entra dans un régiment de hussards, mais il fit les campagnes de 1864, 1866 et 1870-71 à l'état-major du prince Frédéric-Charles. Il fut nommé général-lieutenant en 1886, et en 1888 il fut promu au grade de général aide de camp et nommé commandant du quartier général de l'Empereur. Depuis, le comte Hœseler a reçu le commandement d'un corps d'armée. On croyait alors que son successeur serait le colonel von Ratzmer, un homme distingué lui aussi, mais que l'Empereur nomma commandant de la place de Berlin, bien que ce poste n'eût jamais été, jusqu'alors, occupé par un colonel. On a dit que cette nomination avait été motivée par l'énergie de Ratzmer, qui pourrait être nécessaire dans le cas où un mouvement socialiste viendrait à éclater dans la capitale.

Les généraux Verdy du Vernois et Bronsart von Schellendorf.

Au nombre des généraux les plus capables, toujours suivant l'opinion publique, il faut compter les anciens ministres de la guerre von Verdy du Vernois et Bronsart von Schellendorf. Le général von Verdy passe pour l'un des stratégistes les plus forts de notre époque. Il est l'auteur de quelques excellents ouvrages parmi lesquels on distingue surtout le livre intitulé *Studien über Truppenführung*. Il occupe depuis longtemps des postes importants; il a été commandant du Ier corps d'armée, à Königsberg, et gouverneur de Strasbourg.

Bismarck trouva nécessaire de faire publier dans les *Hamburger Nachrichten* que Verdy du Vernois avait été nommé ministre de la guerre malgré que lui, Bismarck, l'eût énergiquement déconseillé à l'Empereur. Tout le monde savait d'ailleurs que le général von Verdy avait été recommandé non par le prince de Bismarck, mais par le comte Waldersee. Le général von Verdy démissionna en 1890 de son poste de ministre de la guerre, parce qu'il n'approuvait pas la nouvelle loi réduisant à deux ans le service militaire actif.

Le général Bronsart von Schellendorf est aussi connu comme auteur militaire. Il a été deux fois ministre, car il avait été le prédécesseur du général von Kameke, en 1883.

Les généraux von Albedyll et von Hahnke.

Du vivant de Guillaume Ier, le général von Albedyll était très en vue; il avait été pendant dix-huit ans chef du cabinet militaire de l'Empereur. Il est maintenant commandant d'un corps d'armée, et c'est le général von Hahnke qui occupe son poste. Hahnke a été nommé officier en 1851, il a depuis pris part à toutes les guerres et a toujours fait partie de l'état-major du prince héritier, Frédéric III. En 1881, Albedyll fut nommé général-major ; il commanda la première brigade de l'infanterie de la garde, puis la seconde division de cette même garde. Dès son avènement au trône, l'empereur Guillaume II choisit Hahnke comme chef de son cabinet militaire; en 1890 il le nomma général. Le général von Hahnke joua également un rôle lors de la révocation de Bismarck. Quand le commandant de la chancellerie de l'Empereur eut remis à Bismarck le décret de révocation, le chef du cabinet militaire se présenta chez l'ex-chancelier pour lui exprimer les remerciements de l'Empereur et de l'armée, et lui remettre sa nomination au grade de colonel-général avec rang de maréchal. Mais ce qu'il y a de plus curieux, c'est que le général Hahnke avait été chargé de signifier à Bismarck, le 30 mars 1890, que l'Empereur attendait la démission du chancelier.

Le comte Caprivi.

En parlant des sommités militaires allemandes, nous devons aussi mentionner le comte Caprivi, qui passait, dans les sphères militaires, pour un homme très versé dans les choses de la guerre ; il était très apprécié comme commandant supérieur jusque dans les rangs des sous-officiers. Pendant la guerre de 1870-71, il se distingua à la tête du Xe corps d'armée.

C'est sans aucun doute à Caprivi que revient le mérite principal d'avoir arrêté la marche en avant d'Aurelles de Paladine à Beaune-la-Rolande (le 28 novembre 1870), et il eût été très juste de confier, en cas de guerre, le commandement d'une des principales armées au soldat qui fut le modeste successeur de Bismarck, lequel traînait avec tant de fracas son sabre de landwehrien.

Le général Caprivi sut d'ailleurs conquérir l'entière confiance de l'Empereur. Guillaume II l'appelait souvent à Berlin pour lui confier différentes missions alors qu'il commandait le Xe corps d'armée, ce qui n'empêchait pas ce corps d'armée de se présenter à l'Empereur, aux revues, dans les meilleures conditions. Il faut aussi dire que le comte Caprivi observa, lorsqu'il fut chancelier de l'empire, une attitude toute différente de celle de Bismarck ; il montra beaucoup plus de calme et moins de jactance que son prédécesseur, qui amusait souvent son entourage par des sorties spirituelles et des paradoxes. Caprivi faisait preuve d'une persévérance qui devait inspirer plus de confiance que la mobilité de Bismarck.

Conclusion au sujet de l'état de l'armée allemande et des conditions où se trouverait l'Allemagne en cas de guerre.

Toutes les circonstances que nous venons d'exposer confirment l'opinion des Allemands quant à la supériorité de leurs armées sur celles des autres puissances. On est, du reste, d'avis que, l'instruction publique étant plus répandue en Allemagne que partout ailleurs, et les finances de l'empire admirablement gérées, quoique le pays soit moins riche que la France, l'Allemagne pourra très bien soutenir une guerre sur les deux fronts, c'est-à-dire combattre simultanément contre la France et contre la Russie.

Il y a cependant bien des raisons pour envisager cette question d'une manière toute différente, et l'on n'ignore certes pas, dans les sphères militaires allemandes, qu'en entreprenant une guerre pareille, on courrait de très grands risques.

Le cabinet de Berlin ne saurait, aujourd'hui, se lancer dans une guerre avec la même belle assurance qu'il avait en 1870 vis-à-vis de la France non préparée pour la lutte ; il doit, en outre, tenir compte des grandes difficultés qu'entraînerait, pour le gouvernement allemand, une guerre offensive, même victorieuse. On peut se préparer, mais il est peu probable qu'on se décide à faire la guerre. Les risques qu'elle impliquerait, les sacrifices qu'elle entraînerait et les résultats douteux qu'on peut en attendre, tout cela donne à réfléchir.

Si la politique allemande n'était pas pacifique, l'Allemagne n'aurait pas manqué de profiter du moment où les Russes n'avaient pas encore la poudre sans fumée et étaient encore armés du fusil Berdan dont la puissance était sept fois moindre que celle du fusil allemand de petit calibre.

Mais on se rendait bien compte en Allemagne que, même dans ces conditions, la guerre pourrait durer plus d'une année et qu'il serait très difficile de faire face aux dépenses en argent et en hommes que nécessiterait une lutte pareille, en supputant les conséquences économiques qu'elle entraînerait, c'est-à-dire la suspension des arrivages du blé russe, de la viande et de tous les vivres en général dont la population ne saurait se passer, la stagnation du commerce, la ruine de l'industrie et la suppression des salaires.

On comprenait également dans les hautes sphères militaires berlinoises que toute l'Europe, sauf peut-être l'Espagne et la Norvège, serait malgré elle entraînée dans la guerre de la Triple-Alliance contre la Double-Alliance, attendu que les immenses armées qui seraient mises en mouvement ne pourraient se dispenser de violer les territoires neutres.

Mais pendant que les armées se trouveront sur les frontières, des mouvements révolutionnaires très dangereux pourront se produire en Allemagne et ailleurs : mouvements déterminés par le manque de travail et la disette. Le blé russe n'affluera plus en Europe et les arrivages de blé d'outre-mer seront moins nombreux, non seulement à cause des blocus, mais simplement parce que des croiseurs intercepteront le trafic.

D'autres spécialistes estiment par contre qu'il est également dangereux de remettre la guerre, attendu que les charges militaires augmentent toujours, ce qui amène de nombreuses recrues dans le camp socialiste.

Pour faire voter de nouveaux crédits militaires, le gouvernement a, en effet, besoin du concours des agrariens et les concessions, qu'il leur fait en échange, sont préjudiciables à la classe qui produit chaque année des contingents socialistes de plus en plus nombreux.

La littérature allemande devrait s'occuper, maintenant plus que jamais, de l'état psychique du soldat. Elle n'en fait malheureusement rien et l'on semble persuadé que chaque tailleur et chaque bottier enrôlé déploiera, cas échéant, de grandes vertus militaires. On aurait tort d'y compter, en basant sur les exemples fournis par la campagne de 1870-1871. Alors Allemand marchait à la victoire, il avait pour but l'unification de l'Allemagne, et était fort de cette conviction que les Français désiraient une fois plus régner en Allemagne comme au temps de Napoléon Ier. On avait outre répandu à dessein le bruit qu'il y avait dans l'armée française es régiments de zouaves et de spahis formés de sauvages qui se livreraient pillage, au viol, etc. Les journaux à la dévotion du gouvernement prussien racontaient une foule de choses de ce genre.

Il n'en sera plus de même à l'avenir. Le peuple n'est pas disposé en veur de la guerre ; son amour-propre est satisfait et il ne prêtera plus reille à ces racontars. Quant à l'armée allemande, elle s'est encore approchée davantage de la nation par le service de deux ans. Or, apoléon a dit que « la disposition de la nation et l'opinion dominante entrent, en cas de guerre, pour moitié dans les chances de succès ». n 1870, les Allemands étaient persuadés de leur supériorité, tant sous le apport du nombre que sous celui de la valeur. Maintenant, au contraire, s forces matérielles seront égales, et l'enthousiasme de la France vaincue humiliée ne sera certainement pas moins grand que celui de l'Allemagne victorieuse.

L'Armée Autrichienne.

Caractères essentiels de l'armée autrichienne, provenant de la diversité des nationalités qui en font partie.

Le trait caractéristique de l'armée autrichienne, comme de la monarchie des Habsbourg, consiste dans la diversité des races qui la composent; diversité qui pourrait, en cas de guerre, déterminer des sympathies et des antipathies opposées, tant à l'égard des ennemis que des alliés.

La monarchie autrichienne a servi de trait d'union entre les éléments allemand, slave, magyar et roumain. L'élément allemand y est au pouvoir, bien que ce pouvoir soit dans une certaine mesure limité par les autonomies accordées aux autres nationalités de l'empire. Cette hégémonie des Allemands était justifiée tant que les Habsbourg gouvernaient l'empire germanique. Mais depuis la chute de cet empire, le rôle prépondérant de l'élément allemand n'est plus aussi naturel en Autriche qu'auparavant, d'autant qu'il ne possède plus, au point de vue numérique, la force qu'il avait antérieurement.

L'Autriche a perdu les Pays-Bas qui, bien que romanisés dans une certaine mesure, gravitent cependant vers la race germanique. Elle a également perdu les provinces purement allemandes situées sur le Rhin. Stadion avait raison de dire à Humboldt, au Congrès de Vienne, que l'Autriche cessait presque d'être un État allemand.

Toutes les autres nationalités faisant partie de la monarchie autrichienne ont commencé à y jouer un rôle de plus en plus important, un rôle qui n'est point allemand. L'annexion de la Galicie et de la Boukovine, puis celle du duché de Cracovie et de la Bosnie et de l'Herzégovine ont introduit au sein de l'Autriche un contingent nouveau de quelques millions de Slaves en remplacement du contingent allemand qui en a été distrait. L'émigration allemande n'a d'ailleurs nullement contribué à combler cette lacune, car elle s'est dirigée sans hésitation au delà de l'Océan. La progression de la population slave en Autriche est, en outre, plus grande que celle de la population allemande.

Tout cela fait que la balance y penche de plus en plus en faveur des Slaves.

Malgré cela, c'est la langue allemande qui continue à être la langue officielle dans toute la monarchie et au Reichsrath. Et cela se comprend :

car bien que les Slaves y constituent la majorité, ils parlent des langue différentes et aucune de ces langues n'est aussi répandue que la langu allemande.

Il faut ajouter aussi qu'à tous les points de vue ce sont les Allemand qui ont mieux mérité de la civilisation.

Il est absolument nécessaire que le commandement dans l'armé et l'instruction des soldats se fassent dans la seule langue allemande bien que les Allemands ne constituent que le tiers de l'armée autrichienne

Population et organisation politiqu du pays.

Si maintenant on examine comment se compose la population dan toutes les terres de la couronne autrichienne, on trouve que, su 41,000,000 d'habitants, la population allemande ne s'élève qu'au chiffre d 8,200,000 âmes. Dans ce nombre sont compris les Allemands qui habiten la Bohême où ils forment des communes homogènes, de même qu ceux de la Moravie, mais non les Allemands, sujets de la couronne hongroise des régions où la langue hongroise est la langue officielle et où les langue slaves ne sont usitées que dans les provinces.

Dans le chiffre susdit ne sont pas non plus compris les 227,00 Allemands qui habitent la Galicie, où ils sont dispersés au milieu d'un population de 6,000,000 d'âmes et où les langues du pays sont le polonai et le ruthénien.

Sur la population de la partie cisleithane de la monarchie, qu compte 23,800,000 âmes, l'élément allemand ne constitue qu'un peu plu du tiers du total, puisqu'il se chiffre par 8,200,000 âmes.

Depuis la défaite de 1866 et la sortie de l'Autriche de la Confédératio germanique, le système politique de la monarchie des Habsbourg est l *dualisme* constitué par deux monarchies qui demeurent personnellemen unies entre elles dans la personne de l'empereur-roi et dont chacune a s représentation. L'Autriche proprement dite a le Reichsrath, et la monarchi de la couronne de Saint-Étienne, le Parlement hongrois. Les *Délégations* chargées de régler les questions militaires et financières communes au deux monarchies, ne sont autre chose que des réunions dans lesquelle délibèrent, en vue d'une entente, les fondés de pouvoirs des deux Parlements Puis les royaumes qui font partie de l'Autriche proprement dite, aussi bien que ceux incorporés à la Hongrie, ont, à côté de cela, leurs propres par lements régionaux.

Le dualisme est déterminé d'une manière très explicite dans cett organisation ; ce qui fait que tous les malentendus et toutes les petite querelles, qui divisent de temps à autre les deux monarchies, s'aplanissen facilement grâce au savoir-faire de l'empereur François-Joseph, qui ne s'es jamais départi de son principe de maintenir l'accord entre tous ses sujets

Mais le principe du fédéralisme est beaucoup moins bien déterminé ans la monarchie austro-hongroise, quoiqu'il y soit représenté par les arlements régionaux et par une décentralisation absolue. Si ce principe du édéralisme était mieux compris, les questions intéressant un des royaumes uelconques de la monarchie seraient tranchées par la majorité des députés iégeant aux parlements régionaux. Ce serait, en d'autres termes, la majorité chèque ou morave qui opprimerait la minorité allemande en Bohême et n Moravie. Si ce fait ne se produit pas, c'est seulement grâce à ce que le ouvernement royal s'efforce de concilier tous les partis. En Galicie, où les olonais sont plus nombreux que les Ruthènes, une autonomie complète ntraînerait non seulement la prépondérance de l'élément polonais au parement régional, dans l'administration et dans les écoles, mais elle encourarait les Polonais à satisfaire leur désir de poloniser les Ruthènes par tous s moyens.

Il n'en est pas ainsi, grâce au tact des députés polonais et du gouverement régional. Les députés polonais de la Galicie transigent avec les Ruènes, parce qu'ils embrassent un champ d'action plus étendu. Les lieutenants de l'empereur en Galicie sont toujours des Polonais, et il y a déjà eu eux ministres-présidents polonais au Reichsrath (Potocki et Badeni). 'est là une situation que les Polonais ont acquise en faisant des concessions onsidérables aux Ruthènes.

Il existe en Galicie deux lycées où tous les cours se font en langue ithène. Les inscriptions sur les gares et ailleurs sont rédigées en polonais t en ruthène, et souvent les orateurs ruthènes se servent de leur langue u parlement régional de Lemberg.

L'élément ruthène ne bénéficie nulle part d'une aussi grande indépenance. On a dernièrement créé à Rome une académie spéciale pour les rêtres ruthènes (les uniates), et le métropolite de l'église uniate, le Ruthène embratowitch, a été nommé cardinal.

Quoi qu'il en soit, le principe fédéraliste n'est pas suffisamment déterniné en Autriche; de là d'interminables dissensions au sein des parlements égionaux.

Les Tchèques ne se contentent pas de leur autonomie et voudraient estaurer le royaume de Saint-Venceslas; ils cherchent à se mettre sur le ied d'égalité politique avec les Hongrois, de sorte que, si l'on faisait droit leurs désirs, le système dualiste ferait place à une union de trois ionarchies.

Proportion des diverses nationalités dans la Cisleithanie.

Pour permettre au lecteur de se faire une idée de l'importance relative, u point de vue numérique, des nationalités qui peuplent la Cisleithanie, ous lui mettons sous les yeux un tableau comparatif où les valeurs numériques se rapportant à chacune de ces nationalités sont exprimée en pour cent du total de la population de cette partie de la monarchi austro-hongroise.

Ce tableau a été établi d'après les résultats d'un recensement, o chaque habitant a déclaré quelle était sa langue maternelle.

Répartition des communes cisleithanes suivant les langues.

	Allemande	Tchèque et slavonne	Polonaise	Ruthène	Slave	Serbe, Horvate	Italienne	Roumaine	Magyare
Basse-Autriche..	96	3	»	»	»	»	»	»	»
Haute-Autriche..	99	»	»	»	»	»	»	»	»
Salzbourg.......	99	»	»	»	»	»	»	»	»
Styrie...........	67	»	»	»	32	»	»	»	»
Carinthie........	71	»	»	»	28	»	»	»	»
Kraine...... ...	5	»	»	»	94	»	»	»	»
Lit.del'Adriatique	2	»	»	»	31	21	44	»	»
Tyrol et Vorarlb.	59	»	»	»	»	»	40	»	»
Bohême.........	37	62	»	»	»	»	»	»	»
Moravie.........	29	70	»	»	»	»	»	»	»
Silésie	47	22	30	»	»	»	»	»	»
Galicie	3	»	53	43	»	»	»	»	»
Bukovine...... .	20	»	3	41	»	»	»	32	1
Dalmatie........	»	»	»	»	»	96	3	»	»
	36,1	23,3	15,8	13,2	5,0	2,8	2,9	0,9	0,0

Quelle signification peut, dans ces conditions, avoir pour le sold autrichien l'expression de « patrie », cette conception pour laquelle il e appelé à combattre ?

Ce qui les réunit en dehors du lien dynastique.

On aurait, cependant, tort de croire que les nations qui composer l'Autriche-Hongrie n'ont d'autre lien que le lien dynastique. Un autre lie très réel consiste dans leur conviction qu'elles ne pourraient que perdr si cette monarchie venait à se désagréger.

Ces nationalités se disputent entre elles et se menacent de leu sympathies pour telle ou telle autre puissance étrangère, mais chacun d'elles sait bien qu'elle ne peut jouir d'une certaine autonomie, sinon jou un rôle prépondérant, que dans la seule monarchie austro-hongroise, o elle n'est pas forcée de se plier à un type national prescrit.

C'est là qu'est la force morale de l'Autriche-Hongrie, dont l'organisation n'est pas fédérale comme celle de la Suisse, mais, cependant, voisine de cette organisation.

Il n'est pas de guerre qui puisse être sympathique à toute l'armée autrichienne à la fois, tant elle est hétérogène. Mais cet instinct de conservation dont nous venons de parler suffirait, le cas échéant, pour empêcher la décomposition de cette armée. Il n'y aura là ni sympathies ni antipathies puissantes, mais les troupes suivront le drapeau de la monarchie, sinon avec enthousiasme, du moins avec la conviction que leur sort ne pourrait nulle part être aussi heureux que sous le sceptre des Habsbourg.

Les alliances, d'autre part, sont faites pour tempérer l'ardeur de l'armée autrichienne. L'alliance de l'Italie, qui guette le moment de s'emparer du Trentin, du Tyrol italien (1) et de l'Illyrie, et l'alliance avec l'Allemagne, qui désire s'annexer les parties allemandes de l'Autriche : celles où résonne la langue allemande, *Wo die deutsche Zunge klingt,* — comme il est dit dans un chant patriotique,—ne sauraient enthousiasmer les Autrichiens.

Le sentiment des provinces allemandes.

Il est difficile de dire à quel point les provinces allemandes de l'Autriche seraient heureuses d'appartenir à l'Allemagne. Les orateurs de ces provinces font parfois valoir leurs sympathies pour l'Allemagne en guise de menaces, mais leur sincérité est sujette à caution ; et il y a lieu de croire qu'ils regretteraient eux-mêmes que ce qu'ils paraissent désirer, pour obtenir des concessions, vînt à se réaliser.

Une chose est certaine, c'est que François-Joseph est un ennemi déclaré de la guerre. Une des personnes de son entourage demanda un jour à ce souverain, avant de se rendre à Lourdes, quelle prière elle devait formuler en ce saint lieu à l'intention de Sa Majesté : « Priez le Ciel que je n'aie plus jamais besoin de faire la guerre, » répondit le vénérable monarque, qui a su, après deux violentes crises, assurer à ses sujets de nationalités si diverses des conditions d'existence pleines d'équité et de justice.

Où il y a tant de groupes, la lutte parlementaire et politique est inévitable ; mais cette lutte ne diminue en rien le dévouement pour le souverain, depuis que les nationalités qu'il gouverne ont été dotées d'un régime très supportable.

Quant au fait que l'armée autrichienne est très hétérogène, il ne constitue pas nécessairement une cause de faiblesse et de manque de cohésion en cas de guerre. Pendant le règne de François-Joseph, ses armées, composées de tant de nationalités, ont trois fois vaincu l'armée italienne, qui, cependant, est bien plus homogène à ce point de vue.

---

(1) Charles Dilke, *De l'état actuel de la politique en Europe.*

Conduite des troupes italiennes de l'Autriche.

Il est vrai qu'on a trouvé en 1866, dans les sacs de quelques soldat autrichiens, des proclamations de Mazzini et de Kossuth ; mais ces pro clamations de Mazzini n'ont pas empêché les Autrichiens de vaincre le Italiens. En revanche, les troupes italiennes de l'Autriche, commandée par Mengo, qui combattaient en 1866 contre les Prussiens, ont trahi dan toute la force du terme : elles se rendaient aux ennemis en criant « *Vivan i Prussiani !* » Pendant les journées du 26 au 31 juillet, 40,000 hommes s sont ainsi rendus aux Prussiens sans être blessés, et 18,000 se sont rendu à la bataille de Sadowa dans les mêmes conditions. C'étaient là des symp tômes de décomposition. Mais il faut prendre en considération que l'Au triche d'alors n'était pas celle d'aujourd'hui ; la Hongrie en faisait encor partie intégrante à cette époque et la constitution réclamée par ce pay était encore en suspens.

C'est précisément en raison de ces symptômes de démoralisation cons tatés dans l'armée autrichienne que Bismarck fit insérer, dans le premie article du traité de paix, un paragraphe en vertu duquel personne n devait avoir de compte à rendre, ni de punitions — personnelle ou maté rielle — à subir pour sa conduite pendant la guerre.

Un écrivain autrichien a énoncé à ce sujet l'opinion qu'il eût mieu valu perdre une province et payer en plus quelques millions de florins titre d'indemnité de guerre que d'accepter cette condition humiliante e susceptible d'amener la démoralisation de l'armée en garantissant au traîtres leur impunité. Les affaires se sont encore compliquées du fai des accusations dont on accablait toute l'armée qui a vaillamment combattu mais était mal commandée. Le gouvernement, de son côté, eut le tort d rejeter la faute sur l'administration centrale de la guerre qui avai négligé d'introduire dans l'armée le fusil à aiguille et sur l'incapacité de généraux Benedeck, Genickstein et Krizmonitch, qu'il sacrifia en quelqu sorte à l'opinion publique révoltée.

L'opinion de Dragomiroff sur la guerre de 1866.

Un écrivain militaire très compétent, le général Dragomiroff, attribue du reste, la victoire des Prussiens non pas au fusil à aiguille, mais simple ment à la supériorité de l'armée prussienne sur celle des Autrichiens surtout au point de vue moral. En parlant de l'esprit de l'armée autri chienne, il est surtout intéressant d'indiquer les causes auxquelles est attri buable sa défaite de 1866 ; voilà pourquoi nous donnerons ici en résumé le appréciations du général Dragomiroff.

Cet auteur dit qu'on a tort d'attribuer tout le succès des Prussiens à ce qu'ils étaient armés de fusils à aiguille et que c'est une erreur de croire que les Autrichiens auraient vaincu les Prussiens s'ils avaient eu, eux aussi une arme pareille à leur disposition. Le fusil seul ne signifie pas grand' chose, l'essentiel c'est le soldat. Le soldat prussien est pénétré du sentiment de son devoir, il est réfléchi et plein de sang-froid ; il est supérieur au soldat autrichien et il a conscience de sa supériorité. Une bonne arme augmente la confiance du soldat en lui-même, mais elle ne fait qu'augmenter celle-ci sans la créer le moins du monde quand ce sentiment fait défaut. Dans ce dernier cas la meilleure arme ne sert à rien. Celui-là sera vaincu à la guerre qui a été vaincu en temps de paix, qui a été devancé par son adversaire à tous les points de vue. A la guerre, celui-là ne peut avoir confiance en lui-même, qui a été élevé dans la méfiance, et auquel on n'a pas permis de se pénétrer des sentiments du devoir et de la nécessité de l'esprit de sacrifice au lieu de lui donner l'exemple du respect des lois.

Tous ceux qui ont étudié l'histoire militaire savent que les causes morales entrent pour les trois quarts dans les conditions de la victoire et que les causes matérielles n'y sont que pour un quart seulement. Et pourtant on attribue toujours, dans chaque cas particulier, le succès ou l'insuccès des armes à quelque cause matérielle.

De même que jadis on a longtemps imité servilement la tactique inaugurée par Frédéric II, de même on cherche à imiter maintenant en tout les Prussiens. Or, ce n'est pas leur pédantisme et leur formalisme qu'il importe de leur emprunter, mais bien les idées qui font leur force.

Causes qui, d'après lui, ont fait la supériorité des Prussiens.

Le général Dragomiroff insiste encore sur le dévouement des officiers prussiens et la sollicitude de l'administration militaire, qui assura l'exécution de toutes les dispositions nécessaires pour que tous les magasins fussent remplis et pour que fussent amenés sous les drapeaux tous les soldats inscrits sur les contrôles.

Il n'en était pas de même dans l'armée autrichienne. Et c'est pourquoi l'on ne saurait accuser les généraux et les officiers autrichiens de n'avoir pas développé des qualités qui n'existaient pas même dans leur organisation. Si certains chefs ont fait preuve de capacité, ce fut malgré le système établi et non grâce à ce système. Tel fut le général de Gablenz qui montra qu'on pouvait résister même aux fusils à aiguille. Mais l'initiative personnelle des généraux autrichiens se trouva paralysée.

L'idée générale de l'auteur est qu'il existe des systèmes qui favorisent le développement des aptitudes naturelles, tandis que d'autres étouffent ces aptitudes et les paralysent même parfois à dessein.

Éléments de décomposition que renferme l'armée autrichienne.

On soutient de nos jours qu'il y a dans l'armée autrichienne des éléments capables de paralyser ses succès et d'amener sa décomposition. Une brochure intitulée *Germania irredenta* nous dit que la maison de Habsbourg ne doit pas compter sur l'enthousiasme des populations qui lui sont soumises, même au cas d'une invasion russe, et moins encore si l'Autriche se voyait forcée de remplir les clauses de son traité d'alliance avec l'Allemagne et de prêter main-forte à cette dernière.

La plupart des peuples de l'Autriche détestent les Allemands, et les Allemands-Autrichiens craignent que la politique autrichienne ne devienne hostile à l'Allemagne, dès que les Slaves auront conquis une situation prépondérante dans le gouvernement de la monarchie. Le prince de Bismarck a dit que l'empereur François-Joseph n'aurait qu'à monter à cheval pour être suivi de tous ses sujets. C'était vrai dans le passé et ce pourrait l'être également dans l'avenir. Mais cela ne concerne dans tous les cas que la seule personne de François-Joseph, qui a su conquérir la sympathie de tous ceux qu'il gouverne depuis un demi-siècle. Or, on connait peu son successeur, et il est à craindre que ce dernier n'arrive jamais à jouir d'une popularité assez grande pour enrayer tous les courants qui pourraient se produire en cas d'une guerre contre la Russie (1).

Opinion du général russe Kaulbars sur l'armée autrichienne.

Tous les auteurs militaires ne partagent cependant pas cette manière de voir si peu favorable à l'armée autrichienne. Il faut citer ici l'avis de l'auteur russe Meders, c'est le pseudonyme du général Kaulbars — qui fut agent militaire russe à Vienne. Cet auteur dit que la lutte incessante que se livrent les nationalités qui composent l'Autriche pourrait bien, le cas échéant, se répercuter sur l'armée, mais non au point d'en amener la désorganisation.

L'armée autrichienne constitue au contraire un organisme solide, grâce aux sentiments de devoir et d'honneur qui animent ses officiers, grâce aussi à l'esprit de camaraderie et de solidarité qui règne entre eux. Il est possible qu'en cas de défaite la désagrégation se produise dans cette armée, mais on peut être certain que tous les éléments qui la composent marcheront solidairement tant que ses opérations seront couronnées de succès (2).

Quoi qu'il en soit, l'hétérogénéité, au point de vue national, de l'armée autrichienne ne laisse pas d'être une condition défavorable, et la preuve en est dans le nombre de jeunes gens qui se soustraient, même en temps de paix, au service dans cette armée. Bien que certaines parties de la monarchie bénéficient d'une autonomie très étendue, il manque chaque année environ 10 0/0 des conscrits appelés sous les armes, cette portion est bien

(1) La Mobilisation.

(2) *Beiträge zu einer psychologischen Entwickelungsgeschichte der oesterreichischen Armee* (Matériaux pour l'histoire du développement psychologique de l'armée autrichienne).

plus considérable dans les régions slaves et hongroises que dans les régions allemandes ou dans celles où l'élément allemand est en majorité (1).

Le nombre des jeunes gens qui se soustraient au service militaire dans les contrées habitées exclusivement par des Allemands et dans celles où l'élément allemand prédomine ne s'élève qu'à 3,2 0/0 ; en Italie, en France et en Russie, ces mêmes jeunes gens représentent 2,6 0/0 du chiffre total des recrues.

Mais il ne faut pas perdre de vue qu'en Autriche, où les exigences sont moins grandes, on dispense 71,8 0/0 du total des conscrits qui se présentent, en Italie seulement 24,9 0/0, en France 17,5 0/0, en Russie 16,5 0/0 et en Allemagne 8,2 0/0.

Difficulté de préjuger l'avenir de l'Autriche-Hongrie.

En un mot, l'Autriche-Hongrie se trouve aujourd'hui, grâce aux changements politiques et économiques qui s'y sont accomplis, dans une situation telle qu'on ne saurait préjuger de son avenir, en se basant sur son passé. Personne ne saurait prévoir le sort qui lui est réservé. Une pareille incertitude n'est pas faite pour inspirer beaucoup de confiance à l'armée en cas de guerre européenne. Le lien dynastique ne saurait remplacer dans une armée le sentiment national. L'armée autrichienne est composée d'éléments si divers, qu'elle manquera d'idéal et, partant, de cet enthousiasme qu'engendre l'unité nationale. Mais il est juste d'ajouter que les commandants et les officiers subalternes pourront à la guerre déployer les qualités que donnent une bonne éducation militaire et un haut degré de civilisation.

---

(1) « Annuaire Militaire », A. M. Zolotareff, *Matériaux concernant la statistique militaire de la Russie*, tableau CLXXXVII.

L'Armée Italienne.

L'effectif actuel et le passé de l'armée italienne.

L'Italie, comme nous l'avons dit en comparant les effectifs que la France et la Russie pourront opposer à la Triple-Alliance, entretient une grosse armée qui pourra s'élever à un million d'hommes en cas de guerre, en comptant la milice mobile du premier ban. La flotte italienne a des cuirassés de premier ordre, et elle est armée d'environ 700 canons.

L'Italie est par conséquent devenue une puissance militaire avec laquelle on est obligé de compter. Mais il y a trop peu de temps que ce pays occupe cette situation, pour que ses troupes aient pu acquérir la réputation que se sont faite à tour de rôle, depuis le XVIIe siècle, les armées française, prussienne, anglaise et russe. Les troupes italiennes ont essuyé des échecs considérables à côté d'un certain nombre de succès, peu importants il est vrai, mais indiscutables.

Le roi Charles-Albert a été battu par Radetzki, en 1848, à Custozza ; en 1849, à Novare; le roi Victor-Emmanuel a été vaincu en 1866 à Custozza par l'archiduc Albert. La flotte italienne a été battue en même temps à Lissa par l'amiral Tegethoff. Il y a quelques années les Abyssins ont surpris et massacré tout un corps italien en Abyssinie, et le général Baratieri y a perdu toute une avant-garde, forte de 2,000 hommes.

Tous ces faits ont contribué à créer, dans les autres armées, une opinion peu favorable à l'armée italienne. Il est vrai que Machiavel discute l'opinion de ceux qui prétendaient qu'il y avait tout avantage à embaucher des soldats dans les parties septentrionales et non dans les parties méridionales de l'Italie, parce que les Italiens du Nord étaient plus courageux, bien que moins intelligents que ceux du Midi, lesquels en revanche possèdent moins de vertus viriles. Mais Machiavel, en discutant cette opinion, affirmait que l'esprit d'une armée dépend de la sollicitude que lui voue le monarque, et il conseillait de ne pas recourir aux mercenaires, mais de recruter son armée dans son propre pays, quelles qu'en soient les conditions climatériques et géographiques.

Pour se faire une idée juste de ces choses, il faut examiner tous les événements qui s'y rapportent et non les juger à la hâte d'après quelques faits isolés.

Faits qui peuvent donner une idée de la valeur de l'armée italienne.

Que l'Italie ait été vaincue en 1848 et 1849 par l'Autriche, cela n'a rien d'étonnant ; car l'Italie n'était alors représentée que par le royaume de Sardaigne et il y a plutôt lieu d'être surpris qu'un pays de 4 millions d'habitants ait lutté deux fois avec la puissance militaire qui, à cette époque, était l'une des plus fortes de l'Europe. Il n'en n'était plus de même en 1866. Mais les Italiens n'ont été battus que partiellement dans cette guerre et leur armée n'en fut pas désorganisée. Après sa victoire de Custozza, l'archiduc Albert battit en retraite par suite de la défaite que les Prussiens avaient infligée aux Autrichiens en Bohême. Victor-Emmanuel et Cialdini le poursuivirent avec une armée de 200,000 hommes. Puis la guerre fut suspendue grâce à l'intervention de la France.

A propos des défaites de l'armée italienne en 1848, nous citerons une série de faits qui témoignent de la vaillance de ses troupes. En 1849, Garibaldi repoussa, à la tête de ses volontaires, le premier assaut que dirigea contre Rome le général français Oudinot ; le dictateur Manin défendit presque toute une année Venise contre les attaques des troupes autrichiennes ; la division sarde du général de Lamarmora résista en 1855 d'une manière brillante à l'attaque de toutes les forces russes à la Tchernaïa, ce qui fournit aux alliés la possibilité de prendre l'offensive et de remporter une victoire décisive. En 1859, les troupes italiennes, agissant à côté des troupes françaises, se distinguèrent au passage de la Sesia, à San-Martino, Palestro et Solferino, et les généraux Cialdini et Garibaldi y déployèrent de grandes capacités militaires. Même en 1870 et 1871, on vit Garibaldi à la tête de ses volontaires, constituant presque une division, marcher sur Dijon, tandis que l'Europe entière regardait avec effarement sinon avec satisfaction la débâcle de l'armée française, et remporter un succès à Dôle dans un combat d'ailleurs peu important, mais auquel participait une partie de l'avant-garde de Monteyrel.

Rappelons aussi les ordres du jour de Napoléon Ier. Il était dit dans le bulletin du 7 janvier 1809 : « Les troupes italiennes se sont couvertes de gloire ; leur admirable conduite a profondément touché le cœur de l'empereur. Les soldats italiens sont aussi intelligents que braves : ils n'ont fourni aucun sujet de plainte et ont déployé un grand courage. Depuis l'époque romaine, les armes italiennes n'ont pas connu d'époque plus glorieuse. » On lit dans l'ordre du jour du 8 mai 1809 : « Les régiments italiens qui se sont distingués en Pologne, et qui sur les champs de bataille catalans rivalisèrent de bravoure avec les vieux soldats français, se sont couverts de gloire dans toutes les actions. »

L'opinion de Machiavel.

L'opinion de Machiavel, d'après qui l'esprit d'une armée dépend de la sollicitude que lui voue le souverain, était juste de son temps avec Frédéric II, qui fut le grand admirateur de cet écrivain, c'est-à-dire à l'époque où les armées permanentes n'étaient pas très nombreuses. Mais ce qui prédomine dans les armées contemporaines, ce sont les particularités du caractère national, bien que les traditions militaires, l'organisation et l'instruction de l'armée dépendent évidemment du gouvernement de chaque pays. La dynastie de Savoie fut de tout temps belliqueuse. Le roi Victor-Emmanuel commandait lui-même son armée en 1866, de même que son père Charles-Albert en 1849. Tous deux se sont distingués par leur courage. Le roi Humbert a pris part à la guerre de 1859 en qualité de sous-lieutenant; il avait quinze ans à cette époque et, en 1866, à la bataille de Custozza, il commandait une division. Comme Victor-Emmanuel, le roi Humbert est un excellent cavalier.

L'opinion de sir Charles Dilke

Citons maintenant l'opinion de sir Charles Dilke sur l'armée italienne (1). « Le roi Humbert, dit-il, est un officier de cavalerie désireux de se distinguer sur le champ de bataille. Mais les Italiens n'ont qu'une confiance médiocre en leurs généraux. La malheureuse affaire de Saati (en Erythrée), qui valut au général Gené une réprimande et sa révocation, mit en évidence le courage de l'armée italienne, en même temps que l'incapacité de ses chefs. Le roi Humbert est un vrai soldat, et on a lieu d'être persuadé qu'il tirera de son armée le meilleur parti possible. Les soldats italiens apprennent facilement leur métier, et ils ne sont pas exigeants pour la nourriture. Les régiments de chasseurs alpins constituent une excellente infanterie de montagne. Les officiers italiens sont généralement très instruits et l'on a, pour eux, en Italie autant de considération, sinon plus, que dans les pays voisins.

« L'avancement se fait, parmi eux, avec beaucoup d'impartialité, par les soins de commissions spéciales d'inspection, qui tiennent des contrôles où l'on note toutes les particularités caractéristiques des officiers. On prend en considération leur activité, leur initiative, leur énergie, leur droiture, en un mot, tout ce qui peut permettre de les apprécier. Les officiers reconnus incapables sont envoyés dans les services auxiliaires ou dans les cadres des troupes locales... » Mais le même auteur dit que la rapidité du développement de l'armée italienne lui a été, dans une certaine mesure, préjudiciable, surtout aux milices territoriale et mobile. La défectuosité de l'organisation de ces milices est un fait que les militaires italiens ne cherchent pas à dissimuler.

L'opinion du général Pierron.

Un écrivain militaire français, le général Pierron, que nous avons plus d'une fois cité, apprécie comme il suit la situation militaire de l'Italie :

(1) *De l'état actuel de la politique de l'Europe. Les grandes puissances militaires.*

« Avant d'admettre l'Italie dans la Triple-Alliance, les diplomates de l'État-Major prussien posèrent comme condition qu'on mettrait la flotte italienne sur un pied qui lui permît de couper les communications de la France avec ses colonies africaines, et que l'armement de cette flotte serait supérieur à l'armement de la flotte française ; ils exigèrent, en outre, que l'armée de terre fût organisée de telle manière qu'elle pût faire la guerre en dehors des limites de l'Italie. »

Et tout en observant que le littoral de l'Algérie et le golfe du Lion sont trop étendus pour pouvoir être soumis à un blocus effectif, que les passages des Alpes entre la France et l'Italie sont couverts de neige à partir du mois de novembre jusqu'au mois de mai, le général Pierron ajoute : « Quoi qu'il en soit, la flotte et l'armée italienne continuent à augmenter et à se perfectionner. »

L'alliance avec l'Autriche et l'Allemagne n'est cependant pas populaire en Italie, pas plus dans la nation que dans l'armée. Les Italiens n'ont pas oublié qu'ils sont redevables à la France de leur affranchissement du joug autrichien. Et même en admettant que le sentiment de la reconnaissance joue un bien petit rôle dans les relations politiques, il faut reconnaître que l'Italie a bien plus de liens communs avec la France qu'avec l'Autriche et l'Allemagne.

Comment la Triple-Alliance est appréciée en Italie.

La masse du peuple ne connaît pas du tout les Allemands, tandis qu'elle comprend les Français. Les radicaux se sentent, en outre, attirés par les institutions politiques de la France, et quant aux irrédentistes, ils se préoccupent beaucoup plus du Tyrol italien que de la Savoie et de Nice. Les intérêts économiques de l'Italie du Nord, qui est un pays d'agriculture, sont étroitement unis avec ceux de la France et le refus de celle-ci de renouveler le traité de commerce, refus motivé par les relations tendues qui existent entre les deux pays, a causé à l'Italie des pertes très sensibles.

Ce qui a pu déterminer l'Italie à adhérer à la Triple-Alliance.

L'écrivain militaire russe qui se cache sous le pseudonyme d'Antisarmaticus examine les raisons qui ont pu déterminer l'Italie à adhérer à la Triple-Alliance dirigée contre la France et la Russie, et fait la juste réflexion que, si l'Allemagne a aidé l'Italie en 1866, les intérêts de l'Autriche lui sont pourtant plus proches que ceux de l'Italie ; que, si l'Allemagne réussissait à conquérir l'hégémonie complète en Europe, elle montrerait peut-être à l'égard de l'Italie les tendances de l'ancien empire romano-germanique en assujettissant la péninsule des Apennins ; que l'Autriche a de tout temps été l'ennemie de l'Italie et que la France, au contraire, a beaucoup contribué à son unification bien qu'elle ait annexé la Tunisie (c'est là du reste une question qui pourrait être aplanie au moyen d'une entente);

ıfin, que la Russie est trop éloignée de l'Italie pour que les intérêts de ɔs deux pays puissent se heurter nulle part.

On pourrait, il est vrai, répondre que l'Italie a des griefs sérieux contre . France depuis le massacre des ouvriers italiens par les ouvriers franıis et l'acquittement de ces derniers par les cours d'assises de leur pays, nsi qu'en raison du ton outrageant affecté par la presse française à l'égard e l'Italie; on pourrait également rappeler que certains journaux russes nt aujourd'hui valoir en Afrique des « intérêts russes » susceptibles de ɔntrarier ceux de l'Italie. Mais la diversité même de ces raisons contractoires prouve à elle seule qu'il n'existe pas, actuellement, dans ce pays, courant capable de déterminer une guerre contre la France, dans le but reconquérir la Savoie, qui était la province la plus pauvre de la Péninıle; et qu'une telle entreprise y serait considérée non seulement comme ès risquée, mais aussi comme peu avantageuse, même en cas de succès. n attendant, l'Italie aura bien du mal à supporter le poids des charges ı'elle s'est imposées pour satisfaire l'orgueil de son gouvernement.

L'Armée Russe.

Étant donnée l'organisation des armées modernes, les troupes des différents pays se distinguent les unes des autres, moins par les conditions du service, par l'entraînement militaire, en un mot par l'esprit militaire propre à tel ou tel système, à telle ou telle école, que par le caractère national et les qualités mêmes des nations que représentent ces armées respectives. Leurs qualités dépendent en grande partie des particularités physiques de la population des différents pays.

I

Nulle armée n'a éprouvé de changements aussi radicaux, depuis deux ou trois dizaines d'années, que l'armée russe; aussi est-il nécessaire de jeter un coup d'œil en arrière pour apprécier l'esprit de cette armée.

Le soldat russe du temps passé.

Le soldat enrôlé de jadis abandonnait, pour presque toute sa vie, sa famille et la société civile, pour ne plus faire partie que de la classe militaire. Son nouvel état lui faisait perdre le goût du travail productif. Il s'habituait à voir les choses à travers le prisme de la vie de caserne et à les apprécier en conséquence. La morale civile perdait toute valeur à ses yeux et tout délit, si répréhensible fût-il aux yeux de cette morale, lui semblait permis du moment où le coupable échappait à la punition et ne la faisait pas retomber sur ses camarades.

Tout disparaissait : le sentiment des devoirs de citoyen, celui de la légalité, de la justice; même le patriotisme du soldat était empreint d'un caractere spécial, car son pays le traitait en paria et il ne considérait pas la patrie comme une mère, mais comme une marâtre (1).

Mais il était, en revanche, étroitement lié à son milieu et en appréciait d'autant plus sa corporation ; les soldats s'habituaient à la marche et au rang, au point qu'on pouvait parier que la majorité d'entre eux ne quitteraient pas leur corps même dans les circonstances les plus critiques. Il y

(1) Général Masloff, *Études scientifiques sur la tactique.*

avait bien dans le nombre, dit le général Masloff, des vauriens qui abandonnaient leur régiment pour se livrer au pillage et à la maraude, mais la masse restait rivée aux rangs.

Les vertus militaires inoculées aux soldats de Pierre Ier se traduisaient par un véritable culte du rang. Ce culte, qui, plus tard, passa par des alternatives diverses, a subsisté jusqu'à nos jours et constitue encore une des qualités distinctives du soldat russe. On peut juger de la puissance de ce sentiment de solidarité en lisant dans l'ouvrage du comte Tolstoï : *La Guerre et la Paix*, la description de l'attaque exécutée par deux bataillons du 6e chasseurs à la bataille de Schœngraben. Toutes les figures sont vivantes dans cette description, et il est impossible de rendre mieux que ne l'a fait l'auteur l'état d'âme de ces hommes.

« Quel était alors le principal et unique souci de chaque individu ? Le désir d'exécuter aussi bien que possible les ordres du chef de bataillon. Celui-ci, l'épée en main, conduit l'attaque sans songer un instant que lui-même n'est pas armé. Le sous-officier, qui trébuche sur le corps d'un camarade tué par un boulet de canon, s'empresse de serrer les rangs et de se remettre au pas. Les boulets, les balles, les colonnes ennemies qui viennent à leur rencontre ne les inquiètent pas : ils se sentent tous entraînés par le rythme du mouvement collectif. Ce rythme, cette unité d'exécution est nécessaire et constitue une grande force. Bagration, l'élève de Souvaroff, qui avait compris cette vérité, sut en titrer le meilleur parti.

« L'attaque du 6e chasseurs, exécutée dans ces conditions, dut nécessairement être couronnée de succès. Quand les hommes marchant au combat veulent se ditinguer aux yeux de leurs chefs, on peut être sûr qu'ils iront jusqu'au bout et qu'ils culbuteront tout ce qui se trouvera sur leur chemin. »

Peu d'aptitude du soldat russe à la guerre d'aujourd'hui.

Mais depuis que les armes à feu ont été perfectionnées, la marche en colonne compacte est rarement admissible dans les combats : il faut s'avancer en ordre dispersé. Or, le soldat de l'école de Nicolas Ier n'est guère capable d'agir isolément, c'est là un effet même de son entraînement. Et bien qu'on lui ait appris à marcher et à combattre en ordre dispersé, il n'a pu pendant la guerre de Crimée de 1854-55 se mesurer avec le soldat français. Il est vrai que le soldat russe était moins bien armé que son adversaire. Et pourtant l'ordre dispersé n'avait pas, à cette époque, l'importance qu'il aura dans la guerre future.

Le feu infernal produit par les armes actuelles suppose un fonds immense d'énergie et de courage chez le combattant, un désir indomptable de joindre l'ennemi. On ne peut surveiller le soldat isolément, et ce dernier sera naturellement tenté de quitter le champ de bataille où le danger augmente à chaque pas. Puis, quand les troupes avançaient en colonnes compactes, chaque soldat se sentait électrisé par l'exemple de son voisin et par l'influence imposante de la masse ; il n'y a rien de tout cela quand on marche en ordre dispersé.

Le soldat est, en outre, constamment hanté par la pensée que si l'ennemi venait à attaquer en colonnes, il serait, lui et toute la chaîne de tirailleurs, repoussé de sa position. Pour que le tirailleur puisse combattre efficacement en présence du feu des armes actuelles et, le cas échéant, se rendre maître de la position ennemie, il faut qu'il avance sans y être stimulé par ses chefs, qu'il n'éprouve aucune espèce de tentation, qu'il ne transige pas avec sa conscience, qu'il ne pense qu'à bien remplir son devoir ; il faut qu'il se sente déshonoré dans le cas où il aurait failli à ce devoir, au point de préférer la mort au déshonneur.

Ce sont là des conditions que les soldats russes rempliront encore à un plus haut degré que ceux des autres armées.

II

Les qualités du soldat russe actuel.

L'armée russe, comme la population même de l'Empire, se compose en majeure partie de paysans agriculteurs, de gens simples, moins développés que les soldats des autres armées, mais possédant beaucoup de bon sens naturel. C'est un bon sens plutôt passif, qui leur permet surtout de se conformer aux conditions où ils se trouvent et de se rendre compte rapidement de tout ce qui les entoure. Leur esprit n'est ni lourd ni étroit, mais ils manquent d'initiative ; c'est là un effet du servage et de la possession commune de la terre.

Le soldat russe est plus capable d'endurer quelque temps de grandes privations et même d'accomplir de hauts faits héroïques que de se livrer longtemps à un travail systématique et suivi. C'est toujours le même agriculteur russe que les conditions climatériques ont habitué à un travail irrégulier. Quand vient le temps des travaux du labour, il est capable d'abattre une quantité de besogne presque incroyable, et il le fait avec beaucoup d'entrain.

La nature s'est montrée mauvaise calculatrice en l'obligeant à faire le travail de toute l'année durant la courte période de l'été, et en le condamnant à l'inactivité durant les longs mois de l'hiver.

Le soldat russe va volontiers à la guerre et se transporte gaiement d'un endroit à l'autre, comme le paysan russe, qui, lui, s'en va d'un cœur léger dans les contrées les plus lointaines, même en Sibérie.

L'instinct nomade subsiste encore dans la nation, comme la tradition inconsciente de la grande colonisation des bords du Volga et de l'Oural. Et ces qualités seront des plus appréciables dans la guerre future, qui durera certainement très longtemps.

Dans les armées de l'Europe centrale, comme nous l'avons déjà indiqué, des mouvements très dangereux sont à craindre dans les rangs mêmes des troupes si la guerre vient à se prolonger outre mesure, tandis qu'il n'y a pas lieu de craindre que pareille chose se produise en Russie. Les conditions de dislocation de l'armée et l'absence du principe territorial dans le recrutement font que le soldat russe est tout à fait détaché de son foyer et de son pays dès l'instant où il entre au service.

Voilà pourquoi il quitte plus facilement le lieu de cantonnement, de même que le paysan russe quitte facilement sa glèbe, sachant que son absence n'occasionnera guère de grands changements dans son ménage, en raison même de l'état primitif de celui-ci.

Ses aptitudes physiques et sa discipline.

Le soldat russe a l'habitude des procédés simples en toutes choses : il sait profiter de tous les avantages qui s'offrent à lui et il supporte tous les contretemps, mais il ne sait pas créer des conditions à sa convenance ni dominer celles qui ne lui conviennent pas. Jamais il ne laissera passer l'occasion de manger autant qu'il peut et de boire plus qu'il ne faut, mais personne n'est plus capable de résister même à la faim et de parcourir de grandes distances sans prendre de nourriture. Il est bon marcheur, car il s'est entraîné à franchir les grandes distances qui séparent sa commune des communes voisines et son champ de sa maison. Les paysans s'en vont à pied dans des contrées éloignées, même à des milliers de kilomètres de leur village, pour trouver un endroit où ils puissent se fixer, et ils retournent chez eux sans même emporter de provisions et en tendant la main aux passants.

Le soldat russe est d'autant plus passif et discipliné qu'il s'est habitué à l'être dans sa famille et dans sa commune. Dans sa maison, il a subi le despotisme du père ; dans les conseils du village, celui de « ce grand homme » qu'est la majorité ; les autorités communales avaient le droit de le faire fustiger le cas échéant, les autres autorités supérieures, il ne les a jamais connues, mais elles ne lui en inspiraient que plus de respect et de crainte. Tout cela a contribué à développer chez lui cet esprit de subordination qui lui est, pour ainsi dire, entré dans le sang.

Le soldat russe n'est pas atteint de la contagion antimilitariste ; il n'en a jamais entendu parler. Et même, s'il éprouve le besoin de changer les conditions de son existence, c'est uniquement parce qu'il désire devenir propriétaire d'un lopin de terre. Ses aspirations ne vont pas plus loin.

Le soldat russe est, malgré la discipline sévère qu'il subit, très attaché à ses officiers.

L'auteur polonais Tanski (1) avoue que, même au temps où la discipline était cruelle, le soldat russe se sacrifiait pour sauver son officier du danger, et partageait avec lui son dernier morceau de pain.

Son infériorité au point de vue intellectuel.

Mais le jeune soldat russe n'est pas capable de travail intellectuel. D'après le recensement de 1887, on compte, sur 1,000 soldats de nationalité russe, 687 ne sachant ni lire ni écrire, et sur 1,000 soldats de nationalité polonaise, 822 ne possédant aucun rudiment d'instruction intellectuelle (2).

Le nombre de ceux qui ont fait, dans les écoles communales, des études suffisantes pour bénéficier de certains privilèges est encore très peu considérable. Sur 959,897 hommes ayant fréquenté ces écoles, 11,103 seulement ont obtenu des diplômes en vertu desquels ils appartenaient à l'une des trois catégories de privilégiés quant au service militaire (3).

Il y a dans l'armée russe, comme dans les autres, des écoles de régiment, et l'on ne choisit les sous-officiers que parmi les hommes sachant lire et écrire. Depuis 1887 on a même créé un bataillon d'instruction pour sous-officiers, mais il est évident que le développement intellectuel des simples soldats et des sous-officiers dépend principalement du degré de l'instruction générale d'un pays. Voilà pourquoi le sous-officier allemand est supérieur à tous les autres sous-officiers ; car, sur 1,000 hommes, il n'y en a dans ce pays que 13 ne sachant ni lire ni écrire. Vient ensuite la France (131 sur 1,000), puis l'Italie et l'Autriche (399 et 480 sur 1,000).

III

Valeur que lui donnent ses sentiments religieux.

La religion est, pour le soldat russe, la source principale de sa force de résistance et de son courage ; c'est un fait que reconnaissent aussi bien les officiers russes que les auteurs étrangers. Le colonel français Oméga démontre que le fanatisme religieux et la croyance en l'immortalité de l'âme constituent l'un des principaux facteurs du courage militaire des musul-

(1) Tanski, *Russlands Politik und Heer.*

(2) Il n'est évidemment question pour ces derniers que de savoir lire et écrire en langue russe : *Sbornik svédénïi po Rossïi* (Recueil des renseignements concernant la Russie).

(3) En 1895 il y a eu 24,061 conscrits de cette catégorie (Voir le *Rouskïi Invalid* de l'année 1896, n° 219). Bien que ce chiffre soit plus que le double de celui que nous donnons plus haut, il n'infirme pas ce que nous avançons au sujet de l'infériorité de l'instruction du soldat russe comparée à l'instruction des soldats des autres armées européennes.

mans, et que ces croyances inspiraient également autrefois les armées d l'Occident ; elles ont déterminé les croisades et nombre d'autres guerre religieuses jusqu'au temps de Louis XIII. A la bataille de Granson, le soldats suisses tombaient à genoux en offrant leur vie en sacrifice ; le chevaliers bourguignons se moquaient d'eux, disant que ces paysans implo raient leur pardon. Or, ces paysans ont vaincu l'armée de Charles le Témé raire.

L'un des généraux russes les plus connus attribue une très grand importance aux sentiments religieux du soldat russe. Il dit qu'à une certain distance des positions ennemies, à 800 pas environ, tous les soldats font l signe de la croix, après quoi une certaine exaltation les gagne ; dès lor on n'entend plus de jurons dans les rangs et même le sentiment de leu inégalité à l'égard de leurs chefs faiblit simultanément : « Tout le mond est égal devant Dieu (1). »

Le soldat russe est un peu fataliste à la manière des Orientaux : « On n peut éviter ce qui doit arriver ». Un officier nous a raconté qu'au momen où les troupes russes se trouvaient à une petite distance de Constantinopl et lorsqu'on avait déjà signé les préliminaires de la paix, il se rendit e compagnie de son aide de camp à la mosquée de Sainte-Sophie, alor remplie de malades et de blessés ; aucun de ces malheureux ne pronon d'imprécations contre l'ennemi. Un des Turcs qu'il questionna à ce suj par l'intermédiaire d'un interprète lui dit : « Dieu l'a voulu et vous autr n'êtes qu'un instrument entre ses mains. »

Le général Masloff dit que depuis les temps les plus reculés on ne s'e jamais préoccupé en Russie de développer les sentiments religieux du sold russe, parce que ces sentiments se sont conservés intacts chez lui jusqu nos jours. Le lien qui unit l'Église et l'armée est très ancien, et il s'est resser dans toutes les guerres. Les peuples dont les sentiments religieux sont pe développés, et chez lesquels ces sentiments n'unissent pas les citoyen manquent évidemment d'une grande force morale, de cette force qui a jou un si grand rôle dans les destinées du peuple russe.

Herrschelmann a raison de dire que « nous aurions tort de ne p compter, en temps de guerre, sur les sentiments religieux de n soldats (2) ».

Fait caractéristique à ce sujet.

Le général Kouropatkine raconte un fait caractéristique qui s'est pr duit pendant la guerre de 1877 (3). Le bataillon esthonien qui, lors d

(1) *L'art de combattre.*

(2) Général Masloff : *Études scientifiques sur la tactique.*

(3) *L'action des troupes du général Skobeleff.*

l'attaque de Loutcha, avait été envoyé pour s'emparer du cimetière et qui n'avait encore jamais été au feu auparavant, chercha immédiatement à s'abriter derrière les maisons qui se trouvaient derrière le cimetière. Skobeleff s'en étant aperçu, donna aux hommes la leçon suivante : il fit disposer le bataillon au milieu du cimetière, et le fit avancer, front déployé, dans la direction de l'ennemi. Skobeleff réprimanda en même temps les hommes à cause du désordre qui régnait dans les rangs et, sous le feu de l'ennemi, il leur fit faire l'exercice. Les Turcs, en voyant cette colonne compacte, dirigèrent sur elle le feu de leur infanterie. Quelques hommes furent blessés, mais le bataillon n'en continua pas moins à faire l'exercice jusqu'au moment où Skobeleff l'envoya à un autre endroit où il se rendit en bon ordre.

Le docteur Botkine esquisse aussi de main de maître le caractère héroïque du soldat russe.

« Il faut, écrit-il à sa femme, connaître nos soldats, ces gens de caractère si doux, qui marchent sous la pluie des balles avec la même docilité qu'à l'exercice, pour comprendre le sentiment que j'éprouve en songeant que tant de milliers d'entre eux sont morts sans murmurer, profondément persuadés de la sainteté de la cause pour laquelle ils ont combattu avec tant d'entrain, et à laquelle ils ont sacrifié leur vie avec tant de bonne grâce. »

On peut ajouter que la pauvreté du paysan, et l'habitude qu'il a des privations de tout genre, le rendent plus résistant et moins attaché à la vie.

IV

Citons encore, pour caractériser le soldat russe, quelques épisodes de la guerre de 1877-78.

Héroïsme des soldats russes à Chipka.

Commençons par la défense héroïque de Chipka. Voici comment un auteur allemand, le général von Boguslawski, la décrit en peu de mots (1) : « La garnison russe, forte de 3,000 hommes tout au plus, se défendait avec la plus grande énergie. Mais quand les Turcs eurent réussi à s'emparer des crêtes des hauteurs dominant le col, le détachement russe faillit périr ; il fut sauvé par les renforts appartenant au VIIIe corps d'armée, commandé par le général Radetzki.

(1) Général A. von Boguslawski : *Die Entwickelung der Taktik seit 1870.* — Berlin, 1885.

« Les Russes reconquirent alors les hauteurs. Souleyman, après avoir essayé pendant plusieurs jours de reprendre ces positions d'assaut, retira son avant-garde de la ligne du feu et se retrancha en face des positions russes, sur d'autres hauteurs qu'il avait occupées antérieurement. Son armée se composait de 50,000 hommes, auxquels les Russes n'en pouvaient opposer que 13,000. Et comme Souleyman avait perdu 12,000 à 15,000 hommes dans ces combats, il y avait, pour chaque soldat russe, un Turc mort ou blessé. »

Très intéressant est aussi le récit de l'attaché militaire prussien, le major Liegnitz, témoin de l'assaut que les Turcs livrèrent à Chipka, et qui dura quatre jours.

« Le 9 août, le combat commença à 7 heures du matin. Les Turcs exécutèrent leur première attaque contre les positions russes. Refoulés, ils revinrent aussitôt à la charge avec des troupes fraîches, et ce jour-là ils exécutèrent dix attaques. Ces attaques se faisaient en chaînes compactes et sur trois lignes au son du tambour et au cri de : Allah ! Malgré leur insuccès, les Turcs recommençaient ces attaques sans se décourager, et la dernière eut lieu à 8 heures du soir, au clair de lune. Après qu'elle eut été repoussée, une fusillade nourrie des deux côtés fut entretenue durant toute la nuit, jusqu'au moment où la lune ayant disparu, le terrain fut plongé dans les ténèbres.

« Le lendemain, les Turcs entreprirent un mouvement tournant contre les deux flancs russes. Ils disposèrent deux batteries à longue portée, et, couverts par ces batteries, ils commencèrent à creuser des tranchées.

« Le combat d'artillerie dura toute la journée. Mais les tirailleurs circassiens embusqués firent beaucoup plus de mal aux Russes que les canons turcs. Le 11 août, un combat furieux s'engagea dès le lever du soleil et l'on vit tout de suite que les Russes seraient vaincus s'ils ne recevaient pas à temps des renforts.

« Les Turcs placèrent dix canons sur la *Lyssaïa Gora* (montagne chauve), et dirigèrent leur feu contre les batteries russes.

« Quatre canons de 4 livres et deux de 9 livres pouvaient seuls leur répondre. Une batterie russe, qui d'abord avait essuyé le feu de l'ennemi sans lui répondre, fit quelques ouvertures dans son épaulement, disposa ses canons dans la direction du versant de la montagne et commença à mitrailler les assaillants. L'infanterie peu nombreuse qui défendait les canons fut exterminée. Il restait une poignée d'hommes qui n'en pouvaient plus de fatigue. Les Turcs donnaient l'assaut à la batterie avec une ardeur incroyable, des masses de corps humains roulaient dans le précipice. Mais de nouvelles troupes les remplaçaient et marchaient à l'attaque. La batterie centrale dut soutenir une lutte inégale contre dix canons ennemis et une

Turcs prenant d'assaut une position occupée par les Russes à Chipka.

LA GUERRE FUTURE (P. 363, TOME II).

nombreuse infanterie, mais elle résista d'une manière désespérée. Ce combat dura jusqu'à 5 heures du soir.

« A ce moment les assiégés étaient très peu nombreux et leur situation devint très critique. Les renforts ne venaient pas ; les derniers soldats des régiments d'Orel et de Briantz repoussaient encore les assaillants dans les buissons... On croyait tout perdu ; le cercle menaçant que formaient les troupes turques se resserrait, puis se détendait, comme s'ils avaient peur, malgré l'immense supériorité de leurs forces, d'entreprendre la lutte corps à corps avec cette poignée d'adversaires. Tout à coup on entend derrière soi des mots de commandement et l'on voit accourir une compagnie de chasseurs vers la batterie centrale. Dès lors, certain du succès, tout le monde se porte en avant et aux cris de « hourra ! » on fait jouer les baïonnettes.

« Cette contre-attaque des assiégés fut si vigoureuse que l'ennemi se troubla. Un combat terrible s'engagea qui dura jusqu'à minuit. C'était le général Radetzki qui avait amené les chasseurs sur la position. Les renforts consistaient en une brigade d'infanterie, deux batteries et deux canons de montagne. Les chasseurs furent mis à cheval et arrivèrent à temps pour sauver les défenseurs de Chipka. En quittant Chipka, le 12 août, le major Liegnitz était déjà persuadé que les Russes se maintiendraient sur leurs positions malgré leur terrible fatigue. »

Le 13 août, ils gardèrent, en effet, la position malgré leurs grandes pertes et l'insuffisance de cartouches. Le combat dura ce jour-là jusqu'à dix heures du soir, et les Turcs envoyèrent continuellement de nouvelles forces à l'attaque.

Le dessin que nous donnons ci-contre représente le moment, où, manquant de cartouches, les Russes se défendirent à coups de pierres.

V

Endurance montrée par les soldats russes au passage des Balkans.

Les combats dont nous venons de parler avaient lieu pendant les grandes chaleurs. Pour donner une idée de l'endurance des soldats russes, nous parlerons du passage des Balkans, accompli, lui, au commencement de l'hiver. Nous trouvons la description de ce passage dans l'ouvrage intitulé *l'Armée russe et ses chefs ;* elle est tirée des renseignements d'un correspondant qui suivait l'armée du général Gourko.

Les châussures toujours mouillées ne tardèrent pas à se déchirer et la plupart des hommes enveloppèrent leurs pieds de morceaux de toile en attachant par-dessous, en guise de semelles, des morceaux de cuir. Les manteaux étaient en loques, les uniformes et les pantalons de drap étaien pourris et les soldats avaient mis des pantalons de grosse toile. Le ling était en haillons; on l'utilisa pour faire de la charpie. Les gants n'exis taient plus et la main dégantée touchait au fer. C'est le capuchon q défendait principalement contre le froid. Les hommes mettaient par-dessu leurs manteaux — ils n'en avaient même pas tous — des draps de lit fait en toile de tente, qui, étant humides, se raidissaient quand il gelait. Le soldats ainsi vêtus, et grelottant sous l'effet des brouillards qui planaien sur les crêtes des montagnes, s'attelaient aux canons et les transportaie sur les sentiers remplis de verglas. Et quand il n'y avait pas de brouillar c'était un vent aigu qui fouettait le visage et gelait les mains q tiraient sur la corde ou portaient le fusil, au point qu'on finissait par n plus les sentir.

On se reposait sous des tentes où l'on avait jeté du bois mort sur l terre à défaut de paille. Mais le vent emportait les tentes ou bien les déchi rait. On se chauffait autour de feux qui donnaient plus de fumée que d flammes, et qu'il était très difficile d'allumer.

Le bois manquant, on fut obligé d'abattre des arbres; et, les solda n'ayant point de cognées, s'en tiraient avec leurs couteaux. On cuisait d la soupe aux choux à base de viande; la viande ne manquait pas, mais o manquait de pain; il n'y avait plus ni biscuits ni sel. Il fallait faire ven les vivres de très loin et, pour les amener sur les crêtes, il fallait presqu autant d'efforts que pour y transporter les canons.

Les sentinelles gelaient très souvent au point d'en mourir; ceux q avaient les pieds ou les mains gelés périssaient également pour la plupar car les maisons étaient distantes de 20 kilomètres.

Mais la plus grande discipline ne résiste pas toujours à la défaite. Voi un épisode du siège de Plewna, raconté par un témoin oculaire (1). « Nou n'avions pas fait 12 verstes (kilomètres), quand un spectacle encore plu navrant s'offrit à nos yeux.

« D'un mamelon peu élevé nous voyons dans la vallée, à perte de vu nos soldats marchant par petits groupes de cinq ou six hommes, isolémen parfois aussi par groupes de cinquante à soixante hommes. Nous n'aperce vons pas d'officiers avec eux.

« Voilà notre armée, nos troupes victorieuses. Ont-ils, pensai-je, franc tant de milliers de kilomètres pour fuir maintenant d'une manière aus honteuse? Les soldats marchent en désordre, il n'y a chez eux aucune tra de discipline. Nous joignons un groupe d'environ cinquante hommes. Il a là des képis de toutes les couleurs; des artilleurs, des cavaliers, tout

(1) **Véréchtchaguine**, *Chez soi et à la guerre.*

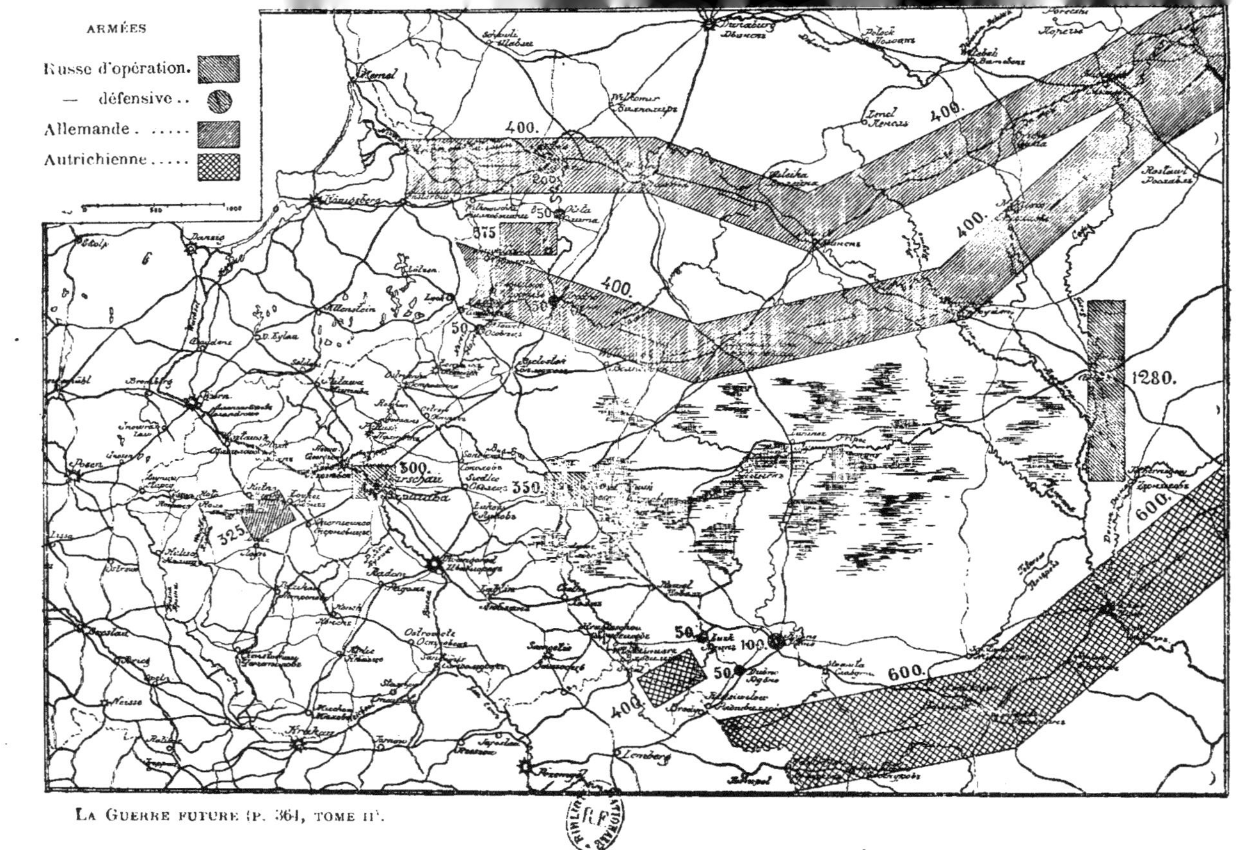

La Guerre future (p. 364, tome II).

les armes en un mot y sont réunies. Les uns ont leur manteau sur les épaules, les autres le portent sur le bras, d'autres sur leur fusil

« — Où donc sont les vôtres? demande Skobeleff

« — Je crois bien qu'ils sont tous là, répond l'un d'eux d'une voix trainante en regardant ses camarades avec des yeux étonnés.

« — Comment tous? et où donc est le chef du régiment, où sont les chefs de bataillon, les chefs de compagnie? demande Skobeleff avec impatience, et l'expression de son visage devient de plus en plus sombre.

« Là-dessus le soldat devient tout à coup très communicatif : « — Le chef du régiment est tué, les chefs de bataillon sont tués, et les autres sont tous présents, il me semble! — Et le soldat regarde de nouveau ses compagnons d'une manière singulièrement triste, comme s'il voulait leur dire : Eh bien, camarades, ne me trahissez pas, s'il faut périr, périssons ensemble. Le soldat sentait bien qu'il s'était commis quelque chose de blâmable et il se considérait lui-même comme fautif d'avoir fui avec les autres.

« — Qu'est-ce que tu me chantes là! crie Skobeleff. Mais le soldat est lancé; il n'a plus peur maintenant et il recommence de sa voix traînante :

« — Nous sommes allés à l'attaque, Excellence; nous avons pris les premiers retranchements, les deuxièmes, puis les troisièmes. Tout à coup, nous voyons notre artillerie qui bat en retraite. Nous restons un instant, et puis nous battions en retraite, nous aussi. C'est alors qu'ils ont commencé à nous décimer. Ils ont tué le commandant du régiment, le chef de la compagnie et les officiers subalternes.

« — Et où allez-vous maintenant? demande Skobeleff.

« — Chez nous, vers le Danube, en Russie! »

Son intrépidité à l'assaut de Gorny-Doubniak.

L'auteur de l'ouvrage intitulé *l'Armée russe* admire l'intrépidité du soldat russe allant au feu. Lors de l'assaut de Gorny-Doubniak, le sol était littéralement jonché de cadavres dans la zone où la pluie des projectiles était le plus intense, et, malgré cela, les attaques succédaient aux attaques, et certains corps de troupes étaient obligés de rester immobiles sous un feu meurtrier pendant des heures entières. L'impression était d'autant plus forte qu'on ne voyait pas l'ennemi, qui tirait de derrière les redoutes, et qu'on ne pouvait le viser. Tout cela faisait que nombre de soldats marchant à l'attaque s'endormaient dès qu'ils se couchaient à terre à certains moments, et qu'atteints d'un projectile dans cette position, ils ne se réveillaient plus.

Défauts des officiers russes.

Tout en rendant justice au courage et à l'extraordinaire endurance des soldats russes, ce même auteur parle aussi de leurs défauts, surtout de ceux des officiers. « Dans l'âme du Russe, dit-il, il y a de l'héroïsme, et les officiers savent l'évoquer chez les soldats. S'ils savaient aussi bien diriger combat que développer l'énergie des troupes, ils seraient tout à fait à hauteur de leur tâche et constitueraient des chefs vraiment dignes d qualités inhérentes au soldat russe. En tant que soldats, les officiers russ sont incomparables, mais en tant qu'officiers, ils ne sont pas aussi dign d'éloges. La réputation de l'infanterie russe, du reste, ne date pas d'hie

Opinion de Napoléon à Austerlitz.

Déjà, Napoléon disait à ses soldats à la bataille d'Austerlitz : « Cet journée va montrer si vous êtes réellement la première infanterie du mon ou seulement la seconde. » Mais on affirmait en même temps que « l'infanter russe n'est invincible qu'en masse. Le combat en ordre dispersé, exécu derrière des abris que chaque soldat doit trouver lui-même et qu'il do abandonner ensuite pour en chercher d'autres en avançant toujours, ajou un nouvel élément à l'idée que l'on s'était faite du fantassin russe alo que cet élément n'existait pas encore. »

Pour bien apprécier les conclusions de l'auteur précite, il est indispe sable de se rappeler que l'armée russe était bien différente en 1877-1878 celles qu'on avait vues dans les campagnes antérieures, et que, dans guerre future, elle différera beaucoup, sous le rapport des éléments qui composeront, de celle de 1877-1878. Il n'y avait déjà plus, en 1877, da les rangs de l'armée russe, de soldats voués à ce métier pour une périod de 25 ans, de soldats n'ayant plus de liens avec leur famille ni avec le commune et se disant « hommes appartenant à l'État ». Mais seize a seulement s'étaient écoulés depuis l'abolissement du servage et trois a depuis l'abandon de l'ancien système de recrutement.

VI

Désavantages, pour les soldats russes des conditions nouvelles de combat.

Or, il faut reconnaître que les conditions nouvelles de combat so désavantageuses pour l'armée russe, en ce sens qu'elles diminuent l'impo tance des qualités que les troupes russes possèdent dans une si granc mesure. C'est dans l'attaque à la baïonnette, à la Souvaroff, que le sold russe a excellé de tout temps, ainsi que dans la défense passive et énergiqu des forts et des retranchements.

L'assaut de Gorny-Doubniak, exécuté sous un feu meurtrier, constitu cela est vrai, un magnifique fait d'armes. Les pertes furent immenses, mai les positions turques furent enlevées.

C'est là, du reste, le seul exemple d'un assaut réussi contre des positions fortement défendues pendant toute la guerre de 1877-1878. Nous ne mettons pas au même rang l'assaut de Kars, où les troupes russes se conduisirent aussi très héroïquement, parce que la forteresse de Kars avait une garnison trop peu considérable pour que nous puissions affirmer qu'elle ait été bien défendue. Les trois assauts contre Plewna furent repoussés. L'assaut de Khéwine fut un insuccès complet, qui détermina l'insuccès de la première campagne en Asie Mineure. A Chipka, les Russes repoussèrent héroïquement l'attaque intrépide des Turcs, mais ils n'attaquèrent pas eux-mêmes.

Un fait d'armes pareil à celui exécuté contre Gorny-Doubniak ne pourra guère se répéter à l'avenir, étant donnés les armes et les projectiles perfectionnés dont on dispose aujourd'hui.

L'héroïsme que déployèrent les troupes russes dans cette affaire fut certainement très grand, puisqu'elles y perdirent le tiers des effectifs engagés. Mais il n'y a pas d'héroïsme capable de résister aux pertes qui se produiraient aujourd'hui si l'on entreprenait d'exécuter coûte que coûte une attaque pareille à celle dont nous venons de parler. Quant à la défense, elle devra, comme nous l'avons déjà démontré ailleurs, aboutir invariablement à la capitulation, dans le cas où elle serait passive et où les assiégés manqueraient d'initiative. Or, l'initiative est autre chose que l'esprit de sacrifice pur, que le dévouement et la faculté d'endurer toutes les privations.

L'absence de fumée sur le champ de bataille, la grande distance à laquelle commencera la lutte, l'ordre dispersé, sont des conditions nouvelles qui impliquent de nouvelles exigences tant au point de vue de l'instruction militaire qu'à celui de l'instruction des officiers de tous grades, des sous-officiers et des soldats eux-mêmes, qui doivent être capables d'agir à la suite d'un premier ordre donné sans attendre des ordres ultérieurs. Or, au point de vue du développement intellectuel, le soldat russe laisse encore beaucoup à désirer.

Le soldat russe est mauvais éclaireur.

Le baron Tettau (1) dit que le soldat russe est généralement un mauvais éclaireur. « C'est un simple paysan, très intelligent, mais sachant rarement lire et écrire, et incapable de rédiger le moindre rapport; cela provient de ce que l'instruction est très peu répandue en Russie. » Cette appréciation n'est pas exempte d'exagération, car tout le monde sait qu'il n'y a pas de meilleurs éclaireurs au monde que les Cosaques. Ensuite, grâce aux écoles de régiment, il est certain que tous ceux qui seraient chargés de

(1) Freiherr von Tettau, *Der Felddienst in der russischen Armee*. — Berlin, 1893.

conduire des reconnaissances ou des patrouilles, y compris les sergents, sauraient lire et écrire, du moins au début de la guerre. Les pertes en hommes, que déterminera la lutte, modifieront nécessairement cet état de choses. Il n'est pas douteux, dans tous les cas, que le nombre des hommes tant soit peu développés intellectuellement, à plus forte raison des hommes instruits, ne soit moins considérable dans l'armée russe que dans les autres.

Qualités des officiers russes.

Ce sont les pertes en officiers qui seront surtout très grandes dans la guerre future. Car les officiers auront à faire de plus grands efforts et seront obligés de s'exposer plus que les soldats; et l'ennemi saura que l'armée russe se ressentira plus que toute autre de ses pertes en officiers. Quand les chefs bien préparés viendront à manquer, on sera forcé de les remplacer par des officiers incapables. Mais quel que soit le degré d'instruction des officiers russes, ils possèdent une qualité très précieuse dans le métier des armes et surtout sur le champ de bataille : ils savent imposer leur volonté aux soldats et prendre résolûment un parti dans les moments critiques. C'est précisément ce que Napoléon appelait « caractère » en parlant de lui-même. « Le coup d'œil militaire, écrivait-il dans sa captivité, c'est la faculté de saisir promptement et sans se tromper les conditions d'une attaque ou d'une défense. Mes propres capacités consistaient dans la rapidité des opérations de mon cerveau : je pensais simplement plus vite que les autres ». Le « caractère » ainsi défini, c'est la décision en présence des difficultés et la faculté d'imposer sa volonté.

On peut posséder cette qualité-là, même sans avoir une grande force de caractère, c'est-à-dire sans être très persévérant en toutes choses ; et le Slave est rarement persévérant.

Mais bien que le dévouement des soldats, la fermeté des chefs et leur faculté de se décider rapidement constituent des éléments très importants de victoire, ils peuvent, en cas d'insuccès, amener des pertes plus considérables que dans les autres armées.

Le célèbre défenseur de Sébastopol, Totleben, dit, dans sa *Description de la défense de Sébastopol*, que les fusils non rayés russes ne portaient qu'à 300 pas, tandis que les carabines rayées des Alliés tuaient à 1,200 pas et de plus loin encore. On a constaté ce fait à l'Alma, on en a eu la confirmation à Inkermann et à la Tchernaïa. Or, malgré cela, Sébastopol a résisté plus de onze mois, bien qu'on n'eût aucun espoir de le sauver. La défense de Metz fut tout l'opposé de la défense de Sébastopol.

Citons ici l'opinion intéressante d'un auteur allemand sur le caractère russe (1).

(1) O. Wachs, *Das russische Volk und Heer.* — Rathenow, 1891.

Contradictions du caractère russe

Il indique certaines contradictions dans ce caractère : le passage facile direct de l'inactivité à un travail très fatigant, de la bonne humeur à la lère, d'une complète et humble subordination à la révolte ouverte; l'au-ce et la grande sûreté de soi-même dans le domaine intellectuel à côté une grande timidité, d'une hésitation et d'un pessimisme pusillanime dans domaine de la vie sociale; et à côté de beaucoup d'initiative intellectuelle, constate très peu d'énergie dans l'exécution des plans conçus.

VII

Ce qu'il faut faire pour le soldat russe.

En résumant tout ce que nous venons de dire du soldat russe, nous vons reconnaître que ses qualités sont très appréciables. Ce qui lui anque surtout, c'est le développement de ses facultés intellectuelles.

Ce qui importe donc le plus, quant à présent, c'est de relever son indi-dualité, de développer son intelligence, son énergie, sa faculté de prendre ne décision, son ingéniosité, sa persévérance dans la poursuite des buts roposés : bref, les qualités dont un guerrier moderne ne peut se passer dont les soldats de notre armée portent en eux tous les germes.

Un auteur russe, Kouzmine Karavaïeff, dit à ce sujet :

« Les principes de la tactique moderne sont diamétralement opposés à eux qui étaient en honneur du temps de Frédéric II. On n'étonnerait lus personne par la régularité des mouvements des troupes pendant la ataille. La précision du tir, qui seule est capable de préparer l'acte écisif : l'attaque à la baïonnette, constitue la base de la lutte. L'ordre de ombat actuel est l'ordre dispersé. Le succès, tout le monde l'admet, dépend e l'énergie et de l'intensité de l'attaque.

Tant que les armes à feu n'étaient pas très perfectionnées, la préci-on du tir n'avait qu'une importance secondaire : le résultat dépendait e la quantité de balles qu'on lançait à la fois. Aujourd'hui, la précision u tir est la condition première. Et pour que le tir soit juste, il faut ue le tireur apprécie lui-même la distance qui le sépare du but qu'il vise, u'il choisisse lui-même l'endroit qui lui convient et le moment de tirer, n tenant compte de toutes les conditions qui peuvent influencer le tir : e vent, la lumière, et le temps clair ou brumeux.

Alors que la défense était dans l'impossibilité d'utiliser les avantages ocaux, son succès dépendait de la résistance passive des masses de trou-es. Maintenant qu'on utilise ces avantages dans une très large mesure, la ésistance passive n'est plus un élément essentiel de succès. Aujourd'hui s'agit d'opposer une résistance active, et chaque combattant doit être convaincu et pénétré de cette nécessité. L'instruction individuelle du solda son ingéniosité, son entrainement, son indépendance morale, qui, suivar Dragomiroff, était considérée comme chose « absolument inutile », sino nuisible, du temps de Frédéric II, deviennent de plus en plus indispensable

Résultat du service obligatoire.

D'autre part, le recrutement basé sur le principe du service obligatoir universel fournit un contingent relativement élevé au point de vue intellectue Antérieurement, le passage d'un homme sous les drapeaux était la consé quence des conditions d'existence très difficiles dans lesquelles il se trouva ou du fait qu'il appartenait aux classes sociales inférieures, tandis qu'il consi tue aujourd'hui un devoir auquel aucun citoyen n'a le droit de se soustrair

La période du service militaire actif est courte. Le soldat en entrai dans l'armée ne perd aucun de ses droits civiques, et ses liens avec la socié et l'État demeurent intacts. Il n'est donc plus, comme par le passé, hanté d désir de déserter. Et l'on n'a plus besoin de le surveiller, au détriment de avantages offerts aux combattants par le champ de bataille et par l'ordr de combat dispersé; cette tactique constitue désormais comme le centre d gravité de l'action stratégique.

En présence de conditions aussi différentes, la discipline a d nécessairement être modifiée. Le développement de l'individualité du sold est désormais indispensable : *le soldat automate est le plus mauvais age qu'on puisse employer dans les combats modernes;* il faut relever l'indiv dualité du soldat, il faut par tous les moyens développer ses qualit morales actives.

Il en résulte d'une manière absolue que le principe de l'obéissance r saurait plus désormais être le seul régulateur des relations entre l'offici et ses subordonnés. Il faut que cette obéissance soit raisonnée, et seul, commandement adressé à des colonnes compactes doit déterminer ur exécution automatique, tandis qu'en dehors de ce cas, l'exécutant do chercher à exécuter le commandement aussi bien que possible.

Obligations imposées par les conditions actuelles de la guerre.

Les conditions actuelles de la guerre impliquent en outre pour chaqu soldat des exigences très grandes et très étendues, mais plus grand encore pour chaque officier, à commencer par le chef d'une section.

Les anciennes relations entre officiers et soldats ne comportaie que l'exécution irraisonnée et aveugle des ordres reçus, étouffaient positi vement les qualités morales de l'homme, le *désindividualisaient* et déve loppaient en lui le sentiment de la peur de son chef. De la part de c dernier elles conduisaient à l'arbitraire. Dragomiroff a dit : « Si vous voul que le soldat soit plus apte à entrer dans une certaine disposition d'âm tâchez de faire en sorte que cette disposition naisse dans son âme le plu souvent possible. Par contre, évitez d'y déterminer les dispositions contraires à la mission d'un combattant. Or, quoi de plus méprisable chez un combattant que le sentiment de la peur qui paralyse à la fois son esprit et sa volonté? Il faut donc conduire le soldat de telle manière qu'il éprouve le sentiment de la peur le plus rarement possible; car quiconque s'est habitué à trembler devant tout tremblera nécessairement devant l'ennemi.

« Quand le soldat est certain que personne n'a le droit de le toucher du bout du doigt de l'instant qu'il a accompli son devoir, il n'y a pas à craindre de voir naître en lui le sentiment d'une peur inconsciente; mais s'il n'a pas cette certitude, ce sentiment de la peur risque de se manifester dans son esprit. Or, qui peut lui donner cette certitude? — Une organisation d'après laquelle le soldat sait toujours d'avance ce qu'il doit faire; un système qui exclut comme un crime l'arbitraire de la part des officiers supérieurs aussi bien que des officiers subalternes.

« Si tel doit être le système de l'éducation militaire, les conditions de la discipline doivent s'en ressentir, car la discipline est un agent éducateur des plus puissants. Et la façon dont on l'envisage, dont on l'applique dans la loi et dans la vie de chaque jour, peut à elle seule déterminer la physionomie morale d'une armée.

« Le subalterne a des devoirs à remplir, mais il doit aussi bénéficier de certains droits. Le chef a des droits également, mais il doit avoir certains devoirs (1). »

Nous sommes obligés d'aborder ici une question particulière très délicate, celle des garanties qu'il y a lieu de donner au soldat pour le mettre à l'abri des cruautés de la part des sous-officiers et des officiers. Et toute question d'humanité mise à part, nous ferons remarquer que ces garanties sont indispensables en raison même des nouvelles conditions de la guerre. On exigera plus des masses armées dans les luttes futures, qu'on n'en a jamais exigé dans le passé; on leur demandera plus de dévouement et plus de travail qu'autrefois, et ces masses seront composées pour moitié de gens arrachés à leurs occupations pacifiques. Il faut donc écarter tout ce qui pourrait les mécontenter.

Ce que sont actuellement les lois militaires.

Les lois militaires actuelles frappent le soldat de peines très dures pour des délits parfois peu importants. Telle est celle qui consiste à envoyer le coupable dans des compagnies de discipline, où il subit les punitions corporelles pour les moindres fautes qu'il commet. Or, un régime qui soumet indéfiniment les hommes à la schlague, qui permet de les fustiger chaque jour, ouvre évidemment la porte à l'arbitraire et aux abus d'autorité.

(1) V.-D. Kouzmine-Karavaïeff, *La loi criminelle militaire.*

Autrefois, ce régime était celui de tous les soldats qui n'appartenaient pas aux classes privilégiées. A cette époque le fréquent usage de la verge se changeait souvent en torture pour l'homme qui n'était pas aimé de son capitaine, voire même de son sergent. Il arrivait alors que des soldats ainsi martyrisés se rendaient coupables d'un vrai crime dans l'unique but de se soustraire à une nouvelle punition corporelle, en s'asseyant sur le banc des accusés. Cela donna même lieu à une disposition aux termes de laquelle les coupables devaient, dans des cas pareils, purger la peine encourue pour une faute de discipline avant d'être jugés pour le crime en question.

Nous n'allons pas aussi loin que les auteurs dont nous avons parlé dans notre chapitre consacré au mouvement antimilitariste, et qui prétendent que la profession des armes seule développe la cruauté chez les officiers. Mais il est certain qu'il est des gens auxquels il ne répugne pas de faire fustiger leurs subordonnés, et qui même y trouvent un plaisir étrange; ce fait est prouvé par la description de la vie des séminaires dans les anciens temps (Pomialowsky et autres).

Il est vrai qu'en temps de paix un soldat ne peut être envoyé aux corps de discipline qu'en vertu d'un jugement; mais en temps de guerre le chef du régiment peut l'y envoyer sans l'autorisation de qui que ce soit. Or, étant donné le service militaire obligatoire, voilà qui n'est pas rassurant pour les citoyens appelés sous les drapeaux en cas de mobilisation : ce n'est pas seulement aux balles qu'ils sont exposés. Le comte Pfeil parle dans ses ouvrages de plusieurs accidents malheureux amenés par les châtiments corporels. Le récit auquel nous avons emprunté l'épisode de la rencontre du général Skobeleff avec les fugitifs de Plewna contient un autre épisode :

Un épisode de Plewna.

Mikhaïl Dimitriévitch n'a trouvé à sa place que la brigade du général Gorchkoff. Ce dernier était assis sur un tambour; devant lui étaient rangés plusieurs bataillons qu'il se disposait à faire fustiger; toute une montagne de verges se dressait à côté. Gorchkoff crie en s'adressant à ses soldats :

« Ah ! vous songez à fuir, tas de canailles ! Je vous apprendrai à fuir, espèces de ..... J'ai trois maisons à Saint-Pétersbourg, j'ai cent mille roubles et je n'ai pas peur. Et vous autres, vous qui n'avez que des poux, vous avez peur ! Il faut vous donner la verge pour cela, à tous. Espèces de canailles, couchez-vous ! » Les soldats se couchent. Gorchkoff se fait un instant et puis il crie : « Eh bien ! levez-vous, Dieu vous pardonnera. » Et le général estima lui-même qu'il était impossible d'exécuter sa menace.

Or, depuis lors, vingt ans se sont écoulés et la façon d'envisager les choses s'est beaucoup modifiée. Bien des « zemstvos » réclament actuellement la suppression des verges dans les tribunaux communaux. Mais si les verges viennent à disparaître dans les campagnes, elles ne pourront guère subsister dans l'armée.

Les peines corporelles en Russie et à la guerre.

Kouzmine Karavaïeff cite dans un de ses ouvrages l'extrait suivant du journal de la séance plénière du Conseil d'État du 30 septembre 1864 :

« On ne saurait nier que la peine des verges ne soit absolument nuisible; non seulement elle empêche les mœurs de s'adoucir mais elle entrave le developpement du sentiment de l'honneur et du devoir moral dans la nation, c'est-à-dire d'un sentiment qui combat la criminalité d'une manière bien plus efficace que la sévérité du code pénal. »

Ce même auteur dit que cette manière de voir peut être appliquée dans toute son étendue aux peines corporelles dans l'armée (1).

Voici ce que dit le capitaine Paul Marin (2) du Russe appartenant à la basse classe de la société :

« Par un contraste singulier, ce demi-esclave, cet homme croyant, humble et doué d'un bon naturel, supporte mal les châtiments corporels que lui font subir ses supérieurs. La rage qu'il en conçoit le pousse parfois à la vengeance. Est-ce l'effet d'une révolte de la dignité humaine ou simplement un phénomène de la sauvagerie inhérente à la race? »

Il y a beaucoup d'exagération dans cette affirmation ; mais cette remarque prouve cependant que l'étranger a découvert dans le Russe appartenant au peuple un sentiment que d'autres Russes affectent d'ignorer, savoir que la peine des verges le révolte.

Non seulement les principes humanitaires, mais l'intérêt moral de l'armée se prononcent contre la peine des verges. Voici ce que disait à ce sujet le maréchal Marmont :

« Le chef ne doit jamais infliger de punitions qui impliquent le mépris; tout ce qui rabaisse et humilie le soldat diminue sa valeur individuelle ; tout ce qui le rehausse à ses propres yeux développe au contraire ses capacités. »

Les conditions mêmes de la guerre future, comme nous l'avons déjà fait remarquer plus haut, exigent qu'on épargne aux masses les influences défavorables inutiles. Ce n'est pas tout de dire : autres temps, autres mœurs ; il faut ajouter qu'en présence d'une tactique de combat différente, il faut adopter de nouvelles mesures pour entretenir la discipline dans les troupes, même en temps de paix.

---

(1) Kouzmine Karavaïeff, *Caractéristique du Code en général et du Code pénal militaire en particulier.* — Saint-Pétersbourg, 1890.

(2) Marin, *La Russie militaire et la guerre européenne.*— Paris, 1893.

Nécessité d'établir aujourd'hui la discipline sur d'autres bases.

A ce point de vue, certains moyens étaient bons quand les soldats avançaient en colonnes compactes et tiraient régulièrement par salves, de manière que le commandant pouvait voir le canon de chaque fusil. Aujourd'hui, la discipline doit être établie sur d'autres bases, et ces bases doivent être plus élevées, puisqu'on exige du soldat qu'il soit indépendant dans une certaine mesure et qu'il sache tirer parti de la conformation topographique du terrain, puisque le feu est exécuté par une file de tirailleurs disséminés, que chacun vise ce qu'il veut, tire comme il l'entend, et disparaît souvent même aux yeux du sous-officier. Plus le soldat devient le contraire d'un automate, plus il devient indépendant pendant le combat, et plus il est nécessaire que la discipline soit établie sur des bases morales, sur la solidarité mutuelle du soldat et du chef ; il faut que cette discipline ne repose pas sur la peur, mais sur la confiance.

Les verges sont d'autant moins à recommander en temps de guerre que le corps des officiers se modifiera sensiblement dès les premières affaires. D'autres remplaceront ceux qui auront été mis hors de combat, et ces remplaçants seront moins expérimentés et moins instruits que leurs prédécesseurs. Il y aura certainement dans le nombre des officiers de réserve possédant une instruction moyenne ou même supérieure, des volontaires ayant subi leurs examens d'officier. Mais cette élite sera peu nombreuse, car les volontaires eux-mêmes n'abondent pas dans l'armée, et tous ne réussissent pas à passer leur examen d'officier.

Pendant la dernière guerre que la Russie a faite en Europe, c'est-à-dire de 1877 à 1878, on n'a pas encore été à même d'apprécier les résultats du service militaire obligatoire de courte durée, dont le but est de créer de grandes réserves et de préparer la levée générale pour le cas où il serait nécessaire de convoquer sous les armes tous les hommes valides. La mobilisation s'est effectuée deux ans après la promulgation de la loi sur le service militaire obligatoire. Il est vrai que, même avant 1874, le service n'était déjà plus, en réalité, de longue durée, et que les soldats engagés obtenaient au bout d'assez peu de temps des congés illimités. Et l'armée de 1877 se composait de l'armée active complétée par les soldats qui avaient bénéficié de ces congés illimités. Ce n'était pas encore une armée constituée par le service obligatoire. Voici pourquoi certaines questions essentielles touchant à l'organisation militaire n'ont pas encore été résolues expérimentalement. Il faut pourtant que la réforme s'accomplisse d'une manière rationnelle dans tous ses détails. Étant sur le principe de la fusion de toutes les castes, il n'y doit rester aucune trace du système qui se basait sur le servage. Si l'on n'a pas encore recueilli sous ce rapport l'expérience que donnerait une guerre européenne, il faut cependant écarter de cette armée, sortie du service obligatoire et universel, tous les éléments qui en pourraient affaiblir l'esprit.

VIII

Degré d'instruction des soldats des différentes armées.

Les classes plus instruites, qui fourniront des officiers pour remplacer ceux qui auront été mis hors de combat, se trouvent dans des conditions d'existence beaucoup plus complexes que les autres. La question du courage inné mise à part, elles ne sont pas inférieures aux couches instruites des autres pays et il ne reste qu'à savoir si elles ont la persévérance, la fermeté de caractère nécessaires pour l'accomplissement d'un travail continu en temps de paix, et si nous avons assez d'hommes ayant reçu une instruction moyenne et supérieure. Il ne faut pas perdre de vue que le servage, en supprimant pour toute une classe la lutte pour l'existence, n'a guère contribué à former des caractères, à apprendre aux hommes à se commander et à vaincre les difficultés qui se rencontrent dans la vie. Il est vrai que la nouvelle génération s'est élevée dans d'autres conditions et qu'elle a été à l'école de la concurrence. Mais les mœurs ne changent pas en même temps que les conditions de l'existence, les habitudes dont on a hérité ne disparaissent pas tout à fait dès la première génération.

Les personnes ayant reçu une éducation moyenne ou supérieure ou ayant suivi complètement les cours d'une école quelconque sont, en général, beaucoup moins nombreuses en Russie que dans les autres pays de l'Europe. Le tableau suivant, qui est tout en faveur de l'Allemagne, nous permettra de juger de ce que chaque pays peut avoir d'officiers possédant une instruction supérieure. Les volontaires, c'est-à-dire les soldats ayant droit à certaines prérogatives par suite de leur degré d'instruction, constituaient, en 1891, 3,25 % du total de l'armée allemande. Nous ne trouvons une pareille proportion dans aucune autre armée européenne, où il y avait sur 1,000 conscrits :

	Première catégorie : ayant reçu une instruction supérieure	Deuxième catégorie : ayant suivi complètement les cours du lycée.	Troisième catégorie : ayant suivi complètement les cours d'une autre école.	Quatrième catégorie : ayant suivi complètement les cours de l'école primaire.
En France	10	16	624	
En Autriche.	21	5	37	737
En Hongrie	18	5	35	643
En Russie.	4,5	2,2	8,9	42,7
En Pologne.	0,7	0,5	2,8	1,6

L'état de l'instruction publique dans un pays affecte surtout la masse des soldats. Tous les officiers ont de l'instruction, et la question se réduit à ceci que, dans un pays où l'instruction publique est plus répandue, il existe plus d'hommes capables de choisir telle ou telle profession suivant leur goût. Plus il y a d'hommes instruits dans un pays, plus il renferme théoriquement parlant, d'hommes éminents dans la spécialité militaire, plus il s'y trouvera d'officiers capables de se révéler grands stratégistes.

Conditions nécessaires pour bien commander.

Mais en raisonnant ainsi il ne faut oublier que, pour commander avec succès, il est beaucoup plus indispensable d'avoir de la fermeté de caractères et de la volonté que de l'instruction scientifique. « Avoir des généraux résolus, capables d'agir avec fermeté — dit un écrivain russe — c'est la première condition de succès à la guerre. Le maréchal Marmont affirme avec raison que la principale qualité d'un général consiste dans l'équilibre parfait de l'élévation de son esprit et de sa force de volonté.

« Si l'homme voit au delà des limites de sa force de volonté, il n'est qu'un théoricien qui n'exécutera jamais ses plans ; s'il a du savoir, mais plus de résolution que de savoir, il se lancera dans des entreprises dont son esprit n'aura pas suffisamment mûri le but final et qui seront trop risquées.

« Les capacités militaires consistent dans l'équilibre des facultés de l'homme. Ces capacités forment une infinité d'échelons analogues mais de dimensions différentes, en commençant par Napoléon et en finissant par un commandant de compagnie. Voilà pourquoi tant de capitaines distingués n'ont pas brillé par leur instruction ou leur intelligence. Il s'ensuit également qu'il y a eu dans chaque nation d'excellents capitaines, à défaut de stratégistes géniaux. Il n'existe guère de gouvernement qui n'ait trouvé des gens capables pour commander ses troupes. On en trouvera aussi en Russie (1). »

Mais il faut remarquer que tout cela s'est dit avant l'invention de la poudre sans fumée et avant que les armes n'aient été perfectionnées au point où elles le sont actuellement. Espérons, cependant, que ces appréciations ne cesseront pas d'être justes, malgré les conditions dix fois plus compliquées qui régiront les guerres futures.

La question de l'initiative individuelle

Ici se pose la question de l'initiative individuelle, c'est-à-dire de ce côté du génie militaire qu'on est en droit d'appeler le côté créateur.

En parlant de l'indépendance des chefs militaires, le général Voïdé cite un ouvrage du général Pouzyrevski intitulé *La guerre russo-polonaise de 1831*, et il dit : « Nous trouvons dans cet excellent ouvrage la description

(1) Général Fadéïeff, *Les forces armées de la Russie.*

de bien des actions très remarquables exécutées par des commandants russes de détachements isolés, mais nous n'y trouvons aucun exemple de l'exécution des ordres reçus, dans le sens de l'indépendance comme on la comprend aujourd'hui. Et pourtant, cet auteur qui est très moderne n'aurait pu omettre de citer de pareils exemples s'il s'en était produit. »

Ajoutons à ce que nous venons de dire les appréciations d'un écrivain militaire russe très connu, le général Kouropatkine (1), lequel, en parlant de l'assaut avorté de Plewna du 30 août, dit entre autres choses : « Nombre de chefs de différents grades ont trop peu d'initiative ; beaucoup d'entre eux attendaient des ordres pour savoir ce qu'ils devaient faire et comment ils devaient le faire ; quand on leur reprochait avec raison de n'avoir ni agi, ni aidé les autres, ils répondaient : « Je n'ai pas reçu d'ordres ». Le général Kouropatkine ajoute qu'au point de vue de l'initiative les troupes du Caucase se sont toujours avantageusement distinguées des autres, ce qui s'explique par ce fait que leurs commandants sont habitués à plus d'indépendance, par suite des opérations isolées contre les montagnards qu'ont souvent à exécuter de petits détachements conduits par des officiers subalternes.

En 1861 plus de la moitié des officiers russes (54,3 0/0) n'avaient pas même le certificat d'études moyennes (2). La réorganisation de l'armée accomplie par le comte Miloutine a de beaucoup augmenté le pour cent des officiers ayant fait des études moyennes et supérieures, et le progrès dans ce sens continue. A qui n'a pas fait d'études supérieures, il est désormais presque impossible d'obtenir un commandement général ou même celui d'un régiment.

Si l'on classe les écoles de younkers parmi celles de second rang, ce qui est juste puisqu'on y fait apprendre tout ce qui s'enseigne dans les lycées, on trouve que la majorité, 75 0/0, des commandants de compagnie de l'armée russe, ont reçu une éducation moyenne. Les appréciations citées plus haut ne répondent donc plus à la réalité actuelle.

IX

Causes historiques de l'état actuel du corps d'officiers russes.

Des causes historiques expliquent que le corps des officiers russes, en tant que partie de la société russe, ait gardé jusqu'à nos jours plus de vestiges du passé que ceux des puissances plus avancées que la Russie au point de vue de l'instruction publique. Les ennemis de la Russie

(1) *Opérations des troupes commandées par le général Skobeleff.*

(2) Revue scientifique, *L'instruction des officiers russes.*

soulignent ce fait et assurent que le présent ne diffère guère du passé sous ce rapport. Mais c'est là une grosse erreur, sinon même une dénaturation préconçue de la vérité.

Le caractère du corps des officiers russes s'est déjà beaucoup modifié dans la seconde moitié du siècle dernier, et depuis, c'est-à-dire durant une période de plus d'un siècle, l'esprit, les connaissances et le caractère des occupations des officiers n'ont pas cessé de progresser.

Il est vrai qu'aux temps anciens la Russie différait beaucoup de l'Occident à ce point de vue. Tandis que les corps d'officiers des pays occidentaux s'étaient formés sous l'influence des coutumes chevaleresques, ce qui mettait dans le milieu de ces gentilshommes une teinte de dignité et des relations de camaraderie amicale, les mœurs des officiers russes étaient encore très grossières.

État des choses à l'époque de Pierre Ier

Le général Masloff dit qu'étant donné le faible développement des idées chevaleresques en Russie, les relations entre officiers subalternes et supérieurs étaient, du temps de Pierre Ier, empreintes d'une servilité asiatique. L'ambassadeur danois Jul, qui décrivit les coutumes russes de ce temps, dit : « Quand les officiers viennent chez leur général, ils le saluent jusqu'à terre, ils lui versent le vin dans son verre et le servent comme s'ils étaient ses domestiques. » Il est dit, entre autres choses, dans les mémoires du major d'artillerie Daniloff, que le sentiment du devoir civique n'était guère développé chez les gentilshommes russes, pas plus que le sentiment de leur propre dignité, de sorte que personne ne servait dans l'armée de son propre gré et qu'il fallait y contraindre les fils des nobles. Les gentilshommes considéraient jusqu'à l'époque de Pierre Ier comme un honneur de servir chez de puissants seigneurs, mais ils évitaient autant que possible de servir l'État.

C'est seulement plus tard que les idées sur ce sujet se modifièrent, et cette modification s'accomplit avec une telle rapidité que les officiers de la seconde moitié du XVIIIe siècle étaient déjà des représentants des plus hautes sphères de la noblesse et imbus de sentiments chevaleresques.

Roumiantseff, dont la popularité dans l'armée russe était énorme, disait que « l'honneur » doit être la devise du soldat. L'honneur, dit-il, doit être le mobile et le but de toutes les actions de l'homme.

Un autre trait caractéristique du corps des officiers du XVIIIe et du commencement du XIXe siècle consistait dans la morgue qu'ils affectaient tous ; ce trait se retrouvait, du reste, dans les autres armées européennes.

Le simple soldat qui n'avait aucune éducation fut bientôt dépouillé de tous ses droits. Les officiers n'avaient en outre que de faibles idées de la *légalité* et de *l'honnêteté*. Le gouvernement, à partir de Pierre Ier, avait beau exiger qu'on fournît aux soldats tout ce qu'ils devaient recevoir aux termes des règlements. L'absence des sentiments de légalité et d'honnêteté dans la population et même chez les nobles entretenait les abus qui existaient dans l'armée. Les officiers faisaient tous fortune avec ce qu'ils volaient aux troupes placées sous leurs ordres; cela se faisait presque ouvertement et même l'on s en vantait.

Au temps de Catherine II.

On lit dans le journal *Voïennaïa rousskaia Cila* que, du temps de Catherine II, environ 50,000 soldats exerçant différents métiers vivaient dans les propriétés de leurs chefs et travaillaient pour ces derniers. Il manquait souvent la moitié des chevaux dans les régiments de cavalerie. Les chefs des corps de troupes exploitaient de leur mieux les hommes et les animaux qui leur étaient confiés, comme s'ils en étaient les propriétaires. Les commandants de compagnie tiraient aussi des bénéfices considérables de l'unité de troupes qu'ils commandaient. Un tel état de choses affaiblissait l'armée et même la décomposait (1). Et pourtant les armées russes firent des merveilles aussi bien au XVIIIe siècle que pendant la guerre de 1812.

Sous le règne Nicolas Ier

Nous avons démontré, dans notre chapitre consacré au ravitaillement des armées, que, pendant tout le règne de Nicolas Ier, les prévarications étaient passées à l'état d'habitude dans l'armée russe, qu'elles y constituaient, en quelque sorte, une règle générale. Les réformes accomplies par Alexandre II déracinèrent ce mal dans une certaine mesure, et en 1877 les abus, bien que fréquents encore, n'étaient cependant plus que des cas isolés. La règle générale est en train de passer à l'état d'exception. Vingt ans se sont écoulés depuis 1877 et tous les efforts du gouvernement tendent à faire disparaître complètement « les revenus illégaux ». Cela se comprend.

« Jamais, dit le général Masloff, l'honnêteté n'a été appelée à jouer un rôle aussi sérieux pendant la guerre que de nos jours, étant donnée l'immensité des armées modernes.

« Si dans le passé déjà, l'armée souffrait beaucoup des « revenus illégaux » que se créaient les officiers, si cela faisait parfois échouer les campagnes, il est certain qu'en présence des frais considérables que nécessitera le ravitaillement si difficile des armées modernes, ce genre d'abus serait désastreux. Sans parler des dépenses immenses que l'État fait pour l'armée et qui n'ont relativement qu'une importance secondaire, il faut songer au mal résultant de ce que les spéculateurs malhonnêtes ne

(1) Général Masloff, *Études scientifiques sur la tactique*.

fournissent pas aux soldats tout ce dont ils ont besoin, aux souffrances auxquelles ils exposent les troupes et à l'affaiblissement qui en est la conséquence. Voilà pourquoi l'honnêteté doit compter parmi les grandes vertus militaires.

Aujourd'hui.

« On attache beaucoup plus d'importance qu'autrefois à l'honnêteté de tous ceux qui ont un grade dans l'armée, qu'ils soient chefs d'un corps de troupe ou simples sergents. Cette qualité s'est, en effet, développée dans l'armée, grâce à une organisation plus rationnelle de son administration et de l'intendance, grâce aussi au contrôle exercé en campagne et à la plus grande publicité éclairant les affaires pécuniaires qui se faisaient dans les ténèbres. L'honnêteté se propage rapidement dans toute l'armée à la faveur du contrôle mutuel qui étouffe le mal dans son germe (1) ».

Étant données ces nouvelles conditions, on peut être certain qu'il n'y aura plus dans la guerre future d'abus de ce genre, ou, tout au moins, qu'il ne s'en produira que très rarement.

Mais les écrivains étrangers signalent encore une particularité capable d'exercer une influence défavorable sur la marche des événements.

Jalousie mutuelle entre les chefs.

Le comte Pfeil, officier de l'état-major allemand qui a servi dans l'armée russe pendant la guerre de 1877-1878, cite dans ses rapports des cas où certains commandants de corps de troupes, poussés par la jalousie, refusaient de prêter main-forte à d'autres chefs. Le comte de Coursy, qui fut agent militaire français en Russie, a également pris part à la guerre de 1877-1878. Il dit que pendant les opérations en Asie Mineure, certains chefs avaient trop le souci de se distinguer, et que par suite ils perdaient de vue le but commun. Ainsi lorsque, d'après les dispositions prises, une troupe devait attendre avant d'attaquer qu'une autre troupe eût pris l'ennemi en flanc, le commandant de la première attaquait souvent, s'il le jugeait bon, sans attendre le moment convenu, et poussé par son désir de se distinguer.

Le général de Coursy ajoute que le but personnel ainsi poursuivi était parfois atteint en pareil cas, et que le chef subalterne était récompensé alors qu'il aurait dû être puni.

Mais n'est-il pas plus juste de dire que cette remarque peut être appliquée à toutes les armées, par exemple à l'armée allemande, dans la personne du général Steinmetz? Elle ne constitue pas une particularité propre à une armée déterminée.

(1) Général Masloff, *Études scientifiques sur la tactique.*

Tendance à flatter les supérieurs, même au détriment du service.

Ce même officier français a dit que, dans l'armée russe, les officiers subalternes ont surtout souci de prendre le vent qui souffle des sphères hiérarchiques supérieures, et d'agir comme le désirent leurs chefs, même dans le cas où ils ne partagent pas l'opinion de ces derniers et où cette manière d'agir ne cadre pas avec l'état réel des choses. Il est clair que, si cela est vrai, on peut redouter les conséquences les plus désastreuses, car les chefs qui se tromperaient reconnaîtraient trop tard leur erreur.

Il n'est évidemment pas facile de corriger un tel défaut en raison de l'entière soumission que les officiers subalternes doivent à leurs supérieurs. Le seul moyen consisterait à donner le plus d'indépendance possible aux chefs inférieurs, chose absolument commandée d'ailleurs par les nouvelles conditions que constituent la grande étendue du théâtre de la guerre et des champs de bataille, en raison de l'énorme effectif des troupes, de l'étendue du front et de la portée des armes. Les commandants supérieurs ne doivent pas gêner ceux des moindres corps de troupes par des prescriptions et des ordres trop détaillés, ils doivent se borner à leur indiquer le but de la tâche qu'ils les chargent d'accomplir. C'est de ce principe que s'inspirèrent en 1870 l'Etat-Major et les chefs des armées allemandes. L'éminent général Steinmetz fut révoqué pour avoir commencé le combat sans se conformer au plan général. Mais les chefs des moindres corps de troupes avaient la faculté de déployer leur initiative du moment où ils se conformaient au plan général et poursuivaient le but qui leur était marqué. Les commandants de corps d'armée, de division, etc. restaient libres de choisir le procédé au moyen duquel ils croyaient le plus sûrement atteindre ce but.

X

L'esprit de carrière règne parmi les officiers russes.

On ne saurait nier que l'esprit de carrière ne règne parmi les officiers russes. L'auteur allemand Wachs écrit : « Nulle part les conditions ne sont plus favorables au développement de l'esprit de carrière que dans l'armée russe, comme, par exemple, le système qui consiste à faire avancer rapidement les officiers supérieurs et les généraux qui se distinguent, et la supériorité des grades dans la garde sur les mêmes grades dans l'armée. Cela fait qu'il y a toujours eu dans cette armée beaucoup de jeunes généraux et beaucoup d'officiers supérieurs âgés. Le nombre des jeunes généraux a du reste été diminué ces temps derniers, parce que l'autorité militaire elle-même s'est rendu compte des inconvénients de ce système d'avancement, et fait tous ses efforts pour les supprimer. Les jeunes colonels qui sortent de la garde sont nombreux, mais ils restent dans ce même grade dix à douze ans, même dans les conditions les plus favorables, de sorte qu'i est rare qu'un colonel soit nommé général-major avant l'âge de 40 ans. On peut faire remarquer à ce sujet qu'on ne sait pas encore lesquels, des jeunes ou des vieux généraux se révéleront plus capables pendant la prochaine guerre. Un long service rend routinier, et la routine ne vaut rien dans les conditions actuelles. Les vieilles maximes telles que celle de Souvaroff: « la balle est une sotte, mais la baïonnette est une gaillarde », pourraien devenir dangereuses pour ceux qui s'y tiendraient trop strictement.

Les meilleurs officiers employés aux services auxiliaires.

Mais il est encore un mal que nous indique un écrivain compétent et de beaucoup de talent, le colonel d'état-major Terekhoff (1). Ce mal consiste à distraire du service actif, pour les verser dans les services auxiliaires, les hommes les plus capables. Les officiers des services auxiliaires, dit-il, sont très avantagés par rapport à ceux de l'armée active, tant au point de vue de l'avancement, qu'à celui de la solde et des gratifications ; ils ne supportent pas les charges du service actif, sont plus indépendants que leurs collègues et font plus rapidement leur carrière que ces derniers.

C'est ce qui explique pourquoi, dans les régiments d'infanterie, on ne trouve au service actif que 1/6 à 1/5 du total des officiers ayant passé par les écoles de guerre, tandis que la moitié des officiers supérieurs sont employés aux services auxiliaires, ainsi qu'il ressort du tableau suivant

	Généraux	Colonels	Lieut.-Colonels	Total
Nombre total....	1.121	2.206	3.493	6.820
De ce nombre :				
Au service actif..	532	1.082	2.073	3.687
Aux services auxiliaires........	589	1.124	1.420	3.138

Représentons ces résultats graphiquement :

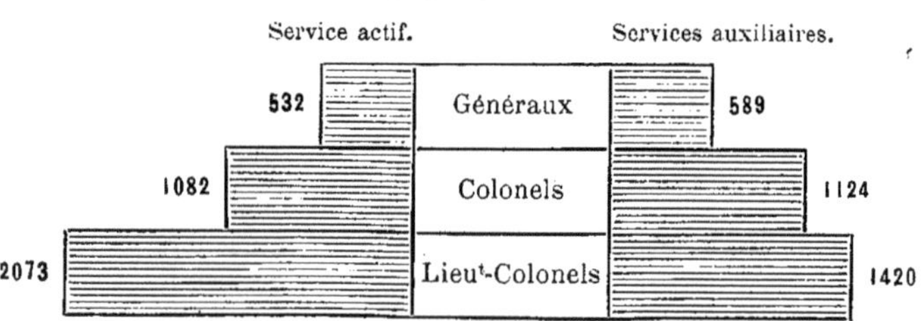

Nombre des officiers supérieurs employés aux services actif et auxiliaires dans les régiments d'infanterie.

(1) *De l'instruction des troupes.*

Ce même auteur ajoute qu'on a, ces temps derniers, pris une série de mesures salutaires à ce point de vue : la situation des commandants de compagnie a été améliorée, et l'on a réglé l'ordre d'avancement pour les officiers des différents grades.

Progrès réalisés sous ce rapport.

Il n'est pas douteux qu'un pour cent beaucoup plus considérable d'hommes capables ne fût antérieurement appelé à occuper diverses positions administratives, au lieu des postes d'officiers supérieurs dans les régiments. Un moyen radical de relever le niveau de l'instruction dans l'armée active consisterait à n'y recevoir que des hommes possédant des certificats d'études supérieures. Il est vrai que le pour cent de ces hommes, de même que de ceux qui possèdent des certificats d'études moyennes, est peu considérable. Parmi ceux qui ont été reçus au service en 1893, il y avait, sur 253,331 hommes reconnus capables de servir dans l'armée active : 487 hommes ayant terminé les cours des écoles supérieures, — c'est-à-dire moins de deux par mille — 1,972 hommes ayant fait des études moyennes — c'est-à-dire moins de huit par mille — 16,451 hommes ayant fait des études de troisième ordre, 72,931 sachant lire et écrire, et 165,761 ne sachant pas lire.

Mais des 487 hommes ayant fait des études supérieures et des 1,972 ayant fait des études secondaires qui, en moyenne, sont appelés chaque année sous les drapeaux, on pourrait tirer un nombre suffisant d'officiers instruits dans l'armée active, au lieu de faire des officiers de réserve. Antérieurement, le contingent des hommes instruits était encore moindre dans l'armée et l'amélioration qui s'est produite à ce point de vue est due aux réformes accomplies. Aujourd'hui il faudrait procéder de la même manière. Les bases sur lesquelles repose l'Etat et le bon sens politique de la nation sont assez solides pour qu'on ne doive pas craindre d'augmenter l'élément instruit dans l'armée.

Il est très nécessaire, comme nous l'avons dit à plusieurs reprises, de relever le niveau intellectuel de l'armée, étant données les conditions dans lesquelle se fera la guerre future. Certaines de ces conditions, qui tiendront la première place dans l'avenir, se sont déjà manifestées pendant la guerre de 1877-1878, où divers insuccès provinrent directement de cette inertie intellectuelle qui empêche les hommes de se conformer aux exigences d'une situation nouvelle et imprévue.

XI

Observations du Docteur Botkine.

On a récemment publié un recueil considérable de lettres que feu S. P. Botkine écrivait à sa femme en 1877 et 1878, alors qu'il se trouvait, en qualité de médecin particulier de l'empereur Alexandre II, au quartier général de l'armée russe. La perspicacité et le don d'observation que le célèbre savant possédait à un très haut degré commandent de prendre en sérieuse considération tout ce qu'il a écrit au sujet de l'esprit de l'armée russe. Nous ne pouvons passer ces lettres sous silence, d'autant que nous y trouvons la confirmation des traits de caractère positifs et négatifs que nous avons indiqués en nous basant sur d'autres témoignages.

M. Botkine, d'ailleurs, croit lui aussi que les beaux côtés de l'armée russe en même temps que ses défauts proviennent du manque d'instruction et des vestiges du passé, où l'on soulignait surtout le mot « je » et où l'on se souciait plus de la forme que du fond. Après le passage du Danube, Botkine visita le camp des troupes qui gardaient le pont mobile jeté sur ce fleuve. Voici ce qu'il écrit :

« J'y suis allé hier à six heures du matin, et j'ai vu les officiers prendre leur thé. Quand j'arrivai, le thé avait son apparence ordinaire, puis sa couleur s'est modifiée graduellement jusqu'à s'identifier avec celle du Danube. Les officiers continuaient cependant de boire, en vantant leur breuvage ; ils étaient sales, délabrés ; quelques-uns avaient les yeux rouges, enflammés par la poussière, le visage était hâlé, rouge foncé, ils n'étaient pas rasés, leurs voix étaient enrouées, mais leur état d'esprit était excellent : ils étaient gais, bons enfants. Le type d'un officier de la ligne m'est extrêmement sympathique : ce sont tous des travailleurs, de pauvres diables que le sort n'a pas gâtés, des gens qui, de père en fils probablement, se contentent de peu de chose ; ils ne rêvent ni de gratifications, ni d'avancement; ils ne demandent qu'à rentrer sains et saufs chez eux, après avoir rempli leur devoir. »

Mais bientôt il recueille d'autres impressions à Plewna. « Quelle sensation torturante que cette attente pleine d'angoisse, quand la confiance en certains chefs est compromise ! Combien de braves et de bons sont victimes de l'incapacité ou de l'ambition de certains individus ! La position des nôtres est excellente. Mais nos stratégistes, si savants, aiment mieux croire à des cartes fausses qu'à la parole de ceux qui ont vu le pays et qui le connaissent.... Mais Dieu les jugera ! Mettons notre espoir en la puissance russe, en l'étoile de la Russie. Ils pourront peut-être, tant ils sont forts, se rer d'affaire, malgré les stratégistes, les intendants et autres. Il faut examiner plus près le soldat russe, pour garder rancune à ceux qui ne savent pas les riger. On voit que le soldat russe est plein de force, d'intelligence et de oumission. Tout insuccès sera une honte pour ceux qui n'auront pas su se rvir de cette force. Mais parmi nos officiers, surtout nos officiers supéeurs, on rencontre rarement un homme possédant des connaissances péciales et aimant sa profession; la plupart d'entre eux ne la connaissent ue superficiellement; ils savent bien galoper à cheval, commander : droite, gauche », mais c'est tout. En est-il beaucoup parmi eux qui tiennent au courant des progrès de la science militaire? En est-il eaucoup qui aiment leur métier? On pourrait les compter sur les doigts. » en résulte que le fusil turc porte plus loin et tire plus rapidement que nôtre, que les Turcs mangent d'excellentes galettes au fromage et que os soldats n'ont pas toujours de biscuit. »

Les causes des échecs sous Plewna.

Il écrit plus loin : « Quand avorta notre troisième attaque sur Plewna, vécus des jours très tristes, par suite des malheurs qui avaient frappé a patrie. Maintenant je deviens, en quelque sorte, insensible; mon cœur st ulcéré, mais je me sens impuissant. Je me révolte contre la négligence ui nous caractérise, nous autres Russes, contre le caractère peu sérieux e nos officiers, qui ne voient, pour la plupart, que l'extérieur des choses. uiconque monte bien à cheval se croit capable de commander des rmées entières; mais qui de ces messieurs a fait des études militaires? ares sont ceux qui, depuis leur sortie de l'école, ont ouvert des livres péciaux... Je suis cependant persuadé qu'on finira par trouver d'autres ommes dans l'armée. L'un des compagnons de malheur présents a dit vec raison : « Le premier échec sous Plewna fut dû à l'inadvertance, le second fut la conséquence d'une faute, le troisième le résultat d'un crime ». 'elle est l'opinion de la majorité de ceux qui se trouvent ici. »

Botkine dit dans une autre lettre : « Un homme sur qui cette sotte ampagne a fait une très forte impression, c'est l'Empereur. Sa douleur est incère et profonde. Mais connait-il la cause de toutes ces défaites? Je ignore. Tout le monde le trompe, et quel est le spécialiste qui oserait lui ire franchement son opinion? Son entourage ne brille pas par le courage ivique qui permet de dire la vérité, quand il le faut. Nous avons visité es positions pendant sept jours pour nous rendre compte de la façon dont nt péri nos soldats, et je crois que nous avons abouti à la conclusion que lewna ne peut être prise de cette manière : il faut entreprendre un siège égulier avec travaux de terrassement, etc.

« Cette conclusion, il eût fallu la formuler, non pas après la seconde ttaque, mais dès le premier insuccès de Schilder-Schuldner. Mais les ommandants en chef n'étaient présents ni à la première attaque ni à la seconde, et l'on n'a pas ajouté foi aux paroles de ceux qui ont pris part ces batailles où 20,000 hommes étaient mis hors de combat, tandis qu l'état-major restait, avec nous autres voyageurs, hors de la ligne d feu, et ne prenait même pas la peine de parcourir les positions. La plu part des officiers d'ordonnance envoyés pour reconnaitre ce qui se passai revenaient après s'être tenus à une très respectueuse distance du fe turc. Quand l'Empereur demandait s'il y avait beaucoup de blessés, il répondaient d'habitude : « Je l'ignore » ; quand il leur demandait : « As-t « vu des blessés ? » la plupart de ces officiers d'état-major, chamarré d'argent, mais pauvres d'esprit et de bravoure, répondaient : « Je n'en a « pas vu ».

« Cette campagne aura une répercussion douloureuse par tout le pays et cette douleur ne s'effacera pas de sitôt. Une seule chose me console c'est que l'ignorance et le manque d'intelligence ne tarderont pas à perdr tout crédit et qu'on saura apprécier la valeur de l'instruction et des talents La Russie ne périra pas ; elle se tirera de cette situation difficile, mais c'es par d'autres hommes qu'elle sera sauvée.

Comment on trompait l'Empereur pendant la guerre

« Le plus triste de tout, dit encore Botkine, c'est que non seulemen on n'ose pas dire la vérité à l'Empereur, faute de courage civique, mai qu'on le trompe par-dessus le marché. » Botkine s'est convaincu de cett vérité en étudiant le service de santé.

Très intéressant est à ce point de vue ce qu'il écrit dans sa lettre d 15 août : « Hier, on a amené ici 257 blessés ; on a évidemment choisi ceu qui portaient les blessures les moins sérieuses, les autres manquaien presque totalement. J'avais prié, au nom de l'Empereur, qu'on nous averti immédiatement de leur arrivée ; mais, ne voulant pas montrer leurs côté faibles, les autorités militaires se sont si bien arrangées qu'il m'a fall découvrir moi-même un nuage de poussière au loin dans la campagne dans la direction de l'hôpital, où, me doutant que c'était là le transpor attendu, je me suis rendu sans prévenir qui que ce soit. Seulement, avan qu'on m'eût amené un cheval, et que je fusse arrivé, il se passa assez d temps pour permettre de répartir tous ces blessés dans les différente tentes ; quant aux fourgons, on les renvoya au galop, de sorte qu'il ne rest plus aucune trace du transport qui venait d'arriver.

« Je n'hésitai naturellement pas à faire à l'inspecteur de l'hôpital le reproches qu'il méritait, tandis que lui cherchait tout d'abord à se poser e homme naïf qui n'aurait pas compris mon désir, etc.

« Partout on fait de ces tours de passe-passe. On s'en aperçoit souven mais on ne survient pas toujours au moment du flagrant délit. Hier, on porte en ma présence la nourriture aux blessés. J'ai goûté la soupe au ıoux; elle était excellente au point que j'en aurais mangé plusieurs ssiettées, si je m'étais écouté. Cette soupe était faite avec des conserves Alibert, et je parierais ma main droite que c'était une soupe préparée our la montre, qu'on n'en donne pas chaque jour d'aussi bonne, mais ulement les jours où l'on attend des visiteurs. »

Le même auteur écrit plus loin : « Cet hôpital si brillant, grâce aux oins des autorités militaires supérieures, ne me dit rien qui vaille; je grette mon hôpital de Biéla que dirige un vieillard allemand aux cheveux ancs. Cette façon de choisir ceux qui ne sont que légèrement blessés et nt on peut déjà congédier un grand nombre; le soin qu'on prend de cher les hommes gravement atteints, l'absence continuelle des médecins ui, après avoir fait de grand matin leur visite réglementaire officielle, sparaissent ensuite pour toute la journée, toute cette mise en scène nt loin de me produire une impression aussi agréable que celle éprouvée Biéla. Ce que j'y ai vu de plus intéressant hier, c'était un jeune soldat qui était coupé la gorge parce qu'il avait perdu trente roubles. Cette perte l'avait sespéré au point qu'il a fini par se faire une entaille à la gorge avec son soir. Des Cosaques l'ont recueilli et l'ont amené à l'hôpital, où il est en oie de guérison. »

Citons encore quelques lignes d'une lettre datée du 7 septembre :

« Nous sommes tous plongés dans la tristesse, tous, sauf l'Empereur ui garde une telle sérénité et témoigne parfois de tant de bonne ımeur qu'elle nous gagne par moments et nous soulage. Il a certaine-ent des raisons pour être aussi tranquille ; nous ne savons pas tout, lui ut-être ne sait pas tout non plus. Il n'y a dans son entourage personne ui ose lui dire toute la vérité dans tous ses détails. J'écoute l'un, j'écoute utre, et je demeure terrifié des opinions qu'ils émettent sur l'issue de la mpagne dans le cas où elle serait conduite suivant la vieille méthode. ais quand je leur demande : « Avez-vous dit cela à l'Empereur? » ils répon-nt l'un et l'autre : « Comment serait-il possible de dire cela à l'Empereur? »

« Tels sont ces hommes qui auraient le devoir de dire la vérité à Sa ajesté, quand c'est nécessaire; l'Empereur prendrait certainement leur oinion en considération, car ils font autorité dans leur spécialité. Ces ommes pourraient signaler les défauts de l'administration actuelle de armée; ils pourraient et devraient indiquer les modifications qu'il est dispensable de faire. L'Empereur, en sa qualité d'honnête homme, déteste s intrigues de même que la calomnie, mais il veut le bien et il connait ssez tout ce qui concerne l'administration, pour que des paroles sincères t sages ne puissent rester sans influence sur ses décisions.

« Je ne doute ni de l'honnêteté, ni de l'intelligence de certaines per-onnes de l'entourage de l'Empereur, mais la vie de Cour tue l'une des grandes qualités chez l'homme : la sincérité. L'instinct de conservatio qui se développe chez les courtisans leur dicte de se taire tant qu'on ne le questionne pas et d'éviter les réponses directes. »

Efforts de Botkine pour éclairer le souverain.

Botkine lui-même ne pouvait prendre la direction du service sanitair puisqu'il n'était pas préposé à ce service. Il ouvrait les yeux de l'Empereu comme le témoignent ses lettres, mais il n'espérait guère pouvoir change l'état des choses. Citons le passage suivant : « Les représentants de l médecine qui sont ici connaissent ma façon d'envisager les choses ; e faisant retomber toutes les fautes sur l'état-major, ils me renvoient à ce état-major, mais là l'homme autorisé au point de vue médical est un certai médecin adjoint B... C'est lui qui tranche probablement toutes les question relatives au service de santé. Je n'ai d'autre ressource que de ne pa cacher la vérité au souverain, et c'est ce que je fais tout en m'exposan aux contradictions du côté adverse.

« Hier l'Empereur était à l'hôpital sans moi. Il a y rencontré un certai P..., qui vient de faire son voyage d'inspection en Bulgarie et en Roumani L'Empereur lui a demandé dans quel état il avait trouvé les hôpitaux dan ces contrées? « J'ai été ravi de leur état », a répondu P... Le soir, l'Empereu m'a rencontré chez Adlerberg et m'a répété sa conversation avec P..., e présence de Souvaroff. Je ne me suis pas tu ; j'ai cru nécessaire de dire qu P... avait pour principe de dissimuler les défauts, même ceux qui sauten aux yeux ; j'ai répété ce que j'avais dit antérieurement au sujet de l grande masse de troupes entassées à Zimnitza, en ajoutant que les chi rurgiens n'y peuvent, à cause des mauvaises conditions dans lesquelle ils se trouvent, se servir de leurs instruments ; que même ici on manqu de médicaments, qu'on ne donne pas de pain aux malades, que dan certaines tentes on ne voit pas de médecins pendant des semaine entières, etc. J'ai rappelé tout ce que j'avais dit antérieurement... Il es impossible de changer maintenant l'état des choses existant. A quoi bon par conséquent, soulever des difficultés si on n'a pas l'espoir d'abouti à de bons résultats ? »

Pirogoff se rend sur le théâtre de la guerre. Il les a tous visité depuis la guerre de Crimée et il connaît très bien le service sanitair Botkine écrit à son sujet : « Pirogoff ne montre évidemment pa assez d'énergie et de sincérité, mais il me semble qu'il bat en retrait sur la question de l'évacuation ; il ne défend plus cette monstruosit avec le même acharnement qu'auparavant. Je suis curieux de savoi pourquoi il a entrepris ce voyage, et ce qu'on pouvait attendre d'u homme de 74 ans. Quel nom respecté de tous était-il donc besoi de couvrir ? »

Botkine écrit plus loin :

« Ce jour est intéressant par ce fait qu'Obroutcheff est venu nous rejoindre ici. Au quartier général de l'Empereur on le considère comme l'homme le plus capable au point de vue militaire. Tous sont persuadés que les succès en Asie Mineure sont dus à sa participation. On lui a donné la croix de Saint-Georges en sautoir, ce qui mécontentera naturellement bien des officiers de l'état-major du commandant en chef. Maintenant il est intéressant de savoir quelle sera la situation d'Obroutcheff à l'état-major, et si on lui fournira l'occasion de faire ce dont il est capable. Il est évident qu'il ne changera pas grand'chose à Plewna, car ici les choses sont trop avancées pour qu'il soit possible de les modifier; mais dans la suite, Obroutcheff exercera sans doute une influence directe ou indirecte sur la marche des événements. Un homme de sa valeur ne voudra pas mettre la lumière sous le boisseau. »

Conclusions de Botkine sur ce qu'il a observé.

Comme conclusion, citons enfin, de Botkine, les paroles suivantes qui caractérisent les faits observés par lui sur le théâtre de la guerre :

« Je répète ce que j'ai entendu, sans en tirer de déductions pour le moment; ici, on se voue actuellement tant de haine, il y a tant d'envie et de lâcheté dans cette boue qui oblitère tous les autres côtés du caractère humain, qu'il faut se méfier de tout. Il me tarde de quitter cet enfer d'orgueil, de jalousie, d'amour de l'argent, etc. On met bien des choses sur le dos de Levitzki et de Niépokoïtchiski, mais ce ne sont là que des boucs émissaires : le nom des coupables est légion. A qui donc, se demande-t-on, faut-il s'en prendre de tous ces échecs? C'est, à mon avis, le manque d'instruction qui est la cause de tout ce que nous avons vu. C'est trop commode de rejeter la faute sur un seul homme; il n'est pas permis de se consoler en formulant de pareilles accusations; chacun doit prendre sa part de responsabilité et l'on doit ensuite chercher à corriger ses défauts : il faut travailler, il faut étudier, il faut étendre ses connaissances, et c'est seulement ainsi qu'on ne risquera plus de recevoir de leçons des Osman et des Souleyman. »

XII

Le général Masloff (1) démontre d'une manière très convaincante que les restrictions mises à l'avancement dans l'armée réagissent sur celle-ci d'une manière très funeste. Il dit :

« *L'un des mobiles les plus capables de déterminer de brillants faits d'armes et en général de grandes œuvres, c'est l'ambition et la soif de célébrité.* Ce sentiment a de tout temps fortement agi sur les hommes, et il restera toujours un puissant agent dans la société où l'on apprécie les vrais talents où la voie est ouverte à la concurrence pour tous ceux qui sont dignes de concourir... Depuis que toutes les classes sociales sont astreintes au service militaire, l'abîme qui séparait l'officier du soldat doit se combler, cet abîme qui abaissait à un tel degré le niveau moyen des combattants. »

Améliorations à apporter dans les règles qui président à l'avancement des officiers.

Et il est évident que l'état des choses s'est beaucoup amélioré à ce point de vue dans l'armée russe. Mais pour l'avancement des officiers, il est un point sur lequel il est nécessaire d'attirer l'attention.

Tandis que, suivant le général Masloff, tout dans l'histoire moderne des peuples de l'Europe tend vers la suppression de ce qui sépare les uns des autres les hommes d'une même nation, il existe encore en Russie des obstacles à la liberté de la concurrence.

La question que nous entreprenons d'examiner est très délicate, mais nous ne pouvons la laisser de côté, étant donnée l'étendue du programme de notre ouvrage. Nous nous croyons donc forcés de parler des restrictions mises à l'avancement des catholiques dans l'armée.

C'est là une question qui préoccupe à l'heure actuelle non seulement les intéressés, mais aussi l'opinion publique.

Il a été dit, dans un de nos grands journaux conservateurs (2), que du moment où le gouvernement accepte les Polonais au service de l'État, c'est qu'il les considère comme des « sujets russes » capables d'occuper certains postes et de bien mériter du pays. « Mais on comprend, ajoute plus loin

(1) Général Masloff, *Études scientifiques sur la tactique.*

(2) *Rousskïi Viéstnik*, février 1896.

Inconvénients des restrictions mises à l'avancement des catholiques et des Polonais.

le même journal, que la proportion des Polonais par rapport à ceux qui ne le sont pas n'ait rien à faire ici. Et le service dans l'armée, cela va de soi, ne constitue point une exception à cette règle. »

Après l'insurrection de 1863, à laquelle ne prirent part, on le sait, que très peu de Polonais ayant été officiers dans l'armée russe, on a mis toute une série de restrictions à l'avancement des Polonais et à leur admission dans les écoles. Ces mesures, qui avaient été prises sous le coup de l'insurrection, sont devenues de plus en plus gênantes pour les Polonais et on n'a nullement tenu compte du changement qui s'est opéré dans la composition de l'armée et dans les conditions du service militaire par suite de l'obligation étendue à tous les citoyens de l'empire de servir sous les drapeaux.

La situation politique de l'Europe s'est depuis modifiée radicalement, et si l'on a pu craindre un moment une nouvelle insurrection comme celle de 1863, ces craintes n'ont plus de raison d'être depuis la chute de Napoléon III, principal initiateur de cette insurrection, et surtout depuis la conclusion de l'alliance franco-russe.

On pourrait aussi dire à l'appui de ce que nous avançons qu'en 1877 il y avait dans les rangs de l'armée russe un grand nombre d'officiers polonais qui n'ont pas ménagé leur vie, comme le prouvent les distinctions que leur ont values leur bravoure et leur dévouement, non moindres que ceux des officiers orthodoxes.

Les restrictions restent, cependant, en vigueur. Il est évident que, seul, l'intérêt de l'État pourrait justifier cette exception aux lois fondamentales en vertu desquelles tous les sujets russes doivent bénéficier des mêmes droits.

En quoi donc peut consister cet intérêt ?

Les restrictions réduisent évidemment le nombre des officiers non orthodoxes dans l'armée; mais y a-t-il donc surabondance d'officiers dans l'armée russe? Il y en a au contraire trop peu. Le journal militaire *Voïennïi Sbornik* se plaint de cette pénurie. Le général Zaïtséff, entre autres, dit que, même en mobilisant tous les officiers de réserve qui sont sous-lieutenants dans l'armée active, et en nommant, quelques mois avant le terme réglementaire, les élèves qui suivent les cours des écoles de guerre, on aurait encore trop peu d'officiers dans l'armée. Il en manquerait environ 80 0/0 dans l'infanterie; 70 0/0 dans l'artillerie; 3 0/0 dans la cavalerie et le génie.

Les données recueillies par l'État-Major général au sujet du nombre des volontaires et des recrues ayant fait des études supérieures ou moyennes, et entrant chaque année dans l'armée, montrent que les premiers atteignent le chiffre de 854 et les autres celui de 220, ce qui fait un total de 1,074 hommes. Les uns et les autres sont admis à passer leurs examens d'officier après avoir fait leur service réglementaire. Si, dans ces conditions, les non orthodoxes bénéficiaient des mêmes avantages que les orthodoxes en ce qui concerne l'avancement ultérieur dans l'armée, cela augmenterait beaucoup le nombre des personnes ayant fait des études supérieures ou moyennes et justifiant des qualités requises pour devenir officiers. Les données démontrent, en effet, que sur 1,074 jeunes gens ayant fait des études supérieures ou moyennes qui entrent dans l'armée chaque année, 331 seulement, c'est-à-dire moins du tiers, passent leurs examens d'officier.

L'intérêt de l'État exige leur suppression.

Le manque d'officiers, qui se manifestera nécessairement quand il faudra mettre l'armée sur pied de guerre, prouve clairement que l'intérêt supérieur de l'État exige la suppression de l'inégalité de droits qui diminue d'une manière artificielle le nombre des officiers actifs et de ceux de la réserve.

Il est vrai, d'autre part, que les restrictions soumises à l'admission des Polonais dans les services de l'administration civile, des chemins de fer, etc., augmentent le nombre de ceux qui servent dans l'armée en qualité d'officiers. Mais comme les Polonais ne sont pas reçus dans les académies militaires et qu'on ne leur confie qu'exceptionnellement le commandement de régiments, il est évident que les plus capables et les plus instruits d'entre eux ne se sentent pas attirés vers le service militaire.

La statistique militaire (1) nous fournit des données sur les religions représentées dans l'armée russe, d'après lesquelles les orthodoxes y sont dans la proportion de 79,9 0/0; les catholiques, de 9,7 0/0; les protestants, de 3,7 0/0; les mahométans, de 3,2 0/0; les juifs, de 3,2 0/0; les Arméniens, de 0,1 0/0; les autres, de 0,2 0/0. Nous manquons de données précises sur l'avancement des officiers et nous n'utilisons que celles que nous avons pu recueillir dans les listes publiées des généraux où, à côté de leurs états de service, est indiquée leur religion.

C'est d'après ces données que nous avons dressé les tableaux numériques suivants des généraux, des colonels et des lieutenants-colonels de l'armée russe, répartis d'après leurs religions, avec indication du nombre de leurs années de service et de leur ancienneté dans leur grade actuel, ainsi que de leur âge et de la date à laquelle ils ont reçu leur dernière nomination.

---

(1) Matériaux de statistique militaire russe. *La population de la Russie en tant que source de recrutement de son armée.* A.-M. Lolotare.

Généraux

	Nombre moyen d'années de service en qualité d'officiers.	Nombre moyen d'années de service en qualité de général.	Nombre moyen d'années de service dans le grade qu'ils ont actuellement.	Age moyen.	Nombre moyen d'années depuis qu'ils ont reçu leur dernière distinction.	NOMBRE DE GÉNÉRAUX ABSOLU	EN °/o
Orthodoxes	39,7	9,5	5,2	57,7	3,0	1.003	79,4 %
Catholiques	41,9	11,4	4,8	60,4	3,6	66	5,2 %
Arméniens-Grégoriens	45,2	11,8	5,3	62,8	4,6	11	0,9 %
Mahométans	48,4	12	3	66,8	6,4	5	0,4 %
Protestants	40,3	10,6	4,7	58,3	3,8	178	14,1 %
						1.263	100 %

Colonels

	Nombre moyen d'années de service en qualité d'officiers.	Nombre moyen d'années de service dans leur grade actuel.	Age moyen.	Nombre moyen d'années depuis qu'ils ont reçu leur dernière distinction.	NOMBRE DE COLONELS ABSOLU	EN °/o
Orthodoxes	28,4	5,1	48,6	3,7	2.153	83,1 %
Catholiques	32,1	6,1	51,4	4,2	154	5,9 %
Arméniens-Grégoriens	31,5	4,1	52,4	4,1	10	0,4 %
Mahométans	32,4	7,3	54,7	5,2	24	0,9 %
Protestants	28,7	5,7	49	3,5	247	9,5 %
Anglicans	25	8,5	45,5	3	2	0,08 %
					2.590	100 %

Lieutenants-Colonels

Orthodoxes	25,5	4,3	46,5	4,2	3.273	84 %
Catholiques	26,4	5,0	47,6	4,2	364	9,3 %
Arméniens-Grégoriens	26,0	4,3	47,8	4,3	28	0,7 %
Mahométans	28,6	6,9	49,8	6,5	55	1,4 %
Protestants	24,4	4,9	45,5	4,1	177	4,6 %
					3.897	100 %

Représentons ces résultats par un tableau graphique :

Composition de l'armée russe suivant les religions en %.

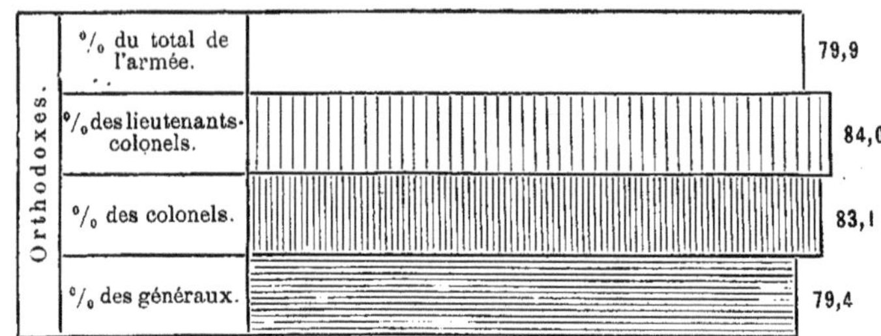

Proportion des diverses confessions religieuses dans le corps d'officiers.

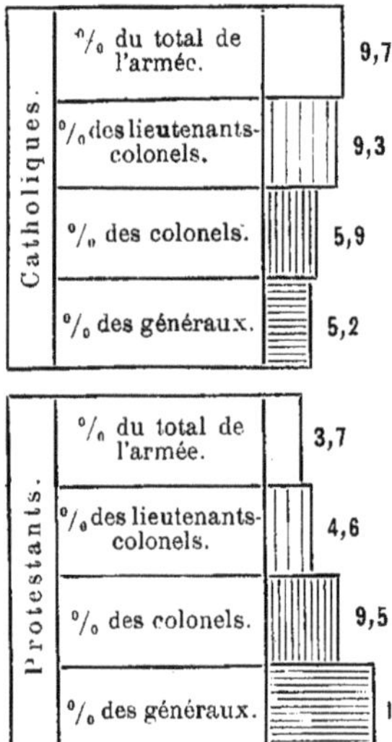

Ces données nous suggèrent des con clusions très intéressantes. Ce sont les pro testants qui sont les plus avantagés de tou pour l'obtention du grade de général. Le protestants ne constituent, en effet, qu 3,7 0/0 du total de l'armée, ainsi que nou l'avons indiqué plus haut, tandis que le généraux protestants représentent 14,1 0/ du total des généraux. Le pour cent de généraux protestants est donc quatre foi plus grand que celui des simples soldats d cette même religion. Les orthodoxes seul sont proportionnellement aussi nombreu dans les rangs que dans le généralat ; i constituent en effet 79,9 0/0 du total d l'armée et 79,4 0/0 du total des générau Les Arméniens sont, comme les protestant plus favorisés que les orthodoxes, attend qu'il y a 0,9 0/0 d'Arméniens parmi le généraux, tandis qu'il n'y en a que 0,1 0/0 dans l'armée. Mais ces dernie chiffres sont si faibles que cette proportion peut être considérée plut comme fortuite, à l'inverse de celle qui existe entre les simples soldats les généraux protestants.

Quant aux catholiques, ils ne représentent que 5,2 0/0 du total d généraux, tandis qu'ils forment les 9,7 0/0 du total de l'armée : c'e une proportion presque deux fois plus faible. Si les catholiques avaient même possibilité d'arriver généraux que les protestants, ils constituerai 38 0/0 du total des généraux, tandis qu'ils n'en constituent que 5,2 0/0. Ma en laissant de côté la comparaison avec les protestants, nous dirons seul ıent que, si les catholiques avaient les mêmes chances d'arriver aux gra-es élevés de l'armée que les orthodoxes, il y aurait plus de 5,2 0/0 et pas ıoins de 9,7 0/0 de généraux catholiques.

Les colonels catholiques ne sont relativement pas beaucoup plus ombreux que les généraux; leur proportion est de 5,9 0/0 pour 9,7 0/0 e catholiques dans l'armée; la proportion des protestants est de 9,5 0/0 our 3,7 0/0, et celle des orthodoxes de 83,1 0/0 pour 79,9 0/0.

On ne trouve 9,3 0/0 de catholiques que dans le grade de lieutenant-colo-el : proportion qui se rapproche de celle qu'ils occupent dans l'armée. On ourrait conclure de là, en ne consultant que les chiffres, que les catho-ques sont avantagés dans la même mesure que les orthodoxes pour ıvancement jusqu'au grade de commandant de bataillon inclusivement; .ndis que le commandement des régiments leur est à peine plus acces-ble que le grade de général. Il est intéressant de remarquer que les rotestants, qui ne constituent que 3,7 0/0 du total de l'armée, constituent ,6 0/0 du total des lieutenants-colonels, 9,5 0/0 du total des colonels et ,1 0/0 du total des généraux, ce qui indique la facilité d'avancement dont énéficient la plupart d'entre eux.

Ces conclusions se présentent d'une manière encore plus frappante si on représente graphiquement les nombres des personnes occupant les rades de général, de colonel et de lieutenant-colonel, et si l'on exprime ces ombres en pour cent des totaux de leurs coreligionnaires respectifs pré-ents dans l'armée, en désignant par 100 chacun de ces totaux.

Il ne faut pas perdre de vue que l'esprit de corps est d'autant plus uissant dans une troupe que le sentiment de camaraderie est plus développé ıez ceux qui la composent. Or, ce sentiment est certainement affaibli par négalité des droits à l'avancement. Car il fait place à un sentiment 'amertume qui démoralise ceux auxquels on ferme, de parti pris, l'accès es grades et des honneurs. N'oublions pas qu'un grand connaisseur des ıoses de la guerre, le général Caprivi, a dit que, dans les guerres futures, 'endra de plus en plus d'importance l'individu volontairement attaché la masse et se solidarisant avec celle-ci de son propre gré.

Au point de vue gouvernemental, on ne peut exiger que les hommes ui ne jouissent pas des mêmes droits remplissent les mêmes devoirs. t puisque le service universel obligatoire existe, la restriction des droits trouve en contradiction avec le service obligatoire. Il est même difficile e voir en quoi consiste l'avantage de ces restrictions. En temps de paix s officiers non orthodoxes ne peuvent exercer aucune influence nuisible ır les soldats. La surveillance n'est, du reste, point difficile. En temps de ıerre, il est impossible de supposer qu'un commandant de corps de troupes polonais passe à l'ennemi, d'autant plus qu'aucun précédent ne justifie cette supposition. Quant à l'espionnage, en admettant même qu'il y ait, par exception, des militaires qui s'y livrent, la différence des grades ne joue presque aucun rôle en pareille circonstance.

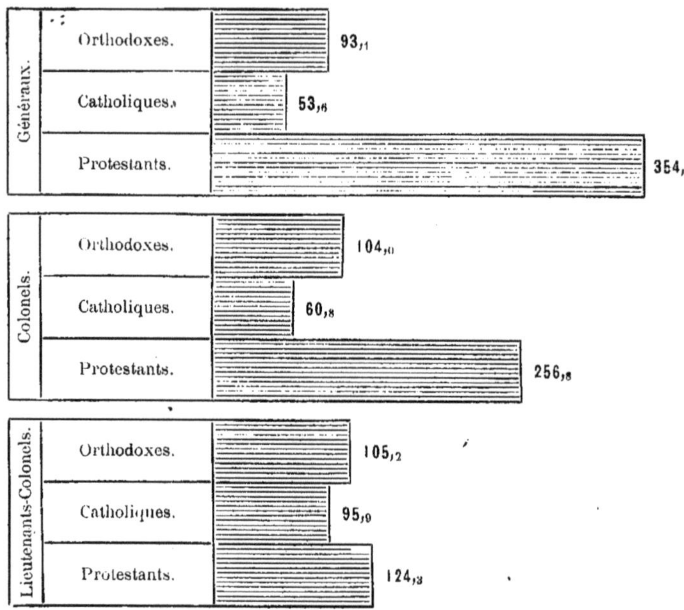

Proportion, dans chaque grade, des diverses confessions religieuses.

En admettant même, du reste, qu'on se laisse guider par des suspicions de ce genre, il faut convenir que les cas exceptionnels occasionneraient encore moins de mal que l'affaiblissement du moral militaire et de l'esprit de dévouement, qui résulte des entraves que rencontrent les disgraciés dans la voie de l'avancement. Il faut se pénétrer de l'opinion professée, à ce sujet, dans l'armée allemande, où l'on est d'avis qu'en faisant dépasser un officier par ses camarades on affaiblit son prestige aux yeux des soldats. Les Allemands sont d'avis que pareil fait implique non seulement la faculté, mais même l'obligation de démissionner pour celui qui n'a pas été promu à son tour. Et si un officier ne se conforme pas à l'invitation implicite, qui lui est ainsi donnée, on l'avise, après un certain temps qu'il est retraité d'office (1).

(1) Speckel et Foliot, *L'armée allemande*, p. 123. — Paris, 1895.

Il existe évidemment des natures héroïques qui, en temps de guerre, ublieront les passe-droits dont ils auront été victimes et marcheront uand même au feu avec toute l'ardeur désintéressée qui les caractérise. Iais il en est aussi qui verront, dans la guerre, la possibilité d'arriver aux rades qu'on leur refuse en temps de paix. Or, il sera facile d'obtenir de avancement pendant la guerre, rien qu'en ménageant sa vie. Les pertes n officiers seront énormes dans les combats futurs, et en nommant les emplaçants de ceux qui auront été tués, on ne pourra pas tenir compte de a religion ni de la nationalité.

Il y aurait tout avantage à supprimer toutes les restrictions à l'avancement.

En écartant ces restrictions qui portent préjudice aux intérêts personels de certains officiers, on développerait les sentiments de camaraderie t de solidarité, qui transformeraient le corps des officiers en une seule amille étroitement unie et inspirée par une même âme.

La question dont nous venons de parler est essentiellement morale. r, Guizot montre de la manière suivante combien il est difficile d'approondir les questions morales : « Les faits d'ordre moral sont d'une part lus étendus, et d'autre part plus profondément cachés que ceux d'ordre natériel. Voici pourquoi les premiers sont plus difficiles à observer, à claser et à établir d'une manière scientifique... Pour bien les connaître, pour es approfondir scientifiquement, il faut toute l'érudition, toute la sagacité, ous les soins de l'esprit le plus expérimenté (1) ».

La revision consciencieuse de tout ce qui a été fait dans des circonsances entièrement différentes, alors que le service obligatoire n'existait as encore et à une époque où on pouvait concevoir d'autres appréhensions olitiques, s'impose d'autant plus que les ennemis de la Russie montrent vec une satisfaction non dissimulée les inconvénients des mesures resrictives (2).

Et parmi ces mesures, il en est vraiment qu'on doit qualifier d'anahronismes. Un officier catholique ne peut, par exemple, être trésorier. omment expliquer cette interdiction? S'il s'est produit des cas d'abus de onfiance, ils n'avaient certainement aucun rapport avec la religion du couable, et ces cas ne permettent pas, par conséquent, de conclure à l'immoalité de tous ceux qui professent cette religion.

---

(1) *Histoire de la civilisation en France*, t. I.

(2) Oberst Neustaedt. *Das russische Eisenbahnnetz zur deutsch oesterreichischen irenze in seiner Bedeutung für einen Krieg.* — Leipzig, 1895.

XIII

Conclusions relatives à l'état actuel de l'armée russe.

Ainsi donc, depuis l'introduction du service militaire obligatoire, l'armée russe a beaucoup gagné comme qualité; les écrivains étrangers eux-mêmes disent que la préparation de la guerre y a fait de grands progrès et que son niveau s'est sensiblement relevé; de sorte que les soldats russes, forts du sentiment de leur devoir, seront moins tentés que ceux des autres nations de déserter le champ de bataille.

Charles Dilke, ancien adjoint au ministre des affaires étrangères de la Grande-Bretagne (1), dit qu'en présence des moyens de destruction actuels, la discipline acquiert une importance qu'elle n'avait jamais eue. Et Dilke émet l'opinion que l'armée la plus disciplinée de toutes est l'armée russe, parce que la discipline y est dans le sang des soldats et qu'elle ne se trouve influencée par aucunes tendances subversives pareilles à celles qui existent dans les pays de l'Europe occidentale.

En présence de la difficulté qu'on aura d'approvisionner régulièrement pendant la guerre future ces armées de millions d'hommes, la faculté d'endurer des privations constituera aussi pour elles un très grand avantage. Les expériences fournies par toutes les guerres précédentes prouvent que les pertes résultant des privations et de la fatigue sont bien plus considérables que celles occasionnées par les armes. Dans la guerre future, les deux partis seront nécessairement éprouvés dans la même mesure. C'est celui des adversaires dont le moral ne sera pas déprimé, celui qui ne se laissera influencer par aucunes calamités, et qui supportera le mieux les terribles privations inévitables, qui nécessairement aura le plus de chances de succès. Le soldat russe et la Russie elle-même pourront faire preuve d'une très grande endurance, surtout si la guerre se prolonge.

Mais le temps n'est plus cependant où l'on pouvait dire, avec Napoléon Ier, que la Russie est le seul pays qui puisse se permettre le luxe de faire la guerre. Les conditions de l'existence s'y sont depuis lors considérablement modifiées, et la guerre lui occasionnerait, tout comme aux autres pays, des pertes matérielles immenses.

C'est la perte en officiers ayant reçu une bonne instruction militaire dont l'armée se ressentirait le plus fortement. Et ces officiers seront forcés de faire de plus grands efforts et de s'exposer beaucoup, tandis que l'ennemi saura que l'armée russe souffrira plus que toute autre de la perte de ses chefs.

(1) *L'armée russe et les chefs.*

En parlant des particularités morales de l'armée russe, nous nous per-
ettrons de dire qu'on ne pourra pas la briser par quelques coups, comme
rmée prussienne en 1806 et l'armée française en 1870. Cette force de
sistance qui dépend, du reste, dans une certaine mesure, des conditions
ographiques, pourra lui assurer la victoire, même après une série d'in-
ccès au début, comme en 1812 et 1813. La force de résistance morale
ıra, dans la guerre future, une énorme importance, que les nouveaux
oyens techniques n'ont diminuée en rien, précisément parce que la faculté
se servir de ces moyens dépend directement de l'esprit de l'armée.

Le soldat russe aura d'excellentes occasions de montrer ses qualités
ans les combats de nuit, dans la manière dont il supportera les privations,
dans la guerre de partisans. « Les armées, a dit le général Trochu,
nt le reflet exact de leurs nations — tant dans leurs qualités que dans
urs défauts, — c'est pourquoi il faut diriger chacune d'elles par les procé-
és les plus conformes au caractère national. »

Conclusions générales.

Les États européens modernes ont une histoire militaire qui remonte
des siècles. D'où la question de savoir s'il faut examiner l'esprit militaire
es principaux peuples de l'Europe, en prenant en considération les parti-
ılarités de chacun d'eux? L'histoire n'est-elle pas assez claire, et les com-
ats passés ne caractérisent-ils pas suffisamment les qualités militaires de
ıacune de ces nations?

Il en serait ainsi si la guerre ne s'était transformée de fond en comble.
apoléon disait encore que la guerre est « un art simple et pouvant être
ratiqué simplement ». Mais depuis lui, les conditions de la lutte ont
ıbi des changements qui donnent à la science un rôle prépondérant.
t ces changements ont dû nécessairement entrainer une différence dans
mportance de l'esprit des armées, des qualités ou des défauts moraux,
es habitudes et des traditions militaires de chaque nation.

Les conditions de la guerre se sont modifiées.

Les conditions se sont modifiées, avant tout, dans ce sens que l'instruc-
on a pris une place prépondérante parmi les éléments qui constituent la
aleur d'une armée, tandis qu'elle ne jouait aucun rôle dans les conditions
rimitives qui régissaient antérieurement la guerre. Ainsi les Goths et

les Vandales ont eu raison de la Rome civilisée et les Turcs ont vaincu l très éclairée Byzance. Et si Jean Sobieski, don Juan d'Autriche, et dans l suite Roumiantseff et Souvaroff ont battu les Turcs, ce n'est pas grâce à l supériorité de leurs armes et au meilleur entraînement de leurs soldats mais grâce à leur savoir-faire et à leur talent de commander, comme l'a di Napoléon.

La science a changé les conditions de la guerre, elle a modifié so caractère en même temps que l'importance relative des qualités militair inhérentes aux diverses nations. Les troupes françaises ont été de tout temp célèbres pour la vigueur qu'elles déployaient dans l'attaque, pour l'énergi que du temps de Charles VII et de Louis XII on appelait en Italie la *furi francese.* Cette qualité a, en effet, joué un rôle décisif non seulement dan les batailles d'Arcole, d'Iéna, d'Austerlitz, mais encore lors de l'assaut d la tour de Malakoff. Or, les conditions nouvelles du combat ayant rend la défense infiniment plus forte qu'elle n'était antérieurement, il est éviden que l'intensité de l'attaque ne pourra plus avoir la même importance qu par le passé. Elle ne pourra résister au feu meurtrier qui, à la distance d 500 mètres, détruit tout ce qui se trouve devant lui. A des distances plu grandes, elle ne remplacera pas chez les soldats la science qui consiste profiter des obstacles naturels, ni chez les tirailleurs l'habitude de tire avec sang-froid contre les servants des canons.

Il y a également certaines nations qui ont une supériorité marqué en équitation et qui, par suite, sont très aptes au service de cavalerie. Ce avantage n'est plus aussi important que par le passé, depuis que les charge de cavalerie ne s'exécutent plus qu'à titre exceptionnel. La brillante charg de cavalerie anglaise dite des *six cents*, à Sébastopol, immortalisée par l poète Tennyson, fut, on peut le dire, le dernier mot de l'épopée chevale resque.

Cette augmentation du danger à la guerre et la probabilité croissant des privations résultant de l'immensité des effectifs actuels devaien nécessairement augmenter l'importance de l'endurance et du dévouement Ce que nous appelons « l'esprit » d'une armée joue un plus grand rôle e raison des dangers plus grands et des conditions plus complexes de l guerre. Et les paroles du maréchal Bugeaud, qui soumit l'Algérie à l France, sont plus vraies que jamais, quand il disait que « la guerre est avan tout une affaire de moral ».

La composition des armées a changé au point de vue moral comme au point de vue physique.

Or, à ce point de vue moral, l'armée a beaucoup changé grâce aux élé ments qui la composent actuellement. La plupart des combattants seron des hommes fraîchement arrachés à leurs occupations pacifiques et qu n'auront senti la poudre que pendant de courts exercices de tir d'ailleur esque oubliés. Condition mauvaise de moral, qui vient actuellement se effer sur cette autre constituée par le danger résultant de la rasance et la force de pénétration des balles, de la rapidité du tir, du nombre uble de cartouches portées par les hommes, du perfectionnement des ojectiles de l'artillerie, de la possibilité de déterminer exactement les dis-nces non seulement pour la défense, mais aussi pour les assaillants qui se rviront à cet effet de télémètres, de la poudre sans fumée qui permet de ndre des embuscades très dangereuses, et enfin parce que toutes les oupes sont désormais munies d'instruments de terrassier, grâce aux-els chaque champ de bataille pourra être transformé en un camp tranché, ce qui obligera de substituer, aux attaques directes, les pro-dés de la guerre de forteresse.

Il est donc évident que les récits du passé ne nous permettent pas de nclure aux qualités que déploieront les différentes armées dans les ıerres à venir, pas plus qu'à l'esprit qui animera ces armées dans les nditions actuelles. L'esprit de l'armée est une chose impondérable et fficile à définir d'une manière exacte, en raison de la complexité des élé-ents qui la composent.

Le degré d'endurance au travail et aux privations, la discipline, le urage, la confiance dans les chefs et dans les camarades, et l'absence de ainte, de malentendus personnels susceptibles de nuire à la cause com-une, ainsi que les catastrophes que peut amener l'emploi d'explosifs, ilà de quoi dépend principalement l'esprit des troupes. Si l'on ajoute ces qualités l'esprit d'initiative gouverné par des connaissances sérieuses, obtient l'ensemble des conditions qui déterminent l'esprit des officiers. est indiscutable que les qualités morales diffèrent dans l'armée, non seu-ment suivant les pays, mais aussi suivant le mode de recrutement.

L'esprit des troupes a varié d'une époque à l'autre dans chaque pays.

Dans le chapitre consacré à l'esprit des armées, nous avons pris en nsidération tout ce qu'on peut tirer de l'enseignement du passé pour se ire une idée des particularités qui caractérisent les différentes armées. ais nous venons de dire que les exemples fournis par les guerres précé-entes ne peuvent avoir qu'une importance très relative. Nous avons dit galement que l'esprit d'une armée ne s'est pas toujours maintenu à la ême hauteur dans chaque pays, qu'un relèvement formidable de cet sprit a souvent été suivi d'une baisse inattendue, et *vice versa*. De areilles oscillations se sont produites dans des espaces de temps moins ngs que celui qui nous sépare des dernières guerres européennes. Il faut jouter d'ailleurs que l'armée russe constitue peut-être la seule exception cette règle, car depuis qu'elle est régulièrement organisée, il ne s'y est as produit de flux et reflux comme ceux dont nous venons de parler.

Il va de soi que l'état d'âme des mêmes troupes peut changer sous l'effet de telles ou telles circonstances. Citons à ce propos les paroles d l'un des plus vaillants généraux allemands, le comte Caprivi : « Napoléon a fait la juste réflexion que les corps de troupes, de même que les soldat pris isolément varient journellement à la guerre et que ce qu'ils peuven faire un jour diffère souvent de ce qu'ils ont fait la veille. On ne peu jamais prévoir à l'avance l'insuccès d'un corps de troupes. Il est mêm impossible de savoir exactement l'état physique où seront les hommes auront-ils pu dormir suffisamment, auront-ils assez mangé et quelle influences morales auront-ils subies? Or, il faudrait pouvoir répondre à tout cela avant d'apprécier ce que des troupes peuvent faire. »

On ne peut, par conséquent, être sûr du succès des opérations d'un armée dans les conditions actuelles si complexes. Et quand on cherche deviner ce qui arrivera dans la guerre prochaine, on se trouve en présenc d'un problème encore plus compliqué, en raison de ce que l'armée d'un puissance devra régler ses opérations sur celles des armées de ses alliés.

De nombreux éléments entrent, comme nous l'avons dit plus haut dans ce que nous appelons l'esprit d'une armée.

Pour juger laquelle de ces armées se montrera supérieure aux autres à tel ou tel point de vue, il faudrait examiner séparément la valeur d chacun de ces éléments dans chacune des armées, en se basant sur de exemples et en tenant compte des changements survenus dans la compo sition des troupes, dans l'armement et dans la tactique. Mais cela nou obligerait à une dissertation bien inutile, ne fût-ce qu'en raison des appré ciations contradictoires portées sur les différents cas et des conclusion générales, toujours très discutables, souvent arbitraires, qu'on en a tirées

Comparaison des diverses armées au point de vue de leur différentes qualités et aptitudes.

Pendant les cinq années consacrées à notre travail, nous avons eu fréquemment l'occasion de causer avec des officiers de différents grades e de différentes armées, et nous sommes en mesure d'affirmer que leurs opi nions sur certains avantages et certains défauts des différentes armées dif fèrent moins qu'on ne le pourrait croire. Et pour plus de clarté, nous avon cherché à exprimer en chiffres les différentes particularités des armées de principales puissances militaires. Nous avons, en un mot, adopté l méthode dont on se sert pour faire les tableaux statistiques relatifs à la moralité, à l'instruction publique et à l'état sanitaire dans divers pays.

Nul ne s'étonne quand un auteur compare les qualités de différente armées, par exemple leur degré d'endurance, leur aptitude à l'attaque e à la défense, l'instruction de leurs officiers, et quand il exprime par de mots que telle qualité est plus développée dans telle armée que dans telle autre, que l'armée d'une puissance déterminée a tel avantage sur celle des autres puissances, que telle armée est supérieure ou inférieure à une utre sous tel ou tel point de vue. Ces comparaisons, disons-nous, exprimées ar des mots, n'étonneraient personne; mais des appréciations ainsi ormulées, tout en étant très prolixes, manqueraient de clarté.

Ne vaudrait-il pas mieux employer, pour rendre ces comparaisons plus laires, la méthode qui consiste à classer les objets comparés dans un tableau omparatif? Il est évident qu'à ce tableau de chiffres nous n'attachons pas lus d'importance qu'à un graphique ayant pour but d'illustrer ce qui a té expliqué antérieurement. Nous ajoutons que nous avons cru nécessaire l'établir ces comparaisons des qualités des différentes armées dans deux conlitions différentes : pendant le combat offensif et pendant l'action défensive.

Autrefois, quand on considérait la défensive, comme une action passaère et comme un pis-aller, pour ainsi dire, et quand cette défensive, si l'on persistait, se terminait toujours par la défaite, une telle division n'eût pas té nécessaire. Mais aujourd'hui, comme nous l'avons déjà dit et comme ous le prouverons jusqu'à l'évidence dans notre chapitre consacré aux *lans des opérations de guerre*, la défense peut être très avantageuse pour ertains pays, parce que la prolongation de la guerre peut déterminer la amine, et même des mouvements révolutionnaires chez l'adversaire. Quant la défensive, au point de vue tactique, sa puissance se trouve notablenent accrue par les nouvelles conditions du combat. La force de la léfensive est affirmée déjà par ce seul fait que l'attaque est elle-même bligée d'exécuter des travaux de défense. Skobeleff qui fut l'offensive ncarnée, a dit dès 1879, alors qu'on n'avait pas encore de fusils de petit alibre, qu'en présence des effets actuels du feu de mousqueterie, les ravaux de défense sont très importants non seulement pour les défenseurs, nais aussi pour les assaillants.

Les premiers ne passeront pas très souvent à l'offensive, d'abord parce u'ils ne voudront pas intervertir les rôles, ensuite parce que, parmi les roupes qui occupent une position, il peut y en avoir beaucoup qui sont noins capables d'attaquer ouvertement que de se défendre. Un auteur militaire russe très distingué (1) dit que les avantages matériels sont si grands du ôté de la défense que, pour en triompher, une énorme supériorité morale st nécessaire.

Ce que nous venons de dire avait pour but de justifier notre manière l'apprécier et de comparer les qualités des armées dans les deux conditions usdites, c'est-à-dire dans l'offensive et la défensive.

Pour que nos conclusions soient justes, il faudrait encore en catégoiser les particularités, attendu que leur importance dans le combat n'est as égale. Mais l'appréciation deviendrait, dans ce cas, trop arbitraire.

---

(1) Skougarevski, *L'attaque de l'infanterie.*

Il est évident que nous n'attribuons point d'importance aux chiffre isolés établis en faisant les comparaisons; ces chiffres équivalent au expressions : à un haut degré, à un moindre degré ou à un faible degré ou bien aux mots : beaucoup, moins, peu, que nous devrions employe en exposant d'une manière détaillée les qualités et les défauts de chaqu armée à tel ou tel point de vue. Le tableau chiffré a seulement l'avantag de la concision et de la clarté. Nous prévoyons aussi — et nous en preno dès à présent notre parti — que tels ou tels des chiffres que nous donno seront considérés comme exagérés ou comme trop faibles. Ils ne représe tent, d'ailleurs, que des indications approximatives dans tel ou tel sen

---

1. Faculté de s'accommoder aux nouvelles conditions de combat.

La guerre future offrira un aspect très différent de celui qu'offraient l guerres du passé. Nous avons déjà fait remarquer combien les procéd stratégiques devront se modifier par suite des changements survenus da l'armement, de l'introduction de la poudre sans fumée, de l'emploi de pui sants explosifs et de ce que des millions d'hommes seront appelés so les armes, car il en résultera l'obligation d'imaginer de nouveaux procéd tactiques au cours même de la campagne.

La possibilité d'agir dépendra de la faculté d'apprécier plus vite mieux la situation et de prendre les mesures nécessaires pour obten les résultats voulus, tout en courant le moins de risques possible. No rappelons les exemples déjà donnés en racontant comment les Autrichie ne surent pas, en 1859, se défendre contre le feu plus allongé des cano français, et comment, en 1866, la manière de manœuvrer de l'infanter autrichienne ne fut pas ce qu'elle eût dû être pour centraliser les effets d fusil à aiguille.

L'armée allemande.

Pendant la guerre de 1870, les Allemands surent, au contraire, mod fier rapidement leur tactique pour se défendre contre les chassepots, tirer profit de la plus longue portée de leurs canons.

Le chiffre des pertes en hommes et le succès de l'attaque dépendro en grande partie de la plus ou moins grande faculté que les troupes mo treront à se conformer aux nouvelles conditions de combat.

Pour la défense, cette faculté aura une importance bien moindr mais son absence constituera cependant une condition d'infériorité. Il fa remarquer que, durant la campagne, de nouvelles instructions viendro sans doute remplacer les procédés usités jusqu'alors; cela se produi après les premiers combats qui auront fourni des indications pratique ais ces nouvelles méthodes n'auront d'effet utile que si l'on trouve des éments capables de se les assimiler rapidement. Le soldat automate est ut ce qu'il y a de pire dans le combat actuel.

Le développement individuel du soldat, son intelligence, son entraî- ment, son indépendance morale qui, du temps de Frédéric II, étaient nsidérés comme des choses tout à fait inutiles, sinon nuisibles, dans le étier des armes, sont devenus au contraire indispensables, suivant le néral Dragomiroff.

Il n'est pas douteux que l'armée allemande ne soit aussi, dans la guerre ture, à la hauteur de sa tâche. Cette conclusion, nous ne la tirons pas du t qu'elle a été victorieuse en 1870, mais des causes auxquelles elle a dû s victoires. Frédéric II a battu les Français, mais vingt ans après sa mort, Prussiens furent vaincus par les Français à Iéna et à Auerstaedt (1806). poléon Ier a conduit ses armées des Pyrénées jusqu'à Moscou. Napo- n III ne les a même pas conduites au delà du Rhin.

Ce qu'il y a d'intéressant pour l'avenir, c'est le fait que les victoires de 70-71 sont attribuables à la supériorité d'organisation de l'armée alle- nde, à cette supériorité qui l'a rendue plus forte au point de vue numé- que, et plus capable de se conformer aux nouvelles conditions de combat.

Immédiatement après la guerre de 1866, les Allemands se sont mis à dier les nouveaux procédés, et, supposant que, dans les batailles futures, Français appliqueraient eux-mêmes leur tactique d'alors, ils ont cherché r force dans les côtés faibles de la tactique ennemie. Sur la base de ces vaux préparatoires, l'État-Major allemand avait élaboré, dès 1869, de nou- les instructions de combat, et la guerre ne fut déclarée qu'après qu'on se assuré que le corps des officiers s'était assimilé les instructions susdites.

L'armée française.

Quant aux Français, ils n'avaient en rien modifié leurs procédés, malgré avertissements donnés par leur agent militaire Stoffel. C'est seulement rès le commencement de la campagne qu'on leur distribua certaines tructions nouvelles.

Cette imprévoyance est, croyons-nous, inhérente dans une certaine sure au tempérament français.

Le docteur Cruveilhier dit avec raison, dans son ouvrage intitulé : *Élé- nts d'hygiène générale*, que « la routine constitue le fond de la nature s Français », qui, malgré leur réputation de légèreté et de versatilité, nt les hommes les plus routiniers du monde.

Après de très douloureuses expériences, les Français ont suivi l'exemple s Allemands ; aussi, ne le céderont-ils, dans l'avenir, à ces derniers, en force numérique, ni en fait de fortification des frontières. Mais les faites qu'ils ont subies ont été si graves que l'armée française sera moins disposée à l'avenir à prendre l'offensive; ses qualités se révéleront, en revanche, certainement dans l'action défensive, à laquelle elle est, de l'avis de tous les spécialistes, admirablement bien préparée.

L'armée autrichienne.

L'armée autrichienne, à en juger par les derniers résultats qu'elle a obtenus, sera également inférieure à l'armée allemande, mais les officiers autrichiens sont très instruits; quant aux procédés tactiques, ils pourront être corrigés avec le concours de l'État-Major allemand. L'armée italienne est dans la même situation : elle s'assimilera facilement les nouvelles règles de combat, grâce à l'intelligence qui distingue les Italiens.

L'armée russe.

Pour l'armée russe, les guerres de 1853-1856 et de 1877-1878 ne peuvent servir de criterium, attendu que le niveau intellectuel de cette armée était alors bien moins élevé qu'aujourd'hui. Les troupes qui combattirent en 1853 étaient composées de paysans et de serfs enrôlés par voie de recrutement ou envoyés à l'armée par les propriétaires ou les autorités communales, à titre de punition. En 1877, il n'y avait pas, dans l'armée, 20 0/0 de soldats sachant lire et écrire, tandis qu'aujourd'hui il y en a presque 50 0/0.

Il est vrai qu'en 1877 il n'y avait déjà plus de soldats condamnés à servir 25 ans dans l'armée et ayant ainsi rompu toutes relations avec leur famille et leur village; mais, à cette époque, la suppression du servage ne datait encore que de seize ans, et l'ancien mode de recrutement n'avait cessé que depuis trois ans seulement.

On ne peut pas dire du peuple russe qu'il soit routinier mais il faut avouer qu'il n'est pas très porté au travail intellectuel. Les soldats ayant fait des études assez complètes pour être classés dans l'une des trois catégories de privilégiés ne sont pas encore nombreux. Sur 959,897 élèves des différentes écoles, 11,103 seulement ont fait des études assez sérieuses pour bénéficier des prérogatives susdites.

Mais, d'autre part, le soldat russe a l'habitude des procédés très simples en toute chose; il sait profiter des circonstances qui se présentent, de même qu'il sait les supporter. Il ne saura peut-être pas en créer lui-même, mais il saura les dominer; d'où il résulte que, dans une guerre défensive, où les plans et le choix du terrain auront été faits d'avance, l'infériorité de son développement intellectuel ne sera pas d'une grande importance; d'autant plus que les complications mêmes de la technique très compliquée finiront par placer au premier rang l'endurance et la force brutale des muscles qui joueront nécessairement le rôle principal dans les péripéties de la guerre défensive, où les hommes seront forcés de rester derrière leurs abris en proie à la faim et au froid et de combattre fréquemment pendant la nuit

Les nouveaux perfectionnements ont rendu la défense beaucoup plus forte qu'elle n'était dans le passé. Même les assaillants ne pourront s'approcher des positions ennemies qu'en s'abritant jusqu'au moment où ils ne seront plus séparés des adversaires que par une distance trop courte pour favoriser le déploiement des forces balistiques modernes. Or, ces assaillants eux-mêmes seront forcés d'entreprendre des travaux analogues à ceux qu'on a faits au siège de Plewna. Et ce n'est qu'après cela que la baïonnette, cette arme préférée des Russes, décidera de l'issue de la lutte.

Le gouvernement russe travaille avec beaucoup d'énergie, ce qu'il demande aux troupes pourrait s'appliquer à l'armée la plus parfaite; et il est certain que si l'on venait à faire des innovations dans les armées ennemies, on introduirait immédiatement ces innovations dans l'armée russe. Mais tout n'est pas là, évidemment, car il y a un abîme entre ce qu'on demande et ce qu'on obtient.

Appréciation numériques comparatives.

Tout cela nous conduit à exprimer en chiffres, comme il suit, la faculté, pour les différentes armées, de se conformer aux nouvelles conditions de combat :

	Dans l'offensive	Dans l'action défensive
	—	—
Allemagne	100	100
Autriche	80	80
Italie	70	80
France	70	90
Russie	80	90

Représentons ces chiffres graphiquement :

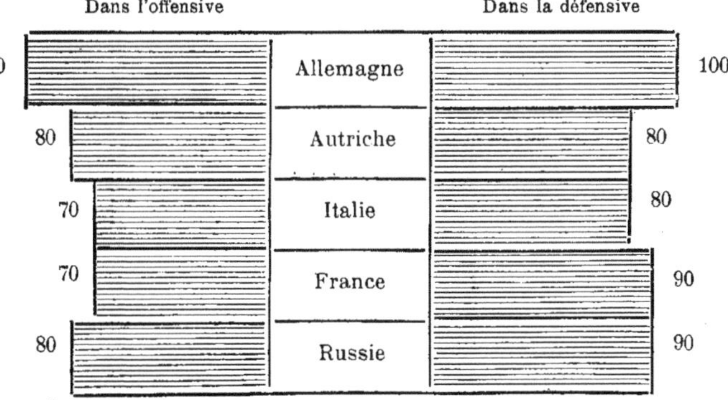

Expression de la faculté de se conformer aux nouvelles conditions de combat.

2. Composition du corps d'officiers et manière de le recruter.

Eléments nécessaires au recrutement du corps d'officiers.

Il est évident que plus il y a de personnes instruites dans un pays plus on a de matériaux pour recruter, par des spécialistes, tous les corps où la présence d'hommes supérieurement instruits est nécessaire, partant aussi le corps d'officiers. Et plus ce corps d'officiers compte d'hommes ayant fait des études sérieuses, plus est grande la probabilité qu'il y en aura dans ce nombre capables de commander et que certains d'entre eux se révéleront grands capitaines.

C'est dans l'armée allemande, où l'instruction supérieure seule donne droit aux prérogatives dont bénéficient les volontaires, que la proportion des personnes ayant fait des études supérieures est le plus considérable. Le nombre des volontaires de l'armée allemande constitue 3,25 0/0 de son effectif total.

On ne trouve cette proportion dans aucune autre armée.

Les officiers du service actif et de la réserve ont naturellement tous reçu une bonne instruction (1). C'est donc surtout par le moindre développement des soldats, qu'au début de la guerre, se manifestera l'infériorité de l'instruction dans l'armée.

(1) Voici comment, dans les armées des différents pays, les officiers se répartissent entre les troupes de première et de deuxième ligne :

PAYS	Troupes de campagne et de réserve de première ligne.	Troupes territoriales, landwehr, garnisons et réserves de deuxième ligne.
Autriche	77 %	23 %
Allemagne	65 %	35 %
Italie	74 %	26 %
En moyenne	70 %	30 %
France	67 %	33 %
Russie	75 %	25 %
En moyenne	70 %	30 %

Mais quand, par la suite, il faudra recruter parmi les sous-officiers les remplaçants des officiers mis hors de combat, c'est alors que les inconvénients provenant du faible niveau d'instruction du pays se manifesteront d'une manière très sensible au point de vue militaire.

Conséquences de la guerre future à ce point de vue.

Et il est très probable que la guerre ne tardera à mettre les pays, qui ne sont pas dans la même situation au point de vue de l'instruction publique, dans des conditions très inégales quant à la composition de leurs corps d'officiers. L'expérience fournie par la guerre du Chili a déjà démontré qu'avec les armes perfectionnées, les pertes en officiers seront énormes. La poudre sans fumée facilite la visée et l'on cherchera, dans toutes les armées, à détruire les officiers de l'ennemi.

Le général Caprivi, ex-chancelier d'Allemagne, a dit : « Nous verrons des batailles où il ne restera que très peu d'officiers à la tête des troupes de première ligne, et ces officiers en nombre trop restreint seront incapables d'imposer leur volonté aux soldats ; de sorte qu'au moment le plus décisif, les hommes seront abandonnés à eux-mêmes. Et l'on se demande s'ils seront en état d'agir par eux-mêmes dans le sens général voulu, et de se servir convenablement de leurs armes ? »

Ce qui se produira en Allemagne.

Il est évident qu'en Allemagne, le niveau d'instruction étant plus élevé, il y sera plus facile de combler les vacances survenues parmi ceux qui commandent dans l'armée. En ce pays, on attache moins d'importance qu'ailleurs aux conditions de nomination des officiers ; il n'y existe même pas de minimum d'années de service ni d'âge exigible. Mais le choix du chef subalterne est laissé à l'entière responsabilité de son supérieur. Les avancements se préparent dans une chancellerie spéciale et secrète dont le chef est directement admis chez l'Empereur. On se raconte qu'un major, ayant été présenté par un commandant de division pour commander un régiment, et s'étant montré plus tard au-dessous de sa tâche, le commandant de division en question fut révoqué en même temps que son protégé.

En Russie.

En Russie, où le niveau de l'instruction est moins élevé, les officiers posséderont peut-être moins de qualités actives dans les combats en rase campagne ; ils ne sauront peut-être pas se conformer aux circonstances dans la même mesure que les officiers allemands, ni déployer une initiative aussi indépendante que ces derniers. Mais dans la défensive, dans les combats de nuit, dans la guerre de partisans, l'officier russe, de même que le soldat russe, révélera les grandes qualités morales qui lui sont propres.

En Italie.

Le niveau de l'instruction est moyen dans l'armée italienne et ne se complète que par l'intelligence naturelle de ceux qui la composent. Mais l'instinct guerrier est généralement peu développé chez les Italiens. Le but de la guerre, partant la guerre elle-même, n'a pas pour eux un intérêt aussi grand que pour les Français, pour les Allemands et pour les Russes (dans les contrées slaves). Si l'on ajoute à cela les défauts de l'organisation des troupes mobiles et territoriales italiennes, on ne peut coter très haut les qualités des officiers italiens.

En France.

Les officiers français se distinguent non seulement par les facultés qui caractérisent la nation française en général, mais aussi par leur éducation très soignée, ainsi que par leur courage inné, surtout si l'opération réussit au début. Mais la décadence de l'esprit militaire les affecte pourtant dans une certaine mesure. Citons ici les remarquables paroles du général Trochu, qui défendit Paris en 1870.

« Je veux, dit-il, signaler l'un de nos plus grands défauts, au point de vue de l'esprit militaire dans notre pays — un défaut qui affecte désavantageusement la valeur de nos cadres supérieurs et inférieurs, c'est-à-dire de nos officiers et de nos soldats. Par ce temps où la civilisation a porté le raffinement dans les couches supérieures de la société et le confort dans les couches moyennes, en inoculant aux couches inférieures une tendance de plus en plus marquée vers le bien-être, par ce temps où le commerce, l'industrie, le savoir-faire ouvrent le chemin aux plus favorisés du sort, et souvent aux moins scrupuleux, il n'est pas facile de trouver des braves qui choisissent la carrière militaire par vocation ; presque tous l'embrassent par nécessité

« Mais dans cette carrière, comme partout ailleurs, la fortune aveugle vole sur sa roue en élevant les uns et en écrasant les autres. Les évolutions sont, cependant, empreintes d'un caractère particulier dans l'armée. Ici les favorisés du sort aboutissent souvent à des postes très honorifiques et parfois très brillants, mais jamais lucratifs. Chaque effort y est en outre, accompagné de risques, et les gens ordinaires, quoi qu'on en dise, n'envisagent pas de sang-froid les risques de ce genre. La plupart des familles entretiennent et se communiquent mutuellement les souvenirs tristes et décourageants des sacrifices faits par elles aux guerres de ce siècle qui ne discontinuaient presque pas, et qui presque toutes étaient de folles entreprises. Elles mettent leurs fils en garde contre les tentations d'une célébrité glorieuse en leur montrant la perspective des blessures et de la mort. »

On peut ajouter que les conditions dans lesquelles aura lieu la guerre future ne sont pas de nature à relever l'esprit militaire de l'armée française. L'héroïsme français a besoin d'une scène ouverte et d'une galerie Or, le caractère de la guerre future sera probablement tel, qu'il exigera un héroïsme modeste, des héros opérant pour leur propre compte et capables, pour telles convictions, de se dévouer silencieusement. Aussi se plaint-on en France, et non sans raison, de l'indifférence qu'on apporte au service militaire, du « j'm'en fichisme » qui caractérise le soldat français.

En Autriche.

Les officiers autrichiens sont très instruits et la camaraderie est très développée dans les régiments. Mais la diversité des nationalités, partant de l'idéal national qu'on rencontre dans l'armée autrichienne, fait que ces officiers manquent du lien moral qui enchaîne les uns aux autres les officiers russes ou allemands.

Composition des différentes armées.

Essayons maintenant d'exprimer en chiffres, qui permettent de mieux subdiviser les appréciations que ne le font les paroles, les qualités respectives que montrent les officiers des différentes armées d'une part dans la défensive, et d'autre part dans l'offensive.

	DANS LES TROUPES DE LA			
	PREMIÈRE CATÉGORIE		DEUXIÈME CATÉGORIE	
	dans l'offensive	dans la défensive	dans l'offensive	dans la défensive
Allemagne	100	100	75	90
Autriche	80	85	60	70
Italie	70	85	40	60
France	80	90	60	70
Russie	80	95	50	70

Représentons ces chiffres graphiquement.

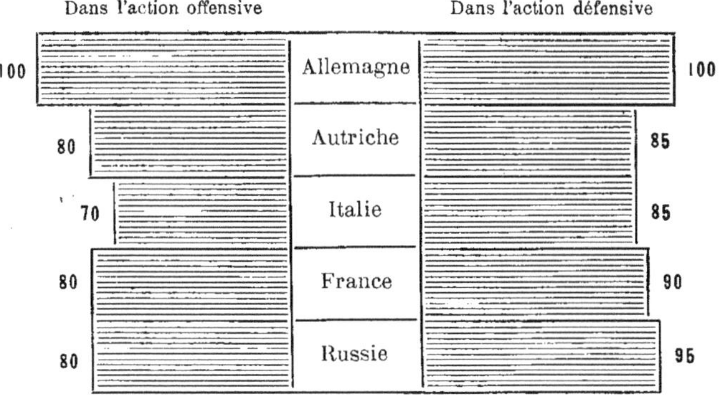

Appréciation de la composition des corps des officiers et de la manière de les compléter.

DEUXIÈME CATÉGORIE

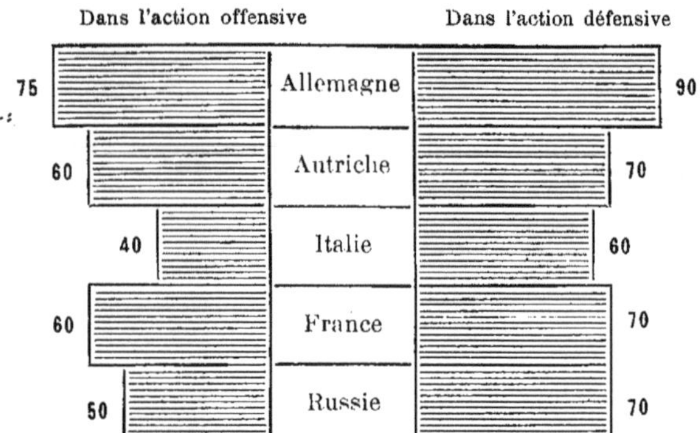

Appréciation de la composition des corps des officiers et de la manière de les compléter.

Pour établir ces appréciations comparées, nous diviserons chaque armée en deux parties, dont la première comprendra les troupes permanentes et la réserve de première ligne, tandis que la seconde partie comprendra les réserves de deuxième ligne.

---

3. L'initiative.

Nécessité de l'initiative à la guerre.

De Moltke a posé, comme base d'éducation à l'Académie militaire, la devise suivante : « A la guerre, l'action a le pas sur l'idée, la pratique sur la théorie. » C'est encore de Moltke qui a dit : « Il faut surtout développer la faculté d'agir résolument en vue d'atteindre le but proposé; que personne, depuis le généralissime jusqu'au dernier soldat, n'oublie que la négligence et l'inaction sont des défauts beaucoup plus grands que le manque d'habileté dans le choix des moyens. » Nous mettons en regard de cette opinion celle du général Dragomiroff, qui dit « que le succès à la guerre est pour celui-là seulement qui sait risquer (1) ».

Il va de soi qu'une audacieuse initiative doit être accompagnée d'une appréciation plus ou moins exacte des chances de succès; car, dans le cas contraire, elle peut amener une catastrophe, surtout dans les conditions actuelles du combat. Mais ces mêmes conditions font que l'initiative est désormais plus nécessaire et plus importante que jamais.

---

(1) *Journal des Sciences militaires*, Stratégie de combat.

Représentons-nous ce qui se passera sur les derrières des corps de troupes qui marchent séparément et qui reçoivent tout à coup l'ordre de changer de front, de se concentrer en vue du combat et qui doivent rester alors massés pendant tout une journée ou même davantage. Il est évident que si l'on ne prend pas en pareil cas personnellement des mesures *ad hoc* à tous les degrés du commandement, la confusion peut être amenée par les moindres causes et entraîner une défaite. Le commandant en chef ne peut se souvenir de tout et donner des ordres en précisant tous les détails; il ne peut s'occuper de surveiller le transport régulier des cartouches de chaque corps de troupes, etc. Le règlement des détails et la solution des difficultés imprévues sont laissés à l'initiative des combattants subalternes et des officiers employés aux services auxiliaires.

Causes qui ont grandi son importance.

C'est surtout par suite de l'augmentation des effectifs et de la puissance du tir que l'initiative individuelle des subordonnés a acquis une importance telle qu'aucun succès n'est plus possible quand elle fait défaut.

Des troupes dépourvues de cette qualité devraient toujours être tenues massées sur un moindre espace. Si elles étaient nombreuses, elles ne pourraient avancer que très lentement, et le commandant en chef ne pourrait pas, néanmoins, prévoir toutes les éventualités et diriger tous leurs mouvements.

En dispersant des troupes pareilles, on éprouvera toujours des craintes à leur égard au quartier général, de même qu'au sein de ces troupes; on ne saura jamais si elles feront ou non ce qu'il faut faire dans un cas donné.

Quant à prévoir toutes les éventualités et à donner des instructions écrites pour chaque cas particulier, ce serait lier les troupes par des chaînes de paperasserie qu'un ennemi énergique et résolu ne manquerait pas de briser (1).

Mais comme chaque qualité peut avoir ses inconvénients, de même l'initiative des commandants subalternes, poussée trop loin, peut entraver la marche régulière de l'action commune. Ce danger disparaît évidemment dans la défensive sur les positions fortifiées quand le commandant en chef a toujours les troupes sous ses yeux.

Comparaison des différentes armées à ce point de vue.

Le général Voïdé affirme que les victoires des Allemands en 1870 sont surtout dues à la grande somme d'initiative et d'esprit d'entreprise déployée par les commandants subalternes jusqu'au plus modeste grade,

(1) Général Blume, *Militär Wochenblatt* : *Selbstthätigkeit der Führer im Kriege.*

tant pendant les combats que pendant les opérations. Mais il faut remarquer que les Allemands ont plutôt dû leur succès définitif à leur supériorité numérique qu'à cet esprit d'entreprise, à ce que les Français ont joué — comme s'exprimait le général Leer — le rôle d'enclume pendant toute la campagne.

L'esprit des soldats russes se traduit plutôt par la régularité des mouvements des masses et par la discipline que par l'initiative individuelle, aussi peut-on moins attendre d'esprit d'entreprise de leur part. Mais il est, en revanche, plus facile de diriger l'armée russe ; elle sera dans la main d'un chef habile un instrument de plus grande précision que n'importe quelle autre armée.

L'initiative individuelle est plus propre aux Français que l'exécution purement mécanique des ordres reçus. L'intelligence des Français et leur amour-propre sont les mobiles principaux de leur esprit d'entreprise. Et ils en ont trop peu montré en 1870-71. Cela ne prouve pas qu'ils soient incapables d'en avoir. Ils furent découragés par les premiers échecs, tant ils s'y attendaient peu, et il est certain que les causes susceptibles d'affaiblir l'âme de toute autre nation peuvent paralyser aussi celle de la nation française.

Ce qui pourra fâcheusement influencer l'état d'esprit des officiers français, y compris les chefs supérieurs, c'est moins le manque d'initiative que la lutte des partis dans le pays, l'incertitude de ce qui se passe derrière l'armée et la présence dans les rangs d'éléments subversifs, c'est-à-dire d'hommes attendant une révolution et prêts à l'accueillir avec joie.

L'initiative dans l'armée autrichienne sera en quelque sorte paralysée par l'hétérogénéité de sa composition, et par le peu de confiance qu'inspireront, en conséquence, les entreprises personnelles.

Mais c'est l'armée italienne qui sera le moins bien partagée à ce point de vue. Quoique très bien doué, l'Italien moderne a très peu d'initiative, ainsi que le prouvent l'état de son industrie, de son horticulture et sa manière routinière de faire le commerce.

Expression en chiffres des résultats de cette comparaison.

Le degré d'initiative propre aux armées des différentes nations peut être, par conséquent, exprimé par les chiffres relatifs suivants :

	Dans l'offensive	Dans la défensive
En Allemagne	100	100
En Autriche	75	85
En Italie	60	70
En France	75	80
En Russie	80	85

Représentons ces chiffres graphiquement :

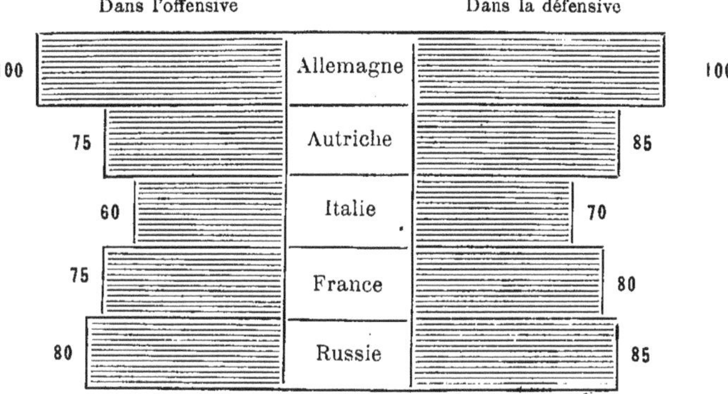

Appréciation de l'initiative propre aux différentes armées.

---

4. L'endurance au point de vue du travail et des privations.

Importance de cette faculté à la guerre.

La question de l'endurance des troupes a une importance capitale, ttendu que l'aptitude du soldat à supporter la fatigue, le travail et les rivations que comporte la guerre peut influer beaucoup sur les chances u succès.

Nous avons déjà cité les paroles de Napoléon disant qu'il ne suffit pas 'être courageux sur le champ de bataille si l'on ne sait endurer la fatigue : les privations. Or, le soldat rencontre à chaque pas cette fatigue et ces rivations durant une campagne. Il est obligé de franchir des espaces lus ou moins considérables, chargé d'un poids de 70 à 80 livres ; il est rcé de marcher par toutes les saisons, pendant les froids de l'hiver dans neige et en été sous un soleil torride, enveloppé d'un nuage de poussière, us des pluies torrentielles ou pataugeant dans la boue. Et il peut arriver l'après une marche, fatigué, exténué et affamé peut-être, au lieu de jouir 1 repos, il lui faille se disposer à combattre l'ennemi, au risque d'une ouvelle déperdition de forces.

D'ailleurs, même le repos pendant la guerre n'est pas de nature à tablir les forces du soldat. Le grand nombre de combattants qui composent les armées actuelles implique l'impossibilité de les loger tous. plus grand nombre devront passer la nuit au bivouac ou à la belle oile exposés à toutes les influences atmosphériques.

Le soldat exténué ne peut pas toujours compter sur une nourritur abondante, car il sera très difficile d'approvisionner ces grandes masse d'hommes; les réquisitions locales n'y suffiront pas et l'on ne pourr satisfaire complètement tous les besoins.

Il faut donner raison à Clausewitz, dont nous avons déjà cité le paroles, quand il dit que les marches doivent être considérées comm aussi dangereuses que les batailles, qu'elles sont un agent d'épuisemen non moins destructif que les combats. Pendant les marches, les homme meurent par milliers malgré toutes les mesures de précaution prises pou les conserver. Il ne faut pas oublier que non seulement les morts, mais l plupart des hommes mis hors de combat sont perdus pour l'armée et qu les invalides ne constituent qu'un impedimentum pour celle-ci en encom brant les hôpitaux (1).

Elle augmentera encore dans la guerre future.

L'endurance des soldats aura une importance d'autant plus grand pendant la guerre future que, suivant l'opinion de bien des auteurs mili taires, les combats dureront trois et quatre jours, peut-être même plu longtemps encore et que le service de l'approvisionnement ne pourra s faire régulièrement pendant ce temps; quant aux troupes, elles resteron pour la plupart à ciel ouvert tant que durera le combat. Au fur et mesure qu'on complétera les effectifs au moyen de réservistes, le degr de résistance des troupes dépendra de plus en plus des conditions même de l'existence dans le pays auquel appartient l'armée. Plus y sera nom breuse la population rurale, moins y sera relativement grand le nombr des citadins, des commerçants et des industriels, moins les condition d'existence y seront commodes, moins on y sera efféminé, et plus ser grande l'endurance des troupes.

L'agriculteur, comme nous l'avons déjà dit, constitue un élément trè précieux dans l'armée. Il est habitué chez lui à dormir sur la dure, à por ter de mauvais vêtements et à manger une nourriture très simple; cela fai qu'il supportera beaucoup mieux les privations que comporte la vie d campagne et qu'il se conformera plus vite à ses nouvelles conditions qu l'habitant des villes, habitué à un certain confort, que l'artisan et mêm l'ouvrier des fabriques, sans parler des hommes appartenant aux classe plus aisées.

Comparaison des diverses armées à ce point de vue.

La Russie est très avantagée à ce point de vue, parce que les agricul teurs y forment 86 0/0 du total de la population, tandis qu'en Autrich ils n'en constituent que 49 0/0, en France 42 0/0 et en Allemagne 37,8 0/0

(1) Von der Goltz, *Das Volk in Waffen.*

Mais en Allemagne les soldats sont tous rompus à la gymnastique, ui augmente à un haut degré leur adresse et leur endurance. Il est bon ire que les premières sociétés de gymnastique, qui depuis ont pris une rande extension, furent fondées en 1810 par le « père Jahn » (*Vater* ı) et que leur création était inspirée par l'idée de revanche sur les Fran- . Les écoles de gymnastique ont, dans la suite, joui dans toutes les cipautés allemandes de la protection des gouvernements. Nous avons eu l'occasion de parler, en citant des exemples à l'appui, de la grande urance dont ont fait preuve les troupes allemandes en 1870.

Dans cette même guerre, certains régiments français ont exécuté de ıdes marches avec une rapidité surprenante qui rappelait celle des ches des troupes napoléoniennes. Dans ces derniers temps on s'est liqué en France à entraîner les soldats à l'exécution des marches, et s ce rapport les troupes permanentes françaises ne peuvent être surpas- par les meilleures troupes de n'importe quel pays.

Mais la mobilisation amènera sous les drapeaux des hommes moins ı entraînés. On a fait un essai, en encadrant des réservistes dans les pes actives, et l'on a constaté que dans les régiments ainsi complétés avait, pendant les marches forcées, jusqu'à 30 0/0 de retardataires, et s ce nombre des officiers, de sorte qu'on se vit obligé de diminuer distances à parcourir.

L'armée autrichienne, qui comprend une forte proportion d'agricul- s, surpassera probablement, dans une certaine mesure, l'armée fran- e ; et l'armée italienne sera la moins endurante, car les Italiens ne sont éralement pas très forts au point de vue physique.

L'armée russe est au premier plan comme endurance. On sait que sque chaque conscrit russe, de même que chaque réserviste qui retourne s les drapeaux, trouve au régiment une bonne nourriture, une nourri- bien meilleure, très souvent, que celle qu'il avait chez lui. De là vient le jeune soldat, loin de perdre ses forces au service, en augmente la ssance. Étant, d'autre part, rompu au travail et habitué à supporter privations, l'agriculteur, qui constitue l'élément prépondérant dans mée, sera capable de vaincre les plus grandes difficultés que comporte ie de campagne.

Et si bien que les troupes de campagne des autres nations soient raînées à la marche, le degré de leur endurance baissera au fur et à sure qu'on complétera les régiments par des réservistes habitués à un tain confort.

Influence du moral sur l'endurance.

En parlant de l'endurance des soldats, il faut aussi prendre en consi- ation l'état moral des troupes, car ce dernier a une très grande impor- ce. Ainsi que l'a dit le comte Tolstoï, un homme ne peut franchir des milliers de kilomètres, qu'au cas où il s'imagine qu'au bout de cette éta il trouvera quelque chose de bon, quelque chose dans le genre d'une te promise.

Mais, dans la future guerre avec la France, les Allemands n'auraie pas la vision de cette terre promise qu'ils convoitaient en 1870 sous la for de l'unité nationale. Quant aux Français, ils pourront rêver de reprend l'Alsace et la Lorraine et d'accroître le prestige militaire, mais ces sourc d'exaltation suffiront-elles pour vaincre les difficultés et les dangers de guerre ? C'est là une question non encore résolue.

L'armée russe, elle aussi, à part les officiers, n'aurait pas lieu d'êt enthousiasmée de combattre les Allemands et les Autrichiens. Mais l'arm russe est la plus docile de toutes et il n'y a pas à craindre qu'on y critiq les causes de la guerre pas plus que son degré de nécessité.

Expression, par des chiffres, des résultats de la comparaison.

En exprimant ce qui précède par des chiffres comparatifs, on pe déterminer de la manière suivante le degré d'endurance des différen troupes de première ligne :

	Dans l'offensive	Dans la défensive
En Allemagne.	90	100
En Autriche	80	90
En Italie	70	75
En France	70	90
En Russie	100	100

Représentons ces chiffres graphiquement :

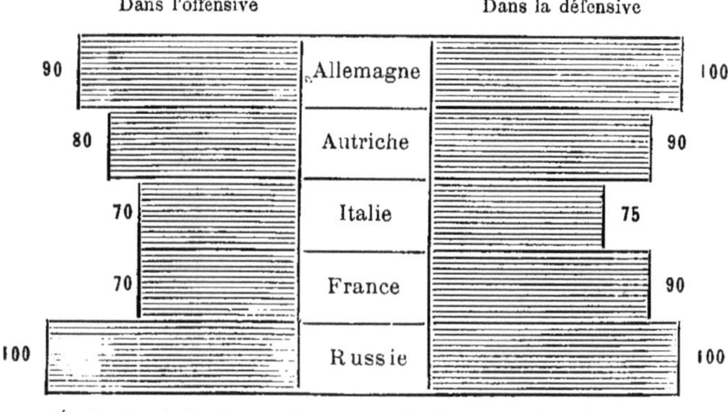

Évaluation de l'endurance à supporter les fatigues et les privations.

5. La discipline.

Importance de la discipline, plus grande encore que par le passé.

La discipline, c'est-à-dire le sentiment du devoir militaire dont est péné- le soldat à la caserne, sous les armes et en face de l'ennemi, la disci- ne qui consiste non seulement à exécuter consciencieusement les ordres us, mais aussi dans l'habitude de se conformer à toute heure et dans te circonstance aux règlements en vigueur et aux prescriptions jour- ières, — la discipline aura dans la guerre future une plus grande impor- ce encore que dans les guerres passées.

Autrefois il suffisait que le soldat obéit mécaniquement et craignit verges ; maintenant il ne doit plus se borner à obéir machinale- nt : on exige de lui qu'il ait la conscience de ses actions. C'est pré- ément dans cette conscience que réside la discipline supérieure, rale, par laquelle le soldat contribue à l'obtention du résultat poursuivi commun.

Les idées subversives, qui se sont introduites dans les armées de l'Eu- pe occidentale, ne sont peut-être pas aussi dangereuses pour l'État que isibles au maintien de cette discipline volontaire.

Causes qui peuvent l'affaiblir.

On peut s'attendre à ce qu'elles amènent une explosion dans des s d'une gravité extraordinaire, mais elles sont, en quelque sorte, une uille qui ronge chaque jour les relations régulières entre le soldat et ses efs et qui débilite le sentiment du devoir du premier en l'incitant à scuter l'utilité et la légalité des ordres qu'il reçoit. Les hommes imbus ces idées ne refuseront pas d'obéir en temps ordinaire, mais ils accompli- nt leur devoir sans conviction ; ils diminueront par leur exemple la bonne lonté de leurs camarades, ils chercheront à se soustraire à l'accom- ssement de leur tâche, surtout si elle comporte certaines difficultés et rtain travail.

Or, dans un milieu où toutes les actions ont le dévouement pour mobile, s exemples sont très contagieux.

Comparaison des diverses armées à cet égard.

Et, bien que la discipline soit très solide dans l'armée allemande, il faut re quelques réserves à son sujet, en raison des idées subversives qui ont nétré dans l'esprit de la classe ouvrière allemande.

La discipline de l'armée russe est exemplaire ; elle est non seulemen exempte de tous éléments nuisibles, mais elle est aussi accompagnée d'u grand dévouement pour l'idée de l'État et pour l'expression de cette idé pour le pouvoir suprême.

Il faut mettre l'armée autrichienne au-dessous de l'armée allemande a point de vue de la discipline, parce qu'en dehors des éléments subversif il y a trop de nationalités différentes dans cette armée ; ce qui doit néces sairement affaiblir le lien qui réunit les soldats à leurs chefs en dimi nuant, dans une certaine mesure, l'autorité morale de ces derniers et sur tout l'affection du soldat pour eux, — affection qui est un agent très puis sant à la guerre.

L'armée italienne est homogène au point de vue de la nationalit mais le métier des armes n'est pas populaire en Italie ; de sorte qu la discipline ne peut y être que mécanique. Les idées socialistes étan d'autre part, très répandues dans ce pays, ne peuvent qu'infirmer cett discipline.

Mais l'armée qui pèche le plus au point de vue de la discipline, c'es l'armée française. Tout concourt à la rendre très fragile dans cette armée la vivacité du tempérament, l'expansion des idées révolutionnaires, l série des révolutions accomplies dans ce pays, enfin la valeur douteus du commandement.

Les Mémoires récemment publiés du général Trochu (1) contienner un aveu caractéristique :

« En terminant aujourd'hui (1890) cet ouvrage, j'ai moins encor d'espoir en un relèvement national que je n'en avais en 1874 quand j l'entrepris. »

Expression des résultats de cette comparaison par des chiffres.

La valeur de la discipline des troupes de première ligne, dans les diffé rentes armées en temps de guerre, peut être exprimée par les chiffre suivants :

	Dans l'offensive.	Dans la défensive.
Allemagne.	90	100
Autriche	80	90
Italie	70	80
France	60	80
Russie.	100	100

(1) Général Trochu, *Œuvres posthumes*.

Représentons ces résultats par un graphique :

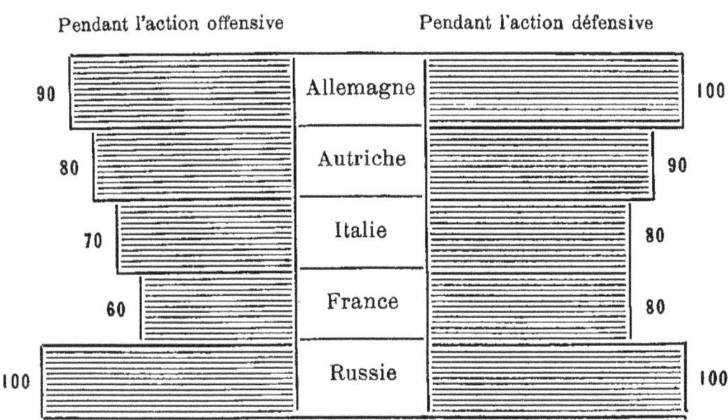

Évaluation de la discipline.

---

6. L'absence de mobiles égoïstes nuisibles au bien général.

Dangers de l'excès de certains facteurs bons en eux-mêmes.

L'ambition, le désir de se distinguer, constitue l'un des mobiles les ıs puissants dans la carrière des armes. Toutefois cette qualité devient ıgereuse quand elle est par trop développée, car elle détermine non seuıent des entreprises risquées et coûtant trop cher, mais aussi l'envie et justice à l'égard des autres.

Les manifestations d'un sentiment de ce genre, de la part d'un chef, ıiblissent dans les troupes l'esprit d'entreprise et la discipline. Plus le ɜf est haut placé, plus il doit avoir d'esprit chevaleresque et réfréner son bition personnelle qui pourrait, en cas contraire, annihiler celle de ses ɔordonnés (1). Il vaut mieux encore ne jamais sortir des limites indiées par le plan des opérations générales, pour le besoin de se distinguer.

Ce sont là des dangers qu'évitera le plus sûrement l'armée dans uelle les sentiments du devoir et du dévouement au bien commun sont plus développés et où ces sentiments priment le « moi ». Et c'est dans ·mée allemande que ces sentiments se sont manifestés le plus visiblent ces temps derniers. L'ambition et les intérêts personnels y ont rarent fait oublier l'intérêt général.

---

(1) *Militär Wochenblatt* : Blume, *Selbstthätigkeit der Führer im Kriege.*

On connaît le cas du général Steinmetz, qui fut révoqué en 1870 pour s'être écarté du plan général en exécutant une opération qui fut, il est vrai, couronnée de succès, mais qui entraîna néanmoins de grands sacrifices. En révoquant ce général, on avait aussi en vue la nécessité de donner satisfaction à l'opinion publique.

Comparaison des diverses armées sous ce rapport.

Il est vrai que l'amour du clocher existe encore dans une certaine mesure en Allemagne ; on y envie la Prusse, et l'on y blâme les mœurs de ce pays. Si la future guerre était une guerre de conquête, si en d'autres termes la Prusse l'entreprenait pour agrandir son territoire, l'antagonisme dont nous venons de parler se manifesterait d'une manière ou d'une autre. Mais si la guerre future n'a d'autre but que la défense de l'empire germanique, il n'y aura point d'hésitation parmi le peuple et tous les Allemands seront solidaires les uns des autres.

Dans l'armée autrichienne, la situation sera d'autant moins satisfaisante que le lien unissant les éléments qui composent cette armée sera faible

En Italie, le provincialisme est moins favorable au service militaire qu'en Allemagne, à cause de la jalousie développée par l'inégale répartition des postes entre les Piémontais, les Toscans, les Napolitains, etc.

En France, la lutte des partis prime tout ; elle doit nécessairement se répercuter dans l'armée, ne fût-ce que parce que les avancements, les nominations, l'obtention des décorations dépendent du ministère qui est au pouvoir, et que ce ministère dépend à son tour de la lutte des partis.

L'esprit de parti qui règne dans la population se manifeste nécessairement dans l'armée, formée des éléments qui composent cette population C'est cet esprit de parti qui fait que le général prussien Leczynski doute que le commandant puisse, pendant la guerre future, diriger l'armée française de manière à lui imprimer une unité d'action.

Mais à ce point de vue, il faut distinguer entre le cas d'une guerre offensive et celui d'une guerre destinée uniquement à repousser une invasion. Dans ce dernier cas, le patriotisme imposera certainement silence à toutes les antipathies de parti. Mais une guerre offensive ne provoquerait pas un grand enthousiasme dans l'armée française, même si on prétendait l'entreprendre pour reconquérir les provinces perdues.

En Russie, au contraire, les qualités de l'armée ne dépendront nullement du caractère offensif ou défensif de la guerre. En admettant même qu'on distingue entre ces deux cas, ce ne sera que dans une très faible mesure. L'esprit de camaraderie est très développé dans la nation russe partant aussi dans l'armée. « Il ne faut jamais dénoncer, mais toujours secourir les camarades » ; c'est là une règle de conduite qu'on observe rigoureusement en Russie.

Voilà pourquoi, selon toute probabilité, les cas seront rares en Russie où un chef s'écarterait du plan général dans l'unique but de se distinguer et où, s'inspirant de ce même désir, il entreprendrait des opérations très risquées au prix de grands sacrifices.

Des cas pareils se sont néanmoins produits. Certains écrivains étrangers prétendent que les commandants subalternes de l'armée russe manifestent souvent le désir de se régler sur le vent qui souffle des sphères hiérarchiques supérieures et d'agir en conséquence, même en cas de désaccord avec leur conviction personnelle comme avec l'état réel des choses. Cela ne s'explique que par la puissance de l'autorité des chefs supérieurs. Mais on ne peut affirmer cependant que la passion de se distinguer, même en contrevenant aux prescriptions, soit tout à fait inconnue dans l'histoire militaire russe.

Évaluation numérique des résultats de cette comparaison.

Le degré de certitude, que des mobiles personnels ne compromettront pas l'unité de l'action, peut être évalué comme suit dans les différentes armées :

	Dans l'offensive.	Dans la défensive.
	—	—
Allemagne.	100	100
Autriche	80	90
Italie	60	70
France	70	80
Russie.	90	95

Représentons ces résultats graphiquement :

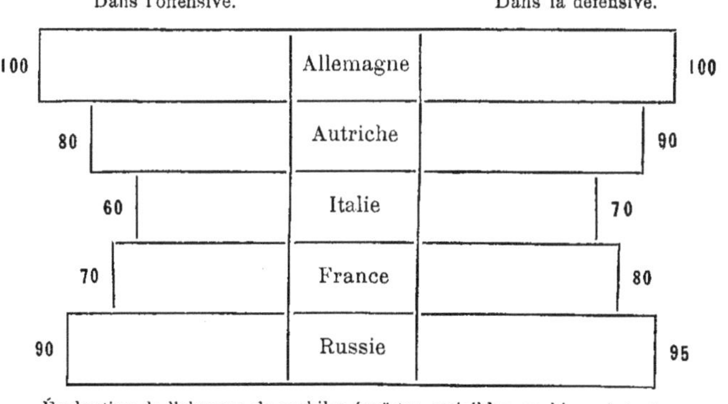

Évaluation de l'absence de mobiles égoïstes, nuisibles au bien général.

7. La confiance dans les chefs et dans les camarades.

Importance de la confiance mutuelle entre les éléments d'une armée.

La confiance mutuelle est la base de toute action à la guerre, dit un auteur contemporain français (1). Cet élément moral de premier ordre ne se développe que grâce aux capacités et aux connaissances des chefs et des subordonnés. Le chef, ayant la certitude que ses subordonnés connaissent leur métier, aura pleine confiance en leur savoir-faire. De leur côté, les subordonnés, ayant une foi absolue dans les aptitudes de leur chef, persuadés qu'il a des raisons sérieuses pour agir comme il agit, exécuteront ses ordres avec zèle et dévouement, même s'ils ignorent les raisons qui déterminent, à un moment donné, telle ou telle de ses décisions. La force morale d'une armée est d'autant plus grande que cette armée a conscience de sa supériorité matérielle. Mais cela ne suffit pas ; il faut encore qu'elle soit convaincue des capacités de ses chefs.

Le manque de confiance dans les personnes auxquelles est dévolu le commandement est nuisible, même s'il se manifeste en temps de paix, attendu qu'il détermine dans le pays l'aversion pour une politique active

En temps de guerre ce manque de confiance peut entraîner les conséquences les plus désastreuses. Il affecte avant tout la disposition d'âme du commandant en chef lui-même. Sachant dès le début qu'on se méfie de lui, ou lorsqu'il s'en est aperçu après les premiers insuccès, il devient indécis et n'ose plus rien risquer. Or, si à la guerre on évite tout mouvement auquel l'ennemi pourrait répondre, on rend ses actions tout à fait dépendantes de l'initiative de l'adversaire.

Seul un caractère exceptionnellement trempé peut ne pas s'occuper de ce qu'on dit et de l'atmosphère morale qui l'environne. Mais les conditions actuelles de la vie sont défavorables au développement de caractères de ce genre. Un homme plus ou moins ordinaire subira infailliblement la pression exercée par le manque de confiance de son entourage. Les

(1) Général Lewal, *Stratégie de combat (Journal des sciences militaires)*.

critiques, les récriminations, les doutes, même les accusations se rencontrent chaque jour à la guerre; et, par le temps qui court, tous ces agents démoralisateurs agiront d'autant plus fréquemment que les anciennes règles ne pourront plus être appliquées par suite des changements survenus dans les conditions de la guerre et qu'elles n'ont pas encore été remplacées par de nouvelles.

Sentiments que la guerre de 1870 a fait naître dans l'armée allemande.

La présomption s'est emparée de l'armée allemande après les victoires de 1866 et de 1870, et cela n'est pas étonnant. Mais la présomption allemande, comme l'annexion allemande ou comme toute autre injustice se drapent dans la toge scientifique. La présomption allemande se manifeste par cette idée que l'armée allemande possède une véritable supériorité sur toutes les autres depuis que l'art de la guerre est devenu une science que les chefs et les officiers allemands, même les simples soldats, s'assimilent plus facilement que ceux des autres pays, mais l'inanité de cette prétention saute aux yeux, car elle se base sur les victoires remportées en 1870. Or celles-ci sont dues surtout à la grande supériorité numérique des Allemands, qui ne pourra plus se reproduire à l'avenir. Toutefois la haute opinion que les Allemands se font de leur armée est justifiée dans une certaine mesure, car elle peut servir d'exemple au point de vue de l'ordre et de l'instruction. Mais le niveau de l'instruction d'une armée est le même que celui de la population du pays. Or, c'est précisément parce que l'instruction est très répandue en Allemagne, qu'on n'y peut provoquer aussi facilement qu'ailleurs l'enthousiasme pour la guerre, par des moyens artificiels.

Il lui manque un idéal.

L'éminent auteur militaire allemand Hening dit que le soldat allemand est incapable de concevoir une idée pour laquelle il lui faudrait combattre aujourd'hui. Cela signifie qu'il n'existe actuellement aucun mouvement politique en Allemagne, dont le gouvernement prussien puisse se servir pour entreprendre de nouvelles conquêtes, comme cela fut le cas en 1864, en 1866 et en 1870, quand il suffisait à Bismarck de cacher une dépêche pour rendre la guerre inévitable aux yeux de la nation elle-même. Il ne s'ensuit pas, naturellement, qu'il soit désormais absolument impossible en Allemagne de disposer les esprits en faveur de la guerre, en faisant mousser telle ou telle affaire dans les organes officieux. Mais ce qui manque aujourd'hui, c'est un idéal comme celui que constituait le désir de réaliser l'unification de l'Allemagne.

Mais la confiance dans les chefs y est très grande.

On ne peut douter, en outre, qu'après les trois guerres victorieuses accomplies au cours des trente dernières années, la confiance dans les chefs ne soit plus grande dans l'armée allemande que dans toute autre. Mais il est une circonstance qui rendra nécessairement impopulaire une guerre entreprise par le gouvernement impérial, c'est la nécessité de faire cette guerre sur deux fronts à la fois.

En présence du caractère redoutable d'une telle lutte, l'opinion publique lui est d'autant plus hostile que, selon toutes probabilités, l'empereur Guillaume se mettrait lui-même à la tête de ses armées. Une guerre conduite par le monarque serait infailliblement attribuée à son ambition personnelle, et l'on doute, même dans l'armée, qu'il soit capable de remplacer de Moltke.

Où en est l'Autriche sous ce rapport.

En Autriche, la confiance dans les chefs sera probablement limitée. La manière dont les opérations stratégiques ont été dirigées en Hongrie en 1848 et en Bohême en 1866, n'est pas de nature à inspirer, tout d'abord, aux troupes, une grande confiance dans l'organisation des services auxiliaires ni dans le commandement. Les succès remportés dans trois guerres successives en Italie peuvent être attribués au talent personnel du vieil archiduc Albert et aux défauts de l'armée italienne. La guerre d'Italie de 1859 a été également malheureuse pour les armes autrichiennes, bien qu'elle ait prouvé la force de résistance des régiments slaves et allemands. Mais l'exemple des régiments italiens de 1866, recrutés en Tyrol et en Lombardie, et qui étaient tout prêts à passer aux Prussiens, a prouvé le défaut de cohésion de l'armée autrichienne de cette époque et le manque d'autorité du commandement supérieur. Il faut, du reste, prendre en considération que l'Autriche était alors en guerre non seulement avec la Prusse, mais aussi avec l'Italie. Maintenant, on peut plutôt supposer que l'armée autrichienne, ayant des officiers dévoués et pénétrés du sentiment de l'honneur, constitue un organisme solide animé des sentiments de camaraderie et de solidarité mutuelle, malgré les éléments hétérogènes qui la composent. La lutte politique qui s'accomplit en Autriche n'influence que faiblement l'unité de l'armée ; et celle-ci ne pourra guère être ébranlée que par une issue défavorable de la guerre future.

Où en est l'Italie.

Il y aura moins de confiance encore pour les chefs dans l'armée italienne ; car toutes les guerres que les Italiens ont entreprises depuis un demi-siècle ont été malheureuses, sauf celle de 1859, où ils n'ont figuré que comme forces auxiliaires de l'armée française. Il est vrai qu'on nourrit, en Italie, le désir de reprendre Trieste avec une partie de l'Illyrie et du Tyrol italien ; ces conquêtes font partie du programme des irrédentistes. Mais les événements de Sicile, en révélant la misère de la population, le poids trop lourd des impôts, l'expansion des tendances socialistes, enfin l'échec d'Abyssinie, ont fait comprendre à la population que l'Italie n'est pas à même de se lancer dans une politique d'aventures; sa participation même à la Triple-Alliance n'est nullement populaire dans la nation, et ne se maintient que par la volonté du roi.

Où en est la France.

En France, la confiance dans les chefs supérieurs était disparue pour longtemps à la suite de la guerre de 1870. Le général Trochu fait remarquer qu'en France la valeur des chefs est exclusivement cotée d'après leurs succès et le bruit que les journaux font autour d'eux. Ce bruit, exaltant les chefs du parti momentanément au pouvoir, passe ensuite à l'état de légende. En un mot, la légende est forgée par ceux qui sont les plus forts à un moment donné et qui, par conséquent, prennent le dessus sur les autres.

Trochu signale aussi le danger qui peut résulter de ce que le pouvoir, après avoir passé, aux cris de : « A bas les privilèges! » des mains de la noblesse dans celles de la bourgeoisie, pourra passer ensuite, aux cris de : « A bas le capital! », aux mains d'une foule amorphe incapable de donner au pays un gouvernement en état de le diriger. L'auteur est porté à croire qu'un jour viendra où la masse, ne se contentant plus d'être légalement conduite, se précipitera à l'assaut.

« Ce jour-là, dit-il, la société française reconnaîtra que la diminution graduelle du pouvoir du gouvernement aboutit au pouvoir de la masse... » « Notre isolement, ajoute le général Trochu, s'est accentué depuis dix-huit ans (cela était écrit avant la conclusion de l'alliance franco-russe). Nous sommes entourés d'alliances hostiles, et les dissensions qui agitent le pays, et qui ne peuvent être apaisées, ont remplacé chez nous l'amertume éprouvée en 1870. Et maintenant, je dirai à ces Français qui ont outragé et tourné en ridicule le gouvernement de la Défense nationale : Inclinez-vous devant lui si vous vous en souvenez, car vos enfants ne reverront jamais rien de semblable (1). »

Où en est la Russie.

L'armée russe aura, grâce à son glorieux passé, une grande confiance dans ses chefs, et ces derniers, à leur tour, seront sûrs de la discipline et du bon état moral de leurs troupes. Mais une grande préoccupation pour les chefs sera le degré de préparation à la guerre et l'étendue des connaissances de leurs subordonnés, d'autant qu'un très grand nombre des officiers de l'effectif permanent ne tarderont pas à être mis hors de combat dès les premiers engagements; ainsi qu'y comptent bien les Allemands, qui savent ce qu'ils font en donnant des aiguillettes aux bons tireurs.

(1) Général Trochu, *Œuvres posthumes*.

Expression numérique des résultats de cette comparaison.

Le degré de confiance dans les chefs peut être exprimé de la manière suivante, pour les diverses armées :

	Dans l'offensive	Dans la défensive
Allemagne	100	100
Autriche	70	80
Italie	60	70
France	70	80
Russie	80	90

Représentons ces chiffres graphiquement :

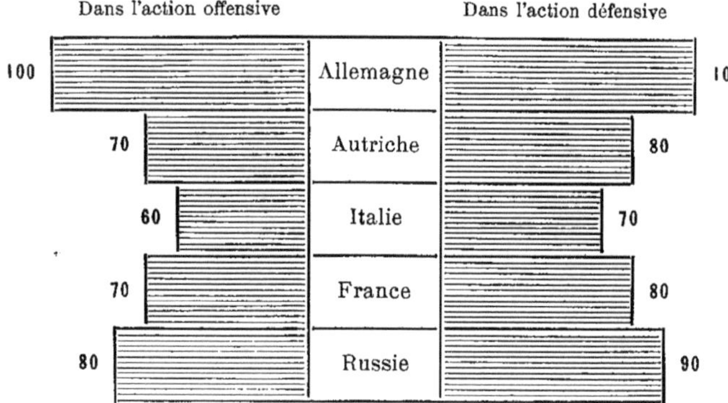

Évaluation de la confiance dans les chefs.

8. Les conditions sanitaires et du ravitaillement.

Importance du ravitaillement et du bon logement des troupes.

Quand la faim fait son apparition, la discipline s'affaiblit. Le proverbe : « Ventre affamé n'a point d'oreilles », du poète français, est très juste. Les adeptes de la nouvelle école physiologique italienne ont détermine avec précision dans quelle mesure l'énergie baisse quand l'homme prend moins de nourriture que d'ordinaire. Quant à la faim, la seule crainte de l'épreuve est capable d'influencer l'esprit des armées.

Les besoins en fait de ravitaillement et de cantonnement des troupes sont, d'ailleurs, devenus beaucoup plus grands qu'autrefois, dans la plupart des armées européennes. Les seules exceptions à cette règle sont constituées par les armées italienne et russe. Toutes les autres armées européennes se montreront plus exigeantes, parce que les conditions de l'existence se sont améliorées dans presque tous les pays. Le seul fait qu'on est obligé de donner chaque jour une ration de viande au soldat rend très difficile l'approvisionnement des armées modernes, et ces difficultés augmenteront en raison de la composition même de leurs troupes. Les privations qu'on supportait sans murmurer autrefois, et qu'il est impossible d'éviter, pourront aujourd'hui déterminer des maladies et réagir sur le moral des hommes.

Nous avons démontré, dans le chapitre intitulé : *Influence de la tactique et du système économique sur l'approvisionnement des armées en vivres et en munitions*, qu'il faudra faire venir ces objets de la mère patrie, attendu qu'une armée très nombreuse ne trouvera pas les ressources nécessaires en territoire ennemi, surtout si elle est forcée d'assiéger des places fortes pendant un temps plus ou moins prolongé.

Difficulté relative pour les divers pays de nourrir leurs armées.

Mais il existe de grandes différences à ce point de vue entre les divers pays : en Autriche et en Russie, il y aura excédent de blé dès que l'exportation sera interrompue par le fait de la guerre ; en France, en Allemagne et en Italie, il y aura, au contraire, un grand déficit en moyens de subsistance, et ce déficit ne pourra être comblé d'aucune façon ni à aucun prix.

En Allemagne, le déficit local en blé correspond à une période de deux à trois mois par année, et le déficit en avoine à une période de 18 à 30 jours ; en France, le déficit en blé est évalué à un mois, et celui en avoine varie entre 20 et 40 jours ; en Italie, le déficit en blé correspond à une période de deux mois et demi, celui en avoine à une période de 8 à 38 jours.

Par suite du manque de blé et de la possibilité d'une famine, les prix augmenteront d'une manière effrayante dans les pays sus-indiqués. L'administration militaire pourra-t-elle, dans ces conditions, acheter le blé dans son pays sans soulever le mécontentement de la population déjà affamée, et sans l'amener à se révolter contre ces achats ?

Mais, en admettant même qu'on possédât la quantité de vivres nécessaire, on ne pourra pas toujours les faire parvenir à l'armée en temps voulu. Car l'ennemi s'ingéniera à empêcher les transports d'arriver à destination en coupant les communications, et en dirigeant des détachements de partisans contre les convois. Il poussera ces opérations avec d'autant plus d'ardeur qu'il sera désormais très difficile de déloger l'ennemi de ses positions fortifiées. En présence des fortifications érigées sur tous les points de bifurcation des lignes de chemin de fer et des voies d'eau, on ne peut plus occuper de vastes territoires ennemis susceptibles de fournir les moyens de subsistance nécessaires à des armées de millions d'hommes.

En 1870, les Allemands achetaient facilement en France, contre argent comptant, les vivres dont ils avaient besoin. Mais quand, dans l'avenir, les communications par les rivières et par les canaux seront interrompues, il deviendra impossible d'acheter quoi que ce soit, attendu qu'il n'y aura point d'arrivages.

Il n'est pas douteux qu'avec la prévoyance de l'administration de l'armée allemande et la façon consciencieuse dont on y exécute les règlements, on ne fasse, dans cette armée, tout ce qui sera possible dans les conditions actuelles pour ravitailler régulièrement les troupes. Nous avons déjà dit, dans un autre chapitre, qu'on a préparé des approvisionnements pour plusieurs mois sur les bases d'opérations allemandes. Mais ces approvisionnements pourront être insuffisants en cas de guerre offensive, quand les troupes s'éloigneront de ces bases.

La guerre durera, d'ailleurs, sans doute plus longtemps que la période pour laquelle on se sera approvisionné. Il deviendra impossible de combler les vides dans les dépôts dès que l'importation du blé étranger sera suspendue, car la population manquera elle-même de blé.

Il sera, en outre, très difficile de garantir les troupes contre les intempéries, car la place dans les camps retranchés et dans les forteresses sera trop exiguë, et les tentes ordinaires ne suffiront pas pour les préserver du froid et de l'humidité durant leurs longs stationnements pendant la mauvaise saison.

Il est certain qu'aucune armée ne pourra égaler l'armée allemande sous le rapport de l'ordre et de l'exécution exacte et rigoureuse des instructions. L'intendance autrichienne était, dans les guerres passées, mieux organisée que d'autres branches de l'administration de l'armée, qui laissaient beaucoup à désirer au point de vue de la régularité. Il y a lieu, par conséquent, de supposer que l'intendance autrichienne fonctionnera bien dans la guerre future, d'autant plus que l'administration militaire s'est sensiblement améliorée dans ce pays ces temps derniers, et qu'on n'y manquera pas de blé, puisqu'on disposera de l'excédent que l'Autriche-Hongrie exporte à l'étranger en temps ordinaire.

Répercussion du ravitaillement de l'armée sur la population du pays.

Mais un intendant général autrichien, le chevalier von Kotic, a soulevé une autre question qui consiste à savoir s'il sera possible d'entretenir une grande armée pendant une longue période de temps, sans exposer la population du pays à la misère ? Cette question a été souvent posée au Reichsrath, mais on n'y discute pas volontiers des problèmes de ce genre ; peut-être craint-on de soulever ainsi l'inquiétude au sein de la population et de renforcer l'opposition dans la Chambre, en demandant de nouveaux crédits militaires. Quoi qu'il en soit, on ne peut être aussi rassuré sur la régularité du service des approvisionnements en Autriche, qu'en Allemagne.

Quant à l'armée italienne, elle a montré en Abyssinie que l'organisation de son service d'approvisionnement est très arriérée. Il n'y a point de provisions de blé en Italie, et le mauvais état des finances de ce pays ne permettra pas de faire des achats.

En 1859 et 1870, l'administration de l'armée française en général et son service d'approvisionnement en particulier se sont révélés défectueux. On s'y propose de recourir en temps de guerre aux réquisitions sur une grande échelle; mais cela suppose des mesures très sévères, et ces mesures pourront soulever contre elles la population française plus facilement excitable que toute autre population. L'entretien de grands magasins de blé, durant la paix, pourra bien, sans doute, assurer l'existence de l'armée pour un long espace de temps, pendant la guerre, si cette guerre est défensive. Mais dans le cas d'une guerre offensive, il y aura lieu de craindre la répétition des désordres qui se sont produits dans les campagnes précédentes.

Difficultés spéciales à la Russie.

Le service des approvisionnements a toujours été le côté faible de l'armée russe dans les guerres passées. Citons ici quelques passages de l'ouvrage intitulé : *Questions concernant l'éducation et l'entraînement des troupes.* L'auteur remonte loin ; il parle de l'invasion d'Askolde et de Dyr, sur les traces desquels marcha dans la suite le prince Olègue, et il trouve que les armées russes sont, de tout temps, entrées en campagne avec des forces et des ressources insuffisantes, et que c'est seulement après s'être exposé à des échecs, qu'on réunissait les éléments nécessaires pour atteindre le but proposé. Ainsi fallut-il reprendre en 1829 la campagne contre les Turcs, qu'on avait entreprise en 1828, en augmentant les effectifs et en leur donnant un autre commandant en chef; en 1831, l'armée de Dybit dut rebrousser chemin de devant les murs de Varsovie et retourner à sa base d'opérations, après quoi on reprit l'offensive avec des forces plus considérables et avec des ressources suffisantes.

Tout le monde se rappelle à quel point on était mal préparé lors de la guerre de Crimée, et néanmoins la guerre de 1877 fut aussi entreprise avec des moyens insuffisants, de sorte qu'on dut attendre l'arrivée de renforts. La première expédition contre les Tékines dut également échouer pour les mêmes raisons et dut être reprise par Skobeleff. Tout cela s'explique par ce fait que le gouvernement manquait de ressources. Cette circonstance n'existe plus de nos jours, mais il reste dans le caractère de la nation russe un trait particulier que définit bien le proverbe : « tant que le tonnerre ne gronde pas, le moujik ne songe pas à faire le signe de la croix ».

Le ministère de la guerre fait de grands efforts pour assurer les besoins de l'armée en campagne, et, comme la Russie ne manque pas de blé, il n'y a pas lieu de craindre que les troupes soient privées de subsistances au cours d'une guerre défensive. Les choses pourraient se présenter autrement dans le cas où la Russie entreprendrait des opérations, et surtout si les troupes russes se voyaient forcées de marcher sur les traces de l'ennemi battant en retraite et de parcourir des territoires dont on aurait déjà épuisé les ressources.

Expression, en chiffres, des résultats comparatifs.

Ainsi, prenant en considération non seulement l'organisation du service des approvisionnements de chaque armée, mais encore les données économiques, c'est-à-dire les excédents ou les déficits respectifs en denrées, de chaque pays, on peut déduire de la somme de ces éléments le tableau comparatif suivant, qui indique le degré probable auquel chaque armée sera pourvue de vivres, en temps de guerre :

	Dans l'offensive	Dans la défensive
	—	—
Allemagne.	80	80
Autriche	80	80
Italie	40	50
France	50	70
Russie	70	85

Graphiquement, ces chiffres se présentent de la manière suivante :

Dans l'offensive		Dans la défensive
80	Allemagne	80
80	Autriche	80
40	Italie	50
50	France	70
70	Russie	85

Évaluation du degré auquel la subsistance des armées respectives sera assurée en temps de guerre.

9. L'âge des simples soldats, leurs dispositions, et les systèmes de recrutement.

Une armée moderne sur le pied de guerre ne peut être considérée omme une chose déterminée et invariable au point de vue de sa composiion et de ses qualités.

La composition, en soldats, des armées modernes

Autrefois on faisait la guerre avec des armées permanentes, et l'on 'avait recours ensuite à des recrues, c'est-à-dire à des hommesmoins gés, que pour combler les vides produits par la guerre. Aujourd'hui e caractère de l'armée changera, même avant que la guerre ne soit natériellement commencée, puisque l'effectif permanent sera doublé dès a mobilisation par l'incorporation des réservistes et des territoriaux qu'on épartira dans des corps de troupes qui, en temps de paix, n'existaient qu'à état de cadres. Les troupes de première et de seconde ligne seront, dans a suite, complétées par des hommes de plus en plus âgés. On comprend onc que l'affluence des réservistes modifiera sensiblement la physionomie norale des troupes.

Plus il y aura dans les rangs d'hommes approchant de l'âge de vingt ns, plus aisément les troupes supporteront la fatigue et les privations ue comporte la guerre et moins elles seront accessibles au mécontenement. Les hommes de cet âge envisagent, du reste, les dangers d'un cœur lus léger, et ils sont plus réfractaires que leurs aînés aux enseignements e ceux qui veulent les détourner du chemin du devoir et fausser leur oyauté à l'égard de l'État. Plus, au contraire, il y aura, dans les rangs 'hommes déjà âgés, de pères de famille, ayant contracté des liens étroits vec le reste de la société, plus le pays se ressentira des calamités déterninées par la guerre. Les familles de ces soldats compteront sur l'aide de État quand elles auront perdu leur soutien. En admettant même que ules Simon exagère, en disant qu'après la guerre il n'y aura plus de harrues, de métiers, de livres, qu'il ne restera que des cimetières, il n'en st pas moins certain que la situation des familles privées de leur soutien era très précaire. Ces pères de famille, une fois enrôlés, seront hantés de ensées amères, surtout quand ils verront que la guerre menace d'être ongue et qu'aucun effort individuel, aucun prodige de bravoure n'est apable d'en rapprocher la fin.

Conséquences qui en résulteront.

Et en supposant même qu'au début de la guerre le scepticisme d vieux s'évanouisse sous. l'effet de l'entrain de leurs jeunes compagno d'armes, — bien qu'on observe généralement le cas contraire, — il n' est pas moins certain qu'à partir du jour où les plus âgés constitueront majorité dans les rangs, la pensée des proches, du foyer abandonné, d travaux désertés et des rigueurs du sort, prédominera dans toutes l armées, sauf dans l'armée russe, de sorte que les hommes plus âgés s'e poseront certainement beaucoup moins que les jeunes.

Les immenses pertes qu'amènera nécessairement la lutte armée affe teront la France dans une plus forte mesure que tout autre pays. population française ne s'accroît en effet depuis longtemps que très pe elle diminue même depuis un certain nombre d'années. Il en résulte q l'armée française comptera moins de jeunes gens que les autres armée Le souci de ne pas le céder en nombre à l'Allemagne, où la population développe avec beaucoup plus d'intensité, a déterminé les autorités mi taires françaises à porter sur les listes de mobilisation tous les homm capables de porter les armes, sans prendre en considération qu'à force mener une vie sédentaire, un grand nombre de ces soldats présomptifs sont plus capables d'endurer les vicissitudes de la guerre, et qu'il y parmi eux non seulement des pères, mais même des grands-pères.

Les premières classes pourront, dans ces conditions, fournir d hommes valides, mais celles qui viendront ensuite introduiront da l'armée des éléments dangereux. A ce point de vue, la guerre de 1870 déjà prouvé que certains contingents inspiraient peu de confiance, bien q pendant cette guerre on ait comblé les vides non pas avec des hommes d'u certain âge, mais avec des jeunes gens. Nous avons noté plus haut les pr visions pessimistes du général Trochu. Citons maintenant une opini très favorable formulée par Charles Dilke, qui dit: « La France a dans l rangs de son armée une génération venue au monde après la guerre 1870. On peut affirmer que l'esprit militaire et l'énergie des conscrits fra çais actuels égalent l'esprit militaire et l'énergie qui animaient les troup de Napoléon Ier lors de sa marche entre la Seine et la Marne. C'est pourqu la France est elle-même étonnée aujourd'hui du relèvement moral qu'el constate dans son armée ».

Conditions plus ou moins favorables des divers pays sous ce rapport.

En Allemagne, les conditions sont, à ce point de vue, infiniment pl favorables; elles approchent même de celles qui existent en Russie a point de vue de la valeur physique du soldat. Les Allemands cultivent beau coup la gymnastique, et les réservistes allemands ont tous passé par la di cipline de fer qui règne dans l'armée. Mais c'est en Allemagne, pa contre, que les sentiments antimilitaristes sont le plus prononcés. L rnières élections au Reichstag rendent ce fait évident. Les candidats s partis hostiles à la nouvelle loi militaire, c'est-à-dire les candidats s socialistes, du centre, des démocrates, du parti de l'Allemagne du Sud, s Danois et des Guelfes ont recueilli 4,233,000 voix, tandis que les candats des partis favorables à cette loi n'ont recueilli que 3,225,000 voix ; de rte que le peuple a rejeté la loi en question à une majorité de 1 million)00 voix, ce qui n'empêche pas qu'au Reichstag la majorité des députés ıs ne se soit révélée favorable à la loi militaire. On trouve une autre dication dans ce fait que 40,000 Allemands se soustraient chaque année service militaire, tandis qu'en France le nombre de ceux qui ne répont pas à l'appel ne s'élève qu'à 6,000.

En Autriche, la situation diffère suivant les provinces. Elle est, en tous s, pire qu'en Allemagne, pour l'âge des appelés sous les armes, et meilıre en ce sens que l'opposition y est moins grande.

En Italie, on est très mal disposé pour le service militaire. Il est à évoir que l'Italie profitera de la première possibilité qui s'offrira pour nclure la paix, et si cette possibilité ne se présentait pas, elle observerait ıe attitude expectante. L'espoir que fondent les alliés des Italiens sur ır action offensive ne se réalisera probablement pas.

La Russie est la plus favorisée à ce point de vue. Elle dispose d'un ombre d'hommes inépuisable et il n'y est pas question de sentiments antiilitaristes. Le soldat russe est, en outre, dès le début de son service, raché à son foyer et à sa famille, grâce aux conditions de dislocation qui istent en Russie et à l'absence du principe du recrutement territorial dans pays. Il est, par conséquent, plus facile au soldat de quitter le lieu de son ntonnement, de même qu'il est facile pour l'agriculteur russe de quitter contrée natale, parce que son absence n'entraîne pas de troubles rieux dans son très primitif ménage.

La plupart des hommes qui s'adonnent à la pêche, à la chasse, au remorıage, etc., quittent également leur foyer et leur famille, et n'y retournent uvent qu'au bout de quelques années.

	DANS LES TROUPES DE LA 1re CLASSE		DANS LES TROUPES DE LA 2e CLASSE		Expression numérique des résultats de cette comparaison.
	Dans l'offensive	Dans la défensive	Dans l'offensive	Dans la défensive	
Allemagne	90	95	60	75	
Autriche	75	85	50	65	
Italie	70	75	45	45	
France	70	80	35	50	
Russie	100	100	80	80	

Les valeurs relatives des armées des différents pays, au point de vu de l'âge et du moral des simples soldats, ainsi que du système de recrute ment en temps de guerre, peuvent être déterminées par les chiffre ci-dessus.

Représentons ces chiffres graphiquement:

TROUPES DE PREMIÈRE LIGNE

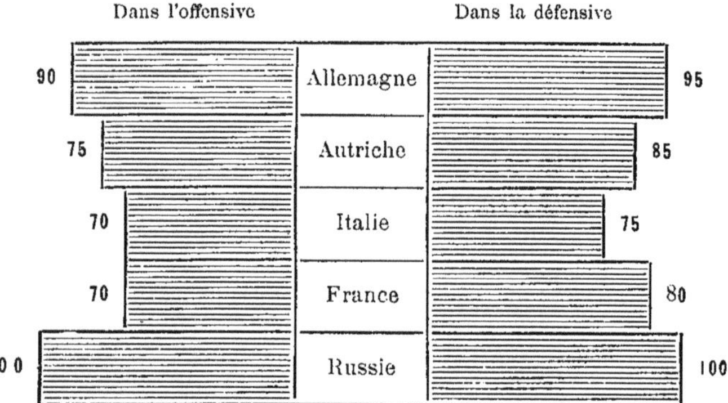

TROUPES DE DEUXIÈME LIGNE

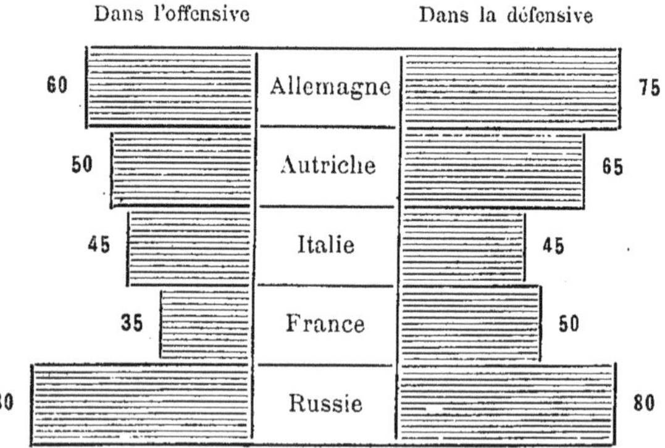

Évaluation de l'âge et des dispositions morales des soldats des différentes arme ainsi que des systèmes de recrutements.

10. La confiance du soldat en ses armes

Influence de la valeur des armes sur le moral du soldat.

Si l'un des deux adversaires se trouvait disposer d'armes plus parfaites e l'autre, le moral de ce dernier s'en ressentirait infailliblement.

L'expérience des guerres du passé montre que les soldats se rendent s vite compte de la supériorité des armes de leurs adversaires et de vantage que ces derniers tirent de cette supériorité.

Dans la guerre future, les soldats de toutes les armées auront des nes également parfaites, car toutes les puissances s'observent jalouse-ent et dépensent des sommes énormes pour s'égaler au point de vue l'armement. Mais au fur et à mesure que la guerre se prolongera, des férences pourront se produire.

Les contingents appelés en dernier lieu, et surtout les territoriaux de tains pays, ne seront pas armés de fusils du dernier modèle. Mais en mettant même qu'on ait préparé une quantité de fusils de nouveau odèle suffisante pour armer ces millions d'hommes appelés sous les dra-aux, il y aura encore inégalité, parce que tous ne sauront pas se servir alement bien de ces armes et de ces instruments nouveaux beaucoup is compliqués que les anciens; et cette observation s'applique surtout x projectiles explosifs.

Les projectiles actuels sont chargés d'explosifs très puissants et pour-s de fusées destinées à faire éclater le projectile après un temps donné en un point déterminé, ou bien quand il frappe un obstacle et par suite ème du choc.

Causes qui peuvent amener la démoralisation sous ce rapport.

Toute la sécurité du mécanisme réside dans les détails de sa construc-n qui empêchent l'éclatement de se produire avant le moment voulu. is il suffit d'une construction défectueuse, de l'affaiblissement d'un res-t par le transport, des secousses imprimées au projectile lors du char-ment, quand on le pousse dans les rayures du canon; ou encore du ntact de la fusée avec le métal du projectile, contact qui peut détermi-r des modifications chimiques dans la matière explosive, pour que des latements prématurés puissent se produire au-dessus même des troupes nies marchant à l'attaque et causer des ravages dans leurs rangs. Or, n n'est plus propre à démoraliser les troupes que les pertes qui leur sont fligées par leurs propres canons. Des cas pareils peuvent, s'ils se répè-nt, ruiner le moral des soldats.

Les explosifs dont on charge les projectiles modernes sont dangereux par eux-mêmes : il en est dans ce nombre qui se décomposent sous l'effet du froid ou de la chaleur, ce qui détermine des éclatements ; un éclatement peut aussi être amené par la secousse qu'imprime à l'air une autre explosion produite à une distance plus ou moins grande. Les projectiles sont par conséquent susceptibles d'éclater sur les positions mêmes occupées par les troupes.

Ce danger augmente encore par suite d'un mauvais arrimage des projectiles et de la détérioration du mécanisme des fusées qui se produit pendant le transport des canons lorsqu'on les conduit vers les positions où ils doivent être mis en batterie. L'explosion peut alors se communiquer à un grand nombre de caissons et déterminer des pertes considérables, ce qui influerait fatalement sur le moral des troupes.

Il faut en outre considérer qu'on tirera, dans l'avenir, plus souvent qu'on ne le faisait dans le passé par-dessus l'infanterie amie marchant à l'attaque. Si, par conséquent, on négligeait d'entretenir les projectiles avec le plus grand soin, ce tir, qui est toujours dangereux dans une certaine mesure, pourrait devenir désastreux à un moment donné.

Il est évident que plus les usines travaillent bien dans un pays, plus on soigne la confection des projectiles et plus on prend de précautions lors de leur livraison, plus grande sera la sécurité. Il est évident aussi que plus les soldats d'une armée sont habitués à l'ordre et plus la surveillance des spécialistes est grande, mieux ces engins fonctionneront pendant la guerre.

Inégalité de l'armement pour les diverses parties d'une même armée.

Les derniers contingents, comme nous l'avons dit, ne trouveront probablement plus de fusils du nouveau modèle dans les arsenaux, de sorte qu'il faudra leur donner des fusils transformés d'un modèle ancien et que les canons de ces derniers contingents devront tirer des projectiles préparés au cours même de la guerre, c'est-à-dire faits à la hâte et sans le concours des contremaîtres dont une grande partie auront rejoint l'armée. D'où il résulte que ces projectiles ne pourront être confectionnés aussi soigneusement que ceux fabriqués dans les conditions ordinaires.

C'est alors que se manifesteront toutes sortes d'inégalités dans les armements et dans les projectiles des différentes armées.

Mais les armes et les projectiles ne sont pas les seuls engins dont on se serve maintenant à la guerre ; on y emploie aussi toutes sortes d'appareils accessoires pour observer l'ennemi et se garantir contre des attaques imprévues ; on a imaginé des instruments pour mesurer les distances de près et de loin, on a confectionné des réseaux métalliques, des lignes télégraphiques et téléphoniques de campagne. Tous ces engins auxiliaires supposent chez ceux qui les emploieront une certaine habitude de s'en servir, et l'aptitude qu'on développera à ce point de vue dans les différentes armées influera également sur le moral des troupes. En un mot, les connaissances techniques, la perfection des usines, la préparation soignée et précise, la manière de conserver et d'utiliser les engins de combat, ont acquis une très grande importance, et c'est d'elles que dépendra, dans une certaine mesure, la supériorité ou l'infériorité de telles ou telles armées. L'Allemagne et la France sont les mieux partagées à ce point de vue; après elles vient l'Autriche, puis la Russie et ensuite l'Italie.

Évaluation en chiffres des résultats de la comparaison des diverses armées au point de vue de la confiance du soldat en armes.

Ajoutons que la confiance du soldat en ses armes est évidemment la même dans l'offensive que dans la défensive. Nous croyons que les degrés relatifs de cette confiance peuvent être exprimés par les chiffres suivants pour les différentes armées :

	DANS LES TROUPES	
	de 1re ligne	de 2e ligne
Allemagne	100	100
Autriche	95	80
Italie	80	50
France	100	80
Russie	90	70

Représentons ces chiffres graphiquement :

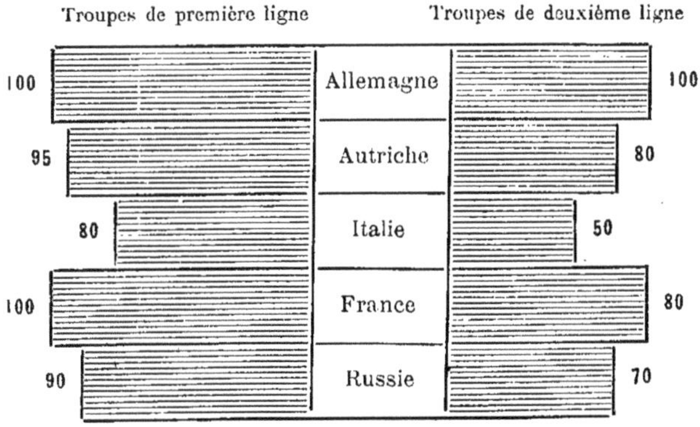

Évaluation de la confiance des soldats dans leur armement

11. La bravoure.

Influence de la bravoure dans les guerres d'autrefois.

La bravoure figurait au premier plan dans les guerres d'autrefois; c'est elle qui décidait de l'issue du combat (1).

Un auteur allemand a calculé que, dans les guerres passées, les différentes armées pouvaient être classées comme suit, au point de vue de leur aptitude à supporter de grandes pertes sans que leur moral en fût affecté. En premier lieu, venait l'armée prussienne, puis l'armée russe, ensuite l'armée française, et après elles les armées autrichienne et italienne.

Mais on a lieu de se demander si le courage individuel conservera dans les combats futurs l'importance qu'il avait dans ceux d'autrefois, surtout en présence du grand nombre de moyens mécaniques de destruction employés aujourd'hui, et auxquels la guerre moderne emprunte son nouveau caractère ?

Un général anglais a formulé cette opinion que, pour développer le courage, il faut des spectateurs. Or le soldat idéal de l'avenir sera celui qui fera acte de courage loin des regards de ses chefs, qui n'abandonnera pas son poste et qui remplira jusqu'au bout la tâche à lui confiée, le soldat qui saura se sacrifier sans être vu et sans autre mobile que le patriotisme. Les conditions de la guerre ont changé : il n'y a plus à compter sur des manifestations de courage telles que celles qui valurent des distinctions à certains combattants dans les guerres du passé (2).

---

(1) C. von B. K., *Zur Psychologie des grossen Krieges.*

(2) Lord Wah, *De l'éducation morale du soldat* (*Revue de l'Armée belge*).

Le facteur essentiel dans les guerres futures.

Pendant la guerre future, on appréciera surtout le talent d'organisa-ion des chefs des états-majors, ainsi que la faculté d'utiliser les moyens nis à la disposition de chaque combattant. Le courage seul n'a jamais suffi usqu'à présent, et il est même à croire que des actes trop téméraires ourront, dans les conditions actuelles, produire des résultats désastreux. e qui n'infirme d'ailleurs nullement la nécessité de mener jusqu'au bout, vec la plus grande énergie, l'action entreprise.

L'auteur allemand que nous venons de citer dit aussi qu'à notre époque 'armées très nombreuses et de guerres très rares, il faut moins se préoc-uper du nombre des victimes que de la nécessité de remporter la victoire oûte que coûte.

S.-P. Botkine (1) écrivait déjà pendant la guerre de 1877, alors que les isils et les canons étaient bien moins meurtriers que ceux dont on dispose ujourd'hui : « Les héros ont fait leur temps, ils ont perdu leur prestige, epuis que chacun sait que l'héroïsme individuel n'a plus aucune impor-ance. Les personnages les plus sympathiques à mes yeux, en raison de ur attitude et de leur manière sérieuse de considérer leur tâche, restent Empereur et le général Miloutine. En les regardant, on ne voit pas le *moi* omme chez la plupart des autres personnages qui se trouvent portés au emier plan; la modestie et le sérieux de Miloutine inspirent le respect ; il st tout à sa tâche, et il lui sacrifie volontiers son *moi*. »

Le courage des soldats d'aujourd'hui semble moindre.

Botkine écrivait plus tard, après les assauts malheureux de Plewna : Sklifassovski a fait une triste observation pendant ces quelques jours étude : on pourrait, selon lui, constituer tout un régiment de ceux qui mulent des blessures, de ceux qui se sont blessés eux-mêmes aux doigts, l'exemple des soldats serbes. Il n'y a pas lieu de s'étonner, du reste : le ldat voit dans la personne du Turc un ennemi fort, plus fort que lui ; les rcs sont abrités par des travaux de terrassement et leurs armes sont périeures aux nôtres ; leur fusil tire trois fois plus vite et porte deux fois us loin que le fusil russe.

« Mais on n'osait parler de ces faux blessés dans les rapports, pas plus le des déserteurs. Chaque officier croyait de son devoir de dire que, algré les grandes pertes, le moral des troupes était excellent, qu'elles étaient repliées en bon ordre et « en chantant ». Si courageux que soient s hommes, si excellent que soit leur moral, il faut que ces qualités soient tretenues par des succès. Mais dans les conditions actuelles, où nous mmes battus partout, ces qualités s'épuisent, la bravoure et la force de sistance du soldat disparaissent. »

(1) *Lettres du théâtre de la guerre*, 1877-1878.

Opinions des officiers russes et allemands à cet égard.

Nous nous permettrons de faire remarquer ici que nos conversations avec un grand nombre d'officiers étrangers et russes nous ont donné cette impression que les officiers russes voient la guerre future sous un jour beaucoup moins pessimiste que les autres; quant aux officiers allemands, ils doutent, pour la plupart, qu'aucun d'eux puisse rentrer chez lui sain et sauf.

Il est certain que le courage se manifestera dans la guerre future au même degré que par le passé et que son importance sera très grande. Les opinions sur le plus ou moins de courage que déploieront les différentes armées dans la guerre future ne sauraient être qu'approximativement justes. Il convient de citer l'opinion de Machiavel, qui estime qu'il y a tout avantage à recruter des soldats dans le nord plutôt que dans le midi de l'Italie, car le nord produit, selon lui, des « hommes courageux », bien que peu intelligents; tandis que le midi produit des hommes intelligents mais dépourvus « de courage ». Quoi qu'il en soit, les troupes russes ne le céderont en courage à celles d'aucun autre pays. La pauvreté même des paysans, leur habitude des privations et des misères multiples de leur existence font que, non seulement leurs nerfs sont moins susceptibles, mais qu'ils tiennent moins à la vie que les habitants d'autres pays. Les soldats russes marchent sous la mitraille comme aux manœuvres. Les officiers russes se sont également de tout temps distingués par leur bravoure et par leur dévouement.

Au point de vue du courage, l'armée russe tient la première place.

Après l'armée russe vient l'armée allemande. L'armée autrichienne qui, comme bravoure, réunit des éléments de premier ordre, sera cependant inférieure aux précédentes, car il n'est pas de guerre que toutes les nationalités autrichiennes puissent entreprendre avec les mêmes sentiments : ce qui fait que l'enthousiasme ne sera pas égal dans toute l'armée.

L'armée italienne sera inférieure aux autres par suite de l'absence d'esprit militaire qui caractérise cette contrée.

Le scepticisme est dès maintenant très développé dans l'armée française. Pourtant, lorsque l'initiative individuelle ne jouera pas un rôle prépondérant, comme c'est le cas dans la défensive, le courage traditionnel français s'affirmera comme par le passé ; mais, dans l'offensive, tout dépendra des premiers succès ou des premiers revers.

C'est là un trait diamétralement opposé à celui qui caractérise les troupes russes : les premiers échecs n'ont jamais affaibli leur moral et jamais elles n'en ont conclu qu'elles étaient vouées à la défaite définitive.

Évaluation comparative du degré de courage des diverses armées.

Comprenant parfaitement l'impossibilité d'évaluer en chiffres le degré de courage qu'on peut supposer aux différentes armées, nous n'avons placé cette rubrique à la fin de ce chapitre qu'afin de pouvoir faire un tableau général des qualités des armées. C'est sous cette réserve que, pour le courage, nous proposons les chiffres suivants :

	Dans l'offensive	Dans la défensive
Allemagne	90	100
Autriche	85	90
Italie	60	80
France	80	90
Russie	100	100

Représentons ces chiffres graphiquement :

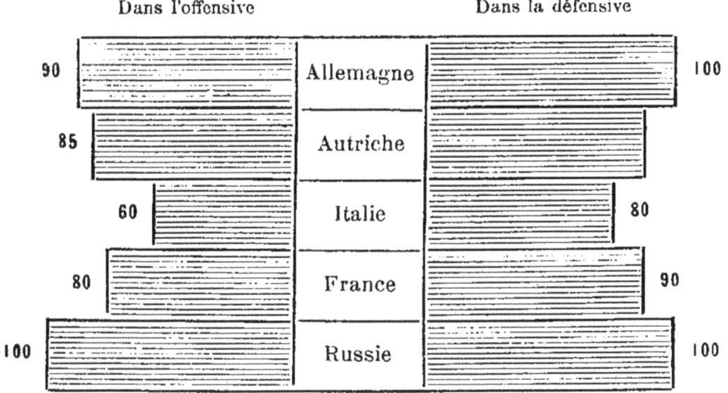

Évaluation du courage.

Évaluation comparative d'ensemble au point de vue général.

Si maintenant nous prenons la moyenne de tous les chiffres indiquant les qualités de chaque armée, nous obtenons les résultats suivants :

	Dans l'offensive — Troupes de 1re ligne	Dans l'offensive — Troupes de 2e ligne	Dans la défensive — Troupes de 1re ligne	Dans la défensive — Troupes de 2e ligne
Allemagne	95	80	98	86
Autriche	80	68	86	76
Italie	65	51	74	59
France	72	59	85	72
Russie	88	80	94	86

Représentons ces chiffres graphiquement :

TROUPES DE PREMIÈRE LIGNE

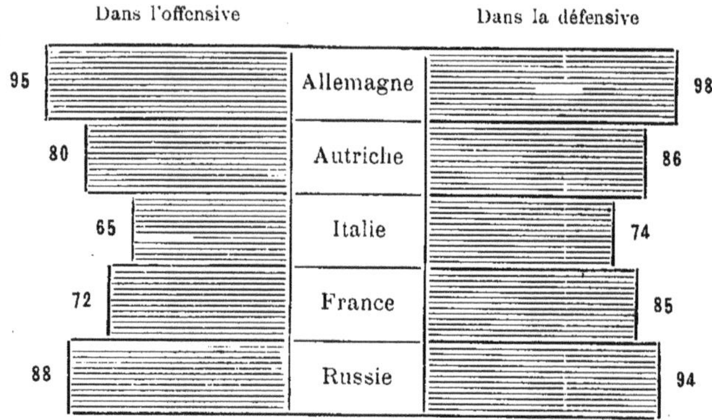

TROUPES DE DEUXIÈME LIGNE

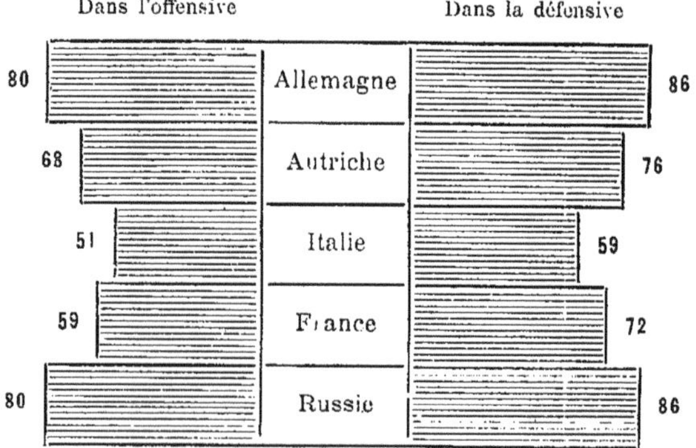

Évaluation des qualités des armées.

Conclusions. Il résulte donc de nos hypothèses que les troupes allemandes de 1re ligne seraient supérieures à toutes les autres tant dans l'offensive que dans la défensive, et que les troupes russes occupent la deuxième place ; viennent ensuite, dans l'ordre suivant, les troupes autrichiennes, françaises et italiennes.

Les différences entre les chiffres qui indiquent les qualités des contingents de 2e ligne ne sont pas égales aux différences de ceux indiquant les qualités des contingents de 1re ligne, mais elles s'en rapprochent. Il est donc possible de réunir ces deux catégories de chiffres et d'en tirer des moyennes. Alors les résultats se présentent comme il suit :

	Dans l'offensive	Dans la défensive
	—	—
Allemagne	85	90
Autriche	74	81
Italie.	57	65
France.	64	77
Russie	84	90

Graphiquement ces chiffres se présentent comme il suit :

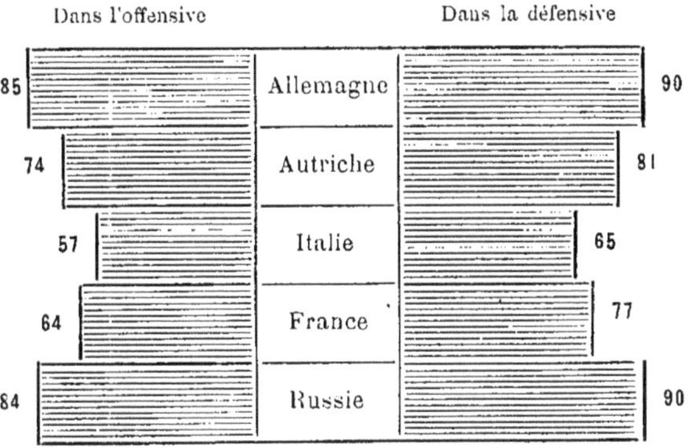

Appréciation des qualités des troupes de 1re et de 2e ligne.

La différence entre l'Allemagne et la Russie pour l'offensive est de 1 en faveur de l'Allemagne; pour la défensive la différence est zéro ; la différence entre l'Allemagne et la France pour l'offensive est de 21, et pour la défensive 13 seulement en faveur de l'Allemagne. En comparant la Russie et l'Autriche, la première a un avantage de 10 sur l'autre dans le cas de l'offensive et de 9 dans le cas de la défensive. La France a sur l'Italie un avantage de 12 pour l'offensive et de 7 pour la défensive.

Nous examinerons encore le cas où l'Allemagne et l'Autriche prendraient simultanément l'offensive contre la Russie, qui garderait la défensive. Alors les avantages en faveur de la Russie s'exprimeraient par 5 relativement à l'Allemagne et par 16 relativement à l'Autriche. Si l'on admet que l'Allemagne veuille attaquer la France, qui se défend, la première aura encore un avantage de 8 sur la seconde. Si l'Italie entreprend d'envahir France et si la France reste sur la défensive, l'avantage de celle-ci su celle-là s'exprimera par le chiffre 20. Mais si la France entreprenait d'att quer l'Italie, son avantage se réduirait à 1.

Dans la planche ci-dessus, nous donnons un tableau où se trouve groupés les chiffres établis plus haut sur les qualités des armées des pui sances continentales européennes. Mais nous ferons remarquer que c chiffres, ou tels autres chiffres que les spécialistes adopteraient pour des év luations de ce genre ne pourraient être précisés que si l'on pouvait examin les plans de campagne sur tel ou tel théâtre de guerre, c'est-à-dire e admettant éventuellement que les adversaires fassent une guerre offe sive ou défensive.

COMPARAISON DES QUALITÉS DES ARMÉES DES PUISSANCES CONTINENTALES EUROPÉENNES, EN DÉSIGNANT PAR 100 LA SOMME TOTALE D'UNE QUALITÉ DONNÉE.

QUALITÉS DES ARMÉES AUX POINTS DE VUE DE :		En cas d'une action offensive					En cas d'une action défensive				
		Allemagne	Autriche	Italie	France	Russie	Allemagne	Autriche	Italie	France	Russie
1. Faculté de s'accommoder aux nouvelles conditions de combat		100	80	70	70	80	100	80	80	90	90
2. Composition du corps des officiers et manière de le recruter	1re classe	100	80	70	80	80	100	85	85	90	95
	2e classe	75	60	40	60	50	90	70	60	70	70
3. Initiative		100	75	60	75	80	100	85	70	80	85
4. Endurance à la fatigue et aux privations (1)	1re classe	90	80	70	70	100	100	90	75	90	100
	2e classe	70	60	55	50	90	80	70	55	70	90
5. Discipline	1re classe	90	80	70	60	100	100	90	80	80	100
	2e classe	80	60	50	40	100	90	80	60	70	100
6. Absence de mobiles égoïstes nuisibles au bien général		100	80	60	70	90	100	90	70	80	95
7. Confiance dans les chefs et dans les compagnons d'armes		100	70	60	70	80	100	80	70	80	90
8. Fonctionnement régulier du service d'approvisionnement (2)	1re classe	80	80	40	50	70	80	80	50	70	85
	2e classe	50	80	30	40	70	50	80	30	50	85
9. Age des simples soldats, leur moral et système de recrutement	1re classe	90	75	70	70	100	95	85	75	80	100
	2e classe	60	50	45	35	80	75	65	45	50	80
10. Confiance du soldat en ses armes	1re classe	100	95	80	100	90	100	95	80	100	90
	2e classe	80	70	50	80	70	80	70	50	80	70
11. Bravoure (3)	1re classe	90	85	60	80	100	100	90	80	90	100
	2e classe	70	65	40	60	90	80	70	60	70	90
Moyenne pour la 1re classe		95	80	65	72	88	98	86	74	85	94
Moyenne pour la 2e classe		80	68	51	59	80	86	76	59	72	86
Moyenne générale		85	74	57	64	84	90	81	65	77	90

(1) Les différences sont grandes surtout pour les troupes de 2e classe; elles dépendent des professions qu'exercent les hommes et du caractère national. Plus les appelés sous les armes sont âgés, dans certaines contrées, plus ils sont imbus d'idées antimilitaristes.

(2) Il faut distinguer entre les contrées ayant un excédent de blé et celles qui en importent; il faut aussi mettre en ligne de compte le fonctionnement régulier du service d'approvisionnement.

(3) Les premières classes comprennent des hommes jeunes, capables d'acquérir l'esprit militaire sous les drapeaux.

LES

Transformations de la Marine

Les Transformations de la Marine

I

Le marin a été de tout temps, et ne cessera jamais d'être, dans une ertaine mesure, ce qu'on peut appeler un homme *sui generis*, c'est-à-dire n spécialiste d'une nature toute particulière. Qu'il s'agisse, en effet, de aviguer dans un but commercial ou militaire, on a toujours affaire à un lément que ceux-là seuls peuvent arriver à connaître, qui en ont fait une tude pratique, longue et assidue.

La mer est éternellement la même, c'est-à-dire essentiellement capri-euse et variable. Tous les progrès de la science n'y ont jamais rien hangé et n'y changeront jamais rien.

Les théâtres d'opérations de la guerre sur terre peuvent varier suivant s régions et se modifier avec le temps; mais, une fois dans un certain tat, on est sûr qu'ils ne changeront pas d'une minute à l'autre. On eut donc les étudier à l'avance et avoir la certitude de les retrouver le ndemain tels qu'on les a connus la veille. Tout au plus les hommes euvent-ils y élever quelques retranchements, y exécuter quelques travaux éfensifs dont il est possible d'estimer jusqu'à un certain point la valeur à avance, ou tout au moins au moment de les attaquer.

Sur mer, il en est tout autrement. Là, point de reconnaissance préa-able du champ de bataille. Rien qui puisse indiquer si la vaste étendue 'eau que l'on a sous les yeux, calme et presque immobile comme une aste nappe d'huile, ne sera pas, quelques heures plus tard, bouleversée ar une tempête ; si ce qui semble une plaine nue et découverte jusqu'aux xtrêmes limites de l'horizon, ne se transformera pas, l'instant d'après, en ne chaîne d'infranchissables montagnes.

Rien, encore une fois, ne peut faire prévoir ces transformations sub et redoutables du champ de bataille naval; rien, si ce n'est un sens spé contracté par une longue pratique et qui distingue le marin des au hommes. Sens spécial que le génie même ne saurait remplacer, com on en a eu la preuve en maintes circonstances, — et notamment par ce advint à Napoléon Ier lui-même alors que, se trouvant à Boulogne et visit la flottille qu'il y avait organisée en vue d'une descente en Angleterr voulut lui faire prendre la mer un certain jour pour en passer la revue, n gré l'avis des officiers de marine qui conseillaient d'ajourner cette opérati

La mer semblait pourtant très calme et rien ne pouvait faire suppo que, quelques heures plus tard, il pût survenir un gros temps suscepti de mettre en danger les frêles embarcations que l'Empereur avait fait réu dans les différents ports de la côte.

Aussi Napoléon persista-t-il dans sa résolution en dépit des obser tions qui lui avaient été faites. Il fallut bien lui obéir. La flottille pri large, la revue commença — mais... elle fut interrompue par une temp épouvantable qui fit sombrer pas mal de bateaux, périr nombre d'homm et mit même en grave danger la personne du souverain. Celui-ci dut al reconnaître qu'il n'était pas possible de commander aux éléments com aux hommes et que, de plus, pour deviner et prévoir les phénomèr naturels, il fallait en avoir fait une étude spéciale dont rien ne pouv tenir lieu.

Ainsi l'éducation du marin a dû, de tout temps, être longue et sérieu Et cette éducation fut nécessairement la même pour l'officier appelé à co mander un navire de guerre ou pour l'amiral chargé de diriger u flotte, que pour le simple commandant d'un navire marchand.

Toutefois, si les premiers devaient en savoir autant que le derni il leur fallait connaître encore quelque chose de plus, puisqu'ils n'avaie pas à conduire simplement, comme lui, leurs bâtiments d'un point à u autre et qu'il leur fallait les grouper, les faire agir contre ceux de l'ennem conformément aux lois, qui ne tardèrent pas à devenir très complexes, de la stratégie et de la tactique navales. Stratégie et tactique qui d'ailleu se modifièrent au fur et à mesure que se modifiaient aussi, en se perfe tionnant, les armes et les engins employés pour combattre.

Tout d'abord et pendant bien des siècles, — on peut même di presque jusqu'à l'invention de la poudre, — les navires de guerre n'eurer pas les moyens d'agir à distance l'un sur l'autre, ou du moins d'agir d manière à pouvoir essayer de se détruire mutuellement. Les homme combattaient comme à terre : soit de loin en se lançant des traits, soit d près à l'arme blanche, quand s'abordaient les bâtiments, qui se prenaien d'assaut comme des forteresses.

Ces bâtiments n'avaient guère qu'un moyen de couler leurs adver-
.ires, c'était de les heurter violemment en dirigeant le choc de façon
ı'il fût aussi dangereux que possible pour le navire ennemi, sans
ıuser d'avaries sérieuses à celui qui recourait à ce mode de combat. Le
us sûr moyen, pour ce dernier, d'obtenir un pareil résultat, était de
apper avec son avant l'autre bâtiment par le travers, c'est-à-dire dans le
ınc. Celui-ci éprouvait ainsi toute la violence du coup, tandis que l'assail-
nt s'en ressentait beaucoup moins, surtout si son avant était disposé en
ɔnséquence et muni d'une armature organisée tout à la fois pour le pro-
·ger et pour rendre ses coups plus dangereux.

Ainsi fut imaginé l'*éperon*, qui fut la première arme dirigée, à propre-
ıent parler, contre les navires : toutes les autres, dont on faisait usage
ans la guerre navale, n'étant guère destinées qu'à frapper les hommes de
équipage.

L'emploi de l'éperon exigeait d'ailleurs que le bâtiment fût très
ıaniable, et notamment susceptible d'être à chaque instant dirigé dans le
ɛns voulu pour frapper par le travers un bâtiment ennemi ou pour en
viter le choc. C'est là ce qui fit adopter et maintenir, pendant si long-
ɛmps, l'emploi des rames comme moyen propulseur des bâtiments de
.uerre — de préférence aux voiles, dont le maniement était beaucoup plus
ɔmplexe et n'eût pas permis les changements de direction variés et sou-
ıins que l'usage de l'éperon rendait nécessaires : aux uns pour porter les
ɔups, aux autres pour les éviter.

Ces rames avaient cependant de multiples inconvénients. Il fallait, pour
ɛs mettre en mouvement, un très nombreux personnel qui n'avait pas à
ɔrd d'autres fonctions, et dont la présence était souvent un grave
ɛmbarras. En outre, les rames elles-mêmes avaient l'inconvénient d'être
·ès fragiles; et cet inconvénient se manifesta de plus en plus nettement au
ır et à mesure qu'on se vit dans l'obligation de les allonger, en les multi-
liant, pour faire mouvoir des bâtiments de plus en plus considérables.
.ussi était-ce un des moyens fréquemment employés par la tactique navale,
e chercher à briser les rames d'un bâtiment ennemi, en s'élançant brus-
uement, de façon à passer bord à bord avec lui : — et en ayant soin, bien
ɛntendu, une fois l'élan donné à son propre navire, de disposer con-
enablement ses rames en temps voulu, sans laisser à son adversaire le
·mps de faire de même.

Mais les dimensions croissantes des bâtiments devaient enfin mettre
ın terme à l'emploi des rames, surtout quand les progrès de l'artillerie
·inrent fournir un nouvel et puissant moyen de détruire à distance
ı navire ennemi sans avoir besoin de le choquer directement. Longtemps
ncore pourtant les galères ou bâtiments à rames, d'ailleurs munis égale-

ment d'une voilure, subsistèrent côte à côte avec ceux qui n'avaient p d'autre moyen de propulsion que le vent. Et il fallut bien des années et nombreuses expériences pour faire renoncer les marins à la prédilecti qu'ils avaient encore pour les premiers. A la longue, toutefois, les idées modifièrent, et l'artillerie, employée d'abord concurremment avec l'éper finit par le supplanter totalement.

Ce fut alors le règne de la marine à voiles qui ne devint guère d'aille exclusif que vers le milieu du XVIIe siècle, et qui ne devait se prolonger même que jusqu'au premier tiers environ du XIXe siècle.

On peut dire que, pendant cette période, la guerre navale fut plus q jamais dans la main des spécialistes de la marine. L'emploi du vent exige des connaissances nautiques bien plus complètes, depuis qu'il n'av plus la rame comme substituant ou comme auxiliaire éventuel. Il ne serv de rien aux marins d'alors de connaître à fond l'artillerie ou les aut armes et la manière de les utiliser, s'ils n'avaient en même temps faculté de se servir du vent pour donner à leur navire la direction voulu soit afin de prendre un bâtiment ou une ligne ennemie entre deux fe soit afin d'enfiler ce bâtiment ou cette ligne par un tir dirigé dans le se de leur longueur et dont les effets étaient beaucoup plus graves — to en évitant eux-mêmes de s'exposer aux effets d'un tir semblable, etc.

La tactique avait, au reste, changé du tout au tout, par cela même q les canons étaient disposés sur les deux bords des navires, de façon donner ainsi à leurs flancs la puissance offensive qu'avait précédemme leur avant.

Du temps de la marine à rames, chacun cherchait toujours, en effet, prendre son adversaire par le travers en lui montrant l'avant de son prop navire, et par suite en se présentant à lui dans le sens de la longueu Désormais, ce dut être l'inverse. Et chacun ne chercha plus qu'à tourn vers l'ennemi l'un ou l'autre de ses flancs, tout en essayant de le prend d'enfilade.

De là des changements complets dans les ordres de bataille adoptés, l'obligation de tenir avant tout compte du vent, afin de l'avoir toujours po soi. Ce qui, toutes choses égales d'ailleurs, mettait les plus grosses chanc de succès dans les mains de l'amiral assez habile pour se placer « au vent et non pas « sous le vent » de son adversaire. Ce qui, par conséquent, ob geait avant tout à prévoir les variations souvent si subites du vent — et qui mettait en définitive les qualités essentielles du marin au premier ra parmi celles d'où dépendait le succès d'une guerre navale.

Aussi, pendant toute cette période, fut-il relativement facile de recrut les équipages des navires de guerre, au moyen des matelots de la marin marchande. Ce fut le beau temps de « l'inscription maritime » en Franc de la « presse » en Angleterre : deux moyens semblables au fond, si différents qu'ils fussent dans l'application, de mettre d'un jour à l'autre, à la disposition du Gouvernement, le personnel dont il avait besoin pour constituer les équipages des bâtiments de guerre de ce temps-là. Equipages dont l'effectif était relativement très considérable, par suite de l'obligation où l'on se trouvait d'exécuter à main d'hommes tous les mouvements, travaux et manœuvres qu'exigeaient la navigation d'une part et le combat de l'autre.

Bien que les canons de marine d'alors fussent d'un calibre beaucoup plus fort que ceux employés par les armées de terre, ils étaient incomparablement plus faibles que ceux d'aujourd'hui, et les projectiles qu'ils lançaient étaient relativement inoffensifs. Les murailles de bois des navires pouvaient en recevoir un très grand nombre sans que le bâtiment fût en danger de sombrer. Le tir, d'ailleurs, s'exécutait généralement par « bordées », souvent avec l'obligation, pour le vaisseau, de virer de bord après en avoir lâché une, pour tirer l'autre. Et la précision du tir dépendait bien moins de l'exactitude avec laquelle les marins-artilleurs pointaient leurs pièces, que de la précision de la manœuvre exécutée par le bâtiment lui-même entre deux bordées. — Là encore tout dépendait des qualités nautiques de l'équipage, plus que de son aptitude au tir.

En ce temps-là aussi, bien que les bâtiments de guerre comportassent plusieurs catégories distinctes, différenciées par les noms de vaisseaux de ligne, frégates, corvettes, etc., leurs dispositions générales ne différaient guère d'une catégorie à l'autre et pas du tout entre deux navires de la même espèce.

Il en résultait une grande facilité relative dans la constitution des équipages. Le marin, quittant un bâtiment de commerce pour embarquer sur un navire de guerre, n'était pas trop dépaysé à bord de celui-ci ; il ne l'était même pas du tout s'il avait servi seulement quelques années auparavant dans la marine militaire. Il y retrouvait alors toutes choses dans l'état où il les avait laissées. A plus forte raison pouvait-il passer sans inconvénient d'un navire de guerre sur un autre, même si le premier n'était pas de même catégorie que le second. En tous cas, ce n'était pour lui qu'une affaire de quelques jours d'apprentissage.

On comprend donc aisément que cette période ait été en quelque sorte l'âge d'or de la marine et que les marins aient montré peu de goût pour l'introduction, dans leurs navires, des propulseurs à vapeur, d'abord, puis les mille modifications que l'adoption de ceux-ci devait forcément entraîner et qui, en quelques années, ont fini par transformer radicalement la marine de guerre et par en changer le mode d'emploi du tout au tout.

La vapeur ne fut pourtant d'abord employée que concurremment avec les voiles, et même au début, que sur un certain nombre de petits navires seulement. On ne l'acceptait que comme un auxiliaire dont l'emploi pouvait être accidentellement utile, mais que l'on trouvait trop délicat, trop incertain pour s'en remettre entièrement à lui. C'est qu'en effet, si, grâce à la vapeur, le navire portait dans ses flancs une force toujours disponible, cette force n'était pas inépuisable comme le vent. Il fallait pour l'entretenir un approvisionnement de charbon encombrant par son poids et son volume, et qu'on ne pouvait renouveler sans toucher terre.

Pourtant la vapeur avait tant d'avantages que peu à peu elle prit droit de cité sur tous les navires, devint leur moteur universel et entraîna, par son emploi, beaucoup d'autres révolutions. On pouvait l'appliquer, en effet, non seulement à la propulsion des navires, mais à l'exécution d'une foule de travaux et manœuvres que comportait le service à bord. Ce qui permit, en premier lieu, de diminuer numériquement les équipages et de compenser ainsi, dans une notable mesure, l'augmentation de chargement qu'imposait le combustible exigé par la vapeur. Avec moins d'hommes, il fallait d'ailleurs moins de vivres ; d'autant plus qu'avec la vapeur, outre que les traversées devenaient moins longues, on n'avait plus à redouter les calmes interminables en prévision desquels il fallait accumuler des approvisionnements considérables de nourriture. Si, en effet, la vapeur imposait des ravitaillements en charbon, elle facilitait les ravitaillements en vivres et en eau douce. On arriva d'ailleurs bientôt à fabriquer directement celle-ci par la distillation de l'eau de mer.

La vapeur finit ainsi par modifier la vie à bord, tout comme elle avait modifié la vie à terre. Et les progrès réalisés en même temps par la technique de l'artillerie ne tardèrent pas à amener concurremment d'autres transformations.

Les canons se firent plus puissants, partant plus lourds et moins nombreux. Puis, pour résister à leurs projectiles, on s'avisa de protéger par des plaques métalliques les murailles en bois des bâtiments. Une fois dans cette voie, on ne s'arrêta plus et on marcha très vite — avec la vitesse accélérée inséparable du progrès moderne.

La vapeur fit abandonner peu à peu toute la voilure. Les bâtiments, alourdis par leur cuirasse et leurs énormes canons, prirent des dimensions de plus en plus considérables. On les perfectionna d'ailleurs sans cesse.

Les modèles nouveaux se succédèrent avec rapidité—avec une rapidité telle que certains bâtiments se trouvèrent démodés avant leur achèvement quand celui-ci tardait un peu trop. — Ce qui arrivait souvent, quoique l'emploi, bientôt exclusif du fer, permît pour un bâtiment, une construction bien plus prompte que l'usage du bois, dont il fallait souvent attendre, pendant des années, la dessiccation indispensable.

Les changements se multiplièrent donc. Et au lieu de se composer de ..timents de modèles presque identiques, les escadres et les flottes ne ..mptèrent bientôt plus qu'une série d'unités presque toutes absolument ..ssemblables. D'où une certaine difficulté pour les officiers et la presque ..possibilité, pour les marins, de passer d'un bâtiment sur un autre — et ..rtout d'un navire de commerce sur un navire de guerre. Il n'y eut ..entôt plus la moindre analogie entre ces deux sortes de bâtiments — au ..oins pour ce qui est des bâtiments de combat proprement dits, ou ..irass's d'escadre. Car on se promet bien au contraire de transformer .. croiseurs militaires, c'est-à-dire en navires de guerre d'une autre espèce, ..tains grands bâtiments construits uniquement en vue du transport, ..ndant la paix, des voyageurs ou des marchandises.

Puis, d'autres causes encore se sont ajoutées à celles qui venaient de ..terminer une si complète transformation de la marine de guerre.

L'introduction de la vapeur avait été le signal de la substitution, sur les ..timents, de la force mécanique à la force de l'homme. Cette substitution ne .. que se généraliser quand, à la vapeur, se joignit l'électricité, que la ..mière permettait d'ailleurs de produire. Les navires de guerre s'encom..èrent de mécanismes de toutes sortes, aussi complexes que délicats. .. ces mécanismes entraînèrent, à leur tour, pour leur maniement et leur ..veillance, la présence à bord d'un personnel d'ingénieurs et de mécani..ns, qui devinrent bientôt aussi nombreux et plus importants que les ..rins eux-mêmes.

Le rôle de ces derniers tendait à s'effacer de plus en plus. Le vent ne ..ant plus aucun rôle dans la propulsion des flottes, les connaissances ..tiques qui permettaient d'en prévoir et d'en utiliser les péripéties se ..uvaient reléguées au second plan. On n'avait plus guère à se préoc..per de ses variations que dans les limites où elles pouvaient amener la ..npête.

D'autre part le rôle des techniciens grandissait toujours, et sur tous les ..rains. Les canons entamaient contre la cuirasse une lutte qui dure ..ore.

Les premiers augmentaient sans cesse, non seulement leur poids, mais ..uissance de la poudre qui constituait leur charge impulsive, et celle .. explosifs dont étaient remplis leurs projectiles.

Le cuirassement des navires s'épaississait et augmentait en même ..ps ses propriétés de résistance par l'amélioration de l'acier qui servait .. construction.

On imagina mille procédés plus ingénieux les uns que les autres, pour ..pêcher les voies d'eau — qu'on ne pouvait plus « aveugler » avec ..ême facilité qu'autrefois — d'être fatales aux navires perforés par un projectile. Ces navires furent dotés d'une double coque divisée en une foule de cases indépendantes les unes des autres; puis des « cloisons étanches » subdivisèrent de même la coque en une série de compartiments tels, que l'inondation de l'un n'entraînait ni celle des autres ni la perte du -bâtiment. Seulement la disposition intérieure de celui-ci devint toujours plus complexe et le service à bord plus difficile.

Puis des armes nouvelles s'improvisèrent.

On revint à l'éperon, l'emploi de la vapeur ayant rendu les bâtiments aussi et même plus maniables que l'emploi des rames — en même temps que cette vapeur permettait une puissance de choc incomparablement supérieure à tout ce que pouvaient donner les rames d'autrefois.

D'autre part, on vit apparaître la torpille sous différentes formes . d'abord sous-marine, immobile au fond des eaux pour défendre l'entrée d'une rade, et susceptible d'y faire explosion, soit au contact du navire ennemi, soit par l'action d'un courant électrique ; la torpille devint ensuite mobile, c'est-à-dire qu'elle put être portée à l'aide d'une perche et accrochée aux flancs du bâtiment ennemi par une simple et quasi-invisible chaloupe.

Puis cette chaloupe devint un bâtiment spécial, très petit toujours, mais doué d'une formidable vitesse, qui pouvait détruire les plus formidables colosses maritimes incapables de lui échapper par la fuite.

Ensuite la torpille elle-même s'anima. Ce ne fut plus seulement un projectile lancé par le moyen d'un tube, d'un canon particulier ou d'un appareil spécial.

Elle devint capable, grâce à un mécanisme intérieur, de se mouvoir sur une distance de plus d'un kilomètre et d'aller, sous l'eau, frapper le cuirassé qui ne pouvait la voir venir et ne savait plus comment s'en protéger. On arriva même à la perfectionner tellement qu'elle pouvait, ou bien couper le filet métallique protecteur dont s'enveloppait le grand navire, ou bien passer par dessous et aller frapper mortellement sa coque en dépit de tout.

Enfin, le torpilleur lui-même, agrandi d'abord assez pour pouvoir tenir la haute mer, quand on ne voulait pas avoir à l'amener sur place au moyen d'un transport spécial, — le torpilleur se fit à son tour sous-marin et put — tantôt apparaissant plus ou moins à la surface de la mer, tantôt disparaissant complètement au-dessous — s'en aller, absolument invisible frapper à des distances quelconques et couler en quelques minutes les cuirassés les plus puissants.

Voilà à peu près où nous en sommes — c'est-à-dire en un point où la puissance destructive des engins augmentant toujours, on peut s'attendre à voir toute rencontre entre deux flottes, de valeur à peu près égale, abou tir à leur destruction réciproque complète. De sorte qu'il en serait de la guerre navale absolument comme de la guerre sur terre, que toutes deux seraient irréalisables, et que, pour l'une comme pour l'autre, ce serait pure utopie de compter résoudre ainsi les différends soulevés par la politique internationale.

De cela, d'ailleurs, nous avons, en dehors de tous les raisonnements, la preuve matérielle et irréfutable que nous a fournie la plus récente des guerres navales, celle de l'Espagne avec les États-Unis. — Il nous suffira donc, pour convaincre le lecteur, de rapporter succinctement les deux principaux engagements qui, au cours de cette guerre, se produisirent entre les flottes opposées.

II

La première rencontre eut lieu à Manille le 1er mai 1898, à 4 h. 45 m. du matin.

Parallèlement à une colonne de 2 croiseurs cuirassés, 5 croiseurs non cuirassés, un vaisseau-transport, et un aviso espagnols, marchait à une distance d'environ 6,000 mètres, une colonne américaine ayant à sa tête le vaisseau-amiral *Olympia*, suivi des bâtiments *Baltimore*, *Raleigh*, *Boston*, *Concord*, *Helena*, *Petrel* et *Mc Culloch*, ainsi que des deux transports *Zafiro* et *Nansham*.

Le tonnage de ces navires, exception faite des transports qui n'étaient pas des unités de combat, s'élevait à 21,410 tonnes, et leur force motrice à 49,290 chevaux; ils étaient armés de 163 canons (dont un certain nombre à tir rapide); leur équipage se composait au total de 1,750 hommes et leur vitesse moyenne était de 17 milles. Les bâtiments espagnols de combat jaugeaient seulement 10,111 tonnes, leur force motrice était de 11,200 chevaux; ils étaient armés de 76 canons à tir rapide; l'équipage de ces bâtiments se composait de 1,875 hommes et leur vitesse maxima était de 12 milles.

A 5 heures, les batteries de Point Sangley ouvrirent le feu. Les deux premiers coups furent trop courts et à gauche du bâtiment de tête. L'ennemi ne riposta pas à ces deux premiers coups de canon, l'escadre constituant son principal objectif.

Cette batterie ne possédait que deux canons Ordenez de 15 centimètres et l'un de ces canons seulement pouvait tirer dans la direction de la flotte ennemie.

Quelques minutes après, l'une des batteries de Manille ouvrit le feu, et à 5 h. 15, l'escadre espagnole reçut l'ordre d'en faire autant. Les navires ennemis répondirent immédiatement. La bataille devint générale. Les Espagnols avancèrent de manière à empêcher l'ennemi de les contourner.

Les Américains tiraient très rapidement. De nombreux projectiles atteignirent les vaisseaux espagnols, pendant que les trois croiseurs attaquaient exclusivement le vaisseau-amiral *Cristina*. Peu après que l'action fut engagée, un obus vint frapper ce navire, et mit hors de combat tous les servants de ses quatre canons à tir rapide; il fit voler en éclats le mât e l'avant, et celui-ci blessa l'homme du gouvernail qui se trouvait sur le ont. Un autre obus s'abattait simultanément sur le navire, incendiant s sacs de l'équipage, mais, p arbonheur, ce commencement d'incendie it rapidement éteint.

L'ennemi s'approchait davantage; rectifiant son tir, il couvrait de rojectiles le vaisseau espagnol. A 7 h. 30, un obus détruisait complète- ent le gouvernail, un autre éclatait à la poupe du navire et mettait hommes hors de combat.

Un autre obus enlevait la pointe du mât de misaine, tandis que de ouveaux projectiles, éclatant dans la cabine des officiers, couvraient l'am- ulance de sang et tuaient les blessés qui s'y trouvaient; d'autre part, la hambre des munitions était remplie de fumée, ce qui rendait impossible maniement du gouvernail à main. « Comme on ne pouvait se rendre aître du feu, dit l'amiral espagnol dans son rapport, je me vis obligé e faire noyer le magasin au moment où les cartouches commençaient faire explosion. »

Des projectiles de moindre calibre traversèrent la cheminée et un rand obus pénétra dans la tourelle, mettant hors de combat un canonnier ointeur et 12 servants. Un autre rendit inutilisable un canon de tribord. 'incendie se propageait rapidement, et un autre obus qui frappa le pont int augmenter son intensité.

Cependant, les canons endommagés continuèrent de tirer jusqu'au oment où il ne resta plus qu'un seul canonnier et un seul matelot valides; ar les servants des pièces avaient souvent été appelés pour remplacer eux des hommes qui se trouvaient au gouvernail et qui étaient tous hors e combat.

« Le bâtiment ne pouvant plus être sauvé », dit l'amiral espagnol, « la heminée, les mâts et le bordage étant criblés de projectiles, les cris des lessés augmentant la confusion générale, la moitié de l'équipage étant ors de combat et dans ce nombre 7 officiers, je donnai l'ordre de couler vaisseau avant que le feu déterminât l'explosion des magasins. J'ordonnai ar signal au *Cuba* et au *Luzon*, d'aider à sauver les survivants de l'équi- age. Cet ordre fut exécuté. Le *Duero* et l'arsenal prirent part à cet acte e sauvetage.

« J'abandonnai la *Cristina* et je me préoccupai avant tout de mettre on pavillon en sûreté. Accompagné de mon état-major, je me rendis, évoré de chagrin, à bord du croiseur *Isla-de-Cuba*, où je hissai mon avillon.

« Après avoir sauvé un grand nombre d'hommes de l'équipage de l'in- ortuné vaisseau, son héroïque commandant, Don Luis Cadarso, qui diri- eait le sauvetage, fut tué par un obus.

« L'*Ulloa*, qui s'était également défendu avec une grande énergie en faisant usage des deux seuls canons dont il disposait, fut coulé par un obus qui y pénétra à la hauteur de la ligne de flottaison, en mettant hors de combat le commandant et la moitié de ce qui lui restait d'hommes pour servir les deux canons susmentionnés.

« Le *Castilla*, qui avait combattu héroïquement, ne possédait plus qu'un seul canon, qui ne cessa de tirer jusqu'au moment où le navire fut incendié par les obus ennemis qui le coulèrent. L'équipage le quitta en bon ordre sous la direction de Don Alonzo Algado. Il y avait à bord de ce vaisseau 23 tués et 80 blessés.

« L'*Austria*, très endommagé et en feu, vint à l'aide du *Castilla*. Le *Luzon* eut 3 canons démontés et fut légèrement endommagé. L'une des machines du *Duero* fut détruite, de même que son canon de 12 centimètres et l'une de ses tourelles.

« L'escadre ennemie ayant cessé le feu à 8 heures du matin, je donnai l'ordre aux vaisseaux qui nous restaient, de prendre position au fond des rades à Baccor, et d'y résister jusqu'à la dernière extrémité en recommandant aux capitaines de couler leurs bâtiments avant de se rendre.

« A 10 h. 30, l'ennemi fit un retour offensif en formation circulaire, dans le but de détruire l'arsenal et les vaisseaux qui me restaient, en ouvrant contre ces derniers un feu terrible, auquel nous répondîmes de notre mieux en utilisant les quelques canons non encore démontés.

« Notre dernière ressource consistait à couler nos vaisseaux, ce que nous fîmes. »

Voici l'explication que donne de ces résultats l'amiral espagnol :

« L'insuffisance des bâtiments qui composaient ma petite escadre, le manque de personnel de toute catégorie, surtout de maîtres-canonniers et de canonniers-matelots, l'incapacité de certains mécaniciens improvisés, le manque de canons à tir rapide, les forts équipages de l'ennemi, et le fait que la plupart de nos navires n'étaient guère protégés, ont contribué à rendre plus grand le sacrifice que nous avons fait à notre patrie pour prévenir des horreurs d'un bombardement la ville de Manille. Étant donnée notre indiscutable infériorité, nous avions la certitude d'aller au-devant d'une mort certaine et de la perte de tous nos bâtiments.

« Nos pertes en hommes, y compris celles de l'arsenal, s'élevèrent à 381 morts et blessés. »

Sur les navires américains, il n'y eut que quelques blessés et des dégâts matériels insignifiants.

Les dessins suivants nous montrent l'état de la *Reina-Cristina*, du *Don-Juan-d'Ulloa*, et de l'arrière de l'*Isla-de-Luzon* après l'explosion d'un obus.

La *Reina-Cristina.*

La seconde bataille navale eut lieu le 3 juillet à la sortie du port de Santiago-de-Cuba, qui était bloqué par l'escadre américaine. — Voici le rapport du commandant en chef américain, amiral Sampson :

« Les navires ennemis, sous le commandant de l'amiral Cervera, sortirent du port vers 10 heures du matin.

« Les positions des bâtiments américains étaient à ce moment les suivantes : Le vaisseau-amiral *New-York* était à 4 milles à l'est de sa station de blocus et à environ 7 milles de l'entrée du port.

« Les autres navires se trouvaient à leurs postes de blocus ou tout près de ces postes ; ils formaient un demi-cercle autour de l'entrée du port et

Le *Don-Juan-d'Ulloa.*

étaient disposés dans l'ordre suivant : l'*Indiana*, éloigné du rivage d'un demi-mille environ, l'*Orégon* — la place du *New-York* se trouvait entre ces deux bâtiments, — l'*Iowa*, le *Texas* et le *Brooklyn* ; ce dernier se trouvait à environ deux milles de l'entrée du port de Santiago. Ces vaisseaux formaient un arc de cercle de 8 milles de longeur environ, à une distance de 2 1/2 à 4 milles de l'entrée du port. Les bâtiments auxiliaires *Gloucester* et *Vixen* étaient près du rivage et plus rapprochés du port que les grands navires. Le torpilleur *Ericsson* accompagnait le vaisseau-amiral et demeura dans le

L'*Isla-de-Luzon*. — Vue prise sous la dunette.

voisinage tout le temps que dura le combat ; il rendit ensuite de très grands services en sauvant les prisonniers qui se trouvaient à bord du *Vizcaya* devenu la proie des flammes.

« Les vaisseaux espagnols sortirent rapidement du port à une vitesse d'environ 8 à 10 nœuds, et s'avancèrent dans l'ordre suivant : *Infanta Maria-Teresa* (vaisseau-amiral), *Vizcaya*, *Cristobal-Colon* et *Almirante Oquendo*. La distance entre ces navires était d'environ 800 mètres, ce qui fait que le dernier apparut à l'extrémité du goulet du port, 12 minutes près que le premier en était sorti. L'*Oquendo* était suivi à une distance l'environ 1,200 mètres du contre-torpilleur *Pluton*, qui précédait le *Furor*. Les croiseurs cuirassés ouvrirent le plus vite possible un feu vigoureux contre les navires du blocus, et disparurent à la faveur de la fumée de leurs canons, aussitôt sortis du canal.

« Immédiatement fut donné, sur plusieurs vaisseaux à la fois, le signal : Les ennemis s'échappent », et l'on sonna la générale. Les hommes coururent allègrement à leurs pièces, et environ huit minutes après ce signal e feu fut ouvert par les vaisseaux dont les canons commandaient l'entrée du port. Le *New-York* vira et se mit à la poursuite de la flotte fugitive en lançant le signal : « Fermer l'entrée du port et attaquer les vaisseaux » ; augmentant ensuite graduellement sa vitesse, il l'éleva vers la fin de sa course à 16 nœuds 1/2 et se rapprocha rapidement du *Cristobal-Colon*. Le *New-York* ne fut à aucun moment dans la ligne des gros vaisseaux espagnols et sa seule participation à la lutte consista à essuyer le feu des forts en passant à côté de l'entrée du port et à tirer plusieurs coups sur l'un des contre-torpilleurs, qui s'efforçait d'échapper à la poursuite du *Gloucester*.

« Les navires espagnols, en sortant du port, se dirigèrent en colonne vers l'Ouest en portant leur vitesse à son extrême limite. Les lourds bâtiments de blocus, qui s'étaient rapprochés aussi rapidement que possible de Morro au moment de l'apparition de l'ennemi, entretinrent un feu très nourri, qui ne tarda pas à dominer et à réduire au silence les canons ennemis.

« La rapidité initiale des Espagnols les porta vite en dehors de la ligne de blocus et la bataille se changea aussitôt en une course dans laquelle le *Brooklyn* et le *Texas* tout d'abord eurent l'avantage des positions. Le *Brooklyn* était en tête. L'*Oregon*, s'élançant à une très grande vitesse, prit la première place. L'*Iowa* et l'*Indiana*, moins rapides que les autres, suivaient sous ma direction au moment où le *Vizcaya* se vit forcé de rentrer dans la ligne du blocus. Ces navires sauvèrent un grand nombre de prisonniers.

« Le *Vixen*, voyant qu'il allait être pris entre deux feux par les bâtiments espagnols, sortit de notre colonne et demeura en arrière durant la bataille et la course.

« La manœuvre habile et la bravoure au combat du *Gloucester* excitèrent l'admiration de tous les témoins de ce beau combat et méritent d'être signalée au département de la Marine. Le yacht *Corsair* est un bâtiment très rapide et sans aucune cuirasse, qui possède une bonne batterie de canons légers à tir rapide. Ce bâtiment se trouvait à environ 2 milles de l'entrée du port dans la direction sud-est. Il se porta immédiatement vers cette entrée et ouvrit le feu contre les grands vaisseaux. Prévoyant l'apparition du *Pluton* et du *Furor*, le *Gloucester* ralentit sa marche et gagna de cette façon une plus grande pression de vapeur ; aussi, quand ces contre-torpilleurs app rurent, se porta-t-il contre eux à toute vitesse en exécutant un tir tr précis et des plus meurtriers. Pendant ce combat, le *Gloucester* sevit expo au feu de la batterie de Socapa. Vingt minutes après avoir quitté le port d Santiago, le *Furor* et le *Pluton* étaient mis hors de combat et les deux tie de leur équipage anéantis. Le *Furor*, percé de part en part, s'échoua su des bancs de sable. Le *Pluton* s'engloutit quelques instants plus tard dan un endroit profond. Ces navires ont probablement beaucoup souffert d feu dirigé contre eux par les batteries secondaires des vaisseaux de guer *Iowa*, *Indiana* et *Texas*, mais je crois que le feu du *Gloucester*, qui tirait d près, a plus particulièrement contribué à leur prompte destruction. Aprè avoir sauvé les survivants de leurs équipages, le *Gloucester* se rendit trè utile en sauvant celui de l'*Infanta-Maria-Teresa*.

« La méthode adoptée par les Espagnols pour opérer leur fuite et q consistait à se porter tous en ordre dans la même direction, dissipa tous le doutes qui auraient pu surgir quant à la tactique à employer ; elle indiqu nettement à chacun des navires américains la manœuvre qu'il deva opérer, c'est-à-dire se porter sur eux et les poursuivre, ce qui fut fa promptement et d'une manière efficace.

« Ainsi que nous l'avons déjà dit, les bâtiments espagnols dépassère au début un certain nombre de bâtiments américains qui ne purent donn toute leur vitesse dès le commencement de l'action ; mais en passant à cô des nôtres, les navires ennemis furent fortement endommagés. Il est pro bable que l'*Infanta-Maria-Teresa* et l'*Oquendo* ont été incendiés par no obus pendant le premier quart d'heure de l'engagement. On apprit dans l suite que le feu s'était déclaré à bord de l'*Infanta-Maria-Teresa* par l'écla tement de l'un de nos premiers projectiles et qu'il fut impossible de s rendre maitre de l'incendie. D'épais nuages de fumée montant à l'arrière d leurs ponts inférieurs, ces vaisseaux cessèrent de fuir et de combattre pou aller s'échouer : l'*Infanta-Maria-Teresa*, à 10 h. 15 à Nima-Nima, point dis tant de Santiago de 6 milles 1/2, et l'*Almirante-Oquendo*, à 10 h. 30, à Jua Gonzales, qu'on trouve à 7 milles du port.

« Le *Vizcaya* continuait à essuyer le feu des bâtiments de tête. L *Cristobal-Colon* conduisait la marche et passa bientôt sous les canons de navires américains les plus avancés. Le *Vizcaya* ne tarda pas à être incen dié; à 11 h. 15, il courut à la côte et s'échoua à Aserraderos, à 15 mille de Santiago. L'incendie à bord de ce navire était très violent et les réserve de munitions qui se trouvaient sur son pont commençaient à faire explosion

A une distance de 10 milles de Santiago, l'*Indiana* reçut l'ordre d retourner vers l'entrée du port et l'*Iowa* fut envoyé d'Aserraderos pou reprendre sa position de blocus. L'*Iowa* se chargea, avec l'aide de l'*Ericsso* et du *Hist*, de mettre en sûreté l'équipage du *Vizcaya*, tandis que le *Herward* et le *Gloucester* se portaient au secours des équipages de l'*Infanta-Maria-Teresa* et de l'*Almirante-Oquendo*.

« Le sauvetage des prisonniers, y compris les blessés qui se trouvaient sur les vaisseaux espagnols en feu, fut l'occasion d'actes d'héroïsme remarquables. Les vaisseaux brûlaient à l'avant et à l'arrière, leurs canons et leurs munitions de réserve faisaient explosion, et l'on ne savait à quel moment le feu atteindrait les magasins principaux. Malgré tout, nos officiers et nos hommes ne cessèrent de secourir les équipages de ces bâtiments, jusqu'à ce qu'ils eussent entièrement accompli leur tâche humanitaire.

« Des vaisseaux espagnols il ne restait plus que le *Cristobal-Colon*, mais c'était le meilleur et le plus rapide de tous. Forcé par la situation de se diriger vers la côte cubaine, il ne pouvait échapper qu'en persévérant dans sa course rapide. Au moment où le *Vizcaya* s'échoua, le *Colon* était à environ 6 milles de distance du *Brooklyn* et de l'*Oregon*; mais il ne pouvait continuer à marcher avec cette vitesse et les vaisseaux américains gagnaient du terrain. Derrière le *Brooklyn* et l'*Oregon* venaient le *Texas*, le *Vixen* et le *New-York*. Du pont du *New-York* on voyait les vaisseaux américains se rapprocher du *Cristobal-Colon* et ce dernier n'avait aucune chance de leur échapper. A 12 h. 50, le *Brooklyn* et l'*Oregon* ouvrirent le feu ; les gros obus de l'*Oregon* le dépassèrent, et à 1 h. 20 le *Colon* amena son pavillon et, sans répondre au feu des Américains, alla s'échouer sur la côte à Rio-Torquino, à 48 milles de Santiago. Le capitaine Cook, du *Brooklyn*, se rendit à bord pour la prise de possession. Tandis que son canot abordait, je m'approchai avec le *New-York*, je reçus son rapport, je chargeai l'*Oregon* de sauver si possible l'épave et j'ordonnai de conduire les prisonniers sur le *Resolute*, qui avait pris part à la poursuite. Le commodore Schley, dont le chef d'état-major s'était aussi rendu à bord du navire capturé, avait ordonné que tous les effets appartenant personnellement aux officiers leur fussent laissés. Je confirmai cet ordre. Le *Cristobal-Colon* n'avait pas été endommagé par notre feu et il n'a probablement pas beaucoup souffert de son échouage, bien qu'il se soit jeté sur la côte à grande vitesse.

Le fond était de nature telle que le mouvement des vagues suffit pour le remettre à flot. Mais ses soupapes avaient été ouvertes et brisées, traîtreusement, je suppose, et il coula malgré tous les efforts que nous fîmes pour l'en empêcher. Quand nous eûmes acquis la conviction qu'il ne nous serait pas possible de le maintenir à flot, le *New-York* le poussa sur le banc de sable. Le capitaine Chadwich exécuta cette manœuvre avec beaucoup de dextérité, de sorte que le vaisseau coula dans un endroit peu profond où il sera possible de le sauver ; sans cela il aurait coulé dans un endroit profond; c'eût été une perte complète.

« Plusieurs de nos vaisseaux ont été atteints par les projectiles ennemis. Le *Brooklyn* en a reçu le plus grand nombre. Les dommages matériels sur nos vaisseaux n'ont pas été considérables ; c'est l'*Iowa* qui a été le plus éprouvé. »

« Il est difficile d'expliquer cette immunité de navires combattant contre d'autres bâtiments modernes des meilleurs modèles, mais l'artillerie espagnole est bien faible et la précision jointe à la supériorité de notre feu n'avait pas de peine à la réduire au silence. Ce fait se trouva confirmé par les prisonniers et par nos propres observations. Les vaisseaux espagnols, en sortant du port, furent d'abord couverts par la fumée de leurs propres canons, mais cette fumée se dissipa rapidement. Le feu des batteries à tir rapide de nos vaisseaux fut extrêmement destructif. L'examen des bâtiments espagnols a prouvé que l'*Almirante-Oquendo*, plus que tous les autres, avait souffert de ce feu. Il était transpercé de tous côtés et ses ponts étaient couverts de corps humains calcinés. »

Sur la planche ci-jointe nous donnons quatre figures des dégâts causés sur l'*Oquendo*, et plus bas sur le *Vizcaya*.

L'*Oquendo*. — Vue par tribord avant, montrant l'effet d'une explosion intérieure.

L'*Oquendo* (gaillard d'avant). — Figure montrant le faux pont, à tribord, sombrant après une explosion.

L'*Oquendo*. — Vue prise vers l'avant, par tribord.

L'*Oquendo*. — Vue prise de la passerelle, vers l'avant par tribord, montrant l'effet d'une explosion.

Le *Vizcaya*. — Figure montrant le soulèvement du pont par l'explosion du magasin d'arrière à tribord.

Effet d'un projectile de 8 pouces ayant traversé l'avant à bâbord.

Le *Vizcaya*. — Figure montrant l'effet de l'explosion d'une torpille à l'intérieur. Vue prise en regardant l'arrière.

Par bâbord avant, montrant l'effet d'une explosion intérieure du magasin aux torpilles.

LES

Plans des opérations militaires

Les plans des opérations militaires

Dans les précédents chapitres de notre ouvrage, nous avons exposé l'état actuel des moyens employés pour faire la guerre et la manière de s'en servir dans le combat. Le tableau resterait cependant incomplet, si nous ne donnions pas une idée de la façon dont les spécialistes conçoivent la direction générale des mouvements de l'ensemble des forces des grandes puissances militaires, c'est-à-dire de ce qu'on entend par un plan d'opérations.

Ce qu'on entend par un plan d'opérations.

A la guerre, chacun cherche à frapper autant que possible son adversaire au cœur. Et le « cœur » ici, c'est le point central des forces de l'ennemi ou sa base d'opérations, dont il faut s'emparer pour lui rendre impossible de continuer la guerre. Mais le centre des forces et ressources militaires de chaque État ne se trouve pas toujours à la même place, comme le cœur chez les êtres vivants. Sans doute, la capitale ennemie peut ordinairement être considérée comme l'objectif principal des opérations militaires ; mais il sera parfois possible de porter un coup décisif à son adversaire, sans avoir pris possession de sa capitale. Ainsi la prise de l'Inde ou la destruction complète de la flotte britannique dans la Manche porteraient à l'Angleterre un coup bien plus sensible que l'occupation de Londres même par les troupes de débarquement d'une escadre ennemie, qui se serait glissée près des côtes, à la faveur d'un brouillard et sans combat naval. C'est seulement d'accord avec les autorités politiques du pays que les chefs militaires peuvent déterminer les meilleurs moyens d'affaiblir l'État ennemi et de lui ôter toute possibilité, non seulement de continuer la guerre, mais encore de la recommencer de longtemps.

Les plans, élaborés en temps de paix, des opérations militaires à exécuter sur la frontière où on les prévoit sont naturellement tenus très secrets par chaque État. Néanmoins, on peut aisément se faire une idée de ces plans, sinon dans leurs détails, au moins dans leurs grandes lignes, par la raison très simple que les données principales sur lesquelles ils reposent sont généralement connues. De même on connait plus ou moins, quoique seulement aussi dans leur ensemble, les visées principales de la politique de chaque pays.

De plus, en raison de l'importance du rôle des chemins de fer dans la guerre moderne, l'étude des voies dirigées vers la frontière, rapprochée de la situation des garnisons, des forteresses et des dépôts de matériel de guerre, peut donner déjà certaines indications sur les points où s'effectuera la concentration des troupes. Enfin les conditions géographiques, et même les particularités morales de l'armée de chaque pays, peuvent indiquer le plus ou moins de probabilité de l'attitude offensive ou défensive que prendra cette armée au début de la guerre, tant au point de vue stratégique qu'au point de vue tactique.

Il va de soi que l'on peut, en se basant sur ces données générales, et pour peu que l'on donne carrière à son imagination, se lancer dans des combinaisons aussi variées que nombreuses. Dans ces dernières années il a été publié en Allemagne, en Autriche, en France et en Russie, sur les probabilités de la guerre future, un grand nombre d'études dont quelques-unes sont très intéressantes. Il a surtout paru en Allemagne, sur ce sujet, beaucoup d'ouvrages où la question de la possibilité d'une guerre prochaine a constamment été l'objet de la plus vive attention.

L'une des conditions d'une discussion sérieuse, c'est de se garder ici de toutes conclusions problématiques. Nous n'entrerons pas dans un examen détaillé des chances de victoire qu'il peut y avoir pour l'un ou l'autre des belligérants. Mais, pour que notre ouvrage soit complet, nous avons dû, dans un des chapitres précédents, parler brièvement des causes politiques qui peuvent influer sur le degré de probabilité de la guerre. De même ce serait laisser, dans le présent chapitre, une évidente lacune, que de ne pas mettre le lecteur au courant de quelques études très intéressantes parues dans divers pays sur les plans de la guerre future, ainsi que des hypothèses émises sur les résultats tactiques et stratégiques qu'elle pourrait avoir. Toutefois, parmi les nombreux ouvrages de ce genre, nous ne nous arrêterons qu'à ceux dont la base n'est point purement fantaisiste, et qui reposent sur l'étude du degré de préparation à la guerre réalisé dans les divers États, d'après l'examen de leur organisation militaire et de leur situation géographique, ou encore à ceux qui sont publiés dans le but d'agir par la presse sur l'opinion publique. Puis nous dirons comment nous comprenons l'influence que peuvent exercer les facteurs techniques et économiques les plus récents sur les plans d'opérations militaires.

I. Influence des facteurs techniques et économiques les plus récents sur les plans d'opérations militaires.

Lorsqu'on se prépare à faire la guerre, on doit, comme, d'ailleurs, dans toute autre entreprise quelconque, se rendre compte s'il sera possible d'atteindre le but visé, puis élaborer en temps opportun un plan d'opérations. Dans les conditions actuelles de la guerre, ce serait, certes, un crime que d'entamer la lutte ou de s'y laisser entraîner, sans s'être rendu préalablement compte des conséquences qui, au début, puis pendant et après la guerre, pourront en découler pour la patrie, les États alliés et l'ennemi. Cependant, il ne suffit pas d'étudier le côté militaire technique de la marche et des résultats des opérations. Contrairement à ce qui se passait autrefois, la guerre ne cessera pas uniquement parce que l'un ou l'autre parti aura remporté un nombre plus ou moins grand de victoires, mais par suite de la désorganisation de la machine militaire.

Changements survenus dans ces dernières années.

Dans ces vingt-cinq dernières années, il s'est produit, surtout dans l'art de conduire les opérations, de tels changements que la guerre future ne ressemblera en rien aux luttes passées. Par suite du perfectionnement de l'artillerie, de l'introduction des obus à dynamite et des fusils de petit calibre, qui permettent aux soldats de porter sur eux une quantité considérable de cartouches; par suite de la disparition de la fumée de la poudre qui couvrait l'assaillant, et permettait de reconnaître la position des lignes de défense ; vu, enfin, l'étendue que devront prendre les opérations avec les armées de millions d'hommes actuelles, des autorités incontestables en matière de guerre, telles que le feld-maréchal de Moltke, le général Leer et d'autres écrivains militaires éminents, ont prédit que la guerre future se prolongera pendant de longues années.

Mais, dans les circonstances politiques, sociales et économiques actuelles, ne se produira-t-il pas auparavant, en Angleterre, en Italie, en Autriche, en Russie, en Allemagne, en France, dans tel État pour une cause, dans tel autre pour une autre, des phénomènes qui désorganiseront l'appareil militaire et empêcheront de continuer la guerre longtemps avant que le but visé n'ait été atteint? C'est là une question de première importance qui, cependant, ne semble intéresser en rien les écrivains militaires ou qu'ils n'effleurent qu'incidemment, tandis que le côté technique de la guerre est traité par eux dans tous ses détails.

Et, cependant, si graves seront les secousses économiques et sociales, amenées nécessairement par l'appel de presque toute la population mâle adulte sous les drapeaux, par l'interruption des transactions maritimes, par la stagnation du commerce et de l'industrie, la hausse du prix de toutes les denrées, la disparition du crédit, l'explosion de paniques, etc., etc., — qu'on se prend à douter s'il sera jamais possible aux États de trouver, pour une guerre aussi longue que la prévoient les écrivains militaires compétents, les moyens d'entretenir l'armée, de satisfaire aux exigences du budget et de nourrir la population civile restée sans ressources.

Par suite des traités d'alliance, tous les plans se basent sur des opérations communes des armées alliées. Mais toutes les combinaisons qui se fondent sur une action combinée de divers États ne risquent-elles pas d'échouer si l'un ou plusieurs de ces États se voient obligés de suspendre leurs opérations avant les autres ?

Afin de rendre notre idée entièrement claire, nous nous contenterons, par exemple, d'examiner les combinaisons auxquelles peut donner lieu la participation de l'Italie à la Triple-Alliance.

Il est évident que les plans d'opérations de l'Allemagne et de l'Autriche contre la France et la Russie sont basés sur cette hypothèse que la France devra concentrer contre l'Italie, dans la zone française fortement fortifiée, une armée nombreuse, soit pour se défendre, soit pour envahir le territoire ennemi.

Si alors, ainsi que les autorités militaires l'admettent, la guerre traîne en longueur, nous ne dirons pas plusieurs années, mais pendant une année seulement, l'Italie ne se verra-t-elle pas obligée de suspendre ses opérations, par suite de l'épuisement des ressources qui lui sont nécessaires pour entretenir son armée, et par crainte d'une révolution intérieure ?

Voilà donc la question, purement économique, de savoir à quelle époque, approximativement, l'Italie se trouvera dans une situation semblable, intimement liée aux plans d'opérations militaires.

Résistance des différents pays aux mouvements sociaux et perturbations économiques.

Il en est de même ailleurs. La force de résistance aux courants qui menacent d'ébranler les bases de la société, et les préoccupations causées à l'intérieur par la guerre future, diffèrent pour les pays alliés de l'Allemagne et de l'Autriche d'une part, pour la Russie et la France d'autre part.

Si ces questions ne sont encore qu'insuffisamment élucidées, cela provient peut-être de ce que les autorités militaires n'étudient que les guerres du passé et ne se rendent pas compte que la guerre future, dans ses manifestations économiques et sociales, créera des situations entièrement nouvelles qui, à leur tour, influeront sur la nature des opérations militaires.

Grâce aux engins de destruction qui, avec une rapidité inconnue jusqu'alors et à des distances nombre de fois plus grandes qu'autrefois, envoient des obus, dont les éclats couvrent une énorme surface ; grâce aux balles qui, protégées par leur enveloppe (1), peuvent, même d'assez loin, blesser cinq hommes à la fois, et à des distances, jadis inaccessibles même aux gros projectiles de l'artillerie, tuer encore quelques individus, il est devenu nécessaire d'exercer les troupes à se servir des abris naturels qu'offre le terrain et à construire aussi rapidement que possible des abris artificiels.

Par suite de l'absence de toute fumée sur le champ de bataille et de la possibilité où l'on est aujourd'hui de surveiller l'assaillant du haut des airs, ce dernier trouvera devant lui une vaste zone de destruction certaine.

Mais on ne pourra plus, comme par le passé, nourrir les millions de soldats des formidables armées modernes avec les seules ressources des contrées qu'elles traverseront. Leur base de ravitaillement devra donc, comme leur base d'opérations, être dans leur pays.

Si l'extermination de l'adversaire nécessitait réellement des sacrifices aussi grands qu'on le prédit, il faudrait chercher à résoudre le problème de la guerre par d'autres moyens que par les armes.

L'insuffisance des ressources nationales ou simplement l'impossibilité de fournir aux troupes le nécessaire en temps voulu, par suite d'une mauvaise administration ou de l'interruption des communications, affamerait l'armée et l'exposerait à des privations qui assureraient le succès de l'ennemi plus promptement et avec moins de risques que n'en comporte l'emploi des armes.

Quant à la faculté de supporter la guerre au point de vue du ravitaillement de l'armée et de la population, la Russie est, entre toutes, la puissance la mieux partagée ; après elle vient l'Autriche ; l'Italie est la moins assurée de ce côté, et ensuite l'Allemagne. Mais l'armée allemande est, au point de vue économique, la mieux organisée ; c'est donc elle qui a le moins à redouter les privations résultant d'une mauvaise administration ou de l'interruption des communications.

La France est la plus riche en argent ; l'Allemagne vient ensuite. La Russie aura bien plus de difficultés à couvrir ses dépenses ; l'Autriche sera presque dans l'impossibilité de le faire et l'Italie se trouvera, certainement, dès les premiers mois, dans une situation très critique.

Mais, en revanche, la Russie supportera plus facilement les perturbations d'ordre économique qui résulteront du fait de la guerre, sans avoir le moins du monde à redouter une révolution, tandis qu'il sera difficile à l'Allemagne de maintenir l'ordre à l'intérieur du pays. Pour l'Autriche, l'Italie et la France, elles auront certainement à lutter contre des mouvements révolutionnaires si leurs armes ne sont pas heureuses. Voici pourquoi

(1) Bruns, *Die Geschosswirkung der neuen Kleinkalibergewehre*, 1889.

certaines puissances, ayant lieu de se considérer comme les plus fortes à tel ou tel point de vue et considérant cet avantage comme supérieur à tous les autres, pourraient être amenées à recourir, non point aux armes, mais à d'autres moyens, pour assurer leur succès dans un conflit.

La majorité des écrivains militaires dirigent, en attendant, toute leur attention sur les questions d'ordre technique et ne discutent la future guerre et les opérations stratégiques qu'au point de vue de l'extermination de l'armée adverse, en reléguant au second plan toutes les questions sociales.

Cette absorption complète de l'attention par des questions purement techniques, au détriment de certaines éventualités qu'il aurait fallu prévoir, menace de rendre impossible, du fait même de ces éventualités, l'exécution des plans de guerre établis, si excellents qu'ils soient.

---

1. Possibilité d'une destruction complète des adversaires engagés dans un combat, par suite de la perfection des armes modernes.

Jusqu'à ces derniers temps, on considérait comme un axiome que les opérations de guerre ont pour but de détruire par les armes les forces de l'ennemi, qui sont considérées comme le représentant principal de sa volonté et de sa puissance (1).

Quand les armées n'étaient pas nombreuses et qu'il ne restait pas dans le pays des masses de réservistes destinés à compléter les forces engagées en première ligne, il était difficile de prolonger la résistance; comme, du reste, les objectifs des guerres étaient généralement limités, l'adversaire, vaincu à plusieurs reprises, demandait la paix. Mais depuis qu'on a établi le service militaire universel, qu'on a inventé la poudre sans fumée et perfectionné les armes, depuis, surtout, qu'une défaite définitive entraîne pour les vaincus des conséquences beaucoup plus graves, la situation a changé.

Il est possible qu'au début de la guerre et avant que les troupes aient éprouvé la terrible efficacité des armes modernes, la destruction de l'ennemi demeure, comme par le passé, la principale préoccupation de certaines armées. Les Allemands, par exemple, avec leur principe de précipiter l'action, espèrent que les armes perfectionnées leur assureront dans la guerre future, grâce à la plus grande intelligence de tous leurs soldats et au talent de leurs chefs, des succès aussi rapides et aussi complets qu'en 1870.

---

(1) Général Leer, *Les opérations combinées*.

Résultats destructeurs qu'auront les armes modernes.

Avec la poudre sans fumée et la puissance destructive des projectiles d'artillerie lancés de 4,000 à 10,000 mètres (1), avec le non moins grand pouvoir destructif des balles des fusils à tir rapide jusqu'à 1,200 mètres (2), les pertes des assaillants seront énormes. Car il suffira à l'ennemi, caché derrière un rempart et presque entièrement couvert, de poser son fusil horizontalement sur le parapet pour ne pas manquer, même sans viser, grâce à la grande tension de la trajectoire, les ennemis éloignés encore de plus de 600 mètres (3).

A une distance de 500 mètres, la balle tirée dans la direction horizontale ne s'élèvera pas au-dessus de la taille des assaillants et les abattra comme une faux dirigée par une main habile; si elle ne frappe pas les premiers rangs, elle détruira ceux qui suivent. Et comme chaque balle possède une force suffisante pour transpercer plusieurs corps humains (4), on ne pourra, par des combinaisons tactiques, qu'affaiblir quelque peu la puissance destructive du feu, mais non la paralyser. En admettant même que le nombre des morts et des blessés ne soit pas augmenté par l'absence de fumée, la rapidité du tir, sa grande portée et sa grande précision, les pertes causées par le feu d'infanterie seront cependant plus considérables qu'elles ne l'ont été dans le passé, grâce au plus grand nombre de cartouches que les fusils de petit calibre permettent au soldat de porter. Chaque fantassin dispose d'environ 150 cartouches sur lui et de 220 cartouches de réserve; or, la rapidité du tir permet d'utiliser toute cette provision en très peu de temps.

Le fusil moderne de petit calibre l'emporte, suivant le professeur Mikhnevitch, sur le fusil Berdan, qu'avait l'armée russe en 1877 : de 150 0/0 en précision, de 300 0/0 en force et en portée et de 40 0/0 en rapidité de tir.

Mais admettons même que le fusil moderne soit simplement aussi bon que ceux dont on s'est servi dans les dernières campagnes; oublions aussi que, pendant la guerre du Chili, cent soldats constitutionnels, armés de fusils de petit calibre, mettaient quatre-vingt-deux adversaires hors de combat, — tandis que cent de ces derniers, armés de fusils chargés en poudre à fumée, n'atteignaient que trente-quatre ennemis. Bref, réduisons des deux tiers l'efficacité du nouveau fusil, telle qu'elle s'est révélée au Chili. Nous aurons tout droit d'admettre qu'une même quantité de cartou-

(1) Rohne, *Appréciation du tir réel.*

(2) Morenville, *Études de tactique défensive et offensive.*

(3) A la moitié de cette distance, c'est-à-dire à 300 mètres, les balles atteignaient les hauteurs maxima suivantes : celle du fusil de 11 millimètres, $4^{m}7$; celle du fusil de 8 millimètres, $2^{m}5$; celle enfin du fusil de 6 m/m 5, $1^{m}6$. (*Militärische Jahresberichte*, 1894.)

(4) D. Bruns, *Die Geschosswirkung der neuen Kleinkalibergewehre*, 1889.

ches brûlées mettront hors de combat un égal nombre d'hommes, qu'en d'autres termes on obtiendra des résultats égaux à ceux obtenus lorsque le fusil à petit calibre n'existait pas encore.

Seules, les personnes qui jugent de parti pris et qui s'exagèrent l'importance des mesures qu'on prend aux manœuvres pour diminuer les pertes pourraient ne pas se contenter de nos concessions ; car elles oublient que les précautions qu'elles recommandent sont contre-balancées par toute une série de moyens complémentaires permettant d'observer et de mesurer la distance, d'arrêter les assaillants avec des réseaux en fil de fer, etc. (1).

Si, par conséquent, nous divisons le nombre de cartouches qu'emporte sur lui chaque soldat par le nombre de coups qu'il fallait tirer dans les guerres précédentes pour mettre un homme hors de combat, nous obtiendrons le chiffre minimum des pertes que le feu occasionnera dans les rangs des combattants.

Ce qu'il fallait jadis, et ce qu'il faut aujourd'hui de cartouches, pour mettre un homme hors de combat.

Dans les précédentes guerres du XIXe siècle, il fallait, pour mettre un homme hors de combat, brûler le nombre de cartouches suivant :

Pendant la guerre de 1859	143
— la guerre de 1864 contre le Danemark (armée prussienne)	66
— la même guerre, à la bataille de Lündley .	8 1/2
— la guerre de 1866, dans l'armée prussienne	66 à 38
— la guerre de 1870 dans l'armée allemande .	164
— la guerre de 1870 dans l'armée française (d'après Rivière).	49
— la guerre de 1870 dans l'armée française (d'après Montluisant).	102

Il s'ensuit que la provision de cartouches, qu'un soldat porte sur lui de nos jours, suffit largement pour mettre deux adversaires hors de combat ; en autres termes, étant donné que les premières armées qui se rencontreront au début de la guerre seront presque également nombreuses et également bien exercées, il est très probable qu'elles s'entre-détruiront mutuellement.

Remarquons que le colonel Spohr (2), en résumant les opinions de différents auteurs sur l'efficacité du feu pendant le combat, aboutit à la conclu-

(1) *Progrès militaire*, 1891 ; — Brackenbury, *Field Works ;* — Malet, *Handbook of Field training ;* — *Sciences militaires* : « Fortifications ».

(2) Colonel Spohr, *Zur Taktik der Zukunft*, 1892. (*Jahrbücher für die deutsche Armee und Marine.*)

sion suivante : Le rapport entre le nombre de coups tirés et celui des balles atteignant le but visé s'exprime chez un bon tireur par 1/1 quand la distance est petite, par 1/4 : 1 quand la distance est moyenne, et par 1/10 : 1 quand la distance est grande ; mais, pendant le combat, elle s'exprime en moyenne par 1/80 : 1.

A ce compte, il suffirait de brûler quatre-vingts cartouches pour mettre un adversaire hors de combat. La provision de cartouches emportée par chaque soldat suffirait donc amplement à l'extermination mutuelle des deux adversaires, en admettant qu'ils supportassent le feu jusqu'à la fin.

Mais les projectiles de l'artillerie, dont la force est prodigieuse, sèment aussi la mort sur les champs de bataille.

Effets des projectiles de l'artillerie.

En France, on compte, pour 10,000 hommes d'infanterie active ou de réserve de première catégorie, 41 canons (1) accompagnés de caissons qui contiennent plus de 5,000 projectiles (2).

D'après les calculs que nous avons faits, en nous basant sur les données fournies par le général prussien Rohne (3), ces canons produiront, en tirant sur 10,000 hommes marchant à l'attaque en ligne déployée, à raison d'un homme par mètre courant de front, l'effet suivant : avant que ces 10,000 hommes, partant d'une distance de 2,500 mètres, soient arrivés à 500 mètres, c'est-à-dire aient parcouru 2,000 mètres, ils auront essuyé ,450 coups de canon qui répandront 275,000 balles et éclats dont 10,330 atteindront les assaillants ; en d'autres termes, chacun de ces 10,000 hommes aura été frappé (4).

Mais l'œuvre de destruction ne s'arrêtera pas là : derrière les premières lignes de tirailleurs marcheront les renforts et les réserves (5), qui, étant donnée la grande étendue de la surface battue par les shrapnells, seront atteints par ceux des 264,670 éclats qui tomberont en arrière des tirailleurs.

Lorsque la chaîne de ceux-ci ne sera plus qu'à 600 ou 700 mètres de l'ennemi, les réserves de compagnie la suivront à une distance de 200 pas, les réserves de bataillon à 500 pas et les réserves de régiment à 1,000 ou ,100 pas.

Les pertes seront alors très considérables : d'abord parce que les

(1) A. Rediger, *Complectovanié i oustroïstvo vooroujennoï sily* (Recrutement et organisation de la force armée). — Saint-Pétersbourg.

(2) Langlois, *L'artillerie de campagne.* — Paris, 1892.

(3) Général-major Rohne, *Das Schiessen der Feldartillerie.*

(4) Il faut remarquer que nous avons admis, en faisant nos calculs, qu'un shrapnell produit 190 éclats seulement, tandis que les nouveaux shrapnells allemands en donnent 300.

(5) Witte, *Fortschritte und Veränderungen des Waffenwesens*, 1895.

réserves avanceront en colonnes plus compactes que les tirailleurs; ensuite, parce que le feu de l'artillerie sera dirigé, non sur les tirailleurs qu'on redoutera peu, puisqu'on pourra les exterminer par le feu de l'infanterie, mais sur les réserves.

Moins du tiers des munitions contenues dans les caissons accompagnant les pièces suffira pour détruire entièrement une troupe trois fois plus nombreuse marchant à l'attaque.

Mais le résultat pessimiste de notre calcul provient peut-être de ce que les données empruntées au général Rohne sont exagérées; contrôlons-les donc par des renseignements puisés à d'autres sources.

On compte, en fait de troupes de campagne et de réserves de première catégorie : en France et en Russie, 5,354,000 hommes, 8,824 canons et 1,235,000 projectiles; en Allemagne, en Italie et en Autriche (1) 5,135,000 hommes, 7,324 canons et 1,032,080 projectiles.

Si nous mesurons l'effet que produiront ces projectiles en nous basant sur les données fournies par un autre général prussien, Müller (2), nous trouvons que les projectiles franco-russes suffisent pour arrêter la marche de 44,120 compagnies, c'est-à-dire de 11 millions de soldats, en tuant et blessant 6,300,000 hommes, c'est-à-dire 24 0/0 en plus que la Triple-Alliance n'en peut mettre sur pied.

Le nombre des hommes tués et blessés par les projectiles de la Triplice s'élèverait à 5,300,000, c'est-à-dire au total des forces franco-russes.

On doit dire qu'il est peu probable que l'armée franco-russe ait, le cas échéant, un avantage aussi grand sur ses adversaires. Il y a lieu de croire que le nombre des canons que possède l'Allemagne est de beaucoup supérieur à celui donné dans les livres.

Mais l'artillerie n'est pas encore à la limite de sa perfection. La plupart des canons existant aujourd'hui ne permettent même pas d'utiliser toute la force de la poudre sans fumée.

Le général Wille propose de construire un canon de 70 millimètres et

(1) *Recueil des données récentes concernant les forces armées des puissances étrangères*, 1896.

(2) Müller dit, dans son ouvrage intitulé *Die Wirkung der Feldgeschütze*, que 28 obus tirés à une distance de 2,400 mètres mettent hors de combat les 5/7 des tirailleurs d'une compagnie et les 4/7 de leurs renforts. Une batterie peut, aujourd'hui, à une distance de 2,000 mètres et dans l'espace d'un quart d'heure, briser n'importe quelle force qui resterait immobile et offrirait un front de 150 mètres. Le feu d'artillerie arrête invariablement la marche de l'infanterie à une distance de 2,400 à 2,000 mètres. Un détachement d'infanterie, auquel on oppose une batterie, peut être à moitié anéanti à une distance de 1,500 mètres par 24 obus ou 12 à 15 shrapnells. Quand la batterie opère contre des tirailleurs immobiles et contre leurs renforts, elle peut, avec 36 obus ou 24 shrapnells mettre 5/6 des hommes hors de combat.

il démontre qu'en raison de la vitesse initiale des projectiles de cette pièce, la portée et la précision de son tir seraient de beaucoup supérieures à ce qu'on a obtenu jusqu'ici.

Les projectiles de ces nouveaux canons auraient, à une distance de 3,400 à 6,000 mètres, une puissance de pénétration qu'on n'obtient aujourd'hui que jusqu'à une distance de 1,000 à 3,000 mètres.

Le général Wille estime que la surface couverte par les projectiles de ces canons serait augmentée, en leur donnant une vitesse initiale de 1,000 mètres :

A une distance de	1,000 mètres	de	210 0/0
—	2,000	—	133 0/0
—	3,000	—	89 0/0

Le professeur Potocki partage l'opinion du général Wille et affirme que la vitesse initiale du projectile peut être amenée à 1,000 mètres (1).

Pour la confection des canons actuels on emploie déjà l'acier nickelé et, en les renforçant par des fils de fer, on leur donne une résistance énorme à la pression des gaz. On assure que cette résistance atteint presque 15,000 atmosphères.

On se demande pourquoi l'on ne s'empresse pas de faire ces perfectionnements dont on espère tant. Les auteurs militaires disent que, si l'on hésite, ce n'est pas devant la dépense, mais par crainte de voir les étrangers imiter un nouveau modèle, que, peut-être, ils pourraient même perfectionner.

Le général Müller (2) dit qu'il est non seulement difficile, mais même impossible de prévoir la force du canon de l'avenir.

Il est, en tout cas, certain qu'il sera bien plus terrible que le canon actuel.

Ce que produisait le canon autrefois et ce qu'il produira dans l'avenir.

Rien d'étonnant, par conséquent, si ce général estime que, pour éviter de se faire exterminer, les soldats seront forcés de ramper, de se cacher derrière les inégalités du sol ou de se terrer comme les taupes.

Les combats futurs différeront donc beaucoup de ceux du passé, au moins en ce qui concerne l'artillerie.

Il faudra presque doubler alors les chiffres donnés par nos calculs.

Ces résultats sont tellement énormes qu'ils peuvent paraître invraisemblables; mais il est facile de les vérifier.

Le professeur Langlois (3) dit que chaque nouveau canon français,

---

(1) Potocki, *Cours d'artillerie*.

(2) Général Müller, *Die Entwickelung der Feldartillerie in Bezug auf Material Organisation und Taktik von 1815 bis 1892*. — Berlin, 1893.

(3) Langlois, *Artillerie de campagne*.

modèle 1891, a une force vingt fois supérieure à celle des canons qui ont servi en 1870.

Les troupes de campagne et les réserves de première catégorie disposent actuellement en France de 4,512 canons semblables, tandis qu'en 1870 elles n'avaient que 780 pièces d'artillerie (sans compter les mitrailleuses qui ne rendirent aucun service) (1).

Il résulte de ce qui précède que l'effet des canons français dans la guerre future sera 116 fois plus meurtrier que celui par eux produit en 1870. Mais quand on aura terminé la fabrication des canons à tir rapide, dont la puissance destructive sera deux fois plus grande que celle des canons du modèle 1891, l'artillerie française sera environ 232 fois plus forte qu'elle ne l'était en 1870.

Il faudrait donc d'abord multiplier maintenant par 116 les pertes que l'artillerie française a infligées à l'armée allemande et qui se sont élevées à 2,7 0/0 à la bataille de Gravelotte. Plus tard, il faudrait les multiplier par 232.

En faisant des calculs analogues pour l'Allemagne, qui possède 3,360 canons, nous trouvons que leur puissance destructive est 42 fois plus grande qu'en 1870 et que la puissance des pièces d'artillerie du nouveau modèle sera double, c'est-à-dire 84 fois plus grande.

Remarquons que, par le fait de la plus grande perfection de l'artillerie allemande, les Français ont perdu 25 0/0 de leurs forces engagées à la bataille de Gravelotte.

Il semblerait qu'on puisse s'arrêter là, en ce qui concerne les préparatifs de la guerre. Mais, si le comte de Caprivi a dit que les militaires, qui exigent qu'on augmente sans cesse le nombre des effectifs, sont atteints de la « rage des nombres » (2), on peut dire aussi qu'ils ont celle du perfectionnement de l'artillerie.

Suivant les données du général Müller, les 6,300,000 soldats de la Triple-Alliance et les 5,300,000 de l'armée franco-russe pourront être tous mis hors de combat rien qu'avec les 136 à 140 projectiles accompagnant chaque canon; ces armées, en d'autres termes, peuvent s'entr'exterminer mutuellement. Une sommité comme le professeur Langlois écrit que, dans les combats futurs, qui ne dureront probablement pas moins de deux jours, il faudra environ 267 projectiles pour chaque canon. Il admet même qu'une bataille puisse durer 3 et 4 jours à l'avenir, et chaque canon dépensera alors jusqu'à 500 projectiles (3).

(1) Relation de la guerre de 1870-71 par l'État-Major français.
(2) *Reichs-kanzler Caprivi Reden.*
(3) Langlois, *Artillerie de campagne.*

Les calculs démontrent que, dans le cas où chaque canon lancerait projectiles, le nombre des morts et des blessés se chiffrerait par millions d'hommes, et par 41 millions s'il en lançait 500.

Après l'introduction du nouveau type, il faudra multiplier ces chiffres deux. L'artillerie seule pourrait, en d'autres termes, exterminer huit s plus de soldats qu'on n'en peut aligner sur les champs de bataille.

L'ouvrage du colonel Langlois, professeur à l'École supérieure de erre française, et aujourd'hui directeur de cette école, a été traduit dans tes les langues, et nous n'avons encore rencontré personne qui contestât prévisions.

Le besoin d'augmenter le nombre des projectiles affectés à chaque non n'implique-t-il pas l'aveu qu'on ne peut plus, de nos jours, faire guerre en terrain découvert, étant donnée la force destructive de ces nons ?

Le colonel Langlois dit que là où il fallait antérieurement 6 caissons ur transporter les projectiles, il n'en faut plus que 2 aujourd'hui, et que, ur faire brèche à une fortification, il ne faudra plus que le 1/4 du temps cessaire en 1870.

Les projectiles atteignant le but forment aujourd'hui 30 0/0 du al de ceux qui sont lancés, tandis qu'en 1870 ils n'en constituaient e 10 0/0.

Quant aux shrapnells, ils produisent, en éclatant, 20 fois plus de gments qu'antérieurement et l'on aura, en outre, recours aux mines argées de mélinite, de pyroxyline et autres explosifs, avec lesquelles on urra détruire tous les êtres vivants, dans un rayon très étendu.

On ne peut contester l'augmentation du nombre des victimes de la guerre.

Tant qu'une guerre n'a pas mis en présence l'une de l'autre deux nations un armement à peu près aussi perfectionné, il est aisé de tranquilliser masses, en affirmant que le perfectionnement des armes n'augmentera ère le nombre des victimes. Or, si on peut à la rigueur admettre que le ur cent de celles-ci ne sera pas plus élevé du fait du fusil nouveau modèle, ne saurait soutenir la même thèse par rapport à l'artillerie.

Il ne sera point difficile, étant donnés le grand espace que couvrent projectiles actuels et l'entraînement des artilleurs, de trouver de bons inteurs ayant du sang-froid, d'autant plus qu'on fait des abris de différente nature pour protéger le service des canons.

Il faut aussi remarquer que l'artillerie qui attaquera sera beaucoup us exposée que l'artillerie attaquée, sans qu'on puisse apprécier exactement la différence du danger couru par l'une ou l'autre. Quand on aura troduit dans l'artillerie des projectiles remplis de matières explosives ès puissantes, des explosions pourront se produire même pendant les ansports.

Aucune nation n'a pu résoudre jusqu'à présent la question de savo lequel des explosifs puissants offre le plus de sécurité, car les opinio des techniciens à ce point de vue sont très partagées (1).

Il est certain que, ces temps derniers, on a réalisé de très gran progrès dans ce sens. Mais tout se réduit à des essais qui se font av beaucoup de précautions, dans des conditions particulières, qu'il sera impossible de réaliser à la guerre, et sous la surveillance d'officiers com pétents. Cependant, malgré le secret dont on entoure ces expériences, secr qui indique à lui seul la difficulté du problème qu'on se propose d résoudre, malgré enfin les précautions qu'on prend toujours en pare cas, on entend de temps à autre parler d'accidents occasionnés par c essais.

L'Angleterre est le seul pays où l'on ne cherche pas à cacher c accidents au public. Les comptes rendus annuels des inspecteurs relate chaque année une série d'accidents qui se produisent pendant la prépara tion ou bien pendant le transport des explosifs et des fusées.

Les spécialistes estiment (2), par conséquent, que, malgré toutes l précautions prises pour éviter des malheurs, on livrera souvent au troupes des fusées mal chargées (3).

Cette question se présente comme il suit, d'après les chimistes. L explosifs dont on charge les projectiles de nos jours sont dangereux p eux-mêmes; il en est parmi eux qui se décomposent facilement sou l'influence de la chaleur ou du froid, et cette décomposition détermine u explosion. Certaines de ces matières détonent sous l'effet d'une secous imprimée à l'air par une autre explosion se produisant à une distance pl ou moins grande (4).

Dangers pouvant provenir des explosions de caissons produites par diverses causes.

Le danger s'augmente encore quelquefois, par suite du mauvais arı mage des projectiles et parce que le mécanisme des fusées se dérange pe dant le transport des canons et au moment où ils prennent position.

Dans l'armée française on peint en jaune les projectiles chargés d'e plosifs et, pour qu'on puisse les reconnaître même dans l'obscurité, c leur donne une forme extérieure différente de celle des projectiles ord naires. En Allemagne, on transporte, par mesure de précaution, les proje tiles séparés de leurs fusées et l'on ne met celles-ci en place qu'au mome de charger le canon. Mais ces précautions offrent-elles une garantie sécurité suffisante, étant données les conditions actuelles ?

(1) S. Tournay, *Étude sur les poudres et explosifs, considérés au point de vue d destructions militaires*.

(2) Lloyd and Hadcock, *Artillery, 1894 : its progress and present condition*.

(3) *Annual report of H. M. Inspectors of explosives*, 1891.

(4) E. Coralys, *Les explosifs*. — Paris, 1893.

On comprend que dans la chaleur du combat l'excitation s'empare s soldats et que la plupart d'entre eux doivent perdre leur sang-froid.

Pendant la guerre de Sécession américaine, les armées offraient quelque nilitude avec les grandes armées modernes ; or, que s'est-il produit? On ouvait sur les champs de bataille des milliers de fusils contenant deux trois charges, quelques-uns même chargés jusqu'à la gueule (1).

Il est arrivé souvent dans la flotte anglaise qu'on plaçait deux charges, ne sur l'autre, dans les canons à chargement par la bouche, ce qui les isait éclater (2).

Si, dans une opération aussi simple que le chargement, de telles reurs peuvent se commettre, qu'arrivera-t-il dans les manipulations de ojectiles explosifs, dont le maniement exige les plus grands soins et la us grande prudence?

Avec la poudre ordinaire, toutes ces explosions étaient pourtant oins graves qu'aujourd'hui.

Mais, même si l'on admet que les projectiles actuels n'offrent aucun nger pendant leur transport, leur préparation et leur emploi, comme ffirment certaines personnes, on n'a pas encore lieu d'être tout à fait ssuré. Les explosions des projectiles pourront se produire sur les posi-ons quand ils seront frappés par un projectile ennemi. Les projectiles des nons à tir rapide pèsent plus de 400 grammes et sont remplis d'explosifs ès puissants. Il suffit d'un seul projectile ennemi pour en déterminer xplosion ; or, l'ennemi en lancera des milliers dans leur direction.

La précision du tir est actuellement prodigieuse, et dès qu'on aura écouvert l'endroit où se trouvent les batteries et les caissons, on fera pleu-oir sur eux les projectiles.

L'histoire militaire cite beaucoup de cas où des canons ont éclaté et où es explosions de caissons ont eu lieu ; ces cas seront certainement bien us fréquents à l'avenir.

Aussi, bien des voix s'élèvent-elles contre l'emploi des projectiles à xplosifs. Le colonel Thomas (3) dit : « Les explosifs découverts par la ience, tels que la mélinite, la dynamite et autres, sont indignes de servir ans les luttes entre peuples civilisés ; ils nous ramèneront à la barbarie. » engage tous les hommes de bon sens à employer leur influence pour ire éloigner ces substances des armées, car leur emploi est aussi dégra-ant pour le vainqueur que pour le vaincu, et il convertira les champs e bataille en charniers horribles.

(1) Nigote, *Les grandes questions du jour.*
(2) Brassey, *The British Navy.*
(3) Colonel Thomas, *Où s'arrêtera-t-on?* — Paris, 1895.

Avant le siège de Plewna, c'est-à-dire avant 1877, on pouvait espérer que, dès que l'un des adversaires aurait acquis une certaine supériorité sur l'autre, ce dernier se verrait forcé de capituler. Mais on s'est convaincu que, pour décider de la victoire, il faudrait à l'avenir, comme par le passé, combattre à courte distance.

---

2. La fortification des frontières et la création de lignes et de points de défense.

Il arrivera pendant la guerre future qu'indépendamment de toutes les combinaisons, l'un des adversaires se tiendra toujours sur la défensive. En admettant même qu'il repousse l'attaque de l'ennemi et qu'il le poursuive pour compléter sa victoire, il s'arrêtera cependant quelque part pour reprendre la défensive; car, en s'avançant davantage, il s'exposerait à des difficultés pareilles à celles que son adversaire n'a pu surmonter.

Les belligérants changeront souvent de rôle. Les assaillants pourront essuyer des pertes telles, qu'il leur sera impossible de continuer leur attaque contre l'ennemi fortifié dans les positions conquises ou bien dans ses anciennes positions.

Mais, à chaque nouveau combat, le tableau présentera un nouvel aspect.

La guerre de l'Amérique du Nord de 1861 à 1864, la guerre franco-allemande de 1870 à 1871 et la guerre russo-turque de 1877 à 1878 ont montré combien il est difficile de déloger un ennemi qui sait tirer parti de ses travaux de fortification.

Combien plus grandes seront ces difficultés quand l'adversaire qui se tiendra sur la défensive s'appuiera sur tout un système d'ouvrages fortifiés couvrant son pays tout entier ?

Dépenses énormes consacrées à la fortification des frontières.

Or, depuis 1870, on a sacrifié des milliards pour fortifier les frontières en Allemagne et en France, de même qu'en Russie après 1882, comme aussi en Autriche, en Italie, en Belgique et en Suisse. Et si l'on parvient à rompre cette première ligne fortifiée, on se trouvera en présence d'autres points non moins bien fortifiés mais plus distants de la frontière.

Indépendamment des fortifications dont on a protégé les frontières, on dispose même en temps de paix des forces considérables dans leur voisinage, et l'on a, pour transporter les réserves, destinées à compléter les effectifs, des lignes de chemin de fer suffisamment nombreuses pour mettre, dès le premier moment, les armées adverses en présence les unes des autres. Il ne restera donc que très peu d'espace où l'on puisse se mouvoir librement.

Dans ces conditions, on sera forcé à l'avenir de se créer un marchepied, dont on n'avait guère besoin jusqu'à présent, en rompant la ligne des fortifications qui protège la frontière. Mais comme on pourra très rapidement concentrer des centaines de milliers de soldats, il sera impossible de rompre ces lignes fortifiées sans livrer une série de batailles.

« Celui des adversaires qui se tiendra sur la défensive connaît à peu près les endroits où auront lieu les batailles, dit le général Lewal (1). Il sait sur quels points l'ennemi opérera sa concentration, parce que ces points lui sont indiqués par les nœuds de son réseau de chemins de fer et par ses dépôts de matériel de guerre. La masse attire la masse, telle est la loi de gravitation à la guerre. L'ennemi marchera sur le gros de nos forces ; nous savons, par conséquent, en quel endroit il concentrera ses troupes, et nous pouvons déterminer d'avance le point où se produira le choc. Ces « grandes inconnues », dont on parle tant, n'existent donc guère, du moins au début de la guerre. Chacun des adversaires peut donc se fortifier en conséquence. »

Toutes les nations européennes sont, de nos jours, à peu près aussi bien armées, les soldats de toutes les puissances sont également entraînés et l'on peut dire qu'ils se valent tous au point de vue de l'intelligence et du courage. Si, par conséquent, on fait abstraction des qualités des chefs, qu'on ne saurait apprécier à l'avance, on doit nécessairement conclure de ce qui précède que, si l'une de ces armées a un avantage sur une autre, ce sera grâce à sa supériorité numérique. Mais, en admettant que les adversaires soient égaux en nombre, l'équilibre sera complet, et les chances des uns et des autres seront égales.

Les assaillants ont-ils chance de réussir

Une question, qui se pose nécessairement, est de savoir si, en présence de l'égalité des forces dont disposent la France et la Russie, d'une part, et la Triple-Alliance, de l'autre, les assaillants ont quelque chance d'être victorieux.

Les expériences des guerres passées ne nous renseignent guère à ce point de vue. Jamais les puissances n'ont été si bien préparées pour la défense. Nous nous trouvons en présence d'un inconnu gros de dangers. On préconise, dans toutes les armées, l'avantage de l'offensive et cependant l'on s'est fortifié de telle sorte que la seule présence de ces fortifications exercera nécessairement une influence sur les actions stratégiques.

La guerre future sera une lutte pour l'enlèvement de positions fortifiées; cette circonstance seule démontre qu'elle durera très longtemps. Et peu probantes sont toutes les considérations historiques par lesquelles on prétend démontrer la possibilité d'arriver promptement à un résultat.

(1) Général Lewal, Stratégie de combat : *Journal des sciences militaires.*

L'histoire est certainement une source d'enseignements pour l'avenir, si on l'étudie avec soin et au point de vue des résultats généraux. Mais on y trouve moins d'indications directes qu'on n'est porté à croire, tant les conditions de la guerre se sont modifiées. Alors que les armées étaient peu nombreuses, on pouvait éviter une rencontre avec l'adversaire ou bien le surprendre ; il était même possible de ne pas accepter la bataille et de battre en retraite après l'avoir rencontré, si la prudence l'exigeait. Tous ces exemples étaient instructifs dans le temps, mais, de nos jours, ils n'ont plus de valeur.

Ainsi Napoléon précipitait l'attaque, prenait l'ennemi au dépourvu, l'empêchait de se concentrer et détruisait ses forces éparses, mais il ne faut pas oublier que Napoléon avait la place nécessaire pour se mouvoir librement. Ses opérations de l'année 1814 sont considérées comme prodigieuses, mais le général Lewal (1) les déclare stériles.

Les jeunes militaires, dit cet auteur, y trouvent un sujet d'admiration ; ils voudraient faire des miracles semblables, mais ils sont dans l'erreur, car les temps ont changé du tout au tout. Jomini, qui était bien renseigné sur l'épopée napoléonienne, l'a décrite et analysée. On a érigé cette épopée en exemple, on l'a étudiée pendant un demi-siècle, on s'est extasié à son sujet dans l'ignorance de cette critique réservée. Puis la guerre même de 1870 et les brillants faits d'armes de l'armée allemande ont paru confirmer la supériorité de la stratégie napoléonienne.

Mais on oublie que les forces allemandes étaient, dès le début de la guerre, de beaucoup supérieures aux forces françaises et qu'elles avaient affaire à un adversaire qui n'était pas préparé pour la défense, puisqu'il comptait prendre lui-même l'offensive. Les Français criaient : « A Berlin », et quand ils se virent forcés de se défendre sur leur propre territoire, ils n'avaient même pas de cartes topographiques.

Aujourd'hui, les éventualités sont plus limitées, de même que le champ d'action ; il n'y a plus place pour ces vols d'aigle qu'on exécutait autrefois. Les armées se trouveront immédiatement l'une en face de l'autre et la lutte commencera aussitôt qu'on aura déclaré la guerre ; elle ne viendra pas, comme par le passé, couronner les préliminaires des opérations décisives. Aujourd'hui, l'on sait qu'on ne pourra éviter le combat, et l'on précise jusqu'au temps et jusqu'à l'endroit où il aura lieu. Ce ne sera plus une surprise, car le choc aura été prévu.

La défensive s'impose à la France et à la Russie.

En examinant les plans des opérations de guerre probables, on peut affirmer avec la plus grande certitude que les intérêts politiques et économiques de la France et de la Russie sont d'accord avec leurs intérêts

(1) Général Lewal, Stratégie de combat : *Journal des sciences militaires.*

actiques pour imposer à ces puissances la nécessité de se tenir sur la défen-ive. Il est de leur intérêt de s'enfermer dans leurs lignes de défense et eurs places fortifiées que l'ennemi ne saurait forcer sans exécuter de grands ravaux de siège, ou sans essuyer des pertes énormes, comme cela s'est roduit sous Plewna.

Il y a soixante-quinze ans, Clausewitz disait que tous les chefs l'armée, même les plus disposés à attaquer l'ennemi, étaient forcés de econnaître que la défensive offre les plus grands avantages.

Avantages que la défensive présente aujourd'hui.

Les récents progrès, tels que l'introduction dans les armées du fusil de etit calibre, les perfectionnements apportés à l'artillerie, la poudre sans umée, l'emploi des ballons et autres engins accessoires sont tout à avantage de la défensive. Ce fait est très digne d'attention. L'impossibilité le se rendre compte d'où partent les coups de canon contribue à assurer a supériorité aux assiégés qui pourront rendre leurs positions impre-ables. Le défenseur, même s'il est de beaucoup inférieur en nombre, nfligera des pertes très sensibles à l'assaillant ; il peut même le mettre n déroute.

Ceux qui se défendent peuvent, bien mieux que les assaillants, profiter e tous les obstacles qu'un sol accidenté oppose à l'ennemi, et même endre ces obstacles plus insurmontables encore en les fortifiant.

L'assiégé peut, grâce à ces inégalités du sol, mieux régler son tir que assaillant, forcé d'avancer à découvert et en colonnes plus ou moins com-actes, surtout en approchant des positions qu'il veut enlever. La force e la défense augmente en raison de la puissance balistique des armes feu.

On dit, il est vrai, que les soldats tireront mal et qu'ils ne sauront pas, ıalgré les instructions qu'on leur aura données, utiliser les conditions du rrain. Mais la tension de la trajectoire est si grande que le feu ne lais-ra pas d'être affreusement meurtrier, surtout quand l'assaillant resserrera es colonnes avant de monter à l'assaut.

Celui qui attaque ne connaît pas le terrain, tandis que le défenseur l'a tudié dans tous ses détails. En avançant, on ne peut ni bien viser, ni érifier son tir, et quoique les assaillants soient nécessairement plus ombreux que leurs adversaires, leur feu ne saurait être aussi efficace que elui de ces derniers ; or, tant que les assaillants n'ont pas la supériorité u feu, tous les avantages sont pour la défense.

Les troupes qui se défendent peuvent, si elles manœuvrent avec pré-sion, couvrir de leurs projectiles un si grand espace qu'il sera très difficile e pénétrer dans la zone ainsi battue.

Il ne s'ensuit pas évidemment qu'il soit impossible de prendre des ositions d'assaut, mais la puissance des armes à feu rend la chose très difficile, pour peu que la position défendue soit forte et le moral des assiégés satisfaisant.

Les guerres de 1870 et 1878 confirment ces conclusions à bien des points de vue.

---

3. Inégalité des pertes dans l'attaque et la défense des positions fortifiées.

Il est dit dans les instructions allemandes : « On peut affirmer qu'il sera très difficile d'attaquer de front l'infanterie allemande qui est admirablement exercée et qui tire avec beaucoup de précision. » Il est pareillement dit dans les instructions françaises : « En raison de la grande puissance du feu de l'infanterie, les attaques de front ne seront guère possibles, même si elles sont préparées par le feu de l'artillerie. » Ces deux instructions démontrent implicitement la supériorité de la défensive (1).

Effectifs que doivent avoir respectivement les assaillants et les défenseurs.

Considérant la puissance des fusils modernes, le *Progrès Militaire* a posé la question suivante : « Quelle doit être la force numérique des assaillants par rapport aux défenseurs, si l'on veut que les premiers ne soient pas inférieurs en nombre aux derniers, lorsqu'après avoir essuyé les pertes à eux infligées pendant leur marche en avant, ils ne seront plus qu'à 32 mètres de leurs adversaires, c'est-à-dire lorsqu'ils pourront les charger à la baïonnette ? » Et le calcul a démontré qu'il faut lancer 637 assaillants contre 100 défenseurs.

Pour qu'un corps de troupe puisse, en terrain découvert, s'approcher de l'ennemi retranché derrière de bonnes fortifications, il faut que ce corps de troupe soit au moins huit fois supérieur en nombre à ses adversaires.

Remarquons que deux auteurs militaires russes de grande valeur citent ces calculs dans leurs ouvrages, sans les mettre en doute (2).

Le général Skougarevsky estime que, si 200 hommes marchent à l'assaut contre 100 autres établis derrière des remparts, et si ces 200 hommes commencent leur attaque à une distance de 800 pas, ils seront déjà moins nombreux que les défenseurs quand ils auront fait 300 pas : une compagnie de 200 hommes, marchant à l'attaque, ne comptera plus que 23 hommes, tandis qu'il en restera 150 encore à la demi-compagnie abritée derrière les remparts

---

(1) Général Lewal, Stratégie de combat : *Journal des sciences militaires.*

(2) Mikhnevitch, *Vlianié noviéïchikh tekhnitcheskikh izobrétênii na taktikou voïny* (Influence exercée sur la tactique de guerre par les inventions les plus récentes) et Skougarevsky, *Ataka piékhoty* (L'attaque de l'infanterie).

Le général prussien Rohne admet que les défenseurs, comme les ;saillants, tirent 4 coups de fusil par minute; mais ces derniers ne peuvent rer pendant qu'ils marchent. Faisons encore cette hypothèse favorable ıx assaillants, que la moitié des défenseurs, obéissant à l'instinct de la ›nservation, ne montrent pas leurs têtes et que, de ce fait, leurs coups de sil ne portent pas. Dans ce cas encore, il faudrait que les assaillants ssent au nombre de 4,908 hommes pour conserver 1,000 hommes dans urs rangs en arrivant devant les remparts, tandis qu'il suffira à un mil- er de défenseurs d'un renfort de 798 hommes, pour être encore 1,000 à même moment. Les circonstances sont donc six fois moins favorables ›ur les uns que pour les autres.

Des calculs établis d'après une série d'expériences, faites au camp de nâlons-sur-Marne, démontrent qu'en commençant à marcher à l'attaque une distance de 200 mètres, les assaillants seront détruits avant d'avoir ırcouru la moitié de la distance qui les sépare des remparts, tandis que s défenseurs ne perdront que 9 0/0 de leur effectif.

Le général Skougarevsky estime que, si 400 hommes se disposent à xécuter une charge à la baïonnette contre 100 autres, abrités derrière es remparts, en prenant leur point de départ à une distance de 250 pas de urs adversaires, ils seront réduits au nombre de 74 hommes au moment ı choc.

Il résulte de tout cela qu'il sera impossible de déloger, de ses positions rtifiées, une infanterie même sensiblement moins nombreuse que celle es assaillants, pour peu qu'elle sache se défendre — et toutes les infanteries es armées européennes le sauront — sans recourir à l'aide de l'artillerie. ais le concours de cette arme ne sera efficace que si elle n'est pas para- sée par le feu de l'artillerie adverse.

Voilà pourquoi, dès le début du combat, les artilleries opposées se orteront forcément en avant et entameront la lutte.

L'artillerie de l'assaillant s'efforcera d'affaiblir, sinon de réduire au lence, les batteries de la défense, après quoi elle pourra diriger son feu ontre l'infanterie.

Mais, avec la grande surface battue par les projectiles modernes, il ut, pour agir contre un ennemi abrité derrière des fortifications, s'appro- ıer de celles-ci à une assez petite distance. Or, on ne saurait le faire sans 'approcher de ces fortifications et sans s'exposer à faire tuer tous les ser- ants des pièces.

Le général d'artillerie prussien Müller (1) dit : « La puissance destructive es obus et des shrapnells, à une distance de 2,000 mètres, est telle

(1) Müller, *Die Wirkung der Feld-Artillerie.*

qu'il suffira parfois de 10 à 20 coups de canon pour détruire toute une batterie. » Le général d'artillerie prussien Rohne (1) a calculé dernièrement que les éclats et balles, dont une batterie couvrira la batterie adverse, atteindront dans l'espace de 10 minutes :

	Avec un tir bien réglé	Avec un tir moins bien réglé
A une distance de 2,500 mètres .	120 hommes	80 hommes
— — 3,000 —	100 —	70 —
— — 3,500 —	70 —	40 —
— — 4,000 —	50 —	40 —

« Mais quand une batterie aura perdu 50 hommes, dit le généra Rohne, elle ne sera plus en état de fonctionner. » Il faut conclure de là qu des batteries disposées en rase campagne à 3,000 mètres de distance d'u ennemi abrité derrière des fortifications seront réduites au silence e 7 à 12 minutes, et en 10 à 13, si elles se trouvent à une distance d 4,000 mètres de l'enceinte fortifiée.

Il suit logiquement de tout ce qui précède que l'artillerie des assaillants sera mise dans l'impossibilité de continuer le tir avant d'avoir p préparer l'attaque de l'infanterie.

Il faut remarquer que les batteries qui se porteront en avant pou canonner les positions ennemies s'exposeront encore à un autre dange Leur adversaire disposera une chaîne de tirailleurs devant son front e le couvrira par des embuscades, tandis que les assaillants n'en pourron faire autant. De petits détachements de tireurs s'embusqueront sur tou les chemins accessibles à l'artillerie ennemie pour tirer dessus. Grâce a peu de fumée de la nouvelle poudre, l'artillerie adverse aura beaucoup d peine à découvrir l'origine, du reste très variable, de ce feu d'infanterie ; i lui sera donc très difficile d'y répondre.

Or, le même général Rohne dit que 100 tirailleurs peuvent mettr hors de combat une batterie.

S'ils en sont à	800 mètres	de distance en	2,4	minutes
—	à 1,000 —	—	4	—
—	à 1,200 —	—	7,5	—
—	à 1,500 —	—	22	—

---

(1) Général-major Rohne, *Das Schiessen der Feld-Artillerie.*

4. Impossibilité d'appliquer les mesures tactiques recommandées pour forcer l'ennemi à abandonner les positions fortifiées qu'il défend, sans exécuter des travaux de siège.

On peut répondre que dans le passé aussi l'on avait des forteresses sur les principaux points stratégiques et que l'on se fortifiait en rase campagne.

Mais, aujourd'hui, ce ne sont plus des points isolés qu'on fortifie et qu'on adapte à la défense passive en y plaçant des garnisons ; des forteresses surgissent partout où l'ennemi pourrait passer, ainsi que des camps retranchés capables de contenir des troupes en si grand nombre qu'on ne saurait songer à les contourner. On a, en outre, construit de nombreuses lignes de chemins de fer et des routes pour permettre une rapide mobilisation des troupes aussitôt la guerre déclarée et pour transporter facilement ces troupes d'un endroit dans un autre. Et nul ne sait à l'avance combien de places se trouveront fortifiées, le cas échéant, à l'exemple de Plewna. Mais tous les plans de ces fortifications sont prêts et les troupes sont munies des outils nécessaires pour les exécuter.

Impuissance de l'attaque contre les obstacles qui défendront l'abord des positions fortifiées.

L'ennemi rencontrera, en outre, une foule de fortifications anciennes et d'obstacles qui abondent sur toutes les frontières.

Depuis des années, on fabrique, en France, en Allemagne et probablement aussi ailleurs, des réseaux de fils de fer en très grande quantité ; mais comme la fabrication de ces objets n'exige pas de frais très considérables et comme on fait le secret autour de ces préparatifs, on n'en parle pas dans le public.

Tous les moyens proposés pour renverser ces obstacles, de l'avis des spécialistes, ne sont bons qu'aux manœuvres où l'ennemi brûle des cartouches sans balles. Les réseaux de fil de fer ne peuvent être détruits à coups de canon et les bombes fougasses sont impuissantes contre ces obstacles (1) ; seule la main de l'homme peut les écarter. Or, pour mettre les assaillants en déroute, il suffit, grâce à l'absence de fumée et à la rapidité du tir du fusil moderne, qu'ils soient arrêtés pendant quelques minutes.

En admettant même que l'attaque s'empare des premières lignes fortifiées, elle se heurtera contre d'autres lignes du même genre ; car l'ennemi, muni d'instruments *ad hoc*, aura utilisé le temps même du combat pour se fortifier plus en arrière.

Ce sont là des conditions qui n'existaient pas autrefois.

---

(1) Veïtko, *Ataka oukréplénii oucilennykh iskoustvennymi prépiatstviami* (Attaque de fortifications renforcées par des obstacles artificiels).

Chacune des puissances européennes s'est fort appliquée, durant les dernières vingt-cinq années, à fortifier ses frontières et les régions voisines. On a barré, par des positions fortifiées, pour l'artillerie et l'infanterie, tous les passages où pourrait se présenter l'ennemi. On a emmagasiné du matériel de guerre dans des dépôts d'où ce matériel pourra être facilement transporté sur les points où se produiront, probablement, des batailles, et à proximité de ces mêmes endroits on a aussi recherché d'avance des emplacements pour abriter les troupes de réserve; partout enfin on a établi des lignes de chemins de fer, des routes et autres moyens de communication, permettant de transmettre rapidement les ordres.

Tous ces préparatifs destinés à augmenter directement ou indirectement la puissance du feu d'artillerie et d'infanterie sont autant d'avantages dont l'assaillant ne pourra pas bénéficier. Il ne réussirait, en tous cas, à se rendre maître de ce que nous venons d'énumérer, qu'avec d'énormes difficultés.

Si nous admettons, en principe, que les défenseurs doivent, grâce à la supériorité de leur tir, arrêter les assaillants à quelques centaines de mètres, et les mettre dans l'impossibilité d'achever l'attaque, nous devons reconnaître qu'à leur tour ces défenseurs ne peuvent passer à l'offensive; car alors ils se trouveraient dans la situation même de leurs adversaires avec lesquels ils n'auraient fait que changer de rôle.

Mais, si le choc direct entre les deux partis est impossible, en vertu de ce que nous venons d'exposer, il n'en résulte nullement que ces deux partis doivent demeurer immobiles l'un en face de l'autre et se canonner mutuellement, jusqu'à épuisement de leurs munitions.

Une pareille éventualité est inadmissible, car le défenseur essuierait alors des pertes immenses et celui des adversaires qui se déciderait enfin à risquer l'attaque s'exposerait bénévolement à la destruction.

L'assaillant sera obligé de recourir aux procédés de la guerre de siège.

L'assaillant devra donc recourir à des moyens d'équilibrer les chances, ne fût-ce que dans une certaine mesure; il sera contraint de creuser des tranchées, d'élever des remparts de toute espèce, enfin de combattre à la faveur des ténèbres. Mais les combats nocturnes sont pleins de dangers pour l'attaque. Ainsi que nous l'avons déjà mentionné dans un chapitre de notre ouvrage intitulé : *Sur le champ de bataille*, les assaillants ne parviennent pas toujours à se reconnaître durant la nuit et il arrive souvent que, confondant leurs propres troupes avec celles de l'ennemi, ils tirent sur elles.

Très souvent, ils perdent contact sur un terrain qu'ils ne connaissent pas suffisamment bien et où la défense peut leur opposer une résistance très efficace. Toutefois, en admettant que l'assaillant conserve son sang-froid et qu'il soit bien conduit, il pourra quelquefois réussir dans cette entreprise hasardeuse que, d'ailleurs, il sera bien forcé de tenter, par suite des difficultés que présente l'attaque en plein jour, en raison des qualités meurtrières des armes à feu modernes.

Il est cependant une circonstance qui rendra difficiles ces coups de main nocturnes. Étant donnée la puissance numérique des armées actuelles, il faudra beaucoup de temps pour concentrer de grands corps de troupes sur un ou plusieurs points; une seule nuit ne suffira pas toujours à cet effet, tandis que, pendant la journée, l'ennemi observera tous les déplacements de troupes du haut de ses positions et de ses ballons captifs. Les mouvements nocturnes peuvent même, du reste, être révélés à l'ennemi au moyen de réflecteurs électriques.

L'infanterie des assiégeants pourra nourrir le feu contre les assiégés, en s'abritant derrière des remparts naturels, afin de s'approcher des positions ennemies jusqu'à une distance où son feu soit efficace. Mais il lui faudra pour cela creuser des tranchées, comme on le fit sous Plewna. Le siège se prolongera donc des mois entiers avant qu'il soit possible de donner l'assaut. Quant à cet assaut, il sera, dans l'avenir, ce que les batailles ont été dans l'antiquité : c'est du moral des troupes, du courage individuel et de l'énergie du choc à la baïonnette que dépendra la victoire.

---

5. Impossibilité d'appliquer les procédés tactiques recommandés en vue d'une attaque rapide.

On ne saurait nier qu'en raison de la trajectoire très tendue du fusil de petit calibre, de l'absence de fumée et des projectiles explosifs, la défensive ne se trouve actuellement dans un état de supériorité sur l'offensive. Mais faut-il conclure de là qu'on se bornera, dans la guerre future, à occuper de fortes positions ? Évidemment non. La stratégie gardera ses droits et les deux armées adverses manœuvreront, comme par le passé, dans le but de se surprendre ou d'éluder une rencontre ; quant au combat, il aura toujours pour objectif la conquête des positions occupées par l'adversaire. Mais la nouvelle force acquise à la défense exigera de plus grands efforts de la part des assaillants, et, partant, plus de temps. Cette circonstance rendra plus longue la durée de la guerre et pendant ce temps pourront se produire des perturbations d'ordre économique très sérieuses, qui exerceront une influence décisive sur l'issue des hostilités.

En revenant à notre premier sujet, c'est-à-dire au combat, nous ferons remarquer que la ligne de bataille ne présentera plus, comme autrefois, des rangs plus ou moins serrés; elle ne sera plus semblable à une canne qu'on peut rendre inoffensive en la brisant dans un endroit. Chaque groupe de tirailleurs occupant une forte position sèmera, tant qu'il aura des cartouches, la mort parmi les assaillants sur une grande étendue, et il va sans dire que ceux qui se défendent peuvent toujours avoir de grandes quantités de cartouches à leur disposition.

Ce que permettent de faire les armes actuelles.

La longue portée et la rapidité du tir des fusils et des canons actuels permettent de combler par le feu les intervalles provenant de la rupture d'une ligne dont on a enlevé une position. Le champ libre et large de plusieurs kilomètres qui, jadis, eût livré passage au gros des forces marchant à l'attaque, leur est fermé maintenant, parce que s'y croisent les projectiles partant des positions qui restent au pouvoir de la défense.

Les inutiles tentatives, faites par les armées assiégées dans Metz, Paris et dans Plewna pour se frayer un passage à travers les lignes de l'assiégeant, confirment ce que nous venons de dire.

Il ne sera plus possible aujourd'hui de rompre la ligne ennemie que dans un combat où les forces adverses se porteront l'une sur l'autre, et dans le cas seulement où l'un des adversaires, en suivant des lignes parallèles peu éloignées les unes des autres, réussira à frapper les têtes de colonnes ennemies, avant qu'elles n'aient eu le temps de se déployer.

Mais on ne peut songer à balayer d'un seul coup et sur toute la ligne les troupes ennemies établies dans le voisinage de sa frontière et retranchées derrière des fortifications. En admettant qu'on réussisse à les refouler graduellement vers leur deuxième ligne de défense, elles auront le temps d'y réunir leurs réserves, ce qui leur permettra de prendre l'offensive à leur tour.

Ce que devra faire l'assaillant.

Étant données les difficultés de l'attaque directe, on croit généralement, dans les sphères militaires allemandes, qu'il faudra profiter de la nuit pour s'emparer des positions les moins éloignées d'où il sera possible de s'assurer la supériorité du feu, ne fût-ce que sur un seul flanc.

Les tirailleurs doivent se rapprocher de l'adversaire à la faveur des ténèbres et se fortifier; l'artillerie doit, en même temps, occuper les positions les plus avancées, de manière à ce que l'ennemi aperçoive au petit jour ces premiers groupes d'assaillants couchés derrière leurs abris en terre et s'appuyant les uns sur les autres. C'est ainsi seulement qu'on parviendra à s'assurer la supériorité sur la défense.

Il n'est pas facile d'exécuter un tel plan, et l'entreprise pourrait échouer tout d'abord. Mais les assiégés ne sauraient empêcher d'une manière absolue toutes les attaques partielles de ce genre dirigées contre leur ligne. La seule ressource qui leur reste contre ces attaques, c'est de recourir aux sorties; ils peuvent ainsi repousser l'attaque sur un point; il faudra, dans ce cas, la renouveler sur un autre. Et les assiégés, forcés de surveiller toute leur ligne de défense, ne pourront, par cela même, empêcher les assiégeants de se préparer à l'attaque sur un point déterminé. Si l'on ne réussit pas à s'emparer, durant la première nuit, de la position la plus exposée sur le flanc de la ligne ennemie, il faudra renouveler la tentative la nuit suivante; en persévérant dans cette entreprise, on peut aboutir au résultat voulu, le combat dût-il même se prolonger trois jours. C'est de cette façon seulement que l'assiégeant peut reconquérir son ancienne supériorité, qui consiste dans la liberté de choisir le point où se doit résoudre l'action, tandis que les assiégés sont forcés d'assurer la défense sur toute l'étendue de leur ligne (1).

Difficulté des reconnaissances avec la poudre sans fumée.

Mais il faut remarquer que pour prendre ainsi l'ennemi en flanc, en s'emparant de ses positions les plus avancées, on doit exécuter des reconnaissances sous le feu même des défenseurs, ce qui constitue une tâche très ardue. L'ennemi délogé se repliera par des chemins commodes où il trouvera de nouveaux points d'appui préparés d'avance, ou bien il recommencera à se fortifier sur des points favorables.

On se plaint, même aux manœuvres, de la difficulté qu'on éprouve à distinguer ses propres forces des troupes ennemies par suite de l'absence de fumée, de la grande étendue occupée par les soldats qui se déploient en tirailleurs et se cachent derrière des ouvrages en terre (2).

Étant donné le grand espace occupé par les troupes, il peut arriver que l'un des adversaires réussisse, en concentrant ses meilleures forces, sur un point déterminé, sans être aussi heureux sur les autres points contre lesquels il dirige son attaque, et que, par suite, il ne puisse exercer une égale pression sur toute la ligne ennemie et briser la résistance de ses forces principales.

On peut en dire autant, au point de vue stratégique, des succès partiels remportés sur tel ou tel point, qu'on ne pourra pas, en concentrant toutes ses forces, convertir en victoires décisives.

La force de chaque unité de combat se trouve actuellement augmentée dans une telle mesure qu'une division peut facilement accepter la lutte avec un corps d'armée, pour peu qu'elle puisse compter sur l'arrivée prochaine d'une autre division. Même si la première division venait à faiblir dans la lutte, il faudrait pour la battre définitivement plus de temps que pour amener des renforts ; et quand ces derniers paraîtront, la bataille pourra prendre une tout autre tournure.

(1) *Militär-Wochenblatt*, 1896, *Heft 4 : Taktische und strategische Grundsätze der Gegenwart. — Eine Betrachtung eingeleitet durch die Schrift : Kriegführung, kurze Lehre ihrer wichtigsten Grundsätze und Formen.* — Von der Goltz, *Das Volk in Waffen.*

(2) *Journal des sciences militaires :* Rôle de l'artillerie dans le combat de corps d'armée.

On peut citer comme exemple un cas qui s'est produit au cours des manœuvres exécutées dans la Prusse orientale en 1894. Les deux divisions du 1er corps d'armée se trouvaient éloignées d'un jour de marche, et la première put résister à l'attaque du 17e corps d'armée tout entier jusqu'à l'arrivée de la seconde division, après quoi les deux divisions de la défense purent même prendre une certaine supériorité sur l'attaque (1).

La supériorité d'un adversaire sur l'autre ne pourra plus s'affirmer comme autrefois.

Autrefois, l'un des adversaires reconnaissait bien vite la supériorité de l'autre et renonçait à prolonger la lutte. L'occupation du champ de bataille était alors la conséquence, en même temps que le symbole de la victoire. Aujourd'hui, la plupart des auteurs militaires estiment qu'il sera difficile d'obtenir un pareil résultat, car on ne peut savoir si le parti victorieux, mais ignorant son avantage, se décidera à exercer au moment donné une pression énergique et générale sur l'ennemi. Or, il est impossible de se rendre maître du champ de bataille sans cette dernière et décisive action.

Il faut conclure de toutes les opinions des auteurs militaires par nous citées, qu'étant données la portée plus grande du fusil actuel et l'intensité du feu, ainsi que les difficultés inhérentes à l'attaque, une victoire décisive ne pourrait être remportée par l'un des adversaires sur l'autre, — en admettant qu'ils soient, numériquement, de force à peu près égale, — que si l'un des deux avait épuisé ses cartouches. Mais pareille éventualité n'est possible que dans l'armée assaillante.

L'attaque aura, du reste, perdu tant d'hommes avant d'avoir épuisé ses nombreuses cartouches, qu'il lui sera absolument impossible de prolonger la lutte. Il ne faut pas oublier que la nuit interrompra le combat, et que, pendant ce temps, des renforts arriveront à ceux-là mêmes qui étaient sur le point de succomber.

La défense dispose de téléphones, de télégraphes et de tous les moyens permettant de communiquer à distance, tandis que l'attaque ne possède aucun de ces moyens, pas plus qu'elle ne peut se servir pour transporter ses troupes des voies de communication qui, elles aussi, sont au pouvoir des assiégés.

Les corps délogés, mais renforcés par des réserves, se replieront lentement vers d'autres positions, tout en continuant de résister à leurs adversaires et de leur infliger de nouvelles pertes.

Est-il besoin de prouver que, dans ces conditions, la marche en avant ne pourra être rapide, étant donnés les millions de combattants engagés des deux côtés?

Dans les guerres passées, la supériorité de l'un ou de l'autre des belligé-

(1) Von der Goltz, *Kriegführung*.

rants se manifestait aussitôt après une attaque énergique. Mais depuis que le soldat porte sur lui, non seulement un fusil et des cartouches sans fumée, mais aussi une bêche et une hache, en même temps que les trains des équipages amènent le matériel nécessaire pour fortifier les positions au moyen d'obstacles artificiels, la situation a bien changé et l'art de la guerre se trouve en présence d'un problème non résolu.

Une charge à la baïonnette décidait du sort de la bataille dans les anciennes guerres. Ces charges seront encore inévitables à l'avenir, le combat ne pouvant se réduire à un simple échange de salves. Les militaires estiment qu'à un moment donné, l'un des partis, confiant dans sa supériorité, se portera en avant pour briser les lignes de l'ennemi et s'emparer de ses positions. Cela est certain. Mais il sera difficile d'empêcher le parti opposé d'éviter le combat, si tel est son désir. Déjà, en 1870, les Allemands avaient beaucoup de peine à mettre en déroute la garde mobile, qui n'était cependant pas bien exercée; elle se retranchait, aussitôt délogée, derrière d'autres fortifications et continuait à résister aux assaillants. La poudre sans fumée rendra désormais difficile la détermination exacte du point où se cache l'assiégé; grâce à quoi ce dernier pourra, même s'il est moins nombreux que son adversaire, le tenir en échec pendant très longtemps. C'est là peut-être l'un des faits les plus importants qui résultent de l'absence de fumée, et c'est un fait avec lequel il faut compter (1).

Résistance que pourra opposer l'ennemi battant en retraite.

Le général Philebert décrit comme il suit l'ordre à observer par une division d'infanterie qui opère sa retraite, en abandonnant ses positions (2). Son artillerie doit, suivant lui, être l'axe de l'arrière-garde de la division et le centre de son action; son feu doit couvrir la retraite en déployant toute sa force au moment où l'ennemi ne sera plus qu'à une distance de 2,000 à 2,500 mètres. L'artillerie bénéficie de l'avantage que lui donne la connaissance exacte du terrain, et par là même elle peut diriger son feu sur tous les points par lesquels l'adversaire voudrait déboucher. Le génie aura fortifié à l'avance les appuis naturels de la position que le chef de division aura choisie pour y établir son arrière-garde en cas de retraite.

Au signal de celle-ci, les troupes engagées dans le combat suspendront leur action; elles se replieront et se déploieront ensuite en démasquant une ligne fortifiée coupée d'intervalles, offrant une série de défenses naturelles et artificielles occupées par des troupes de l'arrière-garde et situées à une distance de 1,000 à 1,500 mètres au plus des premiers échelons de l'ennemi avec toute l'artillerie divisionnaire, à environ 1,000 mètres en arrière de cette ligne.

(1) *Journal des sciences militaires:* La conduite des retraites et la poudre sans fumée.
(2) Général Philebert, Dernier effort : *Journal des sciences militaires.*

Aussitôt que celui des adversaires qui opère sa retraite aura démasqué sa ligne de défense, il ouvrira un feu très nourri contre l'ennemi sur lequel il aura l'avantage de se trouver derrière des abris, ce qui lui permettra d'agir avec sang-froid, tandis que l'assaillant sera surexcité par sa lutte précédente, même si cette lutte a été couronnée de succès.

Du moment que telles sont les conditions tactiques du combat dues au perfectionnement des armes, il est facile d'en prévoir les conséquences stratégiques qui s'expriment par un progrès lent et laborieux des opérations de guerre, par suite de l'immobilisation de forces considérables sur les lignes de défense et sur les points fortifiés par l'ennemi. En songeant à cela nous comprendrons mieux les paroles de Bismarck qui dit qu'« après une série de batailles au début de la campagne, il n'y aura peut-être plus de batailles dans la suite ». Il est évident que la longue durée de la guerre, qui doit résulter de là et que les sommités militaires nous prédisent, déterminera les belligérants à trancher le conflit par d'autres moyens.

---

6. Difficulté de diriger les armées et de les ravitailler pendant l'action stratégique offensive.

Il résulte donc de tout ce qui précède que, dès le début de la campagne, la situation de l'armée sera tout autre que pendant les guerres précédentes. La rapide concentration des deux adversaires sur leurs frontières, grâce aux nombreuses voies ferrées, et l'immensité de leurs armées feront qu'il ne restera pas grand espace libre entre les belligérants. Les opérations de guerre commenceront par des chocs sérieux dès le début. Les manœuvres savantes, par lesquelles le chef d'une armée parvenait à surprendre son adversaire ou bien à se montrer inopinément sur un point où on ne l'attendait guère, ne pourront se reproduire dans l'avenir. Les armées adverses se présenteront à la frontière qu'elles couvriront entièrement et commenceront immmédiatement à se combattre.

De Moltke disait : « Des considérations d'ordre politique, géographique et statistique s'imposeront au moment de la concentration des armées sur les frontières et ces considérations seront tout aussi importantes que celles d'ordre purement stratégique. Une faute commise au moment où l'on procèdera à cette concentration sera difficilement réparée dans la suite, même pendant toute la durée de la campagne. » Mais tout cela peut être prévu (1).

(1) Citation de Verdy du Vernois, *Studien über die Kriegsoperationspläne.*

Difficultés qu'offrira la conduite des armées.

Toutefois, depuis lors, la situation s'est sensiblement compliquée; les ontières ont été fortifiées partout où une armée aurait pu passer. Les istances se trouvent ainsi réduites, tandis que les effectifs des armées ont té, depuis 1872, presque quadruplés. Bien des stratèges estiment que, ans ces conditions, des fautes pourront se produire très facilement. our prévenir les conséquences de ces fautes, le général Pierron (1) coneille de masser les troupes sur différents points jusqu'au moment où l'on onnaîtra la direction exacte du gros des forces ennemies, ou bien de disoser, aussitôt la concentration faite, derrière chaque flanc, des moyens le transport qui permettent de faire passer rapidement au centre ou sur le lanc opposé un ou plusieurs corps d'armée.

Ces trains doivent être couverts par des troupes spéciales et leur dispoition doit être tenue secrète; dans ce but, il faudra répandre des bruits lestinés à donner le change à l'ennemi et exécuter des mouvements démonsratifs de sens inverse.

Mais, dans ces conditions, il est permis de se demander si l'on pourra rouver des chefs capables d'exécuter ces manœuvres.

Comme par le passé, c'est au commandant en chef qu'il appartiendra de tracer le plan de campagne et de diriger les actions stratégiques. Or, ce chef aura plusieurs armées à diriger et toutes les unités de combat corps d'armée, divisions, brigades, régiments, bataillons et compagnies, sont aujourd'hui plus considérables qu'elles ne l'étaient, même pendant les guerres les plus récentes. La tâche des chefs d'armée s'est donc beaucoup compliquée et les capacités qu'il leur faudra ont augmenté dans la même mesure. Il ne suffit plus qu'un général sache entraîner ses hommes et les exciter au combat, il doit posséder des aptitudes d'organisateur et de directeur de premier ordre.

Le hasard se trouve désormais relégué au dernier plan et le courage individuel ne suffit plus.

Il est impossible de réussir sans généraux capables, sans états-majors instruits, sans troupes bien exercées et sans la connaissance de tous les nouveaux engins qui seront employés à la guerre.

La question du ravitaillement.

Remarquons en passant que la partie économique, les soucis du ravitaillement des troupes, incomberont également aux chefs des armées qui, en temps de paix, ne s'occupent guère de ces questions. Or, plus les armées sont nombreuses, et plus leurs mouvements sont lents, plus il est difficile de leur fournir le nécessaire.

Nombre d'auteurs militaires se plaisent à répéter que dans la guerre future il faudra se préoccuper surtout de la bataille et que « la sanglante

(1) Pierron, *Méthodes de guerre.*

énergie » constituera l'unique souci des belligérants. Il y a cependant quelque chose qui prime ce souci, cet objet de préoccupations, c'est le besoin de manger. La question du ravitaillement des troupes est parfois la plus importante de toutes ; car il est souvent arrivé que des armées sont restées des mois entiers sans combattre, mais jamais elles n'ont pu se dispenser de manger pendant quatre jours. « L'histoire a enregistré plus d'exemples d'armées détruites par la faim et l'indiscipline, écrivait un homme politique éminent, que par les armes ennemies ; et je puis certifier que toutes les malheureuses campagnes entreprises de mon temps ont échoué seulement par suite du manque de vivres (1). »

C'est parfois la plus importante de toutes.

Mais avec les immenses effectifs de combat modernes et les longs arrêts des troupes devant les forteresses, devant les passages fortifiés des frontières et les autres lignes de défense de l'ennemi, la question du ravitaillement aura une importance capitale et offrira des difficultés jusqu'à présent inconnues. Le plan du ravitaillement des troupes doit être établi en temps de paix et l'absence d'un pareil plan pourrait entraîner les plus déplorables conséquences.

Les pertes subies par les armées du fait des maladies ont été quatre fois plus considérables dans les guerres précédentes que celles déterminées par les armes.

Les écrivains allemands citent souvent ces paroles de Frédéric le Grand : « On peut gagner des batailles avec les baïonnettes, mais c'est l'administration qui décide de l'issue des guerres. »

Ces écrivains admettent que, pour les armées française et russe, le ravitaillement sera comme le talon d'Achille. Voici pourquoi ils considèrent comme excellentes les opérations destinées à couper les communications de l'adversaire.

Facilité relative de la résoudre autrefois.

Il était relativement facile, dans le passé, de ravitailler les armées et de les diriger, car ces armées n'étaient pas nombreuses. Napoléon Ier conduisait personnellement ses troupes, mais ses effectifs de combat étaient bien petits en comparaison des effectifs qu'on alignera dans la guerre future. Pendant la guerre d'Italie, Napoléon Ier n'a jamais eu plus de 40,000 hommes sous ses ordres. Quant à la « grande armée », elle se composait de 150,000 hommes de troupes d'élite ; à Austerlitz, Napoléon avait opposé 70,000 hommes à l'armée des alliés qui en comptait 85,000.

Les champs de bataille n'étaient pas plus grands dans le passé que les surfaces de terrains sur lesquels on exécute de nos jours les manœuvres de brigade. Au début encore de notre siècle, à la bataille de Castiglione,

---

(1) *Journal des sciences militaires* : Principes généraux des plans de campagne (*Testament politique du cardinal de Richelieu,* 2, chap. IX).

a cavalerie prenait position à 300 mètres de l'infanterie ennemie, et à Marengo on fut étonné, comme d'une chose extraordinaire, de voir le général Desaix frappé d'une balle à plus de 200 mètres de la ligne des tirailleurs ennemis.

Il était facile de nourrir les soldats qui se contentaient d'aliments très simples, et le transport des vivres et des munitions n'offrait guère de difficultés. La baïonnette remplaçait alors le feu d'infanterie actuel.

Mais, en 1870, on vit déjà des forces considérables engagées dans les combats. Ainsi, en août de cette année, les Allemands alignèrent 30,000 hommes. A Saint-Privat, il y avait environ 180,000 hommes de chaque côté, et chacune de ces armées s'étendait sur un espace de 18 kilomètres, de sorte que de Moltke ne fut informé que le lendemain du succès de la garde prussienne.

Que se passera-t-il à la guerre future?

Difficultés qu'elle présentera à l'avenir.

Le général Leer dit que les armées qui se rencontreront sur un seul théâtre de guerre ne compteront pas moins de 1,200,000 hommes de chaque côté. Il faudra subdiviser ces effectifs en cinq groupes de 240,000 hommes chacun. Le front de combat de ces armées partielles s'étendra alors sur 15 kilomètres, et elles occuperont en profondeur le double de cet espace.

Tous les auteurs s'accordent à dire qu'avec la poudre sans fumée, il sera très difficile de diriger les unités de combat. Ces masses immenses s'éparpilleront nécessairement en sous-unités et comme chacune de celles-ci combattra en ordre dispersé, la direction échappera forcément aux commandants en chef pour passer aux mains des officiers subalternes. Mais ces derniers seront-ils à même de bien remplir leur tâche? Ils entendront le bruit de la fusillade, ils observeront les mouvements de leurs propres troupes, mais ils ne verront pas les adversaires cachés derrière des abris.

L'assaillant, ne pouvant déterminer ni la distance, ni la direction de son tir, agira à tâtons.

Il y aura peu d'officiers capables de diriger une attaque sans connaître les forces de l'ennemi ni les obstacles qu'ils pourront rencontrer sur leur chemin. C'est pourquoi les auteurs militaires modernes s'occupent tant de ce sujet, qui jadis n'attirait l'attention de personne.

On a dit, il n'y a pas bien longtemps encore, que l'intelligence des baïonnettes, peu compatible avec la discipline, constituait un élément de faiblesse, tandis qu'on prétend actuellement que l'essentiel est de savoir comment bat le cœur et comment fonctionne la pensée, que c'est le cœur et la raison qui doivent diriger les pieds et les mains.

Et les auteurs militaires allemands concluent, des exemples fournis

Ce qu'on peut conclure de 1870.

par la guerre de 1870, qu'on trouve dans leur armée, plus que dans toute autre, des éléments d'individualité si précieux. Mais il est permis d'en douter.

Il est bien vrai qu'en 1870 les officiers allemands ont fait preuve de plus d'initiative que les officiers français. Les corps d'armée, les brigades et même de moindres unités de combat allemandes remportaient parfois des victoires sans avoir reçu d'ordres formels à cet effet, et souvent sans obéir à une direction d'ensemble quelconque. Grâce à la présence d'esprit et au savoir-faire de leurs officiers subalternes, les Allemands ont quelquefois vaincu des forces françaises supérieures en nombre à celles qu'ils commandaient (1).

Mais que serait-il advenu si l'armée française s'était trouvée, ne fût-ce que dans une certaine mesure, à hauteur de sa tâche?

« Si les Français ont, comme le dit le général Leer, joué le rôle de l'enclume pendant toute la campagne et non celui du marteau, c'est uniquement parce que la France n'était pas du tout préparée à la guerre. Dans d'autres conditions les troupes allemandes auraient pu essuyer des échecs précisément à cause de cet esprit d'initiative tant vanté de leurs officiers. »

Le général Janson dit que les traits caractéristiques des campagnes de 1866 et 1870 ont été, du côté des Allemands, une tendance générale à marcher en avant et une initiative très grande de la part même des officiers subalternes. Il en résultait une telle dislocation de la direction que, si les premières attaques avaient échoué, les assaillants se fussent trouvés dans une situation très dangereuse.

Les conditions de la guerre de 1870 étaient tout à fait exceptionnelles. Les forteresses françaises étaient pour la plupart mal organisées et mal commandées, et après le 6 août il ne resta en campagne que 150,000 hommes auxquels les Allemands en opposaient 400,000; un seul corps d'armée échappa au désastre de Sedan. Quand Metz fut tombé au pouvoir des Allemands, alors que Paris seul leur résistait encore, le roi de Prusse écrivait : « Si Frédéric-Charles venait à être battu, nous serions forcés de lever le siège de Paris (2) .»

Il est impossible, faute d'expérience, d'apprécier, dès à présent, l'influence qu'exercera sur l'issue de la guerre future la valeur des officiers et des soldats.

La guerre du Chili nous a prouvé que les pertes en officiers seront très considérables à l'avenir, et comme on peut, grâce à la poudre sans fumée

(1) Général Voïdé, *L'indépendance des chefs d'unité*.

(2) Millard, Du rôle des places fortes dans la défense des États *(Revue de l'armée belge)*.

les distinguer des soldats et les viser, on tâchera, dans toutes les armées, de les faire disparaître tout d'abord.

On peut donc être certain qu'après quelques rencontres il ne restera plus qu'un petit nombre d'officiers valides ; il faudra remplacer ceux qui auront été mis hors de combat par des officiers de réserve ou par des officiers nouvellement promus.

Tout cela nous porte à conclure que, grâce au perfectionnement des moyens de destruction, chaque rencontre avec l'ennemi aura un caractère plus sérieux qu'autrefois, et que chaque faute commise, chaque retard seront suivis des plus graves conséquences.

Difficultés de secourir les blessés.

Il sera également beaucoup plus difficile de secourir les blessés, à cause de la grande portée des armes modernes et de la longue durée des combats futurs ; et comme les blessures des balles du fusil de petit calibre sont, à toutes les distances, beaucoup plus dangereuses que celles causées par les balles des anciens fusils, la mortalité sera nécessairement plus grande sur les champs de bataille. Voilà pourquoi les nerfs des combattants seront, dans les batailles futures, mis à une épreuve terrible et inconnue jusqu'à présent.

L'écho des atrocités, commises sur les champs de bataille, se répercutera dans le sein de la société et ne laissera pas de s'y faire sentir. Dans les pays occidentaux, on mène déjà une campagne très vive contre la guerre, et cette campagne va de front avec la propagande socialiste qui sape la base des gouvernements. L'Italie nous fournit un exemple très instructif à ce sujet. Par suite des pertes essuyées en Abyssinie, il fallut prendre des mesures spéciales pour y envoyer des renforts et, dans les troupes destinées à l'Afrique, les désertions furent très nombreuses.

Les pertes mêmes, qui ne seront dues qu'au perfectionnement des armes et aux difficultés du ravitaillement des armées, seront certainement attribuées à l'incapacité, sinon à la mauvaise volonté des chefs.

C'est tout cela qui nous autorise à croire qu'on choisira volontiers, pour assurer son succès, un autre moyen que celui qui consiste à détruire les troupes ennemies par la force des armes aussi rapidement que possible. Certaines puissances pourront, par exemple, songer à tarir les sources principales de revenus de leurs adversaires, sources auxquelles ces derniers puisent leurs moyens de subsistance, afin de les obliger à demander la paix.

7. Prévision de la longue durée de la guerre future.

Presque toutes les personnes autorisées s'accordent à prédire que l guerre future sera de longue durée : parce que les adversaires mettront e ligne des effectifs de combat immenses et dépassant de beaucoup ceu qu'on a jamais réunis jusqu'à présent sur les champs de bataille.

« Admettons, dit de Moltke dans ses Mémoires, que nous n'aurons plu une guerre de Cent Ans, ni de Trente Ans, ni même une guerre de Sep Ans. Mais quand des millions d'hommes rencontreront des million d'hommes et que, des deux côtés, on combattra avec acharnement pour s nationalité et pour son indépendance, il n'est guère possible de suppose que la lutte se résoudra par quelques victoires. »

D'après de Moltke, la guerre future sera longue.

Et celui qui parle ainsi n'est ni un poète ni un homme de lettres qu'o pourrait taxer d'exagération, mais bien le plus éminent des stratège modernes.

En lisant attentivement tout ce que de Moltke a écrit et dit, il est facil de remarquer qu'il était très circonspect dans le choix de ses mots et qu' avait en horreur les phrases creuses. C'est pourquoi ses paroles : « Admet tons que nous n'aurons plus une guerre de Cent Ans, ni de Trente Ans, n même de Sept Ans », méritent d'être prises en considération très sérieus

Il est clair que de Moltke n'attachait qu'une importance toute relativ à la pratique de manœuvres telles que : marches forcées, changement subits de lignes d'opérations, mouvements tournants stratégiques, utilisation des lignes intérieures d'opérations, démonstrations dans le sen le plus étendu du mot, tendance à un emploi plus actif de l'arme blanch combats de nuit, etc. Tout cela disparaissait, aux yeux d'un capitaine auss expérimenté et aussi profondément pénétré de la supériorité de l'armé allemande, devant cette considération qu'en cas de défaite des troupes d campagne, celles de la landwehr, non incorporées encore aux premières devraient occuper le premier plan pour être à leur tour suivies ou remplacées plus tard par celles du landsturm (milices).

Les débris de l'armée, qui aura abandonné sa première ligne, reculeront sur la seconde ; et là, appuyés à des points fortifiés et renforcés pa des troupes de réserve, ces débris se réorganiseront pour une nouvell résistance.

Les pertes de l'attaque étant incontestablement de beaucoup supérieures à celles de la défense, l'adversaire momentanément vaincu s sentira soutenu par la conviction que les forces ennemies s'épuisent à mesure qu'elles avancent. On peut donc s'attendre à ce que l'impression produite par un échec partiel ne soit pas aussi démoralisante qu'ell 'était avec des armées moins nombreuses. En un mot, les victoires par-:ielles de l'agresseur ne ramèneront pas la paix ; et le découragement de a défense serait d'autant moins justifié qu'un autre danger encore se rouve actuellement très diminué. Dans le passé, l'État, dont les armées se dérobaient au combat, se voyait menacé de l'occupation par l'ennemi de a capitale ou de quelque autre centre vital ; et pareil événement arrêtant, 'u l'organisation administrative d'alors, le fonctionnement de la machine ;ouvernementale, rendait impossible la continuation de la guerre. A notre poque, avec le développement des institutions locales et la multiplicité des entres d'impulsion, l'occupation de la capitale ne forcerait pas encore 'adversaire à demander la paix. En France, en 1870, on a vu la direction le la défense se déplacer et se transporter de Paris à Tours.

Les considérations ci-dessus exposées expliquent le pessimisme dont ont empreints les aperçus de de Moltke. Nous ne saurions perdre de vue on plus l'avis du prince de Bismarck cité plus haut ; avis selon lequel, près les quelques batailles du début de la guerre, on n'en pourra plus vrer d'autres. Le prince de Bismarck ne s'est pas expliqué davantage et ous ignorons la raison qui pourrait empêcher, selon lui, d'autres batailles 'avoir lieu. Mais la même note perce dans les paroles du Chancelier et du laréchal allemands ; et cette note, c'est le doute qu'il soit possible d'ame-er la paix en un court espace de temps.

Opinion sur ce sujet du général Leer.

Le général Leer s'exprime avec plus de précision ; il suppose que la urée de la guerre sera de une à deux années. Mais, depuis que cette pinion fut émise, les effectifs des armées ont été portés presque au ouble et les conditions dans lesquelles se fera la guerre sont devenues ncore plus complexes. Par conséquent, l'estimation du général Leer ne eut être admise que comme un minimum.

Dans de telles conditions, l'inéluctable nécessité, pour les belligérants u pour l'un d'eux, de conclure la paix, peut résulter, non du triomphe des rmes, mais de l'épuisement des forces.

Influence des facteurs économiques sur les plans et la marche des opérations.

Indépendamment des facteurs techniques, les facteurs économiques xerceront une égale influence non seulement sur l'élaboration des plans, nais aussi sur la marche et la durée des opérations de guerre elles-mêmes.

La déclaration de guerre aura pour conséquence, dans la plupart des tats, de réduire sensiblement les revenus des capitalistes et des proprié-aires d'immeubles urbains ainsi que de tarir la source de gain des indus-:iels, des commerçants et des ouvriers. La disette, les épidémies, le pillage, s actes de violence pourraient s'en suivre et créer une situation inté-ieure dont se ressentirait nécessairement la marche des opérations.

Saper les bases sur lesquelles tout repose et dont la destructio rendrait impossible à l'adversaire la continuation de la guerre, cela n pouvait entrer en ligne de compte, lors des guerres précédentes. Penda que les troupes combattaient à la frontière, la vie des peuples suiva son cours normal à l'intérieur du pays. L'armée se composait de profe sionnels qui ne prenaient aucune part aux travaux productifs de la natio les troupes étant relativement peu nombreuses et l'armement beaucoup pl simple, leur entretien ne demandait pas les énormes sacrifices qu'il faud s'imposer lors d'une prochaine guerre pour nourrir les armées actuelles les entretenir en vivres et en munitions.

Il ne pouvait être question alors d'une interruption totale des comm nications maritimes et continentales qui aurait pour résultat l'ar complet de l'activité industrielle et commerciale, la disette et, dès la décl ration de guerre, la panique et le renchérissement des vivres; car, jadis, n'y avait ni croiseurs rapides ni torpilleurs.

Solidarité économique des pays européens.

Actuellement, tous les pays de l'Europe vivent pour ainsi dire d'une v économique commune; et toute secousse produite à un bout de l'Europe répercute à l'autre. Les capitaux, les fabriques, la culture elle-même l'esprit et de l'intelligence appellent un échange ininterrompu de produi D'où il ressort clairement que la guerre aura beaucoup plus de conséquenc funestes pour les pays dont la civilisation est la plus développée que po ceux qui n'ont encore atteint qu'un moindre développement. Elle produi une rude secousse de la vie économique, entravera l'activité agricole, ar tera la production des fabriques et des usines, provoquera une baisse sa exemple des valeurs et enfin, par la fermeture des marchés internationa favorisera l'agiotage, conséquence inévitable de l'interruption des com munications. L'arrêt de l'importation habituelle des denrées de premiè nécessité provoquera un renchérissement énorme de ces denrées et bien s'élèveront des plaintes, suivies même de violence, contre les marchan de grains. Tous les liens de solidarité qui existent actuellement entre producteurs des différents pays se trouveront rompus et la concurren cessera d'être le régulateur du marché.

A la suite de ces événements arrivera un moment où il sera impo sible de couvrir les frais de la guerre et de satisfaire aux obligations bud taires de l'intérieur. Plus sera faible la perception des recettes, plus se grande la difficulté de se procurer des ressources par l'émission de papi monnaie ou d'emprunts, plus tôt pourra arriver cet autre moment où désorganisation atteindra un tel degré que la conclusion de la paix devie dra une nécessité inévitable.

Il est donc clair qu'on ne saurait juger, par ce que nous savons d anciennes guerres, ni quelle sera, dans les conditions présentes, puissance économique des différents États, ni combien forte la pression exercée sur le gouvernement par la population entière, voire par l'armée. La force de résistance de chaque peuple contre l'action destructive de la guerre constitue quelque chose d'impondérable et de difficile à définir avec précision, à raison même de la complexité des éléments qui la composent.

Leurs différents degrés de résistance aux perturbations économiques.

Ajoutons encore que le degré de cette résistance différera non seulement selon les contrées, mais aussi selon les couches sociales de chacune des puissances entraînées dans la guerre.

Dans les chapitres du présent ouvrage consacrés aux considérations économiques : « Aperçu des difficultés économiques en cas de guerre dans les États européens — Contre-coup de la guerre sur les besoins de première nécessité de la population — Frais des guerres précédentes — Frais de la guerre future et moyens de les couvrir — Disproportion selon les différents pays, des pertes pour l'économie nationale en cas de guerre — Influence de la tactique et de l'organisation économique sur l'approvisionnement des armées ». — Enfin, dans le chapitre intitulé : « Socialisme, anarchisme et propagande contre le militarisme » : — nous avons réuni, en fait de données positives sur chacune des grandes puissances qui nous intéressent, c'est-à-dire sur l'Allemagne, l'Italie, l'Autriche, l'Angleterre, la France et la Russie, tout ce qui peut donner une idée de leur force et de leurs particularités.

Il est à remarquer cependant que des circonstances occasionnelles telles que, par exemple, l'abondance plus ou moins grande ou la médiocrité des récoltes pendant les années précédentes et l'année courante, augmenteront ou diminueront la force de résistance d'un même État.

Il s'ensuit qu'étant données les conditions complexes de la vie actuelle des peuples, il est exceptionnellement malaisé de déterminer le degré de résistance de chaque État, et la solution de ce problème est rendue plus difficile encore par cette circonstance que les armées d'un État devront opérer de concert avec celles de ses alliés.

Ainsi qu'il a été déjà dit plus haut, plusieurs éléments entrent en ligne de compte dans la composition de ce qu'on peut qualifier de force de résistance à l'action destructive de la guerre.

Mais le degré d'aptitude d'une nation à supporter une grande guerre dépendant de conditions nombreuses, il est compréhensible que, dans un pays, telles de ces conditions soient plus favorables, et ailleurs telles autres, et qu'une comparaison de ces éléments hétérogènes, basée sur des indices et exprimée en langage courant, manquerait nécessairement de concision et de clarté.

Pour plus de précision et de justesse dans les déductions, il aurait fallu classer ces catégories d'après leurs forces, qualités et particularités, puisqu'elles n'ont pas toutes une égale importance. Mais il se présente cette difficulté que l'importance de chacun de ces éléments variera beaucoup selon la situation créée par la guerre même, et aussi selon les circonstances occasionnelles mentionnées déjà, telles qu'abondance des récoltes, état sanitaire plus ou moins satisfaisant, succès ou échecs militaires, apparition de quelque agitateur ou propagateur d'idées nouvelles, dont l'activité s'exercerait dans un sens ou dans un autre, et présence à la tête du gouvernement d'hommes d'État plus ou moins capables et énergiques.

Voilà pourquoi, sans entrer dans de nombreux détails, nous avons préféré, pour apprécier la force qu'opposeraient, dans un pays donné, tels ou tels éléments économiques et sociaux à l'action destructive de la guerre, recourir au procédé dont nous avons usé dans le chapitre « État et Esprit des armées » pour déterminer la qualité des troupes de tel ou tel autre État. Ce procédé consiste notamment à exprimer, par des chiffres mis en regard, la force de résistance des divers éléments, en prenant pour terme de comparaison le chiffre 100 qui est censé représenter cette force de résistance dans sa plénitude. De même que, dans la partie consacrée à l'esprit des armées, nous motivons nos chiffres par quelques remarques.

---

8. Épuisement des sources des revenus de la population.

Conséquences de l'adoption du service militaire universel et obligatoire.

Jusqu'à l'introduction du service universel et obligatoire, la différence entre les effectifs de paix et ceux de guerre était peu importante. La situation a complètement changé depuis que les effectifs de paix n'entrent que pour un cinquième dans la composition de l'armée mobilisée lors de la déclaration de la guerre.

Plus il y aura, dans le nombre des hommes appelés sous les drapeaux, de pères de famille arrachés aux travaux dont le produit faisait vivre leurs proches et constituait une source de revenus pour l'État, plus forte sera la secousse économique et sociale.

L'appel inopiné de centaines de mille de travailleurs dans chaque État équivaudra à la disparition d'une égale quantité de rouages du mécanisme économique national. Certaines entreprises cesseront de fonctionner en partie par suite de l'absence des patrons et des ouvriers, mais surtout faute de crédit et d'ordres.

La secousse sera d'autant plus sensible qu'il y aura plus de patrons incorporés dans les rangs.

Si nous comparons les effectifs de guerre des armées de terre avec le nombre d'hommes ayant de 20 à 50 ans, nous obtenons un résultat relativement favorable à la Russie où le rapport n'est que de 12 0/0. Viennent ensuite l'Autriche avec 17 0/0, l'Italie avec 22 0/0, l'Allemagne avec 27 0/0 et enfin la France avec 22 0/0, ce qui constitue pour cette dernière la proportion la moins favorable.

Mais étant donnés le fonctionnement si compliqué du mécanisme économique national et la division du travail poussée actuellement à l'excès, il n'est pas facile de se représenter quantitativement les perturbations économiques que provoquera la guerre. Il est certain, toutefois, que plus haut est le degré de civilisation atteint par un pays et plus compliqué son mécanisme économique, plus forte sera la secousse produite par l'arrêt de son fonctionnement et plus énormes les pertes qui en résulteront pour l'économie nationale.

Elles seront plus graves dans les pays industriels, moindres dans les régions agricoles

Ces pertes seront incontestablement plus grandes dans les États dont les habitants travaillent surtout dans les usines, exercent des métiers ou se livrent au commerce. Elles seront moindres dans ceux dont la population est principalement adonnée aux travaux de l'agriculture. L'agriculteur a toujours quelques provisions de réserve qui resteront à sa famille lorsqu'il aura été appelé sous les drapeaux, et si les travaux agricoles pâtissent de l'absence du chef de famille, ils ne se trouveront pas tout à fait arrêtés, comme il arrivera pour le salaire de l'ouvrier ou le gain du commerçant, de l'artiste, du médecin, etc.

L'examen détaillé des différentes sources dont la population tire ses revenus exprimés plus haut par nous en chiffres démontre que l'agriculture occupant en Russie 86 0/0 de la population totale, 38 0/0 en Allemagne, 34 0/0 en France, 49 0/0 en Autriche-Hongrie, contribue à la constitution du revenu général de ces États pour 49 0/0 en Russie, 28 0/0 en Allemagne, 34 0/0 en France et 45 0/0 en Autriche-Hongrie. En Russie, la part constitutive de l'agriculture à la formation du revenu général est donc plus importante qu'ailleurs, les classes agricoles plus nombreuses, mais le travail moins productif.

Il en résulte qu'au point de vue des perturbations économiques qu'elle est appelée à produire, la guerre apparait menaçante pour l'Allemagne surtout et en seconde ligne pour la France, ces deux pays tirant principalement leurs ressources de l'industrie en général, de l'exploitation des mines et du commerce. L'Autriche-Hongrie se trouverait, sous ce rapport, dans une situation assez analogue à celle de la Russie. C'est l'Italie enfin qui semble la moins menacée de perturbations économiques provoquées par la guerre ; car si, d'un côté, les entraves apportées au commerce doivent lui nuire plus qu'à l'Autriche-Hongrie et à la Russie, et l'interruption de la navigation plus qu'à toute autre grande puissance continentale, d'autre part, étant donné le peu de développement de son industrie, elle y perdra relativement moins de son revenu, que les autres États.

Du reste, ces déductions, tirées de la statistique, ne donnent qu'une idée approximative de ce qui pourra se produire en réalité.

Pour nous rendre compte de l'influence que la guerre exercera sur les contrées habitées par une nombreuse population agricole, il nous faut avant tout faire observer que, plus l'exportation des produits agricoles dans le sens étendu du mot y est active, plus elles pâtiront de l'interruption des communications.

Les contrées riches en produits particulièrement estimés, tels que le vin, le tabac, le fromage, le beurre, la soie brute, les oranges, les citrons, c'est-à-dire les contrées qui comptent presque exclusivement sur l'exportation de ces marchandises à l'étranger, souffriront plus que les autres de l'interruption des communications.

Telle sera la situation où se trouveront les industries rurales de l'Italie et de la France. Par contre, des pays comme la Russie, dont l'industrie rurale consiste principalement en cultures agricoles et en élevage des bestiaux, pouvant plus facilement écouler leurs produits sur les marchés intérieurs, seront moins atteints par un arrêt de l'exportation. Mais vu les proportions dans lesquelles elle s'effectue, si l'exportation des céréales venait à cesser, la Russie s'en ressentirait néanmoins plus que l'Autriche par exemple; tandis qu'en Allemagne, en France et en Italie, c'est au contraire la suppression de l'importation des céréales qui affecterait les populations.

Évaluation numérique du degré de résistance comparative de chaque pays.

Tout cela nous amène à conclure que le degré de résistance à la secousse économique que produira la guerre, résistance qui dépend du caractère de la production nationale, peut être exprimé par ces chiffres :

100 pour la Russie.
85 — l'Autriche.
75 — l'Italie.
60 — la France.
50 — l'Allemagne.

9. Épuisement des épargnes de la population.

Le préjudice causé à tel ou tel pays, parce que les travailleurs en général s'y trouveront privés de leur revenu, sera ressenti plus ou moins vite selon l'importance des économies et des réserves possédées par la population et aussi selon son genre de vie. Plus le confort dont jouit une famille est grand, plus la diminution du train habituel de vie lui sera sensible; mais la possibilité de se faire ouvrir des crédits, de vendre ou d'engager soit des valeurs, soit des propriétés, la mettra à l'abri du besoin immédiat.

Dans les contrées dont la population vit dans la pauvreté, les ressources ne tarderont pas à manquer sensiblement ou même en totalité.

On peut juger jusqu'à un certain point du degré de confort par l'importance du revenu moyen des habitants. Mulhold, statisticien anglais bien connu, évalue le revenu moyen annuel par habitant à : Ressources relatives des habitants dans chaque pays.

900 francs pour la France.
800 — — l'Allemagne.
475 — — l'Autriche.
325 — — la Russie.

Il a suffi d'une crise économique en Sicile pour provoquer en Italie des refus de payement et des troubles d'un caractère menaçant.

En Russie également, une mauvaise récolte dans dix-neuf gouvernements a fait naître une crise si importante que l'État dut venir en aide aux populations ainsi éprouvées et leur distribuer 160 millions de roubles de secours.

Les chiffres de Mulhold cités plus haut présentent l'inconvénient de ne donner que des moyennes. Mais de nombreuses recherches sur l'état du bien-être de la population des différents pays ont été faites et consignées dans des monographies. On y trouve toute une série d'indices sur les conditions d'existence de ces populations, par exemple l'importance quantitative de la consommation de certains produits, tels que thé, café, sucre, bière, alcool, pétrole, objets de toilette et d'ameublement, etc.

Sous ce rapport, la France prime les autres pays. Ensuite vient l'Allemagne, puis l'Autriche et l'Italie et enfin la Russie.

Toutefois, les besoins différant d'un pays à un autre, l'importance des réserves et des économies ne saurait encore représenter à elle seule la force de résistance aux conséquences fatales de la suppression des gains.

Plus on trouve de célibataires dans le nombre des réservistes et plus les familles sont restreintes, moins leur entretien sera onéreux. La proportion des réservistes célibataires augmente selon les pays dans l'ordre suivant : c'est la Russie qui en a le moins. Viennent ensuite la Hongrie, l'Allemagne, la France et enfin l'Autriche.

En fait d'enfants au-dessous de dix ans, c'est en Russie et en Hongrie qu'ils sont le plus nombreux. Il y en a moins en Allemagne, ainsi qu'en Autriche et moins encore en France.

Évaluation de leur résistance relative au danger de l'épuisement des ressources.

Il en résulte que la capacité de résistance au danger provenant de l'épuisement des ressources de la population peut être exprimée par :

100 pour la France.
80 — l'Allemagne.
60 — la Russie.
60 — l'Autriche.
50 — l'Italie.

10. Impossibilité de ravitailler la population.

Le danger que courront en cas de guerre, au point de vue des besoins du ravitaillement, les différents États de l'Europe, sera d'autant plus grand que plus court serait le temps durant lequel la population pourrait vivre des produits de l'industrie rurale locale.

Difficultés que chaque pays aurait à se nourrir en cas de guerre.

En cas de guerre générale, c'est par conséquent l'Angleterre qui, de tous les États, serait la plus menacée ; et le danger lui viendrait de ce qu'elle importe, principalement d'au delà l'Atlantique, plus de la moitié des céréales nécessaires à sa consommation. L'Allemagne et l'Italie se trouveraient dans une situation meilleure quoique assez précaire. La première s'approvisionne de blés étrangers, principalement russes, durant deux à trois mois de l'année et la seconde durant deux mois et demi. La France n'a besoin de blés étrangers que pendant un mois. L'Autriche se suffit. Elle sera même en état de faire bénéficier l'Allemagne et l'Italie, ses alliées, de l'excédent de ses récoltes de Hongrie.

Mais c'est évidemment la Russie qui se trouvera dans la situation la plus favorable. L'exportation des céréales cessant, la Russie n'éprouvera de ce fait aucune gêne ; bien au contraire, la production dépassera en ce cas de 21.6 0/0, la consommation intérieure.

Outre le blé, l'orge, le seigle, il y a encore l'avoine, indispensable à la nourriture des bestiaux, dont la disette se fera sentir surtout en Angleterre, puis en France, en Allemagne et en Autriche. L'Italie en souffrira le moins. En Russie, par contre, la production de l'avoine dépassera de 16 0/0 la consommation.

Les conséquences de l'insuffisance des céréales ne seront naturellement pas partout identiques.

Dans chaque pays, il se trouvera des régions disposant de ressources alimentaires suffisantes ; et dans certains de ces pays, tels que l'Angleterre, la France et l'Allemagne, les gouvernements, les commerçants et la population se trouveront relativement approvisionnés pour quelque temps. Dans d'autres, au contraire, comme en Italie, par exemple, la gêne se fera sentir dès la récolte.

En temps de paix, les pays réduits à l'importation tirent en partie leur nécessaire des greniers européens et surtout de ceux d'outre-mer. Or, dès la déclaration de guerre, pour les raisons exposées par nous au tome III (*Guerre maritime*), les arrivages cesseront vraisemblablement, et la crainte d'une disette, à laquelle il serait impossible de remédier par les voies ordinaires, produira brusquement un renchérissement en provoquant une panique.

En plus des céréales, d'autres produits indispensables à l'alimentation courante peuvent également faire, en partie, défaut dans nombre de pays.

L'Autriche, la Russie et l'Italie produisent plus de viande qu'il ne leur en faut pour leur consommation. L'Angleterre se trouve sous ce rapport dans la situation la plus désavantageuse. L'Allemagne en importe 12,000 tonnes et la France 18,000.

Ces deux pays ont, il est vrai, une réserve de bétail si considérable qu'on pourrait suppléer à l'absence d'importation en augmentant l'abat; mais, étant donnée la supériorité des races qu'on y élève, il faudrait que la valeur marchande de la viande augmentât dans des proportions extraordinaires pour que les éleveurs y trouvassent un profit.

Une disette appréciable de sel ne se fera sentir nulle part. Quant au pétrole, devenu actuellement un objet de première nécessité, il fera complètement défaut en Allemagne. L'Autriche en manquera sensiblement. La France et l'Italie en manqueront moins. En Russie, il y aura excédent.

Ces circonstances, et notamment l'insuffisance de la production des céréales relativement à la consommation, l'arrêt dans l'importation des denrées alimentaires, et enfin les efforts que tenteront les classes aisées de la société pour parer à la disette en s'approvisionnant autant que faire se pourra, tout cela ne peut que favoriser les accaparements qui donneront comme résultat un renchérissement sans exemple.

Quoiqu'il y ait lieu de s'attendre, dès les premiers mois de la guerre, à cette hausse considérable des prix, c'est plus tard seulement qu'ils atteindront des proportions excessives et deviendront inabordables aux classes moins aisées de la société.

Pour mieux apprécier l'importance des perturbations attendues, il conviendrait donc de les classer selon les périodes au cours desquelles elles sont appelées à se produire. Mais pour ne point compliquer davantage la question, nous ne prenons que des moyennes.

Évaluations en chiffres de leur capacité relative de résistance à la disette.

Toutes circonstances bien pesées, nous croyons pouvoir exprimer, par les chiffres suivants, la capacité de résistance à la disette des divers pays :

Russie	100
Autriche	90
France	80
Allemagne	70
Italie	70

11. L'élément urbain de la population et le mouvement socialiste.

L'augmentation du prix des objets de première nécessité se produira d'autant plus promptement et dans des proportions d'autant plus considérables dans un État, que la population y sera plus dense. Les perturbations occasionnées par la guerre n'en seront nécessairement que plus grandes et elles exerceront leur influence sur l'organisme de l'État en raison même de la rapidité avec laquelle s'effectue l'accroissement de la population urbaine, ainsi que de l'importance numérique et de la richesse des villes par rapport aux campagnes. Car plus les agglomérations urbaines sont denses, plus la concurrence vitale y devient active et plus on y rencontre généralement un prolétariat privé de toute garantie d'existence et toujours prêt à tout risquer.

Effets du mouvement socialiste, plus graves sur les populations urbaines.

C'est l'Allemagne qui se trouvera dans les conditions les plus défavorables sous ce rapport, parce que les industries urbaines contribuent pour 72 0/0 à son revenu général, tandis que les industries rurales n'y entrent que pour 28 0/0. Ensuite viendront l'Autriche, l'Italie et la France. La Russie, par contre, se trouvera, à ce point de vue, dans les conditions les plus avantageuses.

Plus les doctrines socialistes sont répandues dans une contrée et plus la participation des femmes au travail national y est active, plus sera grand le danger de troubles à bref délai.

Plus est intense l'antagonisme entre les différentes classes sociales et plus nombreux sont les gens qui, en temps de paix déjà, font la guerre à l'ordre de choses établi, moins il sera facile au gouvernement et à la société elle-même de donner satisfaction à la population par des mesures prises en vue d'atténuer ses souffrances, telles que : distribution de secours, organisation de travaux publics, fixation d'un maximum du prix des vivres, etc., et, dans les cas extrêmes, intervention de la force pour réprimer les troubles et les désordres.

Sous ce rapport, ainsi que le démontre l'expérience de 1870, c'est la France qui est la plus exposée au danger.

Par conséquent nous exprimerons la force relative de résistance à des périls de ce genre par les chiffres suivants :

Évaluation numérique comparative, de la résistance à ce mouvement, des divers pays.

Russie.	100
Autriche.	90
Allemagne	80
Italie	70
France.	60

12. Secours aux familles des hommes appelés sous les drapeaux.

Il sera appelé sous les drapeaux un grand nombre de réservistes vivant exclusivement du fruit de leur travail, et qui, par conséquent, en quittant leurs foyers, y laisseront leurs familles privées de tout moyen d'existence. Les gouvernements se trouveront donc dans l'obligation de leur venir en aide. Il est difficile de déterminer avec précision le nombre de ces familles.

Familles qui auront besoin de secours.

Nous croyons cependant ne pas nous éloigner de la réalité en supposant que celles des soldats qui font partie des effectifs de paix, ainsi que celles des réservistes jouissant d'une certaine aisance, n'auront pas besoin d'être secourues ; de sorte qu'on peut limiter approximativement le nombre des familles, dont l'État devra assurer l'entretien, à 25 0/0 pour les cultivateurs, à 60 0/0 pour les industriels et les journaliers des villes, à 40 0/0 pour les commerçants et à 10 0/0 pour les professions libérales.

Les secours devront être d'autant plus considérables que les familles d'un pays donné sont plus prolifiques, leurs besoins plus multiples et qu'il y a plus de raisons pour que les vivres renchérissent.

Prenant en considération toutes ces circonstances et en faisant la base de nos calculs nous pouvons conclure que, de tous les États, c'est l'Allemagne qui se trouvera dans la situation la plus difficile, parce que 70 0/0 de sa population n'ont, même en temps normal, que des revenus insuffisants à leur existence. En France, 60 0/0 de la population appartiennent à la catégorie de gens dont les ressources sont insignifiantes. Cette situation s'améliore en Autriche et plus encore en Italie.

En ce qui concerne la Russie, la situation semble au premier coup d'œil la plus favorable, car 86 0/0 de sa population sont adonnés à l'agriculture. Mais le prix des produits de la terre ayant beaucoup baissé dans les derniers temps et la Russie étant un pays presque exclusivement agricole, les masses qui vivent principalement des travaux des champs se sont ressenties déjà de cette dépréciation. Lorsque, par suite de la guerre, l'exportation des produits agricoles aura cessé, la situation d'une population qui ne saura plus où prendre de l'argent pour payer les impôts et faire face à d'autres besoins deviendra très précaire. Quant à la partie de cette population qui tire ses ressources de l'industrie et du commerce, les salaires venant à manquer, de nombreux ouvriers en Russie, ainsi du reste qu'en d'autres pays, devront être secourus; d'autant plus que ces salaires sont si minimes qu'ils suffisent à peine à la nourriture et que les ouvriers ne font que des économies insignifiantes.

Résistance relative aux dangers provenant de ce fait.

Le degré de résistance à un danger de ce genre s'exprime par :

70	0/0	pour	l'Allemagne.
90	—	—	la Russie.
80	—	—	la France.
70	—	—	l'Autriche.
60	—	—	l'Italie.

13. La bonne organisation de l'administration et le " self help ".

Il a déjà été démontré, en temps et lieu, que les armées devront tirer leurs approvisionnements de leurs pays d'origine : une armée nombreuse ne pouvant pas vivre sur le territoire ennemi pendant les temps d'arrêt plus ou moins prolongés qu'elle sera obligée de subir par suite d'une résistance opiniâtre de la défense.

Mais, à ce point de vue, il y a de grandes différences entre les divers États : dans certains il y aura pléthore due à ce que, par suite de la guerre, l'exportation sera supprimée; d'autres se trouveront dans une situation gênée par le manque d'importation; d'autres enfin souffriront d'une disette si complète qu'on s'y verra dans l'impossibilité de subvenir, à n'importe quel prix, aux besoins de la population.

Difficultés que rencontrera, dans les divers pays, l'administration militaire.

Dans ces derniers États, sera-t-il possible à l'administration militaire de se procurer de grands approvisionnements surtout après la hausse formidable, sans rencontrer d'opposition de la part de la population ? Autre question encore : Sera-t-il possible, même si l'on disposait de vivres en quantité suffisante, de les livrer en temps voulu à des armées qui, adoptant la défensive, se tiendront autant que possible sur des lignes fortifiées et n'abandonneront l'une que pour occuper l'autre? L'offensive, elle, ayant une tâche difficile et très sanglante à remplir, tâche qui consiste à s'emparer desdites lignes, fera tous ses efforts pour empêcher leur ravitaillement, afin de mettre ainsi son adversaire dans une situation critique.

La portée plus grande des armes, l'absence de fumée, la puissance des matières explosives, dont peuvent être munis les patrouilles ainsi que les corps francs, entraveront les communications et favoriseront l'attaque contre les colonnes de marche ennemies.

Lors des guerres précédentes, le service d'approvisionnement dans ;ains États laissait beaucoup à désirer, dans d'autres, au contraire, il ;tionna d'une manière satisfaisante. Quoique les succès obtenus dans .e voie l'aient été grâce à un concours de circonstances heureuses, qui bablement ne se représenteront plus, il n'en est pas moins naturel étant donnée la faculté d'illusion propre à la nature humaine, les iées, qui, pour une raison ou pour une autre, se croient dans une situa- relativement meilleure, dirigent leurs efforts sur le côté faible, selon s, de leurs adversaires.

L'administration aura encore une autre tâche non moins importante emplir.

Les troupes actives de tous les États se trouveront prêtes à la guerre et différences d'armement et d'équipement n'auront que peu d'importance. n sera tout autrement des unités qui s'organiseront en vue de compléter armées de campagne. L'effort exigé devra être énorme. L'appel et mement des différentes classes de la réserve seront pleins de difficultés, troupes engagées ayant déjà montré par les pertes subies combien est .nd le risque d'être tué, blessé ou malade. Tenir tête à des exigences jours renouvelées sera évidemment plus facile aux États dont l'orga- me, tant politique que social, est sain, et qui, en temps de paix déjà, t administrés et gouvernés avec ordre et esprit de suite.

Si même nous écartons l'hypothèse de perturbations sociales parti- ières, provoquées par la guerre même, il n'en reste pas moins douteux e tous les États puissent pendant longtemps porter le faix de celle-ci.

Comparaison de la puissance des divers pays à ce point de vue.

Les peuples doués d'initiative, chez qui l'on est habitué à organiser, cas de calamité publique, secours ou résistance, indépendamment de te action gouvernementale, et qui sont pourvus d'institutions sociales, les que les municipalités par exemple, pouvant servir d'appui à l'action s particuliers, ces peuples auront plus facilement raison des troubles nous signalés comme devant se produire dans la vie économique et iale des nations.

Si ces conditions font défaut, l'administration, toute au rôle qui lui ombera durant la guerre, ne sera pas en état de satisfaire aux besoins la population.

On peut admettre qu'à ce point de vue la force de résistance aux luences dissolvantes de la guerre sera de :

80 0/0. . . . . en Autriche
80 0/0. . . . . en Allemagne
70 0/0. . . . . en Russie
60 0/0. . . . . en France
50 0/0. . . . . en Italie

14. Conséquences économiques des pertes. en hommes.

Les pertes qui résulteront, pour les différents pays, des préparatifs la guerre et de la guerre elle-même ne seront pas égales : la situation fin cière, les besoins de la population et l'estimation économique des humaines n'étant pas partout identiques. Les pertes dues à l'interrup du travail atteindront presque toutes les familles des hommes appelés s les drapeaux, tandis que celles qu'occasionnera la mort n'affecteront na rellement que les familles des soldats tués ou blessés dans les combats.

Importance relative pour les divers pays, des pertes en hommes.

Plus est élevé le degré de civilisation d'un pays quelconque, plus complexe son organisme, moins il s'y trouve d'adultes capables de trav et plus importantes seront les perturbations résultant de ces pertes.

Chiffres en main, il a été démontré que l'armée française abso presque trois fois, et les armées allemande et italienne deux fois aut d'hommes dans la force de l'âge que l'armée russe. Cela veut dire que toute l'armée russe, soit 28 millions de soldats, périssait et qu'on app d'autres contingents, au nombre également de 28 millions, alors se ment la proportion des habitants, arrachés à leurs familles et à leurs oc pations ou morts à la guerre, serait la même qu'en Allemagne.

Mais il faut dire, en outre, que la valeur économique de la vie et travail de l'individu varie selon les pays. Le dommage résultant de guerre est plus considérable dans ceux où elle met en ligne un plus gr nombre d'hommes d'une instruction moyenne ou supérieure, que d ceux où relativement peu de réservistes se trouvent dans ce cas, et où, général, l'insuffisance du bien-être et de l'instruction diminue la val des forces destinées à soutenir la lutte armée.

La mort d'un soldat sur le champ de bataille prive la vie sociale d de ses facteurs ; or, plus cette dernière est complexe, plus cette pe l'affectera, car les pertes d'hommes n'affectent pas de la même façon milieux de civilisation avancée et ceux où la vie et le labeur sont sim et grossiers, ceux où, en raison de la simplicité du mécanisme éco mique, ni la disparition des dirigeants ne se fera sentir, ni le rempla ment des ouvriers manquants ne présentera de difficultés. Or, en A magne il y a dans l'armée sept fois plus de commerçants et d'ouvriers fabrique qu'en Russie.

Tout individu représente une valeur dont la perte, pour cause mort ou d'incapacité de travail, sera préjudiciable à l'économie sociale proportion de la somme que l'État aura consacrée à l'éducation dudit in vidu et en raison également de la complexité et de la richesse de l'or nisme dans lequel il fonctionnait.

De l'examen des conséquences matérielles qu'auront, pour le bien-être s nations, les pertes éprouvées par leurs armées, il ressort que c'est France où toute disparition de l'individu, considéré comme unité ciale, produira l'effet le plus terrible. L'Allemagne et l'Autriche en seront ı peu moins affectées. Quant à la Russie, comparée sous ce rapport la France, elle ne s'en ressentira que dans la proportion de 40 0/0 de 50 0/0, si l'on prend pour terme de comparaison l'Allemagne ou Autriche.

Si l'on pouvait déterminer avec une précision absolue l'importance de utes les pertes dues aux morts et aux infirmités qui se produiront au cours par suite de la guerre future, les manifestations économiques de cette rnière nous apparaîtraient avec plus de clarté. Mais il est difficile de dire ce sujet quelque chose de tout à fait positif.

Dans le chapitre consacré aux morts et aux blessés à la guerre, nous ons montré qu'il y aura beaucoup plus de tués dans la guerre future qu'il y en a eu dans les précédentes. Si même l'emploi des procédés techniques tuellement préconisés diminuait les pertes éprouvées sur le champ de taille et dues au feu de l'ennemi, en ce cas encore le vide produit dans s troupes par suite de décès et de maladies, de fatigues et de privaons, dépasserait de beaucoup les prévisions les plus pessimistes sur nombre des blessés.

Pertes probables dans la guerre future; préjudices qui en résulteront.

Les troupes qui prendront part à de grandes batailles perdront probaement un quart de leurs effectifs; d'autres en perdront moins, mais, ı général, les pertes seront énormes, et d'autant plus que la guerre durera us longtemps.

Admettons que le nombre des morts, des blessés et des infirmes soit 15 0/0 seulement relativement à l'ensemble des hommes « bons pour le rvice ».

En ce cas, le préjudice causé de ce fait se chiffrerait en France ır 6 milliards, en Allemagne par 5, en Autriche par 2.8 et en Russie par 6 milliards de francs.

L'impression produite par les pertes sera nécessairement plus forte ıns les pays où, l'accroissement de la population s'effectuant lentement, spoir de réparer le dommage causé sera plus faible.

La moyenne annuelle de l'accroissement de la population dans les ngt-cinq dernières années a été de :

1.45 0/0. . . . . en Russie
0.96. . . . . en Allemagne
0.75. . . . . en Italie
0.73. . . . . en Autriche
0.18. . . . . en France

Évaluation comparative de l'aptitude à réparer les pertes dans chaque pays.

Tout cela nous amène à admettre que le degré d'aptitude à réparer l[es] pertes en hommes peut être exprimé, en ce qui concerne les différen[ts] pays, de la manière suivante :

La Russie	100 0/0
L'Allemagne	90
L'Autriche	85
L'Italie	85
La France	60

15. Impossibilité de continuer la guerre jusqu'au bout, faute de ressources financières.

D'après les calculs soumis par nous au lecteur, les premiers frais [de] mobilisation dans chaque État comporteront des sommes très consid[é]rables : de 500 millions à 1 milliard de francs.

Dépenses qu'entraînera la guerre, pour la mobilisation et l'entretien des troupes.

Les fonds indispensables à cette opération sont, dès maintenant, ten[us] en réserve, comme en Allemagne et en France, par exemple, ou bien i[ls] pourront être trouvés avec plus ou moins de facilité. Mais, lorsqu'il faud[ra] faire face aux dépenses subséquentes, on pourra rencontrer dans certai[ns] États d'insurmontables difficultés. Selon nos calculs, les frais d'entreti[en] des armées actives, c'est-à-dire des troupes permanentes, ainsi que d[es] contingents du premier appel, monteront en France et en Allemagne, [à] plus de 25 millions de francs par jour, en Italie et en Autriche à envir[on] 13 millions de francs, en Russie à 7 millions de roubles. A ces sommes, [il] y a lieu d'ajouter les dépenses budgétaires courantes de l'armée et de [la] marine qui, par suite du renchérissement des prix et de la dépréciati[on] du papier-monnaie, augmenteront plutôt qu'elles ne diminueront.

En supposant que la durée de la guerre soit d'une année seulemen[t], il faudrait en ce cas :

A la Russie	11.756	millions de francs.
A la France	10.727	—
A l'Allemagne	10.681	—
A l'Autriche	5.327	—
A l'Italie	5.187	—

Des autorités militaires, cependant, telles que le feld-maréchal de Moltk[e], l'ancien chancelier, général de Caprivi, le général Leer, croient que la guer[re] se prolongera au delà d'une année.

Mais rien que pour faire durer la guerre une année, les États manqu[e]ront déjà des ressources nécessaires.

Il pourra d'autant moins être question d'augmenter les impôts o d'en établir de nouveaux, que la majorité des individus, imposables en raison de ce qu'ils produisent, se trouvera sous les drapeaux, tandis que, d'autre part, les ressources budgétaires ordinaires affectées aux dépenses courantes de l'administration, dépenses qu'on ne saurait par conséquent remettre, se trouveront insuffisantes.

Comment on pourra se procurer les ressources nécessaires.

De cette manière, la partie la plus importante des dépenses budgétaires ordinaires, ainsi que toutes les dépenses extraordinaires imposées par les exigences de la guerre et la nécessité de secourir une population privée de son gain ne pourront être couvertes qu'au moyen de ce que la nation aura encore conservé de disponible, c'est-à-dire ce qu'elle n'aura pas encore réussi à convertir en telles ou telles autres valeurs.

Étant donné que la France, ainsi que l'Allemagne, participeront aux hostilités et que la Russie, l'Autriche et l'Italie manquent de capitaux même en temps de paix, la réalisation de nouveaux emprunts de guerre ne sera possible que dans les États neutres et notamment en Angleterre, en Belgique et en Hollande.

Mais, pour des raisons déjà indiquées, la guerre créera en Angleterre, même si cet État n'y prend point part, une situation très précaire. Celle de la Belgique ne le sera guère moins; et la Hollande ne sera pas en mesure de fournir, à elle seule, ne fût-ce qu'une minime partie des sommes demandées.

Il ne restera donc d'autre ressource que de trouver de l'argent chez soi, dans son propre pays, où les économies existantes ne sauraient cependant procurer un moyen tant soit peu suffisant à alimenter la guerre.

En effet, celui qui désire souscrire à un emprunt de guerre pourrait, s'il manque d'argent, s'en procurer soit en usant de crédit, soit en réalisant des valeurs. Mais ce qui a été vendu ou emprunté par l'un a été nécessairement acheté ou prêté par un autre, de sorte qu'en définitive, pour couvrir les dépenses nécessitées par la guerre, seuls les capitaux disponibles pourront entrer en ligne de compte.

Il convient de remarquer que ces capitaux disponibles, c'est-à-dire non encore placés, sont, à notre époque, beaucoup moins importants que jadis. La facilité qu'on a de faire des placements est grande aujourd'hui. Les banques absorbent jusqu'aux moindres sommes. Elles payent des intérêts relativement considérables et tâchent naturellement de faire fructifier le plus possible les capitaux confiés à leurs soins.

Difficultés des emprunts.

Il ne faut pas oublier que, bientôt, la durée présumable de la guerre, ainsi que ses conséquences effrayantes, deviendront évidentes pour tout le monde. La prévision du danger, c'est-à-dire la perspective de troubles et d'une faillite de l'État, rendra la réalisation de nouveaux emprunts ainsi que toute autre mesure analogue extrêmement onéreuse.

Il ne faut pas oublier non plus que les dettes de tous les États étant déjà excessives, le cours des valeurs en circulation baissera, ainsi qu'il a été démontré par nous, dans des proportions extraordinaires, et par cela même les nouveaux emprunts ne pourront être placés qu'à des cours très bas, jusqu'à devenir tout à fait irréalisables.

Si nous mettons en tableau nos données sur les dépenses nécessitées par une guerre de la durée probable de deux ans, nous obtenons les chiffres suivants :

France	21.454	millions de francs.
Russie	23.512	—
Italie	10.374	—
Allemagne	21.362	—
Autriche	10.654	—

Ces chiffres démontrent on ne peut plus clairement qu'il sera impossible de trouver de quoi alimenter financièrement la guerre durant deux années.

La seule ressource sera le papier-monnaie. Mais les sommes dont on aura besoin pour faire et continuer la guerre seront si considérables et ce papier-monnaie devra être émis en des proportions si énormes que sa dépréciation finira par obliger certains gouvernements, faute de pouvoir acheter, d'avoir recours aux réquisitions comme au temps des guerres de la première République française. Mais ce qui était possible à la fin du siècle passé ne le sera guère à notre époque. En tout cas, étant données les conditions sociales présentes, l'impossibilité de se procurer les ressources nécessaires à la continuation de la guerre y mettra fin.

Degré comparatif de résistance que pourront opposer les divers pays aux difficultés financières.

C'est la France d'abord et l'Allemagne ensuite qui montreront le plus de résistance sous ce rapport, car c'est chez elles que les capitaux particuliers et les revenus sont les plus abondants. La Russie, étant donnés la profusion de ses produits naturels, son incontestable patriotisme, ainsi que la discipline de sa population, viendra au troisième rang, puis l'Autriche. La moins bien partagée est l'Italie. Elle se trouvera dans une situation à ne pas pouvoir supporter la guerre, ne fût-ce que pendant quelques mois.

En définitive, le degré d'aptitude des différents pays à soutenir une guerre plus ou moins longue peut être exprimé ainsi :

La France	100 0/0
L'Allemagne	90
La Russie	80
L'Autriche	70
L'Italie	60

Réunissons maintenant en un seul tableau les différents chiffres produits plus haut et qui représentent le degré de résistance des principaux États du continent aux influences destructives de la guerre au point de vue économique et social, puis établissons, sur la base desdits chiffres, la moyenne de la résistance dont est doué chaque État en particulier :

Évaluation générale de la résistance comparative des divers pays à la guerre, aux différents points de vue.

Degré de résistance à :	Allemagne	Autriche	Italie	France	Russie
L'épuisement des sources de revenus de la population	50	85	75	60	100
L'épuisement des ressources de la population	80	60	50	100	60
La disette	70	90	70	80	100
La prépondérance des éléments urbains et de l'agitation socialiste	80	90	70	60	100
Aux charges imposées par l'obligation de distribuer des secours aux familles des hommes appelés sous les drapeaux	70	70	60	80	90
L'absence du « self-help »	80	80	50	60	70
Aux conséquences économiques des morts et des infirmités survenues dans les troupes au cours de la guerre	90	85	85	60	100
L'impossibilité de continuer la guerre faute de ressources financières	90	70	60	100	80
Moyenne de la résistance à l'ensemble des circonstances ci-dessus énumérées	76	79	65	75	88

Après avoir bien pesé les influences en question, on ne peut que conclure à l'impossibilité d'une guerre de la durée de deux ans. La plupart des États ne seront même pas en mesure de soutenir l'effort pendant une année.

Conclusions à en tirer.

En tout cas, avant que le but de la guerre ait été atteint, si l'on admet toutefois les prévisions des personnes compétentes au sujet de la durée des opérations, les alliances conclues se dissoudront. Dans la Triple-Alliance, la faculté de résistance aux influences destructives, sous le rapport économique et social, est presque la même pour l'Allemagne et pour l'Autriche, mais celle de l'Italie est de beaucoup inférieure. En ce qui concerne la Double-Alliance, cette faculté est sensiblement moindre en France qu'en Russie.

Ampleur que doivent avoir désormais les combinaisons politiques créées en vue de la guerre.

Ainsi donc, nous voyons que les combinaisons politiques créées en vue de la guerre ne peuvent plus, à notre époque, avoir pour objet exclusif un plan d'opérations de guerre.

Elles doivent embrasser tout l'ensemble des phénomènes qui accompagneront et suivront la guerre. Par conséquent, la conception et la réalisation desdites combinaisons demandent non seulement un talent militaire d'organisation, mais encore des connaissances pratiques dans le domaine économique, ainsi que des informations exactes sur les besoins et l'esprit des différentes classes sociales et des populations des différentes contrées.

Il est indispensable, non seulement d'établir d'avance les ressources financières ainsi que la réserve d'approvisionnements dont on pourra disposer le cas échéant et d'être fixé sur les moyens de les acquérir, mais encore de déterminer les forces pour ainsi dire latentes, telles que le dévouement ou seulement la patience qu'on peut attendre des différentes classes sociales, selon les situations respectives dans lesquelles elles se trouvent. Un homme d'État prévoyant doit s'être posé la question suivante et y avoir répondu : Quelle qu'en soit l'issue, qu'arrivera-t-il après la guerre? Entre autres se présente encore cette question : Pourra-t-on maintenir longtemps sous les armes un grand nombre d'hommes mécontents de l'ordre de choses établi et à plus forte raison de la guerre? Admettons une réponse favorable, admettons notamment que ces éléments hostiles à *l'État* ne trahiront pas la cause de la *Patrie*, ainsi que l'ont déclaré à maintes reprises les chefs socialistes en Allemagne. Mais alors cette question se trouve remplacée par la suivante : Ces masses de mécontents qui, au jour du danger, auront fait leur devoir, consentiront-ils volontiers à poser les armes, par ordre, après la guerre ; ne voudront-ils pas plutôt, en raison précisément des sacrifices faits par eux à la patrie, s'en servir pour défendre, cette fois, des intérêts de classes mal compris? Il y a de nombreux exemples de folies nées de la guerre, sans parler du plus fameux de tous, qui fut offert au monde par la Commune de Paris en 1871

Dans une étude de très peu postérieure à la guerre, intitulée : *Ueber die Strategie,* et datant de 1872, de Moltke disait : « La politique se sert de la stratégie pour arriver aux fins qu'elle s'est assignées. C'est donc dans ses vues et ses considérations qu'il faut chercher un point de départ et une indication directrice lorsqu'il s'agit d'élaborer des plans de guerre. » Et continuant : « La politique décide du commencement de la guerre ainsi que de sa fin, et se réserve d'augmenter ou de réduire ses exigences selon la marche des opérations. » Le général Leer appuie davantage encore sur le lien qui existe entre la politique et la stratégie. « De même, dit-il, que les conclusions de la stratégie donnent à la tactique des points de départ pour les solutions qui lui incombent (le but étant donné, trouver les voies et les moyens qui y conduisent : est-ce le combat, par exemple, ou quelque autre procédé, etc.), la stratégie pareillement reçoit de la politique des indications dont elle se sert comme d'un point de départ dans la conception et l'accomplissement de sa tâche (engager la guerre à fond rapidement et énergiquement, ou bien faire durer les opérations et retarder les solutions décisives ; déterminer avec quel degré de rigueur devra être appliqué le principe de destruction qui constitue la nature, l'essence même de toute guerre, etc.). Finalement, la politique décide seule, et en toute indépendance, jusqu'à quel point la guerre est opportune ou conforme aux intérêts généraux de l'État, autrement dit, jusqu'à quel point le but (politique) de la guerre est légitime.

« De même que la tactique ne saurait poursuivre d'autres buts que ceux qui lui sont assignés par la stratégie, cette dernière ne peut se mouvoir que dans des directions et dans des limites tracées par la politique (1). »

Il est devenu indispensable de faire entrer en ligne de compte les considérations d'ordre économique.

Mais à côté de cela, pour faire la guerre, il deviendra de jour en jour plus indispensable de s'inspirer non seulement des vues de la politique étrangère, mais encore des considérations tirées de la situation économique.

Pour cette raison, dans l'élaboration d'un plan de guerre, la partie politico-militaire sera d'une exécution plus simple que sa partie économique.

Avant tout, il faut être fixé, autant qu'on peut l'être, sur la durée approximative des hostilités, sur l'effectif des troupes qu'exigent les opérations et sur les dépenses que nécessiteront non seulement l'entretien et l'approvisionnement des armées, mais aussi les secours à allouer à cette partie de la population qui ne saurait subsister sans l'assistance de l'État. Ensuite, il est également indispensable de déterminer les ressources et d'étudier les moyens de se les procurer, sans toutefois provoquer une baisse trop forte des fonds publics et des valeurs.

Effets à prévoir.

L'ordre de mobilisation aura des effets qu'il faut prévoir. Il provoquera une crise monétaire, une forte baisse des cours de toutes les valeurs, le

(1) Général Leer : *Stratégie* (1re partie de l'appendice, page 1), 1893.

retrait des dépôts confiés aux établissements de crédit et autres institutions, l'impossibilité d'effectuer des payements et de faire face aux engagements, ainsi que l'impossibilité de toute transaction à crédit. Il est très essentiel d'être fixé à temps sur le rôle que le gouvernement pourra ou devra assumer en présence de telles éventualités.

Mesures à prendre

Non moins importante est la question des mesures à prendre contre l'accaparement des denrées alimentaires et des objets de première nécessité. Cela dans l'intérêt des familles de ceux qui auront rejoint l'armée ou que la guerre aura privés de gagne-pain, ainsi qu'en vue de la conservation des marchandises et des valeurs et d'une facilité plus grande des transactions d'échange.

Une question se pose tout naturellement. Est-il possible de se faire une idée approximative du caractère des perturbations économiques qu'amènera la guerre future ?

Nous pensons qu'on peut s'en représenter l'image, mais forcément une image seulement à grands traits.

Indications qu'on peut avoir sur les projets de chaque État.

Dans des publications consacrées à la guerre et dont les unes ont un caractère privé, tandis que d'autres ont été évidemment inspirées pour préparer l'opinion, on peut trouver certaines indications concernant les plans des adversaires éventuels. Chaque État tient très secrètes ses propres intentions; mais les informations relatives aux États étrangers pénètrent dans les sphères militaires et servent de thème à discussion.

Des indications encore plus précieuses nous sont données par la direction des voies ferrées stratégiques.

D'après la disposition considérée dans son ensemble des lignes et des embranchements qui aboutissent aux frontières, et la dislocation des troupes, on peut prévoir les groupements naturels des forces de chaque État, tels qu'ils se produiront au moment de la concentration. Ce serait peine perdue d'entreprendre des transferts de troupes qui prendraient du temps, uniquement pour renforcer une armée avec des unités prises à d'autres armées. De plus, la disposition des places fortes et des points fortifiés sur les frontières donne aussi certaines indications. Aucune armée ne serait assez forte pour investir simultanément plusieurs places fortes modernes de premier ordre, tant il lui faudrait avoir, pour cela, de ressources à sa disposition !

De ce qui précède, il ressort que l'élaboration d'un plan d'opérations ne saurait être l'œuvre d'un jour, et qu'au contraire il se constitue graduellement. Il est évident aussi qu'aucun État n'est en mesure d'établir un plan susceptible d'être suivi jusqu'au bout au cours d'une guerre, et cela vient de ce que les plans de campagne primitifs sont basés sur des données pour ainsi dire théoriques, telles que les informations concernant l'état des communications, les forces de l'ennemi, les approvisionnements, etc. En admettant même que toutes ces données soient suffisamment exactes, on ne saurait en déduire que le plus ou moins de vraisemblance des intentions et des mouvements de l'adversaire.

Mais ces données, se modifiant par suite des mouvements de l'adversaire, peuvent se trouver erronées ou incomplètes. Dans l'ouvrage sur la guerre de l'année 1870, publié par l'état-major prussien, il est dit : « Le commandant en chef conservera toujours présents à l'esprit les buts généraux à atteindre, quelles que soient les contingences des événements. Quant aux voies et moyens qui y mènent, ils ne sauraient être déterminés avec certitude longtemps à l'avance. »

Mais comme les objectifs généraux de la guerre sont intimement liés à la politique, on peut trouver, en étudiant les principaux intérêts politiques de chaque pays, des indices sur son plan probable d'opérations et sur ceux de ses alliés.

Du reste, le récit des luttes d'autrefois donne à ce sujet de nombreuses indications ; et, bien que les conditions de la guerre future doivent être très différentes de celles qui les ont précédées, on peut être persuadé que les plans élaborés dans les états-majors seront inspirés par des exemples puisés dans l'histoire des guerres passées.

Le célèbre capitaine du XVIIIe siècle, Maurice de Saxe, a dit : « L'art de la guerre est couvert de ténèbres dans lesquelles il est impossible d'avancer d'un pas assuré. Ses bases, ce sont les traditions et la routine — enfants de l'inconscience ». Cette opinion est vraie aujourd'hui encore, malgré le haut degré de culture intellectuelle qui distingue nombre de chefs actuels. Eux aussi sont portés surtout à regarder la guerre future à travers le prisme de celles du passé. L'habitude même du commandement et de l'obéissance immédiate aux ordres donnés prédispose les militaires, particulièrement ceux des hauts grades, à admettre instinctivement qu'à la guerre tout se passera régulièrement, que les situations, quelles qu'elles soient, seront supportées avec stoïcisme, et chaque ordre exécuté dans le sens absolu du mot. Et cependant avec les conditions actuelles de combat, les masses d'hommes pris dans la réserve, l'ordre dispersé, les attaques de nuit et la probabilité de perdre, dès les premières batailles, la majorité des officiers présents, bien des choses, considérées jadis comme impossibles, deviennent vraisemblables et d'autres, tenues pour certaines, ne sont plus que relativement exécutables. La remarque de Heckel n'est pas vaine, quand il dit que dans ces conditions précisément les hommes les plus marquants et les plus énergiques sont voués à une disparition certaine.

Quoi qu'il en soit, il semble plus facile de concevoir un plan satisfaisant d'opérations de guerre que d'élaborer un programme complet des mesures à prendre, pour pourvoir l'armée de tout ce qui lui est indispensable en campagne, pour armer et équiper de nouvelles troupes ainsi que pour préserver le pays, autant que faire se peut, des secousses économiques et des mouvements révolutionnaires que la guerre peut provoquer. On manque d'exemples pour composer un tel programme; et les conséquences économiques sont en connexion si étroite avec les moyens dont on dispose pour la lutte sur terre et sur mer qu'il convient d'avoir toujours en vue l'action réciproque de ces facteurs. Enfin, pour étudier les mesures générales à prendre, il est indispensable d'avoir nettement conscience de ce dont nos forces ainsi que celles de nos alliés et de nos adversaires sont capables, par rapport à telle ou telle autre tâche qui peut leur incomber.

Jusqu'à quel point chacun d'eux a-t-il tenu compte des questions économiques ?

Nous ignorons naturellement jusqu'à quel point il a été tenu compte des questions économiques dans les plans d'opérations de guerre élaborés par les différents États; en tout cas, nul n'a entendu dire que, pour discuter les mesures préparatoires économiques, on se soit adressé à des spécialistes compétents en ces matières.

Il nous est arrivé de nous entretenir de cette question avec l'ancien ministre français Burdeau, après qu'il eût quitté le ministère de la marine et avant qu'il occupât le fauteuil présidentiel à la Chambre des députés. Nous avons appris de lui qu'on eut l'intention, en France, d'instituer plusieurs commissions mixtes composées de militaires, de savants économistes et de personnes familiarisées pratiquement avec le commerce et l'industrie, auxquelles on aurait confié le soin d'étudier les perturbations de différentes sortes que pourrait provoquer la guerre. Mais ce projet n'a pas abouti, le cabinet ayant été renversé sur ces entrefaites.

Nous avons essayé de grouper, en quelques chapitres spéciaux, les principales questions économiques connexes avec la guerre, laissant jusqu'à présent de côté, afin de ne pas compliquer l'étude, ce qui a trait au caractère et à la marche même de la guerre future. Maintenant, pour compléter notre travail, nous allons nous occuper précisément des opérations futures de guerre ainsi que de leur influence sur la vie intérieure de chaque peuple; ce que nous ferons en mettant à contribution, soit des ouvrages déjà parus, soit des matériaux assemblés par nous, dont nous nous permettrons de tirer certaines conclusions.

Le but que nous nous sommes proposé consistant principalement dans l'examen des côtés économiques et politiques de la guerre, nous éviterons les hypothèses dont la réalisation ne pourrait être due qu'à un effet du hasard, et qui, vu les proportions colossales des armées contemporaines et les immenses espaces sur lesquels se dérouleront les événements, tomberont, en définitive, si elles se réalisent, sous la loi des grands nombres généraux qui contiennent autant de faits positifs ou négatifs d'un côté et de l'autre. Le hasard ne saurait rien changer à l'ensemble des résultats.

Nous porterons principalement notre attention sur le temps après lequel les belligérants, vu les conditions dans lesquelles se ferait actuellement la guerre, seraient contraints de renoncer à continuer les hostilités et d'offrir la paix. Quant aux ressources matérielles et aux forces morales dont chaque État peut disposer pour la lutte, nous ne nous y arrêterons plus afin d'éviter la répétition de ce qui a été dit à ce sujet dans la partie économique de notre travail. Nous nous bornerons sous ce rapport à quelques courtes indications.

III. Conditions différentes dans lesquelles se ferait actuellement une guerre, soit offensive, soit défensive.

Le point essentiel de tout plan réside dans le caractère offensif ou défensif qu'on a l'intention d'imprimer aux premières opérations. En 1870, les deux belligérants projetèrent une invasion rapide du territoire ennemi. On ne distribua à l'armée française que des cartes d'Allemagne sans prévoir l'éventualité d'opérations en territoire français, et le mot d'ordre était : « A Berlin ! » Quant à de Moltke, on n'ignore pas qu'il avait dit : « Si les Français n'arrivent pas avant nous sur le Rhin, ils ne le reverront jamais plus ».

Comparaison de l'offensive et de la défensive. Leurs avantages respectifs autrefois et aujourd'hui.

La majorité des écrivains militaires admet en théorie que l'offensive offre plus d'avantages que la défensive. Il existe une opinion selon laquelle le parti qui base son plan sur un système d'opérations défensives renonce par là même à de grandes chances d'une issue favorable de la lutte.

Il y a lieu de faire observer ici que les conditions actuelles de la guerre diffèrent tellement de celles de jadis, que des avis émis à ce sujet aux époques précédentes ne sont plus convaincants aujourd'hui. Il n'en est pas moins vrai, toutefois, que de nombreux auteurs militaires, en raison, peut-être, des traditions, s'en tiennent toujours à l'opinion que, dans la prochaine guerre l'offensive, aura l'avantage sur la défensive. Citons ce que dit un auteur contemporain allemand à l'appui de cette opinion : « Depuis que Napoléon a donné à la guerre le caractère d'une lutte pour l'existence même de l'État en montrant une manière impitoyable de la faire, sans reculer devant aucun moyen, l'offensive en est devenue la forme naturelle. L'offensive seule donne la force de porter à l'adversaire les coups décisifs et d'arriver au but réel de la guerre, c'est-à-dire à la destruction de l'armée ennemie. De plus, l'offensive présente encore d'autres avantages : par elle, on s'empare du territoire ennemi, on y porte les calamités de la guerre, en en préservant son propre territoire, on prévient les opérations de l'adversaire et on le contraint à suivre telle ou telle tactique. Tout cela constitue d'importants avantages relativement à la défensive. Avec l'offensive seulement, on peut obtenir de grands résultats, et, pourvu qu'elle soit soigneusement préparée, pourvu qu'on sache utiliser tous les moyens dont elle permet de disposer, elle peut être qualifiée de pierre philosophale de l'art militaire (1). »

Toutefois, ledit auteur avoue que la Russie, en raison de son étendue, des conditions géographiques dans lesquelles elle se trouve, du caractère et du degré de culture intellectuelle et morale de sa population, pourrait seule, si besoin était, donner la préférence à la défensive; les conditions ci-dessus mentionnées étant aussi favorables à cette méthode qu'elles le sont peu à l'offensive.

Quant aux autres pays, le choix de la défensive ne saurait se justifier, au dire de l'auteur, que dans le cas où les circonstances imposeraient la nécessité de remettre l'offensive à un moment plus favorable.

Les progrès récents tournent surtout au profit de la défense.

Mais, si l'on s'en rapporte à l'avis d'autres écrivains, les conditions de la guerre se sont si radicalement modifiées à notre époque, que les exemples du passé ont perdu beaucoup de leur portée. Il est incontestable que l'introduction de la poudre sans fumée, les perfectionnements apportés à l'armement, tant aux pièces d'artillerie qu'aux fusils, l'emploi de légers retranchements et en général d'ouvrages de campagne dont on fait prendre l'habitude aux troupes, tout cela est au profit de la défensive.

Et d'ailleurs celle-ci présente encore d'autres avantages. Les reconnaissances devenant de moins en moins faciles à exécuter, elle permettra plus aisément de cacher à l'ennemi la disposition de ses troupes, de masquer les travaux de fortification, de porter en avant de son front ainsi que sur ses flancs des détachements de troupes pour tromper l'ennemi sur l'emplacement de ses forces principales, d'occuper les points les plus importants devant son front, enfin d'envoyer de nombreuses patrouilles d'infanterie pour déjouer les reconnaissances de l'ennemi et se renseigner sur ses mouvements et sa force.

Pendant ce temps, l'agresseur sera obligé d'avancer sur une ligne de front aussi étendue que possible, cherchant à reconnaître la position et les intentions de celui qu'il veut attaquer. Autrefois, dès le début de l'action, l'assaillant chassait devant lui les patrouilles de la défense, les forçant à la résistance sur le plus grand nombre de points possible. La fumée produite par le feu de l'ennemi lui permettait de reconnaître l'étendue de la

(1) Militär-Wochenblatt : *Die Lehren der Kriegsgeschichte für die Kriegführung.*

position attaquée ainsi que les points occupés, soit par ses forces principales, soit par les détachements destinés à les couvrir. Actuellement, il lui sera beaucoup plus difficile de s'orienter ; il s'exposera au danger d'essuyer le feu bien nourri de troupes installées d'avance sur leurs positions de combat et ce feu sera d'autant plus efficace que la défense aura la possibilité de le régler sur des distances calculées d'avance. En outre, l'unité de direction se fait valoir plus aisément dans la défense et le nombre de chefs investis de commandements indépendants y est plus restreint.

La défense étant limitée à une ligne déterminée, l'approvisionnement des troupes en munitions de combat et l'emploi des réserves dont on dispose se trouvent facilités. Il n'y a pas de nécessité pour elle de fractionner ses forces, de les éparpiller, de les entremêler, de changer de direction ainsi qu'il est inévitable dans l'attaque. Même en dehors de toute considération tactique, la défense a cet avantage que le complétement des troupes en hommes et en chevaux et leur ravitaillement en toutes choses sont mieux assurés.

Opérant défensivement sur leur propre territoire, les troupes se trouvent à la portée de toutes leurs sources d'approvisionnement et de ravitaillement ; elles peuvent donc se pourvoir plus facilement du nécessaire, tandis que l'armée ennemie est obligée de se contenter du peu de ressources que peut offrir un pays ravagé et hostile. Plus le pays est pauvre, plus la rapidité avec laquelle s'est effectuée l'invasion aura été grande et sa durée longue, plus les pertes de l'armée envahissante seront considérables (1).

La discipline se maintient plus aisément dans la défense que dans l'attaque. Celui qui défend peut balayer tout ce qui se trouve en avant de ses lignes, tandis que celui qui attaque devra franchir une large zone sous l'action des feux meurtriers de l'ennemi sans presque apercevoir son adversaire. L'avantage que donne la faculté de s'abriter derrière des accidents de terrain ou des ouvrages fortifiés se trouve tout entier du côté de la défense.

Le danger qui menace le soldat est en proportion de la surface qu'il expose au feu de l'ennemi. Or, d'après les calculs les plus minutieux, un soldat se présentant dans toute sa hauteur offre une cible de 0 mèt. car. 50, tandis qu'abrité derrière un retranchement sa surface est nulle (2). Jusqu'à l'introduction dans les armées des derniers modèles d'armes, le plus ou moins de danger d'être atteint n'avait pas une si grande importance.

(1) Le centre de l'armée française, fort de 300,000 hommes au passage du Niémen le 12 (24) juin 1812, ne comptait plus à Smolensk le 3 (15) août que 182,000 hommes ; il avait donc perdu en 52 jours, sur un parcours de 500 verstes, presque un tiers de son effectif. Après avoir parcouru 900 verstes en 82 jours, l'armée française arrivait à Moscou avec un effectif réduit des deux tiers.

(2) *L'Invalide russe*, 1892, n° 107.

Utilité des retranchements plus grande que jamais.

Cependant, déjà avec les armes et les munitions employées en 1870, l'utilité des retranchements a été pleinement démontrée. Les pertes qu'occasionne l'attaque des positions fortifiées sont destinées à augmenter au fur et à mesure des perfectionnements apportés à l'armement. Les chefs, forts de l'assurance que donnent au soldat l'absence de fumée et la portée de son arme, voudront défendre à outrance les positions occupées, en utilisant les abris naturels et en complétant ces derniers par des travaux de défense faciles à exécuter, grâce à l'outillage actuel des troupes.

Un grand nombre de soldats ont été munis de pelles, de haches et autres outils, ce qui prouve qu'on aura souvent en campagne recours aux retranchements. On peut enfin invoquer, à l'appui de cette supposition, les instructions adressées en 1892 au corps de la garde, où il est recommandé de se retrancher pour se défendre chaque fois qu'il n'y aurait pas d'ordres contraires.

Les troupes du génie n'entraient jadis, dans la composition des armées, que pour une faible part; actuellement, par contre, les auteurs militaires les plus autorisés estiment nécessaire la présence dans les rangs de 6 à 7 soldats aptes aux travaux du génie sur 100 fantassins.

Du reste, en Allemagne, on n'attache plus qu'une moindre importance aux troupes spéciales du génie, l'infanterie en son ensemble étant exercée à exécuter elle-même tous les travaux de campagne sans le concours de troupes spéciales (1).

La prochaine guerre nous offrira une série d'exemples de combats pour la possession de positions fortifiées, qui le seront non seulement par des retranchements en terre, mais encore au moyen de barricades, de troncs d'arbres, de réseaux de fils de fer, de chausse-trapes, etc.

Pour enlever une position ainsi défendue, il faudra beaucoup de temps et cependant, pour réussir, l'attaque devrait mener à bien sa tentative en un seul jour. Si la bataille ne donne pas un résultat décisif avant la tombée de la nuit, la victoire sera généralement attribuée à la défense et la défaite à l'attaque. Si les batailles de Gravelotte et de Saint-Privat avaient eu lieu en hiver, les Français, selon toute vraisemblance, eussent été victorieux. La venue de la nuit aurait interrompu l'attaque contre Sainte-Marie-aux-Chênes et aurait permis au maréchal Bazaine de soutenir, avec la garde impériale, son flanc droit menacé par les Allemands (2).

Il est clair que seul celui qui se défend a la faculté d'attendre à couvert l'arrivée de l'ennemi. Cette circonstance est actuellement d'une importance particulière. Le service universel et obligatoire dont sont issues toutes les

---

(1) Löbell, *Militärische Jahresberichte*, 1894.

(2) Von der Goltz : *Die Kriegführung*.

armées continentales, produit des troupes dont les deux tiers ou les trois quarts des soldats, ainsi du reste qu'une partie notable des officiers, n'ont que l'éducation militaire strictement indispensable.

Leur aptitude morale au combat sera au même niveau que celle de la nation elle-même.

Or, on ne saurait mettre en doute que le patriotisme s'affirmera plus énergiquement dans la population d'un pays attaqué que dans l'État agresseur, — dont les gouvernants seront réduits à faire miroiter, aux yeux des citoyens, de prétendus avantages matériels ou de non moins prétendues satisfactions d'amour-propre national, faute de raisons positives et suffisantes pour justifier la guerre.

Dans le chapitre intitulé : *La composition et l'esprit des armées,* nous avons essayé d'exprimer en chiffres, en prenant le nombre 100 pour terme de comparaison, le degré d'aptitude des armées aux opérations offensives et défensives, et nous nous sommes arrêtés aux conclusions suivantes :

	Troupes de première ligne			Troupes de seconde ligne		
	Offensive	Défensive	Différence pour cent	Offensive	Défensive	Différence pour cent
Allemagne.	95	98	3	80	86	6
Autriche..	80	86	6	68	76	8
Italie......	65	74	9	51	59	8
France....	72	85	13	59	72	13
Russie....	85	92	7	75	82	7

Avantages et inconvénients de l'offensive et de la défensive dans la guerre future.

Ces chiffres démontrent que dans certains États, en Russie et en France par exemple, la différence en faveur de la défensive est très notable, de sorte que de nombreux avantages s'y trouvent du côté de la défense. Cependant la très grande majorité des écrivains militaires prétendent que celle-ci ne doit pas se borner à l'attente et à l'observation d'une attitude passive. Elle doit au contraire tendre à l'action et au combat, afin de saisir une occasion favorable pour changer de rôle avec l'ennemi et passer à l'offensive.

Mais, parmi ces écrivains, il en est qui croient que cette règle ne saurait être appliquée dans la guerre future. Les troupes de la défense, abritées derrière des retranchements et protégées par toutes sortes d'obstacles qu'elles auront élevés en avant de ces retranchements, se trouveront par ce fait même gênées pour passer à l'offensive. Certains auteurs vont plus loin encore, et disent que devant les défenseurs il y aura un rempart formé de leurs morts et de leurs blessés.

Abandonner les morts et les blessés dans les fossés ne sera guère possible : cela gênerait la défense ; les évacuer sur les derrières ne le sera pas davantage : il faudrait le faire sous le feu de l'ennemi, et, chose plus grave, on entraverait ainsi la marche des renforts de réserve. Il ne resterait qu'à jeter les cadavres au delà des retranchements. Mais si, malgré tout, on réussissait à prendre l'offensive, à un moment donné, il est difficile d'affirmer avec assurance, faute d'expérience, de quel côté, dans l'état actuel de l'art militaire, pencherait la balance.

Aujourd'hui, grâce à la diffusion des connaissances et au rapprochement entre les peuples, il ne saurait plus y avoir d'inégalité bien sensible dans l'armement, les procédés et la préparation à la guerre des uns et des autres. L'inégalité sous le rapport des qualités morales est également moindre, grâce à de nombreuses influences compensatrices, comme nous l'avons démontré dans le chapitre intitulé : *La composition et l'esprit des armées.*

Au point de vue numérique, les armées de la Triple-Alliance égaleront celles de la Russie et de la France. Mais celle des puissances à laquelle plus qu'à toute autre, on attribue des intentions agressives et dont le coefficient général d'avantages est le plus élevé, l'Allemagne, aura une armée composée sur le pied de guerre d'hommes provenant en majeure partie de la réserve. Or, un de ses adversaires — la Russie — possède des réserves incomparablement plus nombreuses d'hommes pouvant être appelés sous les armes. De plus, l'Allemagne ne sera guère disposée selon toute vraisemblance, à prolonger la guerre outre mesure, car ses approvisionnements de blé s'épuiseront plus rapidement qu'en Russie ou même en France, et cette circonstance, avec l'intensité de l'agitation socialiste, peut la menacer d'une catastrophe.

Du reste, l'offensive n'offre d'avantages particuliers qu'au début de la campagne, lorsque l'adversaire ne se trouve pas encore suffisamment prêt à la résistance. Mais avec les nombreuses voies ferrées qui existent actuellement et aboutissent aux frontières, avec les fortes garnisons et la disposition des troupes à proximité de celles-ci, ces avantages même sont éphémères. Leur durée ne saurait dépasser quelques jours.

Une offensive continue donnerait lieu à des pertes si effrayantes qu'il semble douteux que les commandants en chef en assument la responsabilité, d'autant plus qu'en dehors des calculs tactiques, il leur faudra compter avec des considérations d'un autre genre. Le fait est que des pertes trop sensibles pourraient, le cas échéant, provoquer dans tous les pays, sauf en Russie et en Turquie, une agitation capable d'influer défavorablement sur le cours et l'issue de la guerre qui les aura causées, et ces pertes se produiront non seulement à la suite de défaites, mais aussi de maladies et d'épidémies.

Il est hors de doute que, tant que les hommes peu préparés à la guerre (soldats et officiers) qui, comme nous l'avons dit plus haut, entret en nombre considérable dans la composition de l'armée, n'auront été suffisamment entraînés, ils éprouveront, par le fait des maladies s aux fatigues des marches forcées qu'impose nécessairement l'offensive, pertes aussi colossales que celles qui les attendent dans les combats.

Il est très possible que, dans de telles conditions, l'entrain des troupes hisse, mais c'est là une question difficile à résoudre avec précision.

Enfin, les ressources financières seront plus aisées à trouver pour une rre défensive chez soi que pour une campagne offensive en pays nger, où il faudra tout payer à des prix exorbitants.

Tout cela nous amène à conclure que, si même, au début de la guerre, s les plans d'opérations se ressentent des préférences habituelles et des ıpathies que les militaires ont vouées à l'offensive, l'expérience pratique ıontrera que c'est celui des adversaires, dont l'armée et les populations nt preuve de plus de résistance et dont les ressources auront été le ns épuisées, qui l'emportera sur les autres; et à ce double point de vue situation de la défensive est plus avantageuse.

. États de l'Europe classés d'après leur puissance offensive et défensive.

Effectifs des armées des différents États de l'Europe.

Il paraît vraisemblable que toutes les grandes puissances de l'Europe ndront part à la prochaine guerre.

Par conséquent, il est indispensable, pour se faire une idée juste de portance du choc appelé à se produire, de connaître au moins la comition numérique de la force armée dont disposent ces pays.

La puissance militaire dépend de conditions si multiples que c'est à ıe s'il est possible de se la représenter avec précision. La situation poliıe et sociale du pays, l'esprit qui anime son armée et ses populations, le ré de développement intellectuel atteint par les soldats, les connaisces et l'expérience acquises par les chefs, la discipline et le patriotisme, t cela ne se prête guère à une évaluation précise. Ne pouvant comer que des nombres, passons aux nombres.

Quelques-uns sont généralement connus. L'Angleterre exceptée, toutes grandes nations européennes ont admis en principe le service militaire versel et obligatoire, et elles l'appliquent en y apportant plus ou moins tempérament. Le nombre d'hommes pouvant être appelés sous les peaux oscille, selon les pays, entre 2 0/0 et 6 0/0 de la population ıle.

Mais ces hommes ne sont nullement des soldats. L'art de tuer veut être appris ; et puis on ne combat ni seul ni avec les armes données par la nature. Les hommes n'ont de valeur à la guerre qu'autant qu'ils sont armés, équipés, pourvus de l'indispensable et militairement instruits. En outre, si on ne les dirigeait, les meilleurs soldats offriraient le spectacle non d'une armée, mais d'un troupeau ; les soldats ne comptent qu'en tant qu'ils sont commandés et encadrés. C'est d'après la composition numérique des cadres et le nombre d'hommes qu'on calcule la force armée d'un pays. D'après les traités internationaux et dans l'état actuel des choses, il y a lieu, en traitant de la prochaine guerre en Europe, d'envisager l'éventualité d'une lutte entre les armées de la Triple-Alliance d'une part et celles de la Russie et de la France, de l'autre. Il est permis de ne pas tenir compte d'autres combinaisons politiques, dont l'importance n'est pas de premier ordre. Il est impossible de déterminer avec précision la force numérique des armées des différents États, parce que, pour le nombre d'hommes pouvant être appelés de la réserve ou incorporés dans la levée générale, la statistique ne peut qu'émettre des suppositions basées sur le chiffre de ceux qui seraient d'âge à faire partie de ces catégories. Cela laisse une grande latitude aux calculs.

Dans le chapitre intitulé : *Composition numérique des armées européennes,* nous avons réuni des données puisées à six sources distinctes sur l'effectif des troupes qui, dans chaque État européen, peuvent être dirigées en cas de guerre sur le théâtre des opérations militaires. Il en ressort que les troupes de la Russie et de la France s'élèveraient à 4,126,000 hommes d'après certaines sources et à 8,780,000 selon d'autres ; quant à celles de la Triple-Alliance, elles sont évaluées à 4,591,000 hommes par les uns et à 7,240,000 par les autres.

Chiffres actuels pour les cinq grandes puissances continentales.

Ces données ayant toutefois quelque peu vieilli, il convient de les remplacer par des chiffres pris dans les documents statistiques les plus récents. A en juger par ces derniers, les troupes qu'on aurait pu lever pour une guerre en 1896 auraient atteint :

2.550.000	hommes (1)	en Allemagne
1.304.000	—	en Autriche-Hongrie
1.281.000	—	en Italie
5.135.000	hommes	

(1) D'après l'Almanach de Gotha de l'année 1896 :

7	contingents de l'armée permanente et de ses réserves	1.128.281
6	— de troupes de la landwehr de 1re catégorie. . . .	638.153
6	— — — de 2e catégorie . . .	783.484

Et en plus 6 classes du landsturm, ayant toutes passé par les rangs de l'armée, qui forment environ 2,500,000 hommes.

EFFECTIF DES TROUPES EN CAS DE GUERRE EN 1896, EN MILLIERS D'HOMMES

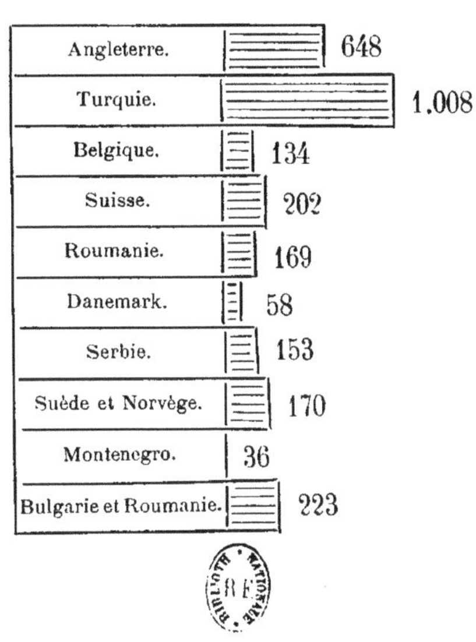

La Guerre future (p. 540, tome II).

2.554.000 hommes (1) en France
2.800.000 — en Russie

5.354.000 hommes

On peut voir par ce qui précède que le rapport entre les forces alliées ne s'est presque pas modifié.

Les armées des autres États.

Mais des États de moindre importance prendront part peut-être aux hostilités, ou, tout au moins, exerceront une influence sur la distribution des forces belligérantes.

L'Allemagne doit toujours s'attendre à ce que le Danemark prenne part à la lutte.

L'attitude des deux États les plus voisins du théâtre des opérations, la Belgique et la Suisse, ne saurait non plus être indifférente.

L'Autriche aura à compter avec l'éventualité d'une agression du côté de la Serbie et du Montenegro ; il en sera de même de la Russie, en ce qui concerne la Suède et la Roumanie. Outre cela, l'Angleterre et la Turquie peuvent être appelées à jouer un rôle important dans cette collision générale.

Les États neutres disposent du nombre de troupes suivant :

Angleterre	648.000	hommes
Turquie	1.008.000	—
Belgique	134.000	—
Suisse	202.000	—
Roumanie	169.000	—
Danemark	58.000	—
Serbie	153.000	—
Suède et Norvège	170.000	—
Montenegro	35.000	—
Bulgarie et Roumélie	223.000	—

(1) Les données numériques concernant les troupes ont été empruntées au *Recueil d'informations les plus récentes sur les forces armées des États européens et asiatiques* de l'année 1896, sauf pour la Russie et l'Allemagne. Ledit *Recueil* n'en donne aucune au sujet de la première. Quant à la seconde, l'évaluation de ses troupes y est trop faible.

L'application en 1896 de la loi sur le service de deux ans pour la landwehr a apporté, sous ce rapport, des modifications à l'état des choses ; mais la diminution de plus de 500,000 hommes admise par le *Recueil* manque évidemment d'exactitude.

1. Force numérique de la population apte à prendre les armes.

Ressources que peut fournir la population.

En ces derniers temps il s'est manifesté une tendance à soumettre à l'obligation du service actif, après déduction de ceux qui ont été dispensés en vertu de leur situation de famille, toute la population mâle capable de porter les armes (1).

Cette limite est déjà atteinte par la France et, grâce à la promulgation de la loi sur le service de deux ans, elle le sera également bientôt par l'Allemagne.

En Autriche-Hongrie par contre, en Italie et surtout en Russie, tous les hommes en état de porter les armes ne sont pas astreints au service actif, les cadres existants ne pouvant pas, malgré la réduction du temps de présence au corps, les contenir tous; mais l'autorité militaire ne les perd pas pour cela de vue et, en cas de guerre, elle s'en servira soit pour compléter les troupes, soit pour en former des corps de milice. Quoique en majorité ces hommes soient sans instruction militaire, on en pourra tirer parti; après une préparation qui demandera quelque temps dans des formations de la réserve, ils iront eux aussi compléter les unités actives.

Les chiffres suivants indiquent clairement dans quelle mesure chaque État disposerait de ressources pouvant, en cas de nécessité extrême, servir à réparer les pertes éprouvées par les troupes actives :

	Acceptés pour servir	Dispensés de servir			
		Pour inaptitude :	Pour raisons de famille :	Pour cause d'excédent au tirage au sort :	Non comparus :
France. . .	76 0/0	23 0/0	0 0/0	0 0/0	1 0/0
Allemagne.	45 0/0	42 0/0	2 0/0	0 0/0	11 0/0
Autriche. .	34 0/0	57 0/0	4 0/0	0 0/0	5 0/0
Italie . . .	31 0/0	27 0/0	30 0/0	9 0/0	3 0/0
Russie. . .	31 0/0	12 0/0	51 0/0	4 0/0	2 0/0

(1) En France, nul ne saurait à ce titre être exempté du service actif. La faveur réservée aux soutiens de famille consiste en ce que le temps de présence sous les drapeaux a été réduit, en ce qui les concerne, à une année. Cette faveur s'accorde assez souvent et le nombre de jeunes gens qui en bénéficient atteint 16 0/0 du contingent.

Dans d'autres armées, les sujets favorisés pour une raison ou pour une autre sont classés dans des catégories assujetties en temps de paix à une courte période d'instruction seulement :

En Allemagne. }
En Autriche. . } dans l'Ersatzreserve.
En Italie . . . | dans la milice territoriale.

En Russie, les exemptés de première catégorie sont versés dans le deuxième ban de la milice *(opoltchénié)*, c'est-à-dire classés dans une partie de l'armée qui ne reçoit pas d'instruction militaire et qui, selon toute prévision, ne sera même pas appelée en cas de guerre; car rien que le premier ban de la milice offre une source inépuisable d'hommes pour compléter les troupes permanentes et leurs réserves (on en compte 5,000,000).

Rediger, *Complément et organisation de la force armée.*

Il résulte donc de là qu'en France plus des trois quarts des hommes yant atteint l'âge voulu sont incorporés annuellement dans l'armée, c'est--dire deux fois et demie autant que dans les autres États; les exigences oncernant l'aptitude physique des recrues n'y peuvent être grandes et la veur relative dont bénéficient les soutiens indispensables de famille ne spense personne du service actif.

La situation en Allemagne et en Autriche est meilleure, mais en ce sens ulement qu'on y exempte davantage pour cause d'inaptitude physique. uant aux dispenses, on n'en accorde presque pas.

En Italie, les exigences relatives à l'aptitude physique sont beaucoup oindres; ce qui permet d'accorder, pour raisons de famille, des dispenses ans la proportion de 30 0/0 environ.

En Russie, dit Rediger, l'attention des autorités s'est principalement ortée sur les intérêts des populations, sur la conservation de la force productive dans les familles. Il faut voir là l'influence de l'ancien système de crutement successif, organisé, élaboré pour ainsi dire, par les populations les-mêmes et qui de tous leur est resté le plus sympathique. Mais, par ontre, il y a lieu de craindre qu'en ce qui concerne le développement physique des soldats, l'armée russe ne soit inférieure aux autres.

---

2. Force numérique des troupes de campagne.

Effectif des troupes directement utilisables à la guerre.

Il est impossible, dans les pays où le commerce et l'industrie sont très éveloppés, de priver tout d'un coup le mécanisme social, forcément complexe, un nombre trop grand d'unités, principalement des individus qui ont éjà atteint un certain âge, et cela pour des raisons que nous avons indiquées au chapitre intitulé : *Aperçu des difficultés économiques en cas de uerre dans les États européens.* On a, de plus, reconnu que la jeunesse est ge qui se prête le mieux à l'action offensive, surtout au début d'une mpagne.

Mais quant à préjuger la quantité de pareilles troupes que chaque État rait à même d'envoyer sur les champs de bataille, c'est chose exceptionllement difficile.

L'appel d'un plus ou moins grand nombre d'hommes dépendra de tout ensemble de conditions d'ordre politique, des buts poursuivis par la erre, des dispositions de la population, etc.

Il existe en Allemagne environ 5,000,000 d'hommes ayant passé par les ngs, par conséquent ayant reçu une instruction militaire complète; mais, ur le cas d'opérations offensives, on ne saurait compter même sur la oitié de ce nombre.

Si aux troupes actives nous ajoutons les premiers contingents de la réserve nous obtiendrons le tableau synoptique suivant de la force respective des armées européennes (1) :

ÉTATS	Troupes de campagne		Troupes de réserve et milices mobiles		Totaux des troupes de campagne et du 1er contingent de la réserve		Troupes territoriales, landwehr, troupes de garnison appartenant au 2e contingent		TOTAL GÉNÉRAL	
	Officiers	Sous-off. et soldats	Officiers	Sous-off. et soldats	Officiers	Sous-off. et soldats	Officiers	Sous-off. et soldats	Officiers	Sous-off. et soldats
	Milliers :									
Allemagne. .	34.9	1.030	12.8	452	47.7	1.482	25.9	1.243	73.6	2.725
Autriche-Hongrie.	22.4	831	3.8	148	26.2	979	8.0	291	34.2	1.270
Italie.	20.7	623	5.8	220	26.5	843	9.1	385	35.6	1.228
	78.0	2.484	22.4	820	100.4	3.304	43.0	1.919	143.4	5.223
France . . .	30.0	1.017	15.4	700	45.4	1.717	22.4	909	67.8	2.626
Russie. . . .	26.0	1.314	19.0	1.045	45.0	2.359	15.3	974	60.3	(2) 3.333
	56.0	2.331	34.4	1.745	90.4	4.076	37.7	1.883	128.1	5.959

(1) *Recueil d'informations les plus récentes sur les forces armées des États européens et asiatiques.* Lebedeff (Ligne probable d'opérations en cas de guerre de la Triple-Alliance contre la France et la Russie) évalue comme suit la force numérique des troupes :

			Troupes actives	Troupes de campagne
Russie	2.800.000	+ 400.000 du 1er ban de l'opoltchénié. .	2.100.000	1.250.000
France.	2.350.000	+ 400.000 du 1er ban de l'armée terriotriale.	1.550.000	850.000
Alliance franco-russe.	5.150.000	. . . .	3.650.000	2.100.000
Allemagne . . .	2.600.000	+ 300.000 de landwehr. .	1.600.000	1.000.000
Autriche-Hongrie.	1.150.000	+ 400.000 — . .	950.000	700.000
Italie.	750.000	+ 400.000 milice territoriale	750.000	550.000
Alliance germano-austro-italienne.	4.500.000	. . . .	3.300.000	2.250.000

Il ressort de ce tableau synoptique que la force numérique des troupes franco-russes surpasse un peu celle de ses adversaires.

(2) L'organe semi-officiel *Mittheilungen über die fremde Armeen,* paraissant à Vienne, donne, pour l'année 1896, l'évaluation suivante :

Russie d'Europe	3.470.000
Caucase et Asie.	150.000
Total. . .	3.620.000 hommes de troupes de premier et de second appel.

EFFECTIF DES TROUPES INSTRUITES POUR LE TEMPS DE GUERRE EN 1896

EN MILLIERS D'HOMMES

Total des troupes instruites. | Total des troupes actives et des réserves du 1er ban.

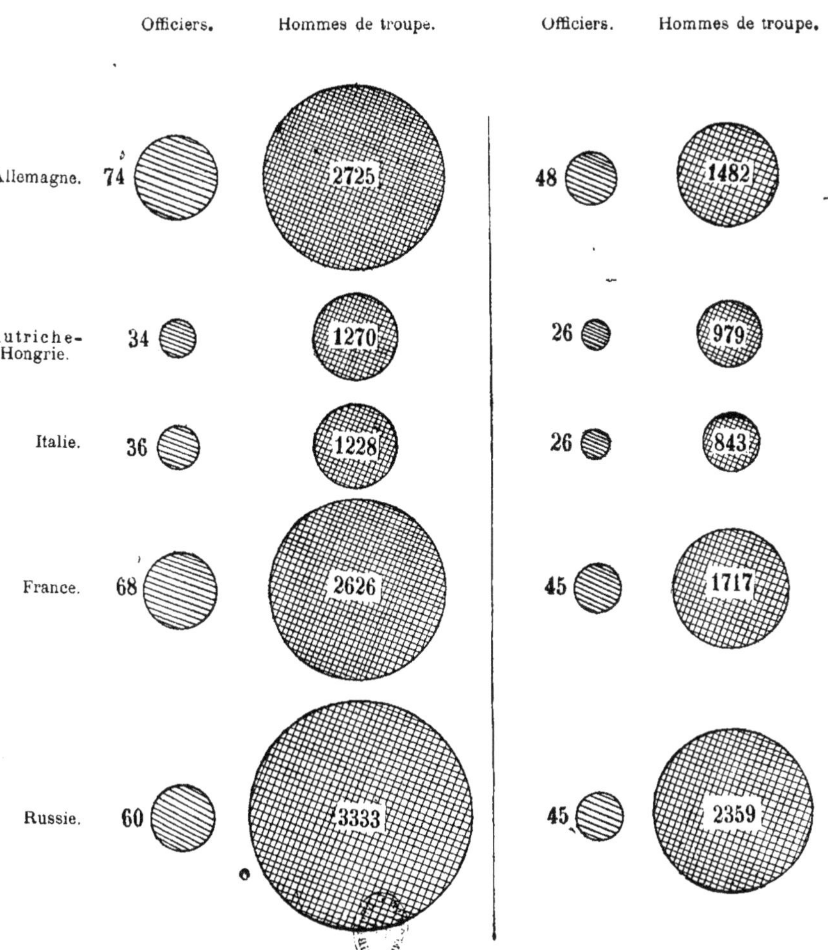

LA GUERRE FUTURE (P. 544, TOME II).

D'après les données contenues dans ce tableau, l'Allemagne, l'Autriche et l'Italie disposeraient de 3,304,000 hommes de troupes de campagne, tandis que la France et la Russie en compteraient 4,076,000.

Si l'on considère que les troupes de campagne et de la réserve du premier appel peuvent, dès le début des hostilités, entrer en totalité dans la composition de l'armée d'opérations, on obtiendra le pourcentage suivant par rapport à l'ensemble des forces existantes :

	Troupes de campagne et de la réserve de premier appel		Troupes territoriales landwehr, troupes de garnison, réserves de second appel	
	Officiers	S.-off. et soldats	Officiers	S.-off. et soldats
Autriche	77 0/0	77 0/0	23 0/0	23 0/0
Allemagne	65 —	54 —	35 —	46 —
Italie	74 —	69 —	26 —	31 —
Moyenne	70 0/0	67 0/0	30 0/0	33 0/0
France	67 0/0	65 0/0	33 0/0	35 0/0
Russie	75 —	71 —	25 —	29 —
Moyenne	70 0/0	68 0/0	30 0/0	32 0/0

3. Catégorie de troupes ne recevant qu'une instruction militaire sommaire.

Ressources en hommes incomplètement instruits.

Dans toutes les armées, en dehors des sous-officiers et des soldats qui passent par les rangs, il se trouve encore un certain nombre d'hommes dont les uns sont privés de toute instruction militaire et dont d'autres n'en ont reçu que quelques éléments. Versés dans la réserve, ces hommes, après y avoir été exercés, rejoignent ensuite les troupes d'opérations pour y combler les vides causés par les pertes éprouvées.

Ils ne sont par conséquent pas destinés à entrer directement dans des corps de troupes actives. Ce délai sera mis à profit pour leur instruction. Mais dans l'éventualité d'avoir à réparer immédiatement les pertes subies dès les premiers mois de la guerre, on soumet dès le temps de paix une partie d'entre eux à une certaine préparation militaire. Tel est le cas, en Allemagne et en Autriche, des hommes faisant partie de l' « Ersatzreserve », en Italie, de ceux qui sont portés sur les listes de la 2e catégorie du contingent, et en Russie des miliciens appartenant au 1er ban de l'opoltchénié.

Les hommes dans cette situation sont au nombre de (1) :

200.000 en Allemagne.
300.000 en Italie.
200.000 en Autriche-Hongrie.
1.000.000 en Russie.

Il est certain qu'on ne saurait de suite les incorporer dans les rangs ; mais, après un court passage dans des corps de la réserve, ils seront suffisamment préparés pour aller compléter des troupes dont les effectifs seront réduits par les pertes éprouvées.

---

4. Troupes actives de première ligne.

Les troupes de première ligne.

Les forces dont dispose chacune des grandes puissances sont si considérables, que ne pouvant être réunies en une seule armée, elles devront agir par groupes.

Cependant, chaque État tendra à les disposer de manière que quelques-uns de ces groupes puissent opérer de concert. Par conséquent, celles des forces qu'on destine à livrer la bataille décisive peuvent être considérées comme constituant l'armée principale et on peut toujours les dénommer ainsi.

L'ennemi y verra la principale force de résistance ; car il est clair que, s'il réussit à lui infliger une défaite, les autres groupes, étant moins forts, ne pourront plus guère compter sur des succès.

Il en résulte que cette armée constituera, par rapport à l'agresseur, l'objectif immédiat contre lequel il devra diriger tous ses efforts.

Le moyen le plus sûr de vaincre l'armée principale de l'ennemi consiste à concentrer contre elle des forces supérieures en nombre ; car on ne peut jamais être certain que l'homme mis à la tête des troupes s'affirmera d'un mérite supérieur à son adversaire, ni que les troupes elles-mêmes surpasseront en vaillance celles de l'ennemi.

C'est la règle première et fondamentale de l'art de la guerre contemporaine et elle ne se trouvera nullement modifiée par les succès partiels qui pourraient précéder la bataille décisive.

---

(1) Rediger, *Complément et organisation de la force armée*, fait entrer dans cette catégorie les quatre derniers contingents de l'opoltchénié, les miliciens du 1er ban susceptibles d'être incorporés dans l'armée.

Les fortifications de la zone frontière, servant à barrer les routes, empêcheront d'y faire passer simultanément de grandes masses de troupes. On sera donc obligé d'attaquer et d'enlever ces ouvrages avant que le choc principal puisse se produire. Les belligérants pourront aussi tenter de part et d'autre de troubler et de retarder la concentration des forces ennemies, en portant rapidement en avant des détachements de troupes, tout particulièrement de cavalerie, ce qui donnerait lieu aux premiers engagements et rencontres (1).

---

5. Cavalerie.

Effectifs de la cavalerie.

Les chiffres suivants expriment la force numérique de la cavalerie de campagne qui peut parfois commencer les opérations dans le plus bref délai :

	Nombre de cavaliers (officiers et soldats)	
Autriche-Hongrie.	56.208	155.664
Italie.	21.456	
Allemagne	78.000	
France.	64.665	200.294
Russie (2).	135.629	

Il y a donc en France et en Russie plus de cavalerie que n'en a la Triple-Alliance, et la différence en faveur des deux premiers États est de 29 0/0.

Quant aux cavaleries de réserve, voici les chiffres qui les concernent :

	Cavalerie des troupes de la réserve et de la landwehr 1er ban	Cavalerie des troupes de la réserve et de la landwehr 2e ban	Cavalerie du 3e ban
	NOMBRE DES CAVALIERS		
Autriche-Hongrie .	18.303	315	—
Italie.	5.748	—	—
Allemagne	14.900	33.863	26.076
	38.951	34.178	26.076
France	24 280	24.240	11.750
Russie	87.474	62.444	Cosaques?
	111.754	86.684	11.750

(1) Von der Goltz, *Kriegführung.*
(2) Dans ce nombre sont comptés les 30,884 hommes de la garde frontière.

Ici encore l'avantage est du côté de la France et de la Russie. Il ne faut pas non plus oublier que les troupes cosaques dans la Russie d'Europe peuvent fournir, en cas de nécessité, 130,000 hommes de 18 à 38 ans en dehors des effectifs d'activité.

La plus grande partie de ces masses de cavalerie se trouvent réparties sur les frontières.

La prochaine guerre commencera par des opérations isolées de cavalerie, mais cette arme n'agira pas toujours d'une façon indépendante : par leur but même et par les conséquences qui en découlent elles se trouveront directement reliées aux opérations principales — relativement auxquelles elles sont ce qu'est l'éclair à l'orage qui s'approche.

---

6. Artillerie.

Nombre de pièces d'artillerie

Afin qu'on puisse comparer les forces en artillerie dont disposent les différentes armées, nous reproduisons ci-après les données de Rediger (1), le nombre de pièces d'artillerie montée qui correspondait, en 1891, à 1,000 fantassins des troupes de campagne et du premier ban de la réserve, ainsi que celui de pièces d'artillerie à cheval, correspondant à 1,000 cavaliers.

Nombre de pièces par 1,000 hommes d'infanterie (1) :

En Allemagne	3.0
— Autriche-Hongrie	3.0
— Italie	3.9
— France	4.1
— Russie (Europe et Caucase).	2.7

La France est donc l'État le plus riche en artillerie. L'Italie vient après et ensuite seulement l'Allemagne, l'Autriche-Hongrie et la Russie. L'armée russe est bien plus pauvre en artillerie que les autres armées.

Nombre de pièces par 1,000 hommes de cavalerie :

En Allemagne.	2.9
— Autriche-Hongrie.	1.4
— Italie	1.5
— France	3.4
— Russie	2.0

(1) Nous avons donné, dans le tome I, le nombre des pièces correspondant à 1,000 hommes d'infanterie, en faisant entrer en ligne de compte la totalité des forces armées de chaque État. En 1891, ce nombre était de 1.2 en Russie; 1.2 en France; 1.2 en Allemagne; 1.0 en Autriche; 1.0 en Italie; 1.3 en Turquie.

NOMBRE DES UNITÉS DE COMBAT DES ARMÉES DE LA TRIPLE ET DE LA DOUBLE-ALLIANCE
D'APRÈS DES SOURCES ALLEMANDES

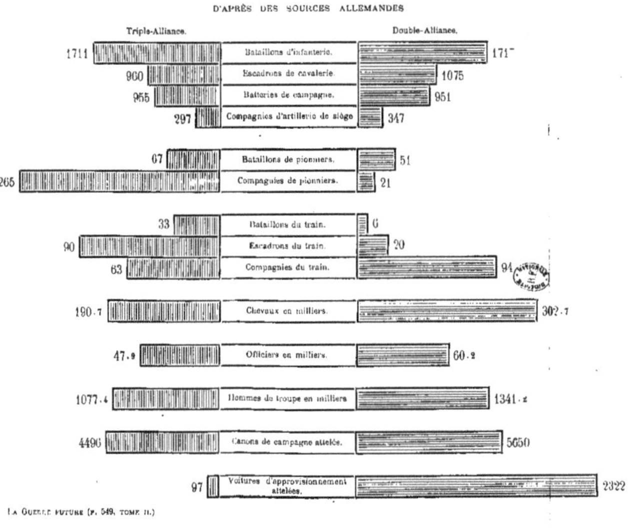

LA GUERRE FUTURE (P. 549, TOME II.)

I

pièces

La France est donc l'État relativement le plus riche en artillerie à cheval. Elle est suivie de près par l'Allemagne.

En Russie, on a pris, dans ces derniers temps, des mesures énergiques pour augmenter le nombre des pièces. Une publication militaire d'un caractère semi-officiel paraissant à Vienne (1) nous informe que les brigades d'artillerie vont être augmentées en Russie de deux batteries chacune, ce qui constituera une augmentation générale de plus de cent batteries, c'est-à-dire de 800 pièces de campagne. Cela veut dire que chaque division d'infanterie qui, jusqu'à présent, n'était munie que de 48 pièces, en comptera désormais 64. Les forces en artillerie, dont dispose un corps d'armée, y compris les 12 batteries de la division de cavalerie, seront donc portées de 108 à 140 pièces de campagne.

Il y a lieu de faire observer que, la formation de batteries de mortiers une fois accomplie, l'armée en aura 28. Elle sera donc à même de munir, à mesure que besoin sera, chaque corps d'armée d'une batterie de mortiers.

Une augmentation de l'artillerie entreprise dans de si larges proportions ne saurait évidemment pas s'effectuer d'un seul coup; car, ni le matériel ne peut être créé, ni le personnel (les officiers particulièrement), formé d'emblée. Tout s'accomplira progressivement.

La réforme sera tout d'abord appliquée à la circonscription militaire de Varsovie.

Si l'on ne tient pas compte de ladite augmentation de pièces d'artillerie en Russie, on aura, pour l'année 1896, les nombres suivants (2) :

	Pièces attribuées aux troupes de campagne et du 1er ban de la réserve	Pièces attribuées aux troupes du 2e ban de la réserve	Totaux
Allemagne.	3.360	1.192	4.552
Autriche-Hongrie. .	2.248	448	2.696
Italie	1.764	—	1.764
	7.372	1.640	9.012
France	4.512	2.808	7.320
Russie (Europe et Caucase) (3) . . .	4.312	640	4.952
	8.824	3.448	12.272

(1) *Mittheilungen über die fremde Armeen*, 1896.

(2) *Recueil d'informations les plus récentes sur les forces armées des États européens et asiatiques*, 1896.

(3) *Mittheilungen über die fremde Armeen*, 1896.

Le nombre de pièces que possèdent la France et la Russie est donc supérieur à celui de la Triple-Alliance.

Il est impossible de se représenter une image exacte de ce que sera la prochaine collision. Plus il y aura d'États participant à la guerre, plus cette guerre donnera lieu à des combinaisons différentes, ce qui fait qu'on ne saurait émettre de suppositions entièrement vraisemblables au sujet du groupement de ces masses énormes dont disposent les cinq grandes puissances qui nous intéressent principalement. L'éventualité du choc attendu donne de l'importance à certains États secondaires, et notamment à ceux qui, en vertu de leur situation géographique par rapport aux belligérants, peuvent exercer une influence plus ou moins grande sur les plans d'opérations de guerre. La Belgique et la Suisse occupent une situation semblable relativement à l'Allemagne et à la France. Par conséquent, avant de discuter la marche probable des opérations de guerre de la Triple contre la Double-Alliance, nous allons étudier l'influence stratégique des deux États secondaires ci-dessus mentionnés sur le théâtre de la guerre franco-allemande.

V. Influence stratégique de la Belgique et de la Suisse sur le théâtre de la guerre franco-allemande.

Rôle que pourront jouer les États neutres.

Ainsi que la remarque en a été faite précédemment, les contingents des cinq grandes puissances appelées à prendre part à une guerre éventuelle seront si considérables que la force numérique, à ne considérer que cette force seule, des armées secondaires de l'Europe (Belgique, Suisse, Danemark, Serbie, Bulgarie, Montenegro, Roumanie et Suède) ne saurait guère modifier l'état des choses, quant aux actions mutuelles des armées des grandes puissances.

Mais comme, selon toute vraisemblance, une des particularités de la guerre future sera la longue durée, et comme les pertes seront énormes, l'intervention des États secondaires dans la collision, surtout au dernier moment, pourra faire pencher la balance d'un côté ou de l'autre. Il n'est donc pas sans intérêt de considérer sérieusement quelle sera l'influence que cette intervention pourrait exercer sur la marche des événements.

Il convient, pour d'autres raisons encore, de porter notre attention sur la neutralité que certains États seront tenus d'observer, au moins au début. On peut craindre toutefois qu'à un moment donné ils n'en sortent, et ces craintes se refléteront dans la concentration des troupes des États voisins; ce qui apportera d'importantes modifications aux calculs et aux plans des futures campagnes.

Sans même parler de la dépendance réciproque des intérêts économiques qui peuvent influencer l'opinion chez les États voisins, il y a lieu de se demander si les frontières des États neutres seront toujours considérées par les puissances belligérantes comme autant de barrières infranchissables pour leurs armées. De cela dépendent tous les plans d'opérations d'une guerre franco-allemande, et ces plans se répercuteront à leur tour sur les théâtres de guerre austro-russe et germano-russe.

Belgique.

Rôle de la Belgique

La Belgique est un État de petite étendue, qui pénètre comme un coin entre la France et l'Allemagne. Cette position géographique a donné naissance à une question dont les journaux militaires n'ont pas cessé de s'occuper : celle de savoir si, le cas échéant, l'un des belligérants ne violerait pas la neutralité belge malgré les traités qui la garantissent.

Les auteurs français affirment que ce belligérant sera précisément l'armée allemande. Ils soutiennent qu'elle ne se gênera nullement pour porter atteinte à une situation garantie par l'Europe et que, ce faisant, elle ne rencontrera de la part des Belges qu'une faible résistance ou même une certaine indulgence.

On motive de la manière suivante la résolution qu'aurait prise l'Allemagne de ne pas respecter la neutralité belge. La mobilisation russe ne pouvant s'effectuer, comparativement à celle des Allemands, qu'avec de grands retards, ces derniers voudront mettre à profit cette avance de temps pour attaquer immédiatement la France, lui infliger une défaite décisive et se jeter ensuite avec les forces rendues disponibles sur leur autre ennemi.

Les auteurs allemands, par contre, attribuent aux Français les mêmes intentions. Les journaux militaires allemands arrivent à ce sujet aux conclusions suivantes (1) :

---

(1) *Jahrbücher für deutsche Armee und Marine* et *Neue militärische Blätter*, d'après la *Revue Nouvelle* : La neutralité de la Belgique et de la Suisse.

Opinion des autorités militaires allemandes.

De hautes autorités militaires croient qu'une invasion allemande à travers la Belgique ne doit pas être rangée dans le nombre des choses invraisemblables. A leur avis, si, prenant le Rhin moyen et Metz pour base d'opérations, on dirigeait l'action offensive contre le rayon Verdun-Stenay, un des points les plus vulnérables de la ligne de défense française, ces dispositions menaceraient incontestablement le territoire belge, parce que l'attaque devrait être secondée par une marche de flanc à travers la Belgique, probablement par Chimay. Ce mouvement de flanc serait motivé par la circonstance que les principales forces offensives de l'Allemagne, se dirigeant sur Verdun-Stenay, devront marcher le long de la frontière belge, et que, si elles subissaient un échec, elles se trouveraient rejetées au delà de ladite frontière, d'où une nécessité stratégique impérieuse de combiner l'attaque de front avec une attaque de flanc à travers le territoire belge.

A cela, les stratégistes allemands répondent brièvement que cette combinaison ne correspond nullement à l'état réel des forces allemandes et à leur base d'opérations. Toute opération que ces forces entreprendraient contre le nord de la France, avec le bas Rhin pour point de départ, s'exécuterait sur la ligne excentrique. Or, l'emploi d'une telle ligne ne concorderait ni avec la stratégie ni avec la tactique contemporaines, telles qu'on les comprend en Allemagne. On peut donc affirmer que, si quelque danger menace la neutralité belge, ce danger ne viendra pas d'Allemagne. On ne saurait en dire autant de la France. Le but des Français consistera toujours à atteindre le bas Rhin, avec une partie de leurs forces au moins, afin de passer sur la rive droite en dehors du rayon Wesel-Cologne-Coblentz. C'est là qu'ils trouveraient la région de toute l'Allemagne qui se prêterait le mieux à leurs opérations. En effet, l'état des routes, la facilité d'approvisionnement, l'abondance même des vivres, l'absence d'obstacles, tout rendrait plus aisé leur mouvement en avant.

D'autre part, le nord de la France constitue la zone la plus favorable à la concentration des troupes, étant donnés le vaste réseau des voies ferrées, les nombreuses agglomérations, les grands camps retranchés et les positions fortifiées dont abonde cette région. Grâce à ces différentes conditions, une puissante armée pourrait être réunie sans bruit et avec rapidité sur la ligne Maubeuge-Valenciennes-Lille, et en cas d'échec trouver un solide point d'appui dans ces camps retranchés et ces positions fortifiées.

Une invasion inopinée de la Belgique et l'occupation de Bruxelles pourraient séduire les Français et leur paraître avantageuses en ce sens que cela relèverait l'esprit de l'armée et de l'opinion publique.

Cela leur éviterait en même temps de se heurter contre les positions de Metz et de Strasbourg, où ils seraient sûrs de rencontrer de fortes armées. Établis sur la Meuse belge, ils y trouveraient une bonne ligne de défense, ainsi qu'une base, pour attaquer par le nord, c'est-à-dire par le côté le plus faible, les forces allemandes concentrées en Alsace-Lorraine.

Ces accusations réciproques nous semblent cependant peu fondées; et nous croyons qu'en cas de guerre, ni les troupes allemandes ni les troupes françaises ne tenteront rien contre la neutralité de la Belgique.

De Moltke, traitant en 1868 (1) de la vraisemblance d'une guerre entre la France et l'Allemagne et examinant les hypothèses qui, selon lui, devraient être prises en considération, ne manque pas de mentionner la possibilité d'une tentative de l'armée française par le nord contre l'extrême flanc droit des Allemands. Il conseille, pour le cas où pareille éventualité se produirait, d'avoir recours à une manœuvre très élémentaire et notamment de faire une conversion à droite pour attaquer en force le centre du front ennemi et rejeter l'armée française sur la Belgique.

C'est ce qui se passa précisément en 1870, du 20 août au 2 septembre, et se termina par la catastrophe de Sedan.

La mobilisation des troupes allemandes s'effectue plus rapidement que celle des troupes françaises et, pour des raisons que nous exposerons plus loin, il y a beaucoup de chances que les armées françaises s'en tiennent à la défensive; par conséquent, une violation de la neutralité belge par lesdites armées est peu probable.

Comment s'effectuerait très probablement l'offensive des Allemands contre la France.

Quant à une invasion des armées allemandes à travers la Belgique, les voies ferrées, leurs directions, leur organisation, tout prouve que Metz et Strasbourg doivent servir aux Allemands de principaux points d'appui.

Dès que leurs armées auront réussi à s'établir autour de Metz et de Strasbourg, la marche ultérieure de leurs opérations se dirigera nécessairement contre l'ennemi, contre le centre de ses forces et de ses points de résistance, c'est-à-dire contre la capitale de la France. Paris sera, sans aucun doute, cette fois comme toujours, l'objectif principal des armées allemandes concentrées entre le Rhin et la Moselle.

Les remparts du grand camp retranché de Metz sont distants de 300 kilomètres environ de celui de Paris. En y ajoutant 50 kilomètres encore pour le cas où il faudrait s'écarter de la ligne droite, et en admettant l'existence d'obstacles naturels ou artificiels, la nécessité de livrer des combats et autres causes de retard, cette route n'en reste pas moins incomparablement plus courte que celle qui passerait par la Belgique et qui ne mesure pas moins de 500 kilomètres. On peut considérer le camp de Châlons comme le point de concentration des troupes françaises. La distance entre Metz et Châlons, ces points respectifs de concentration des deux adversaires, est de 150 kilomètres, soit de 8 à 9 journées de marche. De Châlons au Rhin et à Stras-

(1) *Récit de la guerre 1870-71*, par l'état-major prussien, tome I, page 72.

bourg, il y a environ 350 kilomètres. Le mouvement tournant par la Bel-gique aurait à s'effectuer sur un parcours de 500 kilomètres environ.

Du reste, les armées allemandes qui se seraient frayé un chemin à travers la Belgique, n'en rencontreraient pas moins en France une quantit d'obstacles : des fortifications anciennes ou modernes, principales ou acces soires, des points de résistance organisés sur leurs flancs, sur leurs fronts leurs lignes de mobilisation, etc. Il y a d'abord une première ligne, celle (e comptant de droite à gauche) de Longwy, Montmédy, Sedan-Mézières Rocroi, Givet, Hirson, Landrecies, Maubeuge, Valenciennes, Lille, Dunkerque puis, une seconde, celle de Reims, Laon, La Fère, Péronne, Amiens, san parler des nombreux points intermédiaires qui unissent ces deux lignes d défense entre elles et rattachent la seconde au camp retranché de Paris.

Les fortifications du territoire belge.

Mais en Belgique aussi on a organisé une forte défense. Il y a notam ment la position fortifiée d'Anvers, les fortifications de la vallée de l Meuse à Liège, Huy-Namur et les ouvrages isolés de Termonde a confluent de l'Escaut avec les rivières de la Dendre et de la Dirt.

La carte suivante reproduit la disposition de ces places fortes et point fortifiés :

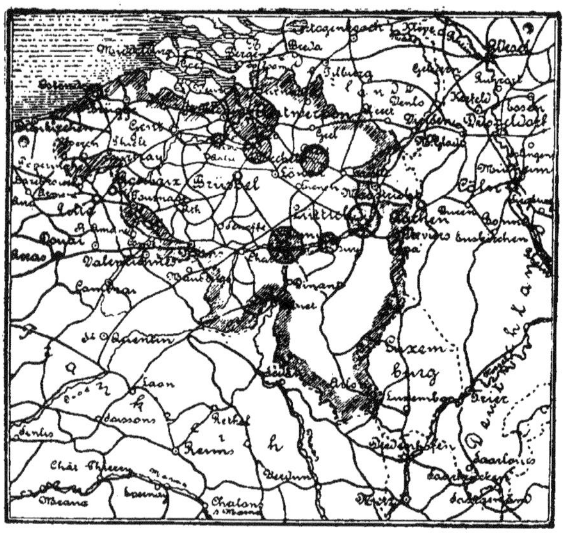

Places fortes et points fortifiés de la Belgique.

On croit généralement, en Allemagne, que la France adoptera la défen sive et la manière dont les Allemands ont fortifié leur frontière français l'indique suffisamment. Il ne s'y trouve en tout que deux places fortes et camps retranchés.

La plaine de l'Alsace-Lorraine est ouverte du côté de la France. Les Français peuvent y pénétrer de tous côtés, dans n'importe quelle saison, à n'importe quel moment, sans efforts particuliers de l'artillerie et du génie, mais sans autre résultat possible que de se mesurer avec les troupes allemandes concentrées autour de Metz et de Strasbourg. En admettant cette hypothèse, la bataille ne serait qu'un premier but assigné aux opérations offensives des Français qui se trouveraient pour ainsi dire invités à les entreprendre par le caractère actif de la défense organisée par les Allemands. Quant à passer par la Belgique afin d'attaquer ensuite directement la ligne du Rhin, en laissant derrière soi Metz et Strasbourg, ce serait, — étant données les conditions présentes, la force numérique et le tempérament des troupes françaises, — d'autant plus risqué qu'il faudrait avant tout vaincre l'armée belge composée d'environ 135,000 hommes avec 240 pièces de canon.

Ce que pourrai faire l'armée belge.

Ces 135,000 hommes agissant en masse et appuyés sur une bonne base seront capables, en général, de n'importe quelle opération de guerre.

Établie sur ses lignes fortifiées, cette armée pourra observer en toute sécurité la marche de la campagne, et, choisissant un moment favorable, porter un coup décisif sur le front, les flancs ou les derrières de l'armée d'invasion, avec le concours, naturellement, des troupes soit françaises, soit allemandes, selon les circonstances. A l'ouverture du Parlement en 1892, le roi des Belges s'est exprimé de la sorte : « Les travaux de fortification de la Meuse, actuellement terminés, donneront au pays la possibilité de satisfaire plus facilement aux obligations de neutralité qui lui incombent et dont ce pays a pris l'engagement de ne jamais s'écarter. » Il n'y a aucune raison de suspecter la sincérité de cette déclaration. Du reste, elle est corroborée par le fait même de la construction des forts sur la Meuse.

Ces ouvrages constituent une véritable barrière contre une invasion de l'armée allemande ; car, de Namur à Liège, sur la frontière de Hollande, leurs feux se croisent presque sur tout le cours de la Meuse. A Namur, ce fleuve présente à l'ennemi un obstacle profond et large de 100 mètres, et n'est traversé que par 3 ponts seulement. Cette position, naturellement si forte, s'étend de Namur à Givet sur un parcours de 40 kilomètres dont 20 se trouvent sous les canons de ces deux places.

Le colonel Josset évalue, vu la proximité de l'armée française, à 60.000 hommes avec l'artillerie correspondante, l'effectif des troupes nécessaires à la défense de cette ligne, en comptant 3 hommes par mètre courant (1).

(1) *Journal des sciences militaires,* 1894 : Rôle des fortifications de la Meuse belge et des places françaises du Nord.

Ensuite l'auteur trouve qu'étant donnée la distance de 50 kilomètres seulement entre Namur et Liège (1) (le croquis ci-dessous de la place de Liège donne quelque peu l'idée de sa force) et cette contrée ne pouvant, au début des opérations, être sérieusement attaquée autrement que par la rive droite, il suffirait d'affecter une garnison de 15,000 hommes à chacune de ces places. L'intervalle qui les sépare, défendu déjà par le fort de Huy, peut fort bien l'être par 3,000 hommes en comptant 3 hommes par mètre.

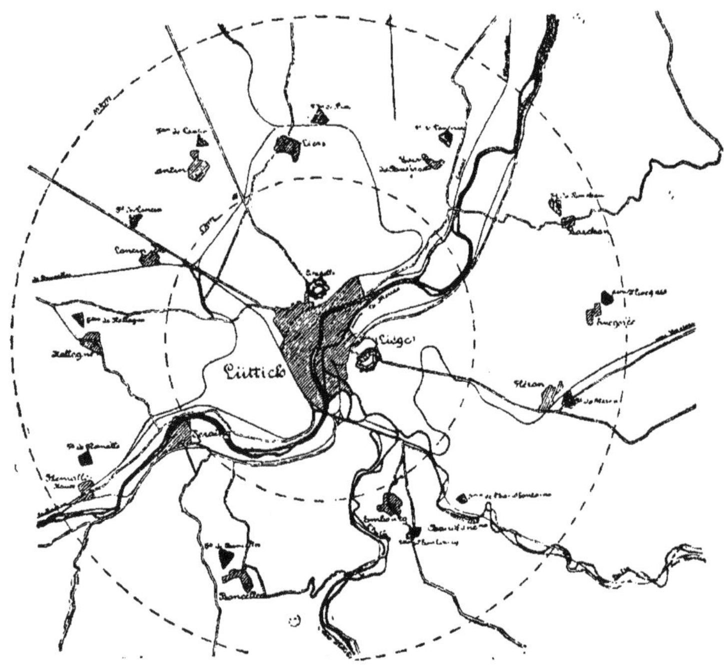

Fortifications de Liège.

Il semble enfin que la réserve indispensable pour soutenir les points les plus faibles de cette ligne et, le cas échéant, pour porter dans des conditions de supériorité numérique relative un coup décisif à l'ennemi qui romprait sur un point quelconque la ligne de défense, peut être estimée à 50,000 hommes dont 10,000 seraient concentrés à Landen, à la bifurcation

(1) Schrötter, *Die Festung in der heutigen Kriegsführung* (Militär Wochenblatt, 1896).

notamment des lignes Liège-Huy-Namur, de manière à pouvoir diriger instantanément quelques milliers d'hommes sur chacun de ces points.

La Belgique aurait encore besoin, d'après le même auteur, de 20,000 hommes pour la défense d'Anvers dont les ouvrages se trouvent indiqués sur le croquis ci-après.

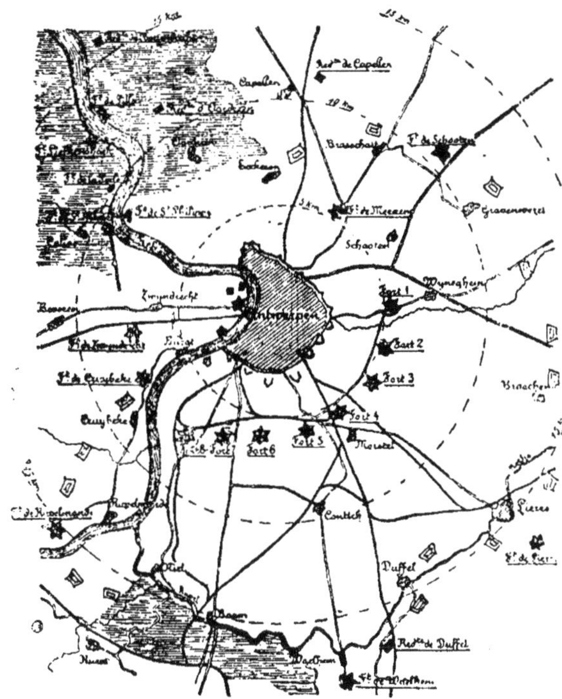

Fortifications d'Anvers.

De cette manière, 160,000 hommes suffiraient à la défense de la Belgique.

Celle-ci ne dispose, il est vrai, que de 135,000 hommes ; mais avant que l'absence des 25,000 hommes qui, le cas échéant, manqueraient à la défense contre une invasion allemande se fit sentir, les Français auraient certainement le temps d'accourir en nombre bien supérieur.

Tout cela démontre combien la violation de la neutralité belge par l'Allemagne est peu probable, à moins d'une hypothèse que l'esprit le plus crédule se refuserait à admettre : celle que la Belgique aurait dépensé

La violation de la neutralité belge par l'Allemagne est peu probable.

des millions à ses fortifications dans le but exclusif d'en faire bénéficier l'Allemagne. Mais en admettant qu'une nation fût capable d'aller dans un moment critique jusqu'à vendre son honneur, il n'est guère admissible qu'elle ait pu consentir des sacrifices d'argent pour se déshonorer.

Si la Belgique, poussée par la crainte ou par de secrètes sympathies, avait l'intention de manquer à ses devoirs de neutralité et de s'assurer ainsi les bonnes dispositions de l'Allemagne, il lui eût été facile d'économiser des millions ; et, pour décliner l'obligation de résister à l'invasion, elle eût trouvé, au cas où la victoire eût penché du côté opposé à ses sympathies un semblant d'excuse en invoquant l'insuffisance de ses moyens militaires.

D'autre part, il est difficile de considérer les fortifications élevées sur la Meuse comme une mesure hostile à la France, attendu qu'elles ne sauraient interdire aux Français l'accès de presque tout le territoire belge, tant par la frontière du nord que par la rive droite de la Meuse.

Et, en effet, la construction de ces forts eût été inutile si ce n'est pour empêcher les troupes françaises de faire de la vallée de la Meuse, le cas échéant, leur ligne d'opérations, d'autant plus inutile même que cette ligne, excentrique par rapport à la direction principale de la marche des armées françaises contre l'Allemagne n'aurait qu'une importance secondaire.

Il nous semble donc hors de doute qu'au début des hostilités et longtemps après encore la Belgique restera neutre.

Perturbations économiques qui se produiront en Belgique.

Cependant les perturbations économiques qui s'y produiront n'en seront pas moins considérables. L'industrie belge est très active et elle alimente principalement des marchés éloignés. Les transactions commerciales d'importation et d'exportation donnent une moyenne de 465 francs par habitant, ce qui représente une somme deux fois et demie plus forte qu'en France et en Allemagne. Leur ensemble constitue un fonds de roulement de 2,9 milliards. Les affaires avec les pays des futurs belligérants se chiffrent par 1,1 milliard ; avec la Grande-Bretagne par 440 millions ; et par 500 millions avec les pays d'outre mer.

Seules les industries dont les produits peuvent servir à l'armement et à l'approvisionnement des armées prospéreront durant la guerre, la Belgique se trouvant en situation de satisfaire aux besoins de tous les États belligérants, la Russie exceptée.

Au point de vue de l'alimentation de ses 6,1 millions d'habitants, la Belgique se trouvera dans une situation très précaire.

L'importation des blés venant principalement des pays d'outre-mer atteint environ 170 millions, ce qui correspond au quart environ de la quantité de viandes et de blés consommée. Les approvisionnements en blés sont insignifiants en Belgique ; par contre, le bétail s'y trouve en quantité suffisante.

Les habitants de la Belgique, et même son Gouvernement, n'ayant point à s'imposer de sacrifices de guerre et jouissant généralement d'un certain bien-être, seront à même de faire, en temps voulu, des achats anticipés de blés dans les pays limitrophes.

Les cultures potagères y étant en outre très répandues et la pomme de terre abondante, on pourra se prémunir contre la disette.

Mais, en revanche, l'excitabilité de l'ouvrier belge est grande, ainsi que le démontre la fréquence des grèves et des désordres. Le danger de ce côté n'est pas insignifiant.

Vu le nombre infime de ses troupes, la Belgique ne saurait, au début des hostilités, exercer aucune influence sur la lutte entre la Triple et la Double-Alliance. Dans la suite, toutefois, lorsque les forces des belligérants seront épuisées, elle sera contrainte, étant donnée sa position centrale, de prendre, de concert peut-être avec d'autres petits États, une part plus active dans les événements; car une guerre de longue durée pourrait avoir, pour ces pays aussi, des conséquences désastreuses.

Suisse.

Rôle de la Suisse.

Passons maintenant à la Suisse — cette seconde aile du front des opérations franco-allemandes.

Les questions que soulèvent la violation de la neutralité et la défense du territoire suisse ont été discutées avec force détails dans les journaux militaires allemands.

Le sens général de ces études, c'est que la Suisse n'aurait rien à redouter d'une invasion allemande et que, d'autre part, si elle se précautionnait contre une tentative analogue des Français, en exécutant quelques travaux de défense, si notamment les passages du Jura étaient fermés par une chaîne de forts ayant derrière elle deux camps retranchés, l'un à Berne (1), l'autre à Zurich, l'Allemagne n'aurait rien à craindre d'une pareille invasion (2).

Toutefois la nouvelle de la conclusion de la Triple-Alliance a eu pour effet de populariser en Suisse une opinion différente (3).

La position centrale occupée par la Suisse suggérait évidemment la pensée de faire, de ce pays, l'anneau d'une chaîne qui doit relier entre eux les États de la Triple-Alliance.

---

(1) *Jahrbücher fur die deutsche Armee und Marine.*
(2) Schrötter, *Die Festung in der heutigen Kriegsführung.*
(3) *Ibidem.*

Comment la Suisse est fortifiée.

Aussi, le Gouvernement fédéral suisse décida-t-il, en 1889, de déplacer la base fondamentale de la défense nationale, autrement dit le centre des travaux de fortification et de le porter sur un point dont la possession serait particulièrement importante en présence d'une action concertée des forces de la Triple-Alliance. Ce point c'est Inseren-Thal (vallée de l'Inseren) avec le massif central du Saint-Gothard, point de départ des vallées de la Reisz, du Rhin, du Tessin, du Rhône et de l'Adige, point d'intersection de cinq grandes routes et passage de la ligne ferrée la plus directe entre l'Allemagne et l'Italie.

Des ouvrages avancés barrent la vallée du Tessin à Bellinzona, ainsi que celle du Rhin à Luciensteig, et empêchent de la sorte de tourner le Saint-Gothard à l'est par les cols de Lukmanier et le Petit-Saint-Bernard.

Ceux de Saint-Maurice, dans la vallée du Rhône, en font autant pour la ligne occidentale d'opérations qui, partant du sud, passe par le Grand-Saint-Bernard, suit la vallée du Rhône et aboutit au lac de Genève. Tous ces ouvrages avancés ont aussi le caractère de fortifications frontières, et, semblables en cela aux lignes de défense des plaines, ils sont destinés à faire gagner du temps.

La plus grande partie de ces ouvrages, étant ou taillés dans le roc ou bétonnés, présentent une grande force de résistance.

En fait de fortifications plus anciennes, celles d'Aarberg, de Solothürn et d'Aarbourg méritent de retenir l'attention; car elles ferment toutes des voies ferrées et couvrent d'importants nœuds de communications dans la vallée de l'Aar.

Nous donnons ci-dessous la carte avec indication de ces ouvrages fortifiés.

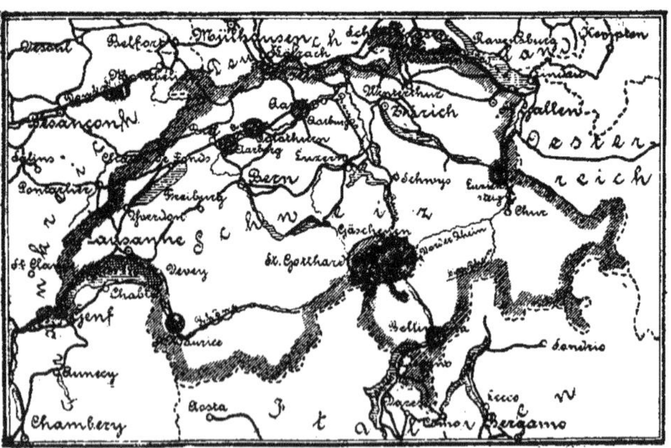

Fortifications de la vallée d'Aar.

Les mesures de défense auxquelles la Suisse s'est actuellement arrêtée sont certainement discutables. Au point de vue exclusivement défensif, c'est-à-dire de la protection des communications, elles peuvent être considérées comme suffisantes. Mais au point de vue des opérations actives, l'importance des ouvrages fortifiés du Saint-Gothard pour la défense générale du pays est très problématique ; car il suffirait de forces peu considérables pour empêcher l'armée suisse qui s'y trouverait de déboucher par d'étroites vallées. Ses mouvements pourraient être entravés et elle-même risquerait de se trouver pour ainsi dire enfermée.

Le centre de gravité de la force défensive de la Suisse se trouve incontestablement dans la partie nord du pays, sur le plateau suisse presque dépourvu de défenses, et dont l'armée de campagne, appuyée sur des fortifications passagères, aurait la charge.

L'armée suisse en cas de guerre

La Suisse peut lever en cas de guerre 137,000 hommes de troupes de première ligne, 80,000 de la landwehr et, en plus, des hommes du landsturm en nombre considérable. Elle dispose de 540 pièces d'artillerie. Ses troupes sont très bien armées, mais, composées principalement de miliciens, elles ne sont guère aptes aux opérations offensives.

Violation peu probable de la neutralité helvétique.

La probabilité d'une violation de la neutralité suisse est presque nulle. La Suisse sera en tout cas à même d'infliger à celui des belligérants qui tenterait l'aventure, une telle perte de temps qu'il n'y aurait plus pour lui aucun avantage à le faire. De Metz, qui constitue la base des Allemands, au centre principal de la France, Paris, il y a en tout 300 kilomètres. Si on voulait y arriver par la Suisse, c'est 800 kilomètres qu'il faudrait parcourir. De manière que les opérations, soit des Allemands soit des Français, dirigées à travers la Suisse, au lieu d'offrir des avantages aux uns ou aux autres, seraient au contraire dangereuses pour celui des belligérants qui les entreprendrait.

Quant à des opérations ayant pour but d'établir, à travers la Suisse, un lien entre les forces allemandes, d'une part, et celles de l'Autriche et de l'Italie de l'autre, rien n'autorise à les supposer ; car ces dernières seront absorbées par la défense ou l'attaque contre les armées russes et françaises. S'il restait à ces deux États quelques troupes disponibles encore, leur effectif ne pourrait pas être considérable et il serait inutile, dans le seul but de leur frayer passage, de violer la neutralité suisse et de risquer le danger d'une collision avec une armée de 220,000 hommes.

Il est peu, très peu probable même que la France entreprenne une guerre offensive. Dans ces conditions, la violation de la neutralité suisse n'aurait aucune raison d'être.

En ce qui concerne l'Allemagne, étant donnée la situation que nous avons exposée, le passage de ses troupes à travers la Suisse opéré de vive force aurait cette conséquence que la France, grâce à une alliance qui interviendrait alors avec la Suisse, trouvant le chemin libre, tournerait la ligne du Rhin et pourrait ainsi au besoin s'assurer la clef des bassins du Pô et du Danube (1).

Les perturbations économiques qui se produiraient en Suisse en cas de guerre pourraient devenir graves; quoique l'industrie n'y soit développée que dans quelques cantons seulement, tels que Zurich, Saint-Gall et Bâle; mais l'affluence d'étrangers et de voyageurs constitue une grande ressource pour ses habitants.

On y importe beaucoup de blés, mais la viande y abonde. La population de presque toute la Suisse est dans l'aisance. Elle est ordonnée, économe, douée de beaucoup de sang-froid. Par conséquent, mieux qu'aucune autre, elle saura surmonter la crise.

Il n'est pas besoin d'examiner plus en détail la situation qu'une guerre pourrait créer à la Suisse; attendu que cet État, étant donné le caractère de sa population et de son Gouvernement, ne saurait en aucun cas prendre une part active à cette guerre.

VI. De l'importance d'une guerre entre la France et l'Italie et de l'influence qu'elle sera appelée à exercer sur les opérations des autres théâtres d'hostilités.

Situation et rôle de l'Italie.

Des différentes combinaisons auxquelles peut donner lieu la distribution des effectifs dont disposeront la Russie et la France, d'une part, et la Triple-Alliance, de l'autre, il ressort clairement que l'Italie sera obligée d'employer la totalité de son armée aux opérations contre la France. Quelle que soit la méthode adoptée par l'Italie, offensive ou défensive, on ne saurait, en aucun cas, compter sur une participation quelconque des troupes italiennes aux opérations sur les autres théâtres de la guerre.

Du reste, en admettant même une pareille éventualité, cela ne modifierait en rien la proportion numérique des armées qui opéreraient sur les

(1) Commandant Josset : *Journal des sciences militaires;* Rôle des fortifications de la Meuse belge, 1894.

différents théâtres de la guerre, parce que l'armée française étant de beaucoup supérieure en nombre à l'armée italienne, si cette dernière détachait des troupes pour soutenir, par exemple, les opérations allemandes ou autrichiennes, les Français pourraient réduire d'autant celles qu'ils affecteraient à leurs opérations contre l'Italie.

Mais il se présente une circonstance bien plus essentielle. Il est incontestable que les facteurs économiques exerceront dans la guerre future une influence non moins importante que les considérations strictement militaires. Il pourrait donc arriver qu'une des parties belligérantes se vît, à un moment donné, obligée d'interrompre ses opérations par suite de l'impossibilité de pourvoir ses armées du nécessaire, impossibilité causée soit par l'épuisement de ses ressources, soit par des troubles intérieurs. En pareil cas, l'adversaire, recouvrant de ce fait une entière liberté d'action, pourrait transporter ses troupes sur d'autres théâtres de guerre.

La France se trouvera en présence de deux adversaires : l'Allemagne et l'Italie. Or, selon les règles de la stratégie, il faut, lorsqu'on a à faire face sur deux frontières, porter l'effort principal contre celui des deux adversaires qui vous paraît le plus dangereux en restant, par rapport à l'autre, sur la défensive.

L'intention de la France, de s'en tenir à des opérations défensives plutôt que de prendre l'offensive contre le moins fort de ses deux adversaires, ressort des mesures prises par elle en vue de la défense de sa frontière sud.

Ce que l'Italie peut faire et espérer dans une lutte contre la France.

Quant à l'Italie il lui faudrait, pour entreprendre avec succès une action offensive, des troupes animées d'un meilleur esprit, mieux organisées et mieux commandées. Et comme précisément l'armée italienne ne se trouve pas sous ce rapport dans les conditions voulues,il y a peu de vraisemblance que le territoire français soit sérieusement menacé d'une invasion de l'Italie. Il est difficile d'attendre, de l'armée italienne, que ses opérations contre l'armée française soient menées avec beaucoup d'entrain : les sympathies populaires allant plutôt à la France qu'à l'Allemagne, puissance directrice de la Triple-Alliance.

L'Italie ne peut même pas espérer des avantages tangibles d'une guerre contre la France et c'est une raison pour ne pas compter sur l'enthousiasme de ses populations. Dans le chapitre intitulé : *La composition et l'esprit des armées*, nous avons rapporté l'opinion émise par Caprivi lors de la discussion au Parlement de la nouvelle loi militaire allemande. « L'enthousiasme de la nation est indispensable à sa préparation (morale) pour la guerre, disait Caprivi, mais il est très difficile de trouver un objet d'enthousiasme qui puisse être commun à trois nations ou Etats différents ; de même qu'il n'est pas aisé non plus de leur assurer l'avantage d'un haut commandement unique et de les subordonner au même plan d'action. Plus difficile encore est-il de concilier leurs ambitions respectives. L'Italie et l'Autriche en ont peu mais aussi ne risquent-elles pas beaucoup. L'Allemagne n'en a aucune et cependant elle met en jeu l'existence même de l'Empire. »

Sentiments de l'Italie à l'égard de l'Allemagne et de l'Autriche.

Les dangers qui menacent l'Allemagne ne sont pas faits pour susciter, chez les Italiens, peuple intéressé, des sentiments de nature à relever l'esprit de l'armée. On n'a pas oublié que l'affranchissement de l'Italie, de la domination autrichienne, est dû à la France. Il est certain que, dans les combinaisons politiques, les sentiments de reconnaissance ne jouent pas un rôle prépondérant. Mais il n'en est pas moins vrai que, malgré tout, l'Italie a beaucoup plus d'affinités morales avec la France qu'avec l'Allemagne. Pour les masses populaires l'Allemand est un être absolument étranger. Le Français, par contre, en est facilement compris. Les radicaux sont en outre attirés à la France par les institutions qu'elle s'est données.

Quant à l'Autriche, les Italiens lui sont franchement hostiles. L'Autriche a de tous temps été l'ennemie de l'Italie et les irrédentistes pensent bien plus à Trieste et au Tyrol italien qu'à la Savoie ou à Nice.

Les intérêts économiques de l'Italie septentrionale, contrée agricole, la rattachent directement à la France et le refus, dû à des considérations politiques, de renouveler le traité de commerce, a fait éprouver à l'Italie des pertes sensibles.

Quant à la France, elle n'a aucun intérêt à attaquer l'Italie et, si même ses troupes occupaient les plus grandes parties de ce pays, il est douteux qu'elle en retire un avantage réel quelconque.

Étant donnés les moyens de défense dont dispose actuellement la France, son armement et les difficultés d'ordre technique accumulées sur ses frontières, les troupes italiennes ne trouveront pas la possibilité d'y pénétrer.

Coup d'œil sur la frontière franco-italienne.

La frontière franco-italienne suit, dans sa plus grande partie, la chaîne principale des Alpes qui commencent au mont Blanc et descendent vers les côtes de la Ligurie par le mont Cenis, le mont Genèvre et le mont Viso. Quoique la distance en ligne droite du mont Blanc à Menton ne soit que de 224 verstes, l'étendue réelle de la ligne frontière est de 385 verstes (1). Les chaînes limitrophes de montagnes aux pentes rapides et même abruptes ne peuvent être franchies que sur peu de points. L'altitude des cols varie de 1.900 à 3.000 mètres. Du côté français, en arrière de la chaîne qui constitue la ligne frontière, s'étendent deux zones montagneuses l'une large et haute, l'autre moyenne, qui touchent presque au Rhône. Le caractère même de cette région où les chemins serpentent le long des vallées est de nature à beaucoup entraver les opérations de guerre ; 6 à 7 jours de marche sont d'ailleurs nécessaires pour traverser cette contrée montagneuse.

---

(1) La verste vaut un peu plus de 1 kilomètre (1 kilom. 067).

Du côté italien la zone montagneuse est sensiblement plus étroite, la distance de la frontière à la plaine supérieure du Pô n'est, en certains endroits, que de 30 kilomètres, de manière par exemple que, du mont Viso, on descend dans la plaine italienne en un jour ; les routes, qui par les différents cols pénètrent en Italie, suivent les vallées et le cours des rivières et se dirigent concentriquement sur la plaine supérieure du Pô. Par conséquent les colonnes d'invasion qui auraient traversé séparément les chaînes de montagnes marcheraient aussi concentriquement à la rencontre l'une de l'autre pour opérer leur union en vue d'opérations ultérieures.

De la sorte, une action offensive dirigée d'Italie contre la France rencontrera beaucoup plus de difficultés que si elle s'effectuait en sens contraire. Tandis que les colonnes françaises auront déjà surmonté les difficultés inhérentes aux opérations en pays de hautes montagnes, en admettant naturellement que les ouvrages fortifiés ne les aient pas arrêtées, et que l'ennemi n'ait opposé aucune résistance, les troupes italiennes au contraire, dès qu'elles seraient en mesure de se porter au delà de la frontière, auraient à s'engager dans de montagneuses contrées très étendues, dont le passage ne saurait s'effectuer en moins d'une semaine.

La France s'est donné en plus l'avantage d'un réseau de voies ferrées bien conçu au point de vue stratégique. Six lignes se dirigent de la section Marseille-Mâcon vers la frontière, dont deux, les principales : Lyon-Turin et Marseille-Gênes, pénètrent en Italie, tandis qu'une troisième, suivant la vallée de la Durance et protégée par les fortifications de Briançon, s'arrête à la frontière. Un embranchement secondaire se détache de la ligne Lyon-Turin pour aboutir au nœud de communications, Albertville sur l'Isère, tandis qu'un autre, se détachant de la ligne de la Durance, conduit, par la vallée d'Ubaye, à Barcelonnette.

Dans de moins bonnes conditions se trouvent les voies de communication disposées parallèlement au front. Celles dont la direction générale va de l'est à l'ouest sont coupées par les contreforts des Alpes, et la ligne Marseille-Sisteron-Grenoble se trouve être de toutes les routes parallèles à la frontière celle qui en est la plus rapprochée. Elle est trop distante pour pouvoir être de grande utilité aux opérations offensives, mais elle est très favorable à la défensive.

Quatre lignes principales, reliées entre elles par des lignes secondaires, conduisent de la route d'Italie à la frontière ouest du pays ; la plus au nord part de Turin et traverse le mont Cenis ; la plus méridionale, avec Gênes pour point de départ, longe la côte et pénètre en France. De ces lignes principales se détachent, dans la direction de la frontière, des embranchements qui mènent aux débouchés des vallées. En général, le réseau des chemins de fer de la haute Italie étant très serré, le transport de troupes nombreuses peut s'effectuer vivement quoique beaucoup de lignes n'aient qu'une voie, et malgré l'agencement insuffisant de la plupart des gares. La ligne Ivrée-Turin-Coni convient très bien au transport des troupes.

Dans les deux zones limitrophes, tant française qu'italienne, les principales routes ont été barrées par la réfection d'anciennes fortifications et l'édification de fortifications nouvelles; du côté français surtout l'activité a été grande.

Probabilité d'une attaque de front de la France contre l'Italie.

L'état présent de la frontière franco-italienne, les mesures prises dans les régions qui l'avoisinent en vue des nécessités militaires, ainsi que la participation probable de la flotte à une action contre les côtes liguriennes et toscanes, tout rend vraisemblable une attaque de front de la France contre l'Italie. En cette conjoncture l'avantage qu'il y aurait à se servir du territoire suisse et notamment de la haute vallée du Rhône passe au second plan, parce que cette opération équivaudrait à un affaiblissement proportionnel de la force numérique des troupes françaises, obligées qu'elles seraient de repousser avant tout l'armée fédérale et d'occuper le sud de la Suisse.

Les opérations de l'armée italienne, — qu'elles soient offensives dans la direction de Lyon, ou exclusivement défensives, — auront pour théâtre l'espace compris entre le mont Blanc et Nice; et quel que soit le cours des événements d'une guerre entre la France et l'Italie, les batailles décisives seront précédées d'une série d'opérations tentées et exécutées dans ces zones limitrophes.

Des combats partiels auront pour but de forcer le passage des cols, d'enlever les obstacles qui barrent les communications, d'isoler les centres de défense les plus importants, etc., et tout le problème consistera à s'emparer de nombreux ouvrages fortifiés élevés de part et d'autre, d'où il suit que ces derniers influeront sur la marche des événements et le résultat du choc (1).

Il est à remarquer que la dynastie de Savoie ne considère pas la situation qu'elle s'est acquise dans le pays comme particulièrement bien assise. Des échecs militaires ou des pertes trop sensibles pourraient avoir pour elle des conséquences fatales, car de tels événements provoqueraient peut-être une agitation populaire tendant à l'établissement de la république. Lors de l'envoi de troupes en Abyssinie, des troubles très sérieux se sont manifestés en Italie, qu'une presse, animée de sentiments patriotiques, a réussi à calmer en partie. Il s'est produit également de nombreux cas de désertion dans les corps de troupes désignés pour faire campagne, et le Gouvernement s'est vu dans la nécessité de faire appel à des volontaires.

---

(1) Josef Fornasari Elder von Verce, *Die Befestigungen im französisch-italienischen Grenzgebiete.*

Carte des fortifications de la frontière franco-italienne.

La ligne ponctuée indique la frontière sud-est de la zone défensive de la France.

LA GUERRE FUTURE (P. 566, TOME II).

On affirme que, pour obvier à l'inconvénient d'une prudence exagérée dans les opérations de l'armée italienne, le Gouvernement allemand se serait réservé le droit d'adjoindre au commandant en chef de cette armée quelques officiers d'état-major. Mais, à vrai dire, cela ne saurait en rien modifier la situation. On peut toujours trouver des prétextes légitimes de prudence.

Une nation qui, grâce à d'heureuses destinées, a su tirer profit même de ses défaites, peut espérer qu'il lui suffira de prendre une attitude expectante pour avoir sa part de gâteau.

Situation du littoral italien au point de vue de la défense.

Cette attitude, du reste, serait d'autant plus indiquée que l'opinion publique en Italie semble convaincue que le littoral italien de la mer Tyrrhénienne se trouverait sans défense en cas d'une attaque de la flotte française. Cette agression pourrait se traduire par le bombardement des ports, la destruction de la voie ferrée parallèle aux côtes, et même par une descente destinée à troubler la mobilisation. Les discussions parlementaires prouvent suffisamment que les Italiens ne sont pas sans appréhensions au sujet de leurs côtes et du golfe de Naples. Leurs écrivains militaires n'ont-ils pas calculé qu'au matin du septième jour, après la déclaration de la guerre, un corps d'armée français pourrait avoir déjà terminé son débarquement sur n'importe quel point entre Talamon et Gaëte ?

Gênes, Naples, Palerme peuvent se trouver sans défense contre une escadre française (1).

Les travaux de fortification qu'on supposait devoir être élevés pour la défense des côtes italiennes n'ont pu être exécutés, faute de ressources.

Les ports militaires de l'Italie : La Spezzia, Messine, Tarente et Madalena avec Venise ont suffi, jusqu'à présent, à la construction, à l'armement et à l'approvisionnement de la flotte italienne.

La ligne Savone-Gênes-Spezzia-Pise-Civita-Vecchia et Rome longe et serre de près la côte, et si la flotte ne réussissait pas à se maintenir dans les eaux du littoral, les Italiens ne pourraient pas du tout compter sur cette voie ferrée.

Ils le comprennent, du reste, si bien que tous leurs efforts tendent à écarter de la côte leurs transports militaires, notamment en appropriant à ce but, dans la mesure du possible, l'artère centrale et en multipliant les points de jonction avec la ligne adriatique (le secteur Florence-Faenza).

Par contre, en maintenant, dans l'attente d'une agression française, leur armée à l'intérieur de leur territoire, les Italiens, pour les raisons exposées plus haut, risqueraient peu. Mais, le plus important, c'est qu'une telle

(1) Cahn, *L'Europe en armes en* 1899.

manière d'agir correspond davantage à l'état d'esprit de l'armée italienne. Avec l'armement actuel, les pertes de l'agresseur seront énormes ; et étant donné leur tempérament impressionnable, les Italiens s'exagèreront le danger.

Déjà, au cours de la guerre d'Abyssinie, les soldats italiens jetaient parfois leurs armes, quoique, de l'aveu de tout le monde, ils se soient généralement bien battus. Outre cela, une guerre offensive, c'est-à-dire sur un théâtre en dehors des frontières italiennes, demande à ce qu'on ait des approvisionnements en grande quantité, une administration modèle, des troupes bien organisées, toutes choses qui, au cours d'une petite campagne comme celle d'Abyssinie, ont fait précisément défaut aux Italiens.

Tout cela nous conduit à supposer que, malgré les espérances de leurs alliés, les Italiens ne renonceront qu'à la dernière extrémité à la ferme et si raisonnable décision de s'en tenir à la défensive.

Motifs qu'a la France de compter triompher de l'Italie.

Quant à la France, elle peut être convaincue que, sans attaquer l'Italie, elle sortira, en définitive, victorieuse de la lutte. Car, par suite de sa situation précaire sous le rapport financier, économique et social, l'Italie ne sera pas en état de supporter une guerre de quelque durée.

Nous avons montré plus haut, avec chiffres à l'appui, jusqu'à quel point les différents États sont capables de réagir contre les influences destructrices de la guerre au point de vue économique et social.

Mettant en regard, en un tableau graphique (voir page 569), les chiffres correspondants pour la France et l'Italie, nous voyons que le premier de ces deux États est doué d'une plus grande force de résistance aux influences en question (en moyenne 75) que le second (en moyenne 65).

Les guerres de 1859 et de 1866, entreprises pour conquérir la Vénétie, ont complètement ébranlé la situation financière de l'Italie. Au lieu de la consolider et d'appliquer ce qui lui restait de force à des entreprises d'ordre social et économique qui auraient augmenté ses ressources, l'Italie, désireuse de jouer le rôle d'une puissance militaire de premier ordre, s'est épuisée à entretenir de grandes armées et de grandes flottes ; à tel point que, si le moment venait de faire usage de ses moyens de combat, son bras se trouverait trop faible pour d'aussi lourdes armes.

De 1867 à 1895, tous les budgets se sont liquidés par des déficits ; et cela, malgré la confiscation des biens appartenant aux congrégations religieuses, opération qui fit entrer dans les caisses de l'État 602 millions de francs.

On ne pouvait espérer un autre résultat. Le payement des coupons des différents emprunts absorbe 29 0/0 des revenus budgétaires, et une partie de ce qui reste sert à faire face aux dépenses militaires.

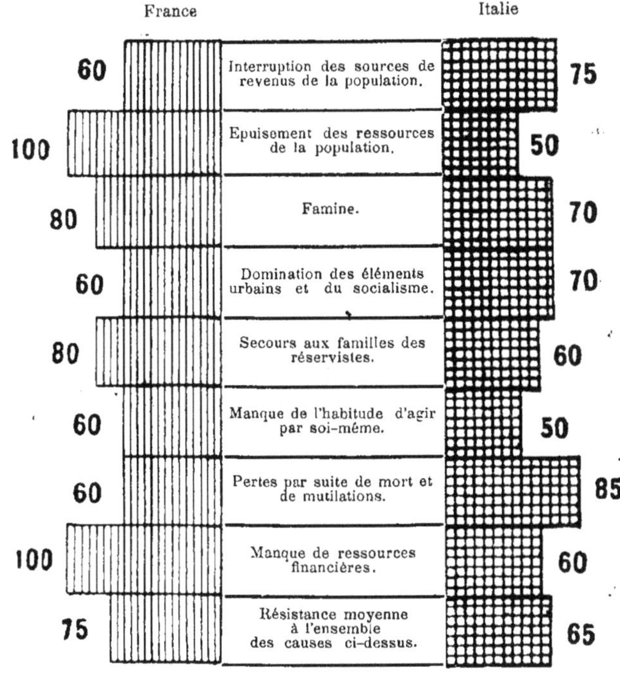

Résistance comparée de la France et de l'Italie aux influences destructrices d'ordre économique et social.

Les impôts sont très lourds en Italie.

Mais, le plus grave, c'est que la source principale des revenus de l'État provient d'impôts qui, en temps de paix même, épuisent les populations. La terre, en Italie, est grevée au dernier point. L'impôt foncier engloutit le tiers de ce que rapporte le sol, et les contributions dont est frappée la propriété bâtie atteignent jusqu'à 80 0/0 de son revenu. Le poids des impôts prélevés sur les valeurs mobilières a augmenté, depuis 1874, dans des proportions beaucoup plus considérables que la capacité des imposés, et on est arrivé à cette limite extrême qu'en cas d'un appel sous les drapeaux, la perception des impôts deviendrait absolument impraticable. La France paye 1 3/4 0/0 du total de son revenu, et l'Italie 1/4 0/0.

La péninsule italique constitue une bande étroite de terre ferme entourée de mers. Il est donc naturel que l'interruption des communications maritimes doive jeter le désarroi dans son industrie et son commerce. L'affluence des étrangers en Italie et le gain que l'ouvrier italien trouve en dehors de son pays constituent, pour la population, un appoint considérable qui, en cas de guerre, se trouvera sensiblement réduit. Le peuple ne possède pas d'économies. Il vit dans le besoin et les privations, et, de tous les États d'Europe, c'est peut-être l'Italie qui compte relativement le plus grand nombre de prolétaires.

Sur 30 millions d'habitants, on en trouverait à peine un million possédant un revenu supérieur à 250 lire, c'est-à-dire ayant des moyens suffisants d'existence. Restent 27 millions vivant exclusivement de salaires, dont 3 millions n'exercent aucun métier déterminé, et 1/2 million vit ouvertement d'aumônes.

Les classes aisées sont moins nombreuses en Italie que dans les autres pays. De la totalité des successions 57 0/0 sont inférieures à 1,000 lire, 25 0/0 ne dépassent pas 4,000, 10 0/0 atteignent 10,000 lire et 8 0/0 seulement dépassent ce dernier chiffre.

Quelque modique que soit l'épargne nationale, elle constituerait, en Italie, un appoint important pour la population, n'était cette circonstance qu'au moment d'une crise le remboursement des dépôts pourrait devenir impossible. Les capitaux de la plupart des institutions et sociétés de bienfaisance sont placés en fonds d'État italiens, dont l'écoulement, eu égard aux conditions dans lesquelles surviendrait la crise, ne serait guère possible.

Les destinées de l'Italie se joueront sur une seule carte dans la guerre future; et les chances de gain sont tellement faibles que le crédit nécessaire au placement des emprunts deviendra nul. D'autant plus que les pays où lesdits emprunts peuvent actuellement être couverts auront eux-mêmes besoin de fonds. Enfin l'émission de papier-monnaie à laquelle il faudra recourir, pour couvrir les frais de la guerre, rencontrera de grandes difficultés; car l'Italie est déjà saturée de papier-monnaie mis en circulation, soit par la Banque nationale, soit par les nombreux établissements de crédit particuliers. Tout ce papier a été émis sous la garantie d'engagements qui, en cas de guerre, ne pourront être tenus et perdront toute valeur. Il se trouve actuellement, dans les banques italiennes d'émission, pour 4,771 millions d'effets escomptés, dont le payement sera forcément suspendu dès la déclaration de guerre.

La désorganisation financière a plus d'une fois déjà provoqué des désordres dans différentes contrées de l'Italie. La guerre les rendra absolument inévitables, en raison des conditions économiques et agraires si défavorables du pays.

Situation particulière de la population rurale.

Les populations rurales constituent généralement partout l'élément le plus conservateur, et le plus réfractaire aux agitations populaires. Mais il en est tout autrement en Italie. La terre n'appartient que nominalement ux possesseurs en titre. La propriété foncière, très grevée de dettes, est ffermée à des métayers, le capital d'exploitation, instruments aratoires et estiaux, appartient en partie au propriétaire, en partie au métayer.

Depuis le produit de la vente des céréales, du bétail, de la sériciculture, usqu'à celui des potagers et aux œufs, le partage des revenus entre le pro-riétaire et le fermier se fait de la plus méticuleuse façon. Il donne lieu à ne comptabilité très compliquée et à des récriminations sans fin.

Les chiffres suivants démontrent combien dans de pareilles conditions, e contrôle devient difficile. Tous les produits agricoles soumis à l'impôt dit Droit de consommation », *(Dazio consumo)*, tels que les céréales, les ommes de terre et autres plantes potagères, la viande, le lin, le riz, etc., ont censés représenter 1,539 millions de lire, tandis que le produit des oix, des vins, de l'huile, des oranges, des citrons, de la soie et du tabac st évalué à 1,690 millions.

Le mode de partage de ces produits, étant donnée l'extrême diversité les conditions locales, varie selon les contrées. Mais un trait commun à ous, c'est la tension des rapports entre propriétaires et métayers.

Les grèves, de plus en plus fréquentes, des ouvriers des champs, phéno-nène presque inconnu dans d'autres pays, ainsi que les renvois de fermiers, imités seulement par la crainte des vengeances qu'ils suscitent, témoignent les mauvaises conditions où se débat l'Italie.

Pour caractériser l'état des choses dans certaines contrées, on peut iter la lettre pastorale d'un évêque de Sicile publiée à l'occasion des trou-les qui ont éclaté dans cette île. « En vérité, disait ce prélat, les causes de nécontentement existent et elles ne sauraient ne pas se manifester. Pres-que toujours le riche tire avantage de la misère du pauvre, condamné à tre exploité et à souffrir. Les agitateurs socialistes en profitent pour indis-oser les masses contre ceux qui, connaissant la loi, n'agissent cependant as conformément aux principes de l'amour chrétien. Les prêtres préposés ux cures, en leur qualité de défenseurs naturels du peuple, s'adressent ux propriétaires et aux fermiers généraux, pour demander que les contrats le fermage soient établis consciencieusement et avec équité, et pour que lisparaisse l'usure », etc.

Indigence des ouvriers agricoles.

L'indigence des ouvriers agricoles est grande dans toute l'Italie. Ils n'ont pas d'économies pour les aider à passer les mauvais jours, et cette aison fait craindre que la crise, immanquable en cas de guerre, ne provo-que facilement des désordres.

D'après les données de Bodio, la moyenne du salaire quotidien d'un ouvrier agricole adulte est de 2 lire en été, de 1 1/2 en hiver. Mais, comme es travaux des champs se trouvent interrompus durant une partie de l'année, la moyenne annuelle descend à 1 lira en tout.

Quant aux populations ouvrières adonnées à l'industrie, elles sont plus pauvres encore, leurs salaires étant très insignifiants et les produits alimentaires et autres objets de première nécessité étant très imposés ; leur gain suffit à peine à les empêcher de mourir de faim. Il n'est donc nullement étonnant qu'en Italie les grèves et autres manifestations de mécontentement soient aussi fréquentes.

Il y a une telle disproportion entre l'offre et la demande de travail que les patrons ont peu de souci du bien-être de leurs ouvriers, et qu'ils ont pris inconsciemment l'habitude de tirer profit de leur misère.

Comme preuve à l'appui de cet état de choses on peut invoquer le témoignage du Pape lui-même, lorsque, s'adressant aux propriétaires et aux capitalistes, il leur enjoint de ne pas ravaler leurs ouvriers à la situation d'esclaves et de respecter en eux ce qui fait la dignité de l'homme et du chrétien. Il leur recommande encore de ne pas surcharger de travail leurs ouvriers et serviteurs, de remplir scrupuleusement à leur égard les devoirs imposés par la religion, entre autres, de les indemniser équitablement et exactement, et de ne pas chercher à s'enrichir au détriment du pauvre.

Un résultat direct de cette déplorable situation économique, ce sont les fréquents attentats contre la propriété qui se produisent dès maintenant, en pleine paix.

On ne saurait taire non plus cette circonstance que tout Italien a, par caractère, un penchant pour le risque; il est porté à acquérir par le jeu et la spéculation.

Effets que produira la guerre.

Il est hors de doute que la guerre aura pour effet le renchérissement des denrées de première nécessité, et qu'en Italie ce sera d'autant plus désastreux qu'il s'y trouvera dans toutes les branches et à tous les degrés de la production des personnes désireuses d'en profiter. Les fermiers, dans l'attente d'une hausse de prix des produits agricoles, rivaliseront avec toute sorte d'accapareurs, de spéculateurs et de petits commerçants, dont l'avidité en Italie surpasse celle des personnes de cette catégorie dans d'autres pays.

Les famines, les épidémies, les maladies, sont certainement des phénomènes inséparables de la guerre, et, pour peu que la lutte soit de longue durée elles pourront provoquer, dans d'autres États aussi, de sérieux désordres; mais en Italie ce fait se produira bien plus rapidement, et l'on doit craindre que le brigandage, actuellement disparu, n'y redevienne endémique et n'y ébranle les assises de l'ordre social.

Les rapports de la population avec les autorités sont, même actuellement, tendus à l'extrême. Maintenant encore, les rondes et les patrouilles d'agents de police et de gendarmes ne se font que par deux. Un garde isolé, fût-il armé, ne saurait se croire en sécurité.

Il n'y a pas lieu de croire que la guerre puisse provoquer une mani-

EFFECTIFS DES FORCES DE L'ITALIE ET DE LA FRANCE EN CAS D'OPÉRATIONS OFFENSIVES DE LA PART DE L'ITALIE.

Total des forces de l'armée italienne en milliers d'hommes.

	Armée défensive.	Armée offensive.
Armée active.	50	643
Milice mobile.	100	225
Troupes territoriales et coloniales.		394

Forces de l'armée française nécessaires pour repousser l'attaque de l'Italie — en milliers d'hommes.

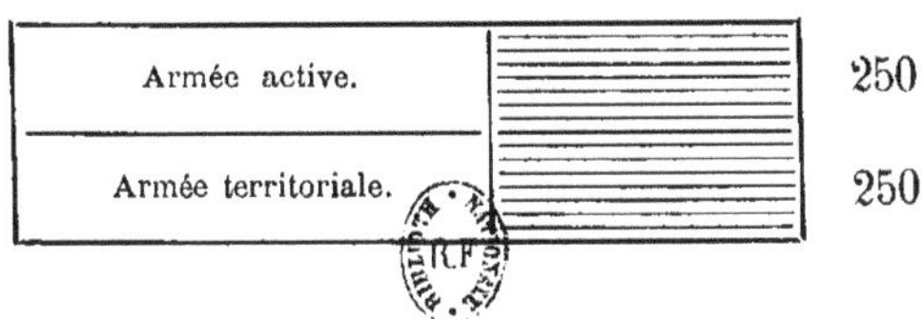

festation subite de sentiments patriotiques semblable à celle qui favorisa l'unification italienne, ne fût-ce que parce que l'alliance avec l'Autriche et l'Allemagne n'est nullement populaire en Italie et qu'elle a été conclue contrairement aux sentiments des masses. Si elle a pu se maintenir, c'est parce que le gouvernement n'a devant lui qu'une opposition partagée, divisée en plusieurs parties et par conséquent incapable de former une majorité parlementaire qui, en réalité, représenterait cependant l'opinion publique. Telle est la seule raison pour laquelle l'influence personnelle du roi, partisan résolu de l'alliance, a jusqu'à présent triomphé.

Le pire, c'est que l'Italie ne reçoit aucune compensation pour les sacrifices qu'elle s'impose au profit de l'alliance. La perspective de reprendre la Savoie à la France n'est pas très tentante. Tant que la Savoie a fait partie de l'Italie, elle a été la plus pauvre de ses provinces.

En définitive, nous pensons que l'Italie ne serait pas même en état de supporter six mois de guerre. Si elle éclatait, il faudrait quotidiennement percevoir de force des millions de francs pour les frais de la lutte et trouver en même temps de nouvelles ressources pour faire face aux dépenses budgétaires; car la perception régulière des impôts pourrait bien se trouver forcément interrompue. Il faut prendre également en considération que, dans aucun État, la nécessité de délivrer des secours aux familles, privées de gagne-pain, des soldats appelés sous les drapeaux, ne se fera sentir aussi impérieusement qu'en Italie.

Situation relativement à la France.

En France également les perturbations économiques seront considérables, ainsi que nous le démontrerons plus loin, en examinant les plans d'opérations du théâtre de la guerre franco-allemande. Mais elles se produiront beaucoup plus tard qu'en Italie. Il est naturel que, dans ces conditions, la méthode défensive paraisse être la plus rationnelle et la plus avantageuse à la France.

Cela nous porte à croire qu'en tout cas les opérations d'une guerre franco-italienne seront conduites par les Français avec beaucoup de circonspection, de manière à réduire au minimum l'armée chargée d'opérer contre les Italiens.

Quel sera réellement l'effectif des forces sur lesquelles l'Italie pourra compter lors de sa concentration sur la frontière française? L'armée italienne s'élève à 643,000 hommes de troupes de campagne, 225,000 de milice mobile et 394,000 de milice territoriale et de troupes coloniales. Il ne saurait être question d'employer les hommes de cette troisième catégorie pour des opérations offensives. Quant aux deux premières, l'Italie sera obligée d'en distraire 150,000 hommes au moins, pour la défense de ses côtes et le maintien de l'ordre à l'intérieur. Elle peut donc mettre sur pied 700,000 hommes contre la France.

Prenant en considération l'organisation meilleure des troupes françaises et leurs qualités de combat supérieures à celles des troupes italiennes, on ne peut douter que 250,000 hommes de troupes françaises, soutenues par autant de l'armée territoriale, ne suffisent à repousser l'agression italienne.

Pour des raisons déjà exposées, nos estimations de l'effectif de guerre peuvent être considérées comme un maximum et, au début de la campagne, il ne sera guère nécessaire d'en mettre sur pied plus de la moitié. Il faut aussi prendre en considération que, par suite de la pauvreté économique de l'Italie et de l'impopularité de la guerre, la campagne contre la France aura cessé avant que le choc de cette dernière contre l'Allemagne ait donné un résultat décisif; d'où il résulte qu'à un moment donné, la France pourra (surtout si elle adopte la défensive) employer la totalité de ses forces contre l'Allemagne.

Ce fait a d'autant plus d'importance qu'à leur retour de la campagne contre l'Italie, les troupes françaises auront déjà été au feu et seront quelque peu aguerries; tandis que, d'autre part, les armées allemandes et françaises engagées depuis quelque temps déjà seront assez épuisées, pour que l'intervention d'un nouveau contingent de forces aguerries pèse d'un grand poids dans la balance.

VII. Hypothèses possibles sur les opérations stratégiques de la France et de l'Allemagne en cas de guerre entre ces deux Etats.

I. Les forces militaires de la France et de l'Allemagne et les fortifications de la frontière franco-allemande.

Comment la situation se présenterait entre la France et l'Allemagne.

Si une guerre surgissait entre la France et l'Allemagne, aucune de ces deux puissances ne serait en état de diriger, sur le théâtre des opérations, toutes ses forces à la fois (1).

1. Pour plus de simplicité et de clarté, nous admettons, en examinant les conditions dans lesquelles s'effectuera la collision future, la possibilité pour chacune des puissances belligérantes de mettre en action la totalité de ses troupes de première ligne. Passant ensuite à un exposé plus détaillé de la marche des opérations, nous soumettons à l'examen les influences secondaires à la suite desquelles une partie des forces resteront en réserve ou ne seront pas appelées sous les drapeaux. Nous supposons aussi que les garnisons ainsi que les corps chargés de la défense de points limitrophes d'une importance secondaire seront fournis par des troupes de seconde ligne.

En vertu des raisons que nous venons d'indiquer, la France serait obligée de distraire, de l'ensemble de ses forces, 500,000 hommes (dont 250,000 de troupes actives et autant de territoriales) pour les concentrer sur la frontière italienne. L'Allemagne également, en vue d'une guerre sur deux fronts à la fois, devra diriger les siennes vers deux frontières opposées et les diviser par conséquent en deux groupes d'importance à peu près égale.

Si l'Allemagne abandonnait à l'Autriche seule, avec ses 979,000 hommes de troupes actives, le soin de se défendre sans le concours de ses alliés contre les 2,500,000 hommes de l'armée russe, l'écart des forces entre les deux adversaires serait de plus de 1,500,000 hommes, et même, en faisant entrer en ligne de compte les troupes de seconde ligne, la supériorité numérique des Russes atteindrait deux millions. En présence d'une telle supériorité numérique, l'Autriche, renonçant immédiatement à l'alliance avec l'Allemagne, préférerait sans doute conclure une paix séparée avec la Russie même aux conditions les plus onéreuses. Et si elle ne réussissait pas à l'obtenir, son armée serait sinon entièrement défaite, au moins réduite à un état d'impuissance qui permettrait au gros des troupes russes d'envahir l'Allemagne.

Les forces de celle-ci, mises sur le pied de guerre, comptent actuellement 1,482,000 hommes, dont 1,030,000 de troupes de campagne et 452,000 de formations de réserve. Mais ce pays est en possession d'un excellent système de landwehr pouvant donner encore, au besoin, 1,243,000 soldats parfaitement instruits. (1.) En somme, l'Allemagne pourra toujours compter sur ces 2,725,000 hommes.

Pour équilibrer les forces de la Russie par celles de l'Autriche, il faudra à l'Allemagne distraire des siennes des troupes en nombre au moins égal à la différence numérique qui existe entre celles de la Russie et de l'Autriche, c'est-à-dire 670,000 hommes. Mais même un chiffre aussi considérable ne pourrait être d'une réelle utilité à l'Autriche qu'à la condition de se confiner dans une stricte défensive, du moins jusqu'à l'époque où les opérations de la guerre avec la France auront abouti à un résultat définitif quelconque.

---

(1) D'après les données de l'*Almanach de Gotha*, publication bien connue, dont les informations d'ordre stratégique passent pour très exactes, l'Allemagne pouvait, en cas de guerre, mettre sur pied, en 1896 :

	1.128.000	hommes de troupes de campagne et de réserve
	638.000	— — du 1er ban de la landwehr.
	783.000	— — du 2e ban de la landwehr.
TOTAL.....	2.549.000	hommes.

Ces 670,000 hommes, devront, on peut le supposer, être composés, pour une moitié, de troupes appartenant à la première catégorie de celles que nous avons énumérées, et pour l'autre moitié, de landwehr. De cette manière, l'Allemagne disposerait, pour ses opérations contre la France, de 2,035,000 hommes en tout (1,137,000 de troupes de campagne et 898,000 de landwehr). A ces forces, la France pourra opposer 1,467,000 hommes de troupes de campagne, et 659,000 de territoriale — en tout 2,126,000 hommes.

Effectifs que les deux pays pourront mettre en présence.

Pour plus de clarté, nous représentons graphiquement la force numérique des troupes pouvant être mises en action sur les théâtres de guerre de la Triple et de la Double-Alliance.

Force numérique des troupes allemandes, autrichiennes, françaises, italiennes et russes susceptibles d'être mises en action sur les théâtres de guerre suivants :

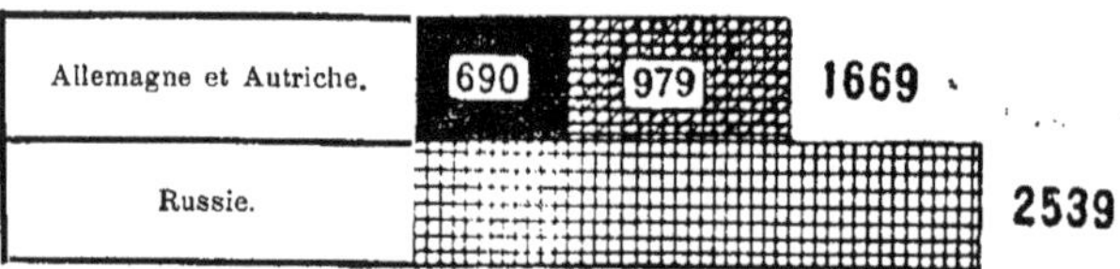

Sur le théâtre russe-austro-allemand.

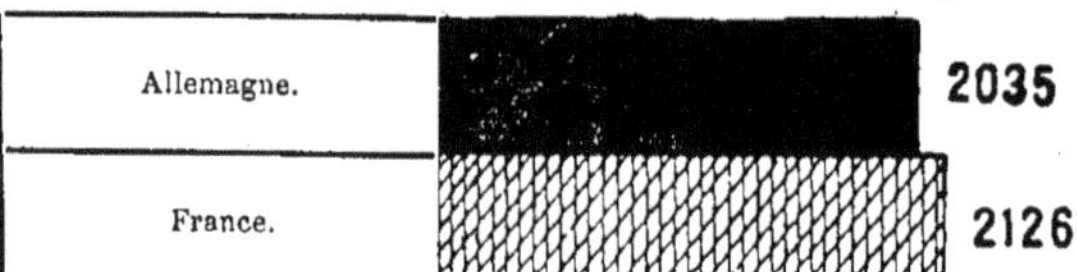

Sur le théâtre franco-allemand.

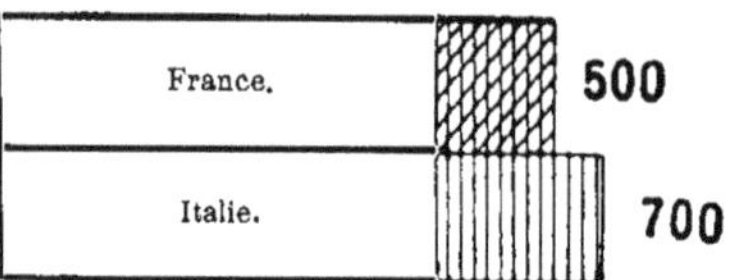

Sur le théâtre franco-italien.

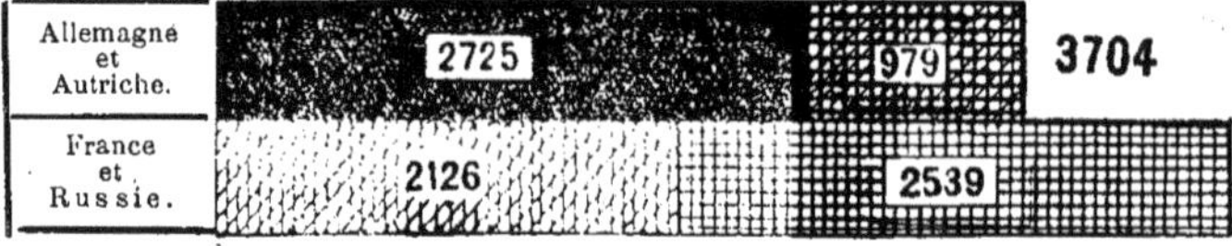

Total général des troupes.

Cette masse d'hommes, comme de raison, ne sera pas mise en mouvement toute à la fois. Les campagnes passées commençaient souvent avec 1/4 et même 1/8 des troupes qu'on avait levées dans un but déterminé. Sous ce rapport aussi, dans l'avenir, les conditions de la guerre changeront du tout au tout.

La rapidité de la mobilisation, favorisée par l'existence d'un réseau ferré construit spécialement à cet effet, rendra possible la concentration des troupes aux frontières mêmes, indépendamment des forces très considérables qu'on y maintient déjà en temps de paix. Tout cela permettra aux belligérants de mettre en présence des armées comptant des millions d'hommes. L'assaillant devant, en tout cas, s'assurer une certaine supériorité numérique sur la défense, la question de la disposition des troupes sur les frontières et des moyens employés pour effectuer le passage du pied de paix au pied de guerre présente un intérêt de premier ordre.

Etat de la frontière franco-allemande.

Après la guerre de 1870-71, la France s'est trouvée dans une bien triste situation : l'Allemagne, s'étant emparée de l'Alsace et de la Lorraine, a porté ses frontières vers les hauteurs des Vosges jusqu'à Thionville et Metz.

De cette nouvelle frontière à Paris, la distance est de 12 journées de marche et on n'y trouve pas d'obstacles naturels, ni fleuves, ni montagnes, susceptibles d'arrêter une armée d'invasion. Berlin, par contre, se trouve relativement à Paris dans une tout autre position. La distance des Vosges à Berlin est de quarante journées de marche et les obstacles naturels, entre autres le Rhin et l'Elbe, n'y font pas défaut. Par conséquent, le danger résultant des premières batailles perdues à la frontière ne serait pas le même pour la France que pour l'Allemagne. En cas de succès, les armées allemandes marcheraient immédiatement sur Paris, sans laisser le temps à leurs adversaires de se concentrer de nouveau ; tandis que l'armée française, en cas de victoire, aurait encore à franchir le Rhin et l'Elbe : ce qui l'arrêterait assez longtemps pour permettre aux Allemands de réunir de nouvelles forces.

Il faut également prendre en considération ce qui suit. Lorsque la configuration des frontières et le genre de gouvernement d'un pays quelconque lui interdisent de provoquer la guerre, et ne lui permettent pas de relever un défi, toute son organisation militaire doit être appropriée aux particularités des conditions, favorables ou non, dans lesquelles se produira le choc.

Il serait plus rationnel pour la France de prendre l'initiative d'une guerre offensive ; mais elle en est empêchée par un défaut de confiance dans la supériorité de ses forces, d'une part, — sentiment très naturel du reste, après les lourdes épreuves de 1870-71, — et d'un autre côté, par la Constitution française même, en vertu de laquelle la déclaration de la guerre est de la compétence des Chambres. Cette circonstance crée à la France une situation désavantageuse comparativement à tous les États monarchiques, où le droit de déclarer la guerre appartient au souverain, qui de sa propre autorité peut ordonner la mobilisation de ses troupes. De cette manière deux facteurs essentiels de succès dans les complications internationales, la rapidité et le secret, font défaut à la France, ce qui diminue incontestablement ses chances dans de fortes proportions. Une des conséquences naturelles de cette situation a été, pour la France, la nécessité de fortifier ses frontières.

Comment la France s'est fortifiée.

Et il faut le dire, jamais on n'avait conçu en France un plan de défense aussi grandiose que celui auquel on s'est arrêté à la suite de la guerre franco-allemande. Seul, un État disposant d'aussi grandes ressources que la riche France pouvait se permettre d'adopter un plan dont la réalisation a entraîné des dépenses aussi énormes. On a pris, pour base du système de fortification, les travaux du comité de 1874 présidé par le général Séré de Rivière, qui, à proprement parler, n'a fait que développer des idées émises déjà en 1818 par le général Morland.

La ligne nord-est d'ouvrages fortifiés longe les frontières de la Belgique, du Luxembourg, de l'Allemagne et de la Suisse. Presque toute cette frontière est semée, malgré la neutralité des petits États ci-dessus indiqués, d'ouvrages fortifiés qui forment, à partir de la frontière, trois lignes de défense successives.

Nous donnons dans la planche ci-contre, afin de permettre au lecteur de mieux s'orienter sur le terrain, une carte de la zone frontière des deux États, empruntée à l'ouvrage d'Aubœuf : *Cri de guerre*, avec indication des places et points fortifiés, ainsi que de la disposition des forces qui s'y trouvaient en 1891.

Les places fortes et toutes les autres fortifications, même défendues par de vaillantes garnisons dont la force numérique ne serait pas inférieure à celle d'armées entières, ne pourraient cependant, étant donnée la puissance actuelle de l'artillerie, être tenues pour imprenables, surtout si l'adversaire a l'habitude d'une offensive énergique; mais elles peuvent troubler plus ou moins l'exécution des plans de l'ennemi et ralentir la marche de la campagne.

A ce point de vue, la loi sur le service de deux ans, votée en Allemagne, acquiert une importance particulière. Grâce à cette loi les troupes allemandes de première ligne, disposées sur la frontière française, ont obtenu un grand avantage, en ce sens notamment qu'elles sont exclusivement composées d'hommes jeunes ayant atteint le plus grand degré possible d'entraînement, d'agilité et par conséquent d'aptitude à une action offensive.

ZONE DÉFENSIVE DE LA FRANCE

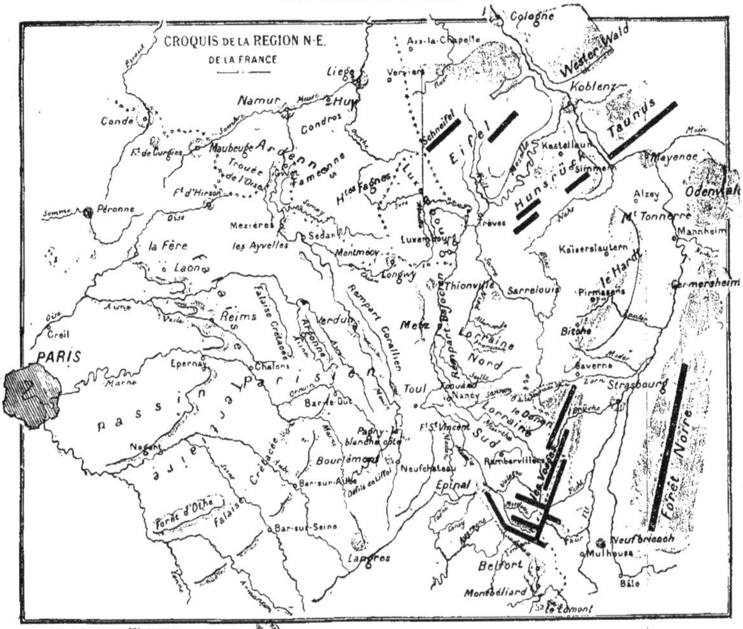

CROQUIS DE LA REGION N-E.
DE LA FRANCE

Carte de la zone frontière entre la France et l'Allemagne avec les forteresses qu'on y a élevées et les points fortifiés, ainsi que l'indication de l'emplacement des forces militaires en 1891.

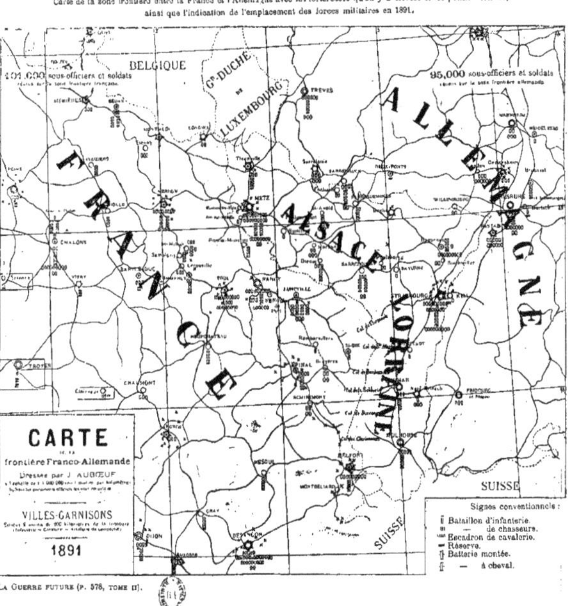

Conditions de la mobilisation de part et d'autre.

Avec de telles armées, il sera toujours possible de prendre l'initiative de la guerre et de pénétrer rapidement dans l'intérieur de la France pour y porter la désorganisation et la destruction.

Pour parer à cela, la France a disposé, le long et à proximité de ses frontières, des forces énormes qu'elle ne cesse d'augmenter.

Un coup d'œil jeté sur la carte suffit pour voir que, du côté français, les troupes surpassent en nombre les forces allemandes échelonnées sur la frontière. Mais il leur faudra passer du pied de paix au pied de guerre, c'est-à-dire se compléter avec des hommes appelés de l'intérieur du pays.

Il pourrait donc arriver que les troupes frontières d'un des partis, à la suite de retards dans l'arrivée des réservistes et de tout ce qui est indispensable à une mobilisation, se trouvassent par rapport à l'adversaire dans un état d'infériorité telle, que celui-ci saisisse l'occasion qui lui serait offerte de les écraser par la seule supériorité de ses forces présentes.

A ce point de vue, l'Allemagne possède sur la France l'avantage d'avoir déjà fait en 1870 une expérience de sa mobilisation, qui s'accomplit avec une rapidité et une précision parfaites.

Quant aux autres conditions, on peut les considérer, ainsi que nous l'avons dit plus haut, comme identiques de part et d'autre; parmi les moins favorables à la France il faut toutefois compter la nécessité où elle se trouvera d'appeler sous les drapeaux une plus grande partie de sa population. Ses contingents compteront par conséquent plus d'hommes d'un âge mûr que ceux de l'Allemagne. Mais d'autre part, le second élément essentiel du succès de toute concentration, c'est-à-dire les voies ferrées, ont atteint dans les deux pays le même degré de développement et se trouvent également bien appropriées aux besoins militaires. Calculant, selon la formule d'Engel, le rapport de la surface du territoire et de la population de chaque pays, avec l'étendue de son réseau ferré, nous obtenons les chiffres suivants :

8.14 pour l'Allemagne
et 8.10 pour la France.

Mais ces chiffres généraux ne nous donnent pas encore une idée bien nette du rapport, entre elles, des forces respectives des adversaires. Il faut de plus comparer les conditions dans lesquelles s'accomplirait, de part et d'autre, le mouvement des troupes dirigées sur le théâtre de la guerre.

Comment les transports sont organisés en France.

En France, la loi de 1889 sur les transports militaires effectués en temps de guerre par voies ferrées en distingue de trois sortes : 1° ceux de la période de mobilisation au moyen desquels s'opère le déplacement des unités portées à l'effectif de guerre; 2° ceux de la période de concentration, qui amènent les troupes au point de rassemblement de l'armée ou sur le théâtre même des opérations; et enfin 3° les transports affectés à l'approvisionnement des armées en campagne ainsi qu'aux évacuations, et qui établissent un mouvement de va-et-vient entre lesdites armées et le reste du pays.

Il y a lieu de se poser ici une question : les mesures prises en vue d'assurer tous ces déplacements sont-elles suffisantes ?

En France il est de règle que le transport de toute unité tactique, telle que bataillon, escadron, batterie, détachement de troupes d'intendance, etc., doit s'effectuer d'un bloc et par un seul train, du point de départ à celui de destination.

On compte, pour un corps d'armée, cent trains à cinquante wagons au maximum par train. Les données statistiques les plus récentes sur le matériel roulant des lignes de chemins de fer françaises accusent les chiffres suivants :

Locomotives.	10.137
Wagons à voyageurs.	25.912
Wagons de grande vitesse	13.146
Wagons de petite vitesse	256.847

En admettant que tout ce matériel roulant puisse être affecté aux transports militaires, les chemins de fer français seraient à même de lancer 5,918 trains au maximum ; 10,000 locomotives suffisent à ce nombre de trains, et les 295,900 wagons peuvent facilement contenir plus d'un million de soldats. Nous ne citons, bien entendu, ces chiffres que pour rendre notre démonstration plus claire.

Reste la question de l'embarquement et du débarquement. Chacune de ces opérations nécessite trois heures de temps, de manière que si on ne dispose que d'une seule plate-forme, on ne saurait effectuer plus de quatre embarquements ou débarquements en vingt-quatre heures. Il en résulte que les gares terminus, mettant quotidiennement en mouvement trente-six trains par exemple, doivent être pourvues de quatre plates-formes au moins.

Conformément aux règles admises en France, le transport, sur le théâtre de la guerre, des différentes unités, s'effectue de manière que les parties constitutives du corps d'armée arrivent sur les lieux dans l'ordre même de leur entrée en action et de leur participation aux opérations de guerre. Ainsi la cavalerie est expédiée la première. Elle est suivie par la première division d'infanterie avec l'artillerie de corps d'armée derrière le premier régiment. Viennent ensuite la deuxième division et les colonnes d'approvisionnement. Les trains régimentaires, le parc d'artillerie, le train de l'administration sont transportés en dernier lieu.

Que peut donner cette organisation ?

Il semble donc que tout a été prévu. Cependant la nouvelle organisation de ce service n'ayant pas encore été expérimentée en France, comment se porter garant qu'on saura toujours éviter les ordres contradictoires, les erreurs dans la destination donnée aux trains et tout désordre en général?...

Il est donc très difficile de fixer avec précision les délais dont telle ou telle armée aura besoin pour se mettre en état de commencer les opérations de la guerre. En tous les cas, on peut affirmer, avec quelque apparence de raison, que, sous ce rapport, il n'y aura entre les belligérants qu'une différence de peu de jours, probablement au profit de l'Allemagne.

Entre autres choses, un des soucis de l'armée française consistera à entraver par tous les moyens, la mobilisation de son adversaire.

De la disposition donnée sur la frontière à la cavalerie tant française qu'allemande, indiquée sur la carte, il ressort que la première surpasse en nombre la seconde. C'est elle probablement qui sera chargée de troubler la mobilisation allemande.

Opinion sur ce point du général Brialmont

Le général Brialmont, l'une des plus hautes autorités militaires contemporaines, émet l'avis que la France pourrait mobiliser instantanément 19 corps d'armée et l'Allemagne 20, à l'effectif de 45 à 50,000 hommes chacun (1).

On formerait, de part et d'autre, quatre armées de composition numérique différente qui constitueraient les forces de première ligne; les troupes de seconde ligne compteraient plus de 500,000 hommes de chaque côté.

Le général Brialmont admet ainsi que, sur le théâtre de la guerre franco-allemande, les forces en présence seront, à peu de chose près, égales et compteront environ 1 million et demi d'hommes pour chaque belligérant.

Ces chiffres diffèrent quelque peu de ceux auxquels nous avons évalué plus haut les troupes dont pourraient disposer la France et l'Allemagne, et cela n'a rien que de très compréhensible. La France sera obligée de tenir en réserve une partie de ses forces dans l'intérieur du pays ainsi que pour la défense de ses côtes. L'Allemagne, indépendamment de la défense des siennes, devra se prémunir contre une action du Danemark.

Nous pouvons, par conséquent, prendre pour point de départ des combinaisons que nous allons étudier, l'hypothèse de l'égalité des forces belligérantes et admettre le chiffre de 1 million et demi d'hommes pour chacun des deux adversaires. Il y a lieu seulement de faire observer que l'armée française disposera d'un nombre bien plus considérable de pièces d'artillerie que l'armée allemande.

Si les conditions de la guerre future étaient les mêmes qu'en 1870, alors que les frontières de la France se trouvaient sans défense, l'Allemagne

(1) Général Brialmont, *Discussion du budget de la guerre, 1894.*

s'assurerait un avantage essentiel si, réussissant à concentrer ses troupes plus rapidement que la France, elle envahissait le territoire ennemi. Mais actuellement, la France ayant consacré tous ses efforts, comme nous le voyons, à la défense de sa frontière contre une invasion inopinée de l'ennemi, la rapidité de la mobilisation allemande n'aura plus la même importance que jadis.

Le réseau des chemins de fer français, très complet et très bien approprié aux transports des troupes, ainsi que de nombreuses routes toujours entretenues en excellent état, rendent probable la prompte arrivée de renforts pour le cas où l'ennemi, profitant de l'absence de forces suffisantes sur un point quelconque, pénétrerait au-delà de la frontière. Il va de soi d'ailleurs qu'il ne peut être question ici que de probabilités, car à la guerre, comme en général dans la vie, il ne saurait y avoir rien d'inéluctable ni d'absolument prévu.

Comment l'Allemagne a préparé son offensive.

Ce qu'il y a seulement de certain, c'est qu'à la guerre tout ne dépend pas exclusivement de la force numérique, et que la qualité des combattants acquiert une importance essentielle. Se plaçant à ce point de vue, on s'applique en Allemagne à ne grouper, pour l'offensive, que des troupes d'élite, et on croit désavantageux d'adjoindre, aux troupes de première et même de seconde ligne, des réservistes fournis par la mobilisation. On affirme qu'une armée d'invasion ne doit pas contenir d'éléments médiocres dont l'emploi immédiat ne saurait donner que des résultats douteux. Cette tendance à substituer la qualité au nombre, présente un grand intérêt, et elle se trouve très bien indiquée dans un des discours que le général Bronsart de Schellendorf prononça en 1896 lors de la discussion d'un de ses projets. Parlant incidemment de la réduction du service à deux ans, il s'exprima en ces termes : « Quant au service de deux ans, l'application de cette loi est encore si récente qu'il serait difficile d'en donner une appréciation. La tenue extérieure et l'habileté acquise au tir ne sont en rien inférieures à ce qu'on obtenait avec le service de trois ans ; les manœuvres, la marche, le maniement du fusil sont toujours aussi parfaits qu'avant ; mais ce n'est pas avec cela, cependant, qu'on gagne des batailles. »

Ensuite, abordant la question des nouveaux régiments qui était précisément en cause, il fit observer que « l'armée active de première ligne chargée de commencer la lutte doit se trouver sur le pied de guerre dès le temps de paix. Chaque bataillon doit constituer une troupe modèle brisée à toutes les exigences de la guerre. Les corps formés de réservistes et de recrues ne sauraient être de cette nature et il serait dangereux, je pense, de les conduire au feu dès le début de la campagne(1). »

(1) Les troupes de première ligne (*Revue des Deux-Mondes*).

Il semble donc que les tendances des parties adverses pourraient se résumer comme suit : L'Allemagne vise, coûte que coûte, à sortir victorieuse du premier choc ; la France, par contre, prend toutes ses mesures en vue d'obvier aux suites d'un premier insuccès.

Pour se rendre compte du résultat possible de toutes ces données, il est indispensable d'examiner les conditions où pourrait s'effectuer une nouvelle invasion de la France.

---

2. Voies d'invasion en France.

Comment pourrait s'effectuer l'invasion du territoire français

Lors de la discussion, au Sénat belge, de la question du renforcement des frontières de la Belgique, le général Brialmont a exposé, durant plusieurs séances, la marche probable de la guerre entre la France et l'Allemagne.

Utilisant ces données, on peut tracer le tableau des opérations d'un ennemi dont l'objectif serait l'occupation du territoire français.

La dislocation des forces sur un grand espace étant actuellement inévitable, il faut partir de ce principe, qui veut que chacune des armées coopérantes peut, dans les vingt-quatre heures, être appelée, à se mesurer avec l'ennemi. Pour qu'elle puisse le faire, il faut qu'aucune de ses unités constitutives n'ait plus de 24 kilomètres à parcourir. Un corps d'armée de 45 à 50,000 hommes, marchant sur une seule route, et suivi de son train, c'est-à-dire de voitures chargées de ses vivres et approvisionnements de toute sorte, ne s'étendrait pas en profondeur sur moins de 36 kilomètres, ce qui ne lui permettrait pas de se concentrer en vingt-quatre heures. Il est donc indispensable que chaque corps d'armée puisse disposer de deux routes au moins. Il faut encore que le front de l'armée en marche, c'est-à-dire la ligne idéale qui unit entre elles les têtes de colonnes de cinq corps d'armée, ne soit ni supérieur à 65 kilomètres, ni inférieur à 35. Par conséquent, on peut admettre 50 kilomètres comme moyenne de l'étendue du front d'une armée de 225 à 250,000 hommes. Le front de marche de quatre armées aurait donc 200 kilomètres, ou 150 seulement, si l'une d'elles restait en seconde ligne pour couvrir les derrières de trois autres ou pour renforcer la première ligne en cas de besoin.

Difficultés du passage par la Belgique ou la Suisse.

Les armées allemandes pourraient passer par la Belgique ; mais, ainsi que nous l'avons déjà dit, elles y rencontreraient un obstacle, ne fût-ce que l'armée belge, et elles se verraient obligées de mettre le siège devant les places fortes de ce pays : Liège et Namur.

Dans le cas où les troupes allemandes voudraient pénétrer en France par la Suisse, les Français trouveraient dans l'armée helvétique un concours amical ; et, la configuration de cette contrée favorisant la défense, ils pourraient mettre les troupes allemandes dans une situation sans issue. Et enfin, en cas même de succès pour les Allemands, la route qui, de la Suisse, conduit à Paris, est de beaucoup la plus longue.

Ainsi donc, les opérations que les Allemands seront obligés d'entreprendre pour rompre la ligne française de défense devront s'étendre tout le long du cours de la Moselle et de la Meuse, de Belfort à Mézières, entre Épinal, Toul et Verdun. Pour permettre au lecteur de s'orienter plus facilement, nous reproduisons une carte de la zone frontière franco-allemande avec indication de la zone de défense nord-est d'après Schrœter (1).

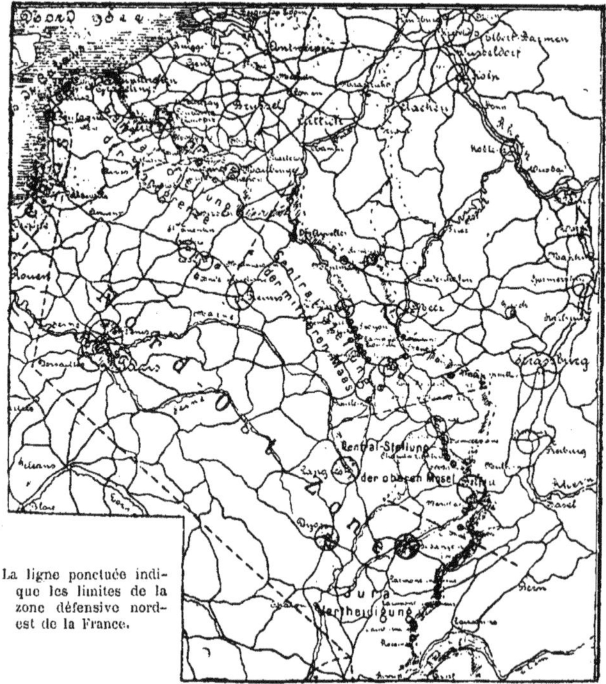

La ligne ponctuée indique les limites de la zone défensive nord-est de la France.

Carte indiquant les fortifications frontières françaises et allemandes.

Les quatre secteurs que présente la frontière de l'Est française.

Brialmont, ainsi que nous l'avons dit plus haut, estime que la ligne de l'Est de défense de la France ne saurait être rompue, sans travaux préalables de siège, que dans deux secteurs sur les quatre qui entrent dans la composition de son système général de défense.

(1) Schrœter : *Die Festung in der heutigen Kriegsführung.*

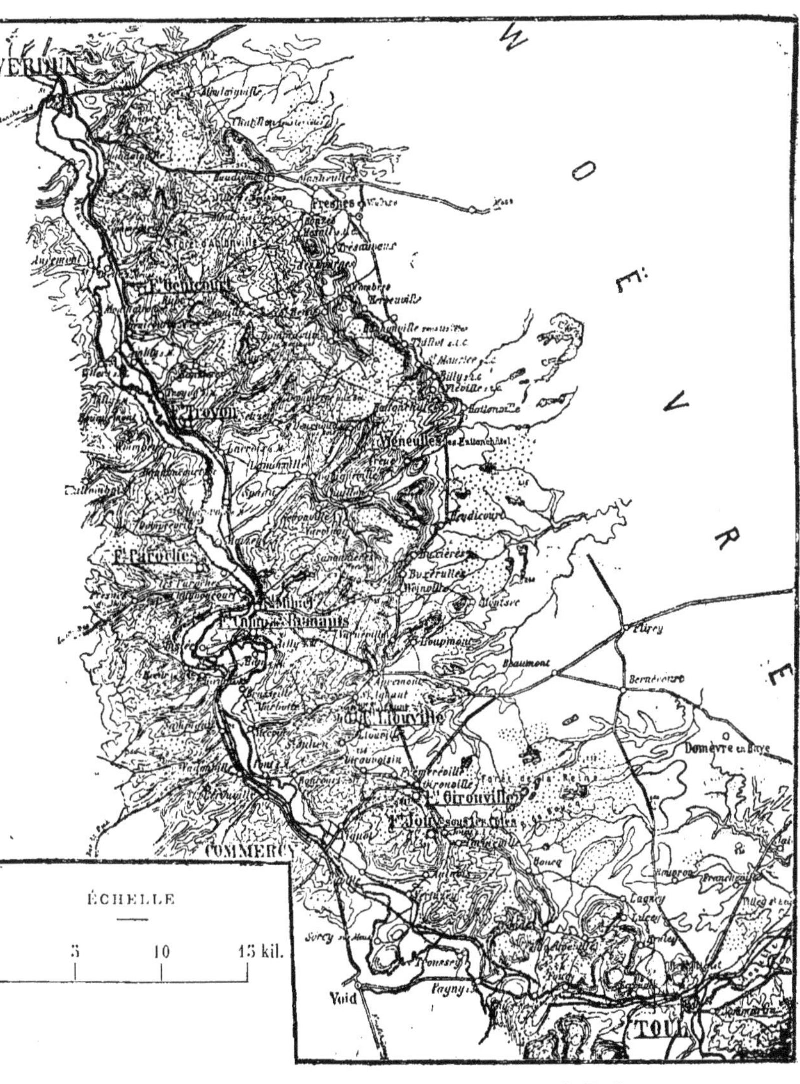

Contrée située entre les camps retranchés de Toul et de Verdun.

Le premier de ces secteurs, compris entre les camps retranchés de Belfort et d'Épinal, a une étendue de 70 kilomètres. Couvert comme il l'est par lesdits camps retranchés et par les forts avancés qui barrent tous les défilés des montagnes, on ne saurait en forcer le passage.

Le second secteur, compris entre le camp retranché d'Épinal et celui de Toul, s'étend sur 65 kilomètres. Il est défendu par l'obstacle naturel qu'est la Moselle, et, indépendamment de cette circonstance, la contrée elle-même se prête particulièrement à la défense. Entre les deux camps retranchés, le passage n'est libre que sur 35 kilomètres à l'endroit connu sous le nom de «trouée de la Moselle». Le passage n'y serait possible que pour une seule armée. Par conséquent, l'invasion allemande ne s'effectuera point par cette route.

Du reste, le caractère physique du terrain n'est pas l'obstacle principal qu'auront à surmonter les troupes d'invasion. En effet, les forces allemandes tenteront sans doute de passer par l'intervalle entre Metz et la frontière du Grand-Duché de Luxembourg, mais cet intervalle est de 40 kilomètres et ne saurait suffire à quatre armées marchant de front, ni même à trois, en admettant que la quatrième suive seulement en réserve.

Le troisième secteur, compris entre les camps retranchés de Toul et de Verdun et large de 180 kilomètres, se trouve couvert par une chaîne de montagnes boisées ainsi que par le cours de la Meuse. Son importance vient principalement de sa situation en arrière de la place forte de Metz. Aussi donnons-nous en annexes un plan détaillé de cette localité. Toutes les routes praticables y sont barrées par une rangée de forts. Par conséquent ce secteur, non plus, ne saurait être forcé sans qu'on ait enlevé, au préalable, nombre d'ouvrages fortifiés.

Reste le quatrième secteur, compris entre le camp retranché de Verdun et celui de Mézières. C'est la trouée de la Meuse. Elle s'étend sur 90 kilomètres, dont 60 entre Denain et Mézières peuvent être parcourus dans des conditions tout à fait favorables. Les 30 autres, par contre, font partie d'une contrée très montagneuse et très boisée.

Difficultés que ces obstacles opposeraient à l'invasion.

De ce qui précède on peut inférer que les obstacles opposés à l'entrée de l'armée allemande sur le territoire français seront énormes. Il n'en est pas moins vrai, selon l'avis du général Brialmont, que pareille entreprise serait cependant possible à condition de serrer davantage les colonnes; mais pour pouvoir ensuite franchir la Meuse, entre Verdun et Mézières, ce dont on ne saurait se dispenser, lesdites colonnes d'invasion auraient à s'engager dans l'étroit couloir qui sépare la Meuse de la frontière belge et du Luxembourg. Ici, la marche serait non seulement entravée par les difficultés inhérentes au passage de tout défilé, mais comme, en outre, elle s'effectuerait parallèlement à la ligne fortifiée française, elle pourrait présenter un réel danger.

Tout autre était la situation en 1870.

A cette époque l'Allemagne avait en tout, pour envahir la France, 460,000 hommes répartis en trois armées, auxquelles les Français ne pouvaient opposer plus de 253,000 hommes formant deux armées. La ligne frontière, entre ces deux pays, était alors de 60 kilomètres plus longue qu'elle ne l'est aujourd'hui; et sur aucune des parties saillantes du territoire français, on ne trouvait de défenses artificielles capables d'arrêter l'élan de l'invasion. La partie de ce territoire, comprise actuellement dans les limites de l'Allemagne, présente maintenant deux courbes de la ligne frontière dont l'une est de 35, et l'autre de 90 kilomètres. Par conséquent, la ligne à forcer éventuellement s'est raccourcie; tandis que l'armée avec laquelle l'Allemagne s'apprête à envahir la France n'est plus de 460,000, mais bien de 1,500,000 hommes (1).

Le général Rivière, auteur principal du nouveau système défensif de la France dit, dans son rapport au « Comité de défense », ce qui suit : « Les meilleurs critiques militaires de l'étranger sont arrivés à la conviction, qu'en dehors du passage à effectuer de vive force à travers la Belgique et le Luxembourg en violant leur neutralité, c'est là la seule et unique manière de tourner le cercle de fer nouvellement tracé. Quant à une invasion directe, l'Allemagne n'aurait d'autres moyens de l'entreprendre qu'en marchant de front à l'assaut de positions fortifiées, défendues par des forces au moins égales sinon supérieures à celles que l'Empire allemand peut mettre sur pied ».

Direction probable de l'invasion allemande.

Ainsi, selon le général Brialmont, dont l'avis est partagé par la plupart des auteurs traitant de ces matières, l'invasion allemande se produira vraisemblablement de préférence par la trouée de la Meuse, entre Verdun et Mézières (2).

Du reste, la France, comptant peu sur la résistance de la Belgique, a pris les précautions voulues contre l'éventualité d'une attaque des Allemands à travers ce pays.

---

(1) Général Brialmont : Discussions du budget de la guerre, 1894 (*Revue militaire belge*).

(2) Cependant, nous devons l'observer, le général Leer disait dans ses *Notes sur la stratégie* qu'au pis aller, c'est-à-dire dans le cas où l'armée allemande serait en mesure d'entrer en campagne avant l'armée française, cette dernière n'entamerait pas les opérations, et avec raison, avant d'avoir entièrement terminé la concentration sur la ligne Verdun-Toul ou Toul-Epinal, à l'abri de la haute Moselle et des Vosges.

Toutefois, cette opinion n'offre pas une importance particulière ; attendu que le général Leer finit par se ranger à celle du général Brialmont en disant que si, après la rupture de la première ligne fortifiée, l'armée allemande prenait le dessus, la masse de l'armée française devrait être portée au sud, vers le plateau de Langres.

VITESSE DE MOUVEMENT DES ARMÉES EN 1870 PENDANT UNE JOURNÉE

(EN KILOMÈTRES)

Armée allemande.

Armée française.

LA GUERRE FUTURE (P. 586, TOME II).

En prévision d'une violation toujours possible de la neutralité belge par les Allemands, la France a procédé, dès 1872, à la réorganisation de la défense de sa frontière du Nord. Elle a créé les camps retranchés de Lille et de Maubeuge et pris toutes ses mesures pour faciliter la concentration des forces qu'elle dirigerait, le cas échéant, sur la plaine qui s'étend entre Bruxelles, Mons et Namur d'une part, et vers Dinant, de l'autre.

Les opérations sur la première ligne de défense française.

Les premières opérations.

Etant donnée la situation présente, l'initiative et le choix de la méthode de guerre appartiendront à l'Allemagne. Elle peut porter la guerre sur le territoire français et obliger l'armée française, au moins au début des hostilités, à prendre une attitude défensive. Mais des centaines de mille soldats français se trouveront bientôt concentrés sur la frontière de l'Est et on ne saurait rompre cette ligne de défense sans avoir, au préalable, livré une série de batailles. Quant à amener les Français à dégarnir ladite ligne, ne fût-ce que d'une partie de leurs forces, il ne faut pas y songer. Le nombre des éventualités et, partant, celui des opérations possibles est limité. Il n'y a plus de place pour des manœuvres artificielles. Les armées se trouveront face à face dès le début des hostilités, et le combat inaugurera la campagne au lieu d'en être, comme jadis, le couronnement. Il est devenu manifestement inévitable, et on peut déterminer approximativement les conditions de lieu et de temps dans lesquelles il sera livré.

Contrairement à ce qui est arrivé en 1870, le choc ne surprendra plus l'armée française. L'état-major français connaît les principaux points de concentration de l'adversaire, ces points étant indiqués par les nœuds de communication existants. Diriger subitement des centaines de mille hommes sur un point imprévu est chose impossible. Par contre, un corps peu considérable de troupes rencontrerait partout, étant donné l'état de défense de la frontière, des forces suffisantes pour le repousser.

Les troupes allemandes n'auront l'avantage du nombre, résultant d'un système de mobilisation plus rapide, que durant quelques jours seulement. Car avant que les batailles décisives aient pu être livrées, la concentration des troupes françaises sur leur seconde ligne de défense sera accomplie, et les forces adverses se trouveront alors en équilibre. On a construit en France une quantité de lignes ferrées et de routes pour accélérer les transports de troupes. Et puis, on ignore encore combien, dès la déclaration de guerre, il sera créé, dans des localités appropriées, de points fortifiés dans le genre de Plewna, par exemple. Les plans, à cet effet, existent certainement. Les troupes munies des instruments et outils nécessaires sont prêtes à les exécuter, et, une fois installées sur ces points, elles arrêteront la marche de forces ennemies beaucoup plus considérables.

Le résultat décisif sera-t-il promptement obtenu ?

Une question se pose naturellement : étant donnée l'égalité des forces dont disposent l'Allemagne et la France, étant donné aussi l'état de défense des frontières, sera-t-il possible d'obtenir rapidement un résultat décisif ?

Les troupes allemandes, il est vrai, seront peut-être supérieures en qualité à leurs adversaires, mais nous avons vu (1) que la différence ne saurait être très sensible. La valeur offensive des troupes allemandes de première ligne est exprimée par 95, tandis que la valeur défensive des troupes françaises l'est par 85. Cette différence est trop faible pour ne pas être compensée par les chances et les avantages inhérents à la défense. Par conséquent il n'y a pas lieu d'attendre, de l'avenir, une répétition des événements de 1870.

Le colonel Heysman dit avec beaucoup de raison (2) : « La guerre de 1870 s'est faite dans des conditions, au suprême degré, désavantageuses pour les Français et non moins avantageuses pour les Allemands. La supériorité du système allemand sur celui des Français était très grande : dès le commencement de la mobilisation, le système français dégénéra en chaos, tandis que chez les Allemands régnait un ordre parfait. L'armée française s'était concentrée sur la ligne Thionville-Belfort ; le 6 août il n'y avait que 275,000 Français sur une étendue de 250 verstes ; 500,000 Allemands, par contre, avaient pris position sur la ligne Trèves-Carlsruhe, longue de 150 verstes tout au plus. Chez les Allemands, tout allait bien ; chez les Français, au contraire, le désordre augmentait toujours, et, ce qui pis est, une politique oscillante et aventureuse inspirait et dirigeait une stratégie ignorante et réduite aux abois ».

Imprévoyance des Français en 1870.

En outre, d'après les dires des historiens militaires, régnait en 1870 une telle imprévoyance qu'il n'existait même pas de plan d'opérations pour le cas qui se présenta, quand il fallut renoncer à l'offensive projetée et effectuée jusqu'au 2 août, c'est-à-dire jusqu'aux premiers échecs qui plongèrent dans un désordre abominable et mirent à néant toute l'organisation militaire de la France. L'opinion dominante était qu'on pourrait se passer de forteresses. Strasbourg, la base des opérations françaises et de la défense de l'Alsace, fut déclarée en état de siège le 15 juillet, sans autre résultat que d'isoler la ville et d'entraver son approvisionnement. Un vieux général, Uhrich, appartenant déjà au cadre de réserve, en fut nommé commandant.

---

(1). Voir le tableau sur la planche placée en appendice.

(2) P.-A. Heysman : *La guerre et son importance dans la vie du peuple et de l'Etat.*

Le 4 août, la garnison de la place forte ne comptait que 9,000 hommes et, dans le nombre, pas de troupes du génie. Pas de mines non plus : les galeries même avaient été détruites. Lorsque les troupes badoises vinrent mettre le siège devant Strasbourg, la défense disposait de 18,000 hommes. Mais pas un ouvrage détaché n'avait été construit en dehors de l'enceinte. On avait négligé jusqu'aux mesures de défense les plus élémentaires. Aucune sortie ne fut effectuée. Le 25 août, les batteries ennemies avancèrent jusqu'à la base des glacis sans éprouver la moindre perte.

Quant à l'état de complète désorganisation dans lequel se trouvaient les petites places fortes, il suffit de citer le fait typique suivant. Le 14 août, une brigade d'infanterie, une de uhlans et sept batteries se présentaient devant les fortifications de Marsal. A la suite d'un malentendu quelconque, une de ces batteries ouvrit le feu et le commandant de la place capitula aussitôt. Lorsqu'on s'aperçut que parmi les prisonniers il ne se trouvait pas un seul artilleur, on comprit aisément, dit la relation prussienne, pourquoi la forteresse n'avait riposté que par un seul coup de canon. Ce fait, qui appartient à l'histoire des événements de 1870, ne témoigne que trop bien de l'incurie qui régnait à cette époque, en France.

Efforts faits par la France depuis 25 ans.

Dans ces vingt-cinq dernières années, la France, sous le contrôle de l'opinion publique rendue à elle-même et la surveillance des partis parlementaires, a fait des efforts inouïs pour se prémunir contre toute agression de l'extérieur, et des milliards de francs ont été consacrés à la création et au perfectionnement des lignes et places fortifiées françaises.

Celles de l'est ont complètement changé de caractère. Les anciens types de forteresses, ou de forts isolés, de redoutes, de demi-lunes, etc., qu'on apercevait de loin, qu'on pouvait facilement tourner et dont il serait aisé aujourd'hui de se rendre maître, étant donnés les procédés actuels de siège, ont été remplacés par de nouveaux ouvrages, peu élevés au-dessus du niveau du sol environnant, recouverts de gazon, se confondant avec le terrain et à peine perceptibles à l'œil, avec, à l'intérieur, d'immenses réduits casematés. Tous les passages sont dominés, toutes les hauteurs sont couronnées.

Ces antres colossaux, pourvus de pièces d'artillerie d'une puissance montrueuse, abrités par des voûtes de pierres et d'épaisses couches de terre, peuvent contenir d'importantes garnisons.

Avant même le commencement des hostilités, pendant que les Allemands procèderont à la concentration de leurs forces et les dirigeront sur le territoire français, les troupes françaises, disposées le long de la frontière, prendront, avec le concours des populations, les mesures locales nécessaires pour recevoir convenablement l'ennemi. Les intervalles entre les ouvrages fortifiés permanents seront fermés par une rangée continue de forts dissimulés dans les bois ou les vignobles et entourés de défenses accessoires,telles que réseaux de fil de fer ou autres obstacles artificiels.

Les fortifications de ce genre sont peu apparentes et il sera difficile de les reconnaître dans le paysage. Leur destination sera de servir de points d'appui à la concentration des troupes, et, dans le cas où l'ennemi les tournerait, il en sortira des partisans pour opérer sur ses derrières. Mais ce n'est pas tout. Il existe actuellement des camps retranchés pouvant contenir des armées entières qui pourront trouver l'occasion d'agir activement contre l'envahisseur bien au delà du cercle d'investissement, de l'attaquer, de le repousser peut-être avec le secours de renforts progressivement envoyés pendant l'action, et de changer ainsi, du tout au tout, le cours prévu des opérations.

Pertes qu'éprouveront les troupes de l'offensive.

D'après cela,on ne saurait refuser de conclure que les pertes des troupes de l'offensive seront dorénavant bien plus considérables qu'autrefois. Or, dès les premiers jours de 1870, l'armée allemande perdait, malgré les conditions exceptionnellement favorables dans lesquelles elle se trouvait, 10 0/0 de ses effectifs (1).

Nous pensons même que si les Allemands réussissaient à imposer aux Français une bataille en rase campagne et à leur infliger une défaite,— éventualité qu'il faut toujours faire entrer en ligne de compte, — de fortes positions préparées d'avance permettraient alors à ces derniers de suivre le conseil de Frédéric II, c'est-à-dire « d'aller se refaire sur d'autres points ».

Il est à remarquer que, d'après les calculs du général Brialmont, les forces entières de l'armée allemande seraient insuffisantes pour investir toutes les places fortes françaises (2).

Les opérations en avant de la seconde ligne de défense.

En supposant que l'armée allemande parvienne malgré tout à rompre la première ligne de défense et à franchir la zone frontière, quel sera le cours ultérieur des opérations? Avant de pénétrer dans l'intérieur du pays, il faudra investir le camp retranché de Verdun.

Le camp retranché de Verdun.

Verdun, ville de 16,000 habitants, se trouve située dans la vallée de la Meuse et constitue un nœud de communications nombreuses dont les plus importantes au point de vue militaire sont les deux routes conduisant à

(1) C. von B. K. *Zur Psychologie der grossen Krieges*. III (Statistik und Psychologie). — Vienne, 1897.

(2) Donat, *Die Vertheidigung der deutsch-französischen Grenze*.

Metz : celle du Nord par Etain et Conflans et celle du Sud par Mangelle et Mars-la-Tour, ainsi que la ligne ferrée parallèle à la première. Tourner Verdun par le Nord serait presque impossible à l'adversaire venant d'Allemagne. Verdun peut servir en outre de point d'appui aux opérations sur la Meuse.

Nous donnons ci-dessous la carte des fortifications de Verdun.

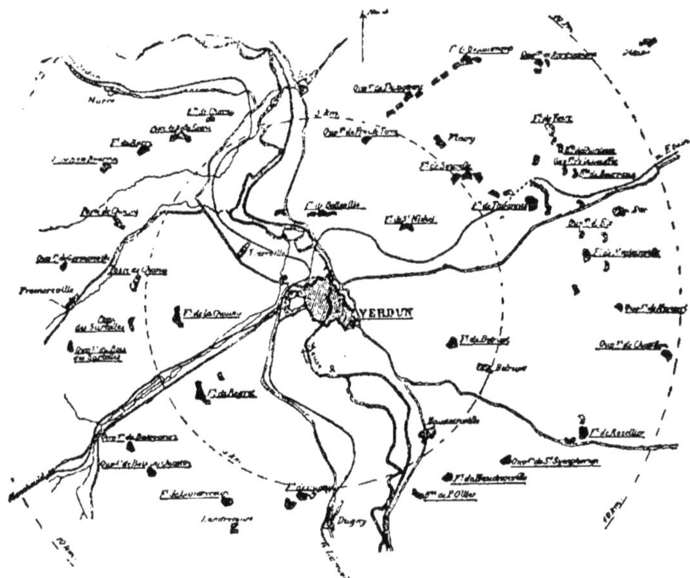

Verdun et ses fortifications.

En supposant cette ville assiégée par les Allemands, il faut prendre aussi en considération que l'existence de toute une rangée de places fortes et de camps retranchés français, à proximité et au sud de Verdun, obligera les assiégeants à détacher, contre ces camps et places, de nombreuses et bonnes troupes afin d'empêcher la rupture des communications sur leurs derrières.

Admettons, en vertu de calculs que nous donnerons plus tard, que l'investissement de Verdun n'exigera pas plus de 150,000 hommes (1).

Le reste, même après avoir remporté toute une série de victoires sur

(1) Donat, *Die Vertheidigung der deutsch-französischen Grenze*, conteste l'opinion émise par d'autres auteurs et selon lesquels l'investissement de la ligne de défense de Verdun-Toul, longue de 200 kilomètres, nécessiterait 500,000 hommes.

l'adversaire à l'attaque de la première ligne de défense, se trouvera déjà très affaibli avant d'avoir atteint la seconde. Les troupes allemandes auront à traverser un pays montagneux, coupé de ravins et de rivières. Les champs y sont pour la plupart enclos de haies, et les routes jalonnées de villages dont les habitations sont construites en pierre. Les profils des cinq routes stratégiques qui conduisent de la frontière allemande à Paris (1) et que nous donnons dans la planche ci-contre, corroborent ce qui vient d'être dit à ce sujet.

Les localités où l'on pourrait, le cas échéant, établir à la hâte de nouveaux camps retranchés, n'y manquent non plus.

Les progrès techniques récemment réalisés profitent tous à la défense. Des troupes établies derrière des abris, même lorsqu'elles sont peu nombreuses, infligent à celles de l'attaque des pertes considérables et peuvent même les désorganiser tout à fait. L'efficacité des feux de la défense est bien plus grande que celle des feux de l'attaque, l'assaillant étant forcément obligé d'avancer à découvert et en masses plus ou moins compactes, surtout au moment d'aborder la position.

Infériorités qu'aura l'attaque relativement à la défense.

Les troupes qui attaquent ne connaissent pas le terrain ou n'en ont qu'une connaissance imparfaite tandis que la défense l'aura étudié dans ses moindres détails et établira son artillerie sur les meilleures positions et bien abritée.

D'après ce qu'on a écrit sur les mesures prises pour défendre les frontières Est de la France, il n'y aurait pas sur les voies principales, sur celles notamment qu'on ne saurait éviter, un seul pouce de terrain qui n'ait été mis en état de défense contre l'ennemi. Avec la poudre sans fumée l'assaillant, obligé d'attaquer un adversaire dissimulé par des arbres ou posté derrière des abris de fascines et de sacs de terre, pourrait fort bien éprouver des pertes immenses. En tout cas, il lui faudra pas mal de temps pour se frayer un passage.

La poudre sans fumée et la force extraordinaire de pénétration des projectiles actuels auront pour résultat que toute attaque, même d'obstacles de second ordre, coûtera fort cher. Il ne faut pas oublier non plus que le grand nombre de fortifications de tout genre dont est couvert le pays, ralentiront la marche de l'armée d'invasion, et l'obligeront à s'ouvrir un chemin continuellement de vive force, en détruisant nombre de villes et de villages, ce qui imprimera à la guerre, de part et d'autre, un caractère d'exaspération.

Exaltation morale des Français.

Mais, indépendamment des pertes matérielles, tant antérieures que de celles éprouvées au cours de la nouvelle guerre, le souvenir des défaites et des humiliations subies en 1870, le regret d'avoir vu, en ces jours, se ternir la gloire militaire de la France, etc., exaspéreront tout particulièrement les Français.

(1) Ces profils ont été empruntés à la carte routière publiée à l'usage des vélocipédistes.

ROUTES STRATÉGIQUES DE LA FRONTIÈRE ALLEMANDE A PARIS

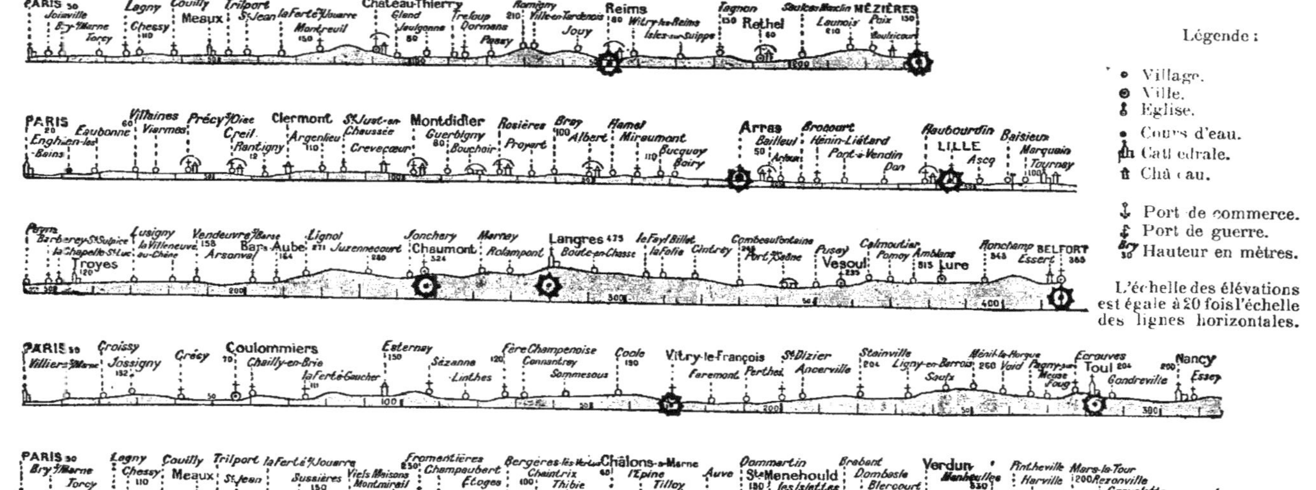

La Guerre future (p. 592, tome II).

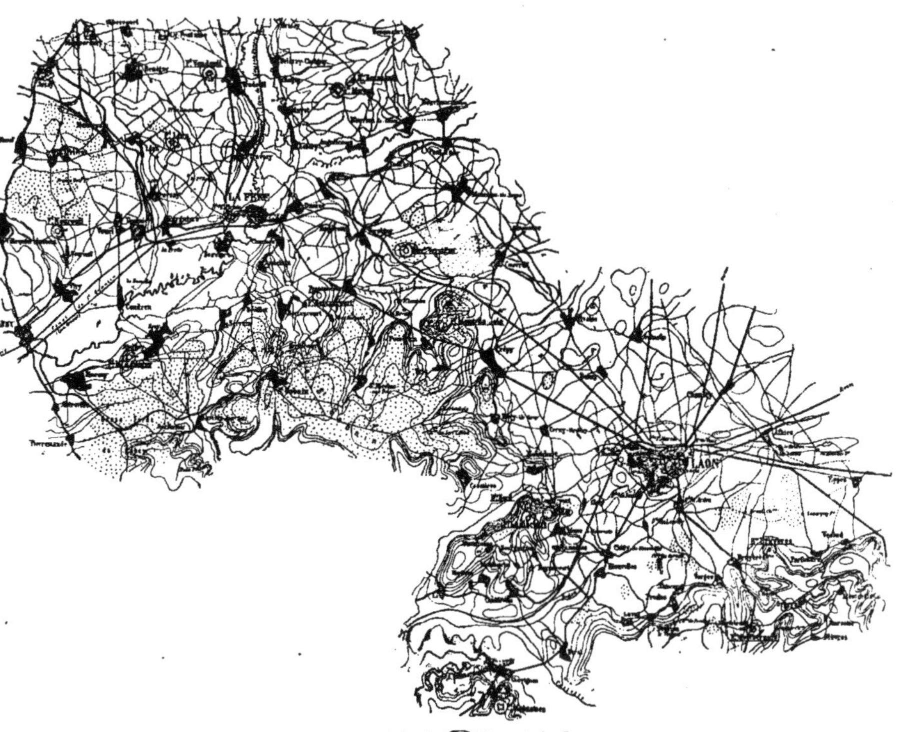

Camps retranchés de La Fère et de Laon.

La Guerre future (p. 593, tome II).

On ne saurait nier que l'opinion suivante ne contienne une dose de vérité : la vanité nationale et l'amour de la gloire ne sont, pour d'autres peuples, qu'une de leurs passions ; pour les Français, c'est la passion principale et prédominante (1).

Moyens de défense qu'ils emploieront.

Les auteurs militaires attirent encore l'attention sur les mines dont l'emploi fréquent, au cours de la guerre future, leur semble probable. On les placerait sous terre, ou dans des constructions qu'en se retirant on abandonnerait à l'envahisseur, ou sous des ponts, etc.

On procéderait au placement de ces mines perfectionnées au moment de la concentration des troupes et on les disposerait sur toutes les routes et les édifices susceptibles d'être utilisés par l'ennemi (2). Sans attacher une importance particulière aux mesures de cette nature, nous en parlons parce que cela dénote que les troupes allemandes ne pourront plus compter sur l'attitude passive de la défense, qu'elles rencontrèrent en 1870, lors de l'invasion et de l'occupation du territoire français.

Faisons observer qu'au courant de la guerre d'Abyssinie, l'emploi des mines a été fréquent et que leurs effets furent terribles (3).

Par suite des circonstances que nous venons d'exposer, la force numérique de l'armée allemande diminuera au fur et à mesure de sa marche en avant, ce qui naturellement doit augmenter les chances de succès des Français sur leur seconde ligne de défense.

Les camps retranchés de la seconde ligne de défense.

On peut affirmer qu'il ne sera pas possible de tourner les anciens camps retranchés qui se trouvent sur la route d'invasion : La Fère, Laon, Soissons et Reims.

Le croquis donné dans la planche ci-contre (4) représente les camps retranchés de La Fère et Laon.

Les positions La Fère-Laon sont défendues à l'Ouest de La Fère, à Chauny, par l'Oise, à l'Est, par les ramifications du plateau de Champagne (falaises de Champagne) tandis qu'au Sud vient aboutir à cette ligne de défense, la forte position représentée par Reims. Au centre des localités qui entourent Chauny, La Fère et Laon s'étendent les monts boisés de Saint-Gobain, qui constituent déjà en eux-mêmes une excellente position défensive ; leur sommet le plus élevé atteint 210 mètres et domine toute la contrée environnante.

La vallée qui s'étend au Sud de la Saône et à l'Est des monts de Saint-Gobain jusqu'aux ramifications des Argonnes, est dominée par les hauteurs

(1) État-major prussien, *La guerre franco-allemande de 1870.*

(2) Oméga, *La défense du territoire français.*

(3) *Jahrbücher für deutsche Armee und Marine*, octobre 1896.

(4) Vilar, *Die Befestigungen an der französisch-deutschen Grenze.*

de Laon, ainsi que par celles qui sont situées au Sud de Laon et notamment par Louiscourt et Bruyères. Cette vallée, légèrement ondulée, monte vers l'Est, et quoique couverte de bosquets à certains endroits, elle est aisée à reconnaître et d'un passage facile.

Cette zone, longue d'environ 45 kilomètres, est sillonnée en partie par les monts de Champagne, presque entièrement boisés, et qui atteignent jusqu'à 100 mètres de hauteur. A leurs pieds, en maints endroits, se trouvent des marécages.

Plus loin est la ville de Reims avec ses 81,000 habitants. C'est le nœud de toutes les voies de communication qui descendent des Argonnes du Nord et entre autres de la route qui conduit de Paris à Metz, ainsi que de la ligne ferrée Paris-Metz. Reims a donc une grande importance stratégique. A 14 kilomètres, au Sud de Reims, — et conduisant à la vallée d'Epernay — passent la route, le canal et le chemin de fer de Paris à Strasbourg.

La plaine qui entoure Reims est sillonnée au Nord et à l'Est par des hauteurs dont le point culminant atteint 267 mètres. Cette vallée est facile à reconnaître et à traverser, quoique le terrain en soit très ondulé et couvert de petits bois plus ou moins attenants les uns aux autres. Elle est dominée à l'Ouest et au Sud par des hauteurs.

Les conditions locales sont donc favorables à la création d'un camp retranche.

Les forts, distants les uns des autres de 1 1/2 à 8 kilomètres, s'étendent sur une circonference de 63 kilomètres dont le diamètre est de 18 à 20 kilomètres. Entre les forts et la ville la distance est de 5 1/2 à 10 kilomètres.

La carte des ouvrages fortifiés de Reims, donnée dans la planche ci-contre, montre les difficultés avec lesquelles les troupes allemandes se trouveraient aux prises.

Difficultés que leur investissement présentera aux envahisseurs.

Si l'on sait mettre à profit les avantages que présente la création de grands camps retranchés, leur investissement offrira de grandes difficultés à l'armée envahissante. Si la ligne d'investissement est faible, il sera aisé de la rompre, et, pour l'établir forte, il faudrait de grandes masses de troupes. Aussi, Brialmont admet-il la nécessité de 3 corps, forts de 100 à 150,000 hommes, sous un commandement unique, avec de la cavalerie dans les intervalles, pour être à même, en cas d'une sortie, d'agir sur le flanc des assiégés (1).

Mais comme les troupes allemandes auront déjà subi au préalable certaines pertes, elles ne seraient peut-être plus, après détachement de 3 corps représentant 100 à 150,000 hommes, assez fortes pour investir Paris, principal objectif stratégique.

(1) Brialmont, *Les régions fortifiées*.

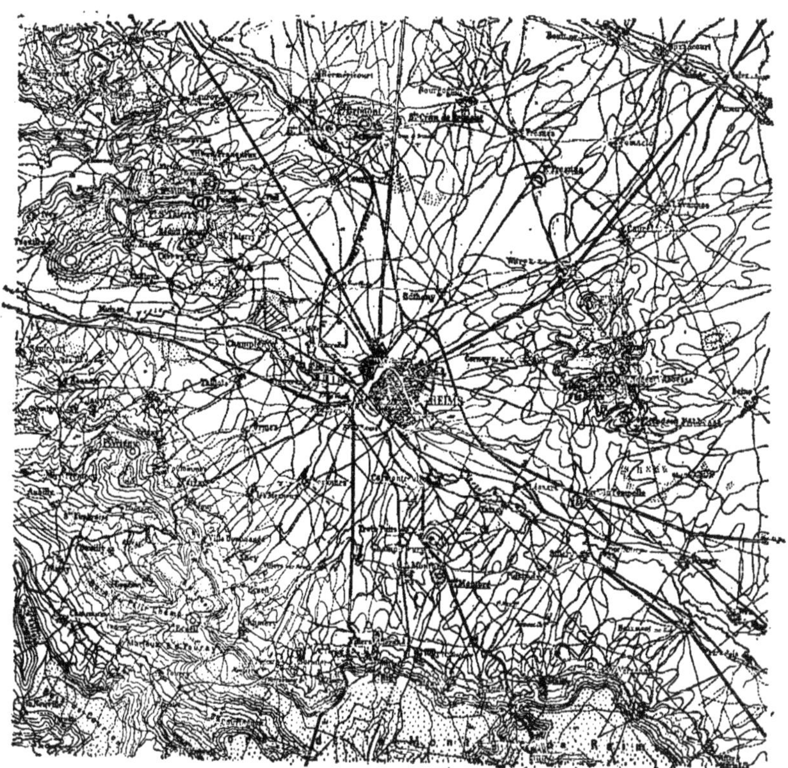

Reims et ses fortifications.

Si nous comptons, conformément aux données antérieurement produites et fournies par l'exemple du siège de Paris en 1870, 2 hommes 1/2 par mètre courant de la ligne de combat, l'investissement d'une place comme Reims nécessiterait 250,000 hommes. En réduisant même la proportion, à 1,7 hommes par mètre, il faudrait encore 158,000 hommes.

En outre, il faudrait un corps de siège de 50,000 hommes, ce qui porterait l'ensemble à 310,000 ou à 208,000 hommes, selon qu'on prendrait pour base du calcul la première ou la seconde proportion. Mais, comme on peut admettre que les places de Laon et de La Fère sont moins fortes que celle de Reims, et que, les distances étant insignifiantes, il n'y aura pas lieu de s'encombrer d'un train très nombreux, il suffirait peut-être de détacher à cet effet 100,000 hommes seulement. En tout cas pas moins.

Les opérations entre la seconde ligne de défense et Paris.

Considérons maintenant ce qui attend les armées allemandes dans leur marche ultérieure sur Paris, et plaçons-nous dans les circonstances les plus favorables aux Allemands. La marche sur Paris.

La longue durée de la marche des troupes dans la direction donnée sera en rapport avec le nombre des « étapes stratégiques » qu'elles auront à parcourir. Ces étapes, c'est-à-dire les points d'arrêt inévitables, sont de deux sortes : les étapes de repos et celles d'opérations. Les premières en usage chez les Allemands sont, sauf empêchement, de 5 jours, c'est-à-dire qu'après 4 jours de marche il est accordé aux troupes 24 heures de repos. De la frontière à Paris on en compte 12, soit, les 3 jours de repos compris 15 jours de marche. Les étapes d'opérations sont nécessitées par le retard qu'occasionnent les mouvements de concentration des corps de troupes marchant sur différentes routes et par le besoin de rétablir entre eux les distances, pour les porter ensuite en avant.

On compte généralement par corps, disposant de deux routes, un jour pour la concentration et autant pour établir les distances de sa colonne de marche. Pour 6 corps de troupes allemandes, avançant sur 3 routes parallèles, cela ferait 4 jours, y compris 24 heures de repos. Lesdites étapes d'opérations seront, pour les armées allemandes, les temps d'arrêt qui se produiront avant le passage de la Meuse et de la Moselle par toutes leurs troupes, ainsi que les deux batailles qui devront être livrées par les armées parties de la frontière avant leur arrivée sous Paris. Chacune de ces opérations nécessitera 5 jours, c'est-à-dire autant que la marche elle-même.

L'investissement de Paris ne pourrait donc être effectué que le trentième jour après l'ouverture des opérations. En 1870, il est vrai, cette pre- Quand pourra être investie la capitale ?

mière période de l'invasion des Allemands en France, a été d'une durée bien plus grande, mais cela fut dû surtout à l'éparpillement des forces françaises, qui contraignit les Allemands, avant de se porter résolûment en avant, à battre d'abord successivement les différents corps isolés de troupes françaises. Cela leur prit du temps, mais cette besogne fut bien plus facile que celle qui les attend dans l'avenir, C'est ainsi que, du 1er au 30 août, il leur fallut les batailles de Wörth, Reischoffen, Forbach, Rezonville, Mars-la-Tour, Borny et Sedan.

Il est facile de comprendre que, dorénavant, les Français sauront éviter leurs erreurs d'autrefois ; et il faut admettre que, si les Allemands réussissent à atteindre Paris plus tôt qu'en 1870, cela ne pourra se faire qu'au prix des plus grands sacrifices, et qu'au lieu de quelques débris d'une armée vaincue, ils trouveront sous les murs de Paris des troupes parfaitement ordonnées et capables, après quelques jours de repos, de reprendre l'offensive.

En admettant, par contre, qu'une des batailles livrées dans cette période des hostilités soit gagnée par les Français, toute la marche des opérations s'en trouverait modifiée plus ou moins, selon l'importance de la victoire (1).

Des forces considérables devront aussi être employées à assurer les voies de communication.

Difficultés du maintien des communications des troupes allemandes.

Le séjour prolongé de formidables armées, tant allemandes que françaises, 5 fois supérieures en nombre à celles de l'année 1870, épuisera les ressources des contrées occupées par elles et le ravitaillement de ces masses ne pourra s'opérer que par les chemins de fer. Or, les lignes ferrées ne seront, en la circonstance, que d'un secours très précaire. La poudre sans fumée obligera l'ennemi d'occuper, en vue de la défense du corps même de la voie, tous les points couverts à proximité de cette cette dernière, et d'employer, à cet effet, des troupes relativement très nombreuses. En 1870, il fallut détacher 145,712 hommes, 5,945 chevaux et 80 pièces d'artillerie pour couvrir les derrières de l'armée allemande, quoique les troupes françaises eussent été déjà complètement défaites, et que, faute de tentatives de destruction systématiquement organisées, les lignes de chemins de fer fussent déjà tombées au pouvoir de l'invasion. Néanmoins les rapports officiels contemporains, émanant des corps de troupes, constatent à plus d'une reprise les grandes difficultés qu'on eut à ravitailler les troupes.

Déjà, l'armée de Faidherbe, peu nombreuse pourtant, opérant au Nord de Paris, donna beaucoup de soucis aux Allemands pour le maintien de

(1) Colonel Oméga, *La défense du territoire français.*

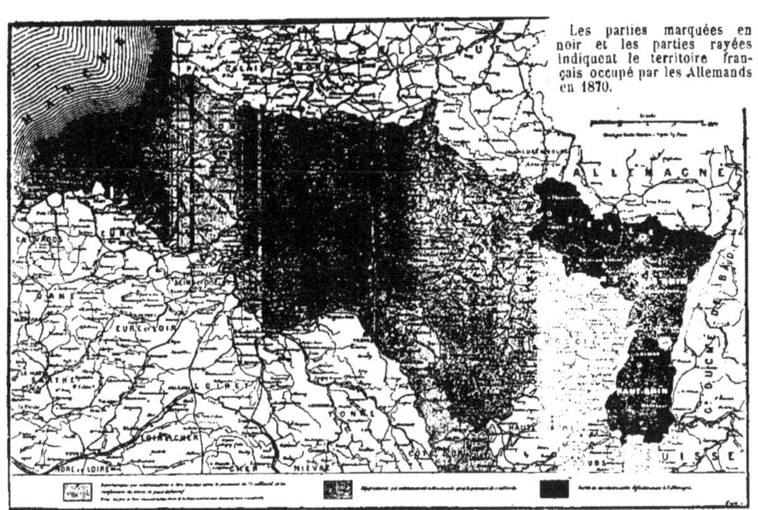

Carte du théâtre de la guerre franco-allemande.

LA GUERRE FUTURE (P. 597, TOME II).

leurs communications. Que serait-il advenu si 200,000 ou 300,000 hommes s'étaient trouvés sur leurs flancs ? L'armée allemande pouvait, ainsi qu'il ressort de la carte du théâtre de la guerre de 1870 (voir la planche ci-contre) s'étendre sur un immense territoire. Dans la guerre future, le nombre des voies utilisables sera limité par les places fortes et les camps retranchés nouvellement créés.

L'emploi de la poudre sans fumée rend non seulement possible, en général, les attaques sur les derrières de l'armée, mais il favorise encore les entreprises ayant pour but d'interrompre les communications. Le général Brialmont fait observer très justement qu'étant donnée cette poudre, tout mouvement en avant sera des plus dangereux.

Ce qu'il leur faudra d'hommes pour les couvrir.

Sans exagération, il est permis d'admettre que les Allemands se trouveront contraints d'employer à couvrir leurs derrières deux fois plus de troupes qu'en 1870, c'est-à-dire 290,000 hommes. En maintenant même le chiffre de l'année 1870, il faudrait compter encore 50,000 hommes de garnison dans les villes et les principaux points en arrière de l'armée allemande.

Mais cette armée aura à subir de grandes pertes dans les combats qui sont à prévoir. Négligeons même les petits combats et bornons-nous aux deux grandes batailles à livrer sur la première ligne de défense. Supposons que chaque fois 400,000 hommes prennent part à la lutte, et que, conformément aux calculs établis au congrès médical de Rome, afin même de déterminer l'étendue des secours à porter sur le champ de bataille, le nombre des blessés ne dépasse pas 20 0/0. Faisons observer, toutefois, que la plupart des auteurs militaires, se basant sur l'expérience de 1870, sont d'avis que la proportion sera sensiblement plus forte ; les pertes des troupes de la défense étant évaluées à la moitié de celles que subiront les troupes de l'attaque (1).

Faisons entrer maintenant en ligne de compte l'éparpillement des forces belligérantes occasionné, quant à la défense, par les pertes éprouvées, et, quant à l'envahisseur, non seulement par les pertes, mais par la nécessité d'investir les places fortes, de couvrir ses derrières, de laisser des garnisons, etc. Supposons que chaque belligérant ait mis sur pied 1,500,000 d'hommes : l'agresseur, ayant réuni en partie ses forces à la frontière et tenant le reste en réserve, tandis que la défense aura concentré les siennes sur la frontière également et sur la seconde ligne où viendront se replier les troupes de la première ligne de défense.

(1) C. von B. K. : *Zur Psychologie des grossen Krieges, Statistik und Psychologie.* L'auteur calcule que le nombre des hommes laissés en arrière pour cause de maladie fut, en 1870, cinq fois plus considérable que celui des blessés.

ituation relative des deux armées.

Nous obtenons, à peu de chose près, les résultats suivants :

	Armées	
	Allemande	Française
Pertes subies dans les combats où, forcément, de la première ligne on marcherait sur la seconde	80.000	40.000
Investissement et garnison de la place de Verdun	100.000	50.000
Investissement et garnisons des places de Laon, La Fère et Reims	300.000	150.000
Pertes subies à la seconde ligne de défense et marche sur Paris	80.000	40.000
Couverture des derrières	250.000	
Garnisons	50.000	
Malades et disparus	120.000	60.000
	980.000	340.000

Par conséquent, tandis que l'armée française, s'en tenant à la défensive, disposera encore de 1,160,000 hommes, les Allemands n'en auront plus que 520,000 pour procéder au siège de Paris.

Nous donnons la représentation graphique de ces chiffres, en supposant, pour plus de commodité, toutes les troupes de la défense concentrées à la frontière.

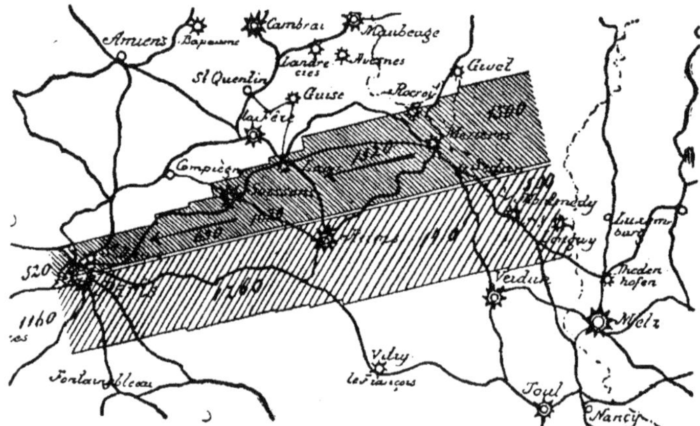

Diminution numérique des troupes françaises et allemandes pendant la marche de ces dernières sur Paris. — (En milliers.)

Perspective entrevue par le comte Caprivi.

Lors de la discussion au Reichstag, de la nouvelle loi militaire, l'ancien chancelier de l'empire allemand, Caprivi, dont la compétence en matière militaire ne saurait être contestée, disait : « Si l'armée française est battue et se réfugie dans les places fortes, nous aurons à en cerner deux ou trois avec au moins un corps d'armée pour chacune. En outre, il nous faudra, pour pénétrer plus avant dans l'intérieur du territoire français, enlever de nombreux forts situés sur les lignes de communication, et quoique ces forts ne soient pas bien considérables, leur construction et leur armement n'en sont pas moins à la hauteur des exigences techniques du temps présent. Ensuite, après avoir pris possession de ces forts, nous aurons à forcer le passage de la Meuse en vue de l'armée ennemie. Or, pour investir les ouvrages fortifiés de Paris, nous devrons disposer, d'après l'expérience des années 1870-71, de plus de dix-huit corps d'armée, réserves non comprises. Il est même très probable qu'actuellement nous ne pourrions attaquer Paris que sur un front, et l'exemple de Sébastopol démontre qu'une année entière serait peut-être nécessaire à la réussite d'une telle entreprise. »

La perspective que fait entrevoir le comte Caprivi donne à réfléchir. L'armée allemande ne disposera pas de 18 corps d'armée pour le siège de Paris, et si même c'était le cas, il est douteux qu'elle puisse forcer Paris à capituler.

En 1870, les Français avaient subi toute une série de défaites : les armées de Bazaine et de Mac-Mahon s'étaient rendues à l'ennemi ; l'Empire était tombé, et c'est alors que les Allemands vinrent mettre le siège devant Paris. Lorsque Gambetta entreprit (à Tours) d'organiser la défense, il n'avait autour de lui qu'environ deux escadrons de cavalerie et six pièces d'artillerie capables de tenir la campagne. La France, comme État, n'existait pour ainsi dire, plus. Gambetta trouva des généraux et des soldats, et il put opposer aux Allemands 600,000 hommes. Il est évident que le rôle de ces armées improvisées ne pouvait être brillant ; pourtant le succès des opérations allemandes n'a tenu qu'à un cheveu, et ce cheveu aurait pu se rompre si les armées françaises avaient été mieux dirigées (1).

Mais que se produirait-il maintenant ?

Le général Leer (2) dit que le plan consisterait à confier la défense de Paris ainsi que la riche vallée de la Loire (Orléans), à une armée particulière qui, par rapport à ces deux objectifs, occuperait une position centrale à Fontainebleau. En cas de nécessité absolue, c'est-à-dire s'il lui devenait impossible de se maintenir, elle aurait la faculté de se retirer sur Paris, tandis qu'une nouvelle armée serait chargée de défendre la vallée de la Loire. Indépendamment de cela, on formerait dans le Nord, de nouvelles

(1) P. A. Heysman, *La guerre et son importance dans la vie du peuple et de l'État.*

(2) Leer, *Notes sur la stratégie.*

armées dont la mission consisterait à agir sur les communications des Allemands.

Envisageons maintenant les conditions dans lesquelles s'effectuerait le siège de Paris.

Le siège de Paris et ses conséquences.

Organisation du camp retranché de Paris.

Paris constitue le centre d'un immense réseau de chemins de fer et autres voies de communication. Seize lignes ferrées y conduisent. Elles sont reliées les unes aux autres, d'abord par un chemin de fer de ceinture intérieur, et ensuite par un autre chemin de fer circulaire en dehors de la ligne des fortifications, qui passe notamment par Versailles, Saint-Germain, Poissy, Houilles, Argenteuil, Epinay, Stains, Le Bourget, Noisy-le-Sec, Nogent-sur-Marne, Champigny et Bonneuil. Il traverse la Seine entre, Villeneuve et Choisy, pénètre dans le plateau du Sud au Nord de Palaiseau, suit la vallée de la Bièvre et rejoint Versailles.

Le croquis suivant indique la situation des voies ferrées et autres ainsi que celle des forts autour de Paris.

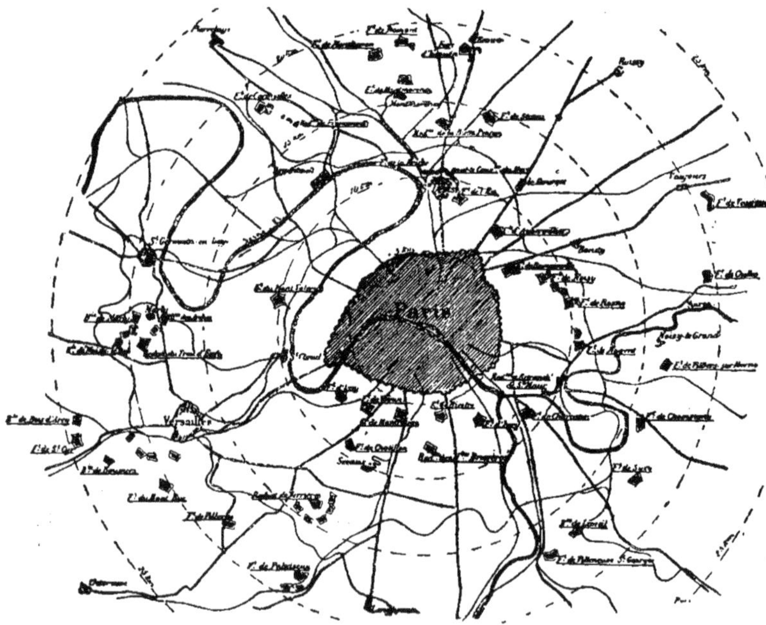

Situation des voies ferrées et des forts autour de Paris.

La ligne sur laquelle s'espacent les forts intérieurs est de 55 kilomètres; celle des forts extérieurs de 140 kilomètres. La ligne d'investissement de ces derniers serait donc d'environ 170 kilomètres. Si, comme en 1870, on comptait 2,8 hommes par mètre, l'investissement nécessiterait 476,000 hommes, sans compter les troupes destinées aux opérations actives durant le siège.

D'après les calculs que nous avons établis plus haut, les troupes allemandes, en arrivant devant Paris, ne pourraient plus compter que 520,000 hommes. Par conséquent, le siège de Paris deviendrait à peine possible et ne saurait être sérieusement entrepris qu'après la prise des places fortes laissées en arrière, ou l'arrivée de fortes réserves.

Leer dit que « la nouvelle ligne des forts autour de Paris constitue une vaste position défensive pour les opérations de défense active à entreprendre par la garnison éventuelle de Paris. Ces forts sont autant de positions offensives. Aussi, au lieu de les construire sur des emplacements couverts par le terrain comme il s'en trouve dans les environs de Paris, les a-t-on élevés sur des points dominants.

« On a donc eu en vue, par la disposition des ouvrages fortifiés, non seulement de gêner le blocus de Paris, mais aussi, et surtout de l'empêcher, en donnant un grand développement aux opérations actives de défense de sa garnison. Sous ce rapport Paris, étant donnée l'étendue de ses fortifications, est une merveilleuse place forte — une véritable province fortifiée.

Impossibilité d'un blocus comme celui de 1870.

« Un blocus étroit et continu, sous forme d'un cercle de fer, comme celui tracé en 1870 autour de Paris et de Metz, est aujourd'hui positivement impossible. La manière dont on procédera pour l'établir consistera à occuper les principales routes conduisant à la place forte par un corps d'armée chacune: ces corps, à une journée de marche les uns des autres et reliés entre eux par des colonnes volantes.

« Ce genre de blocus est suffisamment efficace ; car le rompre sans le secours d'une armée venue du dehors semble très problématique.

« En raison de l'importance des forts, une attaque par surprise est impossible, malgré les intervalles considérables qui les séparent. Quant à isoler les forts de la première ligne en les bloquant par derrière, pour assiéger ensuite directement ceux de la seconde, ce serait une entreprise des plus risquées. Quelle serait en effet la situation d'une armée, prise entre deux lignes de forts toutes deux aux mains de l'ennemi?

« Par conséquent, pour prendre le Paris actuel il faudra recourir à un siège méthodique, c'est-à-dire s'emparer de cinq ou six forts, en bloquer trois ou quatre, et alors seulement procéder au bombardement — besogne qui, comme on le voit, n'est pas commode (1). »

(1) Général Leer, *Notes sur la stratégie.*

Quant à affamer Paris, pour obtenir par ce moyen la capitulation, cela serait aujourd'hui bien plus difficile qu'en 1870.

Mais pour en revenir au système de fortifications qui nous occupe, ajoutons encore que les nouveaux forts sont disposés suivant une ellipse dont le grand axe a 45 kilomètres et le petit 35. Les intervalles entre les trois grands groupes de fortifications, c'est-à-dire ceux du nord, de l'est et du sud, sont respectivement de 13, 16 et 15 kilomètres. La plus grande distance entre la ligne extérieure des forts et le centre de la défense est de 18 kilomètres. Quant à celle entre les différents ouvrages de chaque groupe, elle varie de un et demi à 5 kilomètres.

Compléments apportés récemment aux ouvrages de Paris.

Les ouvrages fortifiés de Paris ont été complétés en 1888 et les modifications apportées depuis sont importantes. On a usé en grand du béton pour leur donner le plus de résistance possible aux effets des projectiles explosibles ; les fossés ainsi que les terrains attenant aux forts ont été pourvus de réseaux de fil de fer ; l'armement s'est augmenté de canons à tir rapide. Le crédit ouvert en 1888 à l'effet de compléter la fortification de Paris était de 42 millions et demi de francs. Il a été employé, d'une part, à élever des batteries complémentaires sur les points intermédiaires et d'autre part à donner plus d'étendue aux chemins de fer à voie étroite qui, dans chaque fort, relient les différents points les uns aux autres et constituent ainsi un réseau extérieur à utiliser par la défense mobile. Car des canons et des mortiers de 12 et 15 centimètres de calibre, montés sur des affûts et des plates-formes de construction particulière, peuvent circuler sur ces voies, et par conséquent être amenés, s'il y a lieu, en tel ou tel point pour augmenter l'intensité de la défense. D'après les données de Brialmont, des embranchements se détachent à angle droit de ce chemin de fer circulaire et conduisent aux batteries qui se trouvent dans les intervalles des forts. Sur ces embranchements circulent de petites plates-formes aux parois mobiles servant à transporter rapidement les pièces d'artillerie. Les batteries, situées dans les intervalles, sont abritées par des arceaux voûtés. En dehors de la sphère d'action du feu de l'ennemi, le transport de l'artillerie s'effectue par locomotives.

Mesures prises pour l'approvisionnement.

Des mesures particulières ont été prises pour approvisionner, en cas de siège, Paris ainsi que les villes et les villages situés dans le rayon du camp retranché. La loi de 1891 oblige les habitants desdites localités à se munir de provisions de farine en cas de siège. L'importance de cet approvisionnement est fixée par le ministre de la guerre, mais ne peut pas dépasser un maximum calculé pour deux mois.

Lorsque l'approvisionnement est en quantité suffisante, il est permis d'en avoir la moitié en grains ; le contrôle des précautions prises appartient au ministre de la guerre.

En ce qui concerne spécialement Paris, toutes les mesures ont été prises pour y accumuler d'immenses quantités de vivres, et ce problème a été étudié jusque dans ses moindres détails. Le lecteur trouvera, sur ce sujet, des données nombreuses et précises dans le chapitre consacré au ravitaillement de Varsovie en cas de siège (1).

L'effectif de la garnison de Paris est fixé à 150,000 hommes dont 20 ou 30,000 spécialement affectés à la défense des forts, et le reste à en occuper les intervalles ainsi qu'à l'organisation de la défense mobile. Les forts sont armés de 300 pièces et 1,400 autres, destinées à la défense active, sont tenues en réserve.

Si l'on admet une défaite sur la première et la seconde ligne de défense, l'armée française, forte de 1,000,000 d'hommes, se retirera sur Paris et trouvera un point d'appui dans cette place forte colossale. Deux millions d'hommes, en outre, faisant partie de la 2e et de la 3e catégorie, pourront être appelés sous les drapeaux. Les hommes appartenant à ces catégories ne seront pas très aptes aux opérations offensives; mais ils serviront à compléter les garnisons et rendront par cela même, à ceux de la 1re catégorie, leur liberté d'action.

Ce que Paris permettra aux armées françaises

L'armée française trouvera dans Paris un refuge sûr, et après s'être refaite de ses fatigues, elle pourra, à la faveur des nombreuses routes qui rayonnent de la capitale, entreprendre à nouveau des opérations offensives, en admettant naturellement que les Allemands n'aient pas réussi sur ces entrefaites à investir fortement la place. Mais cet investissement ne sera pas facile à effectuer dans le cas où, ainsi que nous l'avons calculé, les Allemands arrivés sous Paris ne compteraient plus que 520,000 hommes. En admettant même que le landsturm soit mobilisé en Allemagne et que 600,000 hommes de ces troupes viennent renforcer l'armée de siège, elle serait encore (1,200,000 hommes) relativement inférieure à celle de la défense (1,100,000 hommes). L'armée française aurait en plus l'avantage de s'appuyer sur Paris, tandis que l'armée allemande se trouverait à 500 kilomètres de Metz, son point d'appui à elle, de manière que l'avantage resterait évidemment aux Français. Ces derniers auraient encore la ressource d'appeler environ 2,000,000 d'hommes de l'armée territoriale, dont une partie pourrait, en tout cas, être utilisée dans la défensive, et serait même apte à remplacer les troupes disposées sur la frontière italienne.

(1) Comme exemple des précautions prises, citons un fait que la plupart des Parisiens ignorent eux-mêmes : les machines dont on se sert dans les skating-ring de la place Clichy : « Pôle Nord », et des Champs-Élysées : « Palais de Glace », sont destinées en cas de siège à la congélation de la viande; et ces établissements ne doivent leur existence qu'à celle de ces machines.

Difficultés qu'un siège prolongé entraînera pour l'armée assiégeante.

Étant donnée l'étendue des opérations, il ne faut pas espérer obtenir promptement un résultat décisif, et plus le siège traînera en longueur, plus la situation de l'armée assiégeante deviendra difficile. Un auteur allemand que, dans le cas présent, on ne saurait soupçonner d'exagération, dit : « Vu les conditions existantes, les Français ont quelque raison de croire que les troupes allemandes, dont une partie seront employées à couvrir les derrières ou opéreront sur d'autres théâtres de guerre, suffiront à investir complètement Paris. Nous nous bornerons probablement à disposer, tout autour, des armées isolées, en confiant la surveillance des intervalles à des colonnes volantes. De cette manière, nous pourrons entraver les mouvements de l'adversaire et empêcher le ravitaillement de Paris ; mais nous ne serons pas en état d'interrompre toute communication entre le *cerveau* et le *corps* du pays. La ville même se trouvant aujourd'hui à l'abri du bombardement, l'investissement le plus complet ne saurait la forcer à se rendre. Selon toute vraisemblance, l'administration militaire y accumulera en temps voulu d'immenses approvisionnements, et comme les localités situées dans le rayon des fortifications fourniront à la ville des produits frais, le siège durera non plus quatre mois, comme celui de 1870, mais bien deux ou même trois fois autant » (1).

Il est certain que les Français feront de grands efforts pour entraver l'approvisionnement des troupes allemandes et affaiblir de la sorte leur adversaire. D'autre part, les Allemands agiront de même à l'égard des troupes françaises postées dans des ouvrages fortifiés dont l'attaque de front coûterait aux assiégeants des pertes trop considérables. Mais l'armée française, opérant dans son propre pays, dans des régions pourvues d'approvisionnements suffisants et préparées de longue main en prévision de ces éventualités, se trouvera dans une situation meilleure. Toutefois, après l'épuisement de leurs vivres, le ravitaillement des troupes françaises deviendra difficile. Le système des colonnes volantes et des investissements sera, selon toute vraisemblance, appliqué par les Allemands, sur une toute aussi grande échelle qu'en 1870.

Ces opérations ayant pour but, de part et d'autre, d'affaiblir l'adversaire en lui coupant les vivres, auront comme résultat des collisions fréquentes entre détachements ennemis. Or, avec la puissance des armes actuelles, un détachement brusquement attaqué éprouverait naturellement de très grandes pertes ; il pourrait même, le cas échéant, être complètement détruit. Et quoique des chocs de ce genre ne puissent donner des résultats décisifs, ils n'en contribueraient pas moins à l'affaiblissement mutuel des deux partis.

(1) Donat, *Die Befestigung und Vertheidigung der deutsch-französischen Grenze.* — Berlin, 1894.

Mais, ce qui est plus important encore, c'est que, conformément du reste aux prévisions de certains auteurs militaires (1), une guerre de ce genre pourra durer des années entières, tandis que, comme on l'a déjà démontré, les conditions sociales et économiques ne sont pas de nature à le permettre.

---

3. Invasion des Français en Allemagne.

Cas où l'Allemagne se tiendrait sur la défensive.

Dans le cas où l'état-major allemand, préférant agir activement sur sa frontière de l'Est, se fierait à la forte ligne des forteresses du Rhin et à Metz pour arrêter les Français, la guerre, du côté des Allemands, prendrait un caractère défensif.

De Moltke dit, dans un mémoire communiqué en janvier 1883 à la commission militaire du Reichstag, que l'Allemagne possède à l'Ouest une ligne de défense sans pareille (2). Et des auteurs militaires allemands ont déclaré que, dans le cas où l'Allemagne aurait à faire la guerre sur deux fronts, elle en aurait fini avec la France avant que la Russie n'eût terminé sa mobilisation et sa concentration. Mais on peut opposer à cela l'autorité militaire de l'ancien chancelier Caprivi, déclarant ouvertement que la guerre contre la France serait de longue durée.

Quoi qu'il en soit, il est hors de doute que tout a été fait en Allemagne, en vue d'une attaque de la part de la France pour renforcer la frontière de l'Ouest, et que les Français se trouveraient ici en présence d'obstacles pareils à ceux que rencontrerait de leur part une invasion allemande.

Défenses de la frontière allemande.

L'Alsace-Lorraine n'a pas de défenses naturelles à opposer à des opérations ennemies dirigées au Sud-Ouest. Mais c'est là que se trouve la place forte de Metz, qui est de première importance, aussi bien pour l'offensive que pour la défensive. Avec les ouvrages fortifiés de Thionville, qui n'en sont éloignés que de 25 kilomètres, Metz domine la ligne de la Moselle et constitue un centre de défense très puissant. Ce vaste camp retranché, qui peut contenir des troupes nombreuses, se trouve sur le flanc de la ligne d'opérations française et il faudrait toute une armée pour en faire le siège, car il serait impossible de le laisser de côté sans investissement préalable. Les Allemands, naturellement, ne le défendront pas aussi mollement que le fit Bazaine en 1870, (3) quand, avec une armée égale pourtant en nombre à

---

(1) Général Leer, *Opérations combinées*; et Maréchal Moltke, *Un de ses discours au Reichstag*.

(2) Eugen Richter, *Die Militärvorlage*, 1893. Page 19.

(3) Donat, *Die Befestigung und Vertheidigung der deutsch-französischen Grenze*.

celle de l'assiégeant, il se laissa cerner et, forcé par le manque de vivres, capitula après une défense passive, donnant là un exemple bien plus extraordinaire encore que celui de la capitulation du général autrichien Mack avec ses 30,000 hommes devant les troupes de Napoléon Ier, en 1805.

Nécessité pour les Français d'investir Metz.

Les Français ne pourront donc franchir la frontière allemande qu'après avoir investi Metz. Selon le général Pierron, les trois quarts des forces allemandes se concentreront sur la ligne Metz-Saverne et le reste entre Saverne et Colmar, afin de pouvoir opérer concentriquement contre les Français, si ces derniers avançaient sur Dieuze et Sarrebourg. Les Allemands essaieraient alors, toujours d'après Pierron, d'éviter tout combat décisif jusqu'à l'arrivée des divisions de réserve sur la Sarre, où ces divisions, complétées chacune par une brigade de landwehr, porteraient l'effectif de chaque corps d'armée allemand à 50 bataillons et à 24 batteries. Puis, il faudrait encore attendre l'arrivée des grosses pièces de siège.

La marche ultérieure d'une armée française victorieuse ne s'effectuerait point par la vallée étroite de la Moselle au bout de laquelle se trouve Coblentz, mais bien par le Palatinat, pays riche en ressources et facile à traverser. Seulement, là on aurait sur le flanc droit Strasbourg, qui n'est qu'à cinq journées de marche de Metz.

Etat actuel de Strasbourg.

Le Strasbourg actuel surpasse de beaucoup, au point de vue de la défense, celui de 1870. A cette époque, les fortifications consistaient en une enceinte d'un type suranné avec portes étroites et quelques forts extérieurs, dont pas un n'était assez en avant.Quant à la rive droite du Rhin, elle appartenait à l'ennemi.

Depuis lors, le mur d'enceinte a été étendu et reconstruit sur de nouvelles bases; la ville est entourée d'un cercle de forts détachés, situés à 6 kilomètres en avant de l'enceinte, et la rive droite du Rhin est comprise dans le cercle des forts. Puis, dans la direction des Vosges, s'élèvent à une distance double les fortifications de la Moselle, qui portent le nom de l'Empereur régnant.

Il en résulte que Strasbourg a été transformé en un grand camp retranché, qui arrêtera l'invasion française, surtout parce que, le Rhin y étant très large, on ne pourra cerner entièrement la place, et que, par conséquent, elle conservera longtemps encore, même assiégée, ses communications avec l'intérieur du pays.

C'est plus tard seulement, si la marche des opérations offensives est heureuse, que les Français pourront réussir à prendre possession de la rive droite et à investir la place aussi de ce côté.

Mais les forces nécessaires pour exécuter ce plan devront être très considérables. Les fortifications de Strasbourg s'étendent sur un périmètre de 40 kilomètres environ. Le rayon en est de 7 à 8 kilomètres, et la distance entre les principaux forts, de 1 1/2 à 6. Indépendamment de ce que cette place arrêtera la marche en avant des Français, sa garnison pourra envoyer de petits détachements contre les corps français qui devraient pénétrer dans la région des Vosges, région impraticable pour de grandes masses.

Nous empruntons à Schrœter le plan des environs de Strasbourg, avec indication des emplacements occupés par les troupes allemandes en 1870.

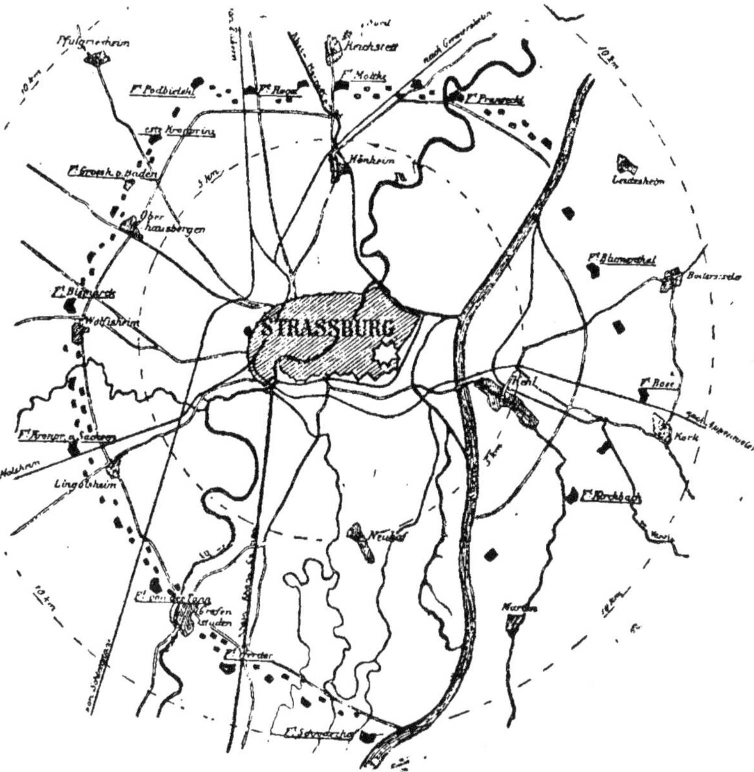

Strasbourg et positions des troupes allemandes en 1870.

L'invasion par le sud-ouest de l'Alsace.

L'angle sud-ouest de l'Alsace serait plus favorable à une invasion des Français en Allemagne; ils y pourraient pénétrer en passant entre les Vosges et le Jura sans rencontrer d'obstacles, ni naturels, ni artificiels. La place de Belfort, qui n'a pas été prise par les Allemands lors de la dernière guerre, leur servirait de point d'appui. Mais, une invasion par « la Trouée de Belfort » ne constituerait pas un danger pour l'Allemagne. Si les Français passaient le Rhin à cet endroit, il leur faudrait ensuite avancer le long de la Forêt Noire badoise, où les voies de communication auraient déjà été détruites, et où la nature du terrain ne se prête guère aux mouvements de troupes. Mais, le plus grave, c'est qu'une invasion française venue de ce côté ne pourrait être dirigée que contre l'Allemagne du Sud, et que les communications des Français se trouveraient menacées. Il est évident également que le sort de la guerre ne saurait se décider sur ce théâtre d'opérations de l'Allemagne du Sud. Il en serait de même si les Français, violant la neutralité de la Suisse, voulaient pénétrer en Allemagne par ce pays.

Obstacles que rencontrerait une armée venant de Belfort.

Par conséquent, l'Allemagne n'a guère à craindre un danger venant de Belfort. Des opérations secondaires peuvent toutefois être entreprises de ce côté. Le passage du Rhin à Rüning, à proximité de la frontière suisse, n'offrirait pas aux Français de difficultés particulières. Il produirait un certain effet moral et pourrait même influer sur la marche des opérations, quoique cette entreprise, dirigée contre les États de l'Allemagne du Sud, ne puisse plus avoir les mêmes inconvénients pour l'Allemagne, surtout au commencement de la guerre, qu'en 1870, si l'Autriche s'était décidée alors à se ranger du côté de la France. Une diversion de ce genre est d'autant plus probable, qu'en vertu des lois militaires françaises, 13 classes de chacune 200,000 hommes peuvent être appelées sous les drapeaux; que les effectifs de la réserve peuvent égaler ceux de l'armée active, et que le nombre des hommes astreints au service en cas de guerre est de plus de quatre millions.

En déduisant de ce nombre un certain pourcentage, il n'en reste pas moins acquis que la France dispose d'une immense réserve d'hommes, et qu'elle peut, par conséquent, se permettre des diversions dans l'une ou l'autre direction. Ces diversions, toutefois, n'auront d'importance que si des succès sérieux sont obtenus sur le théâtre principal de guerre. Sans cela, elles pourraient avoir une triste issue (1).

La seule invasion possible est par la vallée du Mein.

Le général Brialmont démontre, enseignements de l'histoire en main, que l'armée française devra, pour obtenir des succès certains en Allemagne, pénétrer par la vallée du Mein et marcher sur l'Elbe par Halle et Leipzig. Elle aurait, en ce cas, à passer la frontière entre les Vosges et le grand-duché de Luxembourg, ou, pour être plus précis, entre Blamont et Longwy, éloignés l'un de l'autre de 130 kilomètres. Quatre armées, celle de réserve comprise, pourraient se porter en avant par cette route.

---

(1) Donat : *Die Befestigung und Vertheidigung der deutsch-französischen Grenze.*

Difficultés qu'elle rencontrerait.

Mais que d'effrayantes difficultés à surmonter dès le début ! Les troupes françaises auraient, notamment, à passer la Moselle et la Seille, sous les yeux de l'armée allemande, appuyée sur les places fortes de Metz et de Thionville. Après avoir battu cette armée, il leur faudrait bloquer Metz et Strasbourg, prendre de vive force les positions fortifiées de la Sarre, créées par les Allemands en prévision d'une retraite, ainsi que d'autres plus fortes encore dans les montagnes du Hartz, puis enfin forcer le passage du Rhin près de Mayence, Worms, Mannheim ou Spire. Le cours du Rhin est couvert par des places fortes de premier ordre : Cologne (avec une ceinture de forts détachés), Coblentz, Mayence, Rastadt, Strasbourg (également entouré de forts détachés), ainsi que par des forteresses de moindre importance, situées entre les villes susnommées, et servant à défendre les passages du Rhin à Wesel, Germersheim et Neuf-Brisach. Le Rhin offre en somme des positions si fortes que, dans le cas d'une guerre de l'Allemagne contre la France et la Russie, les armées allemandes, appuyées sur ces positions, pourraient se maintenir facilement dans une situation d'attente défensive jusqu'au résultat final des opérations entreprises contre la Russie (1).

Cas d'une invasion par la Suisse.

On parle aussi de la possibilité, pour les troupes françaises, de pénétrer en Allemagne par la Suisse. Mais dès que les Français seront entrés en Suisse, l'armée allemande prendra énergiquement l'offensive, avec la Haute-Alsace, Bâle, Olten et Aarau pour points de départ; et, coupant l'ennemi de ses communications, elle le mettra dans une situation sans issue.

Puis, on serait obligé d'entreprendre tout cela avec des troupes de beaucoup moins aptes aux opérations offensives que les troupes allemandes, et si ces dernières s'en tenaient à la défensive, la difficulté n'en serait que plus grande.

Marche des Français en Allemagne.

Représentons-nous maintenant la marche des opérations d'une armée française envahissant l'Allemagne avec un million et demi d'hommes, auxquels les Allemands en opposeraient 600,000 de troupes de campagne, ainsi que 600,000 autres appartenant au landsturm; quant au reste, déduction faite des réserves, l'Allemagne pourrait en disposer pour ses opérations contre la Russie, en employant, en outre, à la défense de ses côtes, les réserves du landsturm.

L'armée française sera obligée d'affecter 600,000 hommes à l'investissement de Metz et de Strasbourg. Tandis que deux armées de 150,000 hom-

(1) Ces observations sont empruntées aux *Hamburger Nachrichten*, 1893. Elles ont été formulées dans le journal de Bismarck à l'occasion de l'opposition qu'il faisait faire au chancelier Caprivi, au sujet de l'augmentation des effectifs de l'armée.

mes, soit 300,000 hommes en tout, dont la moitié formée de troupes du landsturm, suffira à l'Allemagne contre les Français.

Voici la justification de ces chiffres. Les calculs établis plus haut, d'après les données du général Brialmont, démontrent qu'une place forte comme celle de Strasbourg nécessiterait, pour sa défense, une garnison de 57,880 hommes. En cas d'investissement d'une telle forteresse, la ligne de sentinelles de l'assiégeant aurait 71,800 mètres, et sa ligne de combat 88,000 mètres (88 kilomètres). Comptant 1,7 hommes par mètre de la ligne de sentinelles, l'armée assiégeante sera donc de 122,000 hommes. Si nous ajoutons un corps spécial de siège de 50,000 hommes, il en résulte que l'ensemble de l'armée assiégeante opérant contre la place forte prise comme exemple, devra compter 172,000 hommes. Lors de l'investissement de Paris, la ligne de combat de l'assiégeant était garnie de 2,8 hommes par mètre.

Appliquant ce calcul au siège d'une forteresse comme celle de Strasbourg, il faudrait affecter à cette opération 246,400 hommes, plus un corps spécial de siège, soit en tout une armée de 296,400 hommes.

Étant donnée la puissance de l'artillerie moderne, ce nombre pourrait même être insuffisant.

Admettons que l'attaque des Français contre la première ligne de défense des Allemands se traduise par une perte de 80,000 hommes pour les premiers et de 40,000 pour les seconds. Les Français se trouveront ensuite dans la nécessité d'investir des petites places fortes, telles que Thionville, Bitche, Germersheim, ou, en tout cas, d'y laisser des corps d'observation plus ou moins importants.

Supposons que, en tenant compte des pertes subies, l'effectif des troupes françaises occupées aux différents sièges soit de 150,000 hommes, et qu'il y ait lieu de défalquer de celui des troupes allemandes, y compris également les pertes, 75,000 hommes, affectés aux garnisons et à la protection des derrières. En ce cas, il faudra détacher à peu près le même nombre de troupes que nous avions calculé dans l'hypothèse d'une offensive allemande, soit de 150,000 à 200,000 hommes, pour couvrir les derrières, ainsi que 50,000 hommes de garnison.

Admettons également que les pertes en malades et traînards s'élèvent à 60,000 hommes pour les troupes de l'invasion et à 30,000 pour celles de la défense.

Consommation d'hommes qui se produirait.

Les chiffres suivants indiquent le fractionnement et la diminution des forces belligérantes, dus, quant à la défense, exclusivement aux pertes subies, et, quant à l'attaque, également aux pertes, et en outre, à la nécessité d'investir telle ou telle autre place forte, d'établir des garnisons et de couvrir les derrières.

	Troupes françaises.	Troupes allemandes.
Investissement et garnisons des places de Metz et de Strasbourg	600.000	300.000
Pertes subies en forçant la première ligne de défense des Allemands	80.000	40.000
Investissement des places de Thionville, Bitche, Germersheim	150.000	65.000
Protection des derrières	150.000	» »
Garnisons	50.000	» »
Pertes subies dans les combats au cours des opérations ultérieures (marche sur le Rhin), malades et traînards	120.000	60.000
	1.150.000	475.000

Représentant ces chiffres par un graphique, nous obtenons, en l'appliquant sur la carte, la figuration suivante :

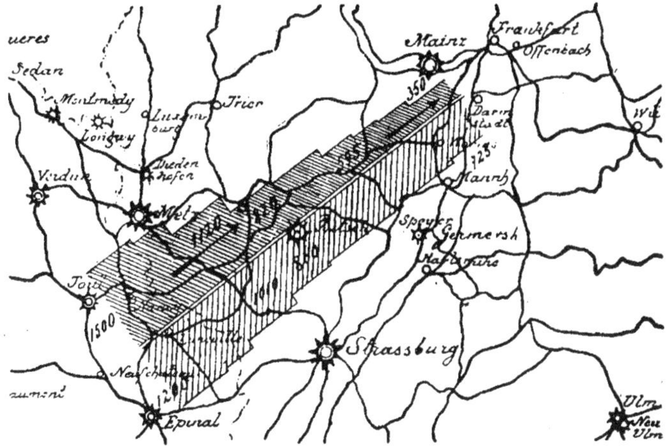

Diminution de la force numérique des troupes françaises et allemandes au cours d'une invasion française.

C'est-à-dire que l'envahissement de Metz et le passage de vive force du Rhin deviendraient impossibles dans ces conditions; 350,000 hommes de troupes de campagne françaises dont la valeur est exprimée, dans le tableau donné plus haut par le chiffre 72, se trouveraient en face de

350,000 hommes de troupes allemandes de campagne dont les facultés défensives sont représentées dans ledit tableau par 98; et les Allemands disposeraient, en plus, de 375,000 hommes du landsturm dont l'aptitude à la défensive est représentée par 86.

En admettant l'entrée en ligne du landsturm et de l'armée territoriale.

Nous avons admis l'hypothèse d'après laquelle l'Allemagne appellerait 600,000 hommes du landsturm. Faisons-en une analogue pour la France et supposons que, pour compléter ses armées, elle appelle 600,000 hommes de troupes territoriales destinées à des opérations secondaires.

Nous obtiendrons en ce cas le tableau suivant :

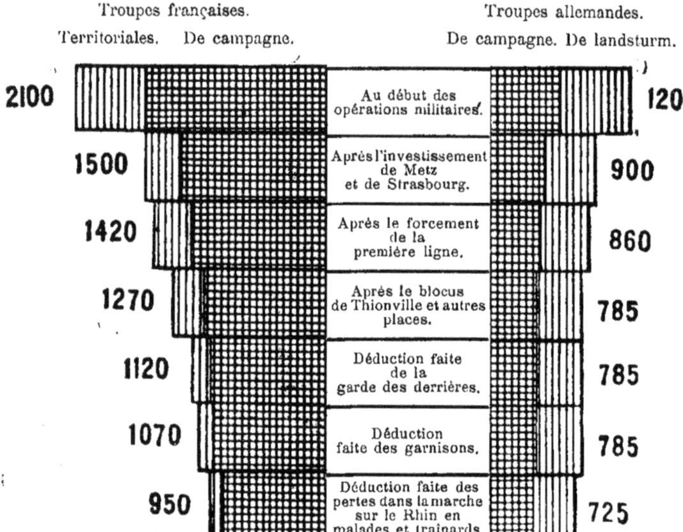

Diminution de la force numérique des troupes françaises et allemandes au cours d'une invasion de l'Allemagne par les Français.

Mais même en admettant cette hypothèse si avantageuse à la France, il est douteux que le passage du Rhin puisse s'effectuer.

Les troupes allemandes, bien appuyées sur les places fortes de ce fleuve, malgré leur nombre inférieur de 225,000 hommes à celui des Français, représenteraient, — par suite de leur valeur défensive estimée à 90, tandis que la valeur offensive des troupes françaises n'est évaluée qu'à 64 — une force non seulement égale à celle de leur adversaire, mais encore supérieure.

Toutefois, laissons de côté ces considérations pour le moment et admettons que les troupes françaises aient réussi à forcer le passage du Rhin. Dans ce cas elles auront perdu, par exemple, 60,000 hommes, tandis que les pertes de l'armée allemande ne seraient que de 30,000. Ensuite les Français seraient obligés de détacher, pour l'investissement de Mayence, 300,000 hommes dont 210,000 de troupes de campagne et 90,000 de territoriale, tandis que 100,000 hommes suffiraient aux Allemands ; et alors les Français n'auraient plus que 590,000 hommes à opposer aux 595,000 soldats allemands, de sorte que la supériorité du nombre se trouverait déplacée à l'avantage de ces derniers.

En supposant que les Français aient réussi à franchir le Rhin.

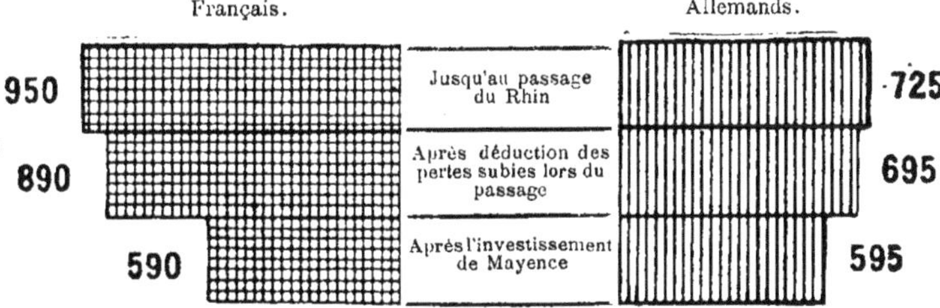

Force numérique des troupes françaises et allemandes avant et après le passage du Rhin par les Français (exprimée en milliers).

De plus, l'Allemagne disposerait encore des réserves du landsturm, au nombre de 1,200,000 hommes au moins. Une partie de ces forces pourrait être dirigée sur le Rhin.

Si nous admettons maintenant que les troupes allemandes opérant contre la Russie aient réussi vers cette époque à rompre la ligne de défense du Nareff-Boug et soient déjà occupées au siège de Brest, alors, après l'établissement d'une ceinture d'ouvrages de terre autour de la place assiégée, il pourrait se produire un temps d'arrêt dans les opérations offensives ultérieures, et, substituant aux troupes de campagne occupées autour de Brest, des réserves du landsturm, les Allemands pourraient librement disposer d'une partie desdites forces.

Il est très possible cependant que les troupes allemandes ne réussissent pas à forcer la ligne du Nareff-Boug, et en ce cas, la guerre contre la Russie se bornerait, pour eux, à la défensive. Une partie de ces troupes, recouvrant alors leur liberté d'action, pourraient être dirigées sur un autre théâtre de guerre, et remplacées sans inconvénient, dans l'Est, par des réserves du landsturm.

Nous nous basons naturellement sur l'hypothèse que les armées en retraite ne se laisseront pas désorganiser par leur marche en arrière et que leur retraite ne sera pas une déroute. Du reste, on serait, semble-t-il, mal fondé à supposer le contraire. Étant donnés les avantages que les progrès techniques assurent à la défense et le degré de préparation de tous les États, on ne saurait douter que toutes les armées, et à plus forte raison l'armée allemande, ne soient à la hauteur de la tâche assignée.

Nous arriverons ainsi à conclure qu'après avoir investi Metz et Strasbourg, et assuré leurs communications sur le Rhin, le chiffre des troupes françaises, aptes encore à des opérations offensives ultérieures, se trouvera, défalcation faite de ce qu'elles auront perdu dans les combats livrés autour des places fortes du Rhin, devant Mayence, par exemple, réduit à tel point que les Français pourraient bien, à un moment donné, se voir privés même des avantages précédemment acquis.

Ce qui restera alors de troupes françaises disponibles.

Il y a lieu de faire observer qu'après le passage du Rhin, la défense de son cours contre les tentatives éventuelles de l'ennemi absorbera nécessairement des forces considérables. On doit admettre que les Français ne commettront pas la faute que firent les Russes en 1877, lorsque, après le passage d'un grand fleuve et l'invasion du territoire ennemi, ils se bornèrent, pour assurer les communications sur leurs derrières, à mettre à l'eau un pont flottant et quelques bateaux à vapeur.

Après le troisième échec sous Plewna ces communications se trouvèrent menacées et le danger ne fut évité que grâce à l'indécision des Turcs ; or, les Français ne sauraient compter sur l'inactivité des généraux allemands.

Si nous admettons que l'affaiblissement de l'armée française, par suite de ses opérations offensives entre la frontière et Mayence, amène un temps d'arrêt dans la marche des opérations décisives ultérieures, nous devons admettre également que les Allemands, mettant à profit ce temps d'arrêt passeraient à l'offensive. Si, de plus, les choses prenaient en même temps dans l'Est, sur le théâtre de la guerre austro-russe, une tournure défavorable, les Allemands ne profiteraient pas moins de ce répit sur le Rhin pour renforcer au moins leur défensive.

Il faut donc prévoir que, quelles que soient les éventualités à venir, les opérations offensives de l'Allemagne contre la France, aussi bien que celles de la France contre l'Allemagne, présenteront d'immenses difficultés.

Quel que soit le point de départ de l'offensive allemande, Est ou Nord-Ouest, le commandant en chef de l'armée française sera informé du lieu de concentration des forces ennemies assez tôt pour barrer les voies d'invasion ; et quelle que soit la direction dans laquelle cette invasion se produise, de puissantes fortifications obligeront les Allemands, après leurs premiers succès, à s'affaiblir sensiblement, ce qui permettra aux Français de passer à l'offensive. Et, dans le cas d'une offensive française, la direction des colonnes d'invasion étant également connue, l'Allemagne repoussera, non moins énergiquement, les tentatives des Français.

L'offensive française est moins probable que l'offensive allemande.

Pratiquement d'ailleurs, l'attaque de l'Allemagne par la France est beaucoup moins vraisemblable que celle de la France par les Allemands ; car, malgré toutes les manifestations contraires, l'expérience de 1870 n'a pas laissé d'inspirer la prudence aux Français.

Et il est, du reste, tout naturel que, se reposant sur les fortifications frontières, l'armée française donne la préférence à la défensive. L'importance seule des dépenses et des efforts faits pour préparer leur théâtre d'opérations, donnera aux Français le désir d'en profiter, c'est-à-dire d'attendre l'attaque de l'adversaire.

Mais, en Allemagne aussi, on se rend bien compte de la situation.

L'auteur allemand déjà cité par nous, Donat (1), après examen de toutes les chances qu'offriraient les opérations, tant offensives que défensives, aboutit aux conclusions suivantes : « En tout cas, dit-il, évitons de nous bercer de phrases telles que « l'exemple du Grand Roi » ou « l'offensive traditionnelle » ; il est indispensable de considérer avec sang-froid par quels procédés nous pouvons le plus sûrement atteindre ce qui est le but réel des opérations de guerre en général, c'est-à-dire la défaite complète et finale de l'ennemi. Et vraiment le peuple allemand n'aurait nulle raison de s'inquiéter, si nous devons inaugurer la prochaine guerre contre la France par des opérations défensives. »

4. Conclusions.

Les préparatifs faits depuis 25 ans et leurs conséquences.

Dans le cours des vingt-cinq dernières années, la France et l'Allemagne ont fait également preuve d'une grande activité à préparer la défense de leurs frontières et des régions avoisinantes. On a élevé des forteresses d'une étendue et d'une puissance inconnues jusqu'ici. En outre, la France et l'Allemagne se sont préoccupées de fortifier des positions à l'usage de l'infanterie et de l'artillerie dans les passages par où l'ennemi pourrait vouloir pénétrer, et de créer des dépôts de munitions sur les points qui seront forcément le théâtre de la lutte. On a recherché et désigné d'avance des emplacements sûrs pour les réserves, à proximité, autant que possible, des premiers champs de bataille; on a construit enfin des routes et établi toute espèce de communications en vue du transport des troupes et d'une transmission plus commode des ordres.

Tous les préparatifs de ce genre tendent directement ou indirectement à augmenter l'action des armes à feu et offrent des avantages dont l'assail-

(1) Donat, *Die Befestigung und Vertheidigung der deutsch-französischen Grenze.*

lant ne saurait tirer profit; ou bien s'il réussit à les utiliser, ce ne pourra être qu'après de rudes et très dangereux efforts.

Nous avons déjà indiqué combien de sacrifices coûtera toute attaque de front; et il ne saurait en être opéré d'autre en raison de l'étroitesse des passages sur la frontière franco-allemande.

Goltz dit que, dans les conditions normales, sur cent attaques concentriques projetées, quatre-vingts se résolvent finalement par une attaque de front. La cause en est dans l'efficacité des feux à d'énormes distances, ce qui oblige à commencer l'attaque de trop loin. Et sur la frontière française il sera précisément impossible de commencer l'attaque à de grandes distances, l'intervalle entre les armées concentrées devant les points fortifiés ne pouvant être considérable.

Mais si même les lignes avancées de ces points fortifiés devaient être enlevées, il ne faut pas oublier qu'avec les outils et les troupes du génie dont disposent actuellement les armées française et allemande, de nouveaux ouvrages, aussi nombreux qu'il le faudra, pourront être élevés pendant le temps indispensable à toute armée d'invasion pour surmonter les obstacles des premières lignes de défense.

Tout cela représente autant de phénomènes nouveaux et jusqu'à présent inconnus.

Les troupes de la défense, rejetées de leurs positions mais utilisant de bonnes routes bien choisies, battront en retraite sur de nouveaux points d'appui préparés d'avance, ou, si ces derniers font défaut, elles se fortifieront de nouveau dans quelques localités favorables à la résistance.

Dans le cours des opérations suivantes, les puissantes fortifications permanentes, ainsi que les camps retranchés de la première ligne, favoriseront les résistances partielles opposées à l'ennemi sur la ligne même de combat, et dans les parties de cette ligne qui, en raison des conditions locales, se trouveront le plus menacées par l'offensive.

Sur ces points, les feux intenses de la défense seront assurés par des obstacles artificiels et à proximité de ceux-ci on concentrera les réserves. On creusera dans la campagne de nombreux abris sous forme de petits fossés et d'excavations qu'il sera difficile à l'ennemi d'apercevoir de loin et auxquels l'artillerie ne saurait faire de mal, tandis que des tireurs habiles, abrités dans ces fossés et ces excavations, agiront activement.

Il est également dans l'intérêt de l'armée française et de l'armée allemande d'infliger à l'adversaire le plus de pertes possible ; et le meilleur moyen d'obtenir ce résultat c'est précisément de se laisser attaquer sur de fortes positions. Du choc des énormes armées contemporaines pourront résulter, pour les troupes qui auront entrepris une attaque de front contre de bonnes positions fortifiées, des pertes irréparables, et toute l'armée pourra même s'en trouver désorganisée. Aussi, les deux belligérants s'appliqueront-ils moins à vaincre dans une seule bataille chacun son adversaire, qu'à lui infliger les plus grandes pertes possibles.

Le rôle même actuellement assigné à la défense des places fortes et des positions fortifiées n'est pas seulement d'arrêter l'invasion, mais encore et surtout de détruire l'envahisseur. En tout cas on peut pronostiquer une marche lente et pénible des opérations de guerre, à cause des grandes forces qu'arrêteront les lignes de défense et les points fortifiés. Par suite de l'énormité des armées et de la longueur de ces temps d'arrêt, les questions de ravitaillement et d'approvisionnement acquerront une importance capitale et offriront des difficultés inconnues jusqu'ici.

Le souci de ravitailler l'armée primera même les considérations stratégiques et on verra les belligérants entreprendre des opérations dont le seul but sera de mettre l'adversaire aux prises avec les privations et même la disette. De tout cela on doit conclure que la guerre sera de longue durée.

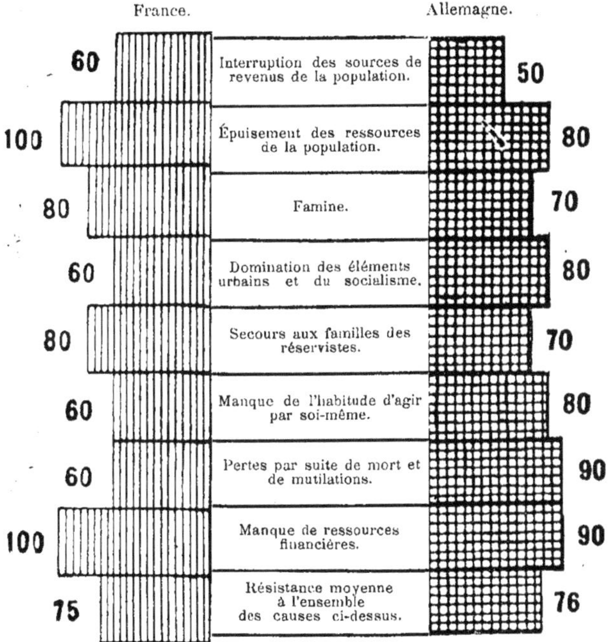

Degré de stabilité de la France et de l'Allemagne par rapport aux secousses économiques et sociales produites par la guerre.

Celui des belligérants qui se croira doué d'une plus grande résistance au point de vue économique et social comptera sur la disette, les maladies, les épidémies, les pillages et les violences provoquées chez l'adversaire par la guerre, pour empêcher ce dernier de continuer les hostilités. Il serait difficile de dire qui, de la France ou de l'Allemagne, se révélera la plus forte sous ce rapport et lequel des deux États succombera le premier. Selon toute vraisemblance les deux se suivront de près.

Nous avons calculé plus haut la force de résistance des différents États aux influences destructrices de la guerre sous le rapport économique et social. Les chiffres relatifs à l'Allemagne et à la France démontrent que ces deux pays sont, presque au même degré, doués de cette force de résistance.

Nous avons donné à la page précédente un graphique de nos calculs.

Ainsi donc, ici encore, se pose uniquement la question de savoir si, étant donné l'état social contemporain, les États sont capables de supporter la guerre. Comment, dans de telles conditions, les hommes d'État français et allemands pourraient-ils se prononcer pour la guerre? Il est difficile même de le concevoir.

VIII. Opérations germano-austro-russes.

Exposé des combinaisons qui pourront se présenter.

Par suite des alliances conclues entre l'Allemagne, l'Autriche et l'Italie, d'une part, et entre la Russie et la France, de l'autre, comme en raison des grandes différences de puissance et de résistance que possèdent ces pays, — un très grand nombre de combinaisons sont susceptibles de se présenter en cas de guerre.

Dans l'examen des conditions de la lutte entre la France, l'Allemagne et l'Italie, les prévisions ne sont relativement pas aussi difficiles à établir, en combinant, suivant le conseil du général Leer, les conditions de force, de temps, de lieu et d'intention de l'adversaire (1); mais, quand il s'agit d'une guerre austro-germano-russe, le problème est autrement compliqué.

Sur le théâtre d'une guerre franco-allemande aussi, l'attaque et la défense ont relativement peu de chemin à parcourir et, de plus, les obstacles naturels du sol restreignent le théâtre des opérations, ce qui permet de prévoir plus facilement les plans éventuels. En outre, le temps nécessaire à la mobilisation et à la concentration des armées est presque le même de part et d'autre. De sorte, qu'il ne peut pas y avoir beaucoup de combinaisons différentes.

---

(1) Général Leer, *Stratégie*, 1re partie.

Mais au cas d'une lutte entre l'Allemagne, l'Autriche et la Russie il y aura plus de différence dans les conditions et cela peut conduire aux combinaisons les plus diverses. Le temps nécessaire à la mobilisation et à la concentration ne peut être déterminé, même approximativement; l'étendue des frontières est beaucoup plus considérable, il y a moins d'obstacles naturels et les chemins de fer sont tellement nombreux, qu'on pourra faire la concentration sur un point choisi parmi nombre d'autres, le reste des voies ferrées pouvant servir à masquer les opérations. D'où un vaste champ ouvert de part et d'autre à l'initiative. Enfin, les objectifs mêmes des opérations sont plus complexes.

En cas de guerre entre la France, l'Allemagne et l'Italie, le principe de l'offensive énergique, c'est-à-dire la recherche d'un dénouement rapide, pourrait être appliqué plus sûrement qu'en cas de guerre entre la Russie, l'Allemagne et l'Autriche. La Russie aurait, peut-être, plus d'intérêt à fatiguer ses adversaires qu'à s'exposer aux risques de batailles décisives. Et si ce pays suivait cette règle de conduite, la solution serait, par cela même, fort reculée et le nombre des combinaisons éventuelles serait augmenté de beaucoup.

En outre, la possibilité d'une guerre entre la France et l'Allemagne continue à être examinée par la presse, tandis qu'on n'envisage guère celle d'un conflit entre la Russie, l'Allemagne et l'Autriche. Si bien qu'il n'a été publié au sujet de cette dernière guerre que des hypothèses émises bien avant l'achèvement des travaux sur les lignes de défense russes.

Dans ces conditions, il serait trop difficile d'exposer, avec détail, toutes les questions relatives aux plans d'opérations sur le théâtre de la guerre russo-germano-autrichienne, et de faire connaître les nombreuses hypothèses et combinaisons stratégiques possibles. Nous nous bornerons donc simplement à tâcher d'expliquer si l'on pourra, — étant données les conditions techniques et économiques dont nous parlons au commencement de ce chapitre et dans lesquelles se dérouleront les opérations futures, — si l'on pourra, disons-nous, atteindre des résultats qui rapprochent les belligérants du but poursuivi par la guerre ou, pour mieux dire, qui donnent au moins à l'une des parties une solution définitive, et suppriment, pour elle, les causes qui avaient motivé la guerre. Nous ne voulons pas chercher dans quelle mesure telle ou telle opération pourrait faciliter la victoire à telle ou telle des parties belligérantes ; et si parfois nous touchons à semblable question, c'est seulement lorsqu'elle présentera quelque rapport avec les causes de la guerre ou avec leur suppression dans l'avenir.

---

1. Le théâtre de la guerre, les forteresses et les lignes de défense.

Les conséquences du Congrès de Berlin.

Dès 1878, après le congrès de Berlin, on pouvait prévoir qu'en cas d'une nouvelle agression de la France, par l'Allemagne, la première ne resterait pas isolée; il était également permis de présumer que les alliances postérieures à cette époque, entre les trois empires, alliances créées par les soins du prince de Bismarck, ne seraient pas durables. Il paraissait probable, même bien avant le rapprochement définitif entre la France et la Russie, d'une part, et l'Allemagne et l'Autriche, de l'autre, qu'en cas d'une nouvelle guerre, l'Allemagne et la Russie auraient à conduire les opérations sur deux fronts à la fois. Et il est très probable que sur l'un de ces fronts, ou même sur les deux, on s'en tiendra, tout d'abord, à la défensive. Voilà pourquoi l'Allemagne, la Russie et l'Autriche, qui s'est vue dans la nécessité de les suivre, se sont mises à fortifier leurs frontières.

La France, nous venons de le voir, a entrepris des travaux de fortification semblables, immédiatement après la guerre de 1870, et a rempli largement cette tâche. Presque toute sa frontière nord-est est, maintenant, couverte d'une suite de forteresses et toutes les voies propres à l'offensive sont fortifiées. Pour pénétrer sur le territoire français, l'ennemi se verra forcé d'assiéger les forteresses et d'avancer dans des défilés étroits et extrêmement dangereux.

Et dans le cas où l'armée française ne réussirait pas à arrêter l'envahisseur à la frontière, celui-ci rencontrerait, non loin de là, sur deux autres lignes, encore toute une suite de forteresses et de camps fortifiés.

L'Allemagne a fait choix d'une autre tactique qu'elle a jugée plus avantageuse; elle a fait tout son possible pour que Metz et Strasbourg ne pussent être contournés ou investis à bref délai. Elle n'a pas élevé de nombreux petits obstacles, sous forme de forts. Mais en vue du cas où Metz et Strasbourg ne pourraient pas arrêter l'ennemi, elle a commencé à bien fortifier ses secondes lignes de défense, le long du Rhin et de l'Elbe, en supposant que les troupes françaises, restées disponibles après le siège de Metz et Strasbourg, ne seraient plus à même de tenter le passage de ces fleuves.

Quant aux fortifications du théâtre de la guerre russo-germano-autrichienne, la question se pose sous la forme suivante:

La frontière russo-allemande.

La nature même de la frontière russo-allemande rend l'offensive commode aux deux partis. Cette frontière est presque dépourvue d'obstacles naturels et ne présente qu'une limite artificielle de plus de mille kilomètres de longueur, fixée par des traités. Le royaume de Pologne s'enclave si loin, entre l'Allemage et l'Autriche, que les troupes russes peuvent, de la frontière, menacer l'Oder, et même prendre en flanc les forces prussiennes dirigées sur la Prusse Orientale. De même cette Prusse Orientale forme enclave entre la mer Baltique et les possessions russes, en contournant le royaume de Pologne et allant jusqu'au Niémen ; ce qui permet aux Allemands de menacer aussi les forces russes établies dans le royaume de Pologne, en même temps que d'opérer directement contre la deuxième ligne de défense russe, Kowno-Vilna, en contournant la première.

Système de défense de la frontière russe.

C'est à l'empereur Nicolas Ier qu'est dû le système de défense organisé à la frontière occidentale de la Russie. C'est par lui que furent créés Novo-géorgievsk (Modlin), la citadelle Alexandre à Varsovie et Ivangorod ; sur la deuxième ligne, Brest-Litovsk, et sur la troisième, la forteresse de Kiev, Bobrouisk et Dvinsk (Dunabourg). Totleben avait écrit, entre 1859 et 1862, une notice sur les fortifications, qui servit de guide, longtemps après, lors du développement des lignes de la défense. Dans cette notice, Totleben se prononçait contre la transformation en forteresses, des villes importantes, dont la population gêne la défense par le souci de son ravitaillement et de sa sécurité. Il recommandait comme préférable de choisir les points à fortifier exclusivement d'après leur importance stratégique, à la condition que les fortifications à construire fussent en rapport avec cette importance.

Quant aux forteresses existantes dans le royaume de Pologne, Totleben observait qu'elles avaient été construites ou agrandies sous l'influence de l'insurrection polonaise de 1830, et qu'on n'avait pas suffisamment étudié les conditions où l'on se trouverait au cas d'une guerre avec les pays occidentaux : l'une de ces conditions pouvant être la nécessité d'une retraite provisoire devant les forces considérables de la coalition, pour porter avec succès un coup décisif à l'ennemi lorsque l'armée aura été complétée par ses réserves. Totleben attachait plus d'importance aux forteresses puissantes de Kovno ou de Bielostok qu'aux petites places du royaume de Pologne (1). Mais des difficultés d'ordre financier, d'une part, les relations amicales qu'on entretenait avec la Prusse, de l'autre, retardèrent le développement des ouvrages de la défense à la frontière occidentale. Ils ne furent entrepris que vers 1873 et le système définitif n'en fut arrêté que vers 1882.

La défense de la frontière russe de l'Ouest fut appuyée : sur Novogéorgievsk (au confluent de la Vistule et du Boug avec le Nareff), sur Varsovie, Ivangorod (au point où le Veprz se jette dans la Vistule), Brest-Litovsk (au confluent du Boug avec le Moukhavetz), — forteresses déjà anciennes, — ainsi que sur celles construites dans ces dernières années, de : Zegrz (à un mille

(1) Julius Bussjger, *Beiträge zur Entwickelung der russischen Reichsbefestigung in der Zeit vom Jahre 1855 bis zum Jahre 1877*. — Vienne, 1888.

du confluent du Boug et du Nareff), Ossovetz (à l'endroit où le chemin de fer Biélostok-Mlava-Königsberg traverse la rivière Bobr, Kowno (1) (sur le Niémen et la ligne Vilna-Eydtkuhnen) enfin les fortifications de Doubno (dans le gouvernement de Volhynie, sur le chemin de fer de Kowno en Galicie).

La région fortifiée et le rôle des places fortes.

Cette zone fortifiée, sur la partie du territoire russe qui s'avance le plus vers l'Ouest, a la forme d'un quadrilatère avec, aux sommets, Novogéorgievsk, Ivangorod, Brest et Ossovetz. Deux de ses côtés sont couverts par la ligne de la Vistule, du Bobr et du Nareff, et les deux autres le sont, en partie, par la rivière Veprz et la partie supérieure du Nareff.

Sur la partie inférieure du Nareff sont construites les positions fortifiées provisoires de : Poultousk, Rojany, Ostrolenka et Lomja.

L'espace compris entre les forteresses de Varsovie, Novogéorgievsk et Zegrz, est une région fortifiée, où aboutissent des lignes de chemins de fer venant de l'intérieur de l'Empire et où se trouvent des dépôts de munitions de guerre et d'approvisionnements. Cette région fortifiée et d'avant-garde a une importance de premier ordre tant pour l'offensive que pour la défensive de l'armée russe (2). Enfin cette région est couverte sur le flanc droit par la ligne du Niémen avec la forteresse de première classe de Kowno et par les fortifications provisoires de Grodno (3) et Olita (entre Kowno et Grodno). Toutes ces constructions sont récentes.

---

(1) Nous trouvons les renseignements suivants dans l'ouvrage de Théodore Cahu : *L'Europe en armes en 1889, étude politico-militaire* :

Novogéorgievsk est située sur un petit plateau entre la Vistule et le Nareff. Il y a dans la forteresse des casernes fortifiées, à l'abri des bombes et beaucoup de logements casematés. On a construit autour de la forteresse 8 forts séparés.

Varsovie possède 15 forts séparés, dont 11 sur la rive gauche, à une distance d'environ 6 kilomètres du pont sur la Vistule, sur la même rive gauche se trouve la citadelle Alexandre avec 8 bastions, et sur la rive droite le fort Slivicki.

Ivangorod a sur la rive droite de la Vistule des bastions qui forment enceinte, et sur la rive gauche, le fort *Gortchakoff*. Autour de ce noyau, à une distance d'environ 2 kilomètres, sont situés 6 forts, dont deux sur la rive gauche.

Brest-Litovsk possède une vieille citadelle avec une caserne fortifiée, une enceinte centrale et les lignes fortifiées : Kobrensky, Volynsky et Terespolsky. Sur la rive gauche le fort *Comte Berg* protège le pont du chemin de fer sur le Boug. Actuellement, cette forteresse est transformée en camp fortifié ayant 2 forts sur la rive gauche du Boug et 4 forts sur la rive droite.

Ossovetz et Goniondz. Sur la rive droite de la rivière Bobr, au passage de la ligne de chemin de fer de Biélostok à Kœnigsberg, on a projeté la construction de 4 forts à l'abri des marais, formés par les rivières Bobr et Lyko.

Kowno. Ici sont construits et, en partie, en cours de construction 12 forts.

(2) Schrœter, *Die Festung in der heutigen Kriegsführung.* — Berlin, 1889.

(3) Suivant Théodore Cahu : *l'Europe en armes en* 1889, Grodno doit posséder 11 forts, dont 7 sur la rive gauche du Niémen. Cahu dit aussi qu'il existe à *Biélostok* plusieurs ouvrages provisoires, mais qu'ils doivent être complétés.

Sarmaticus (1), l'auteur d'une brochure bien connue sur la guerre entre l'Allemagne et la Russie, donne un plan des environs de Kowno que nous reproduisons ci-dessous.

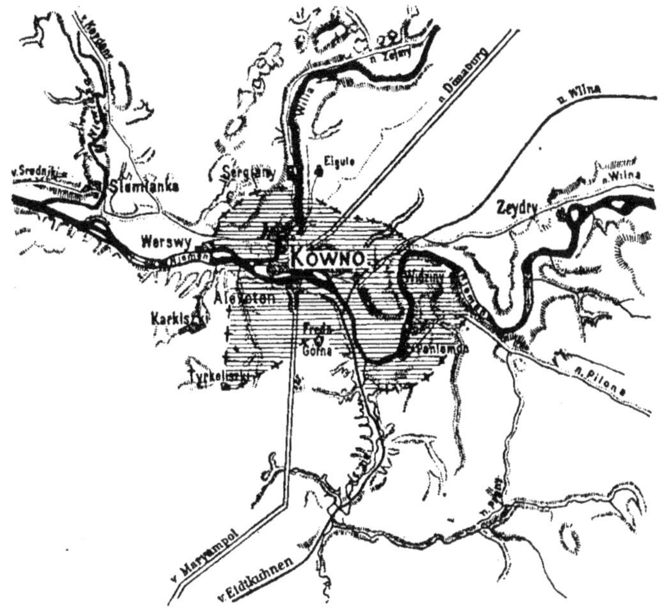

Plan des environs de Kowno.

Sur le flanc gauche de cette même région se trouvent les fortifications de Doubno et les positions fortifiées provisoires situées à proximité de Kowno et Loutzk.

Le rôle des troupes actives.

Pour empêcher l'ennemi de contourner, par le sud, ces lignes de défense, on aura l'armée active, — tandis que, sur le flanc droit, au nord, on a la place de Libau, qu'on fortifie depuis 1889 et qui servira, avec son port de guerre, de limite extrême. La défense à Libau devra empêcher l'action commune de la flotte de l'adversaire et de ses forces de terre, et gêner les débarquements plus ou moins importants. Le port fortifié de Libau permettra à une flotte, même moins nombreuse, de contrarier les opérations de la flotte ennemie dans les golfes de Riga et de Finlande (2).

(1) Sarmaticus, *Von der Weichsel zum Dnieper* (De la Vistule au Dnieper).
(2) Schroeter, *Die Festung in der heutigen Kriegführung.*

L'auteur de l'ouvrage : *Ideen über Befestigungen* (4) dit à ce propos : « Supposons, par un exemple, une armée de 100,000 hommes échelonnée sur le bord d'un fleuve, entre deux grandes forteresses, construites de 90 à 100 kilomètres (de Varsovie à Novogéorgievsk la distance en ligne droite est d'une trentaine de kilomètres). Une telle armée peut défendre avec succès tout l'espace compris entre les forteresses qui protègent ses deux flancs. L'ennemi ne peut franchir le fleuve, car, pour faire passer sur la rive opposée des forces importantes, il ne lui suffirait pas d'un ou deux jours, et tandis que l'assaillant risque beaucoup ses détachements envoyés isolément sur l'autre rive, les troupes de la défense, profitant de ce que leurs positions ne sont pas connues, peuvent détruire ces détachements l'un après l'autre. Le siège de l'une des forteresses provoquerait immédiatement des sorties. De plus, assiéger une forteresse, c'est affaire difficile et douteuse, impossible à tenter d'ailleurs avant d'avoir franchi le fleuve. Une armée de défense plus importante (par exemple de 200.000 ou 150.000 hommes) pourrait avec succès garder ainsi l'espace compris entre deux forteresses distantes de 150 kilomètres.

La distance de Varsovie à Novogéorgievsk est, comme on l'a dit plus haut, d'une trentaine de kilomètres, et jusqu'à Ivangorod de 90 kilomètres ; par conséquent, la longueur totale de la ligne de fortification est d'environ 120 kilomètres, c'est-à-dire, d'après l'auteur allemand en question, une étendue susceptible d'être défendue avec succès.

Sarmaticus donne deux plans de Varsovie et de Novogéorgievsk que nous avons, pour plus de clarté, réunis sur la première planche ci-contre.

L'examen de la carte donnée par la planche suivante démontre que le système de la défense russe convient parfaitement aux conditions hydrographiques des régions de la frontière. On a appliqué, dans ce système, tous les genres de fortifications : il y a là de grandes forteresses indépendantes, comme Ivangorod, Brest, Litovsk et Kowno, mais l'ensemble de toutes les fortifications constitue deux groupes, dont le premier est formé par la région fortifiée de la Vistule et du Nareff, qui comprend les forteresses permanentes, élevées en face de la frontière allemande et le second, par le groupe de Volhynie (Doubno-Loutzk-Kowno), qui comprend surtout des ouvrages provisoires destinés à couvrir la frontière du côté de l'Autriche. Ce second groupe se trouve entre la Galicie et la région marécageuse de la Poliécie. Cette région est traversée par les chemins de fer Sud-Ouest (Kazatine-Bielostok) et de Poliécie, qui se raccordent avec les voies ferrées reliant l'intérieur de la Russie au royaume de Pologne.

(4) *Idées sur la fortification*. — Berlin, 1888.

Plan de Varsovie et de Novogeorgievsk.

La Guerre future (p. 621, tome II).

SYSTÈME DÉFENSIF DE LA RUSSIE

Carte empruntée à l'ouvrage de Schrœter : « Die Festungen in der heutigen Kriegführung » (Les forteresses dans la guerre actuelle).

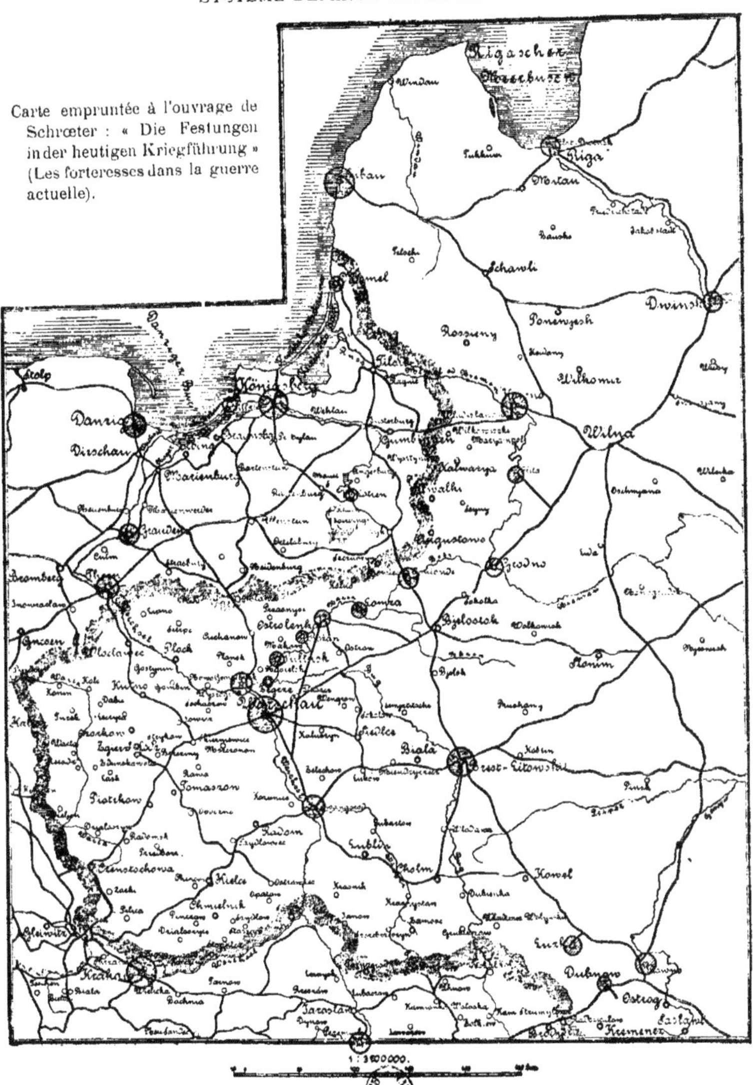

Les lignes fortifiées du Nareff, du Bobr et du Niémen peuvent être considérées comme construites dans le but de servir, de préférence, d'appui auxiliaire (1).

La nature de la défense de l'Allemagne du côté de la Russie varie suivant les points.

Le passage des grands fleuves, c'est-à-dire de la Vistule et de la Warta, qui peuvent servir de lignes principales d'opérations est défendu, ainsi que le passage de rivières plus petites, mais plus voisines de la frontière.

Il faut signaler Kœnigsberg, sur Pregel, au milieu d'un cercle de 12 forts détachés et d'ouvrages intermédiaires; puis, non loin de là, les forteresses de Memel, Boyen (Letzen) et Pilau, barrant l'entrée du Frische-Haff, du côté de la mer. Quant à Thorn, il est entouré de 7 forts détachés et d'ouvrages intermédiaires. En outre, on restaure Graudentz.

Pour Dantzig et les têtes de pont, près Dirschau et Marienbourg, leur importance n'est pas grande. La frontière Est est protégée, au milieu, par la forteresse de Posen (entourée de 9 forts détachés et d'ouvrages intermédiaires), et dans sa partie sud par les forteresses de Glogau sur l'Oder et Neisse (destinée d'ailleurs à disparaître) sur la rivière du même nom.

La frontière austro-russe. Les défenses de l'Autriche.

Quant à l'Autriche, sa frontière, du côté de la Russie, représente un arc s'étendant sur une longueur d'environ 1,000 kilomètres et tournant sa convexité vers la Russie. Cet arc sinueux ne présente de points stratégiques importants que vers l'Ouest, sur le cours supérieur de la Vistule, et vers l'Est, sur la Podgoritza, affluent du Dniester, qui sépare la Galicie de la Russie méridionale. A noter ici Cracovie sur la Vistule, grand camp retranché, composé d'une enceinte principale, continue et de tracé bastionné, sur la rive gauche, puis d'une enceinte discontinue et d'aspect irrégulier, sur la rive droite, enfin de deux lignes de forts avancés et d'ouvrages construits sur les deux rives de la Vistule; Przemyszl, sur la Sana, est également un vaste camp fortifié (2).

A Lemberg, existe une citadelle située dans la partie sud de la ville et consistant en une caserne défensive avec une redoute, des places d'armes et plusieurs tours. On construit autour de Lemberg 10 ouvrages détachés de

(1) Schrœter, *Die Festung in der heutigen Kriegführung.*

(2) Sur le Dniester, les fortifications se sont conservées, depuis la campagne de Crimée, aux points suivants: à *Nikolaïef-Razradof*, une tête de pont de 6 ouvrages; à *Sirka-Martynof*, tête de pont des ouvrages se trouvant des deux côtés de la rivière; à *Galitch*, deux ouvrages protégeant les ponts et à *Zaletchiki*, un camp fortifié provisoire de 38 ouvrages, élevés des deux côtés de la rivière. Sur la Moldau se trouve un ouvrage inachevé, près *Gouri-Goumori*. Sur la Soutchava, la ville du même nom est entourée d'une tranchée profonde, en dehors de laquelle le couvent de Soutchava est transformé en une redoute.

profil de campagnes, dont 5 au Nord et à l'Ouest, et 5 à l'extrémité Est de la ville. A Jaroslavl on a construit, sur la rive droite de la Sana, une tête de pont de type provisoire, et, sur la rive gauche, 10 ouvrages détachés de profil de campagne.

Il y a lieu, toutefois, de faire observer que l'importance de toutes ces fortifications n'est pas bien démontrée (1).

Il est à remarquer qu'alors que Metz et Strasbourg, ainsi que les fortifications de la frontière française, attirent l'attention particulière de tous ceux qui écrivent au sujet de la guerre future, les forteresses, situées près des frontières de la Russie, de l'Allemagne et de l'Autriche sont laissées quelque peu dans l'ombre. Cela peut venir de ce que, dans ces derniers pays, les questions touchant à la guerre sont traitées moins ouvertement et, en second lieu, de ce que les forteresses du théâtre oriental de la guerre ont été, en grande partie, construites ou reconstruites d'après un type nouveau, ce qui fait que leurs ouvrages ne sautent pas au yeux, et ne s'élèvent pas beaucoup au-dessus du sol, mais qu'ils se confondent plutôt avec lui, et de plus que tous les tracés trop saillants ont été supprimés. Du moins, ces « forteresses moins visibles » doivent produire sur les écrivains non militaires une impression plus faible. Et cependant, ce sont elles, précisément, qui sont le mieux en état de résister.

De cet examen des lignes de défense, il résulte que, tant en Russie qu'en Allemagne, les armées assaillantes rencontreront des groupes de forteresses et d'ouvrages qui communiquent entre eux et peuvent servir d'appui aux déplacements des armées de la défense.

Investir un pareil groupe est chose impossible, et il sera même difficile de se frayer un passage entre ces ouvrages et ces armées. Mais, pour pouvoir les tourner, il faudrait laisser au moins un corps d'observation, pour protéger ses communications.

Voyons maintenant quelles sont les conséquences qui peuvent découler de là.

---

(1) Poïlow dit que « Cracovie ne pourra avoir de l'importance que dans le cas ou l'Autriche opérerait seule en Prusse. La Vistule est, près de Cracovie, de trop peu d'importance pour qu'il vaille la peine d'y créer un grand camp fortifié ; en outre, Cracovie peut être facilement contournée des deux côtés. Przemyszl est bon pour recevoir des dépôts, mais il est douteux que sa situation puisse justifier les dépenses nécessités par ses fortifications. Cette forteresse peut aussi être facilement contournée et elle ne se trouve point au centre d'importantes communications quelconques » (Poïlow, *Studie über Länderbefestigung*).

2. Importance des troupes d'opérations sur le théâtre de la guerre austro-germano-russe.

Les effectifs mis en présence sur le théâtre de la guerre.

Lorsqu'on étudie des plans d'opérations, la question qui se pose avant tout est celle-ci : quelle est la partie des forces armées de l'Allemagne et de l'Autriche qui pourrait être dirigée contre la Russie et quelle est la valeur numérique des troupes que la Russie leur opposerait?

Si l'on considère l'ensemble des opérations des armées de la Triple-Alliance, d'une part, et de celles de la Russie et de la France, d'autre part, on arrive à cette conclusion que les forces réunies de la Russie et de la France s'élèvent à 5,354,000 hommes, que, par conséquent, elles ne surpassent les forces des puissances de la Triple-Alliance que d'une façon insignifiante : 219,900 hommes.

Si l'on ne considère que les troupes actives, proprement dites, qui attaqueront les premières l'ennemi, c'est-à-dire si l'on ne tient pas compte des troupes de réserve, elles sont un peu plus nombreuses dans les pays de la Triple-Alliance, qui disposent de 2,562,000 hommes, ce qui fait une différence totale de 175,000 hommes en leur faveur

Mais si l'on tient compte des réserves, on arrive à cette conclusion que les forces de la Russie et de la France dépassent au contraire celles de la Triple Alliance de 1,000,000 d'hommes. D'autre part, si l'on tient compte des troupes formées d'hommes peu instruits, mais qui pourraient, néanmoins, être utilisés pour renforcer la défense, les forces de la Russie seule (4,333,000 hommes) dépassent celles de ses ennemis probables — l'Allemagne et l'Autriche — de 233.000 hommes.

Ces comparaisons ne peuvent toutefois donner qu'une idée approximative des forces, qui, selon toute probabilité, se rencontreront sur le théâtre de la guerre austro-germano-russe.

Récapitulons maintenant les chiffres donnés plus haut, comme représentant l'effectif des troupes, qui pourraient être appelées sous les drapeaux dans les pays de la Triple Alliance et de l'alliance franco-russe.

En Allemagne	2.550.000	hommes.
En Autriche-Hongrie	1.304.000	—
En Italie.	1.281.000	—
Total	5.135.000	—
En France.	2.554.000	—
En Russie	2.800.000	—
Total	5.354.000	—

Obligations qui s'imposent à l'Autriche-Hongrie et à l'Allemagne.

L'Autriche-Hongrie n'aura à lutter qu'avec la Russie, mais elle devra garder en Bosnie et en Herzégovine des troupes considérables. On peut bien laisser sans garnisons les parties d'un Etat, dont la possession lui est reconnue aussi bien par la population locale que par les traités. Mais là, où il n'y a point de reconnaissance définitive, le rappel des troupes d'occupation pourrait amener des désordres pour provoquer la séparation de régions qu'il faudrait, même en cas de victoire sur l'ennemi; reconquérir ensuite de vive force.

Et il y a d'autres régions dans l'Autriche-Hongrie, peuplées de Slaves, qui pourraient également se soulever. Le minimum des forces, à conserver dans l'intérieur du pays, serait donc de 150,000 hommes.

Pour ces motifs, on ne peut pas compter que l'Autriche-Hongrie puisse disposer, contre la Russie, de plus de 979,000 hommes avec 26,000 officiers, soit au total 1,005,000 hommes.

Quant à l'Allemagne, comme elle devra faire la guerre sur deux frontières, on comprend qu'elle devra diviser son armée en deux parties.

Si l'Allemagne dirigeait d'abord ses principales forces contre la France, elle serait obligée, — comme nous l'avons démontré en examinant les opérations franco-allemandes, — pour soutenir l'Autriche contre la Russie, de mettre à la disposition de son alliée une partie de ses forces au moins égale à la moitié de la differnce entre les forces de la Russie et celles de l'Autriche, soit 690,000 hommes. Mais même ce gros effectif de soldats ne pourrait suffire à l'Autriche que si toutes les opérations austro-allemandes contre la Russie n'étaient que défensives, du moins jusqu'au moment où l'armée française serait battue.

Ainsi, pour les opérations défensives contre la Russie, l'Allemagne et l'Autriche disposeraient d'environ 1,700,000 hommes.

D'autre part, il ne serait pas impossible qu'au cas d'une guerre avec la France et la Russie, l'Allemagne ne dirigeât le gros de ses forces contre la Russie et non contre la France.

Ce n'est pas un secret que les armées allemande et autrichienne peuvent être mobilisées plus rapidement que l'armée russe et que la Prusse comme l'Autriche disposent, pour transporter leurs troupes à la frontière, d'un nombre plus grand de voies ferrées que la Russie.

Nous avons déjà dit, lors de l'examen des opérations sur le théâtre de la guerre franco-allemande, que si l'Allemagne adoptait cette tactique, il lui suffirait de garder 600,000 hommes de troupes actives et environ 600,000 hommes de landsturm pour se défendre contre la France.

Dans ce cas, on peut supposer, avec une certaine probabilité, que l'Allemagne pourra disposer contre la Russie d'environ 1,500,000 hommes. Quant au reste des forces armées, on en garderait une partie pour la defense des côtes et de la frontière du côté du Danemark et le surplus serait versé dans les réserves communes de l'Empire.

Forces dont la Russie pourrait disposer.

Les forces de la Russie, y compris les parties de la réserve de même valeur, peuvent être évaluées à 2,800,000 hommes.

Cependant, toutes ces forces ne pourraient pas agir contre les armées réunies de l'Allemagne et de l'Autriche. La défense des côtes de la mer Baltique demanderait environ 120,000 hommes, la défense du Caucase environ 200,000 hommes, plus 100,000 hommes sous forme de réserve commune de l'Empire et dans les régions éloignées (1).

Il resterait donc à la Russie, pour les opérations offensives et défensives en première ligne, 2,380,000 hommes.

Inutile de répéter qu'on ne doit pas supposer que nos calculs admettent l'entrée immédiate en action de toutes ces forces.

Nous n'indiquons ici que les totaux des forces probables, dont on pourrait disposer pour les opérations et aussi pour compléter les cadres de l'armée ; or, pour cela, comme l'a démontré la guerre de 1870, on a eu besoin, durant une campagne de 7 mois, de 25 0/0 de l'effectif de l'armée et, pendant la guerre de 1877, d'une plus grande proportion encore.

Ce qu'on pourrait tirer du landsturm et de la milice russe.

L'Allemagne possède, outre les forces énumérées ci-dessus, des millions d'hommes, ayant passé par l'armée et versés dans le landsturm.

Le landsturm existe également en Autriche. En Russie, il y a une milice.

Mais, les landsturms allemand et autrichien ne pourraient jouer un rôle que si la guerre était transportée sur leurs territoires.

Dans nos chapitres sur la mobilisation et les crises économiques provoquées par la guerre, nous avons montré combien il est peu probable qu'avec le mécanisme complexe du régime social dans les pays du centre de l'Europe, on puisse lever des troupes, même dans les proportions prévues par nous dans notre calcul.

Tel n'est pas le cas de la Russie sous ce rapport : là, même en cas d'appel sous les drapeaux de la milice, il ne pourra se produire de difficultés.

Toutefois, les chiffres généraux des forces armées que nous donnons plus haut ne nous permettent pas encore de nous faire une idée des opérations de la guerre future.

Il faudra un délai assez long pour concentrer des millions d'hommes

(1) On se proposait de garder en 1878, suivant un projet approuvé par S. M. l'Empereur le 12 avril : pour la défense des côtes de la mer Baltique ; 118 bataillons et 93 escadrons ; pour la défense du Caucase, 189 bataillons et 140 escadrons ; pour la réserve commune de l'Empire et dans les régions éloignées, 84 bataillons et 80 escadrons.

sur les théâtres de la guerre. Ce fait est d'une importance capitale, l'histoire de la guerre nous enseignant que si, au début d'une campagne, les forces de l'ennemi étaient supérieures dans la proportion d'un quart, ou même moins, de l'effectif, cette différence pourrait avoir une influence décisive sur l'issue de la campagne, surtout si la supériorité du nombre coïncide avec une valeur de premier ordre des troupes.

Or, bien des personnes supposent que, dans la guerre future, les armées allemande et autrichienne pourront mettre en ligne des forces supérieures grâce aux conditions du pays et à leur meilleure organisation.

Pour se rendre compte de la valeur de ces hypothèses, il faut examiner à quel point les armées sont prêtes à la guerre.

---

3. Délais de mobilisation et de concentration

Conditions de la mobilisation allemande.

Nous avons déjà dit, lors de l'examen des opérations franco-allemandes, que les troupes allemandes pourront être concentrées à la frontière plus rapidement que les troupes françaises.

Les Français espèrent achever la concentration de leurs dix-neuf corps, sans compter les divisions de réserve, le dixième ou le onzième jour de la mobilisation. La mobilisation de l'armée allemande est calculée pour un délai qui n'est pas plus grand, mais l'exactitude de ce calcul est plus sûre.

En Allemagne, afin « d'obliger tous et chacun de prévoir à l'avance tout ce qu'il y aurait à faire lors d'une mobilisation et de se faire donner en temps utile les explications nécessaires, on a décidé que, du jour où serait ordonnée la mobilisation, les autorités supérieures cesseront de donner des explications quelles qu'elles soient ou des permissions quant à l'exécution de la mobilisation. » (1)

Le feld-maréchal comte de Roon, ministre de la guerre de Prusse, disait que « les deux premières semaines, après l'avis de la mobilisation de 1870, furent des plus calmes pendant tout le temps qu'il gérait le ministère de la guerre ; bien que la mobilisation eut été ordonnée à l'improviste, il ne fut reçu aucune demande ni des commandants de corps, ni d'autres autorités pendant la durée de cette mobilisation » (2) (*Denkwürdigkeiten aus dem Leben des General-Feldmarschallss Kriegsministers Grafen v. Roon*).

La mobilisation de l'armée allemande exigera, ainsi que nous l'avons dit, 5 jours au plus, mais, d'après le calcul des Français, le transport de

---

(1) **Rediger**, *Complément et organisation des forces armées.*
(2) *Ibidem.*

l'armée allemande mobilisée vers la frontière demandera en tout 4 jours, auxquels il y a lieu d'ajouter 3 jours, nécessaires au transport des munitions, approvisionnements et convois de l'armée (1).

Ainsi, les opérations pourraient commencer de 9 à 12 jours après la déclaration de guerre.

Le général belge Brialmont (2) estime que si les Allemands se contentent de la concentration de 630,000 hommes pour ouvrir les hostilités, celles-ci pourront commencer le 14e jour après l'ordre de la mobilisation. Mais comme ces forces ne sont pas suffisantes pour attaquer avec sûreté des forces françaises égales, les Allemands devront, suivant le général Brialmont, attendre la concentration à la frontière de toutes leurs forces. Néanmoins, on espère, en Allemagne, pouvoir ouvrir les hostilités bien avant ce délai et, dans tous les cas, on compte pouvoir devancer les Français.

En 1886, le général Pierron admettait, nous l'avons dit plus haut, que l'Allemagne sera prête à ouvrir les hostilités contre la France le 13e jour après l'ordre de la mobilisation, si la Russie ne l'en empêche pas. Ce même général Pierron émet l'opinion qu'en cas d'une guerre entre la France et la Russie, d'une part, et l'Allemagne avec ses alliés d'autre part, la France devrait éviter tout engagement décisif tant que la Russie n'aurait pas commencé ses opérations, cette dernière ayant besoin au moins d'un mois pour effectuer la mobilisation de son armée. Par conséquent, l'Allemagne ferait tout son possible pour en finir au plus vite avec la France et avant que les Russes commencent leurs opérations. Mais depuis 1886, la situation s'est complètement modifiée par suite du développement incessant des fortifications de la frontière française.

Conditions de la mobilisation russe.

Or, comme la Russie se trouve dans des conditions moins favorables, pour la mobilisation et la concentration des troupes, les avantages de l'Allemagne pourront être d'autant plus grands. Toutefois on exagère ordinairement par trop ces avantages.

Les écrivains étrangers, Sarmaticus, par exemple, estiment que par suite des défauts d'organisation et d'administration, ainsi que du manque d'expérience, pour préparer l'armée russe à la guerre, il faudra bien plus de temps que pour y préparer l'armée allemande. Sarmaticus ajoute qu'il ne croit pas exagérer en estimant qu'il en faudra trois fois plus (3).

Mais voilà dix ans de cela, et c'est encore l'opinion régnante en Allemagne. Cependant, précisément au cours de ces dix dernières années, des

(1) Rediger, *Complément et organisation des forces armées.*

(2) Brialmont, *La guerre entre la France et l'Allemagne* (*Envahissement de la Belgique par les armées belligérantes*).

(3) Sarmaticus, *Von der Weichsel zum Dniepr*, page 315.

mesures si énergiques ont été prises pour améliorer la mobilisation russe et la rendre plus rapide que la différence entre la Russie et ses ennemis, sous ce rapport, ne peut plus guère être que de quelques jours.

En 1876, la mobilisation eut lieu dans une saison des plus défavorables, pendant laquelle les routes sont difficilement praticables, et malgré cela, les réservistes arrivèrent aux points de réunion le 5e jour, au plus tard, et les troupes de la Russie d'Europe étaient prêtes le 15e jour. La livraison des chevaux fut terminée le 11e jour (1).

Nous avons déjà fourni, au chapitre sur la mobilisation, des données sur l'état actuel de cette question. La revue *l'Europe militaire* (2) consacra à ce même sujet un article spécial qui paraît dû aussi à la plume d'un écrivain compétent.

Nous en extrayons ce passage : « Lors de l'expérience de mobilisation faite en 1888, les derniers réservistes rejoignirent en quatre jours. Ajoutons-y deux jours pour l'affichage de l'ordre de mobilisation et pour les préparatifs de départ, puis encore un jour pour le cas où les routes seraient mauvaises, et nous trouverons que six à sept jours suffiront pour mobiliser les bataillons de réserve. Dans l'armée active, ce délai sera de deux jours moins long, puisque les premiers groupes de réservistes seront dirigés sur les régiments. Les régiments d'infanterie et les bataillons de tirailleurs pourront donc être mobilisés en quatre ou cinq jours. Pour l'artillerie, la mobilisation, retardée par la réquisition des chevaux, exigerait probablement sept à huit jours pour les bataillons de réserve ».

De ces observations, l'auteur conclut que la mobilisation se fera plus rapidement en Russie qu'on ne le suppose. Un malentendu peut provenir de ce que l'on confond souvent deux choses distinctes : la mobilisation proprement dite et la concentration. Sans doute, cette dernière ne pourra s'accomplir en Russie aussi rapidement qu'en Allemagne ; mais la mobilisation pourra y être effectuée dans le même délai qu'ailleurs.

Conditions de la mobilisation autrichienne.

En Autriche, les troupes pourront être mobilisées assez rapidement. Mais, fait remarquer le professeur Rediger (3), les cadres de toutes les parties de l'armée sont incomplets et l'effectif sera fortement modifié lors de la mobilisation, et comme la landwehr forme une grande partie de l'armée autrichienne, il serait dangereux d'entamer les hostilités avant la réunion complète des deux éléments.

(1) Bogdanovitch, *Esquisse historique de l'activité de l'Administration militaire en Russie en 1855*, 80.

(2) *L'Europe militaire*, 1er février 1894.

(3) Rediger : *Complément et organisation des forces armées.*

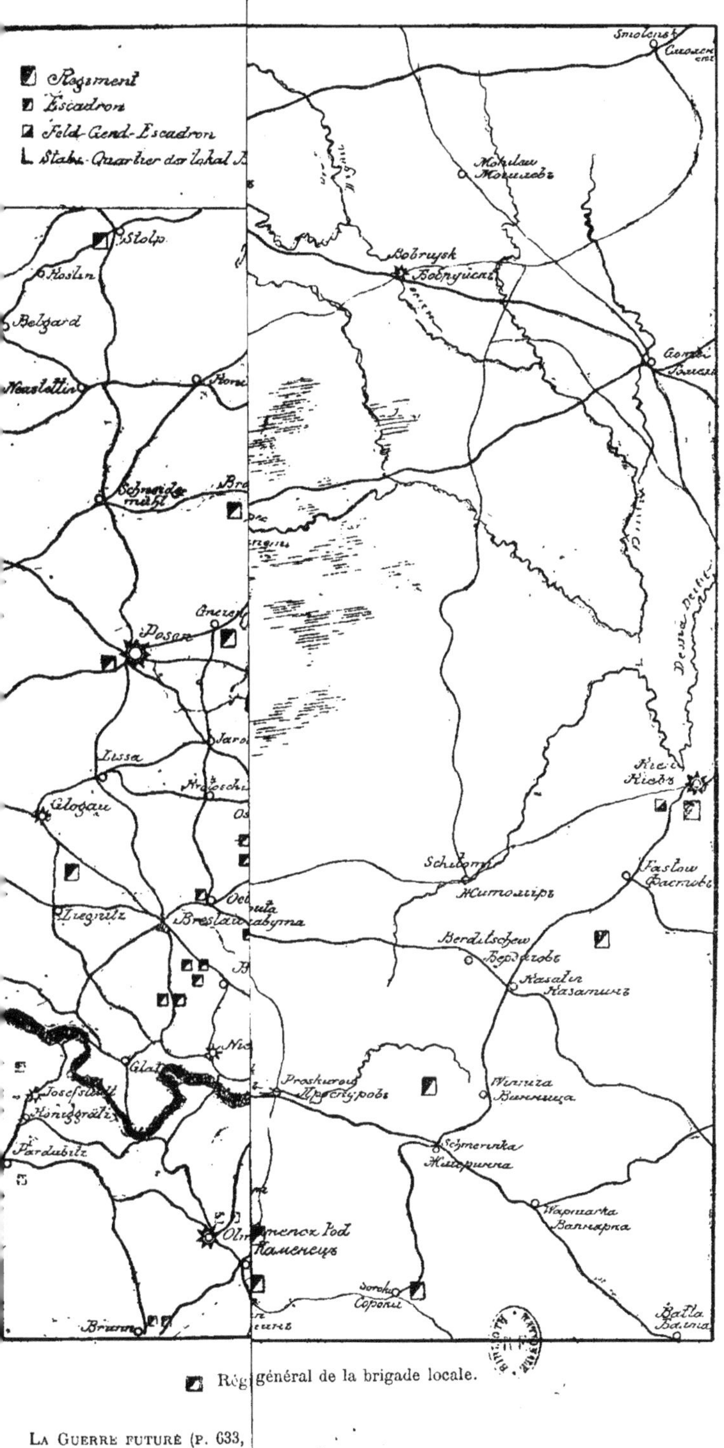

Rég|général de la brigade locale.

La Guerre future (p. 633,

CARTE DE LA RÉPARTITION DE LA CAVALERIE SUR LA FRONTIÈRE RUSSO-AUSTRO-ALLEMANDE

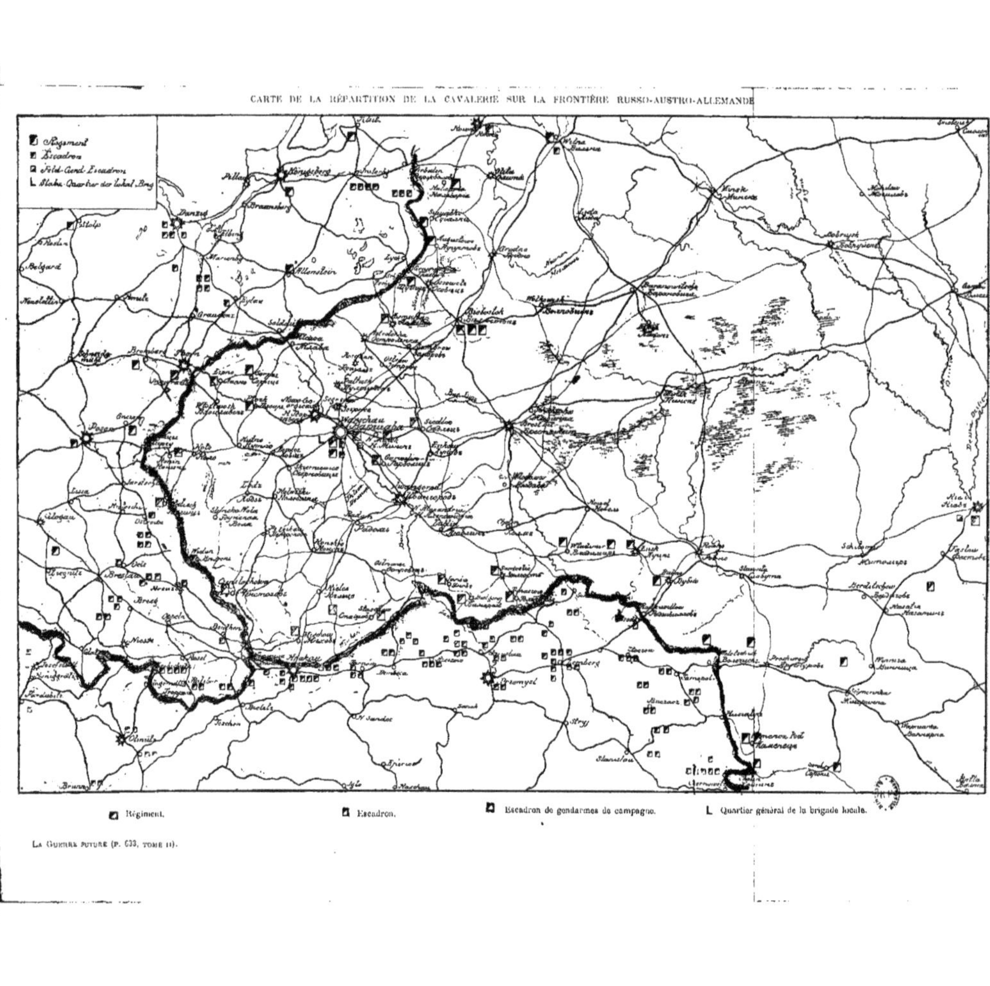

Régiment. Escadron. Escadron de gendarmes de campagne. L Quartier général de la brigade locale.

LA GUERRE FUTURE (P. 633, TOME II).

Au cours des années 1880-1885, les écrivains militaires considéraient Cracovie comme le principal point de concentration de l'armée autrichienne, et pensaient que, pour cette concentration, dix-huit jours seraient nécessaires. Or, pendant cette première période, l'armée autrichienne devrait, toujours suivant ces écrivains, se tenir rigoureusement sur la défensive, et ce n'est qu'un mois après que les avant-gardes des différents corps pourraient se mettre en mouvement pour pénétrer en Russie. On supposait, cependant, que bien avant cela, et après une série d'engagements d'avant-garde, une bataille aurait lieu près de Lemberg, dont l'issue devrait déterminer la retraite de l'une des deux armées : soit de l'armée autrichienne vers les Carpathes, en laissant derrière elle toutes les voies ferrées de Galicie, ou de l'armée russe abandonnant sa ligne de défense dans la région du Sud-Ouest.

A l'heure actuelle, les opinions des auteurs militaires, en Autriche, semblent avoir pris une tournure plus optimiste. Voici, du moins, ce que dit M. Rediger : « L'Autriche-Hongrie s'efforce, dans l'espoir que la concentration de l'armée russe se fera lentement, de s'assurer l'initiative des opérations, et, dans ce but, elle multiplie sans cesse les lignes de chemins de fer dans les Carpathes, pour faciliter la concentration des troupes en Galicie. Comptant que notre armée ne sera pas prête, elle espère, dès le début de la guerre, remporter un succès, grâce à l'effectif de ses troupes, et malgré leur préparation insuffisante » (1).

Dans un article publié par une revue militaire suisse (2), on trouve cette hypothèse sur les délais nécessaires à la concentration des troupes :

Françaises.	12 jours
Allemandes	12 jours
Autrichiennes	16 à 18 jours
Italiennes	16 à 18 jours

Mais on ne peut pas encore avoir la certitude que la mobilisation se fasse partout très régulièrement et sans retard.

Rôle que pourra jouer la cavalerie des trois puissances.

L'Allemagne, l'Autriche et la Russie ont, comme on le voit par la carte ci-contre, disposé des forces considérables de cavalerie sur leurs frontières, afin de pouvoir entreprendre, dès la déclaration de guerre, des incursions sur le territoire ennemi.

La cavalerie russe

La cavalerie russe surtout, non seulement à cause de sa force numérique, mais aussi par le fait de son armement et de sa préparation aux

(1) Rediger, *Complément et organisation des forces armées.*

(2) *Neuen Formender provisorische Befestigung; Schweizerische Zeitschrift für Artillerie und-Geniewesen*, 1897.

opérations indépendantes, est la mieux organisée pour jeter le désordre chez ses adversaires. La cavalerie a toujours ses effectifs au complet et ses régiments peuvent être considérés comme presque mobilisés dès le temps de paix. Une nombreuse cavalerie russe, dont les fusils ne le cèdent en rien à ceux de l'infanterie, pénétrant sur le territoire ennemi, alors que l'armée n'y fait que commencer sa mobilisation et que plusieurs régions du pays ne sont pas encore garnies de troupes, pourra y détruire les voies de communication, les ponts, tunnels et gares, ainsi que les magasins, dépôts, approvisionnements, etc., en un mot, pourra jeter dans la vie économique du pays des perturbations dont les conséquences ne manqueront pas d'influer sur la mobilisation et la concentration des troupes locales.

La cavalerie allemande.

En Allemagne aussi d'ailleurs, les régiments de cavalerie pourront se mettre en marche dans les vingt-quatre heures, avec 115 chevaux par escadron. La cavalerie autrichienne sera également très vite en état de commencer ses opérations.

Mais ces cavaleries seront-elles employées à repousser ou à poursuivre les cavaliers russes qui tenteront des incursions, ou bien, à leur tour, seront-elles lancées à l'intérieur des régions de la frontière russe, afin d'y entraver la mobilisation? — C'est ce qu'il est impossible de prédire.

En Allemagne, pour préserver l'armée, pendant la mobilisation, des attaques inattendues de la part de l'adversaire, la plupart des troupes actives disposées le long de la frontière, et qui possèdent presque leur effectif de guerre, dès le temps de paix, se mettront en marche aussitôt après la déclaration de guerre, pour occuper les points les plus importants, désignés d'avance.

Et cependant, en Allemagne, les troupes sont très rapidement mobilisées; comme dans chaque localité importante il existe un assez grand nombre d'hommes versés dans le landsturm, mais qui ne seront pas appelés sous les drapeaux au début des hostilités, il est très probable que, dans le voisinage de la frontière, ces hommes seront immédiatement pourvus d'armes en vue de repousser les incursions de cavalerie ennemie.

Le colonel Klembovsky dit que les Allemands n'admettent pas que la cavalerie russe puisse pénétrer en Prusse à plus de deux journées de marche, et suppose que leurs dévastations se réduiront à la destruction de quelques voies ferrées et télégraphiques, et à la prise de quatre ou cinq dépôts; mais ce simple succès partiel retarderait, de leur propre aveu, la mobilisation de un à deux jours; or, deux jours dans cette période, où chaque heure est comptée, représentent un bénéfice qui a son importance et ne devrait pas être négligé (1).

---

(1) Klembovsky, *Opérations des partisans.*

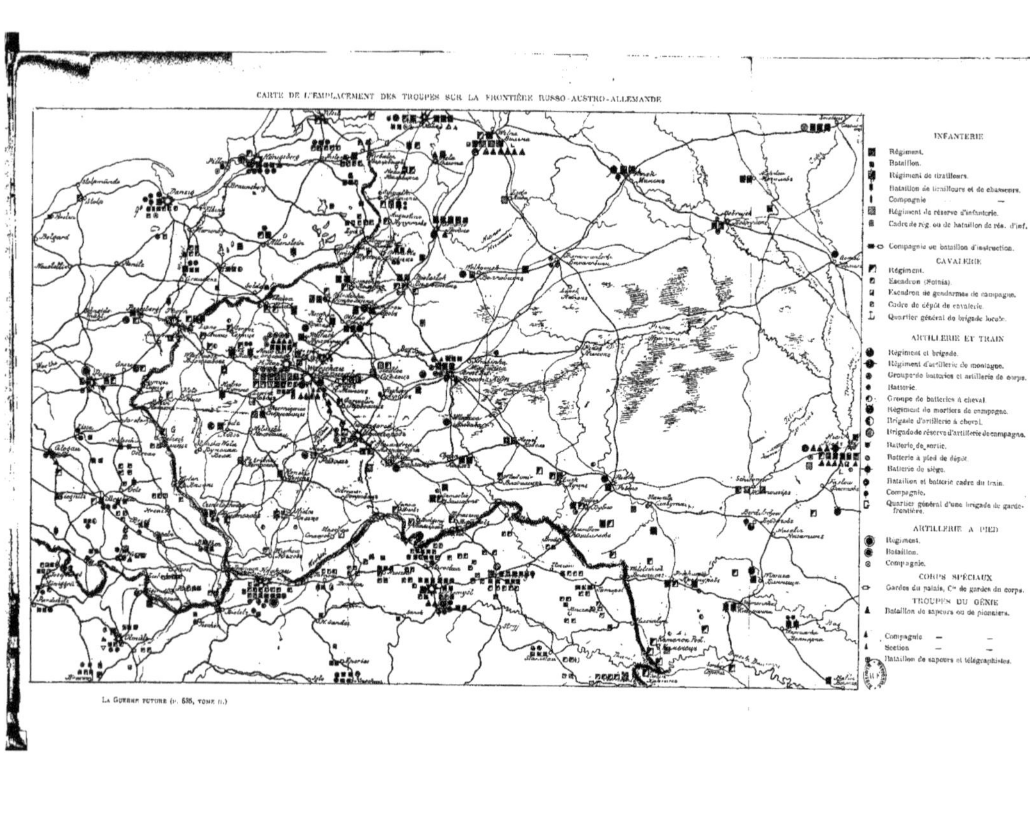

LA GUERRE FUTURE (P. 535, TOME II.)

Il est vrai que, déjà pendant la guerre de 1870, l'Allemagne a fait preuve d'un esprit remarquablement ordonné. Certaines parties de l'armée furent dirigées vers la frontière, sur la propre initiative de leurs chefs, bien avant la déclaration de guerre (1).

Mais dans la partie de cet ouvrage consacrée à la cavalerie (tome Ier), nous avons déjà signalé le peu d'exactitude de calculs si rassurants.

La cavalerie autrichienne.

Quant à l'Autriche, trois corps, c'est-à-dire plus d'un cinquième de l'armée entière, seront mobilisés à proximité de la frontière, en Galicie. Aussi, pour assurer leur mobilisation, a-t-on concentré plus d'un tiers de toute la cavalerie (16 régiments); de plus, on entretient en Galicie un grand nombre de gendarmes qui auront à diriger, dès la déclaration de guerre, la formation du landsturm pour établir un cordon le long de la frontière (2).

Les écrivains militaires croient que l'armée, qui réussirait à commencer la première les opérations, s'assurerait par cela même des chances considérables de succès. C'est pourquoi, afin d'assurer la liberté de leur mobilisation, tous les gouvernements ont disposé, à proximité de leurs frontières, des forces considérables qu'ils augmentent tous les jours.

Sur la carte ci-contre sont indiqués les détails de la dislocation des troupes des deux côtés de la frontière russo-austro-allemande en 1895 (3).

Disposition et effectifs des troupes stationnées à proximité de la frontière.

Il suffit d'un coup d'œil jeté sur cette carte pour s'apercevoir que, du côté russe, les troupes surpassent en nombre les effectifs des forces allemandes et autrichiennes échelonnées sur la frontière.

En se reportant aux chiffres de l'année 1893, on trouve que l'Allemagne et l'Autriche, prises ensemble, maintenaient à proximité de la frontière russe 389 bataillons, 245 escadrons et 245 batteries, soit : 238,042 combattants, 22,726 non combattants et 978 pièces d'artillerie. La Russie, par contre, disposait, dans la zone correspondante, de 442,293 combattants et 20,676 non combattants avec 1,108 pièces (4).

Les troupes russes qui se trouvent en permanence dans la région frontière étant composées presque exclusivement d'hommes originaires de l'intérieur de l'Empire, leurs effectifs pourront être, en cas de mobilisation, complétés par des réservistes pris sur place, d'où il résulte qu'elles peuvent passer du pied de paix à celui de guerre aussi rapidement que cela se pratique en Allemagne.

Pour le montrer, et calmer la fougue des chauvins allemands, l'auteur de l'article ci-dessus mentionné de l'*Europe militaire* essaie de calculer

(1) Verdy du Vernois, *Studien über den Krieg*.
(2) Rediger, *Complément et organisation des forces armées*.
(3) Müller, *Dislocation Karte des deutschen Heeres und seiner Nachbarin*.
(4) *Revue de l'armée belge*.

combien de réservistes il sera nécessaire d'appeler sous les drapeaux en Russie dans chaque circonscription militaire (1).

Outre la simplicité de la mobilisation russe et l'avantage du maintien de grandes masses de troupes à proximité de l'Ouest, il faut citer encore cette circonstance que l'organisation de guerre des armées et de leurs états-

(1) L'auteur prend pour base de son calcul le nombre de réservistes nécessaire à la mobilisation d'une division d'infanterie (10,553), d'un corps d'armée à 3 divisions (32,900), etc. En multipliant ces chiffres par celui de toutes les unités cantonnées dans chaque circonscription militaire, on peut obtenir le total d'hommes à puiser dans la réserve pour effectuer la mobilisation. L'auteur ignore le nombre des réservistes appartenant à chaque circonscription, mais il le détermine, par rapport au nombre total des réservistes (2,250,000), en le supposant proportionnel au nombre des recrues annuellement fournies.

Proportion des conscrits fournis en 1890 par les circonscriptions de :			Nombre correspondant de réservistes	
Pétersbourg	4.35	0/0	98.000	hommes
Vilna	12.31	—	270.000	—
Varsovie	8.65	—	200.000	—
Kieff	19.26	—	427.000	—
Odessa	6.41	—	144.000	—
Moscou	24.02	—	540.000	—
Kazan	19.38	—	430.000	—
Autres circonscriptions	5.62	—	—	—

D'après les calculs de l'auteur, les chiffres qui suivent expriment le nombre des réservistes qu'il est nécessaire d'appeler dans chaque circonscription pour porter toutes les unités à leur effectif de guerre. L'écart entre ces chiffres et ceux donnés plus haut indique l'excédent ou le déficit total de réservistes dans chaque circonscription.

Circonscriptions de :		Excédent de :		Déficit de :	
Pétersbourg	86.500	11.500	hommes	—	—
Wilna	178.500	91.500	—	—	—
Varsovie	232.000	—		32.000	hommes
Kieff	155.000	272.000	—	—	—
Odessa	99.000	45.000	—	—	—
Moscou	164.000	376.000	—	—	—
Kazan	96.000	334.000	—	—	—

Il ressort donc des calculs de l'auteur que le nombre des réservistes disponibles dans chaque circonscription militaire, à la seule exception de celle de Varsovie, surpasse de beaucoup celui des hommes nécessaires pour porter les troupes à l'effectif de guerre. Autrement dit, chaque circonscription en cas de mobilisation se suffira à elle-même, ce qui assure une rapidité relative de ladite opération.

Dans la circonscription de Varsovie, d'ailleurs, les unités sont maintenues, en temps de paix, à des effectifs plus forts, ce qui rend plus facile de les compléter, étant donnée surtout l'existence dans cette région de nombreuses lignes ferrées. Du reste, il est telles considérations d'un ordre particulier qui pourraient faire trouver peut-être préférable à l'administration militaire de compléter les effectifs, au moyen d'éléments non régionaux.

L'excédent ou le déficit des réservistes affectés aux effectifs de guerre de l'armée, se trouve indiqué, circonscription par circonscription, sur la carte ci-jointe.

Excédent ou déficit de réservistes dans chaque circonscription pour porter l'armée au pied de guerre.

Circonscription	
de St.-Pétersbourg	+ 11.500
d'Odessa..........	+ 15.000
de Vilna..........	+ 94.500
de Kieff..........	+ 272.000
de Kazan..........	+ 331.000
de Moscou.........	+ 376.000
de Varsovie.......	— 32.000

majors existe dès le temps de paix sous forme de commandements et d'administration de circonscription. Le commandant des troupes de la circonscription militaire devient, en cas de guerre, le commandant de l'armée, constituée au moyen de ses propres troupes mobilisées; armée qui, d'avance, est pourvue d'un chef d'État-Major, d'un quartier-maître général, d'un intendant et de commandants de l'artillerie, du génie et du train. La trésorerie de campagne et le contrôle ne s'organisent qu'à l'ouverture des hostilités. Le commandant connaît ses principaux subordonnés, car ceux-ci ne sont pas des hommes désignés au désarmement. Et eux aussi connaissent leurs troupes. Quant aux Cosaques ils se mobilisent par des procédés spéciaux.

Ayant ainsi posé les bases d'un aperçu des opérations qui s'effectueront sur le théâtre de guerre austro-germano-russe, nous allons maintenant examiner d'un peu plus près les différentes combinaisons susceptibles de se produire au cours de cette guerre.

---

4. Considérations générales sur le caractère d'une guerre entre l'Allemagne, l'Autriche et la Russie.

Ce qu'on sait et ce qu'on dit des plans projetés.

Les personnes chargées d'établir des plans d'opérations porteront certainement leur attention sur ce fait que, dans la guerre future, l'influence mutuelle des côtés technique et économique de la question se manifestera plus fortement encore que dans n'importe quelle guerre précédente.

Les plans élaborés dans les états-majors de chaque parti sont entourés d'un secret impénétrable. En revanche, on trouve quelquefois, dans les ouvrages militaires, des indications susceptibles d'éclairer de quelque lueur telles ou telles combinaisons conçues dans les hautes sphères de l'armée. Dans nombre de brochures politiques on rencontre, ouvertement exposés, des plans très différents qui, en raison même de leur diversité, peuvent être qualifiés de fantaisistes, mais auxquels on ne saurait, toutefois, refuser toute attention, car il est toujours possible d'en tirer des indications sur les opinions courantes dans chaque pays; et ces opinions, quoique inexactement reproduites et souvent même altérées, n'en reflètent pas moins les idées qui régnent parmi les représentants du haut commandement.

Il est incontestable aussi que la diversité des hypothèses émises provient des différences de situation et de nationalité de leurs auteurs.

D'où la nécessité de connaître les opinions « courantes » et les suppositions des publicistes, de les contrôler en les comparant à celles des auteurs militaires, et de compléter ces dernières par les déclarations formulées dans les discours que prononcent les spécialistes et les représentants des Gouvernements lors de la discussion des questions et des crédits militaires, soit aux Parlements, soit dans les commissions nommées par ceux-ci. Il est toujours possible de tirer de tout cela de quoi se faire une idée de la marche vraisemblable des opérations futures.

Nous avons analysé plus haut les principaux ouvrages qui traitent de la future guerre. Mais nous n'avons évidemment pas pu faire connaître tout ce qui a été publié à ce sujet. Aussi, devant nous référer plus tard à des opinions que nous n'avons pas encore discutées, nous croyons utile de donner une énumération des ouvrages et brochures ayant trait à ces questions (1).

---

(1) *Russland's nächster Krieg*: On y déduit comme conclusion que la Russie se tiendra sur la défensive.

Der nächste Krieg mit Russland und seine politische Folgen: On y suppose que la Russie essuiera une défaite, que le royaume de Pologne sera rétabli, et qu'une fédération des états balkaniques sera fondée sous le protectorat de l'Autriche-Hongrie.

Um was kämpfen wir? C'est une fantaisie politique sur les succès des armes autrichiennes, motivée par la prétendue difficulté qu'éprouverait la Russie à compléter ses troupes après la première bataille.

Die Schlacht bei Bochnia.

Der Krieg in Galizien im Frühjahre 1888, réponse à une autre brochure.

Der Oesterreichisch-Russische Zukunftskrieg.

Die Wehrkraft Oesterreich-Ungarns in zwölfter Stunde.

Hauptziel des Oesterreichisch-Russischen Krieges der Zukunft.

L'Allemagne en face de la Russie, par le major Z...

Der Nachbar im Osten.

Beiträge zur Kenntniss der Russischen Armee.

Russlan'ds Wehrkraft.

Das Russische Reich in Europa.

Gedanken über Oesterreich-Ungarns militär-politische Lage.

Das Kriegstheater an der Weichsel und seine Bedeutung für den Beginn der Operationen in einem Krieg Russlands gegen das mit Deutschland verbündete Oesterreich.

Konstantinopel, die dritte Hauptstadt Russlands.

Hannibal von Losen : *Russlands Dichten u. Trachten.*

Die Rüstungen Napoleons für den Feldzug 1812; étude de Liebert, parue en 1888, éditée dans le but de faire profiter l'avenir des enseignements du passé. On lui attribue également : *Studie über die Ausrüstung so wie über das Verpflegs-und Nachschub-Wesen im Feldzuge Napoleons I gegen Russland in Jahre 1812. (Organ des militärwissenschaftlichen Vereins).*

Die Befestigung und Verteidigung der deutsch-russischen Grenze, Opérations sur la Vistule en novembre et décembre 1806. Traduit par Adaridi.

Russlands nächstes Krieg.

Lebedew : *Les lignes probables d'opérations en cas d'alliance franco-russe, 1896.*

Neustädt : *Das russische Eisenbahnnetz zur deutsch-oesterreichischen Grenze, 1895.*

Il n'est guère facile de s'orienter au milieu de cette masse d'opinions différentes émises dans la discussion courante ; d'autant moins que la manière de faire la guerre sur le théâtre oriental des opérations dépend naturellement de la marche des opérations sur la frontière franco-allemande, et réciproquement. Nous essayerons cependant, plus loin, d'exposer quelques-unes des opinions les plus répandues et où il est permis de voir des indications plus ou moins généralement admises.

Conclusions qu'on en peut déduire.

Ce qui semble le moins contestable, c'est que l'initiative des opérations sera prise par celui des partis en présence qui, grâce à une plus grande rapidité de mobilisation, ou, pour toute autre raison, se croira le plus fort. L'autre parti, par conséquent, devra régler sa conduite sur celle de son adversaire, de sorte que les opérations de la défense seront déterminées jusqu'à un certain point par l'initiative de l'attaque. Il va de soi que les choses ne se présenteront ainsi qu'au début des hostilités. Plus tard, le défenseur, profitant d'une éventualité favorable, pourra passer à l'offensive.

La plupart des auteurs s'accordent à supposer que l'Allemagne se croira la plus forte, qu'elle prendra l'initiative des hostilités et que, de tous les plans d'opérations, il faut considérer comme le plus probable celui qui sera tout spécialement, le plus avantageux à l'Allemagne.

Très vraisemblable aussi l'hypothèse d'après laquelle les troupes de l'Allemagne et de ses alliés n'ayant pas la même valeur, ainsi que nous l'avons dit plus haut, elle fera choix du plan qui lui promettra les résultats les plus rapides.

On admet de même que l'Allemagne donnera la préférence au plan qui entraînerait ses alliés à la guerre promptement et le plus complètement possible, car les Allemands ont lieu de craindre que l'Autriche et l'Italie ne leur laissent trop volontiers l'honneur des plus grands efforts.

Il est à remarquer en outre que la question de résistance est appelée à prendre dans le cours de la guerre future une importance plus grande encore que dans les précédentes, et que l'existence de plans rationnellement élaborés à l'avance doit être admise.

Thilo von Tostha : *An der oberen Weichsel*, 1896.

Bleibtreu : *Der russische 1812 Feldzug*, 1897.

Stöhr : *Das Weichselland und seine Ressursen fur einen operierenden Heereskörper*, *Streiffler's Zeitschrift, 1897.*

Steinnecker : *Die Bedeutung der rückwärtigen Verbindungen eines Heeres in einem künftigen Kriege. Militär-Wochenblatt, 1897.*

De nombreux articles insérés dans les revues suivantes : *Voïennii Sbornik*, *Militär-Wochenblatt*, *Jahrbücher für die deutsche Armee und Marine*, *Journal des sciences militaires*, *Revue de l'armée belge*, *Revue internationale*, *Revue de l'Intendance*, *Revue du Cercle militaire*, *Minerva*, *Streiffleur's Zeitschrift*.

Il faut croire aussi qu'on donnera la préférence au théâtre de guerre où le manque de vivres sera le moins à craindre, et où l'on aura le plus de chances d'éviter de longs arrêts devant les places fortes et les lignes de défense de l'adversaire.

Il est indispensable enfin de prendre en considération que les succès antérieurs exercent toujours une grande influence sur le choix des opérations futures.

Cette fois, l'Allemagne devra combattre sur deux fronts. Et pour elle se pose cette question : Ses forces, unies à celle de l'Autriche et de l'Italie, se trouvent-elles dans des conditions de supériorité sans lesquelles l'offensive serait inadmissible? Caprivi, dans un de ses discours au Reichstag, citait les paroles suivantes du maréchal de Moltke : « Nous sommes en situation de repousser une agression venant de la France : si nous ne pouvions le faire avec nos seules forces, l'existence même de l'Empire allemand serait en question. Caprivi ajoutait : « Ainsi le Maréchal parlait de repousser une invasion, mais non d'attaquer. Et cependant quoique au sens politique du mot nous ne devions jamais être les agresseurs, nos traditions nous imposent une préparation qui nous mette en état de prendre l'offensive stratégique et de porter la guerre sur le territoire ennemi au lieu de la subir sur le nôtre. De ce qu'a dit de Moltke, il ne résulte nullement qu'il nous ait cru, même à cette époque, en état de jouer ce rôle. Or, la différence numérique entre les forces de la France et les nôtres a de beaucoup augmenté depuis, et au détriment de l'Allemagne ».

Quoique le comte Caprivi parlât de la sorte pour obtenir du Reichstag une augmentation des crédits militaires, ces paroles, en raison même des calculs que nous avons donnés plus haut, doivent être tenues pour justifiées, en ce sens du moins que l'Allemagne se trouve bien dans l'impossibilité de prendre l'offensive sur les deux fronts à la fois. La supposition la plus vraisemblable, c'est qu'elle la prendra contre l'un de ses adversaires, et se tiendra sur la défensive, relativement à l'autre.

Les intentions probables de l'Allemagne.

D'après la plupart des écrivains militaires, le plus probable est que l'Allemagne essaiera de frapper dès le début un coup avec toutes ses forces contre un de ses adversaires pour, après avoir brisé sa résistance, transporter par voies ferrées le gros de ses forces d'un théâtre de guerre sur l'autre. Ce transport de l'ouest à l'est, ou dans le sens contraire, peut s'effectuer avec une égale rapidité (1).

Il est difficile de supposer que l'Allemagne puisse agir autrement. En se bornant à une défensive passive sur les deux fronts, elle se priverait de l'avantage de sa position centrale, c'est-à-dire de la faculté d'opérer sur des

(1) Mark, *Gebietseintheilung der Armeecorps.*

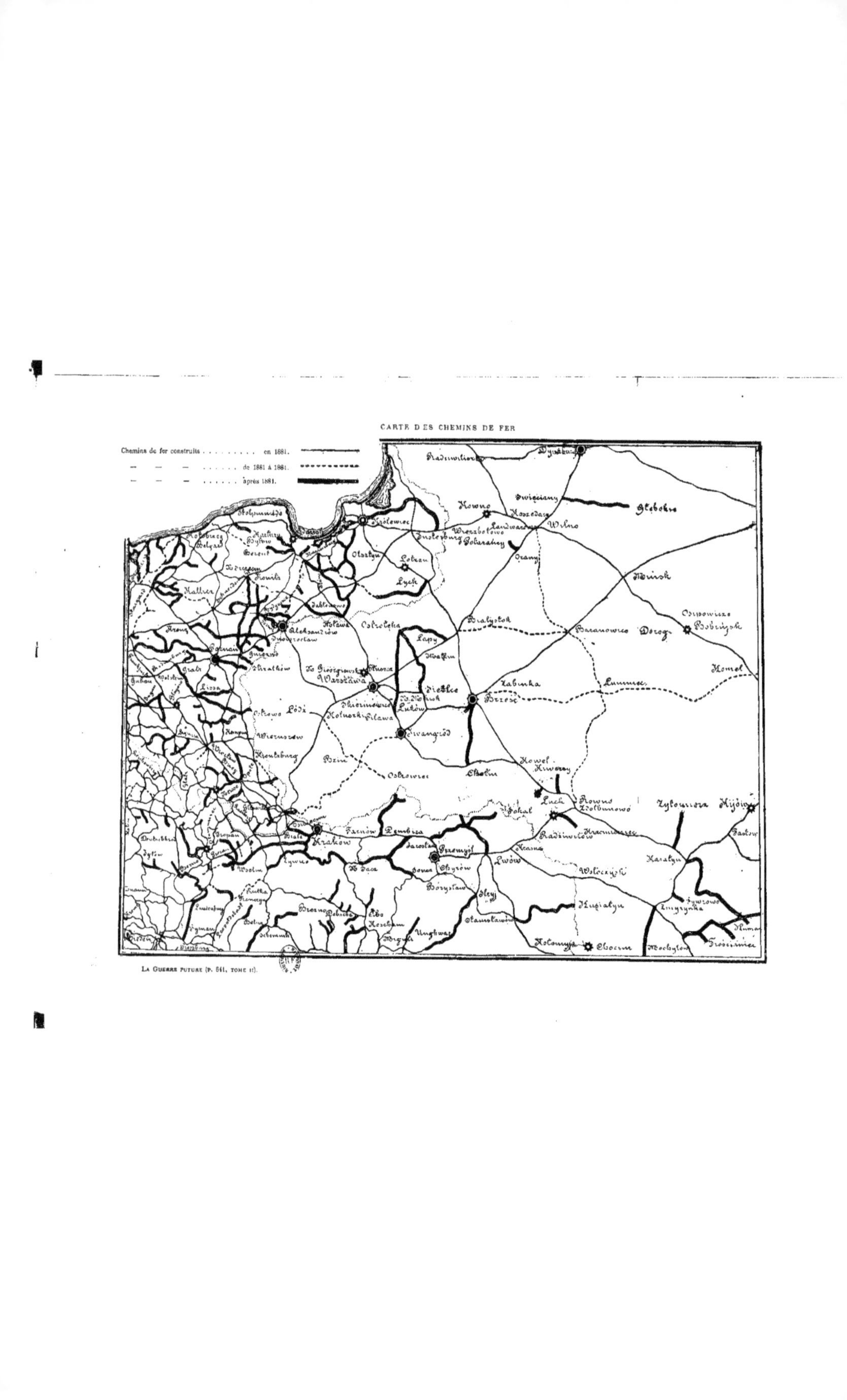

CARTE DES CHEMINS DE FER

Chemins de fer construits . . . . en 1881.

— — — . . . . . . de 1881 à 1881.

— — — . . . . . . après 1881.

LA GUERRE FUTURE (P. 541, TOME II).

lignes intérieures. La défensive sur deux fronts la conduirait à diviser ses forces, exclurait toute action énergique de sa part et irait à l'encontre d'une règle fondamentale de l'art militaire, qui prescrit de concentrer, quand il le faut, des forces supérieures sur le point où les circonstances l'exigent. Le moyen qui, selon toute probabilité, sera employé par les armées allemandes dans une guerre contre la Russie et la France consistera en une concentration des principales forces sur les lignes intérieures d'opérations avec action offensive dans l'une ou l'autre des deux directions.

Mais, se demande-t-on, de quel côté l'Allemagne dirigera-t-elle en premier lieu, ses forces principales? Les uns supposent qu'elle les tournera d'abord contre la France, moins puissante que la Russie, puis qu'une fois sa résistance brisée, mais seulement alors, elle se précipitera sur le plus dangereux de ses ennemis, c'est-à-dire sur la Russie. D'autres pensent que l'Allemagne fera tout le contraire, c'est-à-dire que, profitant de la coopération de l'Autriche, elle portera les premiers coups à la Russie, en se reposant pour la défense de sa frontière occidentale sur ses places fortes, ses troupes de seconde ligne et une diversion de la part des Italiens.

Indications qu'on peut tirer de l'étude des chemins de fer.

La carte ci-jointe montre les progrès de la construction des chemins de fer en Allemagne et donne à ce sujet de très précieuses indications. Il en ressort que, depuis 1886, on a construit en Allemagne toute une série de voies ferrées ayant pour but une offensive contre la Russie.

Mais la possibilité d'une telle offensive est également indiquée par la concentration de forces considérables sur la frontière russe. L'Allemagne ne se fût pas avisée d'une telle concentration si elle n'avait pas l'intention d'agir offensivement, le cas échéant.

Dans une étude stratégique et géographique du théâtre russe des opérations militaires, parue il y a quelques années et due au colonel d'état-major Zolotareff, on trouve émise l'opinion suivante, que nous reproduisons d'après un auteur allemand (1) : « Nos adversaires ne manqueront pas de mettre à profit le seul avantage qu'ils aient sur nous, c'est-à-dire celui d'une mobilisation et d'une concentration plus rapides, et ils le feront pour isoler la partie saillante du théâtre de la guerre, empêcher que nous n'y envoyions des renforts et s'emparer promptement du pays. Mais ils ne sauraient atteindre ce but tant qu'ils n'auront pas réussi à prendre Brest-Litovsk, cet important nœud de communications intérieures à l'entrée de la région peu praticable de la Poliécie. Par conséquent, il faut considérer les routes qui conduisent à Brest-Litovsk, comme autant de lignes d'opérations très vraisemblables à l'usage de nos adversaires. »

---

(1) Nous citons d'après Stohr : *Das Weichselland und seine Ressursen* (La région de la Vistule et ses ressources). Streffleursche Militärische Zeitschrift, 1897.

Le choix, toutefois, de ces lignes ne dépendra pas entièrement du bon plaisir de l'état-major allemand, mais en partie aussi de ce qu'entreprendront la Russie et la France. Il en résulte qu'il y a place pour différentes combinaisons et que celles-ci dépendent aussi bien du plan primitivement admis que des voies dans lesquelles, dès le début, s'engageront les adversaires.

Le général Leer dit « que tout plan se réduit à une certaine combinaison des conditions de force, de temps et de lieu, avec la volonté donnée de l'adversaire (1). »

S'il n'y avait que les trois facteurs : force, temps et lieu, le calcul offrirait peu de difficultés et on en aurait aisément raison, en admettant naturellement qu'on se trouve dans des conditions qui permissent une orientation minutieuse. Le tout se réduirait à une simple opération arithmétique. Mais il en est tout autrement dès qu'on fait entrer en ligne de compte la volonté de l'adversaire, ce facteur énigmatique, éminemment capricieux et réagissant toujours. Ce n'est plus alors une affaire d'arithmétique, mais d'inspiration, de coup d'œil, d'intuition.

Cependant là encore, quoique la possibilité d'un calcul rigoureux fasse absolument défaut, on peut s'en rapprocher jusqu'à un certain point en se laissant guider par la raison. Il faut avant tout : admettre pour soi les conditions les moins favorables et pour son adversaire les plus avantageuses, sans sortir toutefois de la vraisemblance. Se tenir prêt au pire, c'est-à-dire à tout, est la meilleure garantie de succès à la guerre.

Et c'est ce qu'il faut ne pas oublier quand on examine les différentes combinaisons auxquelles peut donner lieu une guerre de l'Allemagne et de l'Autriche contre la Russie, et les suppositions émises à ce sujet dans la littérature courante de l'étranger, ainsi que celles qui paraissent à nous-mêmes offrir le plus de vraisemblance.

V. Probabilités d'une campagne d'hiver sur le théâtre de guerre russo-allemand.

Nous avons laissé de côté, au cours de notre étude, la question de l'influence que peut exercer l'hiver sur les opérations d'une guerre entre l'Allemagne et la France; car les froids ne sont pas excessifs dans la région rhénane, et de très nombreuses routes solidement construites y assurent les communications en toutes saisons.

(1) Général Leer, *Stratégie*, 1893, page 90.

Mais cette même question se présente différemment quand il s'agit d'une guerre de l'Allemagne contre la Russie. Indépendamment de ce que les routes se détériorent en automne, l'hiver apportera des difficultés à l'emploi des fortifications improvisées, parce que la couche supérieure des terres se gèle, ce qui entravera les travaux de défense.

Influence des saisons sur le théâtre de la guerre germano-russe.

Cette circonstance mérite l'attention à cause du rôle important et permanent que lesdites fortifications sont appelées à jouer dans la guerre future. L'assaillant lui-même aura recours aux travaux de terrassements afin de se faciliter l'approche des positions de l'adversaire et de s'en servir comme de points d'appui dans le cas où son attaque serait repoussée; tandis que le défenseur, d'autre part, n'ignore pas que les abris en terre, fussent-ils peu considérables, le mettent, relativement à l'assaillant, dans des conditions huit fois plus avantageuses.

On ne peut guère se rendre compte, même approximativement, de ce que les troupes auront à élever de retranchements en terre au cours des opérations et de quelles dimensions. On n'aperçoit naturellement pas, dans le rayon des places fortes, tous ces retranchements qu'y fera naître subitement la probabilité d'un siège.

Les travaux de terrassement et leur importance à la guerre.

L'administration militaire reculant en temps de paix devant des frais d'expropriation de terrain, les manœuvres exécutées dans ces conditions ne donnent pas une idée de l'importance et de l'extension des travaux de campagne, car les troupes s'en abstiennent pour la même raison. Les articles de l'*Invalide russe*, consacrés à l'étude tactique des futures opérations des troupes allemandes, ont tout particulièrement attiré l'attention sur cette circonstance (1).

Un remblai de 80 centimètres seulement d'épaisseur est déjà impénétrable aux balles; et quant aux pièces de campagne elles ne sauraient être bien dangereuses pour les hommes installés dans les tranchées et chargés de leur défense; parce que le moindre pli de terrain masque le front de la tranchée et en raison, précisément, de l'incertitude de la cible, l'artillerie interrompt généralement son tir trop tôt, c'est-à-dire avant d'avoir efficacement préparé l'attaque.

Le souvenir de l'échec subi devant Plewna, malgré trois sanglants assauts, inspire de tels doutes sur la possibilité d'attaquer avec succès une position fortifiée que les auteurs allemands essayent depuis quelque temps d'atténuer l'importance de cette expérience. Ainsi l'un d'eux va même jusqu'à affirmer que (2), malgré l'imperfection de l'armement des Russes et la conduite habile des travaux par les Turcs, le succès de l'attaque était pos-

(1) Reproduits dans la *Mittheilüngen über fremde Armeen,* Appendice à la *Minerva.*
(2) Thilo von Trotha, *Der Kampf um Plewna,* 1896.

sible le 8 juillet, vraisemblable le 18, et aurait pu devenir certain le 30 août, si seulement on avait pu utiliser les moyens dont on disposait. L'auteur ajoute que ces moyens étaient entièrement suffisants, tandis qu'il est avéré que le premier assaut contre Plewna fut exécuté, en tout et pour tout, par trois régiments incomplets, qui eurent 2,750 hommes mis hors de combat.

Par conséquent, tout ce qui peut exercer une influence quelconque sur l'exécution des travaux en terre aura une importance incontestable pour la marche des opérations militaires. Une terre gelée entravera ces travaux de défense, en même temps que le traînage se substituant alors aux mauvaises routes défoncées ainsi que la congélation des rivières donneront à l'offensive des avantages particuliers.

Difficulté de les exécuter pendant les gelées.

Cette dernière circonstance enlèvera presque entièrement aux fleuves leur grande importance défensive.

Telles sont les raisons qui ont fait même émettre par certains auteurs étrangers l'avis qu'il serait préférable d'opérer contre la Russie en hiver; en quoi ils se réfèrent à la campagne de Charles XII, ainsi qu'à celles de 1806 et 1812. Mais ces exemples ne sont pas particulièrement probants, car la bataille de Poltawa fut livrée le 27 juin 1703 ; et si les Français envahirent, en effet, au printemps, le royaume de Pologne, la bataille décisive de Friedland n'eut lieu que le 14 juin. Quant à l'exemple tiré de la marche de Napoléon dans l'intérieur de la Russie, en 1812, on ne peut guère le citer en faveur d'une campagne d'hiver contre la Russie.

La campagne d'hiver de Charles XII en Russie.

Considérons cependant de plus près ces exemples de campagnes d'hiver en Russie. Charles XII préférait en général ce genre de campagnes et ses soldats y étaient faits, ce qu'on ne saurait attendre des troupes allemandes et autrichiennes. Charles XII a exécuté une longue marche d'hiver indiquée par le croquis ci-contre (1), mais il ne faut pas oublier que son armée ne s'élevait qu'à 35,000 hommes.

Après avoir attendu la congélation des rivières et des marais, Charles passa la Vistule le 29 décembre à Wlotzlawck, se dirigeant entre Wilna et Minsk où il compta atteindre l'armée russe. Mais cette dernière refusa le combat et battit en retraite, se bornant à inquiéter son adversaire avec de petits détachements. On sait que le plan d'invasion de Charles en Ukraine était basé sur la coopération de l'hetmann petit-russien, Mazeppa, dont les troupes lui firent défection, ce qui amena le désastre complet de l'armée suédoise sous Poltawa qu'elle assiégeait.

Celle de Napoléon en 1806.

La campagne d'hiver de Napoléon, en 1806, dans la Prusse orientale et sa marche sur Varsovie n'offrent pas un exemple engageant. Citons mot à

(1) Général Leer, *Notes de stratégie,* 1880.

mot les paroles de Sarmaticus (1). « Au mois de décembre de l'année 1806, il ne gelait pas; les routes étaient défoncées, il n'y avait pas encore, à cette époque, en Pologne, de routes pavées. Les soldats russes supportaient sans murmurer la fatigue et les privations qui leur étaient imposées par d'inutiles marches et contre-marches dues à l'absence de tout plan. Lors de la retraite sur Poultousk et Golomino, la boue était si profonde qu'une bonne partie du train, voire même des pièces d'artillerie, restèrent en détresse ce qui, dans la suite, entrava en partie le passage des Français sur cette route. On ne peut que rendre entière justice à l'endurance des soldats russes en d'aussi difficiles circonstances. »

Itinéraire de la campagne d'hiver de Charles XII, en Russie.

Les Français eurent aussi à lutter contre les difficultés de cette marche, quoique le service d'approvisionnements des troupes fût régulièrement fait, grâce à l'attention toute particulière que lui avait consacrée Napoléon; mais en revanche, l'état des routes dérangeait ses meilleures combinaisons

(1) Sarmaticus, *Von der Weichsel zum Dnieper*.

stratégiques. Les échecs de Poultousk et de Golomine furent précisément dus à ce que certains corps ne purent arriver sur place à cause de l'état déplorable des routes. Les soldats français murmuraient ouvertement et se plaignaient des efforts exigés d'eux, et Napoléon comprit qu'il y avait lieu, en la circonstance, de compter avec un nouveau facteur qui dérangeait tous ses calculs. C'était ce cinquième élément qu'il trouva en Pologne : la boue qui entravait les mouvements des troupes. Il se vit donc obligé de prendre ses cantonnements et c'est le 1er février que, profitant de la gelée survenue sur ces entrefaites, il prit l'énergique offensive qui aboutit le 8 février à la sanglante bataille d'Eylau. Plus de trois mois s'écoulèrent ensuite pendant lesquels le commandant en chef de l'armée russe Beningssen et Napoléon ne firent qu'appeler à eux de nouveaux renforts; les actions décisives ne se renouvelèrent qu'en juin et amenèrent la victoire de Napoléon à Friedland le 14 juin, ainsi que la conclusion de la paix à Tilsitt.

La campagne de 1812.

Les déplorables scènes de la retraite de Russie en 1812 ne sont que trop connues. Dans le chapitre consacré à l'approvisionnement de l'armée, nous avons déjà parlé des difficultés réservées à l'ennemi qui pénétrerait dans l'intérieur de la Russie. Nous allons reproduire maintenant les arguments de l'auteur bien connu Bleibtreu, qui, dans son dernier travail, s'efforce d'atténuer les craintes naturellement inspirées par l'exemple de la campagne d'hiver de 1812. « Il est bien vrai, dit-il, que durant la retraite de Russie en hiver, l'armée de Napoléon a perdu 100,000 hommes, mais elle en avait perdu deux fois plus en marchant sur Moscou pendant la saison chaude ». Cet exemple nous enseigne que la chaleur, comme celle notamment de cet automne, est bien plus dangereuse pour les troupes que les gelées ; les froids peuvent devenir dangereux, mais seulement dans le cas où l'équipement et l'approvisionnement de l'armée ne seraient pas en état. Sous ce rapport, l'intendance allemande, si réputée pour son activité, devra faire preuve d'une énergie peu commune. Du reste, en 1812, les soldats russes eux-mêmes ne supportaient pas aussi bien le froid qu'on se l'imagine généralement. Malgré leurs pelisses, ils souffrirent beaucoup et, en décembre, la moitié de l'armée russe se trouvait dans les hôpitaux ; les Français et les Italiens ne résistaient pas beaucoup plus mal au froid que les Russes et mieux que tous les Allemands du Nord et les Polonais.

Le froid a nécessairement contribué à l'accroissement des pertes en hommes, mais à peu de choses près, selon l'auteur, dans l'armée française aussi bien que dans l'armée russe. Les soldats russes n'étaient pas tous pourvus de vêtements chauds et de chaussures en bon état, et il leur arrivait, ainsi qu'aux Français, de bivouaquer en plein air la nuit par des froids qui atteignirent 18° en novembre et au commencement de décembre.

Le verglas incommodait aussi bien les troupes russes que les troupes françaises. Mais il y avait cette grande différence, dans la situation des unes et des autres, que les Français reculaient en désordre avec la moitié seulement des munitions normales, tandis qu'ils étaient en revanche chargés de butin et d'une masse d'objets pillés, de sorte que leurs mouvements étaient très gênés par les convois; les troupes russes au contraire les poursuivaient avec une nombreuse cavalerie et beaucoup d'artillerie. Le 11 décembre déjà Koutousoff entrait à Wilna après avoir parcouru 120 milles sur la glace et la neige en 50 jours, mais il avait perdu en morts, malades et blessés, 70.000 hommes sur 120.000.

Les conclusions définitives de l'auteur ne sont cependant point particulièrement favorables à une invasion éventuelle des troupes allemandes en Russie. Il reconnaît qu'en tout état de cause, une campagne dans ce pays conduirait les deux parties à l'épuisement de leurs forces. Il ajoute qu'avant de blâmer les préparatifs faits et les dispositions économiques prises par Napoléon en vue et au cours de cette campagne, il faudrait pouvoir répéter l'expérience et voir alors jusqu'à quel point d'autres pourraient mieux faire.

Dangers qu'une campagne d'hiver en Russie présenterait pour l'armée allemande.

Mais les dangers inhérents à une campagne en Russie, à une campagne d'hiver particulièrement, seraient plus considérables encore pour l'armée actuelle allemande qu'ils ne l'ont été pour les troupes de Napoléon composées principalement de vétérans. Etant donnée son organisation actuelle, l'armée allemande sur le pied de guerre, serait formée pour 1/5, d'hommes en activité de service; les quatre autres cinquièmes se composeraient d'hommes nullement préparés aux marches fatiguantes. Le Dr Leitenstorfer (1), se basant sur des données scientifiques précises, prétend que ce serait une grande erreur d'attendre, d'hommes récemment arrivés de la réserve ou simplement rentrés de congé la même préparation qu'en leur temps ils ont pu acquérir au service actif. Un nouvel entraînement devient indispensable pour qu'on puisse leur demander ce qu'on est en droit d'exiger d'hommes en activité de service en temps de paix. Dès le début de la mobilisation il faut mettre à profit chaque jour pour habituer peu à peu les hommes à la marche, mais en augmentant rapidement le nombre des kilomètres à parcourir et le poids des objets portés par le soldat. Il ne s'agit plus de correction dans les mouvements et l'attitude, mais tout simplement de fortifier les muscles des jambes ainsi que l'action du cœur et des poumons en vue des marches forcées à effectuer. La portion des

(1) Dr. Leitenstorfer, Oberstabsart I Klasse, *Das Militärische Training auf physiologischer und praktischer Grundlage-ein Leitfaden für Officiere und Militärarzte.* — Stuttgard, 1897.

effectifs non préparés encore sous ce rapport ne saurait même entrer en comparaison avec celle qui l'est, et, dans un bref délai, elle se verra en proie aux différentes maladies que provoque l'épuisement.

Mais on se demande : le temps ne fera-t-il pas défaut pendant la mobilisation pour entreprendre cette préparation? En tout cas l'hiver, moins que toute autre saison, lui est favorable.

Il est douteux que l'Allemagne l'entreprenne.

Les considérations qui précèdent nous font douter que l'Allemagne entreprenne une campagne d'hiver contre la Russie dans l'unique but de rendre difficile, aux troupes russes, la tâche d'improviser des fortifications à chaque rencontre. Les fatigues et les dangers d'une campagne d'hiver seraient à peine compensés par la diminution du nombre de pareils obstacles opposés à l'agresseur. Jeter en Russie, en plein hiver, une armée composée principalement d'hommes de la landwehr serait s'exposer, à bref délai, à des catastrophes subites.

Pareille résolution de la part du gouvernement allemand est d'autant moins vraisemblable que, dans les parages avoisinant la frontière, les routes se détériorent en hiver par le dégel et qu'on ne saurait toujours compter sur leur bon état, ainsi que l'ont prouvé la guerre de 1805-1807 et la campagne de Pologne en 1831.

Il est permis de supposer encore que si les opérations militaires entreprises contre la Russie se prolongeaient jusqu'en hiver, l'Allemagne ne les interromprait pas plus qu'elle ne les a interrompues pendant l'hiver de 1870 en France. Mais quant à choisir l'hiver russe pour commencer la guerre, alors que les troupes n'auraient pas encore été entraînées à la vie de campagne, n'est vraiment pas probable. La crainte seule, inspirée à l'opinion publique par le souvenir de la retraite des Français en 1812, aura déjà une certaine importance. Toutefois, il n'est pas certain que, le cas échéant, l'Allemagne n'entreprenne pas de guerre en hiver. En 1887 circulait déjà le bruit d'une campagne d'hiver imminente contre la Russie, à telle enseigne que les parents offraient aux militaires toutes sortes de vêtements chauds.

6. Opérations offensives de l'armée austro-allemande contre les troupes russes établies sur le théâtre de guerre, entre Vistule, Boug et Nareff.

Les conditions d'invasion de la Russie par les forces austro-allemandes.

Nous avons exposé plus haut, d'après Sarmaticus, le plan présumé des opérations de l'armée austro-allemande sur le théâtre oriental de guerre, ainsi que la discussion qu'en a faite Antisarmaticus. On suppose les armées envahissantes fortes :

L'allemande, de. . .	400	à	500.000	hommes
L'autrichienne, de. .	600	à	650.000	—
En tout. . . .	1.000.000	à	1.150.000	hommes

Tandis que l'armée russe se composerait de 1,100,000 à 1,250,000 hommes et atteindrait, avec ses réserves, 1,350,000 ou même 1,650,000.

Ces données ont un peu vieilli et elles présentent cet inconvénient, que les troupes de l'envahisseur, qui doivent être numériquement les plus importantes, ne le sont pas, d'après le calcul ci-dessus. Cette condition de supériorité du nombre faisant défaut, il ne faut pas songer à attaquer des places et des positions aussi solides que celles de la région entre Vistule, Boug et Nareff. Si réellement l'Allemagne ne peut vraiment distraire de l'ensemble de ses forces que 400 à 500,000 hommes pour opérer contre la Russie, elle préférera, comme l'Autriche son alliée, s'en tenir à la défensive et ne commencer les opérations offensives qu'après avoir au préalable infligé à l'armée française une défaite décisive, c'est-à-dire le jour où des forces plus considérables se trouveraient à sa disposition.

Si les troupes allemandes n'obtenaient pas l'avantage dans leurs rencontres avec les Français, les opérations contre la Russie n'auraient plus de raison d'être, et en ce cas le calcul ci-dessus ne répondrait plus à la nouvelle situation créée de ce fait. Mais les considérations, au sujet des lignes probables d'invasion des armées, émanant d'une personne aussi autorisée que l'est Antisarmaticus (c'est le colonel Heismann), ont conservé, jusqu'à ce jour, leur entière valeur.

Par conséquent, afin de faciliter la comparaison de ces considérations avec les hypothèses ultérieures relatives aux plans d'opérations, et pour plus de clarté, nous donnons ici une figuration graphique des chiffres correspondants. Nous avons admis que le mouvement des armées ennemies aurait lieu en ligne droite, et nous avons pris, pour figurer la distribution des troupes russes, des distances moyennes. Observons que nous ne donnons pas la subdivision en armées et corps d'armée distincts, parce que leur reproduction graphique présenterait des difficultés; et aussi parce qu'il y aurait lieu d'entrer dans des détails, que nous ne pouvons aborder faute de données.

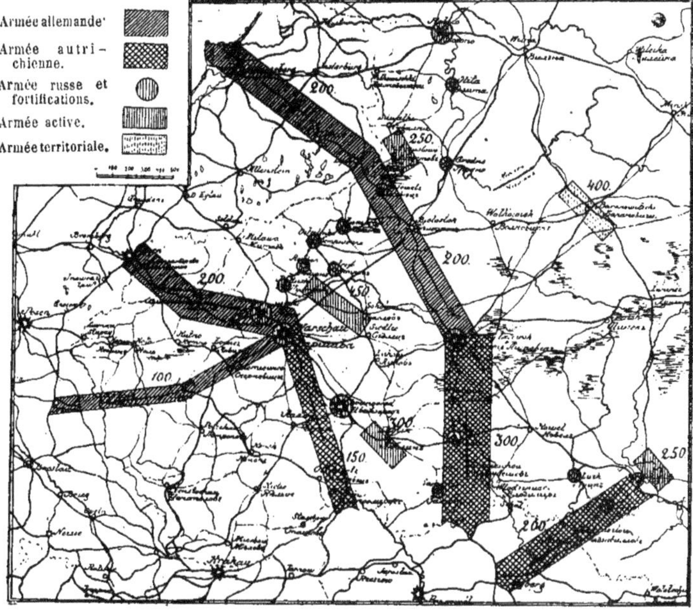

Direction de la marche de l'armée austro-allemande et disposition défensive des troupes russes sur le théâtre de guerre entre Vistule, Boug et Nareff.

Ces remarques préliminaires faites, nous pouvons passer à une analyse plus détaillée des opérations elles-mêmes.

Opinions d'un écrivain militaire autrichien.

L'écrivain autrichien Kirchhammer, officier d'état-major, formule la thèse suivante dans son travail-critique sur les projets d'opérations futures : grâce à notre rapidité plus grande de mobilisation et de concentration, il faut surprendre les troupes russes en Pologne et les battre en détail. La base d'opérations concave (pour l'Autriche et la Prusse) permet de changer sans danger la ligne d'opérations, et l'isolement de la Pologne du reste de l'Empire permettra d'occuper cette région et d'en interdire l'accès aux troupes russes.

Opinion du général français Pierron.

Le général français Pierron (1), qui fait connaître qu'en juin 1888, des officiers français ont parcouru par ordre de leur gouvernement le théâtre de guerre en question, émet des opinions qu'il nous faut rapporter avec quelques détails :

« Si l'Allemagne et l'Autriche-Hongrie se décident à la guerre contre la Russie, elles mettront sans aucun doute à profit la configuration concave de leurs frontières du côté de la Pologne russe. Selon toute vraisemblance, les troupes allemandes, prenant Breslau, Thorn, Posen et Allenstein pour points de départ, marcheront concentriquement sur Varsovie. Le gros des forces de l'Autriche avancera également de Lemberg sur Varsovie, en évitant le passage de la Vistule, tandis qu'une armée auxiliaire, ou un corps d'armée, parti de Cracovie, opérera sur la rive gauche de ce fleuve, en liaison avec le gros de l'armée autrichienne. Une armée prussienne d'observation enfin prendra position à Insterbourg, afin d'opérer, en cas de besoin, dans la direction de Vilna.

Après avoir démontré l'importance des voies ferrées pour les opérations, le général Pierron nous présente la marche des forces allemandes dans l'ordre suivant :

La première armée se dirige de Posen par Koutno sur Varsovie, en liaison avec un corps d'armée qui, sur son flanc droit, marche de Breslau sur le nœud de communication de Skierniewice.

La deuxième armée partant, avance de Thorn et de Deutsch-Eylau, marche sur Varsovie, et communique par Wlotzlawsk avec celle qui marche de Posen sur Koutno.

La troisième, sur le flanc gauche se dirige d'Allenstein par Ostrolenka et Ostrow sur Malkine, point où la ligne ferrée de Pétersbourg-Varsovie traverse le Boug et fait sa jonction avec l'embranchement de Siédletz. Le gros de cette armée marche de Königsberg par Korchen, Lyk et Graïevo, sur Biélostok.

La quatrième opère d'Insterbourg dans la direction de Kovno et Vilna.

En présence d'une pareille disposition stratégique des forces allemandes, la tâche de l'état-major russe apparaît, selon l'auteur, très clairement : il ne doit pas faire ce que l'adversaire voudrait qu'il fît, c'est-à-dire ne pas concentrer trop tôt ses propres forces dans le « filet » représenté en cette circonstance par la Pologne, que les troupes de l'adversaire auront déjà entourée de toutes parts. Il est difficile de retirer rapidement d'un filet de ce genre les immenses armées contemporaines quand elles s'y trouvent prises. C'était possible autrefois, avec des armées de 30 à 50,000 hommes. Mais des masses de 150,000 hommes, par exemple, se meuvent toujours lentement, ne fût-ce qu'à cause de la longueur de leurs convois.

(1) Général Pierron, *Méthodes de guerre.*

De plus, les communications des troupes russes réunies en Pologne avec celles du Sud de la Russie, ne sauraient être assurées tant que les Autrichiens occuperont la Galicie orientale et la Boukovine.

Il en résulte, selon le général Pierron, que tant qu'on ne sera pas fixé sur les objectifs déterminés de l'invasion, la disposition de combat des armées russes devra être marquée par la ligne de Kowno, Brest-Litovsk et Kowno avec le gros des forces concentré autour de Brest, et la grande armée réunie en Pologne couvrant tout ce front stratégique.

Le même général Pierron dit ailleurs que l'action des forces allemandes partant de la ligne Posen-Thorn sera dirigée contre le triangle Modlin (Nowogeorgievsk) Sierock et Varsovie. Mais elle peut aussi commencer à la ligne Königsberg-Boyen (Letzen) avec Brest-Litovsk pour objectif. Le choix de l'une ou de l'autre des deux directions sera déterminé par la situation du moment.

Dans le dessin graphique ci-dessous se trouvent indiqués, d'après le général Pierron, les points présumés de concentration des troupes.

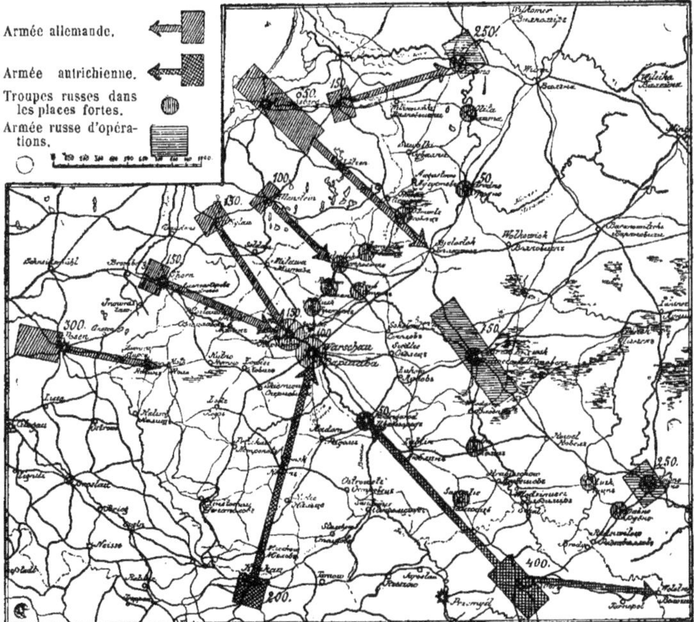

Points de concentration et direction des troupes pendant les opérations sur le théâtre de la guerre entre Vistule, Boug et Nareff.

Partant de ces hypothèses, le général Pierron arrive à la conclusion suivante : étant donnée son alliance avec la France, la Russie doit neutraliser, dans l'intérêt de son alliée, une partie importante des forces allemandes. Elle se servira à cet effet de l'armée établie en Pologne et, en même temps, elle couvrira, au moyen d'incursions sur le territoire ennemi, le développement stratégique de ses masses, s'opérant en arrière. Le général Pierron attire, à cette occasion, l'attention sur l'observation suivante qu'il a entendu faire à un diplomate :

« Si l'état-major russe commettait la faute de concentrer ses principales forces autour de Varsovie, dans une région qui est la base de l'Empire, tournée vers l'Ouest, l'état-major allemand mettrait en mouvement le gros de ses troupes par Königsberg vers Biélostok, en se bornant du côté de Varsovie à occuper son adversaire par des démonstrations, de manière à couper le gros des forces russes du reste de l'Empire. Mais l'état-major russe, ajoute Pierron, ne tombera pas dans cette erreur. »

Opinion du capitaine français Marin.

Un autre Français, auteur d'un ouvrage spécialement consacré à la comparaison des forces des adversaires sur ce théâtre de guerre, (1) le capitaine d'artillerie Marin, fait ressortir plus encore combien la situation y est peu favorable, au point de vue géographique et topographique, à l'action des troupes russes. Il trouve que, quoique la Russie ait beaucoup fait dans le courant de ces dernières années pour le développement de son réseau stratégique de chemins de fer, ce dernier est encore tellement inférieur au réseau austro-allemand qu'il faudrait sept jours pour l'accomplissement d'une tâche dont on viendrait à bout en trois, sur les lignes étrangères.

Pour cette raison et aussi parce qu'on voudra compléter les effectifs des troupes établies en Pologne avec des réservistes provenant des Gouvernements intérieurs de la Russie, la mobilisation russe se laissera certainement distancer par celle de ses adversaires et l'armée russe se trouvera incontestablement inférieure en nombre à celle de l'ennemi : « L'armée active en Pologne, poursuit-il, comprend sur le pied de paix 40,000 sabres et 190,000 fusils. Admettons que la mobilisation double ces forces en temps voulu, et qu'elles atteignent le chiffre de 400,000 hommes ; supposons encore que 100,000 hommes arrivent à la hâte des provinces intérieures, ce qui porterait à 500,000 le nombre total. Que pourrait même ce demi million d'hommes contre les forces réunies de l'Allemagne et de l'Autriche en marche ? Il pourrait arrêter les Autrichiens peut-être, mais les Prussiens ?

« Une de ces deux armées commencera par occuper Kobrin et alors les

(1) *Français et Russes vis-à-vis de la Triple-Alliance*, par Paul Marin, capit. d'art. — Paris, 1889.

500,000 Russes se verront dans l'impossibilité d'entreprendre quoi que ce soit. Les Prussiens prendront l'offensive deux jours plus tôt que les Autrichiens et, de ce que sera cette offensive, ni l'année 1866, ni celle de 1870 ne sauraient donner une idée. L'insuffisance des lignes ferrées et la nécessité de puiser dans des réserves éloignées pour compléter les effectifs, permettent d'évaluer à la moitié des forces mises en ligne par l'Allemagne, celles que pourra lui opposer la Russie.

« L'offensive allemande se produira sans un seul jour d'hésitation ou de délai : ce sera une invasion exécutée par un million de fusils, conformément à un plan donné, et elle culbutera tout ».

Il résulte de ce que nous avons exposé en détail, que la situation actuelle se présente en réalité tout autrement.

Les données de Marin ont vieilli et ses hypothèses paraissent aujourd'hui tout à fait mal fondées. Si nous les avons rapportées, c'est uniquement parce que les auteurs allemands s'y réfèrent continuellement (1).

Examinons maintenant d'autres opinions de spécialistes.

Opinion du général Brialmont.

Le général Brialmont (2), étudiant les opérations éventuelles sur le théâtre de guerre germano-russe, émet la supposition que l'offensive des Allemands suivra deux lignes d'opérations. L'une d'elles se dirigeant sur Varsovie a pour base Thorn, Posen et Breslau ; l'autre, s'appuyant sur Thorn et Königsberg, servirait aux fins d'une attaque contre les derrières de l'ennemi sur le cours moyen de la Vistule. Les deux armées allemandes, opérant sur ces lignes et séparées l'une de l'autre par ce fleuve, devront être assez fortes pour que chacune d'elles puisse agir d'une façon indépendante.

Quant à l'armée autrichienne, la question de ses voies de pénétration en Russie a été étudiée dans tous ses détails en 1872 par le colonel Heymerlé, d'après lequel trois lignes d'opérations s'offrent aux Autrichiens : 1° la ligne qui suit la rive gauche de la Vistule ; 2° celle de la rive droite ; et 3° celle qui se dirige de la Galicie orientale vers le Dnieper, sur Kieff, etc.

Mais il est clair que toutes ces lignes d'opérations n'ont pas une bien grande importance, attendu que quelles que soient celles choisies par les Autrichiens pour leur offensive, leurs opérations ne pourront pas donner un résultat assez décisif pour amener la Russie à conclure la paix (3).

(1) Joesten, *Die Eisenbahn Benützung im Kriege.*

(2) Général Brialmont : *Les régions fortifiées.*

(3) Selon l'opinion de Heymerlé, la ligne qui présenterait le plus d'avantages aux Autrichiens serait celle qui, ayant Cracovie pour base, suit la rive gauche de la Vistule et aboutit à Varsovie, en passant par Slomniki, Wielki-Krigz, Wladyslaw, Kielce, Radom, Edlinsko et Biélolesjegui (ou Kielce, Konskie, Nowe-Miasto, Moguiebnica), Groetz et Tarczyn. C'est la plus courte entre Cracovie et Varsovie. Les routes de cette région sont

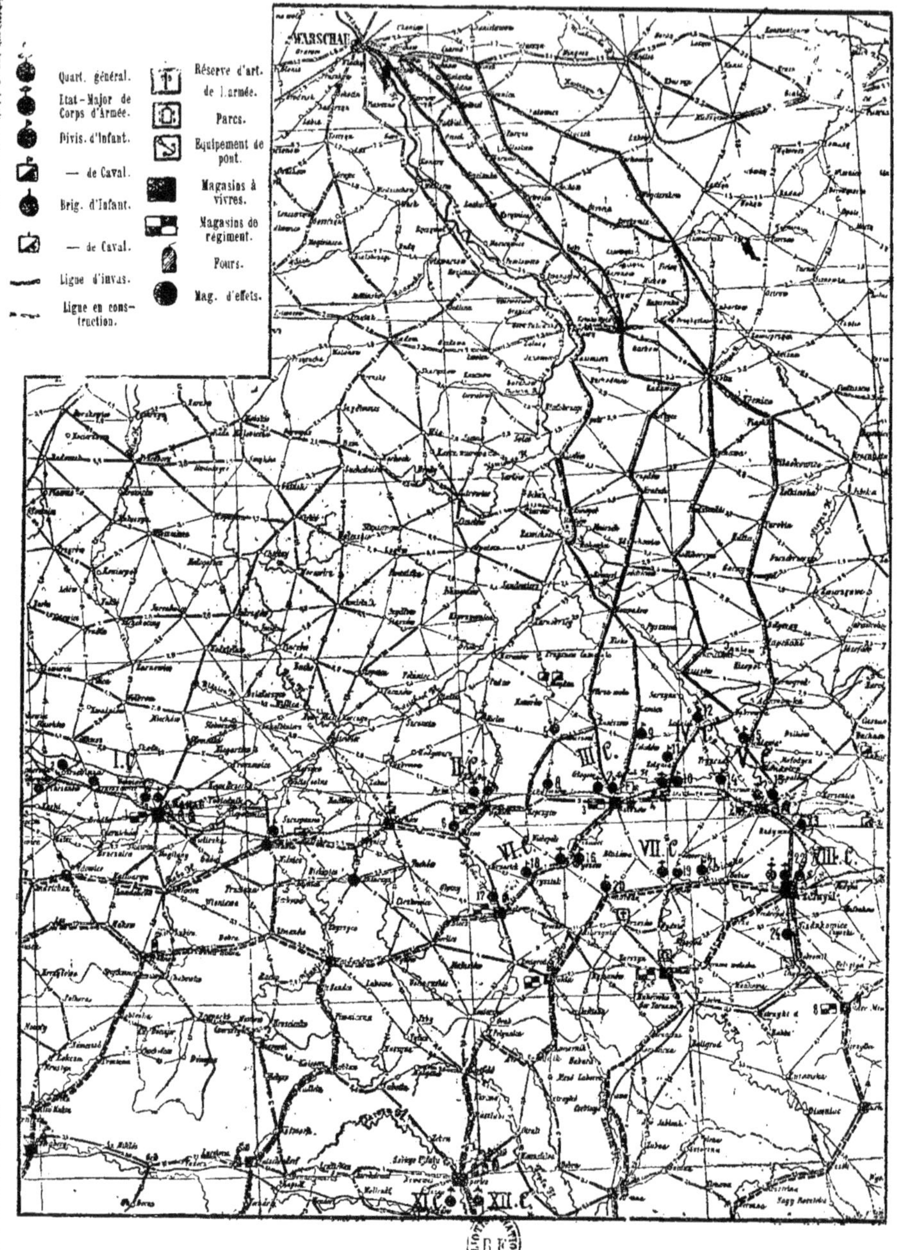

Carte de l'invasion des troupes autrichiennes en Russie, d'après des sources autrichiennes.

Des officiers de l'état-major autrichien, MM. Obauer et Guttenberg, ont joint à leur travail sur l'approvisionnement et le ravitaillement des armées en campagne (1) la carte que nous reproduisons ci-contre et qui figure l'entrée des troupes autrichiennes, établie sur la base des hypothèses suivantes :

1° Conquérir la Pologne russe est le but de la guerre pour l'Autriche ;

2° Les deux puissances agissent sans alliés ;

3° La probabilité de la guerre s'est dessinée dans la seconde moitié de février, et sa certitude dans la seconde moitié de mars, de sorte que l'ordre de mobiliser a été donné de part et d'autre le 1er avril.

D'après cela, les auteurs admettent que l'Autriche mettra sur pied contre la Russie 13 corps d'armée d'infanterie, 4 divisions de cavalerie et

---

empierrées et il s'y trouve des villes dans lesquelles on pourrait établir des dépôts et des hôpitaux, et de nombreuses routes parallèles, à utiliser au choix pour la concentration. Cracovie comme base reste en arrière et les routes ne s'éloignent guère de la Vistule, ce qui permettrait d'occuper, chemin faisant, Annopol, Kazimierz et Poulawy (Nouvelle Alexandrie), ainsi que de rester en communication permanente avec les forces qui opéreraient sur la rive droite de la Vistule. Et cependant elle n'est pas rapprochée de la Vistule au point qu'on puisse agir sur elle d'Ivangorod. Elle est en outre couverte sur son flanc gauche par la rivière Piliza et sa vallée marécageuse.

Les Autrichiens marchant sur cette ligne, il serait impossible aux Russes de leur disputer le passage de la Vistule sur n'importe quel point entre Niepolowice et Zowichwost. Les derrières se trouveraient en même temps assurés et l'on pourrait attaquer l'adversaire, faisant front au Nord-Ouest, c'est-à-dire dans la direction stratégiquement la plus favorable, attendu que les communications qu'on aurait nouvellement établies par Nowe-Bszesko, Nowe-Miasto, Baranow et Landomir présenteraient une sécurité entière dans le cas d'une retraite éventuelle. Cette ligne offre enfin l'avantage de couper le cours inférieur de la Piliza, qui constitue une excellente base intermédiaire pour soutenir les opérations contre Varsovie et Modlin (Novogiéorgievsk).

Pour la rive droite de la Vistule, Heymerlé préconise la ligne qui part de Jaroslaw, passe par Sieniawo, Bilgoraï, Turobin, Ossada, et Wyssoka et aboutit à Lublin.

Elle ne présente selon l'auteur aucun danger et en plus elle laisserait à l'armée autrichienne une entière liberté d'action ; car, en admettant même que le flanc gauche de l'armée, tout en longeant de très près la Vistule, puisse être rejeté du front, il ne le sera qu'en arrière, mais nullement du côté opposé au fleuve, tandis que le flanc droit avançant entre le Wepsz et le Boug, tournerait par cela même le Wepsz, et pourrait par conséquent le forcer facilement de front devant Lublin.

Lorsque les forces principales se trouveront de l'autre côté de cette rivière, on sera maître de choisir la direction à leur donner. On pourra, par exemple, investir Brest, Litovsk et faire marcher le gros de l'armée vers le Boug, sur Drohiczyn, ce qui serait conforme à la règle en vertu de laquelle c'est sur la principale des lignes d'opérations, sur celle qui a l'importance la plus décisive, qu'il faut pousser l'attaque.

(1) Hugo Obauer, K. K. Major im Generalstabe und E.-R.-V. Guttenberg, K. K. Haüptmann im Generalstabe : *Das Train. — Communications und Verpflegswesen vom operativen Standpunkte.*

12 batteries de réserve, soit un total d'environ 800,000 hommes et 170,000 chevaux; 10 corps d'armée, 3 divisions de cavalerie, 12 batteries et 8 équipages de ponts se concentreront en Galicie et en Transylvanie. Le reste de l'armée autrichienne (3 corps avec une division de cavalerie) constituera la réserve stratégique et prendra position derrière les Karpathes.

La ligne d'opérations de l'armée part de Przemysl, se dirige sur Lublin et Varsovie et continue sur Brest-Litovsk, c'est-à-dire que le théâtre présumé de guerre se trouve compris entre Vilna et le Boug occidental (1).

On verra par ce qui suit combien les opinions se sont modifiées depuis.

Opinions exprimées dans la *Revue de l'armée belge*.

En 1894, la *Revue de l'armée belge* a consacré quelques articles aux éventualités d'une guerre de l'Allemagne et de l'Autriche contre la Russie (2).

Exposons brièvement les vues de leur auteur.

Les Autrichiens envahissant le royaume de Pologne peuvent faire choix des lignes d'opérations suivantes :

1° Celle de Cracovie à Varsovie le long de la haute Vistule et des vallées de la Pilitza, de la Warta supérieure et de la Prosna. Les opérations conduites sur cette ligne menaceraient essentiellement tout ce que les troupes russes pourraient entreprendre dans la direction de l'Oder et de Berlin. Les routes y sont bonnes et, en fait d'obstacles naturels, il n'y aurait que Lyssa Gora et la dépression de la Pilitza dont on aurait facilement raison. Sur cette ligne, toutefois, la place forte d'Ivangorod menacerait les mouvements des troupes autrichiennes et il y aurait lieu de l'investir ;

2° Celle de Przemysl et Lemberg, sur la rive droite de la Vistule. Elle traverse le gouvernement de Lublin et aboutit à Varsovie ; le premier obstacle qui se présenterait aux Autrichiens c'est la rivière Wieprz ; quant aux fortifications de Zamoié, elles sont peu importantes. Une action offensive poursuivie sur cette ligne isolerait la Pologne de la Russie méridionale.

(1) On part de l'hypothèse que la concentration, sur la frontière, des troupes autrichiennes, préviendra celle des troupes russes. Dès lors sept corps d'armée et trois divisions de cavalerie entreront sur le territoire russe. Un corps d'armée reste à Cracovie afin de tenir l'ennemi dans l'incertitude sur le but immédiat des opérations. Ce corps ira ensuite renforcer ceux déjà engagés. En cas d'échec, l'armée autrichienne bat en retraite, sur cette même ligne, vers Przemysl, et, pour le cas encore où elle en aurait été écartée par l'ennemi, elle transporte sa ligne d'opérations de la rive droite de la Vistule sur la gauche et recule sur Cracovie. Sa retraite ultérieure s'effectue jusque derrière les Karpathes dans la vallée du Waag et sur Eperièsz. On barre le passage des Karpathes à Novo-Sondecz, à Dukla, à Stare-Miesto, etc., et Przemysl ; Eperièsz ainsi que Halicz deviennent les points d'appui des manœuvres de l'armée.

(2) *Les confins germano-russes et austro-russes.*

Mais, ensuite, l'envahisseur rencontrerait, sur la route de Varsovie, de très sérieuses barrières. Et d'abord, la ligne du Wieprz flanquée à droite du camp retranché d'Ivangorod, impossible à tourner parce qu'il menace d'une manière continue les communications de l'envahisseur. L'armée autrichienne sera donc obligée de s'arrêter pour l'investir. Plus loin, en avançant vers le nord, elle s'exposera à l'offensive des troupes russes, appuyées sur Brest-Litovsk. Dans tous les cas, qu'elle suive la rive gauche de la Vistule ou la droite, elle devra, pour atteindre son but, qui est Varsovie, mettre le siège devant Ivangorod.

Possédant des points d'appui dans les camps retranchés de Lemberg, l'armée autrichienne peut agir sur cette seconde ligne d'opérations avec toutes ses forces. Si ces camps n'existaient pas elle se verrait obligée d'en détacher une partie importante vers Brody pour prévenir l'attaque de flanc des troupes russes appuyées sur Doubno et Loutzk.

Du reste, en admettant la simultanéité des opérations offensives de l'Allemagne et de l'Autriche contre la Russie, il faut bien admettre aussi que Przemysl servira de base aux Autrichiens pour l'exécution de leur mouvement tournant contre le cours moyen de la Vistule à la rencontre des Allemands vers l'est du triangle formé par Novogiéorgievsk, Varsovie et Sierotzk. On suppose que les troupes allemandes auront déjà pénétré dans cette région en s'appuyant sur la Prusse orientale. Le but d'une telle jonction des troupes alliées serait de repousser toute incursion offensive venant du nord ou du sud des troupes russes dans le royaume de Pologne. Varsovie constituerait l'objectif des opérations des trois armées alliées appuyées sur Posen, Breslau et Cracovie.

Après avoir ainsi familiarisé le lecteur avec les données exposées ci-dessus, nous pouvons aborder l'étude critique de la question en elle-même. *Étude critique de la question.*

A s'en rapporter aux communications faites au Reichstag allemand, lors de la discussion des dernières lois militaires, les principales forces de l'armée active russe se trouveraient disposées de manière à défendre les systèmes fluviaux du Niémen, du Nareff, du Boug, de la Vistule et du Wieprz.

Avec cette distribution des troupes russes, la partie de la circonscription militaire de Varsovie située sur la rive gauche de la Vistule reste à découvert, de sorte que les Allemands pourraient occuper cette partie avancée et faiblement défendue du territoire russe, plus promptement et avec moins de pertes que s'il s'agissait pour eux d'une invasion de la France. La défense de ce pays d'outre-Vistule contre une attaque de l'ennemi est plus difficile à organiser que celle des régions avoisinant la frontière orientale de la France, parce que le cours supérieur des rivières qui l'arrosent se trouvant sur le territoire ennemi, l'adversaire n'aura pas à franchir de lignes fluviales tant soit peu importantes et dont on pourrait se servir pour arrêter son agression. Les villages de cette contrée sont construits en bois. Il est impossible de les utiliser pour improviser des points défensifs capables d'arrêter l'ennemi, comme on pourrait le faire à chaque pas en France, où les maisons des villages sont en pierres.

Il est vrai que, pour le but final de la guerre, l'occupation, par les Allemands, de la rive gauche de la Vistule n'aurait pas d'importance. Elle pourrait néanmoins relever le moral en Autriche et en Prusse; car elle constituerait un certain succès, même dans le cas où l'armée allemande ne se déciderait pas à avancer immédiatement et à entreprendre des opérations plus sérieuses mais beaucoup plus dangereuses pour elle, en pénétrant dans l'intérieur de la Russie.

Les troupes marchant en plusieurs colonnes sur différentes routes, leur ravitaillement ne présenterait pas de difficultés. Le transport d'un matériel de siège et de munitions serait facilité par la Vistule, qui fait communiquer Thorn avec Novogieorgievsk d'un côté et Ivangorod de l'autre.

Si les Allemands réussissaient à enfermer les troupes russes dans les places fortes, une partie de leur armée, rendue par là même disponible, pourrait se porter à l'Ouest en supposant que les Français aient pu pénétrer sur ces entrefaites à l'intérieur du territoire allemand. Il va de soi que les forces autrichiennes opèreraient simultanément avec celles des Allemands. Il ne faut pas perdre de vue que l'exemple d'un succès obtenu par certains procédés incite à l'emploi répété de ces mêmes procédés; aussi l'État-Major allemand pourrait bien cultiver l'espoir que, si les troupes russes mises en présence de forces plus considérables n'évacuaient pas le Royaume de Pologne, mais s'enfermaient dans les places fortes, l'on pourrait voir la répétition d'un Sedan ou d'un Metz. On peut admettre aussi que les Allemands ne soient pas absolument tenus d'inaugurer la guerre par des opérations offensives contre la France et que, par conséquent, ils pourront diriger le gros de leurs forces contre la Russie.

En vertu du principe de ne pas agir selon le désir de l'adversaire, les Allemands pourraient bien ne pas procéder à l'envahissement immédiat du territoire français, comme les Français l'espèrent, confiants qu'ils sont dans leur zone frontière si puissamment fortifiée.

Prévisions qui s'en déduisent.

De tout ce que nous venons d'exposer, il ressort avec évidence qu'une marche offensive de l'ennemi sur Varsovie d'une part et sur Brest-Litovsk de l'autre, est à prévoir. Cette double et simultanée offensive offre tant de vraisemblance que nous nous voyons obligés de nous arrêter quelque peu encore à l'étude de ce plan. Mais quoique Varsovie et Brest-Litovsk soient les principaux objectifs des opérations, cela n'exclut nullement la probabilité, ni d'opérations sur le Niémen ayant pour but, soit la défense de la frontière prussienne, soit une marche offensive contre les troupes de la circonscription militaire de Vilna, ni de celles qui seraient dirigées sur Doubno contre les troupes de la circonscription de Kieff.

Il n'est pas permis de s'imaginer que des forces destinées à l'attaque et à la défense puissent être distribuées en proportion égale sur tous les théâtres de guerre et sur les différentes lignes d'invasion.

Le gros de ces forces, naturellement, sera dirigé sur un seul théâtre de guerre, sur celui qu'on aura reconnu pour le plus important, et là se dérouleront les opérations principales, tandis que celles qu'on engagera sur d'autres théâtres de guerre auront le caractère d'actions secondaires.

Hypothèses possibles.

Supposons que la partie du territoire où coulent la Vistule, la Nareff, le Boug et le Wieprz représente précisément le théâtre des hostilités décisives. La disposition des troupes autrichiennes dépendra des plans allemands. Il a été calculé plus haut que l'Autriche peut mettre sur pied environ un million d'hommes de troupes actives. Mais une partie de ces troupes resteront incontestablement en Galicie pour la défense et le maintien de l'ordre dans les régions du Sud, pour parer à l'éventualité d'une insurrection en Bosnie-Herzégovine et dans la Dalmatie méridionale, ainsi que pour repousser une agression des Serbes qui pourraient, le cas échéant, se mettre du côté de leurs frères (1).

Si nous prenons encore en considération que la moitié de la landwehr autrichienne et des honveds hongrois est apte à une action offensive, nous ne nous éloignerons pas beaucoup de la vérité en supposant l'Autriche incapable de disposer de plus de 600,000 hommes pour les opérations qui font l'objet de notre examen.

L'Allemagne, se bornant à une action défensive sur son théâtre occidental de guerre, pourra se présenter sur la frontière russe avec 1,500,000 hommes. En tout, par conséquent, 2,100,000 hommes (tant Allemands qu'Autrichiens).

---

(1) L'auteur d'un ouvrage intitulé *Der Oesterreichisch-Russische Zukunftskrieg* fait observer qu'il y aura lieu, pour les Autrichiens, de laisser une partie notable de leurs forces sur leurs frontières du Sud, où l'on peut appréhender non seulement une insurrection en Dalmatie, mais aussi une attitude hostile de la Serbie et de la Roumanie à l'égard de l'Autriche. Les maisons régnantes de ces Etats se trouvent, il est vrai, en relations d'intimité avec l'Autriche, mais en temps de guerre, il ne faudrait pas trop compter là-dessus. Le parti hostile au gouvernement peut prendre le dessus en Serbie, et quant à la Roumanie, elle peut aussi s'éloigner de l'Autriche sous l'influence d'éléments locaux mal disposés pour elle, et de la peur inspirée par la Russie.

La Russie, par contre, ainsi qu'il a été calculé, peut mettre sur pied 2,380,000 hommes au moins. Toutefois, ni l'Autriche, ni l'Allemagne, ni la Russie ne seront certainement capables de mettre d'emblée de telles forces en mouvement.

Quant au dénombrement des troupes dont disposeront sur la frontière les parties en cause, l'Allemagne, à en croire un auteur belge, présenterait 18 corps d'armée et la Russie 11 seulement. Comptant 50,000 hommes par corps, cela donnerait 900,000 hommes aux Allemands pour leur marche en avant et 550,000 à la Russie pour sa défense.

Mais ces données ne nous paraissent pas exactes. Avant que les troupes austro-allemandes aient atteint les lignes ferrées de Pétersbourg-Varsovie-Moscou-Brest, ainsi que celles du Sud-Ouest et de la Poliécie, qui, toutes, peuvent servir au transport des troupes, et avant que les Alliés aient interrompu ces voies de communication dans les contrées comprises entre le Nareff, le Boug, la Wieprz et la Vistule, les hommes de la réserve, nécessaires à compléter les effectifs de l'armée russe, seront déjà rendus sur place.

Si l'armée allemande se portait en avant plus tôt que l'armée autrichienne et que par cela même il n'y eût pas de liaison entre elles, la première ayant à parcourir une distance moindre dépasserait la seconde, ce qui offrirait à la Russie la possibilité de lui opposer la masse de ses troupes et de les battre séparément.

Par conséquent, il faut admettre que l'offensive s'effectuera systématiquement, et prendre, pour base des calculs, la distance la plus grande et le délai de mobilisation le plus long. Nous savons déjà que la mobilisation et la concentration s'effectuent en Autriche beaucoup plus lentement qu'en Allemagne et que les routes à suivre sont en moyenne de dix journées de marche plus longues.

Or, la circonscription militaire de Varsovie fournit à elle seule 200,000 réservistes; celle de Vilna, 270,000, et celle de Kieff, 427,000. Empêcher les armées russes établies dans la région dont il s'agit de compléter leurs effectifs est donc chose impossible.

Ce que pourraient faire les troupes ennemies dans l'hypothèse la plus défavorable à la Russie.

Examinons maintenant de plus près la concentration des troupes ennemies sur le théâtre des opérations militaires limité par la Vistule, le Boug et la Nareff, en nous plaçant dans l'hypothèse, peu probable, et de toutes la moins favorable à l'armée russe, d'une entrée en campagne des Allemands et des Autrichiens, avec un effectif maximum de troupes mobilisées.

En parlant des lignes d'opérations, nous avons jalonné les voies de l'invasion probable des troupes austro-allemandes en Russie. Presque tous les auteurs qui traitent de la matière ne s'écartent que peu de ce tracé. Il nous reste à considérer les résultats qu'on doit attendre d'une invasion des alliés se produisant par lesdites voies.

Nous ne formons pas nous-mêmes de plans stratégiques, — il est à peine besoin d'en faire encore la remarque. Nous nous bornons à tirer les conséquences logiques des diverses hypothèses émises par des auteurs militaires.

Il est difficile de déterminer, sur la base de ces suppositions, quelles portions des forces alliées seront dirigées par l'une ou l'autre des voies indiquées. Il suffit de faire observer que ces forces ne se porteront pas en avant avec des effectifs aussi complets qu'au début des opérations militaires, car on sera obligé d'en détacher une partie pour constituer des réserves.

Il existe, pour concentrer l'armée allemande sur la frontière de l'Est, un nombre suffisant de lignes ferrées que croisent des embranchements assez nombreux également pour permettre de transporter des fractions de troupes dans tous les sens, suivant les besoins qu'on aurait de constituer telle ou telle unité de combat. Il en résulte qu'ainsi favorisé par l'abondance des communications, l'État-major allemand a toute liberté dans le choix des points de concentration et qu'il est maître, par conséquent, de la direction à donner aux opérations elles-mêmes.

L'armée autrichienne dispose également des cinq grandes voies ferrées qui se dirigent, de Cracovie, Lemberg, Sandecz, Sanoka et Stanislaw, vers le théâtre de guerre circonscrit par la Vistule, le Boug et la Nareff, ainsi que de trois autres encore qui conduisent à celui des opérations présumées contre la Russie méridionale.

Étant donné que les adversaires de la Russie ont une telle latitude dans le choix des lignes d'opérations, on ne peut juger de la disposition de leurs forces au début de l'action militaire que par les objectifs immédiats qu'ils doivent avoir en vue.

Ainsi, l'armée allemande qui opérera sur la ligne du Niémen contre Kowno sera obligée, après avoir repoussé les troupes russes complétées par les réserves venues de l'intérieur, d'investir cette place forte (1), de couvrir ses derrières et de protéger les lignes d'accès dont les Russes, le cas échéant, pourraient se servir pour envahir la Prusse orientale. Supposons qu'il faille, à cet effet, 400,000 hommes; 100,000 seront ensuite indispensables pour investir Grodno. L'armée destinée à l'investissement de Brest-Litovsk doit aussi être assez forte pour résister à l'armée russe nouvellement formée, qui serait chargée de porter secours à Brest. Supposons que les forces allemandes dirigées contre cette place comptent trois cent mille hommes.

(1) En principe il faudrait 150,000 hommes pour investir régulièrement une place forte telle que Kovno.

Effectifs que pourront atteindre les forces envahissantes.

Les armées qui se dirigeraient concentriquement sur Varsovie et Novogéorgievsk pourront se soutenir mutuellement; acceptons donc les chiffres suivants :

L'armée qui marche :

D'Allenstein sur Ostrolenka-Malkine	100.000	hommes
De Deutsch-Eylau sur Zegrze-Novogéorgievsk. .	150.000	—
De Thorn sur Novogéorgievsk	150.000	—
De Posen-Slupcy sur Varsovie	100.000	—
De Glogau-Ostrowa-Kalisz sur Varsovie.	100.000	—
De Breslau-Wilhelmsbrück sur Varsovie	100.000	—
En ce qui concerne les forces autrichiennes, on peut admettre les effectifs suivants pour les armées marchant :		
De Lemberg à Varsovie	200.000	—
De Cracovie par Sandomir sur Ivangorod (pour l'investir)	100.000	—
De Lemberg par Grodno sur Brest-Litovsk . . .	100.000	—
De Lemberg sur Sokal, Belzetz, Varsovie et Novogéorgievsk	200.000	—
Total.	2.100.000	hommes

Afin de mieux nous orienter, nous indiquons sur la carte ci-jointe, les mouvements des armées d'après Pierron et Brialmont, en substituant toutefois aux bases admises dans leurs hypothèses les gares autour desquelles s'effectuera, selon toute vraisemblance, la concentration des troupes. Pour plus de commodité, nous indiquons la direction des armées envahissantes par des lignes droites, et chaque corps d'armée de 50,000 hommes n'est figuré que par une seule ligne. Nous ne subdivisons pas les troupes qui marchent dans le même sens en armées, ni celles-ci en corps d'armées, pareil procédé ne pouvant que rendre moins aisée la représentation graphique.

Il a été dit plus haut qu'avant l'arrivée des armées allemandes et autrichiennes jusqu'aux principales lignes de chemins de fer susceptibles de servir à amener les réserves des gouvernements intérieurs, c'est-à-dire avant l'interruption des communications, les troupes russes du théâtre de guerre qui nous occupe seraient déjà au complet.

Ajoutons à cela que, pendant la période des marches à effectuer par les armées envahissantes pour se rendre dans les rayons assignés à leurs opérations, le nombre des troupes russes de défense, même en acceptant le chiffre minimum, ne peut pas être évalué à moins de la moitié de celui des troupes d'invasion adverses.

Distribution probable des troupes russes.

Représentons-nous maintenant le fractionnement probable de l'ensemble des troupes russes. Les places fortes seront vraisemblablement occupées par des forces non seulement suffisantes à la défense, mais encore assez nombreuses pour pouvoir, en cas de besoin, passer à l'offensive. On peut admettre, pour le rayon de Kowno-Brest-Varsovie, un effectif de 100,000 hommes; 150,000 pour Novogéorgievsk, Zegrze et quelques positions fortifiées de moindre importance. Pour Ivangorod, 50,000 et autant pour Grodno : Total, 550,000 hommes.

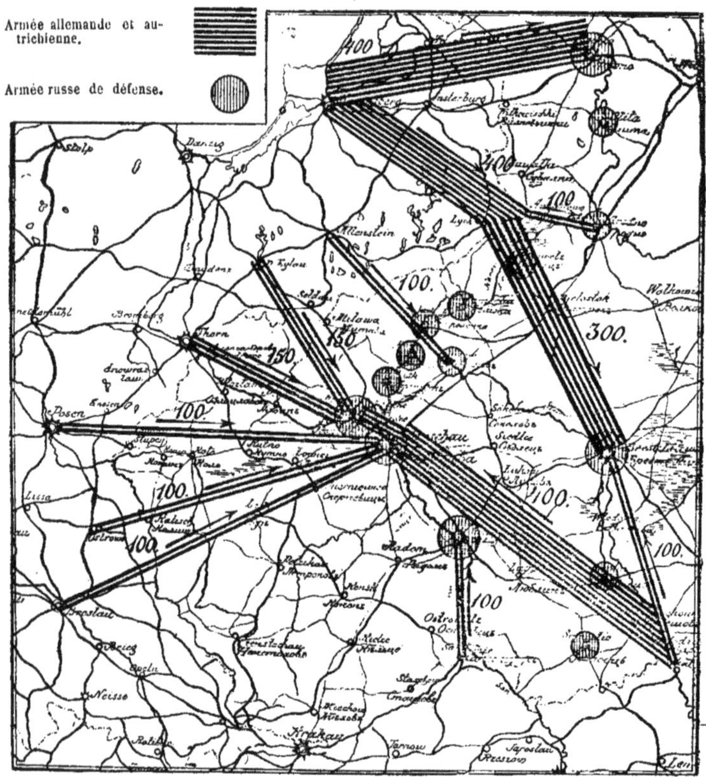

Lignes offensives d'opérations des troupes austro-allemandes sur le théâtre de guerre entre Vistule, Boug et Nareff, d'après les données de Pierron et de Brialmont.

Admettons aussi que, sur les forces restées encore disponibles, 150,000 hommes soient concentrés autour de Brest-Litovsk et 350,000 employés à garnir les lignes défensives de la Vistule (au-dessous de Varsovie), du Nareff et du Boug (1).

Outre les forces distribuées de la sorte dans le présent exemple et portées à leur effectif de guerre bien avant que les troupes allemandes et autrichiennes n'aient atteint les lignes de défense, la Russie aura encore à sa disposition, comme il a été démontré plus haut, 1,330,000 hommes de troupes qui se concentreraient progressivement et serviraient à la formation de nouvelles armées destinées à porter secours aux places fortes et, en général, à renforcer les troupes de la première ligne. On emploierait 415,000 hommes pris dans cette réserve, à renforcer les troupes du royaume de Pologne, 415,000 aux opérations autour de Kowno et 500,000 enfin à agir sur les derrières de l'armée autrichienne dans la direction de Lemberg.

Distribution des forces allemandes et autrichiennes.

Nous pouvons, en unissant leurs points d'opérations, nous représenter la distribution des forces allemandes et autrichiennes de la manière suivante :

	Allemagne	Autriche	Totaux
Kowno	400.000	»	400.000
Grodno	100.000	»	100.000
Brest	300.000	100.000	400.000
Novogéorgievsk et Malkine	400.000	200.000	600.000
Varsovie	300.000	200.000	500.000
Ivangorod	»	100.000	100.000
Totaux généraux	1.500.000	600.000	2.100.000

Sur la base de ces données vraisemblables, nous pouvons encore établir le graphique ci-contre des masses opposées aux troupes russes.

Moyens de défense des Russes.

Il n'est pas douteux qu'une fois entrés sur le territoire, les Allemands et les Autrichiens y rencontrent des difficultés, moins considérables, il est vrai, que celles qui les attendent en France, mais pourtant très sérieuses. A distances plus ou moins grandes des lignes d'opérations de l'ennemi, ou sur ces lignes elles-mêmes, sur les lignes de communication et particulièrement sur les rivières, se trouvent les camps fortement retranchés de Kowno, Grodno, Goniondz, Varsovie, Novogéorgievsk, Zegrze, Ivangorod, Brest-Litovsk, Loutzk, Doubno, Kowno, qui ne peu-

(1) Dans la supposition d'une forte armée de réserve, nous ne faisons pas entrer en ligne de compte les garnisons de Kowno, de Doubno et de Loutzk.

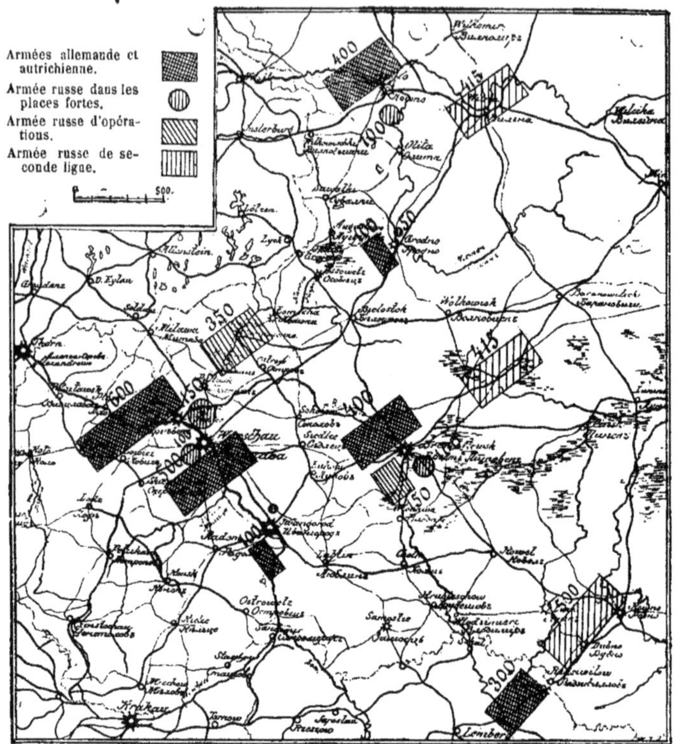

Les armées russes, allemandes et autrichiennes sur le théâtre de guerre entre Vistule, Boug et Nareff.

vent pas ne pas gêner et ne pas arrêter l'envahisseur. Novogeorgievsk. Ivangorod et Brest-Litovsk servent de points d'appui sur les lignes défensives de la Vistule et du Boug; les camps retranchés de Kowno et de Grodno sur la ligne du Niémen constituent une barrière insurmontable pour les opérations dans l'Est; au Sud enfin, la rivière Wieprz avec Ivangorod défend le cours de la Vistule contre toute tentative que ferait l'ennemi pour remonter soit la Vistule sur sa rive droite, soit le Boug sur sa rive gauche. La défense des Russes est entièrement assurée dans cette région. Les troupes qui en sont chargées peuvent facilement passer d'une rive de la Vistule ou du Boug à l'autre et changer ainsi leur zone d'opérations. La région ainsi fortifiée (on le voit par la carte), forme un triangle stratégique et constitue, pour ainsi dire, la clef de voûte de la possession du royaume de Pologne par la Russie. Les fortifications nouvellement complétées de Novogéorgievsk et le développement des voies ferrées, qui peuvent communiquer avec ledit triangle, en ont encore augmenté l'importance.

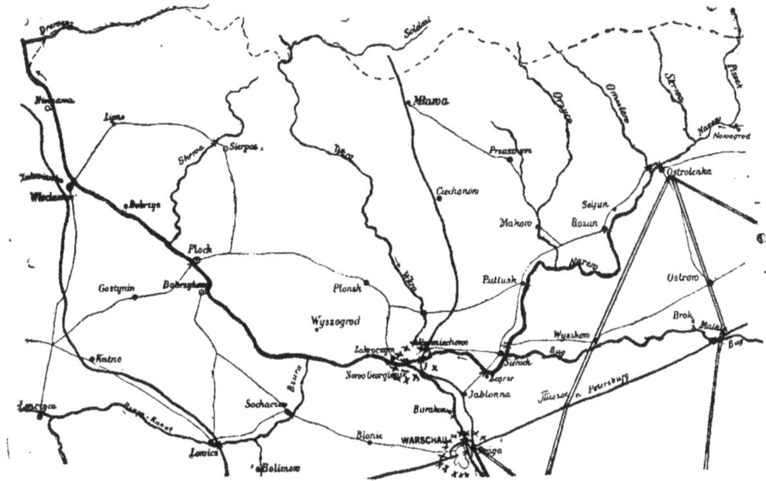

Carte de la contrée arrosée par la Vistule, le Boug et la Nareff.

Avantages qu'auront les troupes russes.

Nos deux graphiques représentant les lignes que devra suivre l'armée austro-allemande, ainsi que sa distribution sur les points terminus des théâtres de guerre particuliers, démontrent que les troupes russes conservent la possibilité de passer d'un théâtre de guerre sur l'autre. Disposant de positions sûres et opérant sur des lignes intérieures, elles se trouveront sur chaque point en nombre supérieur, avant que les armées ennemies en marche aient pu faire leur jonction (1).

---

(1) Goltz attire l'attention sur les avantages que donne à la défense la possibilité d'opérer sur des « lignes intérieures », c'est-à-dire sur des lignes allant de la position fortifiée aux colonnes ennemies qui convergent sur elle, comme en général sur les avantages réservés aux troupes de défense qui manœuvrent entre plusieurs colonnes ennemies dans un rayon assez restreint pour que leurs différents éléments puissent s'unir au besoin, pour une action commune. On peut opérer avec succès sur les lignes intérieures avec 30,000 hommes, par exemple, contre 60,000, si ces derniers sont fractionnés en trois corps. Mais, pour obtenir ce succès, il faut une direction énergique, ainsi que des troupes solides, parce que les manœuvres continuelles les exténuent et entravent leur ravitaillement (*Kriegführung*).

D'où il résulte que l'opinion de Napoléon, qui considérait le maître du triangle Varsovie-Serotzk-Modlin (Novogéorgievsk) comme l'étant aussi de toute la Pologne, reste toujours vraie, même en admettant que l'effectif dont il dispose soit moitié moindre que celui de l'adversaire.

Pourront-elles résister à l'invasion ?

Après nous être ainsi représenté, à titre d'exemple, la distribution des forces russes et austro-allemandes, il reste à savoir si les premières sont en nombre suffisant pour résister aux secondes.

Afin de simplifier le problème, prenons comme exemple les opérations autour de Kowno et de Brest.

Le rapport numérique le plus favorable à l'Allemagne et à l'Autriche qu'on puisse admettre, s'exprimerait : à Kowno comme à Brest, par 400.000 hommes à mettre en ligne contre 100.000 défenseurs pour la première de ces places, et 250,000 pour la seconde.

Mais Kowno et Brest-Litvosk sont des places de premier ordre et les troupes préposées à leur défense seront établies sur de fortes positions dont l'ennemi ne saurait songer à s'emparer promptement. Pour peu que la résistance soit de quelque durée, de nouvelles forces qui, entre temps, se seront formées en Russie, se porteront au secours des assiégés ; et les assiégeants pourront alors se trouver dans une situation critique.

Si Plewna avec ses fortifications improvisées et sans espoir d'être secourue du dehors a tenu durant des mois entiers contre un adversaire quatre fois plus nombreux, combien plus énergique devra être la défense de camps retranchés, régulièrement fortifiés comme Kowno et Brest, et pouvant compter, dans le délai de deux semaines — plus ou moins : temps nécessaire pour opérer la mobilisation — sur l'arrivée d'une armée de secours de 415,000 hommes, ou en tous cas, d'une fraction notable de ce nombre. Quand ces 415,000 hommes en totalité se seront portés au secours de Kowno et de Brest, les forces des belligérants s'égaleront et peut-être même la supériorité sera acquise à la Russie.

Mais bien mieux ! A ces 500,000 hommes environ de nouvelles troupes russes, les adversaires n'auront à opposer, en fait de troupes disponibles, que les 200,000 Autrichiens laissés en Galicie au début des hostilités, de façon qu'une partie des masses russes en marche pourrait être jetée au delà de Brest ou de Wilna et interrompre les communications des ennemis avec leurs bases.

Les difficultés du ravitaillement.

Il faut également songer aux difficultés que comporte le ravitaillement d'armées qui se chiffrent presque par millions. Obert (1) fait observer qu'en automne seulement on trouve des provisions de blé en quantité considérable, mais qu'en cette saison les routes ne sont pas praticables.

(1) Edouard Obert, *Die Ressursen des Weichsellandes.*

Au printemps, par contre, les paysans manquent de provisions, les propriétaires terriens grands ou moyens n'en ont que peu, et, dans les villes, les commerçants ont généralement déjà vendu leur stock. Ravitailler d'immenses armées en tirant le nécessaire de leur propre pays, c'est vraiment une tâche colossale. Et si même elle pouvait être accomplie, il faudrait en outre amener, de tout aussi loin, les hommes et les chevaux (à l'exception des chevaux de trait) destinés à combler les vides, ainsi que les armes, munitions, engins et autres objets de toute sorte.

C'est dans une situation autrement favorable que se trouverait l'armée russe par ce seul fait qu'elle défendrait son propre territoire. Au dire du même auteur, les troupes du pays vistulien disposent en permanence de réserves alimentaires suffisantes au ravitaillement de 150,000 hommes et de 10,000 chevaux pendant six mois, sans compter les approvisionnements en biscuit, pain, pommes de terre, farine, etc., pour les besoins courants. Obert évalue de 10 à 17,000 kilogrammes la quantité de biscuit et pain accumulée sur chacun des points entre lesquels se trouvent distribuées les troupes.

Obstacles que, dans le cas le plus favorable, rencontreraient encore les Allemands et les Autrichiens.

En admettant au profit des Allemands l'hypothèse la plus optimiste, il ressort cependant de tout ce que nous venons d'exposer que s'ils réussissaient à prendre Ivangorod, Varsovie et Novogéorgievsk avec tous leurs ouvrages et fortifications, ils trouveraient dans Brest-Litovsk une forte barrière de nature à arrêter toute marche ultérieure en avant. Située au milieu de marais, cette place ne saurait être étroitement cernée par les troupes ennemies.

Pour la marche sur la Vistule et en partie sur le Niémen, on peut se flatter de l'espoir qui anime les auteurs allemands que, par suite de la lenteur de sa mobilisation, l'armée russe établie sur ces cours d'eau ne parviendrait pas, en temps voulu, à se compléter au pied de guerre. Mais ce calcul ne peut en aucun cas s'appliquer aux troupes qui occupent Brest; car les contingents destinés à en compléter les effectifs y seront évidemment arrivés avant que les Allemands aient pu entreprendre le siège de cette place. Par conséquent ce n'est plus 250,000 hommes, mais des forces beaucoup plus considérables qui s'y trouveront concentrées avant l'arrivée de l'ennemi; et plus les armées envahissantes pénétreront dans l'intérieur de la Russie, plus cet obstacle deviendra menaçant.

Pourraient-ils obliger la Russie à conclure la paix ?

Une question se pose encore : Après avoir remporté des victoires décisives, si toutefois elles les remportent, les forces de l'Allemagne et de l'Autriche seront-elles encore suffisantes pour obliger la Russie à conclure la paix ?

Il ne sera possible d'investir les places de Ivangorod, Varsovie, Novogéorgievsk, Zegrze, Grodno, etc., qu'après toute une série de batailles livrées et gagnées sur des lignes de défense préparées de longue date par les troupes russes.

Et de telles victoires seront incontestablement accompagnées de grandes pertes pour les vainqueurs. La mise en position de pièces d'artillerie sur des emplacements déterminés d'avance, le tir réglé à des distances connues et protégé par des abris en terre, les munitions en profusion presque illimitée, l'absence de fumée, l'impossibilité pour l'agresseur de déterminer avec certitude les positions des troupes de la défense, et aussi les difficultés en général qui accompagneront les opérations d'armées si formidables des effectifs, tout cela constitue des conditions si défavorables à l'agresseur, que ses pertes ne peuvent manquer d'être beaucoup plus considérables que celles de la défense.

Établissons comme exemple le calcul suivant des pertes éventuelles à subir de part et d'autre, en supposant que 550,000 Russes (1) défendent leurs places et leurs positions contre autant d'Allemands et d'Autrichiens réunis.

Supposons encore que le surplus des forces belligérantes, soit 1 million 50,000 alliés et 1,330,000 Russes, soient restées en réserve et que ces réserves se trouvent en proportions égales aux pertes subies de part et d'autre. Forces dont celle-ci disposerait encore.

Puisqu'il faut attribuer aux troupes qui opèrent contre des places fortes tous les inconvénients de l'offensive, nous pourrions évaluer théoriquement, ainsi que cela a déjà été démontré ailleurs, leurs pertes à huit fois celles de la défense; mais admettons seulement qu'elles soient trois fois plus considérables. Il en résulte que, si, au cours du siège de ces places, les 550,000 défenseurs perdent 10 0/0 de leur effectif, c'est-à-dire 55,000 hommes, les assiégeants, dans le même temps, perdront 30 0/0 du leur, c'est-à-dire 165,000 hommes.

Il nous faut également admettre pour les armées envahissantes une perte de 20 0/0 due aux marches forcées et aux maladies, ce qui occasionnerait, de ce chef, une diminution de 110,000 hommes sur leur effectif, et cela en fort peu de temps; tandis que les pertes correspondantes des troupes russes facilement approvisionnées, commodément installées et affranchies de la nécessité d'exécuter des marches forcées, atteindront à peine 10 0/0, c'est-à-dire 55,000 hommes. Pertes qu'éprouveront les forces actives des deux partis.

Lorsque, ensuite, les troupes de renfort se seront rendues sur ce même théâtre de guerre au nombre supposé de 500,000 hommes de chaque côté, la proportion des pertes sera quelque peu différente. Ces

(1) Autour de Kowno 100,000; autour de Grodno 50,000; à Varsovie 100,000; à Novogéorgievsk 100,000; autour de Zegrze-Ostrolenka-Lomja 50,000; à Ivangorod 50,000 et à Brest-Litovsk 100,000.

pertes résulteront d'une part de l'attaque et de la défense des places fortes et de l'autre des combats livrés en rase campagne. On peut donc admettre que celles de l'envahisseur ne seront plus trois, mais deux fois seulement plus fortes que celles de la défense. Par conséquent, si les troupes de secours affectées à la défense se trouvent réduites de 10 0/0 par suite de combats, soit de 50,000 hommes, celles qui viendront renforcer l'attaque le seront de 20 0/0, soit de 100,000 hommes. Mais ces troupes de réserve ayant eu à parcourir de longues distances pour venir en hâte, les unes de l'étranger, et les autres des provinces intérieures de la Russie, les pertes qu'elles auront subies du fait des marches fatigantes et des privations endurées, seront en proportion égale pour les deux : 15 0/0 par exemple, soit 75,000 hommes de chaque côté (1).

Nous ne tenons pas compte de ce que les troupes austro-allemandes seront deux fois plus considérables que les forces russes qui leur seront opposées. L'avantage du nombre, loin de diminuer, augmente au contraire, en ce qui concerne l'attaque, la probabilité de grandes pertes en hommes ; surtout en raison de la profondeur des formations et de l'étendue sur laquelle elles se développeront; tandis que les troupes établies sur des positions fortifiées ne s'exposent, à ce qu'affirment les auteurs les plus compétents, qu'à des pertes insignifiantes en comparaison de celles de l'attaque. Du reste, il suffit de se rappeler qu'un homme, posté derrière un retranchement, ne découvre que 1/8 de son corps.

(1) L'expérience acquise durant la guerre de 1870 nous a appris que les hommes obligés de quitter les rangs au début des hostilités, l'ont été en grande partie par l'immobilité à laquelle ils avaient été astreints lors du transport des troupes en wagons, suivie, dès le débarquement, de marches rapides sans transition aucune. Dans les 5e et 9e corps prussiens, à la date du 4 août, le déchet était de 4, 6 à 8 0/0.

Dans la deuxième armée, qui opérait sur le Rhin, il était encore plus considérable. Ainsi dans le 10e corps, le 7 août, il atteignait 10,2 0/0 ; et, dans l'infanterie de la garde, 8, 6 0/0. Dans la cavalerie il était moindre, et doit être attribué à des conditions insolites de nourriture et de lieu. Pendant les marches forcées les pertes étaient encore plus sensibles.

De plus, à la suite des vides qui se faisaient dans les cadres, il fallut confier le commandement des unités à de jeunes officiers de la landwehr. Ainsi au Mans, un bataillon du 56e régiment a été réduit à un demi-bataillon, dont le commandement est passé au lieutenant devenu le plus ancien officier dudit bataillon. Les transformations de ce genre n'étaient pas rares. Il ressort des études de von der Goltz : *Die Operationen der II. Armee an der Loire* et *Die sieben Tage von Le Mans* (8e et 10e appendices au *Militär-wochenblatt 1873*) que les pertes éprouvées dans les combats, la nécessité de prélever sur les troupes des détachements pour convoyer les prisonniers etc., avaient fortement réduit les effectifs des unités. Dans les 17e et 22e divisions par exemple, il ne restait en tout dans les rangs que 15,000 fusils, et dans le 1er corps bavarois 7,000 sur 17,000 qu'on comptait encore le 1er décembre. Le manque d'officiers était si sensible que, dans une des divisions mentionnées, il n'était resté de son grade qu'un seul capitaine.

Pertes des armées de réserve de part et d'autre.

On peut évaluer à 5 0/0 uniformément pour l'une et l'autre des armées de réserve en présence, les pertes qu'elles auront à subir dans cette phase de la guerre, et qui peuvent être provoquées par les fatigues des marches forcées et, en général, par les travaux auxquels on est assujetti en campagne. D'après le nombre d'hommes dont se composeront lesdites armées, ces 5 0/0 de pertes se traduiraient par 52,000 pour les Alliés et 60,000 pour les Russes, ce qui constitue une hypothèse plus favorable aux premiers. (En effet, dans cette période de la guerre, les armées russes de secours n'auront pas encore *toutes* achevé leur organisation ; il faudrait donc diminuer en proportion l'estimation du déchet probable.)

A ce moment précis de la guerre où les Alliés pourraient entreprendre des opérations contre la deuxième ligne de défense des Russes, c'est-à-dire au delà de Brest-Litovsk ou de Kowno, l'effectif des forces russes se chiffrera par 440,000 hommes de troupes occupant les places fortes et 375,000 hommes de renfort opérant en liaison avec les premiers, en tout donc 815,000 hommes auxquels on doit ajouter 1,264,000 hommes de troupes de nouvelle formation en marche pour le théâtre de guerre. Quant aux Alliés, nous leur attribuons 1,588,000 hommes de troupes actives. De cette manière, leur supériorité numérique, par rapport aux troupes actives russes, serait de 773,000 hommes.

En présence des armées de secours russes, opérant sur la ligne intérieure et pouvant changer de front à leur convenance, considérant aussi que le nombre de leurs troupes de renfort augmenterait journellement jusqu'à concurrence de 1,264,000 hommes, il ne serait pas possible aux Alliés, n'ayant qu'une supériorité numérique de 773,000 hommes, d'entreprendre une action offensive dans l'intérieur de la Russie. Il leur faudrait auparavant tenter de détruire les réserves russes.

Opérations que les Alliés pourront entreprendre contre les réserves russes.

Occupons-nous maintenant des hypothèses auxquelles peuvent donner lieu les opérations des Alliés dirigées notamment contre ces réserves.

Avant tout, il semble très vraisemblable que si les troupes russes de renfort rencontraient des forces alliées qui leur fussent réellement supérieures, elles iraient se réfugier, elles aussi, dans des camps retranchés. Supposons, par exemple, que les troupes de renfort reculent et se mettent à l'abri sous Brest-Litovsk.

La situation de cette place, grâce aux rivières et aux marais, a une importance défensive de tout premier ordre. La forteresse de Brest-Litovsk se trouve au point d'intersection des voies de communication entre la Pologne et la Lithuanie, séparées l'une de l'autre par les marais de Pinsk et de Rokitinsk ; elle met obstacle à tout mouvement dans l'une ou l'autre direction, et l'armée allemande ne saurait songer à se porter en avant vers l'est en laissant Brest-Litovsk sur son flanc droit. Cette place protège également la Volhynie et couvre le transport des troupes russes venant des provinces centrales par la voie de Gomel à Pinsk, ainsi que de celles qui, du Sud, arrivent par la voie de Kieff et Odessa à Kasatine et Kovel, en supposant que ces troupes aient pour destination Brest même ou Lublin et Ivangorod.

Situé sur la limite occidentale des marais de Pinsk, le camp retranché de Brest-Litovsk constitue le principal point de la défense des grandes lignes de chemins de fer, ainsi que d'autres communications, par exemple : des marais vers le Nord, par Pétersbourg, Moscou et la Russie centrale, et vers l'Est, de Bobruïsk, aussi vers la Russie centrale comprise entre Moscou et Kharkoff.

De cette manière, l'armée russe se trouve en possession à l'est de la Vistule, d'une seconde ligne de défense, et en s'appuyant sur cette ligne, elle est à même de couvrir les deux réseaux de voies du Nord-Est et du Sud-Est. Disposant de toutes sortes de communications dans différentes parties de l'Empire, elle peut manœuvrer en toute liberté et couvrir toujours les provinces centrales et méridionales. Elle constitue un grand danger pour les opérations que l'ennemi voudrait diriger, soit sur Kieff et le cours moyen du Dniéper, soit sur le Niémen contre la Dvina occidentale et le haut Dnieper. Disposant de ces points de concentration et d'appui, les troupes russes des provinces du Sud et du Sud-Ouest, pourront, tant que Brest-Litovsk se maintiendra entre leurs mains, passer de nouveau à l'offensive dans la direction de la Vistule et du Boug.

On fera donc naturellement, du côté des Russes, les efforts nécessaires pour empêcher un investissement étroit de Brest-Litovsk.

Nous avons toujours prôné les immenses avantages acquis à la défense dans les combats; mais n'en tenant pas compte, supposons que les troupes russes aient été détruites et leurs débris emmenés en captivité. Cependant personne ne supposera qu'elles puissent se rendre sans avoir au préalable livré des combats acharnés. Admettons, pour les 375,000 hommes qui opèrent de concert avec les garnisons des places fortes, une perte d'un tiers de leur effectif, c'est-à-dire de 125,000 hommes, et évaluons celle des assaillants au double, c'est-à-dire à 250,000 hommes. Supposons encore que 10 0/0 de ces troupes vaincues aient réussi à se réfugier dans la forteresse de Brest-Litovsk, soit 25,000 hommes, et que 90 0/0, soit 225,000 hommes, aient été faits prisonniers.

Ce qui resterait encore à la Russie, dans l'hypothèse la plus défavorable.

Eh bien, dans cette hypothèse si défavorable aux Russes et malgré des suppositions poussées presque jusqu'à l'absurde, il resterait encore 465,000 hommes renfermés dans les places fortes et 1,264,000 constituant les armées de réserve en marche, à opposer aux 1,338,000 hommes de l'armée austro-allemande.

Nous avons reproduit plus haut l'opinion du général Brialmont, publiée en France (dans les cours professés à l'Ecole d'application d'artillerie et du génie) et d'après laquelle il faut, pour investir les places fortes modernes, 214 assiégeants par chaque 100 hommes de garnison en ne comptant que 1,7 homme par un mètre courant de la ligne des postes avancés.

En arrondissant les chiffres, admettons que le double seulement des assiégeants par rapport aux assiégés soit suffisant. En ce cas, après défalcation des 926,000 hommes de troupes austro-allemandes nécessaires pour mettre le siège devant les places fortes, il ne resterait, des 1,338,000 constituant l'ensemble des forces ennemies, que 412,000 hommes pour les opérations actives.

Mettons en regard les effectifs des armées russe et austro-allemande après la défaite de l'armée active russe et l'investissement des forteresses :

Troupes russes		Troupes austro-allemandes	
Troupes de réserve en marche pour le théâtre de guerre	Garnisons de forteresse	Troupes employées aux sièges	Troupes disponibles pour les opérations actives
—	—	—	—
1.264.000	465.000	926.000	412.000

Obligations, pour les envahisseurs, de s'emparer des places fortes avant de pénétrer dans l'intérieur de la Russie.

Ces chiffres démontrent qu'il ne saurait être question, pour les troupes alliées, d'une marche offensive dans l'intérieur de la Russie avant de s'être emparé des places fortes. Admettons cependant la plus défavorable des hypothèses : supposons que les procédés d'attaque précipitée recommandés par le général allemand von Sauer et décrits par nous précédemment aient pleinement réussi et que, par conséquent, les troupes russes enfermées dans les forteresses aient été forcées de se rendre. Mais il est évident que cette reddition ne ressemblera en rien à celles des armées françaises des années 1870-1871. Nous avons déjà parlé ailleurs des conditions particulièrement désavantageuses dans lesquelles se trouvaient à cette époque les places françaises. La chute de l'Empire et l'absence d'unité dans le commandement constituaient aussi un état de choses absolument exceptionnel.

Pertes qu'elles éprouveraient en conséquence.

La prise de possession par l'ennemi des forteresses russes ne pourrait s'effectuer qu'après de terribles combats accompagnés de pertes colossales pour l'attaque.

Ensuite s'imposerait la nécessité de livrer de nouvelles batailles aux armées russes récemment formées et arrivées sur le théâtre de guerre, l'avantage de la défensive étant d'ailleurs cette fois du côté des Alliés.

Supposons, admettant à dessein les circonstances les plus favorables aux armées alliées, que l'ennemi subisse à cette occasion la moitié seulement des pertes dont auront souffert les Russes, soit 232,000 hommes hors de combat et 10 0/0 de déchet pour cause de maladies. En ce cas il ne lui resterait plus que 1,013,000 hommes à opposer aux 1,264,000 hommes de troupes de réserve russes.

Temps nécessaire pour l'exécution de ces opérations.

Il convient aussi d'appeler l'attention sur le temps qu'il faudra pour se rendre maître des places fortes, temps pendant lequel ce million d'hommes de levée générale qui peut accessoirement être mis sur pied en Russie, se transformera en une armée suffisamment organisée et instruite pour que les Alliés ne puissent plus agir offensivement contre elle.

Enfin rappelons encore que le plan ci-dessus exposé des opérations offensives de troupes autro-allemandes contre la Russie, a été tracé dans l'hypothèse de délais de mobilisation sensiblement plus longs pour la Russie que pour les Allemands, que par conséquent ces derniers se trouveraient en supériorité sur la Vistule et que, se bornant à la défensive, du côté de l'Ouest, ils n'opposeraient momentanément à la France que des forces peu considérables. Il en résulte que les principales forces de l'Allemagne seraient dirigées d'abord contre la Russie, c'est-à-dire avant que les comptes de l'Allemagne avec la France n'eussent été liquidés. D'où il résulte encore que la France, dont la mobilisation peut s'effectuer presque aussi rapidement que celle des Allemands, procédera de suite offensivement contre l'Allemagne.

Influence qu'aurait tout cela sur les conditions de la guerre entre la France.

A l'égard de l'Italie, les Français peuvent s'en tenir à la défensive, en comptant sur les obstacles naturels et sur les excellentes fortifications qu'ils possèdent à proximité de la frontière italienne, et aussi parce que même si les troupes italiennes réussissaient à pénétrer dans la France méridionale, elles ne pourraient pas encore menacer sérieusement la principale armée française opérant sur le Rhin. Laissant une partie de ses forces sous Metz et sous Strasbourg, cette armée, si toutefois elle ne trouve pas devant elle l'ennemi en force, passera le Rhin et menacera Berlin.

Il est vrai que l'Allemagne aura encore à sa disposition son landsturm ou levée générale. Mais peut-on opposer avec confiance ce landsturm à l'armée active française, et ne faudra-t-il pas aux Allemands battre bientôt en retraite derrière le Rhin et au delà? C'est une question qu'on ne saurait trancher avec assurance.

Dans le plan général par nous développé, des opérations offensives des armées alliées contre la Russie, il est encore deux points qui peuvent faire courir de grands risques à l'invasion.

Il est douteux notamment que les 70,000 hommes que nous supposons avoir été laissés en observation devant Ivangorod suffisent à tenir en échec les 100,000 défenseurs concentrés dans cette place. Ensuite il a été admis que les Autrichiens maintiendraient en Galicie une réserve de 200,000 hommes seulement; or, c'est 500,000 hommes que la Russie pourra diriger sur la frontière autrichienne.

Conclusion.

De tout ce qui précède, il est impossible de ne pas conclure qu'en raison de la puissance des places fortes du théâtre de guerre Vistule-Boug-Nareff et des secondes lignes de défense, les plans d'opérations offensives des armées austro-allemandes contre la Russie, — préconisés par les auteurs étrangers et que nous venons de développer, — semblent presque irréalisables.

7. Invasion de la Russie au moyen d'une marche de flanc permettant de tourner les positions de la Vistule, du Boug et du Nareff.

Nous avons cité déjà l'opinion d'un diplomate reproduite par le général Pierron, d'après laquelle l'état-major allemand pourrait être tenté d'entreprendre une action offensive énergique ayant son point de départ du côté de Varsovie et dirigée par Bialystok sur l'intérieur de la Russie, afin de couper les principales forces russes du reste de l'Empire pendant qu'on les occuperait par des opérations fictives. Nous citons plus loin un avis presque identique du colonel Zolotareff.

Avantages qu'il peut y avoir à tourner des places fortes.

En d'autres termes, il s'agirait de tourner les lignes de défense du rayon Vistule-Boug-Nareff. Une telle manœuvre serait, comme de raison, très favorable à l'armée austro-allemande si sa réalisation ne présentait pas des dangers extraordinaires.

Tourner des places fortes et des positions mises d'avance en état de défense, c'est un vieux procédé bien connu, et nous n'avons pas besoin de nous étendre sur ce sujet, — ayant déjà suffisamment insisté, dans le chapitre consacré aux places fortes, sur les difficultés qui sont le lot de l'agresseur. Si l'Allemagne et l'Autriche pouvaient avoir la certitude que les troupes russes, réunies sur le théâtre de guerre, ne seront pas à même de pénétrer dans ces deux pays, jusqu'à des points d'une importance vitale, ou de rompre les lignes de communication des armées envahissantes, le mouvement tournant de l'offensive austro-allemande équilibrerait les chances en obligeant les armées russes à attaquer celles de l'invasion ou à se retirer dans l'intérieur du pays.

Mais avant toute chose, il est indispensable de se demander si « le but final » de la guerre peut être atteint en exécutant ce plan.

But final qu'il faut atteindre

Tous ceux qui ont écrit sur la guerre future s'accordent à dire qu'il ne sera possible de contraindre la Russie à la conclusion d'une paix désavantageuse pour elle, qu'après l'occupation de Pétersbourg ou de Moscou.

Il est clair qu'en raison des grandes distances qui séparent ces deux centres des bases d'opérations austro-allemandes, les Alliés ne pourraient entreprendre simultanément une marche sur Pétersbourg et une autre sur Moscou tant que les principales places fortes ne seraient pas occupées ou investies et les armées russes détruites, parce qu'autrement de très grandes forces seraient nécessaires pour garder les communications. Aussi, faudra-t-il aux Alliés faire le choix d'un plan d'offensive soit contre Pétersbourg, soit contre Moscou.

Marche sur Pétersbourg ou sur Moscou. — Haymerlé recommande la marche sur Pétersbourg (1). Il s'appuie sur ce qu'actuellement le centre politique de la Russie, c'est Pétersbourg et non Moscou.

Difficultés et dangers de la marche sur Pétersbourg.

Cette dernière ville conserve son importance comme centre du commerce continental, mais Pétersbourg, point central d'un système politique et administratif très étendu et compliqué, port principal du commerce d'exportation, ville isolée de toute base d'opérations, et enfin position très importante pour la défense de la Finlande, a une importance prépondérante dans l'État.

Il convient, toutefois, de faire observer que cette importance n'égale pas celle de Paris, en France, ou de Berlin, en Prusse. Le centre politique et même celui de l'administration supérieure pourraient facilement être transférés au quartier général de l'armée et les ministères à Moscou, Kharkoff ou dans n'importe quelle grande ville.

La machine administrative, après quelque interruption, recommencerait à fonctionner, et un arrêt dans son fonctionnement, même de quelque durée, n'exercerait pas une grande influence sur le cours des affaires militaires.

La prise de possession de Pétersbourg présenterait à l'armée allemande des obstacles plus sérieux qu'on ne se l'imagine.

Reproduisons ici les considérations du général Brialmont, qui attire l'attention sur les difficultés presque insurmontables, à son avis, d'une telle entreprise (2). Avant tout, l'armée allemande se verrait dans la nécessité absolue d'investir les camps retranchés de Kowno et de Grodno ou d'y laisser en observation des forces suffisantes pour assurer ses communications pendant qu'elle se porterait en avant. Ensuite, sa ligne d'opérations partant de la frontière prussienne et aboutissant à Pétersbourg serait longue de 800 kilomètres. Or, avec la pauvreté du pays et la faible densité de la population, l'approvisionnement des troupes sur un tel espace et à de telles distances de leur base semble presque impossible. Avec une ligne

(1) Aloïs Chevalier v. Haymerle, K. K. Oberstlieutenant, Generalstabsoffizier : *Der strategische Verhältniss Oesterreich und Russland.*

(2) Général Brialmont : *Les régions fortifiées.*

d'opérations d'une telle étendue, les flancs de l'envahisseur resteraient partout exposés à des attaques d'autant plus difficiles à repousser qu'on ne saurait prévoir ni où, ni quand elles se produiront.

Si l'armée d'invasion prenait le chemin des provinces baltiques, la Russie, toujours selon le général Brialmont, ne manquerait pas non plus de moyens de résistance contre une armée venue de Königsberg ou débarquée sur un point quelconque du littoral des provinces baltiques. L'adversaire y trouverait le camp retranché de Kowno sur sa droite, celui de Libau sur sa gauche, et, de front, il rencontrerait la ligne de la Dvina avec ses deux points d'appui: Riga, sur le littoral même, et la forteresse de Dvinsk à l'Est. Tant que ces deux points resteront entre les mains des Russes, les troupes allemandes ne pourront pas occuper définitivement la Lithuanie, la Courlande et la Livonie (1).

Le général Brialmont dit plus loin qu'une marche offensive sur Pétersbourg, entreprise par une armée partie de la Prusse orientale, offrirait de grands dangers, car les troupes russes présentes en Pologne pourraient couper cette armée de Berlin, et, le cas échéant, se porter elles-mêmes sur cette capitale. Quant à opposer partout le nombre voulu de troupes aux attaques des Russes, l'Allemagne, ne disposant pas de forces suffisantes contre les masses innombrables que la Russie peut mettre sur pied, en serait incapable.

Il est impossible de méconnaître la justesse de ces considérations. L'Allemagne a bien, pour la défense de son propre territoire, le *landsturm*, dont l'effectif atteint 2,000,000 d'hommes; mais pour une action au-delà de ses frontières, elle ne peut compter que sur ses troupes actives complétées par la *landwehr*, et dont le nombre a été donné plus haut.

Rappelons, en passant, qu'en 1887, lorsqu'on s'attendait à une guerre avec la Russie, une députation de propriétaires fonciers de la Silésie prussienne vint à Berlin demander qu'on y laissât un certain effectif de troupes allemandes au lieu de confier la défense de cette province aux troupes autrichiennes sous le commandement du roi de Saxe, comme il en avait été question.

Avantages de la marche sur Moscou.

Si le gouvernement allemand se décidait réellement à une campagne dans l'intérieur de la Russie, son objectif serait vraisemblablement Moscou et non Pétersbourg. La plupart des auteurs se prononcent pour une marche sur Moscou ou bien pour qu'on s'arrête à la Dvina occidentale et au Dnieper. Ils rappellent que Moscou est le cœur de la Russie ; comme le comprenait Napoléon lorsqu'il disait qu' « en frappant la Russie au cœur, on n'avait pas à se préoccuper des extrémités ». La perte de Pétersbourg

(1) Général Brialmont : *Les régions fortifiées.*

priverait la Russie de communications avec le Nord et arrêterait son mouvement vers l'Ouest; mais en conservant Moscou et s'appuyant sur l'Est et le Sud, le gouvernement russe pourrait prolonger la résistance indéfiniment.

Nous avons mentionné plus haut les ouvrages étrangers où l'on envisage et étudie l'éventualité d'une marche offensive sur Moscou. Récemment a paru encore celui de Karl Bleibtreu, consacré à l'invasion de la Russie par Napoléon en 1812 (1).

L'auteur dit que la campagne de 1812, en raison des enseignements de toute sorte qui s'en dégagent, surtout pour l'avenir, est, de toutes les opérations de guerre entreprises jusqu'à ce jour, la plus importante. L'invasion s'est effectuée d'emblée avec des masses plus considérables que celles qui, au début de la campagne de 1870, ont pénétré en France, et comme étendue, le théâtre n'a eu d'égal que celui sur lequel s'est déroulée la guerre civile de l'Amérique du Nord. La perspective d'une entreprise de ce genre dans l'avenir ramène la pensée, selon l'auteur, à l'exemple de 1812, et oblige d'y recourir comme à un terme de comparaison. Ainsi que nous l'avons nous-mêmes déjà dit plus haut, le froid n'a pas joué, d'après Bleibtreu, un rôle prépondérant dans l'échec de Napoléon, et, par conséquent, il ne doit pas être mis au premier plan des considérations sur la guerre future.

L'exemple de Napoléon peut détourner, en général, d'une guerre avec la Russie. Mais si jamais on l'entreprend, il conviendra de la faire dans la même direction à peu de chose près que Napoléon. Se contenter de la conquête de la Pologne et se borner ensuite à la défensive, ne saurait suffire, car cela ne donnerait pas de résultats définitifs; ce dont Napoléon s'était du reste convaincu en 1807, lorsque s'arrêtant au Niémen, il offrit au Tsar russe de partager avec lui la domination du monde.

Projet d'invasion exposé par Sarmaticus.

De tous les projets d'opérations conçus en vue d'une occupation de Moscou, le plus digne d'attention est celui de Sarmaticus (2). A son avis l'invasion de l'intérieur de la Russie peut être effectuée par trois armées le long des lignes de chemin de fer dans les directions suivantes: Lemberg, Radzivilov, Kieff, Varsovie-Brest-Smolensk, et Kowno-Vilna-Minsk.

De ces lignes, la troisième n'est pas tout à fait suffisante, mais la deuxième, en revanche, est doublée par celle de Jabinsk-Briansk. Dans leur ensemble elles sont en état, selon l'opinion de Sarmaticus, de fournir l'armée d'opérations de tout le nécessaire.

Les voies ferrées, cet engin de guerre dont Napoléon ne disposait

(1) Karl Bleibtreu : *Der russische Feldzug, 1812.*
(2) Sarmaticus : *Von der Weichsel zum Dniepr.* (De la Vistule au Dnieper).

pas, permettent aujourd'hui à l'envahisseur de pénétrer bien avant en Russie et de prendre position sur la ligne Koursk-Moscou. Tel serait, d'après l'auteur, le premier objectif; et il suppose qu'il ne pourra pas être atteint en une campagne ni en une année.

« Mais, fait-il observer, plus l'envahisseur pénétrera profondément dans l'intérieur de la Russie, plus les conditions qu'il rencontrera lui seront favorables, parce qu'il poursuivra sa marche à travers les provinces les plus fertiles et les mieux peuplées. Partant du cours supérieur et moyen du Dnieper, les armées alliées feraient leur jonction sous Moscou. La ligne d'opération suivie jusqu'au Dnieper serait celle du Boug et du Niémen ; ensuite cette ligne d'opérations se confondrait avec le Dnieper lui-même, tandis que les principales gares et les nœuds de communications seraient transformés en dépôts et en points d'appui pour les colonnes dirigées à l'Est.

« A nombre de personnes, dit Sarmaticus, une campagne en Russie inspire des craintes en raison des proportions qu'elle peut prendre; et faute de pouvoir lui assigner un terme on la tient pour irréalisable. La catastrophe de 1812 agit encore fortement dans ce sens sur les imaginations. S'appuyant sur cet exemple on émet l'avis que l'occupation de Moscou n'imposera pas la paix aux Russes, car longue est encore la distance de Moscou à Pétersbourg ou au Volga, et les troupes russes auront la ressource d'éviter indéfiniment le combat et de vaincre leurs adversaires par la force du temps et de l'espace.

« Mais la comparaison avec 1812 ne correspond plus aux conditions présentes. La plus grande difficulté d'alors consistait à maintenir ses communications avec sa base d'opérations; or, cette difficulté se trouve aujourd'hui écartée, ou tout au moins sensiblement diminuée, par la présence de deux grandes lignes de chemin de fer.

« De plus, l'outillage et l'équipement des armées modernes sont autrement perfectionnés qu'ils ne l'étaient en 1812. Quant aux erreurs commises par le commandement à cette époque, comme la protection imparfaite de la ligne d'opérations et l'insuffisance de la discipline dans les corps de troupes, on saura probablement en éviter le retour. Il est douteux également que les populations détruisent et abandonnent leurs foyers comme elles l'ont fait en 1812. D'ailleurs une telle mesure, prise contre un envahisseur assuré d'une bonne base d'opérations et d'un service d'approvisionnements bien fait, se tournerait contre les troupes de la défense, c'est-à-dire qu'elle condamnerait aux privations l'armée russe et non l'armée d'invasion. »

L'ouvrage de Sarmaticus a été l'objet d'un examen très minutieux de la part d'un écrivain militaire russe, Antisarmaticus (pseudonyme du colonel Heismann (1), dont nous avons déjà reproduit les principales conclusions.

Conditions nouvelles survenues depuis lors.

Mais depuis l'apparition du travail d'Antisarmaticus, non seulement la composition numérique de l'armée et la disposition des troupes, mais encore les procédés et tout l'organisme de la guerre ont été profondément modifiés. L'adoption de la poudre sans fumée, du fusil de petit calibre, du canon à tir rapide, de la bombe-torpille et de nouvelles matières explosibles, exercera une influence essentielle sur les procédés d'attaque et de défense.

Il est indispensable, pour nous orienter, de donner un aperçu des forces dont les Alliés pourraient disposer si l'invasion de la Russie s'effectuait conformément aux hypothèses de Sarmaticus, ainsi que des conditions où se trouvera l'armée d'invasion lorsqu'elle aura pénétré dans l'intérieur de la Russie.

D'après le chiffre de leurs forces, il est permis de supposer que les envahisseurs pourront tourner, sans crainte de catastrophes, les places fortes du rayon de Vistule-Boug-Nareff, mais on ne saurait admettre la possibilité d'en agir de même avec Ossovetz et les places situées sur le Niémen, notamment Grodno, Olita et Kowno.

La route que Napoléon choisit en 1812 n'était pas de nature à permettre de laisser de côte les forteresses aujourd'hui existantes, si elles avaient existé alors. C'est ce qui ressort de la carte ci-jointe.

Ainsi que nous l'avons observé, les avis des auteurs militaires étrangers tendent à admettre qu'en cas de guerre, les opérations futures auront Moscou pour objectif. En effet, trois lignes de chemins de fer de la Prusse orientale aboutissent à Loutzk, point le plus rapproché de Grodno; et du côté russe on a fortifié Grodno et Olita, ce qui indique que l'état-major allemand a porté son attention sur la ligne d'opérations qui conduit à Moscou.

Quant à l'armée autrichienne, Sarmaticus lui assigne la route de Koursk-Moscou. De cette manière, l'offensive suivrait deux directions : 1° Koenigsberg, Minsk, Smolensk, Moscou ; 2° Lemberg, Kieff, Moscou. Les bases de ces lignes d'opérations se trouvent si éloignées l'une de l'autre que les armées opérant sur ces deux lignes ne pourraient se soutenir mutuellement avant d'être arrivées à proximité de Moscou.

Tandis que l'armée russe opérerait sur les lignes intérieures et pourrait écraser sous sa masse l'un des deux adversaires. Dans de telles conditions, les armées envahissantes seront-elles assez fortes pour exécuter un pareil plan tant que les troupes ennemies ne seront pas détruites?

---

(1) *De Berlin et Vienne à Pétersbourg et Moscou, aller et retour*. Réponse aux Teutons belliqueux et russophobes (avec carte) par Antisarmaticus.

(2) Friedrich von Smitt, *Zür näheren Aufklärung über den Krieg von 1812*.

Routes d'invasion de Napoléon Ier en Russie en 1812.

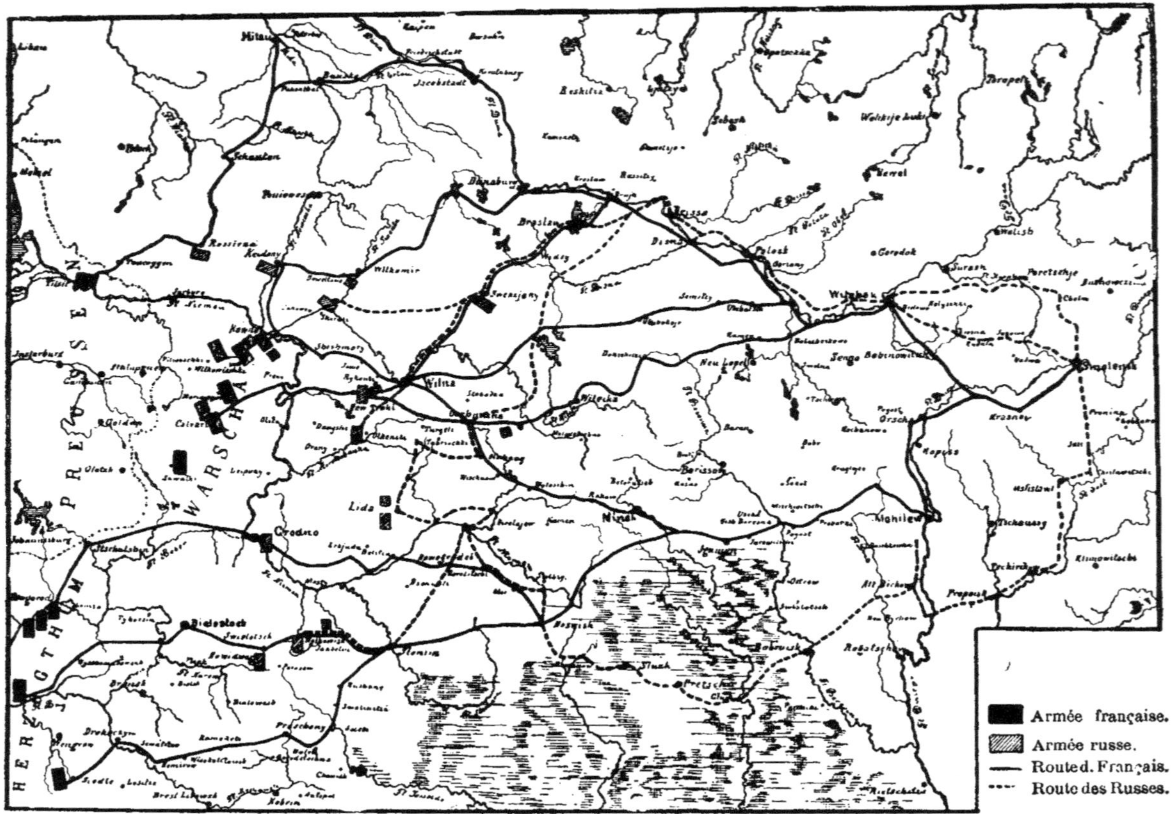

Armée française.
Armée russe.
Route d. Français.
Route des Russes.

LA GUERRE FUTURE (P. 680, TOME II).

Autre question encore : l'Allemagne et l'Autriche pourront-elles préserver leurs frontières, et comment le pourront-elles, d'une attaque des troupes russes restées sur le théâtre de guerre de Vistule-Boug-Nareff, ainsi que sur celui de la Volhynie ?

La défense de l'Allemagne contre l'offensive russe.

Défense de l'Allemagne contre un mouvement offensif des troupes russes partant du rayon Vistule-Boug-Nareff. — L'état-major allemand ne perd certainement pas de vue que la marche de flanc ayant pour but de tourner les forteresses vistuliennes pourrait être paralysée par l'entrée en Prusse d'une partie des troupes disposées dans le rayon Vistule-Boug-Nareff. La frontière allemande est très sérieusement fortifiée et la défense s'y trouve très favorisée par les conditions topographiques. Mais rien que la tentative des troupes russes de pénétrer sur le territoire de l'adversaire jetterait incontestablement un grand trouble dans la population prussienne.

Les troupes réunies dans le rayon Vistule-Boug-Nareff pourraient entreprendre une action contre l'Allemagne en dirigeant leurs opérations sur la Prusse orientale, afin d'interrompre les communications entre Berlin et la base des opérations offensives des troupes allemandes contre la Russie : Kœnigsberg.

L'entrée sur le territoire prussien est facilitée par la proximité de la frontière, de la ligne du Nareff et du Boug. Mais il est entendu que le nombre des troupes russes du rayon local en question serait trop faible pour porter à la Prusse un coup décisif en agissant sur Berlin.

Cependant l'opinion publique en Allemagne n'admet pas la vraisemblance d'une entrée des troupes russes, même momentanée, sur le territoire prussien. Ce qui paraît le plus vraisemblable, c'est l'exécution du plan recommandé par Bleibtreu, et qui n'est qu'une répétition de la campagne de Napoléon avec une meilleure garde de la ligne d'opérations et plus de discipline dans les troupes. Bleibtreu n'appartient pas à l'armée active, mais, en sa qualité d'écrivain spécialiste, il s'occupe de questions militaires et entretient des rapports avec les cercles compétents.

Il fait observer entre autres choses que cette répétition de la campagne de 1812 aurait l'inconvénient d'obliger aujourd'hui à conquérir la Pologne, tandis que Napoléon en était maître. Il s'exprime comme suit : « Il paraît que l'État-Major n'a précisément en vue que l'occupation stratégique de la Pologne sans marche ultérieure en avant. » Cela impliquerait en réalité l'occupation, par les Allemands, de la rive gauche de la Vistule et l'abandon de toute entreprise contre les grands camps retranchés et des avantages que l'attaque de ces camps aurait procurés aux troupes russes. Et de plus, si les Allemands étaient obligés de battre en retraite, l'offensive et l'attaque de la ligne frontière prussienne et de ses fortes défenses incomberaient à l'armée russe (1).

En occupant la rive gauche de la Vistule, il faudra aux Allemands prolonger la ligne ferrée de Thorn-Skierniewice-Kolnezki-Ostrovetz, jusqu'à Sandomir, d'une part, et de l'autre, jusqu'à la Vistule; ce qui leur permettra de jeter les troupes d'invasion, du rayon Vistule-Boug-Nareff, sur le théâtre de guerre de la Russie méridionale et *vice versa*. Les Allemands peuvent encore compter, en cette circonstance, sur ce que Lodz, ville de plus de 200,000 âmes, tombera entre leurs mains. Ce n'est pas en vain que trois embranchements de chemin de fer d'une importance purement stratégique ont été construits en Prusse dans cette direction : celui qui va de la forteresse de Posen à Sluptcy, puis ceux de Glogau à Ostrovo et de Breslau à Wilhelmsberg.

En examinant l'importance stratégique du réseau des chemins de fer allemands, Goesten (2) attire l'attention sur les conséquences fâcheuses de l'absence de quelques raccordements de voies qui n'ont pas encore été autorisés à Pétersbourg. Il dit : « La ligne projetée de Posen-Vreszen et Strjilkowo jusqu'à Koutno, point de raccordement avec celle de Varsovie-Thorn, est déjà en exploitation pour la partie qui se trouve en territoire allemand, mais son prolongement au delà de la frontière fait toujours défaut; il en est de même du tronçon allemand récemment terminé, de la ligne de Breslau par Els, Kempen et Wilhelmsberg sur Seradz qui pourrait être continuée jusqu'à Lodz et Varsovie. »

Du reste, ainsi que le fait observer le même auteur, les voies ferrées peuvent être construites en peu de temps et au cours de la guerre. Il cite comme exemple la construction rapide, exécutée en 1877 par ordre du gouvernement russe, de la ligne de Bender-Galatz, qui le 3 novembre fonctionnait déjà.

Remarquons également qu'on attribue une grande importance stratégique aux localités avoisinantes de Skierniewice, ville située sur le point de bifurcation de deux embranchements dont l'un conduit de Varsovie à Thorn et l'autre de Varsovie à Breslau.

Dans de nombreux articles et brochures où l'on trace souvent d'une manière fantaisiste le cours de la guerre future, Skierniewice est désigné comme devant être le lieu où sera livrée la première bataille générale.

Effectifs nécessaires pour envahir la Russie.

Force numérique des armées d'invasion devant opérer dans l'intérieur de la Russie. — Soit pour défendre l'accès de son propre territoire, soit pour

(1) Karl Bleibtreu, *Der russische Feldzug 1812*.
(2) Goesten, *Geschichte und System der Eisenbahnenertrag im Kriege*.

se maintenir dans les positions occupées sur la rive gauche de la Vistule, l'État-Major allemand sera obligé de distraire de l'ensemble des troupes d'invasion (1,500,000) au moins 325,000 hommes, et de mobiliser le premier ban du landsturm. Il resterait donc à sa disposition 1,170,000 hommes de troupes allemandes pour sa marche ultérieure contre la Russie.

Ce que fournіraient les Allemands.

Si l'on peut à la rigueur, ainsi que la remarque en a été faite plus haut, passer outre aux places fortes de la Vistule et du Boug, celles d'Ossovetz, Grodno, Olita et Kovno demandent à être investies, ce qui nécessitera au moins 375,000 hommes (1). Les Allemands n'auraient donc plus pour continuer leur marche que 800,000 hommes, nombre évidemment insuffisant pour une entreprise de ce genre. Ils se trouveront par conséquent dans la nécessité d'attendre les Autrichiens et de ne commencer les opérations ultérieures que simultanément avec ces derniers.

Il faut prendre en considération que l'Autriche est faiblement défendue du côté de la Galicie. Cette circonstance n'exercera pas, il est vrai, une influence prépondérante sur le choix du plan d'opérations, la parole décisive en cette matière devant incontestablement appartenir à l'Allemagne. Cependant il lui sera difficile de contraindre l'Autriche à une action offensive prompte, ce pays ayant à craindre lui-même une attaque des Russes contre ses provinces slaves.

Il peut donc très bien arriver que l'État-Major allemand ne se résolve pas à s'enfoncer rapidement dans l'intérieur de la Russie et qu'il se borne, pour commencer, à des opérations contre Olita, Ossovetz, Grodno et Kovno.

Admettant que, sur les 375,000 hommes occupés aux sièges, 200,000 soient rendus disponibles, partie à la suite de la prise d'Ossovetz et d'Olita, et partie, parce qu'à un moment donné il sera possible de renforcer avec des troupes du landsturm les armées qui assiègent Grodno et Kovno, le million d'hommes qui resterait encore à l'Allemagne ne suffirait plus à entreprendre une action offensive indépendante contre Moscou.

Ce que fournirait l'Autriche.

L'Autriche, d'après le calcul établi par nous, pourrait mettre sur pied, à cet effet, un peu plus d'un million d'hommes.

Mais elle ne saurait songer à une marche offensive dans l'intérieur de la Russie, sans avoir, au préalable, assuré ses communications contre la possibilité d'un retour offensif partant d'Ivangorod ainsi que du triangle fortifié Loutzk-Doubno-Kovno, sur lequel de trois côtés différents peuvent être amenées des troupes par chemin de fer.

---

(1) Autour de Kovno . . . . 200.000 hommes
— de Grodno. . . . . 100.000 —
— d'Ossovetz et d'Olita . . . . . . 75.000 —

Si nous admettons qu'il faille distraire, du nombre total de ces forces, seulement 400,000 hommes pour empêcher les troupes russes de pénétrer en Galicie et d'une façon générale leur interdire l'offensive, il ne resterait plus à l'Autriche que 600,000 hommes pour participer à l'invasion de la Russie. En ce cas l'ensemble de l'armée d'invasion austro-allemande monterait à 1,400,000 hommes.

La Russie, par contre, peut avoir, comme on l'a dit plus haut, 2,380,000 hommes de troupes disponibles.

Supposons qu'une partie de ces forces soit répartie comme suit :

Dans les positions de la Vistule, du Boug et du Nareff . .	650.000
A Kovno-Grodno, Ossovetz et Olita	250.000
A Doubno, Kovno, Loutzk	200.000
Total . . .	1.100.000

Ce que la Russie pourrait leur opposer.

Il resterait donc à la Russie 1,280,000 hommes de troupes disponibles sans compter celles de la levée générale composée d'hommes imparfaitement préparés, au nombre d'un million.

On trouve la répartition, faite par nous, des forces russes et austro-allemandes, sur la carte ci-contre.

On peut objecter qu'au moment où les troupes austro-allemandes commenceront leurs opérations, les Russes ne seront pas encore concentrés au nombre de 1,280,000 hommes. Mais, ainsi que nous l'avons déjà expliqué, avant que les armées alliées soient en mesure de se porter sur les gouvernements intérieurs de la Russie, il s'écoulera un certain temps, de sorte que ces armées iront au-devant d'une concentration russe déjà faite.

En admettant au contraire que cette concentration ne s'effectue qu'un mois plein après l'ouverture des hostilités, cette circonstance ne saurait avoir pour la Russie la même importance que pour la France, par exemple. Laisser pénétrer l'ennemi bien avant dans l'intérieur du pays serait plutôt conforme à l'intérêt de la Russie, parce qu'il s'éloignerait ainsi de ses bases d'opérations, diminuerait son effectif, étant obligé de laisser en arrière une partie de ses forces pour couvrir ses communications, et parce que les deux adversaires de la Russie, ne pouvant pas avancer avec une simultanéité parfaite, le commandant en chef des armées russes aurait le choix d'attaquer l'un ou l'autre selon sa convenance.

La concentration des troupes russes s'effectuera vraisemblablement sur les deux côtés de la Polésie et dans les régions du nord-ouest et du sud-ouest ; de cette manière, avant que les armées alliées aient pu atteindre le Dniéper, les armées russes seraient déjà certainement complétées et concentrées, partant, prêtes à la résistance.

VITESSE JOURNALIÈRE DE MARCHE DES ARMÉES PENDANT LA CAMPAGNE DE 1812 (EN KILOMÈTRES)

Armée française.

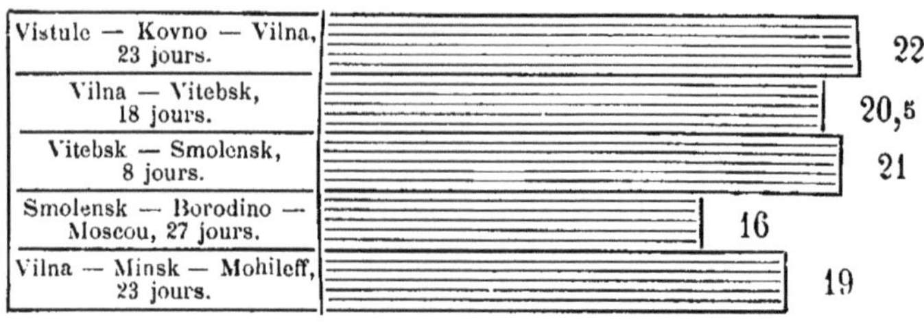

Armée russe.

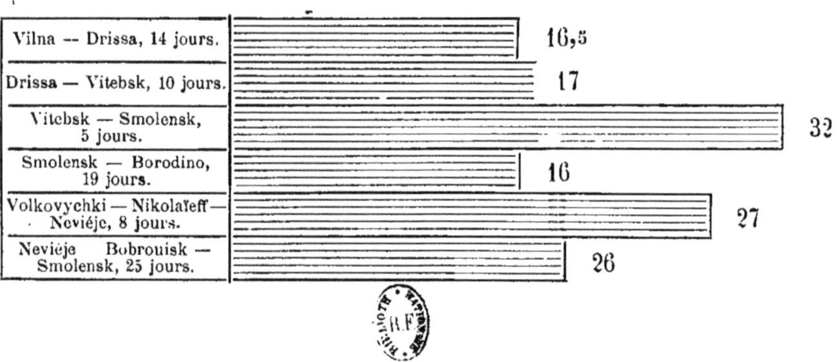

L'armée allemande, à supposer qu'elle marche sur Smolensk, aurait à parcourir 600 verstes, et l'armée autrichienne dirigée sur Kieff 400, à partir de la frontière. Or, l'ensemble de la campagne de Napoléon démontre qu'à de telles distances les armées fondent chaque jour de plus en plus.

Effectifs dont disposait Napoléon en 1812.

La composition numérique des armées de Napoléon n'a pas été établie avec exactitude jusqu'ici. Certains auteurs accusent 500,000 hommes, d'autres font monter ce nombre jusqu'à 600,000 hommes. La plupart s'arrêtent à 480,000, dont 200,000 hommes seulement se trouvaient primitivement à la frontière occidentale ; le prince Eugène de Wurtemberg évalue dans ses *Mémoires* le nombre des troupes à 328,000 hommes (1).

L'armée de Napoléon était composée pour une moitié de contingents étrangers. Indépendamment des corps auxiliaires prussiens et autrichiens sous le commandement de York et de Schwarzenberg, 8 divisions d'infanterie rhénane, 5 divisions d'infanterie polonaise avec une nombreuse cavalerie également polonaise, des contingents italiens, illyriens, etc., entraient dans la composition de cette armée. Les troupes polonaises qui en faisaient partie étaient au nombre de 72,000 hommes, et plus d'une fois Napoléon a témoigné de leur vaillance.

Ainsi, Bleibtreu (2) raconte un des épisodes de la bataille de Leipzig. Murat, rendant compte à Napoléon de la situation, dit : « Les Alliés ont reculé leur deuxième colonne d'attaque derrière la dépression de Meierdorf afin de la soustraire au feu de Drouot, mais malheureusement tous nos efforts tendant à nous porter de Probstheide en avant ont été vains. » — « Et la première de leurs colonnes d'attaque, là, près de Desen ? » demanda Napoléon. — « Repoussée sur tous les points. Là, nous avons gagné du terrain, 1,500 pas environ. » — « Bravo, les Polonais ! » dit Napoléon, et se tournant vers un aide de camp qui accourait : « Porteur d'un rapport ? — « Oui, Sire, de la part du général Dombrowski ; toutes les attaques de York (3) et de Sacken ont été repoussées. » — « Bravo, les Polonais ! Ils ont mérité, aujourd'hui, le rétablissement de leur patrie. Pourquoi souriez-vous, Gourgaud ? » — « Comme ça, Sire, une pensée fugitive. » — « Je désire la connaître. » — « A vos ordres, Sire, répondit avec une franchise toute militaire le brave général aide de camp ; je me suis souvenu seulement que Votre Majesté avait déjà dit une fois la même chose. » — « Vraiment ? C'est possible. Quand ? » — « A la bataille de Borodino, au moment où le corps

(1) Barklay avait sous son commandement 135,000 hommes, Bagration 45,000, Tarmassow 43,000, Essen, autour de Riga, 15,000. A ces armées sont venus se joindre par la suite Tchitchagow avec 40,000 (armée de Moldavie), Wittgenstein et Steingel avec 50,000 (de Pétersbourg et de Finlande).

(2) *Napoleon bei Leipzig.*

(3) Le corps de York s'était réuni aux troupes prussiennes.

de Poniatowski donnait l'assaut aux retranchements russes. » — « Oui ! Bien des choses ont changé depuis. » Et il se détourna de Gourgaud, comprenant ce que ce souvenir comportait d'héroïque.

Pertes successives éprouvées par son armée.

De l'ensemble de l'armée de Napoléon au passage du Niémen (c'est-à-dire les 23 et 24 juillet 1812), 270,000 hommes formaient le centre ; le reste était réparti sur les flancs et n'a pas pris une part directe aux combats livrés par le centre. Sous Vitebsk, le centre ne comptait plus que 250,000 hommes. Il avait donc perdu 20,000 hommes, et cela non pas dans des combats, mais tout simplement du fait de la marche.

A l'affaire de Smolensk (17 août), Napoléon n'avait plus que 180,000 hommes ; à Borodino (7 septembre), 120,000, et une semaine plus tard il faisait son entrée à Moscou à la tête de 90,000 hommes seulement. Après le départ des troupes de Moscou (mi-octobre), les pertes quotidiennes étaient si fortes qu'à Smolensk (mi-novembre), il ne restait plus que 40,000 hommes de troupes et à la Bérésina 30,000. Après le passage de cette rivière, l'armée s'est trouvée tout à fait dispersée, de manière qu'à Vilna on ne comptait plus que 5,000 hommes dans les rangs, et Kœnigsberg n'a été atteint que par 1,000 hommes (1).

Sarmaticus donne d'autres chiffres pour les armées de Napoléon. Très instructive est la reproduction en regard des chiffres correspondant tant aux armées russes qu'à celles de l'invasion.

Au début des opérations . .	400,000	Français et	180,000	Russes
A Smolensk	183,000	—	120,000	—
A Moscou	134,000	—	130,000	— (2)

Reproduisons graphiquement ces données.

	Troupes françaises.		Troupes russes.
	400	Au début des opérations.	180
	183	A Smolensk.	120
	134	A Moscou.	130

Rapport quantitatif des troupes belligérantes en 1812.

Calculant le nombre des troupes indispensables pour une campagne en Russie, Bleibtreu l'évalue au double de celui qu'avait Napoléon, c'est-

(1) Hugo Obauer, K. K. Major im Generalstabe, E. R. v. Guttenberg, K. K. Haüptmann im Generalstabe : *Train. — Communications und Verpflegswesen vom operativen Standpunkte.*

(2) Sarmaticus, *Von der Weichsel zum Dniepr.*

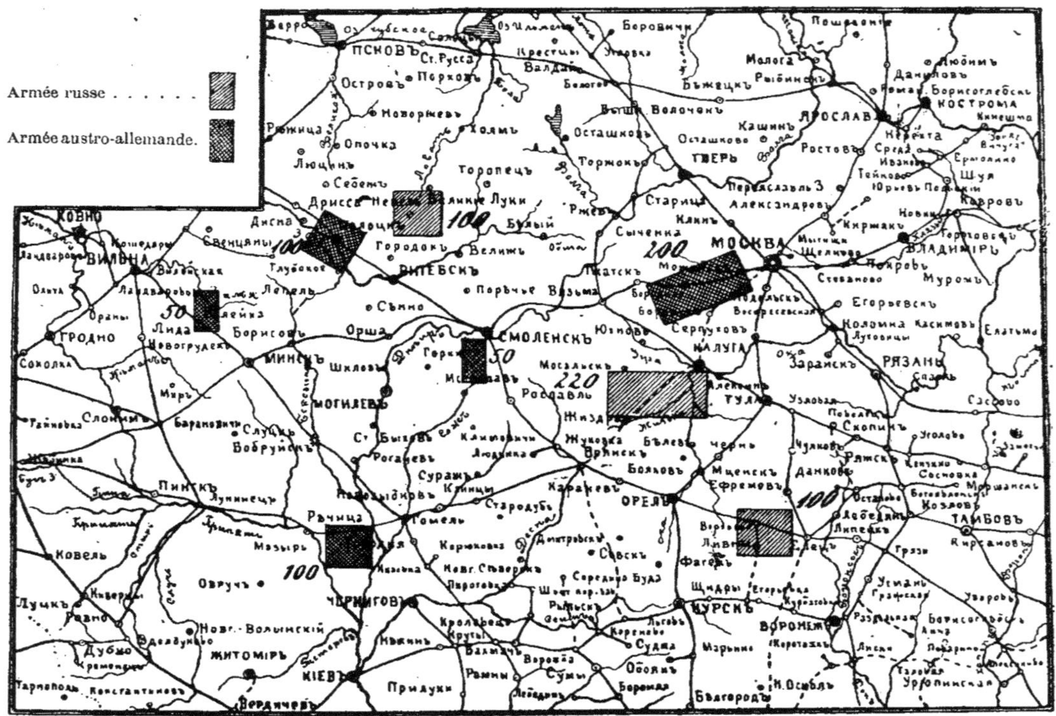

Disposition des troupes en cas d'une invasion germano-autrichienne. (D'après les sources allemandes).

LA GUERRE FUTURE (P. 687, TOME II).

Comment Bleibtreu évalue les troupes nécessaires pour une campagne en Russie.

à-dire à un million d'hommes, tant Allemands qu'Autrichiens. Malgré les meilleures communications dont on dispose aujourd'hui, l'auteur suppose, en raison précisément de son estimation, que les difficultés d'approvisionnements seront également doublées. En conséquence, il admet que les pertes à subir par les Alliés atteindront 50 0/0. Il répartit les autres 50 0/0 restés dans les rangs comme suit : 100,000 hommes sur la Dvina occidentale, 50,000 autour de Smolensk, 50,000 entre Vilna et Minsk, 100,000 dans l'angle formé par le Dniepr et la Prypet, et 200,000 à Moscou.

Ensuite, il procède par analogie avec l'exemple de 1812 à la répartition des troupes russes. Il place 100,000 hommes sur la Dvina, 220,000 autour de Kalouga, et 100,000 plus au sud. Cette dernière armée se trouverait immobilisée par le flanc droit des Autrichiens opérant contre Kieff, et elle ne se rendrait disponible qu'après l'avoir rejeté. Mais ce flanc des armées alliées, porté sur la Prypet, serait soutenu en cas de besoin de Minsk et de Smolensk ; les troupes détachées de Vilna sur la Dvina le seraient également de la même manière, et le camp retranché de Smolensk aussi pourrait être défendu aisément contre un mouvement offensif des troupes russes par des renforts amenés de la ligne d'étapes Vilna-Mohyleff, tandis que le centre, c'est-à-dire le gros des forces allemandes, aurait le choix, soit d'attaquer, de Weliz, l'armée russe de la Dvina, soit de se porter en avant, appuyé sur Smolensk. Sur ces deux points, la supériorité numérique dans les combats appartiendrait aux Allemands, et l'adversaire pourrait être défait ou obligé à battre en retraite. « En un mot, remarque l'auteur, disposant de la ligne intérieure, nous en utiliserions les avantages pendant que notre centre, se portant en avant sur Moscou, couvrirait ses flancs repliés en arrière, ainsi que le point des manœuvres : Smolensk. Ces opérations ne sont possibles qu'à condition de disposer de la ligne intérieure et de manœuvrer sur ladite ligne. La solution du problème est tout entière dans ce fait. »

Nous n'attachons pas une grande importance aux élucubrations hypothétiques de Bleibtreu. Toutefois, pour compléter l'examen de la question qui nous occupe actuellement, nous donnons ci-contre, à titre de document, l'exposé graphique de son plan.

Critiques qu'on peut adresser au plan de Bleibtreu.

Faisons observer en passant que Bleibtreu n'oppose qu'environ 500,000 hommes de troupes russes à des forces équivalentes allemandes à proprement parler. Mais il a l'air d'oublier que la Russie aurait encore à sa disposition 1,000,000 d'hommes de la levée générale, militairement peu instruits, il est vrai, mais entièrement aptes à la défense. Rappelons ce que dit Napoléon : « Aux heures de grande détresse les États peuvent manquer de soldats ; jamais ils ne manqueront d'hommes pour la défense de leur territoire (1). »

(1) *Correspondance*, tome XXXI, p. 148.

Dangers d'une marche sur Moscou. — Bleibtreu suppose que l'État-Major allemand laissera en Russie sur les derrières des colonnes d'invasion en troupes de couverture et en garnisons des forces aussi considérables qu'il le ferait en France, toute proportion gardée avec les distances à parcourir, et notamment qu'il sera distrait 100,000 hommes de chaque armée indépendante, l'autrichienne comprise. Il nous faut attirer l'attention sur la circonstance suivante que cet auteur semble avoir perdue de vue : étant donnée la force numérique de la cavalerie, tant régulière que cosaque, les Allemands se trouveraient bien plus exposés en Russie qu'en France à des incursions et à toute sorte d'entreprises de petite guerre.

Par conséquent, la défense des chemins de fer et en général des derrières de leurs armées nécessitera l'emploi de forces très considérables. Il semble douteux qu'il leur reste au centre 200,000 hommes de disponibles pour l'occupation de Moscou.

Exemples de la difficulté de garder les communications d'une armée.

Du reste, ainsi que nous l'avons déjà fait observer plus d'une fois, il a fallu aux Allemands en 1870 recourir à de nombreux détachements pour couvrir leurs communications, car là aussi ils étaient menacés par les partisans, les francs-tireurs.

La destruction du pont de Fontenoy en 1870

Citons comme exemple l'attaque, par ces derniers, du pont de Fontenoy. Il s'était formé à Lamarche, à 40 kilomètres de la forteresse de Langres, un corps de 300 francs-tireurs avec des éclaireurs à cheval, dans le but spécial de détruire les communications allemandes. On savait que ledit pont était miné et que l'orifice de la mine n'était recouvert que par des planches. L'ennemi avait préposé à sa garde un piquet de 50 hommes seulement. Le détachement de francs-tireurs précédé d'éclaireurs à cheval et débarrassé de tout train, car les 400 kilogrammes de poudre dont on l'avait muni à Langres avaient été chargés sur des chevaux, se mit en route, et traversa la Moselle sur deux grandes embarcations.

Cela se passait en janvier 1870 ; la neige était profonde. Les francs-tireurs avançaient avec précaution, effaçant sur la neige les traces de leurs pas. Lorsque le détachement déboucha du village avoisinant le pont, il fut pris, par les Allemands, pour une procession religieuse. Les francs-tireurs se jetèrent brusquement sur la gare, blessant plusieurs soldats allemands et faisant deux prisonniers. Le reste prit la fuite et donna l'alarme, se servant pour cela d'un train qui venait de Toul.

Un des fuyards courut dans la direction de Liverdun d'où l'on attendait un train qu'il parvint à arrêter par ses gestes et ses cris. Pendant ce temps, les francs-tireurs firent sauter deux arches du pont et disparurent par un autre chemin. Il fallut deux semaines pour rétablir le pont. Aujourd'hui une entreprise de ce genre serait facilitée par l'existence de matières explosibles bien moins encombrantes que la poudre. Ajoutons comme conclusion de l'épisode dont nous venons de faire le récit, qu'en expiation du succès obtenu par les francs-tireurs, les Allemands brûlèrent Fontenoy et majorèrent de dix millions la contribution de guerre dont fut frappée la Lorraine.

L'attaque de Ricciotti Garibaldi sur Châtillon.

Non seulement la défense des chemins de fer, mais en général la nécessité de couvrir les derrières, nécessite de nombreuses troupes. Citons encore un exemple d'attaque sur les derrières d'un détachement allemand en novembre 1870. Trois compagnies de la landwehr et un escadron de houzards occupaient le 17 novembre la ville de Châtillon. A 100 kilomètres de là, à Autun, se trouvait un corps de volontaires italiens sous le commandement de Ricciotti Garibaldi, appartenant à l'armée des Vosges.

Ricciotti parcourut ces 100 kilomètres à marches forcées, et intercepta les communications avec Châtillon, en retenant toutes les personnes qui en venaient. L'infanterie allemande avait pris ses logements chez les habitants, c'est-à-dire s'éparpilla. Seul l'escadron de houzards s'installa compact dans de vastes écuries. Le détachement de Ricciotti apparut inopinément de deux côtés. Il s'empara de beaucoup d'Allemands avant qu'ils eussent pu sortir des maisons qu'ils occupaient. Les houzards n'opposèrent pas une vive résistance, faute de munitions. Une partie de la landwehr avait réussi à se réfugier dans un corps de garde où se trouvaient postés 50 hommes. Les garibaldiens quittèrent la ville après y être restés trois heures et emmenant prisonniers 5 officiers, 160 hommes, 76 chevaux et tout le train d'une compagnie. Les Allemands avaient perdu en cette occasion, en morts et blessés, 1 officier et 26 hommes.

Nous ne citons ces deux faits que comme exemples d'incursions de partisans exécutées avec succès. Mais toute autre était l'importance des opérations dirigées contre les communications des armées allemandes par le général Faidherbe sur Saint-Quentin dans le nord (l'anniversaire commémoratif de ce fait de guerre a été célébré sur les lieux en présence du Président de la République) et de la Loire sur Belfort par le général Bourbaki. Les deux tentatives ont eu lieu en janvier 1871. De Moltke lui-même, à l'occasion de l'examen critique d'un problème stratégique d'étude qu'il avait posé, s'est exprimé en termes suivants sur l'importance qu'acquiert la protection des communications : « La situation était pleine de périls en France, au sud-est, en janvier 1871. Si Bourbaki avait réussi à battre le général Werder et à marcher sur le nord pour couper nos communications, il en serait résulté pour nous une crise aiguë, ou bien pour la conjurer il nous eût fallu former une nouvelle armée (1). »

(1) *Die Bedeutung der ruckwärtigen Verbindungen eines Heeres in einem kunftigen Kriege, ihre Einrichtung und Sicherung. Vortrag, gehalten in der Militärischen-Gesellschaft zu Berlin am 28 Oktober 1896, von Ehren. v. Steinaecker, Eisenbahn-Linienkommissär in Frankfurt a. M.* (Militär Wochenblatt, 1897).

L'importance des communications pour les grandes armées actuelles.

A mesure que les armées croissent en force numérique, les communications acquièrent une plus grande importance.

Elle est encore augmentée par la facilité plus grande avec laquelle on peut actuellement mettre hors de service toutes les communications les plus importantes, c'est-à-dire les voies ferrées. Cette facilité relative est due à trois causes : 1° les progrès techniques dans l'emploi des explosifs ; 2° le savoir, acquis par la cavalerie dans le maniement desdites matières en vue de la destruction des communications ; 3° l'indépendance des autres armes que donne à la cavalerie l'adjonction de batteries montées ainsi que la faculté de combattre à pied qu'elle doit à l'adoption de l'armement et du service de dragons. Sans parler des effets désastreux que peut avoir la destruction des voies ferrées et la situation désemparée dans laquelle se trouvent les troupes durant le trajet, les chemins de fer doivent être tout particulièrement protégés en temps de guerre, ne fût-ce qu'en raison de la complexité du service et de l'agencement. Les entreprises contre les chemins de fer s'effectuent généralement avec le concours de la population locale. La destruction de la voie en est le but. La défense n'est ordinairement pas en mesure de repousser une attaque dirigée sur un point quelconque.

On peut obvier à cet inconvénient en établissant des postes de garde ou des piquets sur les points les plus importants dans de petites redoutes fournies de vivres. Mais certainement l'organisation de la défense d'une ligne sur tous les points susceptibles d'être attaqués nécessitera beaucoup de temps.

Goltz fait justement observer que quelle que soit, pour les armées actuelles, l'importance du facteur temps, il est douteux qu'elles soient en état de se mouvoir avec rapidité ; il croit même que, sous ce rapport, elles seront plutôt inférieures aux armées de l'époque précédente (1).

Infériorité des troupes actuelles par rapport à celles de Napoléon.

En étudiant l'éventualité d'une nouvelle campagne de Russie, entreprise sur le modèle de celle de Napoléon, il faut, entre autres choses, prendre en considération que les bandes françaises de ce temps, aguerries dans maints combats et campagnes, pouvaient supporter bien plus que ne sauraient le faire les troupes actuelles, composées pour plus de la moitié de réservistes. Par conséquent, en dépit d'un meilleur approvisionnement, on peut s'attendre à des cas plus fréquents de maladie.

Quant à la facilité d'approvisionnement, il y a à dire que, quoique le caractère général des provinces situées sur la route présumée du gros des forces alliées se soit modifié, il ne l'a pas été suffisamment encore pour qu'on ne puisse plus leur appliquer ce qu'un auteur français, le colonel Sironi, dit de caractéristique au sujet des pays traversés par Napoléon (2).

---

(1) *Das Volk in Waffen*, von der Goltz. — Berlin, 1890.

(2) *Géographie stratégique*, par le colonel Sironi.

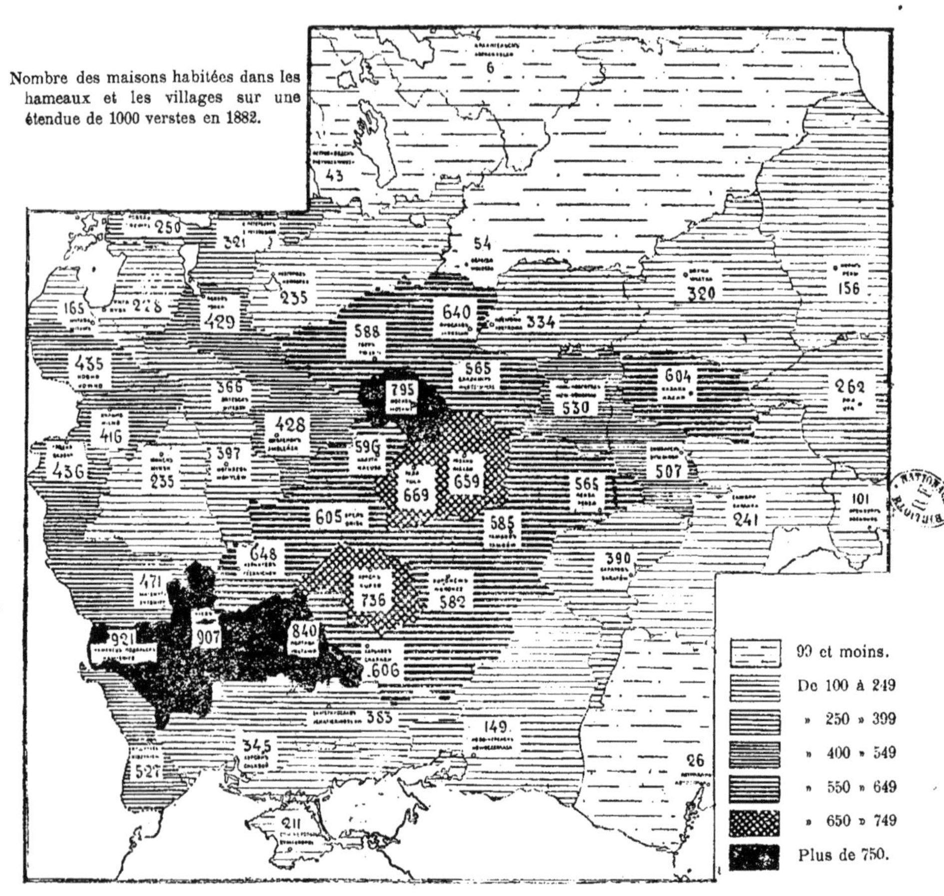

La Guerre future (p. 691, tome II).

Voici comme il s'exprime : « Des espaces considérables à peu près déserts et stériles, des marais nombreux et étendus, des forêts, une population clairsemée, des distances énormes, des communications mauvaises, manque d'approvisionnements, rigueur et durée de l'hiver, des routes abîmées par les pluies et le dégel et une poussière épaisse durant la saison chaude ; toutes ces circonstances entravent les opérations d'une grande armée dans ces contrées et ne favorisent décidément pas une invasion. Dans ces conditions, la Russie peut se considérer comme inabordable. »

Facilités que rencontrerait d'après Sarmaticus l'invasion aujourd'hui.

Pour Sarmaticus, il est vrai, le trait distinctif et l'avantage principal d'une nouvelle campagne en Russie consisteraient, étant données les communications présentement existantes, à approvisionner l'armée de ses bases, et il attribue la catastrophe subie par Napoléon à ce fait que, comme les deux armées ennemies ne pouvaient vivre que sur le pays, la tâche devenait particulièrement ardue pour celle des deux qui envahissait un pays étranger et hostile. Il dit que les Français n'ont trouvé les premiers magasins de ravitaillement qu'à Oszmiany et que l'armée russe, dans sa marche de la Bérésina sur Vilna, n'a reçu qu'un seul convoi de vivres venu de Bobruïsk et composé de 2,000 voitures.

Actuellement la population rurale de la Russie est certes plus dense qu'elle ne l'était alors ; il y a plus d'hommes auprès desquels on peut se procurer des vivres. Mais pour se les procurer il faut que les habitants eux-mêmes en aient en suffisance. Et à ce point de vue un plus grand nombre d'habitants ne constitue pas une garantie plus grande.

La consommation locale peut surpasser la production locale, ou bien, dans le cas contraire, le surplus peut alimenter l'exportation, ce qui ne se produisait pas en 1812.

Et en effet, ainsi qu'il ressort de la carte ci-contre, les gouvernements qui se trouveraient sur la voie d'invasion de l'armée allemande, loin de bénéficier en moyenne annuelle d'un excédent de production de céréales, souffrent d'un déficit.

Autre opinion discutable de Sarmaticus.

Il est également douteux qu'un autre calcul de Sarmaticus se vérifie. Sarmaticus croit notamment que le nombre des habitations ayant augmenté en proportion de la plus grande densité de la population, on pourrait cantonner et abriter les troupes au cours de la campagne, car il n'est guère probable que les habitants brûlent ou abandonnent leurs foyers comme ils l'ont fait en 1812. Mais s'il est vrai que le nombre des habitations a augmenté, il est également vrai que l'effectif des armées s'est beaucoup accru, et il est douteux que la proportion entre ces deux éléments du calcul soit plus favorable aujourd'hui à une invasion qu'elle ne l'était en 1812. Voici d'ailleurs une carte qui donne un aperçu comparatif des différents gouvernements de la Russie au point de vue des ressources qu'ils offrent en constructions habitées ou habitables.

Il en ressort qu'à ce point de vue spécial de la facilité du cantonnement des troupes, la direction du nord à donner, pour les armées d'invasion, offrirait des dangers; et cette considération pourrait même détourner l'État-Major allemand de choisir cette voie.

Examinons maintenant jusqu'à quel point la direction ouest-sud, préconisée par Sarmaticus, serait plus favorable à l'offensive de l'armée autrichienne. Cette route en tout cas offre des conditions plus avantageuses à telle enseigne qu'on peut se demander si les armées allemandes ne devraient pas s'unir à l'armée autrichienne et donner à leurs opérations la même direction.

Marche sur Moscou en venant du sud-ouest

Mouvement sur Moscou partant du sud-ouest. — La marche des Autrichiens sur Cherron ou sur Odessa se heurterait à un obstacle important: la vallée du Boug; tout le pays circonscrit par le Boug, le Dniéper et les affluents de la Prypet abondent en inégalités de terrain. Il en est de même entre Kremenetz et Kamenetz-Pdolski, à proximité du Dniester. Cette contrée a un caractère montueux, et on y trouve des élévations atteignant 400 mètres.

Le Dniester constitue une bonne ligne de défense dont l'importance a été encore rehaussée par des travaux exécutés dernièrement à Tirospol et à Bender, ainsi que par le camp retranché de Chotin.

Du reste, il est peu probable que les Autrichiens commencent leur action offensive en se portant sur le sud-ouest de la Russie. Il est dans leur intérêt de marcher à la rencontre des troupes allemandes entrées en Russie.

La position géographique de la Galicie favorise une action offensive contre la Russie.

Ce pays pénètre profondément dans le territoire russe, ce qui permet aux forces offensives autrichiennes d'agir selon leur convenance.

C'est la raison pour laquelle certains auteurs prétendent que les Autrichiens devraient entreprendre de Kieff leur marche sur Moscou, en liaison étroite avec les forces allemandes venant de l'ouest, de manière que l'invasion commune soit dirigée de part et d'autre sur le centre de la Russie et contre ses principales forces.

Opinions de certains auteurs.

La distance de Kieff à Moscou est, il est vrai, de 950 kilomètres. Mais en suivant la rive gauche du Dniéper dans la direction de la ligne Koursk-Orel, les Autrichiens se trouveraient, au dire des auteurs étrangers, dans des conditions plus favorables; et, « par conditions plus favorables », on entend que les gouvernements de Tchernigoff et de Poltava sont peuplés de

Petits-Russiens, que les pays de la rive gauche du Dnieper n'ont été incorporés à la Russie que dans la seconde moitié du XVIIe siècle, que les milices petites-russiennes ont eu leurs chefs suprêmes autonomes, leurs hetmans, jusqu'au XVIIIe siècle, que les Petits-Russiens n'ont pas encore oublié leurs libertés cosaques, et considéreraient, pour ainsi dire, les Russes comme des étrangers.

Tout cela, croit-on, constitue un état de choses plus favorable aux opérations d'une armée d'invasion que le passage au milieu d'une population grande-russienne, c'est-à-dire foncièrement russe.

Mais il suffit, pour réfuter cet argument, de rappeler que non seulement les populations de la Lithuanie, mais même celles de la Russie-Blanche, ont été annexées bien plus tard que les Petits-Russiens qui, eux d'ailleurs, se sont unis à la Russie de leur plein gré.

La marche de Smolensk sur Moscou s'effectuant simultanément avec celle de Kieff sur Moscou, on suppose qu'au moment où l'armée de l'ouest occuperait Moscou, celle du sud-ouest atteindrait la ligne Koursk-Orel, et qu'alors il n'y aurait plus entre les deux que vingt journées de marche, de sorte qu'en en faisant chacune dix, elles pourraient opérer leur jonction.

Conseil d'opérer en deux campagnes.

Afin d'éviter le danger des grands froids, la plupart des auteurs étrangers, instruits par l'exemple de 1812, recommandent de répartir les opérations contre Moscou entre deux campagnes. Durant la première, les Alliés se borneraient à passer le Dniéper, à s'installer solidement sur la Dvina et à organiser les pays occupés.

Un auteur (1) conseille de former en Galicie des cadres du landsturm qui serviraient de noyau dans les provinces occidentales de la Russie pour la formation d'une milice.

Après avoir traversé le Dniéper, les armées alliées pourraient, dès le printemps, atteindre la ligne Koursk-Orel. La Russie, affaiblie déjà par la perte du royaume de Pologne et des pays du nord-ouest, se trouverait alors privée de ses provinces méridionales, les plus fertiles de l'Empire, et se verrait dans l'impossibilité de continuer la guerre. En un mot, la Russie peut être vaincue, à condition, pour les envahisseurs, de s'emparer, dans une première campagne, des pays qui formaient anciennement la Pologne d'avant le partage, de se créer une nouvelle base d'opérations sur le Dniéper, d'utiliser toutes les ressources des pays occupés, et, cela fait, de se porter en une seconde campagne, avec de nouvelles forces, dans l'intérieur de la Russie, pour la frapper, cette fois, en plein cœur.

(1) *Hauptziel des œsterreichisch-russischen Krieges der Zukunft. Strategische Studie*, von I. P.

Circonstances perdues de vue par les auteurs de ces plans.

Deux circonstances capitales ont été perdues de vue dans la conception de ce plan. Premièrement l'Autriche, ainsi que nous l'avons démontré plus haut, ne pourra pas supporter le fardeau de la guerre deux ans durant. Secondement, en admettant que nos calculs ne se vérifient point sous ce rapport, il faudrait aussi admettre qu'au cours des quelques mois nécessaires aux Alliés pour atteindre, après une série de victoires, le Dniéper moyen, la France ne puisse être d'aucun secours à la Russie. Or, même en tenant tout cela pour certain, on ne saurait encore affirmer qu'il sera permis aux Alliés de s'arrêter arbitrairement au Dniéper et d'interrompre leurs opérations jusqu'au printemps de l'année suivante.

Il est évident, en effet, que dans de pareilles conditions l'armée russe, se conformant à l'exemple de 1812, ne laisserait pas les Alliés en paix sous Smolensk. Elle passerait à une vigoureuse offensive et les rejetterait loin en arrière ou les entraînerait après elle vers Moscou. Et, dans ce dernier cas, mettant à profit l'épuisement des forces ennemies, les troupes russes reprendraient de nouveau l'offensive pour obtenir, cette fois, selon toute vraisemblance, les mêmes résultats qu'en 1812.

Il y a lieu de remarquer encore que la retraite provisoire des troupes russes différerait de celle de Barklay en ce que, sur nombre de points, les Alliés se buteraient contre des ouvrages fortifiés, édifiés d'avance, et que par conséquent, ils ne pourraient continuer leur marche en avant qu'au prix d'une série de combats sanglants. Cette circonstance offre une importance particulière, eu égard au caractère montueux des pays du sud-ouest et de la contrée avoisinante de Kieff. La configuration du terrain y favorise tout spécialement l'établissement des troupes dans de fortes positions défensives, du genre de celle de Plewna, et nous ne doutons pas qu'en cas d'une invasion se produisant de ce côté, de tels points ou lignes fortifiées ne dussent jouer un rôle très important.

Description de la position de Plewna.

Pour cette raison, nous croyons utile de reproduire la description du terrain de Plewna et des profils de ses fortifications, ainsi que de ceux des nouveaux types perfectionnés de fortification du même genre. Nous empruntons ces indications au général C.-A. Kouï, professeur de fortification (1).

Le terrain occupé par la position de Plewna est coupé en diagonale par un ravin très contourné sur toute son étendue, étroit, difficile à franchir et ayant des pentes rocheuses et abruptes, au point d'être perpendiculaires. A Plewna, il s'élargit, embrasse la ville et change de direction, ses pentes

(1) C. Kouï, *Notes de voyage d'un officier du génie sur le théâtre des opérations militaires*. — 1878.

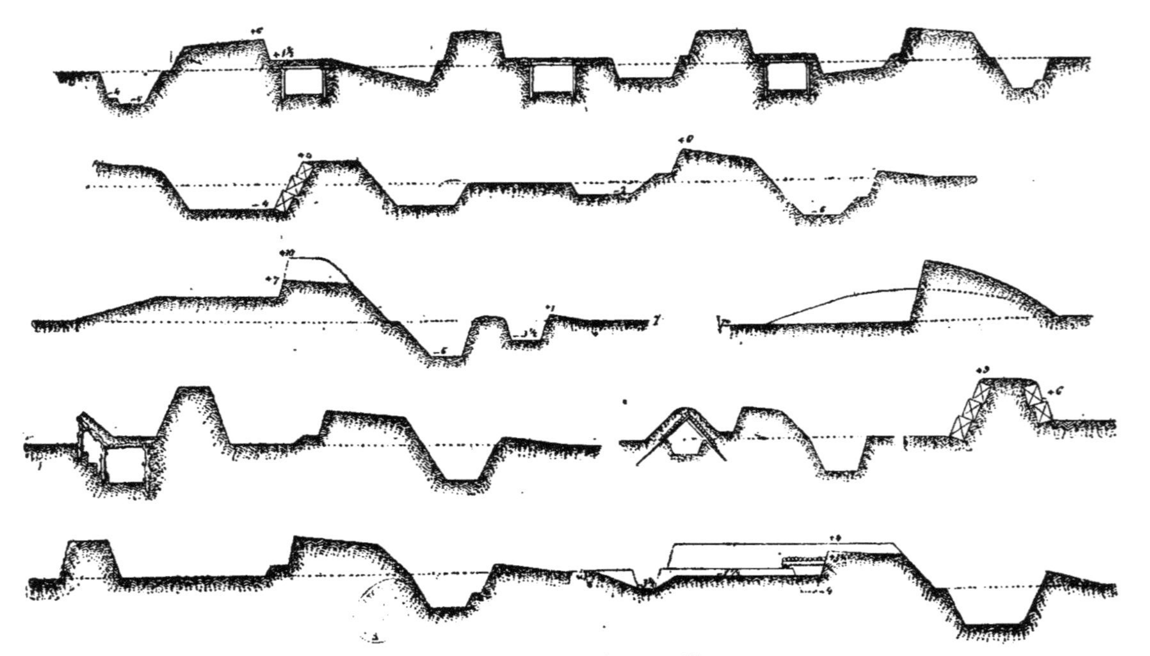

Profils des fortifications de terre à Plevna.

La Guerre future (p. 695, tome ii).

s'adoucissent, et il s'étend ainsi jusqu'au Vid où il se confond avec une vaste plaine sur la rive gauche de ladite rivière. Indépendamment de ce ravin principal, il y en a encore plusieurs autres qui partent tous de Plewna comme autant de rayons d'un centre, mais ils sont moins profonds et moins escarpés.

Les alentours de Plewna sont montueux et la campagne est couverte de vigne et de maïs. Quant à Plewna même, c'est une ville assez étendue; les ouvrages turcs sont disposés et espacés autour de la ville sur une distance de 7 verstes, le camp retranché se compose d'ouvrages de campagne admirablement adaptés au terrain, on n'y trouve pas d'obstacles artificiels. En examinant en détail ces fortifications, ce qui saute aux yeux c'est l'importance que les Turcs attachaient aux feux d'infanterie et le souci de les rendre désastreux pour l'assaillant, tout en se préservant le mieux possible des siens.

Pour produire l'effet voulu et obtenir la protection recherchée, ils avaient recours à l'emploi de feux étagés d'une part, et à celui de nombreuses traverses d'autre part. Pour obtenir ces feux étagés, ils utilisaient les pentes en y disposant plusieurs rangées de tranchées superposées, et ils modifiaient le profil de leurs fortifications soit en adjoignant une banquette à la contrescarpe, soit en établissant en avant de la tranchée une sorte de chemin couvert. Cette seule modification leur donnait deux lignes de feu au lieu d'une (1).

Nous reproduisons ci-contre les profils des ouvrages en terre à Plewna.

Les terrains semblables à celui dont nous venons de donner la description et se prêtant également à la défense au moyen de solides fortifications en terre ne sont pas rares sur la route qui va de la frontière austro-russe à Kieff, et toutes les troupes étant actuellement munies d'outils nécessaires à l'exécution de travaux de terre, l'établissement de telles défenses peut s'effectuer rapidement. L'absence d'un ravin naturel n'aurait même aucune importance, car, vu leur force numérique si considérable, les troupes pourraient creuser elles-mêmes des ravines de n'importe quelle dimension.

(1) Après la malheureuse attaque du 30 août on procéda à un blocus étroit du camp retranché turc. La ligne de blocus formée de tranchées, de lunettes et de redoutes disposées sur plusieurs rangs, s'étendait sur un périmètre d'environ 75 kilomètres à une distance moyenne de celle des Turcs de 500 à 1,000 mètres. Sur deux points les deux lignes se trouvaient presque en contact immédiat : au sud notamment, à la « Montagne Verte » et à l'est devant la redoute d'Osman, contre laquelle les Roumains dirigeaient leurs travaux de siège, les adversaires n'étaient qu'à 80 ou 90 mètres l'un de l'autre. Par contre, sur la rive gauche du Vid qui, étant basse, se trouvait très exposée aux feux des ouvrages qui la dominaient, la distance entre les lignes ennemies atteignait 4 et même 5 kilomètres.

Il est à remarquer aussi que l'emploi de nouveaux obstacles artificiels, tels que les réseaux de fils de fer, augmente considérablement la résistance des ouvrages en terre, de manière que, comparés à ceux des nouveaux systèmes, les défenses de Plewna nous paraissent aujourd'hui insuffisantes et primitives. Nous donnons à titre de spécimen, dans la carte ci-contre, une reproduction de nouveaux types de tranchées imaginés en Suisse (1).

Les nouveaux types de fortification de campagne.

Ces nouveaux dispositifs de fortification provisoire étant de dimensions plus considérables, leur construction ne nécessitera pas moins de temps que celle des ouvrages de l'ancien type ; mais ils offrent un grand avantage qui consiste à pouvoir être utilisés avant l'achèvement complet des travaux. Ils se développent progressivement du simple au plus compliqué, de manière qu'à chaque degré provisoire de leur exécution ils se présentent comme un tout immédiatement utilisable. En raison, précisément, de leur simplicité élémentaire, ces défenses peuvent être élevées en moitié moins de temps qu'il n'en fallait pour donner aux fortifications de l'ancien type leur profil normal.

Pour en revenir aux conditions présentées par les régions que les Autrichiens en marche sur Kieff et sur Moscou auront à traverser, nous ferons observer qu'en raison de ce qui se passe dans la Galicie orientale, les auteurs militaires autrichiens précisément ne devraient pas se bercer d'illusions sur la prétendue possibilité de rencontrer dans la population petite-russienne des dispositions amicales à l'égard des envahisseurs. Sous d'autres rapports, il faut le reconnaître, le choix des contrées en question pour théâtre des opérations offrirait certain avantage : dans le sud-ouest de la Russie notamment la population est plus dense, ainsi qu'il ressort de la carte ci-jointe, et les récoltes plus abondantes que dans le nord-ouest sur la route de Smolensk ; mais cela compense à peine le mauvais état des routes qui, à l'époque du dégel, sont moins praticables encore que celles du nord-ouest.

L'intendant autrichien Stöhr (2), émettant l'avis que l'action militaire devrait commencer au printemps, dit entre autres choses : « Sachant que les théâtres probables de nos opérations militaires sont pauvres en ressources, surtout au printemps, nous avons introduit dans notre armée une réserve roulante de ravitaillement plus considérable que celles qui existent dans d'autres armées ».

---

(1) *Schweizerische Zeitschrift für Artillerie und Genie, 1897. Neue Formen der provisorischen Befestigung. Skizzen von R. W.*

(2) Auton Stöhr, *Der Weichselland und seine Ressourcen für einen operirenden Heereskorper (mit einer Skizze).*

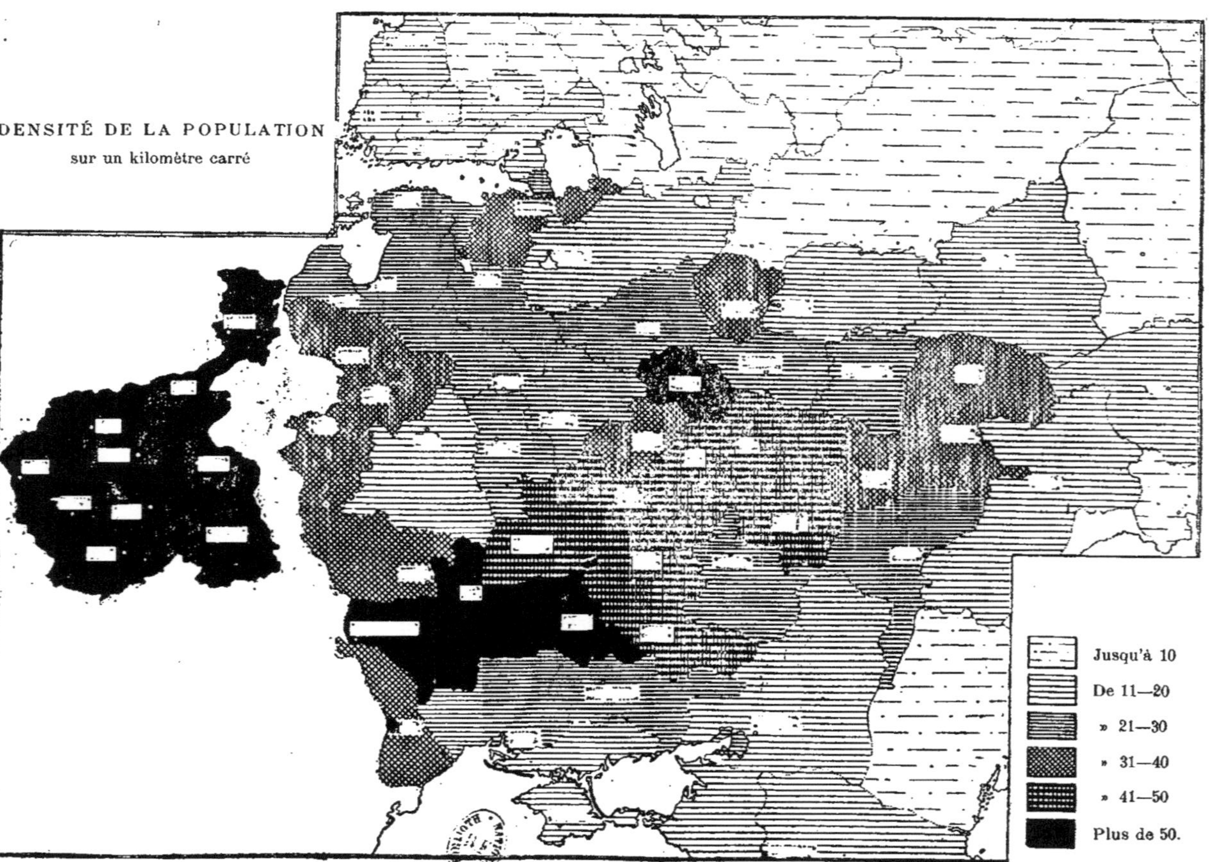
DENSITÉ DE LA POPULATION
sur un kilomètre carré
Jusqu'à 10
De 11—20
» 21—30
» 31—40
» 41—50
Plus de 50.

NOUVEAUX TYPES DE FORTIFICATIONS DE TERRE ÉTABLIS EN SUISSE

Filets en fils de fer.

d et *e* — Profil d'une fortification temporaire pour l'infanterie.

f — Section d'une fortification d'infanterie.

g — Profil d'une fortification d'artillerie.

Chez nous, elle est calculée pour dix-huit jours, ce qui nous rend jusqu'à un certain point indépendants des ressources locales du théâtre de la guerre, tandis qu'en Russie, d'après la composition provisoire de 1886, la réserve roulante de campagne est calculée seulement pour huit jours. Il en est de même dans l'armée française.

Difficultés que présente la route du sud-ouest.

Voici comment le même auteur apprécie les conditions climatériques du sud-ouest russe et sa viabilité : « La fonte des neiges et les inondations sont immédiatement suivies, en mars et avril, d'une période qui dure trois et parfois quatre semaines pendant lesquelles, non seulement les arrivages des convois d'approvisionnements, mais les mouvements des troupes elles-mêmes, sont sujets à des interruptions plus ou moins prolongées. Ensuite, à la boue du printemps succède la poussière de l'été. Une couche de poussière, profonde de 10 centimètres et plus, couvre le sol et, sous l'action du vent, s'élève en nuages qui, de loin, peuvent être pris pour des nuées d'orage. Cette poussière surpasse de beaucoup ce qu'on rencontre dans ce genre en Hongrie. Au printemps, la boue; en été, la poussière ; en hiver, la neige et le froid, le tout dans des proportions extraordinaires : — tels sont les éléments contre lesquels devront lutter les troupes en marche.

A cela il faut ajouter la difficulté, plus grande ici que sur la route du nord-ouest, de trouver de l'eau en été, du bois en hiver — faute de forêts — et du fourrage.

L'ensemble de ces conditions défavorables ne saurait, à notre avis, être compensé par les quelques avantages qu'offrirait à l'invasion le choix de la direction sud-ouest. Et si les opérations, traînant en longueur, duraient quelque deux ans, les troupes austro-hongroises se trouveraient dans cette disposition d'âme et d'esprit caractérisée par Goltz (1) lorsqu'il dit que les forces et la patience des troupes, même victorieuses, ont leurs limites ; qu'elles les atteignent d'autant plus vite que le niveau de culture d'une nation est plus élevé ; qu'il est surtout difficile de vaincre le mauvais vouloir des hommes et parfois même celui des chefs lorsque, après une campagne, on se voit obligé d'en entreprendre une autre contre un nouvel adversaire et de tout recommencer, tandis que tous voudraient être déjà rentrés dans leurs foyers.

En attendant, les forces de la Russie, comme nous l'avons démontré en examinant le cours probable des opérations germano-russes, ne seraient nullement épuisées par deux années de guerre. Enfin, l'Autriche serait encore menacée d'un nouveau danger provenant de ce que l'État-Major français, reculant devant la difficulté d'envahir l'Allemagne, pourrait donner la préférence à une marche plus aisée sur Vienne, dont le chemin

(1) Von der Goltz, *Kriegsführung*.

est bien connu des Français. Et tout cas, il est hors de doute que les armées austro-allemandes (en supposant que les Allemands aussi prennent le sud-ouest pour point de départ de leurs opérations contre Moscou) iraient en s'affaiblissant à mesure qu'elles avanceraient dans l'intérieur de la Russie, tandis que les troupes russes, toujours renforcées par les nouvelles formations d'une réserve presque inépuisable incorporées dans les cadres existants, gagneraient continuellement en puissance.

Admettons toutefois que les Allemands, de concert avec les Autrichiens, forts de la supériorité d'effectif qu'ils auront au début des hostilités, entreprennent, du sud-ouest vers Moscou, cette campagne pleine de difficultés et de dangers. Au moins leur faudrait-il avoir la certitude que leur entrée à Moscou obligerait la Russie à conclure la paix. Or, cette certitude, ils ne peuvent l'avoir. En outre, atteindre Moscou exigerait un temps très considérable ; et ni l'Allemagne, ni l'Autriche ne seraient en état de supporter la guerre aussi longtemps. Cette circonstance précisément pousserait la Russie à temporiser et à compter sur le temps comme sur un fidèle allié. Car, tôt ou tard, l'augmentation rapide des pertes que subiront les armées de l'invasion, la nécessité de détacher des forces énormes pour la garde des communications, et le danger permanent de se voir coupés de leurs lignes de retraite, amèneront fatalement un moment où les Alliés se trouveront obligés de battre définitivement en retraite malgré tout ce qui pourrait en résulter.

---

8. Invasion des troupes russes sur le territoire de la Prusse et de l'Autriche.

Difficultés que rencontrerait la Russie, si elle prenait l'offensive.

Une guerre offensive de la Russie contre l'Allemagne et l'Autriche, soit après avoir forcé les armées de l'invasion à la retraite, soit dans le cas où, dès le début des hostilités, les Alliés s'en seraient tenus à la défensive, soit, enfin, s'ils avaient borné leur offensive à l'occupation de quelque partie du territoire russe, présenterait de très grandes, peut-être même d'insurmontables difficultés.

L'auteur d'un ouvrage intitulé : *La prochaine guerre* reconnaît l'invincibilité de la Russie dans la défense. « Si, dit-il, la guerre se prolongeant, les adversaires de la Russie, après occupation des provinces polonaises, pénétraient dans ses gouvernements intérieurs, l'armée russe, avec ses dépôts et ses magasins sous la main, renforcée par les troupes retirées de la Pologne, défendue par les forêts et les marais du sol natal, par l'éloignement et un climat terrible, secondée enfin par le courage et le patriotisme du peuple, l'armée russe opposerait une résistance invincible à l'invasion. Mais, ajoute-t-il, quant à une guerre offensive entre l'Allemagne et la Russie, il ne peut même pas en être question. »

Ce jugement, on ne saurait le nier, est trop absolu. Mais il n'en est pas moins incontestable que les difficultés qui attendent la Russie si elle entreprenait une guerre offensive seraient bien grandes.

En suivant pas à pas les forces alliées chassées de Russie, les armées russes ne trouveraient sur leur passage que de vastes régions totalement épuisées, et elles seraient obligées de chercher leurs approvisionnements à d'énormes distances. Les victoires remportées leur auraient déjà coûté beaucoup et leurs effectifs seraient nécessairement composés, pour la plus grande partie, de réservistes, sans en excepter ni les sous-officiers ni les officiers. Avec de tels éléments, comme nous l'avons dit avec plus de détails dans le chapitre consacré à l'esprit de l'armée, le succès d'une campagne offensive est bien moins probable qu'avec des troupes actives complétées seulement à la mobilisation par des hommes de la réserve.

Ensuite, à leur entrée sur le territoire allemand, les troupes russes se trouveraient en présence de nombreuses forces, formées, il est vrai, principalement du landsturm, et incapables d'offensive, mais parfaitement aptes à la défense. Quant au ravitaillement, qu'il faudrait tirer des gouvernements intérieurs de la Russie pour le livrer en territoire prussien, il nécessiterait beaucoup de temps, ne fût-ce qu'à cause de la réfection obligatoire des voies ferrées prussiennes, pour en permettre l'accès aux wagons chargés en Russie, sans parler des négligences et des erreurs de l'administration préposée aux transports.

Il est vrai qu'on a des exemples d'une exécution rapide de travaux analogues sur les lignes nord-américaines du Great Western et de l'Ohio-Mississipi. Le colonel anglais Rotwell dit que les troupes allemandes et autrichiennes seraient également obligées, si elles entraient en Russie, de modifier les voies russes en réduisant leur largeur de 5 pieds à 4 pieds 8 1/2 p. Mais cela n'est guère difficile, tandis que l'élargissement des voies dont la nécessité s'imposerait aux troupes russes qui pénétreraient en Prusse est à peine possible. Du reste le matériel roulant russe ne saurait utiliser ni les tunnels, ni les ponts; les uns et les autres étant destinés à un matériel de moindres dimensions (1).

Voies qui s'offriraient aux Russes.

Quatre lignes d'opérations s'offrent aux troupes russes pour effectuer leur entrée en Prusse. Les Russes pourraient : 1° avec le Niémen pour base, opérer contre Kœnigsberg par la vallée du Pregel; 2° avec le cours moyen de la Vistule pour base, marcher sur Thorn par la vallée de ce fleuve; 3° ou

(1) Général Pierron, *Méthodes de guerre.*

opérer coutre Posen-Glogau en suivant la vallée de la Wartha; et enfin 4° prenant pour point d'appui Varsovie et Ivangorod, se diriger sur la Silésie.

Les mouvements sur les deux premières lignes devraient s'exécuter simultanément. Étant donné leur énorme effectif, les forces russes peuvent être subdivisées en plusieurs armées reliées les unes aux autres par la ligne de la Vistule. Les opérations simultanément conduites sur les deux première lignes pourraient assurer aux troupes russes de grands avantages; en prévision de quoi les Prussiens ont fortifié cette zone et l'ont pourvue d'un réseau de chemins de fer très complet.

Comment ces voies sont défendues.

Le colonel Sironi attire l'attention sur la haute importance stratégique de la Prusse orientale qui avance comme un coin et au centre de laquelle se trouvent les places fortes de Kœnigsberg et de Thorn. Les moyens artificiels de défenses accumulés dans cette région sont très sérieux. Les principaux centres de communication sont fortifiés et à l'intérieur du pays, protégés par l'art et la nature, s'étendent en tous sens des réseaux de voies stratégiques qui permettent de jeter des troupes d'un point sur un autre et d'une rive sur l'autre.

La place de Thorn.

L'importance stratégique de Thorn est toute particulière; sa situation permettant à qui en est maître d'agir à volonté sur chacune des rives de la Vistule. Cette importance est aussi due à ce que les communications avec Berlin sont assurées par le canal Bromberg et la rivière Netze. L'armée russe qui longerait la rive gauche de la Vistule rencontrerait près de Bromberg un obstacle exceptionnellement sérieux, dans les marais qui s'étendent jusqu'à la vallée de la Brage. Par conséquent, avant de franchir la Vistule sur son cours inférieur, l'armée russe serait tenue d'assiéger ou d'investir les deux forteresses de Kœnigsberg et de Thorn pour les empêcher de s'opposer à sa marche — ce qui nécessiterait certainement l'emploi de forces considérables.

La place de Dantzig.

Après le passage de la basse Vistule, l'armée russe aurait sur son flanc droit la place de Dantzig dont la puissance a été augmentée dernièrement par des travaux complémentaires. Il y aurait aussi à craindre les inondations de la Vistule qu'on peut provoquer artificiellement en établissant des barrages au delta de ce fleuve. Toutefois, Dantzig n'a pas une bien grande importance parce qu'elle est située trop à l'écart et qu'elle-même serait menacée d'un débarquement opéré par la flotte russe.

Il ne faudrait cependant pas croire que, le passage de la Vistule une fois effectué, cela irait tout seul. Tout un système, au contraire, d'obstacles minutieusement étudié et en partie exécuté déjà opposerait aux Russes à chaque pas une défense dont ils ne pourraient venir à bout qu'au prix de grands sacrifices. Le pays qu'ils envahiraient est plat, mais il est coupé de canaux, de petits lacs et de marais en quantité innombrable; et le sol ferme ainsi limité de toutes parts a pour la défense une importance analogue à celle qu'on attache aux défilés dans les pays de montagnes (1).

Les rivières à franchir.

La ligne qui, de l'est, conduit à Berlin est en plus barrée de rivières considérables : la Pregel, avec son affluent l'Alle, la Passorge, la Vistule, la Netze, la Wartha et l'Oder. De cette manière, malgré la surface unie du pays, et si même les obstacles naturels n'avaient pas été fortifiés artificiellement, il sera difficile aux troupes envahissantes de se déployer et de se mouvoir en liberté faute d'espace suffisant, tant sont nombreuses les barrières naturelles qui le rétrécissent (2).

La rivière de l'Oder, selon l'auteur des *Confins germano-russes*, constitue à elle seule une barrière qui ne peut être ni franchie, ni tournée. L'auteur est d'avis, en général, que, si l'on faisait choix de cette ligne septentrionale d'opérations, l'envahisseur pourrait bien occuper la Prusse orientale ; mais en raison des obstacles qu'il rencontrerait, toute tentative de sa part d'arriver jusqu'à Berlin, objectif principal de la campagne, resterait sans effet. L'auteur reconnait en conséquence que la principale ligne d'opérations pouvant conduire les Russes à Berlin est celle qui de Varsovie se dirige sur Posen et Glogau.

Posen et Glogau.

Ces deux places fortes se trouvent au centre du système défensif de la province de Posen. Pour y pénétrer l'armée russe peut choisir indifféremment l'une ou l'autre des rives de la Wartha. Elle trouvera sur la route la forteresse de Thorn et plus en arrière celle de Posen. Cette dernière, protégée par la Wartha, s'appuie sur une bonne ligne de défense et se trouve en communication avec toutes les parties de l'Empire.

Il serait difficile de tourner Posen, car pour ce faire il faudrait franchir soit la Netze, soit la Wartha, et ces deux cours d'eau constituent des lignes de défense importantes. La largeur de la Wartha est, selon les endroits, de 125 à 200 mètres, et, autre inconvénient, après le passage de ladite rivière, l'envahisseur se trouverait dans une contrée marécageuse. Il serait plus commode de marcher, dans cette direction, non sur Posen, mais sur Glogau.

Glogau est situé sur l'Oder mais en un point où, la rivière étant étroite, on peut facilement la franchir. Ensuite les troupes russes peuvent se diriger vers le nord-ouest sur Berlin en tournant la place forte de Kustrin.

La quatrième ligne d'opérations serait celle qui se dirige sur Oppeln vers la Silésie supérieure. Les troupes russes pourraient, en ce cas, utiliser les chemins de fer de Varsovie-Czenstochova et Ivangorod-Myslowice à Oppeln, après quoi il faudrait marcher d'Oppeln sur Breslau. Mais, d'abord cette contrée est très boisée ; ensuite l'envahisseur se heur-

(1) *Géographie stratégique*, par le colonel Sironi, page 55.
(2) *Ibidem*, page 92.

terait ici au camp retranché de Breslau, qu'il lui faudrait investir; sans quoi il lui serait impossible de poursuivre sa marche. En outre, cette direction s'écarte trop de l'objectif à atteindre et il n'est guère probable que l'armée russe se décide pour une ligne d'opérations aussi allongée.

Conclusion.

En fin de compte, préférable aux autres serait la direction de Varsovie sur Glogau par la rive gauche de la Wartha. Mais comme les Prussiens peuvent menacer les mouvements exécutés sur cette ligne en agissant par Varsovie contre les communications des forces russes avec l'Empire, il y aurait lieu pour les Russes d'organiser une armée spéciale contre la Prusse orientale. Eu égard aux difficultés mentionnées déjà et inhérentes à toutes opérations dans ce pays, il ne faudrait pas faire entrer cette armée auxiliaire en Prusse, mais la disposer dans le triangle Novogeorgievsk-Varsovie-Serotzk avec mission de repousser toute tentative dirigée de la Prusse orientale contre la Vistule et le Boug.

Sans entrer dans une appréciation détaillée de ces hypothèses, nous donnons ci-dessous une carte où se trouvent indiquées les différentes directions que pourrait suivre une invasion russe ayant pour but l'occupation de Berlin.

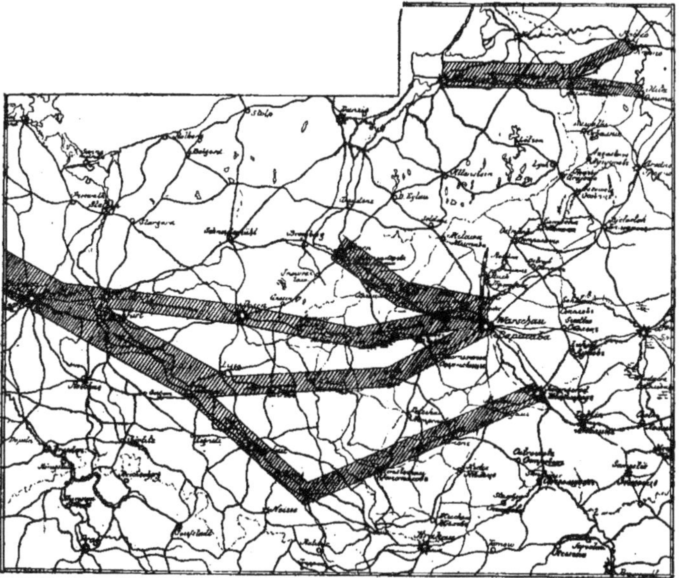

Voies d'invasion des troupes russes ayant Berlin pour objectif, d'après l'auteur de l'ouvrage intitulé : *Confins germano-russes.*

En tout cas, c'est-à-dire quelle que soit la direction que prendra l'invasion russe en Prusse, il ne faut pas perdre de vue qu'on s'y trouvera aux prises avec tout un système de défenses scientifiquement étudié et préparé de longue main. Les places fortes et les grandes rivières y constituent aux troupes allemandes autant de solides points d'appui, en arrière desquels un réseau de chemins de fer, à hauteur de toutes les exigences de la stratégie moderne, assure entièrement les communications de l'armée de la défense avec l'intérieur du pays.

Le manque d'hommes pour compléter les effectifs et les entretenir ne se fera pas non plus sentir en Prusse, car indépendamment du landsturm il y a encore ses réserves qui sont aptes à la défense.

Ainsi donc, vaincre la Prusse sur son propre territoire ne sera pas chose facile et le danger de se voir occupée par les troupes russes serait, en tout cas,moins sérieux pour elle que celui plus menaçant d'une famine. Quant à un mouvement révolutionnaire à l'intérieur, il ne paraît guère probable qu'il se produise lorsque l'ennemi entrerait sur le territoire prussien.

La frontière austro-russe.

La zone frontière de l'Autriche du côté de la Russie, depuis Myslowice jusqu'à Novoselitz sur le Pruth, représente un arc convexe par rapport à la Russie d'une étendue de 850 kilomètres qui enveloppent les possessions russes. Cette configuration permet aux armées russes une invasion concentrique, mais donne aux troupes autrichiennes l'avantage de pouvoir opérer sur la ligne intérieure, par conséquent, d'attaquer séparément avec des forces supérieures les différentes fractions de l'armée envahissante.

Obstacles que rencontrerait l'invasion russe en Galicie.

La voie naturelle d'invasion pour les troupes russes, disposées dans les pays du sud-ouest ou dans le royaume, conduit à travers la Galicie. La Vistule ne constituant qu'une partie seulement de la frontière politique et pouvant être tournée par l'est, de même que le Zbruez au nord par Konstantynoff, et les zones frontières étant très abordables, il sera également facile aux deux adversaires de prendre l'offensive.

Sans vouloir tirer nous-mêmes de ce fait une conclusion, nous nous bornons à reproduire l'opinion d'un stratégiste allemand, selon lequel « la Galicie sert de glacis à l'Autriche-Hongrie et celui qui aura pris le glacis, prendra aussi la forteresse ». La Galicie n'offre pas de points d'appui suffisamment puissants pour une action offensive contre la Russie. Les fortifications de Cracovie, Przemysl, Lemberg et Brody ne sauraient être comparées aux places fortes qui se trouvent dans les pays frontières de la Prusse et de la Russie.

En Galicie, Lemberg et Przemysl ont une importance stratégique, tandis que Yaroslaff, le cas échéant, n'en aurait aucune. En effet, l'armée russe entrant soit par le nord, soit par l'est, tournerait facilement Yaroslaff.

Supposons que les armées autrichiennes subissent une défaite ; elles ne pourraient se replier sur Cracovie qui, selon toute vraisemblance, se trouverait investie déjà par les troupes russes. Elles seraient donc obligées de se mettre à couvert à Yaroslaff, mais dans ce cas les Russes s'empareraient de tout le réseau central des chemins de fer de Galicie et couperaient les communications avec la Hongrie de l'armée réfugiée à Yaroslaff, ce qui préparerait, à cette armée, le sort de celles de Metz et de Plewna.

Ce danger se trouve précisément écarté par l'existence du camp retranché de Przemysl et des fortifications de Lemberg. Grâce à ces ouvrages, le maintien des communications de l'armée autrichienne avec la Hongrie est assuré.

Tout ceux qui ont traité ce sujet reconnaissent qu'il suffirait de fortifier le col de Khiroff où a lieu la jonction des lignes ferrées de la Galicie centrale et orientale avec celles qui conduisent de la Galicie aux monts Karpathes. Khiroff n'est situé qu'à 15 kilomètres de Przemysl et l'armée autrichienne pourrait même, au lieu de se réfugier dans le camp retranché de Przemysl, occuper Khiroff et y attendre des renforts de Hongrie ou bien se mettre à couvert derrière les Karpathes en battant en retraite par les routes qui conduisent sur Ungwar et Munkacz. Il est douteux, vu la proximité de Przemysl, que les Russes puissent utiliser le chemin de fer qui suit le défilé de Khiroff.

Cette ville enfin a encore cette importance qu'elle peut servir de point de départ pour une diversion contre les Russes qui voudraient tourner Lemberg au sud par Staro-Munkacz. Si l'armée autrichienne renonçait à la défense de la Galicie et entreprenait celle des contrées montagneuses de la Hongrie, il lui serait indispensable d'occuper la vallée supérieure du Waag, cette vallée pouvant servir de centre aux opérations sur Presbourg, Kachau, Tokaï et la Galicie occidentale.

La carte ci-contre, empruntée à l'ouvrage du général Pierron : *Méthodes de guerre*, donne une idée de la configuration de ce pays.

Eu égard à la défense insuffisante de la Galicie comparativement aux moyens de résistance dont est pourvue la Prusse orientale, le colonel Nienstaedt (1) émet l'avis qu'en cas de guerre avec ses voisins de l'Occident, la Russie se tiendra sur la défensive par rapport à l'Allemagne, tandis que sur les fortes positions de la Vistule, ainsi que sur les lignes fortifiées de la Nareff et du Niémen, elle emploiera toutes ses forces disponibles à une offensive énergique contre la Galicie orientale.

Des opérations offensives des troupes russes contre l'Autriche peuvent

(1) **Nienstaedt, oberstlieutenant a. D.,** *Das russische Eisenbahnnetz zur deutsch-österreichischen Grenze in seiner Bedeutung für einen Krieg.*

Configuration topographique de la Galicie (dans l'Est de l'Autriche-Hongrie).

LOCALITÉ :

- Accessible jusqu'à 1,200 pieds de haut.
- Accessible seulement par la route.
- Inaccessible.
- Bois.
- Marais.

être dirigées : 1° du cours supérieur de la Vistule par les vallées du March et du Waag sur Vienne ; 2° le long de la Save à travers la Hongrie montagneuse sur Vienne en passant le Waag ou sur Budapest en franchissant la Hernad et le Bodrog ; 3° enfin l'armée russe peut, traversant les Karpathes dans leur partie occidentale, pénétrer dans la vallée supérieure de la Theiss et marcher le long de ce fleuve sur Pesth (1).

Directions que pourrait suivre l'offensive russe contre l'Autriche

Comme la Russie dispose d'une réserve inépuisable d'hommes pour compléter les effectifs de ses forces actives, deux armées russes pourraient opérer simultanément contre l'Autriche : l'une ayant pour objectif Vienne et l'autre Budapest. Le général Brialmont dit qu'en prévision de cette éventualité, il serait utile de fortifier ces deux capitales en commençant par Vienne (2).

La difficulté proviendra de ce que les Russes auront ici encore à traverser des contrées plus ou moins épuisées, selon que l'invasion russe s'effectuera dès le commencement des hostilités ou seulement après que les troupes autrichiennes, entrées en Russie, si elles y entrent, en auront été repoussées. Mais, en tout cas, il faudrait compter principalement sur les approvisionnements tirés de Russie, ce qui présenterait de grands inconvénients.

Si donc la Russie, adoptant l'offensive, dirigeait toutes ses forces disponibles contre l'Autriche, elle y trouverait plus de chances de succès qu'en envahissant la Prusse. Mais il est pourtant douteux que les résultats obtenus en Autriche suffisent à la dédommager des frais de la guerre.

En supposant que la Russie porte la guerre sur le territoire de l'un des pays alliés, il y a lieu encore de se demander : Peut-on avoir la certitude qu'en ce cas l'Allemagne ne restituerait pas l'Alsace-Lorraine à la France, et qu'alors le gouvernement de cette dernière serait en état de résister au courant populaire en faveur de la paix ? Si cela devait arriver, il faudrait renoncer à un plan qui repose tout entier sur l'occupation, par la France, de la moitié des forces de la Triple-Alliance. Quoi qu'il arrive, on ne saurait contester l'opinion formulée par Bleibtreu, qu'une guerre européenne, à laquelle prendrait part la Russie, amènerait de part et d'autre un épuisement complet des forces.

---

(1) *Revue de l'Armée belge*, « Les confins germano-russes et austro-russes ».
(2) Brialmont, *Les régions fortifiées*.

Conclusions.

Nous avons présenté dans l'introduction la thèse suivante : Étant donnés les perfectionnements techniques et autres apportés aux méthodes et aux procédés de guerre, y compris les préparatifs de défense des zones frontières, celui des belligérants qui prendrait l'initiative offensive des hostilités se trouverait exposé aux plus grands risques et sacrifices. Pour cette raison, les États en cause prendront, chacun en ce qui le concerne, les mesures les plus propres à épuiser autant que possible l'adversaire en portant le trouble dans les conditions économiques de son existence.

L'examen des plans d'opérations militaires dont l'adoption paraît vraisemblable a complètement démontré la première partie de notre thèse. Quant à l'influence qu'exerceront sur la guerre les désordres économiques, et qui se traduira par l'épuisement des moyens d'action et de résistance, elle est prouvée par la différence de puissance et de stabilité économiques propres aux États que nous avons énumérés, en appuyant nos affirmations de données nombreuses contenues dans le tome IV du présent ouvrage.

Puissance et stabilité économique relatives des différents États.

Cette différence est très considérable. Nous la représenterons, pour les États en question, par les chiffres suivants : Allemagne, 76 ; Italie, 65 ; Autriche, 79 ; France, 75 et Russie, 88.

Nous nous sommes arrêté à ce fait sans exemple, qu'une guerre survenant entre les deux groupes d'Alliés, dix millions d'hommes se trouveraient face à face, et que, par conséquent, cette guerre dépeuplerait l'Europe dans des proportions qui ne se sont jamais vues, qu'elle troublerait au suprême degré la vie économique des nations et qu'en plus elle pourrait provoquer dans l'Europe un ébranlement de l'ordre social.

L'Italie et la France.

Au cours de la lutte qui s'engagera sur le théâtre de guerre franco-italien, l'Italie se trouvera bien avant la France dans l'impossibilité de couvrir les dépenses imposées par la guerre, et les opérations militaires seront interrompues à un moment donné, non par la force des armes, mais tout simplement par suite de l'épuisement économique de l'Italie.

La France et l'Allemagne.

Dans la guerre entre la France et l'Allemagne, les deux partis disposeront de si grandes forces qu'ils ne pourront les diriger d'emblée sur le théâtre des opérations, et cette circonstance, à elle seule, suffira pour prolonger la lutte. Sa durée dépendra encore du temps pendant lequel on sera obligé d'immobiliser de grandes forces sur les lignes ou dans les places de défense conquises sur l'ennemi. Elle dépendra également des difficultés qui entraveront les arrivages de vivres et du manque de céréales qui se fera sentir sur les marchés de l'Europe. Le souci du ravitaillement des armées prendra même le pas sur les considérations stratégiques, et le désir de s'affamer mutuellement influera sur les opérations des deux adversaires.

Tout cela présage une guerre de longue durée. Et tandis que des milliers d'hommes combattront face à face et à outrance pour l'existence nationale, à l'intérieur du pays en question s'engagera une lutte non moins dangereuse provoquée par le manque de pain.

Lequel de ces pays sera mieux en état de supporter cette perturbation de ses conditions économiques ? Il est tout aussi difficile de le préjuger que de prévoir à qui reviendra le succès définitif dans les opérations militaires.

La Russie, l'Allemagne et l'Autriche.

Pour donner une conclusion à ce que nous avons dit plus haut au sujet des plans vraisemblables de guerre en cas de conflit entre l'Allemagne et la Russie, il nous faut insister aussi sur ce que, étant données l'action simultanée de la Russie et de la France et l'existence de la Triple-Alliance, on ne peut, en étudiant les opérations de guerre de l'Allemagne contre la Russie, et réciproquement, les isoler les unes des autres. La frontière germano-russe favoriserait une guerre offensive si la Russie se trouvait en présence de l'Allemagne seulement. Mais dès qu'on est tenu de faire entrer aussi l'Autriche en ligne de compte, la configuration de la frontière occidentale de la Russie tourne au désavantage de cette dernière. Elle ne peut plus en utiliser ce coin formé par la Pologne russe, pour porter directement, et d'emblée, la guerre à l'intérieur de l'Allemagne. Pour le faire, en ayant sur le front et le flanc droit des troupes allemandes, et les troupes autrichiennes sur le flanc gauche, il faudrait disposer d'une supériorité de forces écrasantes, qu'il n'y a pas lieu d'admettre. En raison d'une telle situation, la Russie ne pourrait que prendre une attitude expectante et s'en tenir à la défensive stratégique, ce qui présuppose l'abandon à l'ennemi de l'angle formé par le pays transvistulien, ainsi que l'occupation par l'armée russe d'une position en arrière de la Nareff et de la Vistule. La défensive stratégique, selon le général Leer, n'implique pas du tout une idée d'échec et elle n'en a même pas l'apparence (1).

(1) La défensive n'est nullement, ainsi que le démontre l'histoire militaire, condamnée d'avance à un échec. Pratiquant avec art la méthode qui consiste à user l'adversaire en modifiant à son détriment les conditions qui favorisent l'application des principes de l'offensive, la défensive peut pleinement triompher de la situation. Celui des deux adversaires qui représente le principe actif et dont les opérations n'en sont que l'application recherche un dénouement prompt. C'est dans la nature même des choses ; la partie adverse doit donc naturellement tendre à reculer ce dénouement. Elle doit ôter aux opérations de l'ennemi leur raison d'être et soustraire continuellement à son action, en l'écartant ou en le reculant, l'objectif qu'il poursuit (1812, Barklay : Vitebsk et Smolensk), de manière que son activité dévorante s'épuise dans le vide (1813, Les opérations des Alliés lors de la campagne d'automne ; Guerre du Nord, opérations de Pierre le Grand).

Cette attitude, temporairement défensive, n'exclurait pas pour l'armée russe la possibilité d'opérations offensives partielles, telles que, par exemple, des incursions de cavalerie sur le territoire prussien dans le but de détruire des communications et d'entraver la concentration des troupes allemandes, ni celle de mettre à profit chaque faute de l'adversaire pour lui infliger des échecs partiels.

Cette attitude expectante, prise dès l'ouverture des hostilités, offrirait en outre, à la Russie, le grand avantage de pouvoir, pendant ce temps, achever la mobilisation et la concentration des forces énormes dont elle dispose : ses opérations de début, vu l'étendue de l'Empire et l'insuffisance des lignes ferrées, nécessitant plus de temps qu'en Allemagne et en Autriche.

Mais l'infériorité numérique des forces russes de première ligne, relativement à l'ensemble de celles de l'Allemagne et de l'Autriche, sera de suite compensée par l'intervention de la France. L'Allemagne, en prévision d'une guerre sur ses deux fronts, a disposé ses troupes (ainsi que cela ressort de la carte suivante, indiquant la distribution territoriale des corps d'armée allemands) de manière à pouvoir, au besoin, les transporter par chemin de fer de l'est à l'ouest, et *vice versa*, avec une égale rapidité.

Distribution des corps d'armée allemands (1).

Ces considérations ne devraient jamais être perdues de vue par les États auxquels la politique impose une attitude défensive et expectante et qui se trouvent, soit en possession d'un théâtre de guerre profond, soit dans des conditions qui favorisent des entreprises de partisans exécutées sur une grande échelle ou, à plus forte raison, une guerre populaire. (La guerre d'Espagne, 1808-1814.) — Le général-lieutenant Leer, *Stratégie*.

(1) Marks, *Gebietseintheilung der Armeecorps*.

Il est évident que, quoique décidée à prendre l'offensive d'abord contre la Russie, l'Allemagne sera obligée de diriger, dans tous les cas, une partie de ses forces sur sa frontière occidentale, en vue d'une action défensive et simultanée avec les troupes de l'Italie (1).

L'invasion de l'intérieur de la Russie, après que les places fortes du théâtre de guerre Vistule-Boug-Nareff auront été investies et même après qu'elles seront tombées au pouvoir des Alliés, présentera, de l'avis général des écrivains militaires, d'énormes difficultés.

Aussi la plupart des auteurs étrangers conseillent aux Alliés de borner leurs opérations offensives à l'occupation du royaume de Pologne ou des provinces baltiques. « La perte de la Pologne, dit l'un d'eux, serait pour la Russie un coup sensible, parce qu'elle la priverait de toute initiative offensive en Europe et de ce champ de bataille si soigneusement préparé par elle, en vue de son règlement de comptes avec l'Allemagne et l'Autriche-Hongrie (2). »

L'auteur du dernier opuscule consacré à la question d'une guerre de la Russie contre l'Allemagne et l'Autriche conclut dans le même sens (3). Il dit que si l'Allemagne réussissait à occuper le royaume de Pologne dont la population est dense et dont les ressources assureraient le ravitaillement de ses armées, qui en outre pourraient aussi tirer des approvisionnements d'Allemagne, les troupes allemandes s'installeraient vraisemblablement en Russie et y attendraient de pied ferme les opérations offensives ultérieures des Russes.

Pour cela il serait encore indispensable que Brest passât aux mains des Allemands, car cela constituerait pour les troupes allemandes, dans le royaume de Pologne, une garantie contre un retour offensif de l'armée russe. Un auteur français, tout en admettant la possibilité d'une occupation durable du royaume par les Allemands, reconnait toutefois qu'ils devront ensuite, appuyés sur le royaume et la Prusse orientale, recommencer des opérations militaires, pour conquérir les provinces baltiques dont la possession flatterait l'orgueil national et assurerait à l'Allemagne l'entière domination de la mer Baltique. Après cela seulement, au dire de l'auteur, c'est-à-dire après que le succès invariable des armes allemandes aura donné de tels résultats, le but final de la guerre en ce qui concerne l'Allemagne sera atteint.

---

(1) Remarquons, en passant, que les Autrichiens ont fermé par des ouvrages du plus récent système les passages qui conduisent de l'Italie dans le Tyrol méridional et qu'ils ont fortifié également d'autres points de leur frontière avec l'Italie. Donc, l'alliance existante, à ce qu'il paraît, ne prémunit pas suffisamment contre la possibilité d'une guerre entre Alliés.

(2) *L'Armée russe et les chefs.*

(3) « Les confins germano-russes et austro-russes », *Revue de l'Armée belge.*

Seule l'ignorance complète des ressources de la Russie et de l'esprit qui anime son peuple a pu faire admettre une telle éventualité.

Est-ce que la perte du royaume de Pologne, voire des provinces baltiques, affaiblirait la Russie au point qu'elle ne soit plus en état de continuer la guerre, ainsi que l'exigerait irrésistiblement le sentiment populaire? La durée indéfinie de la guerre menacerait non la Russie, mais l'Allemagne et ses alliés: l'Allemagne serait obligée de demander la paix pour en finir avec les difficultés intérieures, tandis que ses alliés, l'Autriche et l'Italie, faute de ressources, auraient déjà depuis longtemps interrompu toutes opérations de guerre.

D'après les calculs que nous avons établis au sujet de l'effectif des troupes et de leurs réserves en hommes, la Russie sera en état de faire durer la guerre indéfiniment. Par conséquent, pour atteindre le but que se proposent ses adversaires, il leur faudrait occuper au moins un des principaux centres de la Russie, c'est-à-dire Pétersbourg ou Moscou. Mais une telle guerre nécessiterait forcément beaucoup de temps; or, le temps fera défaut à l'Allemagne et plus encore à l'Autriche. L'Allemagne importe pour sa consommation une quantité de blé si considérable, qu'à la suite de la rupture de ses communications tant continentales que maritimes, elle se trouvera aux prises avec la disette. La continuation de la guerre lui deviendra si onéreuse, même si insoutenable, qu'en admettant le succès de ses opérations initiales, elle se verra au lieu, de dicter la paix à son adversaire, dans l'obligation de la lui demander. Quant à l'Autriche, le blé ne lui manque pas; mais, par contre, l'insuffisance de ses ressources financières, mentionnée plus haut, lui interdira de faire durer la guerre.

Enfin, l'occupation par l'ennemi d'une des capitales de la Russie, et même des deux, pourrait bien ne pas la contraindre à renoncer à la défense; d'autre part, l'entrée des troupes russes sur le territoire prussien ou autrichien ne promet pas non plus, ainsi que nous venons de le démontrer, un succès tant soit peu certain.

Ce qui résulte de l'exposé ci-dessus.

L'exposé, que nous venons de faire, reproduit les principaux traits du tableau que présenteraient les opérations offensives de l'invasion d'une part, et, de l'autre, la défense toujours prête, à la faveur des circonstances, à passer elle-même à l'attaque. En traitant des plans de guerre, il faut supposer des opérations décisives; mais, comme de raison, il est impossible d'en prédire le résultat final.

Une chose toutefois, peut d'ores et déjà être affirmée avec certitude, c'est que la guerre sera longue et que les combats, auxquels elle donnera lieu, seront sanglants.

La guerre sera longue.

Quels que soient les plans d'opérations, l'armée qui pénétrerait sur le territoire de son adversaire y trouverait accumulés pour la recevoir de terribles moyens de défense. Des millions et des millions ont été consacrés par les États à la préparation de la défense, et par la force même des choses, les efforts faits dans ce but ne sauraient discontinuer.

Ce qui nous suggère tout naturellement la question suivante : Y a-t-il vraisemblance que des partis en cause, soit l'un, soit l'autre, obtiennent des succès décisifs et des résultats définitifs?

Conduira-t-elle à des résultats décisifs ?

Si, étant données la longue portée et la rapidité du tir, l'attaque d'une position fortifiée isolée, entreprise même avec des forces bien supérieures, offre peu de chances de succès, est-il vraisemblable qu'une offensive dirigée contre tous les points fortifiés, y compris les camps retranchés, puisse disposer d'une supériorité numérique assez considérable pour lui permettre de les enlever de vive force? On est bien forcé d'admettre que, malgré la supériorité dont on disposerait, le cas échéant, il faudra, renonçant à l'attaque directe des places fortes, se borner dorénavant à les investir et attendre qu'elles capitulent par la famine.

Mais à l'avenir, l'emploi de cette méthode sera rendu bien plus difficile qu'il ne l'a été dans les guerres précédentes. Il ne faut pas perdre de vue notamment que jamais encore, depuis les origines de l'histoire, les États n'ont consacré tant d'efforts à la préparation de la défense. La situation se présentera donc sous des aspects tout à fait nouveaux.

Impossible de ne pas reconnaître, d'une part, que les camps retranchés qui doivent servir de base aux opérations sont pourvus d'énormes réserves d'approvisionnements, et, de l'autre, qu'en prévision de sièges, la défense ait élaboré des plans d'opérations à entreprendre en arrière des assiégeants dans le but de couper leurs lignes de communications.

En tout cas, dans la prochaine guerre, plus que n'importe quand, les belligérants, aussi bien l'envahisseur que l'envahi, disposeront d'énormes réserves, tant en hommes (d'éducation militaire incomplète, toutefois) qu'en approvisionnements de tout genre, tels que armes, munitions, engins, harnais, etc. Tous ces renforts et tous ces convois afflueront au fur et à mesure, sur le théâtre de la guerre, mais ni en proportion égale ni au même moment pour les deux belligérants.

Par conséquent, le rapport entre leurs forces combattantes variera dans le cours des différentes périodes de la guerre, ce qui pourra diminuer l'importance ou même détruire l'effet des succès précédemment obtenus.

La victoire oscillera probablement entre les deux partis.

Il paraît donc très probable que la victoire oscillera entre les deux partis, passera souvent de l'un à l'autre et que les succès qu'on obtiendra ne seront guère définitifs. Mais des millions d'hommes prenant part ou se trouvant associés à des combats qui, vu les progrès techniques accomplis dans l'art de la guerre, seront nécessairement très sanglants, il peut s'en suivre que ce jeu destructeur ne donne finalement d'autres résultats que de terribles pertes en hommes et une ruine générale.

Et, en effet, les énormes réserves d'hommes permettant d'alimenter les effectifs, la proportion entre les forces ennemies opposées sur les différents points peut se modifier au cours des événements et le succès obtenu ici peut être accompagné d'un échec ailleurs. L'obstination des partis en cause à continuer une guerre qui, tout en épuisant les forces vitales des peuples, resterait indécise, ne serait admissible précisément qu'en raison de la grandeur des sacrifices supportés et du désir impérieux de chaque belligérant de mettre son adversaire dans l'impossibilité de songer jamais à renouveler la guerre.

Qui pourra décider du succès final ?

Il arrivait jadis qu'une intervention des États neutres mettait fin à une guerre qui ne donnait pas de résultats positifs. Mais qui donc pourra intervenir avec tant soit peu d'efficacité, lorsque toute l'Europe sera en feu ?

Si nous admettons qu'un des belligérants ait à subir une défaite complète, il faut prendre en considération que les conséquences des désastres de ce genre ne sont pas équivalentes pour toutes les nations vaincues. La défaite exerce une action morale plus forte sur les peuples de haute culture, que sur ceux qui occupent un échelon moins élevé dans la civilisation. Ces derniers se découragent moins vite et l'entrainement de la lutte persiste davantage chez eux. Cela peut s'expliquer par une union plus étroite entre l'individu et la terre natale et aussi par le dévouement au monarque, ainsi que cela s'est vu en Russie en 1812, lors de l'invasion française. Il est également incontestable qu'en sa qualité de pays avant tout agricole, la Russie constitue un organisme moins complexe, au point de vue tant économique que social, et que, par conséquent, elle pourrait porter le poids de la guerre plus longtemps que les États de l'Occident. Ainsi, même si ses armes subissaient un échec dans plusieurs batailles, pourvu qu'en mettant à profit l'immensité de son étendue, la rigueur de son climat et toutes les ressources dont elle dispose, elle réussît à faire traîner les hostilités en longueur, la Russie pourrait quand même forcer ses adversaires à conclure la paix. Par contre, pour les pays d'Occident, étant donnée la complexité des conditions économiques ou sociales, et la dépendance réciproque de tous les rouages de leur mécanisme intérieur, il est difficile de se rendre compte par anticipation du contre-coup qu'aurait une grande guerre sur leur état économique et leur ordre social.

TABLE DES MATIÈRES

Pages.

Paris. — Imprimerie PAUL DUPONT, 4, Rue du Bouloi.

www.ingramcontent.com/pod-product-compliance
Ingram Content Group UK Ltd.
Pitfield, Milton Keynes, MK11 3LW, UK
UKHW020543180726
13838UKWH00001B/2